Great composers adorn
their works with simplicity
Adorn

4.7.2 练习：用渐变制作艺术海报

136 页

19.13 超级特效：彩色纸片人像

用大量图形的堆砌制作出新的视觉特效。图形之间看似随机的组合，彻底打破了人像的具体感，形成一个新的构成。

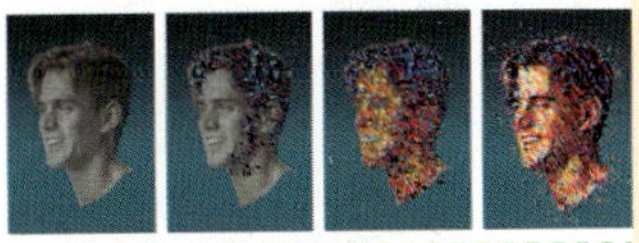

536 页

SHOW

9.5.2 练习：用仿制图章复制图像

306 页

3.8 课后测验：用图层样式制作彩色键盘、霓虹键盘和牛皮纸键盘

97 页

Clear
Your Mental Space

8.2.6 练习：照片变平面广告

258 页

4.5.1 练习：用画笔工具绘制美少女

用钢笔工具绘制美少女轮廓，通过路径填充和描边进行上色，再使用画笔工具表现明暗。

122 页

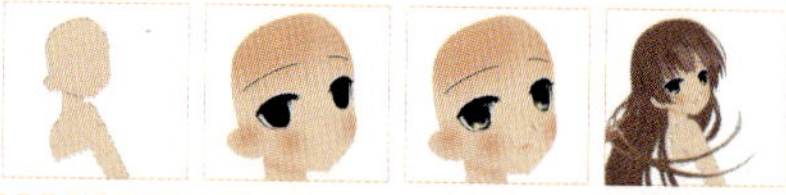

2.4.1 方法①：置入EPS 格式文件

41 页

3.7.3 练习：用图层复合展示UI 设计方案

96 页

13.8 品牌家居网站模块设计

428 页

166
hip hop
Their music is a cross of reggae with hip hop

3.6.8 练习：制作霓虹灯字

93 页

随时间之乐起舞
DANCE TO THE MUSIC OF TIME
DANCE TO:THE MUSIC OF TIME

12.3.1 方法①：通过变换制作饮料杯特效字

使用“自由变换”命令扭曲文字，与扭曲图像的方法完全相同。如果使用快捷按键，在定界框显示的状态下，可以一次性完成扭曲、旋转、缩放等操作。

DANCE TO:THE MUSIC OF TIME
DANCE TO:THE MUSIC OF TIME

402 页

Shut up!

4.5.2 练习：用铅笔工具绘制漫画表情

126 页

19.3 制作拟物图标：爱心厨房ICON

510 页

Shí
食

3.6.9 练习：制作果酱字

94 页

Aladdin and the magic lamp
Long ago there was a poor boy named Aladdin who lived with his mother. One day when Aladdin was walking on the street, a stranger came up to him and claimed that he was Aladdin's uncle.
Aladdin didn't question him and brought him home to his mother and his mother welcomed him.
A few days later, this man told Aladdin he wanted to show him a really wonderful place, so Aladdin followed him out of the city.
But soon, Aladdin realized that this man wasn't his uncle, but some wicked wizard. He demanded Aladdin go down a secret passageway to bring back a lamp that he wanted.
"Do not touch the treasure you see in there, but go straight to the lamp," said the wizard. "And take this ring, it will protect you." Aladdin hesitated a bit, but did what he was told.
When he returned, he heard that the wizard was going to secretly kill him . The boy got scared and started to rub his hands and his ring.
All of a sudden, a genie appeared.
"What do you wish for, my Master?" asked the genie. Aladdin stuttered and said to the genie, "I just want to go home."
Then, the genie granted his wish and he disappeared. Not surprisingly, Aladdin and his mother began to have a better life because of the magic ring and the lamp.
He also married the Emperor's daughter with the help of the genie.
Aladdin and the magic lamp

19.11 制作纸雕特效：阿拉丁神灯

531 页

纸雕，也叫纸浮雕。是一种以纸为素材、使用刀具塑形的工艺。用“图层样式”可以制作出惟妙惟肖的纸雕效果。

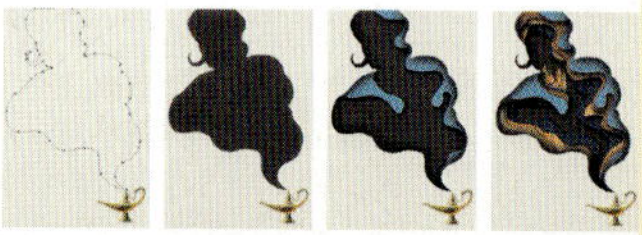

10.3.4 练习：调整色温和饱和度

355 页

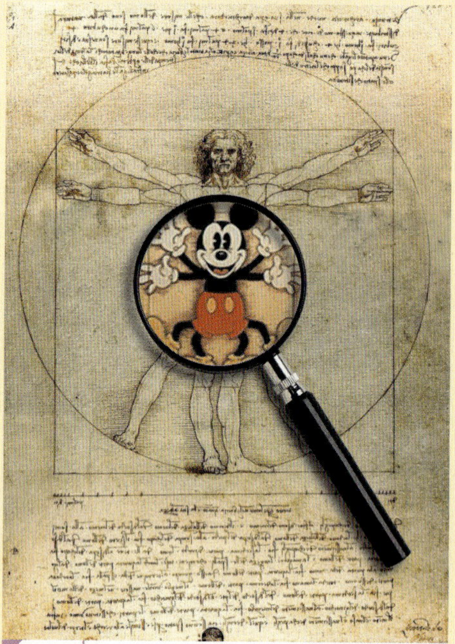

5.4.2 练习：用剪贴蒙版制作可透视的放大镜

155 页

DISNEY

19.2 超现实主义合成：融化的大象

509 页

19.7 特效制作：健美选手的纹身

522 页

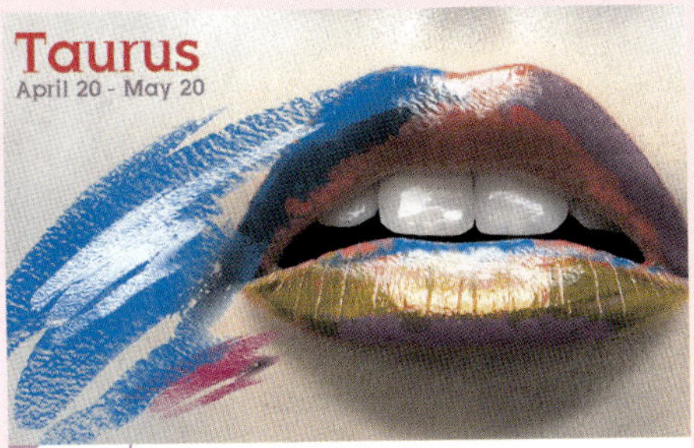

4.5.4 练习：用颜色替换工具制作多色唇彩

128 页

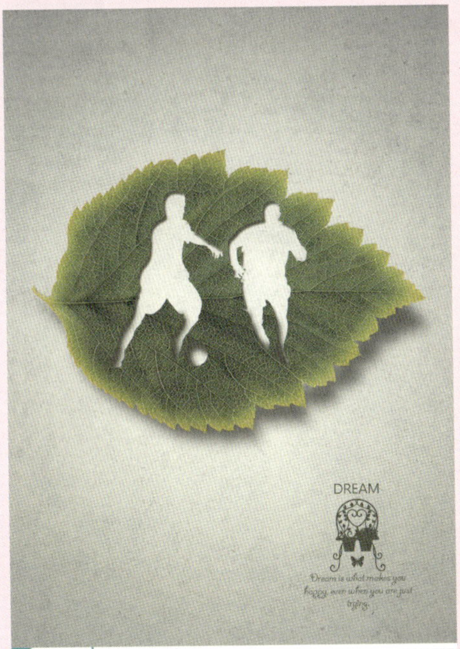

5.5.1 练习：用矢量蒙版制作足球海报

158 页

19.10 制作插画：最美的粉彩

在合成人物与粉彩素材时，应考虑到人物受场景光线的影响，色彩上要有所呼应，合成以后给人的感觉要真实。

529 页

2.8.5 方法④：通过再次变换制作分形图案

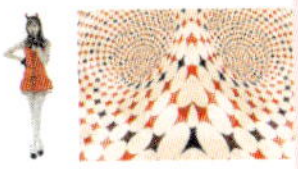

56 页

8.4.11 练习：制作波普艺术风格肖像

271 页

19.12 超级特效：破碎的瓷胳膊

用绘画工具和修图工具在完好的图像上制作出一个瓷器裂口，再用画笔工具绘制粉末以渲染气氛。

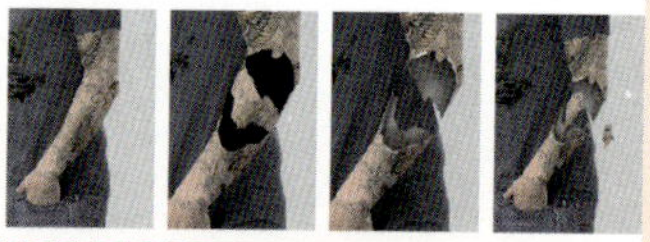

533 页

14.2.3 练习：用智能滤镜制作网点特效

438 页

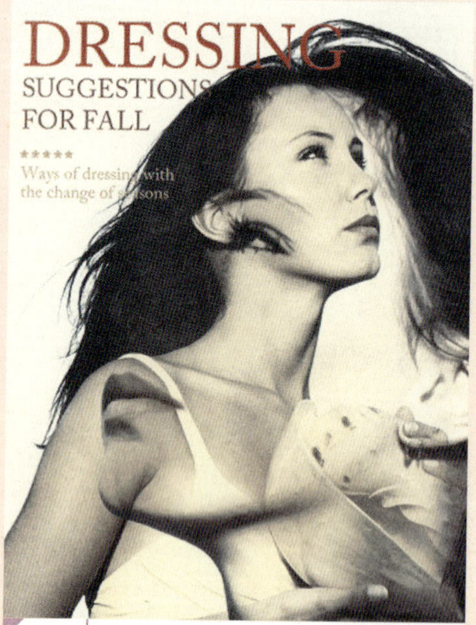
DRESSING
SUGGESTIONS
FOR FALL

5.3.3 练习：从通道中生成图层蒙版

152 页

A Whole New World

19.6 特效制作：绚丽的光效气泡

520 页

19.9 制作平面广告：奔跑之城

527 页

5.6.8 练习：删除通道制作时尚印刷效果

164 页

4.7.4 练习：用透明渐变制作雨后彩虹

138 页

5.7.6 练习：制作多重曝光效果

多重曝光是摄影中采用两次或者更多次独立曝光，然后将它们重叠起来，组成一张照片的技术。在Photoshop中可以用混合模式与图像合成方法来完成。

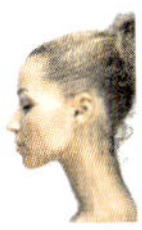

171 页

5.4.1 练习：用剪贴蒙版制作环保公益海报

154 页

5.3.1 练习：用图层蒙版制作瓶子里的风景

150 页

Photoshop CC
从新手到高手
本书精彩案例欣赏

19.1　超现实主义合成：颠倒的面孔

超现实主义对视觉艺术有着深远的影响。其作品具有神秘、荒诞、怪异等特点。这种超出现实的创意合成，非常适合用Photoshop来表现。

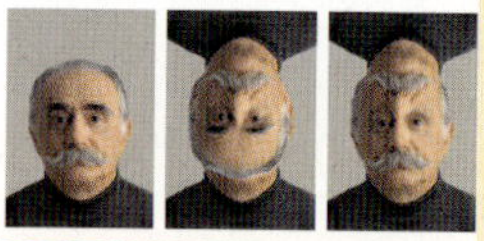

506 页

19.5　特效制作：玻璃字

518 页

17.1.11　练习：载入外部动作制作拼贴照片

492 页

4.6.2　方法②：定义图案并用“填充”命令填充

132 页

2.8.2　方法①：移动、多文档间移动

54页

3.6.5 练习：用“样式”面板添加效果

91 页

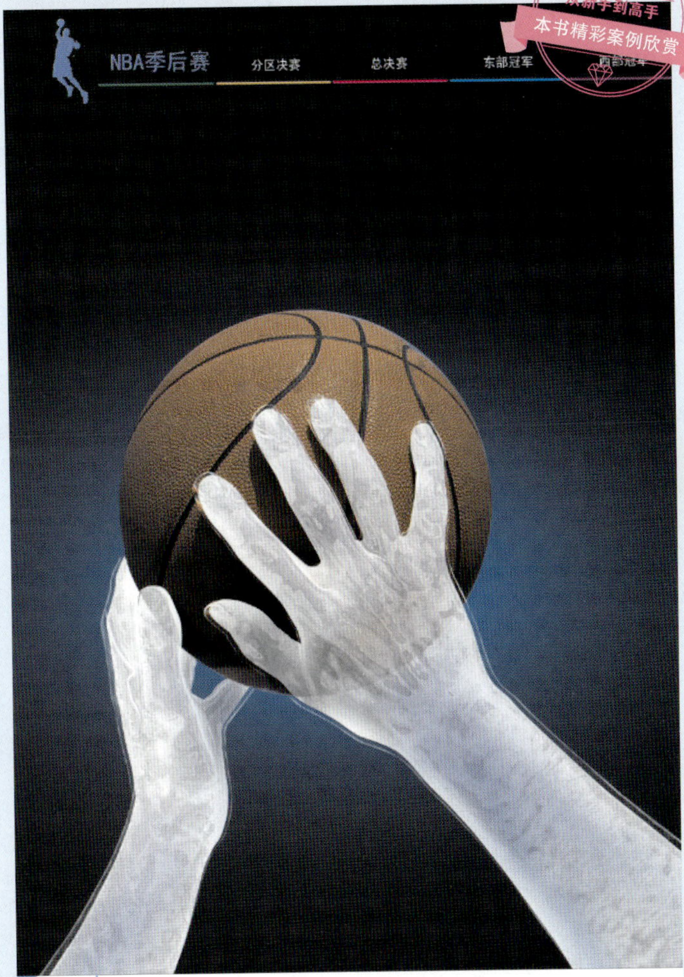

19.8 制作平面广告：冰手投篮

要制作真实的冰雕效果应着重考虑两点，质感和透明度。质感可以通过滤镜来表现，透明度则要使用蒙版来完成。

524 页

11.5.4 练习：描边路径制作粉笔字

387 页

14.4.1 无限绿地球面全景

441 页

14.4.2 广袤天空球面全景

441 页

Photoshop CC
从新手到高手
本书精彩案例欣赏

If your life feels like it is lacking the power that you want and the motivation that you need, sometimes all you have to do is shift your point of view.
LIVING
YOUR UNIQUE
ATTITUDE

5.4.3 练习：用剪贴蒙版制作拼贴效果海报
156 页

彰显青春气息

13.7 女装促销活动设计
426 页

13.11.2 制作淘宝店招
433 页

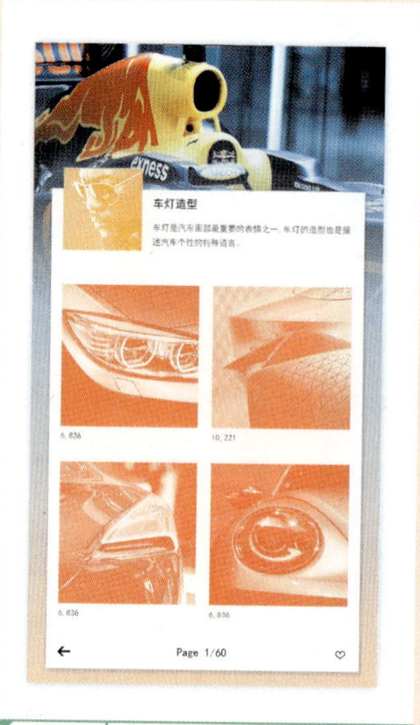

11.6.2 练习：制作汽车APP页面
390 页

11.7.1 APP 界面展示效果图
393 页

11.4.8 练习：编辑路径制作游戏登录页面
380 页

拖延只有两种结果，要么付出更多代价，要么无法梦想成真。
Do it now.Sometimes "Later" becomes "Never".

9.12.1 制作电影画面感照片
344页

Photoshop CC
从新手到高手
本书精彩案例欣赏

清甜可口 细腻多汁 香气怡人
幸福时光
happy time
草莓季
品名：幸福时光奶油草莓
产地：北京平谷草莓园
外形：果肉饱满 色泽鲜亮
储存：0~5℃冷藏或置于避光阴凉处

13.10 草莓采摘季欢迎模块设计

431 页

15.3.2 练习：从选区中创建3D对象

449 页

13.9 化妆品促销活动设计

429 页

5.5.2 练习：编辑矢量蒙版中的图形

159 页

12.2.3 练习：用段落文字制作餐厅宣传单

398 页

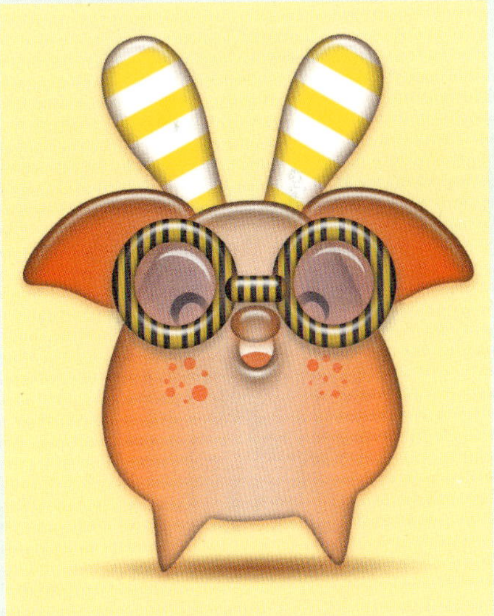

19.4 制作拟物图标：可爱小猪

515 页

6.9.6 练习：通道抠像

207 页

5.7.5 练习：制作脸谱

170 页

Photoshop CC

从新手到高手

本书精彩案例欣赏

6.7.4 练习：用细化工具抠像

201 页

6.5.2 练习：用魔棒工具抠变形金刚

191 页

4.4.17 练习：用自定义画笔绘制裙子图案

121 页

不一样的
旅游体验
与你心中那片海相遇
你，见过这样纯净的海吗?

12.2.7 练习：用路径文字制作旅游杂志内页

400 页

8.2.8 练习：浪漫樱花季

260 页

9.3.4 方法③：校正晕影

291 页

6.6.4 练习：用“色彩范围”命令抠小狗

198 页

6.11.4 练习：路径与选区转换抠汽车

215 页

7.4.5 练习：用中性色图层实现分区曝光

229 页

8.5.6 练习：春变秋

276 页

8.8.1 制作红外摄影效果

283 页

17.1.2 练习：录制用于处理照片的动作

489 页

9.4.7 方法⑥：用“光圈模糊”滤镜制作柔光照

301 页

9.3.9 练习：制作大头照

295 页

4.9.2 照片与实景对比效果

143 页

8.3.5 练习：梦幻唯美婚纱片

264 页

5.7.4 练习：用混合模式合成图像

169 页

4.5.7 练习：历史记录和历史记录艺术画笔工具

130 页

8.8.2 用覆盖通道的方法调色

283 页

85
85

11.7.2 制作个性化邮票

393 页

9.4.8 方法⑦：模拟移轴摄影

302 页

10.3.8 练习：制作HDR 特效

357 页

6.12.2 抠烟花

217 页

8.4.9 练习：制作木版画

270 页

12.6.1 用文字做照片边框 413页

6.8.2 练习：用快速蒙版抠图、制作宣传单 203页

11.2.7 练习：加载形状库制作手机主屏图标 374页

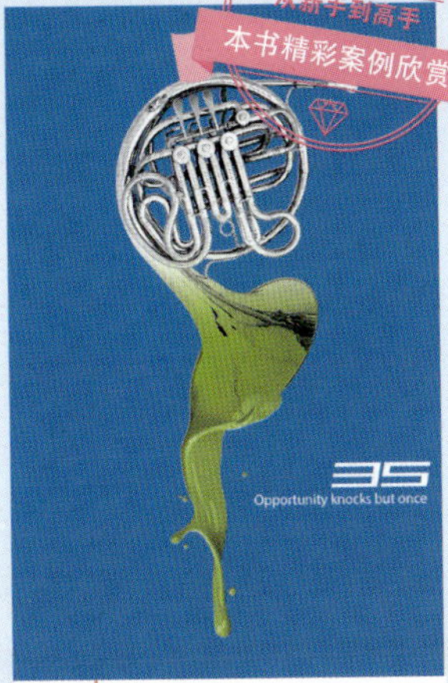

5.9.2 音乐主题海报 175页

2.8.6 方法⑤：用变形网格为杯子贴图 58页

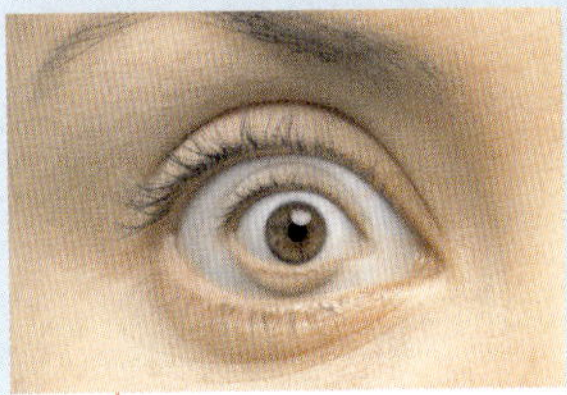

5.9.1 眼中“盯” 175页

8.4.7 练习：制作保护大象公益海报 269页

4.9.1 绘制水彩字 143页

12.2.2 练习：用点文字制作电子杂志内页 396页

11.2.2 练习：用基本形状工具制作扁平化图标 368页

5.8.6 练习：制作环环相扣特效 174页

16.4.3 练习：用图层样式制作背景发光动画 486页

16.5.1 制作变色发光文字动画 487页

4.1.10 练习：点状人像名片设计（位图模式） 103页

12.3.3 方法③：转换为形状制作超萌卡通字 404页

13.5.1 方法①：用移动工具对齐和分布 421页

16.55 课后测验：制作变色发光文字动画 265页

6.11.5 练习：钢笔+通道抠婚纱 216页

6.4.2 练习：制作手撕纸片字 187页

15.3.4 练习：拆分3D对象 450页

15.13.2 制作3D迎接新年文字 479页

15.3.1 练习：从文字中创建3D对象 448页

15.3.3 练习：从路径中创建3D对象 450页

15.5.5 练习：调整纹理映射位置 460页

THE FLAMES LEAPT UP
6.10.5 练习：用混合颜色带合成图像 211 页

9.4.10 方法⑨：绘制漂亮光斑 303 页

I am only
a regular
9-to-5er
4.1.7 练习：单色、双色和三色印刷 101 页

8.5.7 练习：灰调照片调出通透色彩 276 页

9.4.6 方法⑤：用“场景模糊”滤镜表现虚实 299 页

Cooperative
9.4.11 方法⑩：制作迷人炫光 303 页

9.4.4 方法④：用“镜头模糊”滤镜制作景深 299 页

8.2.3 练习：用“自然饱和度”命令调整照片 256 页

9.8.2 练习：通道磨皮 325 页

9.6.8 练习：修出精致美人 317 页

10.4.1 练习：用污点去除工具修饰色斑 358 页

9.6.9 练习：修出完美腰线 317 页

10.3.3 练习：调整曝光 354 页

Myrtle Beach
4.8.4 练习：用图案填充图层制作衣服图案 142 页

10.3.7 练习：制作LOMO特效 357 页

14.3 特效制作：火凤凰 439 页

9.3.7 方法⑥：用“透视变形”命令校正照片 293 页

4.8.2 练习：用纯色填充图层制作老照片 140 页

6.5.5 练习：用魔术橡皮擦工具抠建筑图像 194 页

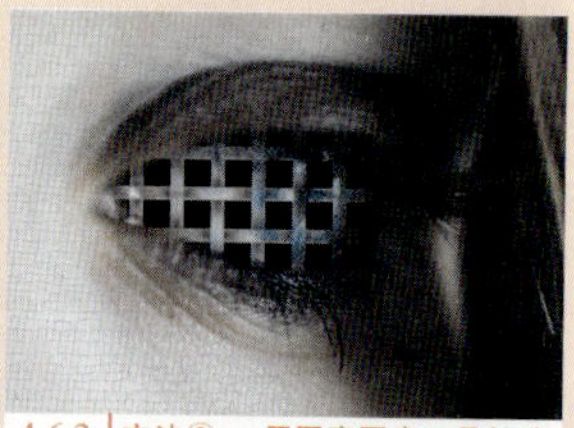
4.6.3 方法③：用图案图章工具打造暗黑造型 134 页

17.5.1 创建怀旧风格照片处理动作 497 页

9.2.1 练习：拼接全景图 288 页

8.4.4 练习："反相"+"颜色查找"命令调色 267 页

15.5.4 练习：替换、编辑纹理映射 458 页

12.2.4 练习：用路径文字制作棒棒糖广告 399 页

12.3.2 方法②：通过变形制作透视扭曲字 403 页

6.3.1 练习：创建单行、单列选区 183 页

15.5.9 练习：使用3D材质吸管工具 462 页

4.8.3 练习：用渐变填充图层制作蔚蓝天空 141 页

7.4.7 练习：用"阴影/高光"命令调整逆光照 230页

光盘内容

405个视频（全部练习的视频文件 / 多媒体课堂——视频教学65例 / 22个平面设计案例视频）

提供书中所有练习的视频（扫描书中的二维码，可以在手机、平板电脑上观看视频），并附赠65个软件功能学习视频和22个平面设计案例视频。视频总数多达405个。

8本电子书

附赠《Photoshop内置滤镜使用手册》《外挂滤镜使用手册》《UI设计配色方案》《网店装修设计配色方案》《常用颜色色谱表》《色彩设计》《图形设计》《创意法则》等8本电子书

光盘内容

8本电子书

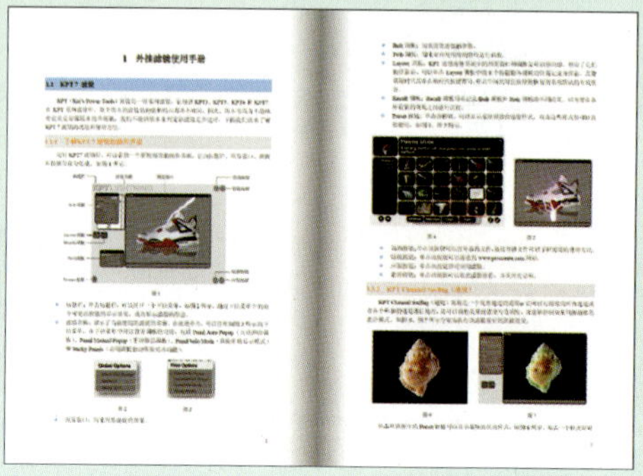

附赠：样式库

使用“样式库”文件夹中的各种样式，只需轻点鼠标，即可为对象添加金属、水晶、纹理和浮雕等特效。

附赠：渐变库 / 动作库

“渐变库”文件夹中提供了500个超酷渐变颜色。“照片后期处理动作库”文件夹中提供了Lomo风格、宝丽来风格、反冲效果等动作，可以自动将照片处理为影楼后期实现的各种效果。

Lomo效果　宝丽来照片效果　反转负冲效果　特殊色彩效果

柔光源效果　灰色淡彩效果　非主流效果　冰冻效果

附赠：形状库 / 画笔库

“形状库”文件夹中提供了几百种样式的矢量图形。“画笔库”文件夹中提供了几百种样式的高清画笔笔尖。

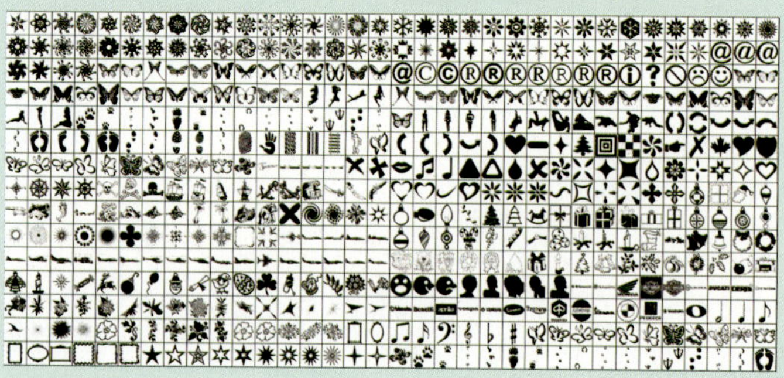

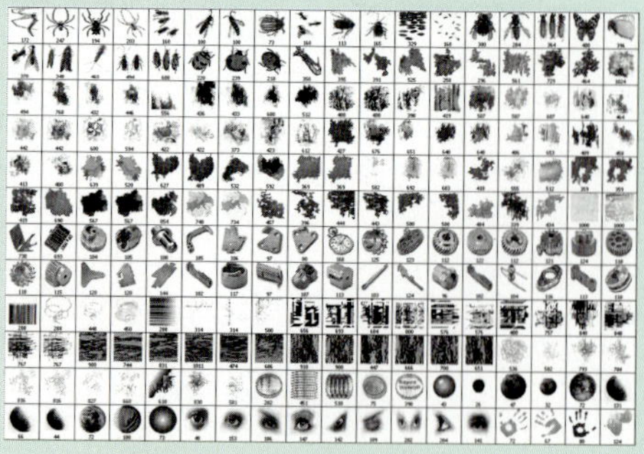

从新手到高手

李金蓉 编著

Photoshop CC 从新手到高手

清华大学出版社
北京

内容简介

本书讲解了Photoshop CC全部功能的使用方法，通过实例展示了Photoshop CC在照片处理、平面广告、VI、UI、APP、网店装修、包装、插画、动漫、动画、3D等设计领域的应用。书中根据初学者的学习特点，安排了练习、疑问解答、课后测验等学习项目，以及原理分析、实战技巧等中、高级进阶技能。每一章的关键概念，都将重要的知识点提炼出来；详尽的索引，可以快速、精准地检索任何Photoshop 功能；贯穿于全书的链接标注，更是在各个知识点之间搭建起了连接的桥梁。

本书的最大特点是功能完备、学习项目丰富、练习精彩。书中的练习多达313个，将软件学习与动手操作结合起来，提供了学后即用的实践环境。所有练习均配有视频教学录像，并可使用手机、平板电脑等移动设备扫码观看。此外，我们还将通过微信和微博为读者答疑、进行学习指导，将学习媒介从纸质图书扩展到新媒体交流、互动和分享平台上。

本书适合Photoshop自学者、照片处理爱好者，以及从事设计工作的人员学习参考，亦可作为相关院校的培训教材。

图书在版编目（CIP）数据

Photoshop CC从新手到高手/李金蓉 编著. —北京：清华大学出版社，2018
（从新手到高手）
ISBN 978-7-302-50355-2

Ⅰ. ①P… Ⅱ. ①李… Ⅲ. ①图象处理软件 Ⅳ. ①TP391.413

中国版本图书馆CIP数据核字（2018）第103233号

责任编辑：陈绿春
封面设计：潘国文
责任校对：徐俊伟
责任印制：杨　艳

出版发行：清华大学出版社
网　　址：http://www.tup.com.cn，http://www.wqbook.com
地　　址：北京清华大学学研大厦A座　　**邮　　编：**100084
社 总 机：010-62770175　　**邮　　购：**010-62786544
投稿与读者服务：010-62776969，c-service@tup.tsinghua.edu.cn
质量反馈：010-62772015，zhiliang@tup.tsinghua.edu.cn
印 装 者：三河市铭诚印务有限公司
经　　销：全国新华书店
开　　本：188mm×260mm　　**印　张：**35　　**插　页：**8　　**字　数：**1247千字
（附DVD1张）
版　　次：2018年8月第1版　　**印　次：**2018年8月第1次印刷
印　　数：1～20000
定　　价：99.80元

产品编号：070357-01

PREFACE · 前言

本书从Photoshop CC最基础的操作讲起，以循序渐进的方式解读图像基本编辑、图层、绘画、蒙版、通道、选区、抠图、调整影调、调整色彩、照片处理、Camera Raw、路径、文字、Web、滤镜、3D、视频、动画、任务自动化、系统预设等功能，内容涵盖Photoshop CC全部功能（包括所有工具、面板和命令）。

Photoshop是一个功能庞大的软件程序，操作方法灵活多样，很多任务可以通过不同的方法完成。本书将相关任务的操作方法进行汇总并逐一介绍，分析了每一种方法适合于哪种情况使用。不仅如此，书中还将散落在Photoshop各处的功能整合起来、进行合理的配置，以技术门类来划分并展开深层次的讲解。例如，色彩操作在Photoshop的功能中占有很大比重，本书将其划分到3个章节——“第4章 数字绘画”“第7章 调整影调与曝光”和“第8章 调整色彩”中分别介绍。

第4章介绍色彩的应用方法，包括使用画笔工具、画笔面板、渐变工具绘画和填色以及填充渐变和图案等。在这一章的开始部分，讲述了Photoshop中的颜色模型、模式、色彩术语、色彩管理方法、色彩选取方法等，也即Photoshop色彩使用的入门知识。

第7章介绍调整命令中与影调和曝光调整相关的功能。重点讲解了调整图层使用方法、用“直方图”面板分析曝光情况以及用“色阶”和“曲线”调整影调和曝光。

“色阶”和“曲线”是Photoshop中最重要的调整工具，如果使用它们调整颜色通道，就能改变图像的颜色，第8章对此展开了分析。由于RGB、CMYK和Lab模式的通道各不相同，因此，调色方法也不一样。这一章从光与色的关系入手，对这3种模式的特征和区别进行了深入阐述，进而引申出Photoshop调色原理、通道与色彩的关系、补色与色彩的变化规律、RGB通道调色技术、Lab调色技术等高级调色技巧。这一章还介绍了怎样对色彩的各个组成要素——色相、饱和度、明度做出有针对性的调整以及怎样让色彩产生创造性的改变。这些是调整命令中与色彩调整相关的部分。

第7、8章的方法又可用于调整照片，因此，练习内容也多是此类。而照片编辑技术，则放在了之后的第9章和第10章中。这样的编排方式，确保了知识的连贯性，难度也是逐渐增加的，利于读者学习。

总的来说，Photoshop功能虽然多，但入门并不难，但是想要成为Photoshop高手，也需要下一番功夫。一方面，我们要掌握各种图像处理技巧；另一方面，也要对Photoshop核心功能有深入的理解。

图层、蒙版、通道、选区是Photoshop中几个最为重要的核心功能。图层承载图像和非破坏性编辑功能，搭建起了Photoshop的基础架构；蒙版遮盖但不破坏图层内容，在图像合成、调色、滤镜等领域有着各种各样的用途；通道是初级用户最少接触的Photoshop功能，然而，图像发生任何细微的改变，无论是色彩、还是图像内容，都会在通道中留下痕迹。学好通道，才能在图像处理和色彩调整方面获得突破性的进展。不仅如此，在抠图上（选区编辑），通道也有着其他功能无法比拟的优势。而与抠图相关的方法又几乎可以调动所有Photoshop重要工具，需要具备整合、协调各个工具的能力才能做好。由此可见，核心功能既有独立性、也互相关联，更应该按照一定的顺序渐次攻克。对此，书中都做出了合理的安排。

希望本书能帮助您更快地学会使用Photoshop。如果您在学习过程中有疑问或者遇到了困难，可以将邮件发送至ai_book@126.com，我们会为您解答。另外，还可以加笔者的微博、微信（灵感工坊），讨论问题、分享见解。笔者还会定期上传Photoshop、Illustrator使用技巧、有趣的原创实例，与您分享。

李金蓉

本书使用方法

本书既有软件功能讲解、也有动手练习以及重要功能分析、操作技巧提示；同时还配备了详尽的软件功能索引和相关功能链接，以方便您学习、参考。

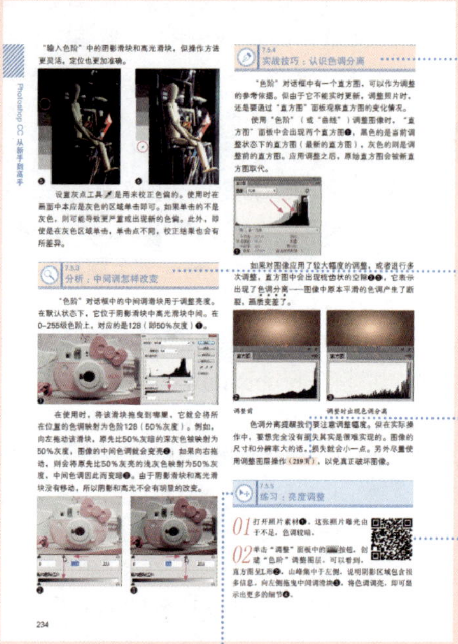

实战技巧
成为PS高手必知的秘技。

分析
对重要功能、关键技术进行深入分析。

链接
相关功能所在的页码。

二维码
扫码即可在手机或平板电脑上观看视频。

学习重点
本章的学习重点。

关键概念
本章的新名词、术语和重点概念。

练习
与知识点相关的动手操作实例。

工具名称　工具快捷键　　　　工具所在的页码

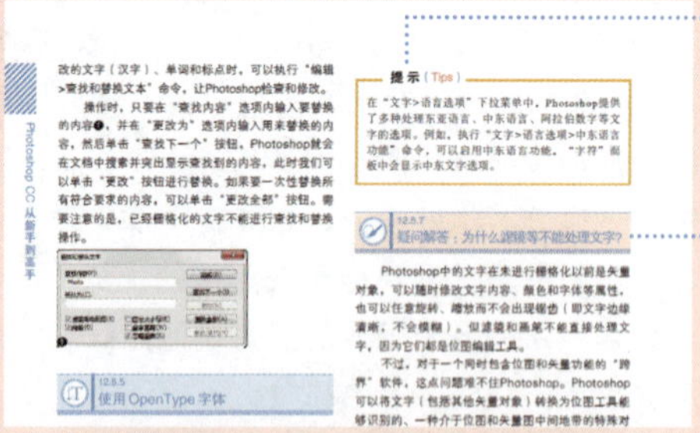

提示
当前应注意的事项或操作技巧。

疑问解答
解答初学者关心的疑难问题和容易出现困惑的问题。

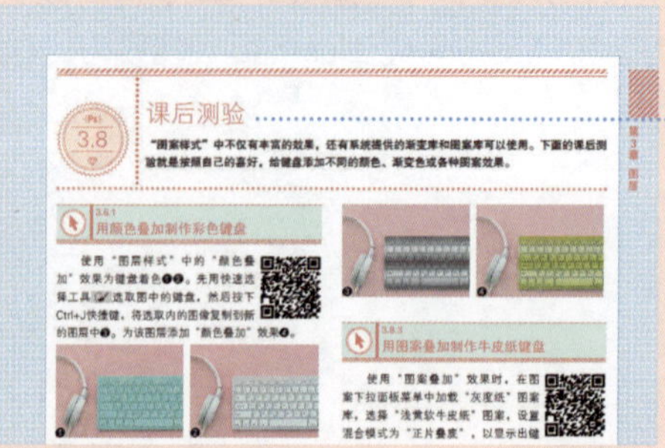

课后测验
考查您在没有操作指导的情况下，能否独立完成实例制作。

索引
542~545页是索引，标识了Photoshop CC全部工具、面板和菜单命令在书中的页码。

Photoshop CC
从新手到高手

第1章 Photoshop基本操作方法

本章简介

Photoshop是一个创意型软件程序，它既没有较高学习门槛，也不受任何规则和框架的限定，特别容易上手操作。只要掌握基本操作方法，如会打开和保存文件，会用工具、面板和命令，就可以参照本书中的练习制作出漂亮的实例来。由于Photoshop的功能比较多，因而学习周期也较长。但Photoshop的每一个功能都很精彩，我们也为之配置了相应的练习，使学习过程不断有新的探索和发现，一点也不枯燥乏味。兴趣是最好的老师。Photoshop能够不断地给人惊喜，自然会激发大家的学习兴趣。我们如果做好合理的学习规划并能够付诸实施，成为Photoshop高手就不是困难的事。本章就让我们从Photoshop最基本的操作方法开始，踏上通向Photoshop高手之路的旅程吧！

学习重点

关键概念

1.1 说说Photoshop中的那些重要功能

下面我们来大致梳理一下Photoshop中最主要的功能以及它们的连接点，帮助您在头脑中搭建起Photoshop的整体框架，并初步了解它是如何有效运作的。

1.1.1 Photoshop从何而来

Photoshop是Adobe公司的软件产品，是世界上最强大的图像编辑程序。

Adobe作为全球领先的数字媒体和在线营销方案供应商，是一家非常了不起的公司。它由乔恩·沃诺克和查理斯·格什克于1982年创建，总部位于美国加州的圣何塞市。其产品遍及图形设计、图像制作、数码视频、电子文档和网页制作等领域。除了大名鼎鼎的Photoshop外，矢量软件Illustrator、动画软件Flash、专业排版软件InDesign、影视编辑及特效制作软件Premiere和After Effects等均出自该公司。

Photoshop诞生于1987年秋。准确地说，那时候它还不是真正的Photoshop。其前身是一个叫做Display的小程序，由美国密歇根大学博士研究生托马斯·洛尔（Thomes Knoll）编写，主要用来在黑白位图显示器上显示灰阶图像。

托马斯的哥哥约翰·洛尔（John Knoll）在工业光魔（大神级的特效制作公司）做视觉特效总监。他让弟弟帮他编写一个处理数字图像的程序，以便编辑卡梅隆（超级大腕）的电影《深渊》时使用，于是托马斯重新修改了Display的代码，使其具备羽化、色彩调整和颜色校正功能，并可以读取各种格式的文件。这个程序后来被托马斯命名为Photoshop。

Photoshop最初的“东家”是一家扫描仪公司，首次上市是随Barneyscan XP扫描仪捆绑发行的，版本为0.87。后来Adobe买下了Photoshop的发行权，Photoshop从此才成为Adobe软件帝国最重要的成员。

Photoshop引发了印刷业的技术革命，并迅速成为图像处理领域的行业标准。现在，不论是平面设计、3D动画、数码艺术、网页制作、矢量绘图、多媒体制作，还是桌面排版，Photoshop在每一个领域都发挥着不可替代的重要作用。Photoshop每隔一段时间进行一次升级，增加新的功能，而且每个版本的启动画面也都很有特色❶❷。

Photoshop1.0.7版本的启动画面和工具箱

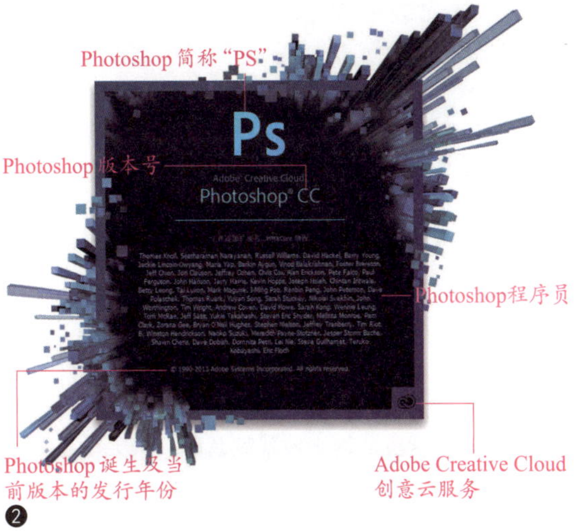

Photoshop CC版本的启动画面

Photoshop时间轴

1990

1990年2月Adobe推出了Photoshop 1.0。当时的Photoshop虽然只能在苹果机（Mac）上运行，功能上也只有工具箱和少量的滤镜，但它的推出给计算机图像处理行业带来了巨大的冲击

1991

1991年2月，Adobe推出了Photoshop 2.0。新版本增加了路径功能，支持栅格化Illustrator文件，支持CMYK，最小分配内存也由原来的2MB增加到了4MB。该版本的发行引发了桌面印刷的革命。此后，Adobe公司开发了一个Windows视窗版本Photoshop 2.5

1995

1995年3.0版本发布，增加了图层等功能

1996

1996年的4.0版本中增加了动作、调整图层、标明版权的水印图像

1998

1998年的5.0版本中增加了历史记录调板（现在叫面板）、图层样式、撤销、垂直书写文字等。从5.02版本开始，Adobe首次为中国用户设计了Photoshop中文版。1998年发布Photoshop 5.5版本，捆绑了ImageReady，填补了Photoshop在Web功能上的欠缺

2000

2000年9月推出的6.0版本中增加了Web工具、矢量绘图工具，并增强了层管理功能

2002

2002年3月Photoshop 7.0发布，增强了数码图像的编辑功能

2003

2003年9月，Adobe公司将Photoshop与其他几个软件集成为Adobe Creative Suite CS套装，这一版本称为Photoshop CS，增加了镜头模糊、镜头校正，以及智能调节不同区域亮度的数码照片编修功能

2005

2005年推出了Photoshop CS2，增加了消失点、Bridge、智能对象、污点修复画笔工具和红眼工具等

2007

2007年推出了Photoshop CS3，增加了智能滤镜、视频编辑功能和3D功能等，软件界面也进行了重新设计

2008

2008年9月发布Photoshop CS4，增加了旋转画布、绘制3D模型和GPU显卡加速等功能

2010

2010年4月Photoshop CS5发布，增加了混合器画笔工具、毛刷笔尖、操控变形和镜头校正等功能

2012

2012年4月Photoshop CS6发布，增加了内容识别工具、自适应广角和场景模糊等滤镜，增强和改进了3D、矢量工具和图层等功能，并启用了全新的黑色界面。

2013

2013年7月，Adobe公司推出了Photoshop CC。最新版的Photoshop以CC来命名。CC是指Creative Cloud，即云服务下的新软件平台。云服务对于用户而言，主要优势在于使用者可以把自己的工作转移到云平台上，由于所有工作结果都储存在云端，因此可以随时随地在不同的平台上进行工作，而云端储存也解决了数据丢失和同步的问题

1.1.2 谁才是核心功能？

Photoshop是图像编辑软件，而图像存在于图层中，因此，图层是Photoshop最为核心的功能。

不仅如此，蒙版、填充图层、调整图层、图层样式、智能对象、3D模型、视频文件等也都存放于图层中。所谓“皮之不存，毛将焉附”，如果没有图层，这些功能统统不能存在。

图层就像是一座大楼的各个楼层，每一个楼层上住着一户人家，分别是图像、蒙版、填充图层、调整图层……住户越多，这座楼就越高❶。图层很重要，但其操作方法一点也不难学，我们可以把学习重点放在研究图层的“住户”上。

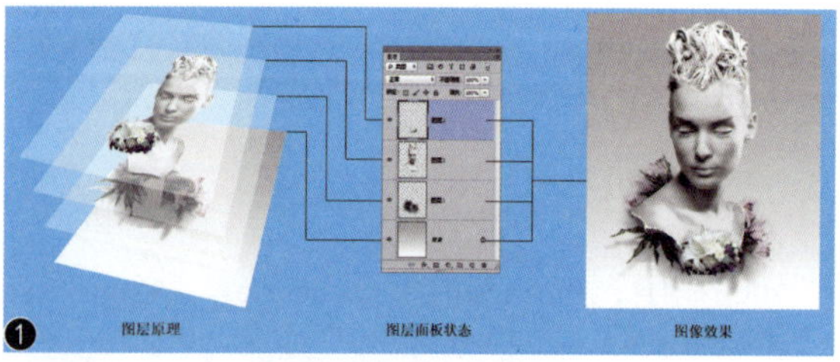

❶ 图层就像一座高楼，上面住着图像、蒙版、图层样式等

图层的最大贡献在于有效地分离对象。为什么要分离对象？请往下看。

1.1.3 跑马圈地

我们编辑图像时，如果只想处理局部内容，该怎样跟Photoshop沟通、告诉它想要处理的是图像的哪处区域呢？这需要一个叫作选区的“朋友”来帮忙。

选区可以划分编辑的有效区域以及分离图像。如果不划分出有效区域，Photoshop便会一视同仁地处理所有图像，而不管哪些是需要编辑的、哪些不需要编辑❶；若不分离图像，则每一次处理某些细节，都要选取一次，不仅过程烦琐，还要不断地重复操作，累死个人。

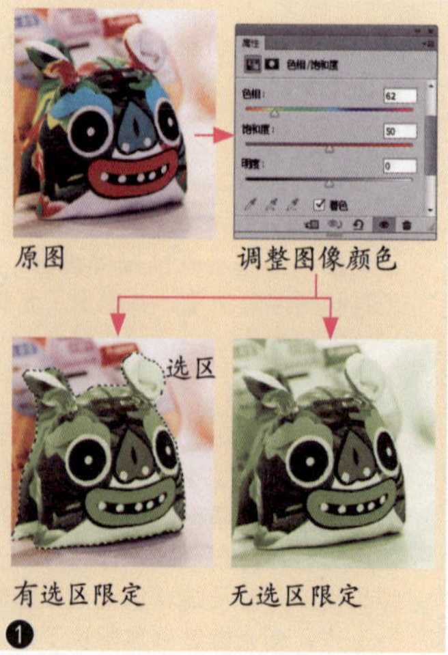

❶

在Photoshop中，选区有两种存在形式，一种是显性的，即我们看到的闪烁的、像行军蚂蚁一样的选区边界线；另一种是隐性的，它隐藏在图层、通道、蒙版、路径中，我们可以在需要时调用。

隐性的选区存在于不同的对象中，这说明什么？说明这些对象以及与它们相关的工具都可以编辑选区。我们可以设想一下，制作和编辑选区该有多少种方法、该有多么复杂。

图层上的很多“住户”是自然分离的，如蒙版、填充图层、调整图层、图层样式等，而图像则需要我们手动分离。在Photoshop中，将图像从背景中分离出来的操作称为“抠图”❷。

❷ 将人像从背景中抠出

抠图包含两层意思，一是采用正确的方法制作选区，将需要编辑的图像选中，二是通过选区将图像从其所在的图层中分离，放在一个单独图层上。

抠图的难度体现在其方法的多样性上，将与选区相关的工具和命令组合之后，可以演变出几十种不同的抠图方法。高级抠图技术需要钢笔、通道和蒙版等功能配合，是Photoshop中比较难的技术。

1.1.4 移花接木

下面说一说蒙版。蒙版是什么？先来看一幅作品吧❶。

❶

真相在这里❷。观察素材可以看到，这幅作品用到了很多图片，它们是通过一个叫作图层蒙版的工具合成到一起的。

再来看几个惊掉我们下巴的广告创意❸~❺。它们也都离不开蒙版的参与。

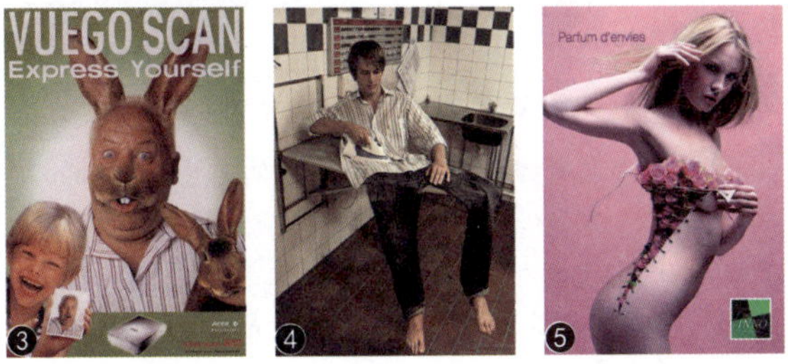

图层蒙版是蒙在图层上面，用于遮盖图层的工具❻，用途非常广泛。在图像合成方面，可以隐藏图像或使其呈现透明效果；在照片处理方面，可以控制编辑范围；在调色方面，可以控制调整范围和强度。

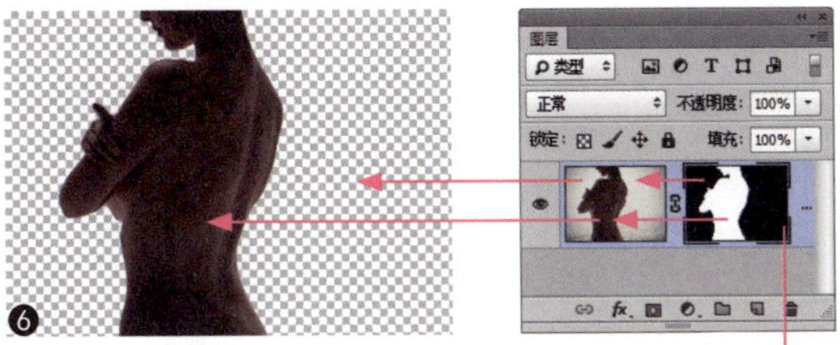

蒙版（黑色遮挡图像，使其变为透明，白色显示图像）

图层蒙版需要使用渐变工具和画笔工具等来编辑。渐变工具可以快速创建平滑的融合效果，画笔工具灵活度高，可以控制任意点的透明度，是最常用的蒙版编辑工具。

1.1.5 为什么叫PS？

Photoshop简称PS。PS是什么？它是世界上最棒的“美容师”。现在的女孩哪个不是先把照片P一下才敢往微信、微博上发。P照片无非修图和调色。修图方面❶，Photoshop有专门的工具用来去斑、去皱、去红眼、瘦脸、瘦腰、收腹、丰胸，也有工具可以把照片中不相关的人和景物瞬间P没了。调色方面，相信没有比Photoshop更强大的软件了，更何况Photoshop中还有一个强大的帮手——Camera Raw。

原图　用修复画笔工具去除鱼尾纹

原图　用“液化”滤镜瘦脸

原图　用蒙版挽救闭眼照

原图　用通道和滤镜磨皮

❶

修图需要耐心和细致，而调色则考验的是经验和技巧。色彩学家约翰内斯·伊顿曾经说过“光是色之母，色是光之子”。在Photoshop中也是如此。随着本书学习的深入，当我们对Photoshop的色彩有了更深的理解后，就会发现，在通道中，光的改变是促成色彩的变化因素。

无论什么样的光，都被Photoshop以不同的数值准确地描述出来，光的数字化，使色彩成为可以操作的对象。

色彩的三要素包括色相、明度和纯度（饱和

度）。在Photoshop中，我们不仅可以随心所欲地编辑其中的任何一个要素，而且方法也非常多。

Photoshop调色分为直接调色和间接调色两种。直接调色是指使用“图像>调整”菜单中的命令调色；间接调色则是通过通道来调色❷❸，即使用“色阶”“曲线”“通道混和器”“应用图像”“计算”等命令调整通道，再通过通道来影响色彩。间接调色涉及到色彩与通道的关系、色彩的转换关系、颜色模式等有一定难度的知识，可以放在进阶阶段学习。

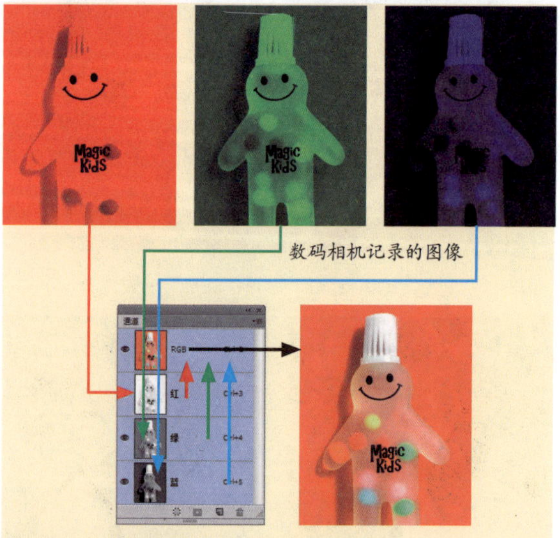

❷ 通道中保存的光线　我们看到的彩色照片

❸

绿通道被调亮后，绿色得到增强，同时其补色洋红色被削弱

1.1.6 谁是幕后导演？

“外行看热闹，内行看门道”。修图也好、调色也好，图像发生的任何改变，都会在通道中留下痕迹❶。如果能认识到这点，那么恭喜，你已经开始按照PS高手的方式思考了。

既然图像内容和色彩都与通道有关联，我们可不可以运用逆向思维——让通道发生改变，进而影响图像和色彩呢？答案是肯定的。图像是前台演员，通道才是幕后导演，演员怎么演，全凭导演的安排。只不过，这个导演不太容易当。

❶

原图及制作雪景后通道发生的改变

通道的难度体现在与它相关的功能也个个都不简单，如选区、混合模式、“曲线”“通道混和器”；不仅如此，通道的原理也晦涩难懂。这些使得通道成为Photoshop中最难理解和驾驭的功能。但在抠图、调色和特效方面，通道又有着独到之处。想要成为PS高手，必须攻克它！

1.1.7 谁是魔法师？

Photoshop中有两个魔法师，一个是图层样式，另一个是滤镜。它们都能制作出千变万化的特效，是最能让初学者着迷的两种功能。

图层样式可以直接出特效。例如，添加一个简单的投影效果，就能让图像跃然纸面。下图是一个用图层样式制作的可爱大叔❶，质感和立体效果全都是用图层样式表现出来的❷，如假包换。

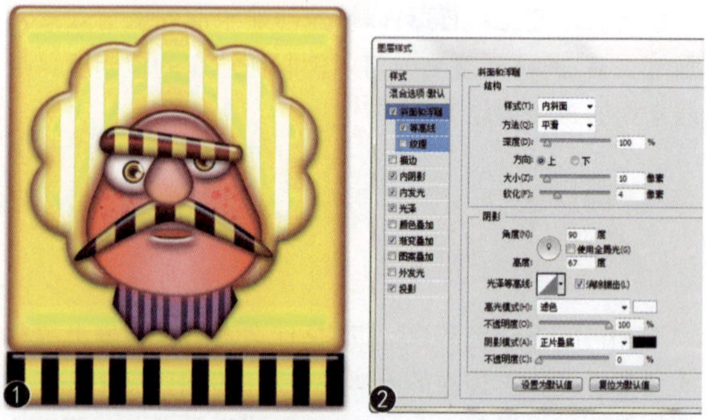

❶ ❷

滤镜可以生成特效❸❹，也能用于编辑蒙版和通道。但由于它不像图层样式那样每一种特效对应一个项目，如“投影”效果可以直接创建投影、“外发光”效果可以直接生成发光特效等，而往往需要很多滤镜与图层样式配合使用，才能创建特效，因此，操

作起来更难一些。

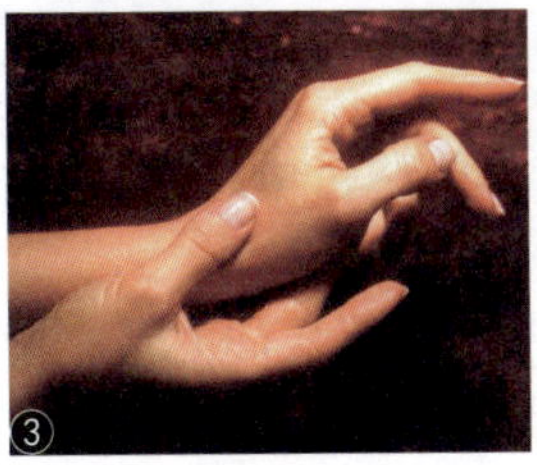

素材

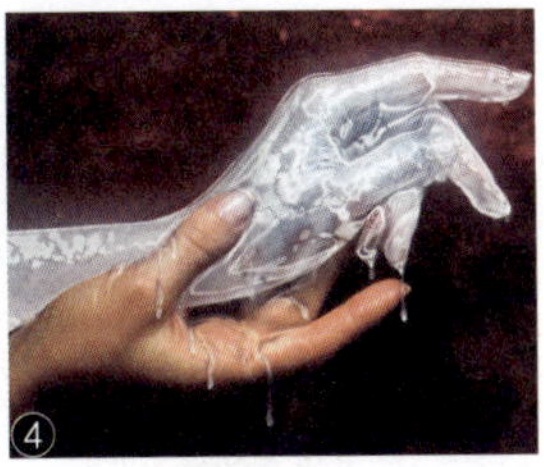

用滤镜制作的冰手特效

1.1.8 先方法、后技巧，边玩边学

在学习本书的过程中我们会一点点发现，有许多任务是可以通过不同方法来完成的。确实是这样，这是Photoshop强大之处的一个体现，它提供了很多方法，供不同层级的用户选择。例如，就拿最简单的工具选取任务来说，可以通过3种方法❶来完成：在工具箱中选取工具、通过快捷键选取工具以及使用“工具预设”面板选取包含了预设参数的工具。

第1种是基本方法，后两种就涉及到技巧。我们可以先学基本方法，等操作熟练了以后再学技巧。这是因为，要记住所有的方法显然会耗费大量时间，学习进度也会变慢。

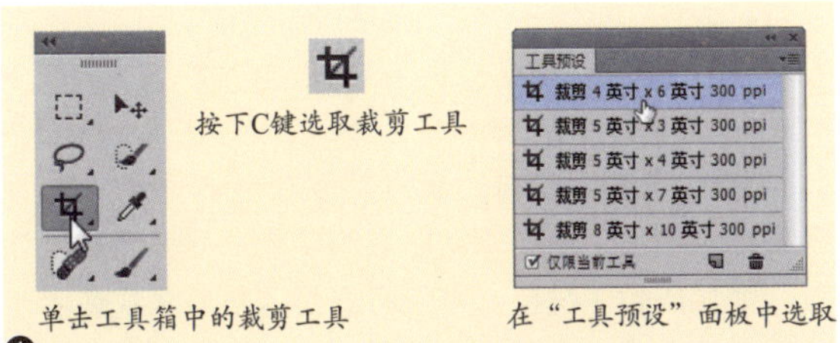

❶

Photoshop是一个创意型的软件程序，它不像办公软件那样刻板、乏味，你有任何天马行空的想象，都可以用Photoshop来实现。学习Photoshop是非常有趣的事情，在这个过程里，我们会不断地发现新奇，收获惊喜，因此，你尽可以抱着玩的态度，开开心心地学习Photoshop。不多说了，就让我们玩起来吧！

1.2 Photoshop工作界面

Photoshop CC的工作界面相比之前的版本有了很大改进，界面划分更加合理，常用面板的访问、工作区的切换也更加方便。

1.2.1 Photoshop CC界面组件

Photoshop CC的工作界面❶与其他软件程序没有太大差别，也是由菜单、图像编辑区（文档窗口）、工具箱、选项卡和面板等组件构成。虽然看起来项目比较多，其实很容易上手操作。

- 菜单：菜单中包含可以执行的各种命令。
- 标题栏：显示了文档名称、文件格式、窗口缩放比例和颜色模式等信息。当文档中包含多个图层时，标题栏中会显示当前工作图层的名称。
- 工具箱：包含用于执行各种操作的工具，如创建选区、移动图像、绘画和绘图等工具。
- 工具选项栏：用来设置工具的各种选项。它会随着所选工具的不同而改变选项内容。
- 面板：用来设置编辑选项、颜色属性等。

❶

- 状态栏：可以显示文档大小、文档尺寸、当前工具和窗口缩放比例等信息。

- **文档窗口**：显示和编辑图像的区域。
- **选项卡**：打开多个图像时，只在窗口中显示一幅图像，其他的则最小化到选项卡中。单击选项卡中各个文件名便可以显示相应的图像。

1.2.2 实战技巧：炫酷的黑色界面

Photoshop以前的版本都以灰色界面为主。现在Adobe增加了一项非常贴心的功能——界面亮度调节。如果厌倦了灰色，可以将界面调整为深灰或者干脆调成黑色❶。黑色是最神秘、最炫酷的颜色，在这样的界面上，图像的辨识度最高。

但是，灰色界面仍然非常有用。因为相对于其他颜色，灰色不会影响我们对图像颜色的判断❷，我们可以更加准确地观察色彩和进行调色操作。所以，在进行色彩方面的操作时，用灰色界面是比较恰当的。

需要调整界面亮度时，可以通过快捷键来操作：按下Alt+F2快捷键（可按3次），可以将界面调亮；按下Alt+F1快捷键，可以将界面调暗（可按3次，从深灰到黑色）。

提示（Tips）

Adobe程序设计师在Photoshop中藏了一个“彩蛋”。按住Ctrl键，在“帮助”菜单中找到“关于Photoshop”命令，即可在Photoshop窗口中显示彩蛋。

1.2.3 练习：文档窗口

文档窗口是我们观察和编辑图像的区域。在Photoshop中打开多个文件时，每个文件有一个文档窗口。多个文档窗口会涉及切换、选项卡排列顺序、窗口浮动，以及浮动窗口大小调整等操作。

01 按下Ctrl+O快捷键，弹出“打开”对话框，选择任意两幅图像，按住Ctrl键单击它们，按下Enter键打开，它们会停放到选项卡中，其中的一幅图像显示，另一幅在选项卡中显示文档名称❶。

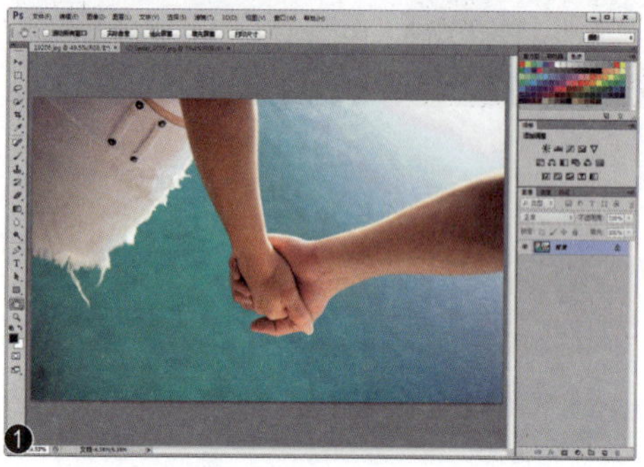

02 单击选项卡中文档的名称，即可将其设置为当前操作的窗口❷，另一个会隐藏起来。我们也可以按下Ctrl+Tab快捷键，按照前后顺序切换窗口。按下Ctrl+Shift+Tab快捷键，则会按照相反的顺序切换窗口。

03 在文档的标题栏单击，然后向下方拖曳，可将其从选项卡中拖出，此时它会变成浮动窗口❸。拖曳它的标题栏就可以移动其位置。

04 拖曳浮动窗口的一角，可以调整窗口大小❹。将其拖向选项卡，当出现蓝色横线时放开鼠标，可以将窗口重新停放到选项卡中。使用移动工具时，可以采用这种拖曳方式，将一幅图像拖入另一个打开的文件中（54页）。

05 将光标放在文档的标题栏上，单击并在选项卡中水平移动，可以调整文档的排列顺序❺。

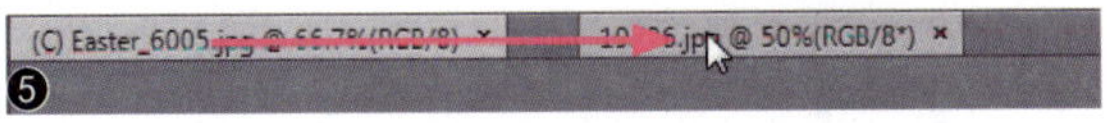

06 单击一个窗口右上角的 ✖ 按钮，可以关闭该窗口。如果打开了很多图像，想要快速关闭所有窗口，可以在一个文档的标题栏上单击鼠标右键，打开下拉菜单，选择“关闭全部”命令。此外，如果选项卡中无法显示全部文档的名称，可以打开“窗口”菜单，或者单击选项卡右侧的 >> 按钮，打开下拉菜单，在这两个菜单中都能找到需要编辑的文档❻。当然，也可以按下Ctrl+Tab快捷键来切换窗口。

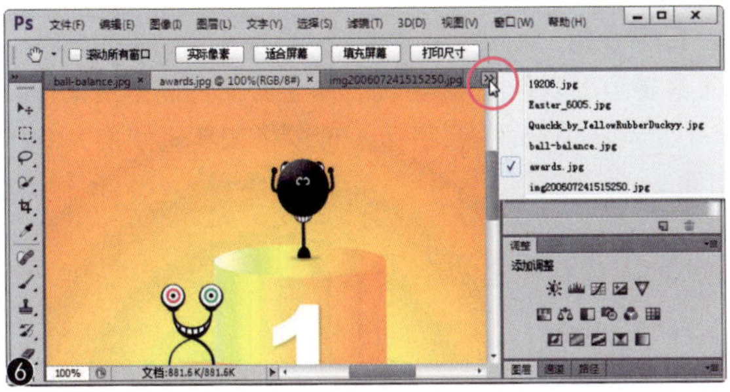

提 示（Tips）

文档窗口最顶部的一条是标题栏。标题栏中会显示当前文件的基本信息，包括文件名、颜色模式和位深度等。除此之外，如果图像经过编辑但尚未保存，标题栏中会显示*状符号；如果配置文件（106页）丢失或不正确，会显示#状符号。

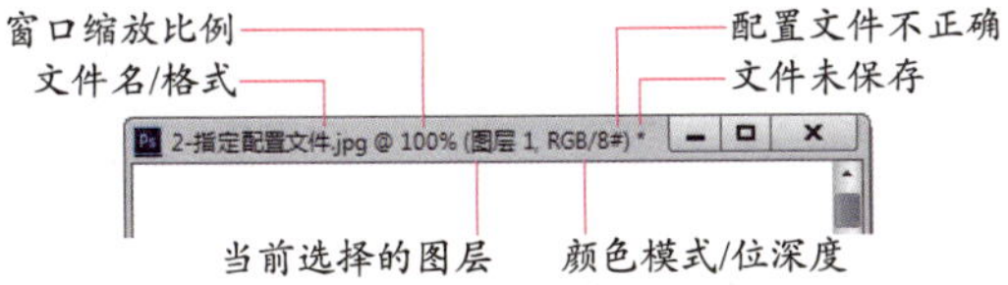

1.2.4 状态栏

状态栏属于窗口的一部分。使用Photoshop时，我们可能更加关注窗口中的图像，而忽略了它。其实状态栏能显示很多有用的信息。

状态栏的最左侧显示的是文档窗口的缩放比例，即视图比例（20页）。单击它右侧的 ▶ 按钮，可以打开一个菜单❶，我们可以在该菜单中选择让状态栏显示哪些信息。其中的“文档大小”“暂存盘大小”和“效率”都与Photoshop的工作效率和内存的使用情况有关，后面有详细介绍（30页）。其他选项如下。

- Adobe Drive：显示文档的 Version Cue 工作组状态。Adobe Drive 使我们能连接到 Version Cue 服务器。连接后，可以在 Windows 资源管理器或 Mac OS Finder 中查看服务器的项目文件。
- 文档配置文件：显示图像所使用的颜色配置文件。
- 文档尺寸：显示当前图像的尺寸。还有两种方法可以显示更多信息。即在状态栏上单击鼠标，显示当前图像的宽度、高度和通道信息❷；或者按住Ctrl键单击（按住鼠标按键不放），显示图像的拼贴宽度等信息❸。

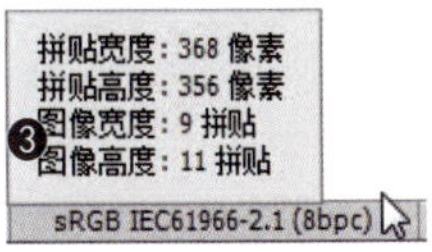

- 测量比例：显示文档的比例。
- 计时：显示完成上一次操作所用时间。
- 当前工具：显示当前使用工具的名称。
- 32 位曝光：用于调整预览图像，以便在计算机显示器上查看 32 位/通道高动态范围（HDR）图像的选项（245页）。只有文档窗口显示 HDR 图像时，该选项才可用。
- 存储进度：保存文件时显示存储进度。

1.2.5 工具箱

Photoshop 的工具箱中包含了用于创建和编辑图像、图稿、页面元素的各种工具和按钮❶。这些工具按照用途分为7大类❷。在这里我们先介绍工具的选取方法，每个工具的具体用法，在相关章节中会有详细说明。

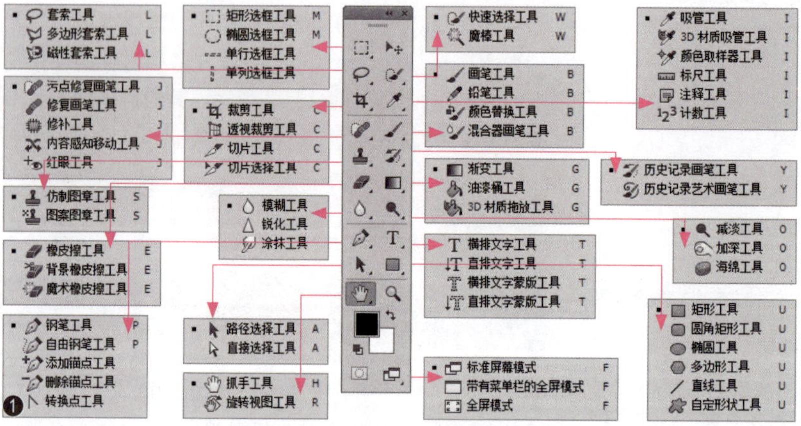

❶

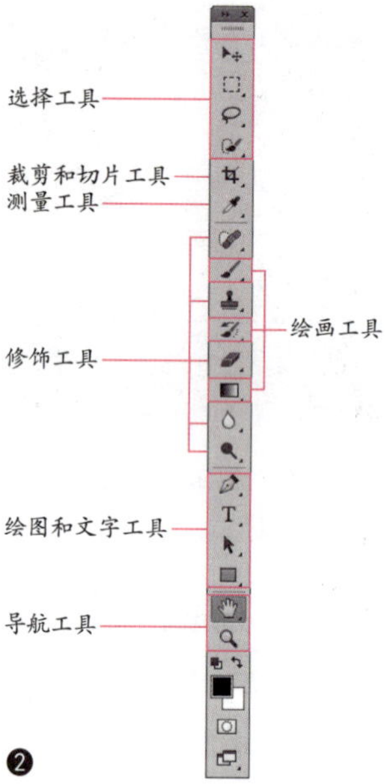

❷

单击一个工具即可选择该工具❸。如果工具右下角带有三角形图标，表示这是一个工具组，在这样的工具上按住鼠标按键可以显示隐藏的工具❹；将光标移动到隐藏的工具上，然后放开鼠标，即可选择该工具❺。

❸

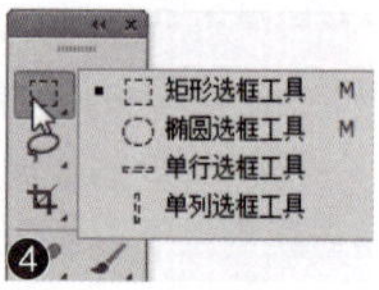

❹

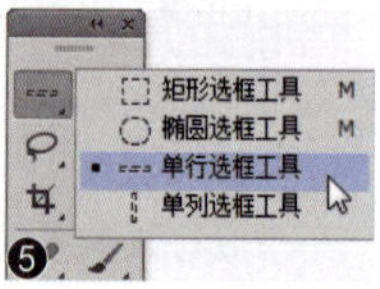

❺

在默认状态下，工具箱停放在窗口左侧。将光标放在工具箱顶部双箭头▸▸右侧，单击并向右侧拖曳鼠标，可以将工具箱从停放位置拖出，放在窗口的任意位置。单击工具箱顶部的▸▸图标，可以将工具箱切换为单排（或双排）显示。单排工具箱可以为文档窗口让出更多的空间。

1.2.6 练习：工具选项栏

当我们选择一个工具以后，就可以在窗口上方的工具选项栏设置它的性能和参数。选项设置得对，才能发挥出工具的效果。因此，对于每一个工具，我们不仅要学会使用，更要了解它的选项有什么意义。每个工具的选项本书都会介绍到。现阶段我们要做的是掌握选项的设置方法。

01 选择渐变工具。观察它的工具选项栏❶，其中既有图标，也有按钮和选项框（有些工具只有一到两项），它们的操作方法不同。图标类型的按钮单击即可，例如，单击按钮，表示当前选择的是线性渐变❷；三角形和双三角形按钮，在其上方单击可以打开下拉面板或是下拉菜单❸；对于选项框，在其内部或选项的名称上单击，可将其勾选❹。想要取消勾选，再次单击便可❺。

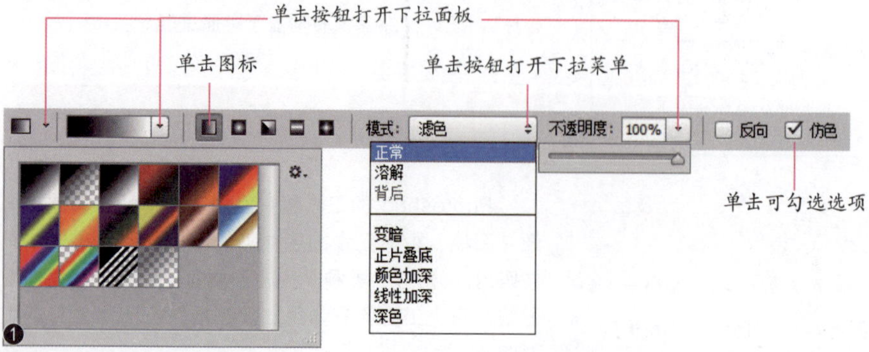

❶

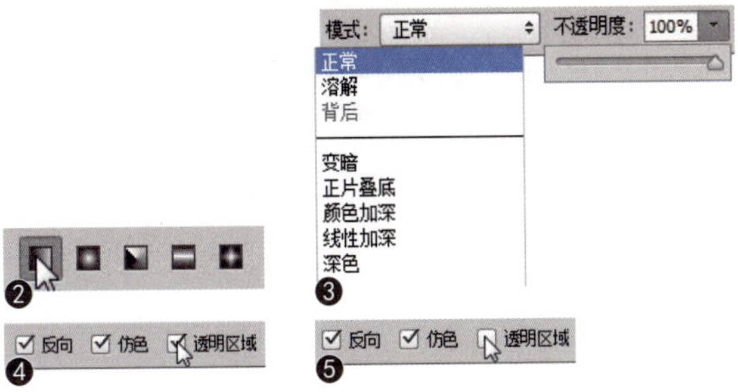

02 带有数值的选项（如“不透明度”）可以通过4种方法操作。第1种方法是在数值上双击，将其选取❻，然后输入新数值并按Enter键❼。

03 第2种方法是在数值框内单击，当出现闪烁的“I”形光标后❽，通过向前或向后滚动鼠标中间的滚轮来调整数值。

04 第3种方法是单击按钮，显示弹出滑块后，拖曳滑块来调整数值❾。

05 第4种方法是将光标放在选项的名称上，当光标改变以后❿，单击并向左或向右拖曳鼠标，可以调整数值。

提 示（Tips）

工具选项栏可以移动位置。单击并拖曳工具选项栏最左侧的图标，将它从停放位置拖出，可以放在窗口中的其他位置上。如果要重新停放回原处，可以将图标拖回菜单栏下面，当出现蓝色条时放开鼠标即可。工具箱和工具选项栏都属于面板，可以在“窗口”菜单底部选择“工具”和“选项”命令，将它们关闭或打开。

1.2.7 “工具预设”面板

“工具预设”面板是一个保管着各种工具的“兵器库”，而且这些工具都已预先设置好了参数和选项，就像枪已上膛，拿过来就可以射击。例如，单击其中的第1个，即可选择修复画笔工具❶，Photoshop会自动为我们选择笔尖，设置参数❷。

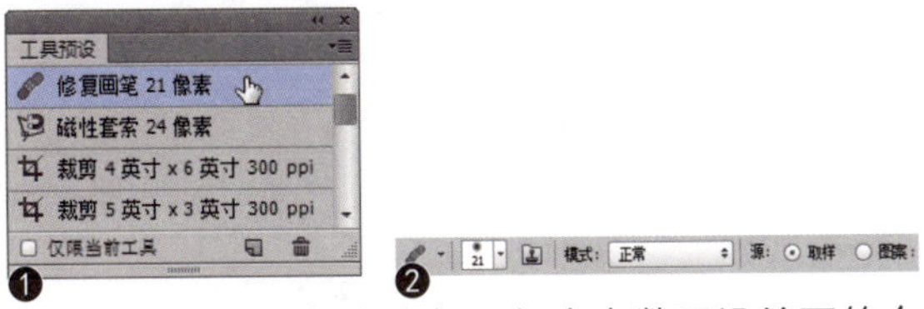

工具预设看起来方便，但大多数预设并不符合我们需要。真正常用的预设还得我们自己来创建。例如，如果经常使用某种渐变，可以选择渐变工具，然后在工具选项栏中将这种渐变的参数设置好❸，之后单击“工具预设”面板中的按钮，将其保存到面板中❹（如果要删除一个预设，可以将它拖曳到按钮上）。这样以后需要使用时，可以直接到“工具预设”面板中选取，不必再重复设置这些参数和选项。充分利用好“工具预设”面板，可以让它成为我们的第2个工具箱。

当工具预设数量较多时，“工具预设”面板的列表会相应变长，工具查找起来就比较麻烦了。在这种情况下，我们可以先在工具箱中选择需要使用的工具，例如，选择渐变工具，然后选取“仅限当前工具”选项，这样“工具预设”面板中就只显示属于该工具的各种预设，而屏蔽其他工具❺。

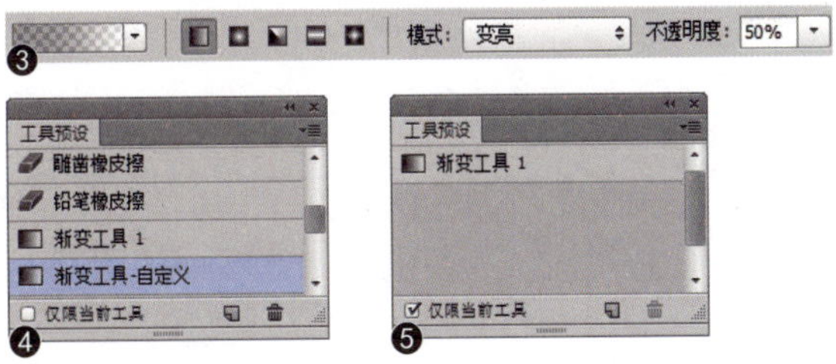

“工具预设”面板还有一个简化的版本，它镶嵌在工具选项栏中（最左侧）。单击工具图标右侧的按钮，就可以打开它❻。

“工具预设”面板在使用时有一点需要特别注意，即单击一个工具预设后，它的参数就会被Photoshop存储到工具选项栏中，因此，以后我们在工具箱中选择这一工具时，会自动应用这些参数预设。如果不想出现这种情况，可以单击“工具预设”面板右上角的按钮，打开面板菜单❼，选择“复位工具”命令，清除当前所选工具的预设。选择“复位所有工具”命令，可清除所有工具的预设。

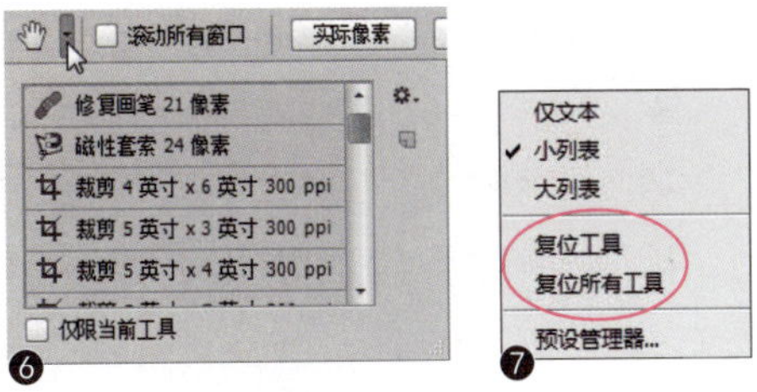

1.2.8 Photoshop 工具总览

组	工具名称	工具用途	工具种类	快捷键
	移动	可移动图层、选中的图像和参考线，按住Alt键拖动图像，还可以进行复制	选择类	V
1	矩形选框	可创建矩形选区，按住Shift键操作可创建正方形选区	选择类	M
1	椭圆选框	可创建椭圆选区，按住Shift键操作可创建圆形选区	选择类	M
1	单行选框	可创建高度为1像素的矩形选区	选择类	
1	单列选框	可创建宽度为1像素的矩形选区	选择类	
2	套索	可徒手绘制选区	选择类	L
2	多边形套索	可创建边界为多边形（直边）的选区	选择类	L
2	磁性套索	可自动识别对象的边界，并围绕边界创建选区	选择类	L
3	快速选择	使用可调整的圆形画笔笔尖快速“绘制”选区	选择类	W
3	魔棒	在图像中单击，可选择与单击颜色和色调相近的区域	选择类	W
4	裁剪	可裁剪图像	裁剪和切片类	C
4	透视裁剪	可在裁剪图像时应用透视扭曲，校正出现透视畸变的照片	裁剪和切片类	C
4	切片	可创建切片，以便对Web页面布局、图像进行压缩	裁剪和切片类	C
4	切片选择	可选择切片，调整切片的大小	裁剪和切片类	C
5	吸管	在图像上单击，可以拾取颜色，并设置为前景色；按住Alt键操作，可拾取为背景色	测量类	I
5	3D材质吸管	可在3D模型上对材质进行取样	3D类	I
5	颜色取样器	可在图像上放置取样点，“信息”面板中会显示取样点的精确颜色值	测量类	I
5	标尺	可测量距离、位置和角度	测量类	I
5	注释	可为图像添加文字注释	测量类	I
5	计数	可统计图像中对象的个数	测量类	I
6	污点修复画笔	可除去照片中的污点、划痕，或图像中多余的内容	修饰类	J
6	修复画笔	可利用样本或图案修复图像中不理想的部分，修复效果真实、自然	修饰类	J
6	修补	可利用样本或图案修复所选图像中不理想的部分，这需要用选区限定修补范围	修饰类	J
6	内容感知移动	将图像移动或扩展到其他区域时，可以重组和混合对象，产生出色的视觉效果	修饰类	J
6	红眼	可修复由闪光灯导致的红色反光，即人像照片中的红眼现象	修饰类	J
7	画笔	可绘制线条，还可以更换笔尖，用于绘画和修改蒙版	绘画类	B
7	铅笔	可绘制硬边线条，类似于传统的铅笔	绘画类	B
7	颜色替换	可以将选定颜色替换为新颜色	绘画类	B
7	混合器画笔	可模拟真实的绘画技术，例如混合画布颜色和使用不同的绘画湿度	绘画类	B
8	仿制图章	可以从图像中拷贝信息，并利用图像的样本来绘画	修饰类	S
8	图案图章	可以使用Photoshop提供的图案，或者图像的一部分作为图案来绘画	修饰类	S
9	历史记录画笔	可将选定状态或快照的副本绘制到当前图像窗口中，需要配合“历史记录”面板使用	绘画类	Y
9	历史记录艺术画笔	可使用选定状态或快照，采用模拟不同绘画风格的风格化描边进行绘画	绘画类	Y

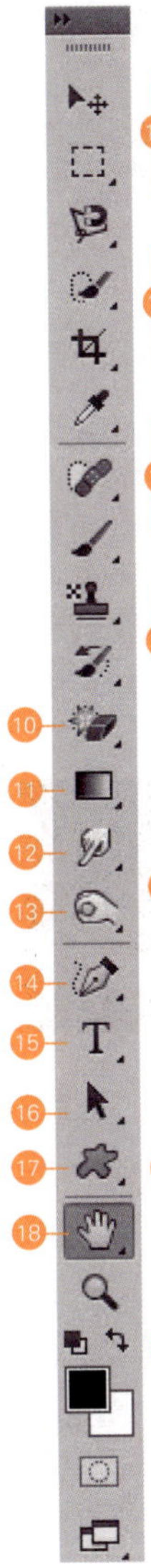

	工具名称	工具用途	工具种类	快捷键
10	橡皮擦	可擦除像素	修饰类	E
	背景橡皮擦	可自动采集画笔中心的色样，删除在画笔范围内出现的这种颜色		
	魔术橡皮擦	只需单击一次，即可将纯色区域擦抹为透明区域		
11	渐变	可创建直线形、放射形、斜角形、反射形和菱形的颜色混合效果	绘画类	G
	油漆桶	可以使用前景色或图案填充颜色相近的区域		
	3D材质拖放	可以将材质应用到3D模型上	3D类	
12	模糊	可以对图像中的硬边缘进行模糊处理，减少细节，效果类似于“模糊”滤镜	修饰类	
	锐化	可锐化图像中的柔边，增强相邻像素的对比度，使图像看上去更加清晰		
	涂抹	可涂抹图像中的像素，创建类似于手指拖过湿油漆时的效果		
13	减淡	可以使涂抹的区域变亮，常用于处理照片的曝光		O
	加深	可以使涂抹的区域变暗，常用于处理照片的曝光		
	海绵	可以修改颜色的饱和度，增加或降低饱和度取决于工具的“模式”选项		
14	钢笔	可绘制平滑的路径，常用于描摹对象轮廓，再将路径转换为选区，从而选中对象	绘图和文字类	P
	自由钢笔	可徒手绘制路径，使用方法与套索工具相似		
	添加锚点	可在路径上添加锚点		
	删除锚点	可删除路径上的锚点		
	转换点	在平滑点上单击鼠标，可将其转换为角点；在角点上单击并拖动鼠标，可将其转换为平滑点		
15	横排文字	可创建横排点文字、路径文字和区域文字		T
	直排文字	可创建直排点文字、路径文字和区域文字		
	横排文字蒙版	可沿横排方向创建文字形状的选区		
	直排文字蒙版	可沿直排方向创建文字形状的选区		
16	路径选择	可选择和移动路径		A
	直接选择	可选择锚点和路径段，移动锚点和方向线，修改路径的形状		
17	矩形	可在正常图层（像素）或形状图层中创建矩形（矢量）和正方形（按住Shift键）		U
	圆角矩形	可在正常图层（像素）或形状图层中创建圆角矩形（矢量）		
	椭圆	可在正常图层（像素）或形状图层中创建椭圆（矢量）和圆形（按住Shift键）		
	多边形	可在正常图层（像素）或形状图层中创建多边形和星形（矢量）		
	直线	可在正常图层（像素）或形状图层中创建直线（矢量），以及带有箭头的直线		
	自定形状	可创建从自定形状列表中选择的自定形状，也可以使用外部的形状库		
18	抓手	在文档窗口内移动画面，按住Ctrl键/Alt键单击还可以放大/缩小窗口	导航类	H
	旋转视图	在不破坏原图像的情况下旋转画布，就像是在纸上绘画一样方便		R
	缩放	单击可放大窗口的显示比例，按住Alt键操作可缩小显示比例		Z
	默认前景色和背景色	单击它可恢复为默认的前景色（黑色）和背景色（白色）		D
	切换前景色和背景色	单击它可切换前景色和背景色的颜色		X
	设置前景色	单击它可打开“拾色器”设置前景色		
	设置背景色	单击它可打开“拾色器”设置背景色		
	以快速蒙版模式编辑	可切换到快速蒙版模式下编辑选区		Q
	屏幕模式	可切换屏幕模式，隐藏菜单、工具箱和面板		F

1.2.9 菜单命令

在Photoshop中，菜单是最容易操作的。只要会上网，就会用菜单。

Photoshop CC有11个主菜单❶。单击一个菜单，可将其打开。在菜单中，不同功能的命令之间采用分隔线隔开。带有黑色三角标记的命令表示还包含有子菜单❷。选择菜单中的一个命令，即可执行该命令。

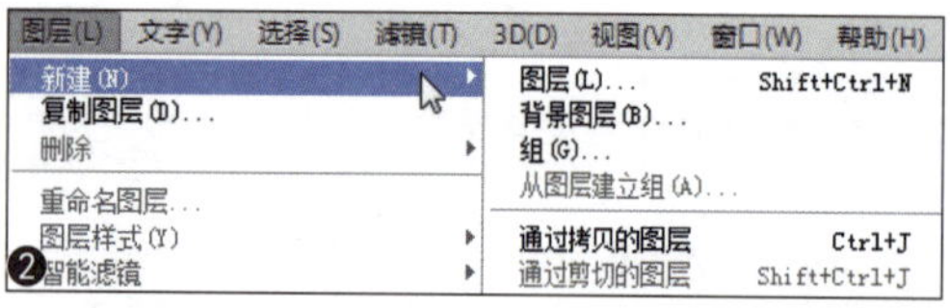

在文档窗口的空白处、在包含图像的区域，或者在面板上右击，可以打开快捷菜单❸❹。快捷菜单中的命令与当前所选工具、面板，或者所进行的操作有关，使用起来比在窗口顶部的菜单中选取命令要方便、快捷。

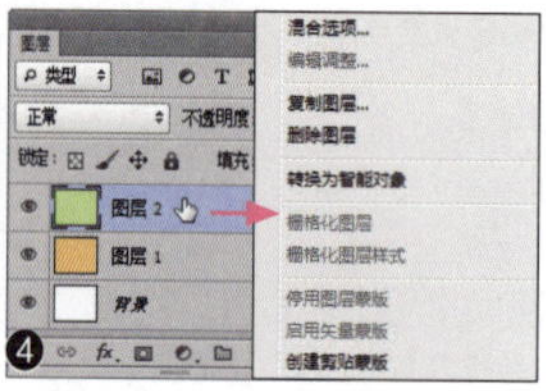

Photoshop允许用户自己定义在菜单中显示哪些命令，或者为命令刷上颜色（19页），使其易于识别。另外，名称右侧带有字母的菜单和命令，是可以通过快捷键来执行的（17页）。

提 示（Tips）

在本书中，凡涉及菜单命令的内容均用“某菜单>某命令”来表示。例如，“图层>复制图层”命令，就表示这是“图层”菜单中的“复制图层”命令。

1.2.10 练习：对话框

在菜单中，名称右侧有“…”状符号的命令在执行时会弹出对话框，我们可以在其中设置选项。还有一种是警告类对话框，提醒我们操作不正确或需要注意的事项，这类对话框没有选项，无需设置。

01 按下Ctrl+O快捷键，打开素材❶。执行“图像>调整>色相/饱和度”命令，打开“色相/饱和度”对话框。对话框中通用的选项包括数字文本框、滑块、“预览”和 ▾ 状按钮❷。

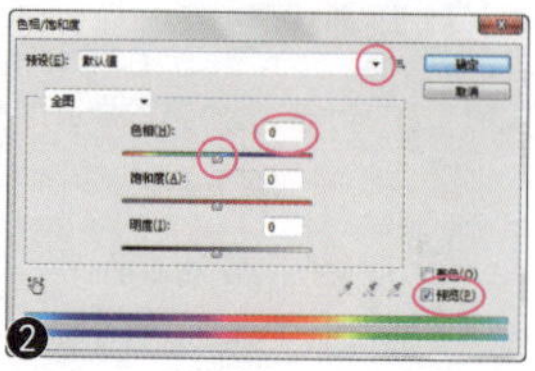

02 拖曳各个滑块❸❹可以手动调整参数。如果要通过数值进行精确调整，可以在一个数字文本框中单击，输入数值后，按下Tab键切换到下一个选项，再继续输入。如果需要多次尝试才能确定最终数值，可以这样操作：在选项中双击鼠标，将数值选取❺，按下↑键和↓键可以以1为单位增加或减小数值❻；如果同时按住Shift键，则会以10为单位调整数值。

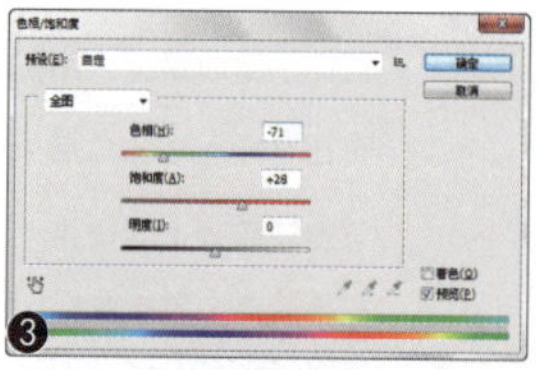

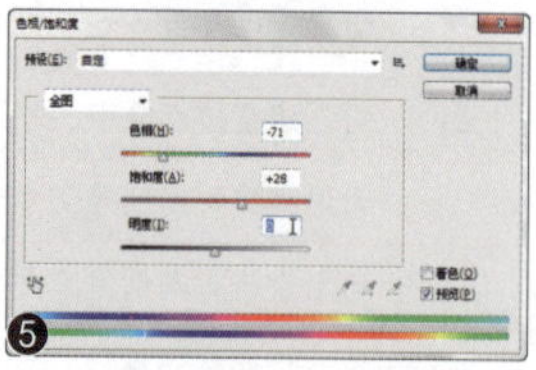

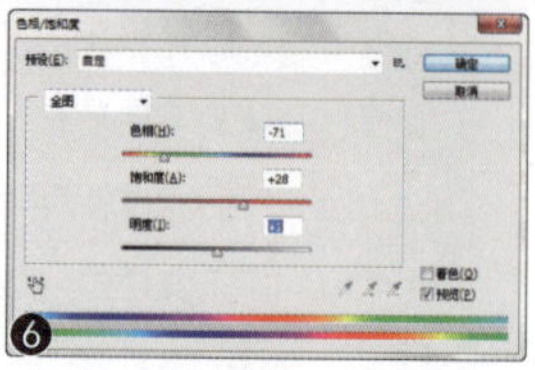

03 在默认状态下，调整参数时，文档窗口中会实时显示图像的变化情况，这是因为“预览”选项被选取。如果想要观察图像在编辑前、后的对比效果，可以单击该选项，进行切换❼❽。不过，最便捷的方法是按下P键来切换。但是如果对话框中的数值处于选取状态，则P键将不能奏效，此时可以按下Tab键，切换到非数值选项，然后再按P键。

04 修改参数以后，如果想要恢复为默认值，可以按住Alt键（一直按住），对话框中的“取消”按钮会变为“复位”按钮❾，单击它即可复位参数❿。

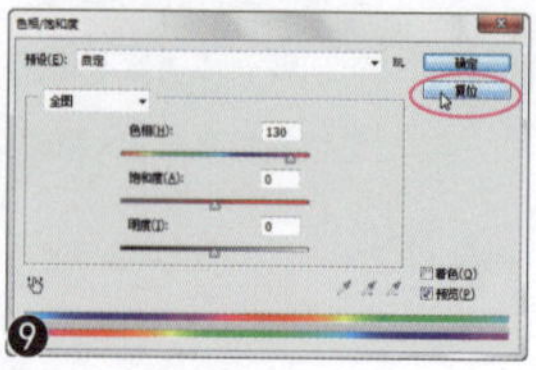

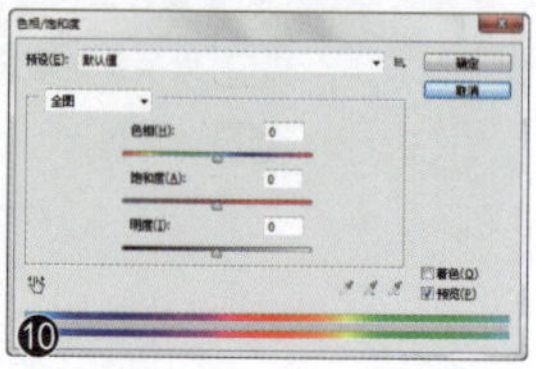

05 一般情况下，Photoshop还会在对话框中提供预设的参数选项。我们可以单击 ▾ 按钮，在打开的下拉菜单中选取⓫⓬。

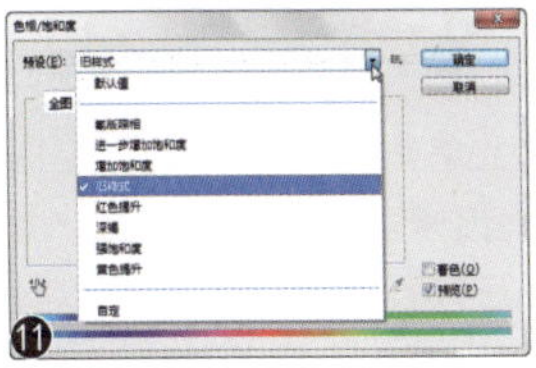
⓫

⓬

提 示（Tips）

复位对话框中的参数是实战中比较常用的技巧。如果不会用这个技巧，就需要手动将各个参数恢复为0，或者单击“取消”按钮放弃修改，然后再重新打开对话框进行调整。

1.2.11 练习：使用停放在一起的面板

面板是继工具和命令之外的第3类编辑工具。面板承担的任务与命令有些相似，甚至少部分面板功能也可以通过命令来完成。例如，创建图层既可以在“图层”面板中操作，也可以使用“图层>新建”命令完成。但除非使用快捷键执行命令，否则面板的效率要高于命令。因为在面板中只需单击便可完成的任务，使用菜单时，还要打开菜单并进行查找，步骤要多一些。面板也有属于自己的菜单和快捷菜单，其中包含很多主菜单中有的命令。

在Photoshop的工作界面中，面板最让人眼花缭乱。一方面是因为它的数量多（工具箱也属于面板）；另一方面是由于它的选项多。

面板参数选项的设置方法与对话框基本相同，前面已经介绍过了。下面我们来学习停放在一起的面板应该怎样操作。

01 执行“窗口>工作区>绘画”命令，切换到绘画工作区❶。所有相关面板都会停靠在窗口右侧，它们分为几个不同的组，并上下连接。

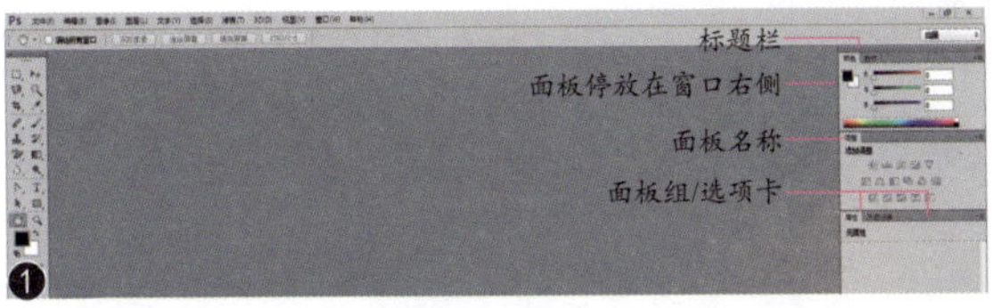

❶

02 当多个面板嵌套在一起时，它们就成为了一个面板组。其中一个面板显示，其他的只在选项卡中显示名称。单击一个面板的名称，可以显示这一面板❷。

03 单击面板名称并沿选项卡的水平方向拖曳，可以调整面板的前后顺序❸；向其他面板组的选项卡中拖曳，出现蓝色提示线时❹放开鼠标，则可将其移动到该面板组中❺。

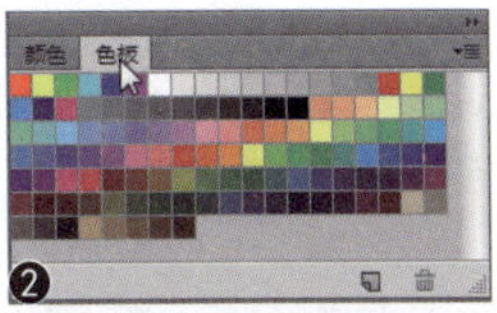
❷

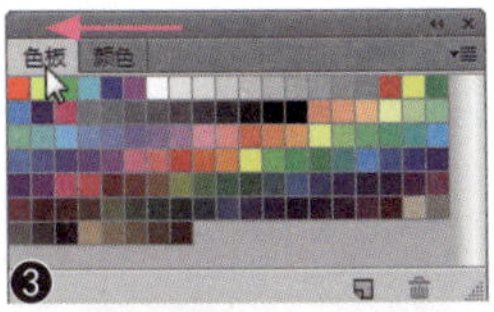
❸

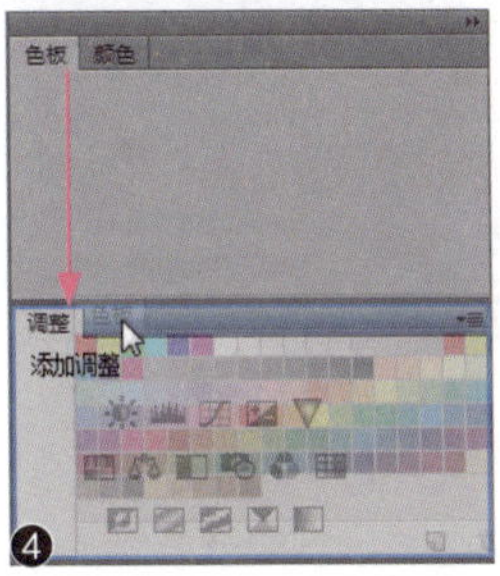
❹

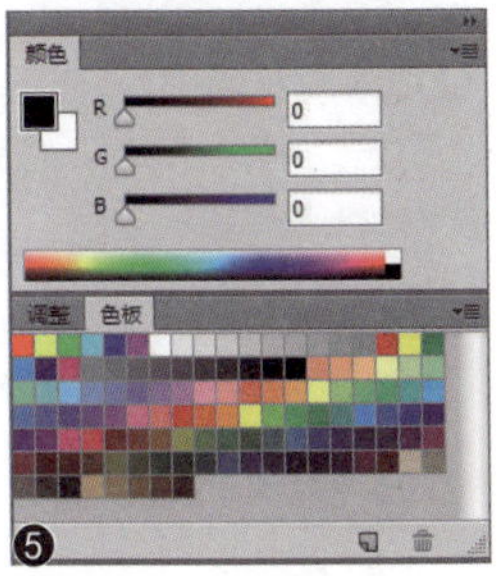
❺

04 如果面板的右下角有 ▨ 状图标，拖曳它最下方的边框，可上下拉动❻，让面板区域更大或更小。拖曳面板组的左侧边界，则可以将所有面板组拉宽❼。

❻

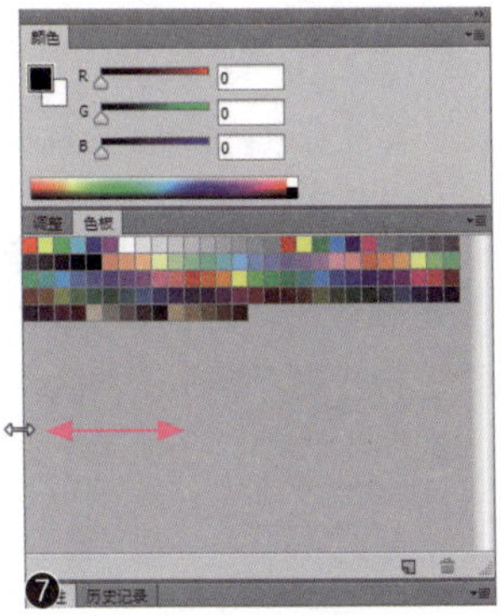
❼

05 在最上方的面板组中，单击右上角的 ▸▸ 按钮，可以将所有面板折叠起来，让它们只显示图标❽，这样文档窗口的工作区域就会大大增加。单击一个图标，可以展开相应的面板❾。再次单击，可将其关闭。

06 在图标状态下，可以拖曳面板的左边界，调整面板组的宽度，让面板的名称显示出来❿。

❽

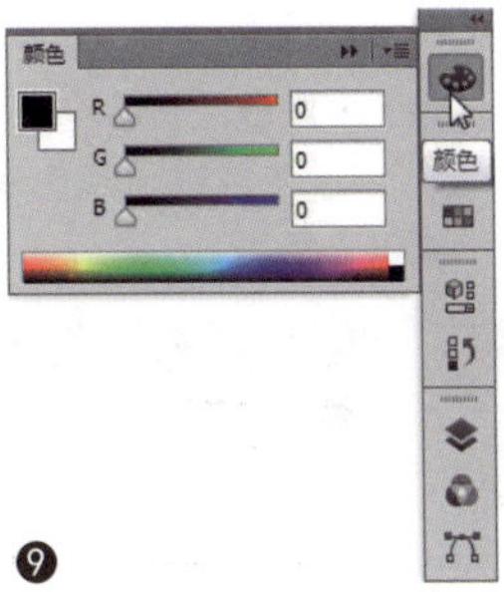
❾

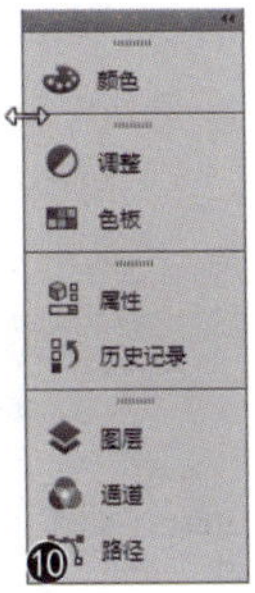

❿

07 单击最上方面板组中的按钮，将面板组重新展开。单击一个面板右上角的按钮，可以打开面板菜单⓫。菜单中包含与当前面板有关的命令。

08 在面板的选项卡上单击鼠标右键，可以显示快捷菜单⓬。选择“关闭”命令，可以关闭当前面板；选择“关闭选项卡组”命令，可以关闭当前面板组。关闭面板后，需要使用它时，可以从“窗口”菜单中选择它，重新将其打开。

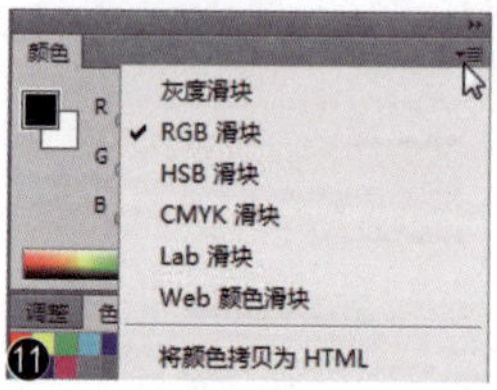

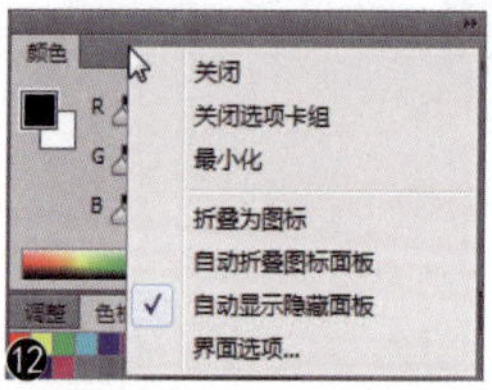

1.2.12 练习：使用浮动面板

面板既可以成组停放在窗口右侧，也可以分散于窗口中的各处。这样的面板称为浮动面板。下面我们来学习相关操作方法。

01 将光标放在面板的名称上，单击并向组外拖曳❶，到达窗口的空白处时放开鼠标，可将其从面板组中分离出来，使之成为浮动面板❷。此时拖曳面板的名称即可随时移动它。

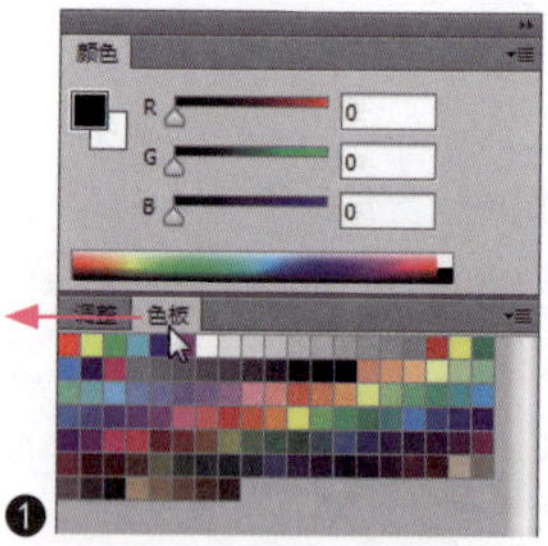

02 与组中右下角有状图标的面板相同，带有该图标的浮动面板也可以调整大小，而且比在组中操作更加灵活。我们可以拖曳面板左、下、右方边框或者状图标❸，将面板朝任意方向拖曳。

03 在一个面板的名称上单击❹，然后将其拖曳到浮动面板的选项卡上，出现蓝色提示线时❺，放开鼠标，可以将它与浮动面板组合❻。

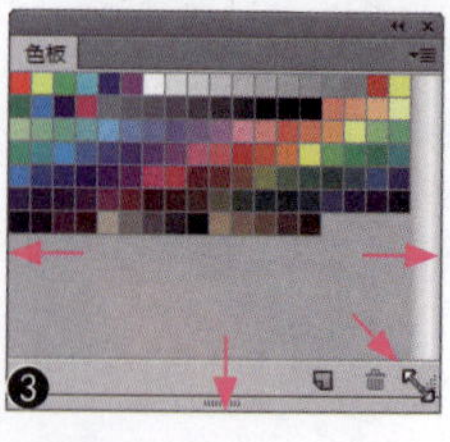

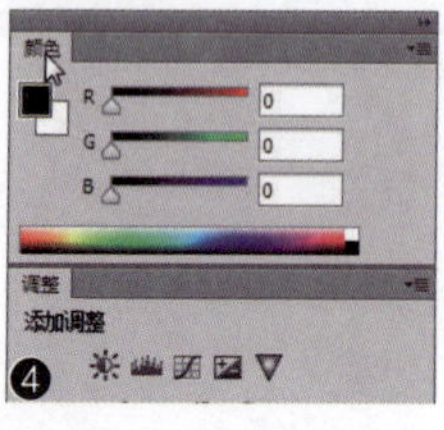

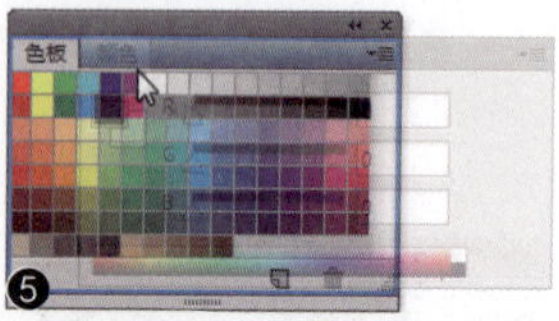

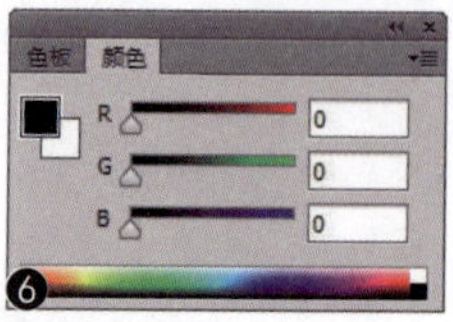

04 在“颜色”面板的名称上单击并向窗口空白处拖曳，将它从面板组中分离出来，将其拖曳到另一个面板下方❼，当出现蓝色提示线时❽，放开鼠标，可以将这两个面板连接在一起❾。

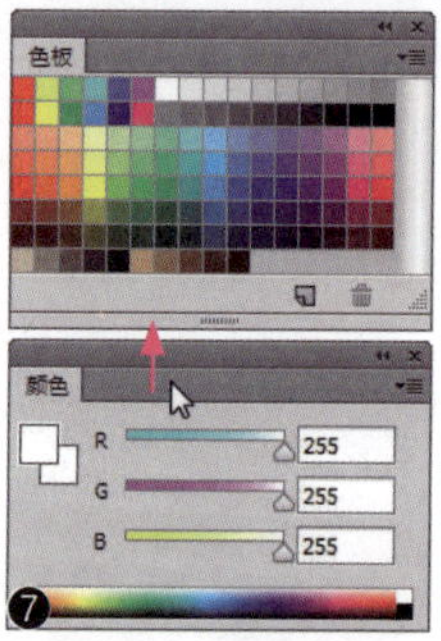

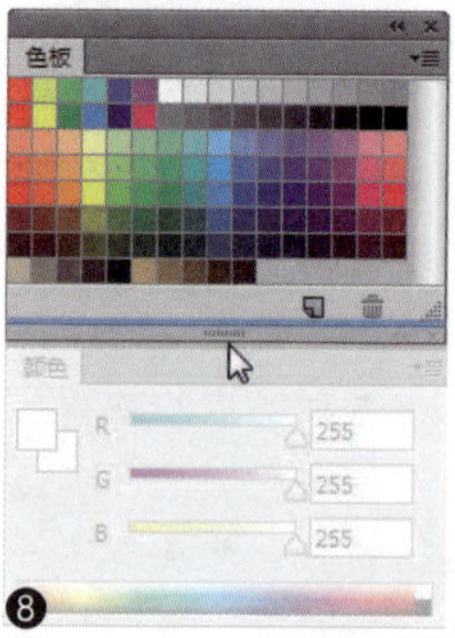

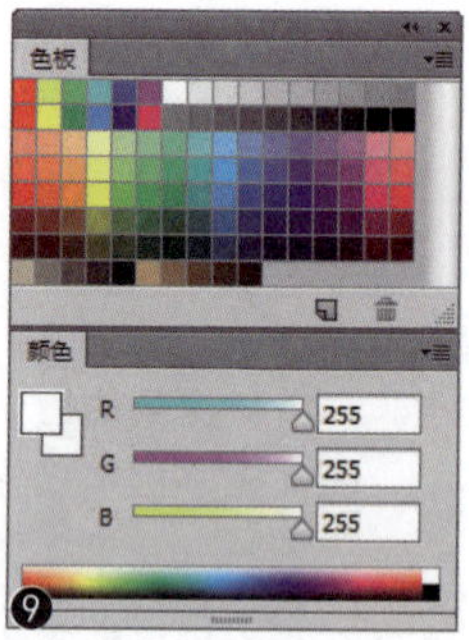

05 当多个面板处于连接状态时，拖曳面板的标题栏可以同时移动它们❿；在面板的名称上双击，可以将它们折叠为图标状⓫。需要展开面板时，可以在名称上再次双击。如果要关闭浮动面板，可以单击它右上角的按钮。

提示（Tips）

浮动面板可以自由摆放位置；成组的面板首尾相接，整齐划一；嵌套在一起的面板节省空间。这些是面板不同摆放形式的特点。

1.3 设置我的工作区

工作区就是在Photoshop窗口内部，由工具箱、面板、菜单和快捷键所构成的工作空间。具体包括：哪些面板打开了以及摆放在什么位置；菜单中有没有命令被隐藏；快捷键是如何设置的，等等。工作区是否得心应手，将直接影响我们的工作效率。

1.3.1 实战技巧：学会使用快捷键

用Photoshop编辑图像时，如果每次都是在工具箱中选取工具、在菜单中选取命令、在面板中指定选项这样按部就班操作的话，这一定是个Photoshop熟练程度还不高的人。高手的工作方式是右手鼠标+左手快捷键（左撇子相反）。

Photoshop为常用的工具、命令和面板配备了快捷键。通过快捷键完成工作任务，可以减少操作步骤，进而减轻手指的疲劳和手腕酸痛感，也能提高操作速度。当然，在外人看起来这也很酷。

菜单命令快捷键

打开“选择”菜单。可以看到，有些命令右侧有英文字母组合，它们就是相应命令的快捷键。例如，“全部”命令的快捷键是Ctrl+A❶。我们在使用时要这样操作：先按住Ctrl键不放，然后再按一下A键（这两个按键不是同时按的），这样直接就可以执行“选择>全部”命令，而不必到菜单中选取这一命令。

有些快捷键的字母组合多于两个，操作时先按住前面的几个不放，之后再按一下最后一个。例如，Shift+Ctrl+I是“选择>反向”命令的快捷键，操作时先要按住Shift键和Ctrl键不放，之后再按一下I键。

有一些命令的快捷键是单个字母，但这不表示按下相应的字母就能执行命令。正确的操作方法是按住Alt键，再按一下主菜单的字母（这样可以打开主菜单），之后再按一下命令后面的字母。例如，执行“图层>复制图层”命令❷时，应按住Alt键不放，然后按一下L键，再按一下D键。这里一定要分清按住和按下的区别，按住是整个操作过程都不放开鼠标；按下则是按一下按键即松开手。

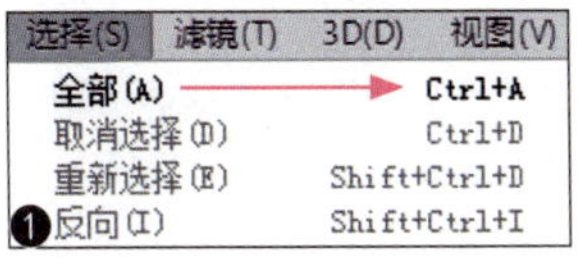

❶

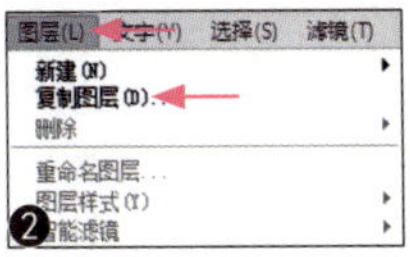

❷

工具快捷键

菜单命令以组合键作为快捷键，工具既有组合键，也有单独的按键。

组合键适用于工具组。例如，套索工具组中有3个工具，它们的快捷键都是L❸，我们按下L键时，选择的将是当前在工具箱中显示的工具。如果要选择另外两个被隐藏的工具，则需要配合Shift键操作。方法是按住Shift键不放，再按L键（多次），便可在这3种工具中依次循环切换。工具组中被隐藏的工具都要通过这种方法选取。

如果工具有单独的按键，那就简单了，按下便可。如移动工具的快捷键是V，只要按一下V键即可选择该工具。

工具的快捷键只在工具组中显示，工具箱上不会出现。我们可以将光标放在一个工具上并停留片刻，查看工具的名称和快捷键❹。

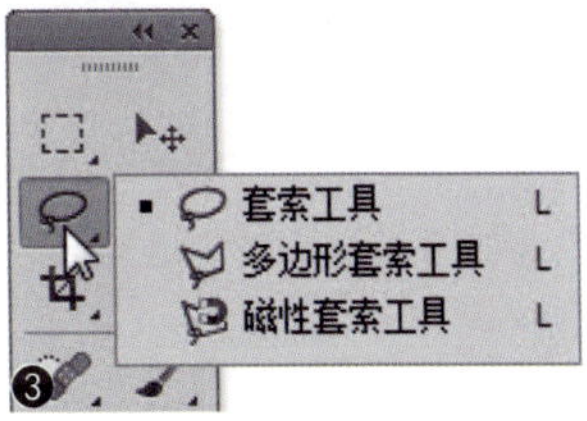

❸

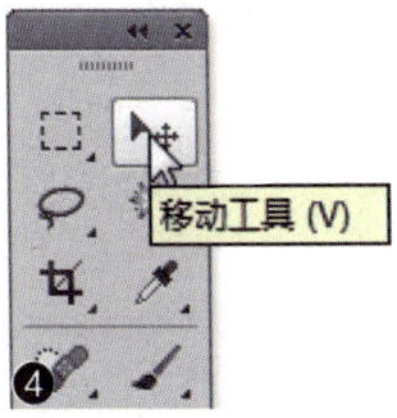

❹

面板很少有快捷键。现在的计算机显示器都是宽屏的，常用的面板都打开也占不了多少空间，这样还方便操作。

1.3.2 疑问解答：Mac用户怎样使用快捷键

Windows系统和Mac系统在快捷键的使用上有一些不同。我们这本书中给出的是Windows系统快捷键，Mac用户需要做一下转换——Alt键转换为Opt键，Ctrl键转换为Cmd键便可以了。例如，书中的快捷键如果是Alt+Ctrl+Z，Mac用户就要转换为Opt+Cmd+Z。

1.3.3 方法①：自定义快捷键

01 执行“编辑>键盘快捷键”命令，或者“窗口>工作区>键盘快捷键和菜单”命令，打开“键盘快捷键和菜单”对话框。单击“快捷键用于”选项右侧的 按钮，打开下拉列表，可以看到3个选项。“应用程序菜单”是用于修改菜单命令快捷键的；“面板菜单”则是用于修改面板菜单命令快捷键的。我们要修改工具的快捷键，所以选择“工具”选项❶。

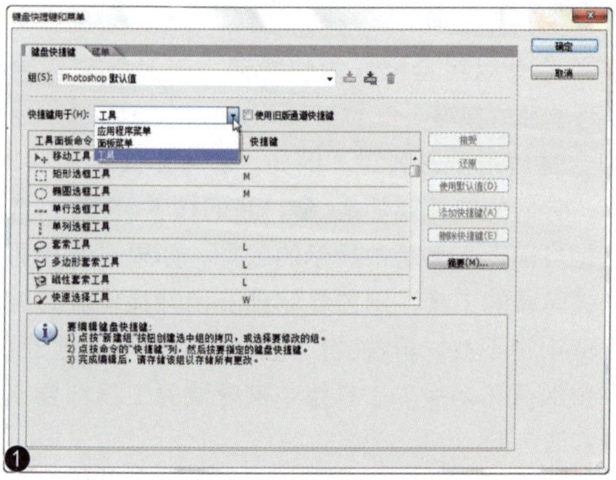

02 在“工具面板命令”列表中选择抓手工具，它右侧的文本框中会显示快捷键“H”❷，单击“删除快捷键”按钮，将其删除。

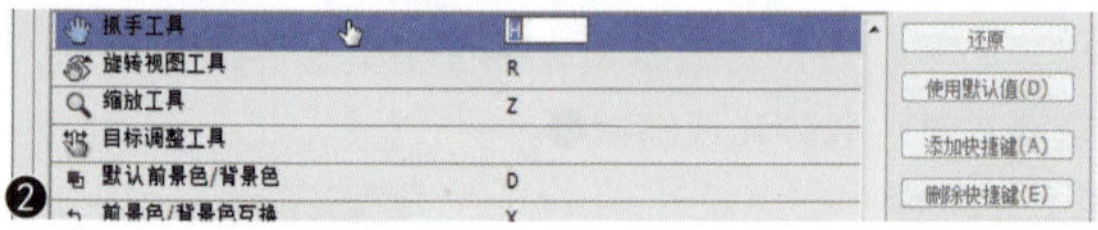

03 选择转换点工具，它没有快捷键，在显示的文本框中输入“H”❸，将抓手工具的快捷键指定给它。单击“确定”按钮关闭对话框。

04 在工具箱的钢笔工具上单击鼠标，并按住鼠标按键，显示工具组。可以看到，快捷键“H”已经分配给了转换点工具❹。

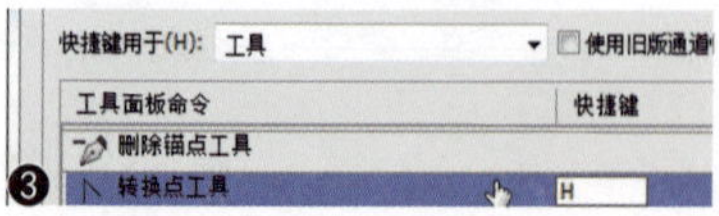

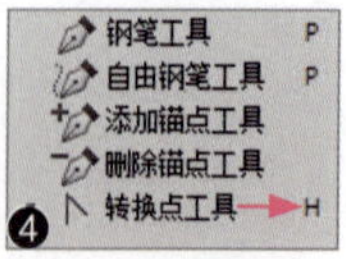

1.3.4 方法②：自定义工作区

在“窗口>工作区”下拉菜单中，Photoshop针对3D、动画、绘画和数码照片等编辑需求，提供了几种预设的工作区❶。例如，处理照片时，可以使用“摄影”工作区，Photoshop会在窗口中显示与修饰和调色有关的面板❷，将其他类型的面板关闭，这样我们就不必动手配置了。

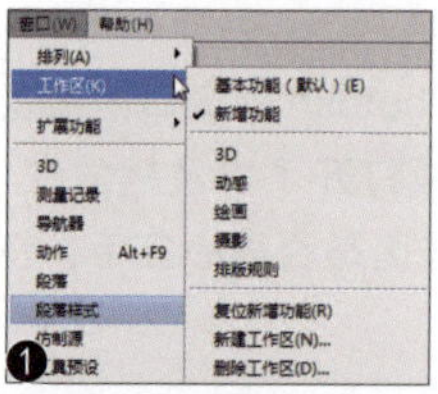

但预设的工作区有点像“工具预设”面板，比较“鸡肋”，并不能完全符合我们的需要。我们可以自己配置面板，将它们摆放到顺手的位置，创建一个适合自己操作的工作空间。下面是具体方法。

01 将不使用的面板关闭，将常用的面板打开，放在便于选择的位置；通过编组和嵌套，合理配置面板组，以方便、顺手为原则❸。在Photoshop窗口中，只有菜单是固定不动的，工具箱、工具选项栏也都属于面板，可以移动位置，也可以关闭。

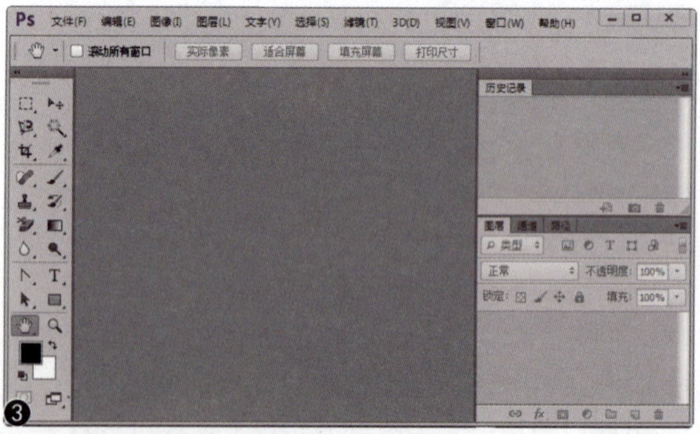

02 执行“窗口>工作区>新建工作区”命令，在打开的对话框中输入工作区的名称❹，如果修改过命令和快捷键，也可以选取下面两个选项，将菜单和快捷键的当前状态保存到工作区中。单击“存储”按钮，关闭对话框，即可完成工作区的创建。

03 下面关闭一些面板，也可移动位置。我们用工作区来进行恢复。打开“窗口>工作区”下拉菜单❺，自定义的工作区在菜单顶部，选择它即可切换为该工作区，之前被关闭的面板会重新打开，被移动过的会自动摆放到先前的位置。

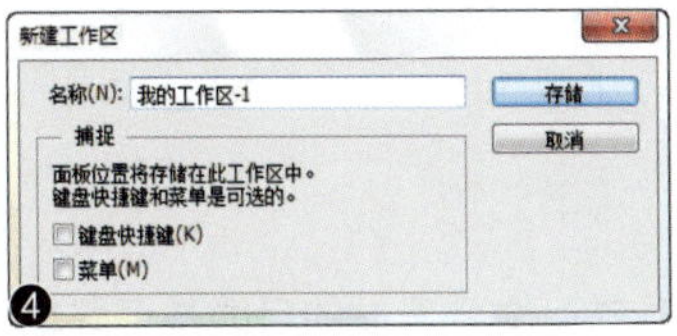

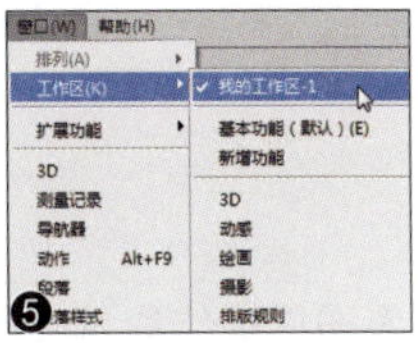

提 示（Tips）

如果要删除自定义的工作区，可以在“窗口>工作区”下拉菜单中选择“删除工作区”命令。如果要恢复为默认的工作区，可以选择“基本功能（默认）”命令。使用预设的工作区时，如果关闭或者移动了面板，可以使用“窗口>工作区>复位（某工作区）”命令将它们恢复过来。

1.3.5 方法③：给菜单“瘦身”

Photoshop每一次版本升级，都会对功能进行完善。这些年来，我们看到它增加了很多激动人心的功能，但似乎并没有减少太多东西。因而，在其变得越来越强大的同时，“身材”也越发臃肿。Photoshop真的应该“瘦瘦身”了。

Adobe在减轻Photoshop“体重”方面也做了一些工作。例如，Photoshop CC版就将之前“滤镜”菜单中的“画笔描边”“素描”“纹理”和“艺术效果”等滤镜组隐藏起来了，但并未删除，而是将它们放在了“滤镜库”中（436页）。这样做是为了让菜单简洁、清晰，我们操作起来也更加方便。

但这样的“瘦身”力度还是不够大。Photoshop中绝大多数功能都是有用的。而有些功能确实很少用到。例如，菜单中的“文件简介”“脚本”“关于增效工具”“系统信息”等命令。与其让它们占用菜单空间，不如将其隐藏，让菜单简洁、清晰，以方便我们查找命令。另外，我们还可以为常用的命令刷上颜色，使其易于识别，这样打开菜单时，第一眼就能看到它们。下面我们就动手操作吧。

01 执行“编辑>菜单”命令，打开“键盘快捷键和菜单”对话框。隐藏命令以及为命令刷颜色都可以在该对话框中操作。我们先隐藏一个命令。单击“文件”菜单前面的▶按钮，展开菜单，单击“在Mini Bridge中浏览”命令的眼睛图标👁❶，隐藏该命令❷，同时眼睛图标消失（要想让命令恢复显示，可以在原眼睛图标处单击，让眼睛图标👁重新显示就行了）。

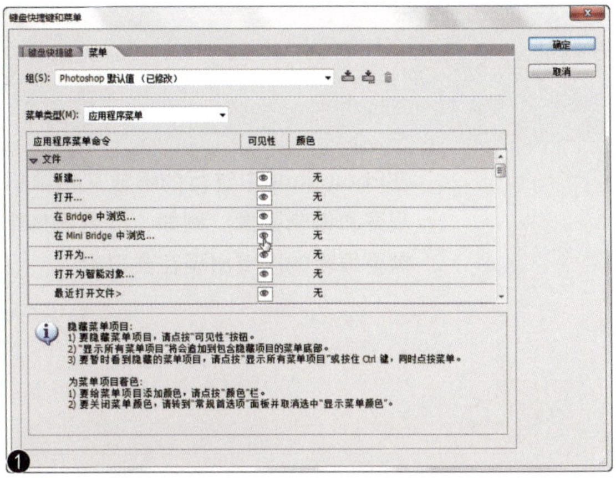

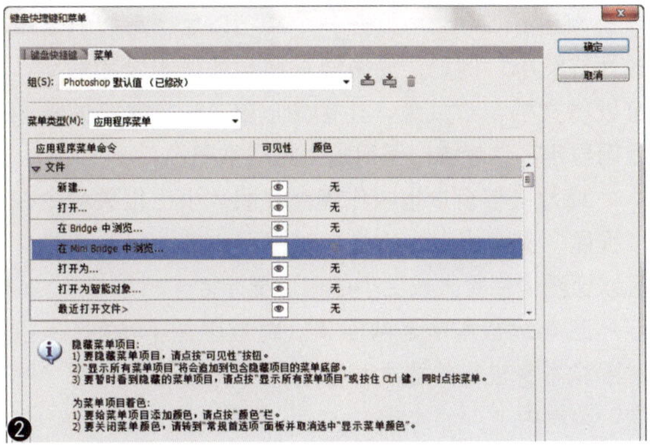

02 下面来为命令刷色。将光标放在“新建”命令右侧的“无”字上方❸，单击鼠标打开下拉列表，选择红色❹，然后单击“确定”按钮，关闭对话框。

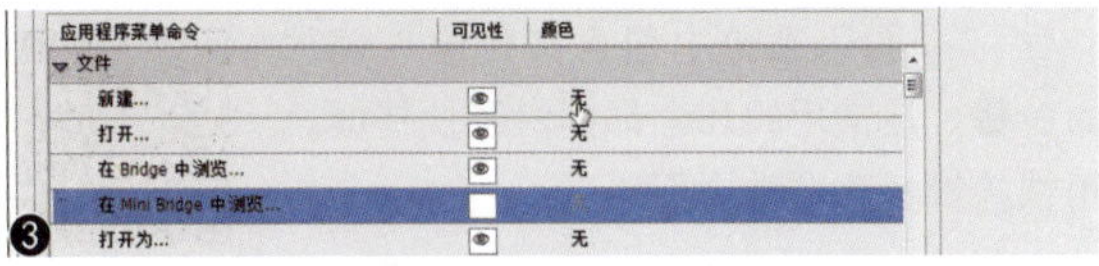

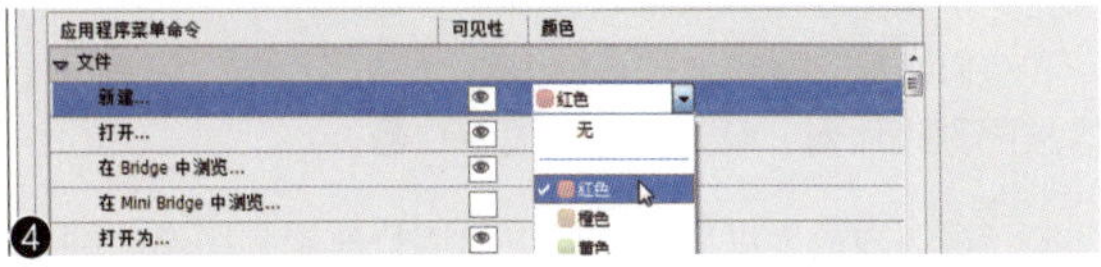

03 打开“文件”菜单❺。现在，“在Mini Bridge中浏览”命令已经没有了，“新建”命令也被刷上了红色的底色。当需要使用被隐藏的命令时，可以按住Ctrl键单击菜单，这样打开的菜单中就会显示它们❻。

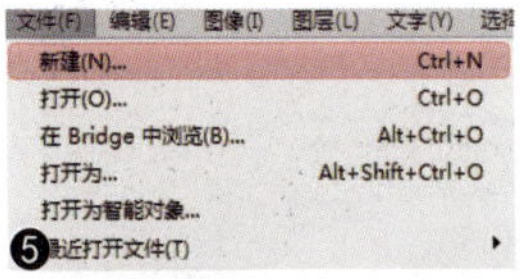

提 示（Tips）

执行“窗口>工作区>新增功能”命令，各菜单命令中的Photoshop CC新增功能会显示为彩色。

Ps 1.4

查看图像，我有妙招

在Photoshop中进行的缩放文档窗口、查看图像操作称为文档导航。文档导航的目的是更好地观察和编辑图像。例如，处理图像细节时，需要将窗口的显示比例放大，并通过移动画面，让需要编辑的区域出现在窗口中。

1.4.1 疑问解答：缩放窗口、缩放图像是一回事吗？

在Photoshop中打开一个文档以后，可以将窗口放大或缩小。例如，如果要观察和处理图像的细节，可以将文档窗口放大，让图像以200%或者高的视图比例显示。这就类似于用放大镜观察图像。

缩放文档窗口也叫作调整视图大小（相关命令在“视图”菜单中），它是针对视图比例做出的调整，可以让图像以更大或更小的画面显示。

这与缩放图像是两回事。缩放图像（55页）是指对图像本身进行的放大和缩小操作（相关命令在“图像”菜单中）。

1.4.2 妙招①：使用命令

“视图”菜单中包含文档窗口缩放命令❶。最常用的几个都提供了快捷键。用快捷键操作非常方便。

01 按下Ctrl+O快捷键，打开素材❷。我们来放大窗口。按住Ctrl键，然后连续按下+键，可以按照预设比例一级一级地放大窗口❸。

02 窗口被放大以后，可以更加清楚地看到图像的细节了。如果要移动画面，查看其他区域，可以按住空格键（临时切换为抓手工具）单击并拖曳鼠标❹。

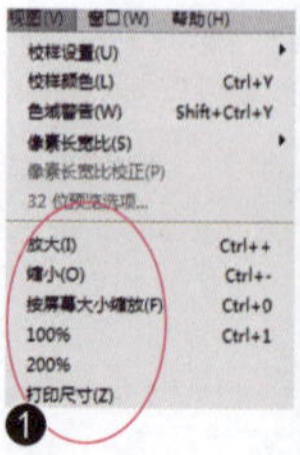

❶

❷

❸

❹

03 如果想要让窗口缩小❺，可以按住Ctrl键，并连续按一键。如果要查看完整的图像❻，可以按下Ctrl+0快捷键。

❺

❻

文档窗口缩放命令

命令	说明
放大/缩小	按照预设比例放大和缩小窗口
按屏幕大小缩放	让整幅图像完整地显示在窗口中。这也是我们最初打开图像时的显示状态
100% 200%	让图像以100%（或200%）的比例显示。在100%状态下可以看到最真实的效果。当对图像进行缩放操作后（物理缩放），切换到这种状态下观察图像，可以准确地了解图像的细节是否变得模糊，以及模糊程度有多大
打印尺寸	让图像按照其打印尺寸显示。如果图像用于排版程序（如InDesign），可以在这种状态下观察图像的大小是否合适。需要注意的是，打印尺寸并不精确，与图像的真实打印尺寸之间存在误差，我们不要被它的名字误导了

1.4.3 妙招②：使用缩放工具

如果不想使用快捷键缩放窗口，可以使用缩放工具来操作。

01 打开素材❶。选择缩放工具，将光标放在画面中（光标会变为状），连续单击鼠标，可以按照预设的级别放大窗口❷。按住Alt键（光标会变为状）单击，则可以缩小窗口的显示比例❸。

❶

❷

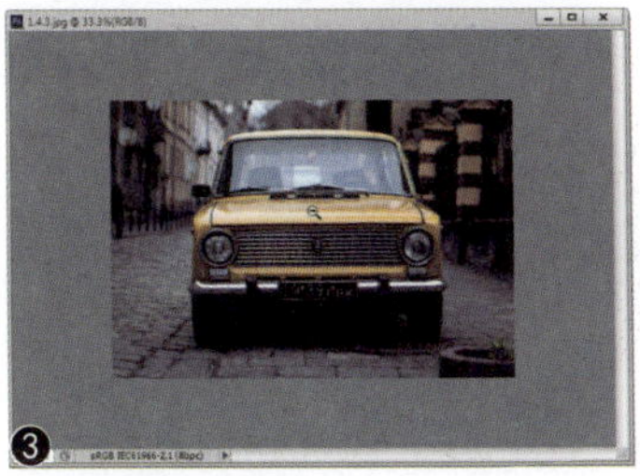
❸

02 如果想要查看某处细节，可以在工具选项栏中选取“细微缩放”选项，然后将光标放在这一区域，单击并向右侧拖曳鼠标，窗口会以平滑的方式快速放大，同时，光标下方的图像会出现在窗口中央❹。这是一种可同时完成放大窗口和定位图像的操作技巧，也是缩放工具最好用的地方。如果单击并向左侧拖曳鼠标，则会以平滑的方式快速缩小窗口❺。

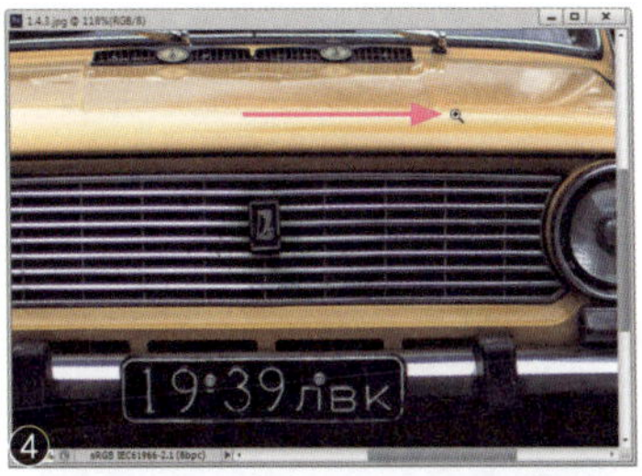
❹

❺

缩放工具选项栏

缩放工具选项栏❻中的部分选项与“视图”菜单中的命令相同。这就是说，“视图”菜单中的窗口缩放命令全都可以使用缩放工具完成。

❻

选项	说明
放大/缩小	单击/按钮后，在窗口中单击鼠标，可以放大/缩小窗口
调整窗口大小以满屏显示	针对于浮动窗口（8页），缩放浮动窗口的同时会自动调整窗口大小
缩放所有窗口	如果打开了多个文档，可以同时缩放所有的窗口
细微缩放	勾选该项后，在画面中单击并向左侧或右侧拖动鼠标，能够以平滑的方式快速缩小或放大窗口；取消勾选时，在画面中单击并拖动鼠标，可以拖出一个矩形选框，放开鼠标后，矩形框内的图像会放大至整个窗口。按住Alt键操作，可以缩小矩形选框内的图像
实际像素	与“视图>实际像素”命令相同。双击缩放工具也可以完成同样的操作
适合屏幕	与“视图>按屏幕大小缩放”命令相同。双击抓手工具也可以完成同样的操作
填充屏幕	在整个屏幕范围内最大化显示完整的图像
打印尺寸	与“视图>打印尺寸”命令相同

1.4.4 妙招③：使用抓手工具

文档导航的方法虽然多，也不外乎放大、缩小窗口，以及查看图像这3种操作。“视图”菜单中的命令可以完成前面两种操作；缩放工具可以完成缩放和定位图像的操作，但不能移动画面，因此也不是特别方便。真正的“大杀器”是抓手工具，它的主要任务是窗口被放大而不能显示全部图像时移动画面，但要是配合快捷键的话，缩放工具的所有操作都可以用抓手工具完成。

01 打开素材❶。选择抓手工具。我们先来学习怎样替代缩放工具。将光标放在窗口中，按住Ctrl键单击鼠标，可以放大窗口❷；按住Alt键单击鼠标，可以缩小窗口❸。

02 抓手工具还可以像缩放工具那样进行细微缩放。我们先选择缩放工具，在工具选项栏中选取“细微缩放”选项，然后选择抓手工具，将光标放在想要放大观察的区域，按住Ctrl键单击并向右侧拖曳鼠标，能够以平滑的方式快速放大窗口，同时，光标下方的图像会出现在窗口中央❹；按住Ctrl键向左拖曳，会以平滑的方式快速缩小窗口。

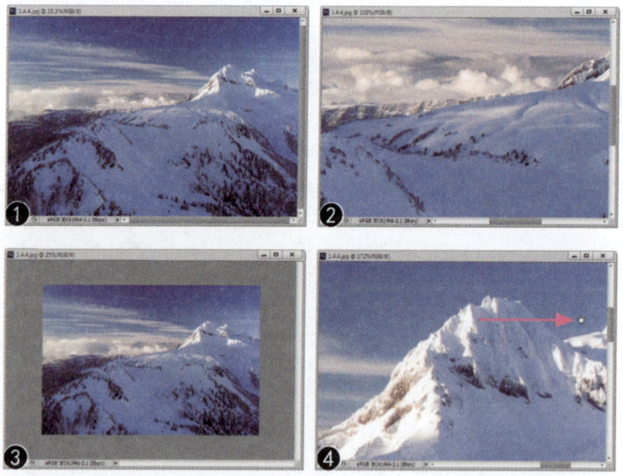

03 我们再来学习该工具的使用技巧。现在窗口被放大了，不能显示全部图像。在这种状态下，按住H键不放，单击并按住鼠标按键，此时会出现一个黑色的矩形框❺，移动鼠标，将它定位到需要查看的区域❻，然后放开H键和鼠标按键，即可快速放大窗口，同时矩形框内的图像会出现在窗口中央❼。

04 最后我们回归到抓手工具的主业上。现在窗口仍然是被放大的状态，图像没有完全显示。使用抓手工具在窗口中单击并拖曳鼠标，即可移动画面❽。

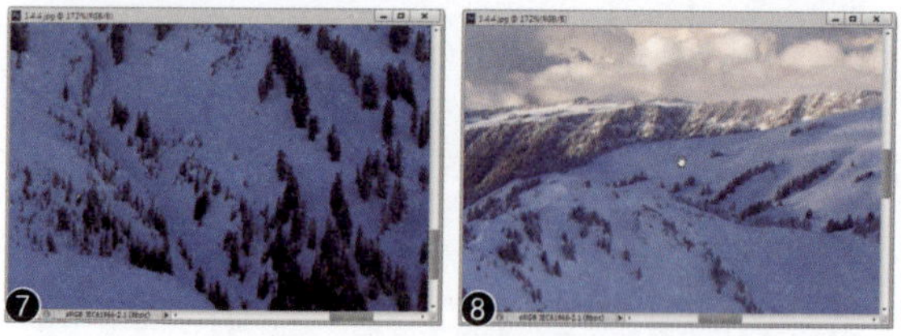

1.4.5 妙招④：使用“导航器”面板

当文件尺寸特别大，或者将视图比例放大的倍数非常高（如500%、1000%）时，画面中都不能显示完整的图像。如果使用抓手工具移动画面，可能需要操作很多次才能到达我们想要查看的区域。很显然，这不是个好办法。这种情况最适合的工具是“导航器”面板。它能让图像细节以最快的速度出现在我们眼前。

“导航器”面板也集缩放和定位于一身，并提供了几种方法。下面我们来逐一学习。

01 打开素材❶和“导航器”面板❷。单击面板中的按钮，可以按照预设的比例放大窗口❸；单击按钮则缩小窗口❹。

02 第二种方法是拖曳三角滑块，进行动态缩放❺❻。这样操作比单击按钮和按钮速度快。

03 第3种方法是精确缩放。“导航器”面板左下角的文本框中显示了窗口的当前比例，在此输入百分比值并按下Enter键，即可对窗口进行精确缩放。该文本框中的数值与文档窗口左下角状态栏中的百分比是同步的。

04 “导航器”面板中有一个红色的小方框，用来定位图像的显示区域。当窗口被放大而不能显示完整的图像时，拖曳它便可移动画面❼❽。在它外面单击❾，则可以让光标所在处的图像立即出现在文档窗口中心❿。

❼

❽

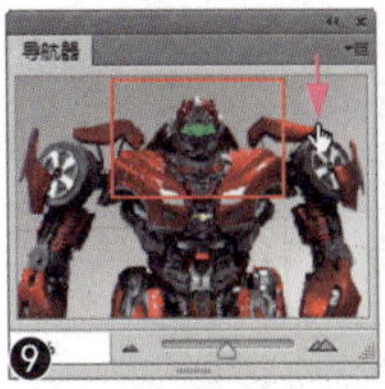

❾

❿

提 示（Tips）

当图像以红色为主时，小方框可能就不太明显，可以打开“导航器”面板菜单，选择“面板选项”命令，在打开的对话框中将小方框改为其他颜色。

1.4.6 妙招⑤：使用旋转视图工具

旋转视图工具在绘画和修饰图像时比较有用。它可以旋转画布，就像我们画画时旋转纸张一样，便于我们从不同的角度观察和处理图像。但这只是画布角度的临时改变，图像内容并没有被真正旋转。

01 按下Ctrl+O快捷键，打开素材❶。选择旋转视图工具，在窗口中单击，会出现一个罗盘，红色的指针指向北方。

02 按住鼠标按键拖曳，即可旋转画布❷。如果要精确地旋转画布，可以在工具选项栏的“旋转角度”文本框中输入角度值。如果打开了多个图像，选取“旋转所有窗口”选项，可同时旋转所有窗口。如果要将画布恢复到原始角度，可以单击工具选项栏中的“复位视图”按钮❸或按下Esc键。

❶

❷

❸

1.4.7 妙招⑥：切换屏幕模式

切换屏幕模式与缩放窗口和查看图像都无关。但也是我们学习文档导航必须了解的技巧。通过切换屏幕模式，可以逐一隐藏工具箱、菜单和面板。减少这些工具对视线的干扰，使我们可以更加专注地观察和处理图像。

由于在这种状态下工作必须通过快捷键选择工具、打开面板和执行菜单命令，所以只适合操作特别熟练的人使用。

如果要切换屏幕模式，可以单击工具箱底部的按钮，打开下拉菜单❶，选择其中的命令即可。也可以按下F键，在这几种模式间循环切换。

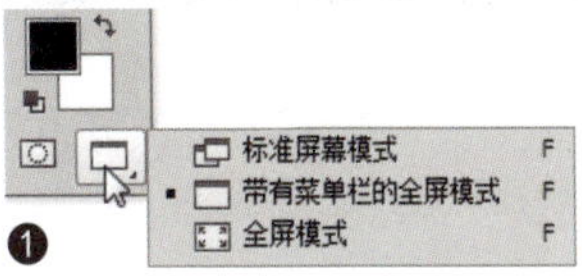

❶

- 标准屏幕模式：默认的屏幕模式，可以显示菜单栏、标题栏、滚动条和其他屏幕元素❷。

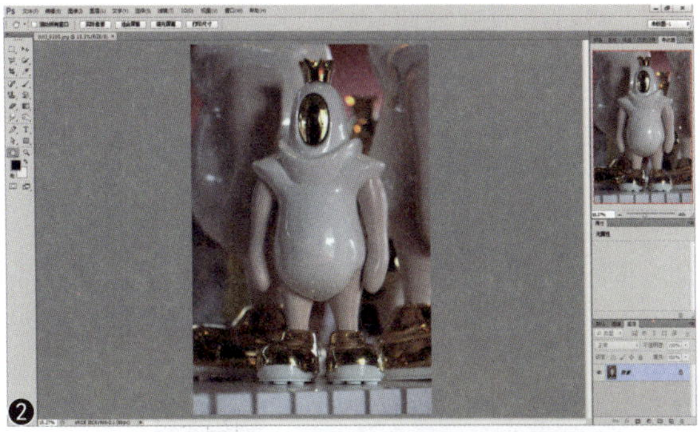
❷

- 带有菜单栏的全屏模式：显示有菜单栏和50%灰色背景，无标题栏和滚动条的全屏窗口❸。在这种模式下，文档窗口没有滚动条，需要使用抓手工具移动画面、调整图像的显示区域（可以按住空格键临时切换为抓手工具）。

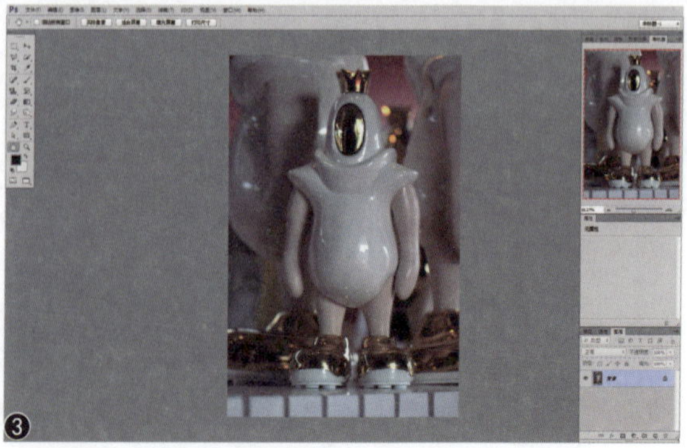
3

● **全屏模式** ：显示只有黑色背景，无标题栏、菜单栏和滚动条的全屏窗口❹。在这种模式下，整个屏幕区域只显示图像，工具的选取、命令的执行都要通过快捷键来完成。如果要显示面板，可以按下Shift+Tab快捷键，如果要显示面板、工具箱和菜单可以按下Tab快捷键。

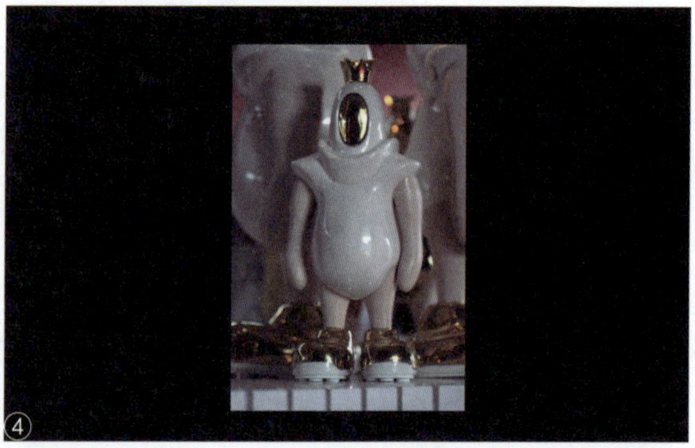
4

提 示 (Tips)

在全屏状态下，画布以外的暂存区（46页）的颜色也很重要。默认状态下，暂存区颜色与Photoshop界面颜色相关联。例如，界面是黑色的，则暂存区也是黑色的。在暂存区单击鼠标右键，打开快捷菜单，使用其中的命令可以修改暂存区颜色。如果需要自定义颜色，可以选择“选择颜色”命令，然后在弹出的“拾色器”（108页）中设置。

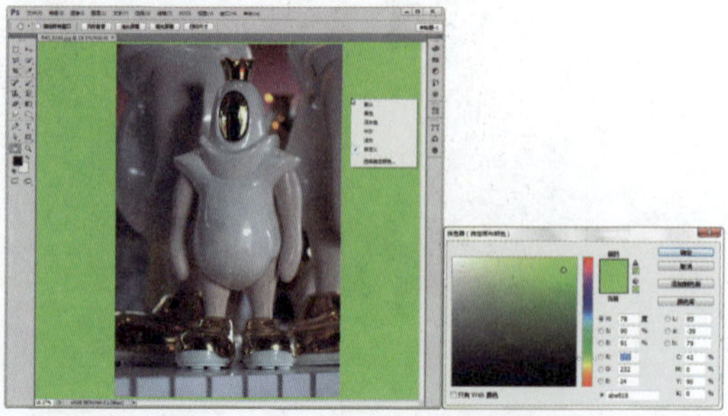

如果要恢复为默认的颜色，可以选择快捷菜单中的“默认”命令。调整照片的色调和颜色，或者进行绘画时，比较适合在灰色界面和灰色暂存区上操作，因为灰色不会影响我们对色彩的判断。

1.4.8 妙招⑦：创建新窗口

当前计算机显示器以宽屏为主流，屏幕空间开阔，可以容纳更多的面板，也可能排列多个窗口。

例如，当我们放大窗口并处理图像细节时，想要看看完整的图像效果，就可以执行“窗口>排列>为（文件名）新建窗口”命令，为当前文档新建一个窗口，然后按下Ctrl+0快捷键，让这个窗口显示完整的图像，再执行“窗口>排列>平铺”命令，让两个窗口并排显示❶。这样编辑图像时，两个窗口都会显示处理结果。这类似于在一个房间里放置了两个摄像机，一个从远处拍摄全景，一个在近处拍摄细节。但新建窗口并不是文档的副本。它只是一个临时的窗口，是当前文档的另一个视图而已。

1

1.4.9 妙招⑧：多窗口排列图像

如果创建了多个窗口，或者同时打开了多个图像，可以在“窗口>排列”菜单中为它们选择排列方式。这些命令分为3组❶。第1组命令可以让窗口在选项卡中以不同的方式排列；第2组命令可以让窗口浮动；第3组命令可以对窗口进行匹配。

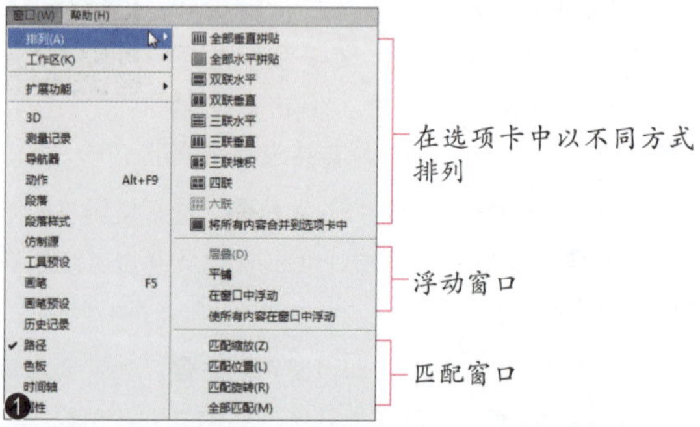

1

在选项卡中排列

在选项卡中排列窗口各个命令非常直观，它们前方的图标就是排列效果❷~❺，不需要过多介绍。其中的“将所有内容合并到选项卡中”指的是，有浮动窗口时，将其停放到选项卡中。

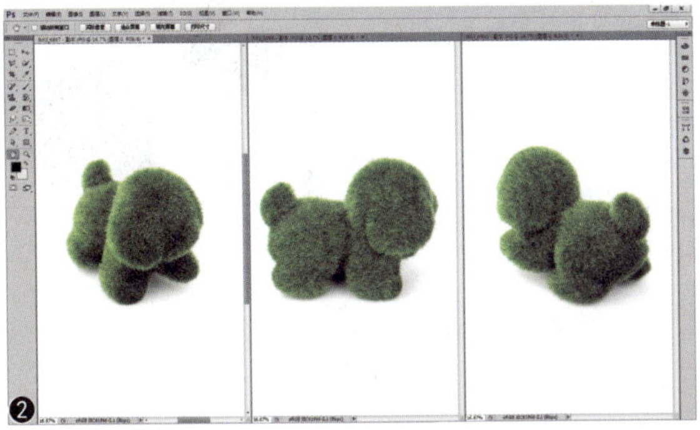

全部垂直拼贴

全部水平拼贴

双联垂直

三联堆积

浮动窗口

● 层叠：对于浮动窗口，从屏幕的左上角到右下角以堆叠和层叠的方式排列❻。

● 平铺：浮动窗口以边靠边的方式排列❼。当关闭一个图像时，其他窗口会自动调整大小，以填满可用的空间。

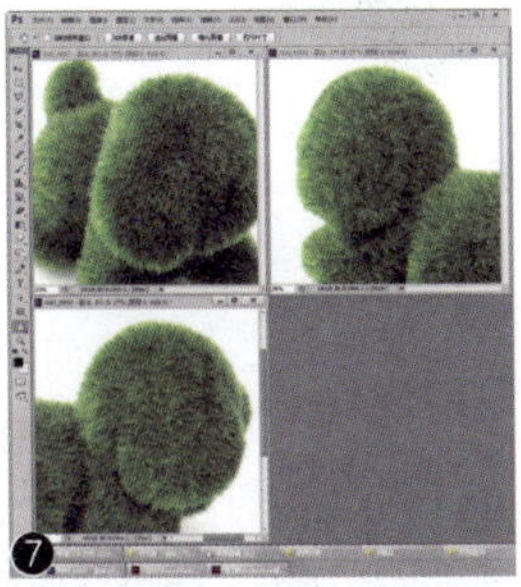

● 在窗口中浮动：允许一个窗口自由浮动（即可以拖曳标题栏移动窗口）❽。

● 使所有内容在窗口中浮动：所有的窗口都浮动❾。

● 将所有内容合并到选项卡中：全屏显示一个图像，其他图像最小化到选项卡中❿。这也是默认的视图状态。

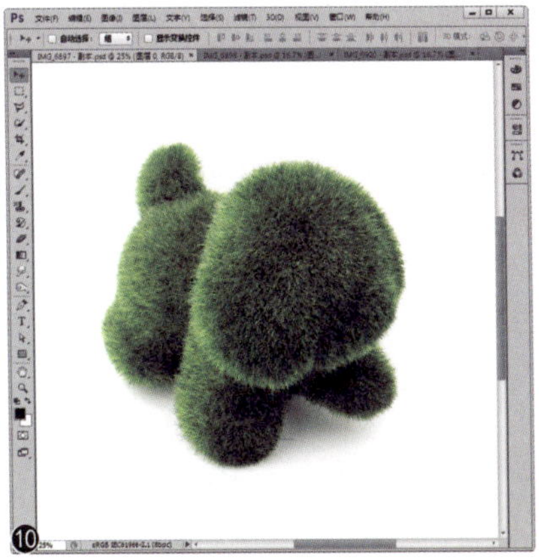

匹配窗口

● 匹配缩放：其他窗口使用与当前窗口相同的缩放比例。例如，当前窗口的缩放比例为25%，另外一个窗口的缩放比例为12.5%⓫，执行该命令后，该窗口的显示比例会自动调整为25%⓬。

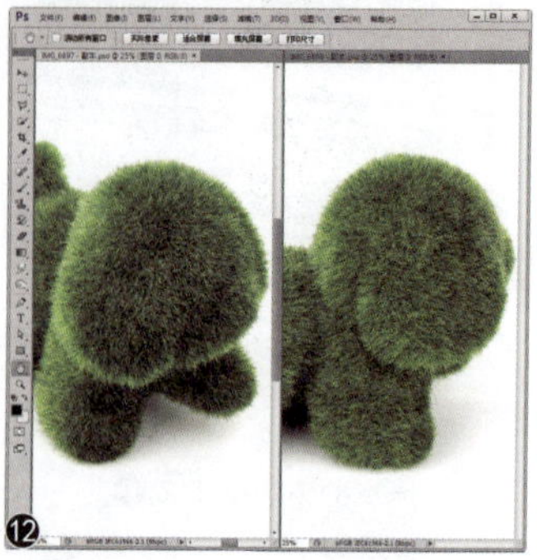

● **匹配位置**：其他窗口中图像的位置与当前窗口相同。

● **匹配旋转**：其他窗口中画布的角度都与当前窗口相同。

● **全部匹配**：其他窗口的缩放比例、图像显示位置、画布旋转角度与当前窗口匹配⑬⑭。

匹配前

全部匹配后

1.5 操作失误怎么办

在Photoshop中操作失误并不可怕，可怕的是不知道怎样改正。Photoshop中有“月光宝盒”一样的宝物，可以让时间倒转，这样我们就能修正错误，重新再来。

1.5.1 方法①：怎样撤销一步操作

如果只想撤销一步操作，可以执行“编辑>还原”命令（快捷键为Ctrl+Z）。需要注意的是，这种方法只能撤销对图像的编辑操作，不能撤销保存图像的操作。如果想要恢复被撤销的操作，可以执行“编辑>重做”命令（快捷键为Shift+Ctrl+Z）。

1.5.2 方法②：怎样连续撤销操作

如果想要连续向前撤销操作，可以连续按下Alt+Ctrl+Z快捷键（相当于连续执行“编辑>后退一步”命令）。

进行撤销后，如果想连续恢复被撤销的操作，可以连续按下Shift+Ctrl+Z快捷键（相当于连续执行“编辑>前进一步”命令）。

1.5.3 方法③：快速恢复到最后保存状态

执行“文件>恢复”命令，可以将文件恢复到最后一次保存时的状态。

1.5.4 方法④：用“历史记录”面板撤销操作

编辑图像时，我们每进行一步操作，都会被Photoshop记录到“历史记录”面板中，通过该面板，可以对操作进行撤销，也可以恢复某些操作，以及将图像恢复为打开时的状态（即撤销所有操作，复原图像）。下面我们就来学习具体方法。

01 打开素材❶。“历史记录”面板中会记录图像的最初状态❷。

02 执行“滤镜>其他>位移”命令，打开“位移”对话框，设置参数和选项❸❹。

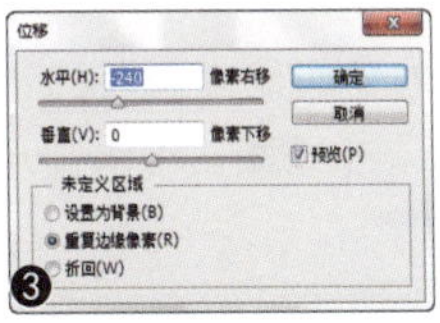

03 关闭对话框。执行“图像>调整>渐变映射”命令，打开“渐变映射”对话框，选择一种渐变映射，并选取“反向”选项，用渐变改变图像颜色❺❻。

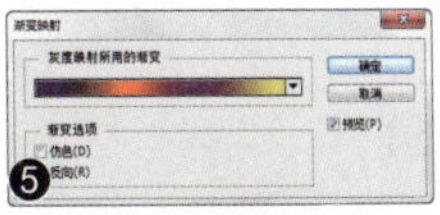

04 下面来撤销操作。单击“历史记录”面板中的“位移”步骤，即可将图像恢复到该步骤时的编辑状态❼❽。

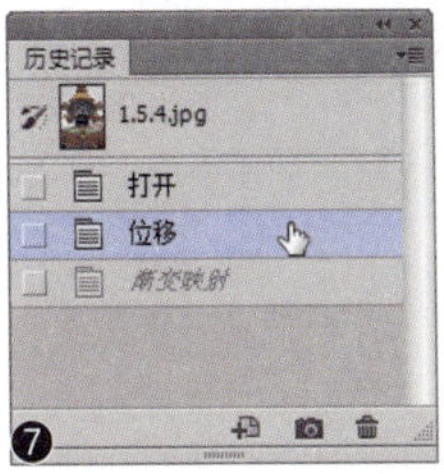

05 打开文件时，图像的初始状态会自动登录到快照区，单击该快照，可以撤销所有操作，不管中途是否保存过文件，都能将其恢复到最初始的打开状态❾❿。

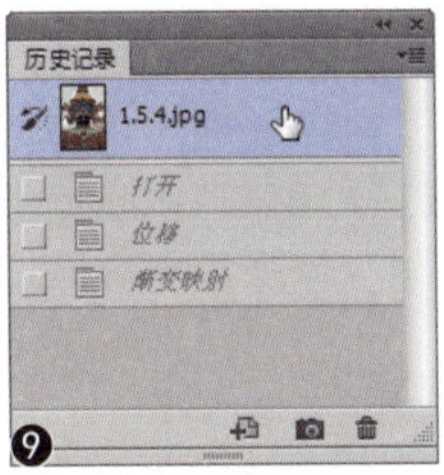

06 如果要恢复所有被撤销的操作，可以单击最后一步操作⓫⓬。

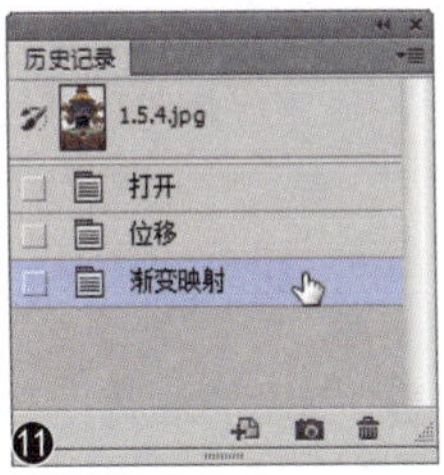

“历史记录”面板选项

执行“窗口>历史记录”命令，可以打开“历史记录”面板⓭。

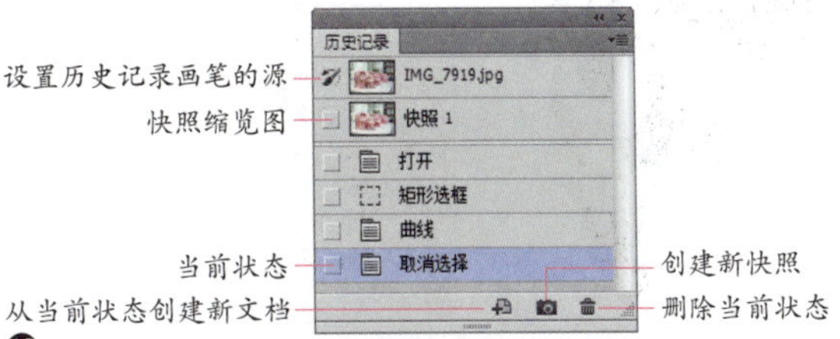

⓭

● 设置历史记录画笔的源：使用历史记录画笔时（130页），该图标所在的位置将作为历史画笔的源图像。

- **快照缩览图：** 被记录为快照的图像状态缩览图。
- **当前状态：** 当前选定的图像编辑状态。
- **从当前状态创建新文档：** 基于当前操作步骤中图像的状态创建一个新的文件。
- **创建新快照：** 基于当前的图像状态创建快照。
- **删除当前状态：** 选择一个操作步骤，单击该按钮可以将该步骤及后面的操作删除。

1.5.5 方法⑤：用快照撤销

“历史记录”面板虽然可以记录我们所有的操作，但只保存最后的20个步骤。这是由于保存过多的记录会占用更多的内存空间，影响Photoshop运行速度。但很显然，没有多少图像能在20步以内完成所有的编辑。因此，适当增加历史记录也是很有必要的。

执行“编辑>首选项>性能”命令，打开“首选项”对话框，在“历史记录状态”选项中可以设置步骤的保存数量❶。计算机的内存够大的话，可以多增加一些。

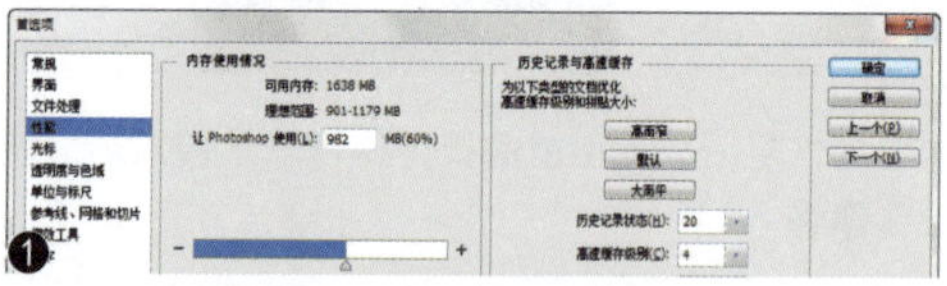
❶

但如果使用的是画笔工具、铅笔工具、颜色替换工具、模糊工具、锐化工具、涂抹工具、污点修复画笔工具等绘画和修饰类工具，或者用画笔工具编辑图层蒙版，历史记录保存得再多，也不一定有用。因为使用这些工具时，每单击一下鼠标，就会被Photoshop记录为一个步骤。例如，用画笔工具临摹徐悲鸿的奔马时❷，“历史记录”面板中全都是画笔这一操作工具❸，而图像在当时是什么效果、我们进行的是单击还是涂抹，都没有记载。在这种状态下，想要撤销操作，也没有办法分辩哪一步才是自己需要的。

❷

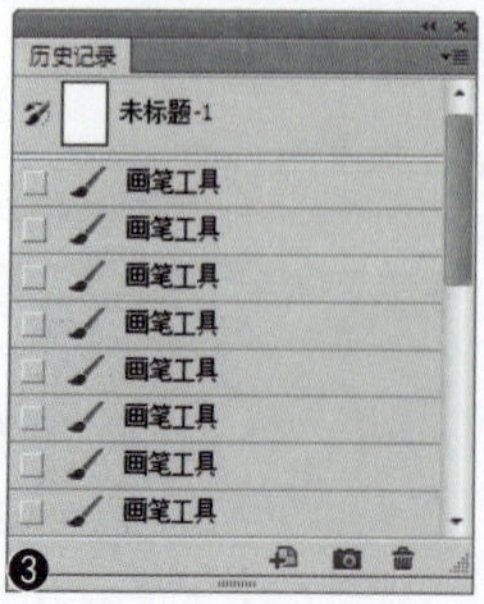

❸

如果有操作名称和图像效果，问题就能轻松解决了。快照正是这样的功能。

我们绘画或编辑图像时，可以在进行完重要的操作以后，单击“历史记录”面板中的按钮，将图像的当前效果保存为快照❹。这样就非常直观了，以后不论进行了多少步操作，只要单击一个快照，就可以将图像恢复到它所记录的状态❺。

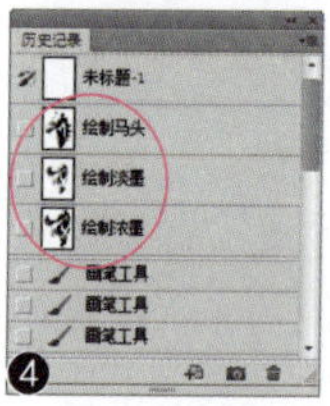
❹

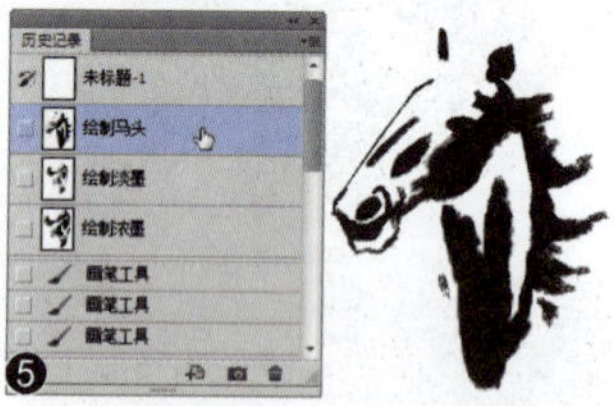
❺

如果觉得Photoshop给快照起的名称不便于区分，可以在快照名上双击鼠标，然后在显示的文本框中输入新名称❻。

如果要删除一个快照，可以将它拖曳到“历史记录”面板底部的按钮上❼。

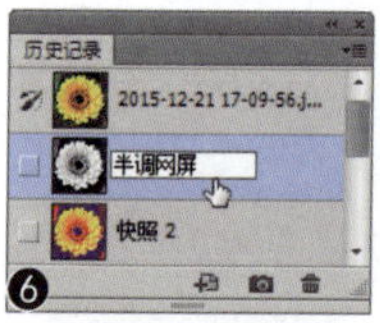

❻

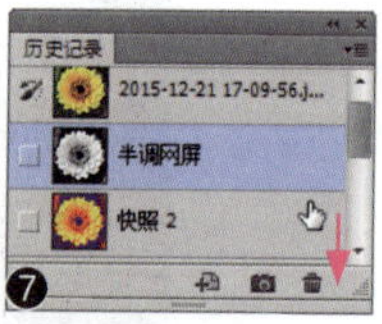

❼

快照选项

在“历史记录”面板中单击要创建为快照的记录❽，按住Alt键单击创建新快照按钮，可以打开“新建快照”对话框❾。

❽

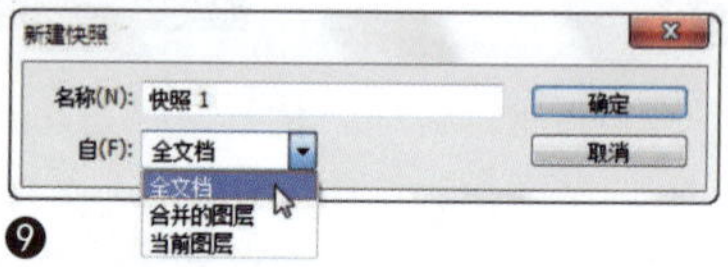

❾

- **名称：** 可以输入快照的名称。
- **自：** 包含“全文档”“合并的图层”“当前图层”3个选项，它们的区别在于使用这几种快照时，“图层”面板中的图层会有所不同。选择“全文档”，可以为当前状态下图像中的所有图层创建快照❿~⓬，当使用此类快照时，图层都会得以保留；选择“合并的图层”，创建的快照会合并当前状态下图像中的所有图层⓭~⓯，因此，使用此类快照时，只提供一个合并了的图层；选择“当前图层”，只为当前状态下所选图层创建快照⓰~⓲，因此，使用此类快照时，只提供当时选择的图层，没有其他图层。

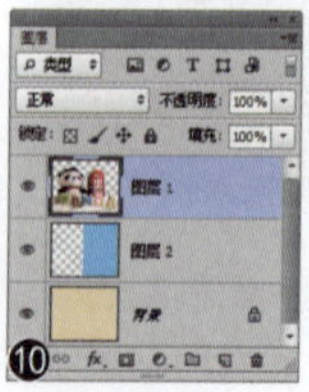
❿ 当前图层状态

⓫ 为全文档创建快照

⓬ 使用此快照

当前图层状态

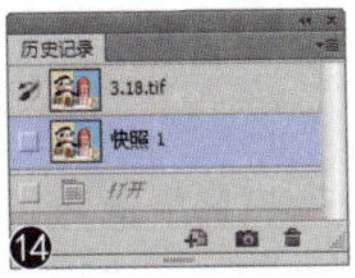

为合并的图层创建快照

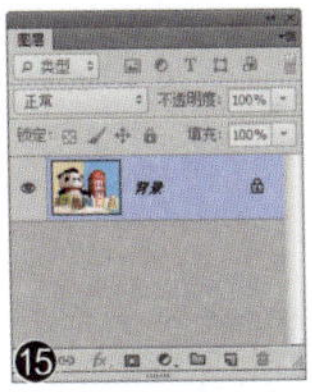

使用此快照

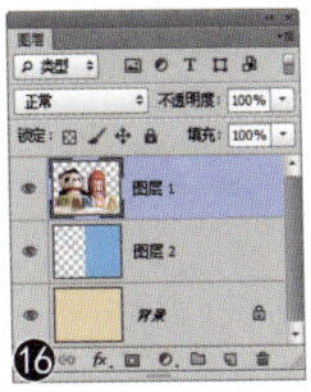

当前图层状态

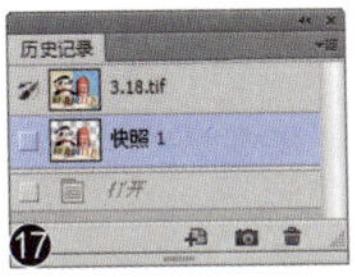

为当前图层创建快照

使用此快照

1.5.6 实战技巧：非线性历史记录

历史记录有这样一个特点：在默认状态下，当我们单击“历史记录”面板中的一步操作时，可以将图像恢复到这一状态，同时，它之后的历史记录全部变灰❶。如果此时编辑图像，则该步骤之后的记录就会被新的操作替代❷。如果使用非线性历史记录，则可以保留这些先前的记录❸。

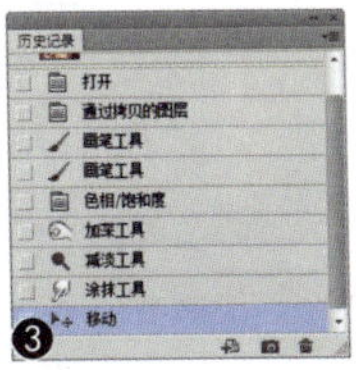

打开“历史记录”面板菜单，选择“历史记录选项”命令，弹出“历史记录选项”对话框，选取“允许非线性历史记录”选项，即可启用非线性历史记录❹。

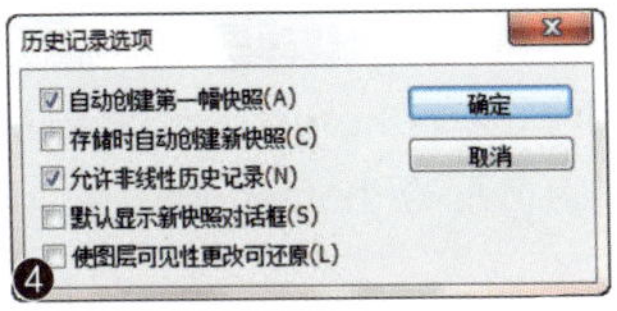

选项	说明
自动创建第一幅快照	打开图像文件时，图像的初始状态自动创建为快照
存储时自动创建新快照	在编辑的过程中，每保存一次文件，自动创建一个快照
默认显示新快照对话框	强制 Photoshop 提示操作者输入快照名称，即使使用面板上的按钮时也是如此
使图层可见性更改可还原	记录隐藏图层和显示图层的操作

1.5.7 实战技巧：恢复功能大盘点

在这一部分，我们逐一介绍了Photoshop中用于恢复图像的命令和面板。还有两种工具——历史记录画笔工具和历史记录艺术画笔工具，适合恢复局部图像，主要是在创建艺术绘画等效果时使用。

所有这些方法可以归为3大类：撤销操作、恢复图像和恢复局部图像。

撤销

- 只撤销一步操作（Ctrl+Z 快捷键）
- 连续地、依次地向前撤销（Alt+Ctrl+Z 快捷键）

恢复

- 直接恢复到某一步，撤销在它之前的操作（“历史记录”面板）
- 用快照直接恢复到某一步（突破“历史记录”面板20步操作的局限）
- 直接恢复到最后一次保存时的状态（“恢复”命令）
- 恢复至打开时的状态，即撤销所有操作（“历史记录”面板最顶部快照）

局部恢复

- 用历史记录画笔工具涂抹图像，可将其恢复到指定的历史记录状态（130 页）
- 用历史记录艺术画笔工具涂抹图像，可以局部地、艺术性地恢复到指定的历史记录状态（130 页）

在这些方法中，“历史记录”面板基本上可以解决撤销操作方面的所有问题。它最大的优点是可以进行“挑选式”撤销，即我们可以自由地选择撤销到哪一步，而且是一步到位地撤销此前的所有操作。

但“历史记录”面板也有一些“盲区”，它不能记录所有操作。例如，我们对面板、颜色设置、动作和首选项做出的修改不是针对图像进行的，就不能记录在“历史记录”面板中。此外，历史记录无法保存。这是因为，保存文件时存储的是图像的当前编辑结果，而历史记录记载的是图像的编辑过程，并且存储在内存中，当关闭文件时会释放内存，历史记录就会被删掉。另外，快照是历史记录的一部分，同样也不能保存。

Photoshop高效运行技巧

1.6

Photoshop CC需要至少1GB的内存才能确保流畅运行，但这只是最低要求，还未计算编辑图像时保存中间数据所需要的内存。图像的尺寸和分辨率越大，图层、蒙版、通道、图层样式等添加的越多，占用的内存也就越多。那么，怎样在有限的内存下高效使用Photoshop，我们需要掌握相关技巧。

1.6.1 实战技巧：监督Photoshop工作效率

文档窗口底部的状态栏可以显示Photoshop的工作效率和当前内存的使用情况。

要查看这两种数据，可以单击状态栏中的▶按钮，打开菜单❶，选择其中的“文档大小”“暂存盘大小”和“效率”命令。

选择“文档大小”命令后，可以显示有关图像中数据量的信息。此时状态栏中会出现两组数字❷。左边的数字代表的是图像的打印大小，它近似于以Photoshop 格式拼合并存储的文件大小；右边的数字代表的是文件的近似大小，在添加或减少图层和通道时，该值会随之变化。

选择“暂存盘大小”命令，状态栏中同样会出现两组数字❸。左侧的是当前所有打开的文件与剪贴板、快照等占用的内存的大小；右侧的是Photoshop可用内存的大概值。如果左侧数值大于右侧数值，就表示Photoshop正在使用虚拟内存。

选择“效率”命令，可以显示执行操作实际花费时间的百分比。当效率为100%时，表示当前处理的图像是在内存中生成的；如果效率低于100%，则表示Photoshop正在使用暂存盘存储中间数据，在这种状态下，操作速度会变慢。效率如果低于75%，就应该释放内存，以保证Photoshop正常运行。如果条件允许的话，最好还是增加内存。

1.6.2 疑问解答：怎样减少内存占用量?

图像越大，占用的内存越多。这一点是无法改变的。减少内存占用量只能在图像之外的其他操作上想办法。

首先，编辑图像时，尽量不要使用消耗内存的操作，而是用其他方法替代。例如，复制图像时，不要使用“编辑”菜单中的“拷贝”和“粘贴”这类占用剪贴板的命令，可以用复制图层（73页）的方法替代，即将对象所在的图层拖曳到“图层”面板底部的按钮上，复制出一个包含该对象的新图层；或者用移动工具按住Alt键拖动图像来进行复制（72页）。

另外就是减少Photoshop占用的系统资源。我们在Photoshop中加载的样式库、画笔库、形状库、色板库、动作库，以及安装的外挂滤镜和字体等，需要占用系统资源和内存，这也会影响Photoshop的运行速度。例如，如果安装的字体过多，就会影响Photoshop 的启动速度。使用文字工具时，字体的加载速度也非常慢。如果内存有限，应该减少或者删除预设和插件，在需要的时候再进行加载和安装。

此外，可以关闭网页，以及Photoshop以外的其他应用程序，将有限的内存分配给Photoshop使用。

1.6.3 实战技巧：释放内存

使用Photoshop时，“还原”命令、“历史记录”面板、剪贴板和视频所占用的内存，可以通过“编辑>清理”下拉菜单中的命令❶释放出来。

选择“全部”命令，可以同时清理所有这些项目。要注意的是，如果当前打开了多个文件，使用“全部”和“历史记录”命令时，会对所有文件进行清理。如果只想清理当前文件，应使用“历史记录”面板菜单中的“清除历史记录”命令来操作。

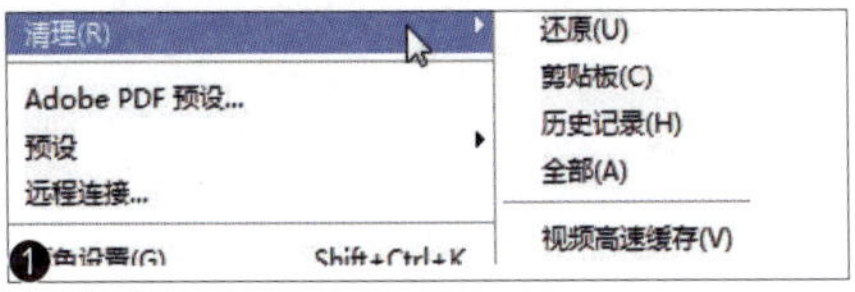

1.6.4 实战技巧：增加暂存盘

当计算机系统没有足够的内存支持Photoshop完成操作时，Photoshop会将硬盘作为内存来使用。这是一项非常了不起的**虚拟内存**技术（也称为**暂存盘**）。

在默认状态下，Photoshop将安装操作系统的硬盘认作主暂存盘（一般是C盘）。这其实并不理想，因为它占用了计算机的系统资源。我们最好改为其他硬盘。下面是操作方法。

01 执行“编辑>首选项>性能”命令，打开“首选项”对话框。“暂存盘”选项的列表中显示了计算机中所有硬盘的盘符和容量。在其中选择一个空间较大的硬盘作为暂存盘❶。单击▲按钮，向上调整它的顺序，让它成为第1暂存盘❷。

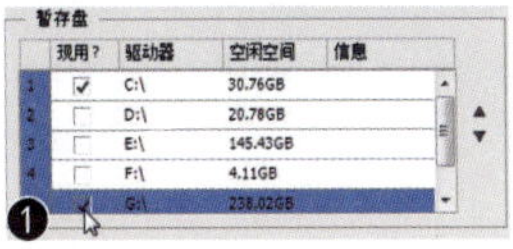

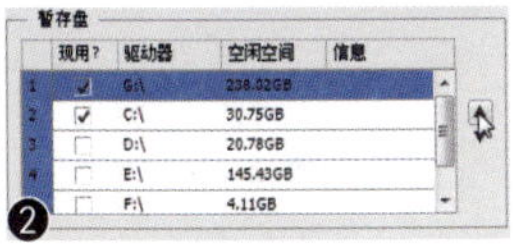

02 在C盘前方单击，取消它的选取❸，不让C盘成为暂存盘，采用同样的方法，将其他空间较大的硬盘指定为第2或第3暂存盘❹。设置完成后，单击“确定”按钮关闭对话框，再将Photoshop关闭。重新运行Photoshop设置便会生效。

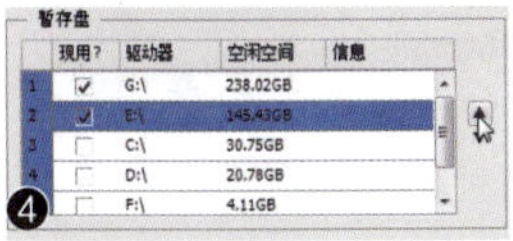

提示（Tips）

选取盘符时可以根据自己计算机的配置情况来定。一般暂存盘与内存的总容量至少为运行文件的5倍，才能确保Photoshop流畅运行。

1.7 课后测验

本章的开篇，我们对Photoshop中的重要功能进行了梳理，您一定对Photoshop有了初步的了解。Photoshop功能很多，我们得循序渐进，先从最基础的学习，不能操之过急。本章的练习重点是文档导航方法。在后面的章节中，您可自己根据操作需要调整画面显示位置、缩放窗口，到时候文档导航这类最基础性的操作就不会在实例练习中出现了。

1.7.1 恢复快捷键和菜单命令

在本章的练习中，我们修改了快捷键和菜单命令（18，19页）。我们的第1个测验就是动手将它们恢复Photoshop默认的设置状态。

操作时使用与自定义快捷键相同的命令——“键盘快捷键”命令，打开对话框以后，在“组”下拉列表中选择“Photoshop默认值”选项即可。

1.7.2 修改工作区

工作区作为我们每次使用Photoshop时都要面对的界面，配置是否合理、方便，会直接影响我们的工作效率。

Photoshop提供的预设工作区中，“摄影”比较有用，与照片修饰、调色等有关的面板基本上都配备齐全了。但面板的摆放顺序不一定符合每个人的使用习惯。本测验就是调出“摄影”工作区，然后在它的基础上调整面板位置，并保存为一个新的工作区。

第2章 图像基本编辑方法

本章简介

Photoshop是一个特别庞大的软件，因而各种功能也比较多，作为入门知识，我们需要了解图像的来源和组成要素、像素与分辨率等概念，同时，还要掌握文档的操作方法，包括文件打开、文件交换与保存，文件格式的选择、图片的管理方法等。从本章的后半部分变形和变换操作开始，我们将正式接触Photoshop的图像编辑功能。本章介绍的虽然是图像基本编辑方法，属于Photoshop入门的基本功，但其中也穿插了很多练习，因为动手实践是学习Photoshop的最佳途径。

学习重点

关键概念

Ps 2.1

计算机图像、图形分类

在计算机世界里，图像和图形是两种不同的对象，图像是位图，图形是矢量图。Photoshop属位图软件，它也包含一些矢量功能，如文字、各种形状工具和钢笔工具。

2.1.1 位图、矢量图的来源

位图的来源比较广泛，用数码相机拍摄的照片、用扫描仪扫描的图片、在计算机屏幕上抓取的图像以及用Photoshop、Painter等位图类软件绘制的图画都属于位图。

矢量图只能通过矢量程序生成。常用的矢量程序有Illustrator、CorelDRAW和Auto CAD等。

2.1.2 位图的组成要素

位图是由像素（Pixel）组成的，在技术上称为栅格图像。在正常情况下，像素是非常小的对象，我们需要借助于专门的工具才能观察到。我们可以在Photoshop中打开一幅图像❶，然后使用缩放工具🔍在图像上连续单击，直至工具中间的“+”号消失，画面中会出现许多彩色的小方块，每一个小方块便是一个像素。我们在Photoshop中处理图像时，编辑的就是这些小方块。我们观察文档窗口底部的缩放数值，它显示为3200%❷。这说明，将窗口（注意不是图像）放大3200倍，才能看清像素。

❶

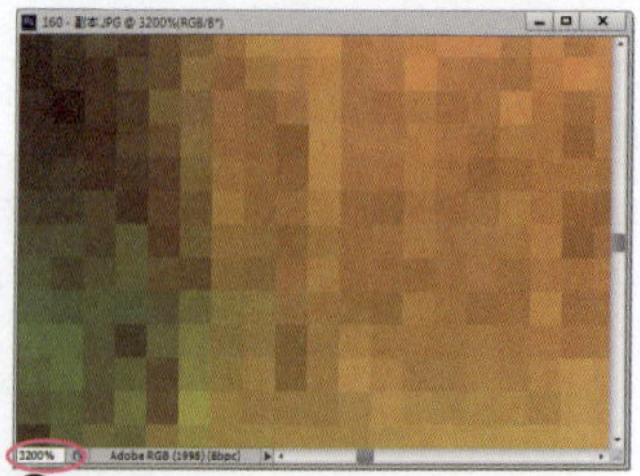

❷

提示(Tips)

我们这里用缩放工具进行的放大操作，是针对于文档窗口的缩放(20页)，只影响视图比例，目的是为了观察到像素，并不是对图像本身进行的物理缩放(55页)。这是两个概念，千万不要搞混了。

2.1.3 矢量图的组成要素

矢量图是由称作矢量的数学对象定义的直线和曲线构成的，有时也被称为矢量形状或矢量对象。

在Photoshop中，矢量图形具体是指用形状工具或钢笔工具绘制的直线路径和曲线路径❶❷。路径是一段一段线条状的轮廓，各个路径段之间通过锚点连接(364页)。

❶ 钢笔工具绘制的矢量图形

❷ 用画笔、渐变等工具上色

2.1.4 分析：位图与矢量图的特点

位图和矢量图各有特点。位图的缺点，矢量图可以弥补；矢量图的缺点，位图又可以克服。因此，位图与矢量图不是“既生瑜何生亮”的关系，而是相互之间无法替代的、互补的关系。

位图的最大优点是可以表现丰富的颜色变化、细微的色调过渡和清晰的图像细节，完整地再现真实世界中的所有色彩和景物，因此成为照片的标准格式(JPEG、TIFF、Raw等常用照片格式都基于位图)。

位图以上这些优点恰恰是矢量图的最大缺点——矢量图无法准确表现真实世界中的色彩和影调，也不能创建过于复杂的图形。

位图的缺点是会受到分辨率的制约，只能包含固定数量的像素。在对其进行放大操作时，多出的空间需要新的像素来填充，由于图像的原始像素是固定的，而Photoshop无法生成新的原始像素，它要通过差值的方法来向图像添加像素，即依据原有的像素模拟出新的像素，虽然像素总量增加了，但图像的清晰度会下降❶~❹。

❶ 2×2像素的原始图像

❷ 放大到4×4像素后，Photoshop对黑、白两种颜色的像素进行差值处理，生成新的像素。从结果上看，图像中已经没有纯黑和纯白的像素了

❸ 数码照片(位图)

❹ 放大500%后图像变模糊

在进行旋转操作时也会出现这一问题。当图像以90°(或90°的整数倍数)旋转时，所有的方形像素都会转换到新的方形位置中，图像质量不会变化❺。而如果以非90°的角度进行旋转，方形像素无法填满新的位置，空缺部分就需要新的像素来填充，Photoshop还是会通过差值的方法添加像素。因此，对于位图，缩放和非90°旋转的次数越多，图像的质量下降得越厉害❻。

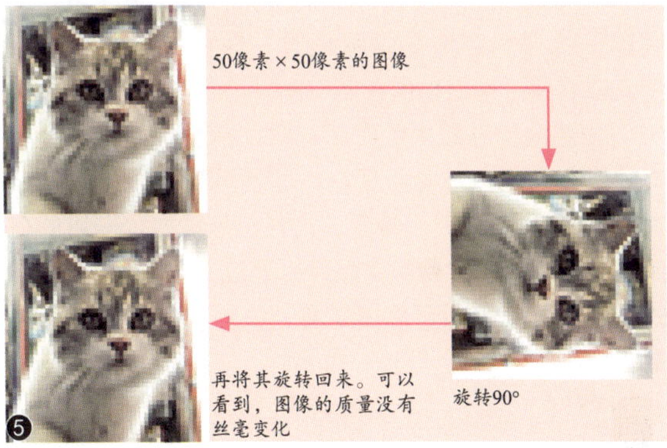
50像素×50像素的图像
旋转90°
再将其旋转回来。可以看到，图像的质量没有丝毫变化
❺

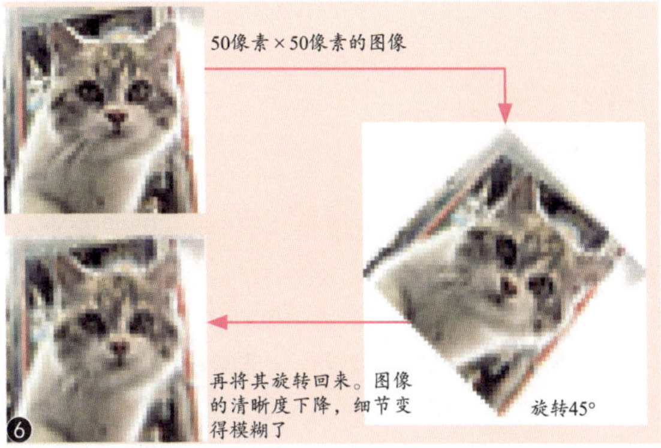
50像素×50像素的图像
旋转45°
再将其旋转回来。图像的清晰度下降，细节变得模糊了
❻

位图的缺点反而是矢量图的优点。因为矢量图与分辨率无关，无论以怎样的角度旋转、无论缩放多少倍❼、无论以多大的尺寸打印，图形都是清晰的，不会出现模糊。因此，从用途上来看，矢量图非常适合制作图标和Logo等需要经常缩放、或者在任何打印或印刷设备上以最高分辨率进行输出的对象。

❼

矢量图在进行浏览和软件间交换使用时没有位图方便，并且在Photoshop中，很多功能无法应用于矢量图，如滤镜、画笔等。但矢量图文件很小❽，它是用一系列计算指令来表示的图形，即用数学方法描述图形，其数据结构是通过记录坐标的方式来表示点、线和多边形。存储矢量图形时，保存的是计算机指令，因而只占用很小的存储空间。

位图的文件较大。在保存时，需要存储每一个像素的位置和颜色信息。现在，即便是最普通的数码照片也动辄都1千多万个像素，文件信息量大，占用的存储空间也就比较大❾。虽然可以通过JPEG、TIFF等格式进行压缩处理，但总体来看，位图的体量还是比矢量图大。

❽
以AI（矢量）格式保存

❾
以PSD格式保存（位图）

2.1.5 分析：像素与分辨率的关系

在一般情况下，图像是由几百、几千万个像素组成的。例如，即使小到一寸的证件照（尺寸为26mm×32mm），也包含约116000个像素。

但这并不意味着像素就一定非常小。像素也可以很大，大到我们用肉眼就能直接看到。

像素的“个头”的大小取决于分辨率的设定。分辨率用像素/英寸（ppi）来表示，它的意思是一英寸的距离里有多少个像素。如果分辨率为10像素/英寸，就表示一英寸距离里有10个像素❶；分辨率为20像素/英寸，则表示一英寸距离里有20个像素❷。

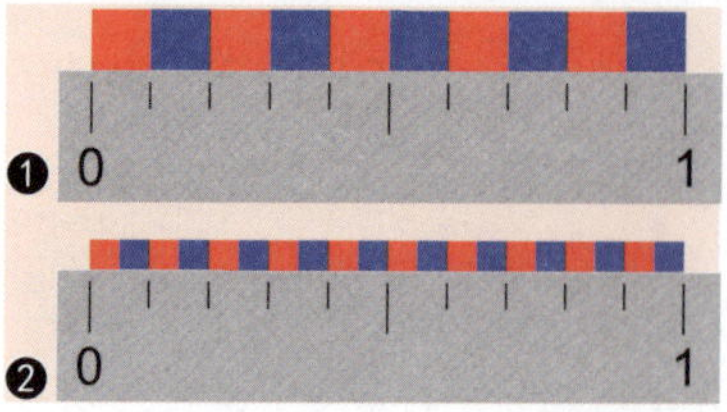

分辨率越高，一英寸（1英寸=2.54厘米）的距离里包含的像素就越多，因此，像素的“个头”就越小，但像素的总数会增加。像素记录了图像的信息，像素数量多，就意味着图像的信息丰富❸。

条件　原理　结果

分辨率越高→像素个头越小、排列越密集→像素总数越多→图像的信息越丰富、细节越多

❸

对于同一幅图像，如果设置成不同的分辨率，图像的画质也会出现差别，低分辨率时图像的细节会变得模糊，高分辨率的图像画质就会非常清晰❹~❻。

分辨率为32像素/英寸（图像模糊）　分辨率为72像素/英寸（效果一般）　分辨率为300像素/英寸（图像清晰）

反之，在分辨率不变的情况下，图像的尺寸越大，画质越差❼~❾。

分辨率为72像素/英寸，打印尺寸依次为10厘米×15厘米、20厘米×30厘米、45厘米×30厘米。可以看到，随着尺寸的增加，图像的清晰度在降低

2.1.6 分析：图像大小的描述方法

如果想要了解图像的尺寸、分辨率、包含的像素等信息，可以执行“图像>图像大小”命令，打开“图像大小”对话框查看❶（这是一个A4尺寸文档的图像大小信息）。

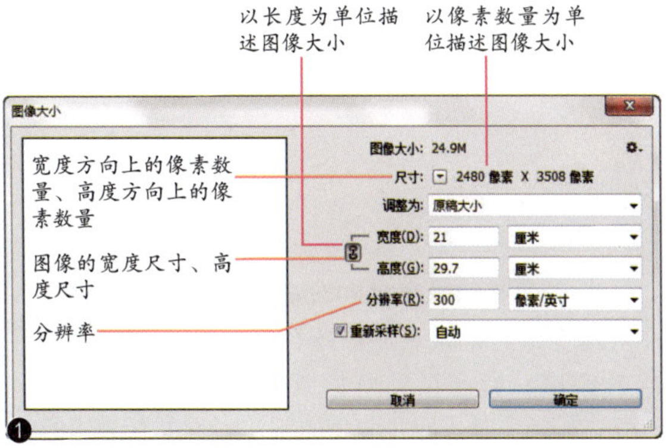

在“图像大小”对话框中，Photoshop使用两种方法描述了图像有多大：在“图像大小”选项组中，以像素数量为单位描述了图像大小。我们可以获取这样几个数据：图像的“宽度”方向上有2480个像素，“高度”方向上有3508个像素。用“宽度”像素×“高度”像素，就可以计算出图像中包含的像素总数（8699840）。“图像大小”右侧的数值显示的是所有像素会占用24.9M的存储空间（也即文档占用的存储空间）。

在“宽度”和“高度”选项中，Photoshop以长度为单位（即打印尺寸）描述了图像有多大。我们可以看到，图像的分辨率是300像素/英寸，将其打印到纸上，或者在计算机屏幕上显示时，它的“宽度”是21厘米、“高度”是29.7厘米。

2.1.7 分析：重新采样

“图像大小”命令的主要用途是调整图像的尺寸和分辨率。例如，我们想要将分辨率为300像素/英寸的（印刷用）图片上传到网络上，没有必要使用这么高的分辨率（文件占用的空间过大），就可以用“图像大小”命令将分辨率降低为72像素/英寸。

在“图像大小”对话框中调整尺寸和分辨率时，有一个最重要的选项——“重新采样”，它决定了像素数量是否改变。

重新采样是指Photoshop基于现有的像素生成新的像素或者减少现有的像素，也就是改变图像中的像素数量。

像素总数不变

如果没有选择“重新采样”选项，就表示不进行这种操作，也就是说Photoshop既不增加、也不减少像素，因此，像素的总数不会改变。

在这种状态下，当提高分辨率时，例如，分辨率从10像素/英寸增加到20像素/英寸，即原来1英寸距离里排列10个像素，现在要挤进20个像素，像素的“个头”势必变小。那么，在像素总数不变的情况下，像素“个头”变小，就意味着它们不需要原来那么大的画面空间了，这时Photoshop会自动缩减图像的尺寸，将多余的空间删除❶❷。

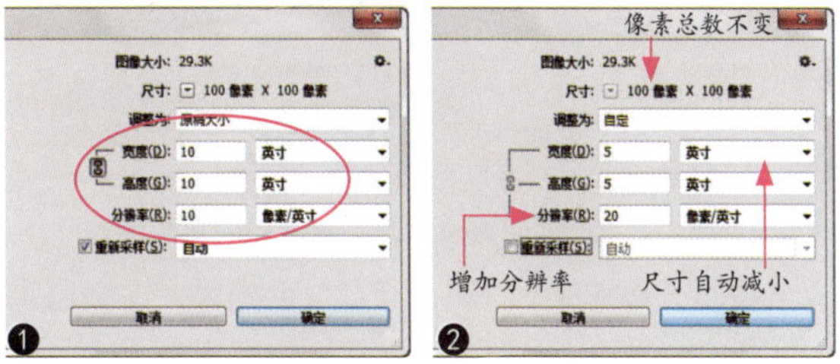

原始图像　　增加分辨率时尺寸自动减小

减小分辨率时，例如，从10像素/英寸改为5像素/英寸，则原来1英寸距离里排列10个像素，现在只排列5个像素，像素的“个头”会变大了。在像素总数不变的情况下，原有的画面空间就不够用了，这时Photoshop会扩展图像尺寸，以提供足够大的画面空间❸❹。

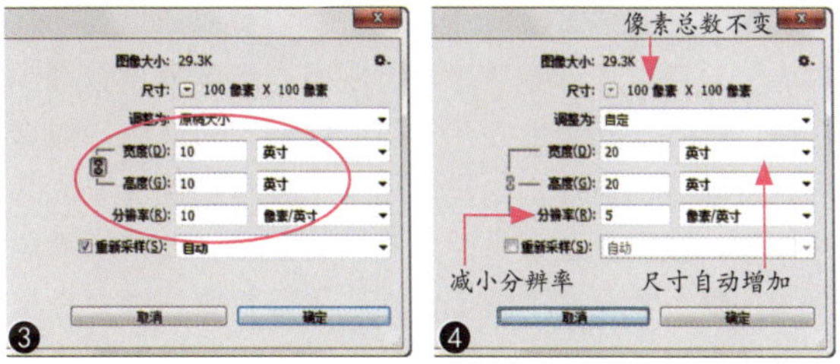

原始图像　　减小分辨率时尺寸自动增加

这里面有一个有趣的现象，没有选择“重新采样”选项时，分辨率与文档尺寸之间存在着跷跷板效应：一方提高，另一方就要减少。这种反向关系既确保了像素总数不会改变，也保证了图像的画质不会改变（因为没有重新采样）。

像素总数改变

如果选择“重新采样”选项，Photoshop就会改变像素数量。在这种状态下，每一个选项都是独立的，分辨率与文档尺寸之间不存在反向关系，文档尺寸也不会随着像素的“变大”和“变小”而扩大或缩减。须知这种情况带来的最大风险是极有可能导致图像的画质变差。

当增加分辨率时，例如，分辨率从10像素/英寸增加到20像素/英寸，即原来1英寸距离里排列10个像素，现在要排列20个像素，像素的个头“变小”了，但文档尺寸是不变的（因为它与分辨率没有关联），这样的话每一英寸里都缺少10个像素，这时Photoshop就会对现有的像素进行采样，然后通过差值的方法生成新的像素，来填满空间❺❻。

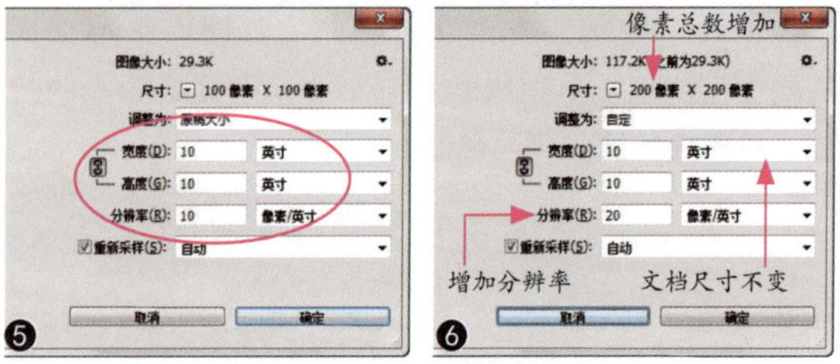

增加分辨率的操作，从中可以看到文档的尺寸没有改变

减小分辨率时，像素“个头”会变大，在文档大小不变的情况下，原有的画面空间肯定容纳不下原先那么多像素，这时Photoshop会进行差值计算，将多余的像素删除。

选择“重新采样”选项，就像是把水龙头的开关交给了Photoshop，Photoshop通过往图像里“加水”（增加像素），或者“向外放水”（减少像素）来保持分辨率与文档尺寸之间的平衡。

然而这种平衡有可能会牺牲画质。画质是否变差要看像素总数怎么变、变多少。我们可以通过“图像大小”对话框顶部数值来进行观察。当像素总数减少时❼，Photoshop会丢弃一部分像素，即从原始图像中获得较少的信息，这样做通常不会对图像造成太大的损害，我们甚至察觉不到画质的变化。如果像素总数增加❽，情况就不同了，这些凭空新增的像素是采用算法模拟出来的，数量越多，图像的清晰度下降越厉害（下降原因参见下一节），画质越差。就像是往酒里兑水，水越多，酒味越淡。

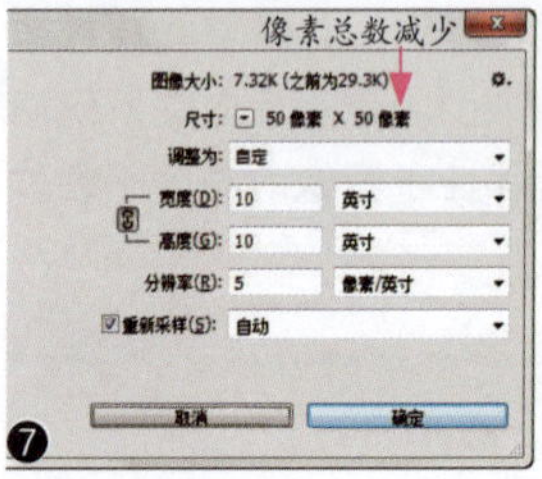

减少像素

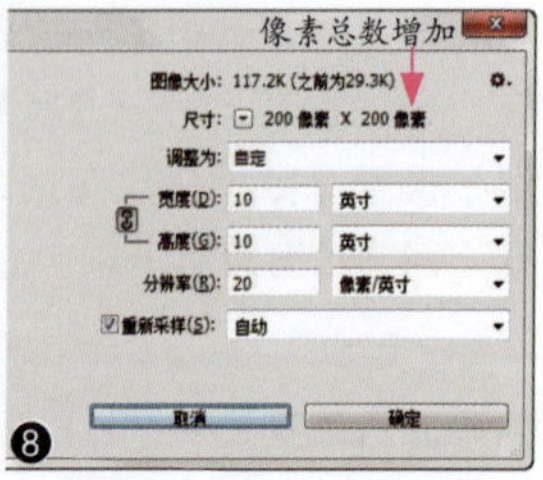

增加像素

调整图像尺寸和分辨率时还有一个规律，就是没有选择“重新采样”选项时，无论是调整像素大小、文档大小，还是分辨率，所有的操作其实都是在调整文档的尺寸。选择“重新采样”选项后，无论是调整像素大小、文档大小，还是分辨率，Photoshop都会去改变像素总数。

提示（Tips）

这里还有一点要特别说明：在一幅图像中，像素数量既可以增加，也可以减少。但原始像素有多少个就是多少个，只能减少，没有办法增加。

2.1.8 分析：差值方法

除了调整图像尺寸和分辨率时会重新采样外，在对图像进行缩放和旋转操作时，也会面临重新采样的问题。当涉及到增加或减少像素的操作时，Photoshop会基于一种差值方法来对原始像素进行采样，进而生成新的像素。

如果我们购买过数码相机、扫描仪等设备的话，就很容易理解差值这一概念。在购买设备时，销售人员会对我们讲，设备的分辨率有多么的高。其实设备的实际分辨率是光学分辨率，它的参数越高，获得的原始像素信息越多。当光学分辨率达到设备的上限时，设备中的软件会通过差值运算的方式提高分辨率（即差值分辨率），从而增加像素数量。销售人员口中的分辨率通常就是差值分辨率。

然而通过差值方法所获得的像素是模拟出来的（例如，在每两个真实的像素点之间再插入一个模拟点），而非真实捕获的像素。差值分辨率再高也没有太大意义，这只是一种营销概念。

因此，如果一个图像的分辨率较低、细节模糊，我们也不要奢望提高分辨率就能使它变得清晰，因为即便是Photoshop这样级别的图像编辑软件也无法生成原始像素。

但我们不能就此否定差值的意义。如果不通过差值的方法进行采样，并重新生成像素，Photoshop中的缩放、旋转等操作就无法进行。因此，重新采样在Photoshop中不可避免。只有矢量图才能做到无损缩放，位图是无法实现的。但我们可以通过有效的方法降低损害程度——一方面我们可以通过非破坏性的编辑方式来操作（69页），将破坏性降到最小；另一方面可以选择一种差值方法，使新生成的像素更接近于原始像素，让模拟效果更加逼真。

差值方法可以在“图像大小”对话框底部的下拉列表中选取❶。

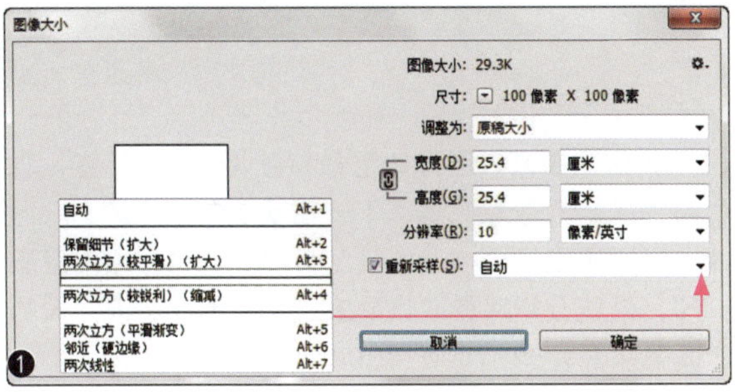

进行放大操作时，“两次立方（较平滑）（扩大）”是最佳选项。它是一种基于两次立方插值且旨在产生更平滑效果的有效的图像放大方法。

进行缩小操作时，使用“两次立方（较锐利）（缩减）”的效果最好。这是一种基于两次立方插值且具有增强锐化效果的有效的图像减小方法。该方法可以在重新取样后的图像中保留细节。如果图像中的某些区域锐化程度过高，可以尝试使用“两次立方”。除此之外，其他选项如下。

- 自动：Photoshop 根据文档类型以及是放大还是缩小文档来选取重新采样方法。
- 保留细节（扩大）：可在放大图像时使用“减少杂色”滑块消除杂色。
- 两次立方（平滑渐变）：一种将周围像素值分析作为依据的方法，速度较慢，但精度较高，产生的色调渐变比“邻近”和“两次线性”更为平滑。
- 邻近（硬边缘）：一种速度快但精度低的图像像素模拟方法。该方法会在包含未消除锯齿边缘的插图中保留硬边缘，并生成较小的文件。但是，该方法可能产生锯齿状，尤其是在对图像进行扭曲或缩放时，或者在某个选区上执行多次操作后，这种效果会变得非常明显。
- 两次线性：一种通过平均周围像素颜色值来添加像素的方法，可以生成中等品质的图像。

2.1.9 练习：调整照片的尺寸和分辨率

调整图像尺寸和分辨率在照片上用的比较多一些。例如，我们拍摄的数码照片或是在网络上下载的图像可以有不同的用途——可设置成为计算机桌面、制作为个性化的QQ头像、用作手机壁纸、传输到网络相册上、用于打印等。每一种用途又对尺寸和分辨率有不同的要求，因而需要进行调整。下面我们来学习调整方法，将一张大尺寸的照片调整为6×4英寸的打印尺寸。

01 按下Ctrl+O快捷键，打开照片素材❶。执行“图像>图像大小”命令，打开“图像大小”对话框❷。可以看到，当前图像的尺寸以厘米为单位，我们要将它调整为6×4英寸，首先得将单位设置为英寸，然后再修改尺寸。此外，当前图像的分辨率是72像素/英寸，以这样的分辨率进行打印，会出现很明显的锯齿，所以我们还要将分辨率提高到适合打印的大小。

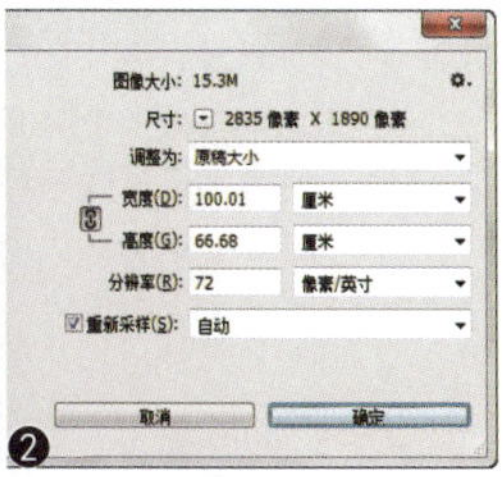

02 先来调整照片尺寸。取消“重新采样”选项的选取。将“宽度”单位设置为“英寸”❸。可以看到，以英寸为单位时，照片的尺寸是39.375×26.25英寸。将“宽度”值改为6，Photoshop会自动将“高度”值匹配为4英寸，同时分辨率也会出做相应的变动❹。

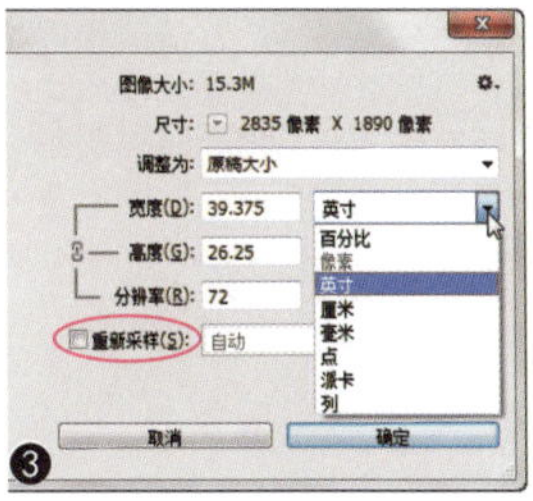

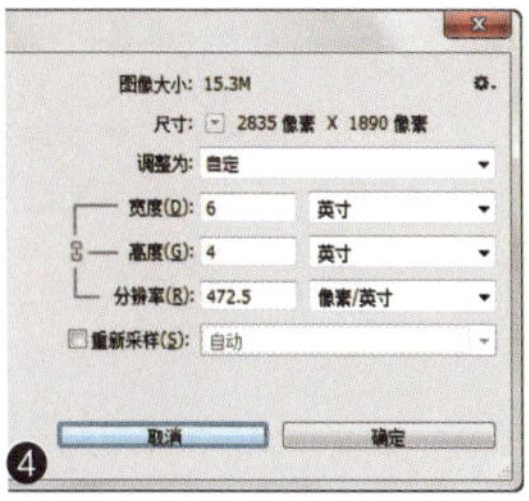

03 由于我们没有重定图像像素，因此，将照片尺寸调小后，分辨率会自动增加。可以看到，现在的分辨率是472.5像素/英寸，已经远远超出了最佳打印分辨率，即300像素/英寸。高于最佳分辨率其实对打印出的照片没有任何用处，因为画质再细腻，我们的眼睛也已经分辨不出来了。下面来降低分辨率。这样还能减少图像的大小，加快打印速度。

04 这次需要选择“重新采样”选项❺，否则减少分辨率时，照片的尺寸会增加。我们将分辨率设置为300像素/英寸，然后选取“两次立方（较锐利）（缩减）”，这样照片的尺寸和分辨率就都调整好了。观察对话框顶部“像素大小”右侧的数值❻。文件从调整前的15.3M，到现在降低为6.18M，成功“瘦身”。单击“确定”按钮关闭对话框。执行“文件>存储为”命令，将调整后的照片另存（43，44页）。

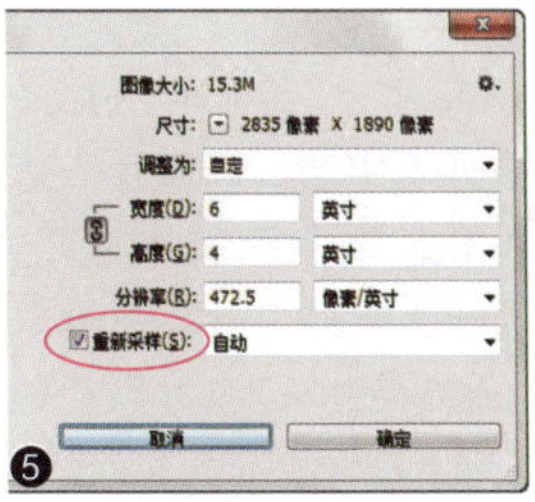

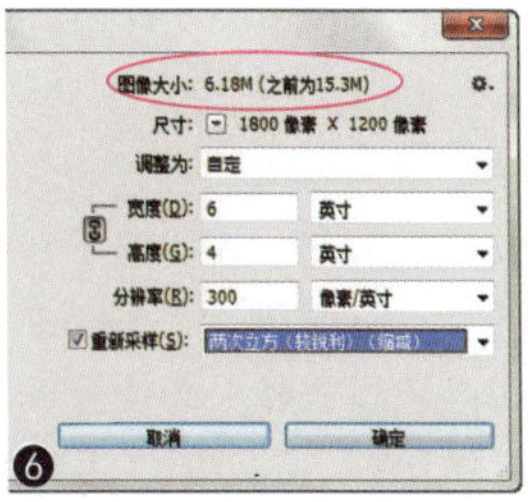

“图像大小”对话框选项

选项	说明
缩放样式	单击对话框右上角的⚙按钮，可以打开菜单。如果文档中的图层添加了图层样式，选择菜单中的“缩放样式”选项，调整图像的大小时会自动缩放样式效果（92页）。如果要禁用缩放功能，可以取消对该选项的勾选
图像大小/尺寸	显示了图像的大小和像素尺寸。单击“尺寸”选项右侧的▾按钮，可以打开下拉菜单，在菜单中可以选择以其他度量单位（如百分比、厘米、点等）显示最终输出的尺寸
调整为	单击▾按钮打开下拉菜单，菜单中包含了各种预设的图像尺寸可供使用。选择其中的“自动分辨率”命令，则会弹出“自动分辨率”对话框，输入挂网的线数以后，Photoshop会根据输出设备的网频来建议使用的图像分辨率
宽度/高度	可以输入图像的宽度和高度值。如果要修改度量单位，可以单击选项右侧的▾按钮，在打开的下拉列表中进行选择。“宽度”和“高度”选项中间有一个8状按钮并处于按下状态，它表示修改图像的宽度或高度时，可以保持宽度和高度的比例不变。如果要分别缩放宽度和高度，可以先单击该按钮，再进行操作
分辨率	可以输入图像的分辨率

2.1.10 疑问解答：怎样确定最佳分辨率？

分辨率越高，图像的色彩和色调信息越丰富，画质越细腻。但最高分辨率不一定就是最佳分辨率。图像的用途决定了分辨率的设定标准。例如，如果用于打印，最佳分辨率就应该是300像素/英寸。因为人的眼睛最多只能识别每英寸300个像素（即300ppi），像素多于这个数，我们也分辨不出来。所以，打印机设备一般都以300像素/英寸作为打印标准。

分辨率设置得过高，图像会占用更多的存储空间，用于打印时，打印速度会变慢；用于网络时，会增加刷新时间，下载速度也会变慢。因此，只有根据图像的用途设置合适的分辨率，才能取得最佳的使用效果。下表是常用的分辨率设定规范。

输出设备	图像分辨率
用于计算机屏幕显示	72像素/英寸（ppi）
用于喷墨打印	250～300像素/英寸（ppi）
用于照片洗印	300像素/英寸（ppi）
用于印刷	300像素/英寸（ppi）

2.2 新建文件

新建文件就是由Photoshop创建一个全新的、空白的文档，我们在此基础上绘画、添加文字，或者将图像素材拖入或置入该文档中，再进行图像编辑、合成。我们在进行UI、网页、海报或其他设计工作时，基本都是按照设计要求的尺寸创建一个空白文件，然后再添加各种素材进行编辑。

执行“文件>新建”命令（快捷键为Ctrl+N），打开“新建”对话框❶。“预设”下拉列表中提供了许多类别的预设，包括不同尺寸的照片、A3和A4标准纸张、常用Web尺寸、移动设备（手机、平板等），甚至还有适用于电影格式的预设，基本涵盖了各种设计工作所需要的文件项目，非常实用。

如果我们想要创建一个5英寸×7英寸的照片文档，就可以先在“预设”下拉列表中选择“照片”选项，然后在“大小”下拉列表中选择“横向，5×7”选项，这时Photoshop会自动给出文件尺寸、分辨率和颜色模式❷。即使我们不知道5英寸×7英寸照片的具体参数，也可以使用预设创建出符合标准的文件。

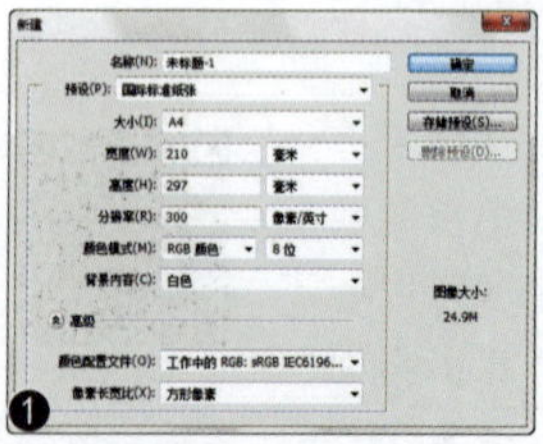
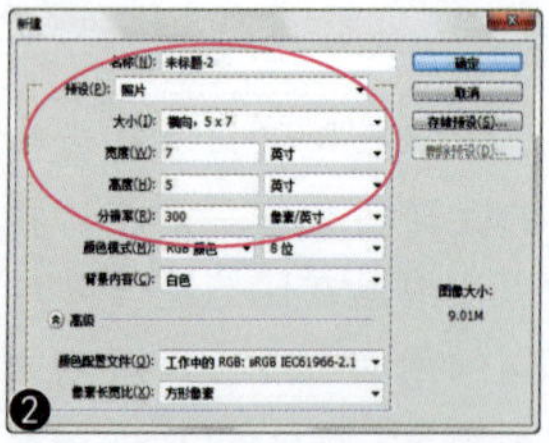

在默认状态下，“预设”下拉列表中所选的选项是“剪贴板”，如果不设置任何参数，直接单击“确定”按钮，就可以创建一个与计算机的粘贴板中保存的图像大小完全相同的文件。这种预设非常适合将网页上的图像快速转换到Photoshop文件中。例如，我们可以先在浏览器中复制一幅图像（在图像上右击，在打开的下拉菜单中选择“复制”命令），然后在Photoshop中新建一个文件，此时“新建”对话框中的“预设”选项会自动显示“剪贴板”并给出相应的参数，创建文件后按下Ctrl+V快捷键，便可以将图像粘贴到Photoshop文件中。如果想要自定义文件的尺寸、分辨率和颜色模式，可以在各个选项中手动输入。

“新建”对话框选项

选项	说明
名称	可以输入文件的名称。创建文件后，文件名会显示在文档窗口的标题栏中。保存文件时，文件名会自动显示在存储文件的对话框内。“文件名”可以在当前状态下输入，也可以使用默认的名称（未标题-1），等到保存文件时，再为它设置正式的名称
宽度/高度	可以输入文件的宽度和高度。在右侧的选项中可以选择一种单位，包括“像素”“英寸”“厘米”“毫米”“点”“派卡”和“列”
分辨率（34页）	可以输入文件的分辨率。在右侧选项中还可以选择分辨率的单位，包括“像素/英寸”和“像素/厘米”
颜色模式（99页）	可以选择文件的颜色模式，包括位图、灰度、RGB颜色、CMYK颜色和Lab颜色
背景内容	可以选择文件背景的内容，包括“白色”“背景色”和“透明”。“白色”为默认的颜色；“背景色”是指使用工具箱中的背景色（107页）作为文档中“背景”图层的颜色；“透明”则是指创建透明背景，此时文档中没有“背景”图层（72页）
高级	单击按钮，可以显示“颜色配置文件”和“像素长宽比”选项。在“颜色配置文件”下拉列表中可以为文件选择一个颜色配置文件（106页）；在“像素长宽比”下拉列表中可以选择像素的长宽比。计算机显示器上的图像是由方形像素组成的，除非用于视频（481页），否则都应选择“方形像素”
存储预设	单击该按钮，打开“新建文档预设”对话框，输入预设的名称，并选择相应的选项，可以将当前设置的文件大小、分辨率、颜色模式等创建为一个预设。以后需要创建同样的文件时，只需在“新建”对话框的“预设”下拉列表中选择它即可，这样就省去了重复设置选项的麻烦
删除预设	选择自定义的预设文件后，单击该按钮可将其删除。但系统提供的预设不能删除
图像大小	显示了以当前设置的尺寸和分辨率新建文件时，文件的实际大小

2.3 打开文件

如果要在Photoshop中编辑一个现有的文件，如计算机硬盘上保存的照片、图片素材、矢量文件等，需要将其打开。文件的打开方法有很多种，可以使用命令打开、用Adobe Bridge打开，也可以通过快捷方式打开，或者在打开的同时将其创建为智能对象。

2.3.1 方法①：用“打开”命令打开文件

使用“文件>打开”命令可以打开计算机硬盘上的文件，包括图像、Photoshop编辑过的文件，以及Photoshop支持的各种格式的文件。

执行“文件>打开”命令（快捷键为Ctrl+O），或在灰色的Photoshop程序窗口中双击鼠标，都可以弹出“打开”对话框。

在对话框左侧的列表中选择图像所在的文件夹，然后选择其中需要的文件❶（如果要选择多个文件，可以按住Ctrl键单击它们），单击“打开”按钮或按下Enter键，或者双击文件，都可以将其打开。

选取文件时还有一个小技巧。在“文件类型”下拉列表中，默认的选项是“所有格式”，在这种状态下，不会漏掉Photoshop支持的任何一种格式的文件。但如果文件夹中的文件数量特别多，查找起来就比较费时间了。我们可以通过指定文件格式来缩小查找范围。例如，想要打开的是JPEG格式的文件，就可以在“文件类型”下拉列表中选择“JPEG”选项，将其他格式的文件屏蔽。

2.3.2 方法②：用“打开为”命令打开文件

在 Mac OS 和 Windows 系统之间传递文件时可能会导致文件格式出现错误。如果文件错标格式，例如JPEG文件错标为PSD格式，或者文件没有扩展名（如 .jpg 、.eps 、.TIFF ），则无法使用“文件>打开”命令打开。

遇到这种情况时，可以执行“文件>打开为”命令，在弹出的“打开”对话框中找到文件并将其选择，然后在下拉列表中选择正确的文件格式❶，按下Enter键，就可以在Photoshop中打开它。如果这种方法也不能打开文件，就是选取的格式可能与文件的实际格式不匹配，或者文件已经损坏了。

2.3.3 方法③：在Bridge中打开文件

Adobe Bridge是非常好用的图像浏览和管理工具（48页）。我们也可以用它来打开图像。

执行“文件>在Bridge中浏览”命令，运行Adobe Bridge❶。在其中选择一个文件，双击即可切换到Photoshop中并将其打开。

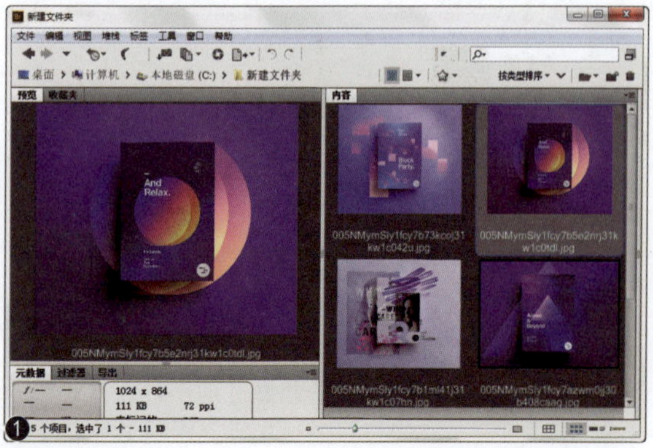

2.3.4 方法④：用Mini Bridge打开文件

Mini Bridge是一个简化版的Bridge。如果只需要查找和浏览图片素材，而不做管理，它要比Bridge更加方便一些。

执行“文件>在Mini Bridge中浏览”命令，或“窗口>扩展功能>Mini Bridge”命令，都可以打开“Mini Bridge”面板❶。在“导航”选项卡中选择图像所在的文件夹，面板中会显示其中的文件❷。拖曳面板底部的滑块，还可以调整缩览图的大小❸。面板右下角的图标，可以将面板拉宽、拉长。双击一个图像，即可在Photoshop中打开它。

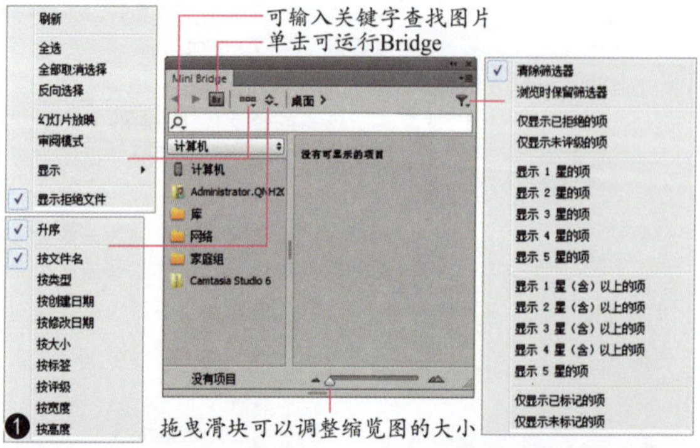

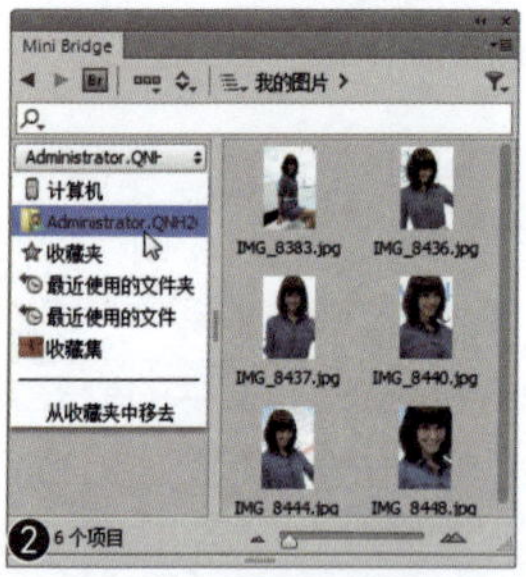

2.3.5 方法⑤：通过快捷方式打开文件

如果运行了Photoshop，请先将它关闭。我们来学习怎样使用快捷方式打开文件。

01 在计算机硬盘的文件夹中找任意一幅图像。将它拖曳到桌面的Photoshop应用程序图标上❶，即可运行Photoshop并打开该文件。

02 现在Photoshop已经打开了，我们来学习第2种方法。在Windows资源管理器中找一幅图像，将它拖曳到Photoshop窗口中，可将其打开❷。

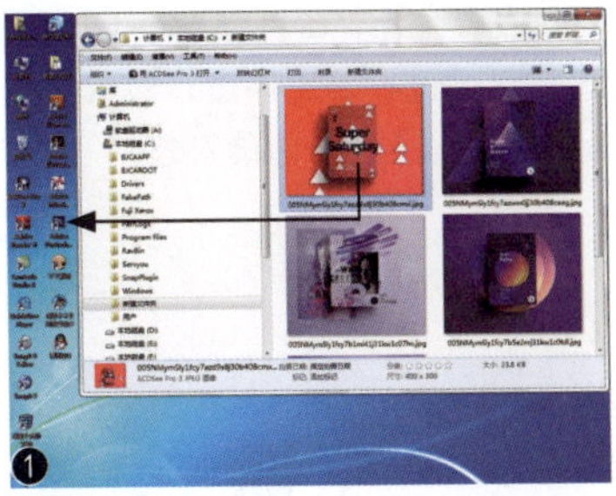

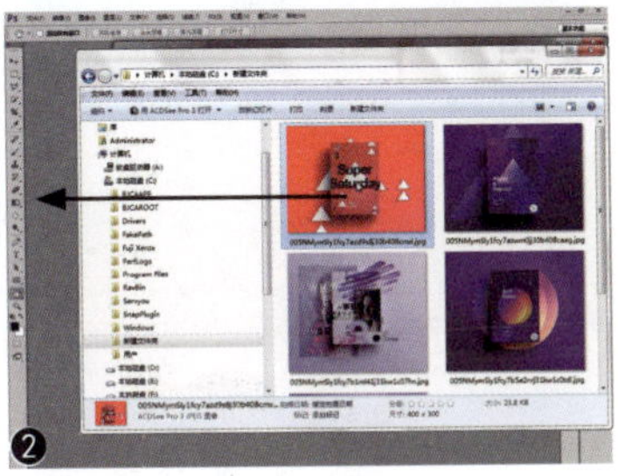

03 还有一种可以更快速打开文件的方法。如果想要打开最近使用过的文件，可以在“文件>最近打开文件”下拉菜单中找到它，选取它即可直接将其打开。

提 示 (Tips)

“文件>最近打开文件”下拉菜单中保存了最近在Photoshop中打开过的20个文件。如果要增加文件目录，可以修改首选项（500页）。如果要清除该目录，可以选择菜单底部的“清除最近的文件列表”命令。

2.3.6 方法⑥：打开文件并创建为智能对象

执行“文件>打开为智能对象”命令，弹出“打开为智能对象”对话框，选择一个文件❶，将其打开以后，它会自动转换为智能对象❷（图层缩览图右下角有一个▣状图标）。

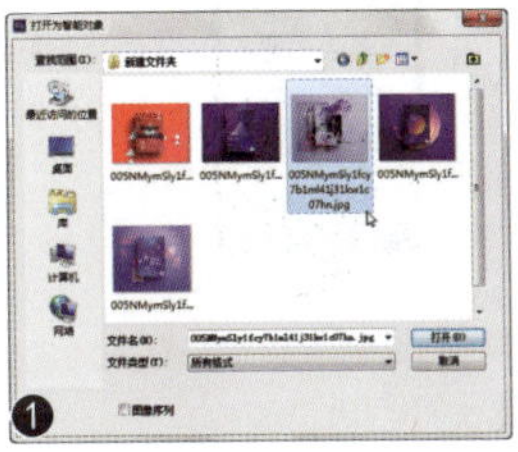

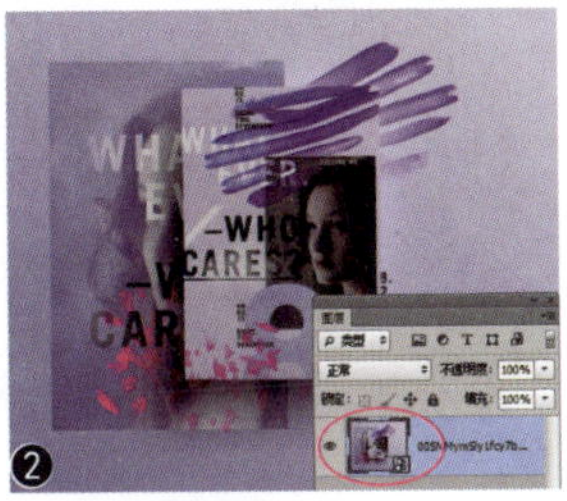

智能对象是一个嵌入到当前文档中的文件，可以保留原始数据，还可以进行非破坏性编辑（63页）。

将文件打开并创建为智能对象特别适合那些将要进行变形和变换操作，或者使用智能滤镜处理的图像。可以简化打开后再转换为智能对象这一步操作。另外，通过这种方法打开AI格式的矢量文件，可以让文件在Photoshop和Illustrator中保持链接和同步，当在Illustrator中修改该文件时，Photoshop中的文件会自动更新（42，64页）。

2.4 交换文件

做设计工作，单单会用Photoshop一个软件程序往往是不够的。很多任务需要用多个软件才能完成。例如，一个网站的页面设计制作，要首先在Photoshop中编修照片，在其中添加Illustrator制作的矢量图形，之后导出到Dreamweaver中制作网页，等等。这就涉及到文件的交换问题。下面我们就来详细介绍。

2.4.1 方法①：置入EPS格式文件

新建或打开一个文件以后，可以使用“文件>置入”命令将照片、图片等位图，以及EPS、PDF、AI等矢量文件作为智能对象置入到当前文档中。

01 打开素材❶。执行“文件>置入”命令，打开“置入”对话框，选择要置入的EPS格式文件❷。

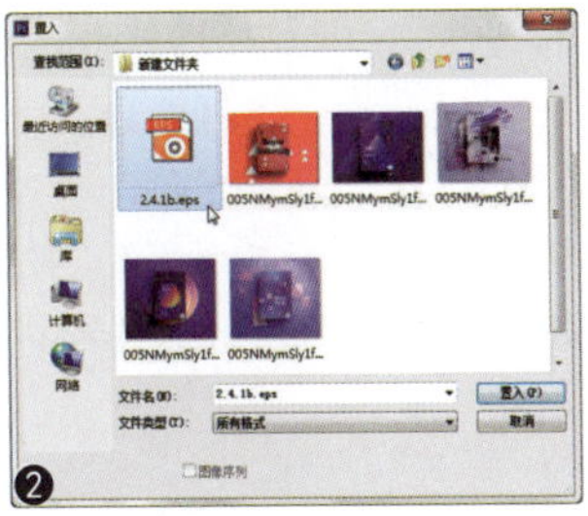

02 单击“置入”按钮，将它置入手机文档中❸。将光标放在定界框的控制点上，单击并按住Shift键拖曳鼠标进行等比缩放（55页）❹，按下Enter键确认❺。在“图层”面板中，置入的矢量素材被创建为智能对象❻。

❸

❹

❺

❻

提 示（Tips）

置入矢量文件的过程中（即按下Enter键以前），对其进行缩放、定位、斜切或旋转操作时，不会降低图像品质。另外，它创建为智能对象后，可以进行非破坏性的编辑。

2.4.2 方法②：置入与同步更新AI格式文件

Adobe Illustrator是最常用的矢量程序之一。AI是Illustrator的本机格式，用于保存矢量文件。将AI文件置入到Photoshop中，可以保留其中的图层、蒙版、透明度、复合形状、切片等属性。置入以后，如果用Illustrator 修改源文件，Photoshop 中的图形会自动更新到与之相同的效果。

01 按下Ctrl+O快捷键，打开素材❶。执行“文件>置入”命令，打开“置入”对话框，选择AI格式的矢量文件❷，单击“置入”按钮，打开“置入PDF”对话框，在“裁剪到”下拉列表中选择“边框”选项❸。

02 单击“确定”按钮，置入文件❹。按住Shift键拖动定界框上的控制点，进行等比缩放，然后按下Enter键确认。置入的AI文件会成为一个智能对象。

❶

❷

❸

❹

03 如果您安装了Illustrator，可以继续进行下面的操作。在 Illustrator中打开AI格式的矢量素材❺。按下Ctrl+A快捷键全选，执行“编辑>编辑颜色>重新着色图稿”命令，打开“重新着色图稿”对话框中，选择两个黑色颜色进行修改❻~❽。

❺

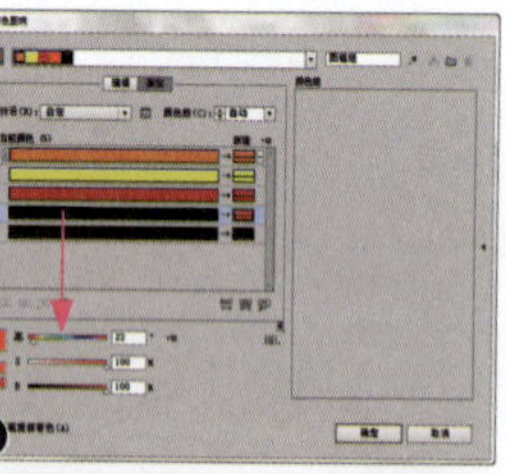
❻

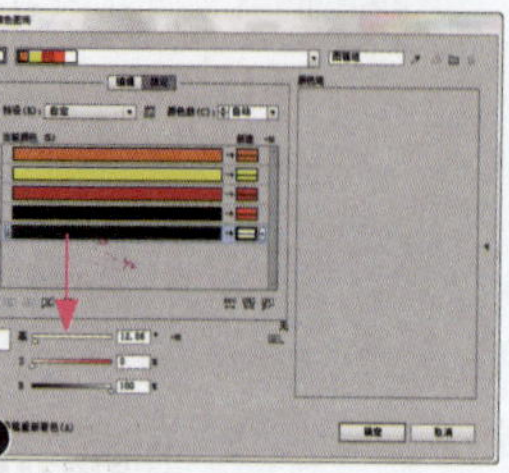
❼

❽

04 按下Ctrl+S快捷键保存修改结果，Photoshop中的矢量图形会同步更新❾。

2.4.3
方法③：导入文件

导入文件是指使用“文件>导入”下拉菜单中的命令❶，将数据组（496页）、视频帧、注释（48页）和WIA支持等类型的文件导入当前图像中。

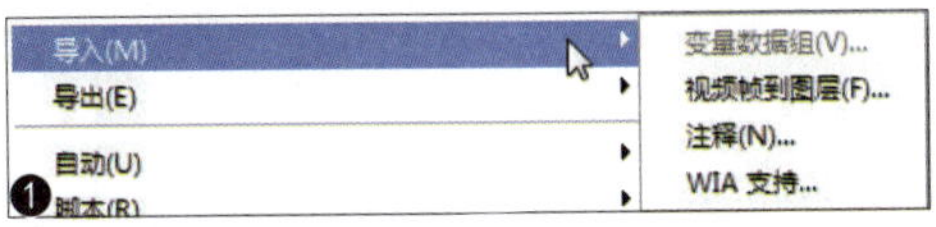

有些数码相机使用“Windows 图像采集”（WIA）支持导入图像，将其连接到计算机后，可以使用“文件>导入>WIA支持”命令将照片导入Photoshop 中。

如果计算机配置有扫描仪，并安装了相关的软件，可以在“导入”下拉菜单中选择扫描仪的名称，使用扫描仪制造商的软件扫描图像，将其存储为TIFF、PICT、BMP格式，然后在Photoshop中打开。

2.4.4
方法④：导出文件

导出文件是指使用“文件>导出”下拉菜单中的命令❶，将Photoshop中的图像文件导出到Illustrator或视频设备中，以满足不同的使用需要。

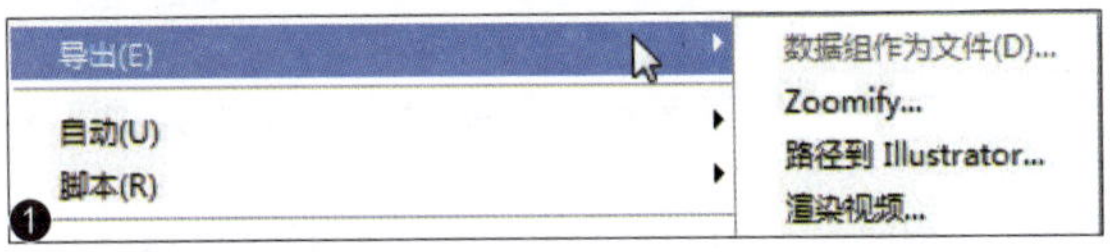

使用菜单中的“Zoomify”命令可以将高分辨率图像发布到Web上，利用 Viewpoint Media Player，可以平移或缩放图像。在导出时，Photoshop会创建JPEG和HTML文件，我们可以将这些文件上传到Web服务器。

使用“路径到Illustrator”命令可以将路径导出为AI格式，以便在Illustrator中编辑使用。

关于如何导出数据组和渲染视频，相关章节会有说明（485，496页）。

2.5 保存文件

新建或者打开文件以后，在编辑过程中就应该及时保存文件，以免因断电、操作系统死机或Photoshop意外闪退而造成劳动成果付之东流。

2.5.1
方法①：在工作过程中存储文件

执行“文件>存储”命令（快捷键为Ctrl+S），即可保存文件。

如果当前文件是我们在Photoshop中新建的，则执行该命令时，会弹出“存储为”对话框（44页），输入文件名、指定文件保存位置、选择文件格式，并设置其他选项后，单击“确定”按钮，即可将文件保存到指定位置。

如果这是我们从计算机硬盘上打开的文件，就要分为两种情况。第一种情况：如果进行了添加图层和通道方面的操作，包括添加图层、蒙版、通道、调整图层、图层样式等任意一种操作，也会弹出“存储为”对话框；第二种情况是没有添加图层和通道，对于JPEG、GIF这些格式的文件，将按照原有的格式存储，Photoshop会更新硬盘上的文件，不会弹出“存储为”对话框。

第一次存储文件时，应该使用PSD格式（扩展名为.psd），它是Photoshop的本机格式。只有PSD和PSB格式可以保存Photoshop文档中的所有内容，包括所有类型的图层、蒙版、通道、路径和文字，其他格式无法做到。PSB是大型文档格式，支持2GB以上的超大文件，实际使用的情况不太多。PSD是一种无损格式，每一次存储和打开都不会损失图像数据。相比之下有损格式，如JPEG，每存储一次，都会删除一些图像数据，并进行压缩处理，以便减少文件占用的存储空间。因此，JPEG格式的文件存储次数多了，图像的画质会越来越差。

将文件存储为PSD格式后，在编辑过程中，还要养成随时保存文件的习惯，以防止意外断电、计算机系统或Photoshop崩溃而丢失修改结果。我们只要在完成重要的操作以后，按下Ctrl+S快捷键，就可以将图像的最新编辑状态保存起来。

2.5.2 方法②：另存一份文件

当文件的所有编辑都完成以后，如果文件还有其他用途，可以将其存储为两份，一份保存为PSD格式，以便于以后可以随时修改；再使用“文件>存储为”命令❶，将文件以其他名称或者以其他格式另存一份。

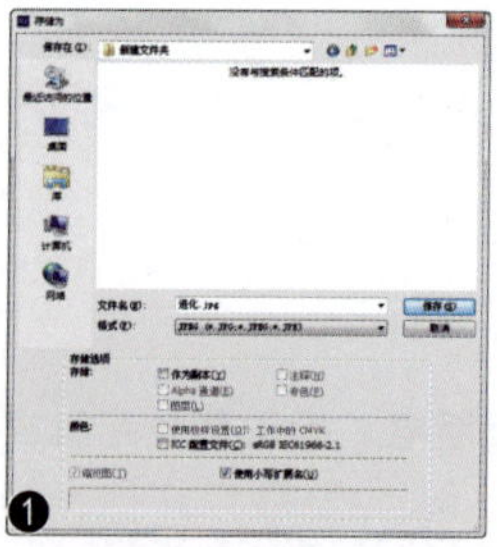

❶

提示（Tips）

单击文档窗口右上角的 X 按钮，或执行“文件>关闭”命令，可以关闭文件。如果同时打开了多个文件，执行“文件>关闭全部”命令，可将其全部关闭。执行“文件>关闭并转到Bridge”命令，可以关闭文件并打开Bridge。如果要退出Photoshop程序，可以执行“文件>退出”命令，或单击程序窗口右上角的 X 按钮。

选项	说明
文件名	可以输入文件名称
保存类型	在下拉列表中可以选择文件的保存格式
作为副本	选择该选项，可以另存一个文件副本。副本文件与源文件存储在同一位置
注释/Alpha通道/专色/图层	可以选择是否存储图像中的注释信息、Alpha通道、专色和图层
使用校样设置	将文件的保存格式设置为EPS或PDF时，该选项可用，它可以保存打印用的校样设置
ICC配置文件	保存嵌入在文档中的ICC配置文件
缩览图	选择该选项，可以为图像创建缩览图。此后在“打开”对话框中选择一个图像时，对话框底部会显示此图像的缩览图

2.5.3 方法③：用“签入”命令保存文件

使用“文件>签入”命令可以存储文件的不同版本以及各版本的注释。该命令可用于 Version Cue 工作区管理的图像。

Version Cue 是一个文件版本管理器，如果使用的是来自 Adobe Version Cue 项目的文件，文档标题栏会提供有关文件状态的其他信息。

2.5.4 文件格式

文件格式决定了图像数据的存储方式（存储为像素还是矢量）、压缩方法、支持哪些Photoshop功能，以及文件能否与其他应用程序兼容。

使用“存储”或“存储为”命令保存图像时，在弹出的“存储为”对话框的“格式”选项中可以选择文件格式❶。

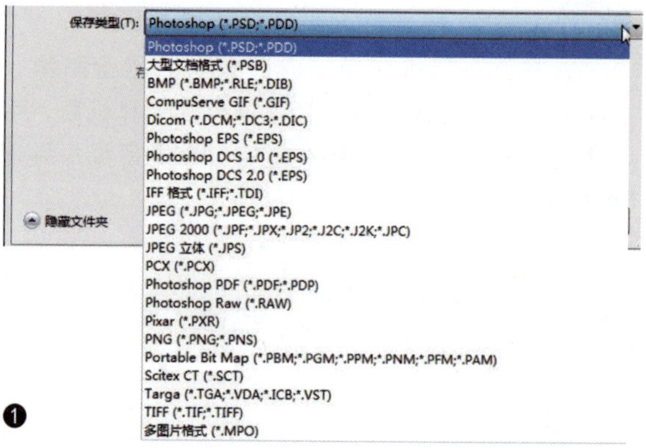

❶

提示（Tips）

PDF是Adobe公司开发的电子文件格式。PDF文件可以将文字、字型、格式、颜色、图形和图像等封装在一个文件中，还可以包含超文本链接、声音和动态影像等电子信息。现在，越来越多的电子图书、产品说明、公司文告、网络资料、电子邮件开始使用PDF格式文件。

Adobe PDF预设是预先定义好的设置集合，包含颜色转换方法、文件压缩标准和输出方法等。用它创建的PDF文件可以在Adobe Creative Suite组件，即InDesign、Illustrator、Golive和Acrobat之间共享。如果要创建PDF预设，可以执行“编辑>Adobe PDF预设”命令，打开对话框，单击“新建”按钮并设置选项。创建完成后，当使用“文件>存储为”命令将文件保存为PDF格式时，可以在打开的“存储Adobe PDF”对话框中选择该预设。

文件格式	说明
PSD格式	PSD是Photoshop默认的文件格式，它可以保留文档中包含的所有图层、蒙版、通道、路径、未栅格化的文字、图层样式等内容。通常情况下，我们都是将文件保存为PSD格式，以后可以随时修改。PSD是除大型文档格式（PSB）之外支持所有 Photoshop 功能的格式。其他Adobe程序，如Illustrator、InDesign和Premiere等都可以直接置入PSD文件
PSB格式	PSB格式是Photoshop的大型文档格式，可支持最高达到300 000像素的超大图像文件。它支持Photoshop所有的功能，可以保持图像中的通道、图层样式和滤镜效果不变，但只能在Photoshop中打开。如果要创建一个2GB以上的文件，可以使用该格式
BMP格式	BMP是一种用于 Windows 操作系统的图像格式，主要用于保存位图文件。该格式可以处理24位颜色的图像，支持RGB、位图、灰度和索引模式，但不支持Alpha通道
GIF格式	GIF是基于在网络上传输图像而创建的文件格式，它支持透明背景和动画，被广泛地应用在网络文档中。GIF格式采用LZW无损压缩方式，压缩效果较好
Dicom格式	Dicom（医学数字成像和通信）格式通常用于传输和存储医学图像，如超声波和扫描图像。Dicom文件包含图像数据和标头，其中存储了有关病人和医学图像的信息
EPS格式	EPS是为PostScript打印机上输出图像而开发的文件格式，几乎所有的图形、图表和页面排版程序都支持该格式。EPS格式可以同时包含矢量图形和位图图像，支持RGB、CMYK、位图、双色调、灰度、索引和Lab模式，但不支持Alpha通道
IFF格式	IFF（交换文件格式）是一种便携格式，它具有支持静止图片、声音、音乐、视频和文本数据的多种扩展名
JPEG格式	JPEG是由联合图像专家组开发的文件格式。它采用有损压缩方式，即通过有选择地扔掉数据来压缩文件大小。JPEG图像在打开时会自动解压缩。压缩级别越高，得到的图像品质越低；压缩级别越低，得到的图像品质越高。在大多数情况下，“最佳”品质选项产生的结果与原图像几乎无分别。JPEG格式支持RGB、CMYK和灰度模式，不支持Alpha通道
PCX格式	PCX格式采用RLE无损压缩方式，支持24位、256色的图像，适合保存索引和线稿模式的图像。该格式支持RGB、索引、灰度和位图模式，以及一个颜色通道
PDF格式	便携文档格式（PDF）是一种跨平台、跨应用程序的通用文件格式，它支持矢量数据和位图数据，具有电子文档搜索和导航功能，是 Adobe Illustrator 和 Adobe Acrobat 的主要格式。PDF格式支持RGB、CMYK、索引、灰度、位图和Lab模式，不支持Alpha通道
Raw格式	Photoshop Raw（.raw）是一种灵活的文件格式，用于在应用程序与计算机平台之间传递图像。该格式支持具有Alpha通道的CMYK、RGB和灰度模式，以及无Alpha通道的多通道、Lab、索引和双色调模式。以 Photoshop Raw 格式存储的文档可以为任意像素大小，但不能包含图层
Pixar格式	Pixar是专为高端图形应用程序（如用于渲染三维图像和动画的应用程序）设计的文件格式。它支持具有单个 Alpha 通道的 RGB 和灰度图像
PNG格式	PNG是作为GIF的无专利替代产品而开发的，用于无损压缩和在Web上显示图像。与GIF不同，PNG支持244位图像，并产生无锯齿状的透明背景，但某些早期的浏览器不支持该格式
PBM格式	便携位图（PBM）文件格式支持单色位图（1 位/像素），可用于无损数据传输。许多应用程序都支持该格式，甚至可在简单的文本编辑器中编辑或创建此类文件
Scitex格式	Scitex（CT）格式用于Scitex计算机上的高端图像处理。它支持 CMYK、RGB 和灰度图像，不支持 Alpha 通道
TGA格式	TGA格式专用于使用 Truevision 视频板的系统，它支持一个单独Alpha通道的32位RGB文件，以及无Alpha通道的索引、灰度模式，16位和24位RGB文件
TIFF格式	TIFF是一种通用的文件格式，所有的绘画、图像编辑和排版程序都支持该格式。而且，几乎所有的桌面扫描仪都可以产生 TIFF 图像。该格式支持具有 Alpha 通道的CMYK、RGB、Lab、索引颜色和灰度图像，以及没有 Alpha 通道的位图模式图像。 Photoshop 可以在 TIFF 文件中存储图层，但是，如果在另一个应用程序中打开该文件，则只有拼合图像是可见的
MPO格式	MPO是3D图片或3D照片使用的文件格式

2.5.5 疑问解答：怎样选取最合适的文件格式？

在用途方面，PSD是最重要的文件格式，编辑图像时应尽量保存为该格式，以便以后可以随时修改图像。此外，矢量软件Illustrator和排版软件InDesign也支持PSD文件，这意味着一个透明背景的PSD置入到这两个程序之后，背景仍然是透明的。如果想要让没有Photoshop软件程序的人也能观看PSD文件，可以将文件保存为PDF格式，使用Adobe Reader软件（免费的）可以观看PDF中的图像，还可以在文件中添加注释。

JPEG是多数数码相机默认的格式，如果要将照片或图像打印输出，或者通过E-mail传送，可以保存为该格式。

如果图像用于Web，可以选择JPEG或者GIF格式。

从支持Photoshop功能方面看，PSD支持全部功能；JPEG格式可以保存路径；TIFF格式可以保存图层、通道和路径；PDF格式支持图层、Alpha通道和注释；GIF格式支持透明背景。

2.6 修改文件

下面我们来介绍怎样修改画布大小，查看文件的信息（如相机原始数据、视频数据、音频数据等），以及在文件中添加文字注释或版权信息。

2.6.1 练习：修改画布大小

画布是指图像或其他类型文件的画面范围，位于文档窗口内部，是整个文档的工作区域❶。如果将图像停放在窗口内的选项卡中（8页），并将视图比例调小（20页），则在画布之外会出现灰色的暂存区❷。暂存区可以存放图像，但图像不会在画布上显示也不能打印出来。另外，存储文件时，PSD格式可以保存暂存区的图像，JPEG格式则会将其删除。

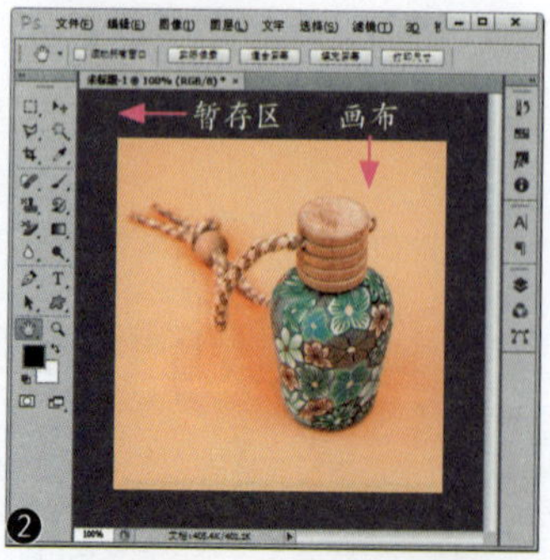

在“2.1.9 练习：调整照片的尺寸和分辨率”中，我们介绍过怎样使用“图像大小”命令修改文档尺寸和分辨率。文档尺寸与画布是一个概念，只是叫法不同而已。

用“图像大小”命令修改文档尺寸时会遇到两种情况。如果取消对“重新采样”选项的选取，调整图像的“宽度”和“高度”时，分辨率就会改变；如果选取“重新采样”选项，分辨率不变，但像素数量会改变，并进行重新采样，画质会受到损害。

如果只是想改变文档尺寸，可以用“图像>画布大小”命令操作。该命令不涉及分辨率和重新采样，并且我们可以指定在哪一边增加或减少画布。此外，使用裁剪工具也可以修改文档尺寸（284页）。

01 打开素材❸。执行“图像>画布大小”命令，打开“画布大小”对话框，在“宽度”和“高度”选项中输入画布尺寸❹。输入的数值大于原来尺寸时，会增加画布，反之则减小画布。

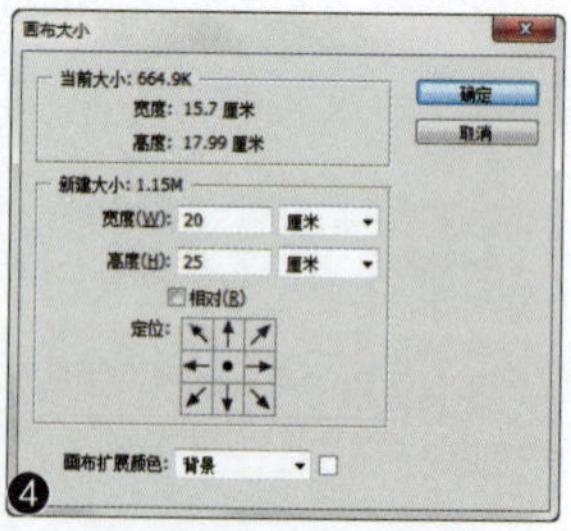

02 单击“确定”按钮，在图像的四周增加画布❺。如果减小画布尺寸，则会裁剪四周的画布（即裁剪图像）。

03 按下Ctrl+Z快捷键，撤销操作，让画布恢复为原始大小❻。我们来看一下“定位”选项中的米字格有什么用处。

04 按下Alt+Ctrl+C快捷键，打开“画布大小”对话框。在米字格左上角单击❼。此时米字格中的圆点代表了原始图像的位置，箭头代表的是从图像的哪一边增加或减少画布。箭头向外，表示增加画布；箭头向内，表示减少画布。我们可以分别尝试这两种效果❽❾。另外，减少画布时会裁剪并删除多余的图像。

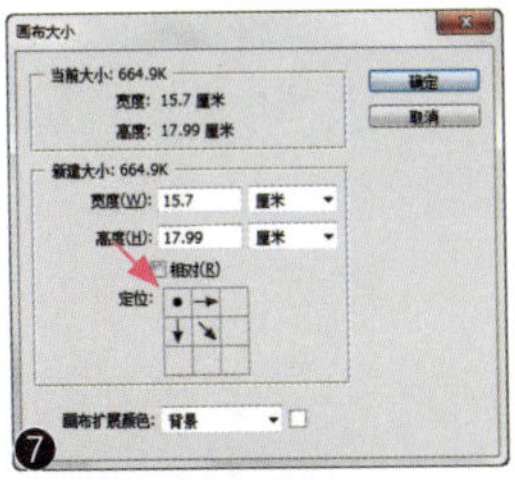

增加画布

减少画布

选项	说明
当前大小/新建大小	“当前大小”右侧的数值显示了图像宽度和高度的实际尺寸和文档的实际大小；“新建大小”右侧的数值显示了修改画布后文档的大小
相对	选择该选项后，“宽度”和“高度”中的数值将代表实际增加或者减少区域的大小，而不再代表整个文档的大小。此时输入正值表示增加画布，输入负值则表示减小画布
画布扩展颜色	在该下拉列表中可以选择填充新画布所使用的颜色。如果图像的背景是透明的，则该选项不可用，因为添加的画布也是透明的

米字格使用有一个简单的规律：在一个方格上单击，会在它的对角线方向增加或减少画布。例如，单击左上角，会改变右下角的画布；单击上面正中间的方格，会改变正下方的画布。其他方格以此类推。

提示（Tips）

如果在文档中置入了一幅画面较大的图像，或使用移动工具将一幅大图拖入一个比它小的文档中，则超出画布范围之外的图像就会位于暂存区中，被隐藏起来。如果想要让图像完全显示，可以执行“图像>显示全部”命令，自动扩大画布。

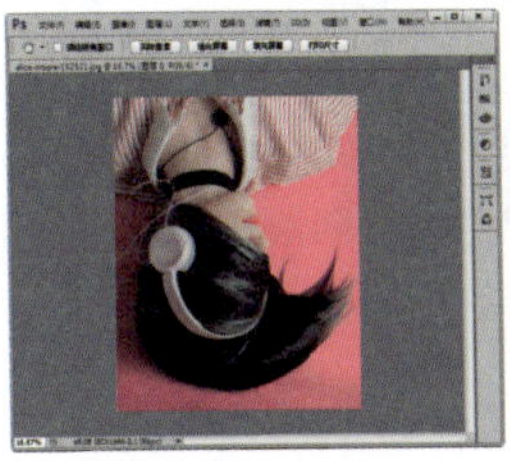

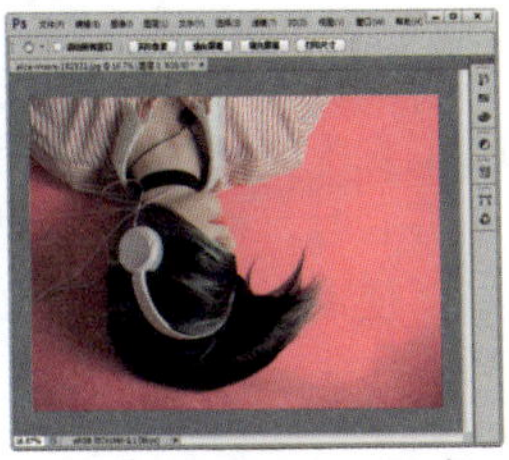

2.6.2 旋转画布

在第1章我们介绍过，使用旋转视图工具可以旋转画布，就像是在纸上画画时旋转纸张一样。但这只是画面在旋转，以方便我们观察，图像本身的角度并未改变。

如果真正旋转图像，可以打开“图像>图像旋转”下拉菜单，使用其中的命令操作❶~❸。

如果想要自定义图像的旋转角度，可以执行“图像>图像旋转>任意角度”命令，打开“旋转画布”对话框，输入角度值和选择方向❹。

原图

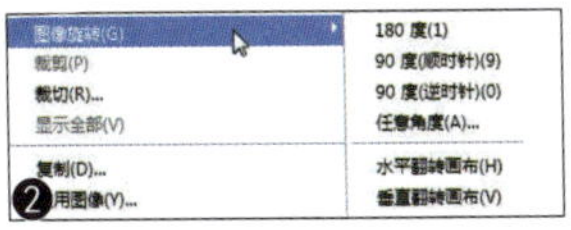

画布旋转命令

执行“水平翻转画布”命令

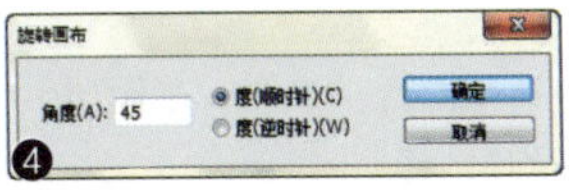

自定义旋转角度

2.6.3 查看、添加版权信息

打开一个图像文件后，可以执行“文件>文件简介”命令，打开“文件简介”对话框查看文件的详细信息❶，包括相机原始数据、视频数据、音频数据、查看和编辑 DICOM 文件的元数据等。

此外，在该对话框中也可以为图像添加版权信息。方法是在“版权状态”下拉列表中选择“版权所有”选项，然后在“版权公告”栏内输入个人版权信息❷。如果想要留下个人邮箱，可以在“版权信息URL”栏中输入。以后使用该图片的人在Photoshop中打开它时，单击该链接就可以转到版权人的邮箱。另外，使用“嵌入水印”滤镜在图像中添加水印，也是一种标记版权的方法。

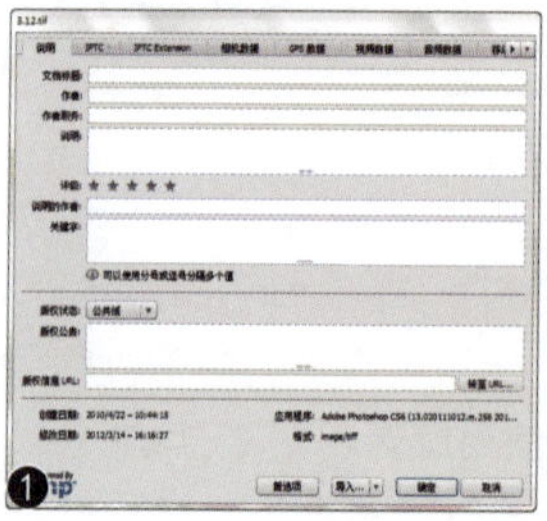

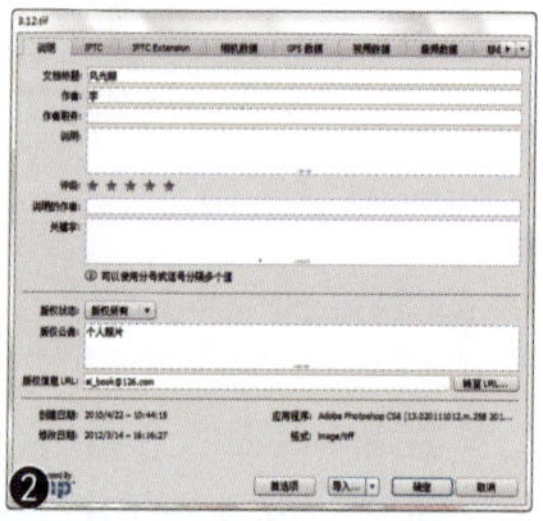

2.6.4 练习：为待处理的图像添加文字注释

如果因为有事，导致图像的编辑工作暂时中断，或者想要记录制作说明或需要提醒的事项，如尚未处理完的照片还有哪些地方需要编辑、修饰等，可以使用注释工具 在图像上添加文字注释。

01 打开素材。选择注释工具 ，在工具选项栏中输入需要添加的信息❶。

02 在画面中单击，弹出“注释”面板，输入注释内容❷。创建注释后，鼠标单击处就会出现一个注释图标 ❸。

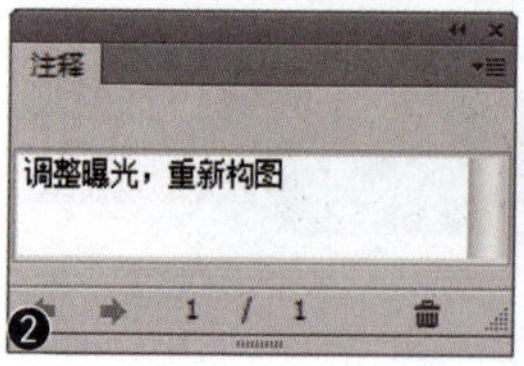

03 拖曳注释图标可以移动它。如果想要查看注释，用鼠标双击它，弹出的“注释”面板中会显示注释内容。如果在文档中添加了多个注释，则可单击 或 按钮，循环显示各个注释内容。在画面中，当前显示的注释上方有一支铅笔图标❹。如果要删除注释，可以在注释上右击，在弹出的快捷菜单中选择“删除注释”命令。选择“删除所有注释”命令，或单击工具选项栏中的“清除全部”按钮，则可删除所有注释。

提示（Tips）

我们可以将PDF文件中包含的注释导入图像中。操作方法为：执行“文件>导入>注释”命令，打开“载入”对话框，选择PDF文件，单击“载入”按钮即可。

2.7 用Bridge管理图片

Adobe Bridge可以做很多图片管理方面的工作，如对文件进行标记、评级，使文件易于查找；可以查看照片的元数据；可以对照片进行批量重命名；可以通过关键字搜索图片等。

2.7.1 Bridge 概览

执行“文件>在Bridge中浏览”命令，可以运行Bridge❶。

Bridge是Adobe Creative Cloud 附带的组件，可以单独安装。它只有面板和命令，没有工具，因而只负责做图片和文件的管理工作。可以组织、浏览和查找文件，创建供印刷、Web、电视、DVD、电影及移动设备使用的内容。

Bridge比较方便的地方是可以查看各种格式的图

像文件，尤其是能够显示PSD 和 PDF文件的缩览图。

❶

在 Bridge 中双击一个文件，即可在其原始应用程序中将其打开。例如，双击一个图像文件，可以在Photoshop中打开它；双击一个AI格式的矢量文件，可以在Illustrator中打开它。如果要使用其他程序打开文件，可先单击文件，然后在“文件>打开方式”下拉菜单中选择应用程序（前提是安装了相应的软件程序）。

- 应用程序栏：提供了基本任务的按钮，如文件夹层次结构导航、切换工作区及搜索文件。
- 路径栏：显示了当前文件夹的路径，并允许导航到该目录。
- 收藏夹面板：可以快速访问文件夹以及 Version Cue 和 Bridge Home。
- 文件夹面板：显示文件夹层次结构，可以浏览文件夹。
- 过滤器面板：可以排序和筛选“内容”面板中显示的文件。
- 收藏集面板：允许创建、查找和打开收藏集和智能收藏集。
- 内容面板：显示由导航菜单按钮、路径栏、“收藏夹”面板和“文件夹”面板指定的文件。
- 预览面板：显示所选的一个或多个文件的预览。预览不同于“内容”面板中显示的缩览图，并且通常大于缩览图。可以通过调整面板大小来缩小或扩大预览。
- 元数据面板：包含所选文件的元数据信息。如果选择了多个文件，则面板中会列出共享数据（如关键字、创建日期和曝光度设置）。
- 关键字面板：帮助用户通过附加关键字来组织图像。

2.7.2 方法①：浏览图片

01 运行Adobe Bridge。在窗口右上角单击鼠标，打开菜单，菜单中的“胶片”“原数据”和“输出”等命令用于切换界面布局——在界面中显示不同的面板，以及改变文件的显示方法。例如，如果整理照片，可以选择“元数据”命令，以方便查看照片的拍摄信息❶；如果不希望被面板和文件详细信息干扰，可以选择“必要项”命令，让窗口中只显示缩览图和文件名❷。

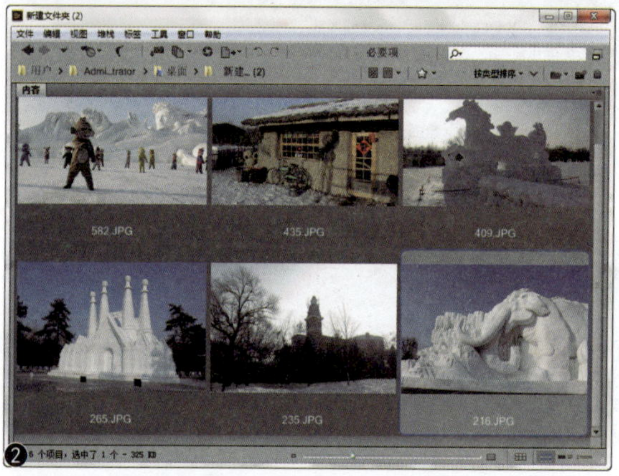

02 在任何一种布局下，拖动窗口底部的三角滑块，都可以调整缩览图的显示比例❸。按钮代表了以缩览图的形式显示图像文件；单击按钮，可以在缩览图之间添加网格；单击按钮，会显示图像的详细信息，如大小、分辨率、照片的光圈、快门等；单击按钮，会以列表的形式显示文件。

03 单击一个图像，然后按下空格键，可以让它全屏显示❹。如果这是一张尺寸较大的图像，想要查看它的细节，可以在相应的区域单击鼠标，图像会以100%的比例显示，并且单击处的图像会出现在画面中央❺。此外，按下→键和←键可以向前、向后切换图像，按下Esc键可以退出全屏。

04 执行“视图>审阅模式”命令（快捷键为Ctrl+B），可以切换到审阅模式❻。在这种状态下，单击前方的图像，会弹出一个窗口显示图像细节（比例为100%）❼。我们可以移动该窗口，观察图像的各处细节。如果要关闭窗口，可以单击其右下角的“×”按钮。单击后面的图像，它会跳转到前方❽，其动画效果类似于iPhone手机，非常酷。按下Esc键或单击屏幕右下角的“×”按钮，可退出审阅模式。

05 执行“视图>幻灯片放映”命令（快捷键为Ctrl+L），可以通过幻灯片的形式自动播放图像。退出幻灯片的方法也是按下Esc键。

2.7.3 方法②：为图片添加标签、评级

为照片和图片素材添加颜色标签、进行评级，可以使它们更加易于查找。这种做法非常适合有大量照片需要管理的摄影爱好者。例如，在筛选照片时，有需要优先处理的照片，就可以为它们做上标签或者评级。这样不仅可以避免以后重新筛选，在需要时也能够快速找到它们。

01 在Bridge中单击一张照片（按住Ctrl键单击其他文件，可以选择多个文件），打开“标签”菜单，选择一个标签选项，即可为文件添加颜色标签❶。选择“标签>无标签”命令，则可以删除标签。

02 单击另一张照片，从“标签”菜单中选择评级，例如，最优先处理的可以添加★★★★★评级❷。如果要增加或减少一个星级，可以选择“标签>提升评级”或“标签>降低评级”命令。如果要删除所有星级，可以选择“无评级”命令。

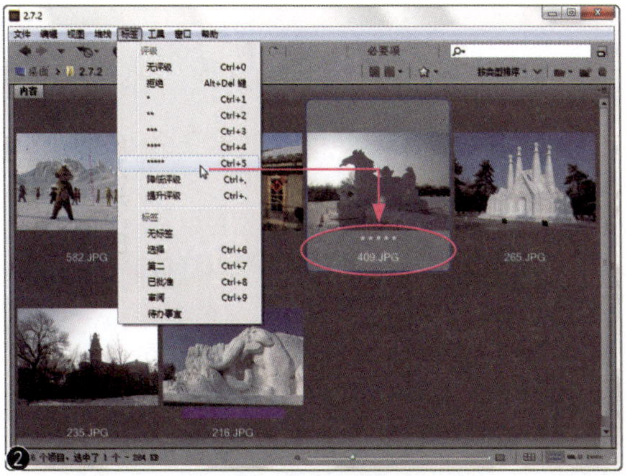

03 添加标签和评级之后，可以从“视图>排序”菜单中选择一个选项，按照是否添加了标签或评级的高、低对文件重新排序，让重要的文件排在最前方❸。选择“手动”选项，则可以按上次拖移文件的顺序排序。

评级为★★★★★的照片排在最前面

04 如果只想显示添加了标签或者进行了评级的照片，可以执行“窗口>过滤器面板”命令，打开该面板。在“标签”或“评级”列表下方单击。例如，单击★★★★★，只显示添加了★★★★★的照片，屏蔽其他文件❹。

2.7.4 方法③：通过堆栈管理图片

制作HDR照片时，需要使用在固定位置、以不同曝光值拍摄的多张照片来进行合成（247页）。制作全景照片也需要多张不同角度的照片来进行拼接（288页）。类似于这些有特殊用途的照片，将它们以堆栈的形式保管更加便于管理和使用。

01 在Bridge中按住Ctrl键单击需要堆栈的照片，将它们同时选取❶。按下Ctrl+G快捷键，将它们归组为堆栈❷。

02 在堆栈状态下，只显示一张照片，其左上角显示堆栈中包含的照片数目。单击它❸，或执行“堆栈>打开堆栈”命令，可以展开堆栈，显示其中的所有照片；单击▶按钮，可以依次播放堆栈中的照片；执行“堆栈>取消

堆栈组”命令，则取消堆栈，释放其中的照片。

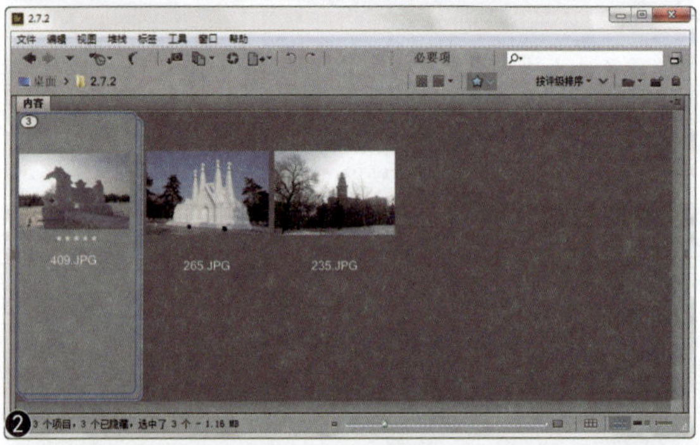

2.7.5 方法④：通过关键字搜索图片

使用Bridge可以在照片文件中添加关键字，并支持用关键字搜索图片。这也是一项很实用的功能，尤其是当我们想不起来重要照片放在哪个文件夹时，就可以通过这一功能快速找到它。

01 我们先来为重要照片添加关键字。在Bridge 中导航到照片所在的文件夹（也可以是计算机硬盘中的任意一幅图像）。执行“窗口>关键字面板”命令，打开该面板，单击一张照片❶。

02 单击新建关键字按钮，在显示的条目中输入关键字（可以多添加几个关键字）❷；勾选关键字条目❸，完成关键字的指定。

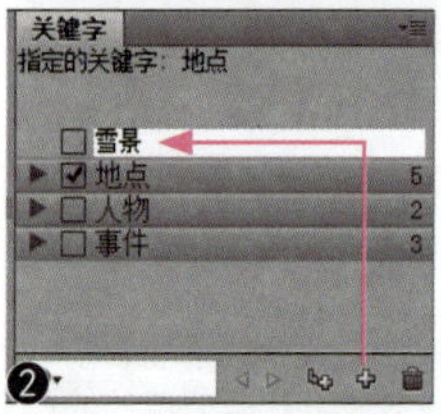

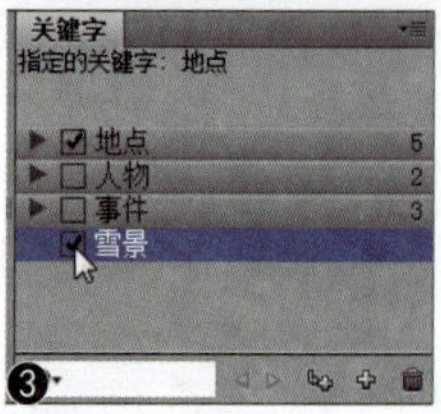

03 以后查找该图像时，在Bridge窗口右上角的文本框中输入关键字，并按下Enter键，即可找到它❹。

2.7.6 方法⑤：查看元数据、添加信息

使用数码相机拍照时，相机会自动将拍摄信息（如光圈、快门、ISO、测光模式、拍摄时间等）记录到照片文件中，这些信息称为元数据。用Bridge可以查看元数据，也可以添加新的信息。

01 在Bridge窗口右上角选择“原数据”，切换到这一布局。单击一张照片，“元数据”面板中会显示它的各种原始数据信息❶。

02 我们可以在该面板中为照片添加新的信息，如拍摄者的姓名、拍摄地点、照片的版权说明等。操作时，单击“IPTC Core”选项条右侧的图标，在需要编辑的项目中输入信息，然后按下Enter键即可❷。

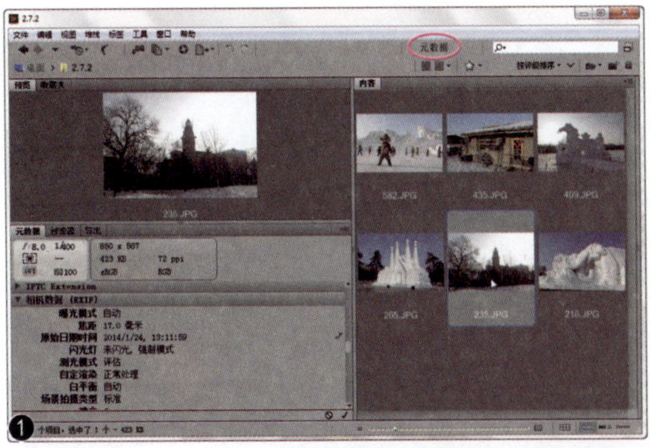

2.7.7 方法⑥：批量重命名

在Bridge中可以成组或成批地重命名文件和文件夹。对文件进行批重命名时，可以为选中的所有文件选取相同的设置。

01 在Bridge中导航到需要重命名的文件所在的文件夹。按下Ctrl+A快捷键，选取所有文件❶。

02 执行“工具>批重命名”命令，打开“批重命名”对话框，选择“在同一文件夹中重命名”选项，为文件输入新的名称（如“雪景”），并输入序列数字，数字的位数为3位，在对话框底部可以预览文件名称❷。单击“重命名”按钮，即可对文件进行重命名❸。

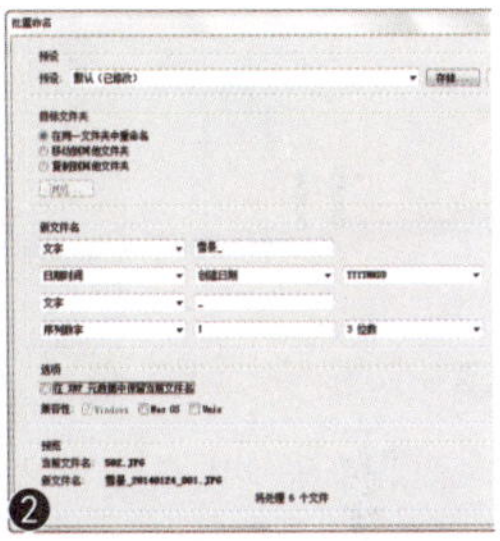

2.8 变换、变形操作

在Photoshop中，移动、旋转和缩放属于变换操作，而扭曲、斜切、透视等破坏对象原有比例和结构的操作属于变形操作。图层、多个图层、图层蒙版、选区、路径、矢量形状、矢量蒙版和Alpha 通道等都可以进行变换和变形处理。

2.8.1 定界框、中心点和控制点

“编辑>变换”下拉菜单中包含变换和变形命令❶。其中的“旋转180度”“旋转90度（顺时针）”“旋转90度（逆时针）”“水平翻转”和“垂直翻转”命令可以直接对图像应用与其名称相同的变换。执行其他命令时，当前对象周围会出现定界框，定界框四周是控制点，位于中央的是中心点❷。

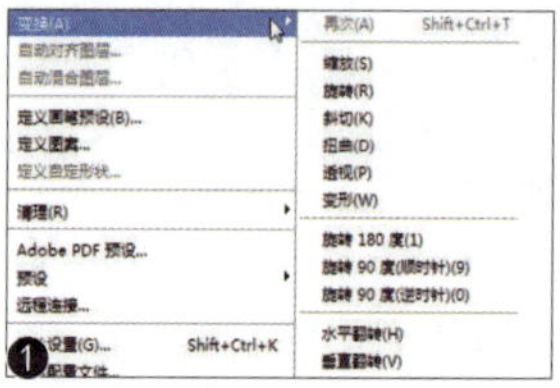

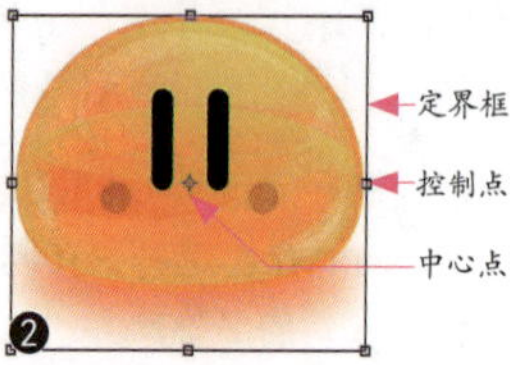

中心点可以控制对象的变换中心。如果将它拖曳到其他位置，则会改变变换操作的基准点❸~❺。

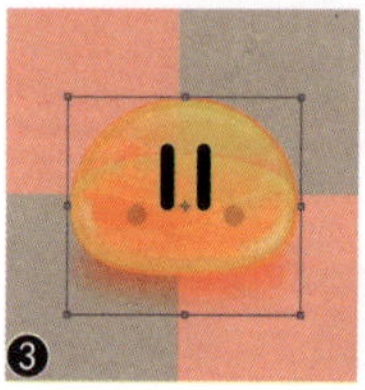

缩放前（中心点在中央）

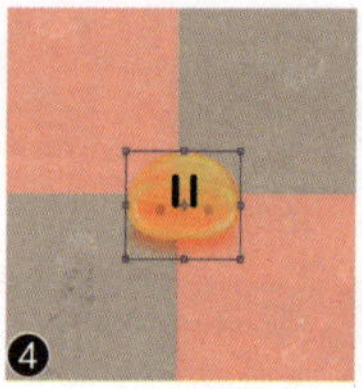

缩小图像（中心点在中央）

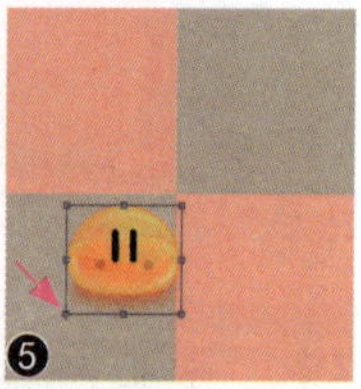

缩小图像（中心点在左下角）

在进行变换和变形时，可以使用“编辑>变换”下拉菜单中的一个命令来完成具体操作；也可以执行“编辑>自由变换”命令（快捷键为Ctrl+T），显示定界框，再按住相应的按键并拖曳定界框或控制点来进行旋转、拉伸、缩放、斜切、扭曲和透视扭曲❻❼。只是这种快捷方法需要一定的练习才能掌握，但它可以同时完成多种操作，在实战中应用得比较多。

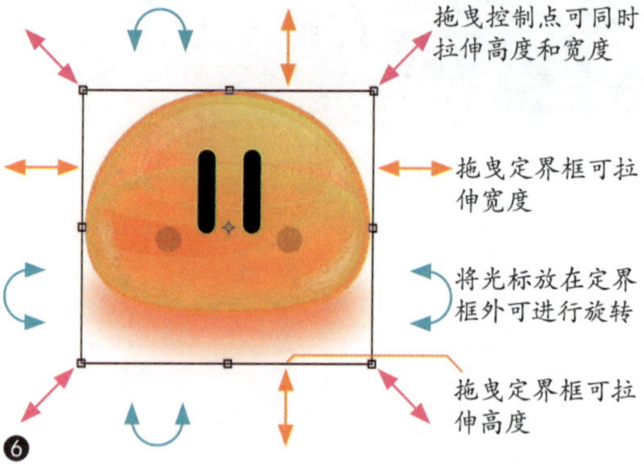

拉伸、缩放、旋转的快捷操作方法

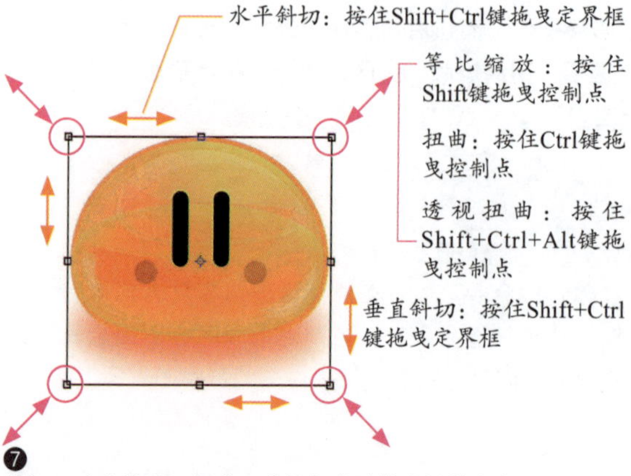

斜切、对比缩放、扭曲、透视扭曲的快捷操作方法

2.8.2 方法①：移动、多文档间移动

移动工具是最常用的工具之一，不论是移动文档中的图层、选区内的图像，还是将图像拖动到其他文档，都会用到该工具。

使用移动工具时，需要在“图层”面板中单击对象所在的图层（76页），将其选取，然后在窗口中单击并拖曳鼠标，即可移动对象。按住Shift键操作，可以沿水平、垂直或45°角方向移动。按住Alt键移动，则可以复制图像并生成一个新的图层。

如果要进行轻微的移动，可以在移动工具处于选取的状态下，按键盘中的→、←、↑和↓键，每按一下，对象会沿相应的方向移动一个像素的距离；如果按住Shift键，再按方向键，则可以移动10个像素的距离。

01 打开素材❶❷。使用矩形选框工具在蜘蛛人脸谱上单击并拖曳鼠标，创建选区❸。

02 由于文档中只有一个图层，因此不需要选取。我们直接选择移动工具，将光标放在选区内，单击并拖动鼠标至另一个文档的标题栏❹，停留片刻切换到该文档，将光标向画面中移动❺，放开鼠标后，可以将图像拖入该文档。

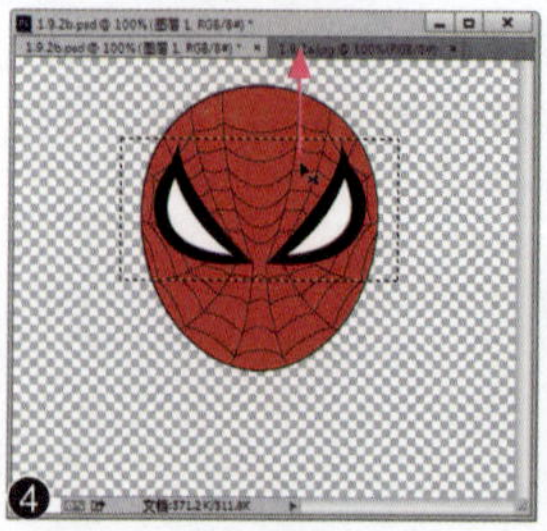

03 在窗口中单击并拖曳鼠标移动图像，将其摆放在人物面部❻。采用同样的方法还可以制作出很多颇具创意的脸谱图像❼。

提示（Tips）

如果想要复制文档中的所有内容，可以基于图像的当前状态创建一个文档副本。操作方法是执行“图像>复制”命令，打开“复制图像”对话框进行设置。在“为”选项内输入新文件的名称。如果图像包含多个图层，想要将它们合并，可以选取“仅复制合并的图层”选项。还有一种快捷方法，即在文档窗口顶部右击，在弹出的下拉菜单中选择“复制”命令，快速复制文件。但这样做，文档的名称是由Photoshop自动命名的（原图像名+副本二字），另外也不能自动合并图层。

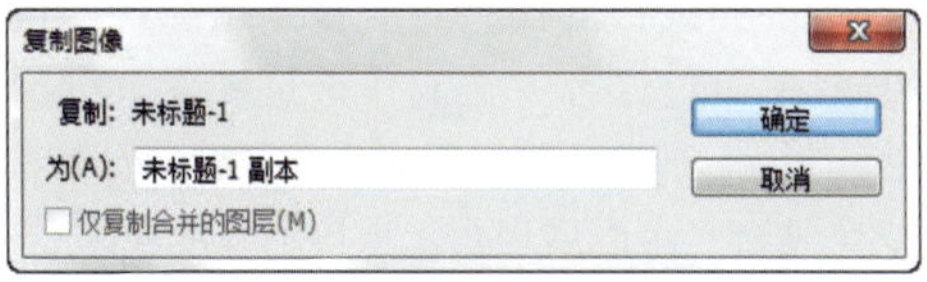

移动工具选项栏

移动工具的选项栏中包含与选择、变换、对齐和分布有关的选项❽。

- 自动选择：如果文档中包含多个图层或组，可以选择该选项，并在下拉列表中选择要移动的内容。选择“图层”，使用移动工具在画面单击时，可以自动选择光标下方包含像素的最顶层的图层；选择“组”，可以自动选择光标下方包含像素的最顶层的图层所在的图层组。
- 显示变换控件：选择该选项后，单击一个图层时，就会在图层内容的周围显示定界框，此时拖曳控制点可以对图像进行变换操作。如果文档中的图层数量较多，并且需要经常进行缩放、旋转等变换时，可以采用这种方式操作。
- 对齐图层：选择两个或多个图层后，可以单击相应的按钮，让所选图层对齐（422页）。
- 分布图层：选择了3个或更多图层后，可以单击相应的按钮，使所选图层按照一定的规则均匀分布（422页）。
- 3D模式：提供了可以对3D模型进行移动、缩放等操作的工具（444页）。

2.8.3 方法②：拉伸、缩放、旋转

01 打开素材❶。在“图层”面板中单击一个图层❷。

02 按下Ctrl+T快捷键，显示定界框。按下Ctrl+-快捷键，显示出灰色的暂存区域，这样方便选择定界框和控制点。拖曳定界框，可以沿水平（垂直方向也可）方向拉伸图像❸。拖曳到图像另一侧，可将其翻转。在定界框显示的状态下，将光标放在定界框内部（不要放在中心点上），单击并拖曳鼠标可以移动图像（移动到紫色方块中心）❹。按下Enter键确认。

03 单击另一个图层❺。按下Ctrl+T快捷键。将光标放在定界框4个角中的一个的控制点上（光标变为↗状），拖曳控制点可以沿上、下、左、右中的任意方向拉伸❻。按下Ctrl+Z快捷键撤销操作。我们来进行等比缩放。按住Shift键拖曳控制点，将图像等比例放大❼；按住Shift+Alt键拖曳，则会以中心点为基准进行等比缩放。按下Enter键确认。

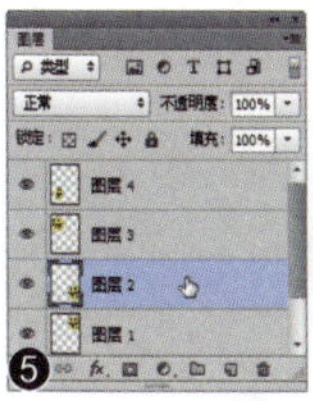

04 单击一个图层❽，将其选择。按下Ctrl+T快捷键。光标放在定界框外（光标变为↻状），单击并拖曳鼠标，可以进行任意角度的旋转❾。按住Shift键操作，能以15度角为增量旋转，通过这种方法，可以非常轻松地将

对象旋转90° ❿。

2.8.4 方法③：斜切、扭曲、透视

01 打开素材❶，单击一个图层❷。按下Ctrl+T快捷键显示定界框。将光标放在靠近水平定界框的位置，按住Shift+Ctrl键（光标变为▶⇆状），单击并拖曳鼠标，可以沿水平方向斜切❸；在靠近垂直定界框的位置（光标变为▶↕状）拖曳，可以沿垂直方向斜切❹。

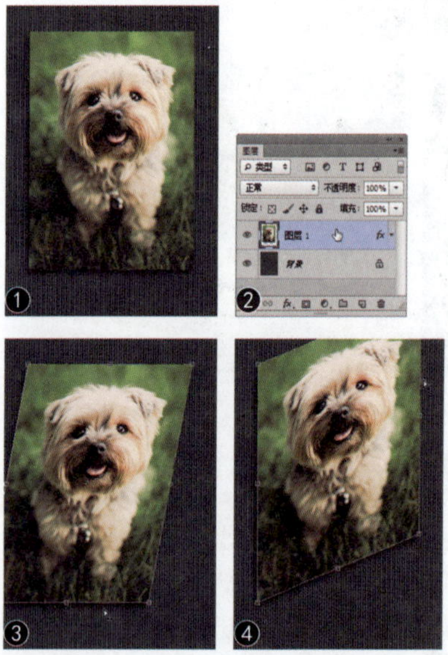

02 按下Ctrl+Z快捷键撤销操作。下面来练习扭曲。将光标放在定界框4个角的任意一个控制点上，按住Ctrl键（光标变为▶状），单击并拖曳鼠标可以扭曲对象❺；按住Ctrl+Alt键操作可以对称扭曲❻。

03 按住Shift+Ctrl+Alt键（光标会变为▶状）操作可以进行透视扭曲❼❽。操作完成后，按下Enter键确认，或者按下Esc键放弃修改。

2.8.5 方法④：通过再次变换制作分形图案

进行变换操作后，可以使用“编辑＞变换＞再次”命令（快捷键为Shift+Ctrl+T），再一次应用相同的变换。如果使用Alt+Shift+Ctrl+T快捷键操作，则不仅会进行变换，还会复制出新的图像。下面我们就来通过这种方法制作分形图案。分形艺术（Fractal Art）是纯计算机艺术，是数学、计算机与艺术的完美结合，可以展现数学世界的瑰丽景象。

01 打开素材❶。选择“人物”图层，按下Ctrl+J快捷键复制❷。单击“人物”图层前面的眼睛图标👁，将该图层隐藏❸。

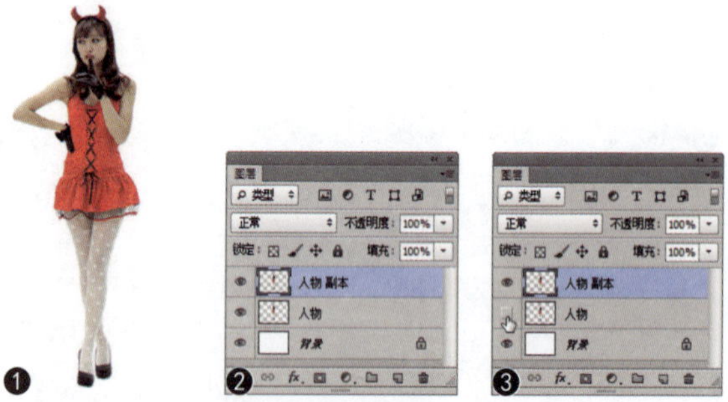

02 按下Ctrl+T快捷键显示定界框，先将中心点拖动到定界框外❹，然后在工具选项栏中输入数值，对中心点进行精确定位（X为561像素，Y为389像素）❺。

03 在工具选项栏中输入旋转角度值（14度）和缩放比例（94.1%）值，将图像旋转并等比缩小❻，按下Enter键确认❼。

❻

❼

04 按住Alt+Shift+Ctrl键，然后连续按T键38次，每按一次便生成一个新的人物图像❽。新对象位于单独的图层中❾。

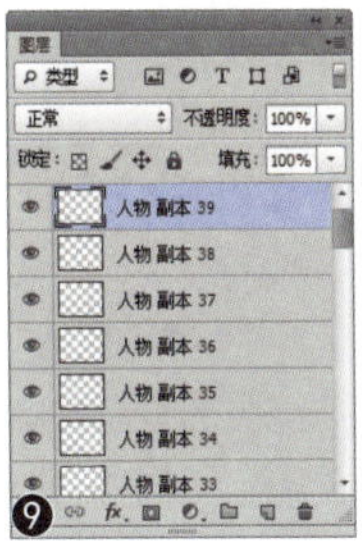

05 选择新生成的图层，按下Ctrl+E快捷键合并❿。显示“人物”图层⓫，将其拖曳到最顶层⓬。

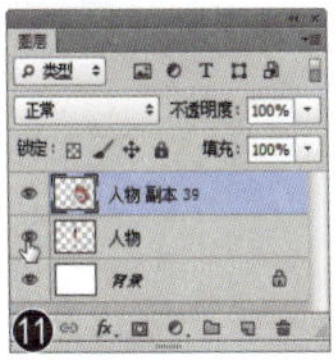

06 打开素材⓭。使用移动工具将其拖曳到人物文档中，放在“背景”图层上方⓮⓯。

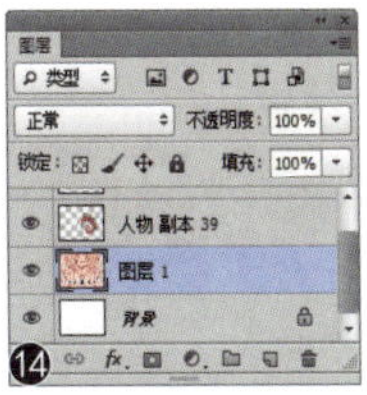

07 选择“人物副本39”图层⓰，按下Ctrl+J快捷键复制⓱。选择“人物副本39”图层⓲。按下Ctrl+T快捷键显示定界框，按住Shift键拖动控制点，将图像等比缩小，再进行适当旋转⓳。按下Enter键确认。

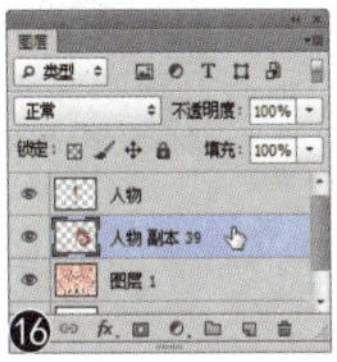

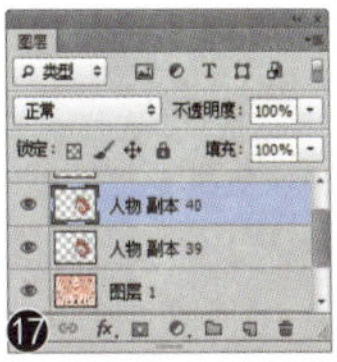

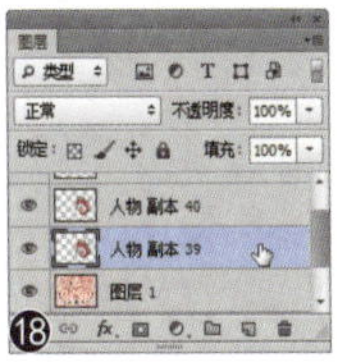

08 按下Ctrl+J快捷键，复制当前图层。按下Ctrl+T快捷键显示定界框，缩小并旋转图像⓴。按下Enter键确认。

09 按住Ctrl键，单击位于中间的3个图层㉑，将它们同时选取，按下Ctrl+J快捷键执行复制操作㉒。

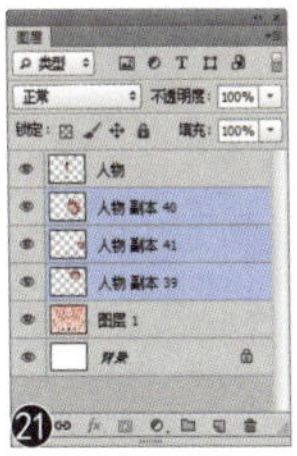

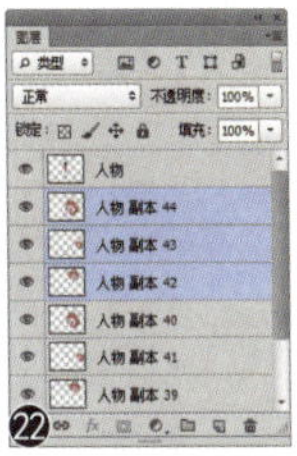

10 执行“编辑>变换>水平翻转”命令，翻转图像。选择移动工具，按住Shift键锁定水平方向向右侧拖动㉓。

2.8.6 方法⑤：用变形网格为杯子贴图

变形网格是一种可以对对象的局部进行扭曲的功能，它提供了网格和锚点，拖曳锚点或方向线上的方向点，就可以对图像进行更加自由、更加灵活的变形处理。变形网格的控件与路径上的锚点和方向点非常相似，可以采用相同的方法操作（378页）。

此外，Photoshop还提供了扇形、上弧、拱形、贝壳、花冠和旗帜等15种预设的变形网格，可以在工具选项栏中进行选取。这些网格预设与文字的变形预设所创建的效果完全相同（404页）。

01 打开素材❶❷。使用移动工具将玫瑰花图案拖曳到咖啡杯文档中❸。按下Ctrl+T快捷键显示定界框，按住Alt+Shift键拖曳控制点，基于中心缩小图案❹。

❶

❷

❸

❹

02 在画面中右击，在弹出的快捷菜单中选择“变形”命令❺，显示变形网格❻。拖曳网格线，让图案呈现弧形扭曲❼❽。按下Enter键确认。

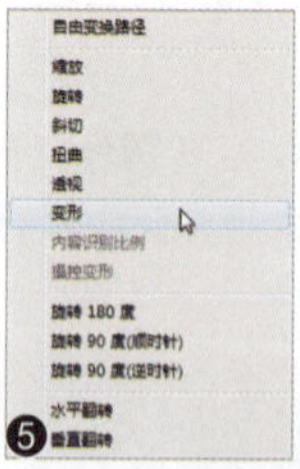
❺

❻

❼

❽

03 按下Ctrl+T快捷键显示定界框，按住Ctrl键拖曳边角上的控制点，调整图案的透视角度❾❿。按下Enter键确认⓫。

❾

❿

⓫

2.8.7 实战技巧：让对象按照数值精确变换

在进行变形和变换操作时，如果能够观察到相关的参数，就可以更好地完成任务。智能参考线❶、“信息”面板❷，以及执行“编辑>变换”命令后的工具选项栏都能实时显示变形、变换参数。

❶
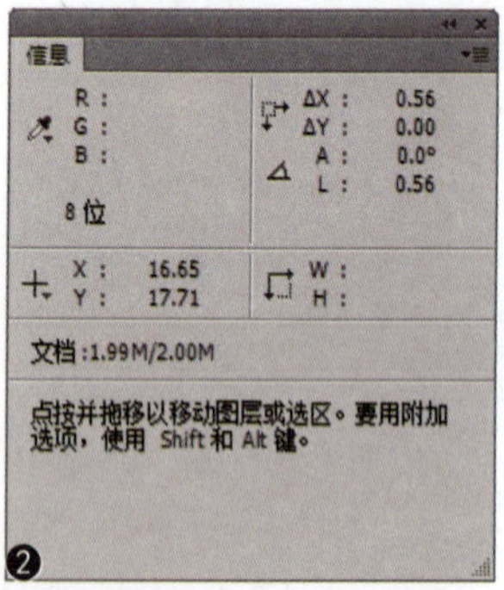

❷

进行移动操作时“信息”面板和智能参考线所显示的参数

如果我们想要准确了解参数，可以在变换操作前打开“信息”面板，或者执行“视图>显示>智能参考线”命令，启用智能参考线。“信息”面板只适合观察变换参数，不能进行其他操作；智能参考线则不仅会显示参数，还能帮助我们对齐图像、切片和选区。但要进行精确的变换，则要通过工具选项栏来操作。

单击一个图层，执行“编辑>变换”命令（快捷键为Ctrl+T），显示定界框后，工具选项栏中就会显示这方面的选项❸。在相应的选项中输入参数并按下Enter键，即可进行精确的变换或变形。

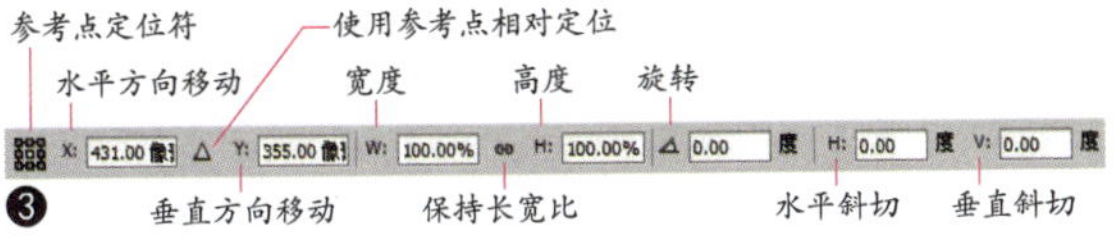

❸

● 参考点定位符：参考点定位符中，每一个小方块分别对应定界框上的各个控制点，白色的小方块代表参考点。在小方块上单击鼠标可以重新定位参考点。例如，单击左上角的方块，可以将中心点定位在定界框的左上角。

● X/Y：X和Y代表了对象的水平和垂直位置。在这两栏中输入数值可以沿水平或垂直方向移动对象。单击这两栏中间的使用参考点相对定位按钮，可以相对于当前参考点位置重新定位新参考点。

● W/H：W代表了对象的宽度，H代表了对象的高度。W可进行水平拉伸；H可进行垂直拉伸。单击这两个选项中间的保持长宽比按钮，再输入数值，可以等比缩放。

● ：代表了角度，在该栏中输入数值可进行旋转。

● H/V：选项后面的H和V可进行斜切。H表示水平斜切；V表示垂直斜切。

提 示 (Tips)

在一个选项中输入数值后，可以按下Tab键切换到下一选项。按下Enter键可以确认操作，按下Esc键则放弃修改。上面的方法也可用于变换图像、选区、路径和切片。

2.8.8 实战技巧：降低变换、变形的损害程度

由于变换和变形会改变像素的位置，Photoshop将对像素重新采样（35页），生成新的像素。因此，变换和变形操作次数过多，会降低图像的品质。

我们使用“编辑>自由变换”命令操作时，在显示定界框的状态下，将旋转、缩放和扭曲等操作完成之后，再按下Enter键确认，这样Photoshop只重新采样一次。不要分别完成，例如，旋转完成后就按Enter键确认，然后再显示定界框进行缩放操作。因为每按一次Enter键确认，都会重新采样一次，这会给图像造成累积性的损害。

此外，还可以先将对象创建为智能对象，再进行处理，以便将损害程度降到最小（63页）。智能对象还可以还原——撤销所有变换、变形。

如果操作完成后，图像出现很明显的模糊或锯齿，则可能是工具选项栏中“差值”选项的选择出现了错误。进行放大操作时，应选择“两次立方（较平滑）”选项❶；缩小操作选择“两次立方（较锐利）”效果会更好一些。

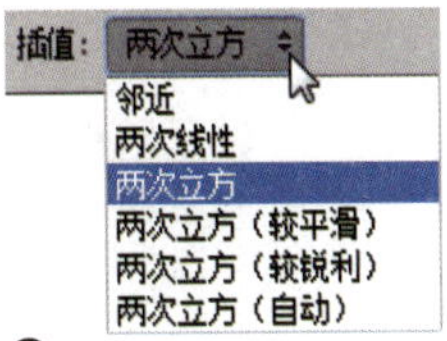

❶

2.9 操控变形

前面的各种命令中，“变形”命令的可控性是最好的。但相比于我们即将要介绍的操控变形，还是显得要弱一些。因为“变形”命令只能生成8条网格，而操控变形可以生成数量更多的网格，在变形能力上更强，也更灵活。

2.9.1 练习：折耳兔

使用操控变形这一功能时，Photoshop会为对象添加网格，网格的结构是三角形的，非常细密。我们想要在哪里创建扭曲，就在其上方放置图钉，用以扭曲对象；在其周围可能会受到影响的区域也放置图钉，固定住图像，以减轻扭曲所产生的影响。这样我们就可以扭曲图像的任意区域，制作出需要的效果。例如，可以轻松地让人的手臂弯曲、身体摆出不同的姿态；也可用于小范围的修饰，如让长发弯曲、让嘴角向上扬起等。

操控变形可以编辑图像、图层蒙版和矢量蒙版，但不能用于处理“背景”图层。如果要进行处理，可以先按住Alt键双击“背景”图层，将其转换为普通图层，再进行变形操作。

01 打开素材❶。单击“图层1”❷，选择该图层。执行“编辑>操控变形”命令，显示变形网格❸。在工具选项栏中将“模式”和“浓度”都设置为“正常”，

取消对“显示网格”选项的勾选，以便能够更清楚地观察到图像的变化❹。

02 在小兔子身体的关键点单击鼠标，添加图钉❺，用以固定图像。在耳朵上再添加几个图钉❻。

03 拖曳耳尖处的图钉，让耳朵弯曲下来❼。在右侧耳朵上添加图钉❽，拖曳图钉调整耳朵形状❾❿。单击工具选项栏中的✔按钮结束操作。

提示（Tips）

单击一个图钉以后，按下Delete键可将其删除。此外，按住Alt键单击图钉也可以将其删除。如果要删除所有的图钉，可以在变形网格上右击，在弹出的快捷菜单中选择“移去所有图钉”命令。

2.9.2 操控变形选项

打开一个图像❶，执行“编辑>操控变形”命令，显示变形网格并添加图钉❷。工具选项栏中会显示选项❸。

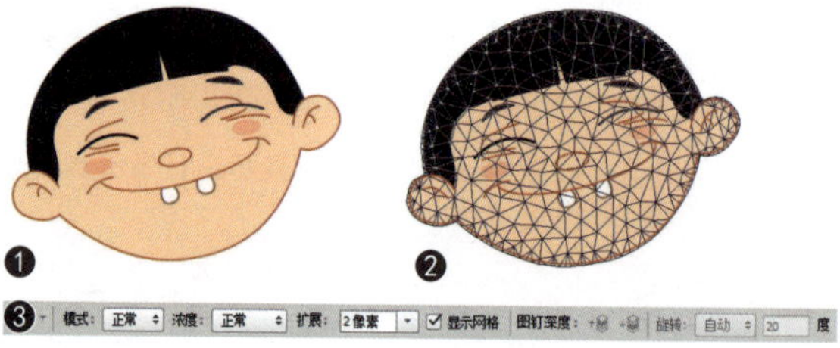

- **模式**：可以设置网格的弹性。选择“刚性”选项，变形效果精确，但缺少柔和的过渡❹；选择“正常”选项，变形效果准确，过渡柔和❺；选择“扭曲”选项，可以创建透视扭曲效果❻。

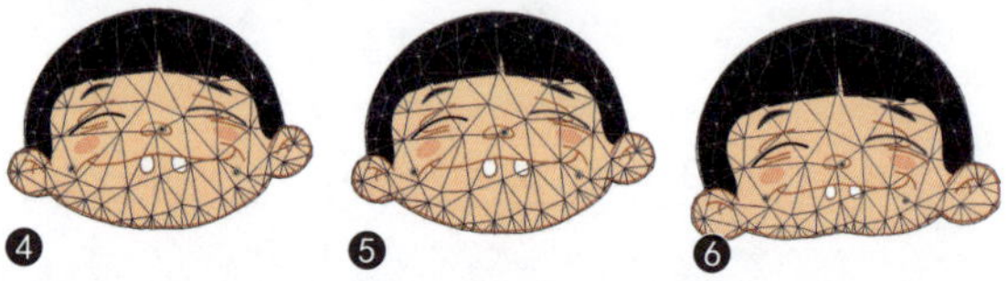

- **浓度**：用来设置网格点的间距。选择“较少点”选项，网格点较少❼，相应地只能放置少量图钉，并且图钉之间需要保持较大的间距；选择“正常”选项，网格数量适中❽；选择“较多点”选项，网格最细密❾，可以添加更多的图钉。

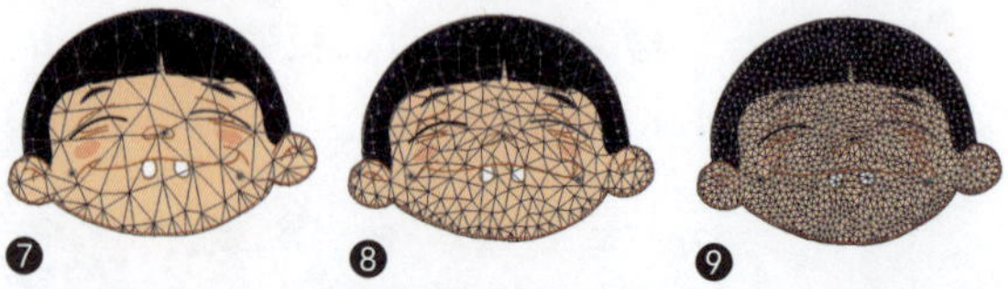

- **扩展**：用来设置变形效果的衰减范围。设置较大的像素值以后，变形网格的范围也会相应地向外扩展，变形之后，对象的边缘会更加平滑❿⓫；反之，数值越小，则图像边缘变化效果越生硬⓬。

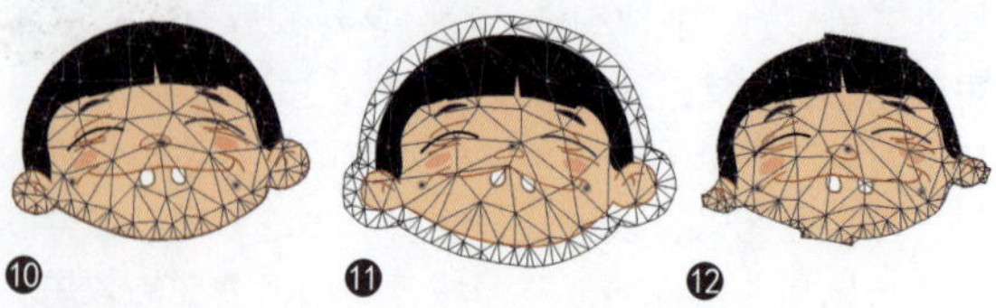

扩展0px　　扩展40px　　扩展－20px

● 显示网格：显示变形网格。取消选择该选项时，可以只显示调整图钉，从而显示更清晰的变换预览。

● 图钉深度：选择一个图钉，单击/按钮，可以将它向上层/向下层移动一个堆叠顺序。

● 旋转：选择“自动”选项，然后拖曳图钉扭曲图像，Photoshop会自动对图像内容进行旋转处理；如果要设定准确的旋转角度，可以选择“固定”选项，并在其右侧的文本框中输入旋转角度⑬。此外，选择一个图钉以后，按住Alt键，会出现变换框⑭，此时拖动鼠标也可旋转图钉⑮。

⑬ ⑭ ⑮

● 复位/撤销/应用：单击按钮，可以删除所有图钉，将网格恢复到变形前的状态；单击按钮或按下Esc键，可以放弃变形操作；单击按钮或按下Enter键，可以确认变形操作。

Ps 2.10

内容识别缩放

内容识别缩放是一项神奇的智能化缩放功能，它可以选择性地缩放图像，自动保护重要的对象，如让人物、动物、建筑等不受影响，也就是说Photoshop会自动选择那些非重要内容进行缩放。

2.10.1 练习：缩放建筑空间

Photoshop中的内容识别缩放、修补工具、内容感知移动工具、“填充”命令（“内容识别”选项）都是智能化的工具，能够自动识别图像内容，进行选择性的处理。

内容识别缩放主要用于编辑图像，它不适合处理调整图层、图层蒙版、各个通道、智能对象、3D图层、视频图层、图层组，或者同时处理多个图层。

01 打开素材❶。由于内容识别缩放功能不能处理“背景”图层，我们先按住Alt键双击“背景”图层，将它转换为普通图层❷。

❶ ❷

02 先来看一下普通缩放会产生怎样的效果。按下Ctrl+T快捷键显示定界框，拖曳右侧的控制点，压缩画面❸。可以看到建筑产生了严重的变形。

03 按下Esc键撤销变形。执行“编辑>内容识别比例”命令，显示定界框，向左侧拖曳控制点，对图像进行手动缩放（按住Shift键拖曳控制点，可以进行等比例缩放）❹。可以看到，此时画面虽然变窄了，但建筑比例和结构没有明显的变化。在进行操作时，工具选项栏中还会显示变换选项，可以输入缩放值。最后按下Enter键确认操作。如果要取消变形，可以按下Esc键。

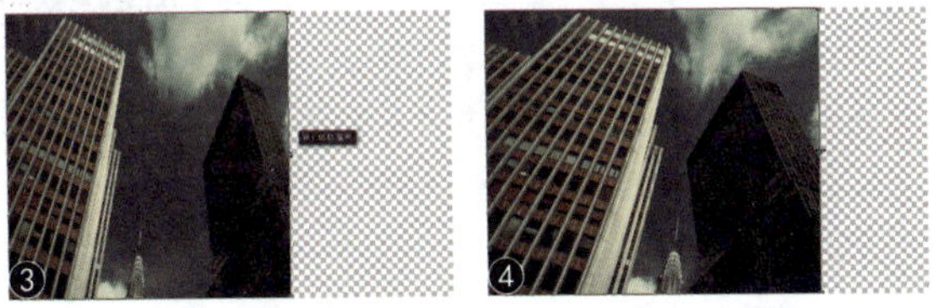
❸ ❹

内容识别缩放选项

下图为内容识别缩放的工具选项栏❺。

❺

● 参考点定位符：单击参考点定位符上的方块，可以指定缩放图像时要围绕的参考点。默认情况下，参考点位于图像的中心。

● 使用参考点相对定位：单击该按钮，可以指定相对于当前参考点位置的新参考点位置。

● 参考点位置：可以通过输入X轴和Y轴像素大小，将参考点放置于特定的位置。

● 缩放比例：输入宽度（W）和高度（H）的百分比，可以指定图像按原始大小的百分之多少进行缩放。单击保持

长宽比按钮 ，可以进行等比缩放。

- **数量**：用来指定内容识别缩放与常规缩放的比例。可以在文本框中输入数值，或单击箭头和移动滑块来指定内容识别缩放的百分比。
- **保护**：可以选择一个 Alpha 通道。通道中白色对应的图像不会变形。
- **保护肤色** ：单击该按钮，可以保护包含肤色的图像区域，使之避免变形❻~❽。

原图

未保护肤色

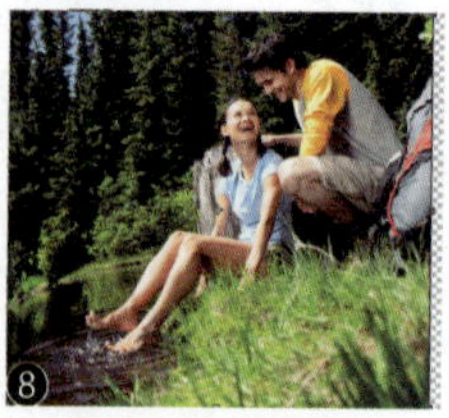

单击按钮可以保护人像

2.10.2 实战技巧：用 Alpha 通道保护人像

使用内容识别缩放功能时，如果Photoshop不能识别出重要的对象，包括单击保护肤色按钮也无法改善变形，则可以用Alpha通道（161页）将重要的内容保护起来。

01 打开素材❶。按住Alt键双击“背景”图层，将其转换为普通图层❷。先来看一下直接使用内容识别缩放会产生怎样的结果。

02 执行“编辑>内容识别比例”命令，显示定界框，向左侧拖曳控制点，使画面变窄❸。可以看到，女孩的变形比较严重。单击工具选项栏中的按钮，效果反而更糟❹。这说明画面有点复杂，Photoshop识别不出重要内容。

03 按下Esc键取消操作。选择快速选择工具，在女孩身上单击并拖动鼠标将其选中❺。单击“通道”面板中的 按钮，将选区保存到Alpha通道中❻。按下Ctrl+D快捷键取消选择。

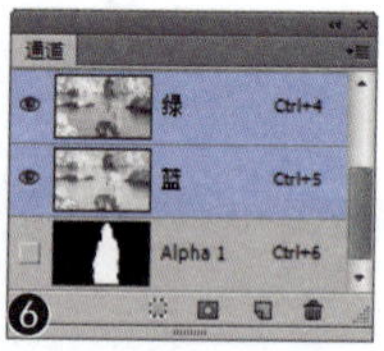

04 执行“编辑>内容识别比例”命令，先单击一下按钮，使该按钮弹起；然后在“保护”下拉列表中选择新创建的Alpha通道❼；此后再向左侧拖曳控制点，使画面变窄。在通道中，白色区域所对应的图像（人物）会受到保护，不会变形，这样就只有背景被压缩了，女孩没有任何改变❽❾。按下Enter键确认。

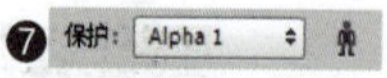

原图

用内容识别功能压缩画面，Alpha通道保护了人像

2.11 智能对象

智能对象是一种可以包含位图图像、矢量图形（Illustrator文件）的特殊图层。它能保留图像的源内容及其所有的原始特性，在Photoshop中编辑它时，不会直接应用于对象的原始数据。

2.11.1 智能对象优势①：降低破坏次数

我们在前面介绍过，变换和变形都属于破坏性操作，因为它们会改变像素的位置，导致Photoshop对像素重新采样（35页），生成新的像素。尤其是扭曲、放大和旋转，对图像品质的影响较大。

破坏力最大的操作是多次变换和变形。例如，先旋转、确认操作后再倾斜、确认操作后再放大。原本这3个操作是可以在定界框显示的状态下一次性完成的，但由于客观原因而分开来操作，则对图像造成了3次破坏。第1次破坏是旋转（Photoshop采样并通过差值的方法生成像素）；第2次是对旋转结果图进行倾斜（再次采样并生成像素）；第3次是对倾斜结果图进行放大（第3次采样并生成像素）。每采样一次，图像的品质就会降低一些，所以3次采样就相当于进行了3次破坏。

而同样的操作对于智能对象只有一次破坏，我们同样是分开来进行——先旋转，确认操作后再倾斜，确认操作后再放大。在Photoshop内部，其处理过程如下所述：

旋转操作——对原始图像发出旋转指令，进行1次采样并生成像素。

倾斜操作——对图像的原始信息发出旋转+倾斜指令，仍采样1次、进行差值计算并生成像素

放大操作——对图像的原始信息发出旋转+倾斜+放大指令，还是采样1次。也就是说，无论是变换多少次，都是对图像的原始信息进行采样的，因而图像都只受到一次破坏，其品质要远远好过受多次破坏的普通图像。

2.11.2 智能对象优势②：记忆变换参数

除了可以最大程度地减小由于缩放、旋转、倾斜、拉伸、扭曲等变换和变形操作对图像造成的损害外，智能对象还有“记忆”变换参数和恢复原始图像的能力。下面的练习就是例证。

01 打开素材❶。单击“图层1”，按下Ctrl+J快捷键复制❷。

❶

❷

02 我们先来进行普通缩放。按下Ctrl+T快捷键显示定界框，在工具选项栏中设置缩放为150%、旋转角度为90度❸，按下Enter键确认❹。再次按下Ctrl+T快捷键显示定界框，观察工具选项栏中的数值❺，可以看到，宽度和高度百分百为100%，角度为0度。这说明变换操作结束后，Photoshop没有保留变换数据，如果要再次变换，将以图像当前的大小为基准来进行。

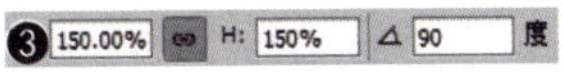

❸

❹

❺

03 按下Esc键取消定界框。按下Delete键删除图层。执行“图层>智能对象>转换为智能对象”命令，将“图层1”创建为智能对象❻。我们来编辑智能对象，看一看有什么不同。按下Ctrl+T快捷键显示定界框，输入同样的参数，即缩放为150%、旋转角度为90度，按下Enter键确认❼。

04 按下Ctrl+T快捷键显示定界框，观察工具选项栏中的数值❽。可以看到，图像当前的缩放比例为150%、角度为90度，这说明Photoshop保存了智能对象的变换信息。如果要再次缩放或旋转，仍然将以图像原始大

小为基准来进行变换，因此，不管进行多少次操作，只要将所有的数值都恢复，就可以将图像复原，普通图层不具备这个功能。另外，虽然智能对象的变换结果与普通图层没有区别，但是，如果双击智能对象所在的图层，就会在一个窗口中打开它的原始文件❾。可以看到，原始文件并没有任何改变。也就是说，对智能对象的编辑不会影响其原始文件。

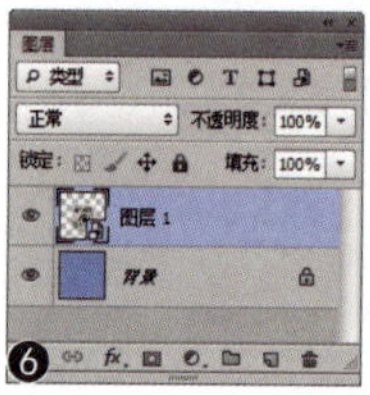

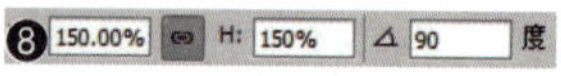

2.11.3 智能对象优势③：链接和自动更新

智能对象采用的是类似于排版程序（如InDesign、Illustrator）链接外部图像的方法来处理文件的。因此，Photoshop中的智能对象都有与之链接的原始文件，当我们用Photoshop对智能对象进行处理时，不会影响它的原始文件；但反过来如果编辑原始文件，则Photoshop中的智能对象就会自动更新到与之相同的效果。

智能对象的链接和自动更新能力，对于我们编辑图像有非常大的好处。例如，如果我们在Photoshop中使用了一个矢量文件，如用Illustrator创建的AI文件，我们发现它有些地方还要修改，按照一般的方法操作，就应该在Illustrator修改原始图形，再将其重新置入到Photoshop文档中使用。

智能对象就要简单多了。我们首先将AI文件作为智能对象导入或粘贴到Photoshop文档中使用，当需要修改AI文件时，在Photoshop中双击它（智能对象）所在的图层，就可以运行Illustrator并打开该文件，在Illustrator中编辑完成并进行保存以后，Photoshop中的智能对象会自动更新（42页有这一练习）。

2.11.4 练习：创建智能对象

智能对象既可以来自于Photoshop文档中的图层，也可以来自于外部的素材（图像、矢量图形皆可）。

01 基于图层创建智能对象非常简单。打开素材❶，在“图层”面板单击想要创建为智能对象的图层❷，执行“图层>智能对象>转换为智能对象”命令即可❸。如果选择了多个图层，则可以将它们打包到一个智能对象中。在“图层”面板中，智能对象的缩览图右下角会显示状图标。

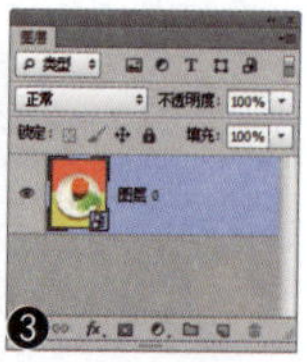

02 如果想要在当前文档中置入一个外部文件，并作为智能对象使用，可以执行“文件>置入”命令，在弹出的对话框中选择文件❹，可将其作为智能对象置入到当前文档中❺。

03 如果不想将外部文件置入到当前文档，可以执行“文件>打开为智能对象”命令，在弹出的对话框中选择文件❻，按下Enter键，在一个单独的文档中将其打开❼，并自动创建为智能对象。

2.11.5 实战技巧：智能对象的管理方法

采用置入的方法可以将JPEG、TIFF、GIF、

EPS、PDF、AI等格式的文件创建为智能对象。

置入智能对象并进行编辑以后，可以使用“图层>智能对象>导出内容”命令，将它按照其原始的置入格式（JPEG、AI、TIF、PDF 或其他格式）导出，以便其他程序使用。如果智能对象是利用图层创建的，则会以PSB格式（45页）导出。

如果担心智能对象的原始文件丢失，可以选择智能对象所在的图层，执行“图层>智能对象>栅格化”命令，将智能对象栅格化，它会成为图像并存储在当前文档中。原图层缩览图上的图标会消失。

2.11.6 练习：将Illustrator图形粘贴为智能对象

Illustrator中的矢量图形可以以智能对象或者路径的形式，粘贴或拖放进Photoshop文档中。如果您安装了Illustrator程序，可以进行下面的练习。

01 首先对Illustrator的首选项进行设置。运行Illustrator。执行“编辑>首选项>文件处理与剪贴板”命令，打开“首选项”对话框，选择“PDF”和“AICB（不支持透明度）”两个选项❶，然后关闭对话框。经过这样的设置以后，就可以在Illustrator与Photoshop之间交换图形了。

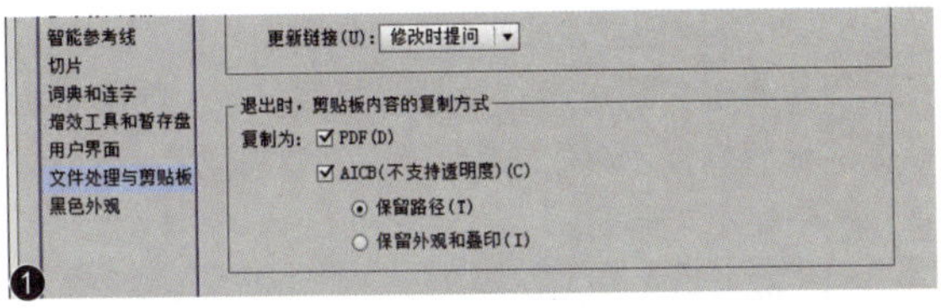

02 在Illustrator中打开一个文件❷。使用选择工具选择对象，按下Ctrl+C快捷键复制。

03 运行Photoshop。按下Ctrl+N快捷键，新建文档（也可打开一个文档），按下Ctrl+V快捷键粘贴，弹出“粘贴”对话框❸，选择“智能对象”选项并单击“确定”按钮，可以将矢量图形粘贴为智能对象❹；选择“路径”选项，则可以将图形转换为路径❺；其他两个选项是将矢量图形粘贴为普通的图像或者转换为形状图层❻。

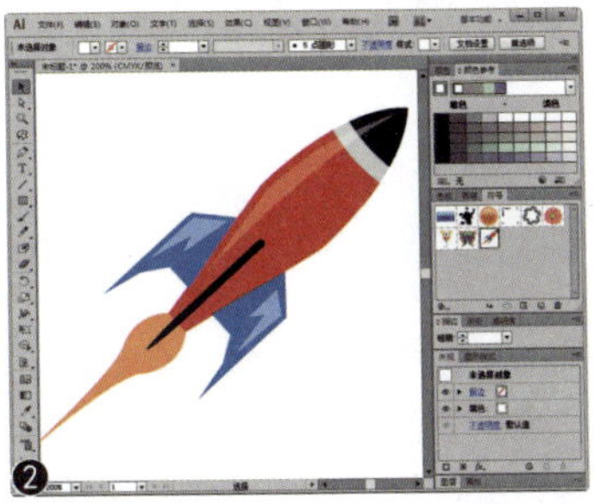

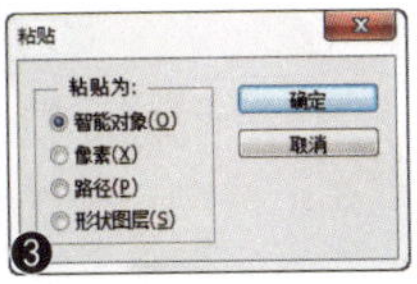

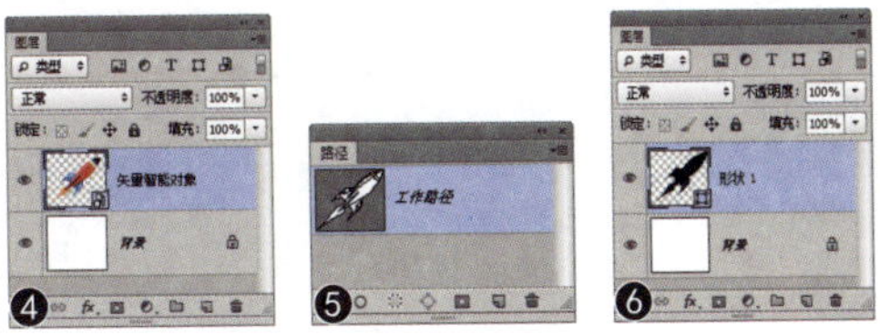

提示（Tips）

还有一种方法，就是将Illustrator中的矢量图形直接拖曳到Photoshop文档中，也可以将其创建为智能对象。这种方法虽然更加方便，但是功能有限，不能将图形转换为路径、图像和形状图层。

2.11.7 练习：编辑、替换智能对象

01 打开素材❶。单击汽车所在的图层（“图层1”）❷，执行“图层>智能对象>转换为智能对象”命令，将其转换为智能对象。

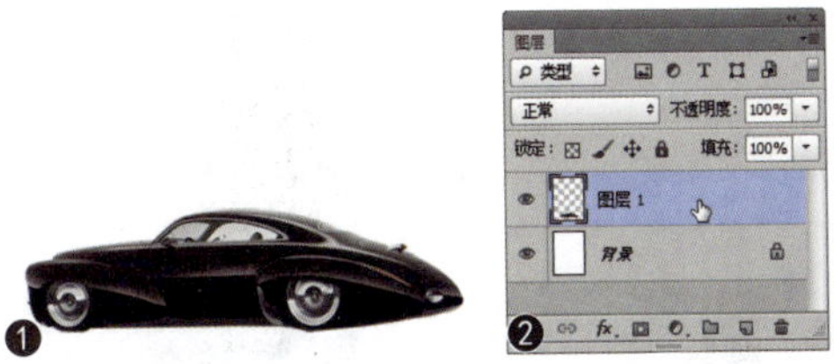

02 按下Ctrl+T快捷键显示定界框，按住Shift键拖曳控制点，将汽车等比例缩小❸。按下Enter键确认。选择移动工具，按住Alt键拖曳汽车，进行复制❹。

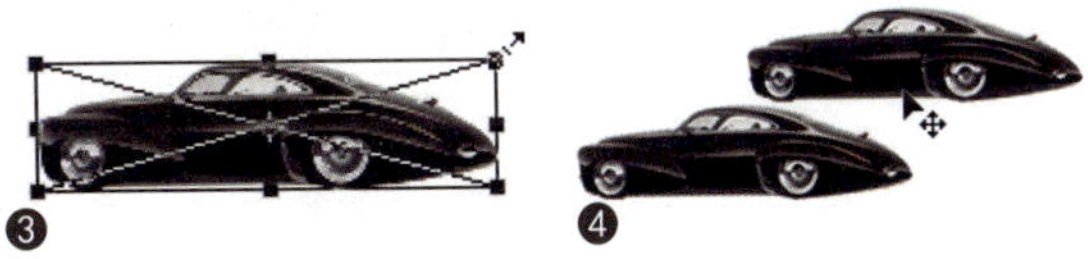

03 按下Ctrl+T快捷键显示定界框，将光标放在定界框外，单击并拖曳鼠标，进行旋转❺。按下Enter键确认。采用同样的方法，复制汽车，然后进行旋转和缩放，并依次向上，组成一个小毛驴的造型❻。

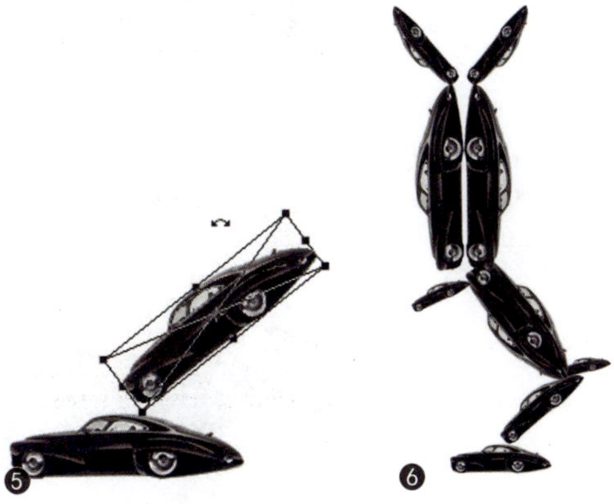

提示（Tips）

在操作时不要使用别的工具，只用移动工具▶✥便可；其次，缩放时一定要按住Shift键，这样汽车才不会变形。另外，实例中还会涉及到翻转，可以在显示定界框的状态下，在画面中右击，在弹出的快捷菜单中选择“水平翻转”“垂直翻转”命令来完成操作。

04 现在画面中的所有汽车都是从第一个智能对象中复制出来的，由于我们采用的是拖曳的方法复制的，因此，这些智能对象都保持链接状态，修改其中的任意一个，其他的都会自动更新。我们来看一下具体的操作方法。在“图层”面板中单击一个智能对象，执行“图层>智能对象>替换内容”命令，打开“置入”对话框，选择一个素材❼，单击“置入”按钮，即可将其置入到文档中，并替换原有的智能对象，其他与之链接的智能对象也会被替换❽。

❼

❽

05 双击一个智能对象的缩览图，或者单击智能对象图层，执行“图层>智能对象>编辑内容”命令，弹出提示❾，单击“确定”按钮，可以在一个新的窗口中打开智能对象的原始文件❿。如果这是EPS或 PDF文件，则会在 Illustrator中打开它。

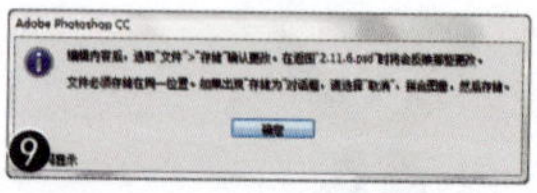
❾

❿

06 按下Ctrl+U快捷键，打开“色相/饱和度”对话框，拖曳滑块，将汽车调整为红色⓫⓬。

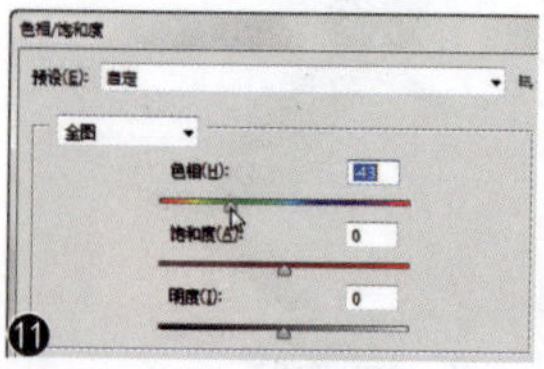
⓫

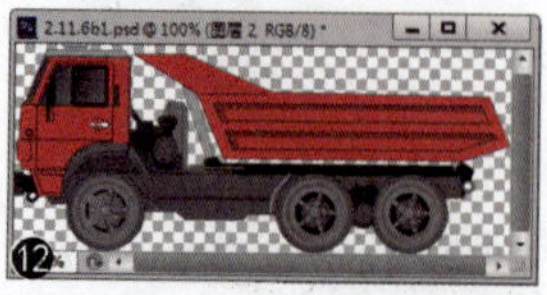
⓬

07 关闭该文件⓭，在弹出的对话框中单击“是”按钮，确认所做的修改，即可自动更新智能对象⓮。

⓭

⓮

2.11.8 更新智能对象

如果与智能对象链接的外部源文件发生改变（即不同步）或丢失，则在Photoshop中打开这样的文档时，智能对象的图标上会出现提示❶❷。

如果智能对象与源文件不同步，可以使用“图层>智能对象>更新修改的内容”命令更新智能对象❸。执行“图层>智能对象>更新所有修改的内容”命令，可以更新当前文档中所有链接的智能对象。如果要查看源文件的位置，可以执行“图层>智能对象>在资源管理器中显示”命令。

❶ 不同步

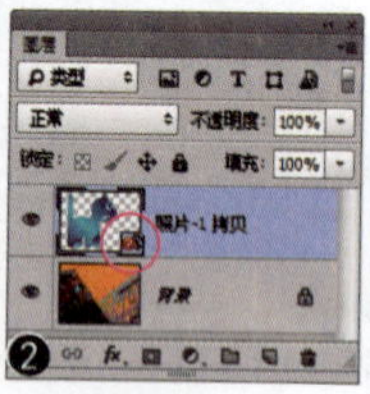
❷ 源文件丢失

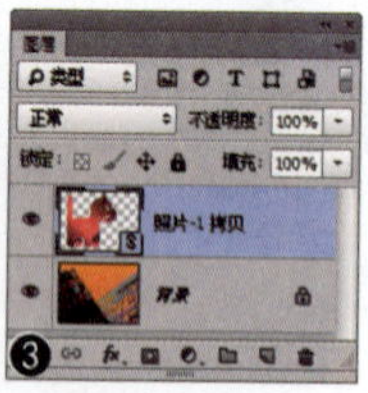
❸ 更新智能对象

如果智能对象的源文件丢失，会弹出提示窗口，要求用户重新指定源文件。如果源文件的名称发生改变，可以执行“图层>智能对象>解析断开的链接”命令，打开源文件所在的文件夹，重新指定文件。

2.11.9 实战技巧：智能对象的4种复制方法

有4种方法可用于复制智能对象。它们的区别不仅在于操作方法不同，最主要的还是有些方法复制出的智能对象副本能够保持链接关系，即编辑其中的一个，其他的会自动更新到与之相同的效果。

第一种方法是单击智能对象所在的图层❶，将其选取，然后按下Ctrl+J快捷键，或执行“图层>新建>通过拷贝的图层”命令进行复制❷。

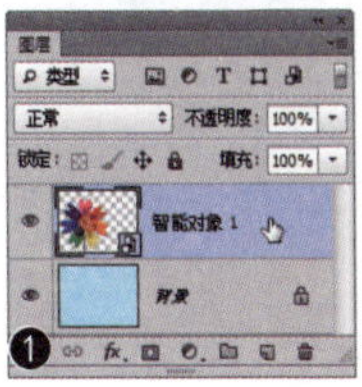

第二种方法是将智能对象所在的图层拖曳到“图层”面板底部的 按钮上进行复制。

第三种方法是使用移动工具 ，按住Alt键拖曳文档窗口中的智能对象，以拖曳的方式复制❸❹。

采用上述3种方法复制出的智能对象会保持链接关系，即编辑其中的任何一个，如修改颜色，其他智能对象都会自动更新颜色❺。

如果要复制出非链接的智能对象，可以采用第4种方法操作——单击智能对象所在的图层，执行“图层>智能对象>通过拷贝新建智能对象”命令，这样新复制的智能对象与原智能对象各自独立，无论是调色还是进行其他编辑，它们互不影响❻。

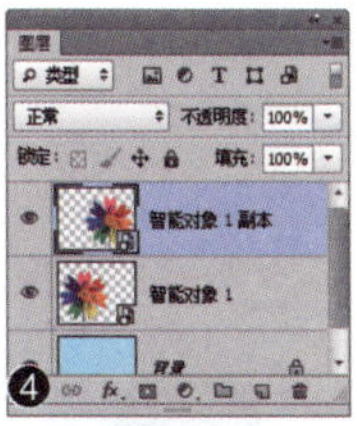

2.12 课后测验

本章介绍了位图和矢量图的构成要素，像素和分辨率的关系等与图像组成有关的概念，以及文档操作、变换和变形操作。前部分侧重概念解读，后部分着重实践练习。最后是两个课后测验，我们可以结合前面学习的方法独立完成操作。

2.12.1 倒置效果

第一个测验是制作倒置效果❶❷。考察的是变换操作的熟练程度，会用到“垂直翻转”命令。在操作前，要选取相关图层，可以按住Ctrl键单击所需图层，将它们选择，然后再将其倒置。

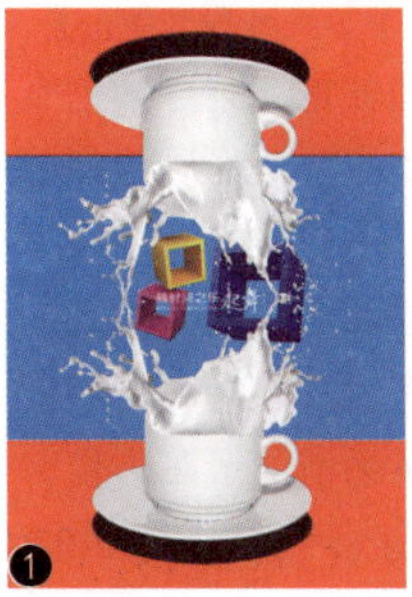

实例效果

素材

2.12.2 做瑜珈的长颈鹿

第二个测验是用“操控变形”命令让长颈鹿做出低头、仰头动作❶❷。操作要点是用图钉固定好长颈鹿的身体，不要让身体发生扭曲。

实例效果

实例效果

第3章 图层

本章简介

既Photoshop软件界面操作、文档操作之后，在本章，我们又迎来了图层。这是一个全新的概念。您只要知道，Photoshop是图像编辑软件，而图像是基于图层而存在的，就大致可以判断出图层有多么重要了。本章介绍图层的基本操作，以及图层样式的使用方法。图层的不透明度、混合模式，以及高级混合选项、混合颜色带等均与图像合成有关；中性色图层与照片曝光调整有关，这些内容被安排在后面的章节里，以便保证知识的完整性和连续性。即便这样，本章的内容也多达30页。在现有的软件程序中，Photoshop属于"体量"比较庞大的一个，因为它功能多，所以大智慧拥有大块头，也是可以理解的。

学习重点

关键概念

3.1 以图层为架构的Photoshop

图层是Photoshop最为重要的核心功能。不会图层操作，在Photoshop中寸步难行。理解图层的原理、熟悉"图层"面板中的选项，有助于我们更快地掌握图层操作方法，为后面的图像编辑打好基础。

3.1.1 图层的原理

Photoshop第一个版本于1990年问世，图层则直到1995年的Photoshop 3.0版本才出现。这是一项颠覆性的功能。

Photoshop的早期版本并没有图层。在当时，所有图像、图形、文字等都在一个平面（即同一个背景图像中），想要做任何局部的改动，都得先通过选区限定操作范围❶❷。否则，Photoshop会将整幅图像都修改了❸。

❶ 创建选区

❷ 调整颜色

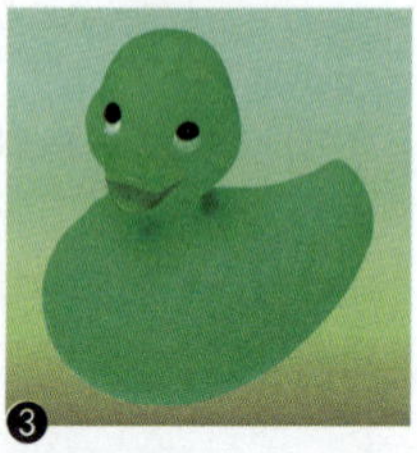

❸ 未创建选区时调整颜色

图像内容越复杂、色彩之间越是接近，选区就越不好创建。虽然当时的Photoshop工具有限、功能也相对简单一些，但图像编辑工作的难度其实比现在要大。

图层出现以后，图像、文字、矢量图形，甚至调色指令都可以分层保管。进行编辑操作时，只要选择对象所在图层便可❹❺。很多选区能做的工作都被图层取代了，从此我们不必借助选区就能分离图像，编辑难度大大降低。

如果我们把Photoshop比作一个庞大的建筑物，那么在图层出现以前，这个建筑还只有一层。图层搭建起了一个巨大的框架结构，使这座建筑拔地而起，直冲云霄。

有了图层作为载体，各种功能开始应运而生，包括调整图层、填充图层、图层蒙版、矢量蒙版、剪贴蒙版、图层样式、图层复合、智能对象、智能滤镜、视频图层、3D图层，等等。

所有这些功能都具备一个共同的特点——以图层依托进行非破坏性编辑❻❼。非破坏性编辑是指既达到了编辑的目的，又没有破坏图像，用10个字概括就是：编辑可追溯、图像可复原。现在，在Photoshop中进行的变换、变形、抠图、合成、修图、调色、添加效果、使用滤镜等操作，都可以通过非破坏性编辑的方式来完成。如果没有图层，不仅非破坏性编辑无法实现，很多功能都不可能存在。

❹ 选择图层

❺ 调整颜色（无选区）

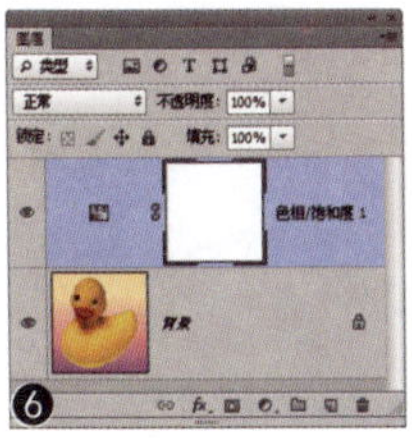
❻ 非破坏性编辑

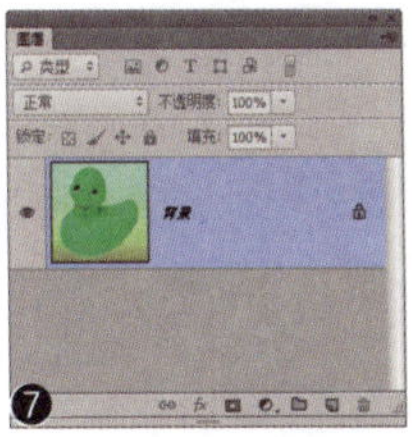
❼ 破坏性编辑（原始图像颜色已改变）

图层非常重要，但原理并不复杂。我们可以将其想象成透明的玻璃纸，每张纸上承载一个对象（图像、文字、指令等），这些纸张上下堆叠，井然有序❽❾。我们选择了一个图层，就可以在它上面绘画、涂写、进行编辑，这不会影响其他图层中的对象。

❽ 图像效果

❾ 图层结构

图层最基本的属性还包括可以调整堆叠顺序（要注意由于遮挡关系发生改变，这可能会影响图像的显示效果）；可以设置不透明度，使图层内容呈现一定的透明效果；可以设置混合模式，使图层中的对象与下方的图层混合；可以添加图层样式，创建投影、发光等效果。

提示（Tips）

图层并非Photoshop独有，其他设计类软件，如Illustrator、InDesign、Flash、Painter、AutoCAD、ZBrush等也都有图层功能。其原理及用途也与Photoshop大致相同。

3.1.2 图层的种类、选项和按钮

Photoshop是一个强大的软件，具备很多功能，包括图像编辑功能、图像合成功能、绘画功能、文字功能、色彩调整功能；Photoshop也是一个包容性很强的软件，可以处理不同类型的对象——矢量图形、视频文件、3D文件和动画文件。每一种功能、每一类对象都“栖身”于属于自己的图层中，因此，Photoshop中图层的种类非常多。在“图层”面板中，它们的缩览图和名称有所不同❶。

所有类型的图层都通过“图层”面板来创建、编辑和管理❷。下面列表中介绍了“图层”面板中所有选项和按钮，这些是我们需要记住的。图层的种类大致了解即可，在后面在章节中会详细介绍到。

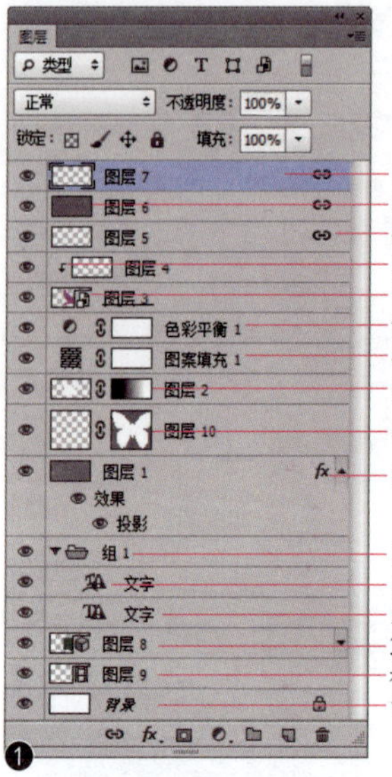

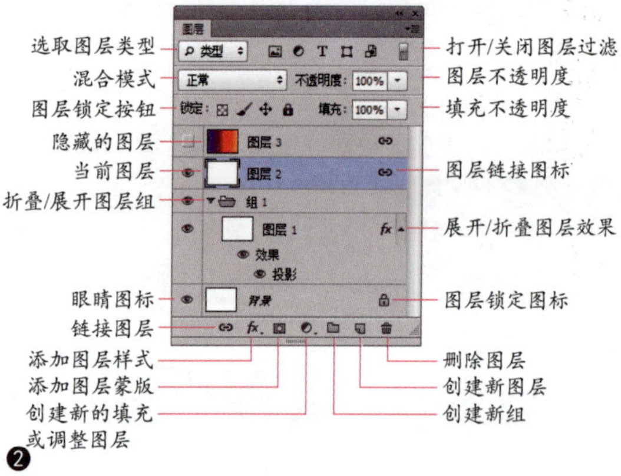

选项	说明
选取图层类型	当图层数量较多时，可以在该选项下拉列表中选择一种图层类型（包括名称、效果、模式、属性和颜色），让“图层”面板中只显示此类图层，隐藏其他类型的图层
打开/关闭图层过滤	单击该按钮，可以启用或停用图层过滤功能
混合模式	用来设置当前图层的混合模式，使之与下面的图像产生混合
图层不透明度	用来设置当前图层的不透明度，使之呈现透明状态，让下面图层中的图像内容显示出来
填充不透明度	用来设置当前图层的填充不透明度，它与图层不透明度类似，但不会影响图层样式
图层锁定按钮	用来锁定当前图层的属性，使其不可编辑，包括透明像素、图像像素、位置和锁定全部属性。当图层被锁定时，会显示锁状图标
当前图层	当前选择和正在编辑的图层
眼睛图标	有该图标的图层为可见图层，单击它可以隐藏图层。隐藏的图层不能编辑
折叠/展开图层组	单击该图标可以折叠或展开图层组
展开/折叠图层效果	单击该图标可以展开图层效果列表，显示出当前图层添加的所有效果的名称。再次单击可以折叠图层效果列表
链接图层	选择多个图层后，单击该按钮，可以将它们链接。处于链接状态的图层可一同移动或进行变换操作
添加图层样式	单击该按钮，在打开的下拉菜单中选择一个效果，可以为当前图层添加图层样式
添加图层蒙版	单击该按钮，可以为当前图层添加图层蒙版。蒙版用于遮盖图像，但不会将其破坏
创建新的填充或调整图层	单击该按钮，在打开的下拉菜单中可以选择创建新的填充图层或调整图层
创建新组	单击该按钮，可以创建一个图层组
创建新图层	单击该按钮，可以创建一个图层
删除图层	选择图层或图层组，单击该按钮可将其删除

3.1.3 识别图层列表

我们从上往下观察“图层”面板。可以看到，图层是一层一层堆叠排列的❶，这种像表格一样的形式，称为图层列表。在列表中，只有“背景”图层位置是固定的，其他图层都可以调整顺序❷。

列表中有一个图层刷上了浅蓝色底色，特别显眼，这表示它是当前图层。当前图层就是当前我们正在编辑的图层，所有操作将只对它有效，这样就不会影响其他图层。单击任意一个图层将其选取以后，它就会刷上底色，成为当前图层❸。如果同时选取了多个图层，则所选图层都会刷上底色，并且它们都是当前图层❹。当前图层之所以可以是多个，是因为有一些操作，如移动、对齐、变换或应用图层样式，可以同时处理多个图层；但更多的操作，如绘画、滤镜、颜色调整等，只能在一个图层上进行。

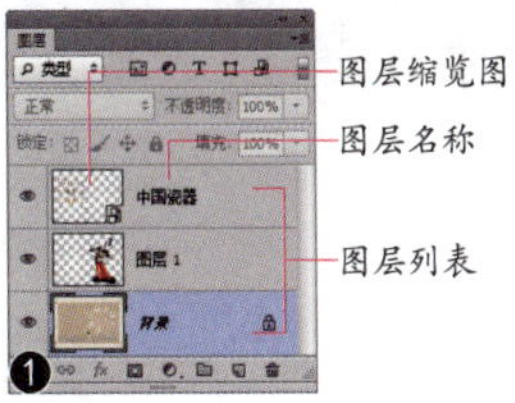

图层以列表的形式上下排列

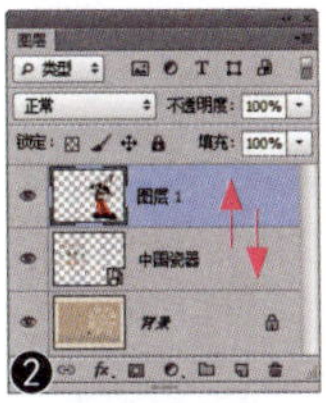

调整图层顺序

一个当前图层

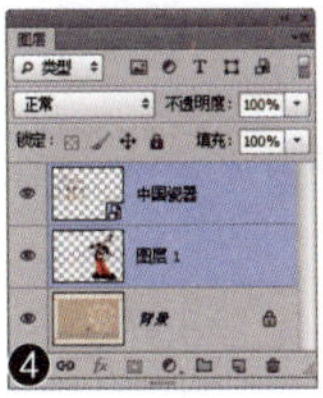

两个当前图层

我们再从左向右观察图层。最先看到的是眼睛图标，它是图层的开关，可以让图层显示或隐藏。没有该图标，表示图层被隐藏，文档窗口中将看不到它❺，因而也不能编辑。

眼睛图标右侧是图层的缩览图，它显示了图层中包含的图像。缩览图中的棋盘格代表了图层中的透明区域❻。如果这是一个非图像类图层，如调整图层，则Photoshop将使用相应的图标来代替缩览图。

缩览图通常比较小，这样“图层”面板中才能显示更多的图层。当图层列表很长，以至于面板中不能显示所有图层时，可以拖曳面板右侧的滑块，或者将光标放在面板上，然后滚动鼠标滚轮，逐一显示图层；也可以拖曳面板右下角的图标，将面板拉长。如果喜欢大缩览图，可以在缩览图（注意，不是图层名称）上单击鼠标右键，打开快捷菜单，选择其中的命令来进行调整❼。

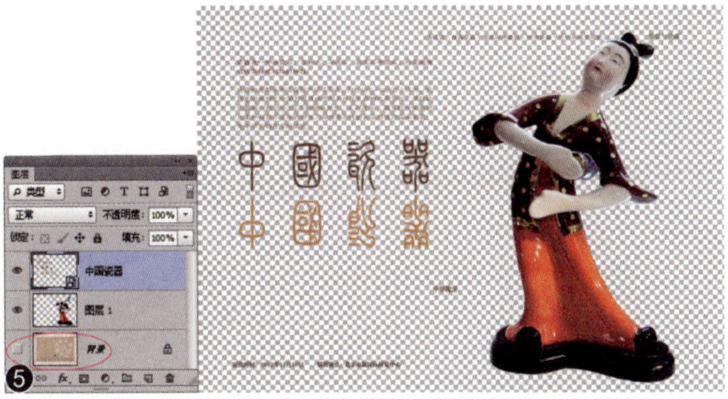

“背景”图层被隐藏以后，文档窗口中也会同时隐藏该图层中的图像

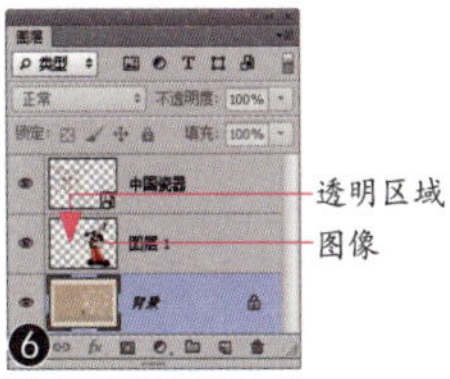

图层的缩览图

修改缩览图大小

图层缩览图的右侧是图层的名称。特殊类图层的名称与普通图层是有区别的。不过所有图层的名称都可以修改。

3.2 创建图层

不同种类的图层创建方法也各不相同。对于特殊类型的图层，如填充图层、调整图层、视频图层、3D图层等，我们会在介绍其功能的相关章节中讲解创建方法。下面介绍的是普通图层的创建方法。

3.2.1 方法①：在“图层”面板中创建图层

单击“图层”面板底部的按钮，可以在当前图层上方创建一个图层，同时它会自动成为当前图层❶。如果要在当前图层下方创建图层，可以按住Ctrl键单击按钮❷。要注意的是，“背景”图层下方不能创建图层。

单击按钮时，Photoshop会自动为图层命名。如果想自定义名称，可以按住Alt键单击按钮，或者执行“图层>新建>图层”命令，打开“新建图层”对话框输入名称❸。

在该对话框中还可以设置图层的颜色（73页）、混合模式（165页）、令其与下方的图层创建为一个剪贴蒙版组（147，154页），以及创建中性色图层（229页）。这些功能属于图层的高级操作。

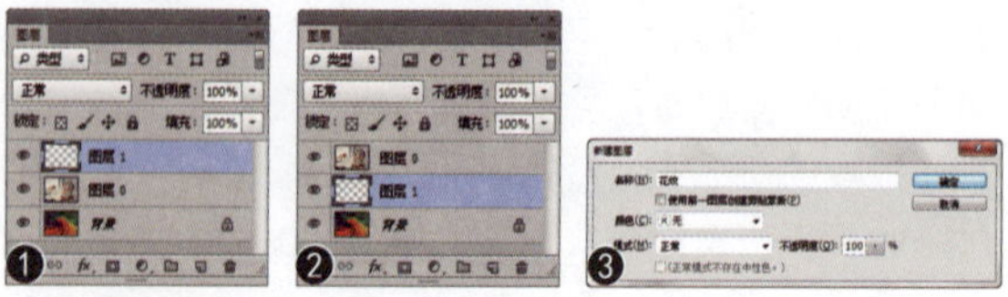

3.2.2 方法②：利用选区创建图层

Photoshop中的很多操作都不拘泥于一种形式或方法，越是基础性操作，方法反而越多。这有利于我们选择适合自己的方法，养成合理的操作习惯，从而提高工作效率。

图层的创建也可以跳过“图层”面板这一环节，在编辑图像的同时完成。例如，我们在对选区进行操作时，就可以通过3种方法创建图层。

第1种方法：按下Ctrl+C快捷键，复制选中的图像❶，按下Ctrl+V快捷键，可将其粘贴到一个新的图层中（180页）❷。

第2种方法：执行“图层>新建>通过拷贝的图层”命令（快捷键为Ctrl+J），将选中的图像复制到一个新的图层中，原图层内容保持不变。如果没有选区，执行该命令可以快速复制当前图层❸。

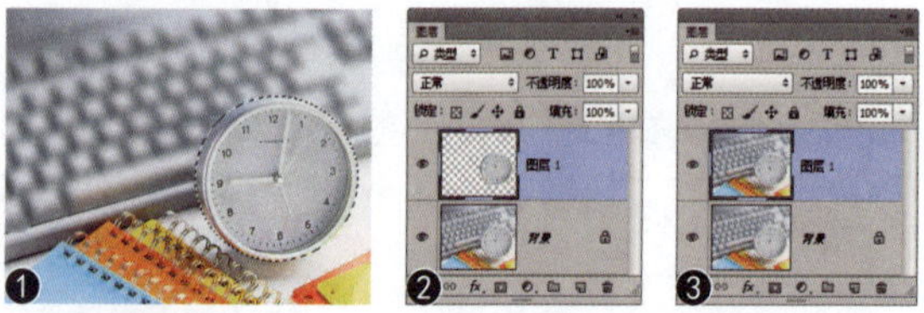

第3种方法：执行“图层>新建>通过剪切的图层”命令（快捷键为Shift+Ctrl+J），将选区内的图像剪切到一个新的图层中❹。与第2种方法相比，这会破坏原图层中的图像❺，应谨慎使用。

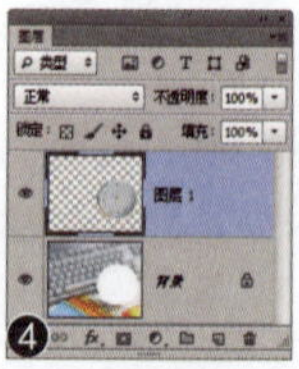

通过剪切创建图层

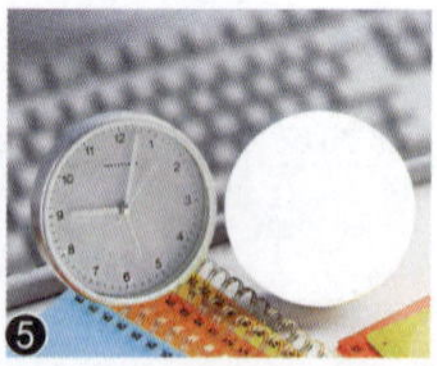

移开图像可以看到效果

3.2.3 方法③：通过移动的方法创建图层

单击一个图层❶，选择移动工具，在文档窗口中按住Alt键拖曳图像，可以将其复制到一个新的图层中❷。

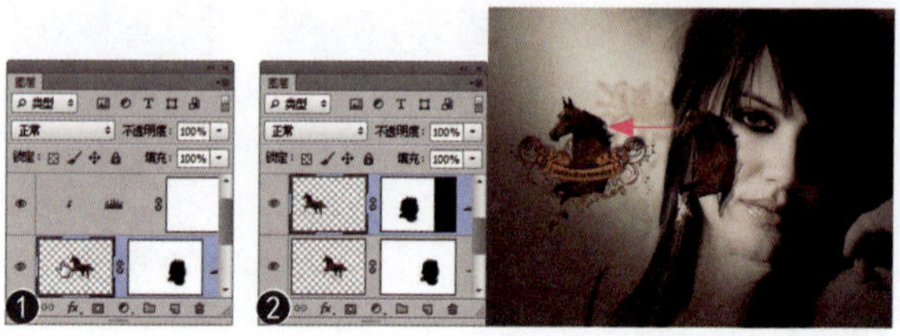

此外，如果打开了多个文件，使用移动工具将一个图层拖曳到其他图像时（54页），可将其复制到目标图像，同时创建一个图层。有一点需要注意，在图像间复制图层时，如果两个文件的打印尺寸和分辨率不同，则图像在两个文件间的视觉大小会有变化。例如，在相同打印尺寸的情况下，源图像的分辨率小于目标图像的分辨率，则图像复制到目标图像后，会显得比原来小。

3.2.4 方法④：背景图层与普通图层互相转换

“背景”图层就是文档中的背景图像，只有一个，并且永远位于“图层”面板的最底层，下方不能有其他图层。

“背景”图层比较特殊，我们可以用绘画工具、滤镜、调色命令等编辑它。但有些功能是被禁止的，包括调整不透明度、混合模式和堆叠顺序，也不能添加图层样式。要进行这些操作，需要先将其转换为普通图层才行。操作方法很简单，按住Alt键双击“背景”图层即可。

使用“文件>新建”命令创建文档时，选择白色或背景色作为背景内容，便可创建“背景”图层。如果选择“透明”（39页）选项，则文档中没有“背景”图层。如果没有创建“背景”图层，或者将其删除了（前提是图层数量多于一个），可以选择一个图层❶，执行“图层>新建>背景图层”命令，将其转换为“背景”图层❷。

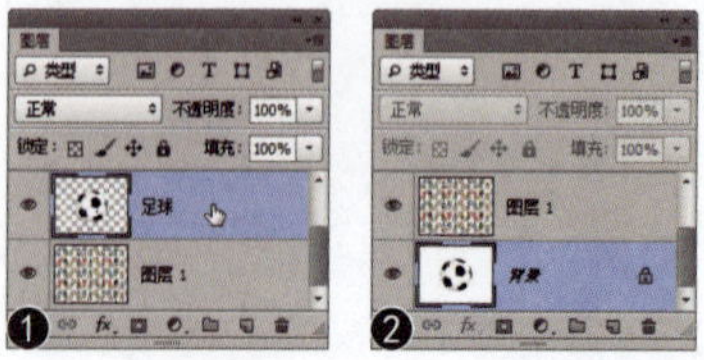

3.2.5 疑问解答：什么情况下才需要背景图层?

Photoshop中有4种格式可以保存图层（即分层文件），包括PSD、TIFF、PDF和PSB。对于这4种格式的文件来说，“背景”图层可有可无。

除此之外的其他格式就不一样了。如最典型的

JPEG格式，这是数码照片和网络图像常用的文件格式，由于不支持图层（准确地说，是不支持分层），当图像以该格式保存时，所有图层都会被合并到一个图层——文档的“背景”图层中。只有这样，图像才能在不支持图层的应用程序和输出设备间传递和使用。

目前还有很多软件程序和输出设备不支持分层的图像。如果图像要与之交换使用，“背景”图层不仅必要，也是承载图像的唯一载体。

3.2.6 方法⑤：复制图层

我们前面所介绍的通过移动、拷贝图像的方法创建图层，其实都属于复制图像。如果我们直接对图层进行复制，也可以复制图像，这是Photoshop中“克隆”对象的最快方法。

一般情况下，我们基于两种考虑需要复制图层。①复制图层后，可以在图像现有效果的基础上进行编辑；②编辑副本图层，以避免修改原始图像，这也是一种非常好的非破坏性编辑方法。下面介绍图层的复制方法。

01 打开素材。单击一个图层，将其设置为当前图层。复制当前图层的方法最简单，按下Ctrl+J快捷键即可❶。

02 如果想要复制非当前图层，可将其拖曳到“图层”面板底部的 按钮上❷。

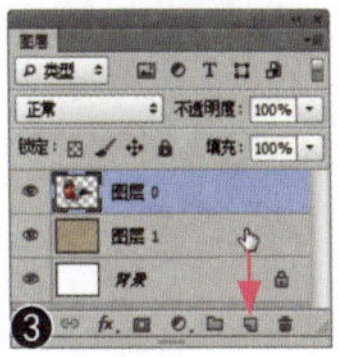

提示（Tips）

执行“图层>复制 CSS”命令，可以从形状或文本图层生成级联样式表（CSS）属性。CSS即级联样式表，是一种用来表现HTML（标准通用标记语言的一个应用）或XML（标准通用标记语言的一个子集）等文件样式的计算机语言。

03 如果想要将一个图层复制到另一个图层的上方（或下方），可以将光标放在需要复制的图层上，按住Alt键，将其拖曳到目标位置，当出现突出显示的黑色横线时❸，放开鼠标即可❹。

04 除了以上方法外，还可以基于当前图层新建一个文档。操作方法是执行“图层>复制图层”命令，打开“复制图层”对话框，在“文档”下拉列表中选择“新建”选项❺。此外，如果同时打开了多个文档，还可以使用该命令将图层复制到其他文档中。只是这样操作没有直接将图像拖曳到其他文档中方便。

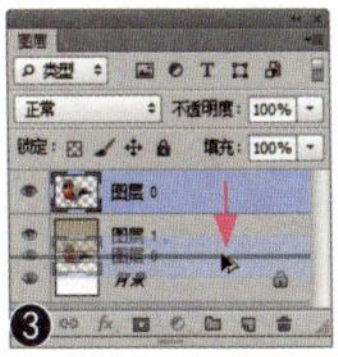

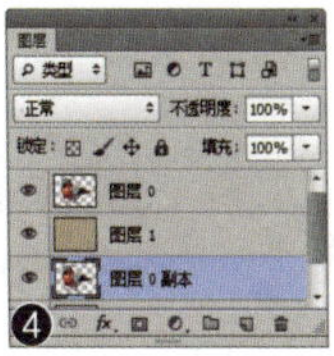

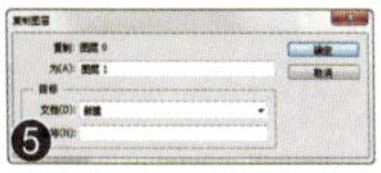

3.3 高效管理图层

图层虽然是基础性的功能，但其结构可以非常庞大，越是效果丰富的图像，用到的图层越多，这会导致查找和选择图层变得越来越麻烦。因此，怎样管理好图层便成为继图层创建方法之后我们需要掌握的技能。

3.3.1 方法①：为图层标记颜色

在一个图层上单击鼠标右键，可以打开快捷菜单❶，菜单中有几个颜色选项，选择其中的一个，便可为图层标记颜色❷。这在Photoshop中有一个专业的名称——颜色编码。

为图层标记颜色，作用有点像用记号笔在书中划出重点，可以让所标记的图层从其他图层中脱颖而

出，一下子就能被我们看到。它支持多图层操作，也就是说我们可以同时选择多个图层，为它们标记相同的颜色。

3.3.2 方法②：为图层命名

单击“图层”面板中的按钮创建图层时，Photoshop会使用默认的名称——“图层1”“图层2”“图层3”……为其命名❶。

图层数量少的情况下，图层名称并不重要，我们完全可以通过图层的缩览图识别各个层中都包含哪些内容，再从中选取所需图层。当图层数量比较多时，这种方法就有点费时间了。如果是经常选取的或者是比较重要的图层，可在其名称上双击鼠标❷，然后在显示的文本框中输入特定名称，并按Enter键确认，为它重新命名❸。

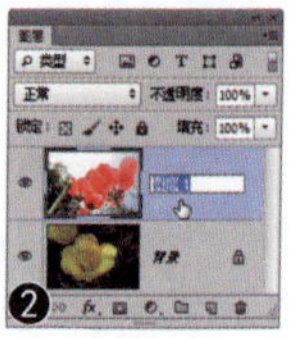
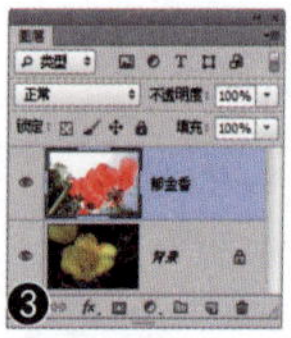

为图层重命名也可以在选择图层之后使用“图层>重命名图层”命令来操作，只是这种方法没有直接修改方便。

为图层标记颜色、修改图层名称都是为了使其易于识别，以便在需要的时候能够快速找到。为图层命名虽然没有刷颜色识别度高，但名称更加具体，在图层数量多的情况下尤其必要。当图层使用的是非“图层1”“图层2”这样的默认名称时，能引起我们的注意——这不是一个普通的图层，在修改、删除和合并时就会慎重操作了。

3.3.3 方法③：通过名称快速找到所需图层

我们使用PC或MAC计算机时可能都有过这样的经历，想要一个文件，却怎么也想不起来放在计算机中的哪个文件夹里了。不过还好，我们记得文件名，可以通过搜索名称找到它。

Photoshop也支持通过名称查找图层。执行“选择>查找图层”命令，“图层”面板顶部会出现一个文本框，输入图层名称，即可找到该图层，并且“图层”面板中只显示这一图层❶。单击面板右上角的按钮，可以重新显示所有图层❷。

运用查找图层的方法可以快速找到所需图层。但前提是我们要知道图层的名称。

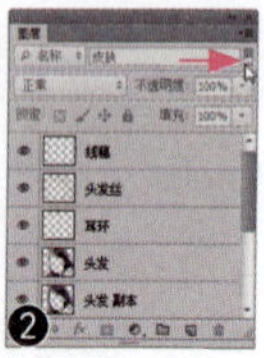

3.3.4 方法④：屏蔽图层

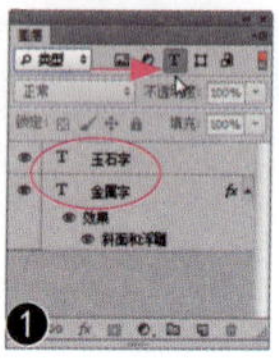

通过名称查找图层时，“图层”面板中只显示找到的这一图层，同时屏蔽其他图层。如果我们想要显示的是某种类型的所有图层，例如，所有文字类图层，该怎样进行屏蔽呢？非常简单，只需单击“图层”面板顶部的T按钮即可❶。

在这一组按钮中，代表普通图层（包含像素或透明图层），代表填充图层和调整图层，T代表文字图层，代表形状图层，代表智能对象。单击一个按钮，即可屏蔽此类图层之外的其他所有图层。如果想要退出屏蔽，重新显示所有图层，可以单击面板右上角的按钮。

3.3.5 方法⑤：用隔离的方法筛选图层

如果我们想要显示的是具有某些相同属性的图层，而不管它们是否属于同种类型，可以采用隔离图层的方法来操作。

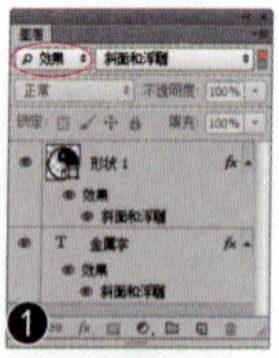

例如，想要显示添加了图层样式的图层，可以单击“图层”面板左上角的按钮（执行“选择>隔离图层”命令也可），打开下拉列表，选择“效果”选项，Photoshop会将符合要求的图层过滤、筛选出来❶，不管它是普通图层，还是文字图层、形状图层、调整图层等，只要是添加了图层样式，就都得以保留，其他的图层则被屏蔽。

选择“名称”，可以通过输入图层名称查找图层，它与“选择>查找图层”命令用途相同；选择“模式”并指定一种混合模式，可以只显示设置了该混合模式的图层；选择“属性”并指定一种属性，可以基于图层是否可见、是否链接、是否锁定、是否添加了图层蒙版和矢量蒙版等为条件隔离图层；选择“颜色”，可以基于图层是否标记了颜色为条件隔离图层。

进行屏蔽图层和隔离图层的操作以后，“图层”面板右上角显示的是状按钮，单击它，可以显示所有图层，并禁用屏蔽和隔离功能，同时按钮变为状。

如果要重新启用这两项功能，可以单击按钮。通过上面的介绍不难看出，隔离图层既是一种筛选图层、屏蔽图层的好方法，还可以帮助我们在查找图层时缩小范围。

3.3.6 方法⑥：分组管理图层

我们使用计算机管理文件时，最常用的办法是将文件分门别类地放入不同的文件夹中。Photoshop的“图层”面板也可以进行类似操作——我们可以将图层放入图层组中❶。图层组类似于Windows系统中的文件夹，图层则相当于文件夹中的文件。

单击按钮，可以关闭或展开图层组，这相当于退出或进入Windows系统的文件夹。当图层组被关闭以后，“图层”面板的列表中就只显示组，而隐藏其中的图层❷。这样可以大大地简化“图层”面板的结构，使列表一目了然、条理分明。这种与文件夹类似的管理结构，让我们既亲切，又能快速掌握。

此外，Photoshop还可以像Windows系统一样在文件夹中继续创建文件夹，实现多极化管理。也就是说，图层组中可以创建新的图层组❸，虽然不能像Windows系统那样多，但也足够用了。我们可以通过连续单击“图层”面板中的创建新组按钮，或者将一个组拖入另一个组中这两种方法创建嵌套组。

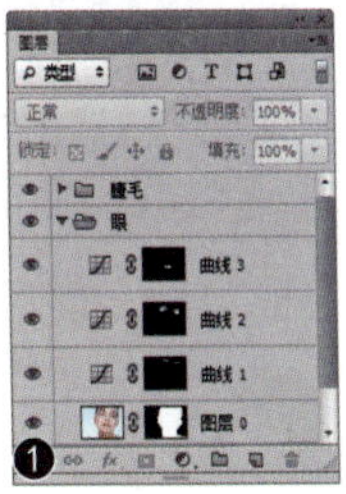
❶

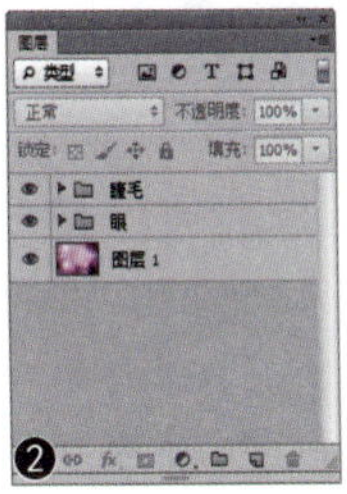
❷

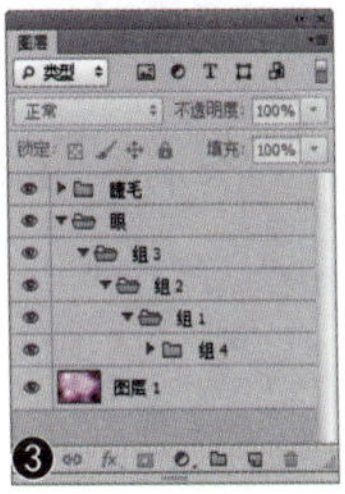
❸

图层组还有一个好处。在图层组的名称右侧单击，选择组以后，使用移动工具或者“编辑>变换”菜单中的命令进行移动、旋转和缩放等操作时，将应用于组中的所有图层。这有点类似于先将这些图层链接起来（78页），再进行处理。不过，图层组不能完全取代链接功能，因为建立链接关系的图层可以来自于不同的组。

图层组可以复制、链接、对齐和分布，也可以锁定、隐藏、合并和删除。操作方法与普通图层相同。

创建图层组

单击“图层”面板中的按钮，可以创建一个空的图层组❹。创建图层组后，它自动处于选取状态，此时单击按钮，可以在该组中创建图层❺。

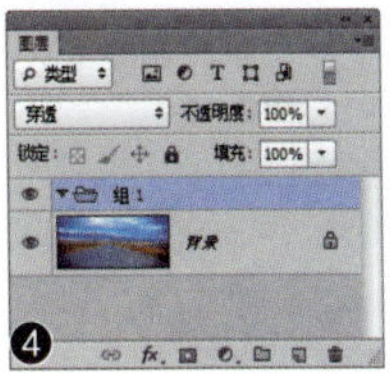
❹

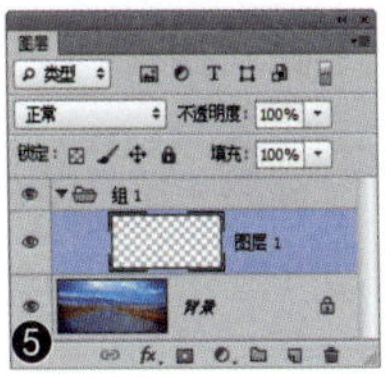
❺

如果想要在创建图层组时为它设置名称、颜色、混合模式和不透明度等属性，可以使用“图层>新建>组”命令来操作❻❼。

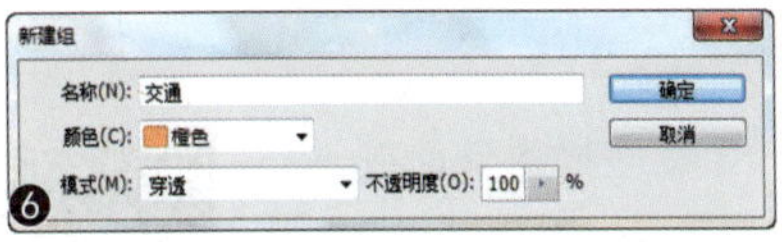
❻

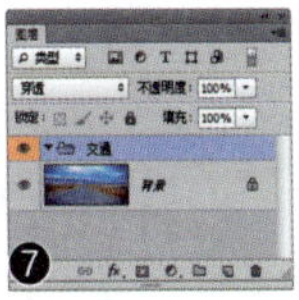
❼

创建组以后，如果要修改图层组的名称，可以在组的名称上双击鼠标并输入新名称。这与修改图层名称的方法一样。

将一个图层拖入一个图层组内，则可将其添加到该组中❽；将组中的图层拖曳到组外，可将其从图层组中移出❾。

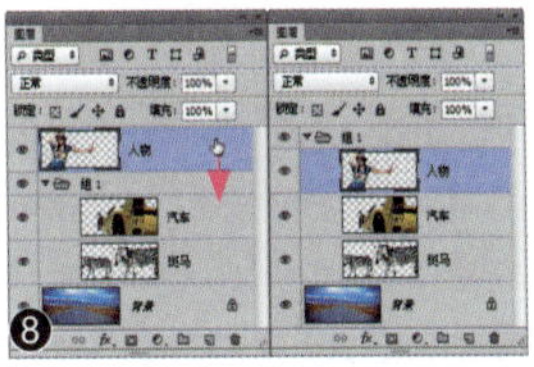
❽

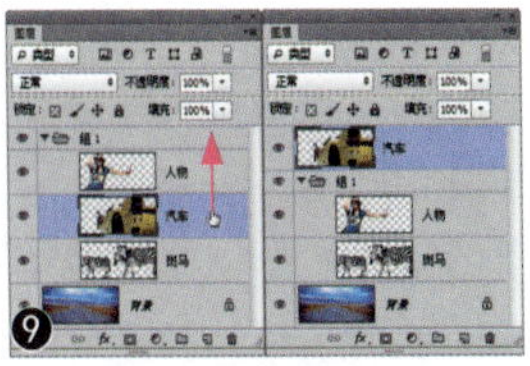
❾

如果要将现有的多个图层放在一个图层组中，一个一个地拖曳进去有点麻烦，我们可以选择这些图层，然后执行“图层>图层编组”命令（快捷键为Ctrl+G），将它们编入一个新建的组中。该组会使用默认的名称、不透明度和混合模式。如果想要在创建组时设置这些属性，可以使用“图层>新建>从图层建立组”命令来操作。

将多个图层放在一个图层组以后，这些图层就会被Photoshop视为一个整体的对象，当选择图层组并调整它的不透明度时（144页），会影响组内的所有图层。此外，图层组的默认模式为“穿透”（169页），它表示组本身不具备混合属性，相当于普通图层的“正常”模式。如果为组选择了其他的混合模式，则组中的所有图层都将采用这种混合模式与下面的图层混合。

取消图层编组

选择图层组，执行“图层>取消图层编组”命令（快捷键为Shift+Ctrl+G），可以解散组，将其中的图层释放出来。如果想要删除图层组及组内的图层，可以将图层组拖曳到“图层”面板底部的按钮上。

3.4 编辑图层

这一节，我们学习图层的选取、链接、切换当前图层、锁定、显示和隐藏、合并、删除等操作方法。看似内容比较多，但都是很简单的操作。

3.4.1 练习：选择图层

Photoshop中有些操作只能在一个图层上进行，如滤镜、画笔、“图像>调整”菜单中的命令等；有些操作可以同时处理多个图层，如移动、旋转和缩放等。无论进行哪种操作，都应先选择好所要处理的图层，之后才能对其进行编辑。否则，所做的修改将只应用于当前图层。图层的选择不外乎单个图层、多个图层和所有图层。如果要选择所有图层，可以使用“选择>所有图层”命令，这样比各个分散选择更快、更方便。如果不想选择任何图层，可以在图层列表下方的空白处单击。如果图层列表很长，没有空白区域，可以使用“选择>取消选择图层”命令来取消选择。其他选择方法包含在下面的练习中。

01 打开素材。将光标放在需要选择的图层上方，单击鼠标将其选择，它会成为当前图层并刷上底色❶。

02 如果要选择多个相邻的图层，可以单击第一个图层❷，然后按住 Shift 键单击最后一个图层❸。

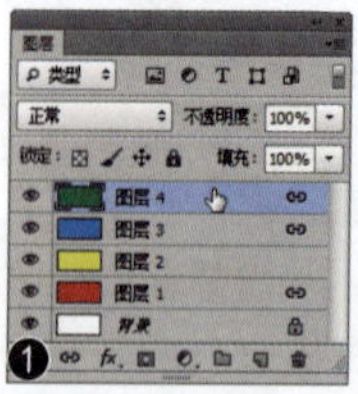
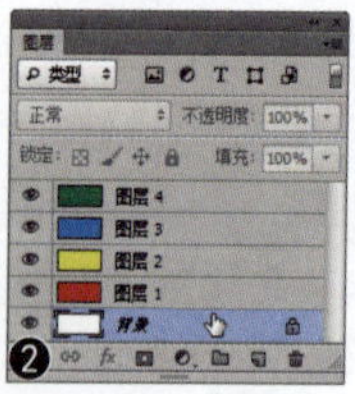
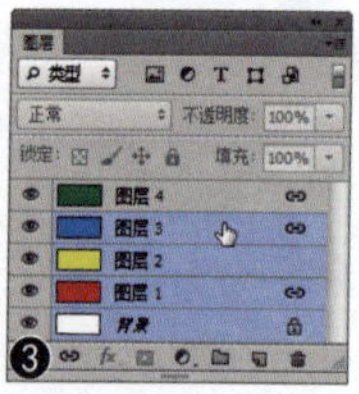

03 如果想要选择的图层并不相邻，可以按住 Ctrl 键分别单击它们❹。

04 在“图层”面板中，有几个图层的右侧有 图标，它表示这些图层建立了链接（78页）。单击其中的一个❺，然后执行“图层>选择链接图层”命令，即可选择与其链接在一起的所有图层❻。

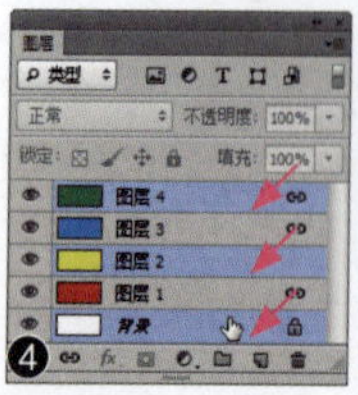
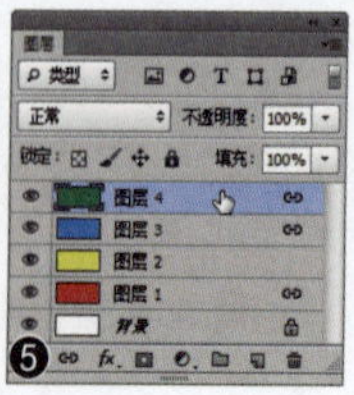
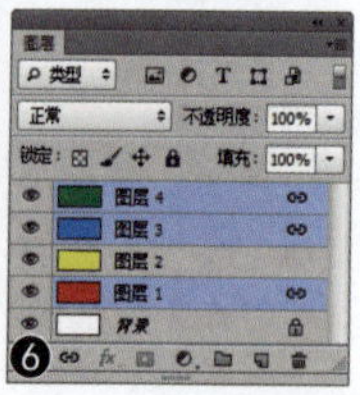

提示（Tips）

选择一个图层以后，按下Alt+] 快捷键，可以将它上方的图层切换为当前图层；按下Alt+ [快捷键，则可将它下方的图层切换为当前图层。

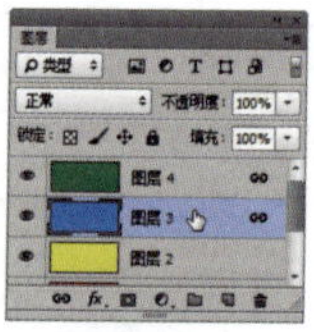
单击图层

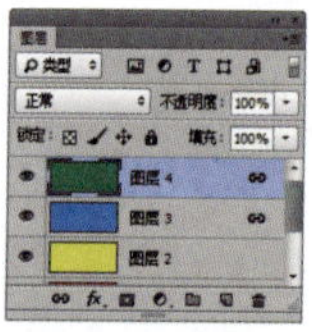
按下Alt+] 快捷键

按下Alt+ [快捷键

3.4.2 练习：用移动工具选择图层

我们学习Photoshop时，在掌握基本操作的基础上，能用快捷方法解决的问题，尽量用快捷方法操作。这虽然需要更多的记忆和练习，但好处远胜于付出。例如，在Photoshop的工具箱中，移动工具 最常用到。使用该工具时，除移动图像的常规任务外，如果用它复制图像（图层），就不必切换到“图层”面板中操作，这样既省时、又省力。相关方法我们前面已经介绍过了。下面我们再介绍一个技巧——使用移动工具 选择图层，同样不必经过“图层”面板。

01 打开素材。选择移动工具 。工具选项栏中有一个“自动选择”选项，当该选项处于选取状态时，直接在图像上方单击即可选择图层。但如果图层上下堆叠、设置了混合模式或不透明度，就非常容易选错。我们不要开启该选项。将光标移动到图像上，按住Ctrl键单击鼠标，用这样的方法选择光标下方的图层❶。

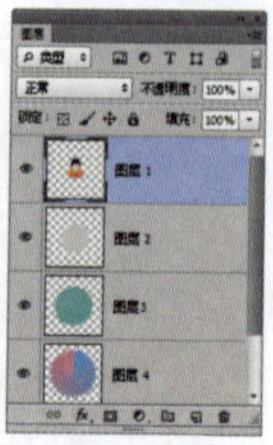

02 如果光标下方有多个图层，这种方法选择的将是最上面的图层。想要选择下方的图层，可以在图像上右击，在弹出的快捷菜单中会列出光标位置的所有图层，从中选择即可❷。

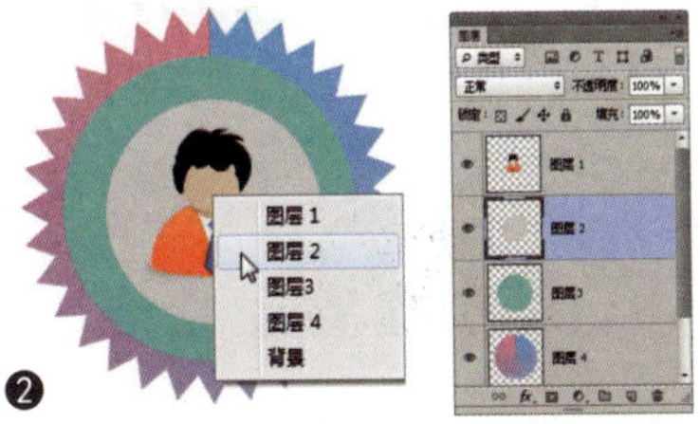

❷

03 如果要选择多个图层，可以按住Ctrl+Shift键分别单击各个图像❸。如果想要将位于堆叠位置下方的图像也添加进来，可以按住Ctrl+Shift键右击，在弹出的快捷菜单中所列出的图层中选取。

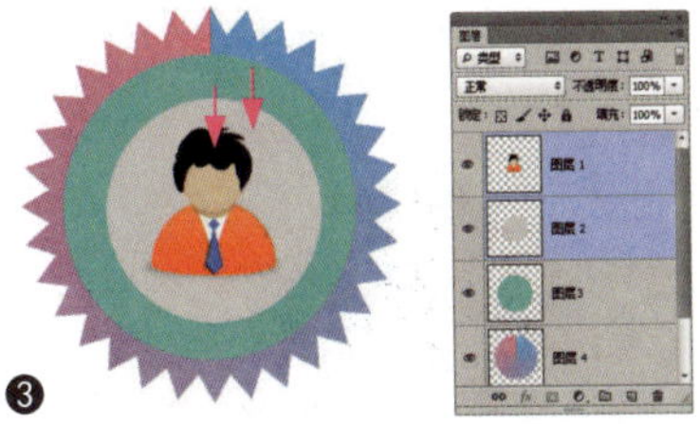
❸

04 还有一种方法，可以同时选取多个图层。操作时先按住Ctrl键，然后单击并拖曳出一个选框，进入选框范围内的图像都会被选取❹。需要注意的是，应该先按住Ctrl键再进行操作，还有就是一定要在图像旁边的空白区域拖出选框，否则都将会移动图像。

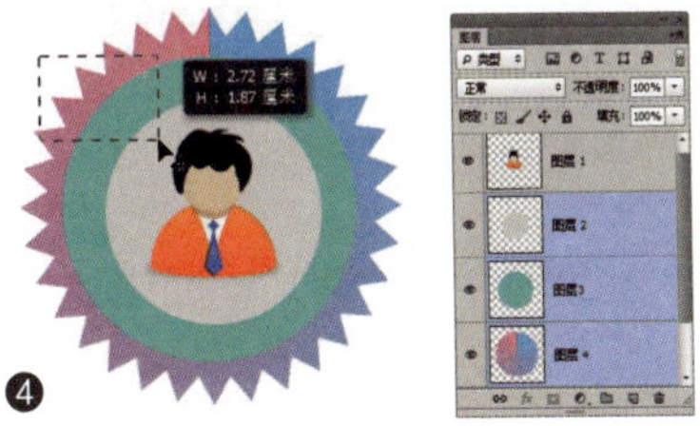
❹

3.4.3 练习：调整图层的堆叠顺序

图层的上下堆叠，搭建起了Photoshop的建筑大厦，使图像分层处理成为轻而易举的事情。这种结构具有极高的灵活度，例如，我们可以任意调整图层的堆叠顺序。

在默认状态下，图层是按照创建的先后顺序堆叠排列的，即新创建的图层（任何类型的图层）总是出现在当前所选图层的上方，像搭积木一样，一层一层地向上搭建。我们可以通过3种方法对图层的顺序做出改变，①拖曳图层，②使用“图层>排列”菜单中的命令调整，③使用快捷键。

01 打开素材。将光标放在一个图层上方，单击并将其拖曳到另外一个图层的下方横线处❶，当出现突出显示的黑色横线时，放开鼠标，即可将其调整到该图层的下方❷。由于图层的堆叠结构决定了上方的图层会遮盖下方图层，因此，改变图层顺序会影响图像的显示效果。

❶

❷

02 如果用命令操作，需要先单击图层，将其选择，然后打开“图层>排列”菜单❸，执行其中的命令。这些命令可以将图层调整到特定的位置，即顶、底、前、后和反向。这其中，除了“反向”外，其他命令都提供了快捷键。用快捷键操作要比拖曳的方式轻松。所以，我们建议，调整图层顺序的第一选择是用过快捷键操作，快捷键不能解决的问题，再通过拖曳的方法操作，菜单命令没有必要使用。因此，最好把这几个快捷键记住，并用在实际操作中。

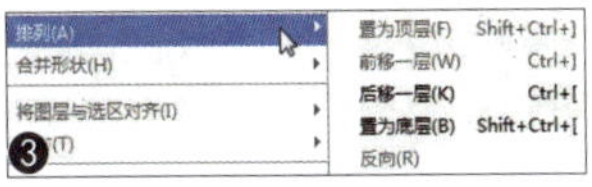

❸

命令	说明
置为顶层/置为底层	将所选图层调整到“图层”面板的最顶层或最底层（“背景”图层上方）。如果选择的图层位于图层组中，则执行“置为顶层”和“置为底层”命令时，可以将图层调整到当前图层组的最顶层或最底层
前移一层/后移一层	将所选图层向上或向下移动一个堆叠顺序
反向	在“图层”面板中选择多个图层以后，执行该命令，可以反转它们的堆叠顺序

3.4.4 练习：隐藏/显示图层

在“图层”面板中，图层缩览图左侧是眼睛图标👁，可以控制图层是否可见。一般情况下，我们复制图层以作备用的时候，就会将备用图层隐藏。此外，如果所要编辑的图层被上方的图层遮挡住了，也可以将上方图层隐藏，以便扫清障碍。图层只有在显示的状态下才可以编辑，隐藏的图层不能编辑，但可以进行合并和删除操作。

01 打开素材❶。单击一个图层前的眼睛图标👁，图标会消失，同时图层被隐藏，画面中该图层中的图像不可见❷。在原眼睛图标处单击，可以重新显示图标、图层和图像。

02 如果想要快速隐藏多个相邻的图层，可以将光标放在一个图层的眼睛图标上❸，单击鼠标并在眼睛图标列向上或向下拖动❹。恢复图层的显示时也可以采用这种方法，即在原眼睛图标处操作。如果同时选择了多个图层（包含不相邻的图层），可以执行“图层>隐藏图层”命令，将所选图层同时隐藏。

03 如果只想显示一个图层，隐藏其他所有图层，可以按住Alt键单击该图层的眼睛图标❺。按住Alt键再次单击同一眼睛图标，可重新显示其他图层。

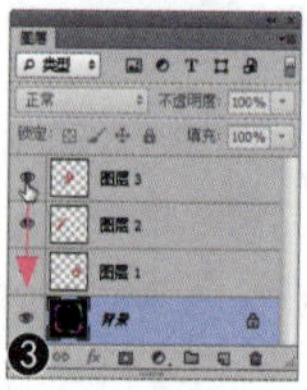

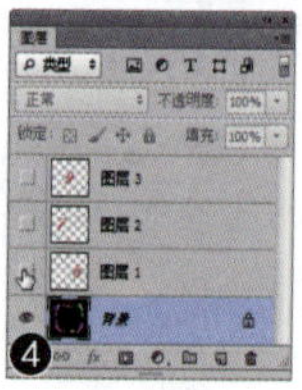

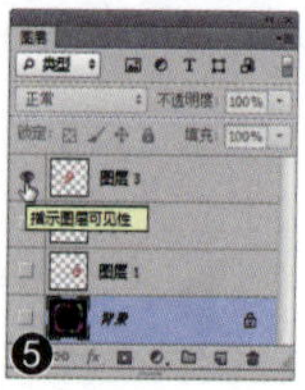

3.4.5 链接图层

如果有几个图层总是同时处理，如同时移动、旋转、缩放、倾斜、复制、对齐和分布，就可以考虑将它们链接在一起。链接以后，当我们选择其中的任何一个图层并进行上述操作时（复制除外），所有与之链接的图层都会应用相同的操作，这样就省去了先要分别选择各个图层的麻烦。

在“图层”面板中选择两个或更多个图层❶，单击链接图层按钮，或执行“图层>链接图层”命令，即可将它们链接起来❷。如果要取消一个图层与其他图层的链接，可以单击该图层，再单击按钮。如果要取消所有图层的链接，不必选取每一个图层，只要单击其中的一个，执行“图层>选择链接图层”命令，再单击按钮便可。

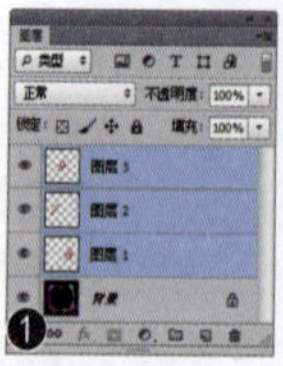

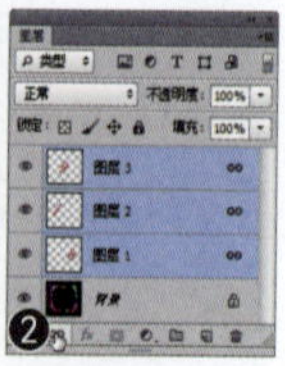

3.4.6 通过锁定的方法保护图层

我们编辑图像时，有时可能不希望影响图层的某些属性或区域。例如，填充颜色时，只想在有图像的区域填色，透明区域不受影响，就需要预先做出必要的设置。如果基于保护透明区域、保护像素，以及固定图像位置这3种情况考虑的话，锁定图层便可轻松解决问题。首先选择要进行保护的图层。如果要保护透明区域，可以单击“图层”面板中的锁定透明像素按钮，此后只能在图层的不透明区域编辑图像❶。

锁定透明像素后，画笔工具只能在包含像素的区域涂抹颜色

如果要保护像素（非透明区域），可以单击锁定图像像素按钮，此后只能对图层进行移动和变换操作，不能在图像上绘画❷、擦除或应用滤镜。

锁定图像像素后，画笔工具涂抹图像时会弹出提示信息

如果要固定图像的位置，可以单击锁定位置按钮，此后图层不能移动。如果想同时锁定以上3种属性，可单击锁定全部按钮。当图层被锁定以后，其右侧会出现锁状图标。当只锁定一种或两种属性时，显示的是空心锁状图标；如果所有属性都被锁定，则会显示实心的锁状图标。

提示（Tips）

如果想要快速锁定图层组内的图层，可以选择图层组，执行“图层>锁定组内的所有图层”命令，打开“锁定组内的所有图层”对话框进行操作。

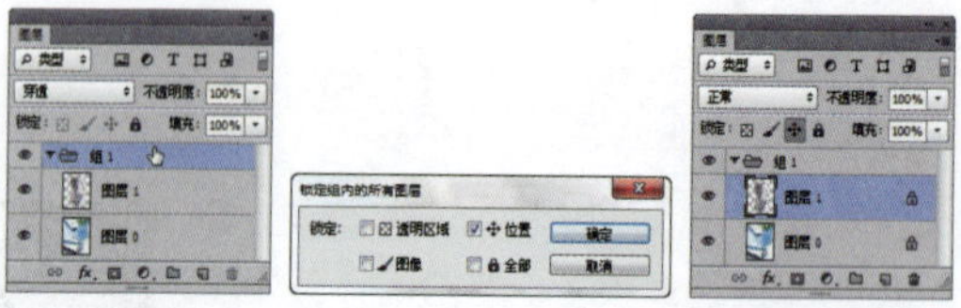

3.4.7 练习：合并图层

图层虽方便，但绝非多多益善。当图层数量增加以后，查找和选择就会变得非常麻烦，而且也会增加计算机内存的占

用量，甚至导致计算机的处理速度变慢。基于简化操作、减轻计算机负担的需要，将图像中相同属性的图层合并，或者将没有用处的图层删除，可以减小文件的大小，释放内存，使图层的查找和选取更加方便。

01 打开素材。如果要将一个图层与它下面的图层合并，可以单击该图层❶，然后执行“图层>向下合并”命令（快捷键为Ctrl+E）。合并后将使用下面图层的名称❷。

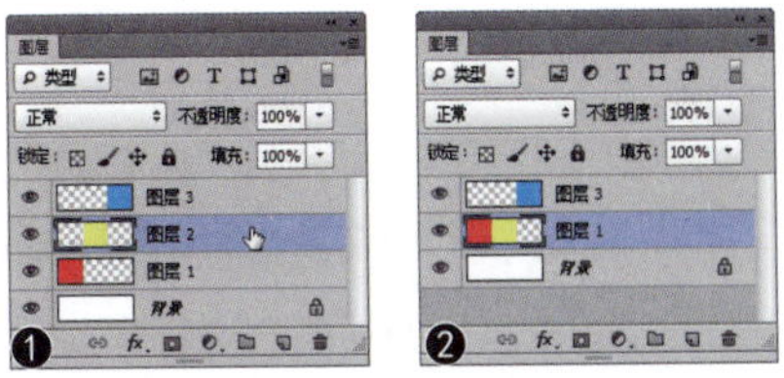

02 如果要将两个或多个图层合并，可以先将它们选取❸，然后按下Ctrl+E快捷键。合并后的图层将使用合并前位于最上面的图层的名称❹。

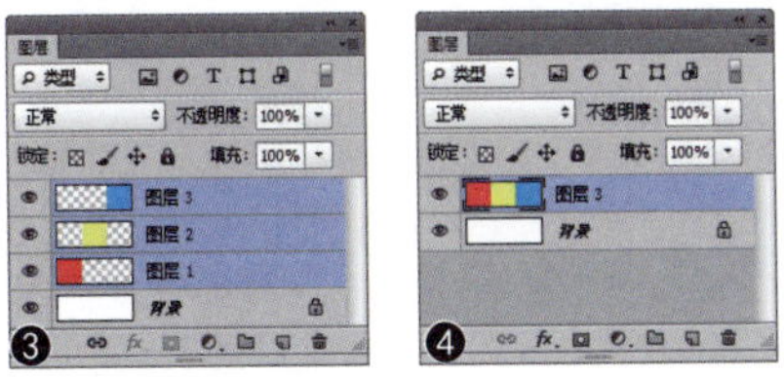

以上是最常用到的图层合并方法。还有一些特殊情况，例如，想要将所有可见的图层合并，并保留被隐藏的图层，可以执行“图层>合并可见图层”命令（快捷键为Shift+Ctrl+E），图层将使用合并前当前图层的名称。如果在合并前，“背景”图层为显示状态，则它们会合并到“背景”图层中。此外，使用“图层>拼合图像”命令，可以将所有图层都拼合到“背景”图层中，原图层中的透明区域会用白色填充。如果“图层”面板中有隐藏的图层，会弹出一个提示，询问是否将其删除。

3.4.8 练习：盖印图层

有些时候，我们可能需要将分散在多个图层中的图像合并到一个图层中使用。采用合并图层方法操作的话，原图层就不会保留。如果想要保留原图层，可以通过盖印的方式操作。

01 打开素材。单击一个图层❶，按下Ctrl+Alt+E快捷键，可以将该图层中的图像盖印到下面的图层中，原图层内容保持不变❷。按下Ctrl+Z快捷键撤销操作。我们来看一下，怎样盖印多个图层。

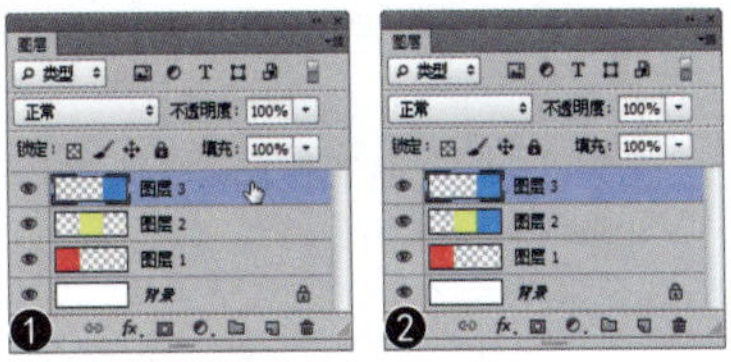

02 按住Ctrl键单击，选择多个图层❸，按下Ctrl+Alt+E快捷键，可以将它们盖印到一个新的图层中，原图层的内容保持不变❹。盖印多个图层时，所选图层可以是不连续的，盖印所生成的图层将位于所有参与盖印的图层的最上面。但是如果所选图层中包含“背景”图层，则图像将盖印到“背景”图层中。

03 按下Ctrl+Z快捷键撤销操作。我们来盖印可见图层。按下Shift+Ctrl+Alt+E快捷键，可以将所有可见图层中的图像盖印到一个新的图层中，原图层保持不变❺。

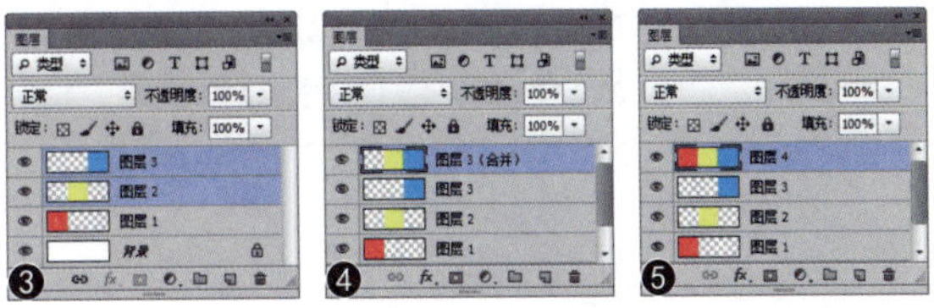

3.4.9 练习：删除图层

01 打开素材。单击一个图层❶，按下Delete键即可将其删除❷。如果选择了多个图层，则可将它们全部删除。如果要删除当前图层，可以直接按下Delete键。

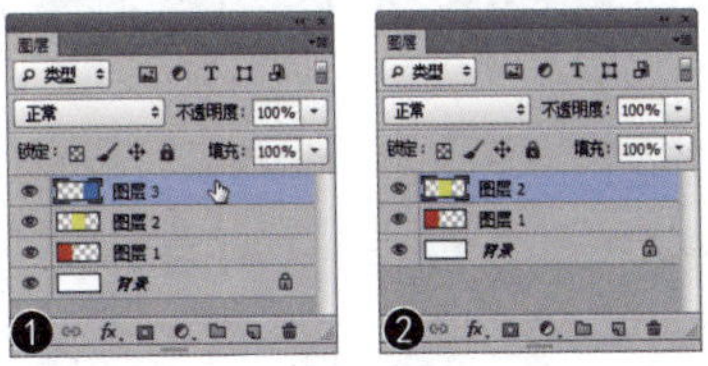

02 由于单击图层再删除的方法会改变当前图层。如果不想这么做，可以将图层拖曳到“图层”面板底部的🗑按钮上进行删除❸❹。

03 如果图层列表很长，需要很长距离才能将图层拖曳到🗑按钮上，这样操作就不太方便了。我们可以在图层上右击，在弹出的快捷菜单中选择“删除图层”命令来进行删除操作❺。此外，执行“图层>删除”子菜单中的命令，也可以删除当前图层或“图层”面板中所有隐藏的图层。

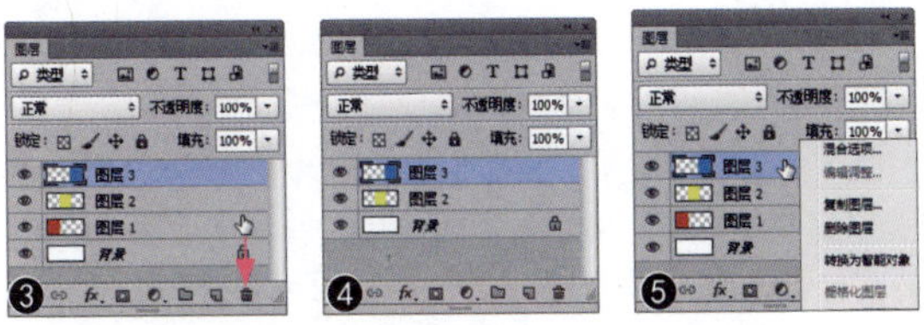

提示（Tips）

Photoshop中有很多种类型的图层，有承载图像的普通图层、有承载矢量图形的形状图层、有的承载图层样式、有的承载智能对象、有的承载视频、有的承载3D对象，等等。不同类型的图层又有适合自己的工具和编辑方法。如果我们用某一类特殊图层的编辑工具去处理另一类图层，就不能操作了。例如，用处理图像的工具，如绘画类工具、滤镜等编辑包含矢量数据的图层，如文字图层、形状图层等，是完全行不通的。如果遇到位图工具无法处理的特殊图层，可以选择该图层，执行“图层>栅格化”子菜单中的命令，将图层栅格化，之后再进行编辑。

Ps 3.5

图层样式

图层样式可以为图层中的对象添加诸如投影、发光、浮雕和描边等效果，创建具有真实质感的水晶、玻璃、金属和纹理特效，是Photoshop中用处特别广泛、非常精彩的功能。这一节，我们不仅要介绍所有样式的效果、参数和使用方法，还要详细解读效果产生的原理。另外要说明的是，图层样式也称为效果。从现在开始，我们如果说添加某效果，表示的就是某种图层样式。例如，添加“描边”效果，指的就是添加“描边”图层样式。

3.5.1 图层样式概览

图层样式包含斜面和浮雕（有5种浮雕效果可选，及等高线和纹理附加效果）、描边、光泽、2种阴影、2种发光、3种叠加，共计10种效果❶。

❶

图层样式附加在图层上，不会破坏图层内容，属于非破坏性编辑功能，并具有以下特点。

- 除“背景”图层外，其他任何类型的图层，甚至是调整图层这种只有指令没有实际内容的图层，都可以添加图层样式。并且，在一个图层上可以组合使用多种效果。
- 添加以后，可以随时修改和删除。
- 一个图层中的图层样式可以全部、也可部分复制给其他图层。
- 图层样式可独立于图层缩放，不影响图层内容。也可以从图层中剥离出来，成为图像。

● 编辑好图层样式后，可以将其保存到“样式”面板中或存储为样式库，供其他文档使用。

3.5.2 Photoshop 的图层障眼法

图层样式可以呈现10种效果。但不论哪种效果，都是通过对图层内容的副本进行位移、缩放、模糊、填充（颜色、渐变或图案）、修改不透明度和混合模式，或者这几种方式组合起来产生的。

例如“投影”效果，它会将图层副本进行模糊处理，改变混合模式和填充不透明度后再进行位移❶~❸。

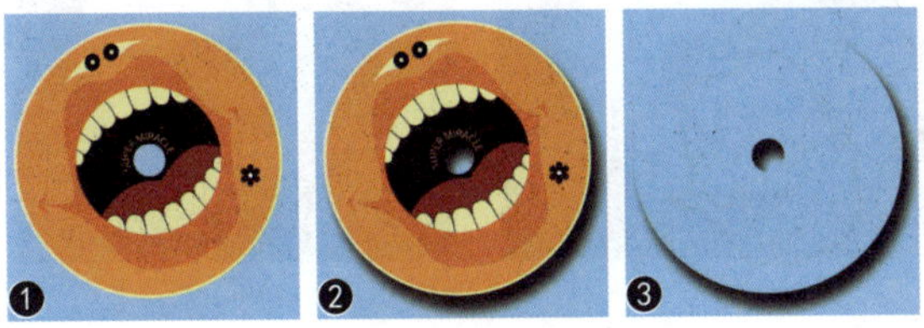

未添加效果　　添加“投影”效果　　投影图像

“斜面和浮雕”效果❹会对图层内容的轮廓模糊和位移，之后将一部分轮廓提亮，使之成为浮雕的亮面❺，其余的轮廓调暗，使之成为浮雕的暗面❻。

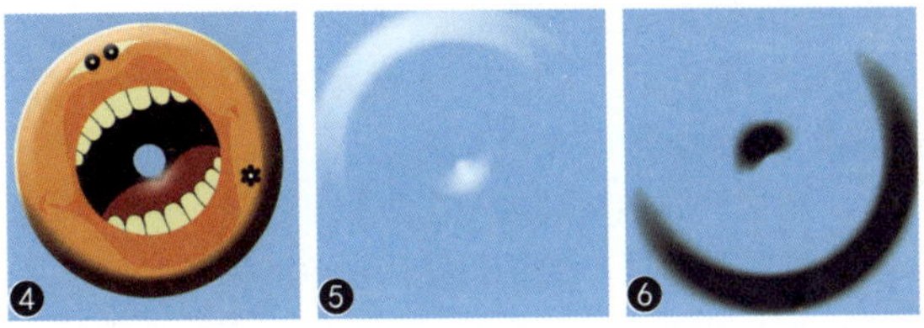

“描边”效果❼将图层副本向外扩展（也可向内收缩），之后再填充颜色，从而形成外轮廓❽（或内轮廓）。其他效果也都大致如此。

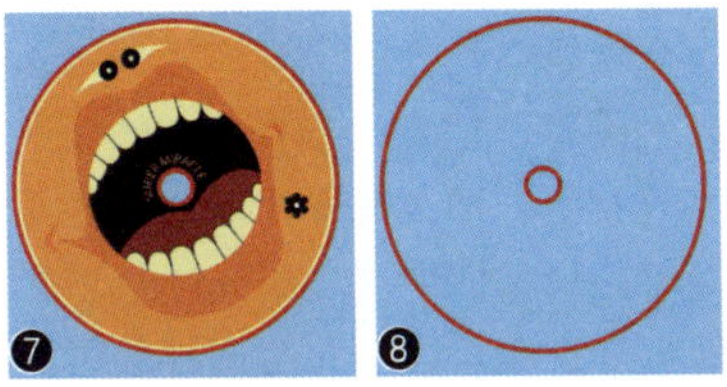

以上介绍了几种效果的生成原理。了解这些，我们就可以从中获知Photoshop在制作特效方面遵循什么样的路径，以及采用哪些方法。这不仅有助于我们理解每一种图层样式，甚至可以用来分析滤镜是怎样生成特效的。此外，在探索自己的创新方法时也有很大的参考价值。

图层样式一般需要组合使用才能发挥最大效果。例如，做一个金属立体字，除使用“斜面和浮雕”效果外，还得用上“投影”效果。因为在真实的环境里，字的浮雕立面在光的照射下会留下投影，而光线的强度决定了投影边缘的柔和程度；光源的位置，以及立面的高度又与投影位置和距离息息相关。此外，金属字上有没有上锈的地方？如果有，用什么方式模拟，等等，都需要我们去思考。因此，效果不是添加以后就万事大吉，精不精彩、真不真实，考验的是我们对生活中事物的细心观察。

提示（Tips）

效果附加在图层上，在“图层”面板中只显示效果列表，因而产生效果的各个图层内容的副本我们是看不到的。如果要想见识它们的“真身”，可以使用“图层>图层样式>创建图层”命令，将其从图层中剥离出来（90页）。

3.5.3 图层样式的添加方法

图层样式需要在“图层样式”对话框中设定。我们可以通过3种方法打开它。

（1）选择一个图层，单击“图层”面板中的 fx 按钮，打开下拉菜单，选择一个效果❶。

（2）选择一个图层，打开“图层>图层样式”下拉菜单，在其中选择一个效果❷。

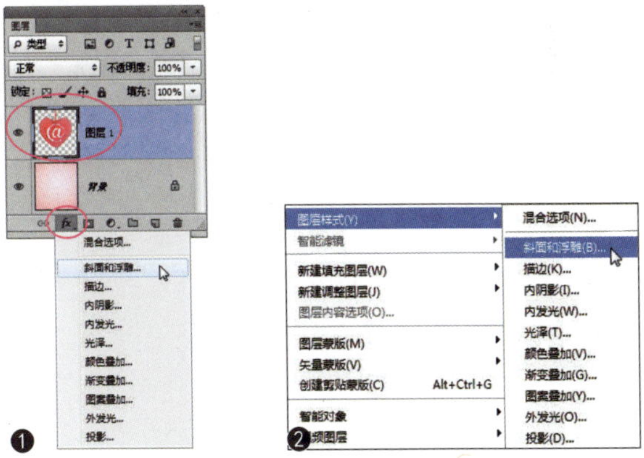

（3）不用选择图层，只需双击任何一个需要添加效果的图层❸，即可打开“图层样式”对话框，但显示的是混合选项，我们还需要在对话框左侧单击要添加的效果，才能切换到该效果的设置面板❹。

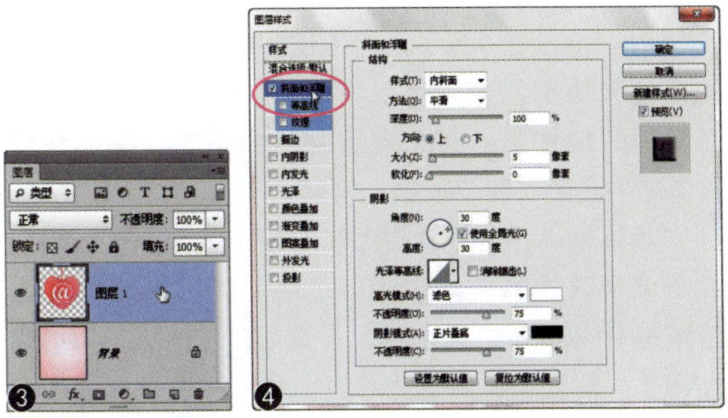

"图层样式"对话框的左侧列出了10种效果。名称前面的复选框内有"√"标记的，表示已经在图层中添加了这种效果❺。单击一个效果前面的"√"标记，则可以停用该效果，但会保留效果参数。

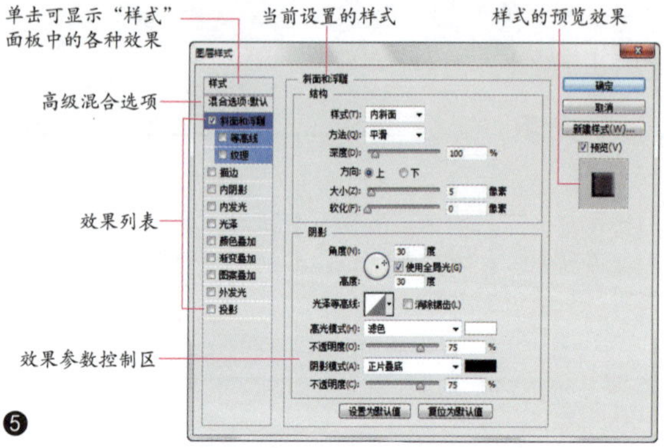

❺

单击一个效果的名称，可以选中这一效果，对话框的右侧会显示与之对应的选项❻。如果单击效果名称前的复选框，则会应用该效果，但不显示选项❼。

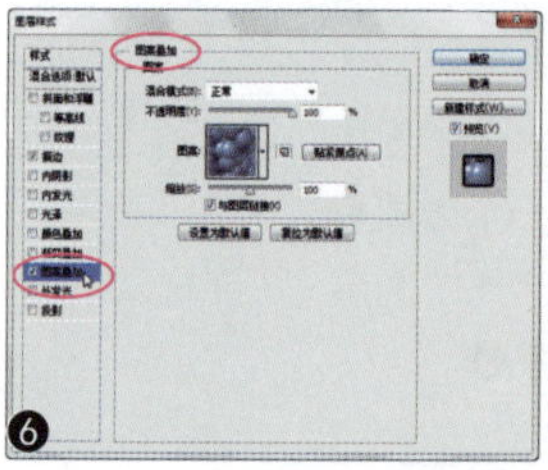
❻

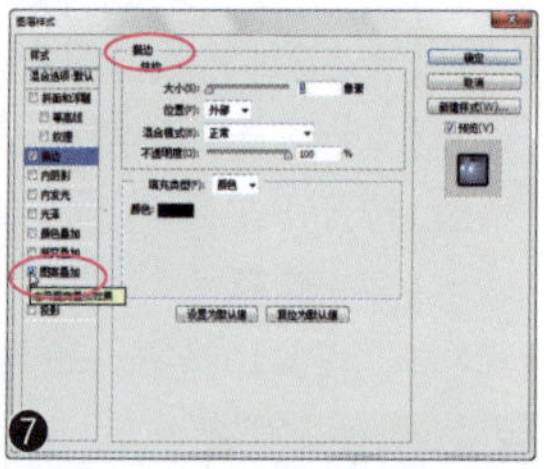
❼

在对话框中设置效果参数以后，单击"确定"按钮即可为图层添加效果，该图层会显示出一个图层样式图标 fx 和一个效果列表❽。单击按钮可以关闭或展开效果列表。在关闭状态下，效果不会占用面板空间❾，类似于关闭图层组一样。

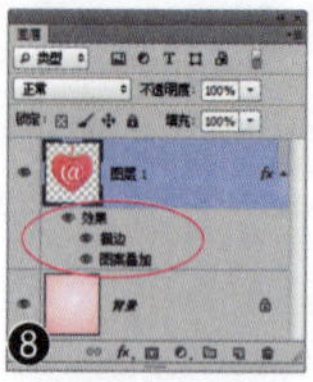
❽

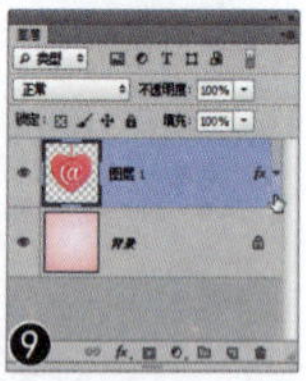
❾

3.5.4 分析：效果中的全局光

Photoshop内置了光照系统，能模拟太阳在一定的高度和角度照射，可以将对象的受光面照亮，并在暗面生成投影。这个光照系统会影响"斜面和浮雕""内阴影"和"投影"效果。

具体来说，对于"斜面和浮雕"效果，"太阳"在一个半球状的立体空间中运动。其"角度"变化范围在-180~180度之间，"高度"范围在0~90度之间。"角度"决定了浮雕亮面和暗面的位置❶❷；"高度"会影响浮雕的立体感❸❹。

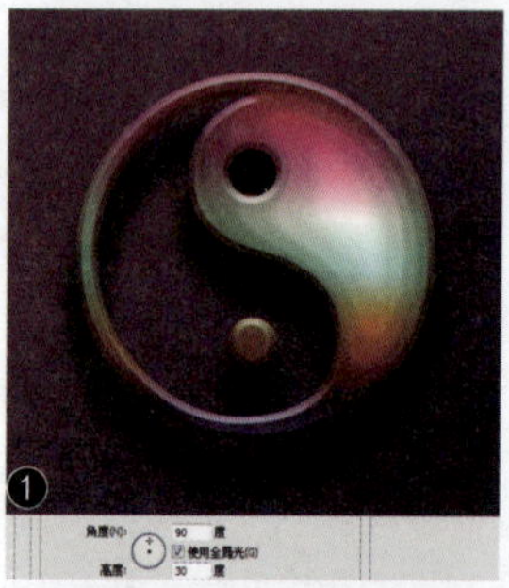
❶

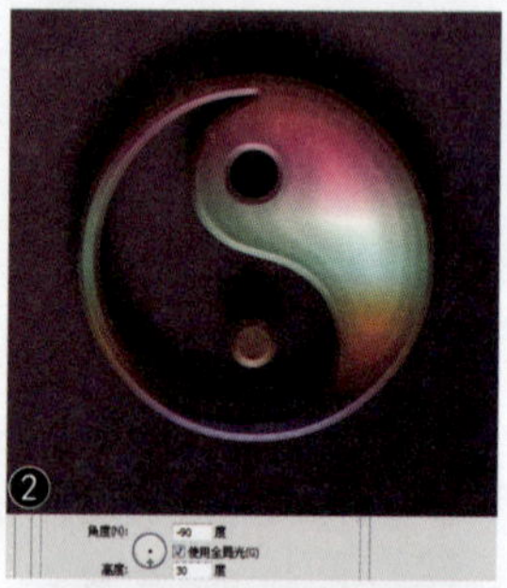
❷

❸

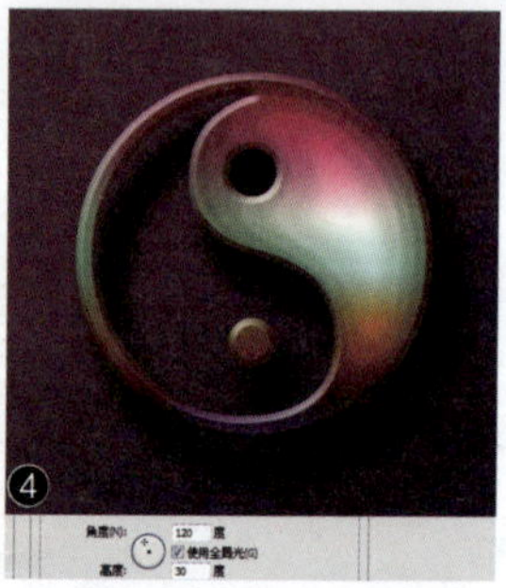
❹

对于"内阴影"和"投影"效果，"太阳"只在地平线做圆周运动，因此，光照只对阴影的角度产生影响。图层内容与阴影的远、近距离，需要在"距离"选项中调节。

Photoshop的光照系统既可以是一个"太阳"统领全局，也允许3个"太阳"各自为政。这要看我们是否开启了"全局光"。

"斜面和浮雕""内阴影"和"投影"效果都包含"全局光"选项。如果想让这几个效果的光照角度保持一致，可以打开"全局光"，这样文档中就使用同一个光照角度，有助于效果更加真实、合理。正因为此，该选项默认是开启的。

然而，现实世界中不止太阳一个光源，电灯、蜡烛等也可以发光。当一个物体受到多个光源照射时，就会在不同的方向产生投影。因此，在多光源的场景中，全局光就不一定适合了。那么怎样才能摆脱全局光的束缚呢？非常简单，只需取消"全局光"选项的选取、再调整参数即可。这就相当于为每一种效果提供了一个单独的光源。

打开"全局光"以后，"斜面和浮雕""内阴影"和"投影"效果就像是建立了链接的图层一样保持"行动一致"，即修改其中一个效果的"角度"参数时，也会影响其他两个效果的光照角度。我们也可以使用"图层>图层样式>全局光"命令修改全局光。

另外，"全局光"开启时，光照与投影方向成一条直线❺，是符合自然规律的。没有开启"全局光"，则可以打破这一规律❻。

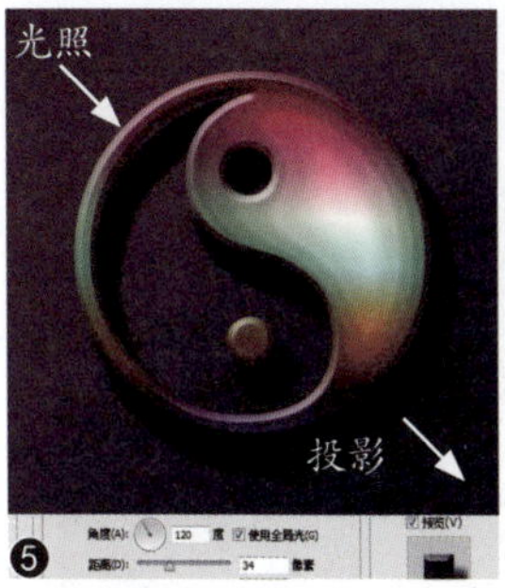

❺

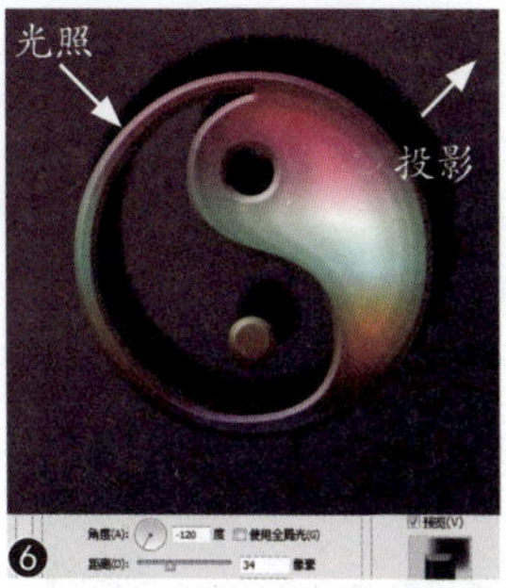

❻

3.5.5 分析：等高线和光泽

“等高线”和“光泽”并不能创建实际效果，它们主要是配合其他效果，模拟材质和增强质感，很少单独使用。

等高线

等高线是地理名词，指的是地形图上高程相等的各个点连成的闭合曲线。在Photoshop中，等高线是用来控制效果在指定范围内形状的功能。“投影”“内阴影”“内发光”“外发光”“斜面和浮雕”和“光泽”效果都包含它。具体来说，创建“投影”和“内阴影”效果时，“等高线”可以改变投影的渐隐样式❶❷（“投影”效果）。

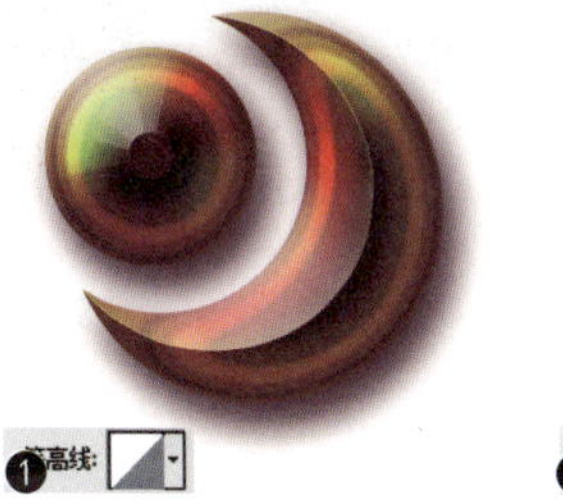

❶

❷

创建发光效果时，如果用纯色作为发光颜色，可以通过等高线创建透明光环（“内发光”效果）❸；使用渐变作为发光颜色时，等高线允许创建渐变颜色和不透明度的重复变化（“内发光”效果）❹。

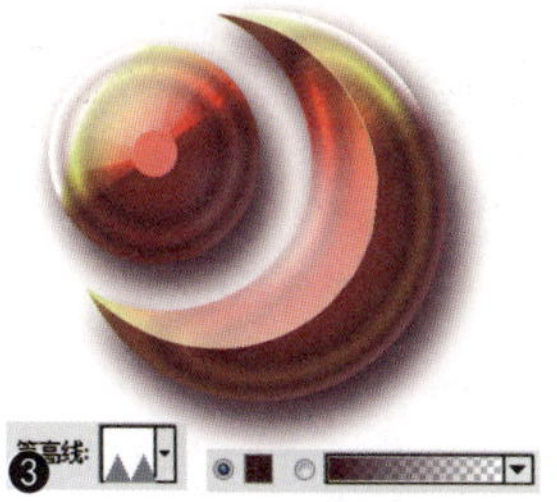

❸

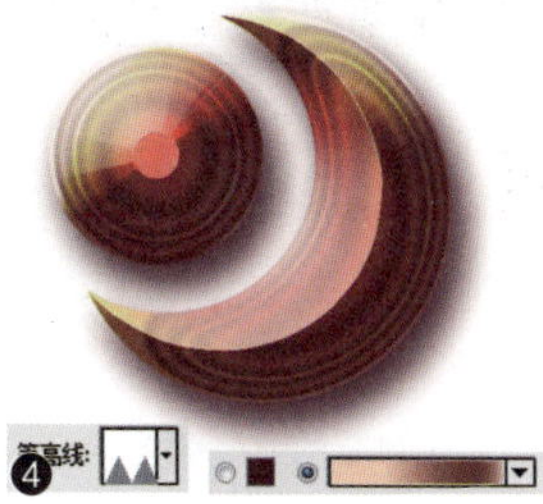

❹

在“斜面和浮雕”效果中，可以使用“等高线”勾画在浮雕处理中被遮住的起伏、凹陷和凸起❺❻。

❺

❻

等高线可以通过两种方法使用——使用预设的，或者我们自己编辑等高线。

Photoshop将最常用的等高线图形预设在了效果选项中，我们单击“等高线”选项右侧的按钮，打开下拉面板便可进行选择❼。如果要自己编辑等高线的形状，可以单击等高线缩览图，打开“等高线编辑器”来操作❽。等高线与“曲线”（237页）的编辑方法基本相同，即在曲线上单击可以添加控制点，拖曳控制点可以改变等高线的形状，这时Photoshop会将当前色阶映射为新的色阶，从而使效果的形状也发生改变。

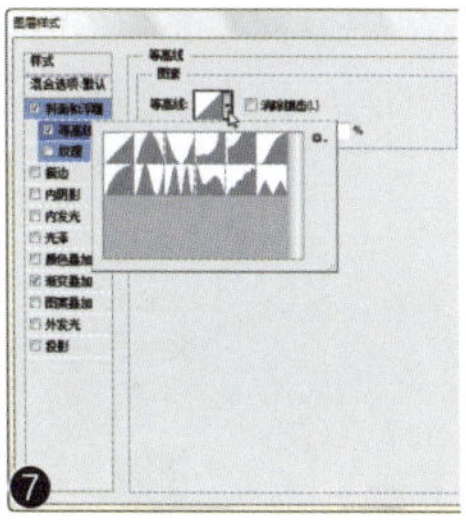

❼

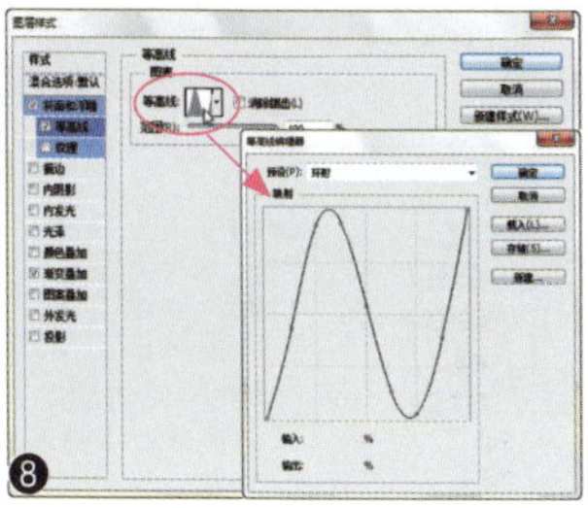

❽

光泽

“光泽”效果❾可以生成光滑的内部阴影，常在模拟光滑度和反射度较高的对象时使用，如金属表面的光泽、瓷砖的抛光面等。使用的重点仍然在于等高线的选择上，等高线可以改变光泽的样式❿~⓬。

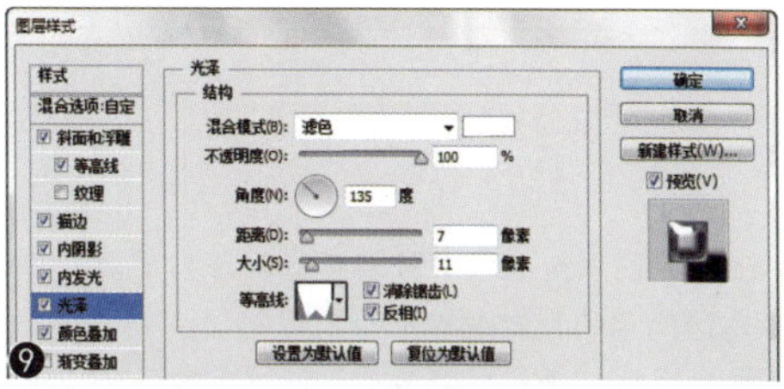

❾

❿ 无光泽

⓫ 有光泽

⓬ 用等高线改变光泽

选项	说明
角度	用来控制图层内容副本的偏移方向
距离	添加“光泽”效果时，Photoshop将图层内容的两个副本进行模糊和偏移，从而生成光泽。“距离”选项用来控制这两个图层副本的重叠量
大小	用来控制图层内容副本的模糊程度

3.5.6 斜面和浮雕

“斜面和浮雕”效果会将图层内容划分为高光和阴影块面，对高光块面进行提亮、阴影块面进行压暗，使图层内容❶呈现出立体的浮雕效果❷。

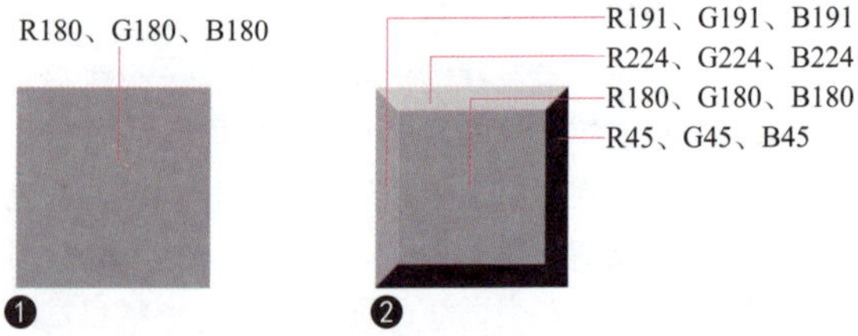

❶ 平面色块　❷ 创建浮雕效果后生成的块面及亮度变化

“斜面和浮雕”❸是所有效果中最复杂的一个。我们从浮雕结构、等高线和纹理3方面入手进行介绍。

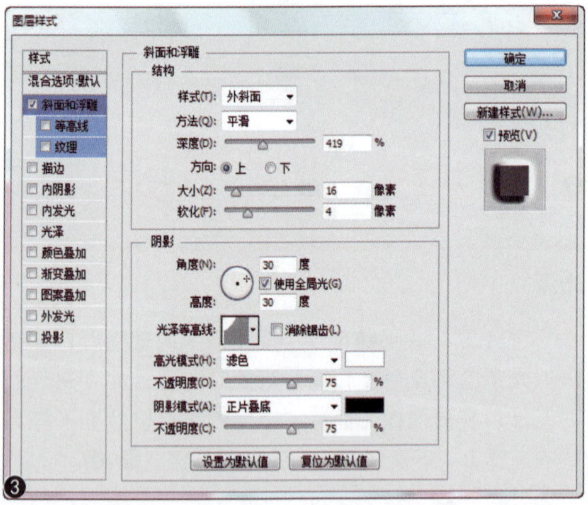

❸

浮雕结构

● **样式：** 在该选项下拉列表中可以选择浮雕样式。“外斜面”❹从图层内容的外侧边缘开始创建斜面，由于下方图层成为斜面，因此，使得浮雕范围显得很宽大；“内斜面”❺在图层内容的内侧边缘创建斜面，即从图层内容自身“削”出斜面，因此，会显得比“外斜面”纤细；“浮雕效果”❻介于二者之间，它从图层内容的边缘创建斜面，斜面范围一半在边缘内侧，一半在边缘外侧；“枕状浮雕”❼的斜面范围与“浮雕效果”相同，也是一半在外、一半在内，但图层内容的边缘是向内凹陷的，可以模拟图层内容的边缘压入下层图层中所产生的效果；“描边浮雕”❽是在描边上创建的浮雕，斜面与描边的宽度相同。要想生成描边浮雕，需要先为图层添加“描边”效果才行。

❹ 外斜面

❺ 内斜面

❻ 浮雕效果

❼ 枕状浮雕

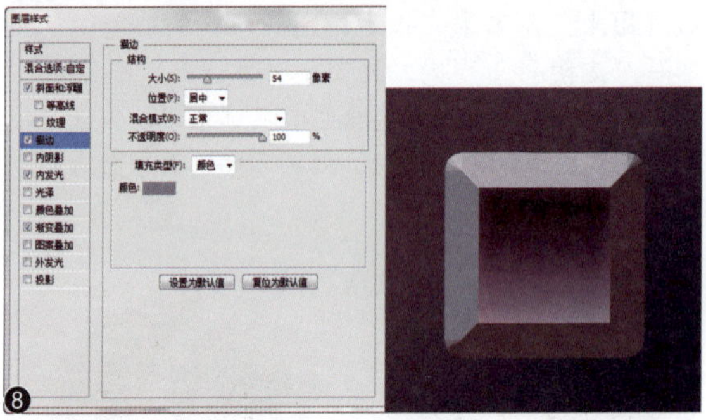

❽ 描边浮雕

● **方法：** 用来设置浮雕的边缘。“平滑”可以创建平滑柔和的浮雕边缘❾；“雕刻清晰”可以创建清晰的浮雕边缘❿，适合表面坚硬的物体，也可用于消除锯齿形状（如文字）的硬边杂边；“雕刻柔和”可以创建清晰的浮雕边缘，但其效果要较“雕刻清晰”柔和⓫。

❾ 平滑

❿ 雕刻清晰

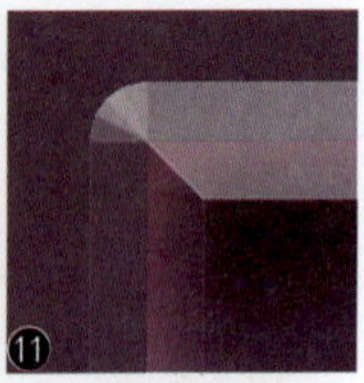

⓫ 雕刻柔和

● **深度：** 增加“深度”值可以增强浮雕亮面和暗面的对比度，使浮雕的立体感更强。

● **方向：** 当设置好光照的“角度”和“高度”参数后，

可以通过该选项定位高光和阴影的位置。例如，将光源角度设置为90度后，选择“上”，高光位于上方⑫；选择“下”，高光位于下方⑬。

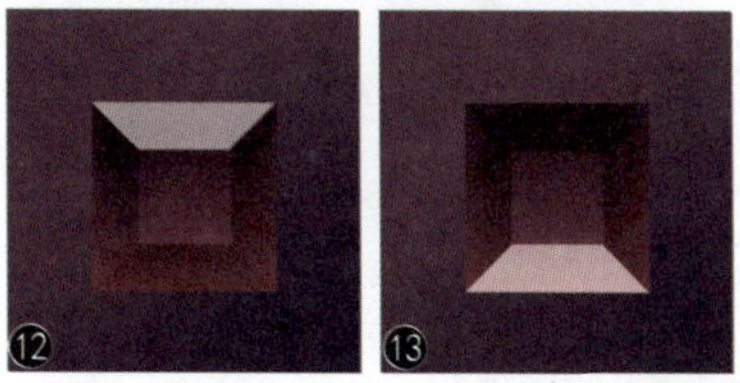

● **大小**：用来设置浮雕斜面的宽度⑭～⑯。

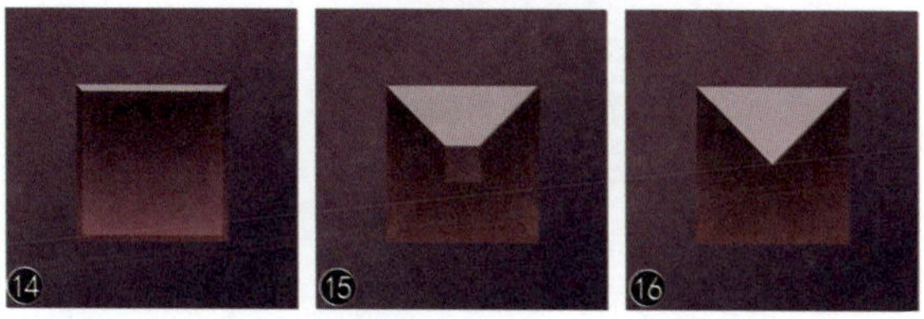

10像素　100像素　250像素

● **软化**：可以使浮雕斜面变得柔和。

● **消除锯齿**：消除由于设置了光泽等高线而产生的锯齿。

● **高光模式/阴影模式/不透明度**：可设置浮雕斜面中高光和阴影的混合模式和不透明度。单击这两个选项右侧的颜色块，可以打开“拾色器”设置高光斜面和阴影斜面的颜色。

等高线和光泽等高线

“斜面和浮雕”效果有两个等高线选项——“光泽等高线”和“等高线”。“光泽等高线”用来改变浮雕表面的光泽形状，对浮雕的结构没有影响。“等高线”则用来修改浮雕的斜面结构，甚至还可以生成新的斜面。

例如，下图中的浮雕效果有5个面⑰，无论使用哪种光泽等高线，都只改变光泽形状，浮雕仍然为5个面⑱⑲。

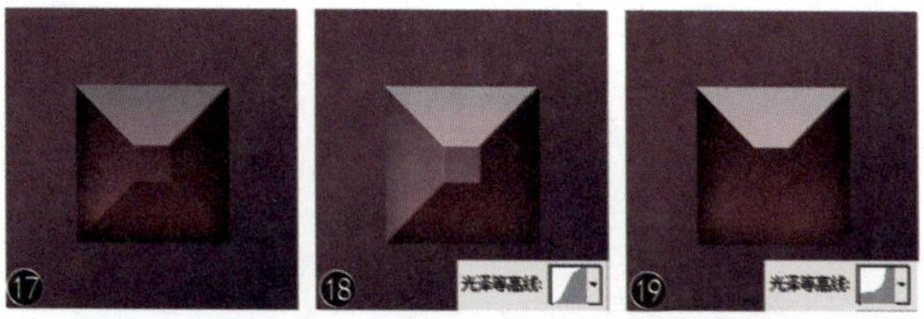

而等高线会改变浮雕的结构⑳，还会生成新的浮雕斜面㉑㉒。

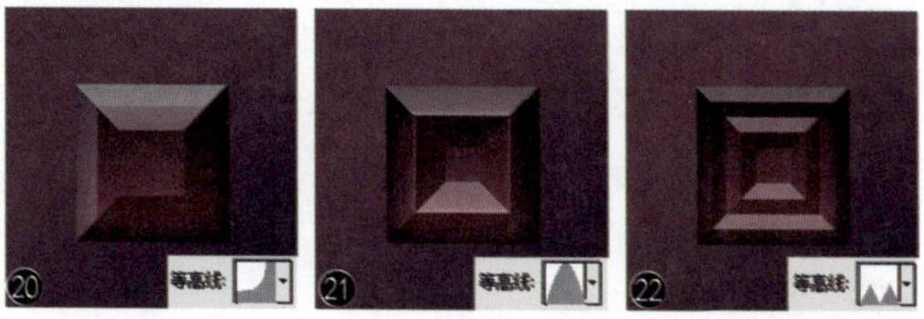

纹理

在默认状态下，使用“斜面和浮雕”效果可以生成光滑、平整的浮雕表面。这种表面比较适合表现水、凝胶、玻璃、不锈钢等光滑物体。对于表面不平整的物体，如拉丝金属、毛玻璃、棉布、砖块、粗糙的大理石、生锈的铁块，等等，则要通过添加“纹理”来模拟。

“纹理”效果使用图案作为素材，Photoshop根据图案的灰度信息将其映射到浮雕斜面上，图案中的白色（浅色）区域将作为亮面向上凸起；黑色（深色）区域作为暗面向下凹陷，使浮雕的斜面看上去凹凸不平㉓。

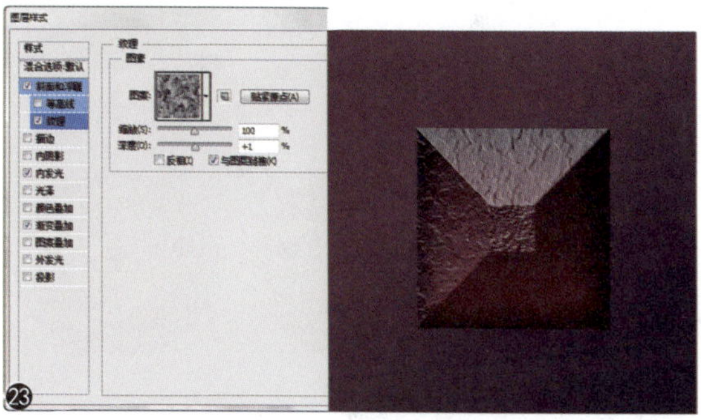

提示（Tips）

有一点要说的是，这个世界上没有任何一种事物可以达到完美，因此，绝对光滑、无瑕疵的表面并不存在。不添加纹理，可以使对象达到最理想的状态。但若要追求真实，“纹理”效果的应用一定是缺少不了的。

● **图案**：单击图案右侧的▾按钮，可以在打开的下拉面板中选择一个图案，将其应用到斜面和浮雕上。

● **从当前图案创建新的预设**：单击该按钮，可以将当前设置的图案创建为一个新的预设图案，新图案会保存在“图案”下拉面板中。

● **缩放**：用来缩放图案。需要注意的是，图案是位图，放大比例过高会出现模糊。

● **深度**：“深度”为正值时图案的明亮部分凸起，暗部凹陷；为负值时明亮部分凹陷，暗部凸起。

● **反相**：可以反转纹理的凹凸方向。

● **与图层链接**：勾选该项可以将图案链接到图层，此时对图层进行变换操作时，图案也会一同变换。在该选项处于勾选状态时，单击“贴紧原点”按钮，可以将图案的原点对齐到文档的原点。如果取消选择该选项，则单击“贴紧原点”按钮时，可以将原点放在图层的左上角。

3.5.7 描边

“描边”效果可以使用颜色、渐变和图案描画对象的轮廓❶~❺，它对于硬边形状，如文字等比较有用。另外，创建描边浮雕效果时，也需要先添加“描边”效果。

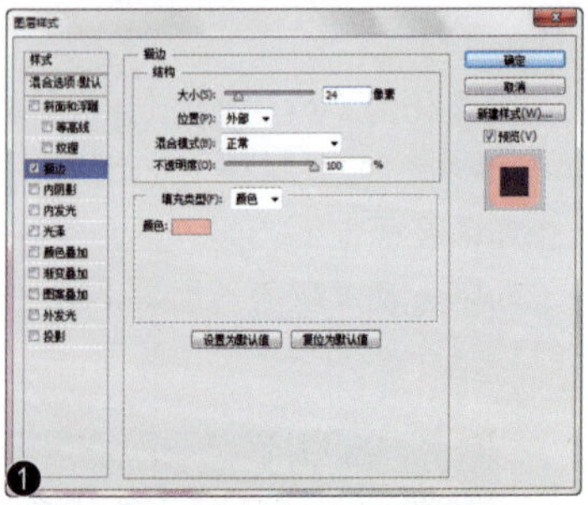

“描边”效果选项

无描边

颜色描边

渐变描边

图案描边

“描边”效果设置方法比较简单。“大小”用来设置描边宽度；“位置”用来设置位于轮廓内部、中间还是外部；“填充类型”用来选取描边内容。除此之外，没有特别需要介绍的选项。

3.5.8 外发光和内发光

Photoshop可以创建两种发光效果。“外发光”——沿图层内容的边缘向外发光，可以生成光环；“内发光”——沿图层内容的边缘向内发光，效果类似于天花板上暗藏的灯带。使用这两种效果时，可以设置发光颜色、范围和光圈的准确度等。

外发光

下图为“外发光”效果的参数选项❻。

- 混合模式：用来设置发光效果与下面图层的混合模式。默认为“滤色”模式，它可以使发光颜色变亮，但在浅色图层的衬托下效果不明显。如果下面图层为白色，则完全看不到效果。如果遇到这种情况，可以修改混合模式。

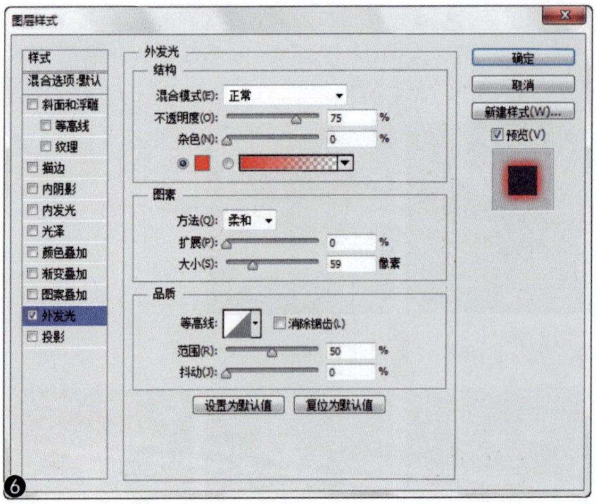

- 杂色：可以随机添加深浅不同的杂色。对于实色发光，添加杂色可以使光晕呈现颗粒状；对于渐变发光，其主要用途是可以防止在打印时，渐变由于过渡不平滑而出现明显的条带。
- 发光颜色：“杂色”选项下面的颜色块和颜色条用来设置发光颜色。如果要创建单色发光，可以单击左侧的颜色块❼，打开“拾色器”设置；如果要创建渐变发光，可以单击右侧的渐变条❽，打开“渐变编辑器”设置。

- 方法：用来设置发光的方法，以控制发光的准确程度。选择“柔和”，可以对发光应用模糊，使边缘效果更加柔和❾；选择“精确”，则边缘范围更加准确❿。

- 大小：用来设置发光效果的模糊程度。该值越高，光越发散。
- 扩展：在设置好“大小”值后，可以用“扩展”选项来控制在发光效果范围内，颜色从实色到透明的变化程度。
- 范围：可以改变发光效果中的渐变范围。
- 抖动：可以混合渐变中的像素，使渐变颜色的过渡更加柔和。

内发光

在“内发光”效果的参数选项中⓫，除了“源”和“阻塞”，其他均与“外发光”相同。

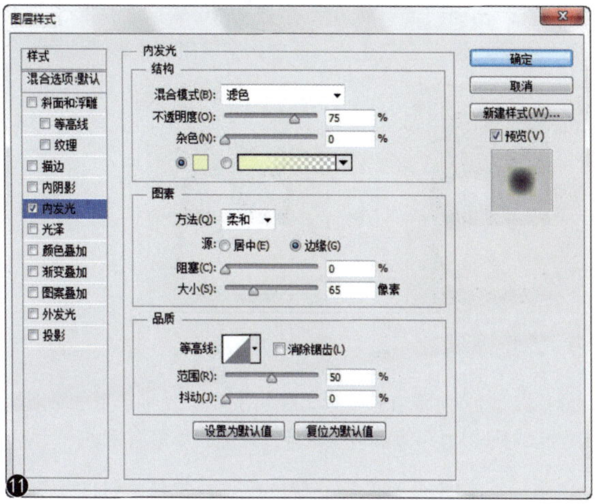

⓫

● 源：用来控制发光光源的位置。选择“居中”，表示从图层内容的中心发光⓬，此时如果增加“大小”值，发光效果会向图像的中央收缩⓭；选择“边缘”，表示从图层内容的内部边缘发光⓮，此时如果增加“大小”值，发光效果会向图像的中央扩展⓯。

⓬

⓭

⓮

⓯

● 阻塞：在设置好“大小”值后，可以调整“阻塞”值，控制在发光效果范围内颜色从实色到透明的变化程度。该值越高，效果越向内集中⓰⓱。

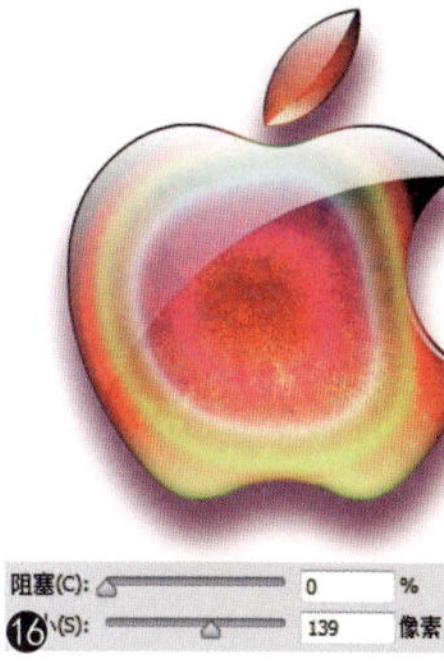

⓰

⓱

3.5.9 颜色、渐变和图案叠加

“颜色叠加”“渐变叠加”和“图案叠加”可以分别在图层上覆盖纯色、渐变和图案❶~❹，效果与填充图层（140页）类似。但用途更多地体现在辅助其他效果上。例如，可以给制作好的玉石中加一些花纹等。如果只是单纯地想填充颜色、渐变和图案，用填充图层会更好一些。

❶ 无叠加

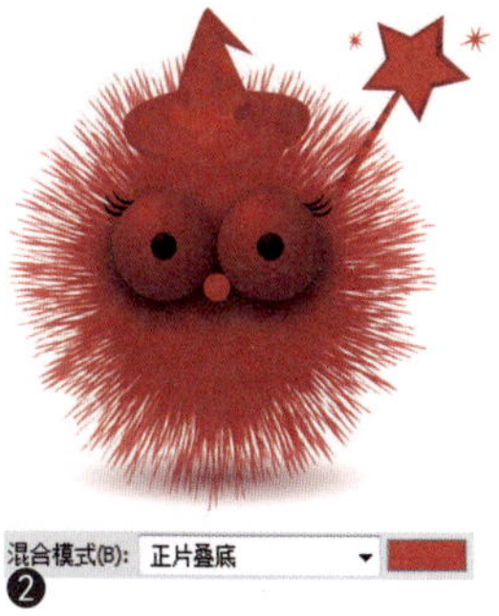

❷ 颜色叠加

❸ 渐变叠加

❹ 图案叠加

这3种效果会完全遮盖图层内容，在使用时还需要配合混合模式（165页）和不透明度（144页）来进行调节。在参数方面，只有“渐变叠加”的“与图层对齐”和“图案叠加”的“与图层链接”两个选项比较特殊。

● 与图层对齐：添加“渐变叠加”效果时，选择该选项，渐变的起始点位于图层内容的边缘；取消选择，渐变的起始点位于文档边缘。

● 与图层链接：添加“图案叠加”效果时，选择该选项，图案的起始点位于图层内容的左上角；取消选择，图案的起始点位于文档的左上角。由于Photoshop预设的都是无缝拼贴图案，因此，是否选择该选项都不会改变图案位置。但如果关闭了“图层样式”对话框，再移动图层内容，则与图层链接的图案会随着图层一同移动，未链接的图案保持不动，这会导致图案与图层内容的对应位置发生改变。

3.5.10 投影和内阴影

Photoshop可以创建两种投影❶~❸。一种可以使对象从画面中突出出来，即“投影”效果；另一种则会让对象从画面中凹陷下去，即“内阴影”效果。

❶ 无投影　❷ 添加投影　❸ 添加内阴影

投影

“投影”效果❹可以在图层内容的后方添加投影，使其呈现为突出画面的立体效果。投影的诸多属性，包括颜色、大小、位置、距离、轮廓形状和不透明度等都可以设置。

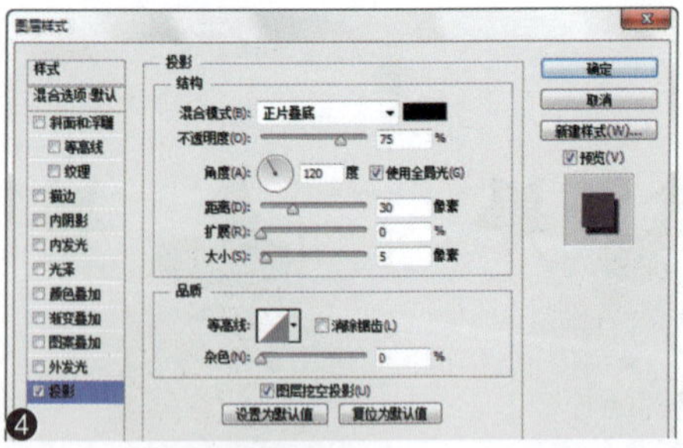

❹

● **混合模式**：可以设置投影与下方图层的混合模式。默认为“正片叠底”模式，此时投影呈现为较暗的颜色。如果设置为“变亮”“滤色”“颜色减淡”等变亮模式，则投影会变为浅色，其效果类似于外发光。

● **投影颜色**：单击“混合模式”选项右侧的颜色块，可在打开的“拾色器”中设置投影颜色。

● **不透明度**：拖曳滑块或输入数值，可以调整投影的不透明度，该值越低，投影越淡。

● **角度/距离**：决定了投影向哪个方向偏移，以及偏移距离。除了输入数值调整外，我们还可以手动操作。方法是，将光标放在文档窗口中（光标会变为▶✥状），单击并拖曳鼠标即可移动投影。用这种方法可以同时调整投影的方向和距离。

● **大小/扩展**❺❻：“大小”用来设置投影的模糊范围，该值越高，模糊范围越广，该值越小，投影越清晰。“扩展”用来设置投影的扩展范围，该值会受到“大小”选项的影响。例如，将“大小”设置为0像素后，无论怎样调整“扩展”值，都只生成与原图大小相同的投影。

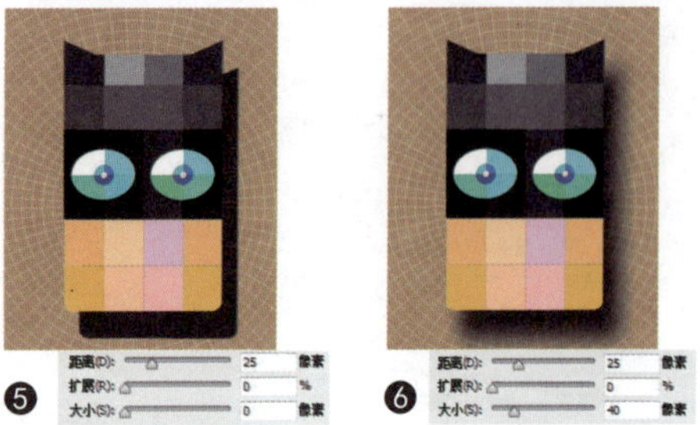

❺　❻

● **消除锯齿**：混合等高线边缘的像素，使投影更加平滑。该选项对于尺寸小且具有复杂等高线的投影最有用。

● **杂色**：可以在投影中添加杂色。该值较高时，投影会变为点状。

● **图层挖空投影**：用来控制半透明图层中投影的可见性。选择该选项后，如果当前图层的填充不透明度小于100%，则半透明图层中的投影不可见❼~❾。

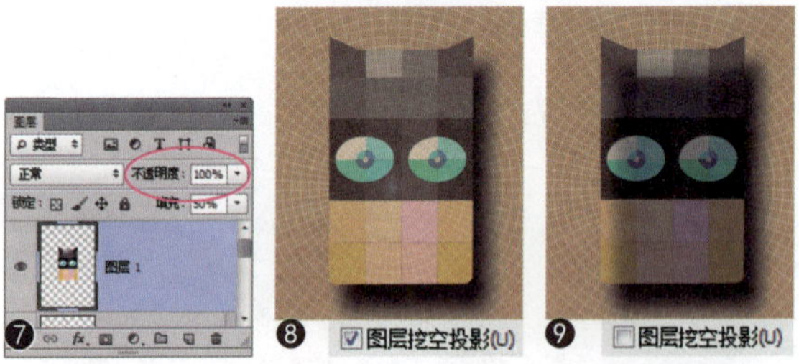

❼ 填充不透明度为50%　❽ 选取“图层挖空投影”选项　❾ 未选取“图层挖空投影”选项

内阴影

“内阴影”效果❿会在紧靠图层内容的边缘以内添加投影，因而图像看起来像是凹陷下去一样。

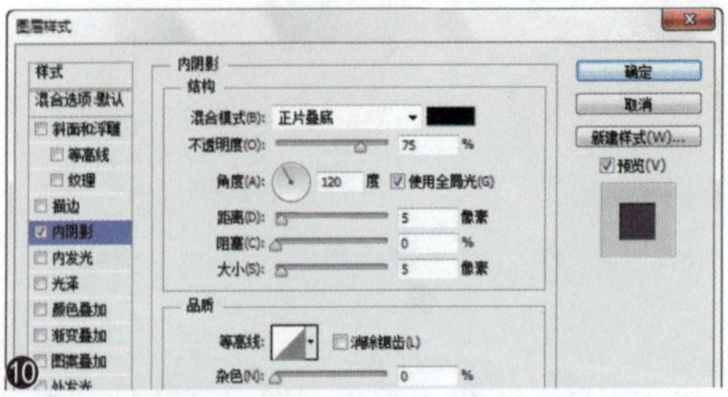

❿

这两种投影的效果不同，但选项大体一致。唯一的区别是：“投影”通过“扩展”选项控制投影边缘的渐变程度，“内阴影”则通过“阻塞”选项来控制。“阻塞”的用途是可以在模糊之前收缩内阴影的边界。“阻塞”与“大小”选项相关联，“大小”值越高，可设置的“阻塞”范围也就越大。

3.6 编辑图层样式

图层样式是非破坏性编辑功能，这意味着，添加了样式以后，可以修改和删除，而且不会对原图层造成损坏。这是非破坏性功能的基本特点。下面介绍具体操作方法。

3.6.1 练习：控制效果的可见性

在“图层”面板中，效果前面有与图层一样的眼睛图标，可以用来控制效果的可见性，即让效果显示或隐藏。

01 打开素材❶。

02 单击一个效果名称前的眼睛图标即可隐藏该效果❷❸。如果要隐藏该图层中的所有效果，可以单击“效果”前的眼睛图标❹❺。

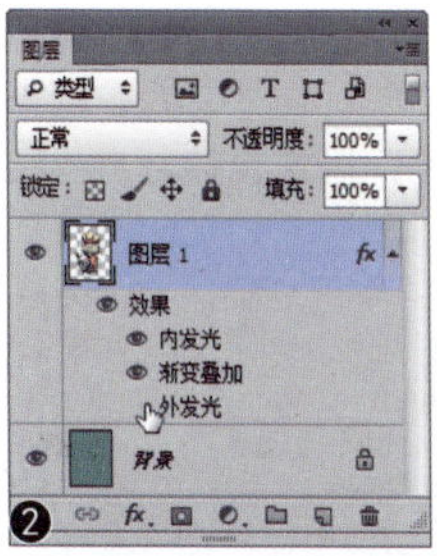

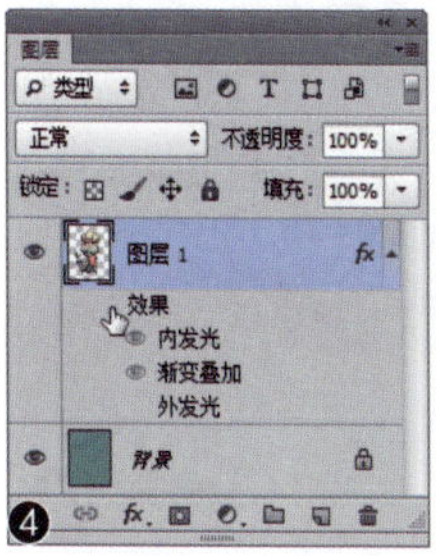

03 效果被隐藏后，在原眼睛图标处单击，可以重新显示出来❻。如果其他图层也添加了效果，使用“图层>图层样式>隐藏所有效果”命令，可以隐藏文档中的所有效果。

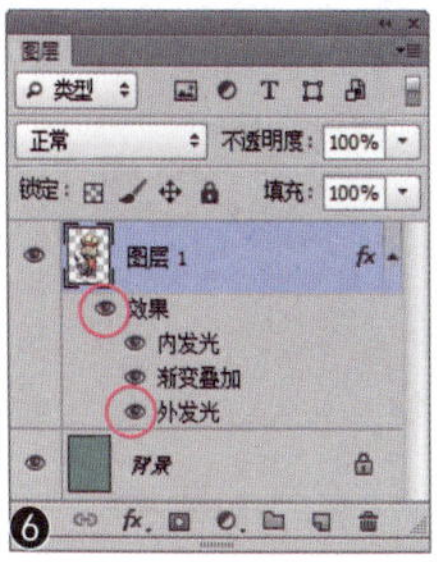

3.6.2 练习：修改效果

01 双击一个效果的名称❶，可以打开“图层样式”对话框，并进入该效果的设置面板，此时可以修改效果参数❷。

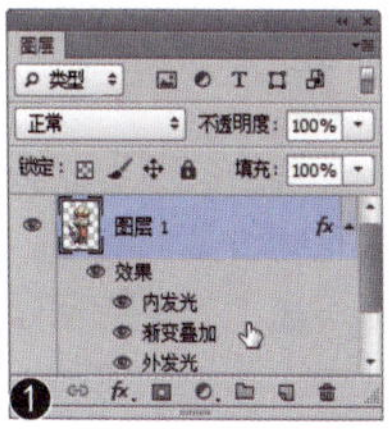

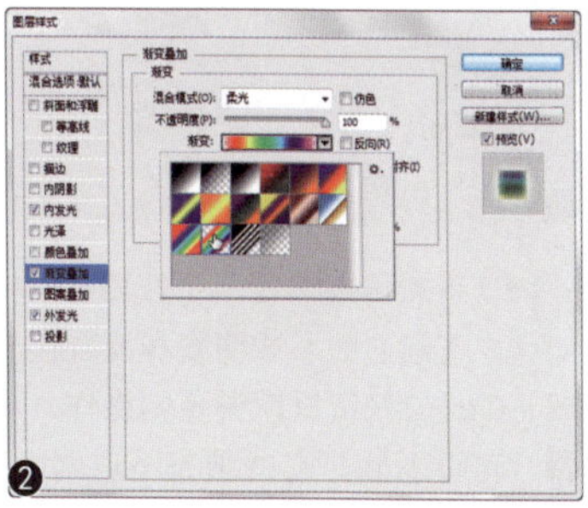

02 在左侧列表中单击一个效果，可以为图层添加新的效果并可设置参数❸。设置完成后，单击“确定”按钮关闭对话框，修改后的效果会应用于图像❹。

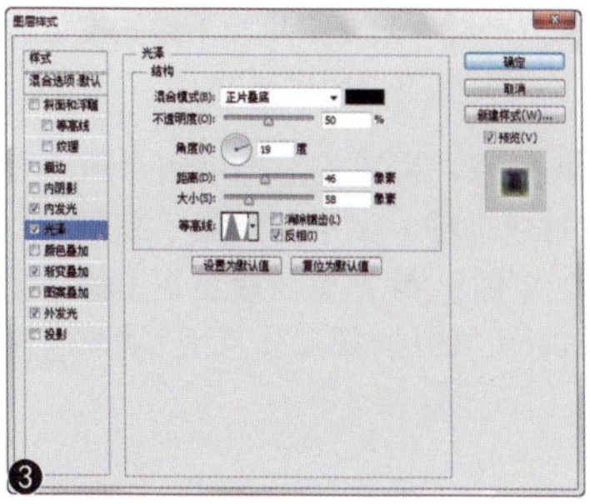

3.6.3 练习：复制、删除效果

图层样式可以复制。如果一个图层添加了多个效果，可将其全部复制给其他图层，或者只复制其中的部分效果。

01 打开素材。可以看到“图层0”中包含多种效果。如果只想复制其中的一种，可以将光标放在该效果上，按住Alt键单击并将其拖曳到另一个图层上❶❷。

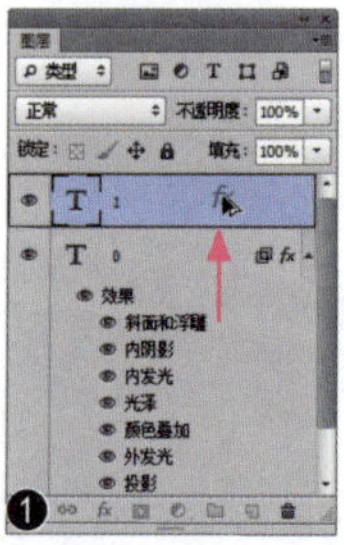
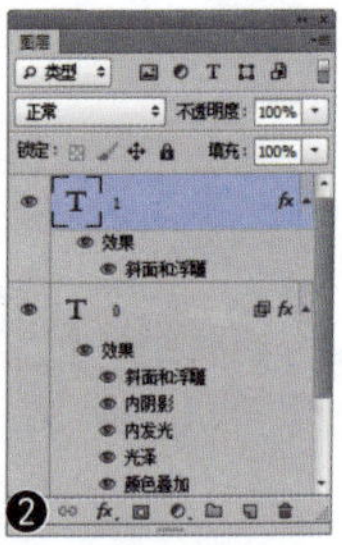

02 如果要复制一个图层的所有效果，可以将光标放在效果图标fx上，按住Alt键将fx图标拖曳到其他图层❸❹。不论是复制一种效果还是所有效果，拖曳时如果没有按住Alt键，会将效果转移到目标图层，原图层不再有效果❺。

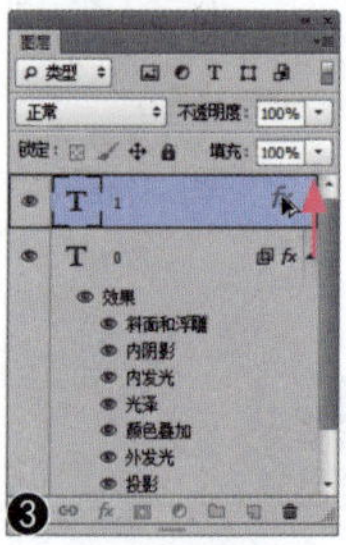
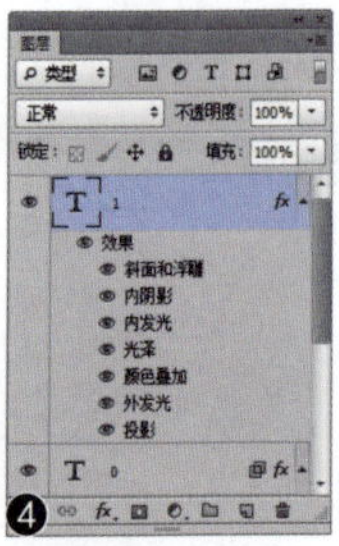
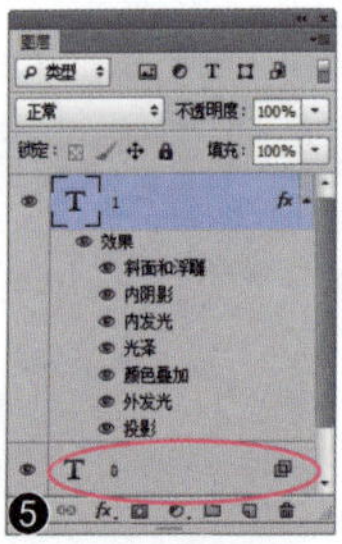

03 下面再来学习一个技巧——将一个图层的所有效果连同它的不透明度和混合模式都复制给其他图层。按下Ctrl+Z快捷键撤销复制操作。单击添加了效果的图层❻，可以看到，它的填充不透明度为85%，执行“图层>图层样式>拷贝图层样式”命令，进行复制；单击另一个图层❼；执行“图层>图层样式>粘贴图层样式”命令，即可将该图层的所有效果和不透明度都复制给目标图层❽。如果设置了混合模式，则混合模式也会一同复制。之前我们采用拖曳的方法复制时，效果中填充不透明度值为100%，说明这种方法不能复制不透明度属性。

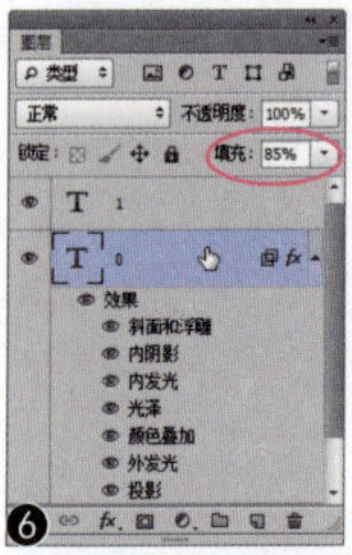
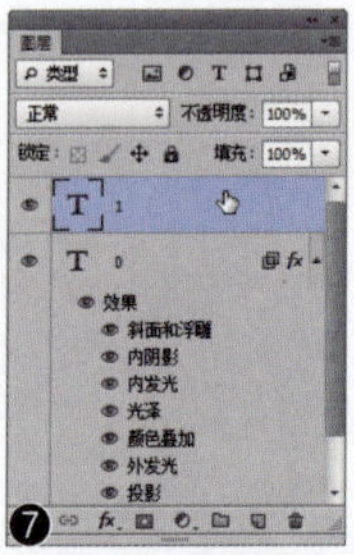
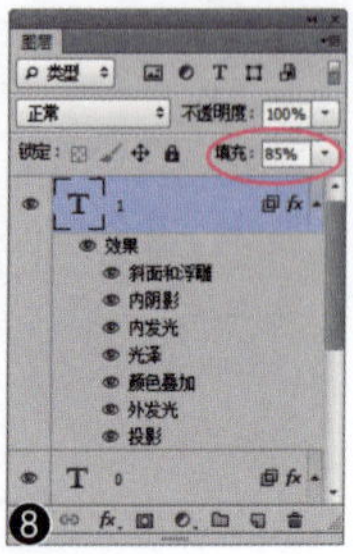

04 如果要删除一种效果，可以将它拖曳到“图层”面板底部的🗑按钮上❾。如果要删除一个图层中的所有效果，可以将效果图标fx拖曳到🗑按钮上❿。也可以选择图层，然后执行“图层>图层样式>清除图层样式”命令来进行删除。

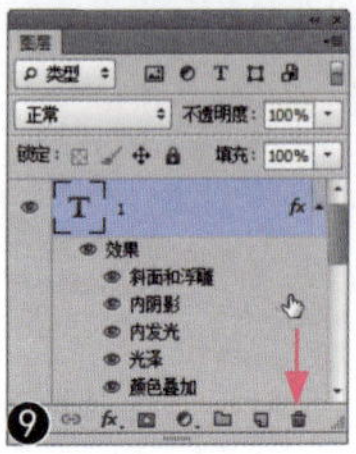
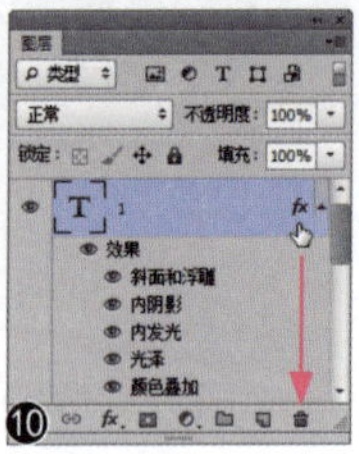

3.6.4 练习：剥离效果

我们知道，添加图层样式时，Photoshop是对图层内容的副本进行模糊、位移等操作来实现各种效果的。但这些图层副本类似于指令存在于Photoshop内部，在“图层”面板中只显示效果列表，图层副本我们是看不到的。如果想要对它们进行编辑，可以使用“创建图层”命令将其从图层中剥离出来。

01 打开素材❶。双击“图层1”，打开“图层样式”对话框，添加“投影”效果❷❸。可以看到，这种投影与对象之间只有远、近的距离关系，并不能产生透视效果，因此对象就像是钉在墙上。下面我们来将投影从图层中分离，然后对投影进行变形处理，让对象看起来是立在地上的。

02 执行“图层>图层样式>创建图层”命令，将效果剥离到新的图层中，然后单击该图层❹。按下Ctrl+T快捷键显示定界框❺，按住Ctrl键拖曳控制点，对投影进行扭曲❻。按下Enter键确认。

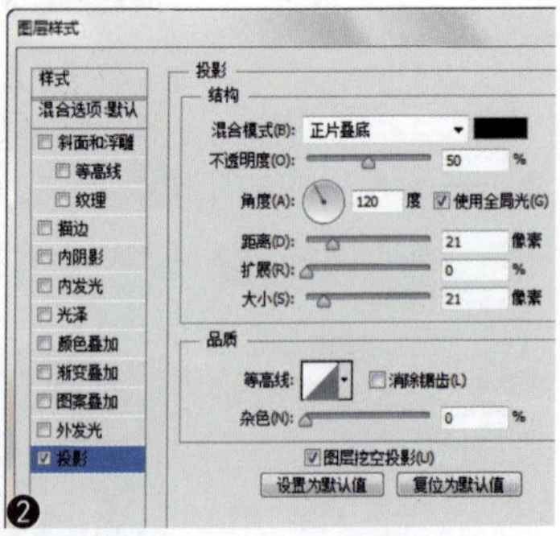

❸

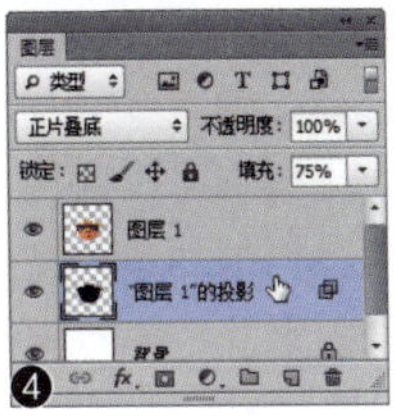
❹

❺

❻

3.6.5 练习：用“样式”面板添加效果

“样式”面板用来管理图层样式。在默认状态下，面板中会提供几种预设的图层样式，我们可以在面板中加载Photoshop样式库和外部的样式库。

01 打开素材❶。单击文字所在的图层❷，打开“样式”面板，单击其中的一个样式，即可为它添加该样式❸❹。如果单击其他样式，则新效果会替换之前的效果。如果要保留原效果，可以按住 Shift 键单击“样式”面板中的样式，这样就可以在原有样式上追加新效果。

❶

❷

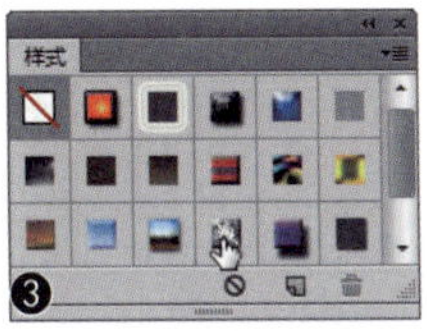
❸

❹

02 单击面板右上角的 按钮，打开面板菜单，菜单底部是Photoshop提供的预设样式，它们按照不同的类型放在各个库中。例如，Web样式库中包含了用于创建 Web 按钮的样式，“文字效果”样式库中包含了向文本添加效果的样式。选择一个样式库❺，弹出一个对话框❻，单击“确定”按钮，可载入样式并替换面板中的样式。单击“追加”按钮，则可将样式添加到面板中。要放弃载入操作，可以单击“取消”按钮。载入样式库后，选择其中的一个样式❼，用它替换原效果❽。

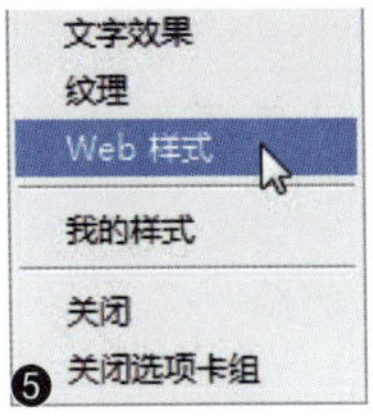

❺

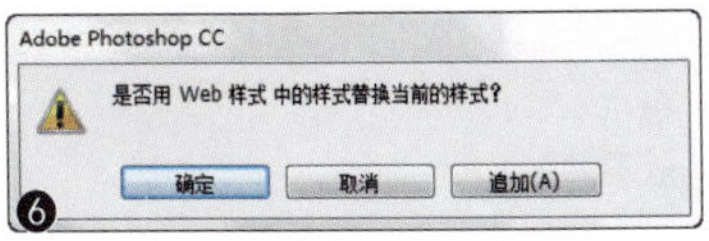

❻

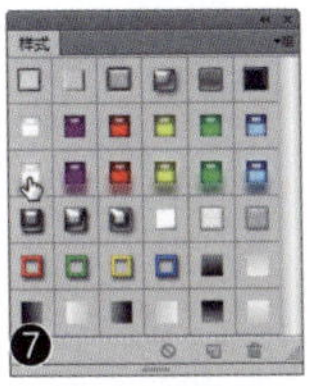
❼

❽

03 下面我们来载入外部的样式。打开“样式”面板菜单，选择“载入样式”命令，打开“载入”对话框，选择本书附赠的样式文件❾，将其载入到“样式”面板中，然后单击该样式❿，为文字添加这一效果⓫。

❾

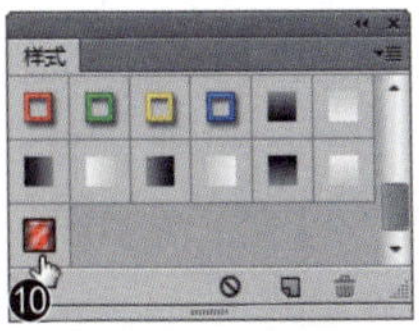
❿

⓫

提示（Tips）

将“样式”面板中的一个样式拖曳到 按钮上，可将其删除。此外，按住 Alt 键单击一个样式，可直接将其删除。进行删除样式或载入样式库的操作后，如果想要让面板恢复为Photoshop默认的预设样式，可以执行“样式”面板菜单中的“复位样式”命令。

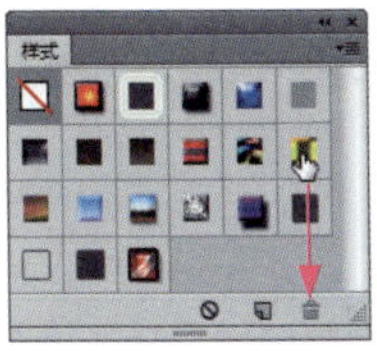

3.6.6 保存样式和样式库

通过“图层样式”对话框为图层添加了效果以后，如果以后还想继续使用，可以将其保存到“样式”面板中。操作方法是在“图层”面板中选择添加了效果的图层，单击“样式”面板底部的 按钮，在打开的对话框中设置选项❶，然后单击“确定”按钮即可❷。

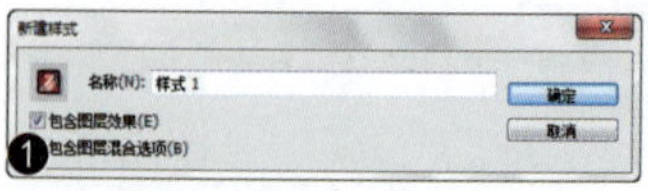

❶

❷

选项	说明
名称	用来设置样式的名称
包含图层效果	将当前的图层效果设置为样式
包含图层混合选项	如果当前图层设置了混合模式，勾选该项，新建的样式将具有这种混合模式

如果通过这种方法保存了很多个自定义的样式，就可以考虑将它们创建为一个独立的样式库。这样以后编辑其他文档需要用到时，可以通过载入样式库的方法加载并使用，省去了许多操作过程。

执行“样式”面板菜单中的“存储样式”命令，打开“存储”对话框❸，输入样式库名称和保存位置，单击“确定”按钮，即可将面板中的样式保存为一个样式库。如果将自定义的样式库保存在Photoshop 程序文件夹的“Presets>Styles”文件夹中，则重新运行Photoshop后，该样式库的名称会出现在“样式”面板菜单的底部❹。

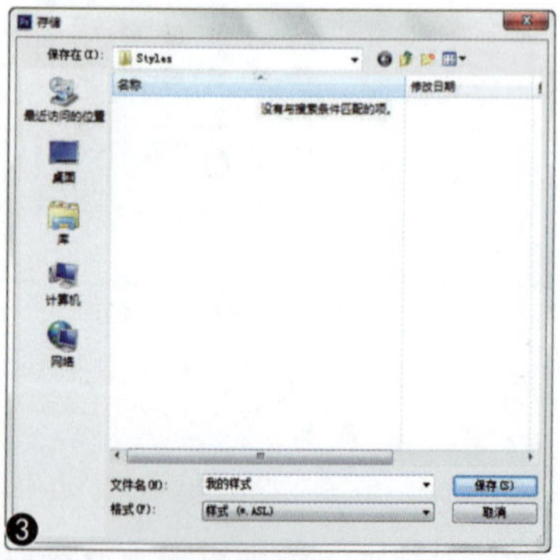

❸

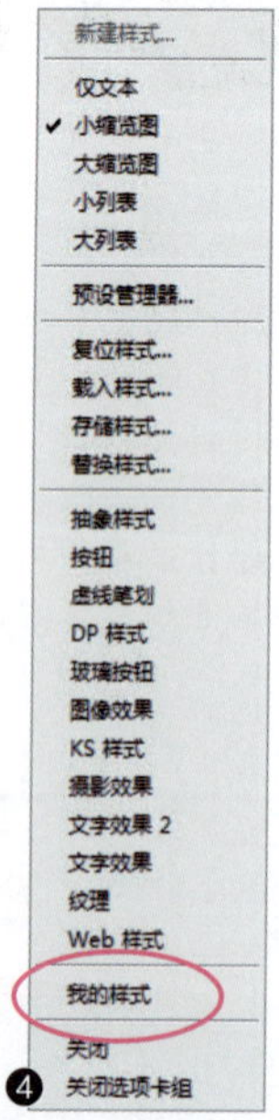

❹

3.6.7 分析：哪些情况需要缩放效果

图层样式属于位图功能，因此，它的应用以像素（32页）为单位，并受到分辨率的制约（33页）。如果我们将一个图层样式复制到另一个分辨率与它不同的文档中，或者将样式保存，然后在另一个分辨率与它不同的文档中加载并使用，则效果的比例会发生改变。这是由于分辨率对像素的大小产生了影响，进而导致效果的范围出现视觉上的差异。

例如，有两个文档，它们的尺寸相同，但分辨率不一样，一个是72像素/英寸，另一个是300像素/英寸。尺寸相同，说明它们的物理面积一样大。分辨率不同，则意味着在同样大小的画布上，两个文档所包含的像素数量是不同的。我们都不用计算像素总数，只看1英寸距离的像素数量，也能感受到二者的巨大差别——在1英寸的距离内，分辨率为72像素/英寸的文档包含72个像素，分辨率300像素/英寸的文档包含300个像素。后者的像素数量是前者的4倍多。

假设我们为对象添加“描边”效果，例如，描边宽度都设置为30像素。在低分辨率的图像中（72像素/英寸）是很粗的一圈边线❶，而在高分辨率的图像中（300像素/英寸）又显得非常细小❷。

❶ 72像素/英寸文档的描边

❷ 300像素/英寸文档的描边

那么，遇到加载的外部样式或者加载的Photoshop预设样式与对象大小不匹配时该怎么办呢？我们可以使用选择添加了效果的图层，然后执行“图层>图层样式>缩放效果”命令，对效果的比例进行单独缩放❸。

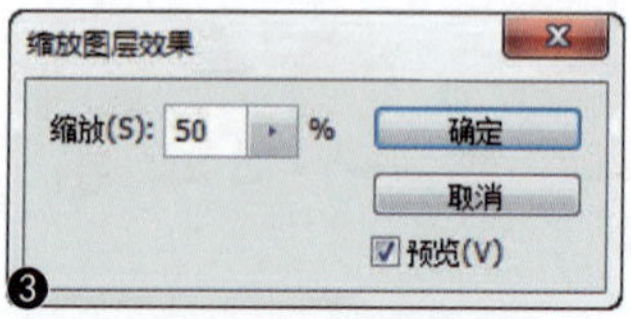

❸

缩放效果时需要注意，如果图层样式中包含纹理和图案等图像内容，要控制好放大比例，比例过高的话会导致图像品质下降。

还有一种情况，如果对象添加了效果，在进行放大和缩小操作时（例如，使用“编辑>变换”菜单中的命令），效果会保持原有的比例，而不会与对象一同缩放，这也会导致效果与对象的大小不匹配，这种情况也需要缩放效果。

提示 (Tips)

使用“图像>图像大小”命令修改分辨率时，选择“缩放样式”选项，可以使效果与修改后的图像相匹配。否则效果会在视觉上与原来产生差异。

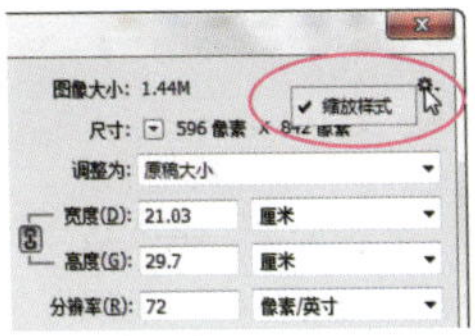

3.6.8 练习：制作霓虹灯字

01 打开素材❶。双击“图层1”❷，打开“图层样式”对话框。

❶

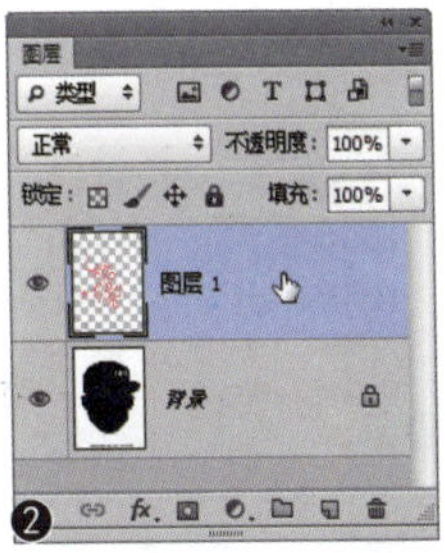

❷

02 选择“斜面和浮雕”选项，设置参数❸。单击按钮，打开“等高线编辑器”对话框，在等高线上单击并拖曳控制点❹，单击“确定”按钮，关闭“等高线编辑器”对话框。

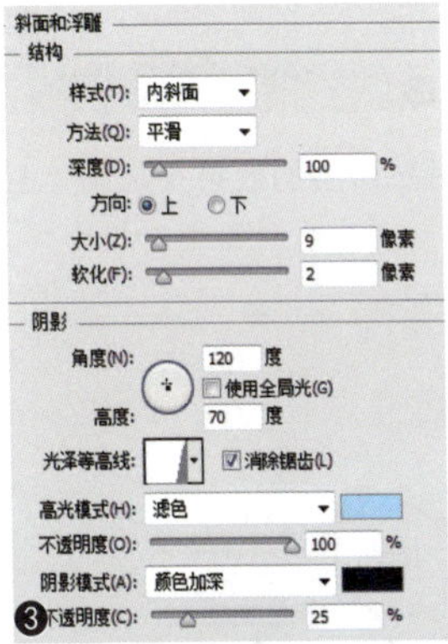

❸

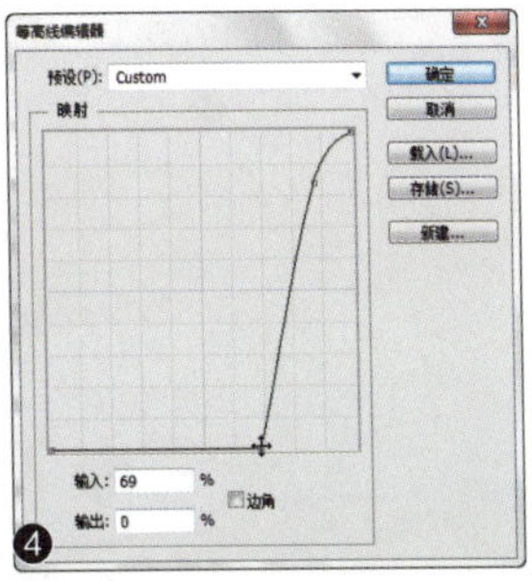

❹

03 在左侧列表中选择“等高线”选项，设置样式及范围参数❺❻。

04 分别选择“内阴影”“内发光”和“光泽”效果，调整发光颜色❼~❿。

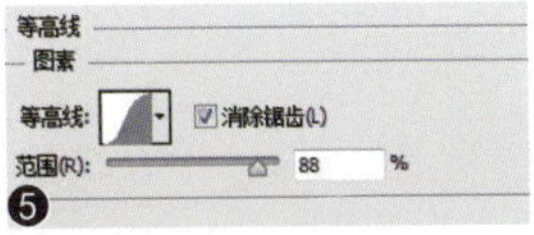

❺

❻

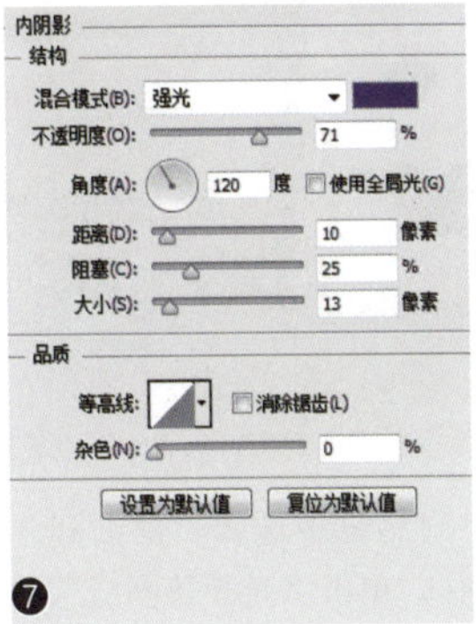

❼

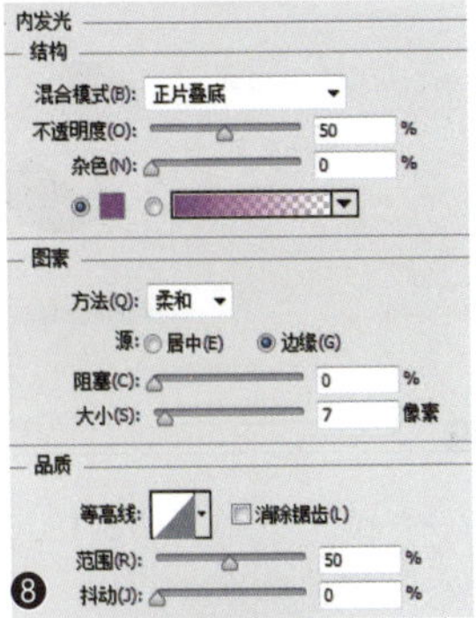

❽

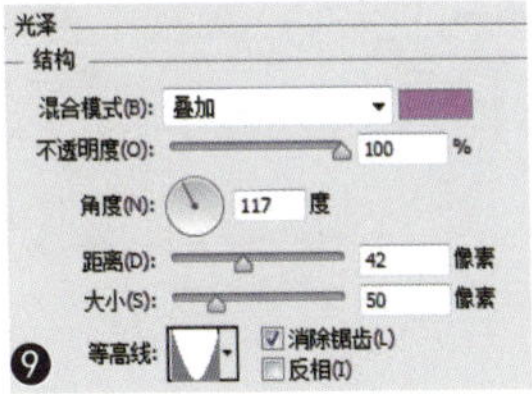

❾

❿

05 选择“外发光”效果，设置发光颜色为浅粉色、大小为16像素⓫⓬。

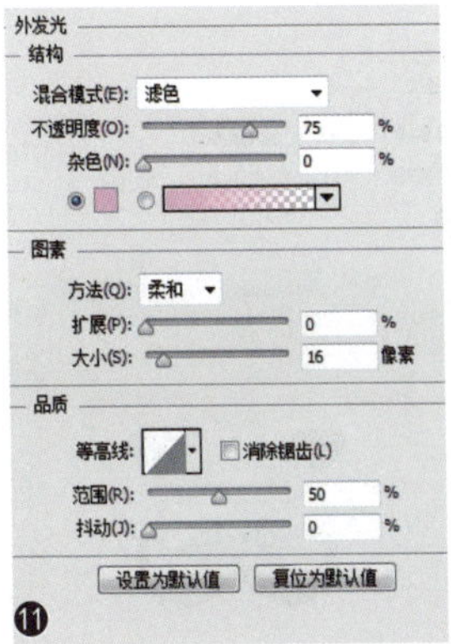

⓫

⓬

3.6.9 练习：制作果酱字

01 打开素材。这是在面包片上用眼镜、心形和胡子组成的一个卡通形象。下面通过添加图层样式赋予图形以食物的外观及质感。先为“胡子”添加效果，双击该图层❶。

❶

02 在打开的“图层样式”对话框中选择“斜面和浮雕”选项，使图形立体化。单击“光泽等高线”后面的按钮，打开“等高线编辑器”对话框，在等高线上单击并拖动控制点❷❸。再分别添加“投影”和“等高线”效果❹~❻。

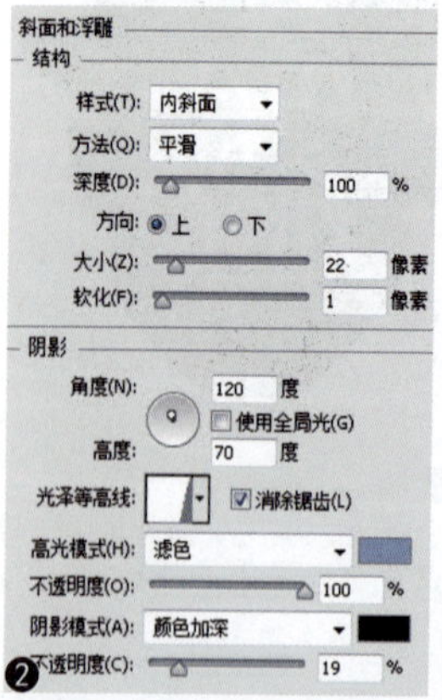

❷

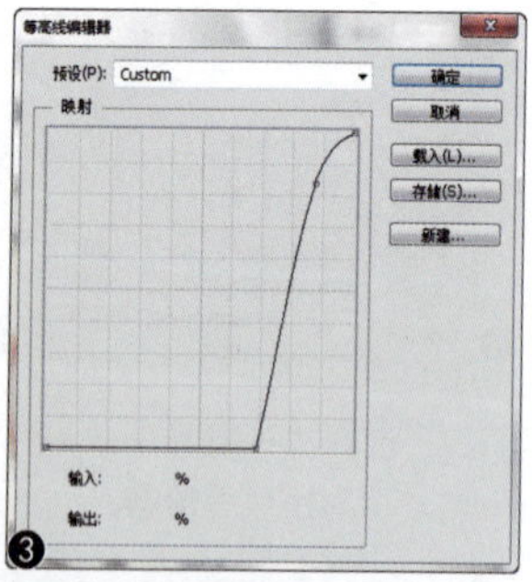

❸

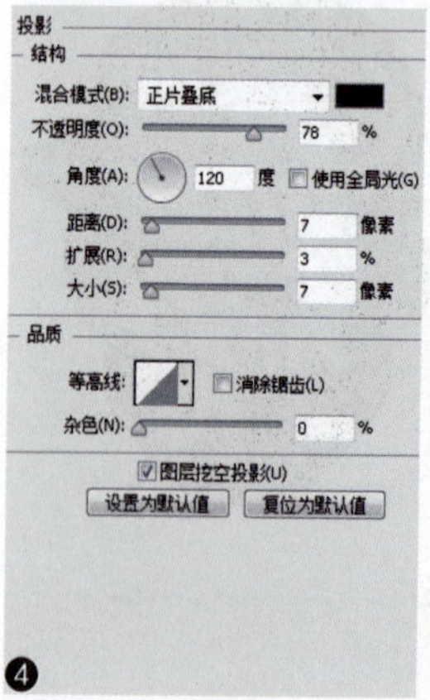

❹

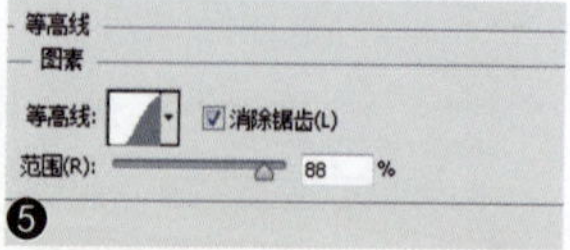

❺

❻

03 按住Alt键，将“胡子”图层的效果图标fx拖曳到“心形”图层，为该图层复制相同的效果❼❽。

❼

❽

04 双击“心形”图层，打开“图层样式”对话框，分别选择“斜面和浮雕”“投影”选项，将参数调小❾❿。选择“颜色叠加”选项，设置颜色为红色，将心形制作成果酱效果⓫⓬。

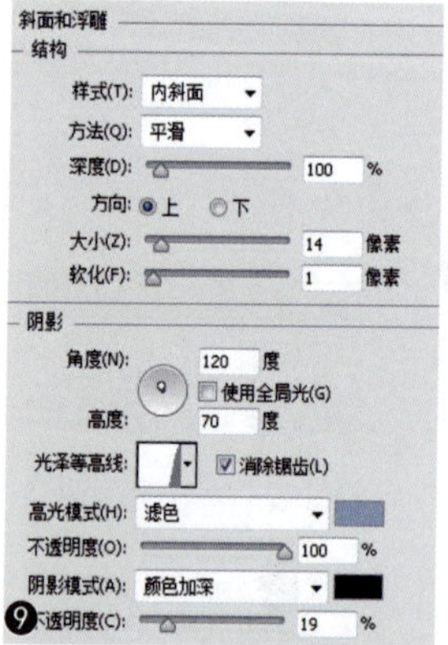

❾

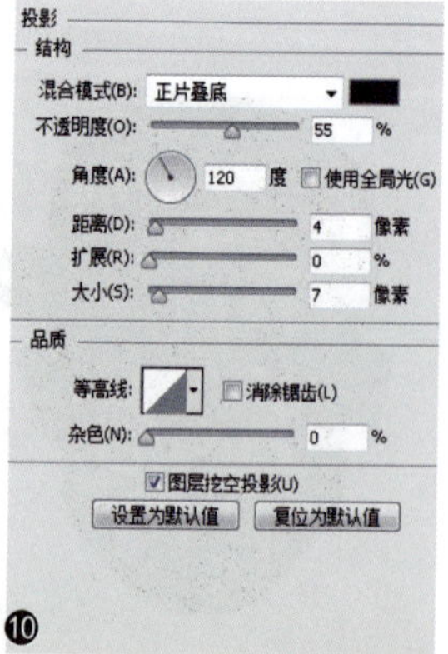

❿

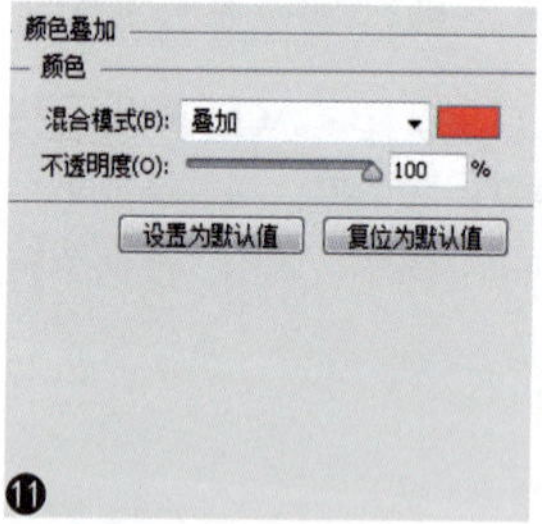

⓫

⓬

05 用同样的方法将“心形”图层的效果复制到“眼镜”图层⓭。

⓭

3.7 图层复合

图层复合可以记录图层的可见性、位置和外观，通过图层复合可以快速地在文档中切换不同版面的显示状态，因此，非常适合比较和筛选多种设计方案或多种图像效果时使用。

3.7.1 分析：从应用的角度看图层复合

我们之前学习的快照对于理解图层复合是什么样的工具很有帮助。

当我们使用“历史记录”面板为图像创建快照（28页）时，可以记录图像的当前编辑效果。图层复合有点像快照，只是创建的快照的对象是“图层”面板，不是图像。

图层复合可以记录当前状态下图层的可见性、位置和外观❶。可见性是指图层是显示还是隐藏的；位置是指图层中的图像或其他内容在文档中的位置；外观则是指图层内容的不透明度、混合模式、蒙版和添加的图层样式等。

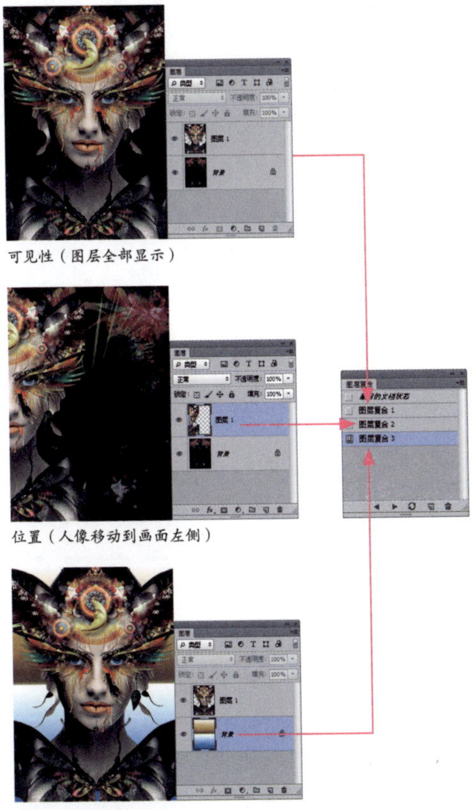

可见性（图层全部显示）

位置（人像移动到画面左侧）

外观（修改背景颜色）

❶

当我们用图层复合为“图层”面板创建“快照”以后，显示一个图层复合时，就会将图像恢复到它所记录的状态。从这个角度看，图层复合与快照似乎没有什么区别。但是，图层复合的记录项目有限，我们不能用它取代历史记录（包括快照）。历史记录可以记下除存储和打开文件之外的所有操作，而图层复合无法记录在图层中进行的绘制操作、变换操作、文字编辑，以及应用于智能对象的智能滤镜。

不过，历史记录有个致命的缺点，就是不能存储，关闭文档就会被删除。而图层复合是可以随文档一同存储的，打开文件便可以使用和修改。

总的来说，如果在编辑图像时想要进行恢复操作，就使用历史记录；如果要比较和展示图像的多种效果，则使用图层复合更加方便。

3.7.2 “图层复合”面板

图层复合的创建、显示和删除方法非常简单，在“图层复合”面板❶中操作即可。需要我们注意的是，如果在“图层”面板中进行了删除图层、合并图层、将普通图层转换为“背景”图层，或者转换颜色模式等操作，则有可能会影响到其他图层复合所涉及的图层，甚至不能够完全恢复图层复合，在这种情况下，图层复合名称右侧会出现⚠状警告图标。我们可以采用下面4种方法来处理。

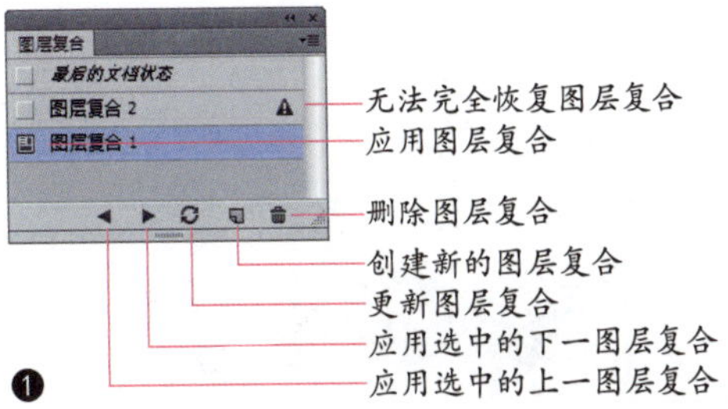

❶

（1）单击警告图标，会弹出一个提示❷，告诉我们图层复合无法正常恢复。单击“清除”按钮可清除警告，使其余的图层保持不变。

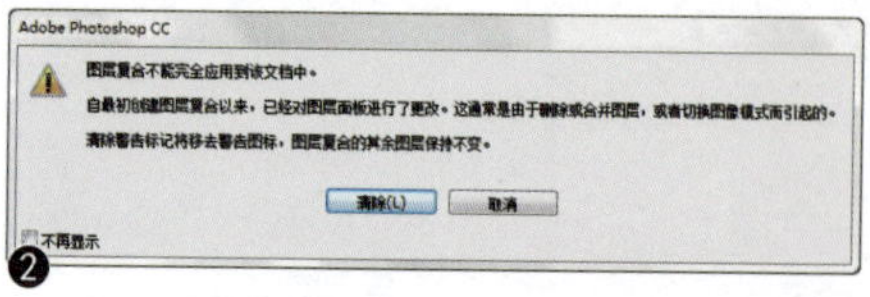

❷

（2）忽略警告，不做处理。这可能会导致丢失一个或多个图层，而其他已存储的参数可能会保留下来。

（3）单击按钮，对图层复合进行更新，使复合保持最新状态。但这可能导致以前记录的参数丢失。

（4）在警告图标上单击鼠标右键，打开下拉菜单，选择清除当前图层复合的警告或者清除所有图层复合的警告。

选项	说明
应用图层复合	显示该图标的图层复合是当前正在使用的图层复合
应用选中的上一图层复合 /应用选中的下一图层复合	切换到上一个/下一个图层复合
更新图层复合	如果更改了图层复合的配置，可单击该按钮进行更新
创建新的图层复合	用来创建一个新的图层复合
删除图层复合	用来删除当前创建的图层复合

3.7.3 练习：用图层复合展示UI设计方案

在通常情况下，设计师在向客户展示设计方案时，每一个方案都需要制作为一个单独的文件。现在我们已经学习了图层复合，就可以将页面版式的变化图稿创建为图层复合，在单独的文件中显示这些设计方案。

01 打开素材❶❷。

❶

❷

02 单击“图层复合”面板中的按钮，打开“新建图层复合”对话框，设置图层复合的名称为“方案-1”，并选取“可见性”选项❸。如果想要添加说明文字，可以在“注释”选项中输入。单击“确定”按钮，创建一个图层复合❹。它记录了“图层”面板中图层的当前显示状态。

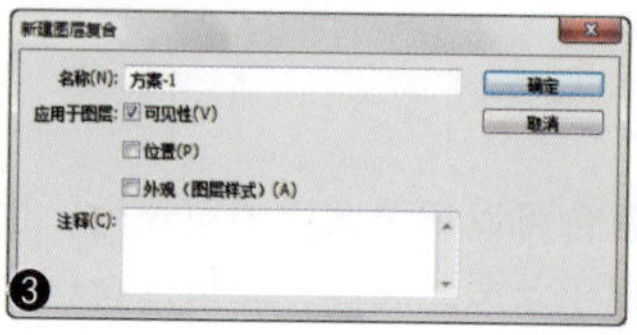
❸

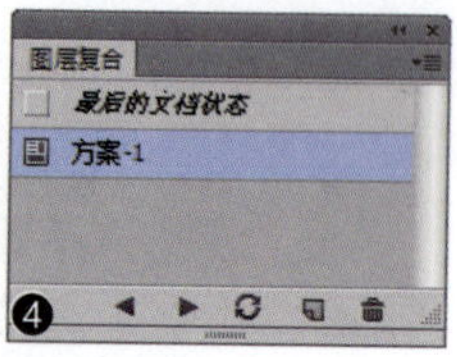
❹

03 在“背景2”的眼睛图标上单击，将该图层隐藏，让“背景1”中的图层显示出来❺。单击“图层复合”面板中的按钮，再创建一个图层复合，设置名称为“方案-2”❻。

❺

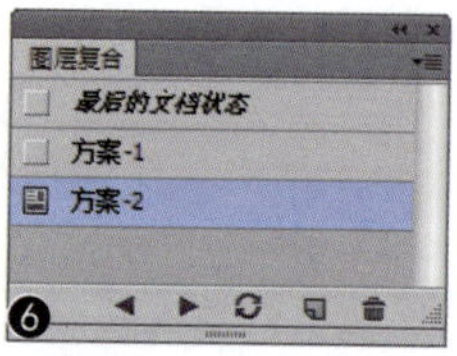
❻

04 至此，已通过图层两套设计方案。向客户展示方案时，可以在“方案1”和“方案2”的名称前单击，显示出应用图层复合图标，图像窗口中便会显示此图层复合记录的快照❼~❿。也可以单击和按钮进行循环切换。

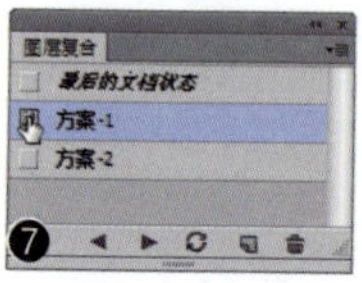
❼

❽

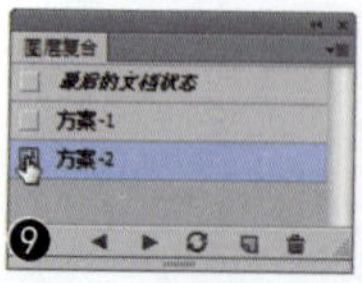
❾

❿

提示（Tips）

创建图层复合后，还可以使用“文件>脚本”下拉菜单中的命令将其导出。在本实例中，我们创建了两个设计方案，选择“将图层复合导出到PDF”命令，导出完成后，双击这个PDF文件，可以自动播放这两个设计方案。选择“图层复合导出到文件”命令，可以将图层复合导出为单独的文件。选择“图层复合导出到WPG”命令，则可以将图层复合导出为照片画廊。

Ps 3.8

课后测验

“图案样式”中不仅有丰富的效果，还有系统提供的渐变库和图案库可以使用。下面的课后测验就是按照自己的喜好，给键盘添加不同的颜色、渐变色或各种图案效果。

3.8.1 用颜色叠加制作彩色键盘

使用“图层样式”中的“颜色叠加”效果为键盘着色❶❷。先用快速选择工具选取图中的键盘，然后按下Ctrl+J快捷键，将选区内的图像复制到新的图层中❸。为该图层添加“颜色叠加”效果❹。

❶ 实例效果

❷ 素材

❸

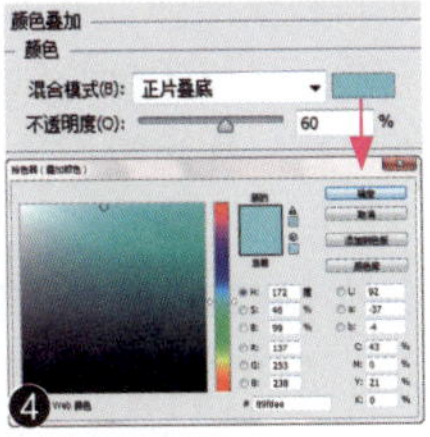

❹

3.8.2 用渐变叠加制作霓虹键盘

使用“渐变叠加”效果时，可以在渐变下拉面板中选择丰富的渐变样式，如“透明彩虹渐变”，能制作出绚丽的霓虹效果❶❷。通过加载渐变库，可以有更多的渐变样式供选择。比如在“金属”渐变库中，使用“银色”和“黄铜色”可以制作两款闪耀着金属光泽的键盘❸❹。

❶

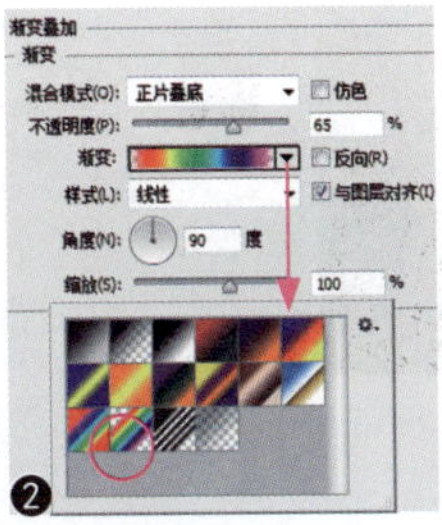

❷

❸

❹

3.8.3 用图案叠加制作牛皮纸键盘

使用“图案叠加”效果时，在图案下拉面板菜单中加载“彩色纸”图案库，选择“浅黄软牛皮纸”图案，设置混合模式为“正片叠底”，以显示出键盘上的按钮，可以制作出牛皮纸效果的键盘❶❷。尝试加载其他图案库，以更加丰富的图案来表现不同的材质效果。如“自然”图案库中的“草”❸；“艺术家画纸画布”图案库中的“洋基画布”❹；“岩石”图案库中的“红岩”“黑色大理石”等❺❻。

❶

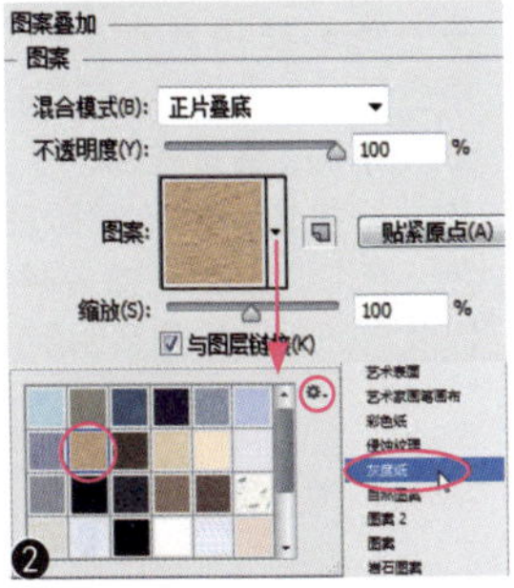

❷

❸

❹

❺

❻

第4章 数字绘画

本章简介

本章包含颜色设定和工具使用两大部分。数字绘画并不仅仅是在Photoshop中绘制图画，也是其他编辑功能的辅助性操作。例如，从工具上看，画笔工具、“画笔”面板等也是蒙版和通道编辑工具。颜色设定与其他功能的关联性就更紧密了，大部分功能和命令中都有其“身影”。我们对其归类，可以梳理出3大板块——色彩设置、色彩使用和色彩调整。色彩设置是基础，它是我们理解色彩来源，以及有效使用和管理色彩的手段；色彩使用是色彩在Photoshop中应用层面的体现，它包括用绘画类工具涂抹、编辑蒙版、增加画布，以及进行描边和填色时所使用到的颜色；色彩调整则是指各种调色命令，以及与之相关的调整图层的使用。

学习重点

关键概念

4.1 数字化颜色术语

学习颜色设置首先应了解与数字化颜色相关的术语，如颜色模型、颜色模式、色彩空间、溢色等。这些知识可以帮助我们理解颜色的来源方法，避免在颜色设置过程中出现错误。

4.1.1 颜色模型

我们生活在一个五彩缤纷的世界里。色彩之所以能够被我们感受和识别，是我们的眼、脑和各自的生活经验所产生的对光的视觉效应。简单来说，色彩是一种光学现象，是光对人眼的刺激使我们看到了色彩。

那么，色彩为什么能够在硬件设备和软件程序中呈现呢？是因为色彩被数字化了。颜色模型——一种数学模型，用数值描述了色彩，才使得数码相机、扫描仪、计算机显示器、打印机、电视机等设备，以及Photoshop、Illustrator等软件程序可以获取和呈现色彩。

Photoshop使用的是数字设备中最常用的4种颜色模型：RGB、CMYK、Lab和HSB。我们单击工具箱中的前景色图标❶，打开“拾色器”，然后在对话框左侧单击鼠标❷，随便选取一种颜色，再观察这几个颜色模型的数值，可以发现它们是完全不同的。这说明什么？这说明每种模型都有自己定义颜色的方法，因此，同一种颜色，这4种颜色模型会用不同的数值来表示。

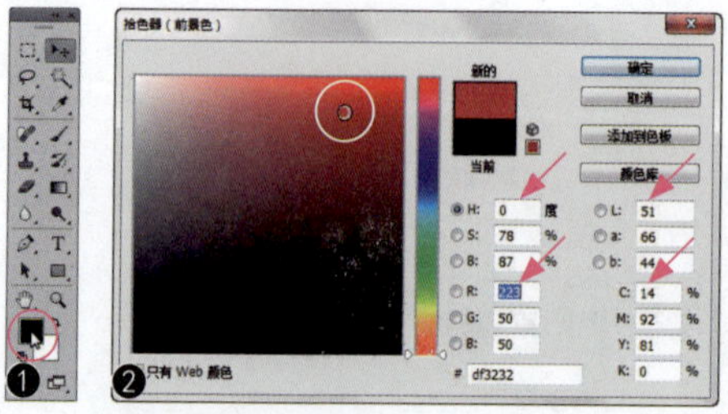

提示（Tips）

反过来，如果我们需要某种颜色并知道颜色值，就可以在颜色模型的选项中输入进去，从而获得最准确的颜色。

RGB颜色模型用红（R）、绿（G）和蓝（B）光生成颜色。数字代表的是这3种光的强度。

CMYK颜色模型用油墨生成颜色，它以百分比为单位，代表的是C（青）、M（洋红）、Y（黄）、K（黑）4种油墨的含量。百分比越高，油墨越深；百分比越低，油墨越亮（浅）。

Lab颜色模型基于人对颜色的感觉，用数值描述了正常视力的人能够看到的所有颜色。它描述的是颜色的显示方式，而不是设备（如显示器、打印机或数码相机）生成颜色所需的特定色料的数量，所以 Lab 是与设备无关的颜色模型。在这种模型中，L代表亮度，范围是 0 到 100；a 分量（绿色~红色轴）和 b 分量（蓝色~黄色轴）的范围是 +127 到 –128。

HSB颜色模型以人类对颜色的感觉为基础描述了颜色的 3 种基本特性：色相、饱和度和亮度❸。

H代表色相，它的单位是“度”，即角度，这是因为在 0 到 360° 的标准色轮上，按位置来描述色相。例如，0度对应色相环上的红色、90度对应绿色❹；S代表饱和度，它使用从 0% （灰色）至 100% （完全饱和）的百分比来描述；B代表亮度，它使用从 0% （黑色）至 100% （白色）的百分比来描述。

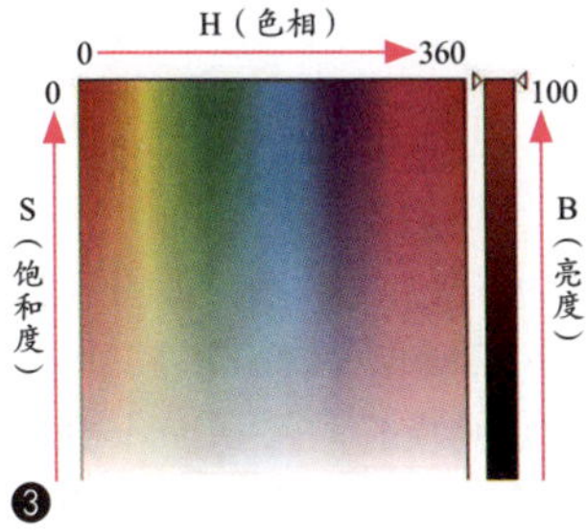

❸

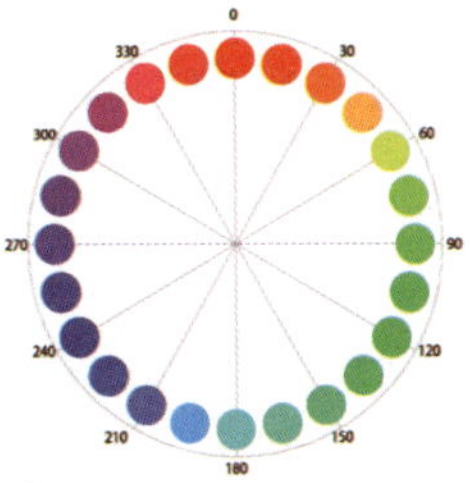

❹

提示（Tips）

色相即红、绿、蓝等颜色；饱和度为色彩的鲜艳程度；亮度为色彩的明暗程度。Photoshop中的“拾色器”“颜色”面板、“信息”面板中都有HSB颜色模型。

4.1.2 颜色模式

Photoshop中的每个文档使用一种颜色模式，它决定了用于显示和打印所处理的图像的颜色模型，以及图像的颜色数量、通道数量和文件大小。此外，颜色模式还影响某些操作。例如，RGB模式可以使用所有的Photoshop功能，而在CMYK模式下，有一些滤镜不能使用。

我们使用“文件>新建”命令创建文档时，可以在“颜色模式”下拉列表中选取颜色模式，包括位图、灰度、RGB 、CMYK和 Lab 颜色❶。

Photoshop还提供了几种用于特殊色彩输出的颜色模式：双色调、索引颜色和多通道。如果需要，可以先创建一个RGB模式的文档，再使用“图像>模式”下拉菜单中的命令，将其转换为其中的一种模式❷。

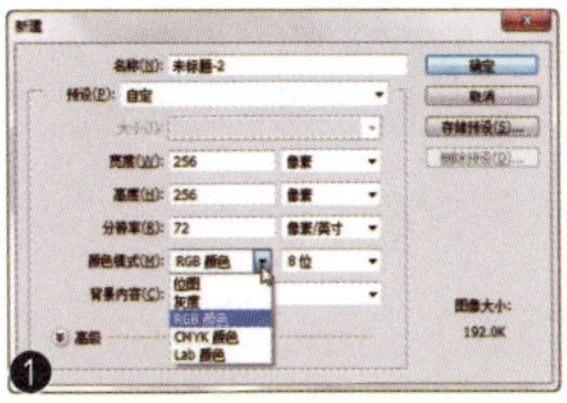
❶

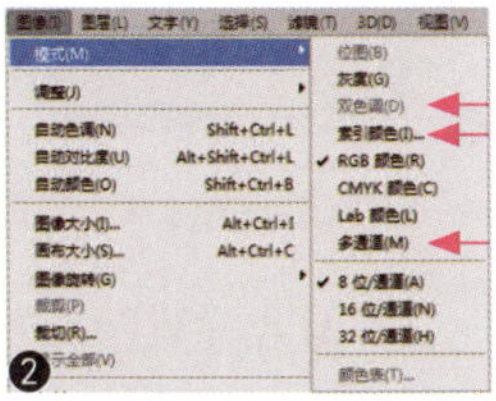
❷

虽然文档只有一种颜色模式，但选取颜色时可以不受其限制。例如，文档为RGB模式，我们打开“颜色”面板菜单，可以选择灰度、HSB、CMYK、Lab滑块，基于这几种颜色模型来为RGB文档调配颜色（110页）。这样操作并不会改变文档的颜色模式。

4.1.3 RGB颜色模式

光是产生色彩的原因。1666年，英国物理学家牛顿利用光的折射实验确定了光与色的关系，为色彩理论奠定了基础。他将一束白光（阳光）从细缝引入暗室，当阳光经过三棱镜折射投射到白墙上时，出现了一条像彩虹一样的美丽色带，颜色依次为红、橙、黄、绿、蓝、紫❶。

❶

牛顿的实验证明，阳光（白光）是由一组色光混合而成的，在通过三棱镜时，各种色光由于折射率不同使白光分解为单色光。这种光学现象被称为“色散”。

最基本的单色光包括红、绿、蓝3种，也称色光三原色。由它们混合而成的光叫做复色光。例如，红、绿混合可以生成黄；红、蓝混合生成洋红；蓝、绿混合生成青；等量的三原色色光混合则成为白。其他可见光都可以用色光三原色以不同的比例混合而成，这就是RGB模式。RGB是红（Red）、绿（Green）、蓝（Blue）色光的缩写。RGB模式主要用于计算机显示器、投影设备、电影屏幕、舞台灯光、幻灯片、网络和多媒体中的颜色合成❷❸。

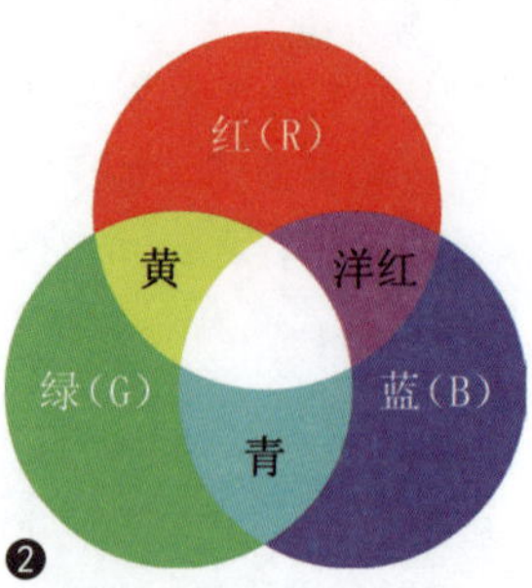

左图为RGB模式原理，右图为舞台灯光混合原理

提 示（Tips）

在物理学上，光属于一定波长范围内的电磁辐射。由于辐射是以起伏波的形式传递的，所以光又用波长来表示。电磁辐射的范围很广，人的眼睛只能感受到从380纳米~780纳米之间的光波，在此范围内的称为可见光。

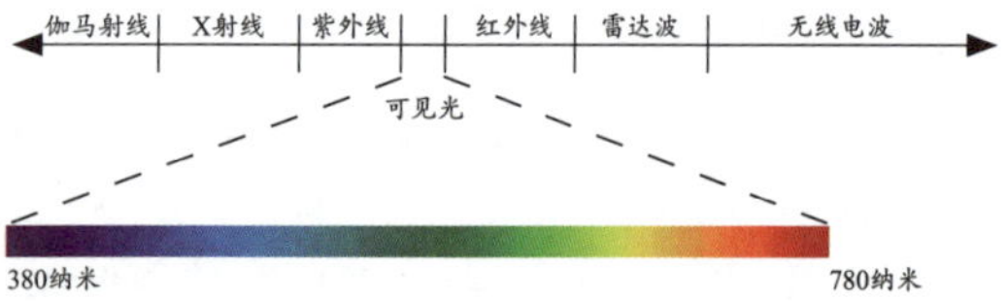

4.1.4 CMYK颜色模式

RGB模式是一种加色混合，即红、绿、蓝光，以不同的比例混合生成其他色光，也就是我们看到的颜色。

CMYK模式则是一种减色混合。当光照射到某个物体上时，一部分光被物体吸收，余下的光被反射出去，反射光就是我们所看到的颜色。例如，我们看到花之所以是红色的，是因为它吸收了绿光和蓝光，反射红光。叶子之所以是绿色的，是因为它反射绿光，将其余的光吸收了。

商用打印机、印刷机就是通过减色原理让油墨在纸上显现颜色的。此外，染料、绘画颜料等也都属于减色模式，它们与油墨统称为色料混合。

以油墨为例。绿油墨之所以看上去是绿色的，是由于它吸收掉了红光和蓝光，只反射绿光。

在商业印刷中，各种印刷色由青、洋红、黄和黑4种油墨混合而成。青色油墨只吸收红光；洋红色油墨只吸收绿光；黄色油墨只吸收蓝光。绿色油墨是由青、黄色油墨混合成的。青色油墨将红光吸收掉了，黄色油墨将蓝光吸收掉了，这样就只剩下绿光反射出来，我们看到的绿色就是这样产生的。采用这种方法可以推导出其他印刷颜色❶❷。

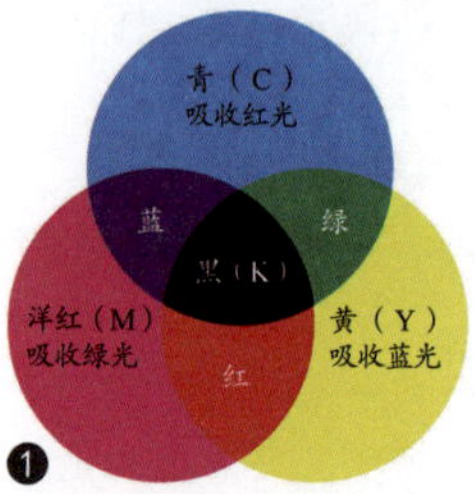

左图为CMYK模式（减色混合）原理、右图为印刷使用的分色色版

从理论上讲，青、洋红和黄色油墨按照相同的比例混合就能生成黑色。但在实际印刷中，只能产生纯度很低的浓灰，因此，还需要借助黑色油墨才能印刷出真正的黑色。另外，黑色与其他颜色油墨混合，还可以调节颜色的明度和纯度。

提 示（Tips）

CMY是青（Cyan）、M洋红（Magenta）和Y黄（Yellow）油墨的缩写。黑色油墨则用单词（Black）的末尾字母K来表示，这是为了避免与蓝色（Blue）混淆。

4.1.5 Lab颜色模式

Lab模式是Photoshop进行颜色模式转换时使用的中间模式。例如，将RGB图像转换为CMYK模式时，Photoshop会先将其转换为Lab模式，再由Lab转换为CMYK模式。这是由于Lab的色域（105页）最广，它的色彩空间中包含了RGB和CMYK模式的所有颜色。

在应用方面，由于Lab模式将色彩和明度分离开了（L代表亮度、a 代表绿~红、b 代表蓝~黄），我们就可以在不影响色调的情况下修改图像的颜色；或者在不影响色相和饱和度的情况下调整图像的明暗色调。这是一种基于通道的调色技术，需要了解色彩原理、掌握通道知识才能操作。在后面在章节中有详细介绍（280页）。

4.1.6 灰度模式

灰度模式不包含颜色，彩色图像转换为该模式后，色彩信息会被删除。灰度图像中的每个像素都有一个0到255之间的亮度值，0代表黑色，255代表白色，其他值代表了黑、白中间过渡的灰色。

灰度模式是作为双色调和位图模式转换时的中

间模式。如果想要黑白效果，最好不要转换为灰度模式，使用黑白（268页）调整图层可以获得更好的效果，而且更加可控。

4.1.7 练习：单色、双色和三色印刷

下面我们来使用双色调模式制作单色、双色和三色印刷图像。由于只有灰度模式的图像才能转换为双色调模式，所以双色调模式就相当于使用1~4种油墨为黑白图像上色。油墨颜色越多，色调层次越丰富（但最多也仅限于4种）。

01 打开RGB模式的图像素材❶。执行“图像>模式>灰度”命令，再执行“图像>模式>双色调”命令，打开“双色调选项”对话框。在“类型”下拉列表中可以选择“单色调”“双色调”“三色调”和“四色调”选项。我们首先选择“单色调”，然后单击油墨颜色块❷，打开“拾色器”。

I am only
a regular
9-to-5er
❶

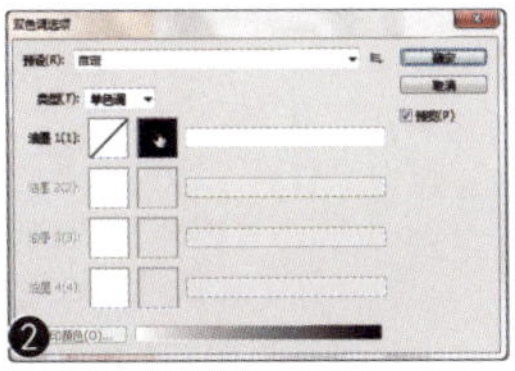
❷

02 我们可以在“拾色器”中设置油墨颜色。但为了保险起见，单击“颜色库”按钮❸，切换到“颜色库”对话框。在这里选择一个颜色系统❹，从中选取印刷色。我们使用默认的PANTONE系统，这也是最常用的，然后拖曳光谱上的滑块，定义颜色范围，之后在对话框左侧单击所需的颜色。

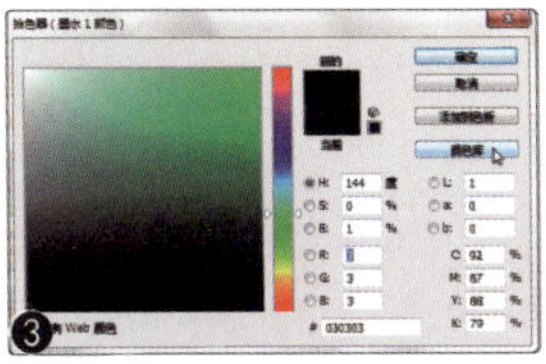
❸

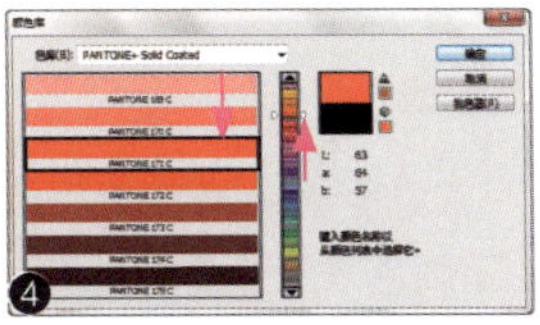
❹

03 单击“确定”按钮，返回“双色调选项”对话框，可以看到油墨已经制定好了，右侧是油墨名称❺。单击“确定”按钮关闭对话框，完成单色印刷图像的制作❻。

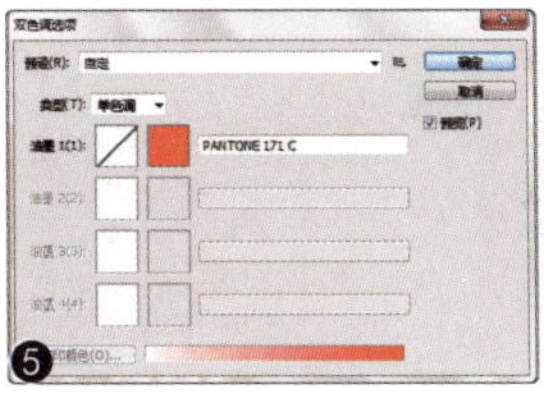
❺

I am only
a regular
9-to-5er
❻

04 双色调模式有一个特别好的地方，就是允许我们修改油墨。这就有点类似于调整图层的意思了，即调色结果可修改。我们执行“图像>模式>双色调”命令，打开“双色调选项”对话框，就可以看到油墨是原样保留的❼。在“类型”在下拉列表中选择“双色调”选项，然后单击第2个油墨色块❽，为它指定油墨，完成双色调印刷图像的创建❾❿。

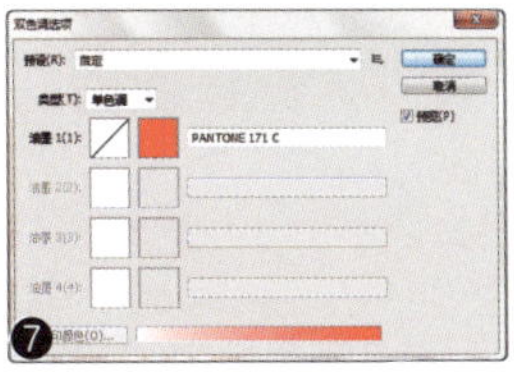
❼

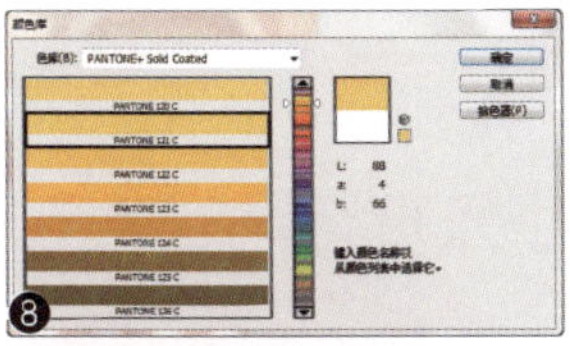
❽

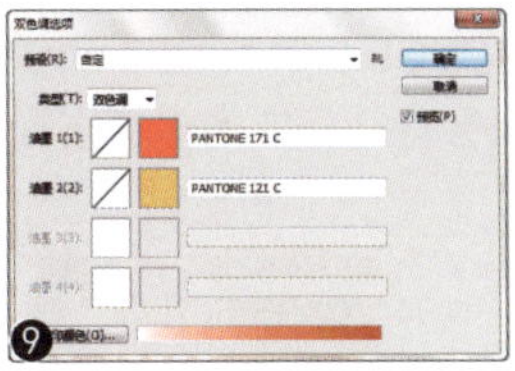
❾

I am only
a regular
9-to-5er
❿

05 采用前面的方法，创建三色印刷图像⓫⓬。这里有一个技巧，指定油墨时，正确的排列顺序是深色油墨在上面、浅色油墨在下面，这样可以保证亮部色调清楚、暗部细节丰富，对比度充分。

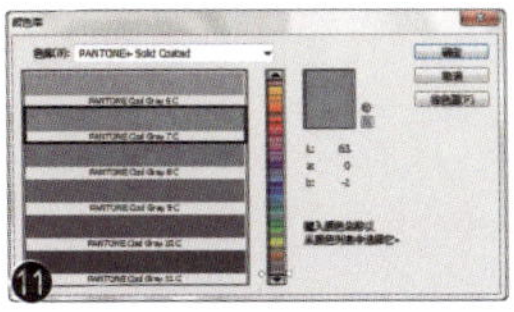
⓫

I am only
a regular
9-to-5er
⓬

06 先不要关闭对话框，我们来调整油墨的百分比。单击“油墨”选项右侧的曲线图⓭，打开“双色调曲线”对话框⓮。它与“图像>调整>曲线”命令的曲线大致相同。我们先将曲线的两个点调换位置，然后在曲线偏下处单击并拖曳，改变油墨的百分比，让图像效果更加完美⓯⓰。

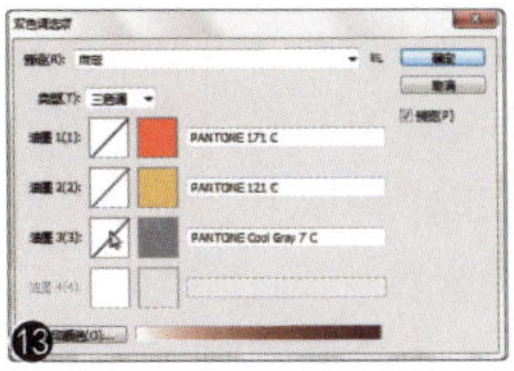
⓭

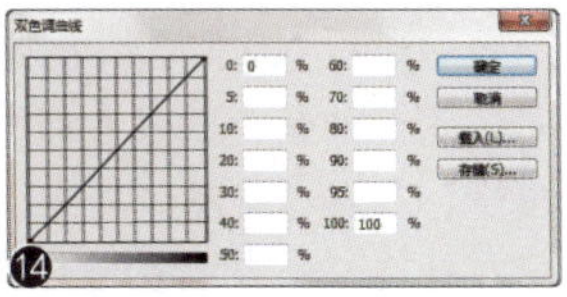
⓮

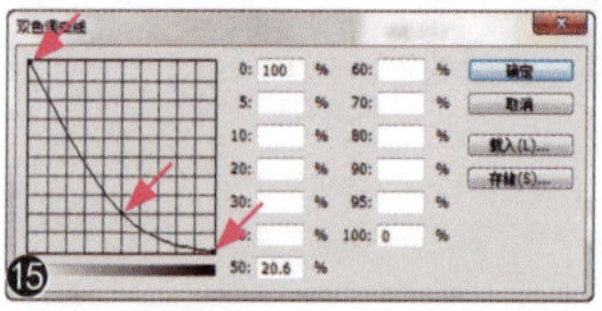

15

16

4.1.8 多通道模式

在Photoshop中，图像的颜色信息存储在通道中。多通道模式图像的每个通道包含 256 级灰度，比较适合特殊打印。

多通道模式有两种转换方法，①使用“图像>模式>多通道”命令转换；②删除RGB、CMYK、Lab模式图像的一个颜色通道，图像会自动转换为多通道模式，并拼合图层❶❷。

❶ RGB图像

❷ 删除一个颜色通道即转换为多通道模式

将RGB图像转换为多通道模式时，可以创建青色、洋红和黄色专色通道（162页）。将CMYK图像转换为多通道模式，则可以创建青色、洋红、黄色和黑色专色通道。

4.1.9 索引颜色模式/颜色表

索引颜色模式是GIF文件默认的颜色模式，只支持单通道的 8 位图像文件，由于文件小、又支持透明背景，所以常用于Web和多媒体动画。索引模式中生成的颜色都是Web安全色（414页），可以在网络上准确显示。

用256种或更少的颜色替代彩色图像中上百万种颜色的过程称作索引。由此可知，当转换为索引模式时，图像的颜色数量会减少到256种以下。颜色数量越少，文件也就越小。得以保留的颜色，Photoshop会存放在颜色查找表（CLUT）中，其他颜色并没有删除，而是使用颜色查找表中与其最为接近的颜色进行替换，或者通过仿色的方法，用颜色查找表中的颜色进行模拟。

执行“图像>模式>索引颜色”命令，可以打开“索引颜色”对话框设置颜色数量和其他选项❶❷。

❶ RGB图像

❷ 转换为索引模式

选项	说明
调板/颜色	可以选择转换为索引颜色后使用的调板类型，它决定了使用哪些颜色。如果选择“平均分布”“可感知”“可选择”或“随样性”，则可以通过输入“颜色”值来指定要显示的颜色数量（最多256种）
强制	可以选择将某些颜色强制包括在颜色表中。选择“黑色和白色”，可以将纯黑色和纯白色添加到颜色表中；选择“原色”，可以添加红色、绿色、蓝色、青色、洋红、黄色、黑色和白色；选择“Web”，可以添加Web安全色；选择“自定”，则可自定义要添加的颜色
杂边	可以指定用于填充与图像的透明区域相邻的消除锯齿边缘的背景色
仿色	如果要模拟颜色表中没有的颜色，可以启用仿色，通过混合现有颜色的像素来模拟缺少的颜色。要使用仿色，可以在该选项的下拉列表中选择仿色选项，并输入仿色数量的百分比值。该值越高，所仿颜色越多，但可能会增加文件占用的存储空间

颜色表

将图像转换为索引模式后，可以使用“图像>模式>颜色表”命令修改颜色表中的颜色。

修改方法有两种。①手动修改：在“颜色表”下拉列表中选择“自定”选项，然后单击一个色板，打开“拾色器”修改它的颜色❶。

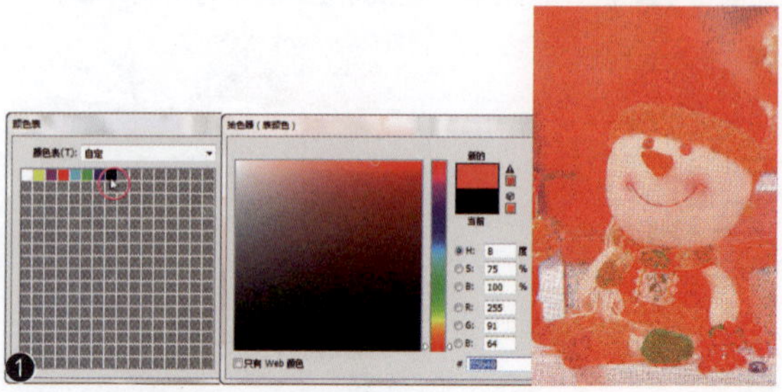

❶

②使用Photoshop预设的颜色表：在“颜色表”下拉列表中进行选择，包括“黑体”“灰度”“色谱”“系统（Mac OS）”和“系统（Windows）”。

提示（Tips）

在“颜色表”对话框的下拉列表中，选择“黑体”，可以显示基于不同颜色的面板，这些颜色是黑体辐射物被加热时发出的，从黑色到红色、橙色、黄色和白色；选择“灰度”，可以显示基于从黑色到白色的256个灰阶的面板；选择“色谱”，可以显示基于白光穿过棱镜所产生的颜色的调色板，从紫色、蓝色、绿色到黄色、橙色和红色；选择“系统 (Mac OS)”，可以显示标准的 Mac OS 256 色系统面板；选择“系统 (Windows)”，可以显示标准的 Windows 256 色系统面板。

4.1.10 练习：点状人像名片设计（位图模式）

激光打印机、照排机等设备依靠非常微小的点来显现图像（如报纸上的灰度图像），位图模式对这些设备上使用的图像很有用。在转换为该模式时，可以将菱形、椭圆、直线等形状用作小点❶，并控制其角度。这种模式非常适合制作丝网印刷效果、艺术样式和单色图形。

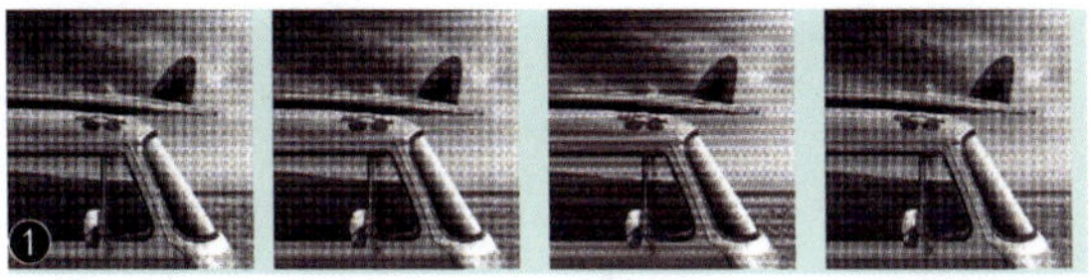

圆形　　菱形　　直线　　十字线

位图模式的位深度为 1 ，只有纯黑和纯白两种颜色。彩色图像转换为该模式后，色相和饱和度信息都会被删除，只保留明度信息。要使用这种模式，需要先将图像转换为灰度或双色调模式，之后才能转换为位图模式。

01 打开素材❷。执行“图像>模式>灰度”命令，转换为灰度模式，再执行“图像>模式>位图”命令，打开“位图”对话框。可以看到，“输入”和“输出”分辨率都是300像素/英寸，不要进行修改，否则会改变图像尺寸。在“方法”选项中选择“半调网屏”❸，单击“确定”按钮，切换到“半调网屏”对话框，选择圆形，设置“频率”为50线/英寸❹。单击“确定”按钮，将图像转换为点状❺。

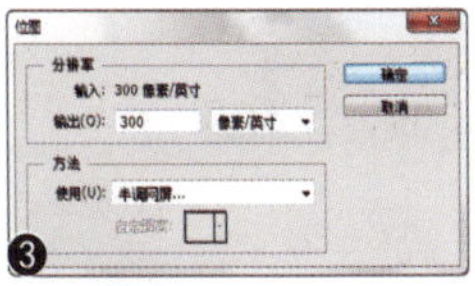

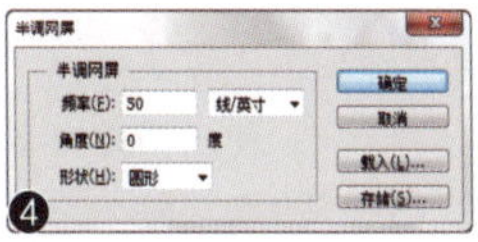

提示（Tips）

在“位图”对话框的“方法”下拉列表中，选择“50%阈值”，可以将50%色调作为分界点，灰色值高于中间色阶128的像素转换为白色，灰色值低于色阶128的像素转换为黑色；选择“图案仿色”，可以用黑白点图案模拟色调；选择“扩散仿色”，可以通过使用从图像左上角开始的误差扩散过程来转换图像，由于转换过程的误差原因，会产生颗粒状纹理；选择“半调网屏”，可以模拟平面印刷中使用的半调网点外观；选择“自定图案”，可以选择一种图案来模拟图像中的色调。

02 执行“图像>模式>灰度”命令，将图像重新转换为灰度模式，这时会弹出“灰度”对话框，“大小比例”使用默认值1❻，单击“确定”按钮，关闭对话框。

03 按下Ctrl+N快捷键，打开“新建”对话框。名片的尺寸是90毫米×54毫米，加上一边留2mm出血（出血部分是为了避免裁切后的成品露白边或裁到内容），实际尺寸应该设置为94毫米×58毫米，分辨率为300像素/英寸，模式使用RGB❼。

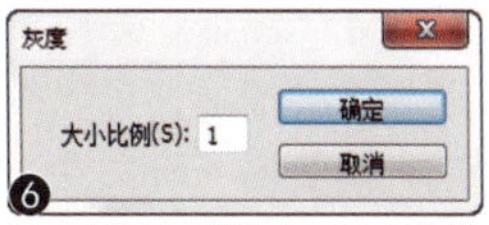

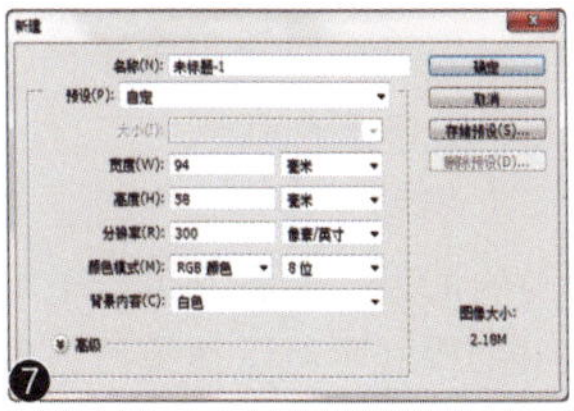

04 使用移动工具将点状人像拖入这一文档中❽。单击“调整”面板中的按钮，创建渐变映射调整图层，并设置渐变颜色❾❿。

05 单击“图层”面板中的按钮，新建一个图层。单击工具箱中的前景色图标，打开“拾色器”，在人像衣服的深色区域单击，拾取颜色⓫。

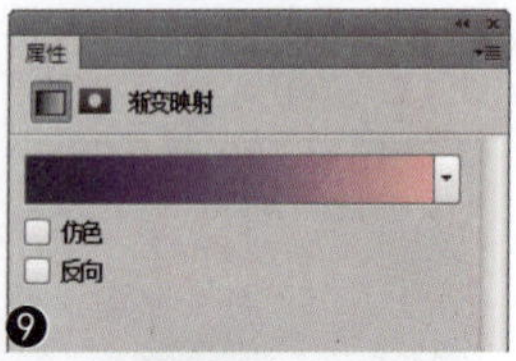

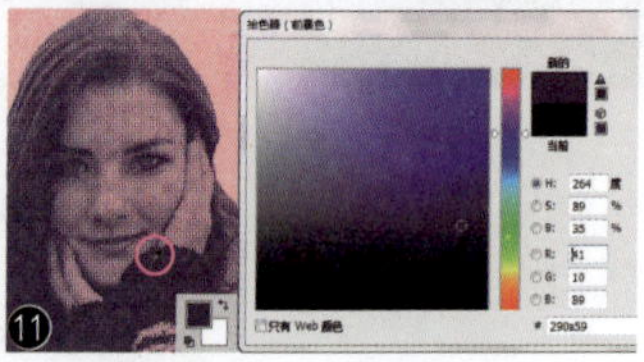

06 选择矩形工具，在工具选项栏中选择“像素”选项，在画面右上角创建一个矩形。使用横排文字工具 T 输入名片中的文字。最大的字是9点，最小的字是6点。颜色就使用名片中现有的两色（人像颜色和底图颜色），不要使用第3种颜色，以免增加印刷成本⓬。

4.1.11 疑问解答：RGB/CMYK哪种模式好？

RGB是Photoshop文档的首选颜色模式，它支持所有Photoshop功能，CMYK模式则有所限制。例如，在这种模式下，一部分是滤镜不能使用的。

其实RGB、CMYK模式各有利弊。RGB色彩空间大，许多特别鲜亮的颜色是CMYK模式无法获取的。但这些颜色只能在计算机屏幕或电视机上显示，不能通过打印呈现出来。一个最简单的例子，我们将颜色鲜艳的RGB图像转换为CMYK模式，色彩会明显变暗，就是这个原因。

有些工作任务可能会要求用CMYK图像，如印刷用的海报、杂志、小册子等。遇到这种情况，可以在RGB模式下将图像编辑工作完成，再复制一份文件，将其转换为CMYK模式，交付印厂。如果使用喷墨打印机打印，则无需转换，打印机的驱动程序会在内部进行CMYK转换。

如果担心RGB图像转换为CMYK时色彩的饱和度降低，其结果无法预知。我介绍一个简单的办法，可以让您做到心中有数。

在RGB模式下进行图像编辑操作，想要查看图像的印刷效果时，执行“视图>校样设置>工作中的CMYK”命令❶，然后再执行“视图>校样颜色”命令，启用电子校样，Photoshop会模拟图像在商用印刷机上的效果。

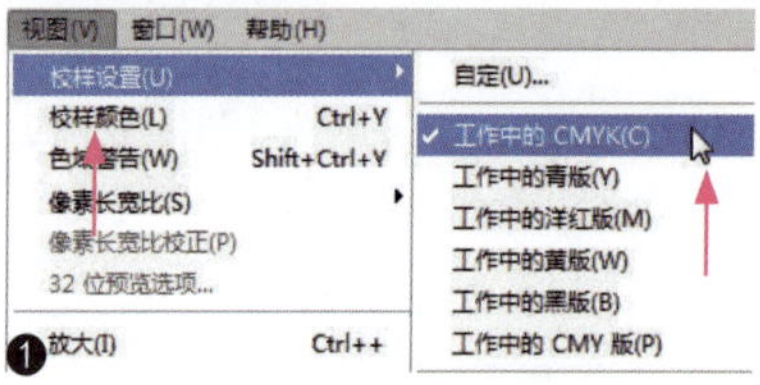

“校样颜色”只是提供了一个CMYK模式预览，并没有将图像真正转换成CMYK模式，因此，所有Photoshop功能都可以使用。再次执行“校样颜色”命令，可以关闭电子校样。

提示（Tips）

利用通道调色时，也要考虑到RGB和CMYK模式的不同之处（272，279页）。这两种模式的通道数量以及通道中包含的颜色不一样（CMYK模式是油墨），导致相同的操作会带来相反的结果。例如，RGB模式将某个颜色通道调亮可以增加颜色，而在CMYK则意味着减少颜色。

4.1.12 位深度

在Photoshop中，图像的颜色信息都保存在颜色通道里❶~❸。颜色信息的数量则取决于位深度。

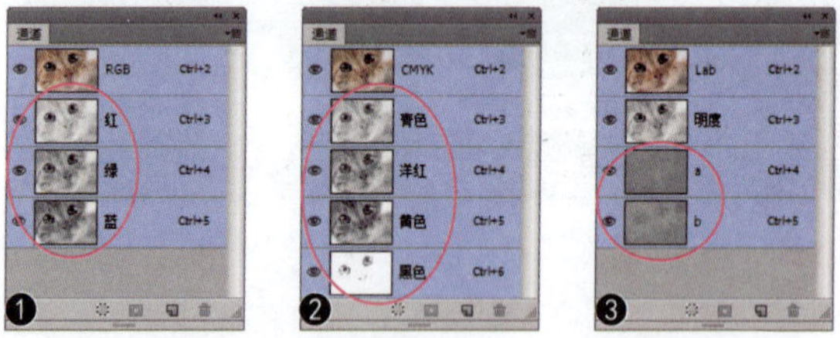

左起分别为RGB模式（3个颜色通道）、CMYK模式（4个颜色通道）和Lab模式（2个颜色通道）。不同的颜色模式，通道的种类和数量也不相同。

位深度为1的图像只有黑、白两色（参见位图模式）。位深度为2的图像可以包含4（2^2）种颜色。依此推算，位深度为8的图像有256（2^8）种颜色。其规律是：位深度每增加一位，颜色增加一倍。

8位/通道

8位/通道的RGB图像是我们平常接触最多的图像，数码照片、网上的图片等都属于此类。它每个通道的位深度为8，3个通道总位深度就是24（8×3），因此，整个图像可以包含约1680万（2^{24}）种颜色。我们还可以用另一种方法来计算，8位/通道的RGB图像由3个颜色通道组成，每个颜色通道包含256种颜色，3个颜色通道总计包含约1680万（256×256×256）种颜色。

16位/通道

除了 8 位/通道的图像外，Photoshop 还可以处理 16 位/ 通道和 32 位/通道的图像。

16位/通道图像包含的颜色数量要用2^{48}来表示，如此多的颜色信息带来的是更细腻的画质、更丰富的色彩，以及更加平滑的色调。

我们可以用数码相机拍摄Raw格式的照片（346页），进而获取16位/通道的图像。Raw照片可以记录更多的阴影和高光细节，进行更大幅度的调整，而不会对图像造成明显的损害。

色彩信息越多，意味着文件也会相应地变大。16位/通道图像的大小大概相当于8位/通道图像的两倍，编辑时需要更多的内存和其他计算机资源。目前还有一些命令不能用于16位/通道图像，如“图像>调整>变化”命令。此外，16位/通道的图像不能保存为JPEG格式。

32位/通道

32 位/通道的图像也称作高动态范围（HDR）图像（245页），它可以按照比例存储真实场景中的所有明度值。

HDR 图像主要用于影片、特殊效果、3D 作品及某些高端图片。使用Photoshop中的“合并到HDR”命令可以合成HDR图像（246页）。

提 示（Tips）

由于大部分输出设备（电视机、打印机等）还不支持16位和32位图像，在输出时就需要将它们转换为8位。使用“图像>模式”下拉菜单中的“8位/通道”“16位/通道”和“32位/通道”命令可以改变图像的位深度。需要注意的是，虽然位深度越大，颜色信息越丰富，但图像的原始信息是固定的，只能减少而不能增加，因此，将8位图像改为16位，图像的原始信息是不会增加的。

4.2 色彩管理

色彩管理用来解决不同的硬件设备由于色彩空间不同而造成的色彩偏差问题。下面我们将学习怎样使用Photoshop内置的配置文件解决这一问题，以及了解配置文件缺少或与当前系统不匹配时，该怎样处理。

4.2.1 色彩空间、色域

首先，我们来了解什么是色彩空间。色彩空间其实是另一种形式的颜色模型，它具有特定的色域，即色彩范围。例如，RGB颜色模型中包含很多色彩空间：Adobe RGB、sRGB、ProPhoto RGB等。这几种色彩空间的色域范围也不同，色域范围越大，所能呈现的颜色就越多。

在现实世界中，自然界可见光谱的颜色组成了最大的色域，它包含了人眼能见到的所有颜色。CIELab国际照明协会根据人眼的视觉特性，把光线波长转换为亮度和色相，创建了一套描述色域的色彩数据。其中，Lab模式的色域范围最广，它包含了RGB和CMYK色域中的所有颜色；其次是RGB模式；色域范围较小的是CMYK模式❶。

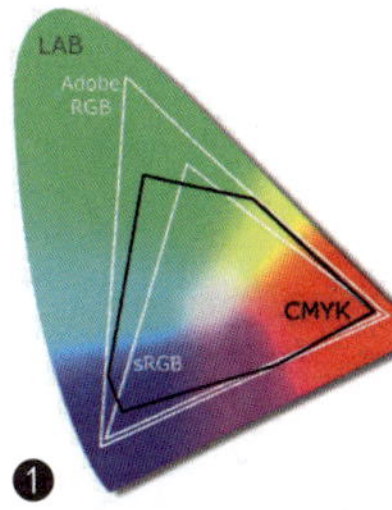

❶

4.2.2 疑问解答：为什么要进行色彩管理?

数码相机、扫描仪、计算机显示器、打印机和印刷设备等使用不同的色彩空间。每种色彩空间都在一定的范围（色域）内生成颜色，因此，各种设备的色域范围也是不同的❶。

❶
数码相机、扫描仪、电视机、桌面打印机和印刷机的色域范围各不相同
---- 虚线代表RGB模式设备的色域范围
—— 实线代表CMYK模式设备的色域范围

由于色彩空间不同，在不同的设备之间传递文档时，颜色会发生改变。那么怎样才能让各种设备生成一致的颜色呢？这就需要一个能在设备之间准确解释和转换颜色的系统来进行协调。

Photoshop提供了这样的色彩管理系统（CMS），它可以将创建颜色的色彩空间与将输出该颜色的色彩空间进行比较并做出必要的调整，使不同的设备所表现的颜色尽可能一致。

色彩管理系统借助于颜色配置文件来转换颜色。Photoshop的色彩管理系统使用的是 ICC 配置文件。这是一种被International Color Consortium（国际色彩联盟）定义为跨平台标准的格式。

是否需要色彩管理，要看所编辑的图像是否在多种设备上使用。需要的话，可以执行“编辑>颜色设置”命令，打开“颜色设置”对话框进行操作❷。

“工作空间”选项组用来为颜色模型指定工作空间配置文件。我们可以通过它下方的几个选项定义当打开缺少配置文件的图像、新建的图像和配置文件不匹配的图像时所使用的工作空间。

“色彩管理方案”选项组用来指定怎样管理特定颜色模型中的颜色。它决定了图像缺少配置文件，或包含的配置文件与“工作空间”不匹配的情况下，Photoshop采用什么方法进行处理。如果想要了解这些选项的详细说明，可以将光标放在选项上方，然后到对话框下面的“说明”选项中查看❸。

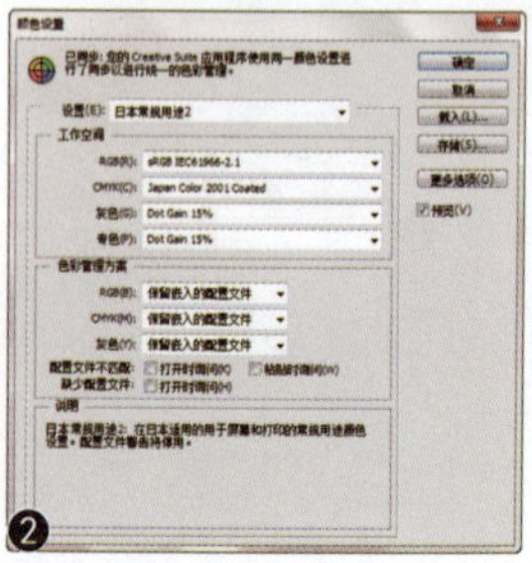

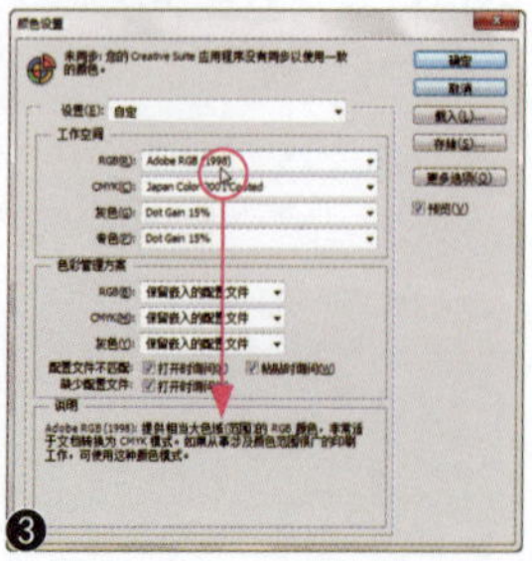

提示（Tips）

除了色彩空间的因素外，不同的图像来源、应用程序定义颜色的方式不同、印刷介质的不同（如新闻印刷纸张比杂志品质的纸张重现的色域要窄），以及其他自然差异，包括显示器的生产工艺不同或显示器的使用年限不同，等等，也会造成颜色偏差。

4.2.3 为图像指定配置文件

在Photoshop中打开没有嵌入配置文件的图像时，文档窗口的标题栏中会出现“#”状提示❶。此外，单击文档窗口左下角的三角图标▶，打开下拉菜单，选择“文档配置文件”命令，然后观察状态栏，如果出现“未标记的RGB”提示信息，也表示图像中未嵌入配置文件。

如果图像中未嵌入配置文件，或者配置文件与当前系统不匹配，图像就不能按照其创建（或获取）时的颜色显示。我们需要为它指定配置文件，来让颜色正确显示。

执行“编辑>指定配置文件”命令，打开“指定配置文件”对话框，可以看到3个选项和一个列表。第一个选项是“不对此文档应用色彩管理”，表示不进行色彩管理。如果不在意图像是否正确显示，可以选择该选项。

第二个选项是“工作中的RGB”，表示用当前工作的颜色空间来转换图像颜色。如果无法确定该用哪个配置文件转换颜色，可以使用该选项。但这也不是最佳选项。

第三个选项是“配置文件”，要想真正解决问题，可以打开该选项的下拉列表，尝试其中各个配置文件对图像的影响，然后选取一个效果最好的❷❸。

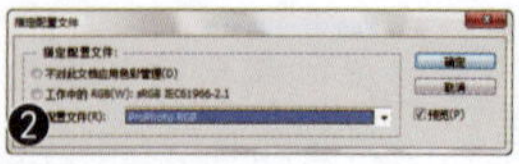

提示（Tips）

使用正确的配置文件非常重要。例如，当显示器与打印机没有精确的配置文件时，中性灰（RGB值为128、128、128）会在显示器上呈现为偏蓝的灰色，在打印机上呈现为偏棕的灰色。因此，选错了配置文件，会导致更大的颜色偏差。

4.2.4 色彩空间的真正转换

指定配置文件解决的是因图像没有配置文件，或者配置文件与当前系统不匹配而出现的问题。然而，Photoshop所做的只是在新的色彩空间里显示像素，图像本身的色彩空间没有改变。也就是说，我们在显示器上“看”到的变化，实际并没有真正发生。

如果想要用配置文件将图像转变到新的色彩空间，需要执行“编辑>转换为配置文件”命令，打开“转换为配置文件”对话框❶，在“配置文件”下拉列表中选取一个配置文件，这样才能实现真正的转换。

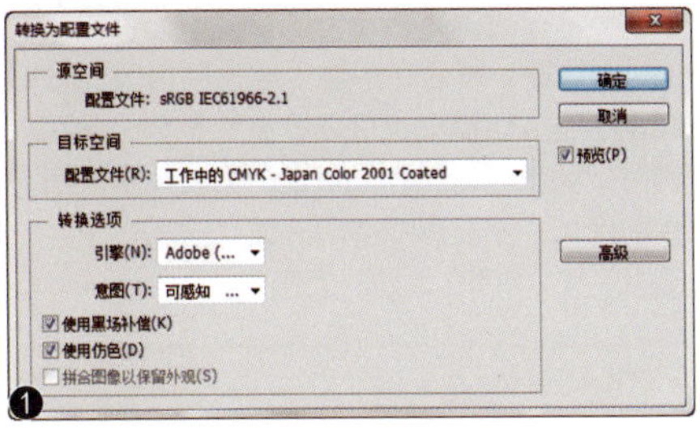

❶

配置文件可以根据需要进行选择。例如，Adobe RGB适合喷墨打印和商业印刷机使用的图像，它的色域包括一些无法用 sRGB 定义的可打印颜色（特别是青色和蓝色），并且很多专业级数码相机都将 Adobe RGB用作默认色彩空间；ColorMatch RGB也适用于商业印刷图像，但效果没有Adobe RGB好；ProPhoto RGB适合扫描的图片；sRGB适合Web图像，它定义了用于查看 Web 上图像的标准显示器的色彩空间。处理数码照片时，sRGB 也是一个不错的选择，因为大多数相机都将sRGB 用作其默认的色彩空间。

4.3 选取颜色

在Photoshop中，当使用除黑、白以外的颜色时，需要预先选取并设置好。“拾色器”对话框、“颜色”面板、“色板”面板、“Kuler”面板和吸管工具都可以选取或设置颜色。下面我们来介绍它们的使用方法及各自特点。

4.3.1 疑问解答：前景色/背景色用在哪里?

前景色和背景色不是用来选取颜色的工具，但所有选取颜色的功能（“拾色器”“颜色”面板、吸管等）都可以定义前景色和背景色。为什么要定义这两种颜色？因为有很多工具使用它们进行涂抹和填充。

用到前景色的有画笔工具、铅笔工具、文字工具（横排文字工具和直排文字工具）、油漆桶工具、渐变工具（前景色是渐变的起始颜色）。此外，使用形状工具，以及编辑图层蒙版时也会用到前景色。

用到背景色的有橡皮擦工具、渐变工具（背景色是渐变的结束颜色），增加画布时，新增的画布也以背景色填充。另外，使用“编辑>填充”命令时，可以选择用前景色或背景色进行填充。

前景色和背景色控件位于工具箱底部。默认状态下，前景色为黑色，背景色为白色❶。

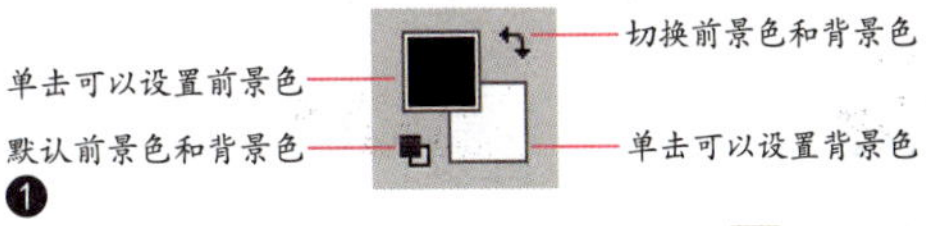

❶

单击切换前景色和背景色图标（快捷键为X）❷，可以切换前景色和背景色的颜色（添加图层蒙版或调整图层时，前/背景色会自动切换）。当修改了前景色和背景色以后❸，单击默认前景色和背景色图标（快捷键为D）❹，可以将它们恢复为默认的颜色。如果单击设置前景色或背景色图标，则可以打开“拾色器”，这时我们可以对颜色进行修改。

❷ ❸ ❹

提示（Tips）

按下Alt+Delete快捷键，可以在图像上或选区内填充前景色；按下Ctrl+Delete快捷键，可以填充背景色。使用这两个快捷键时，如果同时按住Shift键，可以只填充图层中包含像素的区域，不会影响透明区域。这相当于先锁定图层的透明区域（78页），再进行填色。

4.3.2 方法①：用“拾色器”选取颜色

01 我们来设置前景色。单击工具箱中的前景色图标（如果要设置背景色，可单击背景色图标），打开“拾色器”。前面我们介绍的Photoshop所使用的4种颜色模型都可以在“拾色器”中找到。如果知道所需颜色的色值，可以在颜色模型右侧的文本框中输入数值，从而精确定义颜色。例如，我们可以通过RGB模式生成颜色的方法，指定R（红）、G（绿）和B（蓝）值来设定颜色；也可以按照印刷色生成颜色的方法，指定C（青）、M（洋红）、Y（黄）和K（黑）的百分比来设置颜色；或者基于 Lab 颜色模型选取颜色（L 值用于指定颜色的明度，a值用于指定颜色的红绿程度，b值用于指定颜色的蓝黄程度）。

02 在更多的情况下，我们不知道颜色的准确数值，这就需要手动选取颜色。在默认状态下，“拾色器”使用的是HSB颜色模型，H代表色相、S代表饱和度、B代表亮度。竖直的颜色条用来选取色相，左侧的色域可以定义饱和度和亮度。我们在竖直的渐变条上单击，定义颜色范围❶，然后在左侧的色域中单击，在这一颜色范围内选取颜色❷。

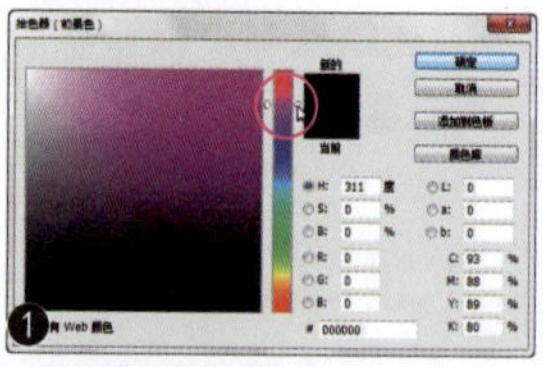
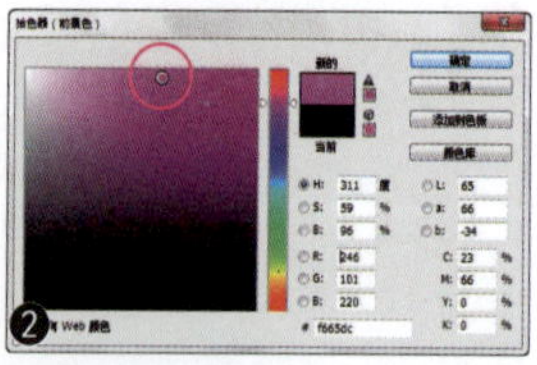

03 当选取了颜色以后，如果想要对饱和度做出调整，可以选中S单选钮❸，然后拖曳滑块❹。

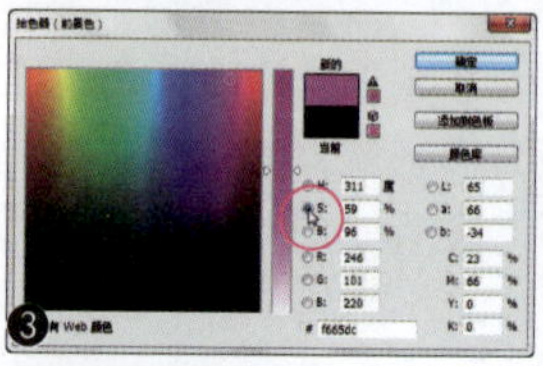
选中S单选钮

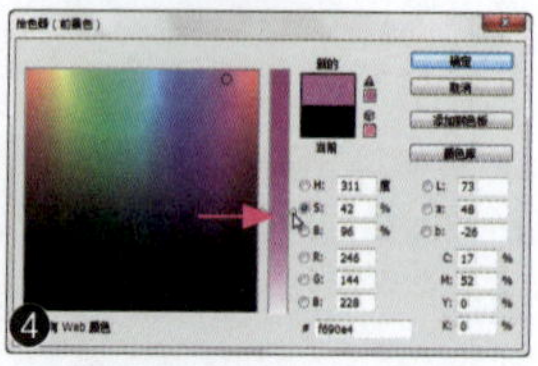
调整颜色的饱和度

04 如果要对颜色的亮度进行调整，可以选中B单选钮❺，再拖曳滑块❻。

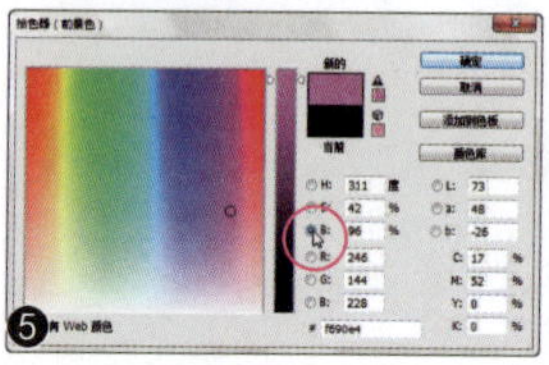
选中B单选钮

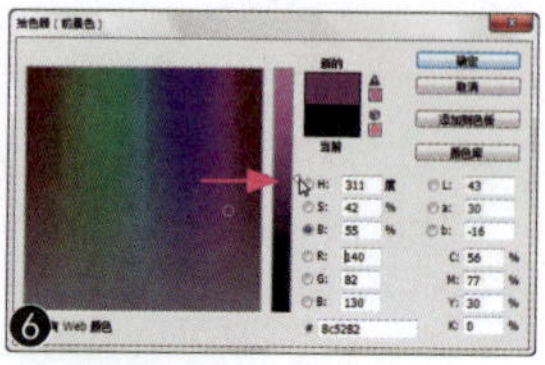
调整颜色的亮度

05 “拾色器”中还有一个颜色库，它提供了大量预设的印刷色。我们单击“颜色库”按钮，切换为“颜色库”对话框❼。印刷色的选取首先要在“色库”下拉列表中选择一个颜色系统❽，然后在光谱上定义颜色范围❾，最后在左侧的颜色列表中单击所需颜色即可❿。

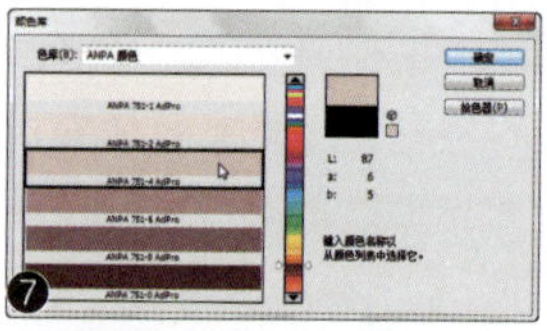
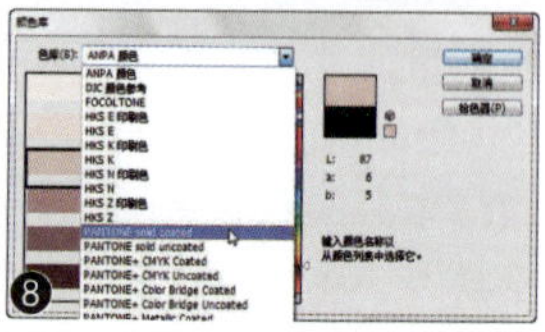
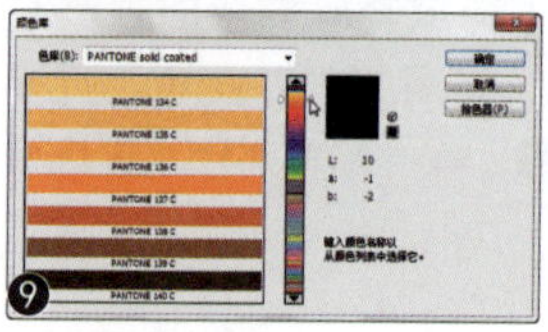
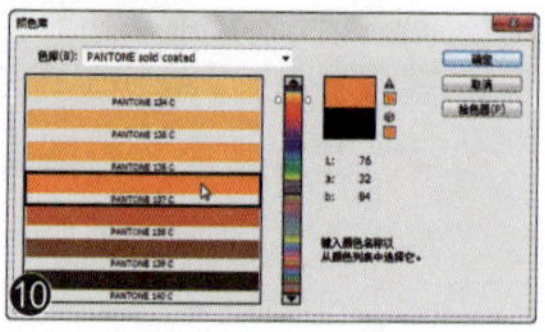

06 颜色选取好了以后，单击“确定”按钮（或按下Enter键）关闭对话框，即可将其设置为前景色（或背景色）。如果要切换回“拾色器”，可以单击“颜色库”对话框中的“拾色器”按钮。

提示（Tips）

Photoshop提供的颜色库分为7类。

● ANPA通常应用于报纸。

● PANTONE用于专色重现。PANTONE 颜色参考和芯片色标簿会印在涂层、无涂层和哑面纸样上，以确保精确显示印刷结果，并更好地进行印刷控制，另外，还可以在 CMYK下印刷 PANTONE 纯色。

● DIC颜色参考通常在日本用于印刷项目。

● FOCOLTONE由763种CMYK 颜色组成，通过显示补偿颜色的压印，可以避免印前陷印和对齐问题。

● HKS在欧洲用于印刷项目。每种颜色都有指定的CMYK 颜色，可以从 HKS E（适用于连续静物）、HKS K（适用于光面艺术纸）、HKS N（适用于天然纸）和HKS Z（适用于新闻纸）中选择，有不同缩放比例的颜色样本。

● TOYO Color Finder由基于日本最常用的印刷油墨的1000 多种颜色组成。

● TRUMATCH提供了可预测的 CMYK 颜色，与两千多种可实现的、计算机生成的颜色相匹配。

“拾色器”对话框选项

在Photoshop中，凡是需要选取颜色的地方，几乎都能见到“拾色器”的身影⓫。这也从侧面印证，“拾色器”是最常用的颜色选取工具。

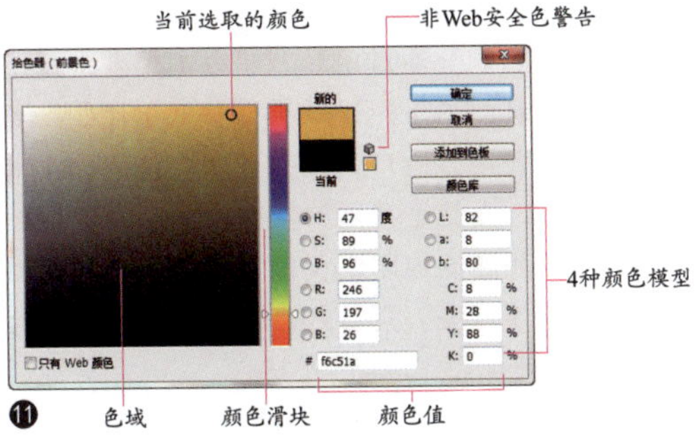

无论在哪里，“拾色器”的打开方法都是相同的，单击其“形象代言人”——颜色块⓬，即可将其打开。

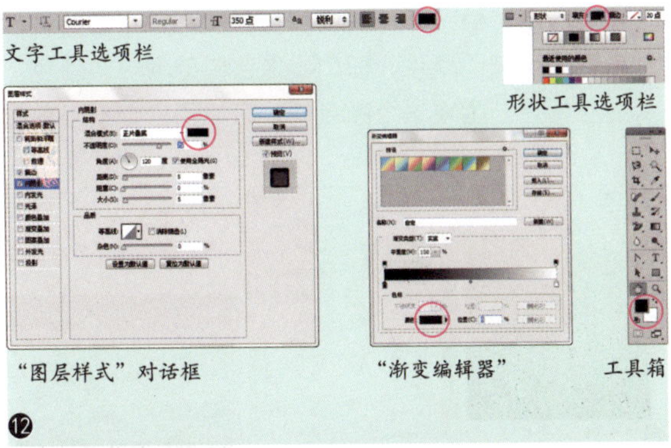

选项	说明
色域/拾取的颜色	在“色域”中拖动鼠标，可以改变当前拾取的颜色
新的/当前	“新的”颜色块中显示的是修改后的最新颜色。“当前”颜色块中显示的是上一次使用的颜色，单击该颜色块，可以将当前颜色恢复回上一次使用的颜色
颜色滑块	拖曳颜色滑块可以调整颜色范围
颜色值	显示了当前设置的颜色的颜色值。在一个颜色模型中输入颜色值，则可以精确定义颜色。此外，在“#”文本框中可以输入一个十六进制值，例如，000000 是黑色，ffffff 是白色，ff0000 是红色。该选项主要用于指定网页色彩
非Web安全色警告	表示当前设置的颜色不能在网上准确显示，单击警告下面的小方块，可以将颜色替换为与其最为接近的 Web 安全颜色
只有Web颜色	在色域中只显示Web安全色
添加到色板	单击该按钮，可以将当前设置的颜色添加到“色板”面板
颜色库	单击该按钮，可以切换到“颜色库”对话框中

4.3.3 方法②：用“颜色”面板选取颜色

“颜色”面板比“拾色器”要简单一些，也不像“拾色器”那样需要占据较大的屏幕空间。它采用类似于美术调色的方式来混合颜色。例如，当前颜色是红色时❶，我们可以向其中混入黄色，使之成为橙色❷。

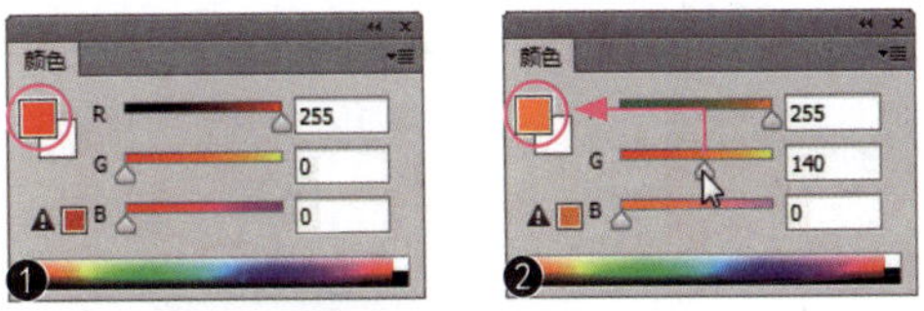

“颜色”面板的左上角是前景色和背景色图标，想要编辑哪种颜色，就单击哪个颜色块，之后拖曳面板中的滑块，或者在选项中输入数值设置调整颜色。双击则可以打开“拾色器”。使用X快捷键，可以将前景色或背景色切换为当前编辑状态。

01 执行“窗口>颜色”命令，打开“颜色”面板。单击前景色块❸，我们来编辑前景色。

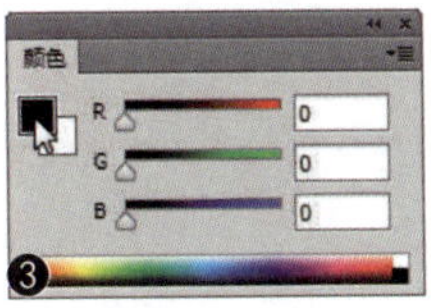

02 如果知道颜色值，可以在R、G、B文本框中输入数值❹（按下Tab键可以向下切换文本框）。不知道颜色值的情况下，可以拖曳滑块来调整颜色❺。

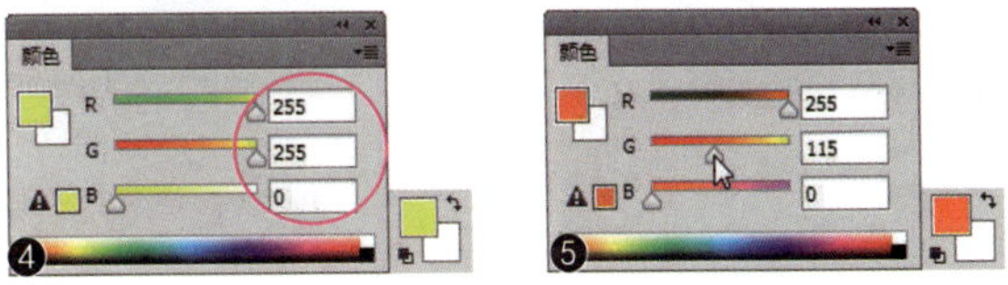

03 面板的下方有一个色谱，将光标放在它上方，光标会变为吸管状❻，单击鼠标，可以采集光标下方的颜色❼。通过这种方法，可以快速地从一种色相“跳到”另一种色相，这要比拖曳滑块来得快。单击并在色谱上移动鼠标，则可以动态采集颜色。

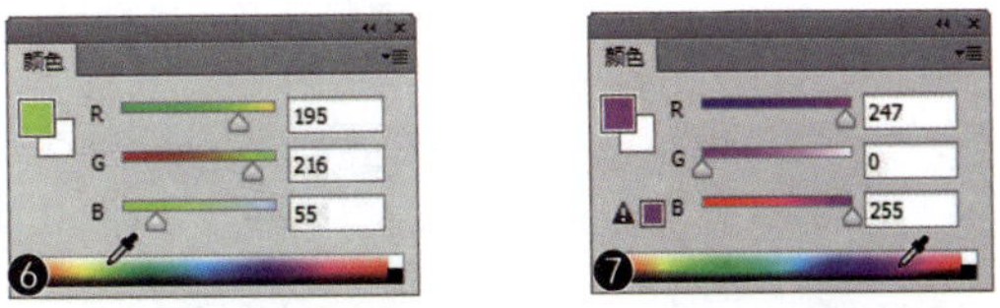

04 在“拾色器”对话框中，我们曾单独调整过色相、饱和度和亮度，“颜色”面板也可以进行这样的操作。打开“颜色”面板的菜单，选择“HSB滑块”命令，面板中的滑块会变为H、S、B，它们分别对应：H→

色相、S→饱和度、B→亮度❽。我们首先定义色相。例如，如果定义黄色，就将H滑块拖曳到黄色区域❾；拖曳B滑块可以定义黄色的亮度❿；拖曳S滑块可以调整黄色的饱和度⓫。亮度越高，色彩越明亮，亮度越低，色彩越暗淡；饱和度越高，色彩越鲜艳，饱和度越低，色彩越暗淡。

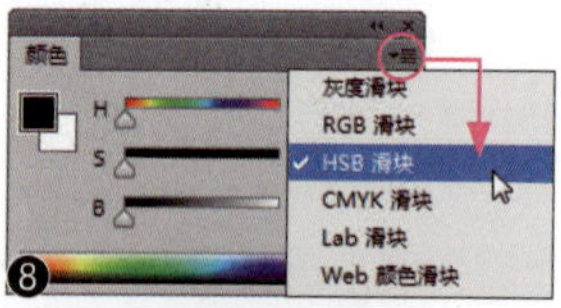

❽

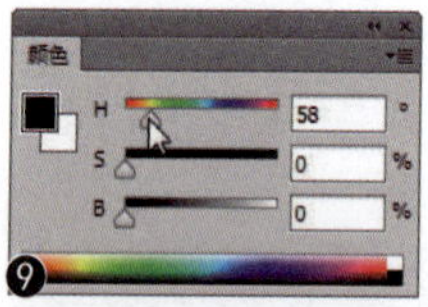

❾

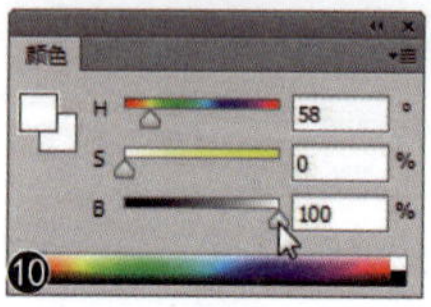

❿

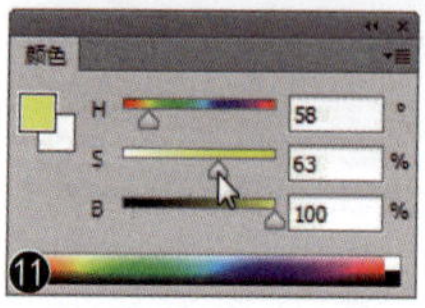

⓫

4.3.4 实战技巧：改变颜色模型和色谱

创建文档时，我们为它所指定的颜色模式（39页）决定了用于显示和打印所处理的图像的颜色模型，但这并不会限定我们使用其他颜色模型设置颜色。例如，如果文档为RGB模式，打开“颜色”面板菜单，可以选择“灰度滑块”“HSB滑块”“CMYK滑块”“Lab滑块”等❶，基于这几种颜色模型来选取颜色。其中的“灰度滑块”和“Web颜色滑块”是“拾色器”中没有的。

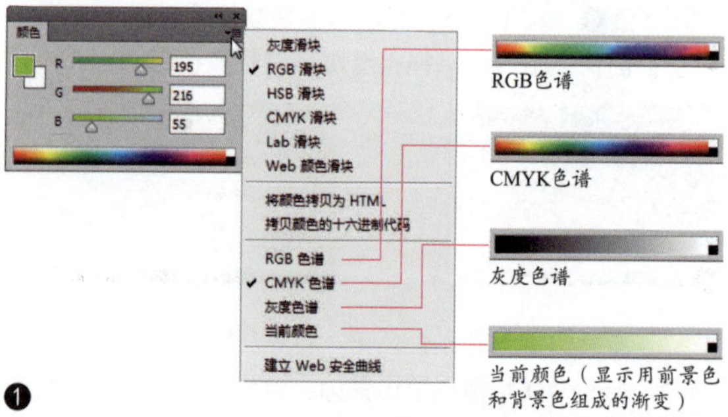

❶

此外，我们也可以在面板菜单中选择不同的色谱，与颜色模型进行“混搭”。例如，RGB滑块配灰度色谱（在面板底部）❷、灰度滑块（K）配CMYK色谱❸。

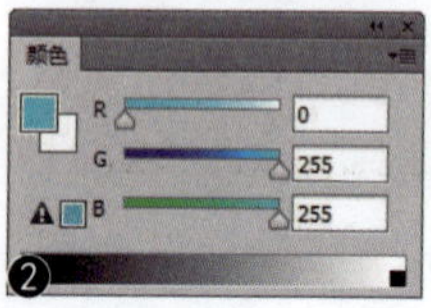

❷

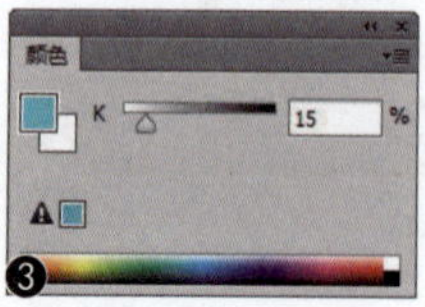

❸

4.3.5 疑问解答：什么是溢色？怎么处理溢色？

如果我们有过数码照片的打印经历就会发现，照片打印出来以后，颜色没有在计算机屏幕上看着鲜艳。这是因为，数码相机、显示器、扫描仪和电视机属于RGB设备，它们都通过色光三原色（红光、绿光和蓝光）合成色彩。由于RGB（屏幕模式）比CMYK（印刷模式）的色域范围广，在打印时，位于CMYK色域之外的颜色，尤其是特别鲜艳的颜色，会被与之最为接近的、饱和度低的印刷色替代，因此色彩看上去就会比原先暗淡一些。那些在CMYK色域范围之外而无法打印的颜色称为“溢色”。

在Photoshop中，溢色主要在两种情况下发生。

（1）使用“拾色器”和“颜色”面板时，在HSB、Lab、RGB颜色模型中设置颜色容易出现溢色。届时Photoshop会给我们发出警告（一个小的惊叹号图标⚠）❶，并在其下方提供一个与当前颜色最为接近的可打印颜色，即CMYK色域范围内的颜色。单击溢色警告⚠或这个颜色块，可以用它替换当前颜色，从而将溢色问题解决。

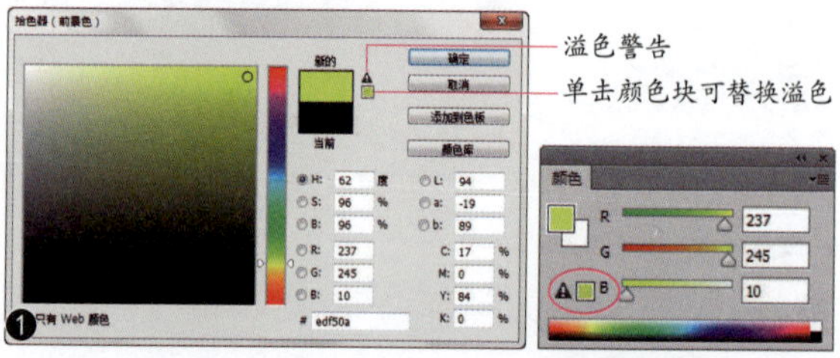

❶

（2）使用“图像>调整”菜单中的命令，或者通过调整图层增加色彩的饱和度时，也有可能出现溢色。

如果想要在操作过程中了解是否出现溢色，可以先用颜色取样器工具在图像中建立取样点；然后在“信息”面板的吸管图标上右击，在弹出的快捷菜单中选择“CMYK颜色”选项❷；之后再调整图像，如果取样点的颜色超出了CMYK 色域，CMYK值旁边会出现惊叹号，以提醒我们注意❸。

❷

还有一种情况，现成的图像素材中存在溢色❹。这不是我们操作造成的，因此没有办法避免。但我们可以查看哪些区域出现了溢色。操作方法是，执行“视图>色域警告”命令，开启色域警告，被灰色覆盖的区域便是溢色颜色❺。如果图像本身的颜色与覆盖的颜色不太容易区分，也可以用其他颜色覆盖溢色区域（501页）。再次执行该命令，可以关闭色域警告。

提示（Tips）

打开“拾色器”以后，执行“色域警告”命令，则对话框中的溢色会显示为灰色。上下拖曳颜色滑块，可以观察将RGB图像转换为CMYK后，哪个色系丢失的颜色最多。

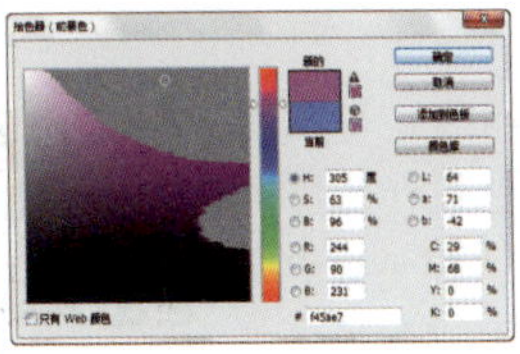

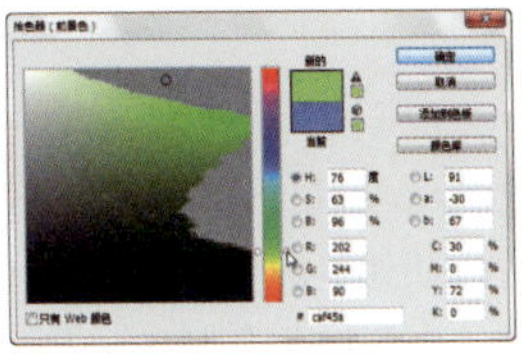

4.3.6 方法③：从“色板”面板中选取预设颜色

“色板”面板可以保存颜色，也就是说，我们用“拾色器”或“颜色”面板设置好前景色后，可以将其保存到“色板”面板中，以后作为预设的颜色来使用。

在默认状态下，“色板”面板中有122种预设的颜色，如果其中有我们需要的，单击它，便可将其设置为前景色或背景色。这在Photoshop中是最简单、最快速的颜色选取方法。

01 执行“窗口>色板”命令，打开“色板”面板。单击一个颜色色板，可将其设置为前景色❶；按住Ctrl键单击，可将其设置为背景色❷。

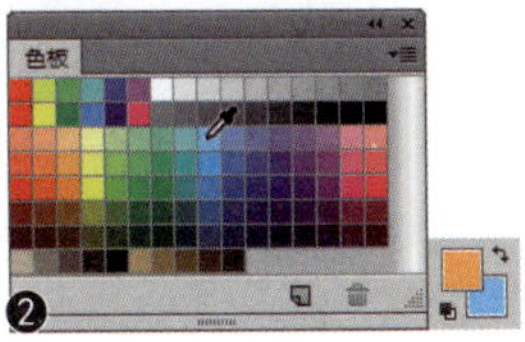

02 使用“颜色”面板对前景色做一下调整❸，现在它成为我们自定义的颜色了，单击“色板”面板底部的按钮，弹出“色板名称”对话框，输入名称，并单击“确定”按钮，将其保存到“色板”面板中❹。

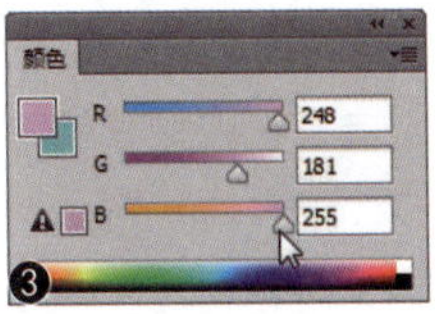

03 如果有不需要的颜色，可将其删除。操作方法是按住Alt键（光标会变为剪刀状）单击它❺❻，或者将其拖曳到面板底部的按钮上。

04 “色板”面板菜单中提供了色板库，除了几个Web安全色外，其余的均与“拾色器”提供的色板库相同（108页）。选择一个色板库后❼，会弹出提示信息❽，单击“确定”按钮，可以载入色板库，并替换面板中原有的颜色❾；单击“追加”按钮，可以在原有的颜色后面追加色板库中的颜色。进行了添加色板、删除色板或载入色板库的操作以后，可以执行“色板”面板菜单中的“复位色板”命令，让面板恢复为默认的颜色，以减少系统资源的占用。

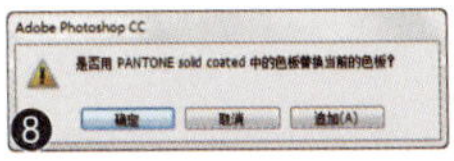

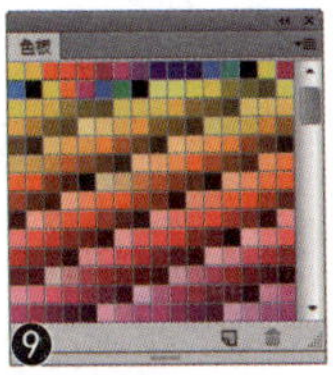

提示（Tips）

将光标放在一个色板上方，就会显示它的名称。如果想要让所有色板都显示名称，可以从面板菜单中选择“小列表”命令。

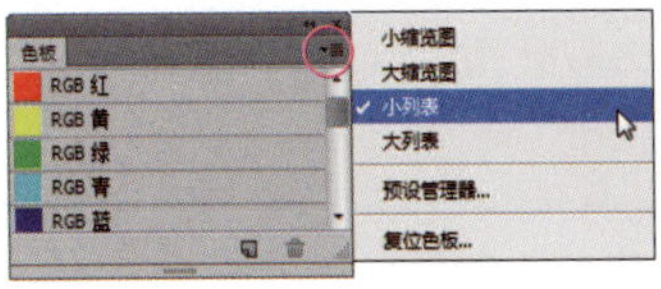

4.3.7 方法④：用吸管工具拾取屏幕颜色

“色板”面板和吸管工具都属于不能调配颜色，只可使用现成颜色的工具。“色板”面板的颜色都来源于该面板，而吸管工具的颜色则需要我们从计算机屏幕上拾取。

请注意一个关键词——计算机屏幕。它的意思是说，吸管工具可以从计算机屏幕的任何位置拾取颜色，包括Photoshop程序窗口内部区域（图像、工具箱、工具选项栏、面板）、Photoshop窗口外的计算机桌面、Windows资源管理器，或者是已经打开的网页页面。

01 打开素材。选择吸管工具，将光标放在图像上，单击鼠标可以显示一个取样环，此时可拾取单击点的颜色并将其设置为前景色❶；按住鼠标按键移动，取样环中会出现两种颜色，当前拾取的颜色在上面，前一次拾取的颜色在下方❷。

02 按住Alt键单击，可以拾取单击点的颜色并将其设置为背景色❸。如果在图像上单击，然后按住鼠标按键在屏幕上拖动，则可拾取工具箱❹、窗口、菜单栏和面板的颜色。如果要拾取计算机桌面或网页颜色，可以先拖曳Photoshop窗口边角将窗口调小，再进行操作。

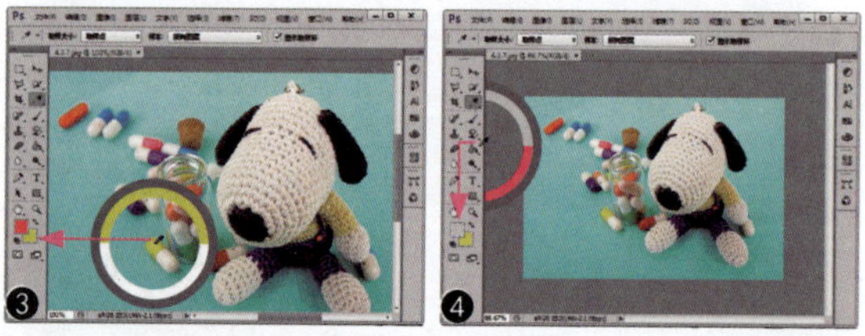

提示（Tips）

在使用画笔、铅笔、渐变、油漆桶等绘画类工具时，可以按住Alt键不放，临时切换为吸管工具进行颜色拾取，拾取颜色后，放开Alt键还会恢复为之前使用的工具。

吸管工具选项栏

吸管工具的选项栏比较简单，最重要的选项是“取样大小”，它决定了吸管工具的取样范围❺。选择“取样点”，可以拾取光标下方像素的精确颜色；选择“3×3平均”选项，表示拾取光标下方3个像素区域内所有像素的混合颜色；选择“5×5平均”选项，表示拾取光标下方5个像素区域内所有像素的混合颜色。其他选项以此类推。另外需要提醒的是，吸管工具的“取样大小”会影响魔棒工具的“取样大小”（193页）。

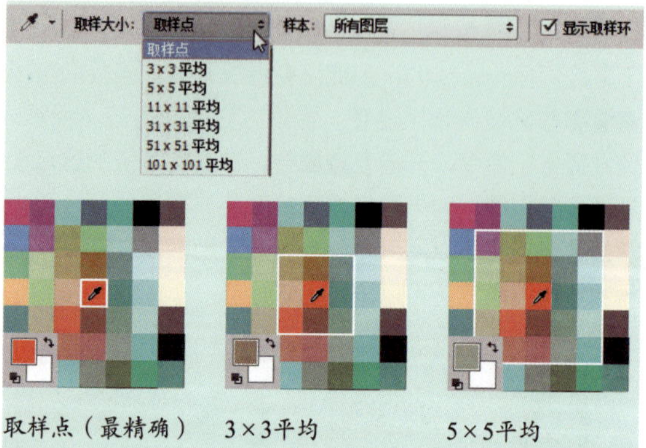

❺

“样本”选项决定了在哪个图层取样。例如，选择“当前图层”选项表示只在当前图层上取样；选择“所有图层”选项可以在所有图层上取样。如果要在拾取颜色时显示取样环，可以选择“显示取样环”选项。

4.3.8 方法⑤：用“Kuler”面板下载颜色

将计算机连接到互联网后，可以通过“Kuler”面板访问由在线设计人员社区所创建的数千个颜色组，为配色提供参考。也可以下载其中一些主题进行编辑或包括在我们自己的“色板”面板中。

01 执行“窗口>扩展功能>Kuler”命令，打开“Kuler”面板。单击“浏览”按钮❶，再单击按钮，打开下拉列表，选择“最受欢迎”选项，Photoshop会自动从Kuler社区下载最受欢迎的颜色主题❷❸。

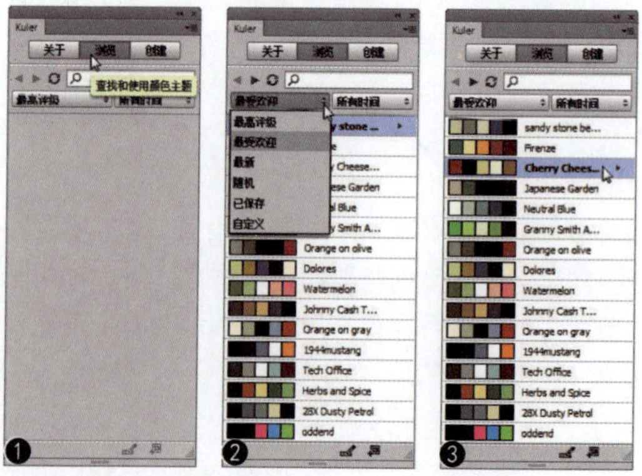

02 选择一组颜色后，单击按钮，可将其下载到“色板”面板中❹。单击按钮，可将其添加到“创建”面板中❺。此时从“选择规则”菜单中选择一种颜色协调规则，可以从基色中自动生成与之匹配的颜色❻。例如，选择红色基色和“互补色”颜色协调规则，可生成由基色（红色）及其补色（蓝色）组成的颜色组。

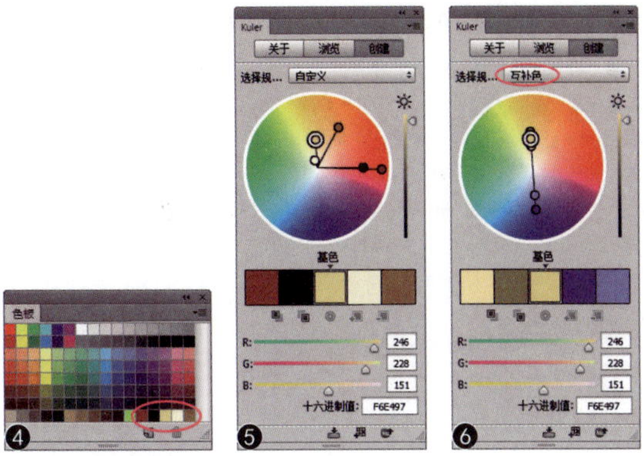

03 拖曳R、G、B滑块❼，或移动色轮也可以调整基色❽，Photoshop会根据所选颜色协调规则生成新的颜色组。单击一个基色后，拖曳亮度滑块还可以调整其亮度❾。单击“Kuler”面板底部的按钮，可以保存当前面板中正在编辑的颜色主题；单击按钮，可以将当前颜色主题上传到Kuler社区。

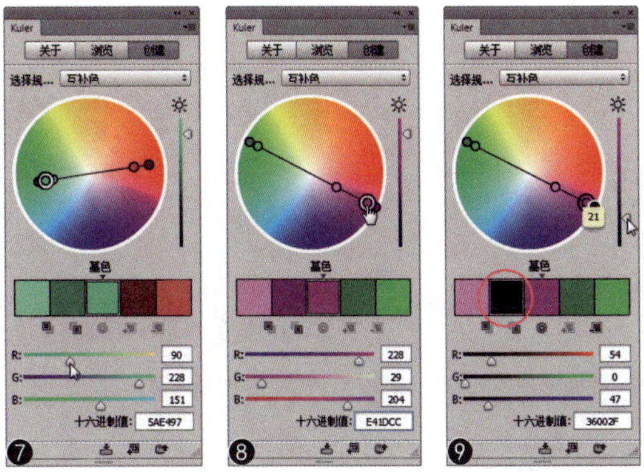

4.4 “画笔”面板

“画笔”面板是Photoshop中“体型”最大的一个面板，它不仅选项多，用途也很广，绘画类、修饰类、仿制类工具笔尖的选择和参数设定都要在该面板中完成。使用画笔工具时，可以在该面板中设置所有选项，其他工具有些选项不能使用。例如，选择铅笔工具时，“湿边”和“建立”选项就不可用。

4.4.1 实战技巧：更换笔尖

选择绘画类（包括修饰类）工具时❶，Photoshop会自动为其“安装”一个笔尖，通常是我们上一次使用过的笔尖。

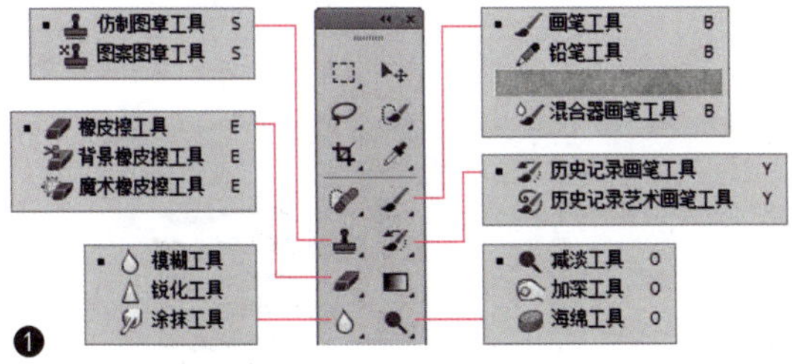

可以更换笔尖的工具

Photoshop中预设了大量笔尖，可进行更换，也可以调整参数，使其成为我们“私人定制”的专属画笔。我们可以通过4个面板更换笔尖。

第一个是“工具预设”面板（11页），它只提供几个预设笔尖（包含大小、形状和硬度等定义好的特性），因此并不常用；第二个是“画笔预设”面板，它提供了所有笔尖，但仅能调整画笔大小❷，没有其他参数选项，这也不是最好的选择；第三个是画笔下拉面板❹，包含所有笔尖并可调整画笔的硬度❸，我们可以通过两种方法打开该面板，一是单击工具选项栏中的按钮，二是在文档窗口中右击；第四个是“画笔”面板，它提供了所有笔尖，以及最完整的参数选项。

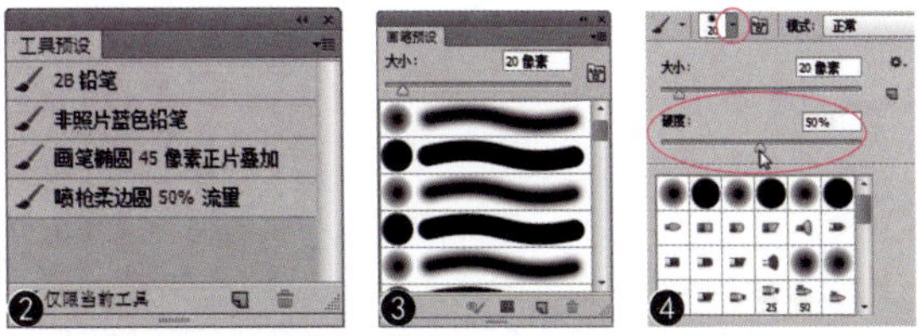

执行“窗口>画笔”命令，或者选择绘画类、修饰类等工具后，单击工具选项栏中的按钮，都可以打开“画笔”面板❺。面板左侧是各个选项条目，单击其中的一个，使其处于勾选状态，面板右侧就会显示它所对应的参数设置选项❻。操作时需注意，一定要单击选项的名称，而不是其复选框，否则只能开启相应的功能，而不会显示选项❼。

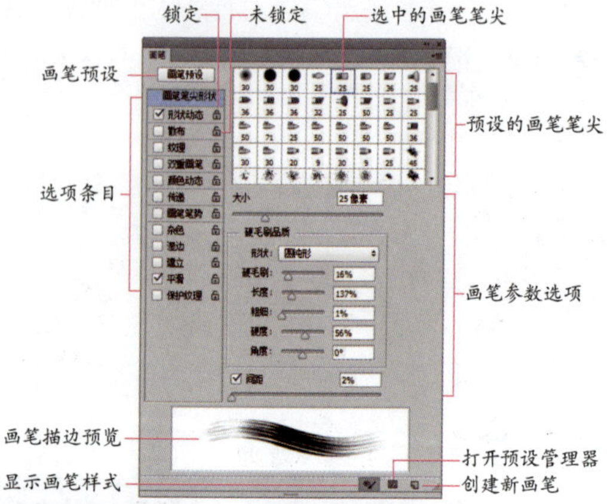

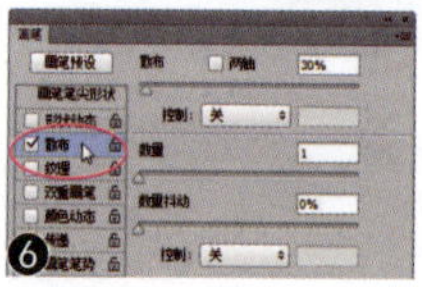
单击选项名称

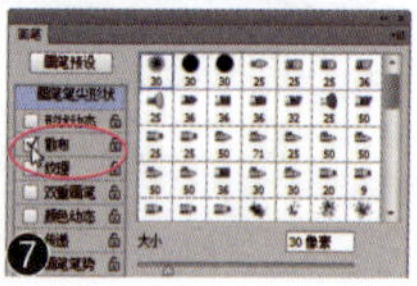
单击复选框（不显示选项）

选项	说明
画笔预设	单击该按钮，可以打开“画笔预设”面板
选项条目	单击选项条目列表中的选项，面板右侧会显示其具体设置内容，它们用来改变画笔的角度、圆度，以及为其添加纹理、颜色动态等变量
锁定/未锁定	显示锁定图标时，表示当前画笔的笔尖形状属性（形状动态、散布、纹理等）为锁定状态。单击该图标，即可取消锁定（图标会变为状）
选中的画笔笔尖	当前选择的画笔笔尖
画笔笔尖/画笔描边预览	显示了Photoshop提供的预设画笔笔尖。选择一个笔尖后，可以在“画笔描边预览”区域预览该笔尖的形状
画笔参数选项	用来调整画笔的参数
显示画笔样式	使用毛刷笔尖时，在窗口中显示笔尖样式
打开预设管理器	可以打开“预设管理器”对话框
创建新画笔	如果对一个预设的画笔进行了调整，可单击该按钮，将其保存为一个新的预设画笔

提 示（Tips）

“画笔”面板菜单底部是预设的画笔库。选择一个画笔库，会弹出提示，单击“确定”按钮，可载入画笔并替换面板中原有的画笔；单击“追加”按钮，可以将载入的画笔添加到原有的画笔后面。

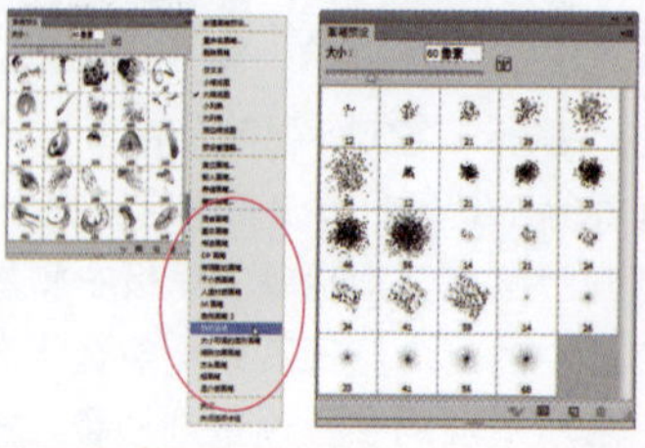

4.4.2 疑问解答：怎样区分笔尖的种类和样式?

Photoshop预设的笔尖分为圆形笔尖、图像样本笔尖、硬毛刷笔尖、侵蚀笔尖和喷枪笔尖5类。区分这几种笔尖最简单的方法是观察它们的缩览图❶。

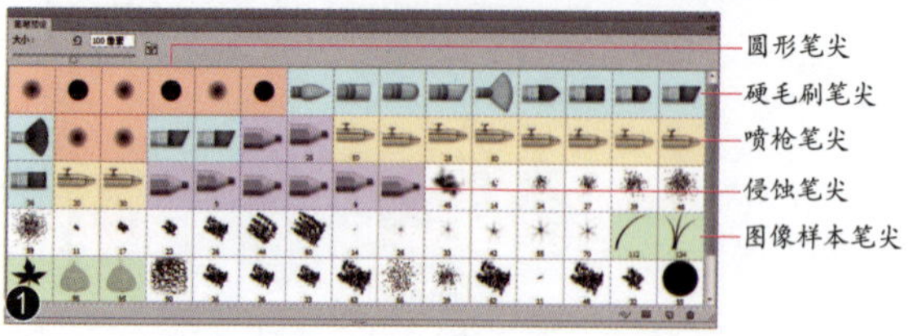

圆形笔尖是默认的标准笔尖，它们的外观呈圆形，有的边缘清晰，有的边缘柔和；图像样本笔尖是用图像创建的，如星形、草、枫叶等。这两种笔尖的特征非常明显。

硬毛刷笔尖外观呈毛刷状，类似于水彩笔、油画笔；侵蚀笔尖像蜡笔和铅笔；喷枪笔尖字如其名，外观像一个喷枪。这几种笔尖用于模拟真实的绘画笔迹。

在默认状态下，笔尖的缩览图很小，观察起来有点费劲，我们可以单击画笔下拉面板右上角的按钮，或“画笔预设”面板右上角的按钮，打开面板菜单❷，选择其中的“大缩览图”“大列表”等命令，显示缩览图和笔尖名称❸~❽。

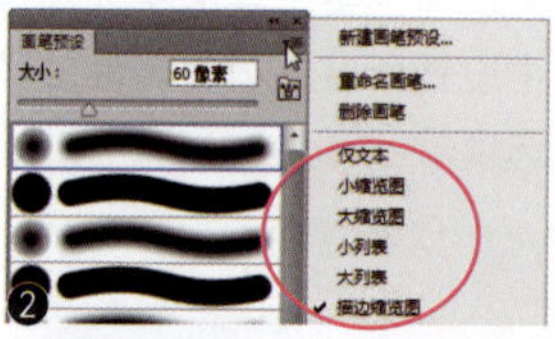

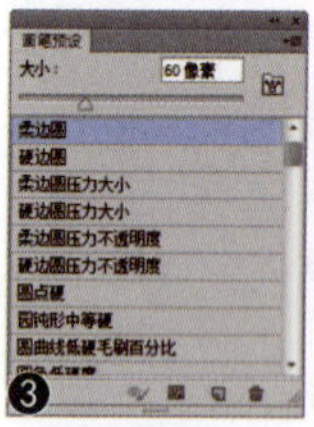
仅文本

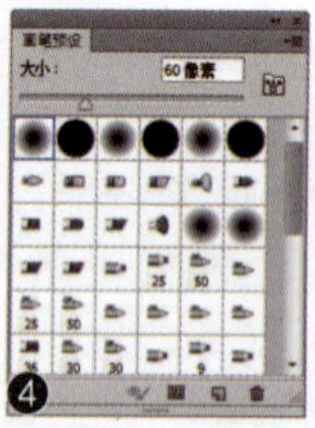
小缩览图

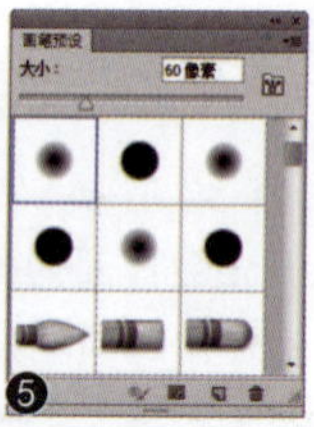
大缩览图

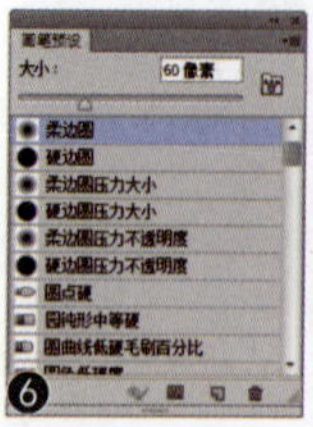
小列表

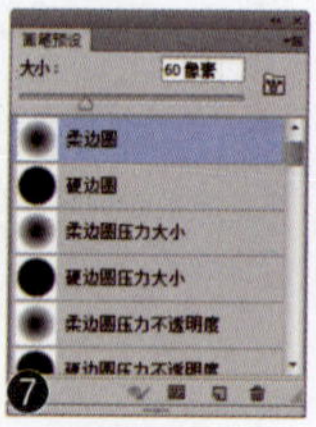
大列表

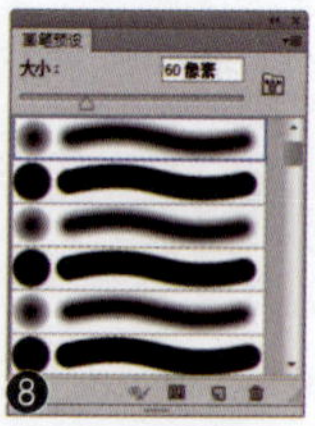
描边缩览图

这里要重点强调一下圆形标准笔尖，在绘画、修改蒙版和通道时会经常用到此类笔尖。以最终效果划分，可分为尖角、柔角、实边和柔边等类型❾~⓬。使用尖角和实边笔尖绘制的线条具有清晰的边缘；而所谓的柔角和柔边，就是线条的边缘柔和，呈现逐渐淡出的效果。

❾
尖角

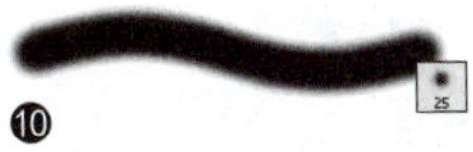
❿
柔角

⓫
实边

⓬
柔边

一般情况下，尖角和柔角笔尖使用得比较多，尤其是在修饰照片和图层蒙版时。将笔尖硬度设置为100%可以得到尖角笔尖，它具有清晰的边缘⓭；笔尖硬度低于100%时可得到柔角笔尖，它的边缘是模糊的⓮。

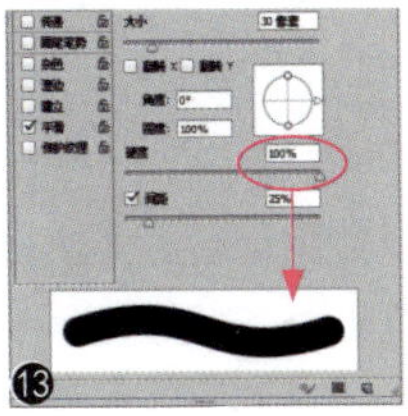
⓭

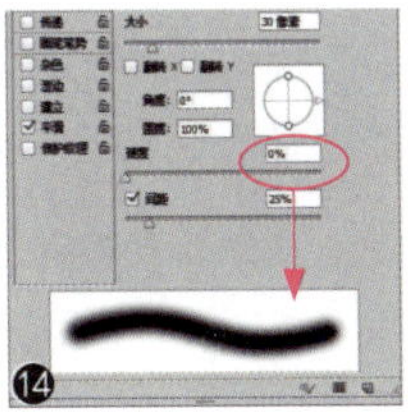
⓮

4.4.3 基本参数

在“画笔”面板中选择笔尖时，首先要单击左侧列表中的“画笔笔尖形状”选项，然后在面板右侧进行选取。我们可以对所选画笔进行一些简单的参数调整，如大小、角度、圆度、硬度和间距等❶。

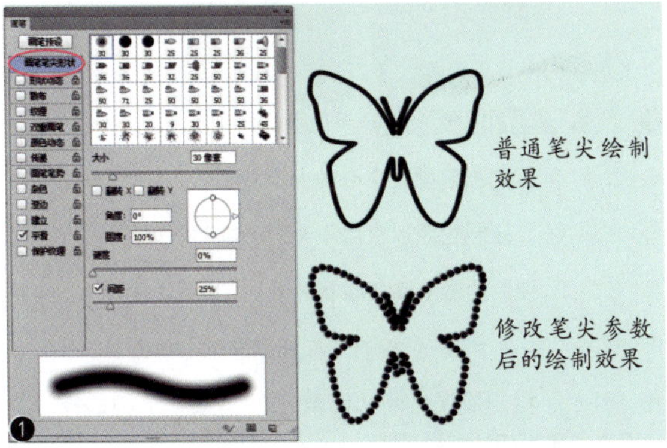

❶

- **大小**：用来设置画笔的大小，范围为1~5000像素。
- **翻转X/翻转Y**：可以让笔尖沿X轴（即水平）翻转、沿Y轴（即垂直）翻转❷~❹。

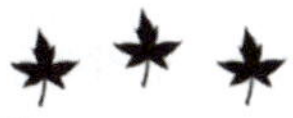
❷
原笔尖

❸
勾选“翻转X”

❹
勾选“翻转Y”

- **圆度**：用来设置画笔长轴和短轴之间的比率。可以在文本框中输入数值，或拖曳控制点来调整。该值为100%时，笔尖为圆形❺，设置为其他值时，可以将画笔压扁❻。

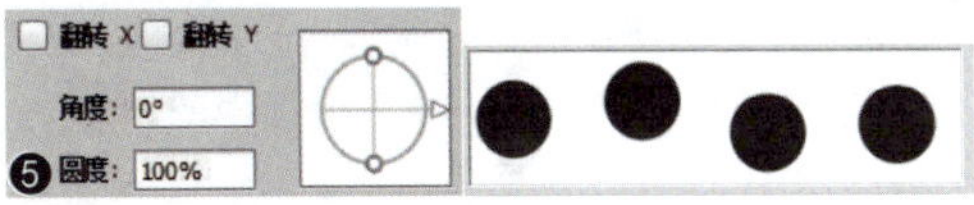
❺

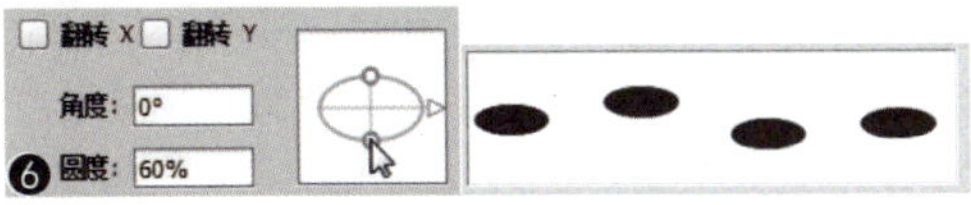
❻

- **角度**：用来设置椭圆状笔尖和图像样本笔尖的旋转角度。可以在文本框中输入角度值，也可以拖曳箭头进行调整❼。

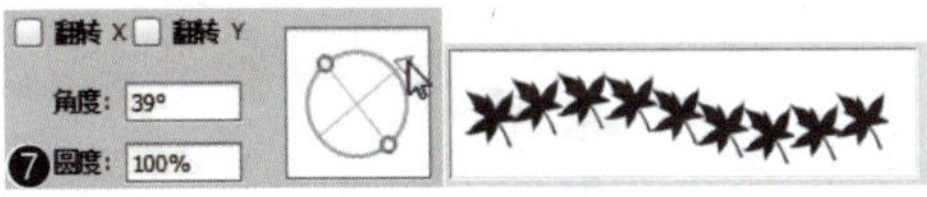
❼

- **硬度**：对于圆形笔尖和喷枪笔尖，“硬度”用来控制画笔硬度中心的大小，该值越低，画笔的边缘越柔和，透明度越高，色彩越淡；对于硬毛刷笔尖，“硬度”用来控制毛刷的灵活度，该值较低时，画笔的形状更容易变形。图像样本笔尖不能设置硬度❽~❿。

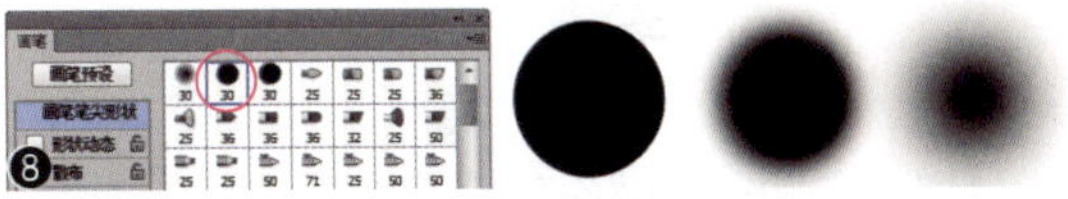
❽
圆形笔尖：直径30像素，硬度分别为100%、50%、1%

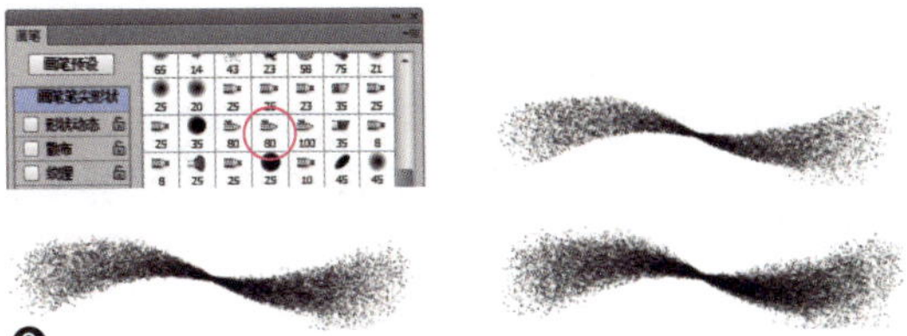
❾
喷枪笔尖：直径80像素，硬度值分别为100%、50%、1%

❿
硬毛刷笔尖：直径32像素，硬度值分别为100%、50%、1%

- **间距**：控制描边中两个画笔笔迹之间的距离。以圆形笔尖为例，它绘制的线条其实是由一连串的圆点连接而成的，“间距”可以控制各个圆点之间的距离⓫~⓭。如果取消对该选项的勾选，则间距取决于光标的移动速度，此时光标的移动速度越快，间距越大。

⓫
间距1%

⓬
间距100%

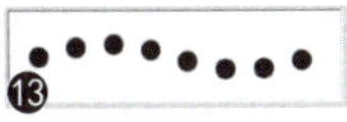
⓭
间距200%

4.4.4 硬毛刷笔尖选项

硬毛刷笔尖可以绘制出十分逼真、自然的描边效果。当选择这种类型的笔尖后，单击面板中的按钮，文档窗口左上角会出现画笔预览窗口，在该窗口中单击，可以从不同的角度观察画笔；按住Shift键单击，则会显示画笔的3D效果，而且使用时，预览窗口还会实时显示笔尖的角度和压力情况❶。

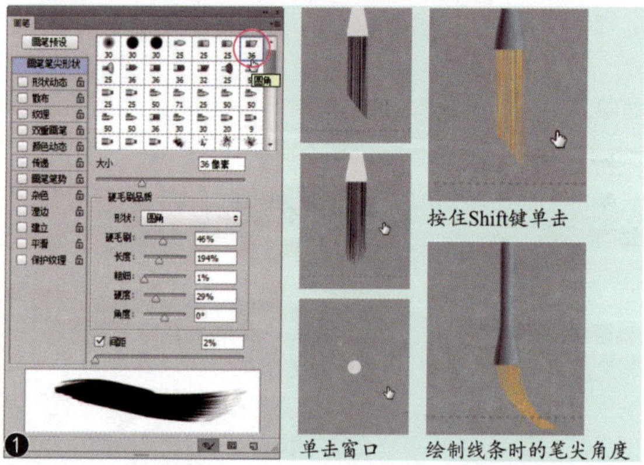
单击窗口　按住Shift键单击　绘制线条时的笔尖角度

- 形状：在该选项的下拉列表中，有10种形状可供选择，它们与预设的笔尖一一对应。
- 硬毛刷：可以控制整体的毛刷浓度。
- 长度/粗细：可以修改毛刷的长度，控制各个硬毛刷的宽度。
- 硬度：可以控制毛刷的灵活度。该值较低时，画笔的形状容易变形。如果要在使用鼠标时使描边创建发生变化，可以调整硬度设置。
- 角度：确定使用鼠标绘画时的画笔笔尖角度。
- 间距：控制描边中两个画笔笔迹之间的距离。取消对该选项的选择时，间距取决于光标的移动速度。

4.4.5 侵蚀笔尖选项

侵蚀笔尖可以表现类似于铅笔和蜡笔的绘画效果。使用时，还能随着绘画时间的增加而自然磨损。我们可以从文档窗口左上角的画笔预览窗口中观察磨损程度❶。

- 大小：控制画笔大小。
- 柔和度：控制磨损率。可以输入一个百分比值，或拖曳滑块来进行调整。
- 形状：从下拉列表中可以选择笔尖形状❷。

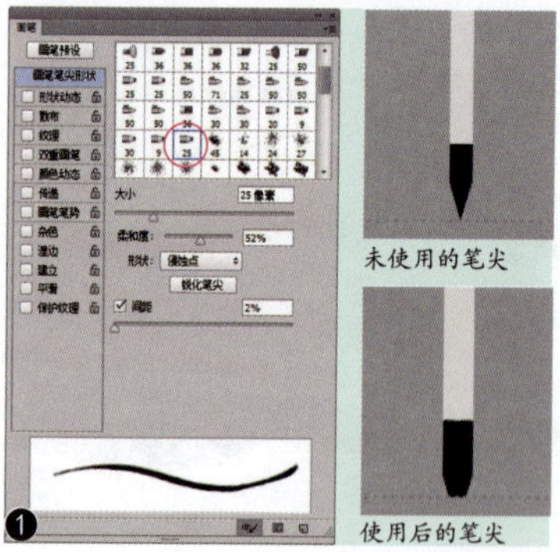
未使用的笔尖　使用后的笔尖

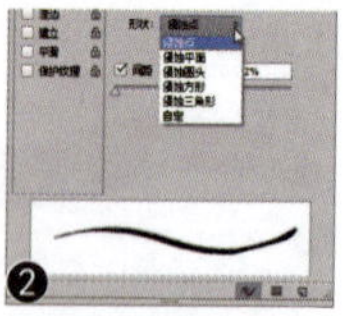

- 锐化笔尖：单击该按钮，可以将笔尖恢复为原始的锐化程度。
- 间距：控制描边中两个画笔笔迹之间的距离。取消对该选项的选择时，间距取决于光标的移动速度。

4.4.6 喷枪笔尖选项

喷枪笔尖通过3D锥形喷溅的方式来复制喷罐❶。使用数位板的用户可以通过修改钢笔压力来改变喷洒的扩散程度。

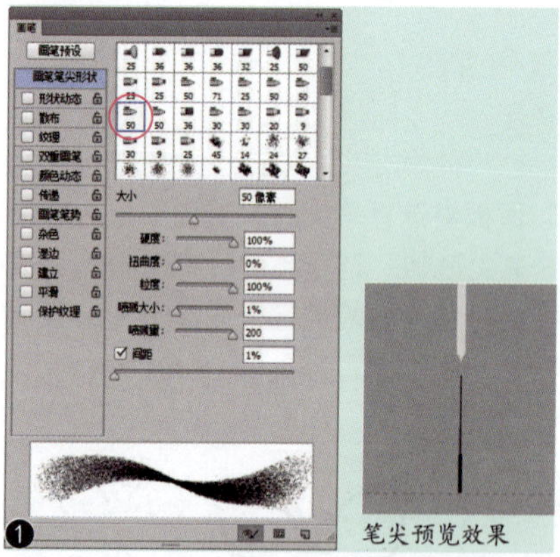
笔尖预览效果

- 硬度：控制画笔硬度中心的大小。
- 扭曲度：控制扭曲以应用于油彩的喷溅。
- 粒度：控制油彩液滴的粒状外观。
- 喷溅大小/喷溅量：控制油彩液滴的大小和数量。
- 间距：控制液滴之间的距离。取消该选项的选择时，间距取决于光标的移动速度。

4.4.7 分析：为数位板配备的动态变化选项

使用计算机绘画的最大问题就是鼠标不能像画笔一样听话。笔尖的压力变化、画笔的旋转、笔锋的倾侧，等等，鼠标无法模拟，更不能反馈给计算机程序。

专业的设计师和高级用户都是在数位板上作画的。数位板由一块画板和一只无线的压感笔组成，就像是画家的画板和画笔。使用压感笔在数位板上作画时，随着笔尖在画板上着力的轻重、速度以及角度的改变，绘制出的线条就会产生粗细和浓淡等变化，与在纸上画画的感觉几乎没有区别❶❷。

Wacom 影拓数位板，及用压感笔绘制的线条

Photoshop的“画笔”面板中有专门为数位板配备的选项——“控制”下拉列表中的“钢笔压力”“钢笔斜度”和“光笔轮”❸，它们与位于其上方的抖动选项配合使用，在用压感笔绘画时，就可以通过钢笔压力、钢笔斜度或钢笔拇指轮的位置来控制抖动变化。如果使用的是鼠标，则会出现一个惊叹号图标❹，提醒我们所选选项不会起作用。

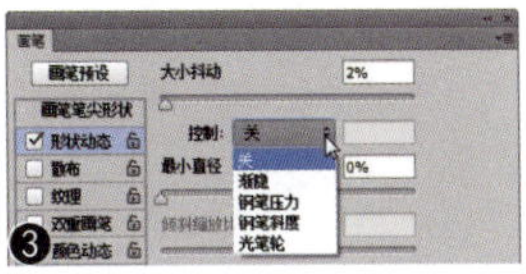

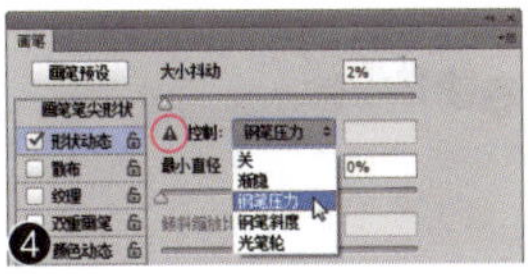

4.4.8 分析：为鼠标配备的动态变化选项

数位板固然是数字绘画最好的硬件工具，但毕竟只有少数专业人员才配备。使用鼠标的普通用户要想提高绘画的灵活性，或者更真实地模拟传统绘画笔迹，就要对抖动进行设置。

在“画笔”面板左侧的列表中，“形状动态”“散布”“纹理”“颜色动态”和“传递”选项都包含抖动设置❶❷。虽然名称有些不同，但用途是一样的。具体效果可参见各个选项的描述章节，这里我们主要分析它们的共同点。

抖动设置的用途是让画笔的大小、角度、圆度，以及画笔笔迹的散布方式、纹理深度、色彩和不透明度等产生变化。抖动值越高，变化越大。

单击“控制”选项右侧的⬍按钮，打开下拉列表可以选择具体的控制选项❸。这里的“关”选项不是关闭抖动的意思，它表示不对抖动进行控制。如果想要控制抖动，可以选择其他几个选项，这时，抖动的变化范围会被限定在抖动选项所设置的数值~最小选项所设置的数值之间。

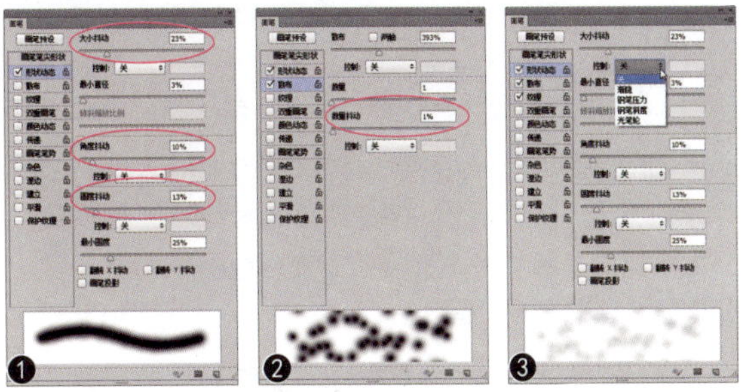

以圆形笔尖为例❹，调整形状动态可以让圆点大小产生变化。如果将“大小抖动”设置为50%，假设我们选择的是30像素的画笔，因此，最大圆点为30像素，最小圆点用30像素×50%计算得出，即15像素，那么画笔大小的变化范围就在15像素~30像素之间。在此基础上，“最小直径”选项进一步控制最小圆点的大小。例如，如果将其设置为10%，则最小圆点就只有3像素（30像素×10%）❺。如果将“最小直径”设置为100%，则最小的圆点是30像素×100%，即30像素，此时最小圆点等于最大圆点，其结果相当于关闭了大小抖动，画笔大小不会产生变化❻。

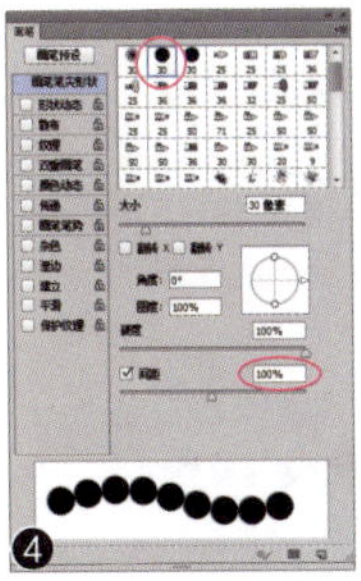

选择圆形笔尖

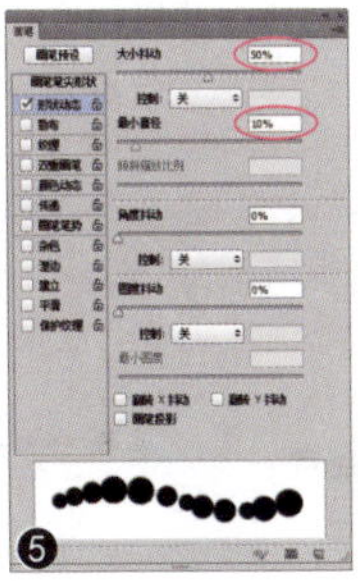

最小圆点3像素

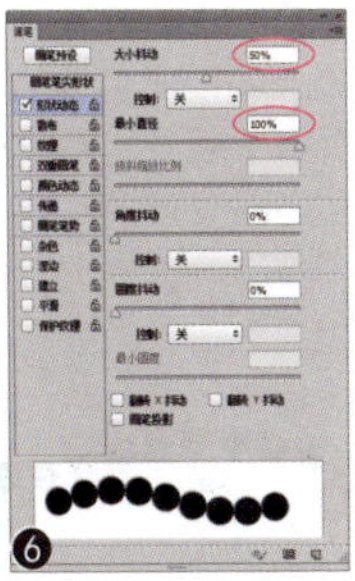

画笔大小不会变化

如果使用“渐隐”选项来对抖动进行控制，可在其右侧的文本框中输入数值，让画笔笔迹呈现逐渐淡出的效果。例如，将“渐隐”设置为5，“最小直径”设置为0%，则在绘制出第5个圆点之后，最小直径变为0，此时无论笔迹有多长，都会在第5个圆点之后消失❼。如果提高“最小直径”，例如将其设置为20%，则第5个圆点之后，最小直径变为画笔大小的20%，即6像素（30像素×20%）❽。

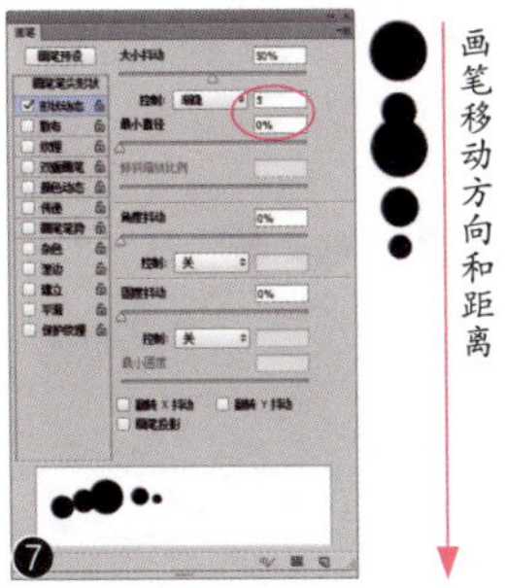

渐隐5、最小直径0%

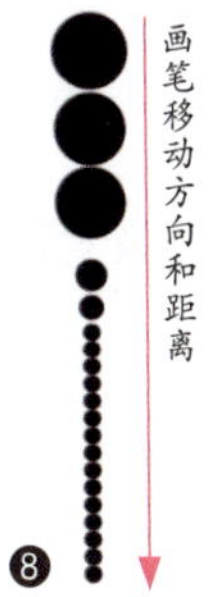

渐隐5、最小直径20%

4.4.9
笔尖的形状变化

如果想要改变笔尖的形状，让画笔的大小、圆度等随机变化，可以选取并设置“形状动态”选项❶。“大小抖动”和“最小直径”的变化范围参阅前一节。

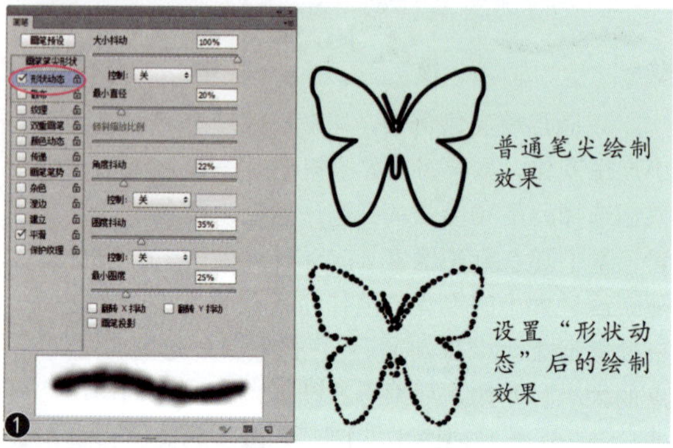

● **大小抖动：** 用来设置画笔笔迹大小的改变方式。该值越高，轮廓越不规则❷❸。在“控制”选项下拉列表中可以选择抖动的改变方式，选择“关”，表示不控制抖动❹；选择“渐隐”，可按照指定数量的步长在初始直径和最小直径之间渐隐画笔笔迹，使其产生逐渐淡出的效果❺；如果计算机配置有数位板，则可以选择“钢笔压力”“钢笔斜度”“光笔轮”和“旋转”选项，此后可根据钢笔的压力、斜度、钢笔拇指轮位置或钢笔的旋转来改变初始直径和最小直径之间的画笔笔迹大小。

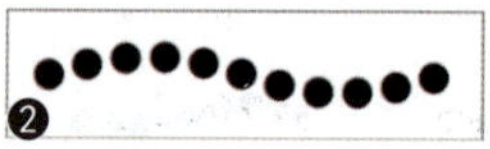
大小抖动0%

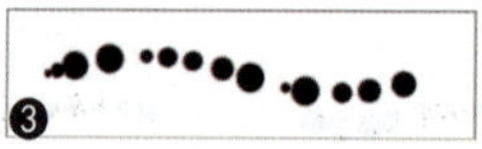
大小抖动100%

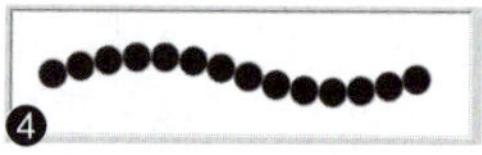
控制设置为“关”

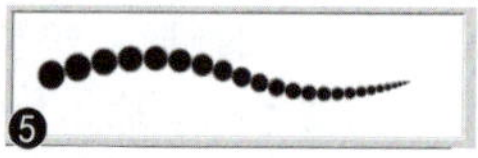
控制设置为“渐隐”

● **最小直径：** 启用了“大小抖动”后，可通过该选项设置画笔笔迹可以缩放的最小百分比。该值越高，笔尖直径的变化越小。

● **角度抖动：** 可以让笔尖的角度产生不规则变化。

● **圆度抖动/最小圆度：** 可以让笔尖的圆度产生不规则变化❻❼。“最小圆度”可以调整圆度变化范围。

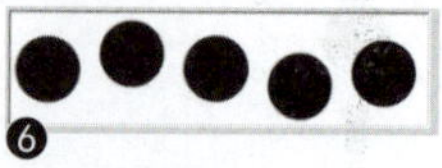
圆度抖动0%

圆度抖动50%

● **翻转X抖动/翻转Y抖动：** 可以让笔尖在水平/垂直方向上产生翻转变化。

● **画笔投影：** 使用压感笔绘画时，可通过笔的倾斜和旋转来改变笔尖形状。

4.4.10
让笔尖沿绘画轨迹散布

选择“散布”选项，可以让画笔笔尖围着鼠标的移动轨迹周边分布，操作时就像在喷洒笔尖图案一样❶。

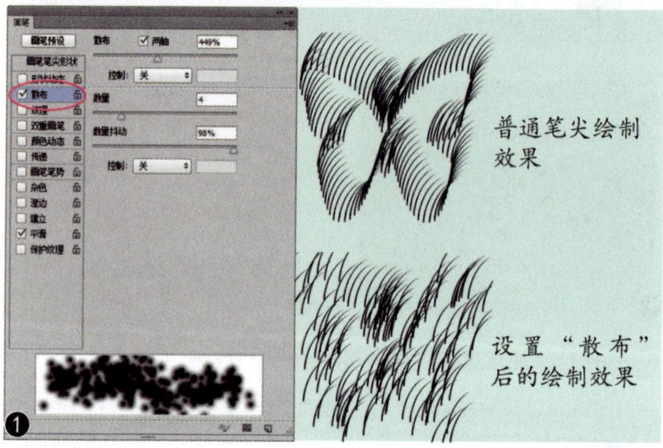

● **散布/两轴：** 用来设置画笔笔迹的分散程度。例如，选择一个圆形笔尖，然后将“散布”设置为100%，则散布范围不超过画笔大小的100%❷。选择“两轴”时，画笔基于鼠标运行轨迹径向分布❸；取消选择“两轴”时，画笔垂直于鼠标运行轨迹分布❹。它们之间最直观的差别是，选择“两轴”时，画笔会出现重叠。

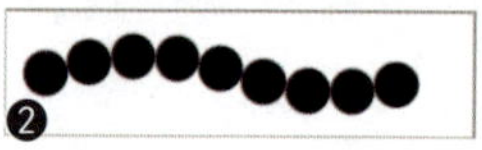
选择圆形笔尖（间距为100%）

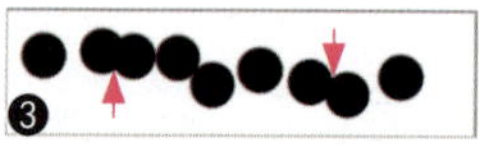
散布100%并选择两轴

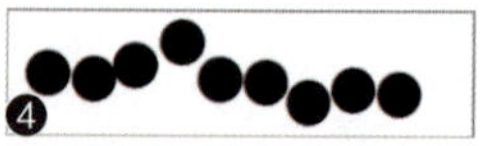
散布100%

● **数量：** 用来控制在每个间距间隔应用的画笔数量。增加该值可以重复笔迹❺❻。

散布70%、数量1

散布70%、数量10

● **数量抖动/控制：** 用来指定画笔笔迹的数量如何针对各种间距间隔而变化❼❽。“控制”选项用来设置画笔笔迹的数量如何变化。

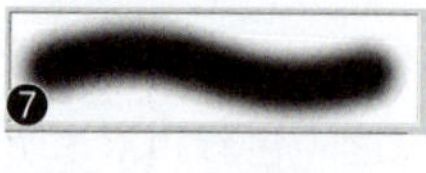
散布0%、数量抖动0%

散布0%、数量抖动100%

4.4.11
让笔迹中出现纹理

选择“纹理”选项，可以在画笔的笔迹中添加纹理效果，使绘制出的线条像是在带纹理的画布上绘制的一样❶。

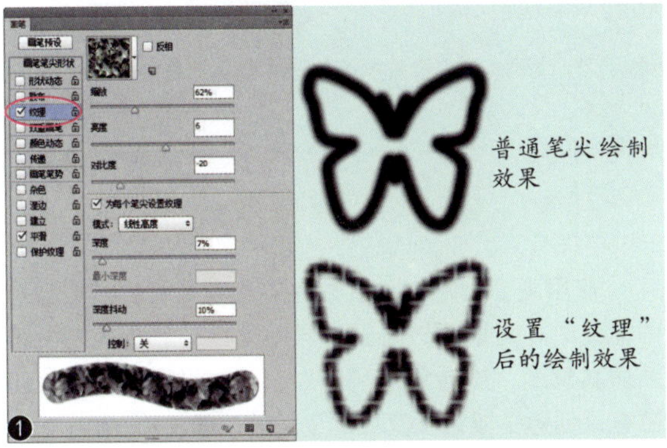

● 设置纹理/反相：单击图案缩览图右侧的▾按钮，可以在打开的下拉面板中选择图案，将其设置为纹理。勾选“反相”复选项，可基于图案中的色调反转纹理中的亮点和暗点。

● 缩放：用来缩放图案❷❸。

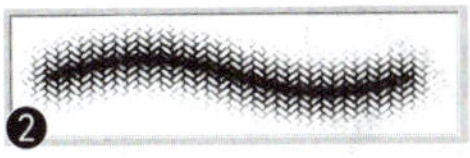

缩放100%

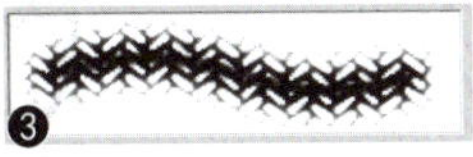

缩放200%

● 为每个笔尖设置纹理：勾选该选项后，可以让每一个笔迹都出现变化，尤其是在一处区域反复涂抹时❹。取消勾选，则可以绘制出无缝连接的画笔图案❺。

● 模式：在该选项的下拉列表中可以选择纹理图案与前景色之间的混合模式。如果绘制不出纹理效果，可以尝试改变混合模式。

● 深度：用来指定油彩渗入纹理中的深度。该值为0%时，纹理中的所有点都接收相同数量的油彩，进而隐藏图案❻；该值为100%时，纹理中的暗点不接收任何油彩❼。

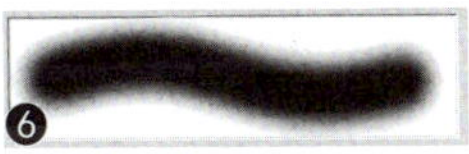

深度0%

深度100%

● 最小深度：用来指定当“控制”设置为“渐隐”“钢笔压力”“钢笔斜度”或“光笔轮”，并选中“为每个笔尖设置纹理”时油彩可渗入的最小深度❽❾。只有勾选“为每个笔尖设置纹理”选项后，该选项才可用。

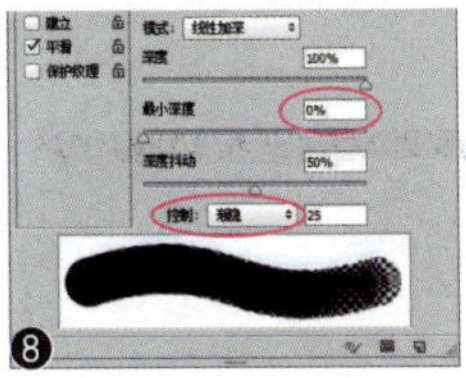

最小深度0%

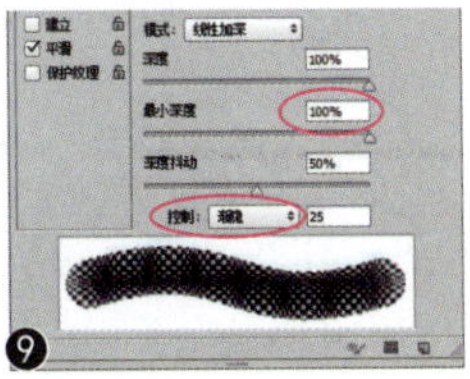

最小深度100%

● 深度抖动：用来设置纹理抖动的最大百分比❿⓫。只有勾选“为每个笔尖设置纹理”选项后，该选项才可以使用。如果要指定如何控制画笔笔迹的深度变化，可以在“控制”下拉列表中选择一个选项。

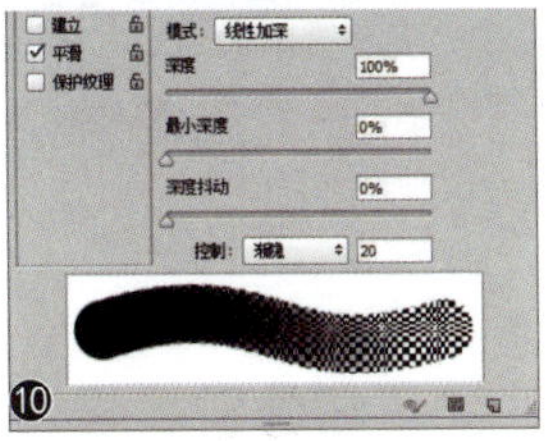

深度抖动0%

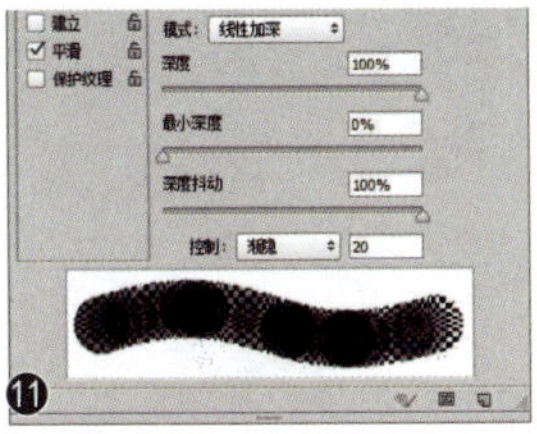

深度抖动100%

4.4.12 使用双笔尖绘画

选择“双重画笔”选项，可以为画笔同时安装两种笔尖，因此，一次可绘制出两种笔尖的混合笔迹（画面中显示两种笔尖相互重叠的部分）。在操作时首先要在“画笔笔尖形状”选项面板中选择第一个笔尖，然后从“双重画笔”选项面板中选择第二个笔尖❶。

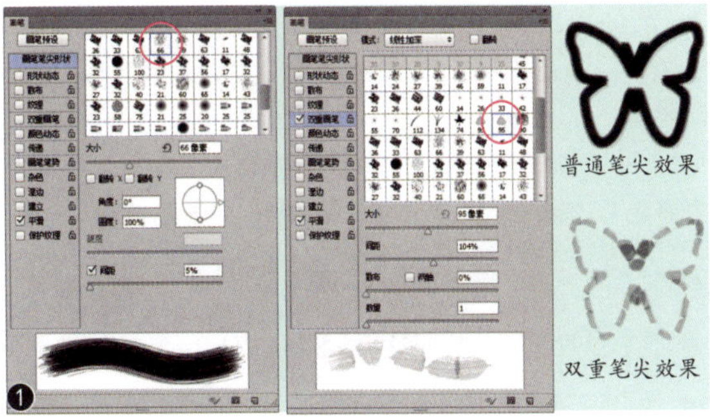

选择第一个笔尖　　选择第二个笔尖

● 模式：可以选择两种笔尖在组合时使用的混合模式。

● 大小/间距：用来设置笔尖的大小，控制描边中双笔尖画笔笔迹之间的距离。

● 散布：用来指定描边中双笔尖画笔笔迹的分布方式。如果勾选“两轴”复选项，双笔尖画笔笔迹按径向分布；如果取消勾选，则双笔尖画笔笔迹垂直于描边路径分布。

● 数量：用来指定在每个间距间隔应用的双笔尖笔迹数量。

4.4.13 颜色、饱和度和明度变化

在绝大多数情况下，绘画时使用的都是前景色（单一颜色）。设置“颜色动态”选项，可以让绘画颜色，以及色彩的饱和度和明度产生变化❶。

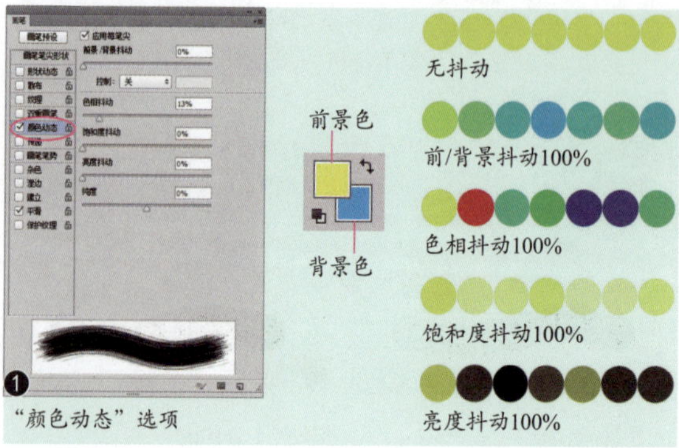

"颜色动态"选项

● 应用每笔尖：选取该选项后，可以让每一个笔迹都出现变化❷。取消选取，则每绘制一次出现一次变化（绘制过程中不会变化）❸。

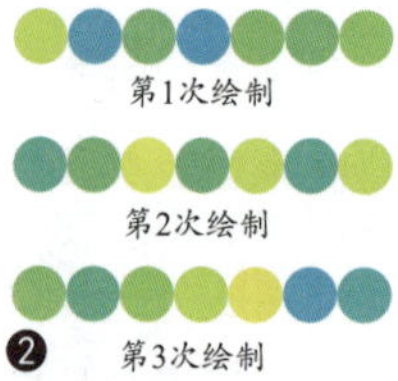

选取"应用每笔尖"绘制3次

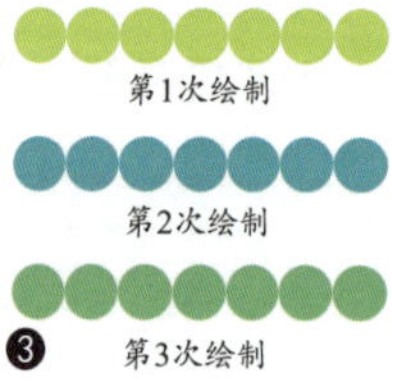

未选取"应用每笔尖"绘制3次

● 前景/背景抖动：颜色在前景色和背景色之间变化。该值越小，颜色越接近于前景色；该值越大，颜色越接近于背景色。

● 色相抖动：色相随机变化。该值越小，颜色越接近于前景色；该值越大，颜色变化越强烈、色彩越丰富。

● 饱和度抖动：色彩的饱和度产生变化。

● 亮度抖动：色彩的明暗产生变化。

● 纯度：可以改变绘画时所使用的颜色的饱和度。设置为负值降低饱和度；设置为正值增加饱和度；设置为0%不会改变饱和度。

4.4.14 不透明度和流量变化

选择"传递"选项，可以确定颜色在描边路线中的改变方式❶。如果配备了数位板和压感笔，则"湿度抖动"和"混合抖动"两个选项可以使用。

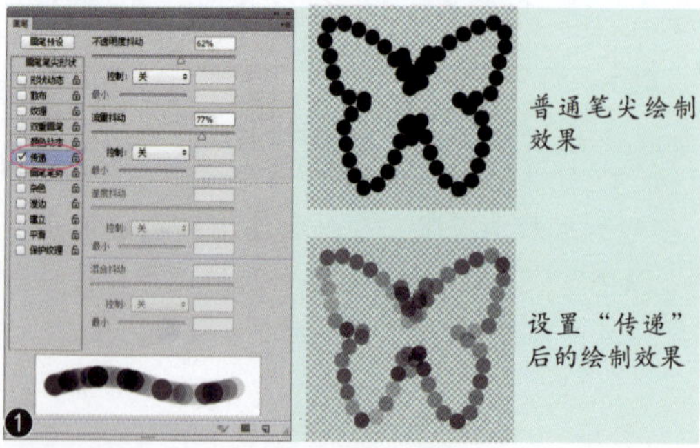

● 不透明度抖动：用来设置画笔笔迹中颜色不透明度的变化程度。

● 流量抖动：用来设置画笔笔迹中颜色流量的变化程度。

4.4.15 实战技巧：控制特殊笔尖的角度和压力

使用硬毛刷笔尖、侵蚀笔尖和喷枪笔尖这些特殊的笔尖时，可以通过设置"画笔笔势"选项控制画笔的倾斜角度、旋转角度和压力。这些设置可以模拟压感笔，创建更接近于真实的手绘效果❶。

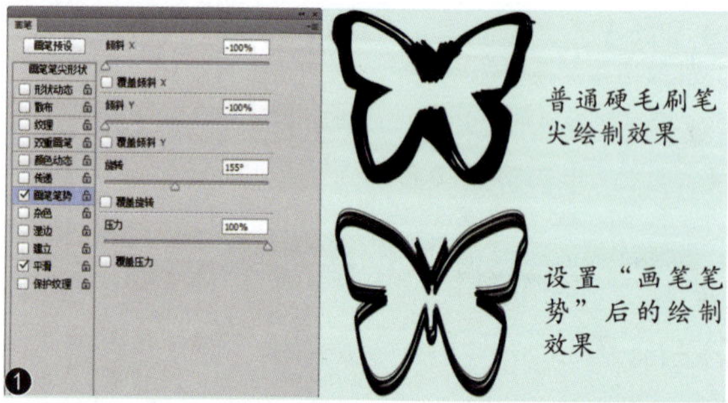

● 倾斜X/倾斜Y：倾斜X确定画笔从左向右倾斜的角度，倾斜Y确定画笔从前向后倾斜的角度❷～❹。

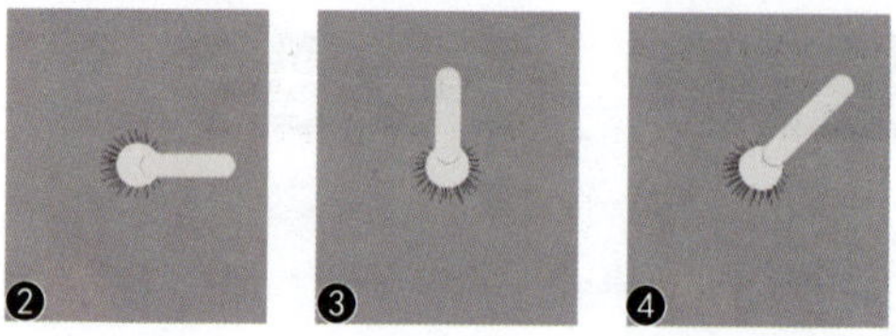

倾斜X 30%　倾斜Y 30%　倾斜X 30%、倾斜X 30%

● 旋转：控制硬毛刷笔尖的旋转角度❺～❼。

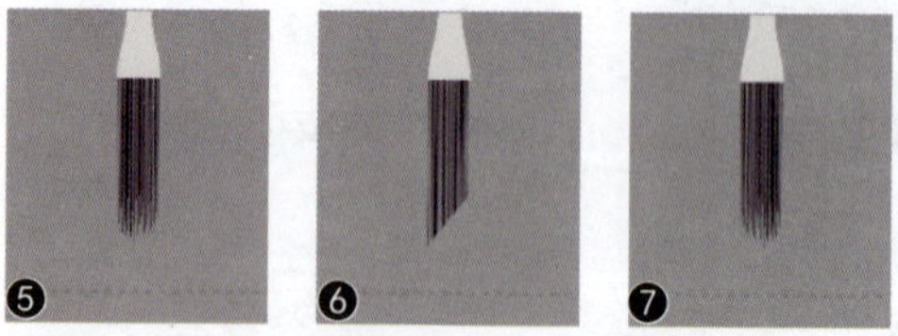

旋转0°　旋转90°　旋转180°

● 压力：控制应用于画布上画笔的压力❽❾。如果使用数位板，启用"覆盖"选项后，将屏蔽数位板压力和光笔角度等方面的感应反馈，而是依据当前设置的画笔笔势参数产生变化。

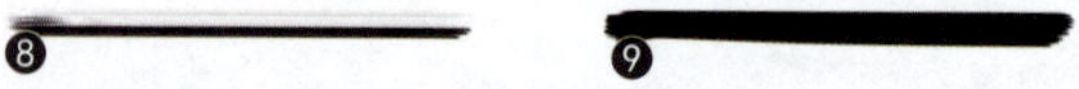

压力30%　压力60%

4.4.16 杂色、湿边等选项

"画笔"面板最下面几个选项是"杂色""湿

边”“建立”“平滑”和“保护纹理”❶，它们没有可供调整的数值，使用时将其选取即可。

● 杂色：在画笔笔迹中添加干扰形成杂点。画笔的硬度值越小，杂点越多❷。

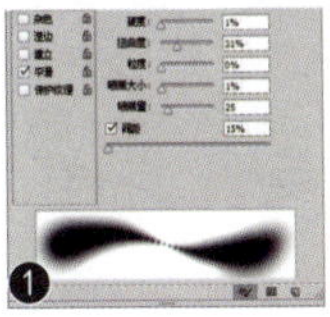
❶

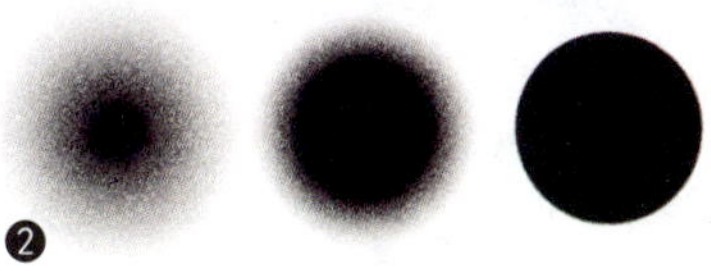
❷

硬度值分别为0%、50%、100%

● 湿边：画笔中心的不透明度变为60%，越靠近边缘颜色越浓，效果类似于水彩笔。画笔的硬度值影响湿边范围❸。

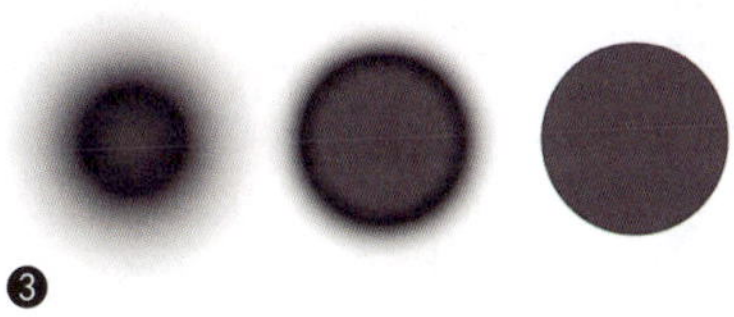
❸

硬度值分别为0%、50%、100%

● 建立：将渐变色调应用于图像，同时模拟传统的喷枪技术。该选项与工具选项栏中的喷枪选项相对应，勾选该选项，或者单击工具选项栏中的喷枪按钮，都能启用喷枪功能。

● 平滑：在描边中生成更平滑的曲线。当使用压感笔进行快速绘画时，该选项最有效；但是它在描边渲染中可能会导致轻微的滞后。

● 保护纹理：将相同图案和缩放比例应用于具有纹理的所有画笔预设。选择该选项后，使用多个纹理画笔笔尖绘画时，可以模拟出一致的画布纹理。

4.4.17 练习：用自定义画笔绘制裙子图案

在下面的实例中，我们将创建自定义的画笔笔尖，并用它绘制衣服上的拓印图案。拓印是指将棉花、海绵、布等材料加工成一定形状，蘸上颜料之后作用于绘画，可以生成特殊的肌理效果。我们通过设置画笔的“形状动态”“散布”“双重画笔”和“颜色动态”等参数来模拟这种效果。

01 按下Ctrl+N快捷键，打开“新建”对话框，创建一个430像素×485像素、分辨率为300像素/英寸的RGB模式文件。单击“图层”面板中的按钮，新建一个图层。选择自定形状工具，在工具选项栏中选择“像素”选项，单击按钮，打开形状下拉面板，单击面板右上角的按钮，打开菜单，选择“全部”命令，加载所有预设图形，然后选择“左手”图形，按住Shift键绘制该图形❶。

02 执行“编辑>定义画笔预设”命令，将图形定义为画笔❷。自定义画笔时所用的图形应为黑色，如果使用了彩色，则定义画笔后，将绘制出具有透明效果的笔触，即使画笔工具的不透明度已经设置为100%也会如此。

❶

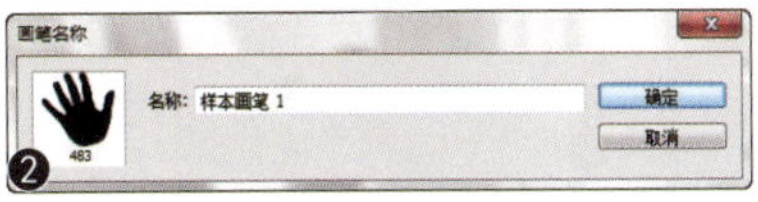
❷

03 打开素材❸。这是一幅服装设计插画，模特身体和裙子分别位于两个单独的图层中❹。在“裙子”图层上方新建一个图层。选择画笔工具，在“画笔”面板中选择“样本画笔1”，设置大小为480像素，间距为106%❺。

❸

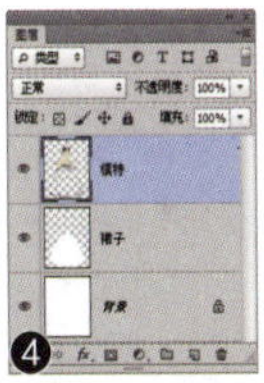
❹

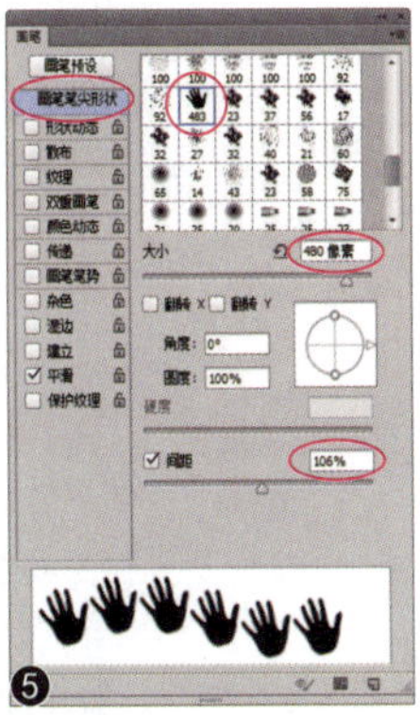
❺

04 选取“形状动态”选项，设置“大小抖动”和“角度抖动”参数❻；选取“散布”选项，设置“散布”和“数量”参数❼。

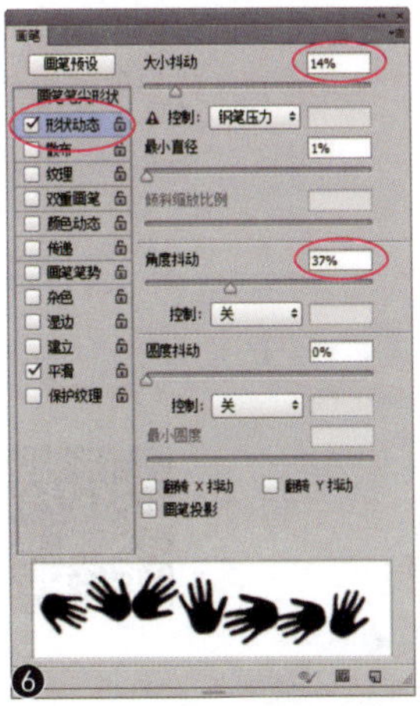
❻

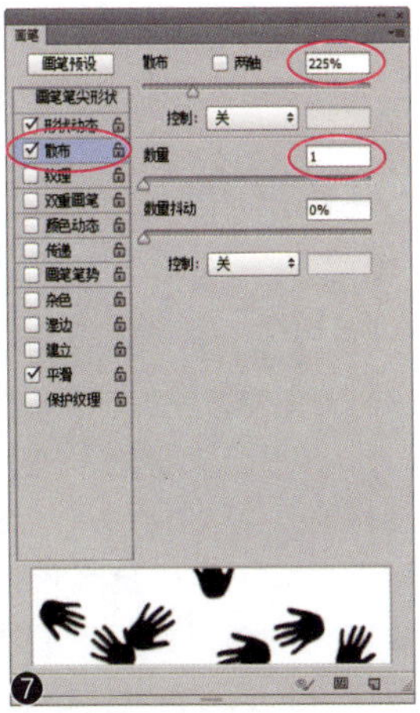
❼

05 选取“双重画笔”选项，然后选择60像素的笔尖，设置模式为“正片叠底”❽；选取“颜色动态”选项，并设置参数❾。

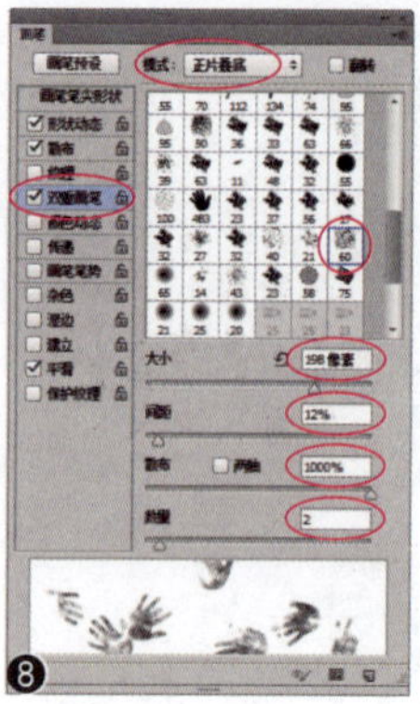

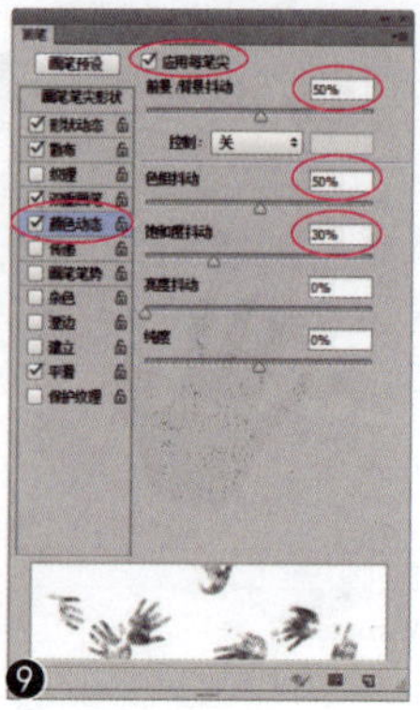

06 设置前景色为黄色，背景色为豆绿色。用画笔工具在裙子上绘制图案⑩。按下Alt+Ctrl+G快捷键，将该图层与它下面的图层创建为剪贴蒙版组，将裙子以外的图案隐藏⑪。

07 选择“背景”图层。选择“干画笔”，设置笔尖大小为410像素，间距为1%⑫。在画笔工具的选项栏中设置不透明度为50%，流量为20%。设置前景色为粉色，背景色为黄色，在画面右侧绘制有喷溅质感的笔触⑬。

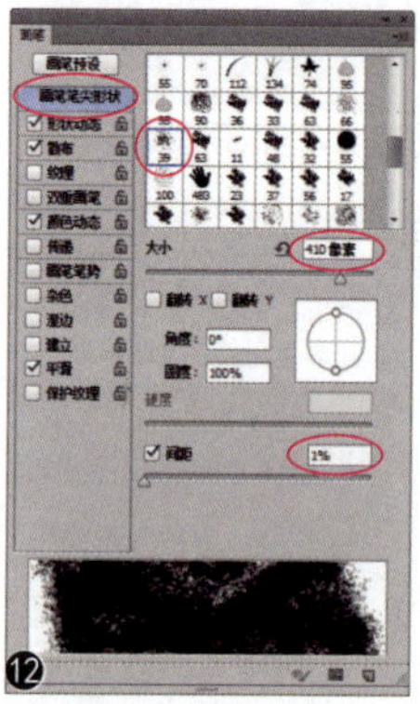

4.5 绘画工具

画笔、铅笔、橡皮擦、颜色替换、涂抹、混合器画笔、历史记录和历史记录艺术画笔工具是Photoshop中用于绘画的工具。其中，画笔和铅笔工具可以从无到有绘制颜色；颜色替换、涂抹和混合器画笔工具可以处理图像中现有的颜色；橡皮擦工具用于擦除颜色（图像）；历史记录和历史记录画笔工具用于恢复图像。

4.5.1 练习：用画笔工具绘制美少女

画笔工具类似于传统的毛笔，它使用前景色绘制线条、涂抹颜色，可用于绘制图画、修改蒙版和通道。画笔工具有3种使用方法，①单击（点出一个色点或画笔图案）；②单击并按住鼠标按键拖曳绘制线条；③单击并按住鼠标按键在一处区域反复拖曳、涂抹。

下面我们来绘制一个卡通美少女，主要用到画笔工具和路径。美少女的轮廓是用路径绘制而成的。路径的使用方法要到“第11章 UI/APP设计”才讲，因此，在这里我们提供了现成的轮廓。

为什么要用路径绘制轮廓，而不是画笔工具？原因我们在“4.4.7 分析：为数位板配备的动态变化选项”一节中讲到过，在绘画方面，鼠标有很大的局限性，用鼠标绘制的线条，随意性强，准确度差。路径可以定义准确、光滑的轮廓线，再配合画笔工具对路径进行描边，就能得到最接近于数位板绘画效果的线条，这是Photoshop普通用户在没有数位板的情况下绘画的最佳方法。下面的实例我们就来进行这方面的练习。

01 打开素材。单击“路径”面板中的“皮肤”路径层❶，在画面中显示路径❷。

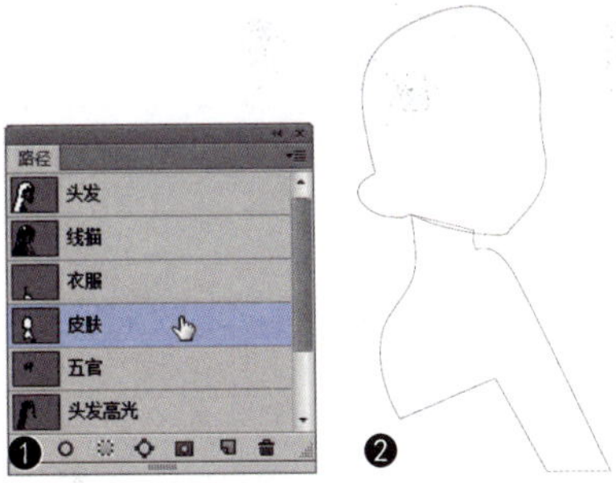

02 单击“图层”面板中的按钮，新建一个图层，命名为“皮肤”❸。将前景色设置为皮肤色（R246、G200、B185），单击“路径”面板底部的按钮，用前景色填充路径❹。按下Ctrl+Enter键，将路径转换为选区。使用画笔工具（柔角）绘制面部结构❺。

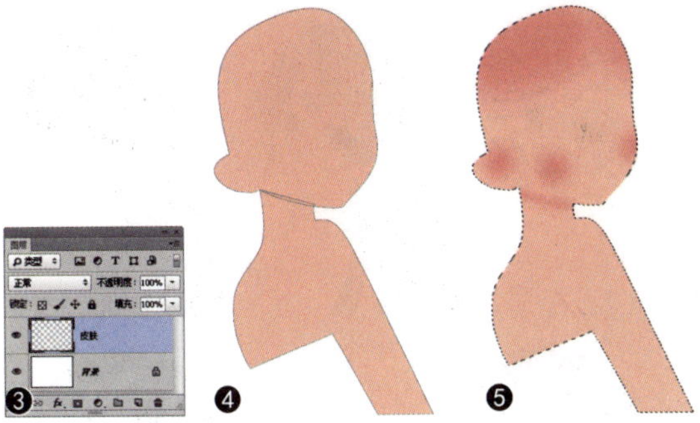

提 示（Tips）

设置前景色时，可以先用吸管工具在皮肤上单击，拾取皮肤色，然后单击工具箱中的前景色块，打开“拾色器”将颜色调暗。此外，可以按下 [键（调小）和] 键（调大）调整画笔大小。

03 单击“路径”面板中的衣服路径，将其选择❻，在“图层”面板中新建一个名称为“衣服”的图层❼。将前景色设置为白色，单击“路径”面板中的按钮，用前景色填充路径❽。

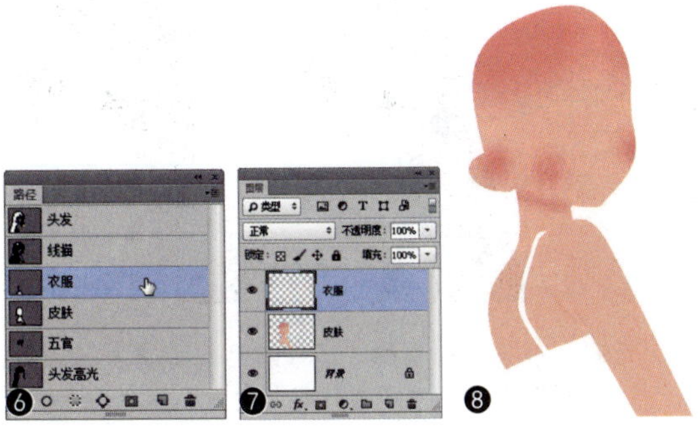

04 单击“五官”路径层❾。使用路径选择工具，同时按住Shift键选取眉路径❿。新建一个图层，选择画笔工具（柔角为5像素），单击“路径 ”面板底部的按钮，用画笔描边路径⓫。

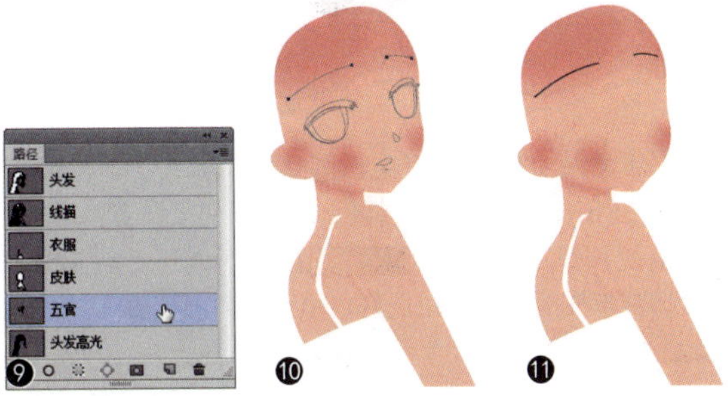

提 示（Tips）

在“路径”面板的空白处（路径层下方）单击，可以隐藏路径。单击“路径”面板中的路径层，可以在画面中显示路径；使用路径选择工具选取需要编辑的路径，单击“路径”面板底部的3个按钮，可以对其进行填充、描边或转换选区等操作。要修改路径，则需要使用直接选择工具，通过移动锚点来改变路径的形状。

05 使用路径选择工具按住Shift键选取眼睛路径⓬。将前景色设置为浅蓝色（R225、G244、B255），新建一个图层，单击“路径”面板底部的按钮，用前景色填充路径区域⓭。

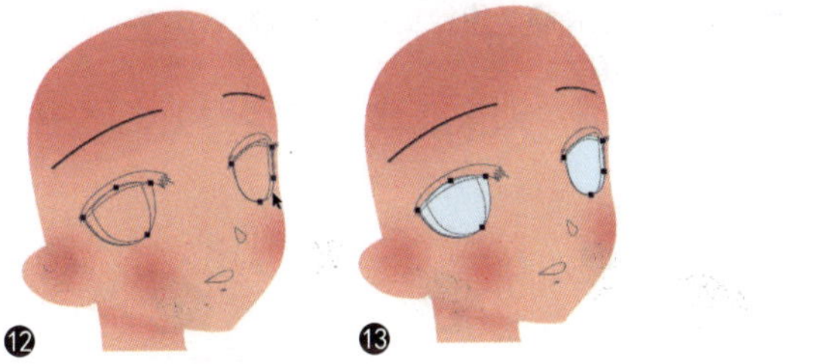

06 单击按钮⓮，锁定该图层的透明区域。用画笔工具（柔角）在眼睛上方涂抹深蓝色⓯。

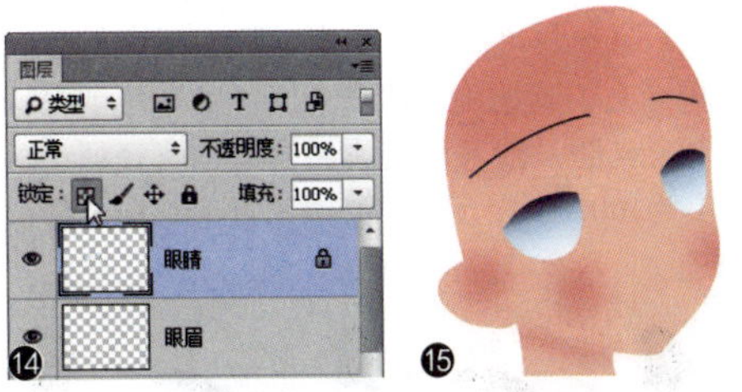

07 单击“五官”路径层，显示五官路径。使用路径选择工具，同时按住Shift键选取眼珠、眼线及睫毛等路径⓰。新建一个图层，将路径填充黑色。在“路径”面板的空白处单击，取消路径的选择并将其隐藏⓱。

⓰
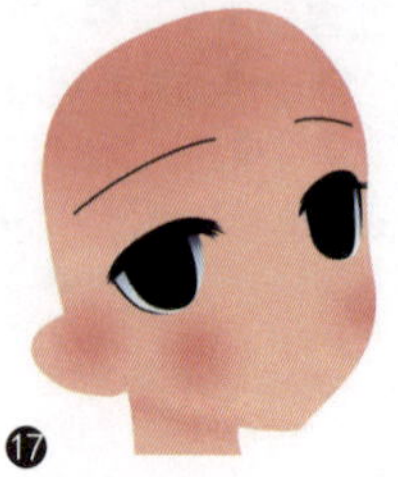
⓱

08 新建一个图层。使用椭圆选框工具，同时按住Shift键创建一个选区。选择渐变工具，单击径向渐变按钮，单击按钮，打开“渐变编辑器”调整渐变颜色⓲，在选区内填充径向渐变⓳。

⓲
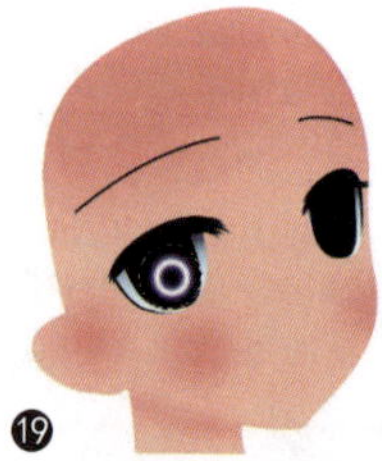
⓳

09 按下Ctrl+T快捷键，显示定界框，调整图像的大小及角度⓴，按下Enter键确认。选择移动工具，将光标放在选区内，按住Alt键向右拖动鼠标，将圆形复制到另一只眼睛上，用同样的方法调整大小，按下Ctrl+D快捷键以取消选择㉑。用橡皮擦工具（柔角）擦除图形的上半部分㉒。

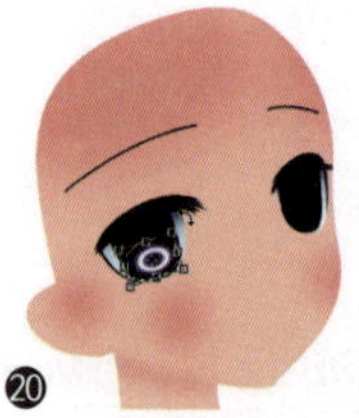
⓴
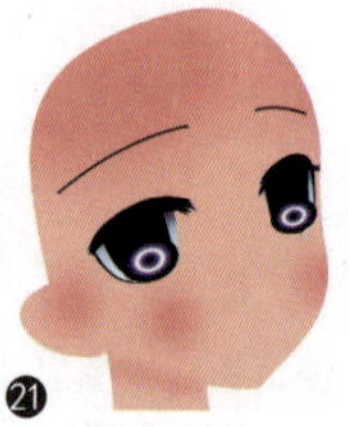
㉑

㉒

10 将前景色设置为黄色。选择画笔工具（柔角为80像素），在两个眼珠上单击，制作闪亮的反光效果㉓。设置画笔工具的不透明度为30%，在两个眼珠的右上方绘制反光㉔。按下 [键，将画笔的直径调小，设置不透明度为100%，在反光中心的位置绘制白点㉕。

㉓

㉔

㉕

11 选择“五官”路径层，使用路径选择工具，同时按住Shift键选取鼻子和嘴的路径㉖，填充深粉色，绘制出鼻子上的高光㉗。

㉖

㉗

12 选择“头发”路径层。使用路径选择工具在头发路径上单击，选取路径㉘，位于脸部后面的头发可稍后再制作。将前景色设置为深红色（R150、G45、B71），新建一个图层，单击“路径”面板底部的按钮，用前景色填充路径区域㉙。

13 选择“头发高光”路径层㉚，按下Ctrl+Enter键，将路径转换为选区㉛。按下Shift+F6快捷键，打开“羽化选区”对话框，设置羽化半径为5像素，在选区内填充白色，按下Ctrl+D快捷键取消选择㉜。

㉘

㉙

㉚

㉛

㉜

14 设置该图层的混合模式为“柔光”，不透明度为70%㉝㉞。用橡皮擦工具（柔角）擦除图形的边缘㉟。

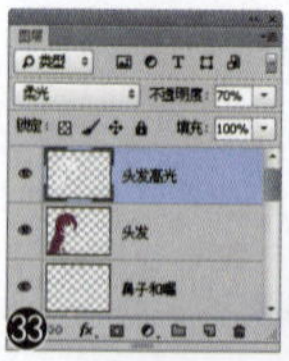

㉝

㉞

㉟

15 选择“线描”路径㊱。选择画笔工具，在画笔下拉面板中选择“硬边圆压力大小”画笔，设置笔尖大小为3像素㊲。按住Alt键，同时单击“路径”面板底部的按钮，打开“描边路径”对话框，在“工具”下拉列表中选择“画笔”选项，勾选“模拟压力”选项㊳。单击“确定”按钮，用画笔描边路径，表现发丝效果㊴。

16 选择“硬边圆”画笔，设置笔尖大小为1像素㊵，设置不透明度为50%，再次用画笔描边路径。发丝路径经过两次描边以后，线条会有轻重、明暗的变化，更接近于手绘效果㊶。

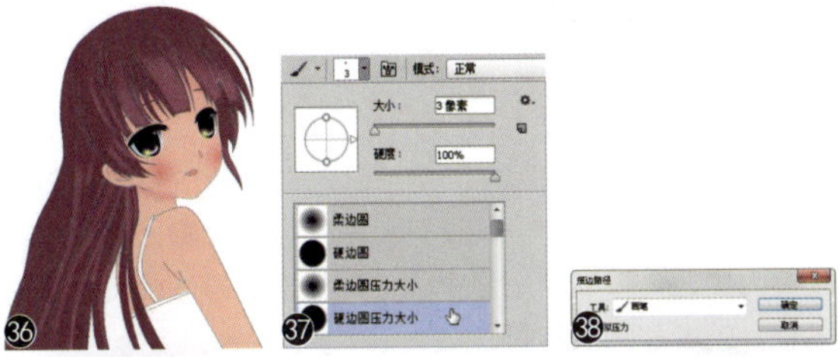

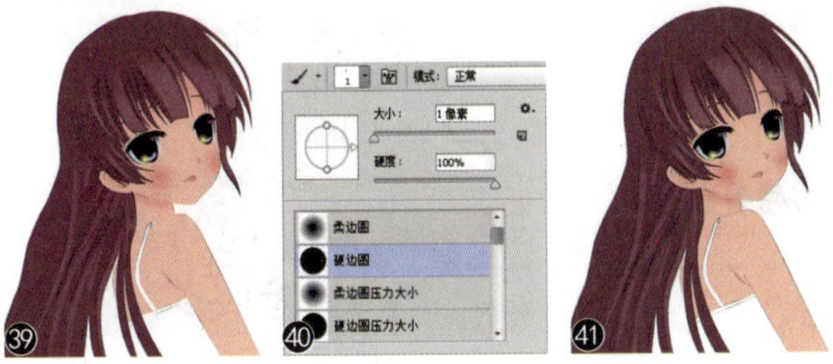

17 新建图层，分别在其中绘制后面和前面飞扬起的头发㊷㊸。

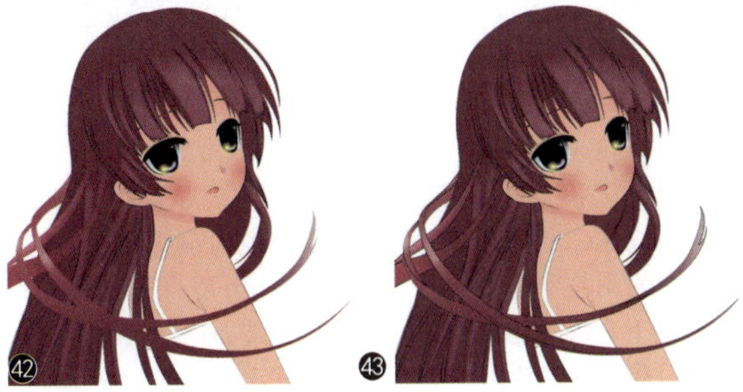

18 打开素材，将背景拖到文档中美少女的下方，光晕素材放在上方㊹。

画笔工具选项栏

画笔工具的选项栏比较简单，除了可以选择笔尖外，只包含混合模式和不透明度设置等少量选项❶。

● 模式：可以设置混合模式（165页），使画笔的笔迹颜色与其下方的像素混合❷❸。

“正常”模式绘制效果

“叠加”模式绘制效果

● 不透明度：用来设置画笔的不透明度。降低不透明度后，绘制出的内容会呈现透明效果。当笔迹重叠时，还会显示重叠效果。需要注意的是，使用画笔工具时，每单击一次鼠标，就意味着绘制一次，因此，如果绘制过程中始终按住鼠标不放开，则无论在一个区域怎样涂抹，都被视为绘制一次，这样操作是不会出现笔迹重叠效果的。

● 流量：用来设置颜色的应用速率，“不透明度”选项中的数值决定了颜色透明度的上限，这表示在某个区域上进行绘画时，如果一直按住鼠标按键，颜色量将根据流动速率增加，直至达到不透明度设置。例如，将“不透明度”和“流量”都设置为60%，在某个区域如果一直按住鼠标按键不放，颜色量将以60%的应用速率逐渐增加（期间画笔的笔迹会出现重叠效果），并最终到达“不透明度”选项所设置的数值❹。除非在绘制过程中放开鼠标，否则无论在一个区域上绘制多少次，颜色的总体不透明度也不会超过60%（即“不透明度”选项所设置的上限）❺。

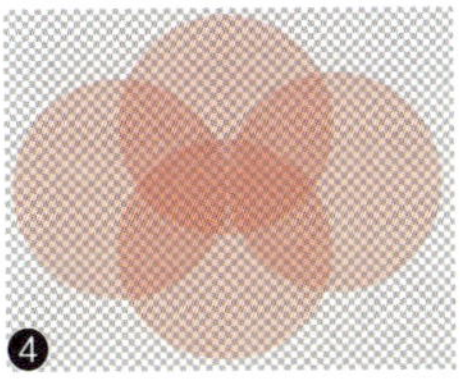

颜色量以60%的应用速率增加

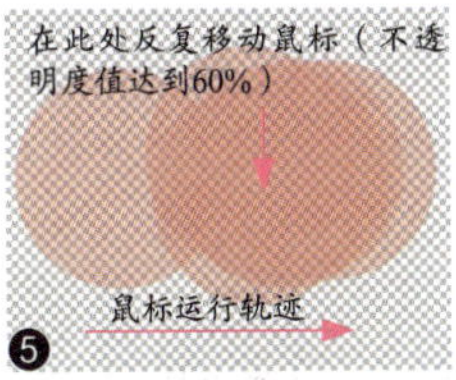

反复绘制不透明度不会超过60%

● 喷枪：单击该按钮，可以开启喷枪功能，此时在一处位置单击后，按住鼠标按键的时间越长，颜色堆积得越多❻～❽。“流量”设置越高，颜色堆积的速度越快，直至达到所设定的“不透明度”值。在“流量”设置较低的情况下，则会以缓慢的速度堆积颜色，直至达到“不透明度”值。再次单击该按钮可以关闭喷枪功能。

● 绘图板压力按钮：单击这两个按钮后，用数位板绘画时，光笔压力可覆盖“画笔”面板中的不透明度和大小设置。

未开启喷枪（流量为100%并选取“散布”）

开启喷枪（流量为100%并选取“散布”）

开启喷枪（流量为50%并选取“散布”）

4.5.2 练习：用铅笔工具绘制漫画表情

铅笔工具与画笔工具一样，也使用前景色绘制线条。它们最大的区别在于，画笔工具绘制的线条的边缘呈现柔和效果，即便使用的是尖角笔尖，用缩放工具放大观察，也能看到柔和的边缘。而铅笔工具可以绘制出真正意义上的硬边❶。

30像素的尖角笔尖分别用于画笔和铅笔工具。将窗口放大600%观察，画笔工具绘制的边缘柔和（中图），铅笔工具绘制的边缘清晰（右图）

在低分辨率的图像上，铅笔线条会呈现清晰的锯齿（参见上图）。我们不要将其视为铅笔工具的缺点，这恰恰是它的特点。比如现在流行的像素画，便主要是通过铅笔工具绘制的，而体现其特征的正是锯齿。

其实像素艺术的应用要远比像素画早。例如，能唤醒80后集体记忆的游戏——魂斗罗、俄罗斯方块、超级玛丽等，其中的画面都是像素画。另外，早期的计算机应用程序的图标也都采用像素画，包括我们喜爱的Photoshop❷。

像素画　　0.63版Photoshop工具箱

❷

铅笔工具不如画笔工具常用，除像素画外，仅在快速绘制草图、描边路径等少量情况下使用。铅笔工具功能虽然简单，但只要善加利用，也能带给我们惊喜。下面我们就来使用它绘制一幅超萌的漫画表情。

01 打开素材❸。单击“图层”面板底部的按钮，创建一个图层❹。

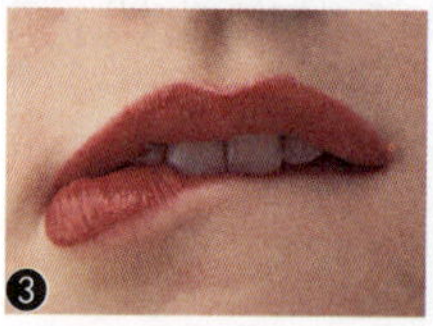

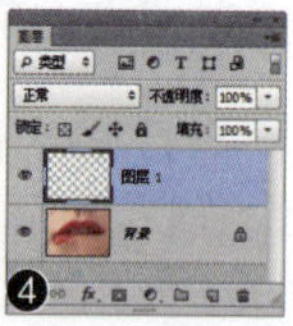

02 选择铅笔工具，在工具选项栏的下拉面板中选择一个圆形笔尖，设置大小为12像素❺。将前景色设置为黑色，以底层图像中嘴的位置作参考，画出人物的五官、帽子和蝴蝶结❻。

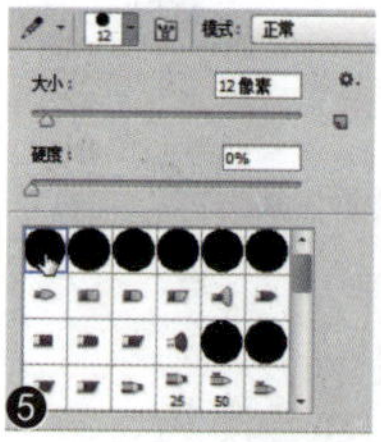

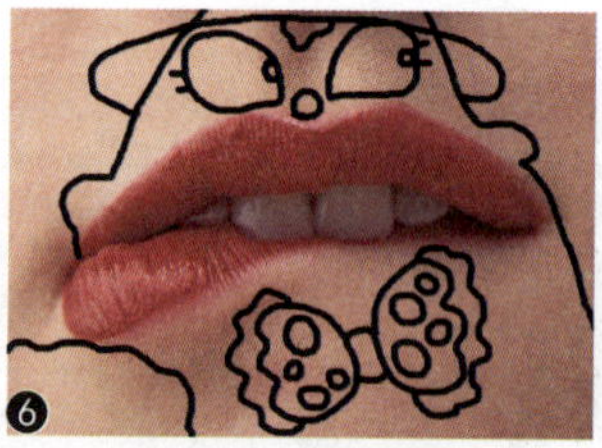

提示（Tips）

铅笔工具的使用方法非常简单：单击可以点出一个笔尖图案或圆点；单击并拖曳鼠标可以绘制出线条。如果绘制的线条不准确，可以按下Ctrl+Z快捷键撤销操作，或者用橡皮擦工具将多余的线条擦除。

03 按住Ctrl键单击“图层”面板中的按钮，在当前图层下方新建一个图层❼。将前景色设置为白色。按下] 键将笔尖调大，绘制出眼睛、蝴蝶结边缘的白色部分❽。需要注意，绘制时不要超出轮廓线。

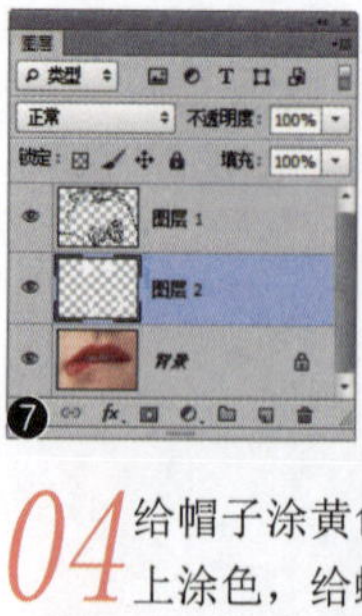

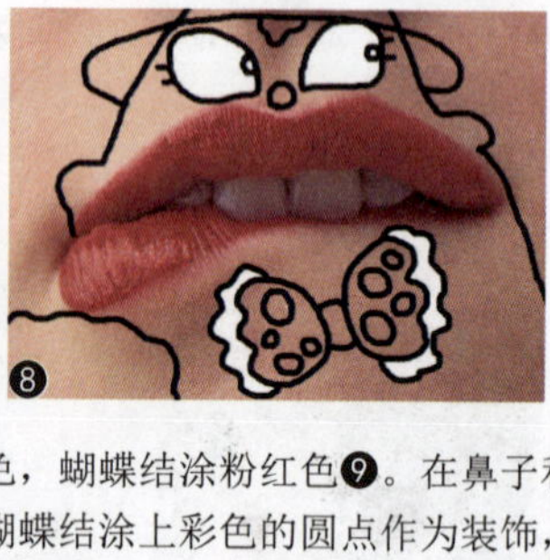

04 给帽子涂黄色，蝴蝶结涂粉红色❾。在鼻子和脸蛋上涂色，给蝴蝶结涂上彩色的圆点作为装饰，在左下角的台词框内涂紫色❿。

05 用铅笔工具在台词框内书写文字⓫，一幅生动、有趣的表情涂鸦就绘制完成了。

提 示（Tips）

在铅笔工具的选项栏中，只有“自动抹除”选项比较特殊，其他的均与画笔工具相同。选择它后，开始拖动鼠标时，如果光标的中心在包含前景色的区域上，可以将该区域涂抹成背景色；光标的中心在不包含前景色的区域上，则会将该区域涂抹成前景色。

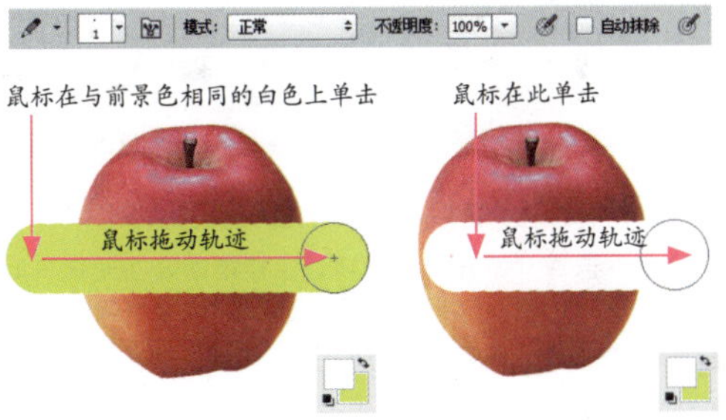

4.5.3 橡皮擦工具

Photoshop中的多数工具凭借其名称就能判断出用途，如画笔工具、铅笔工具等；有些工具则不然，如橡皮擦工具。从字面上理解，它是用来擦除图像的工具。没错，但这只是它的用途之一。

橡皮擦工具具有“双重身份”，它既可以擦除图像，也可以像画笔和铅笔工具那样“绘制线条”。具体扮演哪个角色，取决于我们用它处理哪种图层。

在普通图层上使用该工具时，可以擦除图像；如果处理“背景”图层或锁定了透明区域（即单击了“图层”面板中的按钮）的图层，则橡皮擦工具会像画笔或铅笔工具那样绘制线条，但与这两种工具还是有所区别的，橡皮擦工具绘制的线条以背景色填充，而不是前景色❶~❸。

在实际使用中，用橡皮擦工具擦除图像的情况并不多，因为这会破坏图像，且无法恢复，不符合非破坏性的编辑理念。如果仅从清除图像这一用途上看，图层蒙版（146页）是其最好的替代品。蒙版可以无限次修改，在控制图像透明度方面也更加灵活。

原图

在普通图层上使用会擦除图像

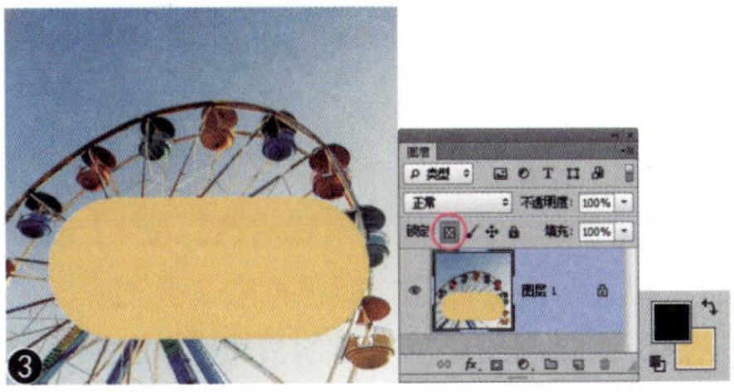

锁定图层透明区域后使用，会用背景色绘画

橡皮擦工具选项栏

在橡皮擦工具的选项栏中，“模式”“抹到历史记录”是比较特殊的选项❹。

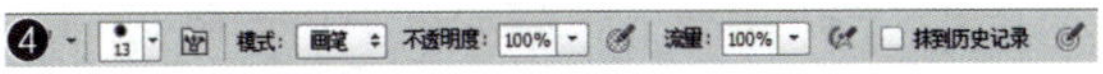

- **模式：** 选择“画笔”，可以像画笔工具一样创建柔边效果；选择“铅笔”，可以像铅笔工具一样创建硬边效果；选择“块”，橡皮擦会变为一个固定大小的硬边方块❺~❼。

选择“画笔”

选择“铅笔”

选择“块”

- **不透明度/流量：** “不透明度”用来设置工具的擦除强度，100%的不透明度可以完全擦除像素，较低的不透明度将部分擦除像素。将“模式”设置为“块”时，不能使用该选项。“流量”用来控制工具的涂抹速度。
- **抹到历史记录：** 与历史记录画笔工具（130页）的作用相同。勾选该选项后，在“历史记录”面板选择一个状态或快照，在擦除时，可以将图像恢复为指定状态。

4.5.4 练习：用颜色替换工具制作多色唇彩

顾名思义，颜色替换工具是用来替换颜色的。使用该工具在图像上单击（或单击并拖曳鼠标）时，可以获取光标下方的颜色样本，并用前景色将其替换。

该工具与“图像>调整”菜单中的“色相/饱和度”命令（253页）和“替换颜色”命令（264页）有异曲同工之处，即都可用于改变特定颜色。但它们各有利弊。前两个命令是我们来设定参数，然后由Photoshop在图像中找出符合要求的颜色并将其修改；而颜色替换工具则是完全由我们自己手动操作。相比较来看，调色命令效果更好，适合处理大面积图像；颜色替换工具灵活性更强，但只适合修改小范围区域。另外，该工具不能用于位图、索引和多通道颜色模式的图像。

01 打开素材❶。这是一个分层文件，部分素材位于“组1”文件夹中，暂时处于隐藏状态。按下Ctrl+J快捷键，复制“背景”图层。选择颜色替换工具，在工具选项栏中选择柔角笔尖，单击连续按钮，将“限制”设置为“查找边缘”，“容差”设置为50%❷。

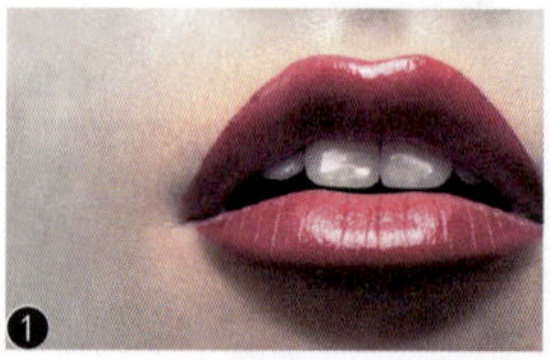
❶

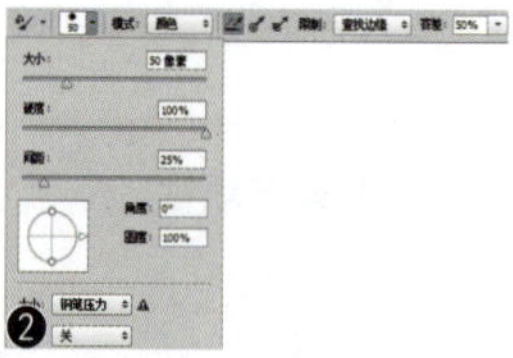
❷

02 在“色板”面板中拾取紫色作为前景色❸。在嘴唇边缘涂抹，替换原有的粉红色❹。在操作时应注意，光标中心的十字线不要碰到面部皮肤，否则也会替换其颜色。

❸

❹

03 拾取“色板”中的黄橙色作为前景色，给下嘴唇涂色❺。用浅青色涂抹上嘴唇，与紫色呼应，涂抹到嘴角时可以按下 [键将笔尖调小，以便于绘制，也避免将颜色涂到皮肤上❻。

❺

❻

04 将笔尖调小，用洋红色修补各颜色的边缘，让笔触看起来更自然❼❽。将“图层”面板中“组1”文字显示出来❾，当前画作就变成了一幅完整的平面设计作品❿。

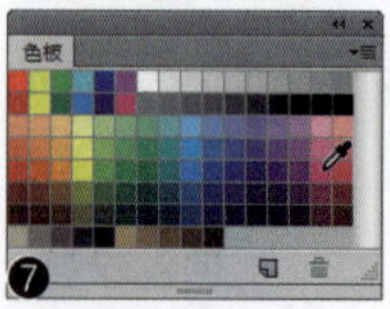

❼

❽

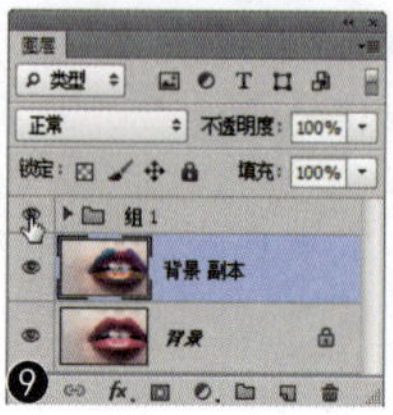

❾

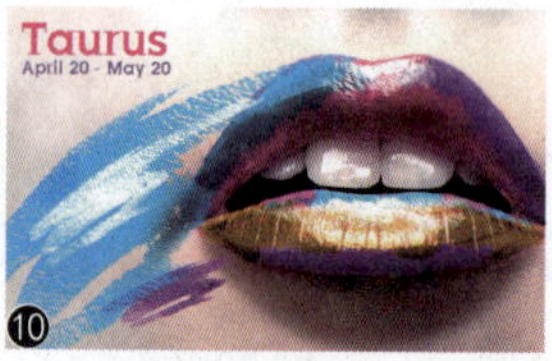

❿

颜色替换工具选项栏

由于颜色替换工具是对颜色进行处理，因此它的选项栏中包含与颜色取样相关的选项⓫。

⓫

选项	说明
模式	用来设置可以替换的颜色属性，包括“色相”“饱和度”“颜色”和“明度”。默认为“颜色”，它表示可以同时替换色相、饱和度和明度
取样	用来设置颜色的取样方式。单击连续按钮后，拖动鼠标时可连续对颜色取样；单击一次按钮，只替换包含第一次单击的颜色区域中的目标颜色；单击背景色板按钮，只替换包含当前背景色的区域
限制	选择“不连续”选项，只替换出现在光标下的样本颜色；选择“连续”选项，可替换与光标指针（即圆形画笔中心的十字线）挨着的、且与光标指针下方颜色相近的其他颜色；选择“查找边缘”选项，可替换包含样本颜色的连接区域，同时保留形状边缘的锐化程度
容差	用来设置工具的容差。颜色替换工具只替换鼠标单击点颜色容差范围内的颜色。该值越高，对颜色相似性的要求程度就越低，也就是说可替换的颜色范围更广
消除锯齿	勾选该选项，可以为校正的区域定义平滑的边缘，从而消除锯齿

4.5.5 涂抹工具

涂抹工具通过单击并拖曳鼠标的方法使用。操作时，Photoshop会拾取鼠标单击点的颜色，并将其沿鼠标的拖曳方向展开。整个过程有点像我们用手指去混合调色板上的颜料，尤其是颜色混合时还略有迟滞，带给我们非常真实的绘画体验❶。

❶

- **强度**：“强度”值高，可以将鼠标单击点下方的颜色拉得越长；“强度”值越低，相应颜色的涂抹痕迹也会越短。
- **对所有图层取样**：如果文档中包含多个图层，勾选该选项，可以从所有可见图层中取样；取消勾选，只从当前图层取样。

● 手指绘画：未勾选该选项时，从鼠标单击点处图像的颜色展开涂抹。勾选该选项后，将使用前景色进行涂抹，效果类似于我们先用手指沾一点颜料，然后再去混合其他颜料❷~❹。

原图　　未勾选“手指绘画”　　勾选“手指绘画”

4.5.6 混合器画笔工具

混合器画笔工具也是通过单击并拖曳鼠标的方法使用的。它对色彩的混合能力非常强，不仅能混合画布上的颜色，还能混合画笔上的颜料（颜色），甚至可以在鼠标拖曳过程中模拟不同湿度的颜料所产生的绘画痕迹。

颜色取样方式

在绘画类工具里，混合器画笔工具的选项最复杂❶。我们将其分为两部分来分析比较便于理解：①颜色取样，②颜色应用。

❶

在颜色取样方法上（单击工具选项栏中的按钮，打开下拉菜单，可以选择取样方式），混合器画笔工具与涂抹工具有着相同之处。其实，无论从取样方式、还是使用效果上看，颜色替换工具都像是一个增强版的涂抹工具。

当我们使用第一种取样方式——“载入画笔”时，在图像上单击并拖曳鼠标，Photoshop会拾取单击点的颜色，并沿着鼠标的拖曳方向扩展。这与涂抹工具的基本使用效果完全相同❷。

如果使用第二种方式——“只载入纯色”，然后单击按钮左侧的颜色块（该颜色块也称为“储槽”，用于储存颜色），打开“拾色器”设置一种颜色，用这种颜色进行涂抹，这与使用涂抹工具时勾选“手指绘画”选项、用前景色进行涂抹类似❸。

第三种方式是用采集的图像进行涂抹。操作方法是先选择菜单中的“清理画笔”命令，清空储槽，然后按住Alt键单击一处图像❹，将其载入储槽中，再用它来涂抹❺。

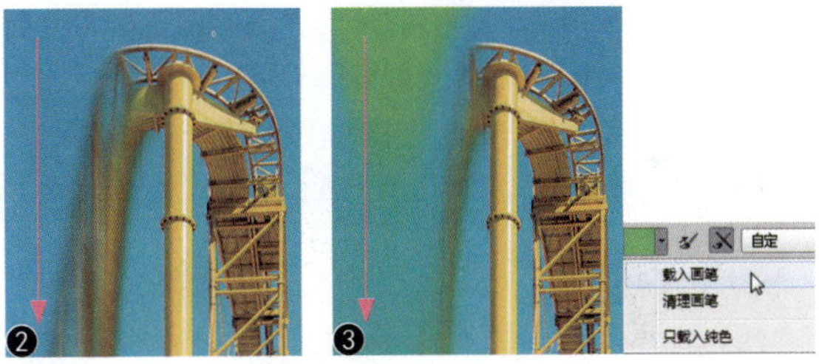

“载入画笔”　　“只载入纯色”

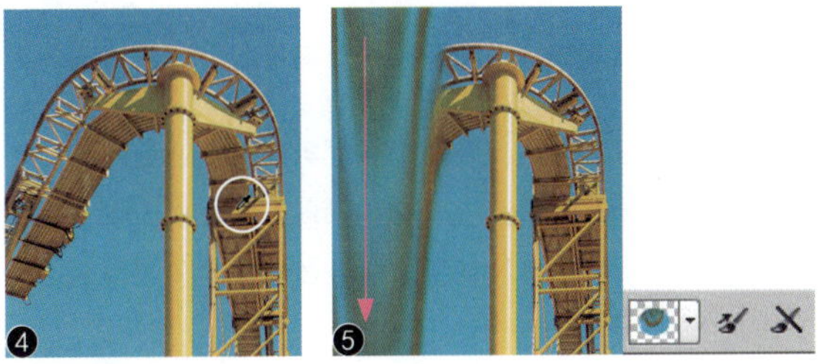

按住Alt键单击图像　　用图像涂抹

其他选项

在混合器画笔工具的选项栏中，除取样方式外，其他都与颜色应用有关。在这方面，它创建的效果要比涂抹工具丰富。

● 每次描边后载入画笔：如果想要每一笔（即单击并拖曳鼠标一次）都使用储槽里的颜色（或拾取的图像）涂抹，可单击该按钮。

● 每次描边后清理画笔：如果想要在每一笔后都自动清空储槽，可单击该按钮。

● 预设：该选项的下拉列表中提供了各种预设，可以模拟不同湿度的颜料所产生的绘画痕迹❻~❾。

预设选项　　原图像

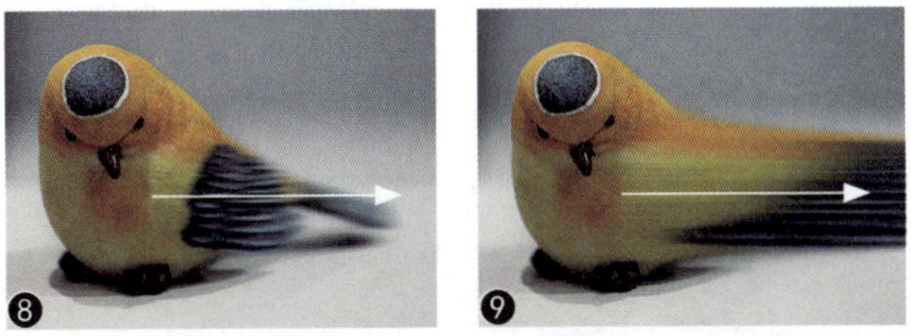

湿润，浅混合　　非常潮湿，深混合

● 潮湿：控制画笔从图像中拾取的颜料量。较高的设置会产生较长的绘画条痕。

● **载入：** 用来指定储槽中载入的油彩量。载入速率较低时，颜色将以更快的速度干燥❿⓫。

载入1%

载入50%

● **混合：** 控制图像颜料量同储槽颜料量的比例。当比例为100%时，所有颜料都从图像中拾取；比例为0%时，所有颜料都来自储槽。（不过，"潮湿"设置仍然会决定颜料在图像上的混合方式。）

● **喷枪：** 单击该按钮后，按住鼠标按键（不拖动），可以增大颜色量。

● **流量：** 可以设置当将光标移动到某个区域上方时应用颜色的速率。

● **对所有图层取样：** 从所有可见图层中拾取颜色。

4.5.7 练习：历史记录和历史记录艺术画笔工具

历史记录画笔工具与"历史记录"面板（26页）用途相似，都可以将图像恢复到编辑过程中的某一步骤状态。它们的区别在于："历史记录"面板只能进行整体恢复，主要用在编辑图像时撤销操作；历史记录画笔工具可以进行局部恢复，主要用于艺术创作，或者替代图层蒙版。例如，用滤镜对画面进行模糊后，用历史记录画笔工具将主体对象恢复为清晰状态，从而创建背景模糊、主要对象清晰的大光圈镜头拍摄效果。

历史记录艺术画笔工具是历史记录画笔工具的升级版本，就像川菜中的变态辣。它的"变态"体现在恢复图像的同时会进行艺术化处理（Photoshop称之为"艺术化"，其实就是各种扭曲）。这两个工具都需要配合"历史记录"面板一同使用。

01 打开素材❶。打开"历史记录"面板❷。下面我们对图像进行的每一步操作都会记录在该面板中。

02 按下Ctrl+J快捷键复制"背景"图层。选择历史记录艺术画笔工具，在画笔下拉面板中选择"平头湿水彩笔"，设置大小为50像素；在"样式"下拉列表中选择"绷紧短"选项❸。

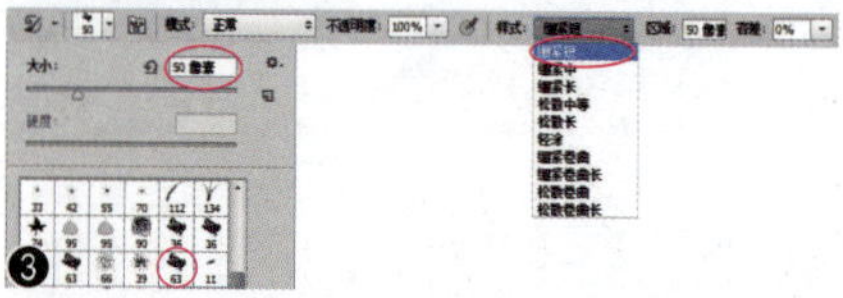

03 单击并拖曳鼠标，在图像的所有区域涂抹❹，不要有遗漏之处。"历史记录"面板中记录了所有操作❺，每次从按下鼠标涂抹到放开鼠标按键，均记录为一个步骤。从"历史记录"面板中可以看到，我们是通过4次涂抹来完成整幅图像的艺术化处理的。这个涂抹次数没有严格要求，但是"历史记录"面板中的记录数量一般为20条，超这个数量，就会从前至后地挤掉最开始的操作记录，再想回去就难了。

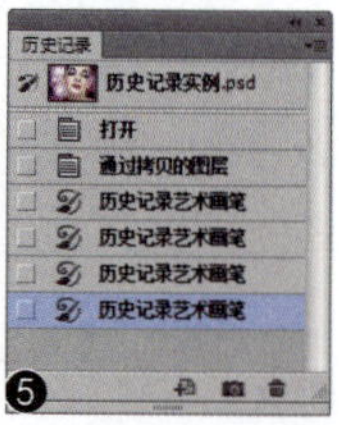

04 我们来尝试其他样式，看看会产生什么样的油画效果。将样式设置为"松散卷曲长"，在图像上再涂抹一遍❻。这次是一气呵成的，中间没有放开鼠标按键，因此，整个涂抹过程在"历史记录"面板中记录为一条状态。但是，这个效果太过抽象了，我们想要回到"紧绷短"的样式效果，它在"历史记录"面板中是第4条记录，我们就在它前面单击鼠标❼。

05 选择历史记录画笔工具，在人物面部涂抹，恢复原来的笔触效果，背景部分不用恢复，这样可以与面部笔触有所区分❽。打开油画笔触素材❾。使用移动工具将其拖入人物文档中，设置混合模式为"正片叠底"，不透明度为46%❿。添加真实的笔触效果后，画面更有油画的味道了⓫。

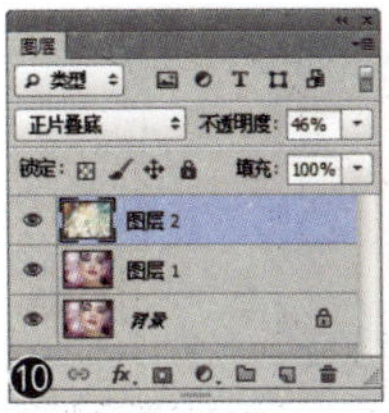

⑩

⑪

06 按下Alt+Shift+Ctrl+E快捷键，盖印图层，打开画框素材，将盖印的图层拖入画框中⑫。

⑫

历史记录画笔、历史记录艺术画笔工具选项栏

历史记录画笔工具的所有选项都与画笔工具相同（125页）⑬。历史记录艺术画笔工具在此基础上增加了“样式”“区域”和“容差”选项⑭。

⑬

⑭

选项	说明
样式	可以选择一个选项来控制绘画描边的形状，包括“绷紧短”“绷紧中”和“绷紧长”等
区域	用来设置绘画描边所覆盖的区域。该值越高，覆盖的区域越广，描边的数量也越多
容差	用来限定可绘画描边区域。低“容差”可以在图像中的任何地方绘制无数条描边，高“容差”会将绘画描边限定在与源状态或快照中的颜色明显不同的区域

4.5.8 实战技巧：绘画（修饰）类工具技巧

在绘画类和修饰类工具中，凡是以画笔形式使用的，都可以使用下面的操作技巧。

- **画笔大小调节技巧：** 按下]键，可以将画笔调大；按下[键，可以将画笔调小。
- **画笔硬度调节技巧：** 如果当前使用的是实边圆、柔边圆和书法笔尖，按下Shift+[键，可以降低画笔的硬度；按下Shift+]键，可以提高画笔的硬度。
- **不透明度更改技巧：** 对于绘画类和修饰类工具，如果其工具选项栏中包含“不透明度”选项，则按下键盘中的数字键可以修改不透明度值。例如，按下1，工具的不透明度变为10%；按下75，不透明度变为75%；按下0，不透明度恢复为100%。
- **笔尖更换技巧：** 在使用可更换笔尖的绘画类和修饰类工具时，可以通过快捷键换笔尖，而不必在“画笔”或“画笔预设”等面板中指定。例如，按下>键，可以切换为与之相邻的下一个笔尖；按下<键，可以切换为与之相邻的上一个笔尖。
- **直线绘制技巧：** 使用画笔工具、铅笔工具、混合器画笔工具、橡皮擦工具、背景橡皮擦工具时，在画面中单击，然后按住Shift键在另一处位置单击，两点之间会以直线连接。按住Shift键还可以绘制水平、垂直或以45°角为增量的直线。
- **旋转画布：** 使用画笔、历史记录画笔等工具时，可以使用旋转视图工具（23页）将画布适当旋转，使操作更加顺手。

4.6 填充颜色和图案

填充是指在图层或选区内部的图像上，以及图层蒙版和通道等填充颜色、渐变和图案。Photoshop中的图案图章工具、油漆桶工具、“填充”命令、渐变工具和填充图层都属于可以进行填充操作的工具。此外，创建形状图层（366，389页）时，可同时为形状图形内部设置填充内容，“图层样式”对话框中也包含填充效果（87页）。

4.6.1 方法①：用油漆桶工具填色

油漆桶工具可以填充前景色和图案。该工具具有自动识别图像的能力，当我们使用它在图像上单击时，它会先像魔棒工具那样选取与单击点相似的颜色，之后再用前景色或图案进行填充。由于选取与填充是同步进行的，因此，操作时不会出现选区。

与魔棒工具一样，“容差”也是油漆桶工具最重要的选项。它决定了颜色范围的大小，“容差”值越高，对颜色相似程度的要求越低，因此，填充的范围也就越大。

01 打开素材❶。这是一幅室内场景的黑白稿。单击“图层”面板底部的 按钮，新建一个图层❷。下面我们在这一图层上填色，以便填充的颜色与图稿分开管理，后期如果需要调整填色内容时会更加方便。

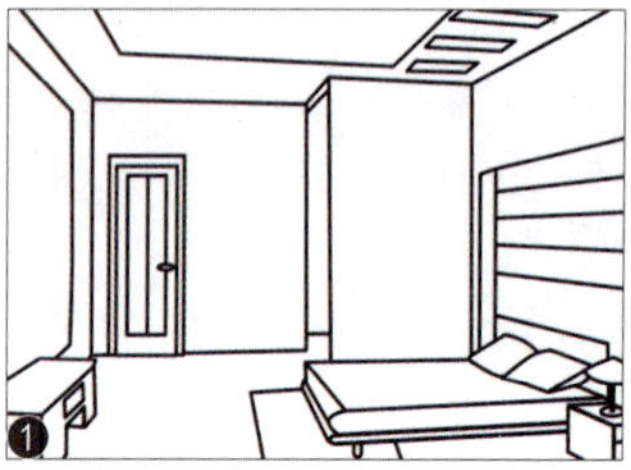
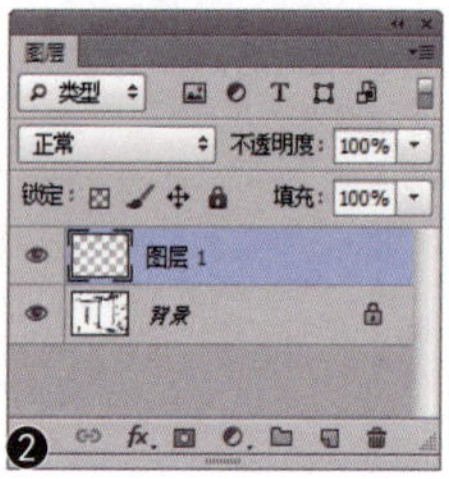

02 选择油漆桶工具 ，在工具选项栏中选取“连续的”选项，以每个轮廓线框为一个连续像素进行填充；因为我们是在新的空白图层中填色，为了使油漆桶工具 能够识别出“背景”图层中的轮廓线框，根据线框范围进行填充，应选取“所有图层”选项❸。打开“色板”面板，这幅插画所填充的颜色都来源于它。分别拾取黄色、黄橙和洋红❹，使用油漆桶工具 在墙壁、门窗、天花板及地面上单击，进行填色❺。

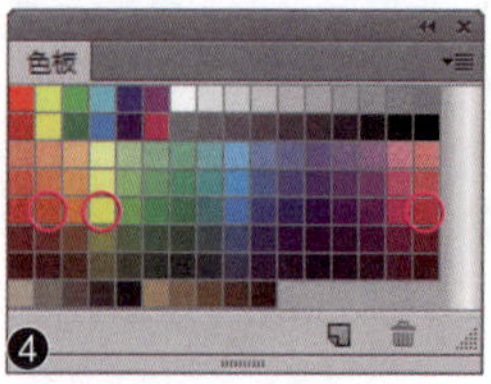
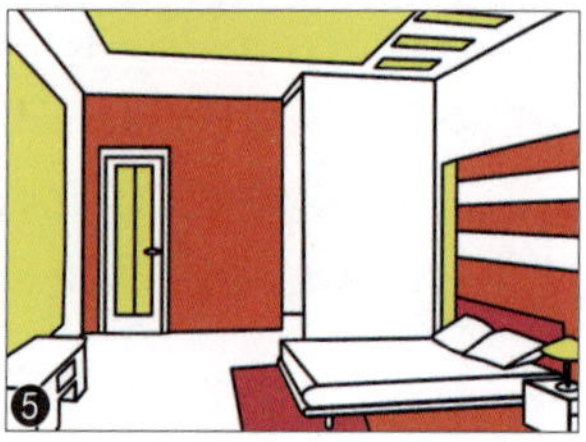

03 房间内的两个小桌子则使用同一色系、不同深浅的3种褐色来填充❻，使桌子有明暗变化以体现空间感❼。

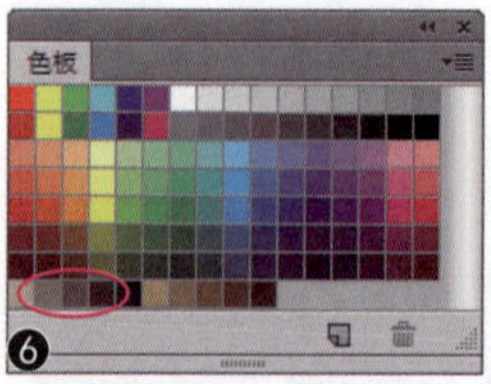
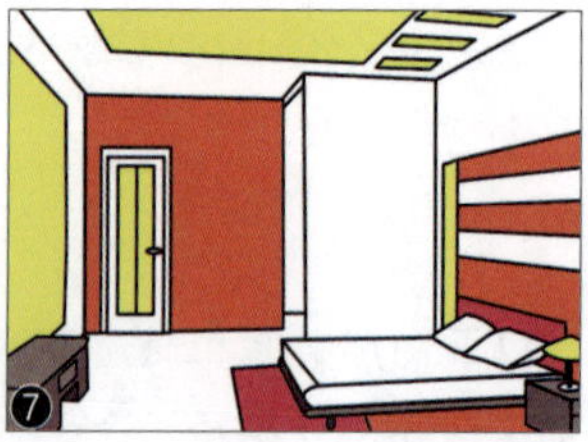

04 新建一个图层。在工具选项栏中将填充设置为“图案”，单击 按钮，打开面板菜单，选择“彩色纸”命令，载入该图案库。使用“水绿色纸”图案填充左右两侧空白的墙壁；使用“蓝色绉纹纸”图案填充天花板；使用“绿色纤维纸”图案填充地面；使用“树叶图案纸”图案填充床❽❾。

05 新建一个图层。在图案面板菜单中选择“图案”库❿，用“编织（宽）”图案填充门框，分别用“鱼眼棋盘”和“箭尾”图案填充墙壁⓫。

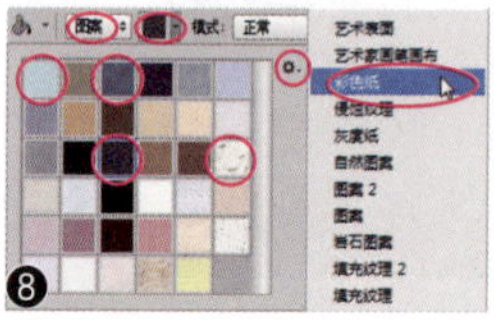
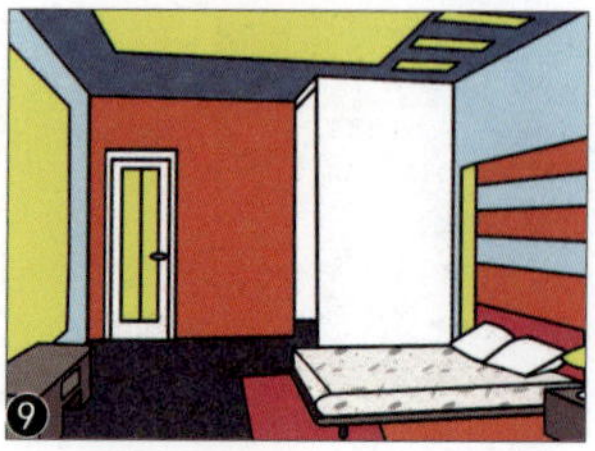
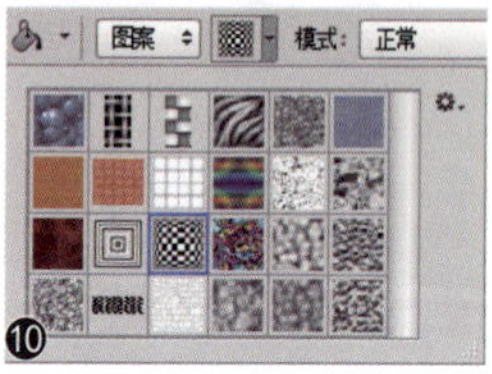
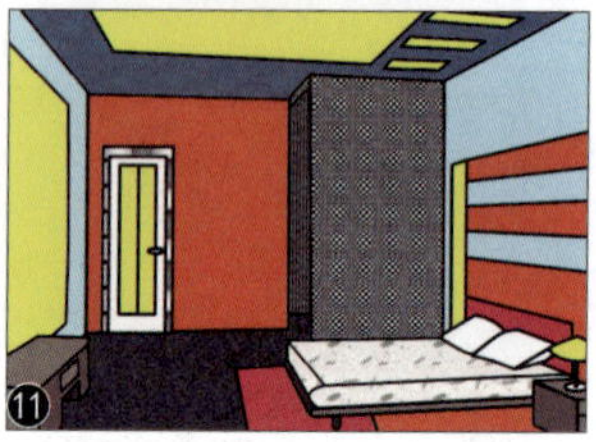

油漆桶工具选项栏

我们观察油漆桶工具 的选项栏⓬和魔棒工具 的选项栏⓭就会发现，有几个选项的名称相似，这也从一个侧面印证了这两个工具的工作原理有相同之处。或者，我们可以这样认为，油漆桶工具 就是一个增加了填色功能的魔棒。

油漆桶工具的选项栏

魔棒工具的选项栏

选项	说明
填充内容	单击油漆桶图标右侧的 按钮，可以在下拉列表中选择填充内容，包括“前景”和“图案”
模式/不透明度	用来设置填充内容的混合模式和不透明度。如果将“模式”设置为“颜色”，则填充颜色时不会破坏图像中原有的阴影和细节
消除锯齿	可以平滑填充选区的边缘
连续的	只填充与鼠标单击点相邻的像素，取消勾选时，可填充图像中的所有相似像素
所有图层	选择该选项，表示基于所有可见图层中的合并颜色数据填充像素；取消勾选，则仅填充当前图层

4.6.2 方法②：定义图案并用“填充”命令填充

油漆桶工具 非常适合在颜色简单的图像上使用。如果图像颜色丰富，则通过“容差”来控制填充范围的难度就会大大增加，填充效果很难预料。因此，颜色越是丰富，该工具的可控性和精确度越差。

那么怎样才能在我们预想的范围内填充呢？这个问题要分开来解决——先用选区将需要填充的区域选取（176页），之后使用“填充”命令填充。

“填充”命令不仅提供了颜色和图案，还有历史记录和内容识别等特别选项，因此，填充内容更加丰富。如果只想填充前景色，则不必执行该命令，直接按下Alt+Delete快捷键便可；按下Ctrl+Delete快捷键可以直接填充背景色。需要注意的是，文本图层和被隐藏的图层不能进行填充。此外，在没有选区的状态下使用该命令，会填充整个图像。

01 按下Ctrl+N快捷键，打开“新建”对话框，创建一个340像素×340像素，分辨率为72像素/英寸的文档。在“色板”面板中拾取红色作为前景色，按下Alt+Delete快捷键，填充红色❶。

02 选择自定形状工具，在“形状”下拉面板菜单中选择“形状”命令，加载该形状库，选择“模糊点2”形状❷。自定形状工具可以绘制3种对象：形状、路径和像素，为了便于设置图形大小和对齐方式，我们选择了“形状”选项。在工具选项栏中自定形状工具右侧的下拉列表中选择“形状”选项，设置填充颜色为紫色。在画面中单击，打开“创建自定形状”对话框，设置形状大小❸，单击“确定”按钮，创建一个紫色的图形❹。

❶

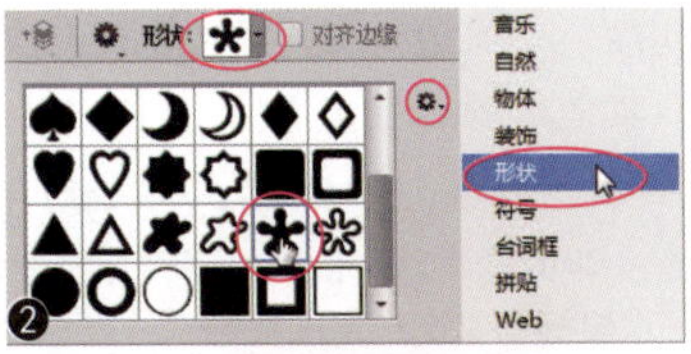

❷

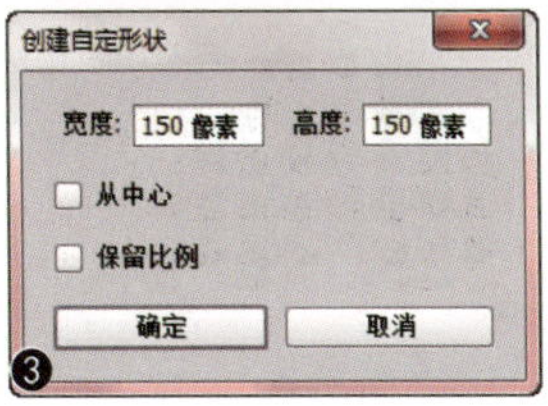

❸

❹

03 单击工具选项栏中的按钮，在打开的下拉列表中选择“合并形状”命令❺。在“形状”下拉面板中选择“模糊点2边框”形状，绘制一个大小为150像素的形状❻。使用路径选择工具，按住Shift键单击选取这两个形状，按住Alt键向下拖动，复制出两个形状❼。执行“编辑>变换路径>水平翻转”命令，然后在画面空白处单击鼠标，隐藏路径❽。

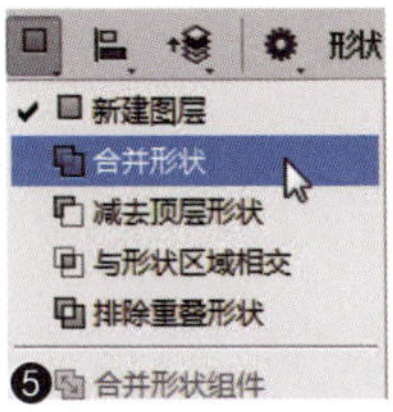

❺

❻

❼

❽

04 执行“编辑>定义图案”命令，在打开的对话框中可以为图案命名❾，使用默认的名称也可。单击“确定”按钮，将图形定义为图案。

05 打开素材。我们想在人物背景填充图案，可以看到，背景图像内容和颜色都有一定的变化，油漆桶工具肯定不适合使用。我们来用选区限定填充范围。按住Ctrl键单击“通道”面板中的Alph1通道，载入人物选区❿⓫。按下Shift+Ctrl+I快捷键反选，选取背景⓬。

❾

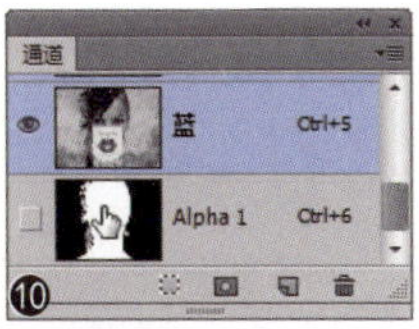

❿

⓫

⓬

06 执行“编辑>填充”命令，打开“填充”对话框，单击“自定图案”选项右侧的按钮，打开下拉面板，选择我们创建的自定义图案⓭，单击“确定”按钮填充该图案，按下Ctrl+D快捷键取消选择⓮。

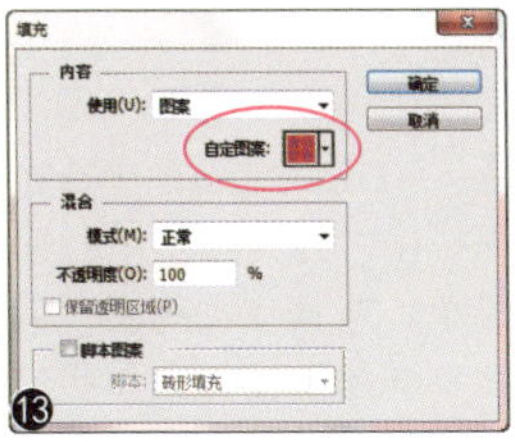

⓭

⓮

提示（Tips）

图案是由图像定义而成的。Photoshop提供了大量现成的预设图案，也允许我们将图像自定义为图案。使用“编辑>定义图案”命令可以将整幅图像定义为图案。如果需要将局部图像定义为图案，可以先用矩形选框工具将其选取，再执行“定义图案”命令。自定义的图案会像Photoshop预设的图案一样同时出现在油漆桶、图案图章、修复画笔和修补工具选项栏的弹出式面板，以及“填充”命令和“图层样式”对话框中。

“填充”对话框选项

选项	说明
内容	可以在“使用”选项下拉列表中选择“前景色”“背景色”或“图案”等作为填充内容。如果在图像中创建了选区，并选择“内容识别”选项进行填充，则Photoshop会用选区附近的图像填充选区，并对光影、色调等进行融和，使填充区域的图像就像是原本就不存在一样。效果与修补工具（309页）类似
模式/不透明度	用来设置填充内容的混合模式和不透明度
保留透明区域	勾选该项后，只对图层中包含像素的区域进行填充，不会影响透明区域
脚本图案	可以创建各种几何填充图案

4.6.3 方法③：用图案图章工具打造暗黑造型

图案图章工具是专门用于绘制图案的工具。也就是说，使用该工具可以在图像的任何区域自由地绘制图案。而油漆桶工具和“填充”命令则是填充图案。

注意，绘制和填充是两个不同的概念。绘制表示图案范围由我们控制；填充则表示图案范围由我们设定的选项控制。具体到图案图章工具，由“容差”选项控制。“填充”命令则应用于选区内部或整个图像（未创建选区的情况下）。

下面我们来用该工具处理人像，打造一款暗黑风格的造型，以及恐怖大片的既视感。

01 打开素材❶。按下Ctrl+J快捷键复制“背景”图层❷。选择图案图章工具。在工具选项栏中选择笔尖，单击工具选项栏右侧的按钮，打开图案下拉面板，单击按钮，打开面板菜单，选择“大列表”命令，这样面板中会显示图案的名称和缩览图，方便我们查找图案；再选择“图案”命令，加载该图案库，然后选择“裂痕”图案；在工具选项栏中再将混合模式设置为“变暗”❸。

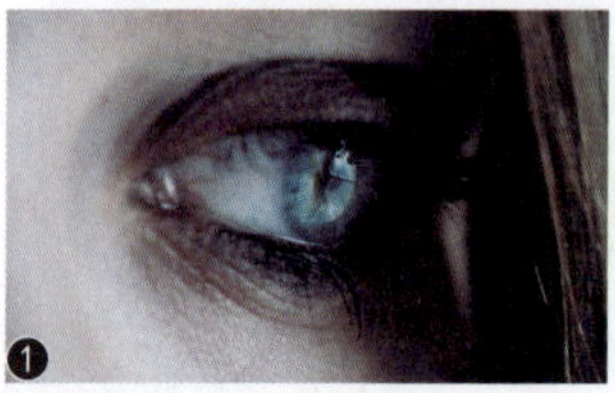
❶

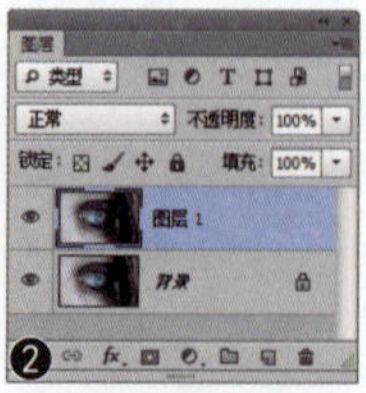
❷

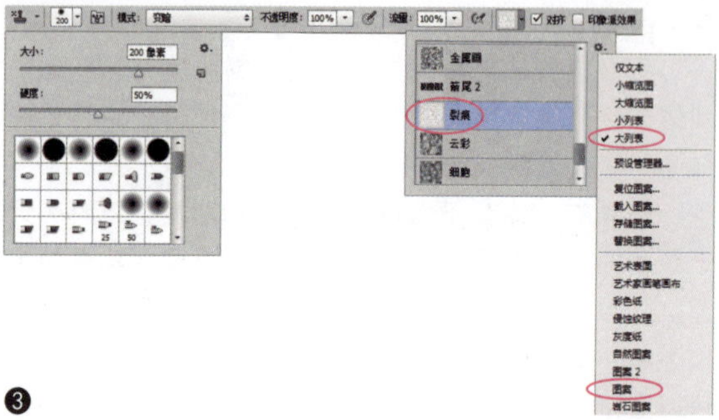
❸

02 在人物面部皮肤上单击并拖曳鼠标涂抹，绘制纹理图案❹。

03 选择“编织（平）”图案。设置混合模式为“正片叠底”，按下[键，将笔尖调小，在眼珠上涂抹该图案❺。

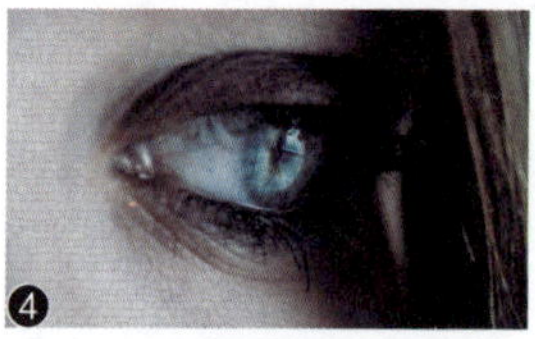
❹

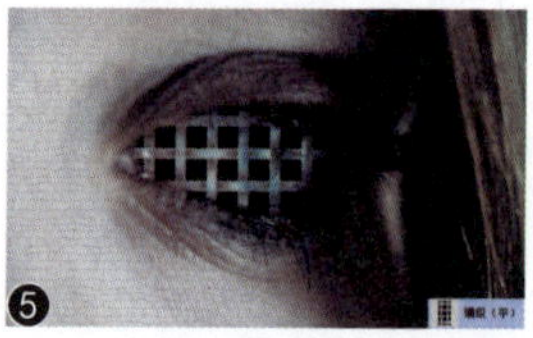
❺

图案图章工具选项栏

在图案图章工具的选项栏中，“模式”“不透明度”“流量”和“喷枪”等与画笔工具基本相同。其他选项如下。

- 对齐：选择该选项以后，可以保持图案与原始起点的连续性，即使多次单击鼠标也不例外❻；取消选择时，每单击一次鼠标都重新应用图案❼。

❻ 选取“对齐”

❼ 未选取“对齐”

- 印象派效果：选取该选项后，可以模拟印象派效果的图案❽。

❽ 左起分别为普通效果、尖角笔尖印象派效果、柔角笔尖印象派效果

4.7 填充渐变

渐变可以生成多种颜色逐渐过渡的变化效果，在Photoshop中的应用非常广泛，不仅可以填充图像，还用来填充图层蒙版、快速蒙版和通道。此外，控制调整图层和填充图层有效范围时也会用到渐变。

4.7.1 渐变的种类、特点和应用范围

在Photoshop中，我们可以通过渐变工具、渐变填充图层、渐变映射调整图层和图层样式（描边、内发光、渐变叠加和外发光效果）这几种工具应用渐变❶~❸。

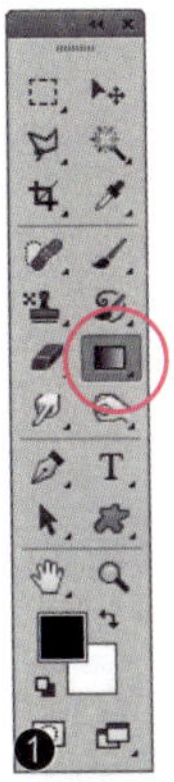

❶

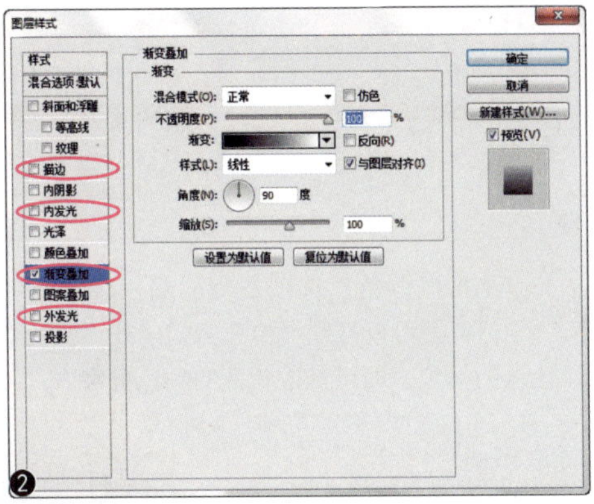

❷

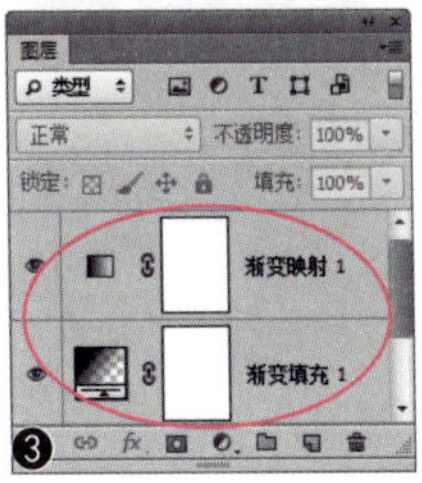

❸

从使用方法上看，渐变工具在控制渐变起始和结束位置，以及渐变的角度方面最灵活。

从应用范围上看，渐变工具可以填充图像、图层蒙版、快速蒙版和通道，其他几种工具只用于特定的图层。

从渐变颜色的用途上看，彩色渐变常用于填充图像，黑白渐变多用于填充图层蒙版、快速蒙版和通道。

如果以样式来区分的话，渐变共有5种❹，包括线性渐变、径向渐变、角度渐变、对称渐变和菱形渐变。无论用哪个工具应用渐变，都可以选择这5种样式。下面我们以渐变工具为例介绍这几种效果有何不同。

使用渐变工具时，可以通过鼠标单击点和拖曳方向控制渐变的中心和方向。线性渐变从光标起点开始到终点结束，如果未横跨整个图像区域，则其外部范围会以渐变的起始颜色和终止颜色填充。其他几种渐变是以光标起始点为中心展开渐变的。

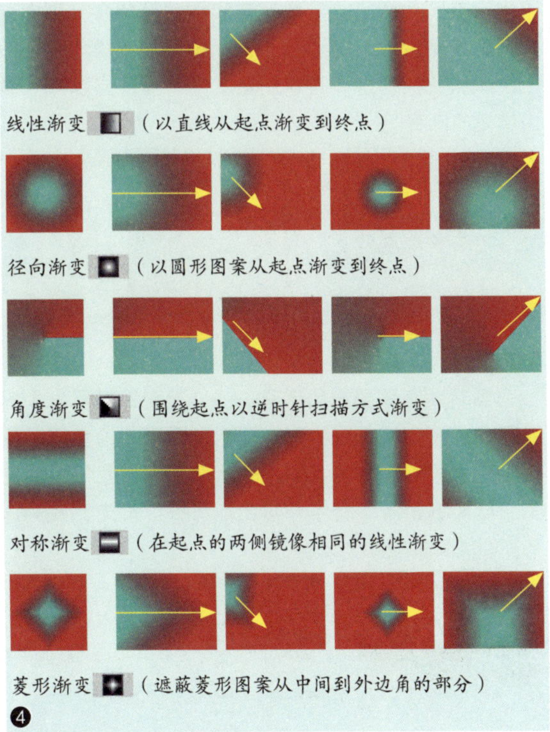

线性渐变（以直线从起点渐变到终点）
径向渐变（以圆形图案从起点渐变到终点）
角度渐变（围绕起点以逆时针扫描方式渐变）
对称渐变（在起点的两侧镜像相同的线性渐变）
菱形渐变（遮蔽菱形图案从中间到外边角的部分）

❹

5种渐变样式（线段起点代表渐变的起点，线段终点即箭头代表渐变的终点，箭头方向代表鼠标的移动方向）

这5种渐变样式可以在工具选项栏中选取，选择渐变工具后，单击其中的一个按钮即可❺。此外，还可以设置渐变颜色和混合模式等选项。

❺

● **渐变颜色条**：渐变色条中显示了当前的渐变颜色，单击它右侧的按钮，可以在打开的下拉面板中选择一个预设的渐变。如果直接单击渐变颜色条，则会弹出“渐

变编辑器”，在“渐变编辑器”中可以编辑渐变颜色，或者保存渐变。

- 模式/不透明度：用来设置应用渐变时的混合模式和不透明度。
- 反向：转换渐变中的颜色顺序，得到反方向的渐变。
- 仿色：可以使渐变效果更加平滑。主要用于防止打印时出现条带化现象，在屏幕上不能明显地体现出作用。
- 透明区域：勾选该项，可以创建包含透明像素的渐变。

4.7.2 练习：用渐变制作艺术海报

使用渐变工具创建渐变时，是通过单击并拖曳鼠标来完成的。鼠标单击的点定义了渐变颜色的起始位置，释放鼠标的点定义了渐变颜色的结束位置。如果没有选区的限定，起始颜色和结束颜色会分别向外扩展，使渐变颜色覆盖整个画面❶❷。在操作时，按住Shift键拖动鼠标，可以创建水平、垂直或以45°角为增量的渐变。

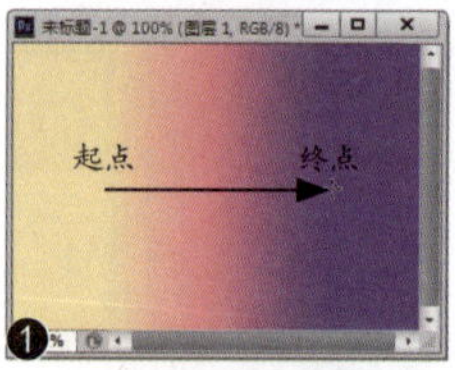

无选区限定

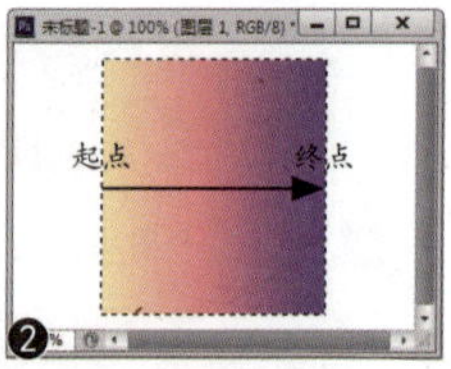

有选区限定

渐变颜色需要专用工具——“渐变编辑器”来设置❸。“渐变编辑器”中的颜色主要用“拾色器”修改。前面我们已经学习了它的用法。下面我们就用它和“渐变编辑器”制作一幅艺术海报。首先，我们先来练习渐变的设置方法。

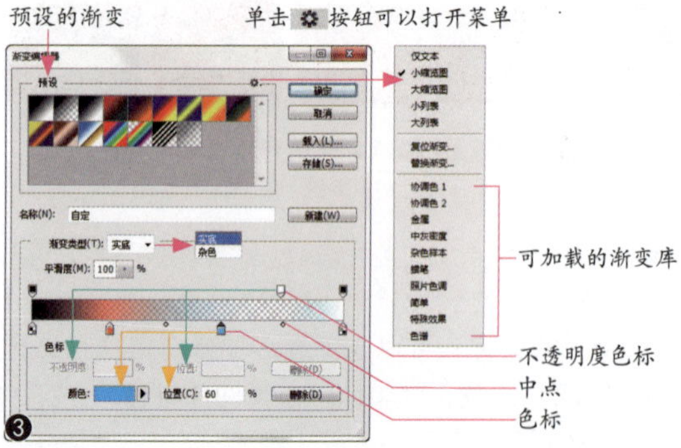

渐变的设置方法

01 选择渐变工具，在工具选项栏中单击渐变样式按钮（本练习单击线性渐变按钮）。单击渐变颜色条❶，打开“渐变编辑器”❷。

02 在“预设”选项中选择一个预设的渐变，它就会出现在下面的渐变条上❸。渐变条中最左侧的色标代表了渐变的起点颜色，最右侧的色标代表了渐变的终点颜色。渐变条下面的图标是色标，单击一个色标，可以将它选取❹。

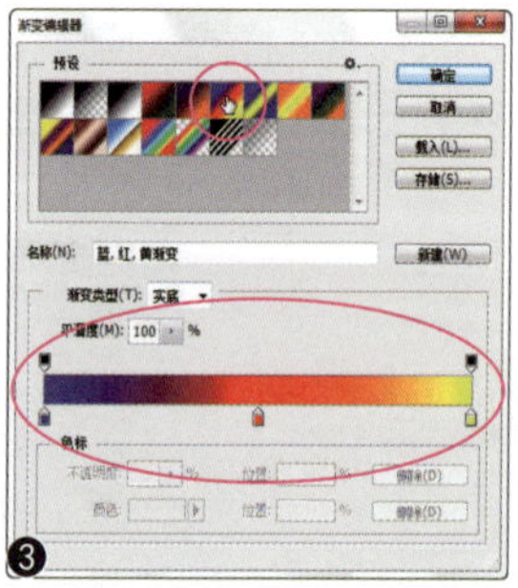

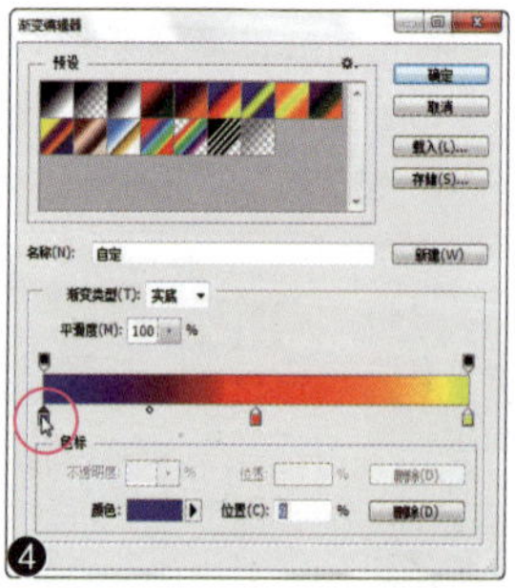

03 单击“颜色”选项右侧的颜色块，或者双击该色标，都可以打开“拾色器”，在“拾色器”中调整该色标的颜色，即可修改渐变的颜色❺❻。

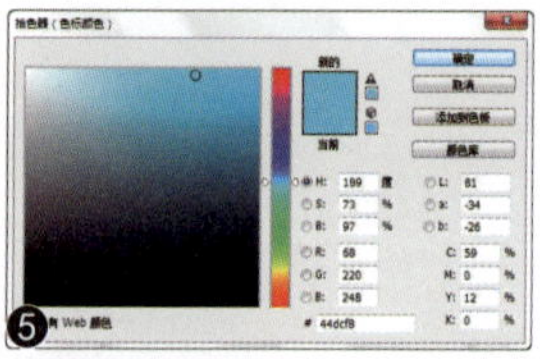

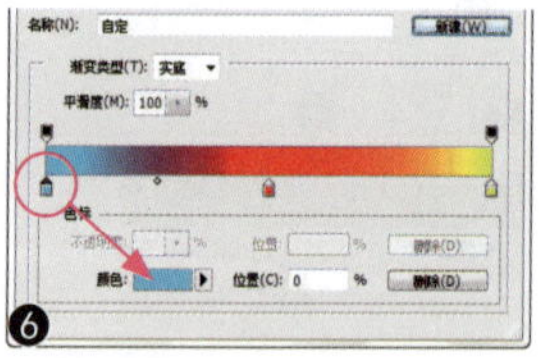

04 选择一个色标并拖曳它，或者在“位置”文本框输入数值，可以改变渐变色的混合位置❼。拖曳两个渐变色标之间的菱形图标（中点），可以调整该点两侧颜色的混合位置❽。

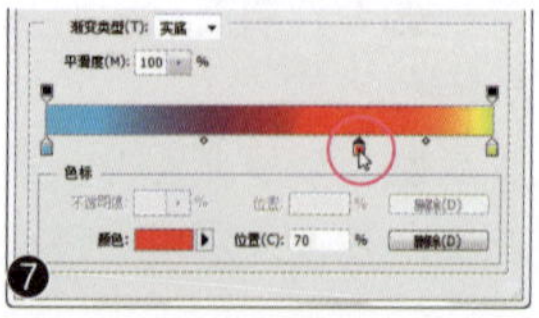

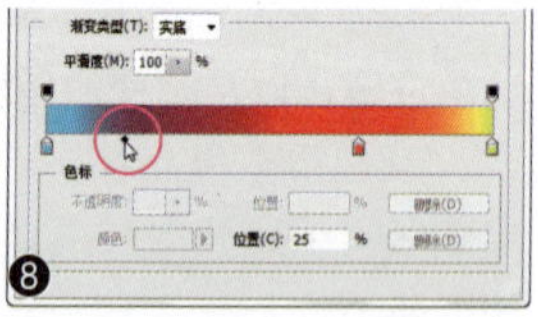

05 在渐变条下方单击可以添加新色标❾。选择一个色标后，单击“删除”按钮，或直接将它拖到渐变颜色条外，可以删除该色标❿。

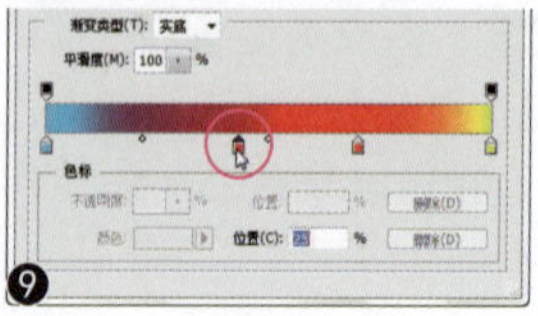

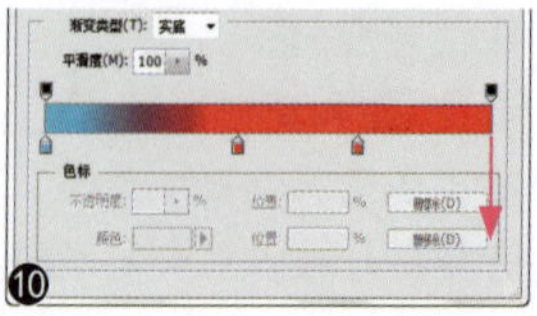

制作艺术海报

01 按下Ctrl+N快捷键，打开“新建”对话框，创建一个210毫米×297毫米，分辨率为150像素/英寸的文档。选择渐变工具，单击工具选项栏中的角度渐变按钮，再单击按钮，打开“渐变编辑器”，调整渐变颜色⑪。从画面中心（偏左一点）向下方单击并拖曳鼠标，填充角度渐变⑫。

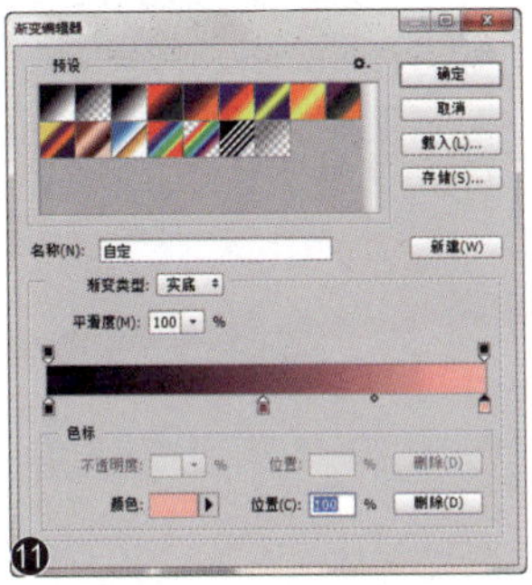

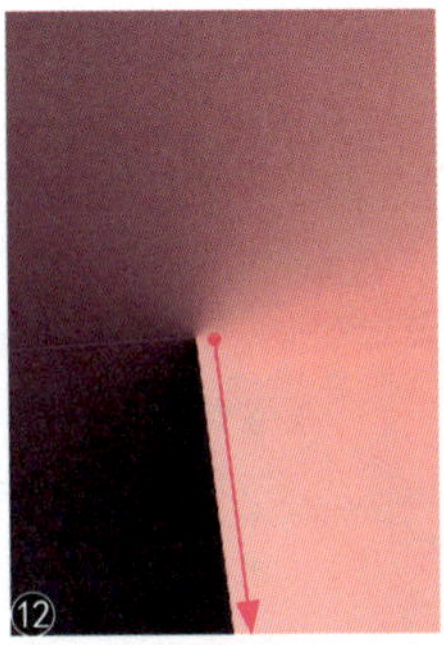

02 打开“字符”面板，设置字体和大小⑬。使用横排文字工具在画面中单击并输入字母“A”⑭。输入完文字以后，如果文字和背景没有很好地衔接在一起，可以再重新填充渐变。需要做的是选择“背景”图层，用渐变工具沿文字的右侧斜边拖动鼠标，使背景色能够巧妙地衬托出文字的结构，这样一幅简单的海报也有独具匠心的韵味。

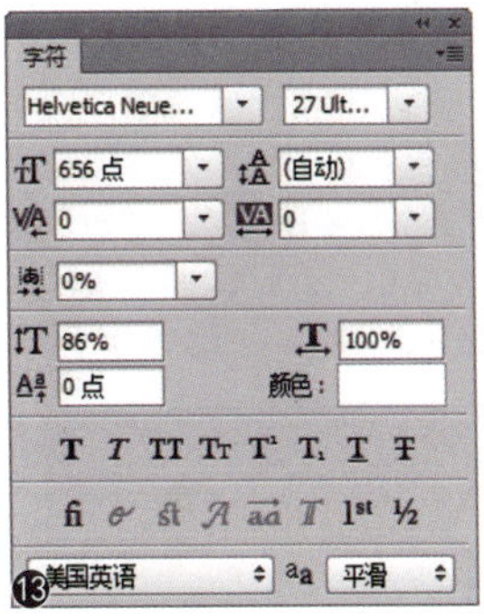

03 在字母“A”右侧输入文字，组成一个完整的单词，设置字体大小为180点⑮。在画面左上角输入其他文字，字体大小为24点⑯。

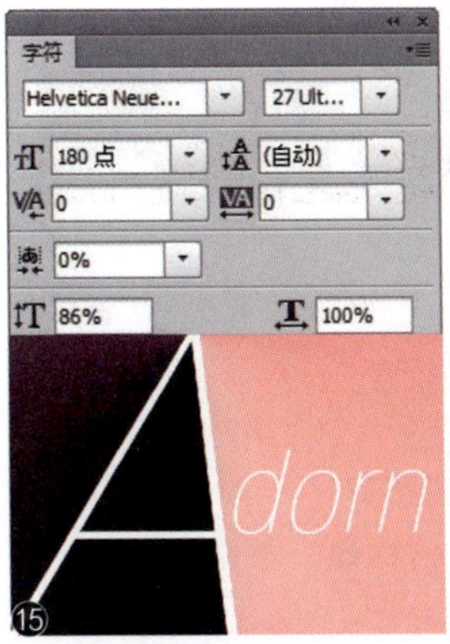

4.7.3 练习：用杂色渐变制作条码签

杂色渐变包含了在我们指定范围内随机分布的颜色。它有两个特点：颜色数量多、颜色变化剧烈。下面使用杂色渐变制作一个条码签。

01 打开素材❶。使用矩形选框工具创建一个选区❷。单击“图层”面板中的按钮，新建一个图层。

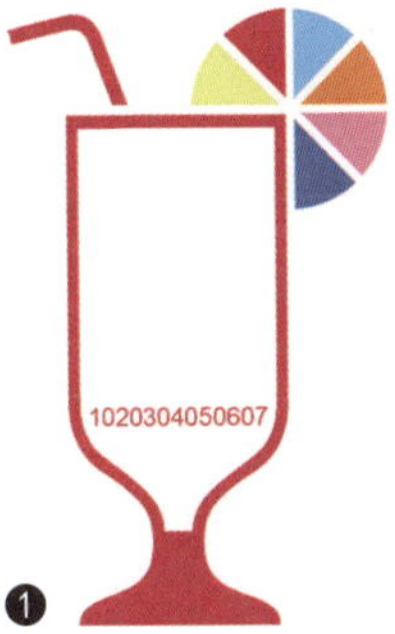

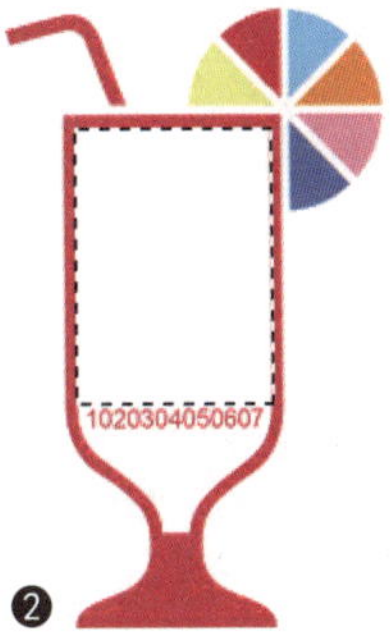

02 选择渐变工具，打开“渐变编辑器”，在“渐变类型”下拉列表中选择“杂色”，对话框中会显示杂色渐变选项，调整“粗糙度”值，即可生成杂色渐变，这里我们设置为90%❸。按住Shift键单击并拖曳鼠标填充渐变。按下Ctrl+D快捷键取消选择❹。

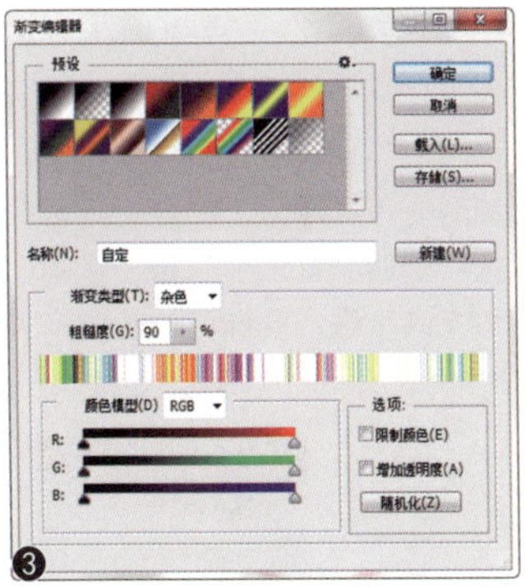

杂色渐变选项

选项	说明
粗糙度	用来设置渐变的粗糙度，该值越高，颜色的层次越丰富，但颜色间的过渡越粗糙
颜色模型	在下拉列表中可以选择一种颜色模型来设置渐变，包括RGB、HSB和LAB，每一种颜色模型都有对应的颜色滑块
限制颜色	将颜色限制在可以打印的范围内，防止颜色过于饱和而出现溢色
增加透明度	可以向渐变中添加透明像素
随机化	每单击一次该按钮，就会随机生成一个渐变颜色

4.7.4 练习：用透明渐变制作雨后彩虹

在“渐变编辑器”对话框中，在渐变颜色条上方添加不透明度色标，可以调整其下方色标颜色的透明度，使渐变颜色中出现完全透明或半透明区域。

当选择不透明度色标时，“不透明度”选项将被激活，用它就可以调整颜色透明度。此时“颜色”选项将被禁用❶~❸。

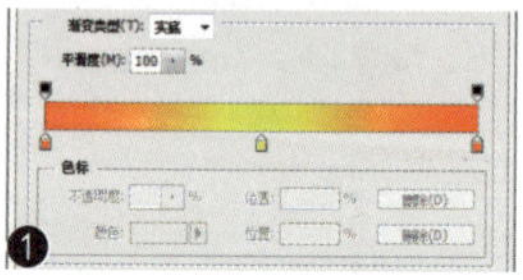

不包含透明区域的渐变

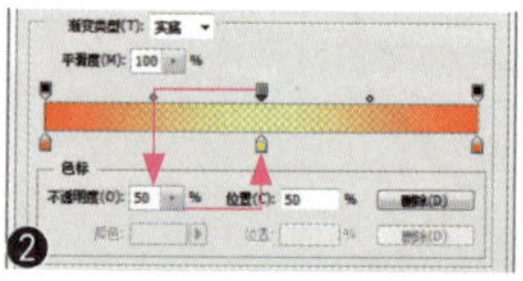

下方色标的透明度被调整为50%

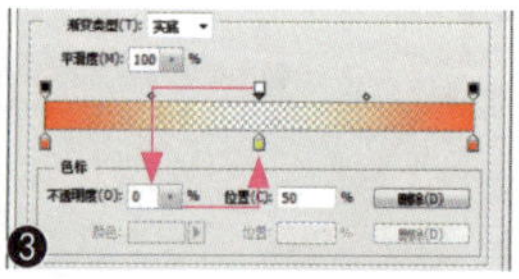

下方色标的透明度被调整为0%

除上述区别外，透明渐变与实色渐变的编辑方法基本相同。例如，拖曳不透明度色标，或者在“位置”文本框中输入数值，可以调整色标的位置；拖曳中点（菱形图标），可以调整该图标一侧颜色与另一侧透明色的混合位置；在渐变条上方单击可以添加不透明度色标；将色标拖出对话框外可将其删除。

01 打开素材❹。单击“图层”面板底部的 按钮，新建一个图层。选择渐变工具，打开工具选项栏中的渐变下拉面板，选择“透明彩虹渐变”❺。在画面中沿垂直方向拖曳鼠标，填充渐变❻。鼠标拖动的距离为渐变的宽度。

02 执行“滤镜>扭曲>极坐标”命令❼，打开“极坐标”对话框，选择“平面坐标到极坐标”选项，将直线渐变扭曲成圆环形❽。

03 按下Ctrl+T快捷键，显示定界框。拖曳定界框的边线，将彩虹放大，直到接近圆形为止❾。在放大图形时按住Alt键，可以使对称的另一边也同时产生变换，按下Enter键确认。在“图层”面板中将不透明度设置为26%❿。

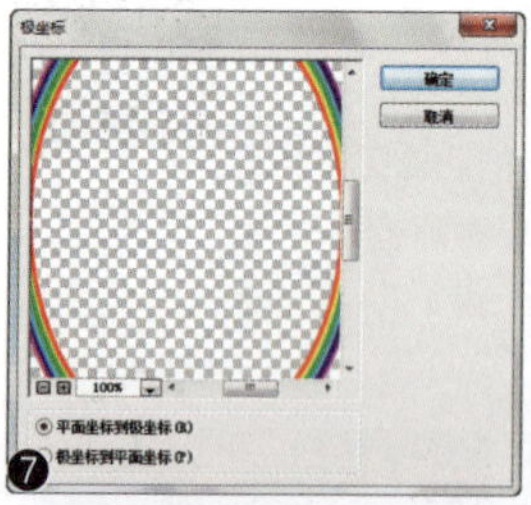

04 选择橡皮擦工具，将笔尖设置为柔角。擦除左右两边的彩虹⓫。彩虹投射到大海中的倒影应该再浅一些。在工具选项栏中设置不透明度为40%，将海中的彩虹适当擦除⓬。一般情况下我们用橡皮擦工具时都是100%的不透明度，橡皮擦所到之处，可将图像全部擦除。40%的不透明度要怎样理解呢？它的作用就是使图像呈现一个透明度，参数的大小决定透明的程度。比如，要让海中的彩虹倒影清晰一些，与空中的彩虹区别不大，可将参数设置为20%，也就是擦除的程度小一些。

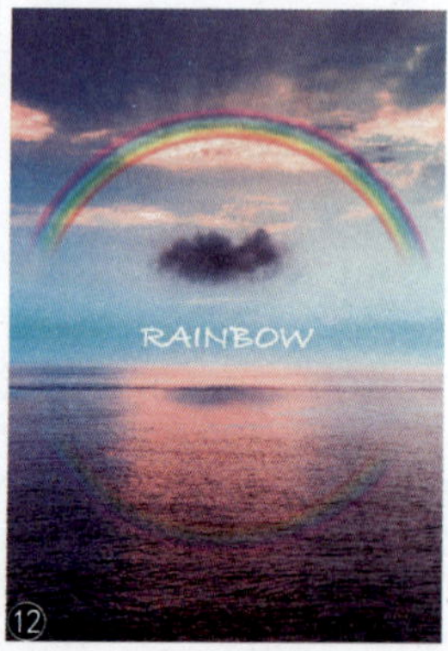

4.7.5 实战技巧：管理渐变

在“渐变编辑器”中调整好一个渐变以后，在“名称”选项中输入渐变的名称❶，单击“新建”按钮，可将其保存到“预设”列表中❷。单击“存储”按钮，则可以将“预设”列表内所有的渐变保存为一个渐变库。

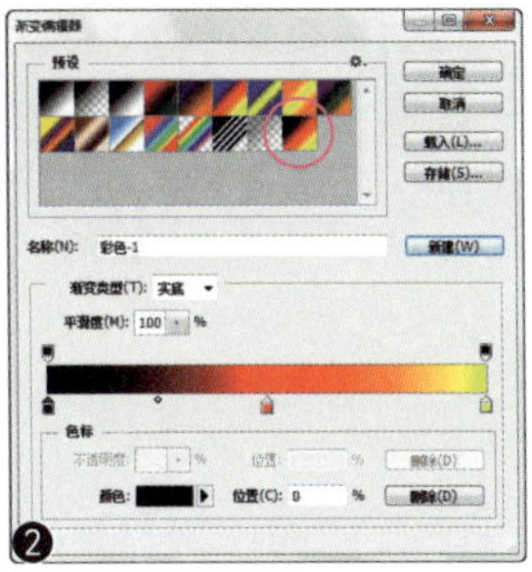

如果要修改一个渐变的名称，可以在其上方右击，打开下拉菜单❸，选择“重命名渐变”命令，打开“渐变名称”对话框进行修改❹。如果要删除该渐变，可以选择“删除渐变”命令。此外，直接按住Alt键单击渐变也可将其删除。

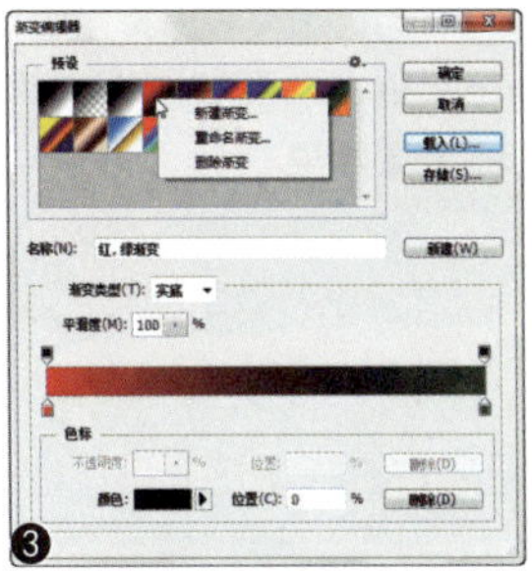

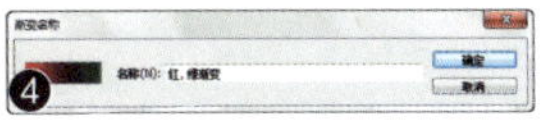

单击“渐变编辑器”右上角的 ✲ 按钮，可以打开一个菜单，菜单底部是Photoshop提供的渐变库❺。选择一个渐变库，会弹出提示，单击“确定”按钮，可以载入渐变，并替换列表中原有的渐变❻；单击“追加”按钮，可在原有渐变的基础上添加载入的渐变；单击“取消”按钮，则取消操作。单击“载入”按钮，可以加载外部渐变库。

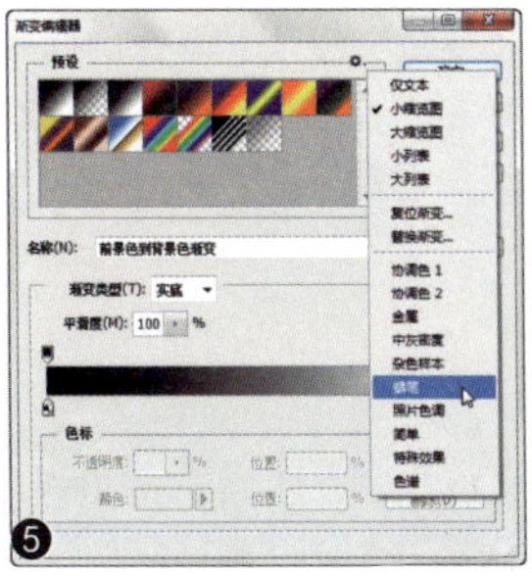

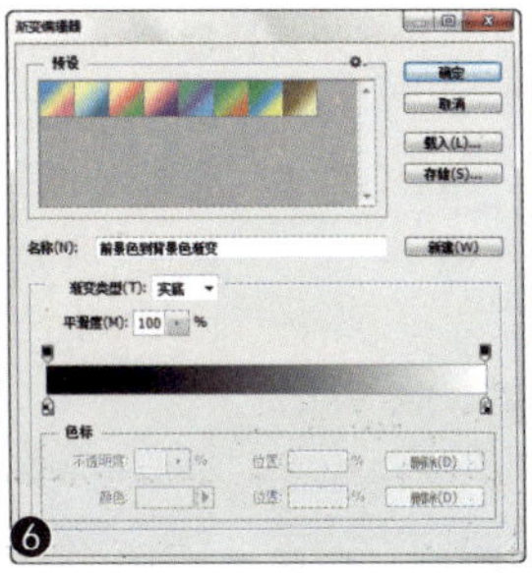

进行载入或删除渐变的操作后，如果想要恢复为默认的渐变，可以选择该菜单中的“复位渐变”命令，此时会弹出一个提示，单击“确定”按钮，即可恢复为默认的渐变；单击“追加”按钮，则可将默认的渐变添加到当前列表中。

4.7.6 实战技巧：使用预设管理器

为方便用户使用，Photoshop提供了大量设计资源，不止我们前介绍过的画笔库和渐变库，还有形状库、样式库、图案库等。每一种资源库都可以通过相应的面板加载和管理。如果觉得这样有些麻烦，也可以用“预设管理器”对这些资源进行统一管理。并且，它也可以加载外部资源，如本书附赠的资源库（渐变库、画笔库等）。

执行“编辑>预设>预设管理器”命令，打开“预设管理器”❶，在“预设类型”下拉列表中选择要使用的预设项目❷，然后单击对话框右上角的 ✲ 按钮打开下拉菜单，选择一个Photoshop资源库，即可将其载入❸❹。

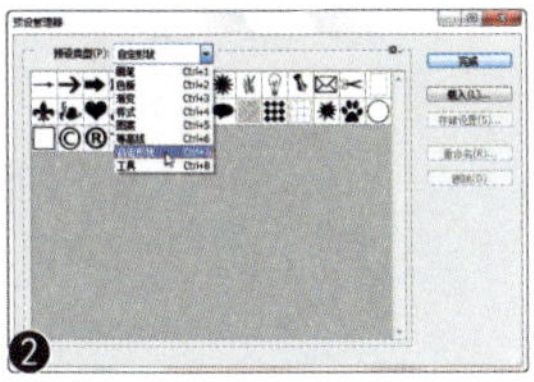

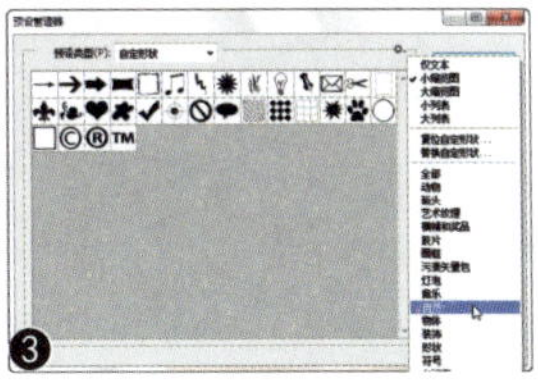

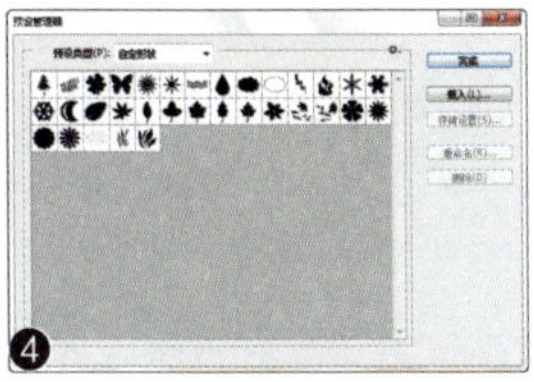

提示（Tips）

执行“编辑>预设>迁移预设”命令，可以从旧版本中迁移预设 。执行“编辑>预设>导入/导出预设”命令，可以导入预设文件，或将当前预设文件导出。

如果要载入外部资源库，可以在“预设类型”下拉列表中选择要使用的预设项目，然后单击“载入”按钮，在打开的对话框中进行选择。例如，我们可以通过这种方法加载本书附赠的渐变库❺❻。

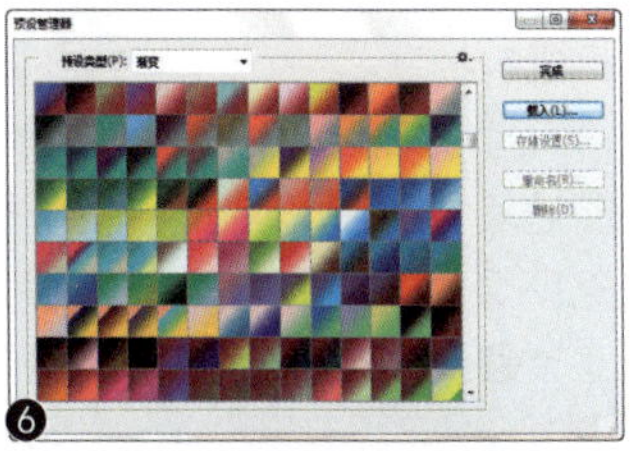

载入资源库后，它们会同时出现在相应的面板中❼❽，如“色板”面板、“画笔”面板、形状下拉面板、“样式”面板等。

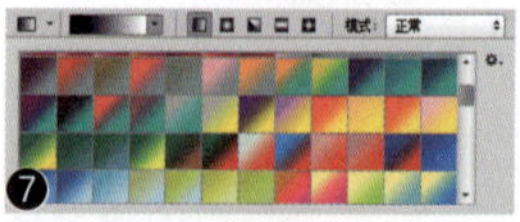

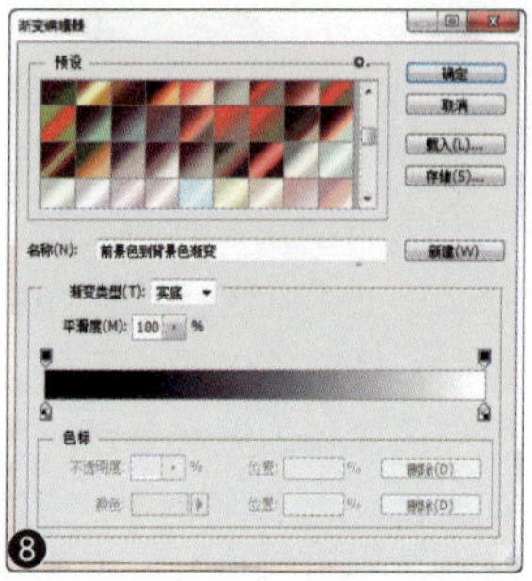

加载外部渐变库后，会同时出现在渐变下拉面板和“渐变编辑器”中

要注意的是，工具预设和各种资源库会占用内存，影响Photoshop的运行速度，最好在需要的时候加载，平时不使用就将它们清除，以便释放内存。

如果要删除载入的项目，恢复为Photoshop默认的资源，可以单击“资源管理器”对话框中的 ⚙ 按钮，打开下拉菜单，选择“复位（具体项目名称）”命令。

Ps 4.8 使用图层填充颜色、图案和渐变

填充图层属于比较简单的功能型图层，可以在图层中填充3种内容——颜色、渐变和图案。为它设置混合模式和不透明度后，可用于修改其他图像的颜色或生成各种图像效果。

4.8.1 疑问解答：填充图层与填色有何不同?

与在普通图层上填充颜色、渐变和图案相比，填充图层有很多好处。首先，它既是一种独立的图层，同时又具备普通图层所有的属性，因此，可以单独调整不透明度、混合模式，也可以添加图层样式，还可进行复制和删除等操作。

其次，创建填充图层以后，可以非常方便地修改渐变颜色和图案样式。普通图层没有办法修改，只能重新填充。

在默认状态下，填充图层的填充内容也像普通图层一样覆盖整个画面。但它自带一个图层蒙版（146页），可用于控制填充范围。普通图层则需要使用选区进行控制。

填充图层可以通过两种方法创建，①在“图层>新建填充图层”菜单中选择一个命令❶，即可创建填充图层；②单击“图层”面板底部的 ◐ 按钮，打开菜单❷，选择“纯色”“渐变”或“图案”命令。

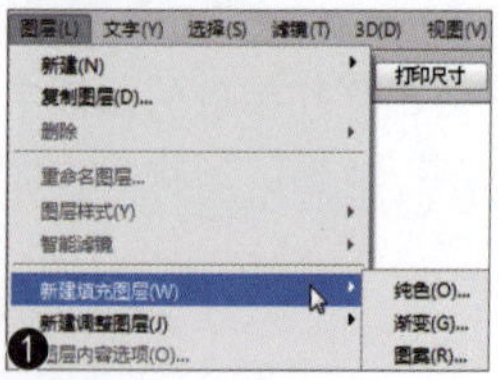

4.8.2 练习：用纯色填充图层制作老照片

纯色填充图层的设置方法最简单，创建这种图层时，只需要在弹出的“拾色器”中设置填充颜色便可。下面我们来使用纯色填充图层制作老照片。老照片由于年代久远会呈现3个特征：四周有暗角、色彩暗淡、画面有划痕。只要将这几个特征体现出来，效果就会很真实。

01 打开素材❶。执行“滤镜>镜头校正”命令，打开“镜头校正”对话框。单击“自定”选项卡，设置“晕影”参数，使画面的四周变暗❷❸。

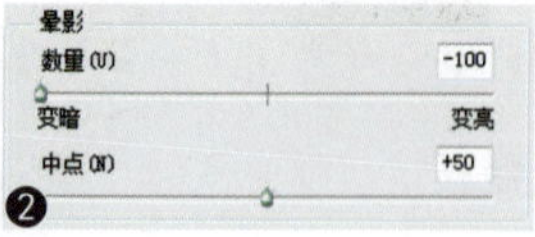

02 执行“滤镜>杂色>添加杂色”命令，在图像中加入杂点，让画面呈现粗糙感❹❺。

03 单击“图层”面板底部的 按钮，打开菜单，选择“纯色”命令，打开“拾色器”设置颜色（R144、G145、B123），单击“确定”按钮关闭对话框，创建填充图层。将填充图层的混合模式设置为“颜色”❻❼。

04 打开一个带有划痕的纹理素材❽。使用移动工具 将其拖入照片文档，设置混合模式为“柔光”，不透明度为50%❾，让它叠加在照片上，生成划痕效果❿。如果想让照片效果更加完整，还可以到网上找一些老照片素材，取其边框，加到本实例的照片中，并添加文字“紫禁城”⓫。

4.8.3 练习：用渐变填充图层制作蔚蓝天空

创建渐变填充图层时，会弹出“渐变填充”对话框❶。如果使用预设的渐变，可以单击 按钮，打开下拉面板进行选择；如果要自己设置渐变颜色，可以单击渐变颜色条，打开“渐变编辑器”进行编辑。

“渐变填充”对话框与渐变工具 选项栏中的选项基本相同，包括可以选择渐变样式（线性、径向、角度等）、设置渐变的角度和缩放效果。不同之处是多了一个“与图层对齐”选项。选取该选项后，可以使用图层的定界框来计算渐变填充的范围。

01 打开素材。使用快速选择工具 选取画面中的建筑物❷。按下Shift+Ctrl+I快捷键反选，选中天空。

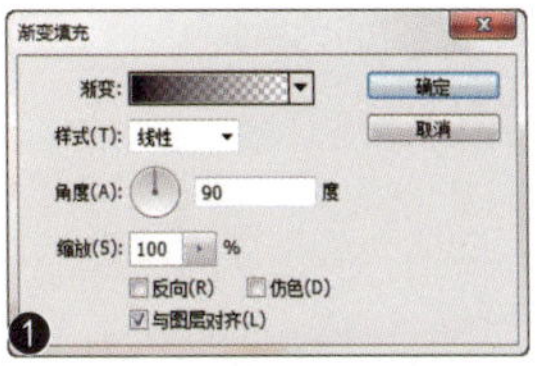

02 单击“图层”面板中的 按钮，选择“渐变”命令，打开“渐变填充”对话框，设置角度为150度❸。单击“渐变”选项右侧的渐变色条，打开“渐变编辑器”调整渐变颜色❹；单击“确定”按钮，返回到“渐变填充”对话框，再单击“确定”按钮关闭对话框，创建渐变填充图层❺。选区会转换到填充图层的蒙版中，使填充图层只影响选中的图像❻。

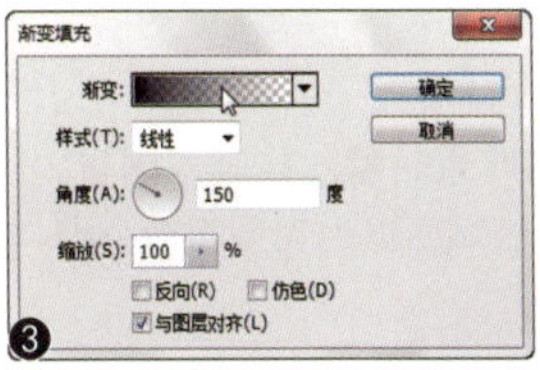

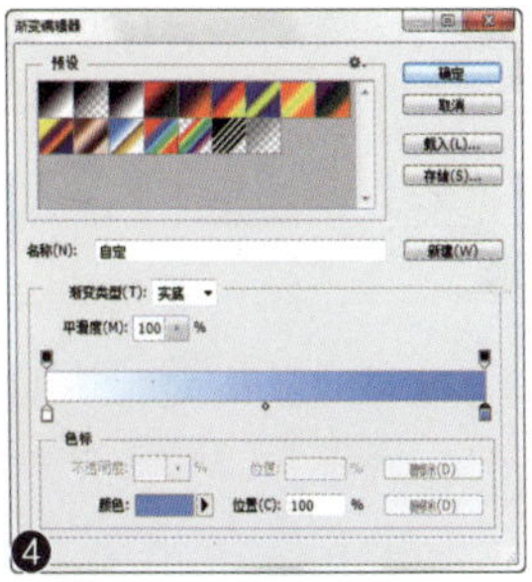

03 按住Alt键单击“图层”面板底部的 按钮，弹出“新建图层”对话框，在“模式”下拉列表中选择“滤色”，勾选“填充屏幕中性色”选项，创建中性色图层（230页）❼❽。

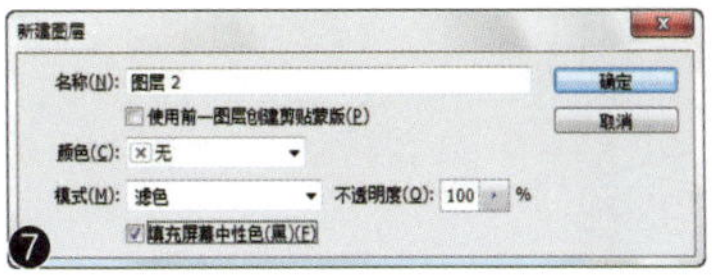

04 执行“滤镜>渲染>镜头光晕”命令，打开“镜头光晕”对话框，在缩览图的右上角单击，定位光晕中心，然后设置参数❾，滤镜会添加到中性色图层上，不会破坏其他图层❿。

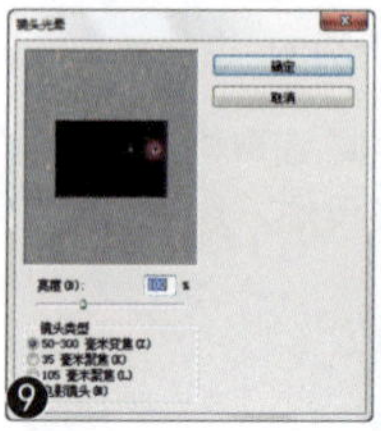

9

10

4.8.4 练习：用图案填充图层制作衣服图案

创建图案填充图层时，会弹出“图案填充”对话框，单击 按钮，可以打开下拉面板选择图案。调整“缩放”值还可以对图案进行缩放。单击“贴紧原点”按钮，可以使图案的原点与文档的原点相同。在进行移动图层操作时，如果希望图案随图层一起移动，可以选取“与图层链接”选项❶。

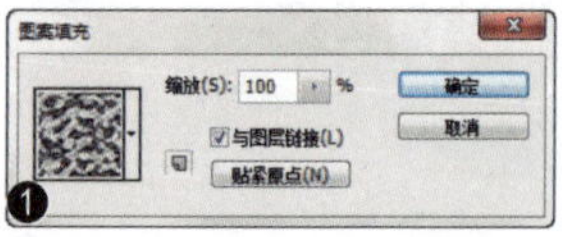

1

01 打开用来制作图案的猫咪素材❷。执行“编辑>定义图案”命令，在打开的对话框中为图案命名❸。

2

3

02 打开人物素材。用快速选择工具 选取衣服❹。人物的发色与衣服接近，在选取时应尽量避让开。

4

03 单击“图层”面板底部的 按钮，在打开的菜单中选择“图案”命令，打开“图案填充”对话框，选择自定义的猫咪图案❺。单击“确定”按钮，创建图案填充图层，原来的选区会创建为填充图层的蒙版，将衣服以外的图案隐藏❻。设置该图层的混合模式为“正片叠底”，使图案融入到衣服中❼。

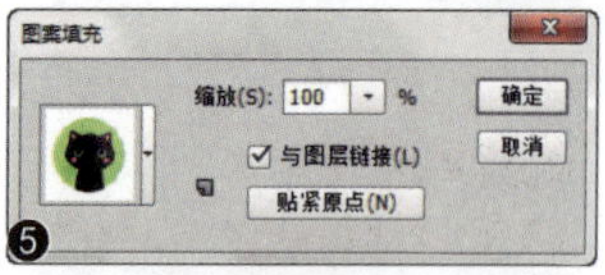

5

6

7

提示（Tips）

在Photoshop中，填充图案的方法有3种，一是油漆桶工具 ，使用起来简单方便，但是填充时不能根据需要对图案大小进行调整，所填充的图案都是原始的大小（定义图案时的大小），并且，填充图案后不能做二次修改。二是图案填充图层，它的方便之处是可以多次对图案进行缩放和更改，不会像油漆桶工具 那样，想更换图案就只能重新填充。三是图层样式中的“图案叠加”，它同时具备油漆桶工具 和填充图案调整图层的双重功能，既能设置混合模式、不透明度，还能调整图案大小，并且支持修改。但它只能以图层样式的形式附加在图层之上，要想让它成为单独的图层，需要将样式从图层中剥离出来（90页）。

4.8.5 实战技巧：修改填充图层

我们使用填充图层来填充颜色、渐变和图案有两个重要原因，一是填充内容位于单独的图层上，不会破坏图像；另外就是填充内容方便修改。

例如，在前一个实例中，我们只要双击填充图层的缩览图❶，或选择该图层，然后执行“图层>图层内容选项”命令，就可以打开“图案填充”对话框，修改所有参数❷❸。

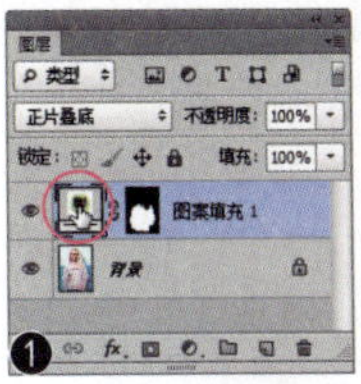

❶

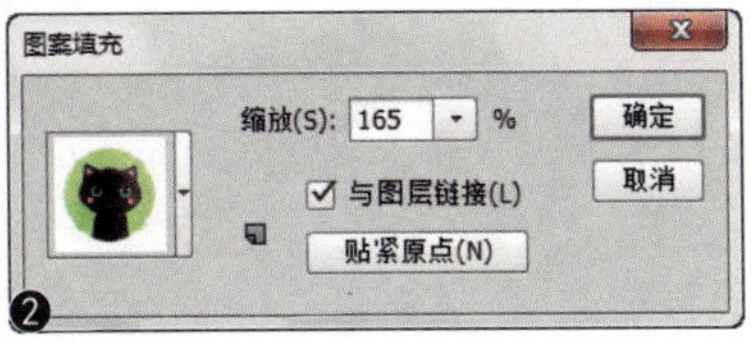

❷

此外，创建渐变和图案填充图层时，在“渐变填充”和“图案”对话框打开的状态下，还可以在文档窗口中拖曳图案和渐变，移动其位置❹❺。

❸

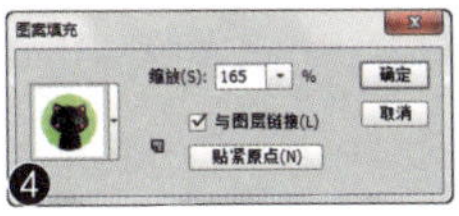

❹

❺

课后测验

本章我们学习数字绘画的相关功能，从颜色术语、色彩管理、颜色选取，到画笔、渐变、填色、图案，等等，包含很多方面，其间也穿插了大量练习。下面是两个测验，用来检验本章的学习效果。

4.9.1 绘制水彩字

“画笔”面板中提供了大量预设的笔尖，而且每一个笔尖都可以调整参数，这为我们绘画提供了强大的技术支持。熟悉不同种类的笔尖的特点、了解参数选项对笔尖的哪些属性会产生影响，就能模拟出任意传统工具和传统介质的绘画效果。下面是一个水彩效果的特效字练习，用的是“湿介质”画笔库中的“粗头水彩笔”❶。

❶

4.9.2 照片与实景对比效果

下面是一个历史记录画笔工具与“绘图笔”滤镜（在“滤镜>素描”菜单中）配合操作的实例。表现的是现在比较流行的照片与实景对比效果❶❷。在制作时要注意，绘图笔的线条不要过长，否则小狗头像的细节就不明显了。

❶ 素材

❷ 实例效果

第5章 蒙版、通道与图像合成

本章简介

本章介绍几个比较重要的功能——不透明度、蒙版、通道、混合模式和高级混合选项。每一项功能都配备了练习。这些练习主要侧重于平面设计和图像合成。由于通道、蒙版、混合颜色带也是抠图工具，而通道调色与色彩关系密切，这些应用分别放在了“选区与抠图”“调整色彩”两章中，以便我们的学习能够保存连贯性。就本章的内容来说，不透明度比较简单，就是让图层呈现透明效果的功能；蒙版的练习多，也不难掌握；通道暂时还没有涉及到有难度的东西；最难理解的是混合模式，但也无需投入太多时间，知道其大概效果也就行了，使用时还是要各种模式尝试以后，才能找到最好的效果。

学习重点

关键概念

Ps 5.1 不透明度

不透明度是指图层内容的透明程度。这里的图层内容包括图层中所承载的图像和形状、添加的效果、填充的颜色和图案。不仅如此，不透明度调节可应用于除“背景”图层以外的所有类型的图层，包括调整图层这样只有指令没有实际内容的图层，以及3D和视频等特殊图层。

5.1.1 不透明度的用途

不透明度是一种可以调整图层内容显示程度的功能。当图层的不透明度为100%时，图层内容完全显示❶❷；低于该值时，图层内容会呈现出一定的透明效果，这时，位于其下方图层中的内容就会显现出来❸。其规律是：图层的不透明度越低，下方的图层内容就越清晰。如果将不透明度调整为0%，图层内容就完全透明了，这就相当于将图层隐藏了一样，此时下方图层内容完全显现。

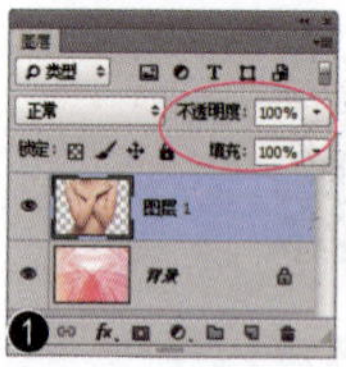

“图层”面板

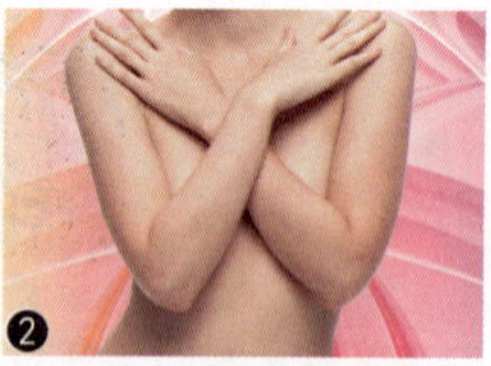

“图层1”不透明度为100%

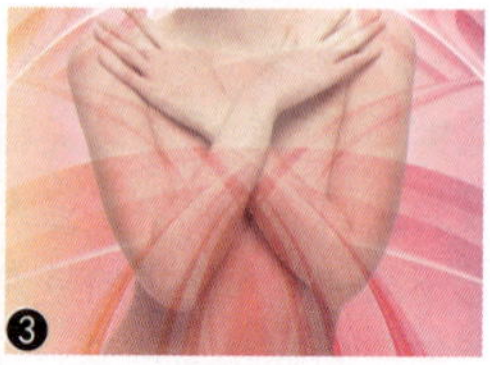

“图层1”不透明度为50%

从应用角度看，不透明度主要用于混合图像、调整色彩的显现程度、调整工具效果的不透明度。

混合图像就是我们上面所说的，上层图像出现一定程度的透明、下层图像相应地显现。这主要通过“图层”面板操作。

在色彩方面，如果使用“填充”命令、“描边”命令和渐变工具❹进行填色、描边等操作时，可以通过“不透明度”选项设置颜色的透明程度；如果使用调整图层进行颜色和色调的调整，则可以通过“不透明度”控制调整强度❺❻。

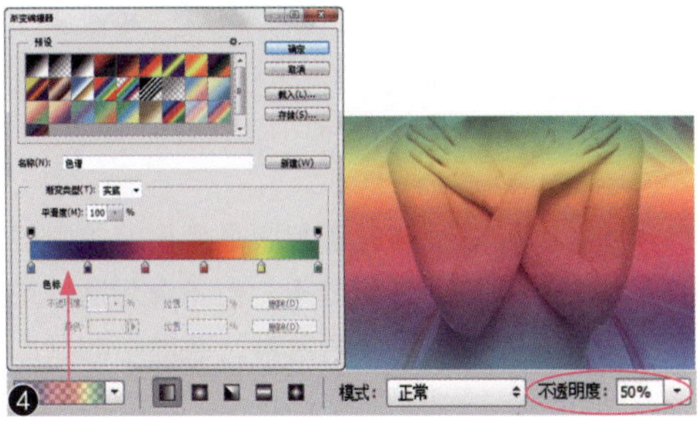

渐变颜色不透明度为50%时的填充效果

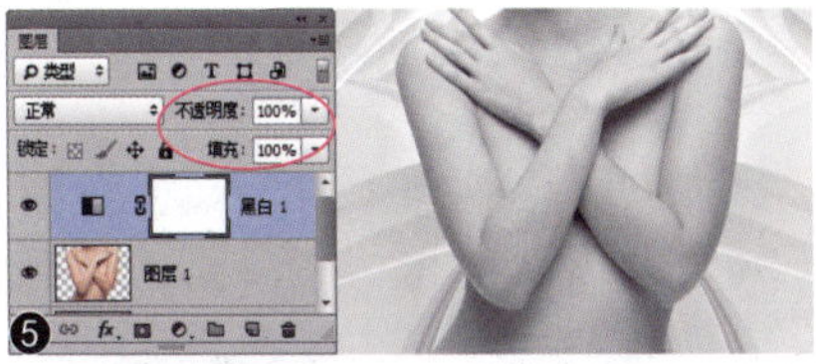

“黑白”调整图层的不透明度为100%

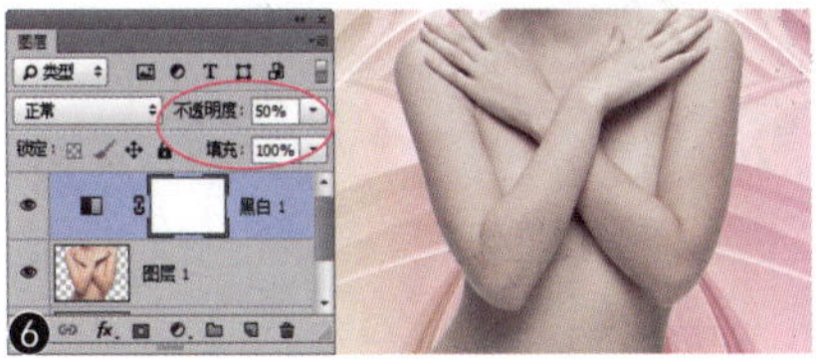

“黑白”调整图层的不透明度为50%

使用画笔工具和铅笔工具，以及用各种形状类矢量工具以像素模式（367页）绘制图形时，也可以设置不透明度。在这里，不透明度决定了工具所绘制的颜色的透明程度。

提 示（Tips）

在填充色彩和进行绘画操作时，需要预先设置好不透明度。而图层的不透明度则可以随时设置、随时修改。

5.1.2 疑问解答：不透明度与填充有何区别？

不透明度的调节选项有两个：“不透明度”和“填充”。只有“图层”面板❶和“图层>图层样式>混合选项”命令❷同时包含这两个选项，“填充”和“描边”命令、渐变工具填色、画笔工具、铅笔工具等只提供“不透明度”选项。

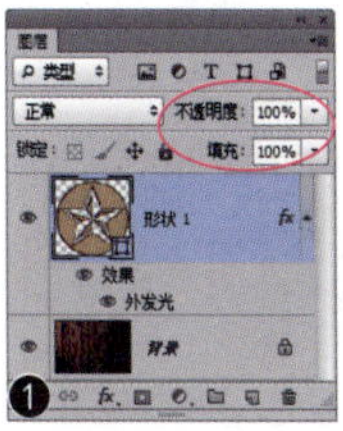

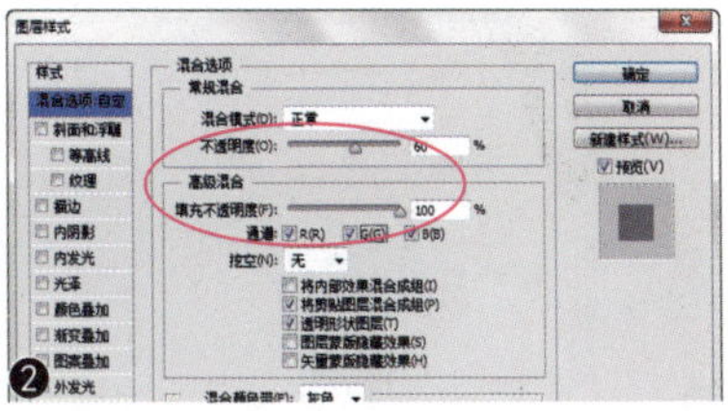

我们来使用形状图层（366，389页）演示二者的区别。它的内部填充了颜色，形状轮廓设置了描边，图层添加了图层样式❸（“外发光”效果）（86页）。

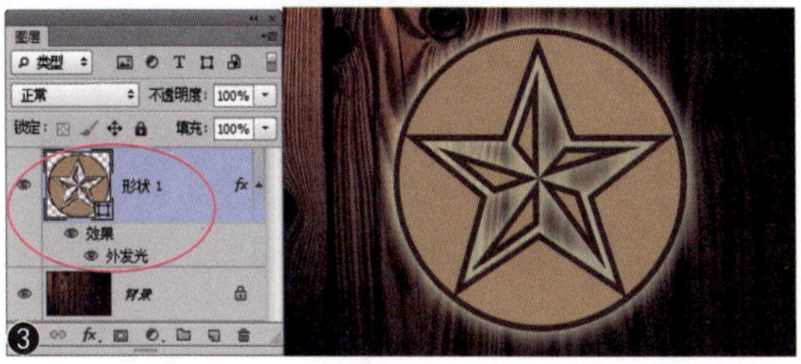

当调整“不透明度”时，会对当前图层中的所有内容产生影响，包括填色、描边和“外发光”效果❹。调整“填充”值时，只有填色变得透明，描边和“外发光”效果都保持原样❺。

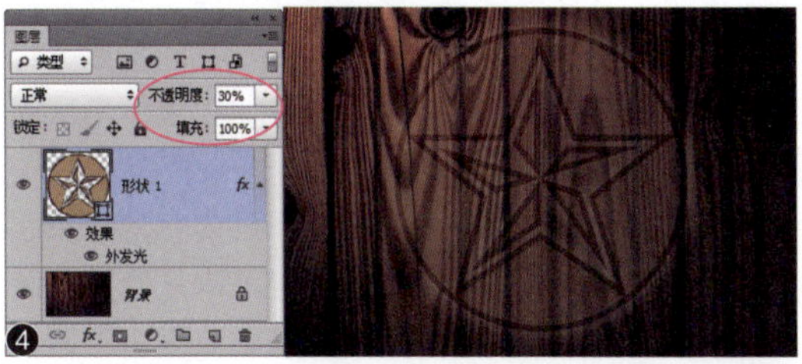

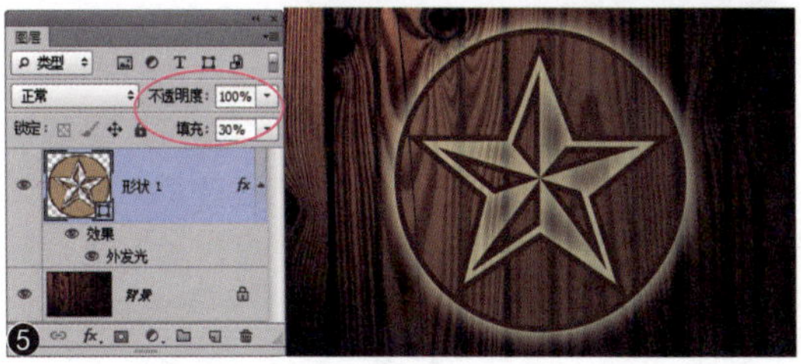

从上面的演示我们可以发现，“不透明度”对图层内容一视同仁；而“填充”则有一定的选择性。具体来说，就是“填充”对图层样式，以及形状图层的描边不起作用。我们也可将其看作是对于这两种对象的保护，在应用环节就是这样。

5.1.3 实战技巧：快速修改不透明度

画笔工具、铅笔工具、渐变工具、橡皮擦工具、历史记录画笔工具、历史记录艺术画笔工具、仿制图章工具、图案图章工具等绘画类工具都包含“不透明度”选项。使用这些工具时，按下键盘中的数字键可以快速修改工具的不透明度。例如，按下“5”，工具的不透明度会变为50%；按下“55”，不透明度会变为55%；按下“0”，不透明度会恢复为100%。

如果使用的不是以上这些工具，则按下数字键可以调整当前图层的不透明度。

5.2 蒙版总览

在Photoshop中，蒙版的种类比较多，其中的图层蒙版、剪贴蒙版和矢量蒙版是用于遮盖图层内容的工具，可以将图层中的内容隐藏，或者使其呈现一定程度的透明效果，但不会删除，属于非破坏性的编辑工具。除此之外，还有3种蒙版——快速蒙版、混合颜色带、通道中的蒙版图像，它们与选区有关，在“选区与抠图”一章有详细介绍。

5.2.1 蒙版的用途

“蒙版”一词源自于摄影，是用于控制照片不同区域曝光的传统暗房技术。Photoshop中的蒙版与曝光无关，它借鉴了区域处理这一概念，主要用来遮盖图像。

蒙版附加在图层上，起到遮挡图层内容的作用，它可以使图层中的所有内容隐藏，也可以只隐藏部分内容，或者使图层内容呈现一定的透明效果。但其自身并不可见。

一般情况下，将蒙版用于普通图层，可以创建图像合成效果；用于填充图层和调整图层，可以控制颜色的填充范围、调整范围和强度；用于智能滤镜，可以控制滤镜的强度和有效范围。在强度控制方面，与“不透明度”调整有相似的地方，但又不完全相同。

下面，我们将逐一分析图层蒙版、剪贴蒙版和矢量蒙版的原理及主要区别。

5.2.2 黑、白、灰的世界——图层蒙版

图层蒙版是一个可以包含256级色阶的灰度图像。它的世界只有黑、白、灰，用以控制图层内容的显示程度。下面我们以为普通的图像添加图层蒙版为例来看看，图层蒙版怎样发挥作用。

在图层蒙版中，纯白色所对应的图像完全显示；纯黑色会完全遮盖图像，图像被隐藏、不可见；灰色的遮盖强度弱于黑色，可以使图像呈现一定程度的透明效果，灰色越深，图像的透明度越高❶。

在默认状态下，添加图层蒙版时，Photoshop会自动在蒙版中填充白色，因此，蒙版并不遮盖图像。在使用时，我们可以单击蒙版，使其处于编辑状态，此时如果想要隐藏某处图像，可以在图像上方涂抹黑色；想让它重新显示，将其涂白即可；想让图像呈现半透明效果，可以在图像上方涂抹灰色。所有操作将应用于蒙版。

❶

图层蒙版图像属于位图，除矢量工具外，几乎所有的绘画类、修饰类、选区类工具，以及滤镜都可以编辑它。例如，绘画和修饰类工具可以直接修改蒙版；选区类工具可以限定操作范围；滤镜可以制作特殊的蒙版效果。

在实际应用中，最常用的是画笔工具（122页）和渐变工具（136页）。画笔工具比较灵活，可以在任意区域使用，在对蒙版进行局部处理时非常方便❷。渐变工具适合在整幅图像中使用，可以快速创建平顺、渐进的图像融合效果❸。

❷

❸

5.2.3 组团出游——剪贴蒙版

剪贴蒙版就像是旅行团一样，是“组团”出现的。在这样的“团队”中，最下方的图层叫作基底图层（名称带有下画线），它上方的图层叫作内容图层（有↓状图标并指向基底图层）❶。

内容图层
基底图层

从工作原理上来看，基底图层的透明区域其实就是一个蒙版，可以将内容层中的对象隐藏。内容图层只在基底图层的对象（图像、图形等）范围内显示。因此，如果移动基底图层，就会改变内容图层的显示区域❷。基底图层就是导游，它往哪个方向走，大家就跟着它走向哪里。

除此之外，基底图层对象（图像、图形等）的不透明度还控制内容图层的显示程度。例如，当基底图层中像素的不透明度为100%时，内容图层与之对应的区域就会完全显示；像素的不透明度为0%时，就等同于透明区域——蒙版，会将内容图层与之对应的区域完全遮盖，使其不可见；当基底图层像素的不透明度介于0%～100%之间时，内容图层与之对应的区域也会呈现出相同程度的半透明效果❸。

由于是“团队”，就会对成员有一些要求。剪贴蒙版对图层的要求就是必须上下相邻❹，被分隔的图层不能创建剪贴蒙版❺。

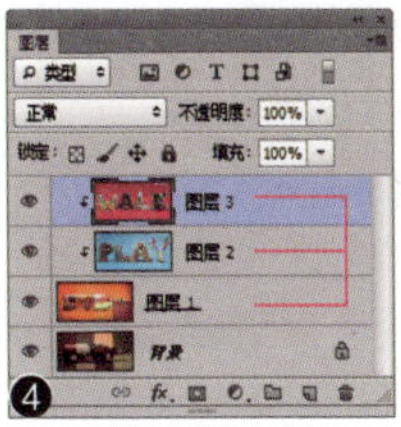

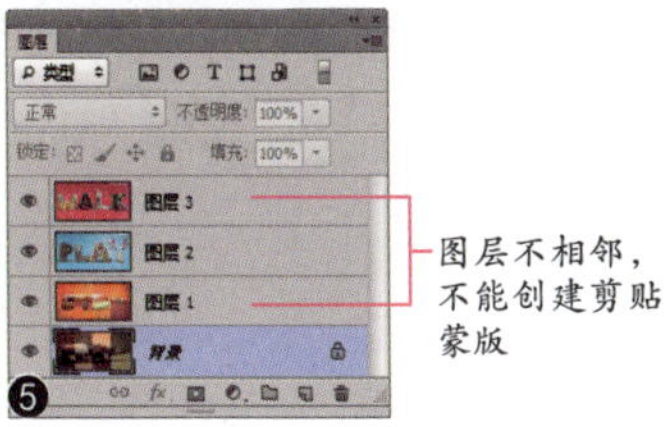
图层不相邻，
不能创建剪贴
蒙版

5.2.4 金刚不坏之身——矢量蒙版

矢量蒙版是用矢量图形控制图像显示范围的蒙版❶~❸。一个图层可以同时拥有一个图层蒙版（总是位于前面）和一个矢量蒙版。在这种状态下，图像只能在两个蒙版相交的区域显示。这两种蒙版不能使用相同的工具编辑，因为图层蒙版是位图，矢量蒙版是矢量图形。

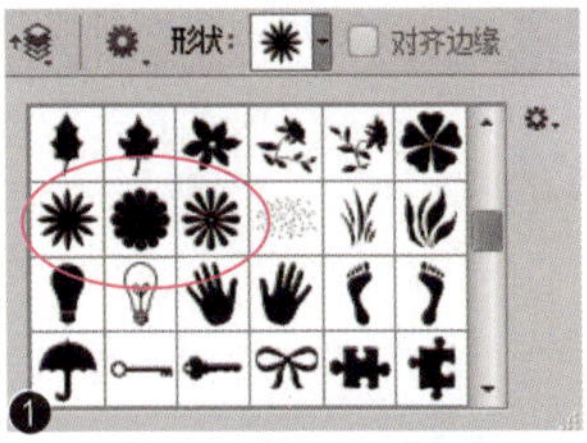
形状：
对齐边缘

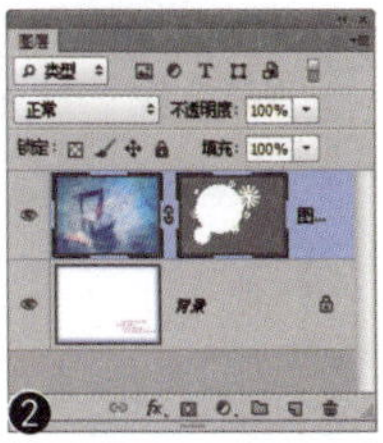

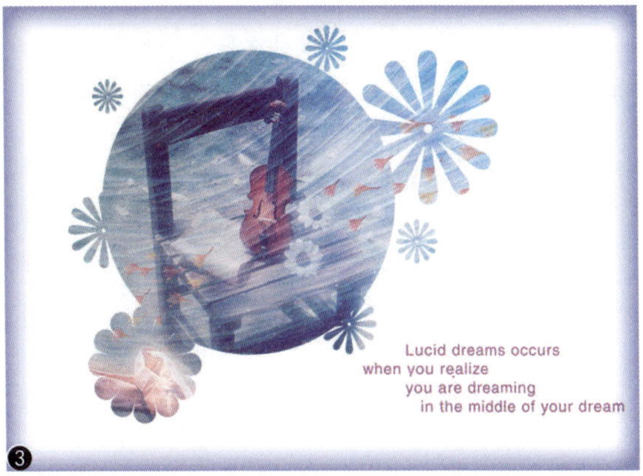
Lucid dreams occurs
when you realize
you are dreaming
in the middle of your dream

矢量蒙版中的图形可以用钢笔工具（376页）和各种形状工具（368页）创建。蒙版范围的扩大与缩小、在蒙版中添加或删除图形，也要用矢量工具配合路径运算（383页）来完成。

5.2.5 分析：3种蒙版的横向比较

图层蒙版

图层蒙版是最常用的蒙版。除“背景”图层外的任何图层都可以添加它。甚至我们创建调整图层、填充图层，以及应用智能滤镜时，Photoshop也会像减价促销似的“搭”一个图层蒙版给我们。

在定义图像显示范围方面，剪贴蒙版和矢量蒙版虽然也可圈可点，但在透明度的控制上就不如图层蒙版灵活。图层蒙版编辑起来更加方便，更适合局部修改。而且，图层蒙版的编辑工具要远远多于另外两种蒙版。

我们介绍蒙版的用途时说过，蒙版可以控制调整图层、填充图层和智能滤镜的范围和强度，这里指的就是图层蒙版。

剪贴蒙版

图层蒙版和矢量蒙版擅长“单兵作战”。如果一个图层同时添加了这两种蒙版，顶多也是个“二人小组”。剪贴蒙版的势力就大多了，它是一个“行动小队”，这么说是因为，图层蒙版和矢量蒙版只对其所在的图层有效，而剪贴蒙版可以控制一组（多个）图层。这是它的最大优点，也是它与另外几种蒙版最大的不同之处。

矢量蒙版

图层蒙版和剪贴蒙版都是基于像素的蒙版，矢量蒙版则用矢量图形控制图像显示范围。由于蒙版中的形状与分辨率（34页）无关，所以，无论怎样旋转和缩放都能保持光滑的轮廓（仅指蒙版图形，不包括被蒙版遮盖的图像）。矢量蒙版将矢量图形引入到蒙版中，不仅丰富了蒙版的多样性，也为我们提供了一种可以在矢量状态下编辑蒙版的特殊方式。

5.2.6 实战技巧：看广告、辨蒙版

蒙版可以合成图像，因此，在平面设计、电影海报、广告设计中的应用非常广泛。欣赏此类作品时，“老司机”凭经验判断就能知道用了哪种蒙版。其实这也不需要太多技巧，只要了解每种蒙版的特征，你也一样能做到。

如果看到令人惊艳❶、惊奇❷、惊叹❸或者惊吓❹的视觉合成效果，使用的“秘密武器”准是图层蒙版。因为只有图层蒙版能让图像素材融合得最自然、最真实、最出人意料。

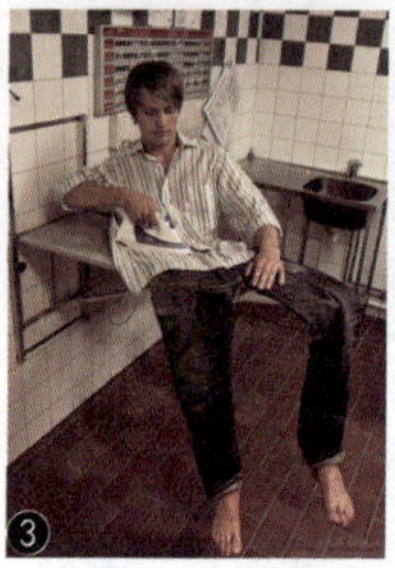

作品中是否使用了剪贴蒙版，非常容易识别出来。剪贴蒙版的特征太明显了。如果我们看到一个图像的轮廓内有很多个其他图像❺❻，基本可以确定用的就是剪贴蒙版。

矢量蒙版在图像合成方面不如前两种蒙版用处大。它的特点是在图形的轮廓内显示图像❼。效果看起来有点像剪贴蒙版，因为剪贴蒙版也在图像轮廓内显示，但矢量蒙版的轮廓内只能出现一幅图像，剪贴蒙版可以出现多幅图像。只要抓住这一关键要素，这两种蒙版就不难区分。

5.2.7 用"属性"面板编辑蒙版

"属性"面板可用于控制图层蒙版和矢量蒙版的遮盖程度、在蒙版边缘添加羽化效果❶。

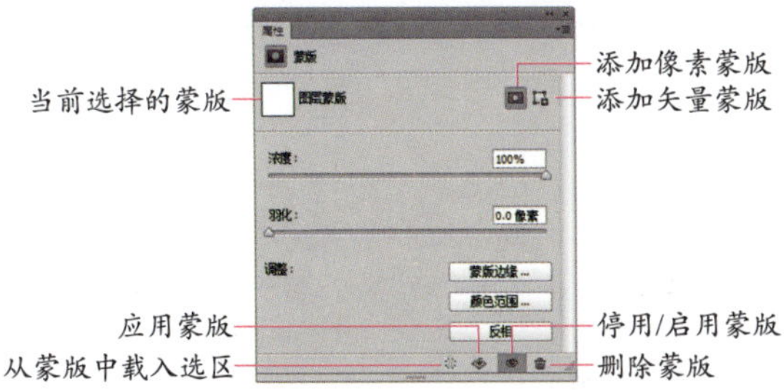

❶

在"图层"面板中单击蒙版后，拖曳"浓度"滑块可以调整蒙版的整体遮盖强度。低"浓度"值，会使图层蒙版中的色调变淡，即黑色变灰、深灰变为浅灰。对于矢量蒙版，则相当于降低了蒙版的不透明度一样❷❸。

正常状态下的矢量蒙版（浓度值为100%）

浓度值为30%

"羽化"（182页）是指蒙版边缘的柔化程度。对于图层蒙版，可以在蒙版的黑色边缘生成灰色；对于矢量蒙版，则可在矢量图形的轮廓周围进行羽化❹。从效果上来看，"羽化"可以使这两种蒙版的边界轮廓变得模糊，形成柔和的过渡效果。

总的来说，"属性"面板对于矢量蒙版还是有些用处的，除它之外，没有工具能单独调整矢量蒙版的透明度（即遮盖程度），更别说羽化了。但对图层蒙版用处不大，因为图层蒙版的编辑工具实在太多了，而且更加好用。

"属性"面板其他选项

选项	说明
当前选择的蒙版	显示了在"图层"面板中选择的蒙版的类型，此时可在"属性"面板中对其进行编辑
添加像素蒙版/添加矢量蒙版	单击按钮，可以为当前图层添加图层蒙版；单击按钮则添加矢量蒙版
蒙版边缘	单击该按钮，可以打开"调整蒙版"对话框修改蒙版边缘，并针对不同的背景查看蒙版。这些操作与调整选区边缘基本相同（200页）
颜色范围	单击该按钮，可以打开"色彩范围"对话框（196页），此时可在图像中取样并调整颜色容差来修改蒙版范围
反相	可以反转蒙版的遮盖区域
从蒙版中载入选区	单击该按钮，可以载入蒙版中包含的选区
应用蒙版	单击该按钮，可以将蒙版应用到图像中，同时删除被蒙版遮盖的图像
停用/启用蒙版	单击该按钮，或按住Shift键单击蒙版的缩览图，可以停用（或重新启用）蒙版。停用蒙版时，蒙版缩览图上会出现一个红色的"×"
删除蒙版	单击该按钮，可删除当前蒙版。将蒙版缩览图拖曳到"图层"面板底部的按钮上，也可以将其删除

Ps 5.3

使用图层蒙版

图层蒙版是最常用到的蒙版。下面我们来学习它的3种创建方法，以及怎样编辑和修改，包括调整蒙版遮盖范围，查看、复制、链接、应用和删除蒙版，等等。

5.3.1 练习：用图层蒙版制作瓶子里的风景

选择一个图层后，单击“图层”面板底部的 按钮，或执行“图层>图层蒙版>显示全部”命令，可以添加一个白色的图层蒙版，此时图像内容完全显示；按住Alt键单击 按钮，或执行“图层>图层蒙版>隐藏全部”命令，则会添加一个黑色蒙版，并将图层内容全部遮盖。如果图层中包含透明区域，执行“图层>图层蒙版>从透明区域”命令，可以创建一个隐藏透明区域的蒙版。

01 打开素材❶❷。下面以这张图片为基础，通过创建剪贴蒙版、添加图层蒙版，将一幅风景图像合成到瓶子中。

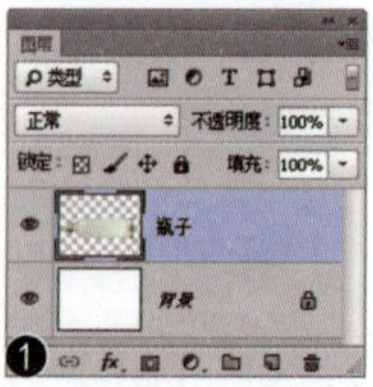
❶

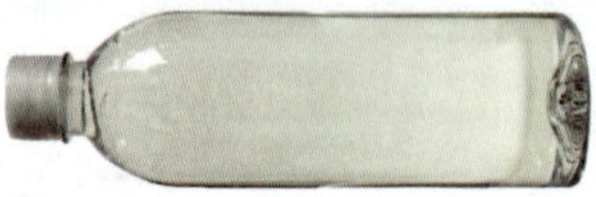
❷

02 先来调整一下瓶子的颜色。单击“调整”面板中的 按钮，创建“曲线”调整图层，在曲线上单击，添加控制点并进行拖曳，增加图像的对比度❸。选择“蓝”通道，将曲线向上调整，增强画面中的蓝色❹。按下Alt+Ctrl+G快捷键，将调整图层创建为剪贴蒙版❺❻。

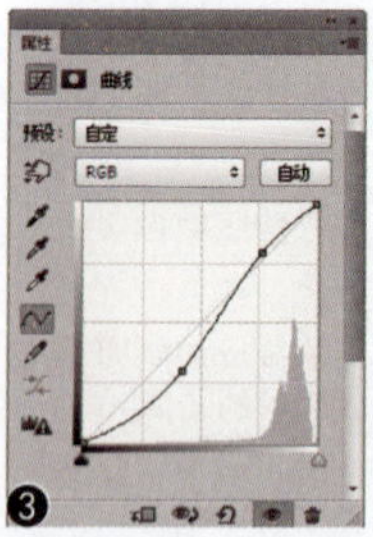
❸

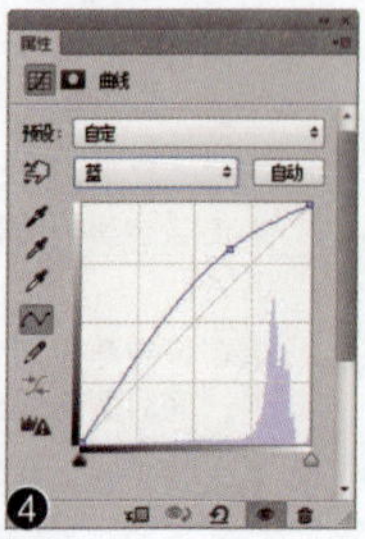
❹

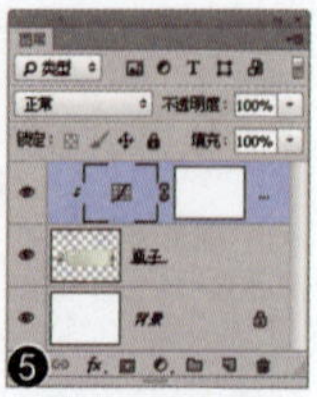
❺

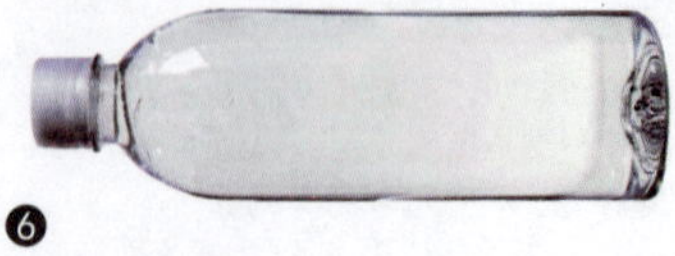
❻

03 选择渐变工具，单击工具选项栏中的渐变颜色条，打开“渐变编辑器”，调整渐变颜色❼。选择“背景”图层，按住Shift键的同时，由上至下拖曳鼠标填充渐变❽。

❼

❽

04 打开雪景素材，将它拖入瓶子文档中❾。按下Alt+Ctrl+G快捷键，将雪景与瓶子创建为一个剪贴蒙版组，隐藏瓶子以外的雪景图像❿⓫。

❾

❿

⓫

05 单击添加图层蒙版按钮 ，为雪景图层添加一个蒙版。使用渐变工具 （黑色到透明渐变）在瓶子的四周填充渐变，将这些图像隐藏，使风景与瓶子的融合效果更加自然⓬⓭。

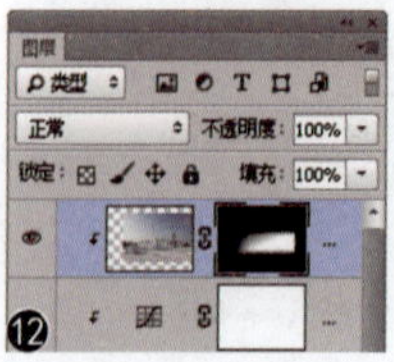
⓬

⓭

06 按住Shift键单击“瓶子”图层，同时选取它与当前图层之间的3个图层⑭，按下Alt+Ctrl+E快捷键，将图像盖印到一个新的图层中⑮。按下Shift+Ctrl+[快捷键，将图层移至底层⑯。

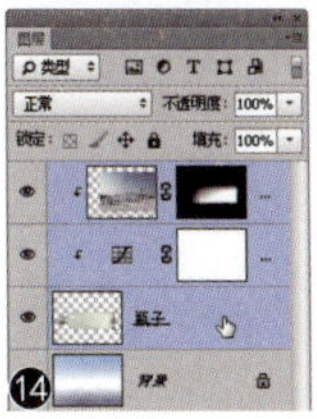
⑭

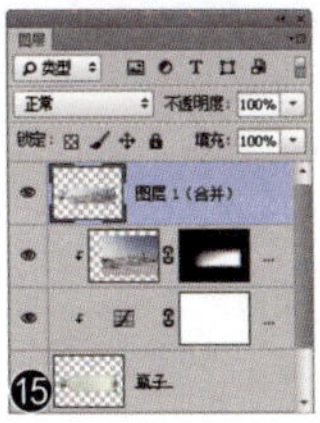
⑮

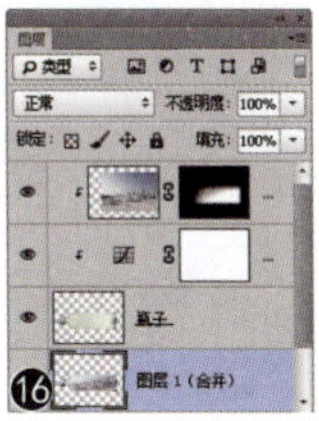
⑯

07 按下Ctrl+T快捷键，显示定界框，右击，在弹出的快捷菜单中选择“垂直翻转”命令，将图像翻转。将光标放在定界框内，移动图像到瓶子下面，作为倒影，调整图像的高度⑰。按下Enter键确认。

⑰

08 执行“滤镜>模糊>高斯模糊”命令，进行模糊处理⑱⑲。

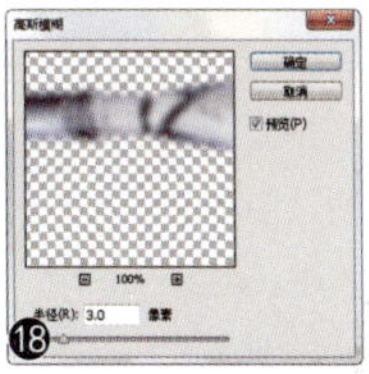
⑱

⑲

09 设置该图层的混合模式为“正片叠底”⑳。用画笔工具（柔角，不透明度为50%）在瓶子的底边和瓶底处涂抹深灰色㉑。

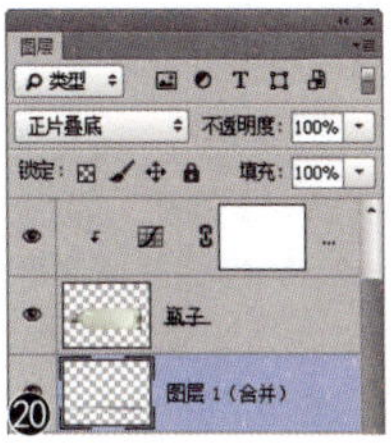
⑳

㉑

10 新建一个图层，设置混合模式为“正片叠底”，不透明度为65%。按下Alt+Ctrl+G快捷键，将其添加到剪贴蒙版组中。将前景色设置为蓝色，使用渐变工具（前景色到透明渐变）分别在瓶子的上、下两边填充线性渐变㉒㉓。

11 新建一个图层，设置混合模式为“叠加”。使用画笔工具（柔角）在瓶子上涂抹一些紫色和黄色，丰富一下色彩㉔㉕。

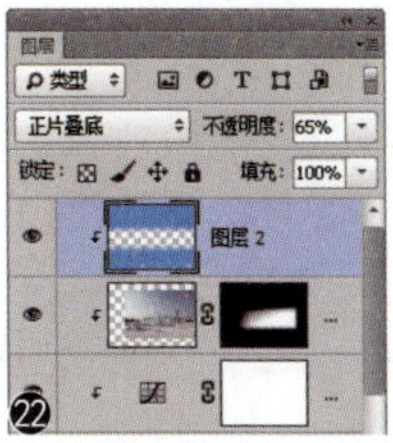
㉒

㉓

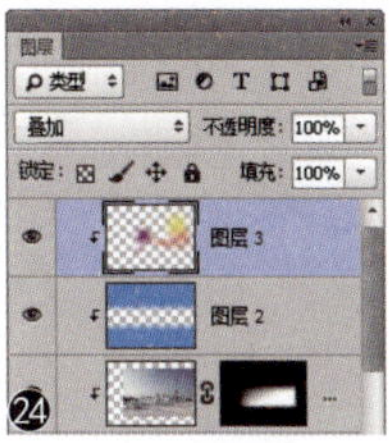
㉔

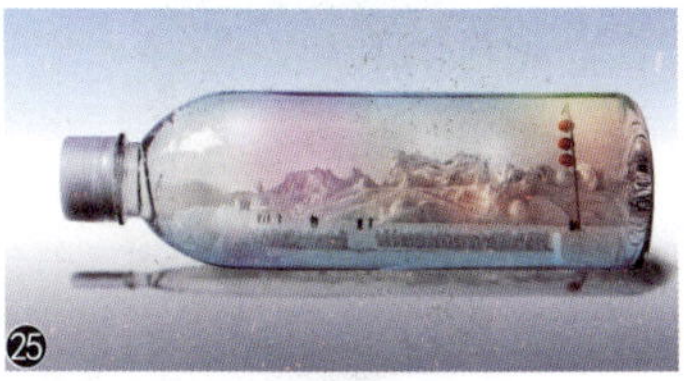
㉕

12 打开素材，将它拖入画面中。单击“调整”面板中的按钮，创建“色彩平衡”调整图层，分别对“中间调”和“阴影”进行调整，使画面的色调更加协调㉖~㉘。

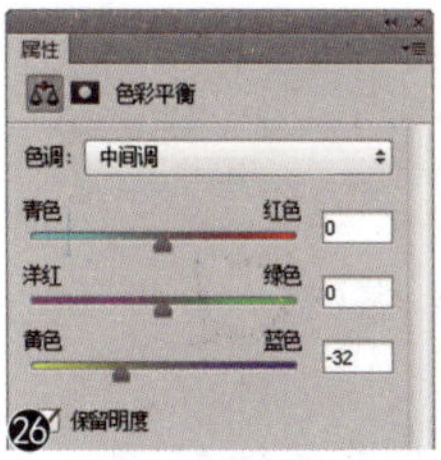

㉖

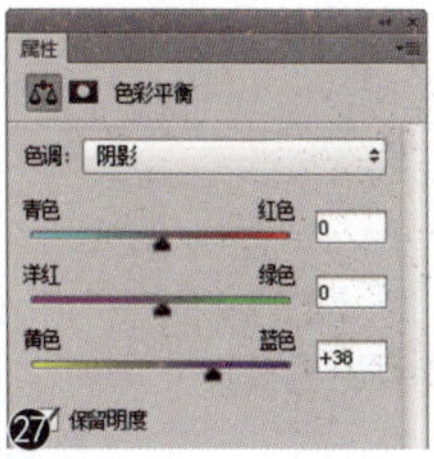

㉗

㉘

5.3.2 练习：从选区中创建图层蒙版

选区是一种用于选取图像、将图像的局部与其他区域隔离开来的功能。它与蒙版可以互相转换。

例如，创建选区以后，单击“图层”面板底部的按钮，或执行“图层>图层蒙版>显示选区”命令，可基于选区创建图层蒙版，选区会转换到蒙版中，原选区之外的图像被蒙版遮盖；如果执行的是“图层>图层蒙版>隐藏选区”命令，则会将原选区内的图像遮盖。

从图层蒙版中转换出选区也非常简单，只要按住Ctrl键单击蒙版缩览图即可。使用这种方法也可以从通道和图层中转换出选区，选区会出现在画面中。

01 打开素材。选择魔棒工具，单击工具选项栏中的添加到选区按钮，设置“容差”为32❶。在白色背景上单击鼠标，创建选区❷。

02 按住Alt键单击“图层”面板底部的按钮，创建一个反相的蒙版，将选取的背景遮盖❸。

5.3.3 练习：从通道中生成图层蒙版

图层蒙版图像与通道图像都属于灰度图像，不仅可以使用同样的工具编辑，还可以互相转换。二者的区别在于，修改通道会影响其中所包含的选区范围，以及图像的外观；而修改图层蒙版则改变的是图像的显示范围，以及蒙版中所包含的选区。

01 打开素材❶。打开“通道”面板，单击“蓝”通道❷，窗口中会显示该通道中的灰度图像，按下Ctrl+A快捷键全选❸，按下Ctrl+C快捷键复制。

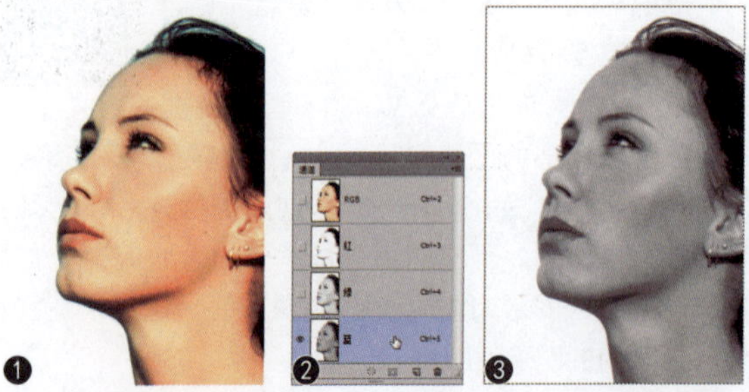

02 单击“图层”面板底部的按钮，为“图层1”添加蒙版。按住Alt键在蒙版的缩览图上单击鼠标❹，文档窗口中会显示蒙版图像，按下Ctrl+V快捷键，将复制的通道粘贴到蒙版中❺，按下Ctrl+D快捷键取消选择。

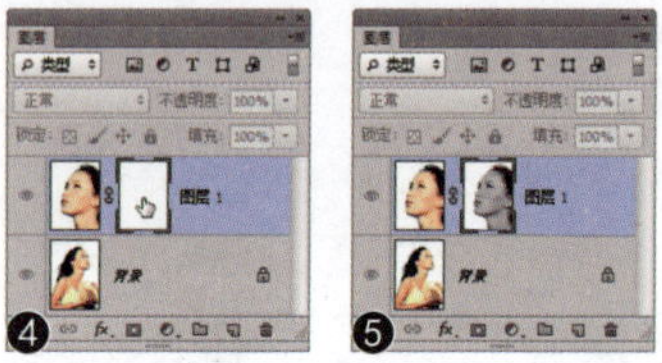

提 示（Tips）

创建图层蒙版以后，“通道”面板中会保存一个名称为“图层蒙版”的临时通道，它的名称显示为斜体，并且只有选择了添加了蒙版的图层时，才会出现在“通道”面板中。删除图层蒙版时也会删除该蒙版的临时通道。

03 按下Ctrl+I快捷键，将蒙版反相❻❼。单击图像缩览图，窗口中会重新显示图像❽❾。

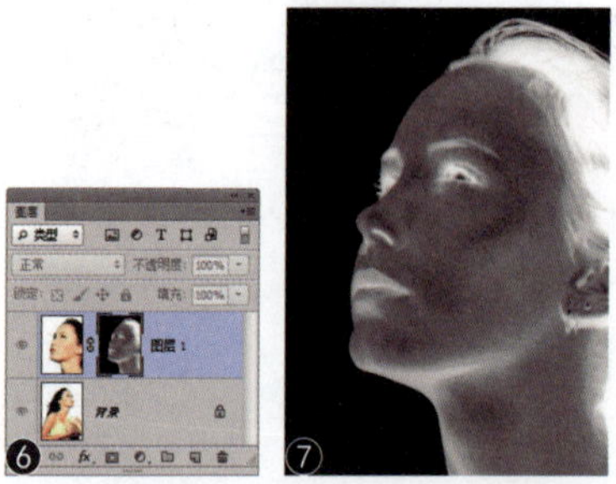

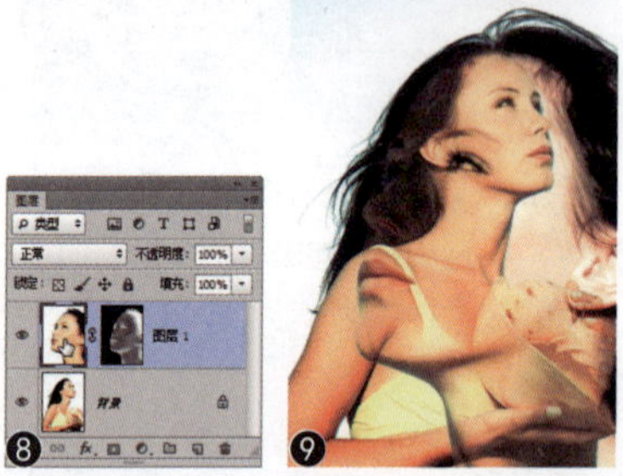

04 单击“调整”面板中的按钮，创建“颜色查找”调整图层，在“属性”面板中的“3DLUT文件”下拉列表中选择“FoggyNight.3DL”选项❿，改变画面的整体色调。最后用横排文字工具在画面左上方加入文字⓫。

5.3.4 练习：查看、复制、删除蒙版

01 打开素材❶。观察“图层”面板可以看到，蒙版的缩览图与图像缩览图一样大，无法看清细节。按住Alt键单击它，可以在文档窗口中显示蒙版图像❷，在这种状态下，既有利于观察蒙版，也可以编辑它。

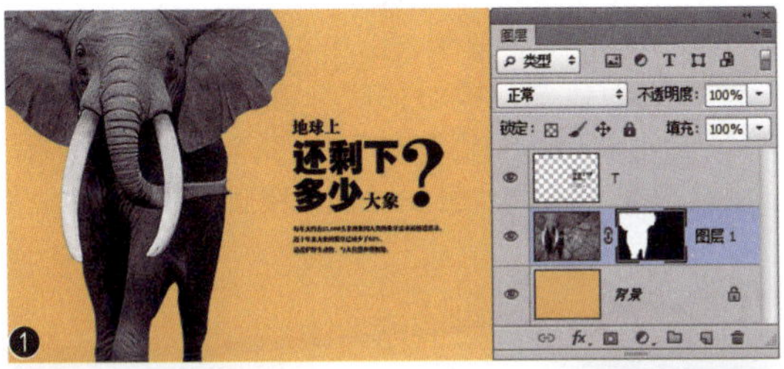

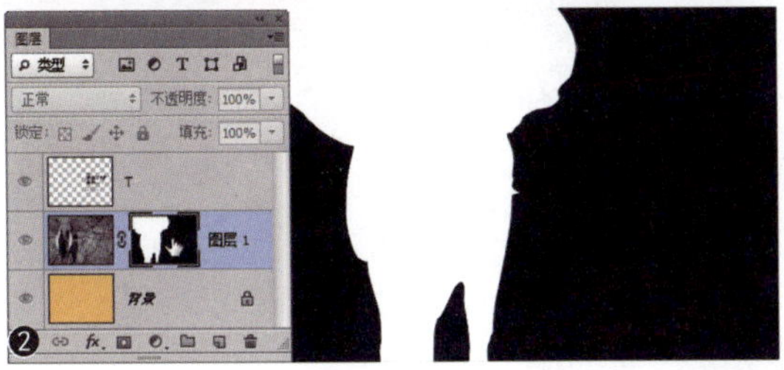

02 按住Alt键单击蒙版缩览图，恢复窗口中图像的显示，此时，大象图像的背景被蒙版遮盖住了。如果想要在窗口中查看原图，即被蒙版遮盖前的图像，可以按住Shift键单击蒙版缩览图（相当于执行“图层>图层蒙版>停用”命令），暂时停用蒙版（它上方会出现一个红色的“×”）❸。

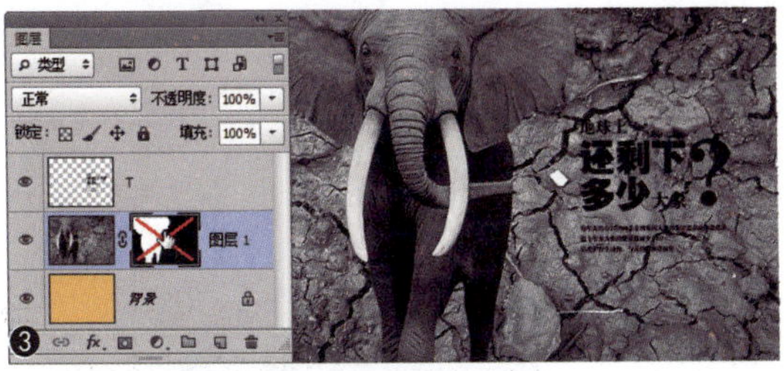

03 单击蒙版缩览图，恢复蒙版。按住Alt键，将蒙版拖至另外的图层，可以将蒙版复制给该图层❹❺。如果没有按住Alt键操作，则会将蒙版转移过去❻。

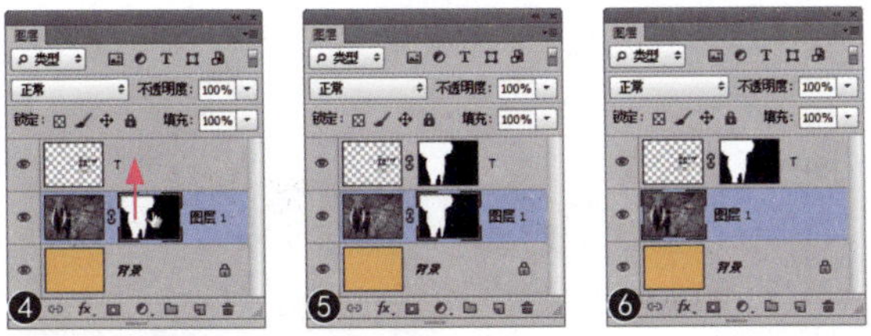

04 按下Ctrl+Z快捷键，撤销复制蒙版的操作。执行“图层>图层蒙版>应用”命令，可以将蒙版和被它遮盖的图像删除❼，使背景真正透明；执行“图层>图层蒙版>删除”命令，则只删除图层蒙版，使被遮盖的图像恢复显示❽。如果觉得通过命令操作有些麻烦，可以将蒙版缩览图拖曳到“图层”面板底部的🗑按钮上，在弹出的对话框中选择应用蒙版还是删除蒙版。

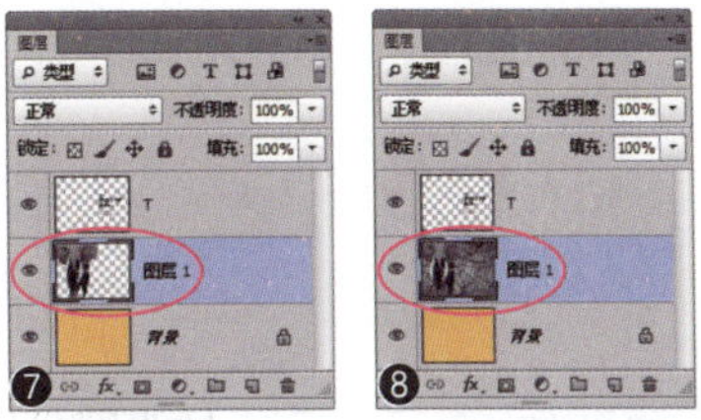

5.3.5 疑问解答：怎样确认当前编辑的是蒙版？

创建图层蒙版后，所进行的编辑操作会直接应用于蒙版。如果进行了图层切换，或者想要编辑其他图层的蒙版，需要先在蒙版上单击，将其选取，然后进行编辑，否则修改的将是图像。

我们也可以观察图层与蒙版缩览图，有黑色线框的表示处于选取状态。例如，线框在图像上❶，就表示操作将应用于图像。单击蒙版缩览图，线框便跳转到它上方❷，蒙版便处于选取状态。如果想要编辑图像，再单击图像缩览图即可。

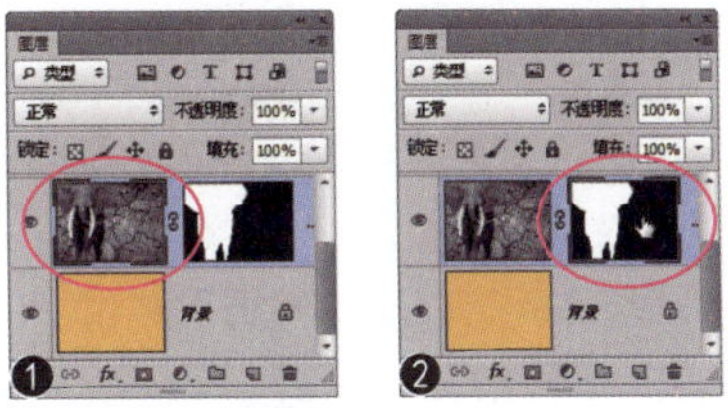

这两个缩览图中间还有一个🔗状图标❸，它将蒙版与图像链接在一起，此时进行变换操作，如旋转、缩放时，蒙版会与图像一同变换。执行“图层>图层蒙版>取消链接”命令，或单击🔗状图标❹，可以取消链接。取消后可以对图像和蒙版分开处理。要重新建立链接，可以在原图标处单击。

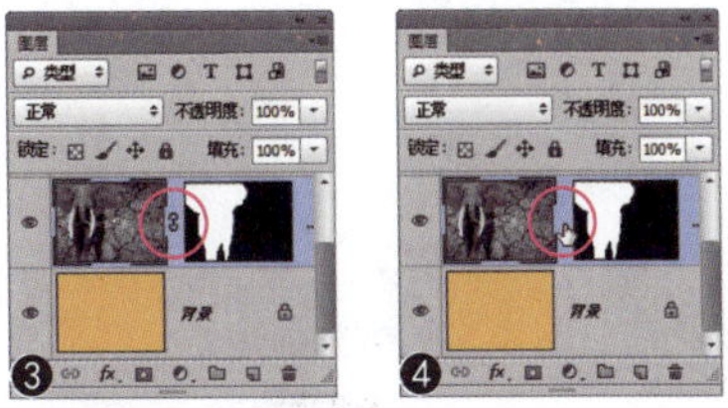

5.4 使用剪贴蒙版

创建和编辑剪贴蒙版主要是在“图层”面板中进行。剪贴蒙版最需要注意的是图层的连续性，只有上下相邻的图层可以创建剪贴蒙版。此外，调整图层的堆叠顺序时也要注意，不能破坏图层的连续性，否则会释放剪贴蒙版。

5.4.1 练习：用剪贴蒙版制作环保公益海报

剪贴蒙版可以通过两种方法创建。第一种方法可以一次将多个图层创建为剪贴蒙版组。操作方法是将基底图层之外的这些图层选取❶，然后执行“图层>创建剪贴蒙版”命令❷（快捷键为Alt+Ctrl+G）。

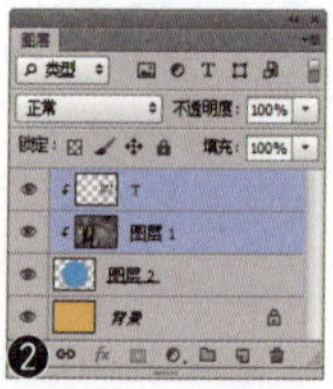

第二种方法需要逐个创建。操作方法是将光标放在分隔两个图层的线上，按住Alt键（光标为状）单击鼠标❸❹，并采用这种方法一个、一个地依次向上单击图层❺。

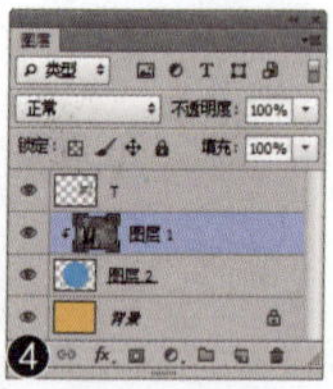

01 打开素材。我们先来选取北极熊。由于背景是单色的，可以先选择背景，再通过反选将北极熊选取，这是选择此类对象的一个操作技巧。执行“选择>色彩范围”命令，打开“色彩范围”对话框。将光标放在背景上，单击鼠标❻，定义颜色选取范围，然后拖曳“颜色容差”滑块，当北极熊变为黑色时❼，就表示背景被完全选取了，并且没有选择到北极熊。

02 单击“确定”按钮关闭对话框，创建选区。按下Shift+Ctrl+I快捷键反选，选取北极熊❽。按下Ctrl+J快捷键，将它复制到一个新的图层中❾。

03 打开冰山素材，并使用移动工具将其拖入北极熊文档中❿。单击“图层”面板底部的按钮，添加图层蒙版⓫。

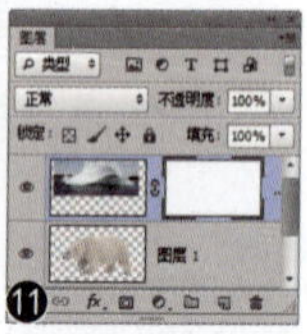

04 使用渐变工具填充黑白线性渐变⓬⓭。按下Alt+Ctrl+G快捷键，将该图层与它下面的图层创建为一个剪贴蒙版组⓮⓯。

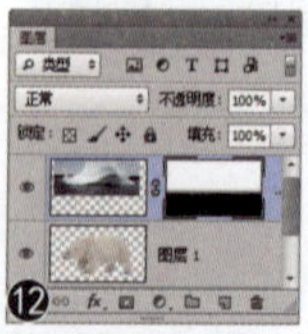

5.4.2

练习：用剪贴蒙版制作可透视的放大镜

莱昂纳多·达·芬奇是一位神秘的艺术家，人类历史上绝无仅有的全才。在他的画作中，隐藏着世界末日的预言和各种奇怪的图案。

达·芬奇有一项特别的技能，他以镜像字（左手反写）书写日记，目的是防止别人窥视他的日记。只有通过镜子，人们才能看明白他写了些什么。受到这个启发，研究人员用镜子对达·芬奇的作品进行了“研究”，结果发现了一些奇怪的图案。蒙娜丽莎双手交叉处有一个人物头像，其轮廓酷似电影《星球大战》中的大反派黑爵士达斯·维达，同样的图案也出现在《圣母与圣婴》中❶。在《施洗者约翰》中，研究人员发现了一个女人的图案。在《最后的晚餐》中，发现了倒置在桌上的圣杯。

①

达·芬奇不但在画中留下了这些奇妙的图案，更绝的是，他还通过画中人物的眼神和动作指出了镜子应该摆放在什么位置才能反射出这些图案。真是太神奇了！

镜子是破解达·芬奇密码的工具。在下面的练习中，我们将使用剪贴蒙版的遮盖功能制作一幅有趣的图画。这个图画的秘密只有用Photoshop工具箱中的移动工具才能破解。

01 打开两个素材❷❸。使用移动工具将米老鼠拖入名画文档中❹。

02 打开放大镜素材。使用魔棒工具在放大镜的镜片处单击，创建选区❺。单击“图层”面板底部的按钮，新建一个图层。按下Alt+Delete快捷键，在选区内填充前景色（黑色），按下Ctrl+D快捷键取消选择❻❼。

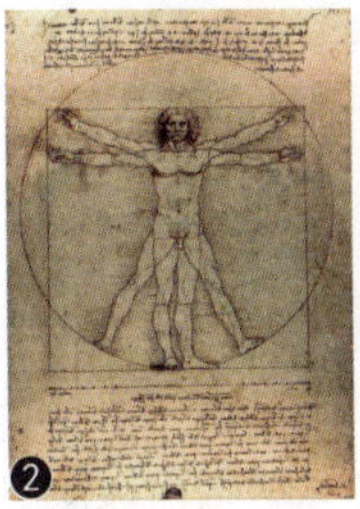
❷

❸

❹

❺

❻

❼

03 按住Ctrl键单击这两个图层，单击按钮，将它们链接在一起❽。使用移动工具拖入名画“维特鲁威人”文档中❾。

❽

❾

04 拖曳图层，调整堆叠顺序，从上到下依次是放大镜、米老鼠、黑色圆形和名画❿⓫。

❿

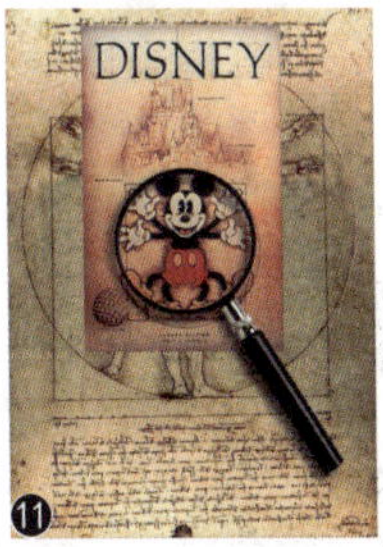

⓫

05 按住Alt键，将光标移动到米老鼠和圆形图层的分隔线上，光标变为状时⓬，单击鼠标创建剪贴蒙版⓭。现在放大镜下面显示的是名画。

⓬

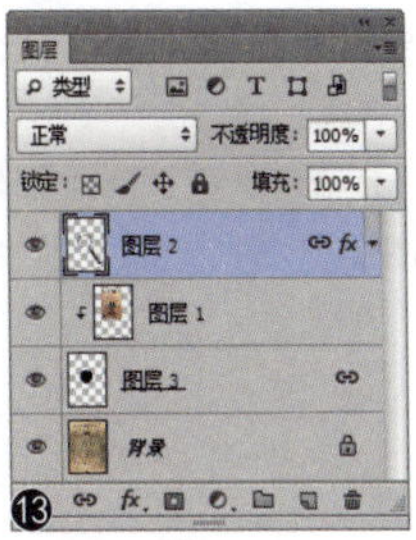

⓭

06 选择移动工具，在画面中单击并拖曳鼠标进行移动，可以用放大镜看到名画中隐藏的米老鼠⓮⓯⓰，画面效果非常有趣。

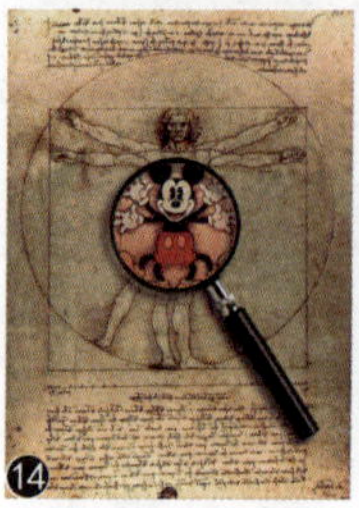
⓮
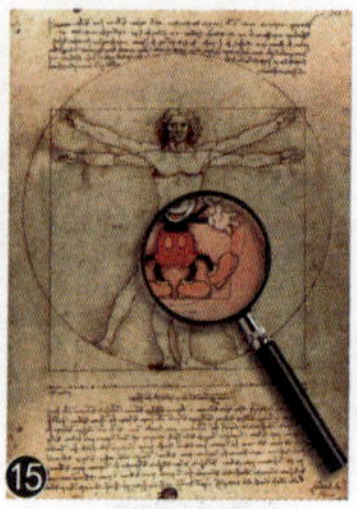
⓯
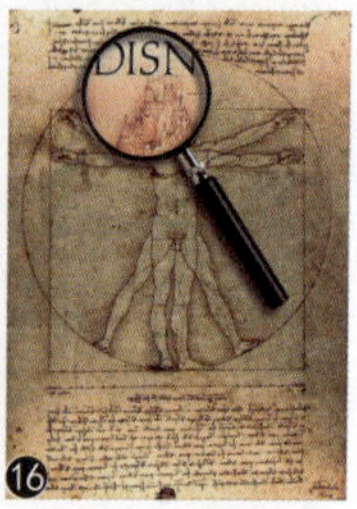
⓰

5.4.3 练习：用剪贴蒙版制作拼贴效果海报

01 打开素材❶。单击“街舞拷贝”图层，将其选择❷。

❶
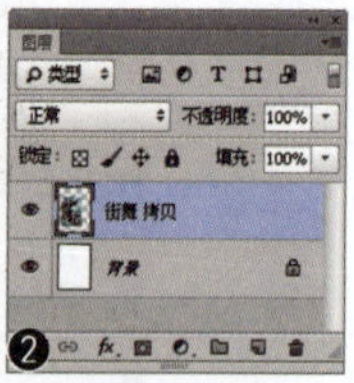
❷

02 按下Ctrl+T快捷键，显示定界框，在工具选项栏中设置旋转角度为−16.16度❸，按下Enter键确认，使图像朝逆时针方向旋转。打开另一个素材，这16个色块分别位于单独的图层中❹，它们将作为制作剪贴蒙版的基底图层。

❸

❹

03 将街舞图像拖曳到这一文档中❺，调整到“图层1”上方。按下Alt+Ctrl+G快捷键，创建剪贴蒙版❻。按下Ctrl+J快捷键复制该图层，生成“街舞拷贝2”图层，将该图层拖曳到“图层2”上方❼。

❺
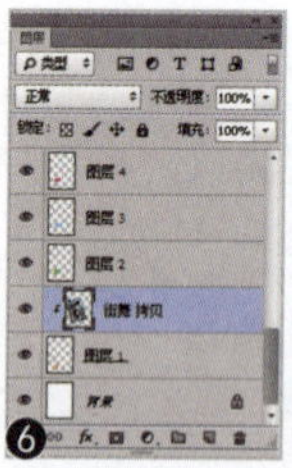
❻
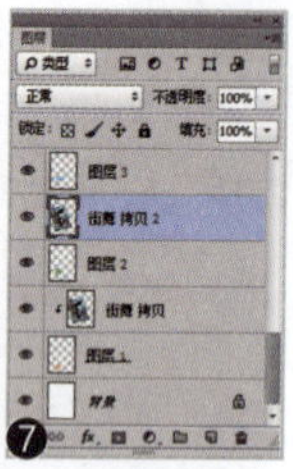
❼

04 按下Alt+Ctrl+G快捷键，创建剪贴蒙版，将其剪切到“图层2”中❽。采用上面的方法，分别将16个图层（除“背景”图层）都与相应的色块创建为剪贴蒙版❾❿。

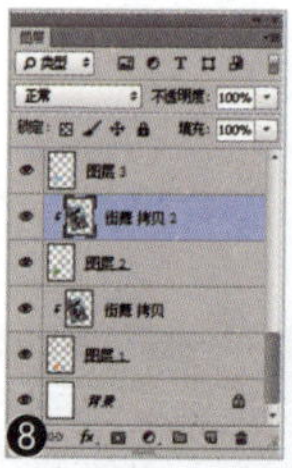
❽
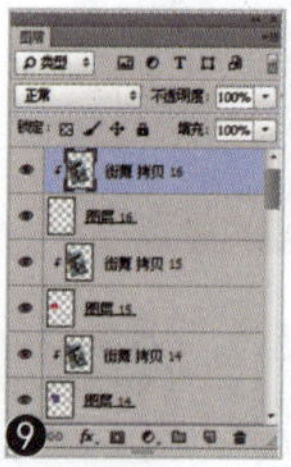
❾

❿

05 选择移动工具，在工具选项栏中选中“自动选择”选项，并选择“图层”选项。将光标放在画面中，先单击图像，然后拖动鼠标调整图像的位置，使图像之间产生错位⓫。在调整手部时，可以将图像放大至140%（适当旋转），使画面产生较强的视觉冲击力⓬。

⓫

⓬

06 将光标放在手的左上方⓭，单击鼠标选取图像，按下Ctrl+U快捷键，打开“色相/饱和度”对话框，调整色相，改变图像颜色⓮⓯。

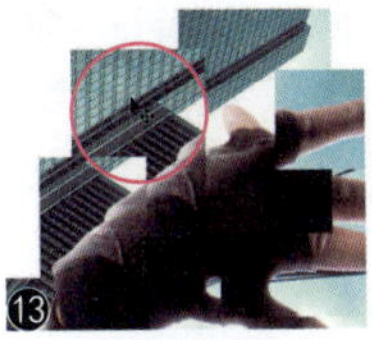
⓭

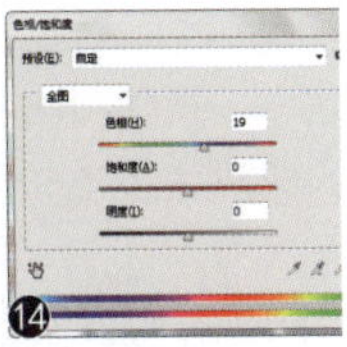
⓮

⓯

07 在膝盖前方单击⓰，选取图像，按下Ctrl+B快捷键，打开“色彩平衡”对话框，设置参数⓱，使图像呈现泛黄的暖色调⓲。

08 在脚尖下方单击⓳，按下Ctrl+B快捷键，打开“色彩平衡”对话框设置参数⓴㉑。

⓰

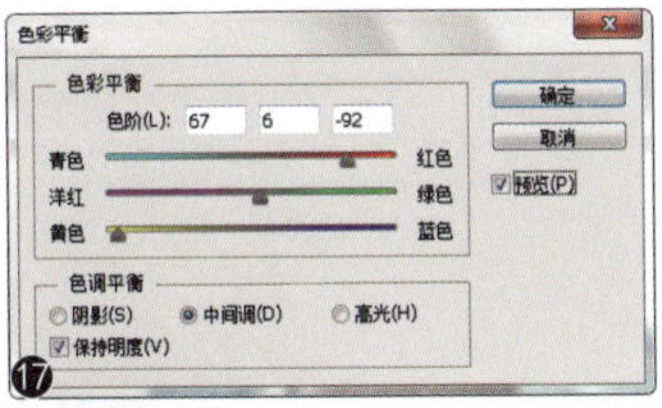

⓱

⓲

⓳

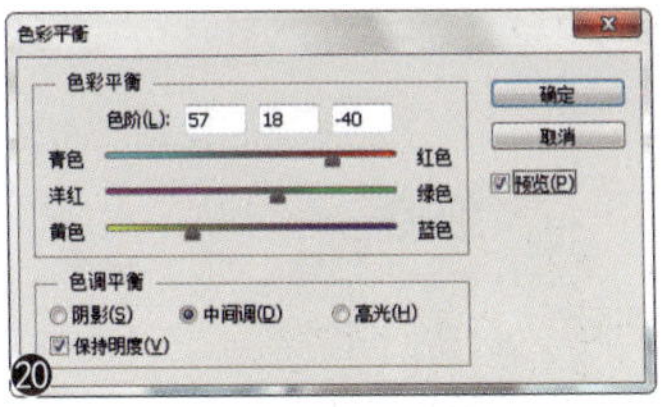

⓴

㉑

09 选择横排文字工具 T ，打开“字符”面板，设置字体、字号、字距及文字颜色（灰色）。在画面中输入文字㉒。单击工具选项栏中的 ✔ 按钮，结束文字的输入操作。

㉒

10 输入其他文字，然后在“字符”面板中调整字符参数㉓㉔。

11 在“图层”面板中，按住Shift键，同时单击这3个文字图层，将它们选取，执行“编辑>变换>旋转90度（逆时针）”命令，旋转文字。最后，在画面上方输入其他文字㉕㉖。

㉓

㉔

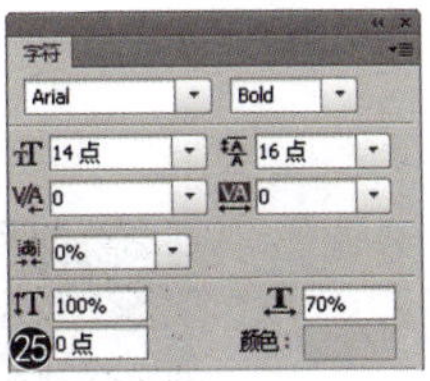

㉕

㉖

5.4.4 释放剪贴蒙版

在剪贴蒙版组中，基底图层位于最底层，其上方是内容图层，这些图层上下相邻。如果我们将一个图层拖曳到基底图层上❶，便可将其加入到剪贴蒙版组中❷。

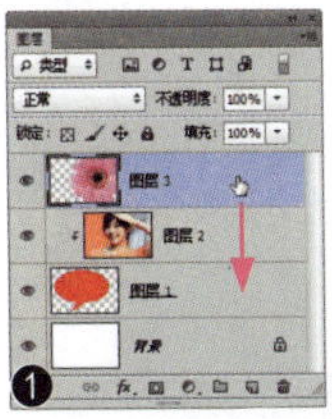
❶

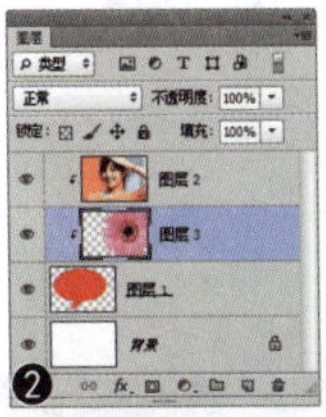
❷

内容图层可以上下调整顺序，但不能移出组外，否则会将其释放出来❸❹。不过如果需要释放单个内容图层，也可通过这种方法操作。如果要释放多个内容图层，并且使它们位于整个剪贴蒙版组的最顶层，可以单击其中最下面的一个图层，然后按下Alt+Ctrl+G快捷键。

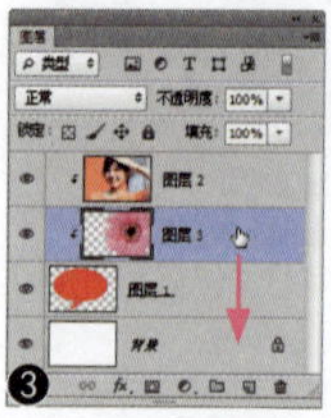
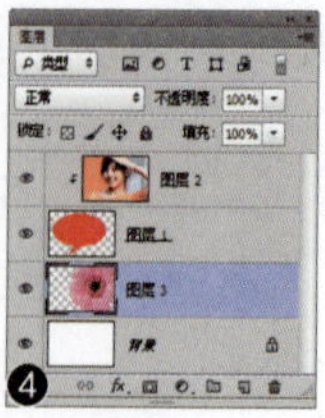

如果要解散剪贴蒙版组、释放所有内容图层，可以单击基底图层正上方的内容图层❺，然后执行“图层>释放剪贴蒙版”命令（快捷键为Alt+Ctrl+G）❻。或者采用快捷方法——按住Alt键（光标为状），在基底图层上方的分隔线上单击。这也是创建剪贴蒙版的方法（154页）。

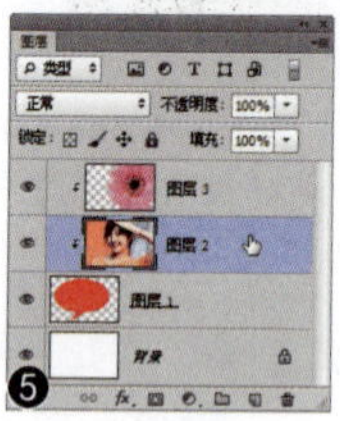
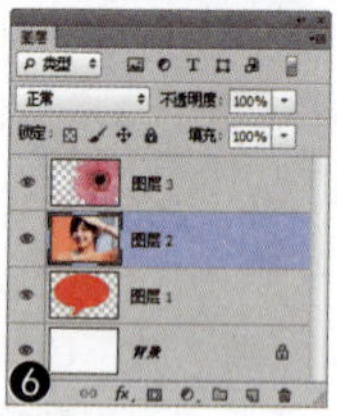

5.5 使用矢量蒙版

创建和编辑矢量蒙版要用到矢量工具，在蒙版中添加和删除图形则会用到路径运算。本书的矢量工具在“第11章 UI/App设计”中。如果觉得下面的练习有一些难度，可以在学完第11章之后，再回过头来进行这些练习。矢量功能具有一定的独立性，这样操作不会妨碍学习进度。

5.5.1 练习：用矢量蒙版制作足球海报

矢量蒙版可以通过3种方法来创建。第一种方法是执行“图层>矢量蒙版>显示全部”命令，或按住Ctrl键单击“图层”面板底部的按钮，创建一个显示全部图像的矢量蒙版，如果当前图层中已经添加了一个图层蒙版，则可以直接单击按钮创建矢量蒙版；第二种方法是执行“图层>矢量蒙版>隐藏全部”命令，创建隐藏全部图像的矢量蒙版；第三种方法是从路径中创建，具体操作参见下面的练习。

01 打开素材❶。选择“树叶”图层❷。单击“路径”面板中的路径层❸。画面中会显示所选路径。

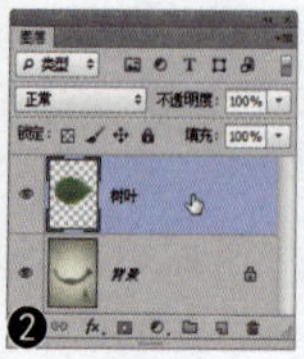

02 执行“图层>矢量蒙版>当前路径”命令，或按住Ctrl键单击“图层”面板底部的按钮，基于当前路径创建矢量蒙版，此时路径区域外的图像会被蒙版遮盖❹❺。

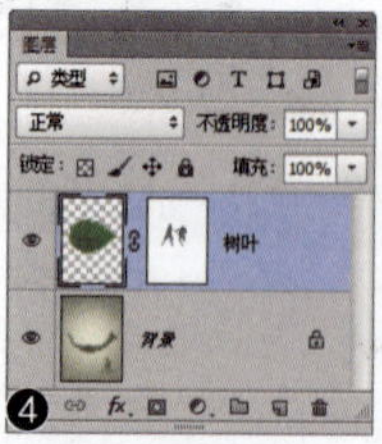

03 按住Ctrl键，单击“图层”面板中的按钮，在“树叶”层下方新建一个图层❻。按住Ctrl键单击蒙版❼，载入人物选区。

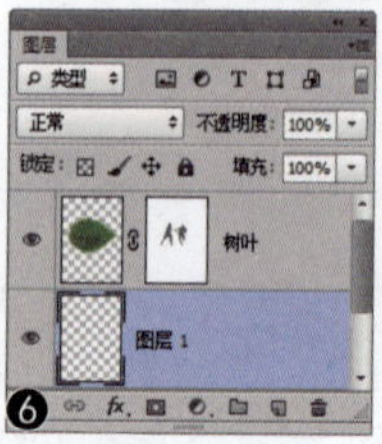
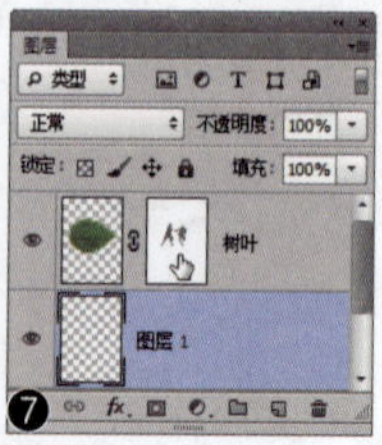

04 执行“编辑>描边”命令，打开“描边”对话框，将描边颜色设置为深绿色，“宽度”设置为4像素，“位置”选择“内部”❽，单击“确定”按钮，对选区进行描边。按下Ctrl+D快捷键取消选择。选择移动工具，按几次→键和↓键，将描边图像向右下方轻微移动一些❾。

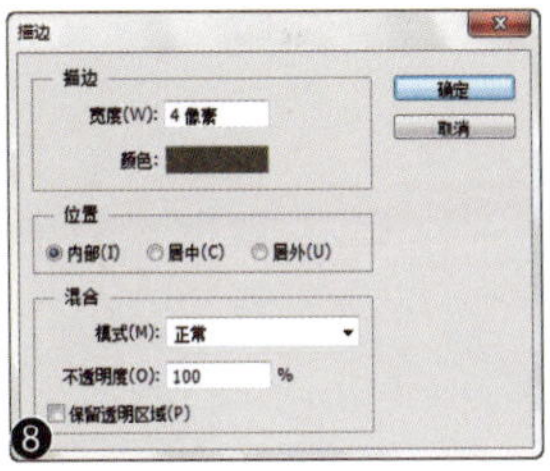

❽

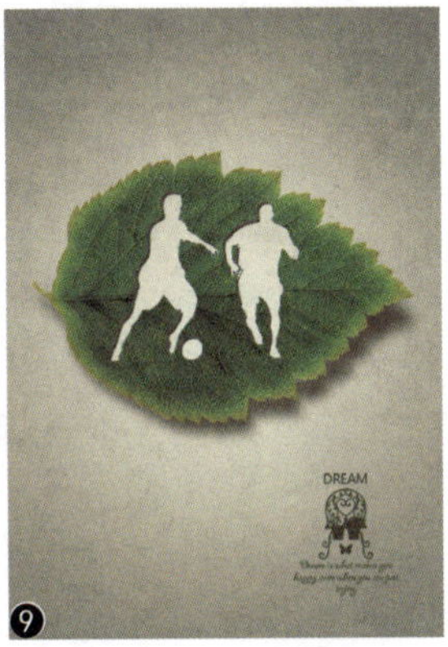

❾

05 单击“图层”面板中的按钮，新建一个图层。选择柔角画笔工具，在足球运动员脚部绘制阴影❿⓫。

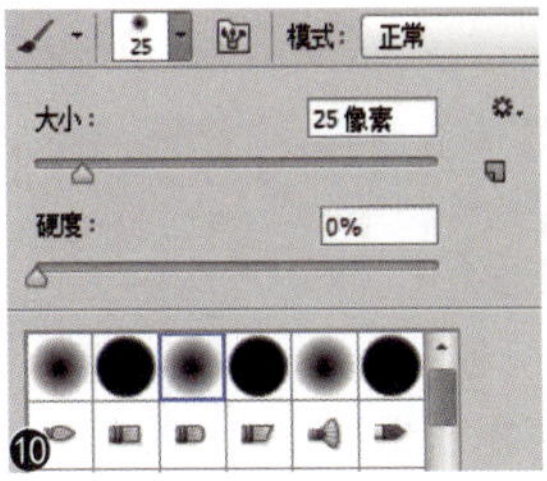

❿

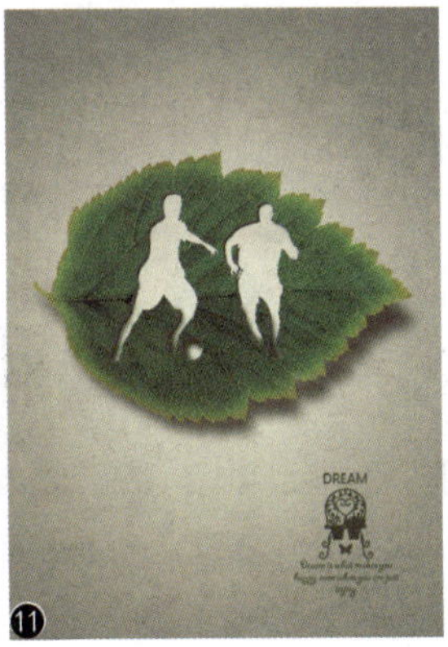

⓫

5.5.2 练习：编辑矢量蒙版中的图形

01 打开素材文件。单击矢量蒙版的缩览图❶，进入蒙版编辑状态。与图层蒙版类似，矢量蒙版被选取时其缩览图上也会出现一个黑色外框，此时画面中会显示矢量图形❷。

02 选择自定形状工具，在工具选项栏中选择“路径”选项。单击“形状”选项右侧的按钮，打开“形状”下拉面板，单击面板右上角的按钮，打开面板菜单，选择“全部”命令，载入所有形状，然后单击星形图形❸。

❶

❷

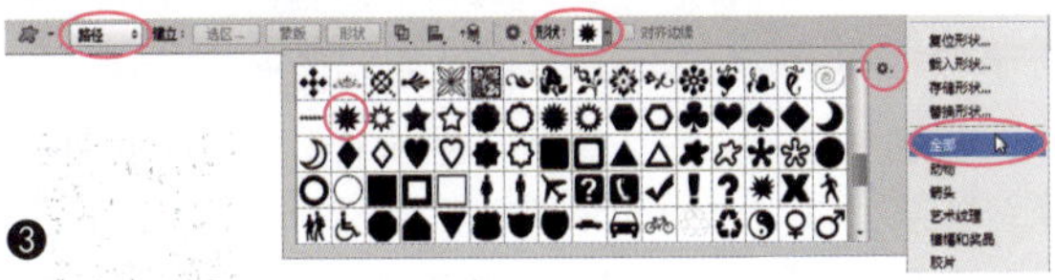
❸

03 按住Shift键，在画面中单击并拖曳鼠标绘制该图形❹，它会添加到矢量蒙版中❺。这里有一个技巧，在拖曳鼠标时，按住空格键，就可以移动图形的位置。

❹

❺

04 在“形状”下拉面板中选择蝴蝶图形❻，将光标放在文档窗口，按住Alt键在心形内部绘制，可以在矢量蒙版中进行图形的相减运算（384页）❼，形成的效果就是在心形中减去这一图形❽。

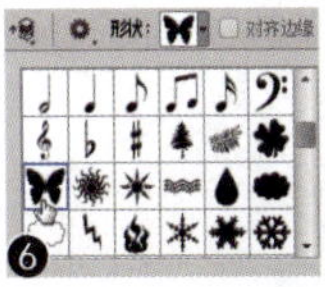
❻

❼

❽

05 使用路径选择工具，单击画面左下角的图形，将它选取❾，按住Alt键拖曳鼠标，可以复制该图形❿。选取图形后按下Delete键，则可以删除图形。

5.5.3 练习：矢量蒙版的变换与变形

创建矢量蒙版后，蒙版与图像就会建立链接关系。它们的缩览图之间显示一个链接图标，此时进行变换和变形操作，会同时应用于蒙版与图像，以确保蒙版的遮盖区域不会改变。如果想要单独变换图像或蒙版，可以执行“图层>矢量蒙版>取消链接”命令，或单击该图标，取消链接，之后再进行相应的操作。

01 打开素材❶。单击矢量蒙版的缩览图❷。使用路径选择工具单击并拖曳蝴蝶图形，可将其移动，蒙版的遮盖区域也随之改变❸。

02 按下Ctrl+T快捷键，显示定界框，拖曳控制点将图形缩小❹。将光标放在图形外，单击并拖曳鼠标可进行旋转❺，按下Enter键确认。

提示（Tips）

选择矢量图形后，也可以打开“编辑>变换路径”下拉菜单，使用其中的命令进行变换和变形操作。此外，如果会使用快捷键变换图像，则可以在显示定界框的状态下，按住相应的按键并拖曳控制点来进行旋转、缩放、扭曲，方法与图像的变换方法相同（53页）。

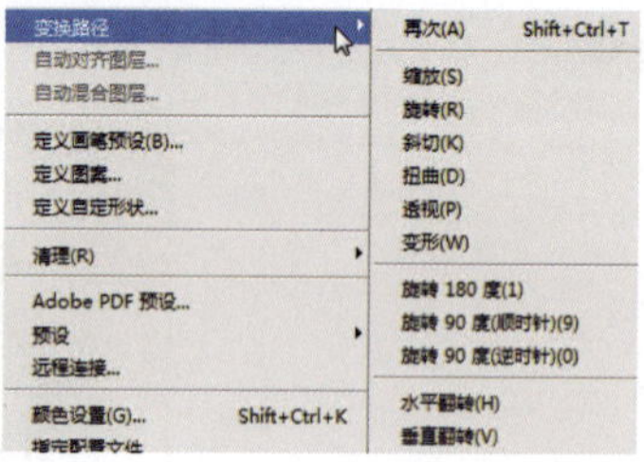

5.5.4 矢量蒙版的转换与删除

矢量蒙版与图层蒙版在编辑环节上有相同的地方，包括在编辑前都需要单击蒙版的缩览图，将其选取、都通过链接图标与图像建立连接。

在“图层”面板中，这两种蒙版的缩览图也都位于图像缩览图的右侧。但矢量蒙版的缩览图是灰色的❶，图层蒙版中包含黑、白和深浅不一的灰色❷。

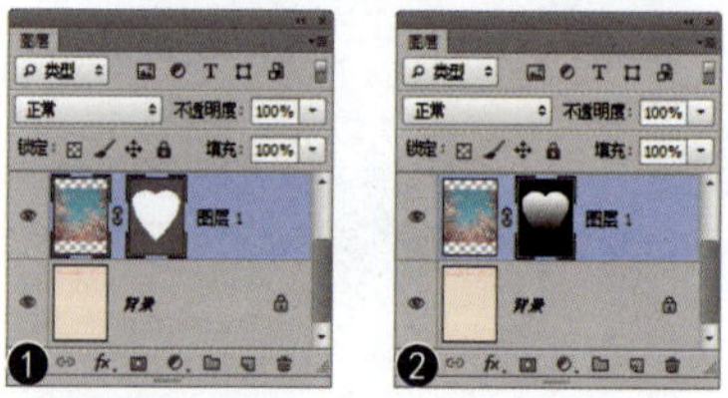

选择矢量蒙版所在的图层❸，执行“图层>栅格化>矢量蒙版”命令，可以将图形栅格化，矢量蒙版会随之转换为图层蒙版，它的缩览图将由灰变黑❹。

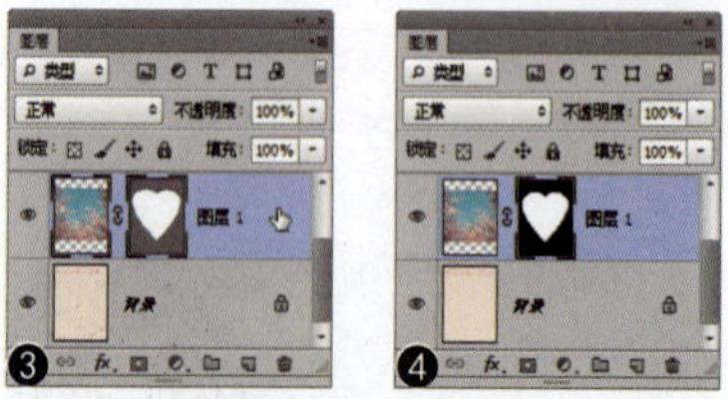

如果要删除矢量蒙版，可以选择矢量蒙版，然后执行“图层>矢量蒙版>删除”命令，也可将矢量蒙版直接拖曳到删除图层按钮上进行删除❺❻。

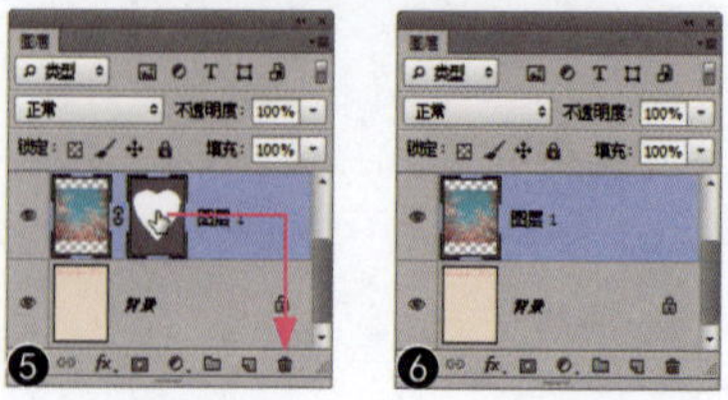

5.6 通道

通道是Photoshop的高级功能，与图像内容、色彩和选区有关。通道比较难理解，但所有的选区、修图、调色等操作，其原理和最终结果，都是通道发生了改变，因此，学好通道对于了解Photoshop工作原理、掌握Photoshop高级操作技巧是非常有帮助的。在这一部分，我们介绍通道的基本操作方法，与选区和调色有关的通道功能将在相关章节中解读。

5.6.1 通道的33概念

通道有3种类型：颜色通道、Alpha通道和专色通道。打开一个图像时❶，Photoshop会在“通道”面板中自动创建该图像的颜色通道❷，另外两种通道需要我们自己创建。

❶

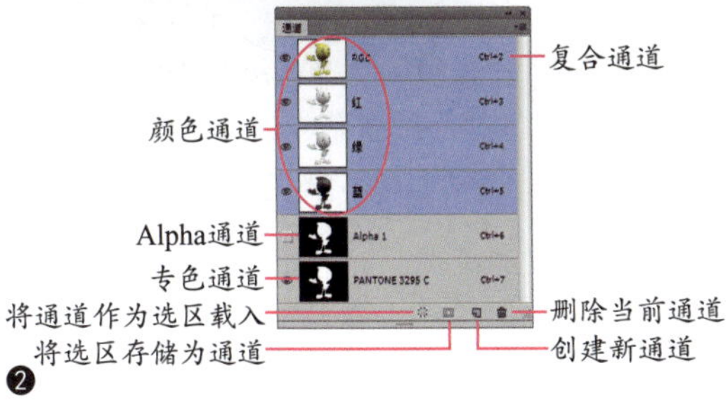

❷

通道有3个用途：保存图像信息、记录图像色彩、保存选区。在图像方面，通道与滤镜配合可用于制作特效；在色彩方面，颜色通道与“曲线”“色阶”“通道混合器”等命令配合可用于调色；在选区方面，通道与绘画工具、选区编辑工具、混合模式、“应用图像”和“计算”等命令配合可用于抠图。

“通道”面板按钮

- 将通道作为选区载入：单击一个通道，再单击该按钮，可以将通道中的选区载入到文档窗口的图像上。
- 将选区存储为通道：创建选区后，单击该按钮，可以将选区保存在Alpha通道中。
- 创建新通道：单击该按钮，可以创建Alpha通道。
- 删除当前通道：单击该按钮，选择一个通道，单击该按钮，可将其删除。复合通道不能删除。

5.6.2 颜色通道

颜色通道就像是摄影胶片，记录了图像的所有信息——图像内容和色彩。

当我们修改图像内容时，各个颜色通道也会做出相应的改变。通道名称左侧的缩览图也会自动更新。而调整颜色通道的明暗，则会对色彩产生影响。它们之间的相互关系，我们会在“第8章 调整色彩”中详细剖析。

颜色通道的数量多少取决于颜色模式（99页）。RGB模式的图像包含红、绿、蓝和一个用于编辑图像的RGB复合通道❶；CMYK图像包含青色、洋红、黄色、黑色和一个复合通道❷；Lab图像包含明度、a、b和一个复合通道❸；位图、灰度、双色调和索引颜色的图像只有一个通道。

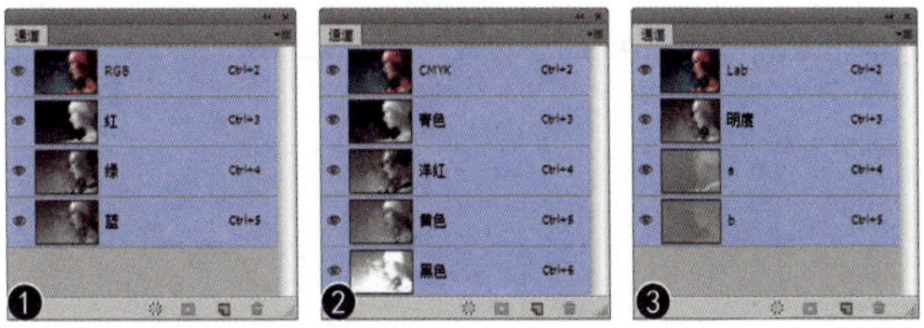
❶ ❷ ❸

5.6.3 Alpha通道

Alpha通道是专门用于保存选区的功能，它可以将选区存储为与图层蒙版类似的灰度图像（205页）❶❷。这样选区不仅不会丢失，还能像编辑蒙版或图像那样，使用绘画工具、调整工具、滤镜、选框和套索工具，甚至矢量的钢笔工具来编辑。具体操作方法我们会在“第6章 选区与抠图”中详细介绍。当需要使用Alpha 通道中的选区时，按住Ctrl键单击它❸，即可将其载入到文档窗口中的图像上❹。

选区

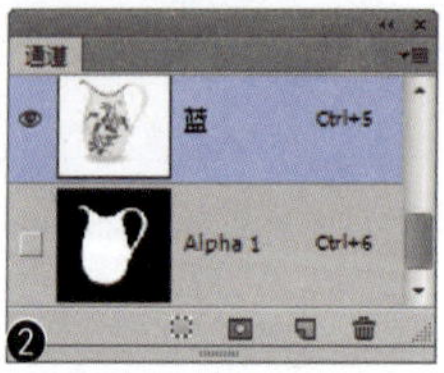

存储到Alpha通道中

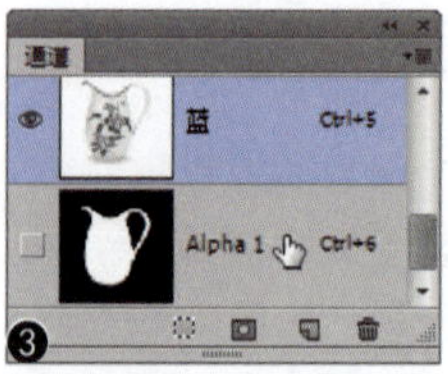

按住Ctrl键单击Alpha通道

将选区载入到图像上

5.6.4 专色通道

专色通道用来存储印刷用的专色油墨。属于特殊的预混油墨，如金银色油墨、荧光油墨、明亮的橙色、绿色等普通印刷色（CMYK）油墨无法表现的色彩。通常情况下，专色通道以专色的名称来命名。

5.6.5 通道的使用方法

就像是图层编辑前需要选择一样，在对通道进行编辑前，也要选择相应的通道。

单击“通道”面板中的一个通道，即可将其选择❶，文档窗口中会显示所选通道中的灰度图像（黑白）❷。颜色通道虽然保存了图像的色彩，但在默认状态下，也以灰度显示。修改“首选项”可以让通道显示其保存的色彩（500页）。

如果此时在复合通道前单击（让它显示出眼睛图标👁）❸，Photoshop会显示彩色图像❹，这样我们就可以在彩色图像状态下编辑一个通道，这一技巧多用于通道调色（275页）。

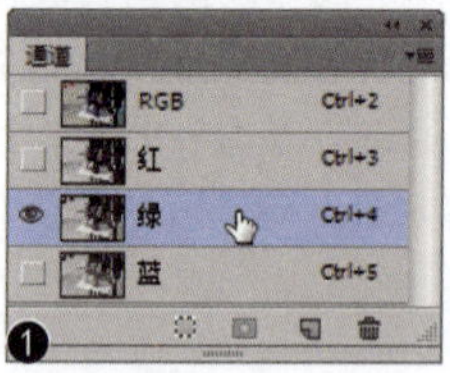

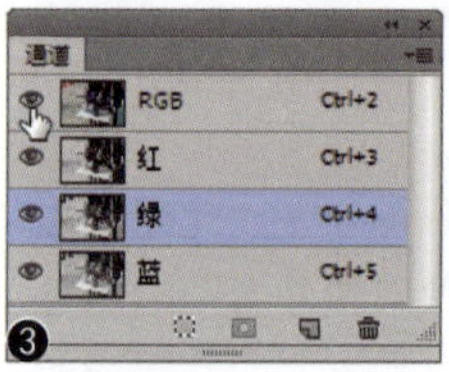

如果要同时选取多个颜色通道，可以按住Shift键单击它们❺，此时窗口中显示的是所选通道的复合信息（彩色）。选取通道以后，便可在文档创建中对其进行编辑。完成编辑后，可以单击RGB复合通道❻，所有颜色通道都将被激活，文档窗口中重新显示彩色图像，在这种状态下进行的编辑会应用于所有颜色通道。

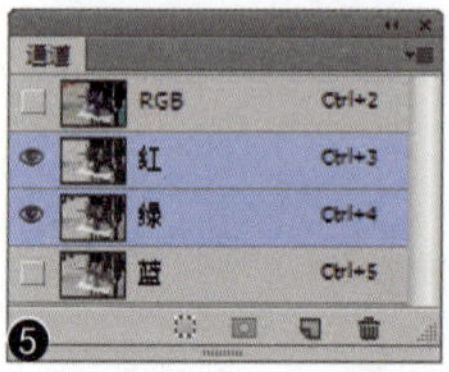

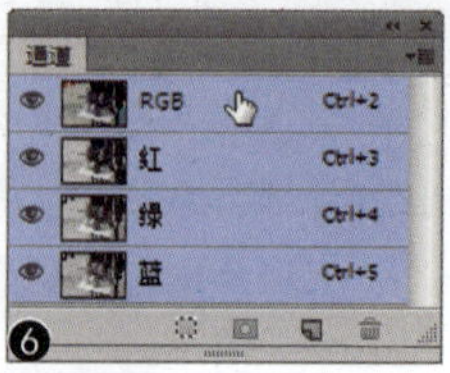

通道也可以像图层一样重命名、复制和删除。但只有Alpha通道能进行所有这些操作，其他类型的通道会有一些限制。

双击Alpha通道的名称，在显示文本框中输入新的名称❼并按下Enter键，即可为它重命名。

将任意一个通道拖曳到“通道”面板底部的按钮上，可以复制该通道❽。拖曳到🗑按钮上，则可将其删除。

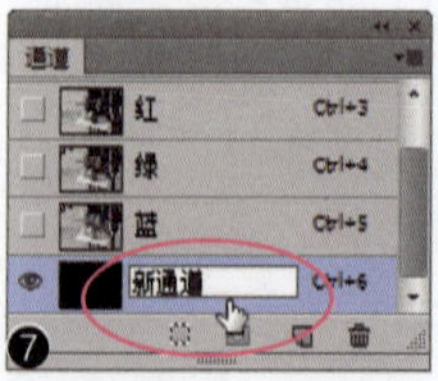

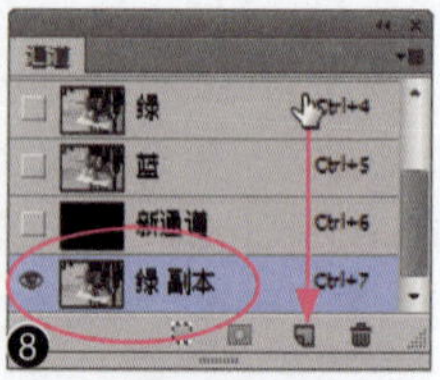

复合通道不能重命名、复制和删除。颜色通道不能重命名但可以复制和删除。删除一个颜色通道后，图像会自动转换为多通道模式。

5.6.6 实战技巧：通道的使用技巧

在选取通道时，可以按下Ctrl+数字键来操作。例如，如果图像为RGB模式，按下Ctrl+3、Ctrl+4、Ctrl+5快捷键，可以依次选择红、绿、蓝通道；按下Ctrl+6快捷键，可以选择蓝通道下面的Alpha通道；如果要回到RGB复合通道，可以按下Ctrl+2快捷键。

通道与图层蒙版都是256级色阶的灰度图像。因此，所有蒙版编辑工具，也都可以用来编辑通道。

由于二者的本质相同，蒙版图像可以粘贴到通道中，覆盖颜色通道，或者作为Alpha通道使用；同样，通道中的灰度图像也可以粘贴到图层蒙版中。下面我们来学习具体操作方法。

01 打开素材❶。按住Alt键单击图层蒙版缩览图，在窗口中显示蒙版图像❷❸，按下Ctrl+A快捷键全选，按下Ctrl+C快捷键复制。

02 单击“图层0”❹，选择该图层，单击“红”通道❺，按下Ctrl+V快捷键，即可将蒙版图像粘贴到该通道中。由于颜色通道被修改，图像的色彩也相应地发生了改变。单击RGB复合通道❻，查看彩色图像❼。

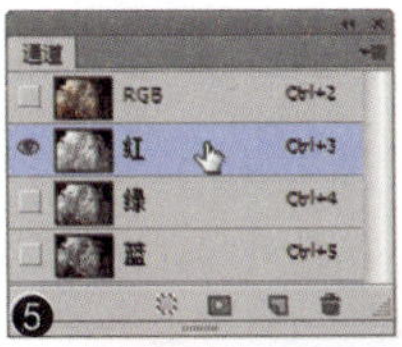

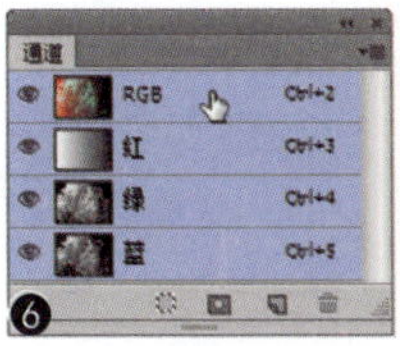

03 单击“绿”通道❽，窗口中会显示通道图像❾。按下Ctrl+A快捷键全选，按下Ctrl+C快捷键复制。按住Alt键单击图层蒙版❿，按下Ctrl+V快捷键，可以将通道粘贴到蒙版中⓫。

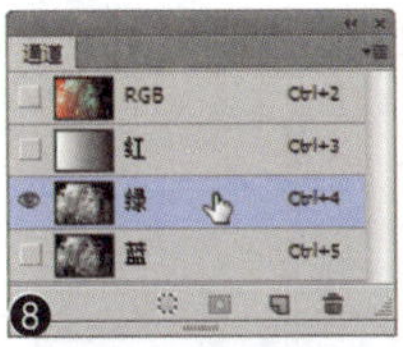

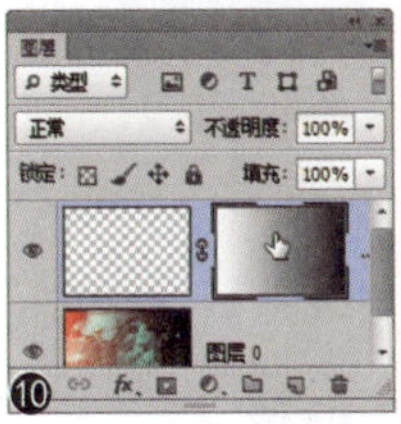

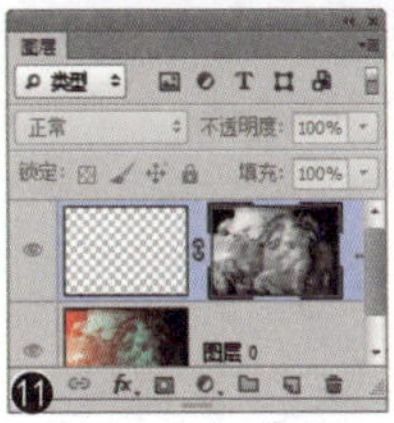

提示（Tips）

通道不能调整不透明度，但可以混合，这需要专门的命令来操作（“计算”和“应用图像”命令）（206页）。

5.6.7 练习：定义、修改专色

01 打开素材❶。选择魔棒工具，在工具选项栏中单击添加到选区按钮，设置“容差”为20，选择“连续”选项，在灰色背景上单击，选择背景❷。

02 打开“通道”面板的下拉菜单，选择“新建专色通道”命令❸，打开“新建专色通道”对话框，将“密度”设置为100%，单击“颜色”选项右侧的颜色块❹，打开“拾色器”，再单击“颜色库”按钮❺，切换到“颜色库”中，选择一种专色❻。“密度”用于在屏幕上模拟印刷时专色的密度，100%可以模拟完全覆盖下层油墨的油墨（如金属质感油墨），0%可以模拟完全显示下层油墨的透明油墨（如透明光油）。

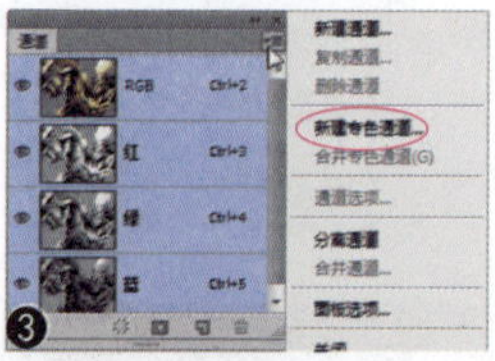

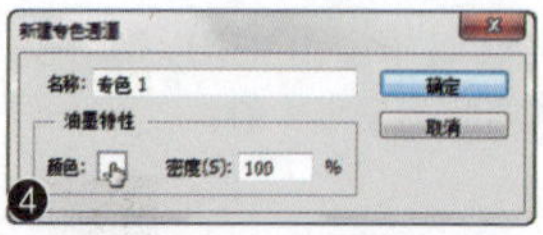

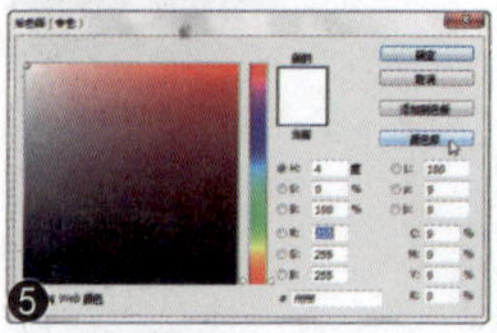

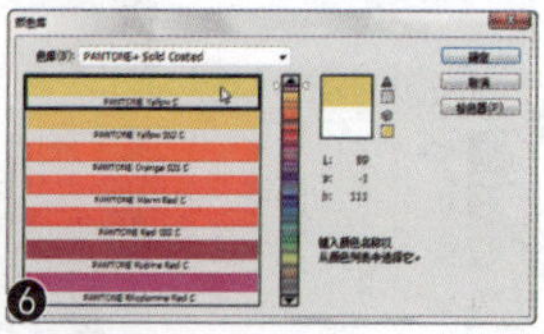

03 单击“确定”按钮返回“新建专色通道”对话框（这里需要注意，不能修改专色的“名称”，否则以后可能无法打印该文件），直接单击“确定”按钮，创建专色通道，即可用专色填充选中的区域❼❽。

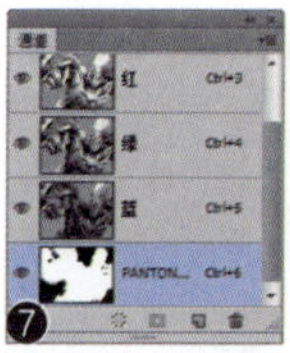

04 专色通道也可以进行编辑。例如，按住Ctrl键单击它的缩览图❾，载入该通道中的选区❿，使用渐变工具在画面中填充黑白线性渐变。让专色的浓度发生改变。按下Ctrl+D快捷键，取消选择⓫。

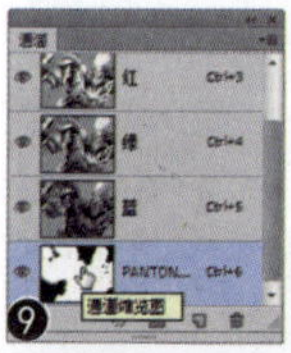

提示（Tips）

观察修改后的专色通道可以看到，黑色区域中，专色的不透明度为 100%；灰色区域中，专色呈现一定的透明效果，原背景中的灰色有了一定程度的显现；白色区域则完全没有专色，全部是原背景灰色。这与图层蒙版完全相反，图层蒙版中的白色对应的图像是显现的。此外，如果要修改专色，可以双击专色通道的缩览图，打开“专色通道选项”对话框进行设置。

5.6.8 练习：删除通道制作时尚印刷效果

01 打开素材文件❶。单击“绿”通道❷，选取该通道。单击“通道”面板底部的按钮，弹出一个对话框，单击“是”按钮，将该通道删除。图像会自动转换为多通道模式（102页）❸。不仅通道数量减少，颜色也会发生改变❹。

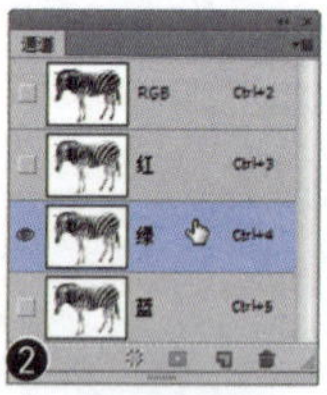

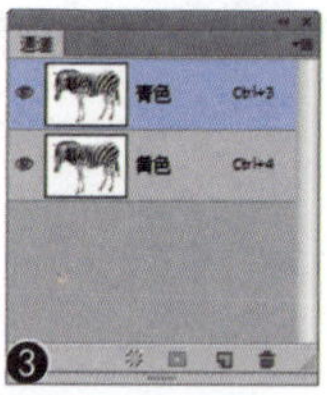

02 选择移动工具。此时“青色”通道处于当前选取状态，在窗口中单击并向右下方拖曳，使它与后方的黄色通道图像形成错位效果❺。

03 执行“滤镜>锐化>USM锐化”命令，对通道图像进行锐化处理，使细节更加清晰❻❼。

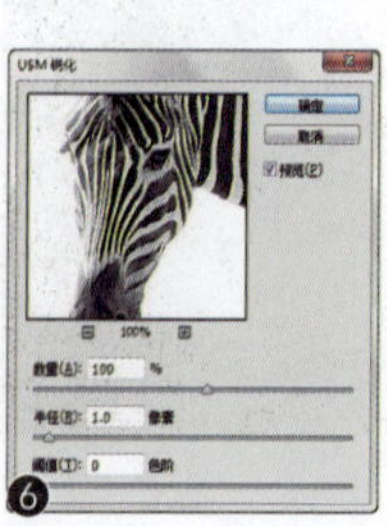

Ps 5.7

混合模式

混合模式可以让当前图层中的像素与下方图层中的像素混合，主要用于合成图像、制作选区，以及在图层样式中发挥作用。混合模式可以随时添加、修改和删除，不会对图层造成损坏。

5.7.1 疑问解答：混合模式用在哪里?

混合模式之于Photoshop，就如同空气之于我们人类，既关乎性命，又无处不在。

这样说一点也不夸张。Photoshop中的“图层”面板、各种绘画类和修饰类工具的选项栏、“图层样式”对话框、“填充”命令、“描边”命令、“计算”命令、“应用图像”命令、“渐隐”命令，以及智能滤镜等，都包含混合模式选项。而除“背景”图层以外，其他所有类型的图层也都可以设置混合模式，包括普通图层（图像）、形状图层（矢量）、填充图层、调整图层、智能对象、3D图层、视频图层，等等。如此多的功能都与混合模式有关联，足见其地位的重要。

当我们通过“图层”面板使用混合模式时，可以让当前图层中的对象（像素、矢量图形或其他内容）与它下方图层中的对象混合，并且，无论下方有多少个图层，只要与当前图层中的对象发生重叠，就会与其混合。这不同于调整图层的不透明度（144页）所产生的混合，那只是由于像素变得透明而令下方图层显现❶，混合模式则会基于特殊的算法对像素进行混合，生成特殊的混合效果❷。

图层的不透明度为50%

图层的混合模式为“差值”

混合模式还能让通道之间发生混合。当一个通道中的灰度图像在混合模式的作用下与另一个通道混合以后，可以生成特殊的图像合成效果。通道中的黑、白、灰代表了选区范围（204页）。因此，这种混合改变的不只是通道，还影响选区，所以混合通道也是制作选区、用以抠图的方法❸。

左起分别为在通道中制作的身体选区、头部选区，以及用“计算”命令及混合模式合成的完整选区

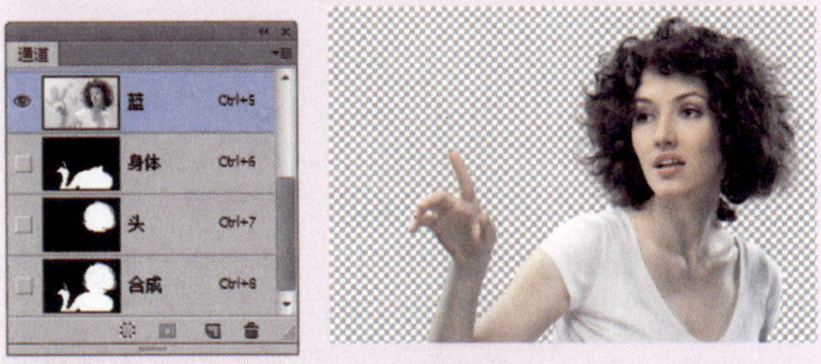

通道　　抠图效果

❸

绘画和修饰类工具的选项栏，以及“渐隐”“填充”“描边”命令中，混合只发生在当前图层的现有像素中，不会影响下方图层和其他图层。“图层样式”对话框中的混合模式是个例外，它会影响当前图层和下方第一个与其像素发生重叠的图层。

5.7.2 实战技巧：快速切换混合模式

使用绘画类和修饰类工具时，可以在工具选项栏中选取混合模式。使用“填充”“描边”等命令时，可以在打开的对话框中选取混合模式。

如果要为一个图层设置混合模式，需要先单击该图层，将其选取，然后单击“图层”面板顶部的≑按钮，在打开的下拉列表中进行选择。

具体操作时，可以在混合模式选项的上方双击鼠标，选项处会出现一个蓝色的细框❶，此时滚动鼠标中间的滚轮❷，或者按下↓、↑键，即可快速切换混合模式。工具选项栏、命令对话框中的混合模式也适用这种方法。

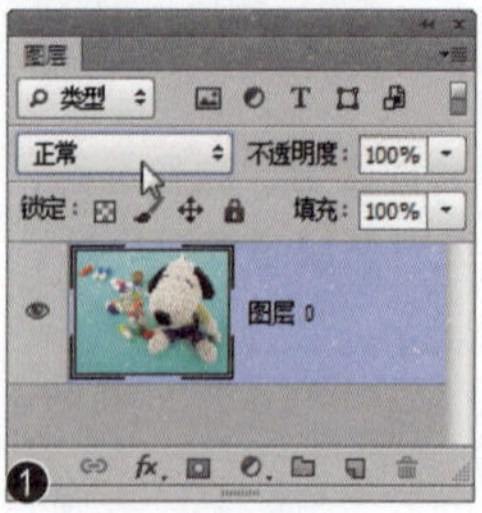

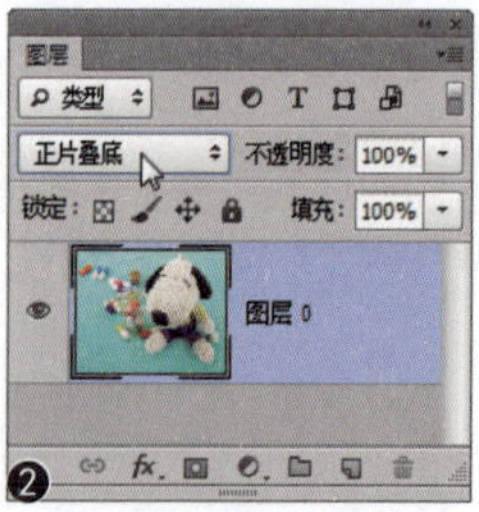

5.7.3 混合模式会产生怎样的效果

给混合模式分组

混合模式共27种，可以分为6组❶，每一组中的模式能产生相近的效果。为了展示这些效果，我们将使用一个PSD格式的分层文件❷，调整“图层1”的混合模式，演示它与下面图层中像素（“背景”图层）的混合效果。

在Photoshop中，有3种颜色比较特殊——黑、白和50%灰，它们称为中性色，有一部分混合模式会隐藏中性色，使其不会对下方图像产生影响。中性色与调整色彩、色调功能关系密切（230页），目前我们还未涉及，在这里知道它们特殊就行了。

此外，我们还要关注上、下图层完全相同的图像，有几种模式对相同的图像不起作用，包括“点光”“变亮”“色相”“饱和度”“颜色”和“明度”模式。

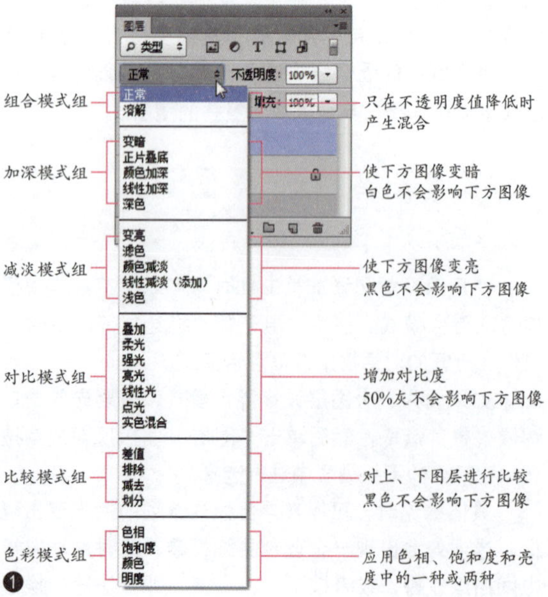

❶

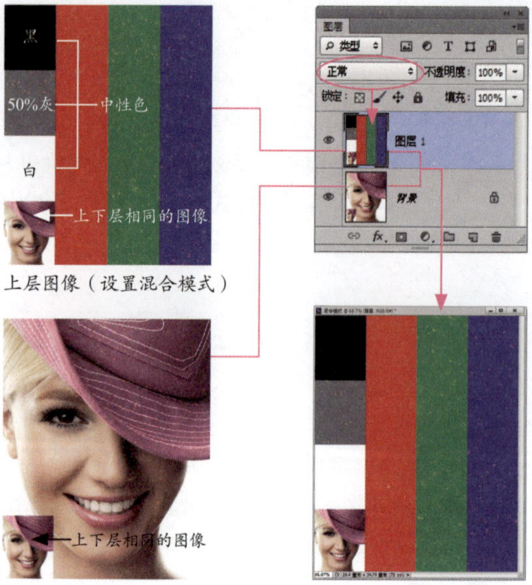

下层图像 ❷　　混合效果（文档窗口中的图像）

组合模式

组合模式组中的两种模式需要降低图层的不透明度才能产生效果。

- 正常：默认的混合模式，图层的不透明度为100%时，完全遮盖下面的图像❸。降低不透明度可以使其与下面的图层混合。
- 溶解：设置为该模式并降低图层的不透明度时，可以使半透明区域上的像素离散，产生点状颗粒❹。

❸ 正常

❹ 溶解

加深模式

加深模式组可以使图像变暗。当前图层中的白色不会对下方图层产生影响，比白色暗的像素会加深下方像素。

- 变暗：比较两个图层，当前图层中较亮的像素会被底层较暗的像素替换，亮度值比底层像素低的像素保持不变❺。
- 正片叠底：当前图层中的像素与底层的白色混合时保持不变，与底层的黑色混合时则被其替换，混合结果通常会使图像变暗❻。

变暗

正片叠底

● 颜色加深： 通过增加对比度来加强深色区域， 底层图像的白色保持不变❼。

● 线性加深： 通过减小亮度使像素变暗， 与 “正片叠底” 模式的效果相似， 但可以保留下面图像更多的颜色信息❽。

● 深色： 比较两个图层的所有通道值的总和， 并显示值较小的颜色， 不会生成第 3 种颜色❾。

颜色加深

线性加深

深色

减淡模式

减淡模式组与加深模式组产生的效果截然相反，这些混合模式可以使下方图像变亮。当前图层中的黑色不会影响下方图层，比黑色亮的像素则会加亮下方像素。

● 变亮： 与 “变暗” 模式效果相反， 当前图层中较亮的像素会替换底层较暗的像素， 而较暗的像素则被底层较亮的像素替换❿。

● 滤色： 与 “正片叠底” 模式效果相反， 可以使图像产生漂白的效果， 类似于多个摄影幻灯片在彼此之上投影⓫。

变亮

滤色

● 颜色减淡： 与 “颜色加深” 模式效果相反， 它通过减小对比度来加亮底层的图像， 并使颜色变得更加饱和⓬。

● 线性减淡（添加）： 与 “线性加深” 模式效果相反。通过增加亮度来减淡颜色， 提亮效果比 “滤色” 和 “颜色减淡” 模式都强烈⓭。

● 浅色： 比较两个图层的所有通道值的总和， 并显示值较大的颜色， 不会生成第 3 种颜色⓮。

颜色减淡

线性减淡（添加）

浅色

对比模式

对比模式组可以增加下方图像的对比度。在混合时，50%灰色不会对下方图层产生影响，亮度值高于50%灰色的像素会使下方像素变亮，亮度值低于50%灰色的像素会使下方像素变暗。

● 叠加： 可以增强图像的颜色， 并保持底层图像的高光和暗调⓯。

● 柔光： 当前图层中的颜色决定了图像变亮或是变暗。 如果当前图层中的像素比 50% 灰色亮， 则图像变亮； 如果像素比 50% 灰色暗， 则图像变暗。 产生的效果与发散的聚光灯照在图像上相似⓰。

● 强光： 当前图层中比 50% 灰色亮的像素会使图像变亮； 比 50% 灰色暗的像素会使图像变暗。 产生的效果与耀眼的聚光灯照在图像上相似⓱。

叠加

柔光

强光

● 亮光： 如果当前图层中的像素比 50% 灰色亮， 可通过减小对比度的方式使图像变亮； 如果当前图层中的像素比 50% 灰色暗， 则通过增加对比度的方式使图像变暗。 该模式可以使混合后的颜色更加饱和⓲。

● 线性光： 如果当前图层中的像素比 50% 灰色亮， 可通过增加亮度使图像变亮； 如果当前图层中的像素比 50% 灰色暗， 则通过减小亮度使图像变暗。 与 “强光” 模式相比，

“线性光”可以使图像产生更高的对比度⑲。

亮光

线性光

● 点光：当前图层中的像素比 50% 灰色亮，可替换暗的像素；当前图层中的像素比 50% 灰色暗，则替换亮的像素⑳，这在向图像中添加特殊效果时非常有用。

● 实色混合：当前图层中的像素比50%灰色亮，会使底层图像变亮；当前图层中的像素比50%灰色暗，则会使底层图像变暗。该模式通常会使图像产生色调分离效果㉑。

点光

实色混合

比较模式

比较模式组会比较当前图层与下方图像，然后将相同的区域改变为黑色，不同的区域显示为灰色或彩色。如果当前图层中包含白色，白色会使下方像素反相，黑色不会对下方像素产生影响。

● 差值：当前图层的白色区域会使底层图像产生反相效果，黑色不会影响底层图像㉒。

● 排除：与“差值”模式的原理基本相似，但该模式可以创建对比度更低的混合效果㉓。

差值

排除

● 减去：可以从目标通道中相应的像素上减去源通道中的像素值㉔。

● 划分：查看每个通道中的颜色信息，从基色中划分混合色㉕。

减去

划分

提示（Tips）

基色是图像中的原稿颜色。混合色是通过绘画或编辑工具应用的颜色。结果色是混合后得到的颜色。

色彩模式

使用色彩模式组中的混合模式时，Photoshop会将色彩分为3种成分（色相、饱和度和亮度），将其中的一种或两种应用在混合后的图像中。但上、下层相同的图像不会有任何改变。

● 色相：将当前图层的色相应用到底层图像的亮度和饱和度中㉖。可以改变底层图像的色相，但不会影响其亮度和饱和度。对于黑色、白色和灰色区域，该模式不起作用。

● 饱和度：将当前图层的饱和度应用到底层图像的亮度和色相中㉗。可以改变底层图像的饱和度，但不会影响其亮度和色相。

色相

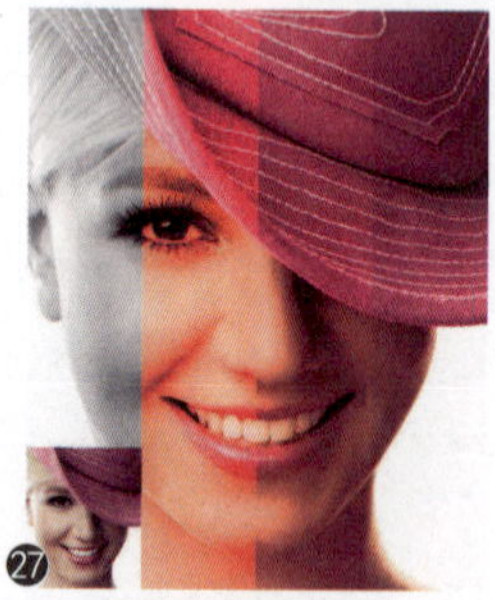

饱和度

● 颜色：将当前图层的色相、饱和度应用到底层图像㉘。但保持底层图像的亮度不变。

● 明度：将当前图层的亮度应用于底层图像的颜色中㉙。可以改变底层图像的亮度，但不会对其色相与饱和度产生影响。

颜色

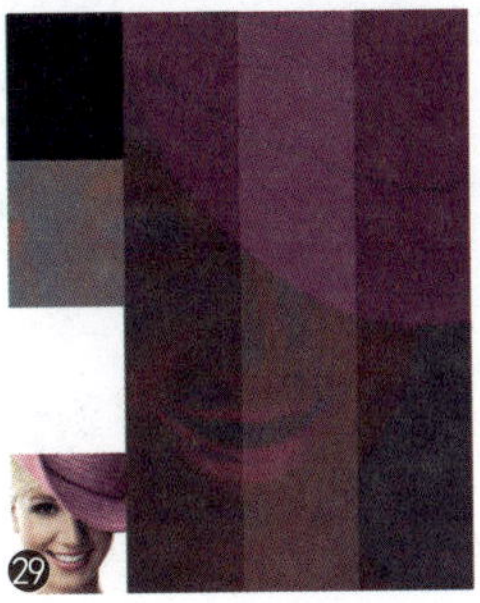

明度

提 示（Tips）

图层组的默认混合模式为“穿透”（相当于图层的“正常”模式）。如果修改图层组的混合模式，则Photoshop会将图层组内的所有图层视为一幅单独的图像，并用所选模式与下面的图像混合。

背后、清除

绘画类工具、“填充”和“描边”命令还包含“背后”和“清除”模式㉚㉛，是“图层”面板中没有的。使用形状工具时，如果在工具选项栏中选择“像素”选项，则“模式”下拉列表中也包含这两种模式。

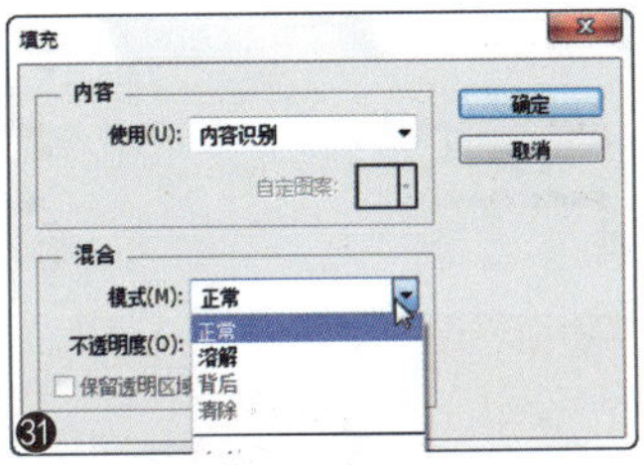

“背后”模式和“清除”模式只能用在未锁定透明区域的图层中（即未单击“图层”面板中的 按钮），如果锁定了透明区域（78页），这两种混合模式将无法使用。

● 背后：仅在图层的透明部分编辑或绘画，不会影响图层中原有的图像，就像在当前图层下面的图层绘画一样㉜㉝。

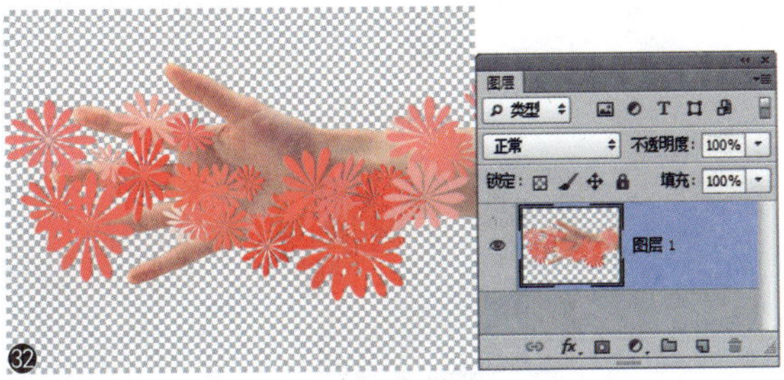

“正常”模式下使用画笔工具涂抹的效果

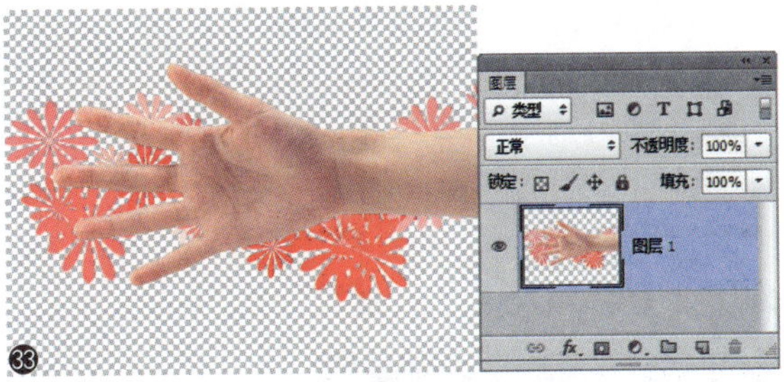

“背后”模式下使用画笔工具涂抹的效果

● 清除：与橡皮擦工具的作用类似。在该模式下，工具或命令的不透明度决定了像素是否被完全清除。当不透明度为100%时，可以完全清除像素㉞；不透明度小于100%时，可部分清除像素。

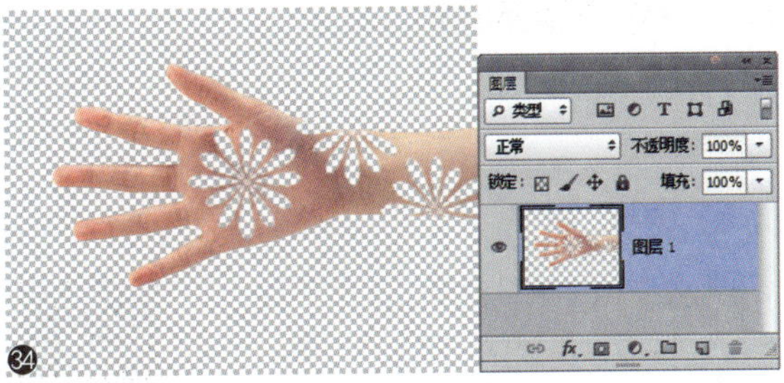

不透明度为100%时画笔工具（“清除”模式）的涂抹效果

5.7.4 练习：用混合模式合成图像

01 打开素材❶。单击“荷花”图层，单击“图层”面板顶部的 按钮，打开下拉列表选择“正片叠底”模式❷，让荷花与人像产生混合❸。

02 双击“荷花”图层，打开“图层样式”对话框。按住Alt键分别拖动“本图层”和“下一图层”选项中的白色滑块，将白色滑块分开，并向左移动❹❺。该操作可以将当前图层中的白色像素隐藏，让下一图层的白色像素显示出来，使彩绘效果更加真实。最后，在“图层”面板中将所有图层都显示出来❻。

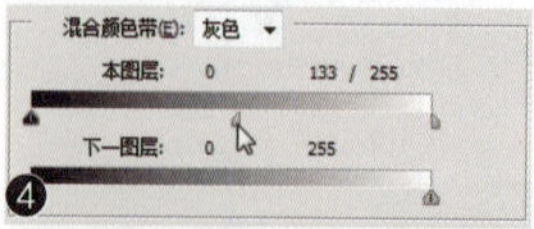

❹

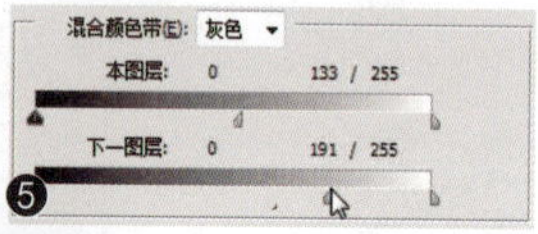

❺

❻

5.7.5 练习：制作脸谱

01 打开两个素材❶❷。使用移动工具将蝴蝶拖入婴儿文档中❸。单击“图层”面板中的按钮，为图层添加蒙版。

❶

❷

❸

02 选择画笔工具，在工具选项栏的画笔下拉面板中选择柔角笔尖❹，在蝴蝶上涂抹黑色，用蒙版遮盖图像❺❻。如果有多涂的区域，可以按下X键，将前景色切换为白色，然后再涂抹，这样就可以使隐藏的图像显示出来。

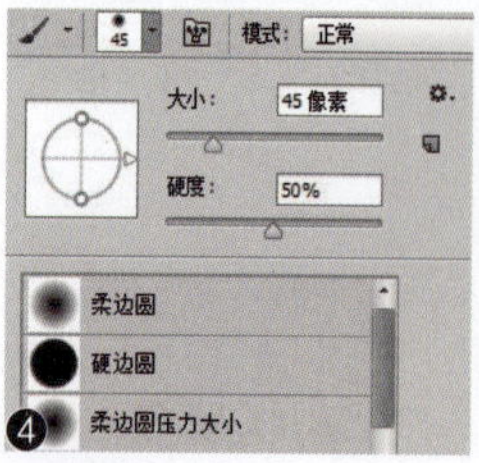

❹

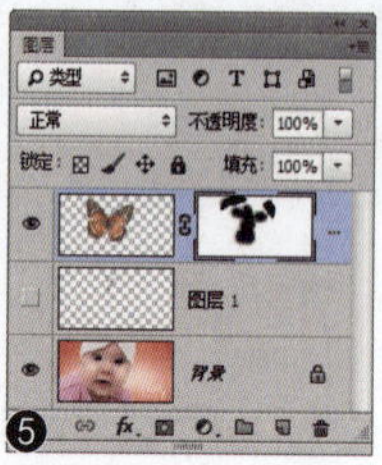

❺

❻

03 双击蝴蝶所在的图层，打开“图层样式”对话框，将混合模式设置为“正片叠底”❼。

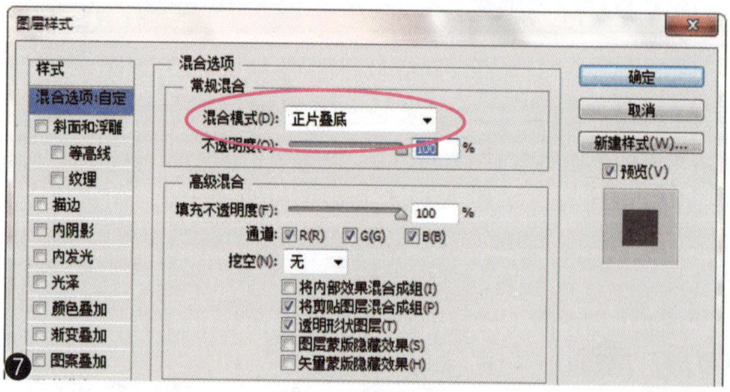

❼

04 按住Alt键，单击并向左侧拖曳“本图层”选项组中的白色滑块❽，隐藏蝴蝶图像中的高光区域。按住Alt键，单击并向左侧拖曳“下一图层”选项组中的白色滑块❾，让蝴蝶下方图层中的高光图像显示出来。单击“确定”按钮关闭对话框❿。

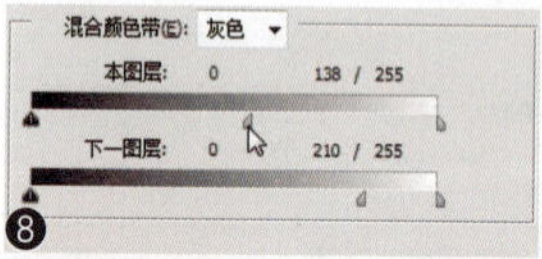

❽

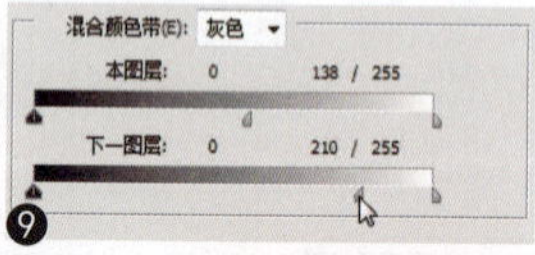

❾

❿

05 “图层1”中有蝴蝶的须子，在它原眼睛图标处单击，显示该图层⓫。

⓫

5.7.6 练习：制作多重曝光效果

多重曝光是摄影中采用两次或者更多次独立曝光，然后将它们重叠起来，组成一张照片的技术。可以展现双重或多重影像，具有独特的魅力。下面我们利用混合模式与图像合成方法，制作多重曝光效果。

01 打开素材❶❷。使用移动工具将风景素材拖入人物文档中，设置混合模式为“正片叠底”❸❹。

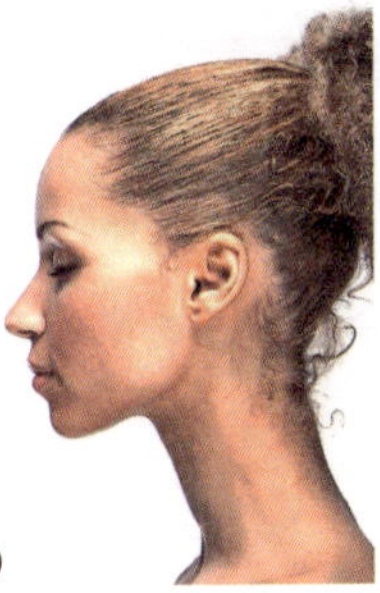
❶

❷

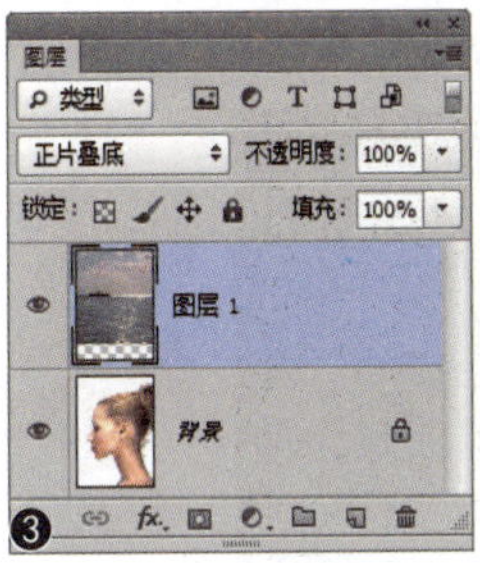
❸

❹

02 单击“图层”面板底部的按钮，创建蒙版。使用画笔工具（柔角为150像素）在图像下方涂抹黑色，主要是将人物面部以外的湖水隐藏❺❻。

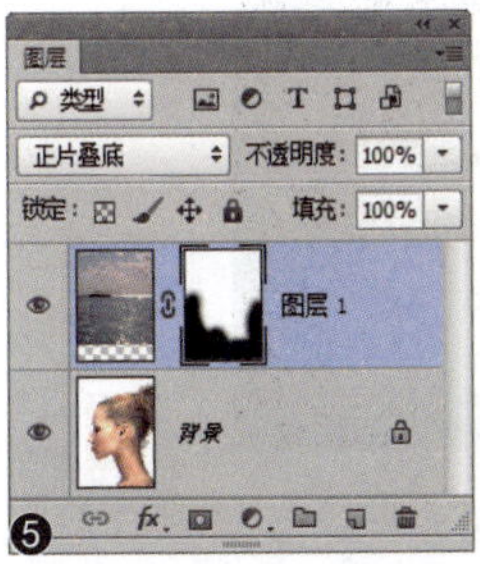
❺

❻

03 设置画笔工具的不透明度为20%。在画面上方涂抹，由于设置了不透明度，此时涂抹的颜色为灰色，蒙版中的灰色可使图像呈现半透明的效果。在鼻子和嘴唇的位置也涂抹一些灰色❼❽。

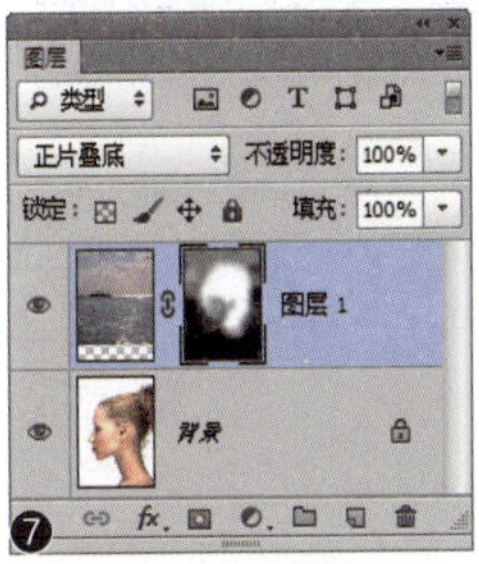
❼

❽

04 单击“调整”面板中的按钮，创建“可选颜色”调整图层，在“颜色”下拉列表中分别选择“红色”“黄色”“白色”和“灰色”选项，分别对这几种颜色进行调整❾~⓬，使画面通透，色彩清新⓭。

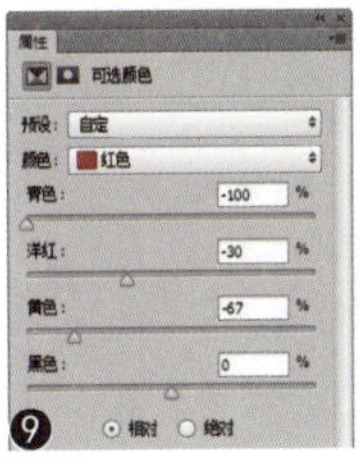
❾

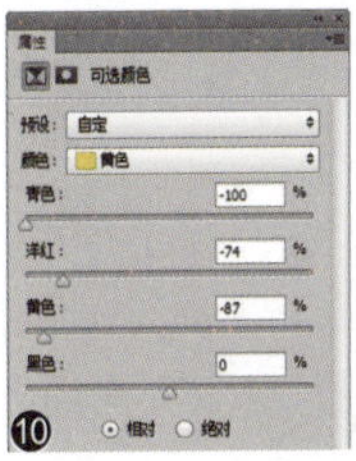
❿

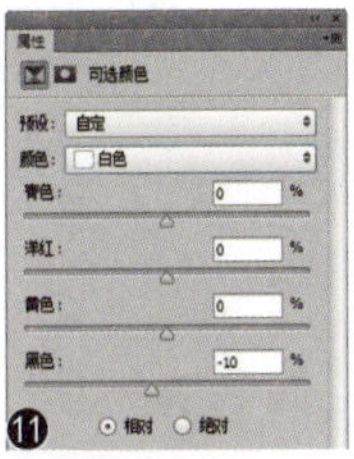
⓫

⓬

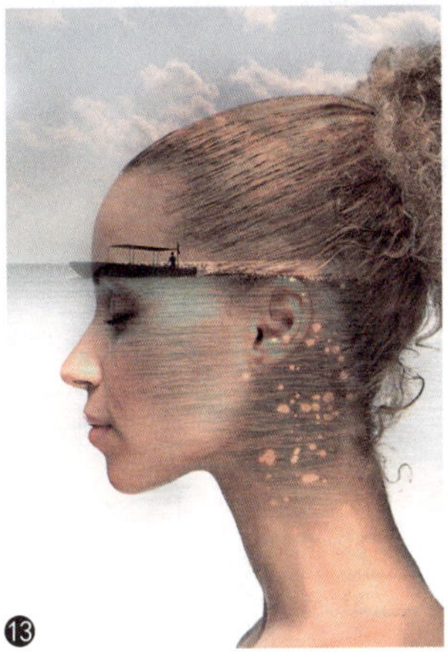
⓭

5.7.7 实战技巧：用"渐隐"命令修改混合模式

使用画笔、滤镜编辑图像，或使用“填充”“描边”命令进行填充，使用“图像>调整”菜单中的命令进行颜色调整，并且添加了图层样式后，“编辑”菜单中的“渐隐”命令可以使用，执行该命令可修改操作结果的不透明度和混合模式❶。有一点要注意，编辑完成就要立即使用“渐隐”命令，否则将不能使用该命令。

原图

用“去色”命令处理图像

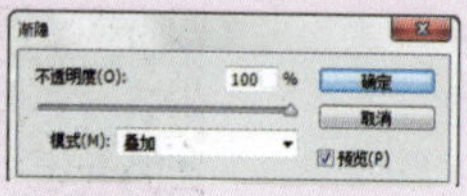

用“渐隐”命令修改混合模式

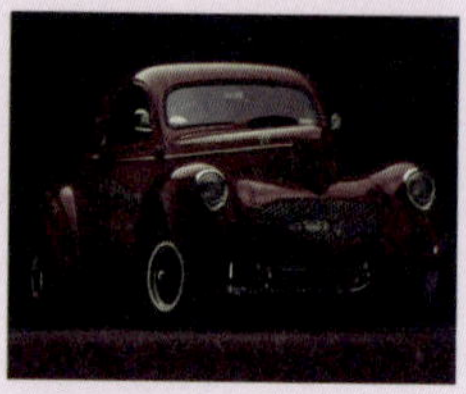

最终效果

❶

5.8 高级混合选项

高级混合选项可以调整不透明度、混合模式，控制图层蒙版、剪贴蒙版和矢量蒙版的部分属性，以及创建挖空效果。其中的混合颜色带还可以用来抠图。

5.8.1 高级混合选项概览

选择一个图层，执行“图层>图层样式>混合选项”命令，或双击该图层，都可以打开“图层样式”对话框并显示“混合选项”。它包含3个选项组。其中的“常规混合”选项组，以及“高级混合”选项组中的“填充不透明度”与“图层”面板中的相应选项完全相同❶。

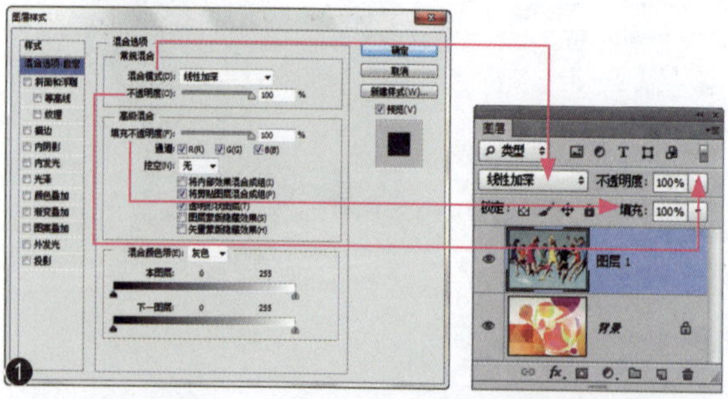

❶

“高级混合”选项组中的其他选项可以控制图层样式（“内发光”“颜色叠加”“渐变叠加”等）、剪贴蒙版、矢量蒙版和图层蒙版的属性，以及创建挖空效果。“混合颜色带”（210页）是一种高级蒙版，它能根据像素的亮度值来决定其显示或隐藏，可用于抠图和图像合成。

5.8.2 限制颜色通道

在“通道”面板中，当所有颜色通道（161页）被激活时，就是我们看到的彩色图像❶。如果隐藏一个颜色通道（在眼睛图标上单击），它就不会参与混合。少了这一通道的色彩，图像的颜色也会改变❷。

❶

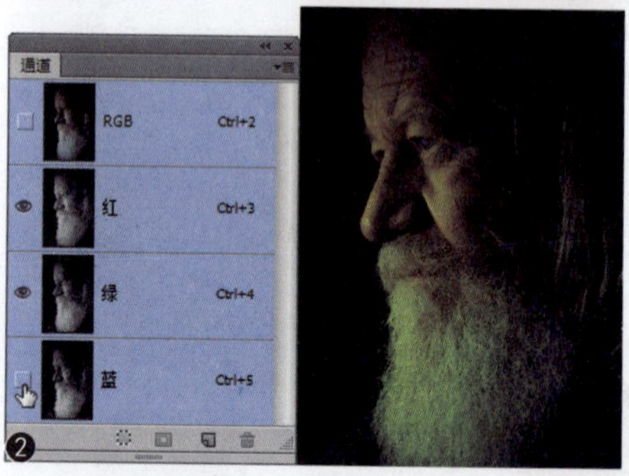

❷

“图层样式”对话框中的“通道”选项与“通道”面板中的颜色通道一一对应。如果取消对一个通道的勾选，它就不再参与混合。当文档中只有一个图层时，这样的操作与隐藏“通道”面板中某一颜色通道是完全一样的❸。如果图像下方还有其他图层，则既会改变图像的颜色，也会混合图像❹。

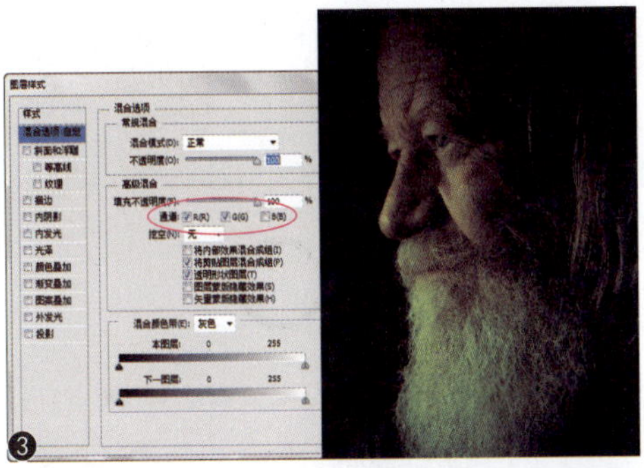

5.8.3 创建挖空效果

挖空不是将图像内容挖掉的意思。它是一种类似于蒙版一样的，可以遮盖图像、让下方图像显示出来的穿透功能。

挖空对于图层的顺序有要求。我们要这样准备：将被挖空的图层放到将要被穿透的图层之上，将需要显示出来的图层设置为“背景”图层方才可以❶。

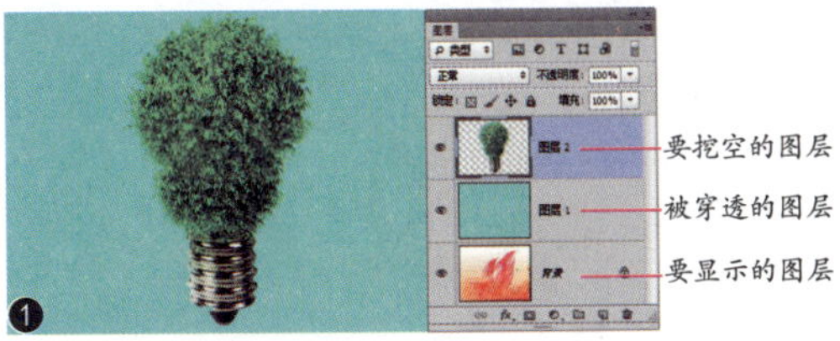

创建挖空效果时，双击要挖空的图层，打开“图层样式”对话框，降低“填充不透明度”值，然后在“挖空”下拉列表中选择一个选项，选择“无”表示不创建挖空，选择“浅”或“深”，都可以挖空到“背景”图层❷。如果文档中没有“背景”图层，则不论选择“浅”还是“深”，都挖空到透明区域❸。

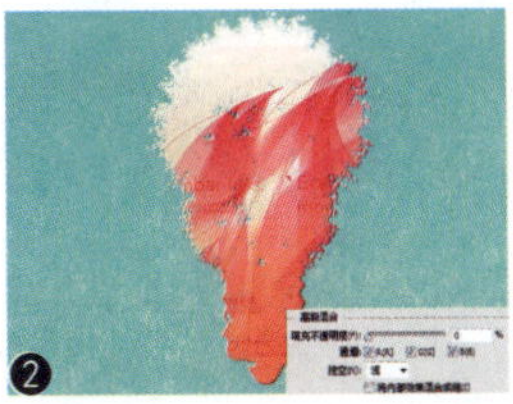

如果图层添加了“内发光”“颜色叠加”“渐变叠加”“图案叠加”等效果，则勾选“将内部效果混合成组”复选项，效果不会显示❹。取消勾选，才能显示效果❺。

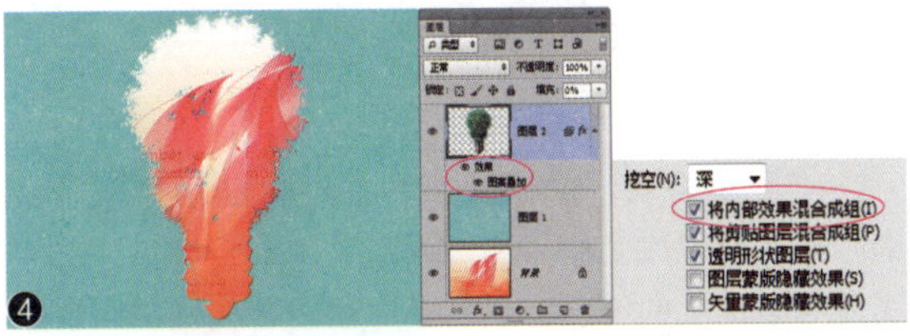

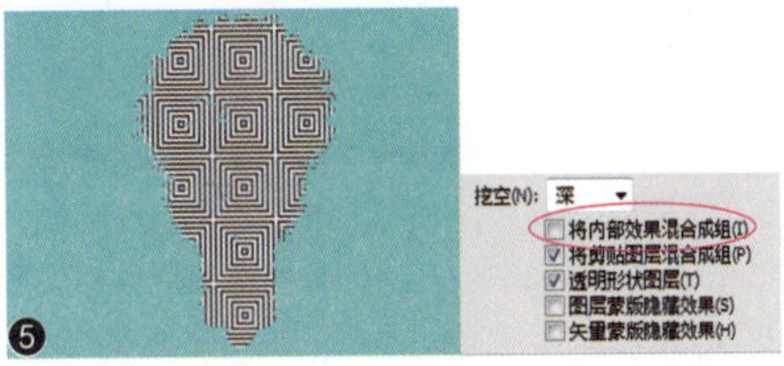

此外，“透明形状图层”选项还可以限制图层样式和挖空范围。默认情况下，该选项为勾选状态，此时图层样式或挖空被限定在图层的不透明区域（上一图）；取消勾选，则会在整个图层范围内应用效果❻。

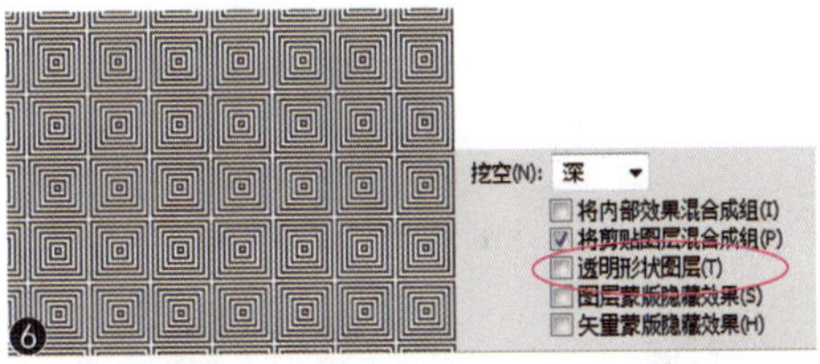

5.8.4 控制蒙版组的不透明度和混合模式

剪贴蒙版使用一个图层（基底图层）来控制其他图层的显示。在基底图层中，像素不透明度控制内容图层的显示程度，因此，调整基底图层的不透明度，就是调整剪贴蒙版组的不透明度，就会让内容图层呈现透明效果。而调整内容图层的不透明度时，只对其自身有效，不会影响到剪贴蒙版组中的其他图层。

混合模式也是同样的道理。当基底图层为“正常”模式时，所有内容图层都使用其自身的混合模式❶。如果设置为其他模式，则内容图层都会使用这种模式与下面的图层混合❷。而调整内容图层的混合模式时仅影响其自身。

“图层样式”对话框中的“将剪贴图层混合成组”选项可以改变剪贴蒙版组的这种混合属性。如果取消对该选项的勾选，基底图层的混合模式将仅影响自身，不会影响内容图层。

5.8.5 控制图层蒙版和矢量蒙版中的效果

我们向图层蒙版和矢量蒙版所在的图层添加了图层样式后，可以通过高级混合选项控制效果是否在蒙版区域内显示。

图层蒙版的控制选项是“图层蒙版隐藏效果”。选取该选项，会隐藏蒙版中的效果❶；取消勾选，则会让效果在图层蒙版区域内显示❷。

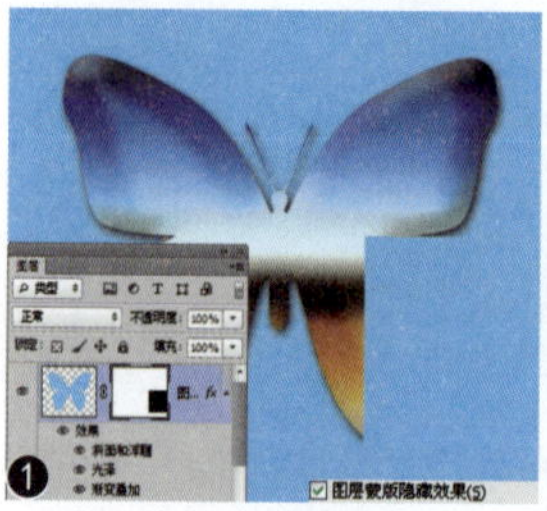

隐藏图层蒙版中的效果

显示图层蒙版中的效果

矢量蒙版的控制选项是“矢量蒙版隐藏效果”。操作方法一样❸❹。

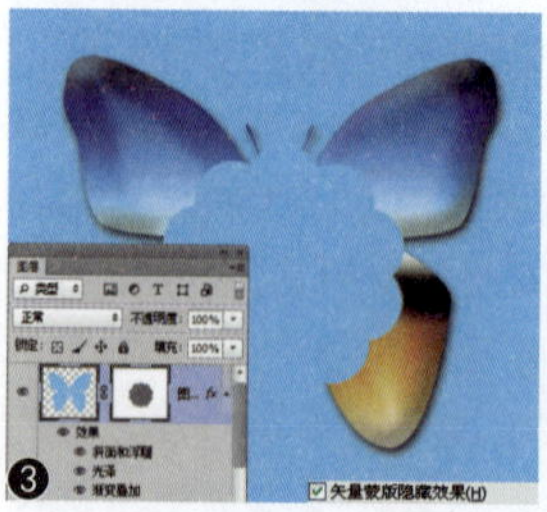

隐藏矢量蒙版中的效果

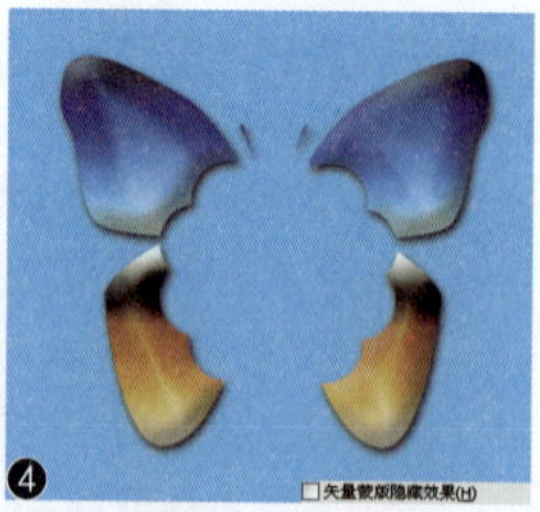

显示矢量蒙版中的效果

5.8.6 练习：制作环环相扣特效

01 按下Ctrl+N快捷键，创建一个30厘米×20厘米、分辨率为100像素/英寸的文档。使用渐变工具填充径向渐变❶。

02 选择椭圆工具，在工具选项栏中选择“形状”选项，设置描边颜色为黑色，宽度为20点。在画面中单击并按住Shift键拖曳鼠标，创建一个圆形❷。

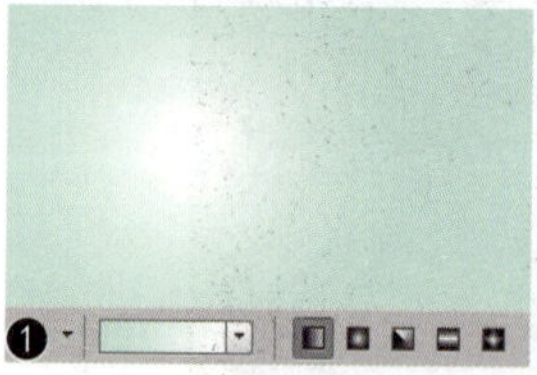

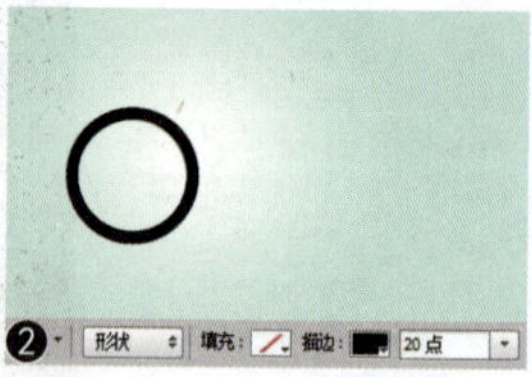

03 打开“样式”面板菜单，选择“Web样式”命令，加载该样式库，单击一个金属样式，为圆形添加该效果❸❹。

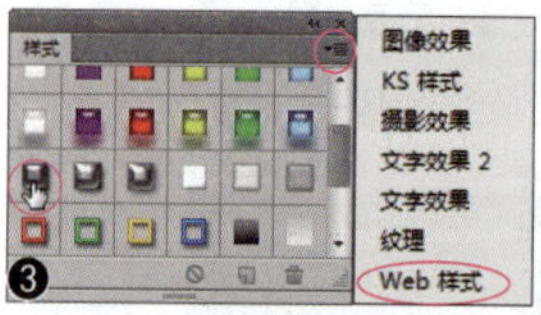

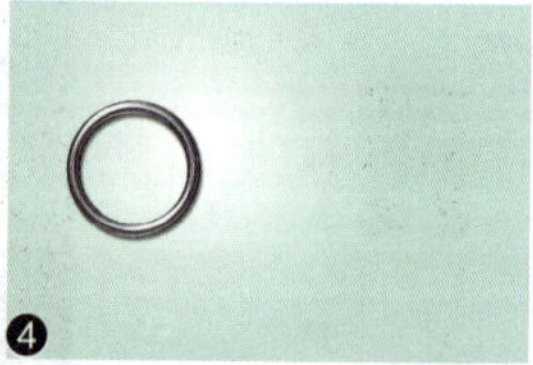

04 选择移动工具，按住Alt+Shift键向右侧拖曳鼠标，沿水平方向复制圆形❺。单击“图层”面板底部的按钮，为第二个圆环添加图层蒙版❻。

05 下面我们来处理两个圆环相交的地方，让一个圆环套入另一个圆环中。按住Ctrl键单击第一个圆环的缩览图，载入它的选区❼❽。

06 使用画笔工具在上方相交处涂抹黑色。右上方有选区的限定，不用留意，要注意的是左下方，不要涂抹过头❾。按下Ctrl+D快捷键取消选择❿。可以看到，相交处有很深的压痕，这种嵌套效果显然不真实。我们用前面学习的控制蒙版效果的方法来对其进行处理。

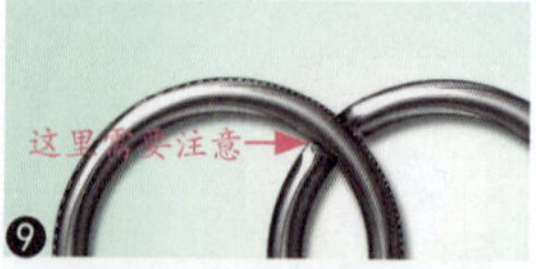

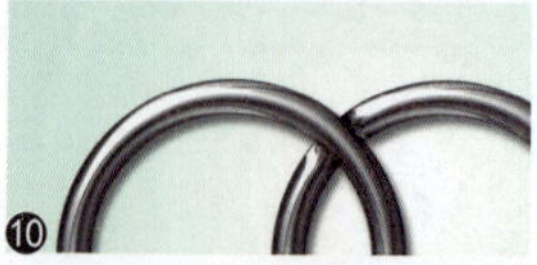

07 双击第二个圆环所在的图层，打开“图层样式”对话框，勾选“图层蒙版隐藏效果”选项⓫，将此处的图层样式隐藏⓬。

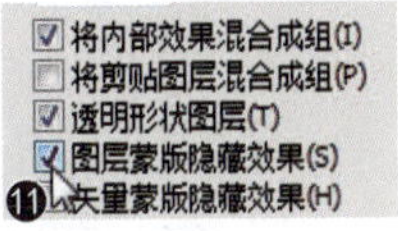

⓫

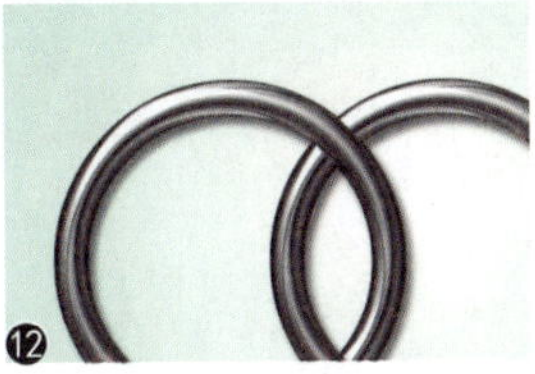
⓬

08 再复制出两个圆环，修改它们的蒙版，制作出像九连环一样环环相扣的金属环⓭。复制时还是要按住Alt+Shift键拖曳鼠标，如果位置对得准的话，蒙版不需要太大改动。

⓭

5.9 课后测验

本章介绍了不透明度、蒙版、通道、混合模式和高级混合选项，这些都是Photoshop中比较重要的功能。本章的练习以平面设计和图像合成为主，也是上述功能最常用到的领域。图像合成在工具之外，还要兼顾很多要素，包括比例、透视、光源、色彩的匹配度、细节的刻画，等等。但最难的是想象力，也即创意。没有好的创意，再娴熟的技术也无用武之地。

5.9.1 眼中“盯”

第一个测验是合成一幅图像。用到变换功能和图层蒙版。首先复制出一个眼睛图层，按下Ctrl+T快捷键显示定界框，将图像等比缩小。添加图层蒙版，之后用柔角画笔工具编辑蒙版，制作出眼睛中还有眼睛的视觉特效❶❷。

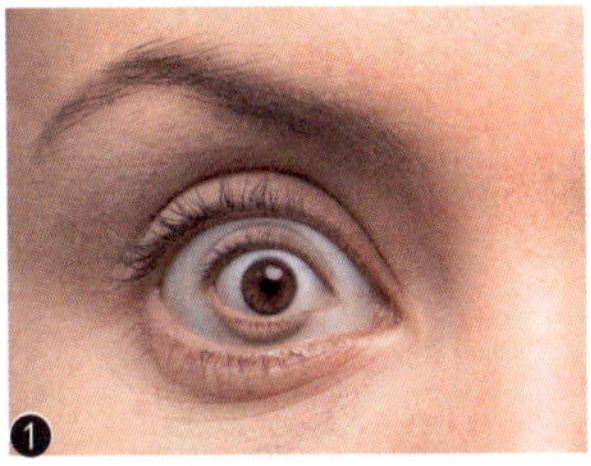
❶ 实例效果

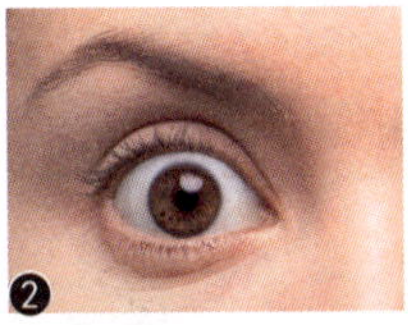
❷ 素材

5.9.2 音乐主题海报

第二个测验是制作音乐海报❶❷。将用到剪贴蒙版和图层蒙版。创建一个图层，填充绿色~透明渐变（使用与油漆相同的绿色）❸，可以用吸管工具拾取油漆颜色作为渐变颜色使用。创建剪贴蒙版，用小号限定渐变颜色的范围❹。为“油漆”图层添加图层蒙版，再用柔角画笔工具编辑蒙版，制作出自然的衔接效果即可。

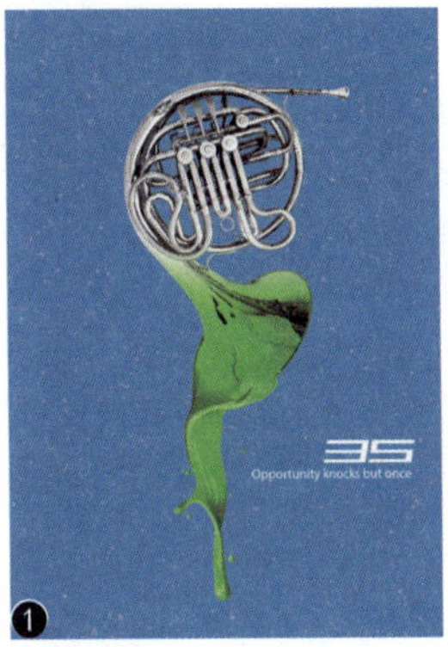
❶ 实例效果

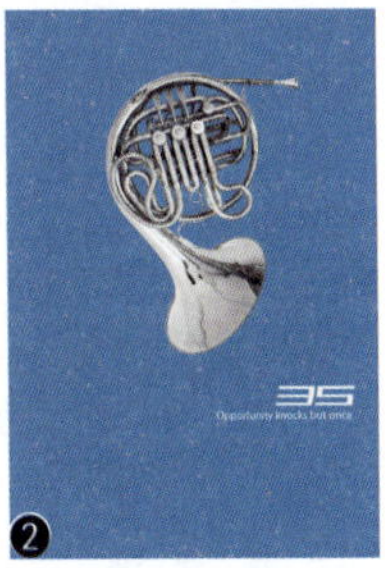
❷ 素材

❸ 绿色~透明渐变

❹ 图层结构

第6章 选区与抠图

本章简介

选区是Photoshop最为重要的功能之一，无论是图像修复与润饰、色彩与色调的调整、特效制作、影像合成等，都离不开选区。抠图是选区的应用技术，有一定的难度。这一方面是由于图像千差万别，适合一个图像的方法，不见得适合同种类型的其他图像；另一方面体现在方法的多样性上，将各种工具、命令组合之后可以演变出几十种不同的抠图方法，每一种方法又只适合处理特定类型的图像。因此，要想学好抠图，需要掌握很多技术。而这些技术几乎可以调动所有Photoshop重要工具和命令，考验的是操作者的综合应用能力。

学习重点

关键概念

6.1 认识选区

选区可以限定操作范围，也可以抠图、分离图像。使用Photoshop时，图像编辑效果的好坏，很大程度上取决于选区是否准确。

6.1.1 疑问解答：什么是选区？

什么是选区？Adobe给出的答案是："建立选区是指分离图像的一个或多个部分。通过选择特定区域，您可以编辑效果和滤镜，并将效果和滤镜应用于图像的局部，同时保持未选定区域不会被改动。"由此可见，选区是用来限定操作范围的。这有点类像油漆工为汽车喷漆前所做的准备工作。喷漆前，油漆工会在车窗、车灯等处贴上东西进行保护，然后才开始喷漆工作。

在图像上，选区是一圈闪烁的轮廓线❶，看起来就像是蚂蚁在行军，因此，人们也称它为"蚁形线"。选区轮廓内部是被选取的图像，当我们下达操作指令后，Photoshop就只处理这些图像，选区外的图像被隔离开，不会受到影响❷。如果没有创建选区，编辑的将是整幅图像❸。因此，在Photoshop中，即便没有创建选区也代表着一种选择，那就是选择了整幅图像。

6.1.2 疑问解答：什么是抠图？

选区的第1个用途是限定操作范围，有了选区的限定，我们就可以处理局部图像，而不会影响其他内容。

选区的第2个用途是分离图像。当使用选区将图像选取以后，可以通过图层蒙版将选区之外的内容遮盖，也可以将对象从原有的图层中分离出来，放在一个单独的图层上❶。将图像与背景分离的操作就像是我们用手将图像从背景中“抠”出来一样，因此，也称为“抠图”。

灰白相间的棋盘格标识了图层的透明区域

6.1.3 分析：选区的两种类型

选区分为2种：普通选区和羽化的选区。没有设置羽化的选区就是普通选区，可定义准确的边界。在编辑图像时，例如调色，选区内、外泾渭分明❶。抠图时，图像边缘清晰、明确❷。

普通选区调色　　普通选区抠图

羽化可以柔化选区边界。当调整颜色时，选区内图像的颜色改变，选区边界处的调整效果出现衰减，并影响到选区边界外，然后逐渐消失❸。抠图也是这样，抠出的图像边缘是柔和的，有半透明区域❹。与其他图像合成时，效果更加自然。

羽化的选区调色　　羽化的选区抠图

6.1.4 分析：选区的4种形态

在Photoshop中，选区是一项比较大的功能，配备有专用工具❶和专门的“选择”菜单命令❷。

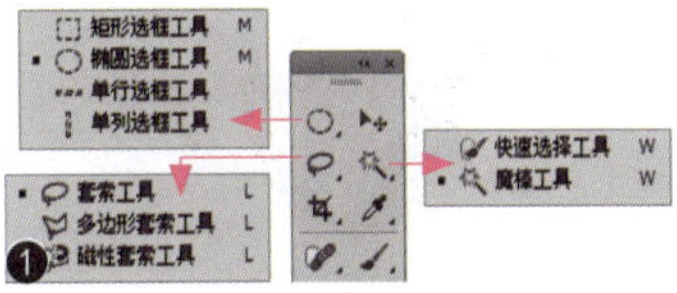

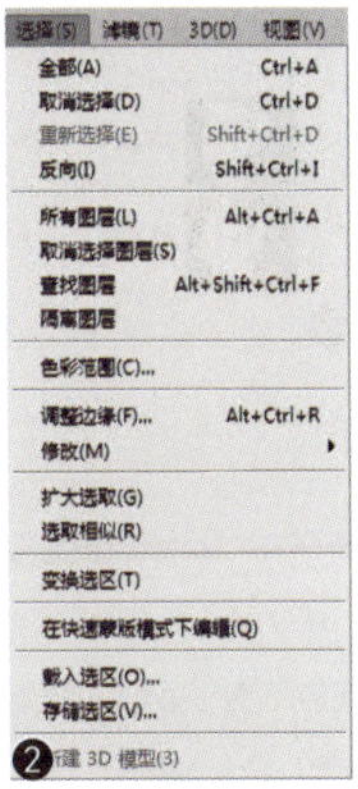

但选区的编辑并不仅限于这些个工具和命令。非选择类工具，如画笔工具、渐变工具、模糊工具、锐化工具、减淡工具、加深工具，以及种类繁多的滤镜也可以编辑选区。只是它们对闪烁的“蚁行线”没有办法。

要想用这些工具编辑选区，需要将其转换成为它们能够识别的形态——图像才行。

选区最常见的形态是“蚁行线”❸。按下Q键，则可以将它转换为第2种形态——临时的蒙版图像（202页）❹。此时便可使用绘画类工具和滤镜编辑图像，进而修改选区。编辑好以后，再按一下Q键，可以重新显示选区。

但快速蒙版只是临时性的。要想永久存储选区，还得使用通道。单击“通道”面板中的按钮，可以将选区保存到Alpha通道中。这是选区的第3种形态——灰度图像。

在Alpha通道中，可以使用与快速蒙版相同的工具，甚至更多的命令修改选区。通道是利用色调差异选择对象的最佳场所，还可以用灰度控制羽化范围和图像的透明程度。因此，通道非常适合抠人像❺、毛发、树木的枝叶等边缘复杂和琐碎的对象，以及高速行驶的汽车、飞行的鸟类等边缘模糊的对象，还有玻璃杯❻、冰块、烟雾、水珠、气泡等透明对象。

❺

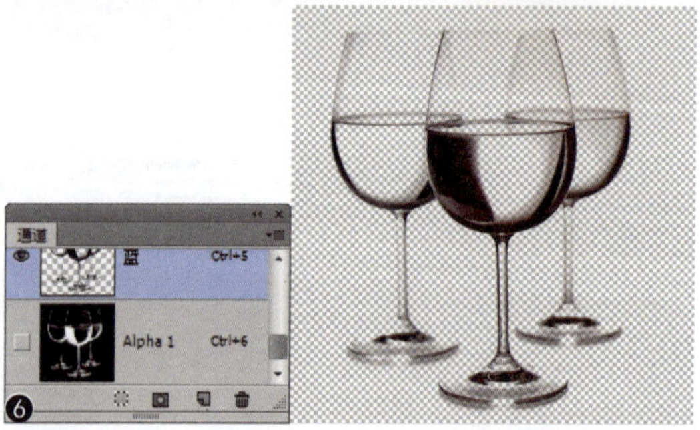

❻

选区不管是“蚁行线”也好，还是通道中的图像，都是在位图世界里循环。如果单击“路径”面板中的按钮，则可将其转换成路径，使之成为矢量对象。这是选区的第4种形态。

当选区变为路径以后，可以使用Photoshop中的矢量工具编辑路径，从而达到修改选区的目的。此外，也可以直接绘制路径，再转换成选区使用，比如用钢笔工具抠图。钢笔工具可以绘制出光滑流畅的曲线、准确描绘对象的轮廓，适合抠表面光滑的对象，如建筑、汽车❼、电器、陶瓷器皿等。

❼

6.2 选区的基本编辑方法

在学习使用选择工具和命令之前，我们先来熟悉一些与选区基本编辑操作有关的命令，包括创建选区前需要设定的选项，以及创建选区后进行的简单操作，以便可以顺利完成后面的练习。因为有些操作要在创建选区以前设置好，例如羽化、选区运算等。

6.2.1 全选、反选

执行“选择>全部”命令（快捷键为Ctrl+A），可以选择当前文档边界内的全部图像。

反选是指“选择”菜单中的“反向”命令（快捷键为Shift+Ctrl+I），它可以反转选区。如果需要选择的对象本身比较复杂，但背景简单，就可以先选择背景❶，再通过“反向”命令将对象选中❷。这要比直接选择对象简便。

6.2.2 取消选择、重新选择

创建选区以后，执行“选择>取消选择”命令（快捷键为Ctrl+D），可以取消选择。

取消选择以后，或者由于操作不当而丢失了选区，可以使用“选择>重新选择”命令（快捷键为Shift+Ctrl+D），恢复最后一次创建的选区。

❶

❷

6.2.3 隐藏/显示选区

当使用画笔或其他工具绘制选区边缘的图像，或者对选中的图像应用滤镜时，闪烁的选区轮廓可能会妨碍我们观察图像边缘的变化效果。

如果选区影响了我们的视线，可以使用“视图>显示>选区边缘”命令（快捷键为Ctrl+H）将其隐藏，再处理图像。恢复选区的显示也是这一命令。

需要特别注意的是：选区被隐藏以后，虽然画面中不再显示蚁行线了，但选区仍然是存在的，因此，操作范围依然会被选区限定住。

6.2.4 同时向内、外扩展选区

创建选区以后❶，执行“选择>修改>边界”命令，可以将选区的边界同时向内、外扩展，并在二者之间形成新的选区❷。在“边界选区”对话框中，“宽度”用于设置选区扩展的像素值。例如，设置为30像素，原选区会分别向外和向内扩展15像素。

6.2.5 扩展、收缩与平滑选区

与“边界”命令的扩展方式不同，使用“选择>修改>扩展”命令，可以只将选区向外侧扩展❶~❸。

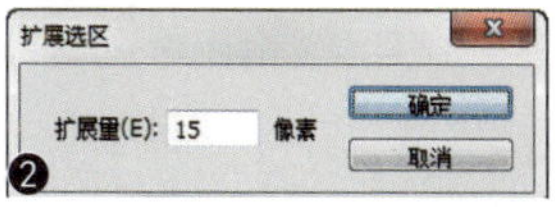

如果想要将选区向内收缩，可以使用“选择>修改>收缩”命令来操作❹❺。

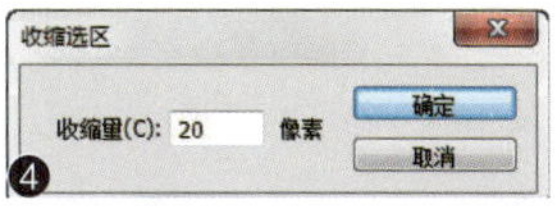

使用“选择>修改>平滑”命令，可以使选区轮廓中不规则的地方变得平滑❻❼。在操作时，“取样半径”设置得越大，选区越平滑，但与原来形状的差别也越大。用魔棒工具或“色彩范围”命令选择对象时，选区边缘往往较为生硬，可以用该命令进行平滑处理。

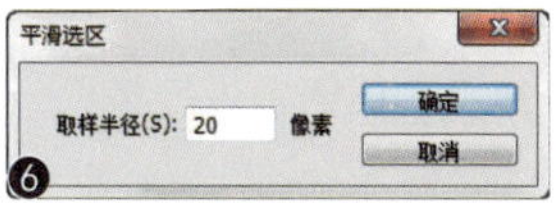

提示（Tips）

这3个命令与“调整边缘”对话框中的“移动边缘”和“平滑”两个选项（200页）的用途相同。由于它们是以像素为单位进行处理的，调整幅度要比“调整边缘”命令大一些。

6.2.6 疑问解答：怎样区分扩大选取和选取相似？

除了“扩展”命令，Photoshop还提供了“选择>扩大选取”和“选择>选取相似”命令，可以用来扩展选区范围。这两个命令都与魔棒工具选项栏中的“容差”（192页）设置有关系，魔棒的“容差”值越高，选区扩展的范围越大。如果想要使选区的范围扩展得更大，可以多次执行命令，或者将魔棒工具的“容差”值设置得高一些。

使用这两个命令时，Photoshop会查找并选择与当前选区中的像素颜色相近的像素，从而扩大选择区域。由于它们的原理相同、效果差异也不是特别明显，因而很容易让人混淆。但我们只要抓住是否与选区边界相邻这一关键点，就不难区分它们。

执行“扩大选取”命令时，只选择与当前选区相邻且颜色相近的像素❶❷；“选取相似”命令则将查找范围扩大到整个文档，不管与原选区是否相邻，只要颜色相似，便会将其选取❸。

创建选区

“扩大选取”命令

“选取相似”命令

6.2.7 拷贝、粘贴与清除选取的图像

创建选区以后，可以对选区内的图像进行拷贝、粘贴和清除操作。

拷贝和剪切

如果要复制一处图像，可以创建选区，将其选取❶，然后使用“编辑>拷贝”命令（快捷键为Ctrl+C）复制到剪贴板中。

当文档中包含多个图层时，位于选区内的图像可能分属于不同的图层❷，使用“编辑>合并拷贝”命令可以将它们同时复制到剪贴板。

如果想要将选取的图像从画面中剪切掉（存放到剪贴板中），可以执行“编辑>剪切”命令❸。

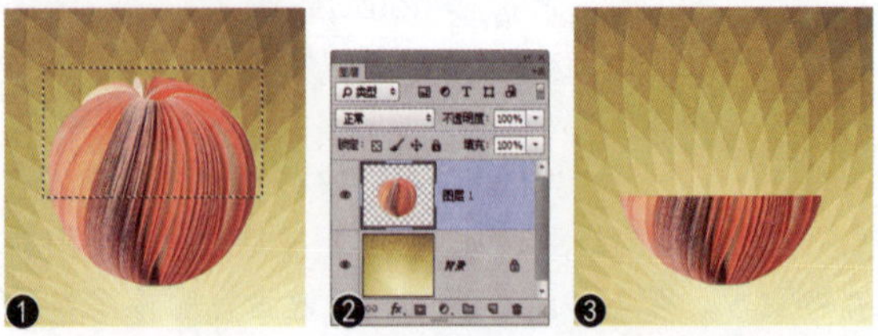

粘贴

采用拷贝、合并拷贝和剪切等方法复制图像后，可以用下面的方法将图像粘贴到单独的图层中。

- **粘贴：** 执行“编辑>粘贴”命令（快捷键为Ctrl+V），图像会粘贴到文档的中央。
- **原位粘贴：** 执行“编辑>选择性粘贴>原位粘贴”命令，可以在图像的复制位置上粘贴❹。
- **用选区控制粘贴：** 如果创建了一个选区❺，可以用它控制粘贴时图像的显示范围。执行“编辑>选择性粘贴>贴入”命令，可以在选区内粘贴图像，选区会自动变为图层蒙版，遮盖原选区之外的图像❻。执行“编辑>选择性粘贴>外部粘贴”命令，则可以将选区内部的图像隐藏❼。

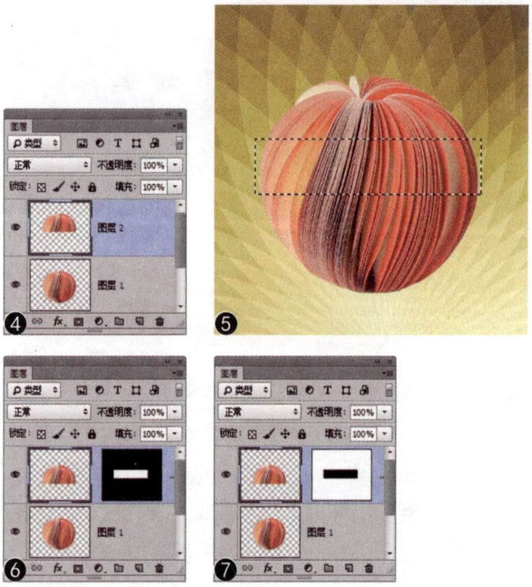

清除图像杂边

移动或粘贴选区时，选区边界周围的一些像素也容易包含在选区内，使用“图层>修边”子菜单中的命令可以清除这些多余的像素❽。

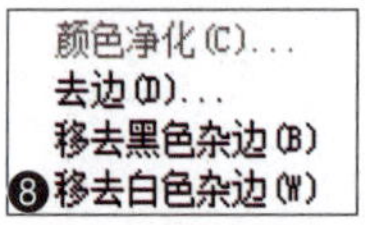

- **颜色净化：** 去除彩色杂边。
- **去边：** 用包含纯色（不含背景色的颜色）的邻近像素的颜色替换任何边缘像素的颜色。例如，如果在蓝色背景上选择黄色对象，然后移动选区，则一些蓝色背景被选中并随着对象一起移动，“去边”命令可以用黄色像素替换蓝色像素。
- **移去黑色杂边：** 如果将黑色背景上创建的消除锯齿的选区粘贴到其他颜色的背景上，可执行该命令消除黑色杂边。
- **移去白色杂边：** 如果将白色背景上创建的消除锯齿的选区粘贴到其他颜色的背景中，可执行该命令消除白色杂边。

清除图像

如果要将选取的图像删除，可以执行“编辑>清除”命令。如果清除的是“背景”图层上的图像，则清除区域会用背景色填充❾❿。

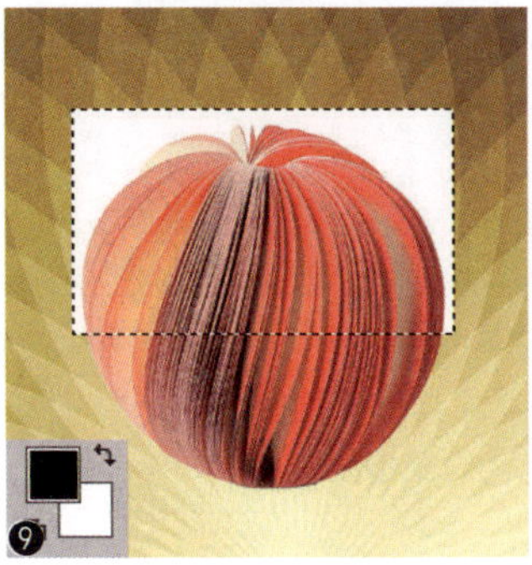

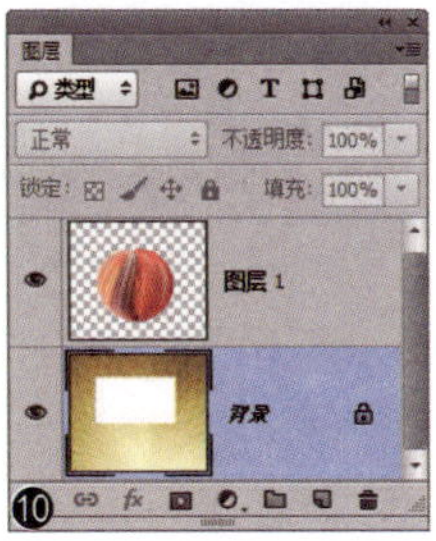

6.2.8 实战技巧：选区的3种移动方法

在Photoshop中，移动工具（54页）负责移动图像、文字，以及选中的图像（可保留选区）；路径选择工具负责移动路径。移动选区没有专用的工具，只能通过3种方法来操作。

第一种方法是创建选区的同时进行移动；后两种方法则是移动现有的选区，即创建选区后移动。不论哪种方法，移动选区的过程中同时按住Shift键，可以将方向限定为水平、垂直或45°角的倍数。

创建选区并同时移动

使用矩形选框工具和椭圆选框工具时，在窗口中单击鼠标并拖曳出选区后，不要放开鼠标按键，按住空格键并移动鼠标，可以移动选区；放开空格键继续拖曳鼠标，可以调整选区大小。将这一操作连贯并重复运用，就可以动态调整选区的大小和位置❶~❹。需要注意的是，移动选区必须在创建选区的过程中进行，否则按下按键会切换为抓手工具，移动的将是画面，而非选区。

用矩形选框工具单击并拖出选区

按住鼠标按键和空格键移动选区

放开空格键拖曳鼠标调整选区

按住鼠标按键和空格键再次移动

使用选择类工具时进行移动

如果当前使用的是矩形选框工具、椭圆选框工具、套索工具、磁性套索工具、多边形套索工具、魔棒工具、快速选择工具，则单击工具选项栏中的新选区按钮，然后将光标放在选区内（光标会变为状）❺，此时单击并拖曳鼠标即可移动选区❻。按下→、←、↑、↓键，能够以最小的幅度——1个像素为增量移动选区。

使用非选择类工具时进行移动

如果使用的不是上述几种工具，可以执行“选择>变换选区”命令，选区周围会出现定界框，在定界框内单击并拖曳鼠标可以移动选区❼❽。此外，还可以使用与变换图像相同的方法（53页）来对选区进行旋转、缩放、斜切、扭曲和透视❾。变换完成后，需按下Enter键确认❿。

6.2.9 对选区进行描边

描边选区是指使用颜色描绘选区轮廓。创建选区以后，执行“编辑>描边”命令，打开“描边”对话框❶，单击“颜色”选项右侧的颜色块，打开“拾色器”设置描边颜色，以及“宽度”“位置”、混合模式和不透明度（勾选“保留透明区域”，表示只对包含像素的区域描边）等选项后，单击“确定”按钮，即可描边❷~❹。

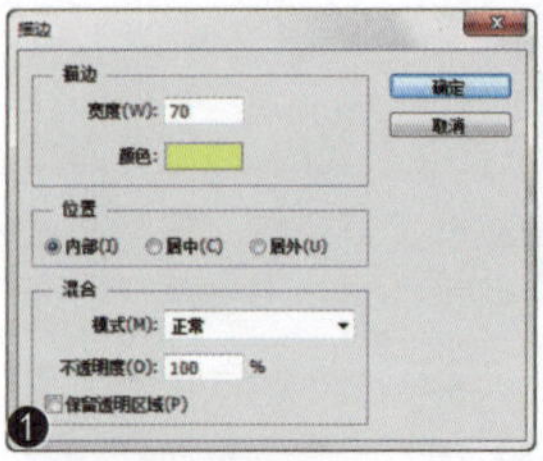

“描边”对话框

描边位置：内部

描边位置：居中

描边位置：居外

6.2.10 对选区进行羽化

羽化可以柔化选区轮廓，降低选区边界图像的选取程度。羽化既可以在创建选区前设置，也可以在创建选区后进行。

先羽化、再创建选区

使用任意套索或选框工具创建选区之前，可以在工具选项栏中为当前工具所生成的选区提前设置“羽化”值（以像素为单位）❶，创建出自带羽化效果的选区。

这样操作虽然方便，但可控性并不好。因为羽化设置为多少才合适全凭借个人经验做出判断。如果设置得不合适，就要重新创建选区。另外，工具选项栏中的羽化数值一经输入后就保存下来，除非我们将其设置为0，否则，再次使用该工具时，创建的仍是带有羽化效果的选区。

对现有的选区羽化

与提前设置羽化相比，使用“选择>羽化”命令和“选择>调整边缘”命令对现有的选区进行羽化效果更好。

“羽化”命令比较简单，只需设置“羽化半径”即可❷。羽化后，选区的形状会发生一些改变，羽化范围越大，选区变形也就越大。因此，“羽化”命令也不够直观，我们无法通过选区外观的改变判断哪里是被羽化的区域。使用“调整边缘” 命令则可以看到羽化范围。

执行“选择>调整边缘”命令，打开“调整边缘”对话框（199页），在“羽化”选项中设置羽化后，可以在“视图”选项中选择选区的预览方式，其中“黑底”和“黑白”可以显示羽化的具体范围❸❹；选择“背景”图层，还可以预览抠图效果❺。

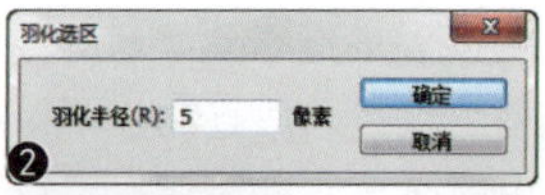

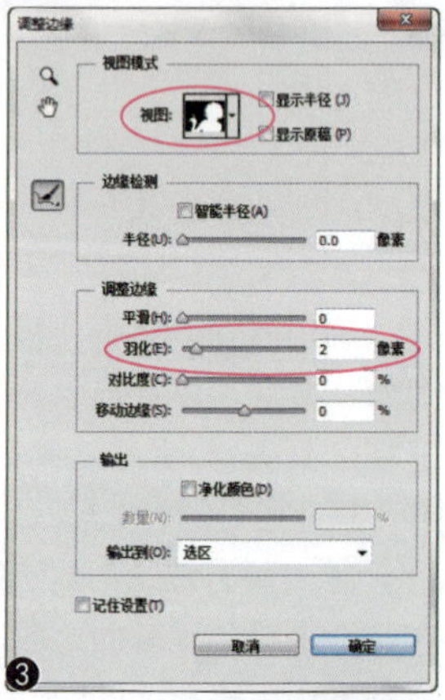

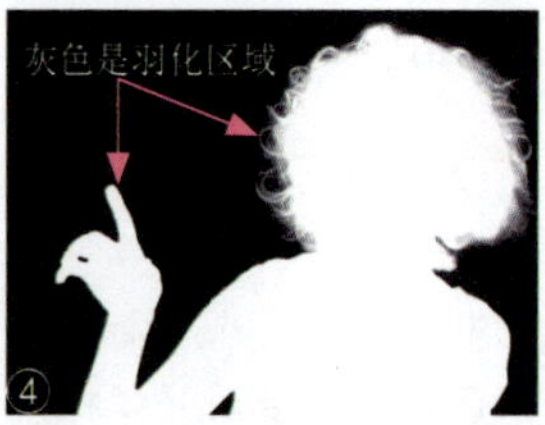

提示（Tips）

羽化选区时，如果弹出警告对话框，就说明当前的选区范围小，而羽化半径过大，选择程度没有超过50%。单击“确定”按钮，表示应用羽化，选区可能会变得非常模糊，以致于我们在图像中看不到“蚁行线”，但选区仍存在并发挥它的限定作用。如果不想出现这种情况，应减少羽化半径或者扩展选区范围。

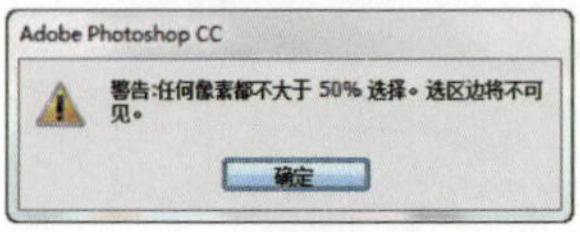

6.2.11 对选区进行运算

选区运算是指图像中已经有选区的情况下，再创建选区（包括载入选区）时，新选区与现有选区一同存在，还是从现有选区中减除或者其他情况。

选框类、套索类和魔棒类工具的选项栏中都包含选区运算按钮❶。

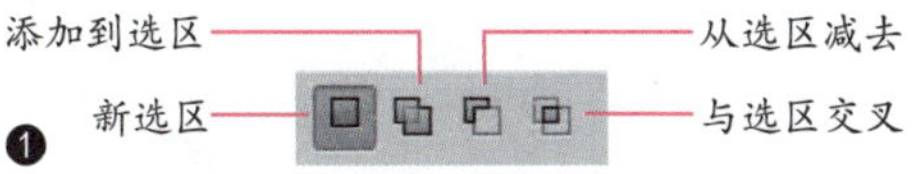

❶

● 新选区：单击该按钮后，可以在图像中创建一个选区❷。如果图像中已有选区存在，则新创建的选区会替换原有的选区。

● 添加到选区：单击该按钮后，可以在原有选区的基础上添加新的选区❸。

❷ 创建圆形选区

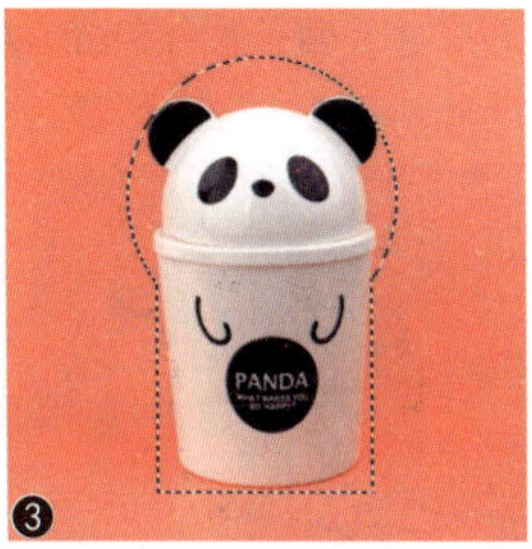

❸ 添加矩形选区

● 从选区减去：单击该按钮后，可以在原有选区中减去新创建的选区❹。

● 与选区交叉：单击该按钮后，画面中只保留原有选区与新创建的选区相交的部分❺。

❹ 从圆形中减去矩形选区

❺ 保留圆形、矩形选区相交部分

6.2.12 实战技巧：用快捷键助力选区运算

采用单击工具选项栏中相应按钮的方式进行选区运算后，Photoshop会保留设置的运算方式。例如，选择矩形选框工具，单击添加到选区按钮，并创建矩形选区，然后切换为别的工具，此后，当再次使用矩形选框工具时，添加到选区按钮仍然为按下状态。如果忽略了这样的情况，就会给选择工作带来不必要的麻烦。

使用快捷键进行选区运算可以避免这种情况。只是需要注意：一定要在创建选区前就按住相应的按键，否则可能会使原来的选区丢失。

这些按键具体包括：按住Shift键（光标旁边会出现“+”号）可以进行添加到选区的操作❶；按住Alt键（光标旁出现“-”号）可以进行从选区减去操作❷；按住Shift+Alt键（光标旁出现“×”号）可以进行与选区交叉操作❸。

❶

❷

❸

6.3 创建几何形状选区

矩形选框工具、椭圆选框工具、单行选框工具和单列选框工具可以创建规则的几何形状选区。它们看似简单，用途却非常广泛。

6.3.1 练习：创建单行、单列选区

单行选框工具和单列选框工具比较特别，只能创建高度为1像素的行状和宽度为1像素的列状矩形选区，适合制作网格时使用。

01 按下Ctrl+N快捷键，创建一个36厘米×27厘米、分辨率为72像素/英寸的文档。将前景色设置为天蓝色，按下Alt+Delete快捷键填充颜色。

02 选择横排文字工具 T ，在工具选项栏中选择字体，设置大小为400点，颜色为柠檬黄❶。

❶ 

03 在画面中输入文字❷。按下Ctrl+R快捷键，显示标尺。将光标放在窗口顶部的标尺上，按住Shift键单击并向下拖曳出参考线。由于按住了Shift键，参考线会与标尺左侧的刻度对齐。一共拖曳出9条参考线，文字上半部3条、下半部6条，参考线的间距控制在2个刻度线❸。

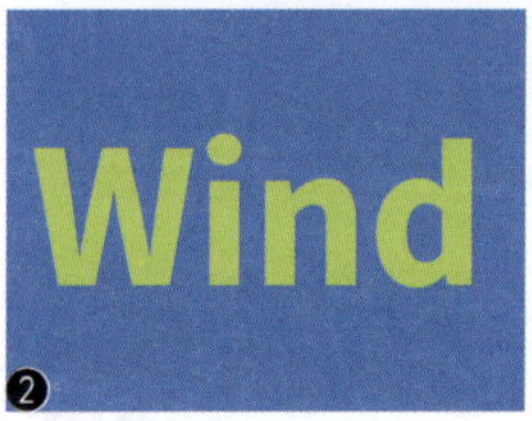

❷

❸

04 选择单行选框工具，按住Shift键在参考线上单击，创建9个选区（放开按键前拖动可以移动选区）❹。如果看不到选区，可以按下Ctrl++快捷键，放大图像的显示比例来观察。按住Alt键单击“图层”面板中的按钮，创建一个反相的蒙版，将选中的文字遮盖。按下Ctrl+;快捷键隐藏参考线❺。

❹

❺

05 双击文字所在的图层，打开“图层样式”对话框，添加“投影”效果❻❼。

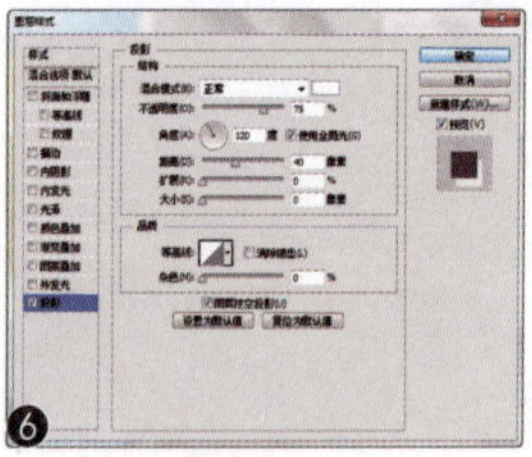
❻

❼

6.3.2 创建矩形、正方形选区

矩形选框工具是Photoshop第一个版本时就有的元老级工具，可以创建矩形和正方形选区，可用于选取矩形和正方形的对象，如门、窗、画框、屏幕、标牌，等等。

选择该工具以后，单击并拖曳鼠标可以创建矩形选区，选区的宽度和高度可自由调整❶；单击并拖曳鼠标，然后按住Alt键，能够以单击点为中心向外创建矩形选区❷。

❶

❷

单击并拖曳鼠标，然后按住Shift键，可以创建正方形选区❸；按住Shift+Alt键，能够以单击点为中心向外创建正方形选区❹。

❸

❹

在矩形选框工具的选项栏中❺，“样式”“调整边缘”选项同样适用于椭圆选框工具。

❺ 

● **样式**：用来设置选区的创建方法。选择“正常”选项，可以通过拖动鼠标创建任意大小的选区；选择“固定比例”选项，可以在右侧的“宽度”和“高度”文本框中输入数值，创建固定比例的选区。例如，如果要创建一个宽度是高度两倍的选区，可以输入宽度2、高度1；选择“固定大小”选项，可以在“宽度”和“高度”文本框中输入选区的宽度与高度值，使用矩形选框工具时，只需在画面中单击，便可创建固定大小的选区。单击按钮，则可以切换“宽度”与“高度”值。采用固定大小或固定长宽比的方式创建选区后，设置的数值会一直保留在选项内，并影响以后采用这两种方式创建的选区。因此，在采用这两种方式创建选区前，应注意选项内设置的参数是否正确，以免制作的选区不符合要求。

● **调整边缘**：单击该按钮，可以打开“调整边缘”对话框（199页），对选区进行平滑、羽化等处理。

6.3.3 练习：制作倒影

01 按下Ctrl+O快捷键，打开建筑素材文件❶。选择矩形选框工具，在图像上单击并向右下角拖曳鼠标，创建矩形选区❷。

❶

❷

02 按下Ctrl+J快捷键复制选中的图像。执行“编辑>变换>垂直翻转”命令，翻转图像❸。选择移动工具，单击并按住Shift键，沿垂直方向向下移动❹。

03 执行“图像>显示全部”命令，将画布以外的图像显示出来。单击“调整”面板中的按钮，创建一个“曲线”调整图层。在曲线上单击并拖曳鼠标，调整曲线形状❺，将图像调亮。设置“曲线”调整图层的混合模式为“叠加”❻❼。

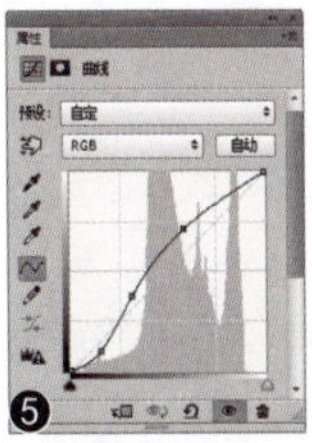

6.3.4 练习：用椭圆选框工具抠卡通车

椭圆选框工具可以创建椭圆形和圆形选区，适合选取篮球、乒乓球、盘子等圆形对象。

该工具的使用方法与矩形选框工具相同，单击并拖曳鼠标，可以创建椭圆选区。操作时，按住Alt键，能够以单击点为中心向外创建椭圆形选区；按住Shift键，可以创建圆形选区；按住Shift+Alt键，能够以单击点为中心创建圆形选区。

01 打开素材❶。选择椭圆选框工具，单击并拖曳鼠标创建选区❷。操作时同时按住空格键移动选区，让选区上边与汽车的顶部对齐。

02 执行“选择>变换选区”命令，显示定界框，按住Ctrl键拖曳右下角的控制点拉动选区，将汽车底部未选取的区域覆盖❸；右上角的控制点也调一下，将漏掉的地方涵盖住❹。

03 按住Shift键创建3个圆形，将车轮选取❺❻❼。按下Ctrl++快捷键放大窗口的显示比例，仔细观察选区，如果有漏选的地方，按住Shift键将其添加到现有选区中。对于汽车轮胎底部这样的直线区域，可以用多边形套索工具进行选区的加、减运算。

04 按下Ctrl+J快捷键，抠出图像。单击“背景”图层前面的眼睛图标❽，隐藏该图层，即可观察抠

图效果❾。

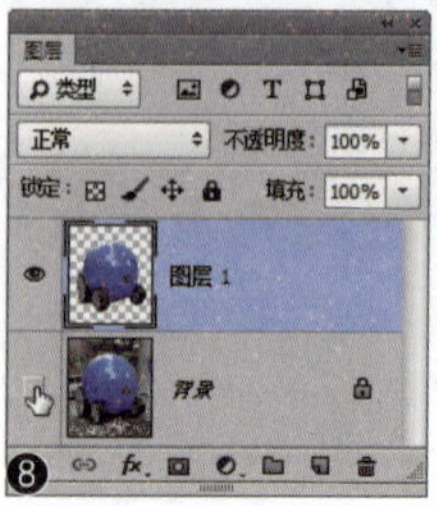

❽

❾

提 示 (Tips)

使用矩形选框工具和椭圆选框工具时，可以通过空格键移动选区、动态调整选区的大小和位置（181页）。

6.3.5 分析：消除锯齿

我们知道，位图的最小元素是像素，像素是极小的带有颜色的方块，因此，对于圆形选区或者非直线选区，当放大到可以看清像素的级别进行观察时，选区是紧贴像素的、锯齿状的轮廓。

如果不相信的话，可以创建一个分辨率为72像素/英寸、宽度和高度均为10像素的文档，然后用椭圆选框工具创建圆形选区❶，放开鼠标后，圆形就会变为锯齿状❷。

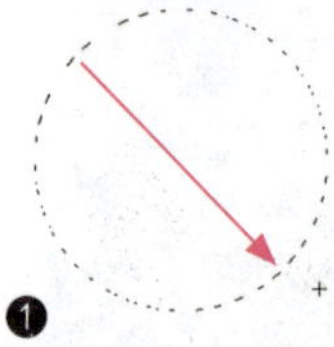
❶

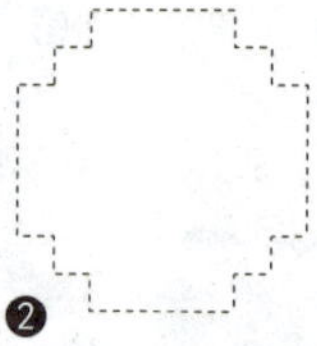
❷

按下Alt+Delete快捷键，在选区内填充黑色。如果创建选区前选取了“消除锯齿”选项❸，边缘会出现灰色的像素，图形轮廓是模糊的❹；如果没有选取“消除锯齿”选项，得到的将是一个非常清晰的锯齿状图形❺。

❸ 

❹

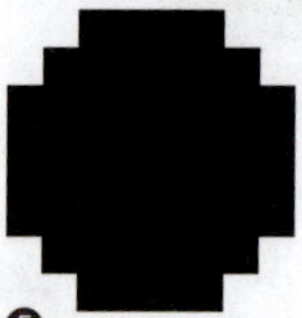
❺

由此可见，“消除锯齿”可以柔化选区边缘的像素，使我们感觉不到锯齿的存在。当然，在正常情况下，我们的眼睛达不到可以看清像素的级别，也不太可能使用这么小的圆形选区。这只是作为演示，帮助我们理解“消除锯齿”的用途。

除椭圆选框工具外，其他可以创建斜线选区的工具，包括套索工具、多边形套索工具、磁性套索工具和魔棒工具也有“消除锯齿”选项，并且默认也都处于选取状态。

此外，“消除锯齿”在进行剪切、拷贝和粘贴选取的图像时也是很有用的。

6.3.6 分析：羽化与消除锯齿的区别

羽化和消除锯齿都可以平滑硬边。至于它们的区别，我们要从原理、使用目的和影响范围3个方面进行分析。

从工作原理上来看，羽化是通过建立选区和选区周围像素之间的转换边界来模糊边缘的。而消除锯齿则是通过软化边缘像素与背景像素之间的颜色转换，进而使选区的锯齿状边缘得到平滑。

从使用目的上看，羽化是图像编辑和抠图的需要——就是要得到边缘模糊的图像。消除锯齿则是Photoshop为了让斜线和圆形选区看上去平滑而采用的一种技术手段。

从影响范围上看，羽化可以设置从0.2~250像素之间的范围。羽化范围越大，选区边缘像素的模糊区域就越广❶。消除锯齿只在选区边缘1个像素宽的范围内添加与周围图像相近的颜色❷，不能扩展范围。

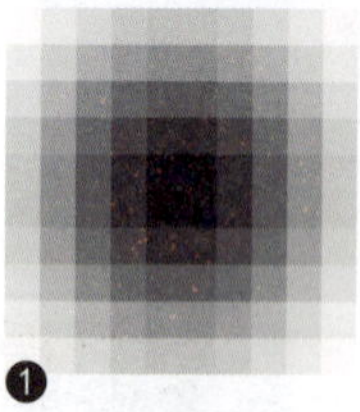
❶

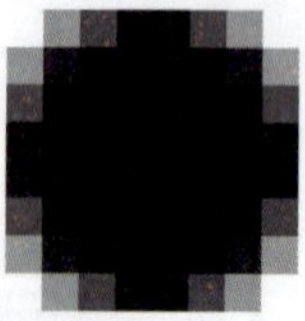
❷

羽化的范围更广，可以大到250像素，而消除锯齿的范围只有1像素

提 示 (Tips)

羽化是以像素为单位进行处理的，这容易出现一种情况：两个形状、大小、羽化值完全相同的选区，在不同分辨率的图像中会产生完全不同的视觉效果。由于分辨率高的图像比分辨率低的图像包含更多的像素，像素点就会更小，因此，同样的羽化值，影响的范围要比低分辨率的图像小。

6.4 创建不规则选区

使用套索工具 可以自由自在地绘制选区；使用多边形套索工具 可以创建由直线构成的不规则形状选区。

6.4.1 使用套索工具徒手绘制选区

Photoshop总是用很形象的名称为工具命名。例如横排文字工具 T，从字面理解，它是一个可以创建横向排列的文字的工具。实际情况也是这样。

套索工具 也非常形象。我们知道，套索用于捆绑对象。套索工具 则可以像绳索捆绑对象一样，围绕在其周围创建选区。

选择套索工具 后，在文档窗口单击并拖曳鼠标即可绘制选区（在此过程中要一直按住鼠标按键）❶；将光标移至起点处放开鼠标❷，可以封闭选区。如果在拖动鼠标的过程中放开鼠标，则会在该点与起点间创建一条直线来封闭选区。

使用套索工具 绘制选区的过程中，如果按住Alt键，然后放开鼠标左键，便可切换为多边形套索工具 ，此时单击鼠标，可以绘制直线边界❸；放开Alt键可恢复为套索工具 ，此时拖曳鼠标，可以继续徒手绘制选区❹。

从上面的操作中可知，套索工具 是基于鼠标运行轨迹生成选区的，是徒手绘制选区的工具。它的优点是可以快速创建不规则选区；缺点是选区具有很强的随意性，不能准确选取对象。打个比方，它能以最快的速度“捆绑”对象，但“绳索”非常松散。

如果对需要选取的对象的边界没有严格要求，可以用它快速选择对象，再对选区进行适当的羽化，使对象的边缘自然，没有刻意的雕琢感。此外，在通道或快速蒙版中编辑选区时，有些零星区域也可以用套索工具选取，之后再根据需要填充黑色或白色。

6.4.2 练习：制作手撕纸片字

01 按下Ctrl+O快捷键，打开素材❶。单击“图层”面板底部的 按钮，新建一个图层。

02 选择套索工具 ，在画面中单击并拖动鼠标绘制选区，将光标移至起点处，放开鼠标按键，封闭选区❷❸。按下Alt+Delete快捷键，在选区内部填充前景色❹。按下Ctrl+D快捷键，取消选择。

03 采用同样的方法，在“c”字母右侧绘制字母“h”选区，并填色（按下Alt+Delete快捷键）❺。按下Ctrl+D快捷键取消选择。

❹

❺

04 下面通过选区运算制作字母“e”的选区。先创建外轮廓选区❻；然后按住Alt键创建内部选区❼，放开鼠标按键后，这两个选区即可进行运算，从而得到字母“e”的选区❽。按下Alt+Delete快捷键填充颜色，按下Ctrl+D快捷键取消选择❾。

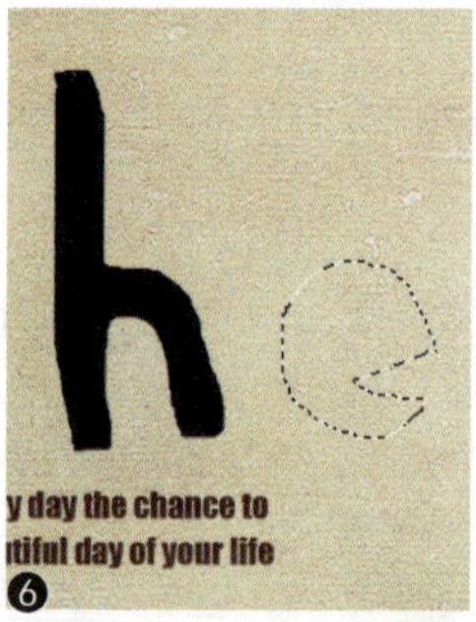
❻

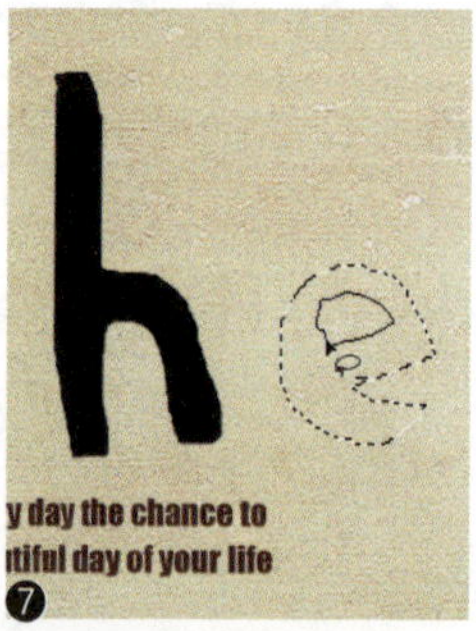
❼

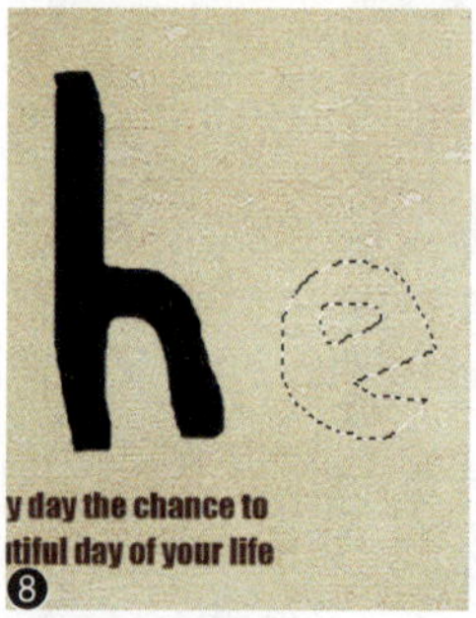
❽

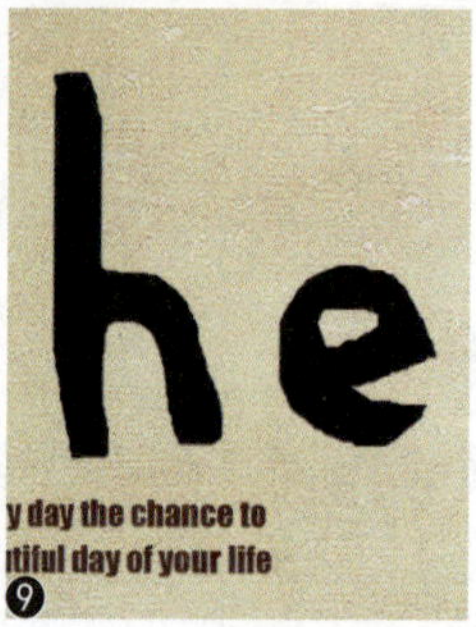
❾

05 使用套索工具 ，在“e”外侧创建选区，选中该文字❿。将光标放在选区内，按住Alt+Ctrl+Shift组合键单击鼠标并向右侧拖动，复制文字⓫。

❿

⓫

06 采用同样的方法，分别制作文字“r”“u”“p”和“！”的选区并填色⓬。

07 单击“树叶”图层，选择该图层，在其前方单击，让眼睛图标 显示出来，即显示该图层⓭，按下Alt+Ctrl+G快捷键，创建剪贴蒙版⓮⓯。

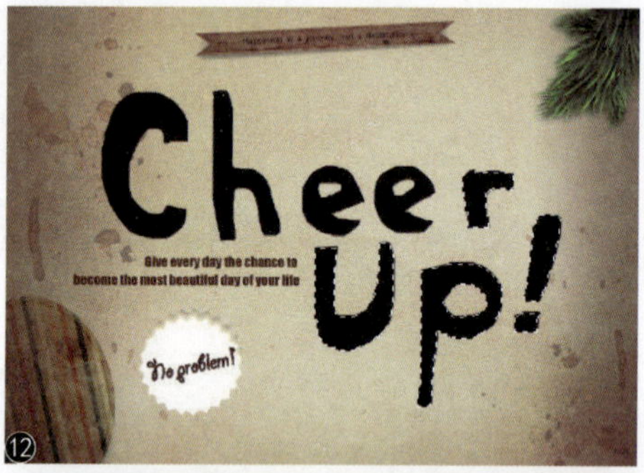

⓬

⓭

⓮

⓯

6.4.3 练习：用多边形套索工具抠魔方

如果把套索工具 比作为绳索，那么多边形套索工具 更像是双节棍，当然，节数要多一些。它可以创建一段段、由直线相互连接而成的选区，适合“捆绑”直线边缘的对象，如纸箱、方方正正的大楼，等等。

01 打开素材。选择多边形套索工具 ，在对象边缘的各个拐角处单击创建选区❶❷。绘制选区的过程中按住Shift键，可以锁定水平、垂直或45°角。

❶

❷

02 在绘制的过程中，如果直线不够准确，可以按下Delete键删除❸❹；连续按下Delete键，可依次向前删除；按住Delete键不放可删除所有直线段。

❸

❹

03 将光标移至起点处❺，单击鼠标即可封闭选区❻。也可在任意位置双击（Photoshop会在双击点与起点之间创建直线来封闭选区）。

❺

❻

04 按下Ctrl+J快捷键，将选取的魔方复制到一个新的图层中，在“背景”图层的眼睛图标上单击，将该图层隐藏，以观察抠图效果❼❽。

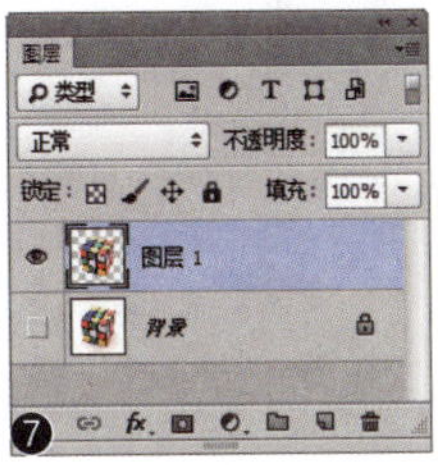

❼

❽

提示（Tips）

使用多边形套索工具时，在创建选区的过程中，按住Alt键，然后单击并拖曳鼠标，可以切换为套索工具徒手绘制选区；放开Alt键，在其他区域单击，可以恢复为多边形套索工具，此时可继续创建直线选区。

切换为套索工具

恢复为多边形套索工具

6.5 用智能工具抠图

智能工具具有自动识别能力，可以检测图像的边缘、选择相同的色彩和色调。具体包括磁性套索工具、魔棒工具、快速选择工具、背景橡皮擦工具和魔术橡皮擦工具。

6.5.1 练习：用磁性套索工具抠相机

磁性套索工具就像是哪吒手中的混天绫，扔出去就能将敌人自动捆绑住。该工具可以自动检测和跟踪对象的边缘，非常适合选取边缘清晰、与背景色调对比明显的对象。

01 打开素材。选择磁性套索工具，在工具选项栏中设置参数❶。

❶

02 在相机顶部的边缘处单击鼠标❷，然后放开鼠标按键，沿着它的边缘移动，Photoshop会在光标经过处放置锚点来连接选区❸。

❷

❸

03 光标移动到底部时，选区容易扩大到桌面的阴影区域❹，按下Delete键将位置不正确的锚点删除，连续按下Delete键可依次删除前面的锚点（如果在创建对选区不满意，但又觉得逐个删除锚点很麻烦，可以按下Esc键，一次性清除选区）。处理像底部这样的边缘时，可以在贴近边缘的位置单击鼠标，手动放置锚点❺。

❹

❺

04 继续沿相机边缘移动鼠标，创建选区；当光标移动到选区起点处时❻，单击可以封闭选区❼。如果在绘制选区的过程中双击鼠标，则会在双击点与起点之间连接一条直线来封闭选区。

❻

❼

05 按下Ctrl+J快捷键抠图。隐藏"背景"图层，在透明背景上观察抠图效果❽。

❽

提 示（Tips）

使用磁性套索工具绘制选区的过程中，按住Alt键在其他区域单击，可以切换为多边形套索工具创建直线选区；按住Alt键单击并拖动鼠标，则可以切换为套索工具。

磁性套索工具选项栏

● **宽度：** 决定了以光标中心为基准，其周围有多少个像素能够被工具检测到❾❿。它以像素为单位，范围从1像素～256像素。输入"宽度"值后，磁性套索工具只检测光标中心指定距离以内的图像边缘。如果对象的边界清晰，可以设定为大一些的宽度值，以加快检测速度；如果边界不是特别清晰，则需要设定一个较小的宽度值，以便Photoshop能够准确地识别边界。

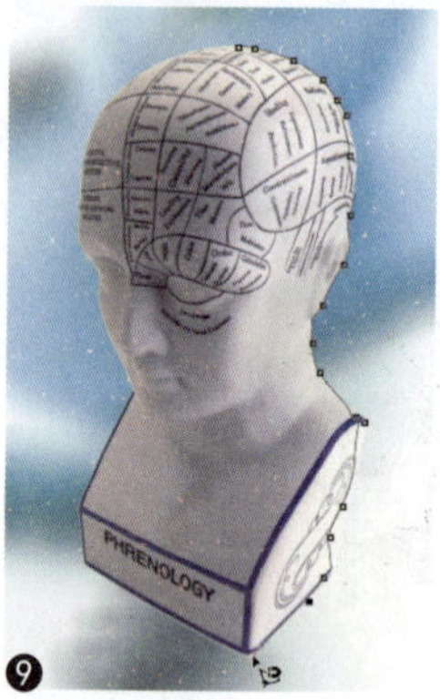

❾ 宽度5像素

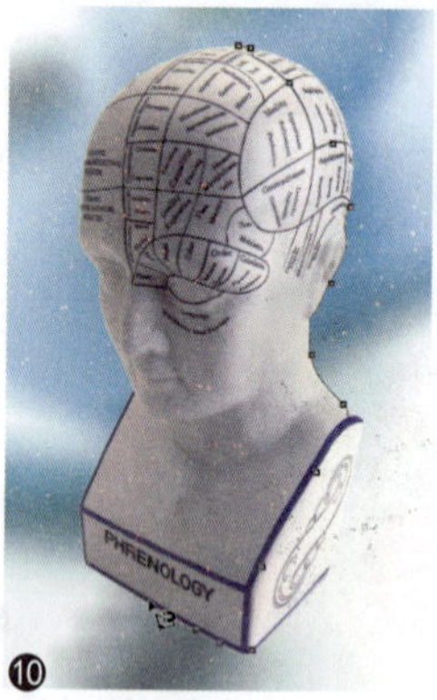

❿ 宽度50像素

● **对比度：** 决定了选择图像时，对象与背景之间的对比度有多大才能被工具检测到⓫⓬。该值的范围为1%～100%。较高的数值只能检测到与背景对比鲜明的边缘，较低的数值则可以检测对比不是特别鲜明的边缘。选择边缘比较清晰的图像时，可以使用更大的"宽度"和更高的"对比度"，然后大致地跟踪边缘便可，这样操作速度较快。而对于边缘较柔和的图像，则要尝试使用较小的"宽度"和较低的"对比度"，这样才能更加精确地跟踪边界。

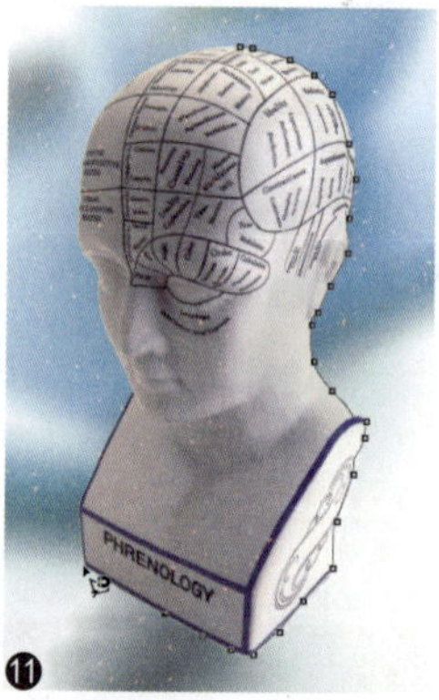

⓫ 对比度1%

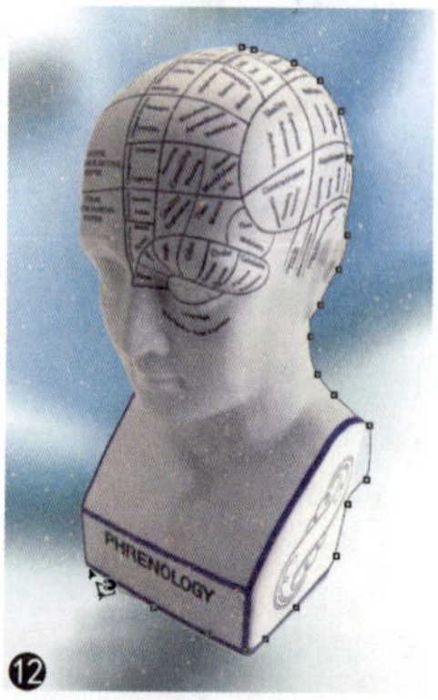

⓬ 对比度100%

● **频率：** 决定了磁性套索工具以什么样的频率放置锚点。它的设置范围为0～100，该值越高，锚点的放置速度就越快，数量也越多⓭⓮。

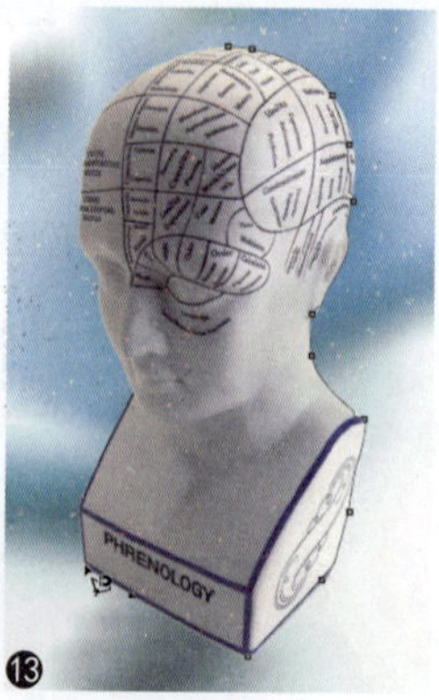

⓭ 频率1

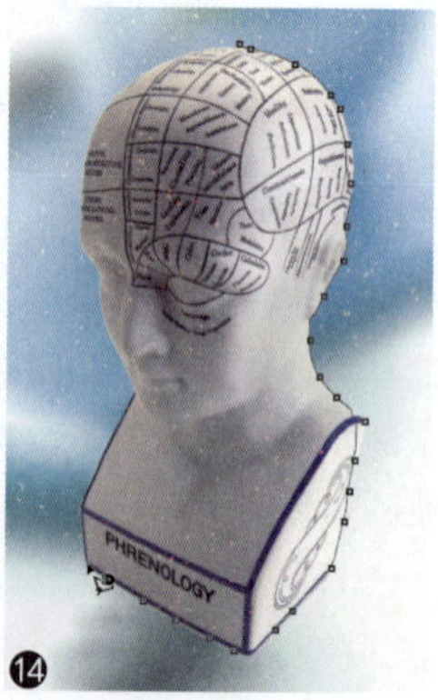

⓮ 频率50

● **钢笔压力**：如果计算机配置有数位板和压感笔，可以单击该按钮，Photoshop会根据压感笔的压力自动调整工具的检测范围。例如，增大压力会导致边缘宽度减小。

提示（Tips）

在默认状态下，磁性套索工具的光标在画面中显示为状。按下Caps Lock键，光标会变为⊕状，此时十字线的中心即光标位置，外圈的圆形代表了工具能够检测到的宽度。这对于在“宽度”设置较小的状态下绘制选区是非常有帮助的。在创建选区时，我们还可以通过按键来调整工具的检测宽度。例如，按下] 键，可以将磁性套索边缘宽度增大1像素；按下 [键，则可将宽度减小1像素；按下Shift+]键，可以将检测宽度设置为最大值，即256像素；按下Shift+[键，可以将检测宽度设置为最小值，即1像素。

6.5.2 练习：用魔棒工具抠变形金刚

魔棒工具非常神奇，只要在图像上单击，便可选择与单击点颜色和色调相似的像素。当背景颜色变化不大，需要选取的对象轮廓清楚、与背景色之间有一定的差异时，使用该工具可以快速选取对象。

魔棒工具的使用方法虽然简单，但要想真正用好也并不太容易。它与我们前面介绍的各种套索完全不同，使用这些工具时，选区范围是由我们自己掌控的，而魔棒工具则通过参数控制，参数设置是否合适，决定了工具能否发挥出它的效力。

下面我们使用魔棒工具抠变形金刚。它的特点是背景比较简单，但模型的细节较多，选取时要注意细节不能疏漏。而且选区还要进行适当的圆滑处理，否则容易出现锯齿。

01 打开素材❶。选择魔棒工具，在工具选项栏中单击按钮，设置“容差”为5，选取“消除锯齿”和“连续”选项❷。

❶

❷

02 在白色背景上单击鼠标，创建选区❸。按下Ctrl++快捷键，放大窗口的显示比例，按住空格键拖曳鼠标移动画面，查看图像。在漏选的地方单击，将其添加到选区中❹❺❻。

❸

❹

❺

❻

03 检查选区时可以发现，变形金刚腿部关节处色调较浅，也被选中了❼。下面用快速蒙版对其进行修改。按下Q键切换到快速蒙版状态（202页），位于选区外的变形金刚会覆盖一层半透明的宝石红色❽。

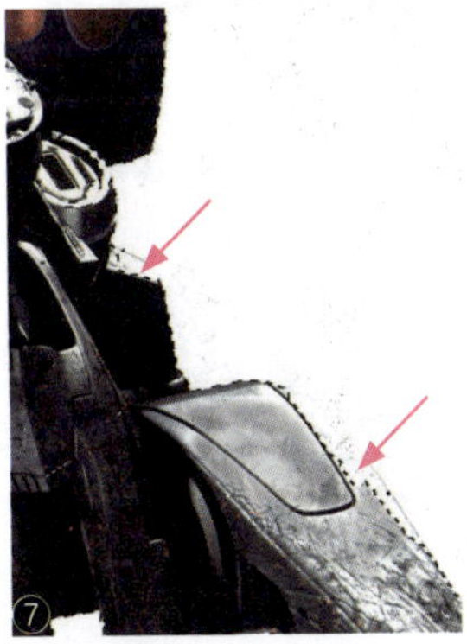

❼

❽

04 在快速蒙版状态下，选区的问题一目了然。用多边形套索工具在多选的图像上创建选区❾，填充黑色，然后取消选择❿。

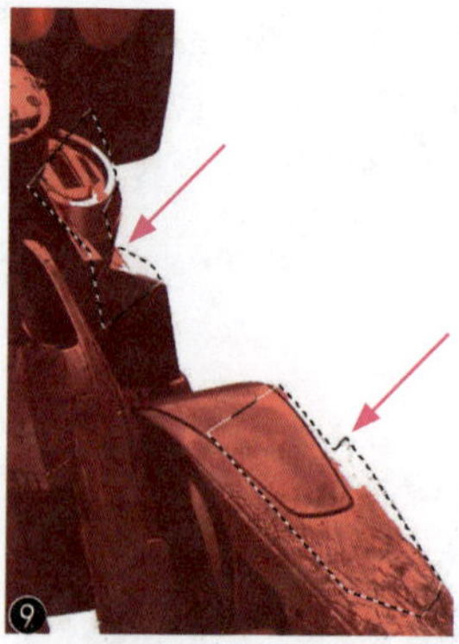

05 按下Q键，退出快速蒙版⓫。按下Shift+Ctrl+I快捷键反选，选中变形金刚⓬。

06 单击工具选项栏中的“调整边缘”按钮，打开“调整边缘”对话框，对选区进行平滑处理，并在“输出到”下拉列表中选择“新建带有图层蒙版的图层”选项⓭。单击“确定”按钮，即可将图像从背景中抠出来⓮。

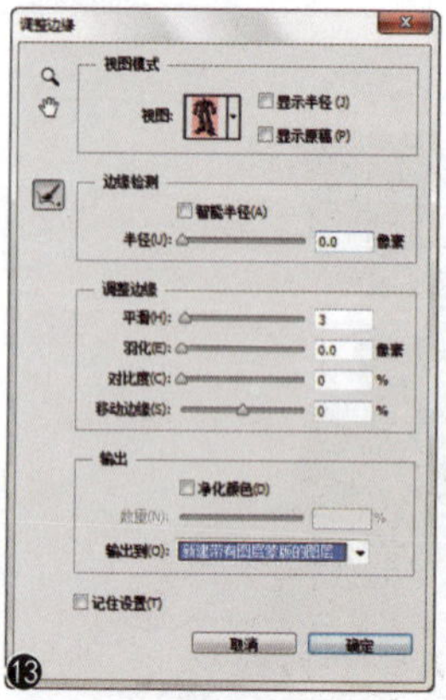

6.5.3 分析：理解容差

影响魔棒工具性能最重要的选项是“容差”❶，它决定了什么样的像素能够与选定的色调（即单击点）相似。当该值较低时，只选择与鼠标单击点像素非常相似的少数颜色。该值越高，对像素相似程度的要求就越低，可以选择的颜色范围就更广。

“容差”的取值范围为0～255。0表示只能选择一个色阶；默认值为32，表示可以选择32级色阶；255表示可以选择所有色阶。例如，将“容差”设置为30，然后使用魔棒工具在一个灰度图像上单击，如果单击点的灰度为90，则可以选择60～120级色阶之间的所有灰度像素❷，即从低于单击点30级灰度（90－30）到高于单击点30级灰度（90＋30）之间的所有灰度。

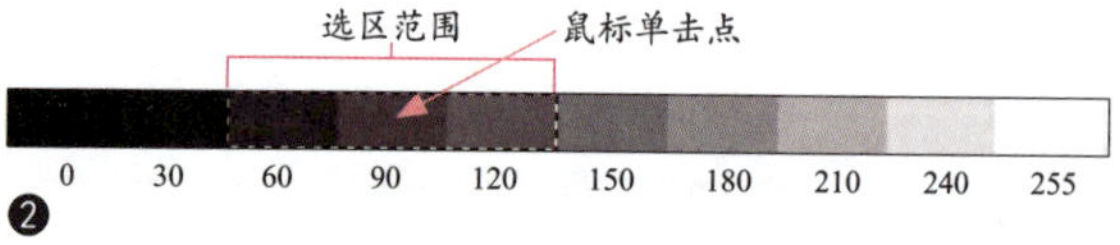

彩色图像有所不同。使用魔棒工具在彩色图像上单击时，Photoshop会分析各个颜色通道，之后决定选择哪些像素。以RGB模式的图像为例，它包含红（R）、绿（G）、蓝（B）3个颜色通道，将“容差”设置为10，然后在图像上单击。如果单击点的颜色值为（R50，G100，B150），Photoshop就会在红通道中选择40～60之间的颜色；在绿色通道中选择90～110之间的颜色；在蓝通道中选择140～160之间的颜色。

如果将“容差”值设置为50，然后在一处（R100，G0，B0）的色块上单击，则可将该色块及“容差”范围内的另外两处色块同时选中❸❹。

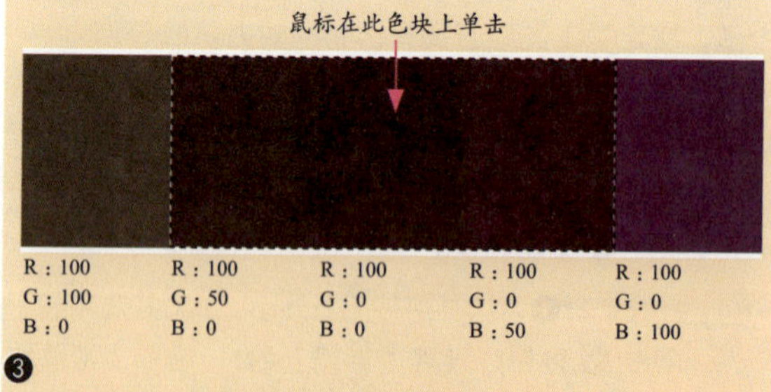

❸ 在（R100，G0，B0）的色块上单击

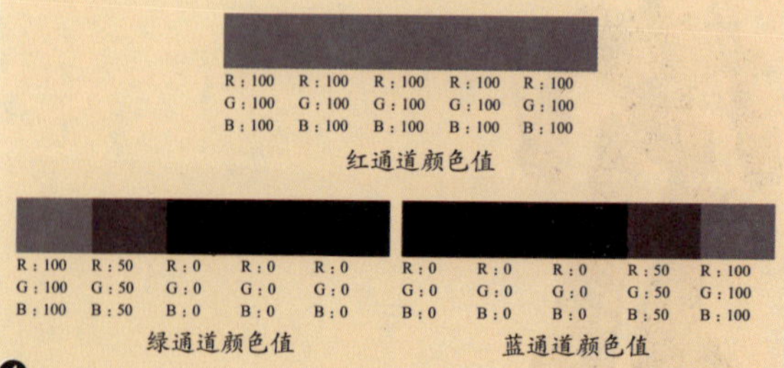

❹ 彩色图像各个颜色通道中的颜色值

> **提示（Tips）**
>
> 即使在图像的同一位置单击，设置不同的“容差”值所选择的区域也不一样。“容差”值不变的情况下，鼠标单击点的位置不同，选择的区域也不同。

魔棒工具其他选项

- **连续：** 在魔棒工具的选项栏中，“连续”为默认选取状态，此时魔棒工具只选择与鼠标单击点相连接、且符合“容差”要求的像素❺；如果取消对该选项的选取，则会选择整个图像范围内所有符合要求的像素，包括没有与单击点连接的区域内的像素❻。

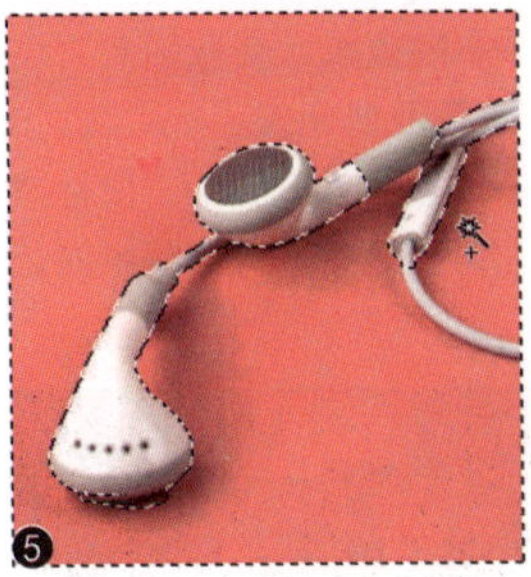

选择“连续”选项

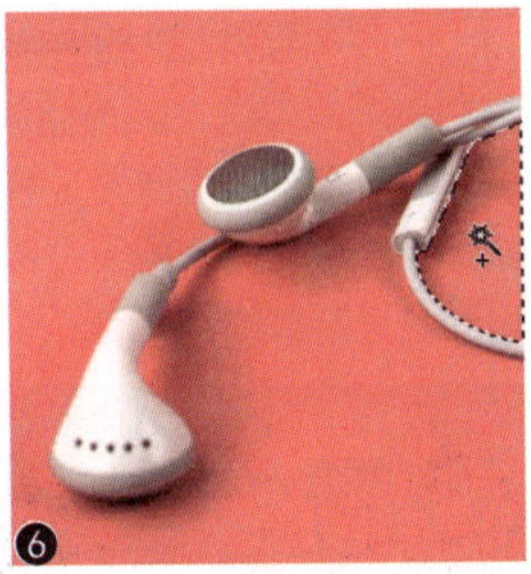

未选择“连续”选项

- **取样大小：** 用来设置魔棒工具的取样范围。选择“取样点”选项，可以对光标所在位置的像素进行取样；选择“3×3平均”选项，可以对光标所在位置3个像素区域内的平均颜色进行取样。其他选项以此类推。
- **对所有图层取样：** 如果文档中包含多个图层，勾选该项时，可以选择所有可见图层上颜色相近的区域；取消勾选该选项，则仅选择当前图层上颜色相近的区域。

6.5.4 练习：用快速选择工具抠服装

快速选择工具——顾名思义，就是能够快速选取对象的工具。我们看它的图标，是一只画笔+选区轮廓，这表示它可以像画笔工具那样使用，但绘制出的是选区，而非图像。

使用该工具时，首先在工具选项栏中调整好圆形笔尖的大小、硬度和间距；然后将光标中心的十字线定位在要选取的对象上，并确定圆形的笔触范围完全位于要选择的区域内；之后单击并拖曳鼠标，就可以像绘画一样涂抹出选区。选区还会向外扩展并自动查找和跟随图像中定义的边缘。

01 打开素材❶。选择快速选择工具，在工具选项栏中设置笔尖大小❷。

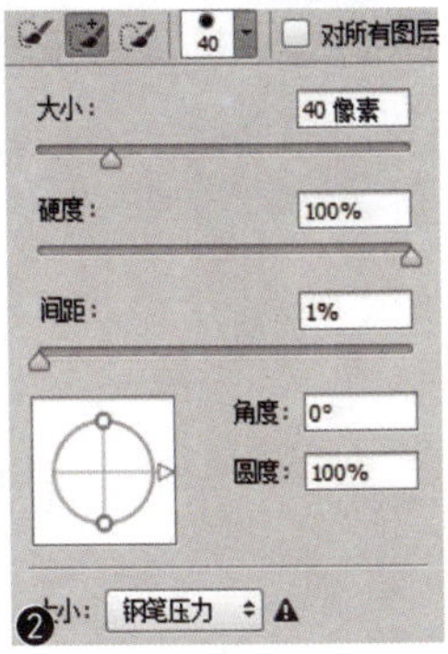

02 在模特身上单击并拖曳鼠标，创建选区。由于裙子下摆的左侧与后面模特的服装颜色接近，选区也会扩展到那里❸。按住Alt键在其上方单击并拖曳鼠标，将此处从选区中排除❹。

03 单击工具选项栏中的“调整边缘”按钮，打开“调整边缘”对话框，选择在“白底”上观察选区，这样比较容易看清衣服边缘的黑边（背景）❺。

04 调整参数❻：将“平滑”设置为15，以平滑琐碎的选区；将“对比度”设置为60%，让选区边缘更加清晰、明确；将“移动边缘”设置为−30%，使选区向内收缩一些，这样就不会有黑边了❼；在“输出到”下拉列表中选择“新建带有图层蒙版的图层”选项，按下Enter键抠图❽。

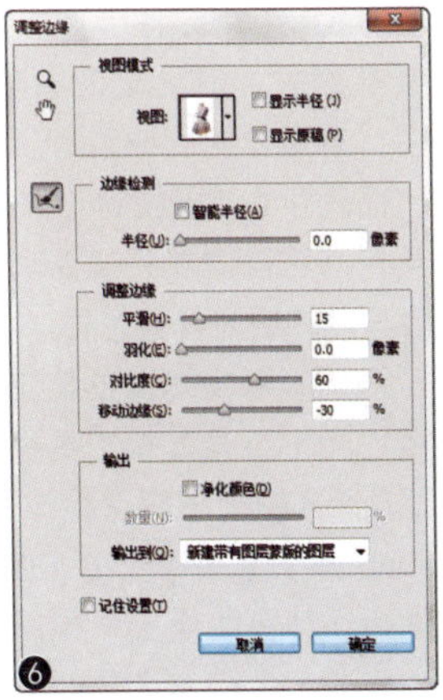

❼

❽

快速选择工具选项栏

单击快速选择工具选项栏中的“调整边缘”按钮❾，可以打开“调整边缘”对话框，对选区进行修改。除此之外的其他选项如下。

❾

● **选区运算按钮**：可以进行选区运算。单击新选区按钮，可以创建选区；单击添加到选区按钮，可以在原选区的基础上添加绘制的选区；单击从选区减去按钮，可以在原选区的基础上减去当前绘制的选区。

● **笔尖下拉面板**：单击按钮，可以打开一个下拉面板，选择笔尖，设置大小、硬度和间距。在绘制选区的过程中，也可以按下] 键将笔尖调大；按下 [键将笔尖调小。该下拉面板与画笔工具的下拉面板（113 页）大致相同，只不过使用笔尖绘制出的是选区，而非图像。

● **自动增强**：可以使选区边缘更加平滑，作用类似于“调整边缘”对话框中的“平滑”选项（200 页）。

6.5.5 练习：用魔术橡皮擦工具抠建筑图像

魔术橡皮擦工具的使用方法很简单，只需在图像上单击便可，不必拖曳鼠标，Photoshop会将所有与单击点相似的像素都删除，使之成为透明区域。如果是在“背景”图层或锁定了透明度的图层（单击“图层”面板中的按钮可以锁定透明区域）上使用该工具，则这些像素会被更改为背景色，“背景”图层还会自动转换为普通图层。

我们来看魔术橡皮擦工具的图标——它是由魔棒工具+橡皮擦工具组合而成的。这说明它与这两个工具有相同点。

首先，魔术橡皮擦工具也像魔棒工具那样使用，即在图像上单击，并且Photoshop会选取与单击点相似的像素（这也与魔棒工具相同）；然后再像橡皮擦工具那样将其擦除。这一过程是同步的，并在Photoshop内部进行，因而我们看不到选区。这样看来，魔术橡皮擦工具就是一个添加了擦除功能的魔棒工具——它会擦除所选图像。

01 打开两个素材❶❷。使用移动工具将建筑物拖入云彩霞光图像中。

①

②

02 选择魔术橡皮擦工具，在工具选项栏中设置容差为32%。要擦除画面中的蓝天，得取消对“连续”选项的勾选，因为建筑物将蓝天划分成了一大块、5小块的“不连续”像素。将光标放在蓝天上，单击鼠标擦除图像❸。在剩余的天空图像上再次单击，将画面中的蓝色天空全部擦除❹。

③

④

03 单击“图层”面板底部的按钮，新建一个图层，设置混合模式为“叠加”，不透明度为60%。使用画笔工具绘制几条白色的光线，呈放射状，从天空投向建筑物。绘制时可先在建筑物上方单击，然后按住Shift键在图像底部单击，两点之间会自动连成一条直线❺❻。

⑤

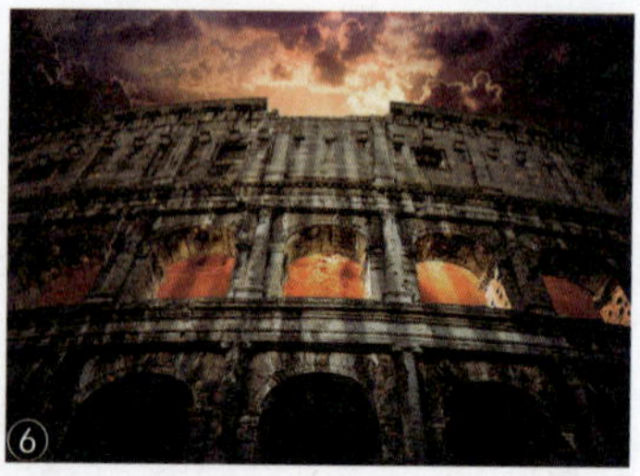

⑥

魔术橡皮擦工具选项栏

在魔术橡皮擦工具的选项栏中，除“不透明度”外，其他选项均与魔棒工具相同。“不透明度”用来设置擦除强度，100%的不透明度将完全擦除像素，较低的不透明度可擦除部分像素。其效果类似于将图层的不透明度设置为低于100%的数值。

6.5.6 练习：用背景橡皮擦工具抠海水图像

背景橡皮擦工具可以自动识别对象的边缘，将指定范围内的图像擦除成为透明区域，适合处理边界清晰的图像。对象的边缘与背景的对比度越高，擦除效果越好。

选择背景橡皮擦工具后，光标会变成一个中心有十字线的圆形。圆形代表了工具的大小。擦除图像时，Photoshop会采集十字线位置的颜色，并将出现在工具范围（圆形）内的类似颜色擦除。在操作时，只需沿对象的边缘拖动鼠标涂抹即可，非常轻松便捷。

01 打开两个素材❶❷。使用移动工具将海水图像拖入公路图像中。

❶

❷

02 选择背景橡皮擦工具，单击工具选项栏中的连续按钮，设置容差为50%，勾选“保护前景色”选项，将白色的海水作为保护区域。在工具箱中设置前景色为白色。将光标放在黑色的海滩上，单击并拖曳鼠标，将图像擦除❸。擦除到海水边缘时，可按下 [键将笔尖调小，笔尖中的十字压在黑色区域时，再拖曳鼠标擦除图像❹。

❸

❹

6.5.7 分析：取样

使用背景橡皮擦工具时，Photoshop会采集出现在光标十字线中心的颜色，即对颜色进行取样。取样方法有3种，可以在工具选项栏中设置❶。

❶

单击工具选项栏中的连续按钮，在拖动鼠标时可以连续对颜色取样，凡出现在光标中心十字线内且符合“容差”要求的图像都会被擦除❷。这种方式最适合擦除多种颜色。但在操作时，要特别留意光标中的十字线，不要碰触到要保留的图像，否则也会将其擦除❸。

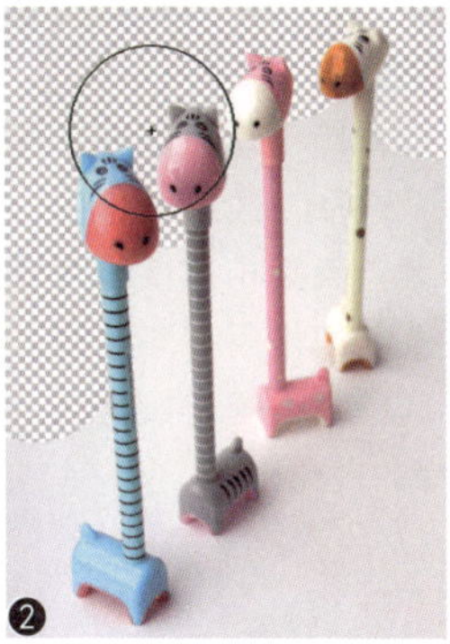
❷

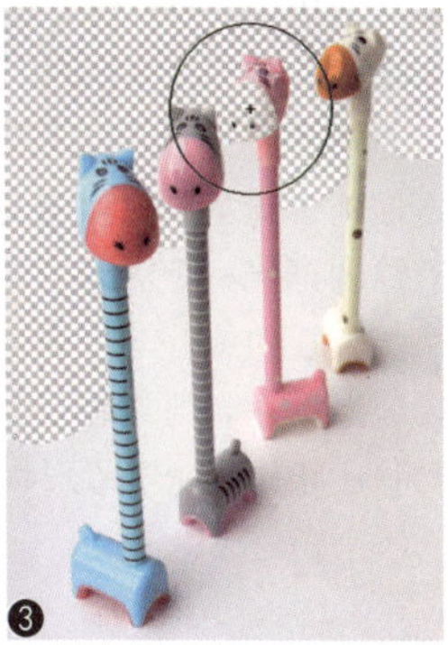
❸

单击一次按钮，只对鼠标单击处十字线下方的颜色取样一次❹，之后也只擦除与之类似的颜色。因此，在这种状态下，光标可以在图像上任意移动❺。

❹

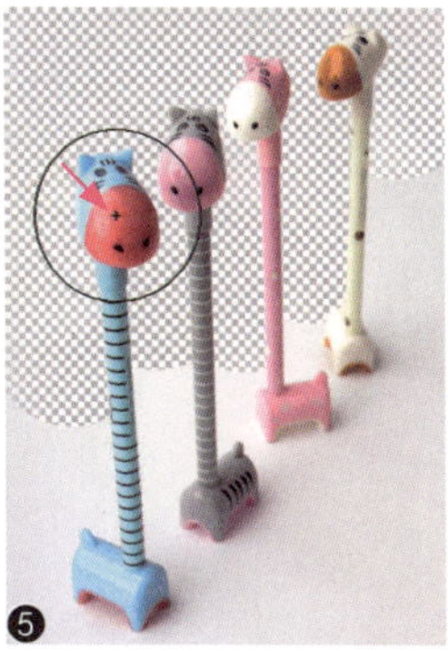
❺

单击背景色板按钮，只擦除与背景色类似的颜色。在具体操作时，需要进行一些设定。首先单击工具箱中的背景色块，打开“拾色器”，将光标放在需要擦除的颜色上，单击鼠标，将这种颜色设置为背景色❻，然后关闭“拾色器”，再使用背景橡皮擦工具进行擦除操作❼。

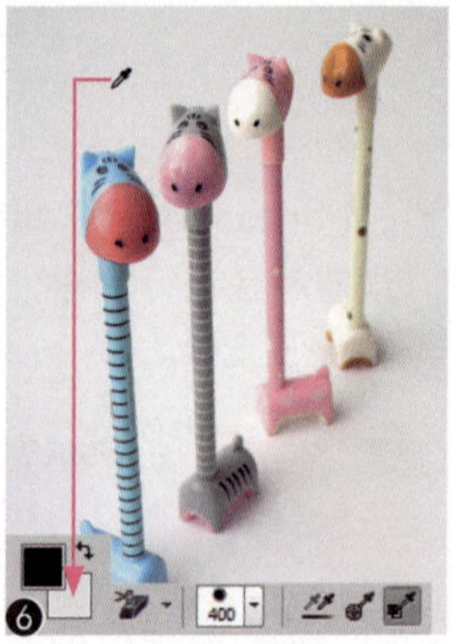

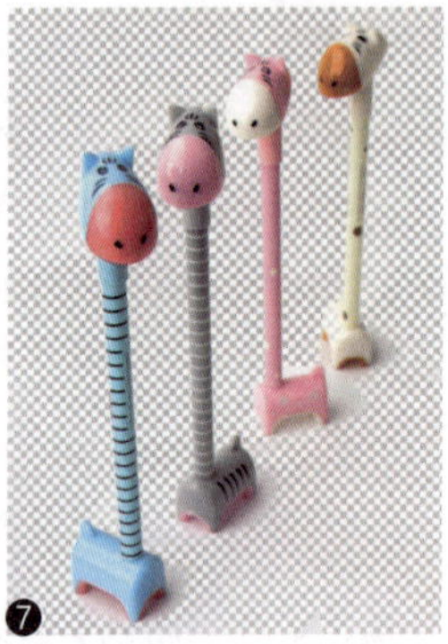

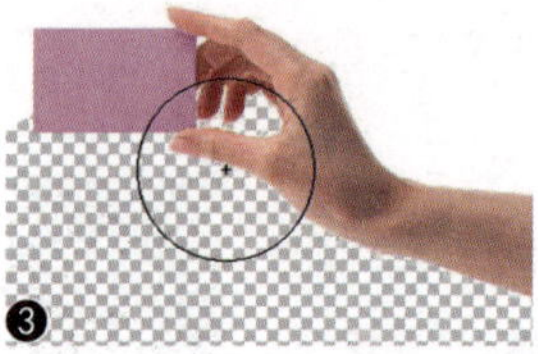

可擦除手指空隙中的图像

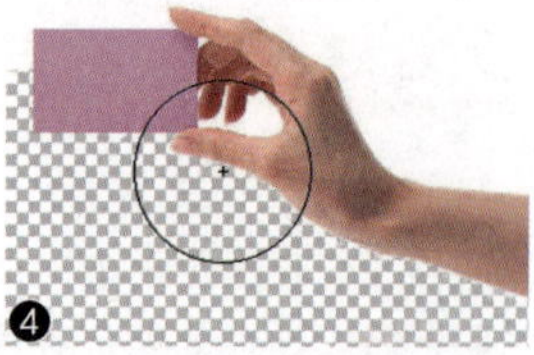

不能擦除手指空隙中的图像

如果想要保护某种颜色不被破坏，可以选取“保护前景色”选项，然后用吸管工具拾取这种颜色作为前景色，再进行擦除。

6.5.8 分析：限制方法

在背景橡皮擦工具的选项栏中，“限制”下拉列表中包含“不连续”“连续”和“查找边缘”3个选项❶。可以控制擦除时的限制方法。

选择“不连续”选项，可以擦除出现在圆形光标下方任何位置的样本颜色❷❸；选择“连续”选项，只擦除圆形光标下方包含取样颜色且互相连接的区域❹；“查找边缘”与“连续”选项的作用有些相似。选择该选项后，可以擦除包含取样颜色的连接区域，但同时还能更好地保留形状边缘的锐化程度。

限制选项

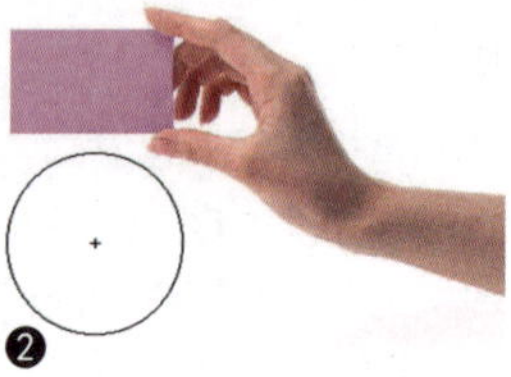

十字线在白背景上（取样）

6.5.9 分析：魔术橡皮擦、背景橡皮擦用在哪里？

在所有抠图工具中，只有魔术橡皮擦工具和背景橡皮擦工具可以直接将图像从背景中抠出——背景被它们擦掉了。因此，这两个工具都属于破坏性工具。在使用前，最好将图像所在的图层复制一个，做好备份。

这两个工具对图像的要求很高，即背景不能太过复杂，以单色为宜；但抠图精度又很低，边缘琐碎、不光滑，并且由于会删除图像，后期调整起来也是一件很麻烦的事。在需要精细抠图结果的场合是不会使用它们的。

那么这两个工具适合用在什么地方呢？适合做抠图小样。

我们抠图的目的是为了对图像进一步加工，如进行蒙太奇合成、制作为书刊封面、作为网页素材等。用背景橡皮擦和魔术橡皮擦快速抠图，可以为制作图像小样提供方便，我们可以先看一下图像合成的大致效果如何，再决定是否花些功夫仔细抠图。

Ps 6.6 基于色彩和色调差别抠图

“色彩范围”命令与魔棒工具有些类似，都可以根据图像的颜色范围创建选区，但它提供了更多的控制选项，选择精度也更高。

6.6.1 分析：颜色取样

执行“选择>色彩范围”命令，打开“色彩范围”对话框❶。默认状态下，“选择范围”选项被选取，此时窗口中会显示黑白图像，通过它可以观察选区范围。

图像中的白色代表了选区；黑色代表了未被选取的区域；灰色代表了被部分选取的区域，即羽化区域。如果选择“图像”选项，则对话框中会显示彩色图像，不能观察选区。

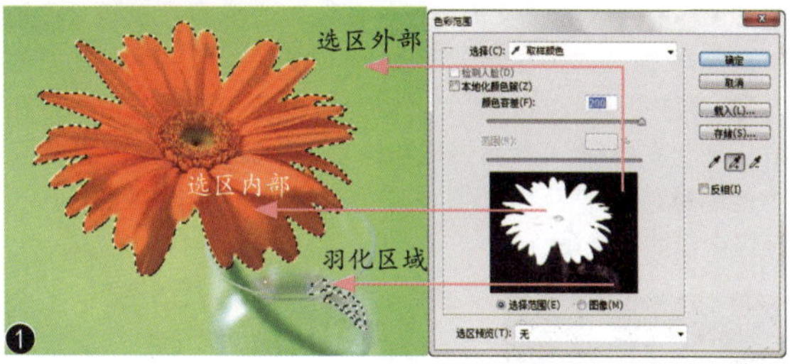

在“色彩范围”对话框打开的状态下，将光标放在图像上，它会变为吸管，单击鼠标即可拾取颜色，同时Photoshop会像魔棒工具那样，选取与单击点相似的所有色彩（“颜色容差”选项可以控制色彩的涵盖范围）❷；如果要将其他颜色添加到选区中，可以使用添加到取样工具在其上方单击❸；如果要在选区中排除某些颜色，可以使用从取样中减去工具在其上方单击❹。如果习惯在黑白效果的图像上操作，也可以在对话框中的图像上单击。

单击进行颜色取样

添加颜色

减少颜色

除了吸管外，Photoshop还在“选择”下拉列表中提供了几个预设的取样选项。

预设的颜色有：“红色”❺“黄色”“绿色”“青色”“蓝色”和“洋红”，用于选择以上特定颜色；预收的色调有：“高光”“中间调”❻和“阴影”，用于选择图像中的高光、中间调和阴影区域。这3个选项在校正数码照片的影调时非常有用。

选择红色

选择中间调

此外，还有两个选项比较特别。“溢色”选项用于选取图像中出现的溢色（110页）❼；“肤色”选项用于选取与皮肤接近的颜色❽。

选择溢色

选择肤色

提示（Tips）

如果在图像中创建了选区，则“色彩范围”命令只分析位于选区内部的图像。如果要细调选区，可以重复使用该命令。

6.6.2 分析：颜色容差

魔棒工具的“容差”决定了颜色的选取范围。在“色彩范围”对话框中，它换了一个名字，叫作“颜色容差”，除了可以增加和减少选取的颜色范围外，还能控制相关颜色（像素）的选择程度。

我们观察“色彩范围”对话框的预览图。当颜色的选择程度为100%时（即完全选取），在预览图上是白色的；选择程度为0%时（即没有被选取到），则是黑色的；选择程度介于0%～100%之间的颜色（像素），属于被部分地选取，在预览图上显示为灰色。

魔棒工具无法部分地选取颜色，因此，它选取的像素是完全不透明度的，而“色彩范围”命令可以选取半透明像素，这是它们最大的区别。

例如，我们可以将“色彩范围”命令的“颜色容差”与魔棒工具的“容差”都设置为相同的数值，再分别用它们创建选区（取样点相同），便能看出区别❶～❹。

左图为使用“色彩范围”对话框中的吸管在图像上取样（“颜色容差”为100）。右图为抠出的图像，可以清楚地看到半透明像素

左图为使用魔棒工具单击（取样位置相同，“容差”为100）。右图为抠出的图像，没有半透明像素

6.6.3 其他选项

● **选区预览：** 用来设置文档窗口中选区的预览方式。“无”表示不在窗口显示选区；“灰度”可以按照选区在灰度通道中的外观来显示选区❶；“黑色杂边”可以在未选择的区域上覆盖一层黑色❷；“白色杂边”可以在未选择的区域上覆盖一层白色❸；“快速蒙版”可以显示选区在快速蒙版状态下的效果❹。

灰度

黑色杂边

白色杂边

快速蒙版

● **检测人脸：** 选择人像或人物皮肤时，可以选择该选项，以便更加准确地选取肤色。

● **本地化颜色簇/范围：** 可以控制要包含在蒙版中的颜色与取样点的最大和最小距离，距离的大小通过“范围”选项设定。通俗一点说就是，选择“本地化颜色簇”选项后，Photoshop会以取样点（鼠标单击处）为基准，只查找位于“范围”值之内的图像。例如，画面中有两朵颜色相同的花❺，如果只想选择其中的一朵，可以先在它上方单击鼠标进行颜色取样❻，然后选取该选项并调整“范围”值，缩小范围❼，再使用工具单击另一朵花，就能彻底将其从选区中排除出去❽。

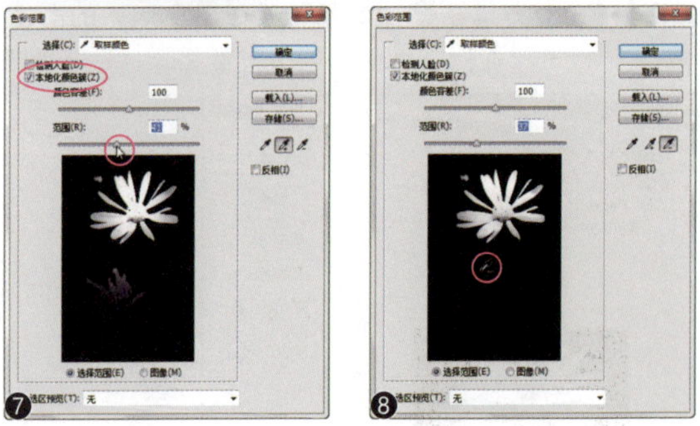

● **存储/载入：** 单击“存储”按钮，可以将当前的设置状态保存为选区预设；单击“载入”按钮，可以载入存储的选区预设文件。

● **反相：** 可以反转选区。这就相当于创建选区之后，执行“选择>反向”命令。

6.6.4 练习：用“色彩范围”命令抠小狗

01 打开素材❶。这个图像的背景颜色单一，小狗的毛发也不琐碎，非常适合“色彩范围”选取，而且选取之后，毛发边缘会呈现一定的透明效果。执行“选择>色彩范围”命令，打开“色彩范围”对话框。在背景上单击鼠标，进行颜色取样❷。

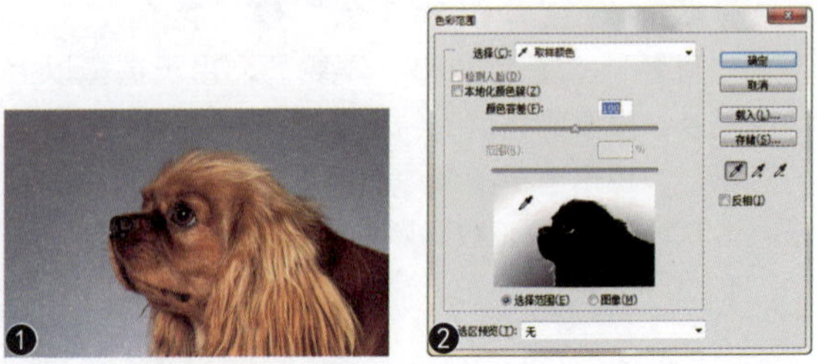

02 单击添加到取样按钮，在剩下的几处灰色背景上单击鼠标，将它们全都添加到选区中❸。现在，眼睛和鼻子有几处是白色的❹，说明没有被选取到，这些留待后面用其他工具处理。

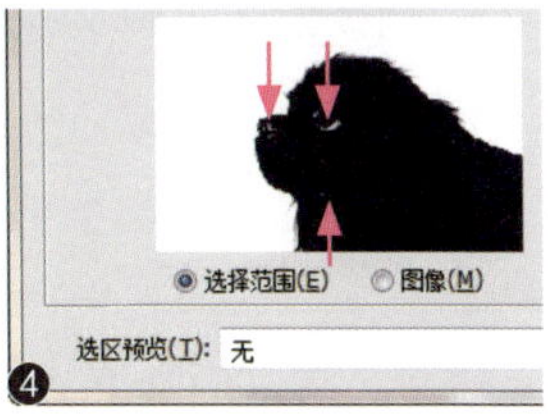

03 单击“确定”按钮关闭对话框，创建选区，选取背景❺。按下Shift+Ctrl+I快捷键反选，选中小狗❻。

04 选择磁性套索工具，按住Shift键在鼻尖漏选区域单击并拖曳鼠标，将其添加到选区中❼❽。操作时紧贴鼻尖创建选区，光标移动到鼻子内部时，离漏选区域远一些也没有关系，只要将所有漏选区域涵盖住就行。

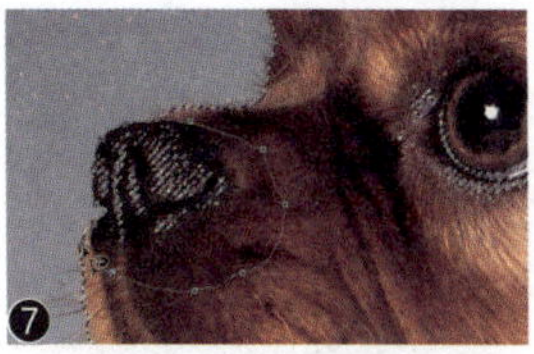

05 按住Shift键在眼睛周围单击并拖曳鼠标，将此处漏选区域添加到选区中❾❿。按下Ctrl++快捷键，放大窗口，仔细查看⓫，将其他漏选区域都添加到选区中。

06 按下Ctrl+J快捷键抠图。隐藏“背景”图层，观察抠图效果⓬。

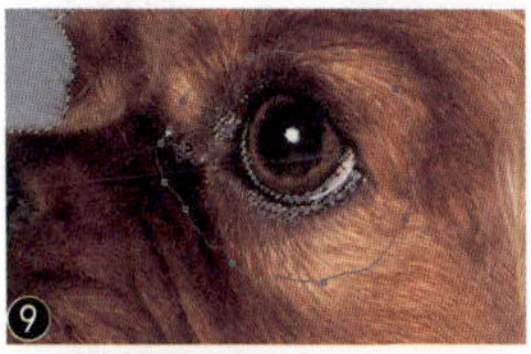
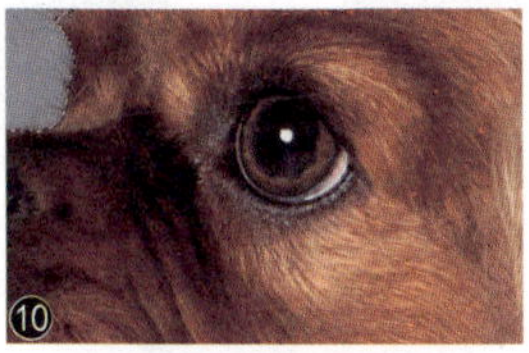
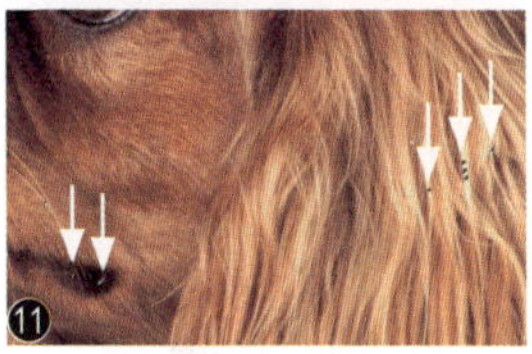

Ps 6.7

用“调整边缘”命令抠图

“调整边缘”命令既是选区编辑工具，也是抠图工具。它可以对选区进行羽化、扩展、收缩和平滑处理；也能有效识别并抠出透明图像、细微的毛发等对象。

6.7.1 选择视图模式

选区在画面上是闪烁的蚁行线（176页）；在通道中则变为黑白图像（177，204页）；经过快速蒙版转换，又会变成被透明宝石红色覆盖的蒙版图像（177，202页）。选区的这些形态，既有利于使用不同的工具编辑；也方便我们观察。“调整边缘”命令的对话框集中展示了选区的这些形态❶。

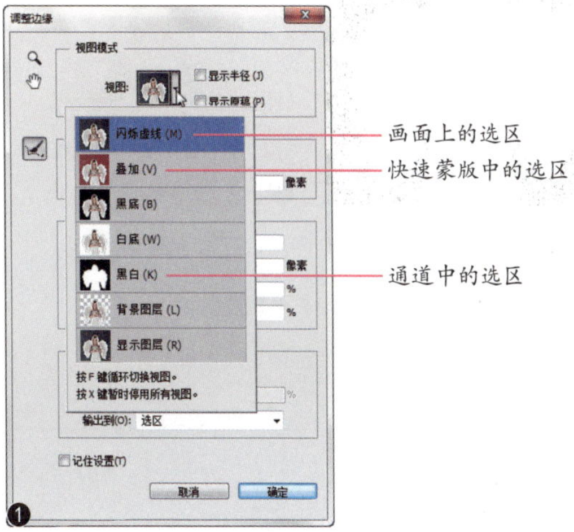

● **闪烁虚线：** 显示标准选区，即“蚁行线”❷。在羽化的边缘选区上，边界将会围绕被选中50%以上的像素。

● **叠加：** 显示快速蒙版状态下的选区❸。

● **黑底：** 在黑色背景上显示选区❹。相当于通道中的图像是彩色的。

● **白底：** 在白色背景上显示看选区❺。有利于查看边缘是否有多余的背景色。

● **黑白：** 显示通道状态下的选区❻。

● **背景图层：** 如果当前图层不是“背景”图层，选择该项以后，可以将选取的对象放在“背景”图层上观察。创建图像合成效果时，该选项比较有用，它可以让我们看到图像与背景的融合是否完美。如果发现选区缺陷，在“调整边缘”对话框中就可以修正。如果当前图层是“背景”图层，则可将选取的对象放在透明背景上❼。

● **显示图层：** 可以查看整个图层，不显示选区。

● **显示半径：** 显示按半径定义的调整区域。

● **显示原稿：** 可以查看原始选区。

提 示（Tips）

> 按下F键可以循环显示各个视图；按下X键，则暂时停用所有视图。

6.7.2 平滑、羽化与扩展

执行“选择>调整边缘”命令，打开“调整边缘”对话框❶。“调整边缘”选项组可以对选区进行平滑、羽化、扩展和收缩处理。

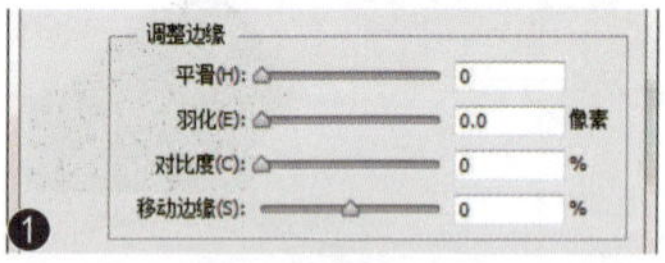

● **平滑：** 可以减少选区边界中的不规则区域，创建更加平滑的选区轮廓❷❸。对于矩形选区，可使其边角变得圆滑。

平滑0

平滑100

● **羽化：** 可以为选区设置羽化（范围为0～250像素），让选区边缘的图像呈现透明效果❹❺。

未设置羽化

设置羽化

● **对比度：** 可以锐化选区边缘，去除模糊的不自然感。对于添加了羽化效果的选区，增加对比度可以减少或消除羽化❻❼。

对比度0%

对比度100%

● **移动边缘：** 负值收缩选区边界❽；正值扩展选区边界❾。设置了“羽化”后，该选项的效果更加明显。

移动边缘－100%

移动边缘+100%

提 示（Tips）

“平滑”和“羽化”选项是以像素为单位进行处理的。同样的参数在不同分辨率的图像上会产生不同效果。例如，300像素/英寸图像中的5像素的距离要比72像素/英寸图像中的5像素短。这是由于分辨率高的图像像素点更小的缘故（34页）。

6.7.3 净化与输出

“调整边缘”对话框中的“输出”选项组用于消除选区边缘的杂色，以及设置选区的输出方式❶。

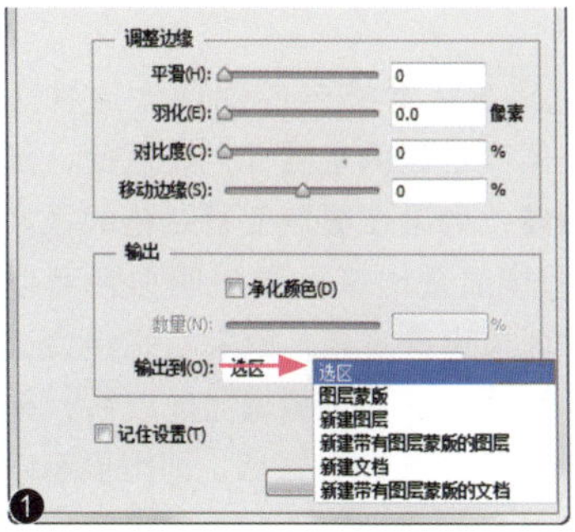

● **净化颜色：** 选择该选项并拖曳“数量”滑块，可以将彩色边替换为附近完全选中的像素的颜色。如果图像边缘有多选的背景色❷，可以通过该选项进行去除❸。

● **输出到：** 在该选项的下拉列表中可以选择选区的输出方式，它们决定了调整后的选区是变为当前图层上的选区或蒙版，还是生成一个新图层或文档。

6.7.4 练习：用细化工具抠像

“调整边缘”对话框中有两个选区细化工具（调整半径工具和抹除调整工具），以及一个“边缘检测”选项。调整半径工具可以扩展检测区域；抹除调整工具可以恢复原始边缘；“智能半径”可以使半径自动适合图像边缘；“半径”用来控制调整区域的大小。

01 打开素材。用快速选择工具将模特选中❶。在操作时，按住Shift键拖曳鼠标涂抹可以扩展选区范围；手臂与裙子之间的空隙，可按住Alt键涂抹，将其排除到选区之外。

02 单击工具选项栏中的“调整边缘”按钮，打开“调整边缘”对话框。在“视图”下拉列表中选择黑底，在黑色背景上预览图像抠出效果，勾选“智能半径”复选项，设置“半径”为2.6像素❷。现在头发区域还有多余的背景图像，裙子上则有漏选的图像❸。

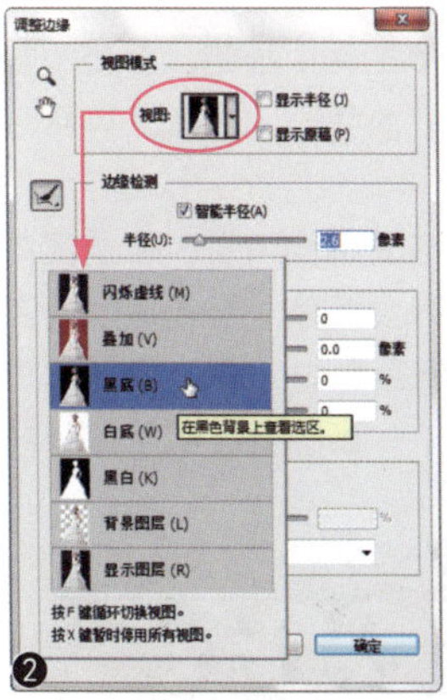

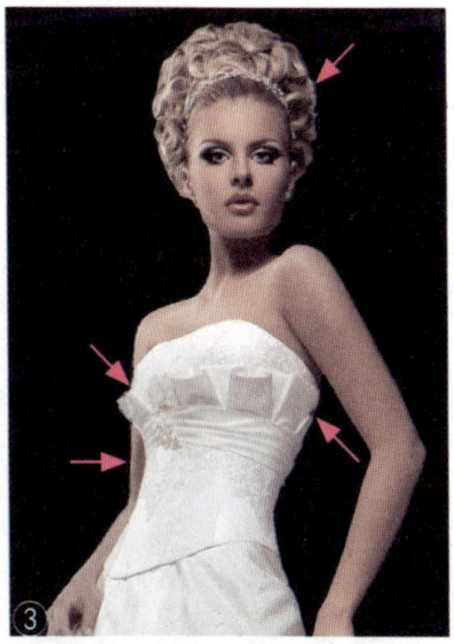

03 使用调整半径工具在头发区域多选的图像上涂抹，将其排除到选区之外❹。单击调整半径工具，在打开的下拉列表中选择抹除调整工具，在漏选的区域涂抹，将其添加到选区中❺。

④

⑤

❻

04 在“输出到”下拉列表中选择“新建带有图层蒙版的图层”选项，单击“确定”按钮抠像❻。

Ps 6.8

用快速蒙版抠图

快速蒙版是一种选区转换工具，可以将蚁行线转换成一种临时的蒙版图像。这种图像与Alpha通道图像类似，使用起来更加便捷，只是不能用于保存选区。

6.8.1 用快速蒙版编辑选区

快速蒙版适合编辑选区，在使用它之前，通常都是先用其他工具粗略地将对象选取，然后执行“选择>在快速蒙版模式下编辑”命令，或单击工具箱底部的按钮，进入快速蒙版编辑状态，再对选区进行细致的修改。选区经过转换成为蒙版图像以后，就可以像普通图像一样，用绘画类工具（画笔、渐变、加深、减淡等）、滤镜，以及“曲线”“色阶”等命令编辑。

在快速蒙版状态下，选区轮廓会消失，原选区内的图像正常显示，选区之外则会覆盖一层半透明的宝石红色❶❷。此时前景色和背景色自动变为黑色和白色（与添加图层蒙版时一样），以方便我们用绘画或渐变工具编辑蒙版。

❶ 正常选区

② 进入快速蒙版编辑状态

使用画笔工具在正常显示的图像上涂抹黑色，就会为其覆盖一层半透明的宝石红色，因此，黑色会减少选区范围❸❹；如果在覆盖宝石红色的区域涂抹白色，则会使图像显现出来，这说明白色可以扩展选区范围❺❻；如果涂抹灰色，则宝石红色会变淡，这是创建羽化区域的方法。当编辑完成以后，单击工具箱底部的按钮，退出快速蒙版，即可显示修改后的选区。

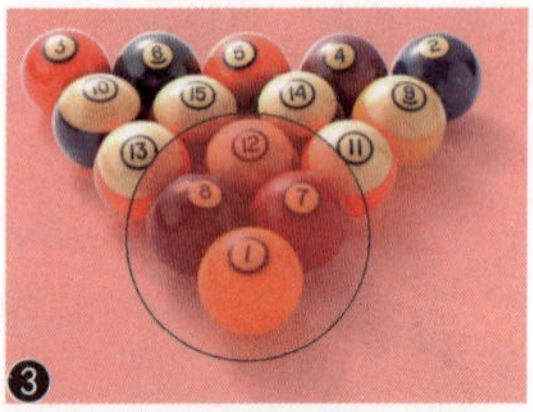
❸ 在图像上涂抹黑色

❹ 减少选区范围（正常状态下）

❺ 在宝石红色上涂抹白色

❻ 增加选区范围（正常状态下）

快速蒙版选项

创建选区后，双击工具箱中的以快速蒙版模式编辑按钮，可以打开“快速蒙版选项”对话框设置蒙版选项❼。

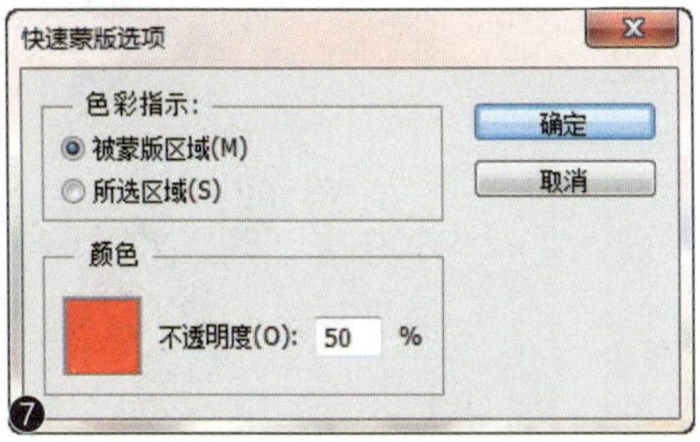

- **被蒙版区域：** 被蒙版区域是指选区之外的图像区域。将“色彩指示”设置为“被蒙版区域”后，选区之外的图像将被蒙版颜色覆盖，而选中的区域完全显示图像❽。
- **所选区域：** 所选区域是指选中的区域。如果将“色彩指示”设置为“所选区域”，则选中的区域将被蒙版颜色覆盖，未被选择的区域显示为图像本身的效果❾。该选项比较适合在没有选区的状态下直接进入快速蒙版，然后在快速蒙版的状态下制作选区。

- **颜色/不透明度：** 单击颜色块，可以打开“拾色器”设置蒙版颜色。如果图像与蒙版颜色接近，可以对蒙版颜色做出调整❿⓫。“不透明度”用来设置蒙版颜色的不透明度。“颜色”和“不透明度”都只是影响蒙版的外观，不会对选区产生任何影响。修改它们的目的是让蒙版与图像中的颜色对比更加鲜明，以便于我们准确操作。

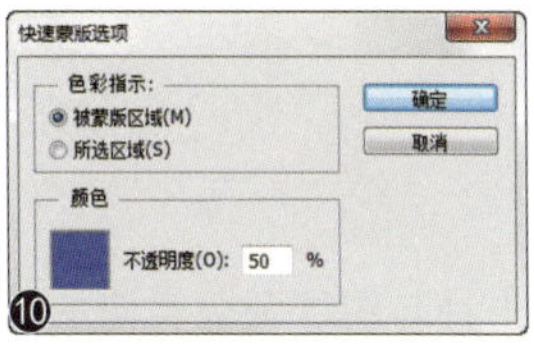

6.8.2 练习：用快速蒙版抠图、制作宣传单

01 打开素材。使用快速选择工具在娃娃身上单击并拖曳鼠标，将其选中❶。

02 单击工具箱底部的按钮，或按下Q键，进入快速蒙版编辑状态，未选中的区域会覆盖一层半透明的颜色，被选择的区域还是显示为原状❷。

03 选择画笔工具，在画笔下拉面板中设置画笔大小❸，在娃娃后面的标签上涂抹黑色，将其排除到选区外❹。如果涂抹到衣服区域，则可按下X键，将前景色切换为白色，用白色涂抹就可以将其添加到选区内。再来调整帽子和蝴蝶结的边缘部分❺❻。

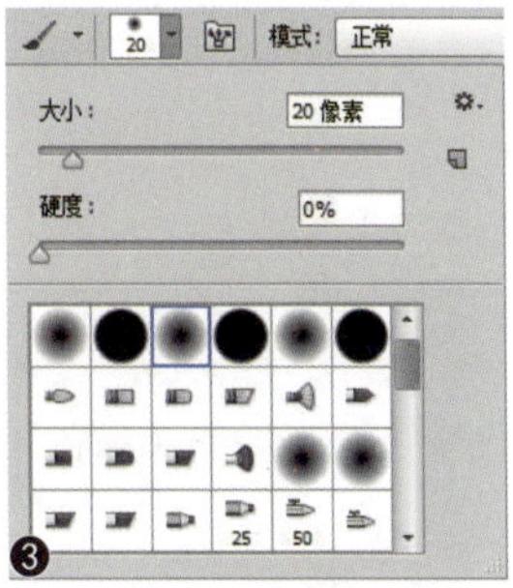

04 执行“选择>在快速蒙版模式下编辑”命令，或单击工具箱底部的按钮，退出快速蒙版，切换回正常模式，显示修改后的选区❼。打开一个素材，使用移动工具将娃娃拖动到该文档中❽。

7

8

05 单击“调整”面板中的按钮，创建“色阶”调整图层，拖曳黑色滑块，增强图像的暗部色调❾❿。

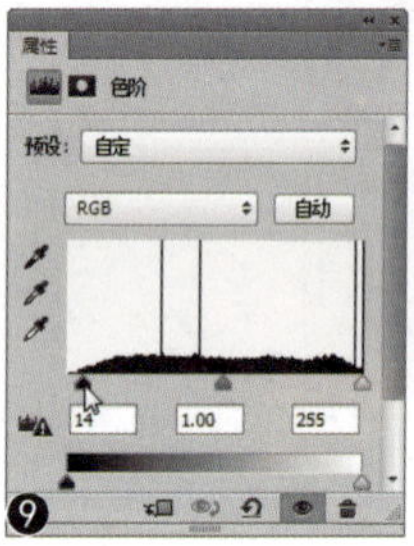

9

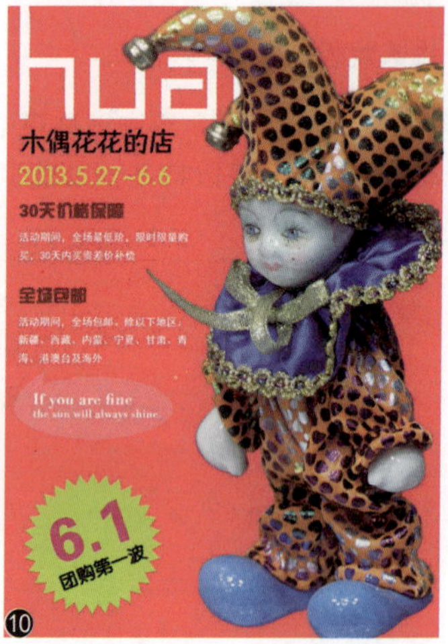

10

6.9 用通道抠图

快速蒙版是临时的蒙版，一旦退出，蒙版图像就不复存在，以后也就没有办法使用了。而通道可以将选区保存为永久的蒙版图像。更重要的是，在通道中也可以编辑选区。

6.9.1 选区在通道中的形态

在Alpha通道中，白色代表了选区内部；黑色代表了选区外部❶。

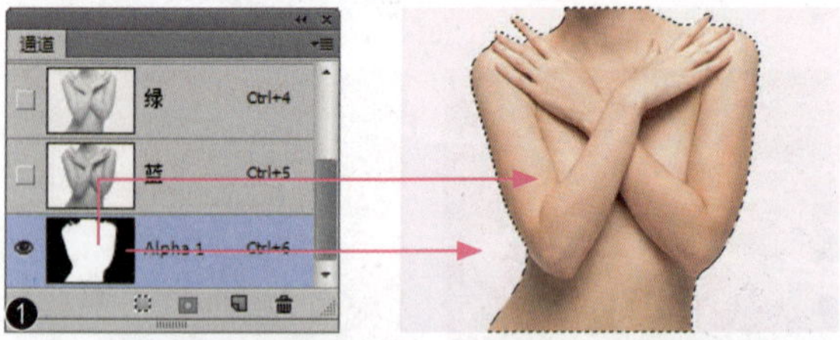

1

将黑色区域处理为白色，就会扩展选区❷；将白色处理为黑色，则会收缩选区❸；如果将黑、白交界线处理为灰色，就等同于对选区进行了羽化❹。因此，灰色代表的是羽化区域。灰色越深、像素的选择程度越低，抠图以后，图像的透明程度就越高。

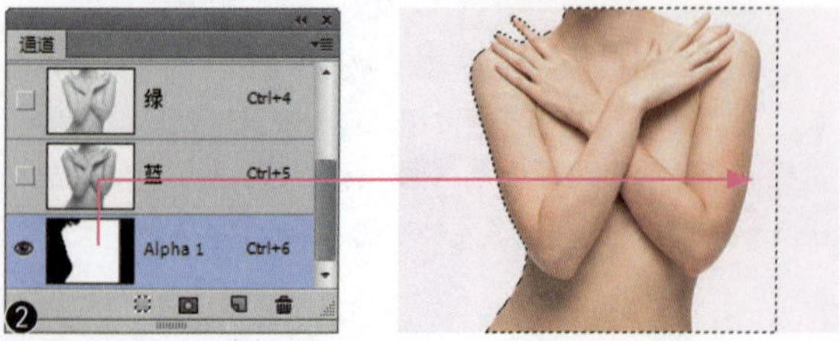

2

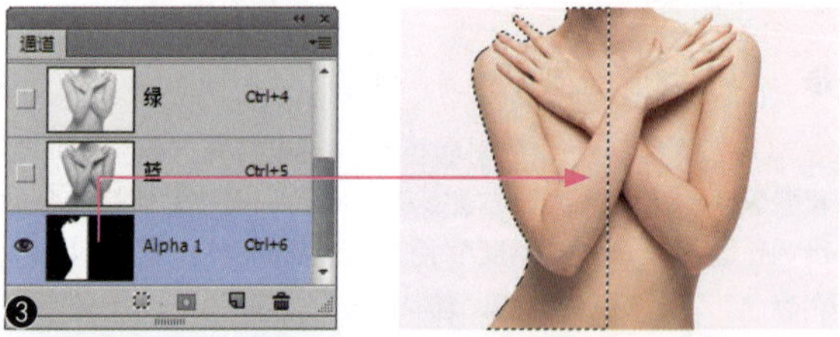

3

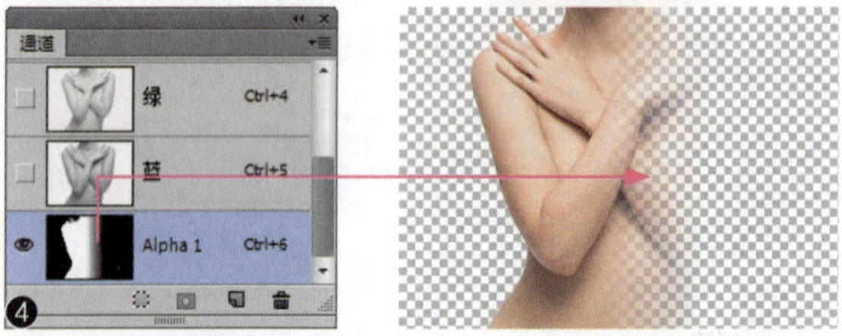

4

选区在Alpha通道中是一种与图层蒙版类似的灰度图像，因此，我们可以像编辑蒙版或其他图像那样使用绘画工具、调色命令、滤镜、选框和套索工具，甚至矢量的钢笔工具来编辑它，而不必仅仅局限于原有的选区编辑工具（如套索、“选择”菜单中的命令）。也就是说，有了通道，几乎所有的抠图工具、选区编辑命令、图像编辑工具都能用于编辑选区，通道抠图的强大之处便在于此。

6.9.2 存储选区

抠图是比较复杂的工作，有时需要动用很多工具、花费许多时间、进行大量操作才能完成。抠图过程中及完成之后，都应该适时保存选区，以防操作不当造成丢失，或者留备将来修改或继续使用。

如果要保存选区，可以单击“通道”面板底部的 按钮，选区会存储到Alpha通道中，成为灰度图像❶❷，并使用默认的Alpha 1、Alpha 2等命名。如果要修改名称，可以双击通道名，在显示的文本框中为其重新命名。

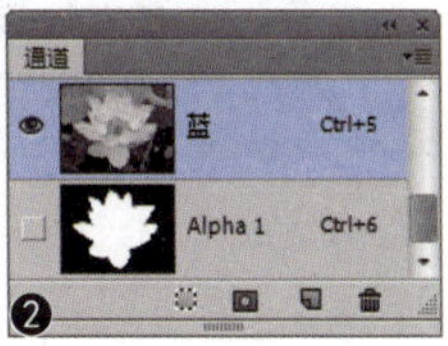

此外，使用“选择>存储选区”命令也可以保存选区。执行该命令时会打开“存储选区”对话框❸。

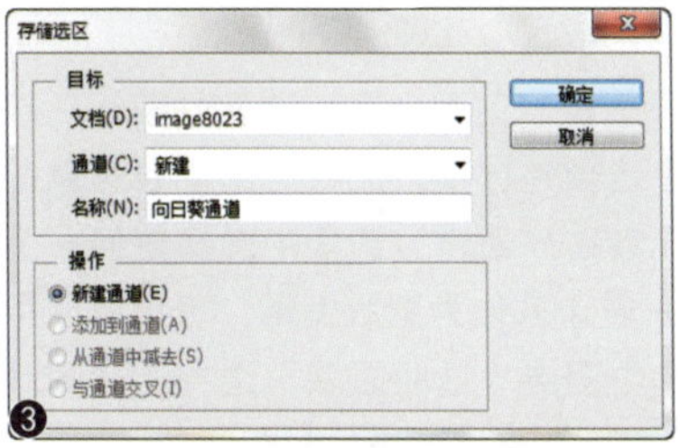

选项	说明
文档	用来选择保存选区的目标文件。默认状态下，选区保存在当前文档中。如果在该选项下拉列表中选择“新建”选项，则可以将选区保存在一个新建的文档中。如果同时在Photoshop中打开了多个图像文件，并且打开的文件中有与当前文件大小相同的图像，则可以将选区保存至这些图像的通道中
通道	用来选择保存选区的目标通道。默认为“新建”选项，即将选区保存为一个新的Alpha通道。如果文档中还有其他Alpha通道，则可在下拉列表中选择该通道，使当前的选区与通道内现有的选区进行运算，运算方式需要在“操作”选项中设置。另外，如果当前选择的图层不是“背景”图层，或者文档中没有“背景”图层，则在下拉列表中还可以选择将选区创建为图层蒙版
名称	可以为保存选区的Alpha通道设置名称
操作	如果保存选区的目标文件中包含选区，可以选择一种选区运算方法。选择“新建通道”选项，可以将当前选区存储在新的通道中；选择“添加到通道”选项，可以将选区添加到目标通道的现有选区中；选择“从通道中减去”选项，可以从目标通道内的现有选区中减去当前的选区；选择“与通道交叉”选项，可以从与当前选区和目标通道中的现有选区交叉的区域中存储一个选区

提示（Tips）

用“文件>存储为”命令保存文件时，选择PSD、PSB、PDF和TIFF格式，可以保存多个选区。

6.9.3 实战技巧：载入选区并进行运算

按住Ctrl键单击Alpha通道的缩览图，便可将选区载入到文档窗口中的图像上❶。虽然在“通道”面板中的将通道作为选区载入按钮 也可以完成载入操作，但这需要先单击通道，然后再单击该按钮才行，实际操作起来有一点麻烦，并且还会切换通道。因此并不是好方法。

当画面中已有选区时，想让载入的选区与其进行运算，可以使用“选择>载入选区”命令来操作。如果能掌握快捷键的话，就更方便了。例如，按住Ctrl+Shift键（光标变为 状）单击通道❷，可以将其中的选区添加到现有选区中；按住Ctrl+Alt键（光标变为 状）单击❸，可以从画面上的选区中减去载入的选区；按住Ctrl+Shift+Alt键（光标变为 状）❹，得到的是它与画面中选区相交的结果。

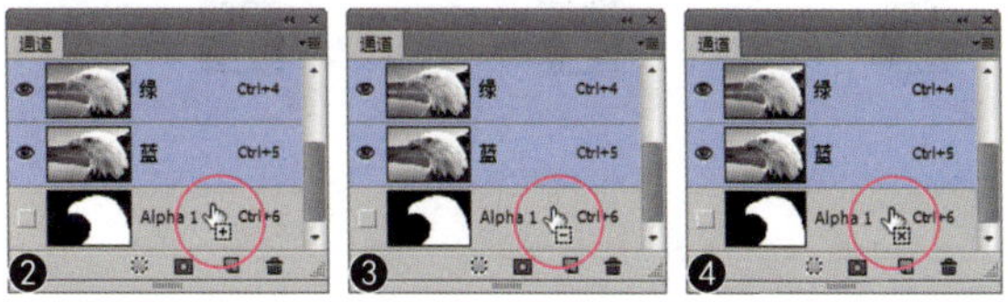

Photoshop中的颜色通道、包含透明像素的图层、图层蒙版、矢量蒙版、路径中也都包含选区。从这些载体中载入选区的方法与通道是一样的——按住Ctrl键单击图层蒙版❺、矢量蒙版或路径❻的缩览图即可。如果图像上有选区存在，也可以通过上面介绍的按键载入选区，并进行选区运算。

从路径中载入选区

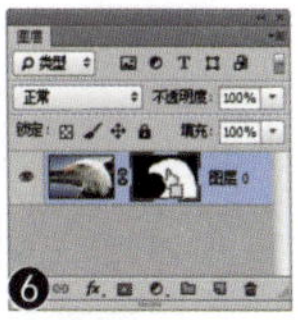

从图层蒙版中载入选区

6.9.4 “应用图像”命令

“应用图像”命令可以使用混合模式混合通道、选区、图层和蒙版。主要用于调色、编辑选区和抠图。

使用该命令前，需要先选择被混合的目标对象。如果选择颜色通道，混合之后就会修改颜色通道的明度，进而影响图像的色彩❶❷；如果选择Alpha通道，则会修改Alpha通道中的灰度图像，进而影响选区❸❹❺；如果选择图层，则会改变图层中的图像内容。

原图像及通道

红、绿通道用亮光模式混合

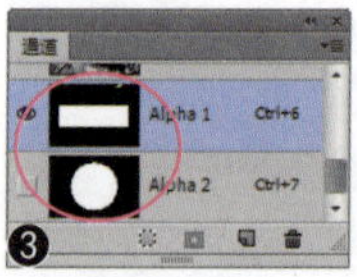

Alpha1/Alpha2通道

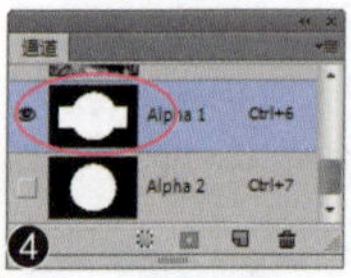

用相加模式混合

用减去模式混合

选择好作为被混合的目标对象后，执行“图像>应用图像”命令，打开“应用图像”对话框❻，选择参与混合的对象，再设置一种混合模式，便可让它们产生混合。

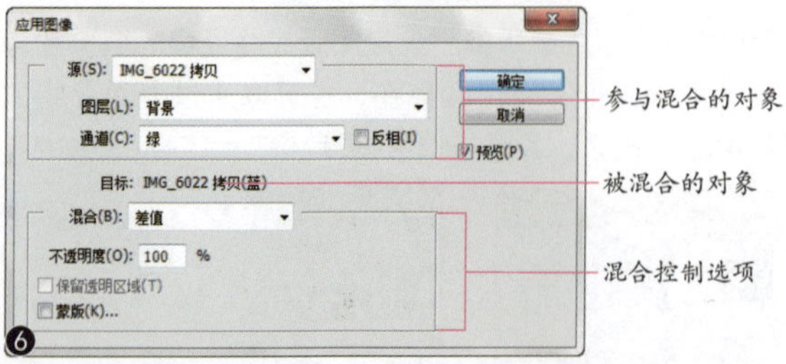

调整“不透明度”值可以改变混合强度。该值越小，混合强度越弱❼❽。

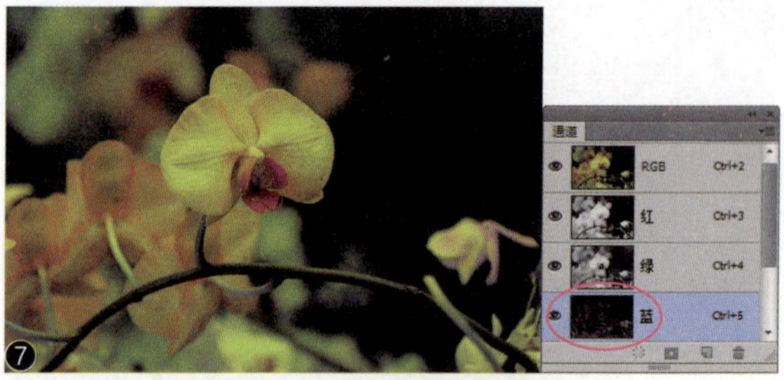

蓝、绿通道用差值模式混合，不透明度为100%

蓝、绿通道用差值模式混合，不透明度为20%

“保留透明区域”“蒙版”两个选项可以控制混合范围。如果图层中包含透明区域，选取“保留透明区域”选项，可以将混合效果限定在图层的不透明区域内。

如果要通过蒙版控制范围，可以选取“蒙版”选项，对话框中会显示额外选项，此时可选择包含蒙版的图像和图层；或者在“通道”选项中选择任何一个颜色通道或 Alpha 通道来作为蒙版使用；也可以使用基于现用选区或选中图层（透明区域）边界的蒙版。选择“反相”选项，则会反转通道的蒙版区域。

6.9.5 “计算”命令

“计算”与“应用图像”命令相似，但用法更加灵活。它既可以混合一个图像中的通道，也可以混合多个图像中的通道。混合结果可生成新的通道、选区或者黑白图像，并不修改现有的通道。因此，用“计算”命令混合颜色通道，其结果会应用到一个新的通道（Alpha通道）中，不对颜色通道造成修改，也就不能改变图像的颜色。它的主要用途是编辑Alpha通道中的选区。

“计算”命令所包含的混合模式，以及控制混合强度的方法（调整不透明度值）都与“应用图像”命令相同，就不再赘述了。我们重点看看两个命令在使用上的区别。

“应用图像”命令在使用前，需要先选择将要被混合的目标对象，之后再打开“应用图像”对话框指定参与混合的对象。而“计算”命令没有这样的强制要求，可以打开“计算”对话框后指定目标对象，因此，它的灵活度更高一些。但如果要对同一个通道进行多次混合，使用“应用图像”命令操作就会更加方便，因为不会生成新通道，而“计算”命令每一次操作都会生成一个通道，必须来回切换通道才能进行多次混合。

“计算”命令选项

在“计算”对话框中❶，“图层”“通道”“混合”“不透明度”和“蒙版”等选项均与“应用图像”命令的选项相同。其他选项如下。

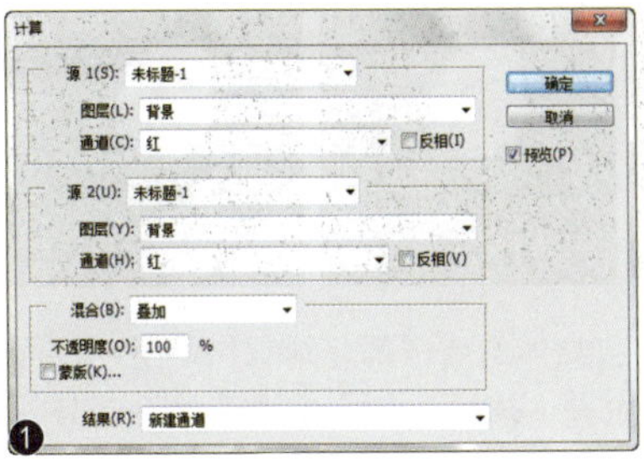

- 源 1：用来选择第一个源图像、图层和通道。
- 源 2：用来选择与“源 1”混合的第二个源图像、图层和通道。前提是该文件必须打开，并且是与“源 1”的图像具有相同尺寸和分辨率的图像。
- 结果：计算之后生成的对象。选择“通道”选项，可以从计算结果中创建一个新的通道，参与混合的两个通道不会受到影响；选择“文档”选项，可以创建一个黑白图像；选择“选区”选项，可以创建一个选区。

6.9.6 练习：通道抠像

01 打开素材❶。先来分析图像，以便决定采用哪种方法抠图。小孩的轮廓比较清晰，可以用快速选择工具选取。卷曲的头发是选择中的难点问题，好在头发后面是灰白色的背景墙，与头发形成明暗对比，可以使用通道来制作选区，将头发与背景墙处理成黑白效果，从而得到精确的头发选区。使用快速选择工具将小孩选中，头发部分不用选，只把轮廓清晰的面部和身体选中即可❷。

02 单击工具选项栏中的“调整边缘”按钮，打开“调整边缘”对话框，调整选区大小，并进行适当的平滑处理❸❹。单击“确定”按钮，输出选区。

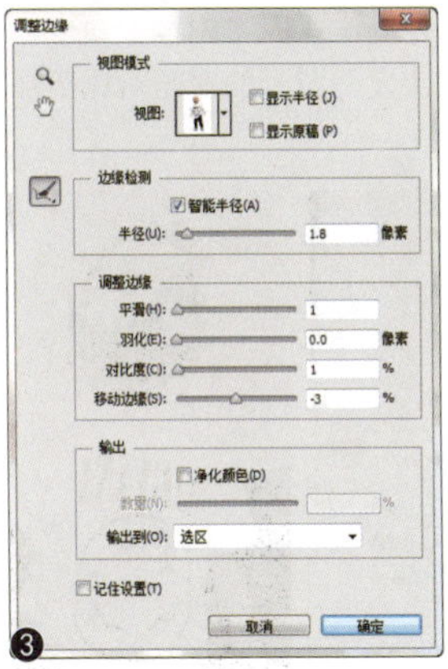

03 单击“通道”面板底部的按钮，将选区存储为通道❺。按下Ctrl+D快捷键取消选择。下面来制作头发的选区。先查看一下各通道效果，分别单击红❻、绿❼和蓝❽3个通道，通过比较可以看出，蓝通道中头发与背景的对比最明显。

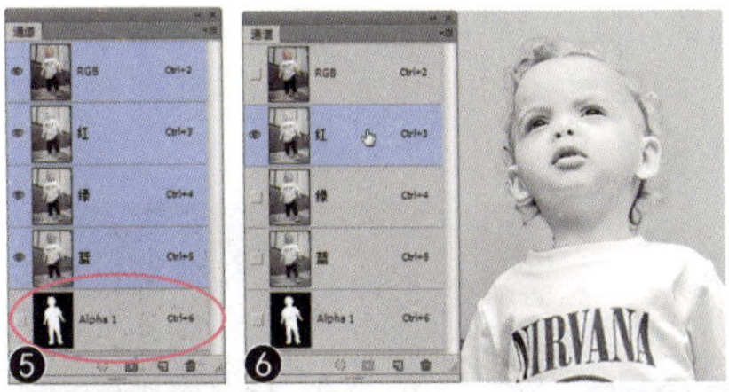

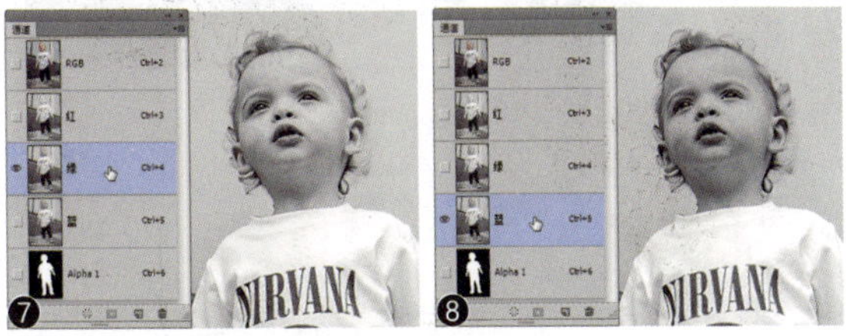

04 将蓝通道拖曳到面板底部的按钮上复制❾。执行“图像>应用图像”命令，设置混合模式为“正片叠底”❿，单击“确定”按钮，关闭对话框。

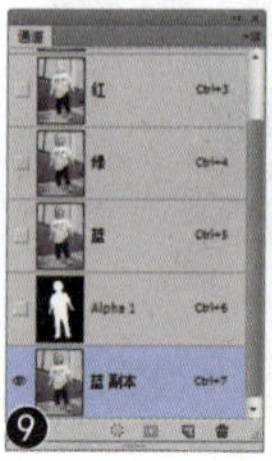

05 再次执行该命令，设置混合模式为“叠加”⑪，增加色调的对比度。再执行一次“应用图像”命令，混合模式依然为“叠加”，使头发与背景的明暗对比更加明确⑫。

06 在通道中，白色为选区部分。按下Ctrl+I快捷键将图像反相，使头发变成白色⑬。按下Ctrl+L快捷键，打开“色阶”对话框，选择黑场吸管，将光标放在灰色的背景上⑭，单击鼠标，将背景调为黑色⑮。单击“确定”按钮，关闭对话框。使用画笔工具将面部中灰色的部分涂抹成白色⑯。

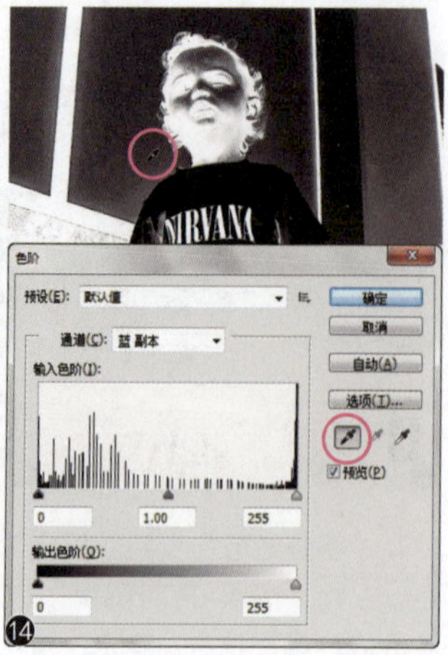

07 使用多边形套索工具选取头部⑰，按下Shift+Ctrl+I快捷键反选，按下Alt+Delete快捷键填充黑色⑱，按下Ctrl+D快捷键取消选择⑲。

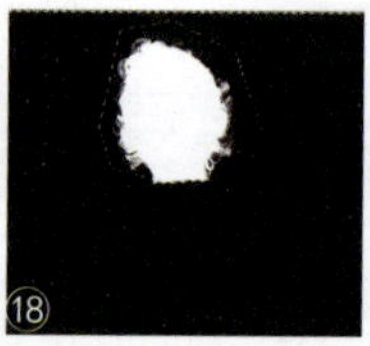

08 至此，头发与身体的选区都分别制作好了，下面将两个选区合并。执行“图像>计算”命令，打开“计算”对话框，设置“源2”的通道为“Alpha1”，混合为“相加”，结果为“新建通道”⑳㉑。

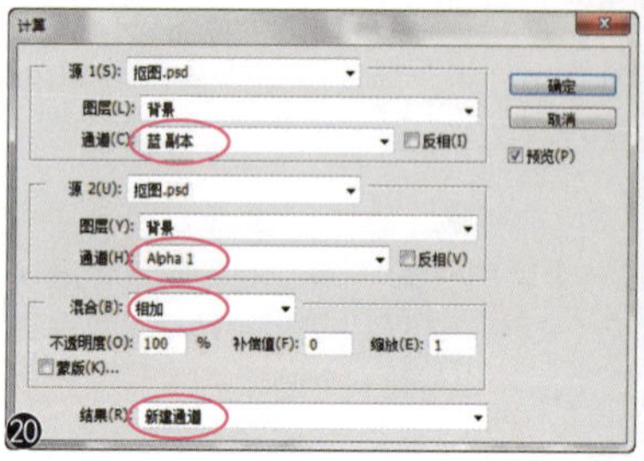

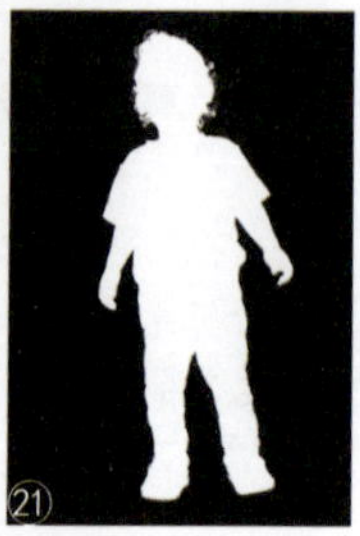

09 单击“通道”面板底部的按钮，将通道作为选区载入。按下Ctrl+2快捷键返回彩色图像编辑状态。单击“图层”面板底部的按钮，创建蒙版，抠出图像㉒㉓。

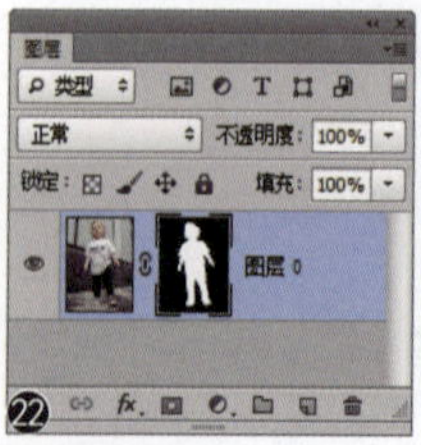

10 打开素材。使用移动工具将小孩拖曳到该图像中㉔。

㉔

11 单击“图层”面板底部的按钮，新建一个图层，设置混合模式为“正片叠底”。使用画笔工具（柔角，不透明度为40%）在图像四周涂抹黑色㉕㉖。

㉕

㉖

12 单击“调整”面板中的按钮，创建“色彩平衡”调整图层，调整色彩㉗~㉚。

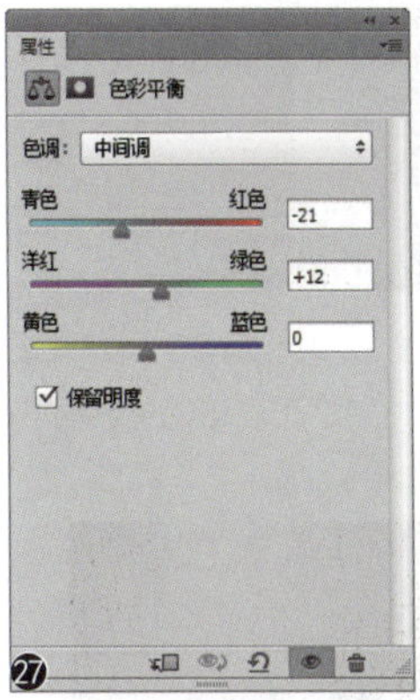

㉗

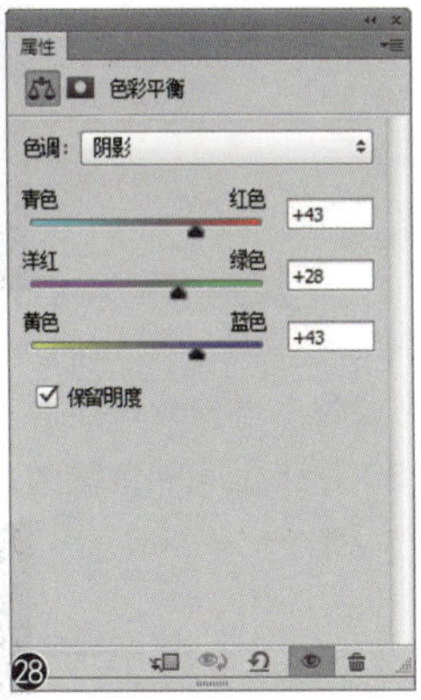

㉘

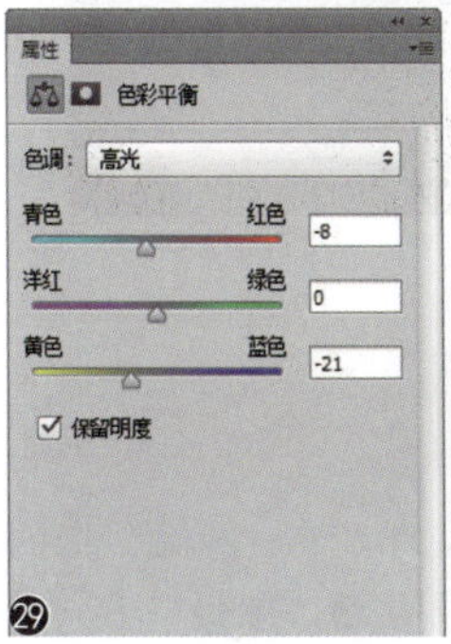

㉙

㉚

13 单击“调整”面板中的按钮，创建“颜色查找”调整图层并调色㉛㉜。

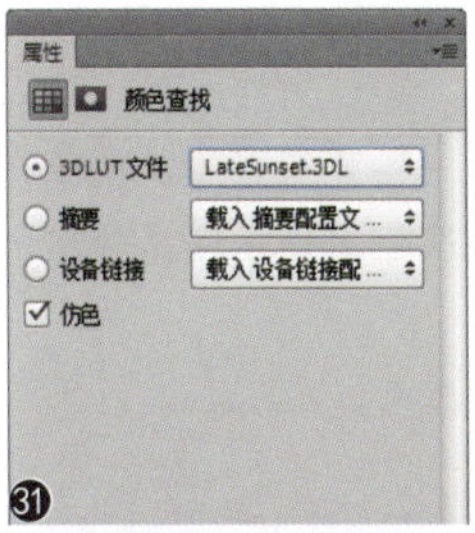

㉛

㉜

14 将前景色设置为黑色。选择渐变工具，在工具选项栏中单击径向渐变按钮，在渐变下拉面板中选择“前景色到透明渐变”㉝。

15 从画面中心向外拖曳鼠标，创建径向渐变，使“颜色查找”调整图层的影响范围仅限于图像四周。设置该图层的混合模式为“柔光”，不透明度为90%㉞㉟。

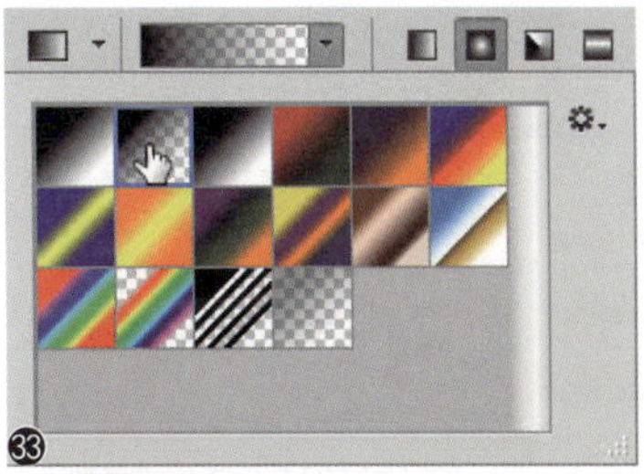
㉝

㉞

㉟

6.10

用混合颜色带抠图

混合颜色带是一种高级蒙版，位于“图层样式”对话框中“混合选项”面板底部。它能根据像素的亮度值来决定其显示还是隐藏，非常适合抠火焰、烟花、云彩、闪电等位于深色背景中的对象。

6.10.1 分析：用数字控制蒙版

混合颜色带类似于图层蒙版，可以隐藏像素，而不会将其删除。但又与图层蒙版不同。图层蒙版根据蒙版图像中的灰度值来遮盖图层内容，并且蒙版是可编辑的。混合颜色带则根据像素的亮度值决定其显示或隐藏，蒙版是不可见的，也不能像图层蒙版那样可以用画笔、渐变、滤镜等进行编辑。

那么，混合颜色带通过什么来控制呢?

它是用亮度范围来控制蒙版遮盖范围的——我们指定一个亮度范围，Photoshop就会让此亮度范围之内的像素显示，之外的像素隐藏。

打开一个文件，双击“图层1”❶，打开“图层样式”对话框。“混合颜色带”就在对话框底部❷。

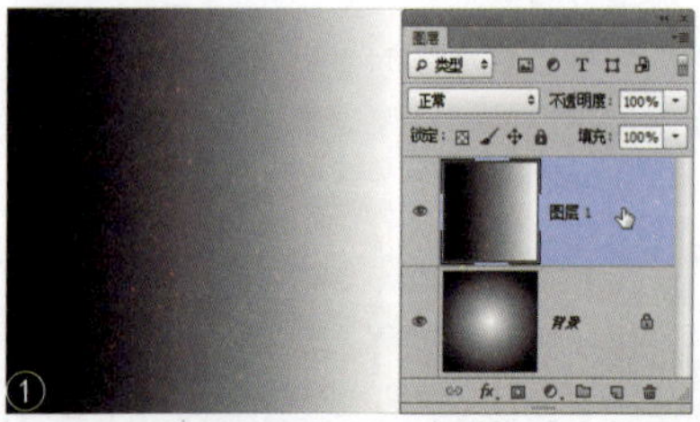

①

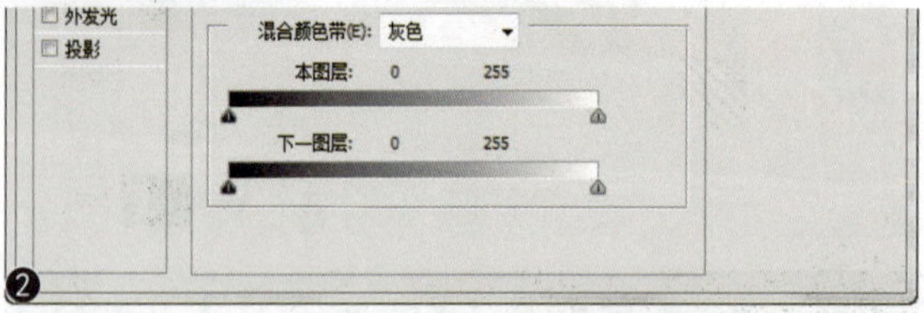

❷

“本图层”是指当前正在处理的图层（即双击的“图层1”）；“下一图层”是指它下方的第一个图层。这两个选项下方分别配有黑白渐变条，渐变条上还用数字显示了色调范围。

黑白渐变条代表了图像的色调范围，从0（黑）到255（白），共256级色阶。黑色滑块位于渐变条的最左侧（数字为0），它定义了亮度范围的最低值；白色滑块位于最右侧（数字为255），它定义了亮度范围的最高值❸。

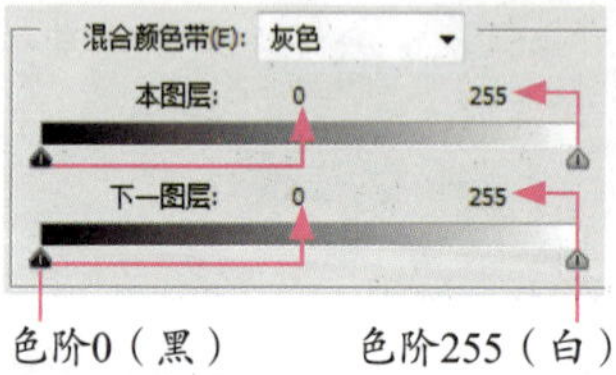

❸

拖曳“本图层”滑块，可以隐藏当前图层中的像素，下方图层中的像素就会显示出来。

我们向右拖曳黑色滑块，将它从黑色色阶下方移动到灰色色阶下方，此时所有亮度值低于滑块当前位置的像素都会被隐藏。并且移动滑块时，它所对应的数字也在改变，观察数字，就能知道图像中有哪些像素被隐藏。从当前结果看，数字是100❹，说明亮度值在0~100之间的像素被隐藏了。

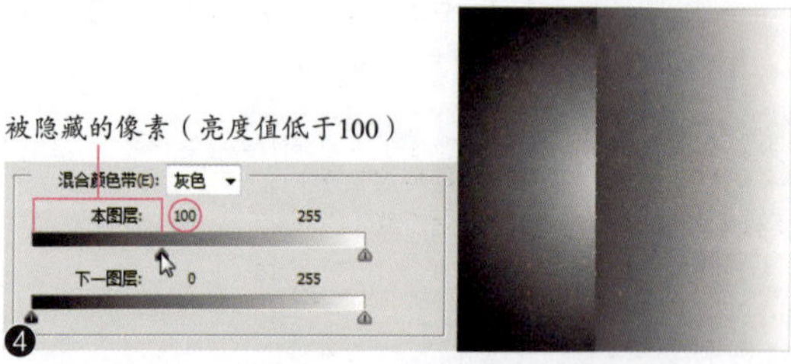

❹

拖曳白色滑块，可以将亮度值高于滑块所在位置的像素隐藏❺。当前滑块所对应的数字是200，说明亮度值在200~255之间的像素被隐藏了。

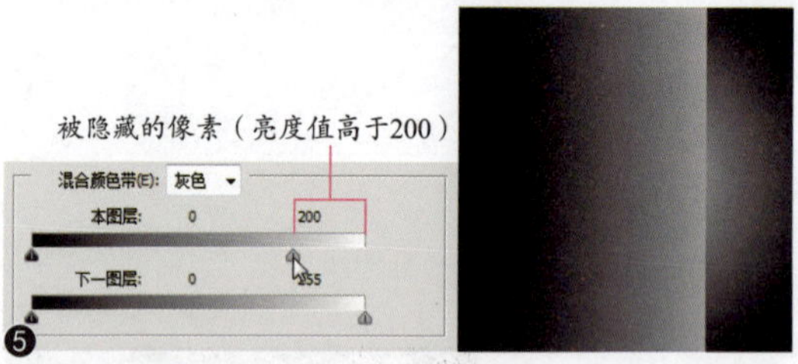

❺

6.10.2 分析：让下层图像穿透当前图层

“混合颜色带”选项组中的“下一图层”指的是位于当前图层下方的第一个图层❶。拖曳“下一图层”滑块，可以让这一图层中的像素穿透当前图层显示出来。例如，将黑色滑块拖曳到色阶100处，则亮度值在0~100之间的像素就会穿透当前图层显示出来❷；将白色滑块拖曳到色阶200处，可以显示亮度值在200~255之间的像素❸。

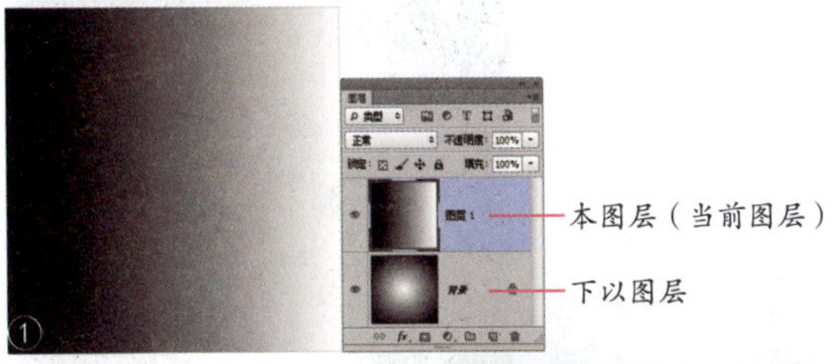

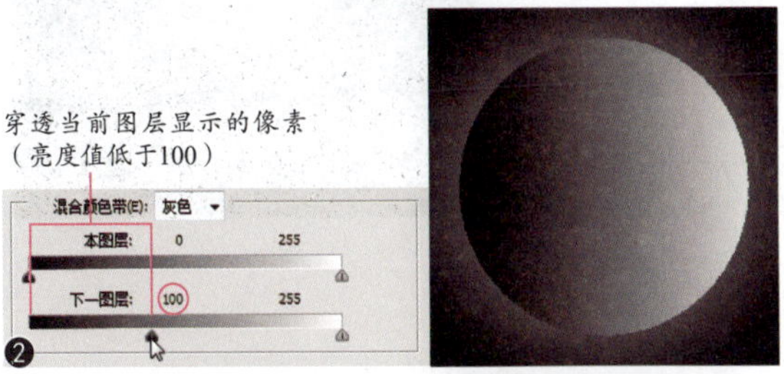

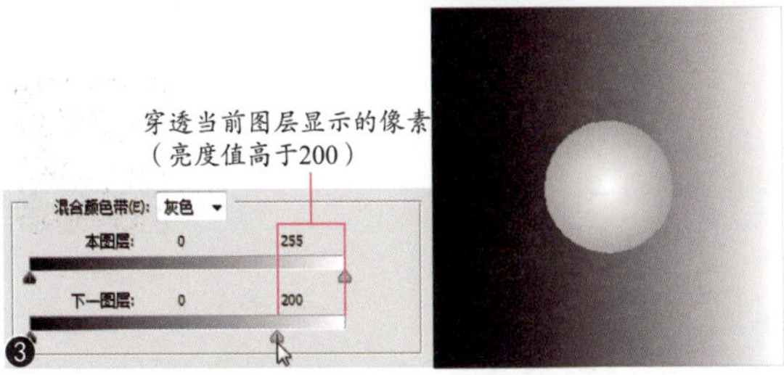

6.10.3 实战技巧：创建半透明过渡区域

我们知道，在图层蒙版中，灰色不会完全遮盖图像，而是可以让其呈现一定程度的透明效果（146页）。混合颜色带也能创建类似的半透明区域。

按住Alt键拖曳任意一个滑块，将它拆分为两个三角形的滑块，再将二者分开，它们中间区域的像素就会呈现半透明效果❶。

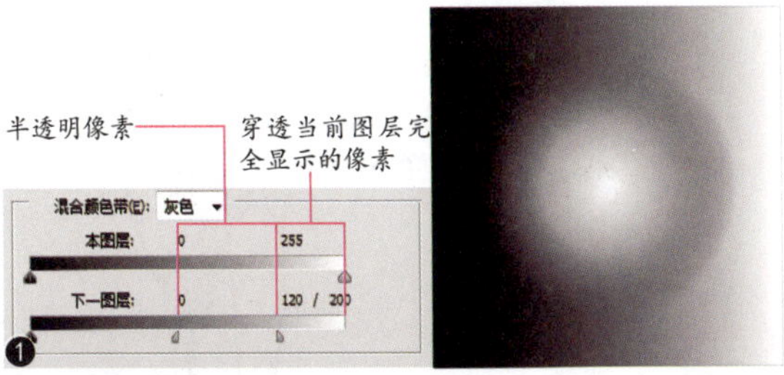

滑块位置在120和200处，说明亮度值在120~255之间的像素会穿透当前图层显示出来，而这其中200~255一段的像素完全显示，120~200一段会呈现透明效果，色调值越低，像素越透明

提示（Tips）

混合颜色带的独特之处在于：既可以隐藏当前图层中的图像，也可以让下面层中的图像穿透当前层显示出来，或者同时隐藏当前图层和下面层中的部分图像，这是其他任何一种蒙版都无法实现的。

6.10.4 实战技巧：选择混合的通道

在“混合颜色带”下拉列表中可以选择一个颜色通道来控制混合效果。“灰色”表示使用全部颜色通道控制混合效果。

使用混合滑块只能隐藏像素，而不是真正删除像素。在任何时候，只要打开“图层样式”对话框，将滑块拖回原来的起始位置，便可以让隐藏的像素重新显示出来。

6.10.5 练习：用混合颜色带合成图像

混合颜色带能够以最快的速度隐藏像素，让图像看上去是在透明背景上。但只有在对象与背景之间的色调差异较大时，它才能发挥最佳效果，而且背景要尽量简单、没有烦琐内容才好。

01 打开素材❶❷。使用移动工具将“火焰1”图层拖入狮子文档中❸❹。

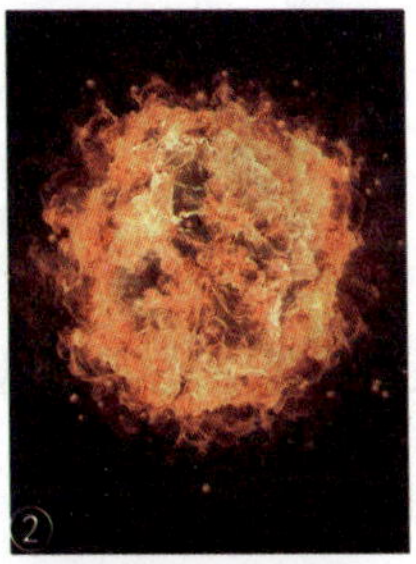

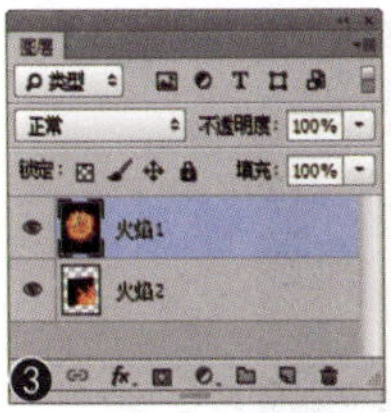

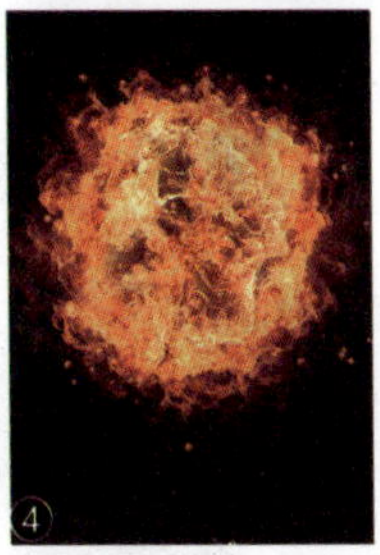

02 双击火焰所在的图层，打开“图层样式”对话框。按住Alt键拖曳“本图层”中的黑色滑块，将它分

开后，将右半边滑块向右侧拖至靠近白色滑块处❺，这样可以创建一个较大的半透明区域❻。

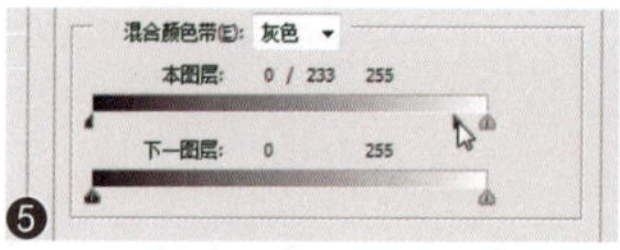

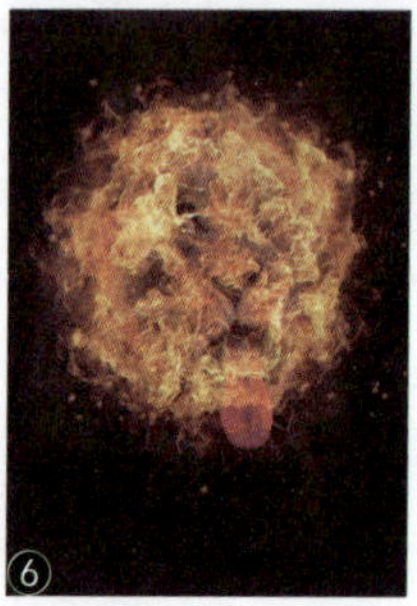

03 单击“图层”面板中的按钮，添加图层蒙版。使用柔角画笔工具在狮子面部涂抹黑色，让狮子显现出来❼❽。

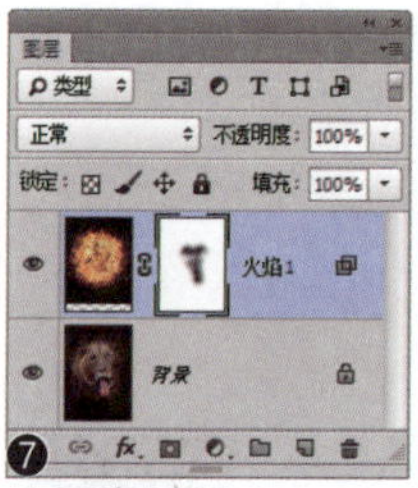

04 使用移动工具将“火焰2”图层拖入狮子文档中，作为狮子头顶的火苗❾。按下Ctrl+T快捷键显示定界框，拖曳控制点旋转图像。按下Enter键确认。双击它所在的图层，打开“图层样式”对话框。按住Alt键拖曳“本图层”中的黑色滑块❿。

05 单击按钮，为它添加图层蒙版。使用柔角画笔工具将火焰边缘涂黑⓫⓬。

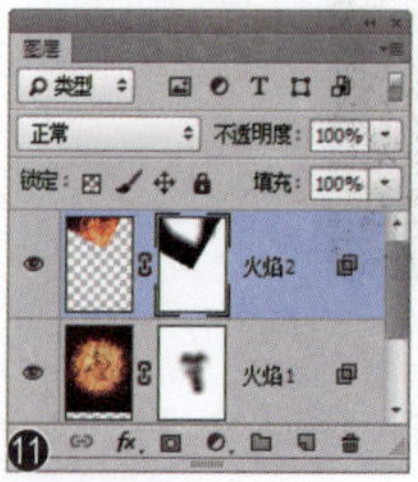

06 单击“调整”面板中的按钮，创建“曲线”调整图层，拖曳曲线，增加色调的对比度⓭。最后使用横排文字工具在画面底部添加一组文字⓮。

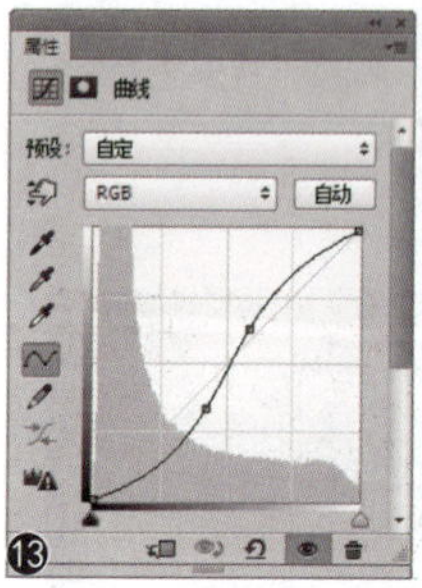

6.10.6 练习：用通道抠花

01 打开素材❶。按下Ctrl+3、Ctrl+4、Ctrl+5快捷键，文档窗口中会显示各个颜色通道❷~❹。

花朵素材

红通道

绿通道

蓝通道

02 可以看到，蓝通道中花朵的色调较深，而背景色调很浅，几乎是白色的，我们只要选择蓝通道，将它的色调最高值调低一点（白色滑块向左拖动一些），即可让浅色的背景消失。按住Alt键双击“背景”图层，将它转换为普通图层。

03 再一次双击图层，打开“图层样式”对话框，选择“蓝”通道❺，向左拖曳高光滑块，即可轻松将背景隐藏❻。

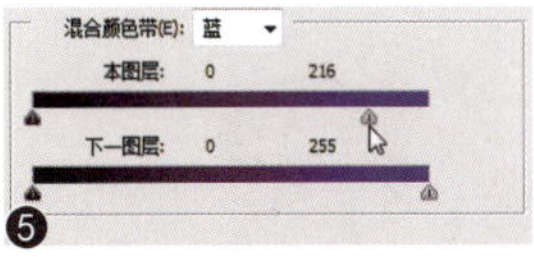

❺

❻

6.11 用钢笔工具抠图

这一部分内容用到的是矢量工具——钢笔工具。钢笔工具是非常重要的抠图工具，但需要一定的练习，掌握了方法之后才能使用，它的练习方法在第11章。如果觉得钢笔工具有些难度，可以把这部分内容放一放，待到第11章完成后回过头来学习也不迟。

6.11.1 使用自由钢笔工具徒手绘制路径

自由钢笔工具是一个可以徒手绘制路径的工具，它的特点是绘图速度快，缺点则是可控性差，只适合绘制比较随意的图形。

自由钢笔工具的使用方法与套索工具一样。选择该工具后，在画面中单击并拖曳鼠标，即可绘制路径，路径的形状由鼠标的移动轨迹决定，并且Photoshop还会自动为路径添加锚点❶。如果要封闭路径，可以将光标移动到路径的起点处，按住Alt键，光标变为状后放开鼠标按键即可❷。

❶

❷

6.11.2 练习：用磁性钢笔工具抠小财神

选择自由钢笔工具后，在工具选项栏中选取“磁性的”选项，即可将其转换为磁性钢笔工具。

磁性钢笔工具与磁性套索工具非常相似，在使用时，只需在对象边缘单击，然后放开鼠标左键沿边缘移动，Photoshop便会紧贴对象轮廓生成路径。如果锚点的位置不正确，可以按下Delete键删除；双击则闭合路径。

01 打开素材文件❶。选择自由钢笔工具，在工具选项栏中选择“路径”选项。单击工具选项栏右侧的按钮，打开下拉面板，选取“磁性的”选项并设置参数❷。

❶

❷

02 将光标放在小财神的帽子边缘，单击鼠标❸，然后放开按键并沿着边界拖动鼠标，绘制出路径❹。

❸

❹

03 当光标移动到最开始处的锚点时，光标会变为状，单击鼠标封闭路径，完成轮廓的描绘。按下Ctrl+Enter键，将路径转换为选区❺。按下Ctrl+J快捷键，将选中的图像复制到新的图层中。在“背景”图层前面的眼睛图标上单击，隐藏该图层，可以看到抠出的小财神在透明背景上的效果❻。

❺

❻

磁性钢笔工具/自由钢笔工具选项

使用磁性钢笔工具时，单击工具选项栏中的按钮打开下拉面板❼，其中的“曲线拟合”和“钢笔压力”是磁性钢笔和自由钢笔工具的共同选项，“磁性的”选项组可以控制磁性钢笔工具的检测范围和锚点数量等。

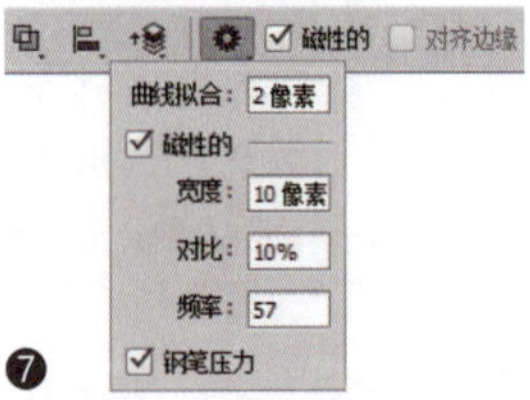

❼

选项	说明
曲线拟合	控制最终路径对鼠标或压感笔移动的灵敏度，该值越高，生成的锚点越少，路径也越简单
“磁性的”选项组	“宽度”选项用于设置磁性钢笔工具的检测范围，该值越高，工具的检测范围就越广；“对比”选项用于设置工具对于图像边缘的敏感度，如果图像的边缘与背景的色调比较接近，可将该值设置得大一些；“频率”选项用于确定锚点的密度，该值越高，锚点的密度越大
钢笔压力	如果计算机配置有数位板，可以选择“钢笔压力”选项，然后通过钢笔压力控制检测宽度，钢笔压力的增加将导致工具的检测宽度减小

6.11.3 练习：钢笔工具+路径运算抠水杯

这个实例主要学习钢笔工具的抠图流程，路径的绘制并不复杂。操作时可以按下Ctrl++快捷键，放大窗口的显示比例，以便能更加准确地将锚点放置在水杯边缘。

01 打开素材。选择钢笔工具，在工具选项栏中选择“路径”选项。在杯子左下角单击，创建一个角点❶；按住Shift键在杯子左上角单击，生成第二个角点。按住Shift键可以锁定垂直方向，以便生成垂直的直线路径❷。其实这个杯子的轮廓线并非垂直的，我们这样做是为了使抠出的图像更加美观一些。当然也可以衷于原型描绘。

❶

❷

02 在杯子顶部单击并拖曳鼠标，创建平滑点❸；在右上角单击鼠标，创建平滑点❹。

❸

❹

03 按住Shift键在前一个锚点下方单击，创建角点（垂直线）❺；在杯子把手单击并拖曳鼠标，创建平滑点❻❼。要想轮廓准确，方向线拖曳的长度是关键，尤其是把手下方最后一个锚点，方向线一定要非常短才行❽。另外为保证曲线流畅，也要尽量少添加锚点。

❺

❻

❼

❽

04 把手最后一个锚点后面需要绘制垂直的直线路径，而最后一个锚点是平滑点，我们得按住Alt键在该锚点上单击一下，将其转换为只有一条方向线的角点❾，这样绘制下一段路径时就能发生转折了。杯子右侧边界与底部之间有一个小弯，按住Shift键在杯子右下角单击并拖曳鼠标，创建平滑点❿。注意，方向线不要过长。

❾

❿

05 后面两个锚点也是平滑点⓫⓬，其中最后一个用于封闭轮廓，需要将光标放在整个路径轮廓的第一个锚点上方，单击并拖曳鼠标，方向线不要拖得过长。

⓫

⓬

06 下面来进行路径运算，把杯子把手中的空隙排除出去。在工具选项栏中单击排除重叠形状按钮⓭，然后在把手空隙中绘制路径⓮。

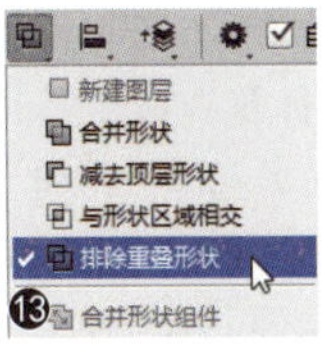

⓭

⓮

07 按下Ctrl+Enter键，将路径转换为选区⓯。下面就可以将图像从背景中抠出来了。在前面的抠图练习中，我们用过两种方法操作。第一种方法是单击“图层”面板中的按钮，基于选区创建蒙版，隐藏背景⓰，这种方法可以减少图层数量；第二种方法是按下Ctrl+J快捷键，将选中的图像复制到一个新的图层中。如果还想对原图层进行其他操作，可以通过第二种方法抠图。两种方法的相同点是都不会破坏原图像。

⓯

⓰

6.11.4 练习：路径与选区转换抠汽车

下面我们通过一个抠图实例，学习怎样在路径和选区之间转换。

01 打开素材。像汽车这种边缘光滑的对象最适合用钢笔工具抠。选择钢笔工具，在工具选项栏中选择“路径”选项，沿汽车边缘绘制路径❶。由于整个车身是流线型的，因此轮廓中没有多少直线路径，有几处转折的地方，需要将曲线改为转角曲线，按住Alt键单击锚点即可。如果会用钢笔工具编辑路径（379页），描绘这个汽车轮廓是非常轻松的。另外，操作时可以按下Ctrl++和Ctrl+-快捷键放大、缩小窗口，以便准确放置锚点。

❶

02 路径绘制好之后，会自动存储为工作路径，并处于选取状态。双击工作路径层，将其保存为正式的路径层❷。单击“路径”面板中的按钮，或者按下Ctrl+Enter键，即可转换为选区❸。这种方法适用于选择路径后再来操作。如果未选择路径，可以按住Ctrl键单击“路径”面板中的路径层，从中载入选区。

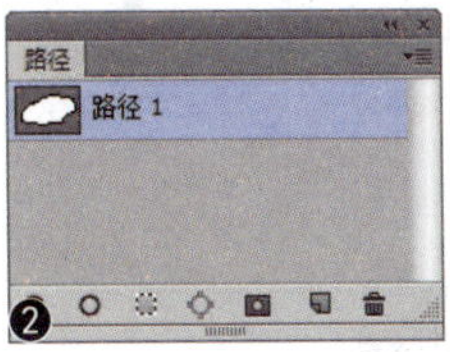

❷

❸

03 现在画面中已经没有了路径，只显示选区❹。单击“路径”面板中的按钮，可以将选区转换为工作路径❺。路径和选区的转换就是这么简单。

❹

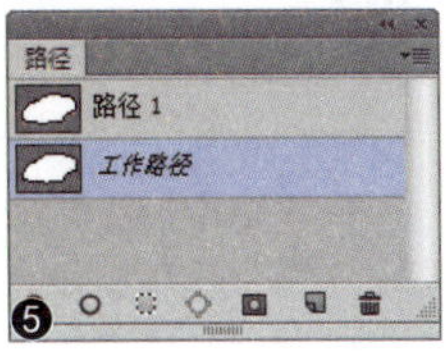

❺

04 在选区显示状态下，单击“图层”面板中的 按钮，基于选区创建蒙版❻，完成抠图操作。

6.11.5 练习：钢笔+通道抠婚纱

抠婚纱时，人与婚纱一般要分开处理。人像是不透明的，为了轮廓准确，最好用钢笔工具选取；婚纱是透明的，可以在通道中制作选区；之后，再通过“计算”命令将两个选区合二为一。

01 打开素材❶。先来制作人物选区。选择钢笔工具 ，在工具选项栏中选择“路径”选项。单击“路径”面板底部的 按钮，新建路径层❷。

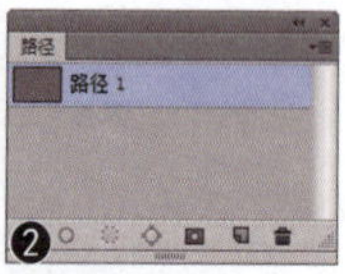

02 沿人物的外轮廓绘制路径，描绘时要避开半透明的婚纱❸❹。

03 按下Ctrl+Enter键，将路径转换为选区❺。单击“通道”面板中的 按钮，将选区保存到通道中❻，人物选区制作完成。

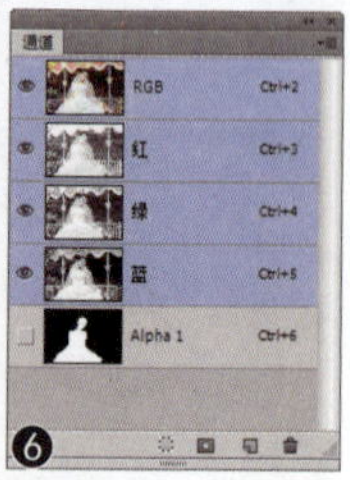

04 将蓝通道拖曳到创建新通道按钮 上，进行复制❼。使用快速选择工具 选取人物，包括半透明的头纱，按下Shift+Ctrl+I快捷键反选❽。按下Alt+Delete快捷键在选区内填充黑色❾❿。按下Ctrl+D快捷键取消选择。婚纱选区制作完成。

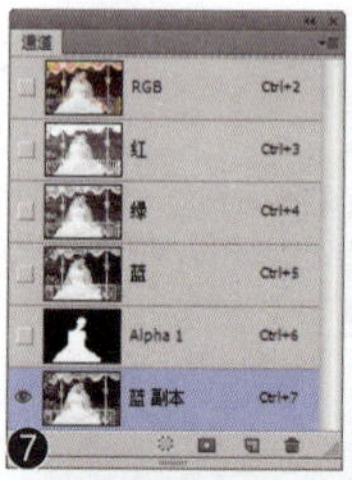

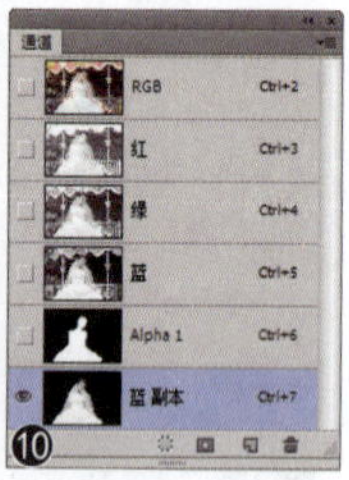

05 下面来合并选区。执行“图像>计算”命令，让“蓝 副本”通道与“Alpha 1”通道采用“相加”模式混合⓫。单击“确定”按钮得到一个新的通道，这便是最终的选区⓬⓭。单击“通道”面板底部的 按钮，载入婚纱的选区，按下Ctrl+2快捷键显示彩色图像⓮。

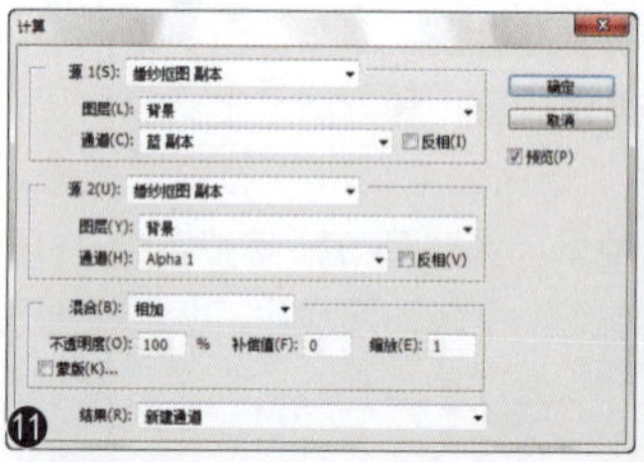

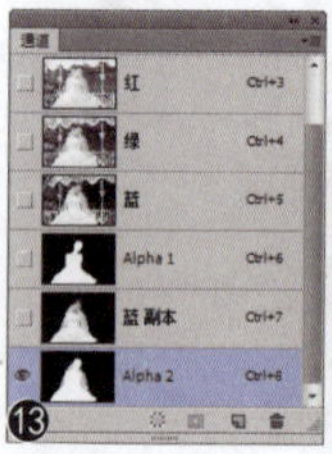

06 打开素材⑮。将抠出的图像拖入素材文档中。按下Ctrl+T快捷键显示定界框，拖动控制点旋转图像，按下Enter键确认⑯。

⑮

⑯

07 现在头纱还有些暗。单击“调整”面板中的按钮，创建“曲线”调整图层，在曲线上单击添加控制点并拖曳，将图像调亮⑰。按下Ctrl+I快捷键将蒙版反相，使用画笔工具在头纱上涂抹白色，使头纱变亮，按下Alt+Ctrl+G快捷键，创建剪贴蒙版⑱⑲。

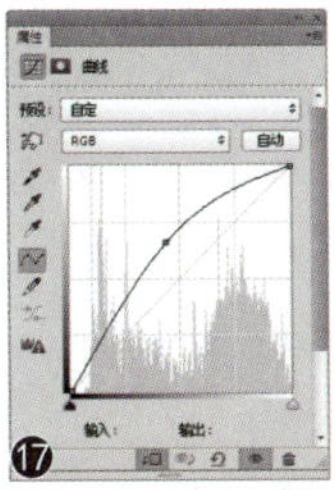
⑰

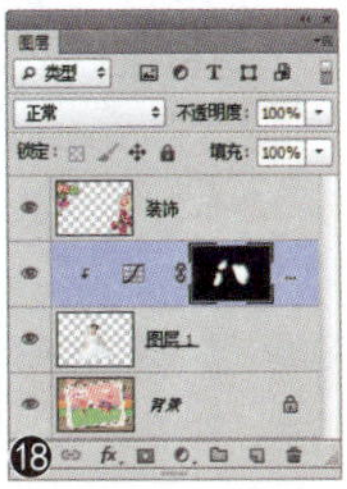

⑱

⑲

6.12 课后测验

本章介绍了很多选区的创建和编辑方法，并用大量练习讲解了抠图技术。要想学好抠图，必须经过大量的练习，在实践中积累经验。

6.12.1 抠北极熊

本章第一个测验是用背景橡皮擦工具抠熊❶❷。背景并不复杂，操作时只需注意，圆形光标中的十字线不要碰触到熊即可。

❶ 实例效果

❷ 素材

6.12.2 抠烟花

第二个测验是将烟花合成到埃菲尔铁塔素材中❶❷。烟花的背景用混合颜色带隐藏。

❶ 实例效果

❷ 素材

第7章 调整影调与曝光

本章简介

Photoshop中有近30个图像调整命令，可以应对影调、曝光、色彩及特殊色彩方面的所有问题，其全面性和专业度任何一个图像编辑软件都无法望其项背。本章我们介绍这其中的色调调整工具，下一章介绍色彩调整。在本章的开始部分，我们先要学习调整图层的使用方法和操作技巧，了解色调范围，以及怎样使用“直方图”面板分析曝光情况，之后是各个色调调整命令。这其中，“色阶”和“曲线”是最需要下功夫掌握的。这两个工具还可以用来调整色彩（具体方法在下一章）。本章的最后还要介绍HDR高动态范围图像的制作方法。

学习重点

关键概念

7.1 图像调整命令

图像调整命令可以通过3种方法使用，每一种方法都有其合理性。下面我们就来介绍这3种方法的不同之处。

7.1.1 调整命令使用方法①：破坏性应用

Photoshop调整图像色彩、影调和曝光的命令都在“图像”菜单中。这些命令可以通过3种方法使用❶。

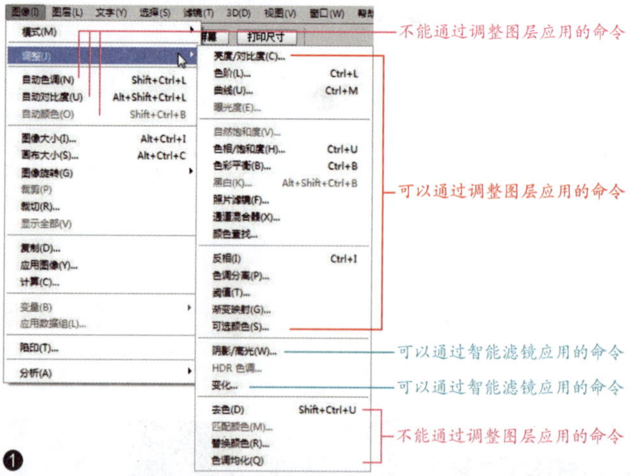

❶

第一种方法是直接应用。我们可以单击要编辑的图层，然后打开“图像”菜单，选择其中的命令来对图像进行调整。

这种直接使用命令操作的方法会修改像素。例如，当前有需要调整颜色的照片❷，如果使用“图像>调整>色相/饱和度”命令进行调整❸，观察“图层”面板❹可以看到，图层内容的颜色变了，这说明像素的颜色发生了真正的改变。

由此可知，“图像>调整”命令具有破坏性。这就提醒我们在使用前应做好备份工作。我们可以复制一个图层，调整图层副本的颜色，以免因操作不当造成图像无法复原，那样损失就大了。

调整前的图像和“图层”面板

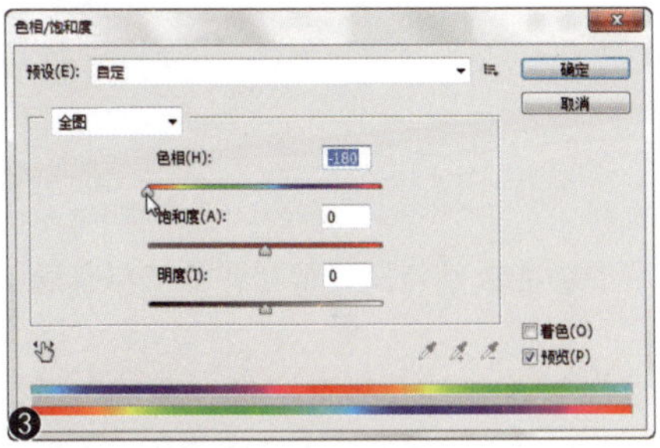

用“色相/饱和度”命令修改颜色

调整后的图像和“图层”面板

7.1.2 调整命令使用方法②：智能滤镜

智能滤镜（437页）是将普通的滤镜应用于智能对象，从而实现非破坏性编辑的一种功能。以智能滤镜的形式使用调整命令属于特例，因为只有“阴影/高光”和“变化”这两个命令才可以。

在进行操作时，首先选择要调整的图层，然后执行“图层>智能对象>转换为智能对象”命令，将其创建为智能对象❶，之后再执行“图像>调整>阴影/高光”（或“变化”）命令进行调整，它会像智能滤镜一样，以列表的形式出现在图层下方❷。

当需要对调整参数进行修改时，双击列表中的命令❸，就可以打开相应的对话框。

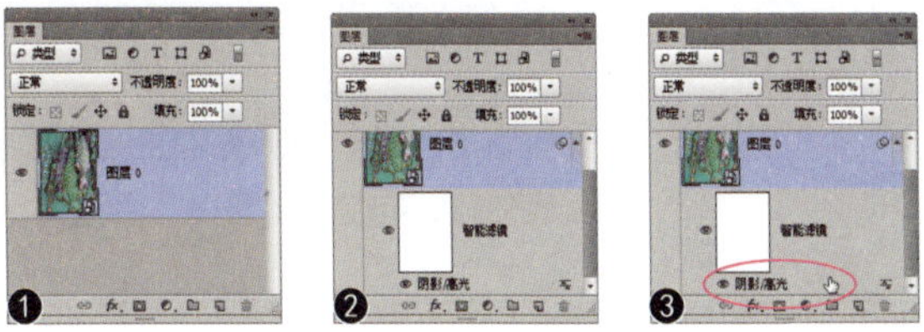

7.1.3 调整命令使用方法③：调整图层

在“图像>调整”菜单中，有一部分常用命令可以通过调整图层的方式使用。在操作时，单击“调整”面板中的按钮，创建调整图层，通过它来改变图像颜色。

调整图层是一种存储了调整指令的特殊图层，它本身没有任何内容，调整命令通过该图层对其下方的图像产生影响，效果与使用“图像”菜单中的命令操作完全相同，但像素并没有被修改❶。因此，这是一种非破坏性的编辑工具。

Photoshop中的非破坏性编辑功能有一些共同特点，就是编辑可撤销、效果可修改、图像可复原。调整图层也是如此。我们可以随时修改调整参数，也可以将其隐藏❷或删除，使图像恢复为最初状态。这些都是“调整”命令所不具备的。

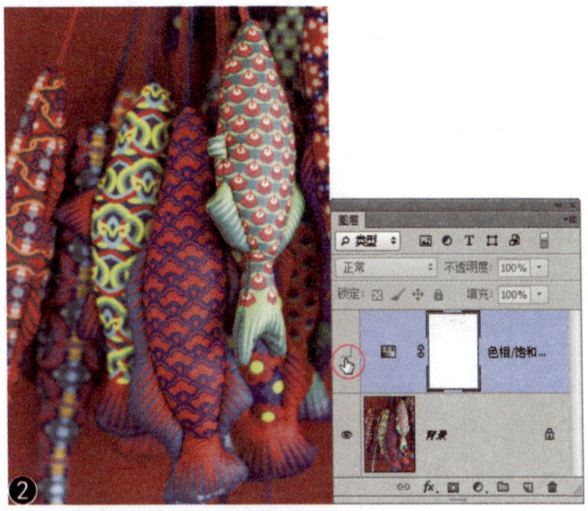

7.2 使用调整图层

调整图层的优点是不会真正改变像素，可修改参数、可隐藏、可删除。调整图层通过“调整”面板创建，存储于“图层”面板，而参数则要在“属性”面板中设置。

7.2.1 方法①：创建调整图层

执行“图层>新建调整图层”下拉菜单中的命令或单击“调整”面板中的按钮❶，即可在“图层”面板中创建调整图层，同时“属性”面板中会显示相应的参数和选项❷。

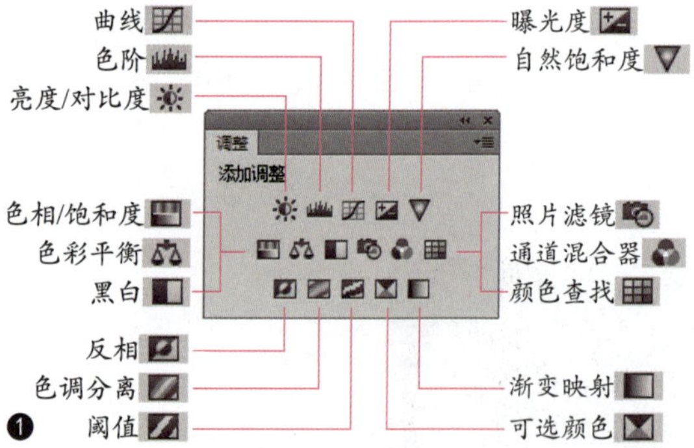

❶

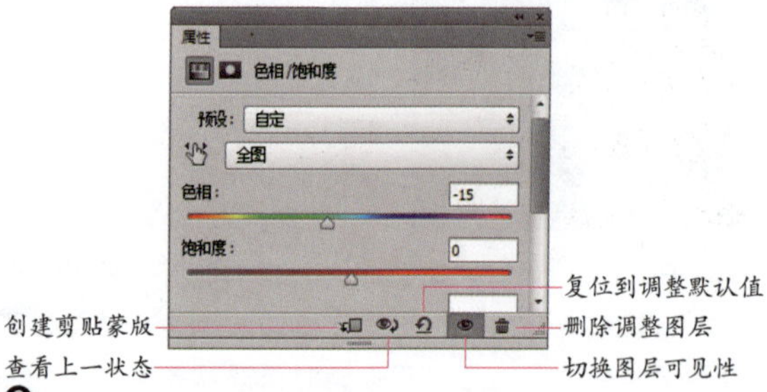

❷

“属性”面板按钮

● 创建剪贴蒙版：单击该按钮，可以将当前的调整图层与它下面的图层创建为一个剪贴蒙版组，使调整图层仅影响它下面的一个图层；再次单击该按钮时，调整图层会影响下面的所有图层。

● 切换图层可见性：单击该按钮，可以隐藏或重新显示调整图层。

● 查看上一状态：调整参数以后，可以单击该按钮，在窗口中查看图像的上一个调整状态，以便比较两种效果。

● 复位到调整默认值：单击该按钮，可以将调整参数恢复为默认值。

● 删除调整图层：选择一个调整图层后，单击该按钮，可将其删除。

7.2.2 方法②：编辑调整图层

调整图层的功能虽然特别，但操作方法与普通图层基本相同。

调整图层可以改变堆叠顺序，在“图层”面板中，向上或向下拖曳即可❶❷。应注意的是，调整图层会对位于其下方的所有图层有效。

❶

❷

调整图层可以修改混合模式❸和不透明度❹。这通常是改善或创建特殊调整效果的好方法。

❸

调整图层可以复制，方法与普通图层相同，将其拖曳到“图层”面板中的按钮上即可。如果打开了多个文档，可以像拖曳图像一样（54页），将调整图层拖入其他文档。

调整图层可以与其他图层合并（78页）。当它与其下方的图层合并时，调整效果会永久应用于合并后的图层中；当它与其上方的图层合并时，与之合并的图层不会有改变，因为调整图层不能对它上方的图层产生影响。

调整图层可以隐藏和删除，这是恢复图像原有效果的两种方法。单击调整图层前面的眼睛图标，可将其图层隐藏。需要其显示时，还是在此处单击。想要将其删除时，可单击调整图层，然后按下Delete键删除，或者将它拖曳到“图层”面板底部的按钮上也可。

7.2.3 方法③：修改调整参数

创建调整图层后，只要单击它❶，便可在“属性”面板中修改参数❷。

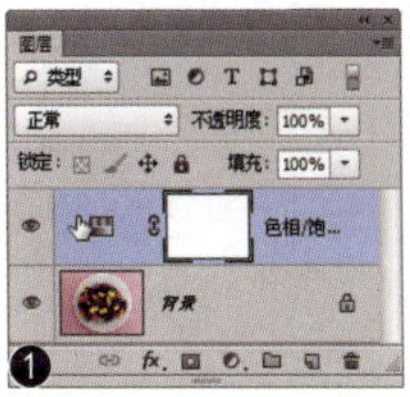

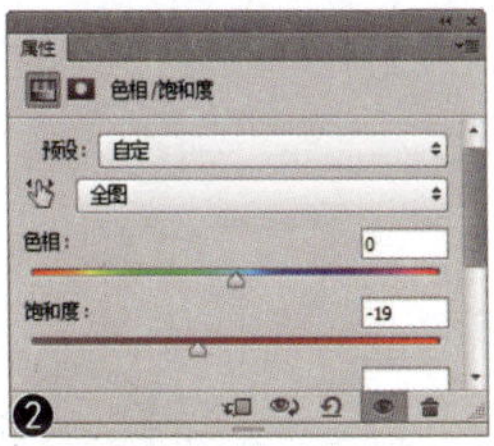

修改“色阶”和“曲线”调整图层参数时必须要留意，如果调整过单个颜色通道（如红通道），就应先选取相应的通道，然后再进行修改。否则，修改的将是复合通道（RGB），因为它是“属性”面板中默认的选项。其他调整图层，如“色相/饱和度”和“可选颜色”等也有类似情况，但选项是某种颜色，而不是通道，修改参数时也应注意。

提示（Tips）

创建调整图层或填充图层（140页）后，也可以执行“图层>图层内容选项”命令，重新打开填充或调整对话框，修改选项和参数。

7.2.4 实战技巧：控制调整所影响的范围

调整图层所影响的范围要从两个角度认识。横向看，它的有效范围覆盖整个画面区域；纵向看，它会影响位于其下方的所有图层。因此，控制调整范围，也要从这两个方面入手❶。

横向范围的控制可利用蒙版来实现。调整图层自带一个图层蒙版，我们可以用画笔工具或其他工具将不想被调整图层影响的区域涂黑，利用蒙版将调整效果遮盖❷。

纵向控制也要分两种情况。如果只想一个图层受调整图层影响，可以在该图层上方创建调整图层，然后单击“属性”面板中的按钮，将它与调整图层创建为一个剪贴蒙版组（147页），剪贴蒙版会将调整对象限定住，使其他图层不受影响❸。

如果想要让两个或更多的图层受调整影响，可以在它们上方创建调整图层，然后将它与这些图层一同选取，按下Ctrl+G快捷键，将它们编入一个图层组中，再将组的混合模式设置为“正常”就行了❹。

7.2.5 实战技巧：控制调整效果的强、弱

调整图层整体效果的强、弱可以通过“不透明度”选项来控制。该值越低，调整强度越弱❶❷。

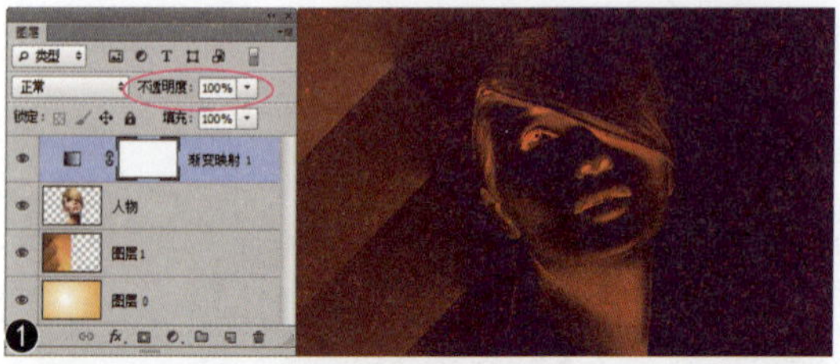

如果要控制的是局部区域的调整强度。就不能用这种方法了。我们应使用调整图层所自带的蒙版来进行操作，例如，用画笔工具将其涂灰，利用蒙版的遮盖功能来实现❸。灰色越深，调整强度越弱。

7.2.6 练习：用调整图层修改曝光和色彩

01 打开照片素材❶。单击“调整”面板中的按钮，创建“亮度/对比度”调整图层，对图像进行调整❷❸。使用柔角画笔工具在白墙上涂抹黑色❹，通过图层蒙版的遮盖，恢复墙面的细节。

02 单击“调整”面板中的按钮，创建“自然饱和度”调整图层，提高色彩的饱和度❺❻。

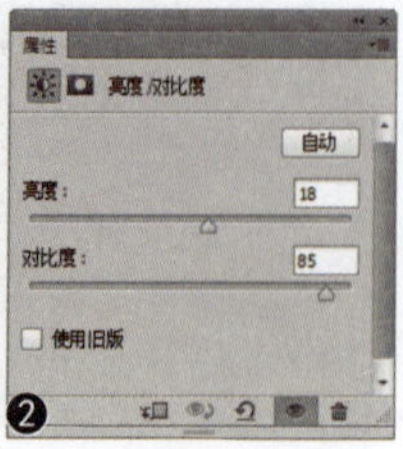

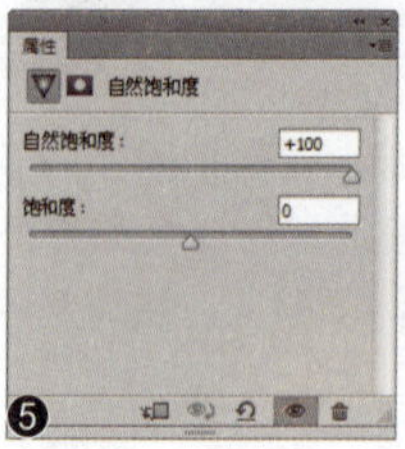

03 这张照片有一个很大的问题，就是天空太过明亮，几乎一片空白，即使想办法往回调一调，也找不回多少细节。这种情况只能制作一个蓝天，或者用其他天空素材替换了。我们采用第一种方法。单击“图层”面板底部的按钮，打开菜单，选择“渐变”命令，创建渐变填充图层。使用“天蓝色~透明”作为渐变颜色❼，设置该填充图层的混合模式为“正片叠底”，不透明度为65%❽❾。

04 单击“调整”面板中的按钮，创建“曲线”调整图层。选择红通道，在曲线上单击并向下拖曳，将红通道的色调调暗❿，画面中的青色会得到增强；选择RGB通道，也是向下方拖曳曲线，将图像的整体色调调暗⓫⓬。

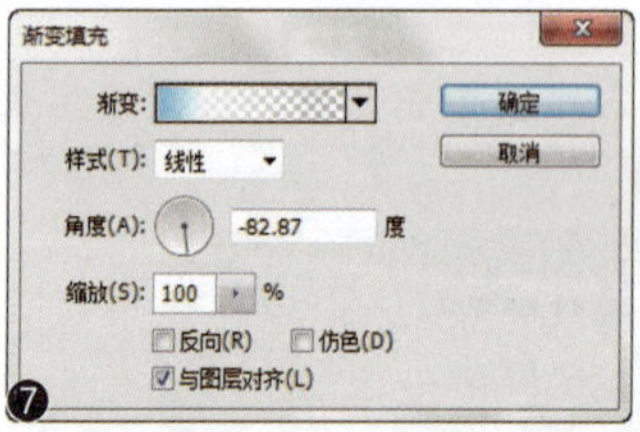

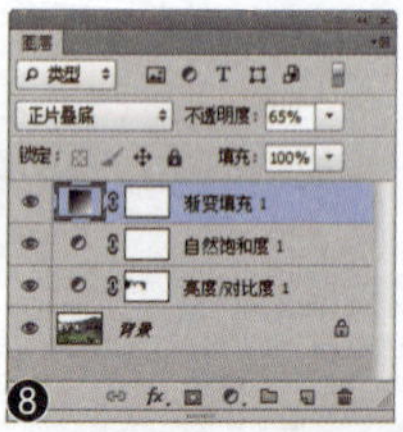

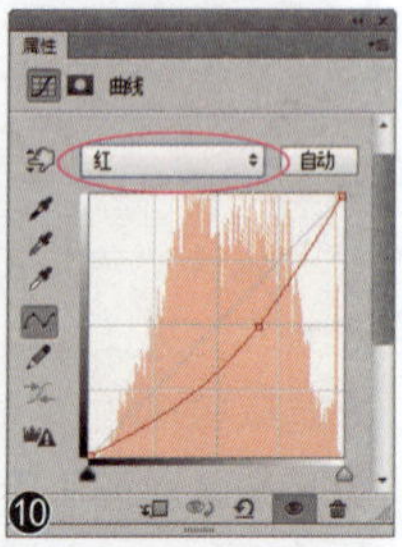

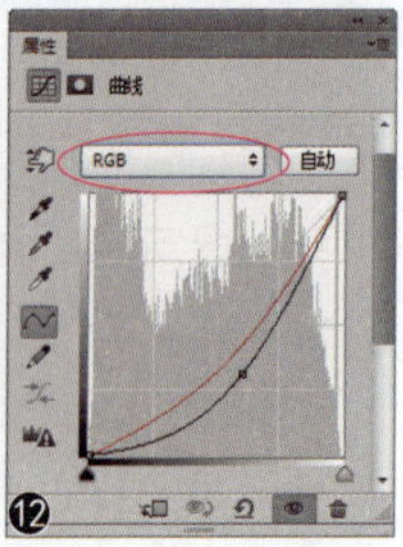

05 使用柔角画笔工具在中、后景上涂抹黑色，恢复图像，使“曲线”调整图层只对前景有效⓭⓮。

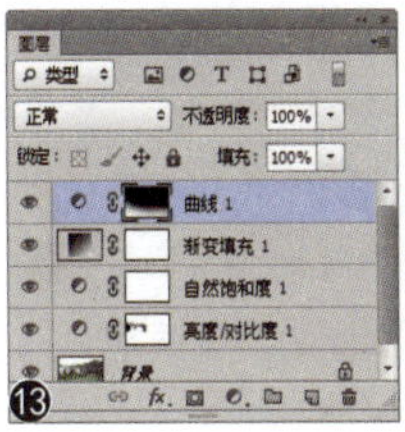

⓭

⓮

7.3 色调初级调整

色调影响的是图像的亮度和对比度，而亮度、对比度又决定了图像的清晰度，因此，色调调整是图像调整任务中非常重要的一个环节。本节我们介绍最简单的色调调整工具。复杂的工具在本章的后半部分。

7.3.1 色调范围、色调调整工具

Photoshop将图像的色调范围定义为从0（黑）~255（白），一共256级色阶❶。当图像拥有全部色阶（0~255级）时，基本上就具有了足够高的对比度、清晰的色调和清楚的细节。如果色调范围小于0~255级色阶，就会缺少纯黑和纯白或接近于纯黑、纯白的色调，这将使得色彩的对比度偏低，导致色彩不够鲜亮，色调灰暗，没有层次。我们同时用黑白和彩色照片展示更容易理解❷~❺。

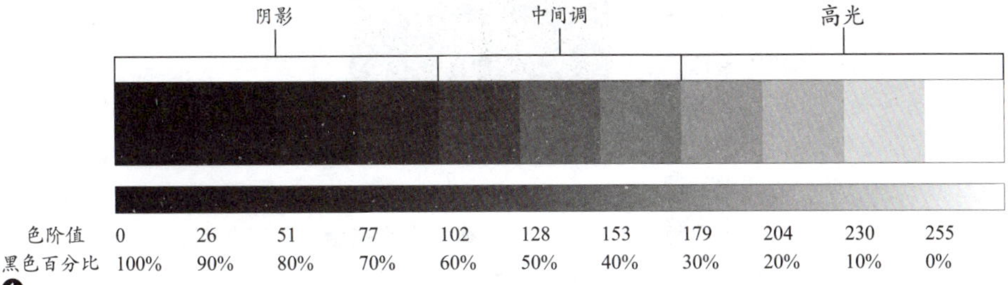

❶

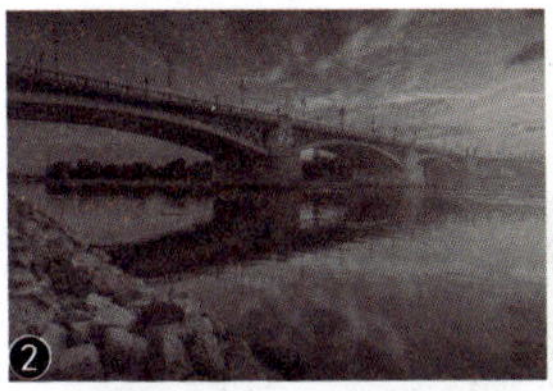
❷ 对比度弱的黑白照片

❸ 对比度强的黑白照片

❹ 对比度弱的彩色照片

❺ 对比度强的彩色照片

在0（黑）~255（白）色调范围内，可以划分出阴影、中间调和高光3个区域。对于这3个区域，“图像>调整”菜单中的命令各有侧重。其中，“色阶”和“曲线”命令可以分别调整阴影、中间调和高光区域的色调明暗。而色彩调整工具，“变化”和“色彩平衡”命令，可以分别调整这3个区域的色彩比例。

Photoshop提供了很多色调调整工具，我们从最简单的到最复杂的做一个排序：“自动色调”→“自动对比度”→“自动颜色”→“亮度/对比度”→“曝光度”→“阴影/高光”→“色阶→“曲线”。这其中，“曲线”最强大，除“曝光度”和“阴影/高光”外，可以替代其他所有命令。

7.3.2

自动调整

在“图像”菜单中，Photoshop提供了3个可以自动调整颜色和色调的简单工具——“自动色调”“自动对比度”和“自动颜色”，非常适合初学者使用。

“自动色调”命令

使用“自动色调”命令时，Photoshop会对图像中的各个颜色通道进行检查，然后将每个颜色通道中最暗的像素映射为黑色（色阶0）；最亮的像素映射为白色（色阶255）；中间像素再按比例重新分布。这样处理以后，图像的色调范围就完整了（包含0~255级色阶），对比度得到了增强，画面也会变得更加清晰❶❷。

原图

“自动色调”命令调整效果

“自动对比度”命令

在Photoshop中，图像色彩信息保存在各个颜色通道中（161页）。颜色通道明度的任何改变都会影响图像的色彩。“自动色调”命令对每一个颜色通道作出调整，因此，很容易打破色彩平衡。如果出现这种情况，应立即撤销操作，改用“自动对比度”命令。

“自动对比度”命令针对图像的整个色调进行调整，不会调整颜色通道，因此，不会改变色彩平衡❸❹。只是色调的对比度和清晰度没有“自动色调”命令效果好。

原图

“自动对比度”命令调整效果

“自动颜色”命令

“自动颜色”命令会查找图像中的深色和浅色，然后将它们用作阴影和高光颜色❺❻。该命令比较适合校正照片中出现的色偏。

原图（颜色偏蓝）

“自动颜色”命令调整效果

7.3.3

亮度、对比度调节

亮度调节可以让画面亮起来或暗下去；对比度调节可以让色调更加清晰或变得灰暗。能进行这两项调整的工具有很多，“亮度/对比度”是比较简单且能快速见效的一个。

打开一张照片❶，执行“图像>调整>亮度/对比度”命令，打开“亮度/对比度”对话框❷，向左拖曳滑块可降低亮度和对比度；向右拖曳滑块可增加亮度和对比度。

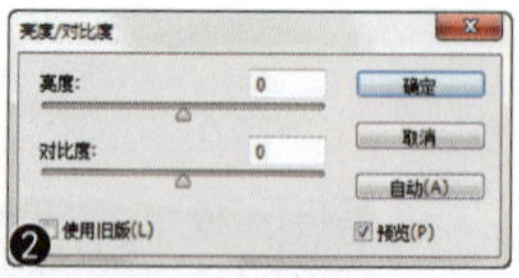

选取“使用旧版”选项可以进行线性调整，这是Photoshop CS3以前的版本的调整方法。它的特点是可以获得更高的亮度❸❹和更强的对比度❺❻，但图像细节也丢失得更多。如果图像用于高端输出，最好用“色阶”（232页）和“曲线”（237页）调整。

亮度50

亮度50（使用旧版）

对比度50

对比度50（使用旧版）

7.3.4 练习：用“亮度/对比度”命令调整照片

01 打开照片素材❶。单击“调整”面板中的☀按钮，创建“亮度/对比度”调整图层，单击“属性”面板中的“自动”按钮❷，Photoshop会自动对图像进行调整❸，以获得最佳效果。

02 单击“调整”面板中的▽按钮，创建“自然饱和度”调整图层，提高色彩的饱和度❹❺。

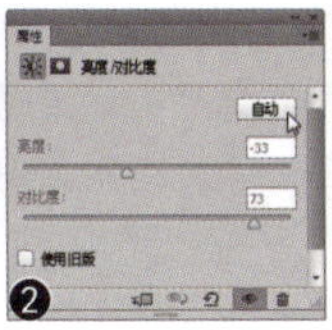

7.3.5 色调均化

“色调均化”也是一个可以重新分布色调、展现完整色调范围的命令，可以使图像的色调更加清晰，颜色相近的像素之间的对比度得到增强。

使用“图像>调整>色调均化”这一命令时，Photoshop会将图像中最暗的像素映射为黑色；将最亮的像素映射为白色；其他像素在整个亮度色阶范围内均匀分布，使图像色调呈现完整的亮度级别（0~255级色阶）❶❷。

原图

用“色调均化”命令处理

如果创建了选区，则执行该命令时会弹出一个对话框。选择“仅色调均化所选区域”选项，表示仅处理选区内的像素；选择“基于所选区域色调均化整个图像”选项，则根据选区内的像素均匀分布所有像素。

7.4 调整曝光

本节介绍怎样在后期对照片的曝光进行调整。这些内容不仅用于数码照片，也适用于各种类型的图像，因为曝光调整也是亮度和对比度调整，曝光没有处理好，色彩的表现将会受到抑制。

7.4.1 从直方图中了解曝光情况

曝光是指被摄影物体发出或反射的光线，通过照相机镜头投射到感光片上，使之发生化学变化，产生显影的过程。曝光是否正确，直接影响影像的色彩、色调和清晰度。

直方图是用于评价图像色调、了解数码照片曝光情况的主要工具。它用图形表示了图像的每个亮度级别的像素数量，展现了像素在图像中的分布情况。观察直方图可以准确了解照片的阴影、中间调和高光区域包含的细节是否足，色调范围是否完整，阴影、高光区域是否损失了细节，等等。直方图可以帮助我们分析出照片的问题所在，从而采取有针对性的方法进行调整。

打开一张照片❶。执行“窗口>直方图”命令，打开“直方图”面板❷。

❶

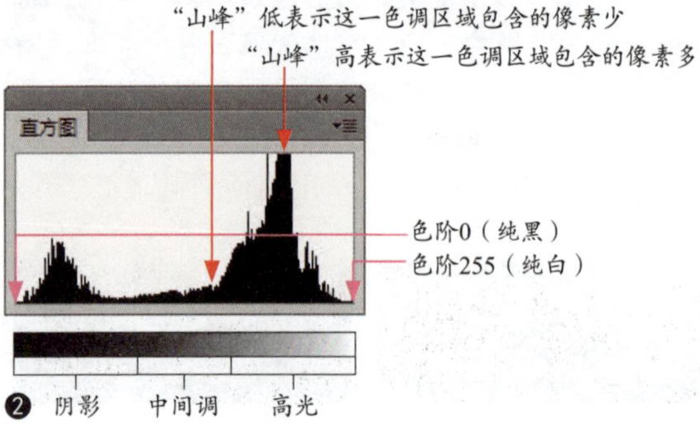

❷

在直方图中，色调范围从0~255，共256级色阶。最左侧代表纯黑色（色阶为0）；最右侧代表纯白色（色阶为255）。整个色调范围分为阴影、中间调和高光3个区域。直方图中类似于山峰状的起伏代表了图像中的像素数量。图像中某一色阶的像素越多，这一色阶位置的直方图越高，从而形成类似于“山峰”状的凸起；像素越少的色调区域，“山峰”越低。

下面我们从“山峰”的位置和形态方面分析照片的曝光情况。需要说明的是，自然界中的光影是复杂的，没有一个标准能够界定什么样的光影才是完美的。完美的直方图既不存在、更不能代表曝光就是完美的。特殊情况下可能更有赖于我们眼睛的判断。例如，拍摄白色沙滩上的白色冲浪板时，直方图极端偏右也是正常的，并不能说明曝光出现问题。

曝光准确

只有曝光准确，照片才能呈现最佳效果。从照片效果上看，色调均匀，明暗层次丰富，亮部分不会丢失细节，暗部分也不会漆黑一片，曝光基本上是准确的。在直方图中，从左（色阶0）到右（色阶255）每个色阶都有像素分布❸。

❸

曝光不足

曝光不足的照片通常较暗，尤其是暗部区域会变成漆黑一片，无法反映对象的细节和色彩。此类照片的直方图呈L形，山峰分布在直方图左侧，中间调和高光都缺少像素❹。

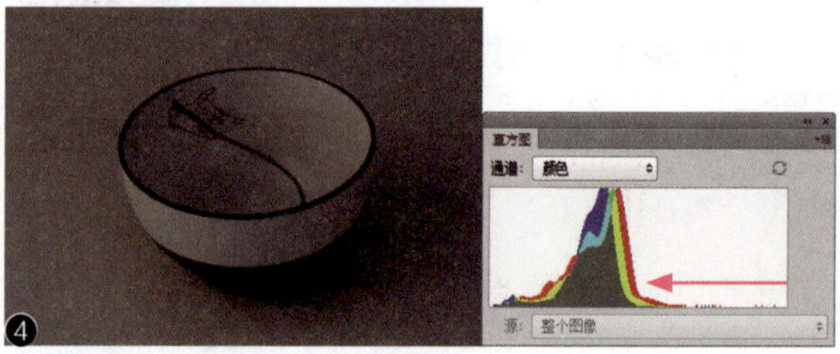
❹

曝光过度

数码相机的曝光范围没有传统的胶卷相机大，如果光线非常明亮，并且明暗反差强烈，就会使照片曝光过度，导致画面的色调过亮。此类照片的直方图呈J形，山峰整体都向右偏移，阴影区域缺少像素❺。

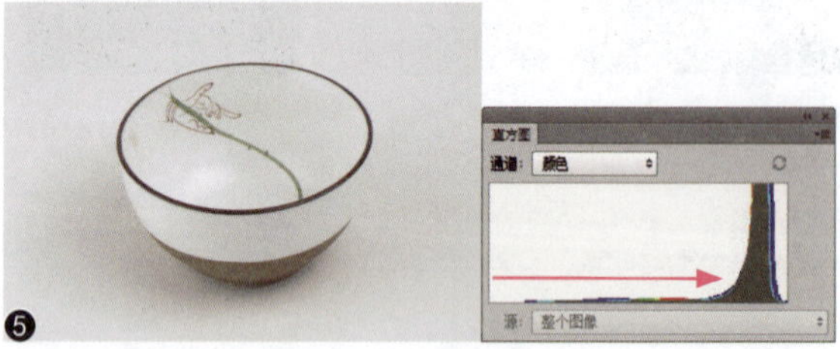
❺

反差过小

反差过小是指对比度不够高，最显著的特点是色调灰蒙蒙、不清晰，色彩也不鲜亮。此类照片的直方图呈⊥形，并没有横跨整个色调范围（0~255级），这说明阴影和高光区域缺少必要的像素，图像中最暗的色调不是黑色，最亮的色调不是白色，该暗的地方没有暗下去，该亮的地方也没有亮起来❻。

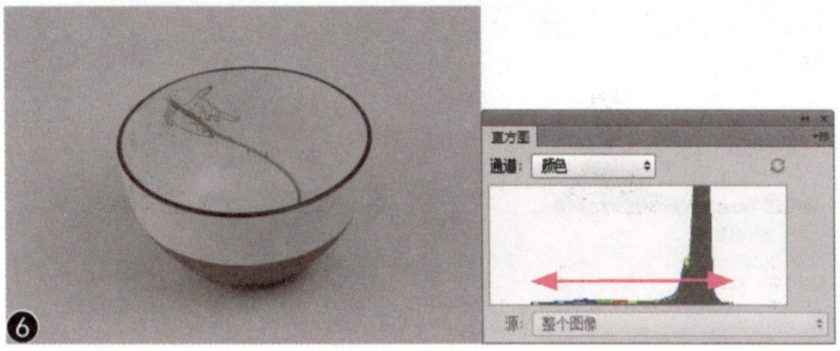

❻

暗部缺失

暗部缺失的照片阴影区域漆黑一片，没有层次，也看不到细节。在此类照片的直方图中，一部分山峰紧贴直方图左端，这就是全黑的部分（色阶为0）❼。

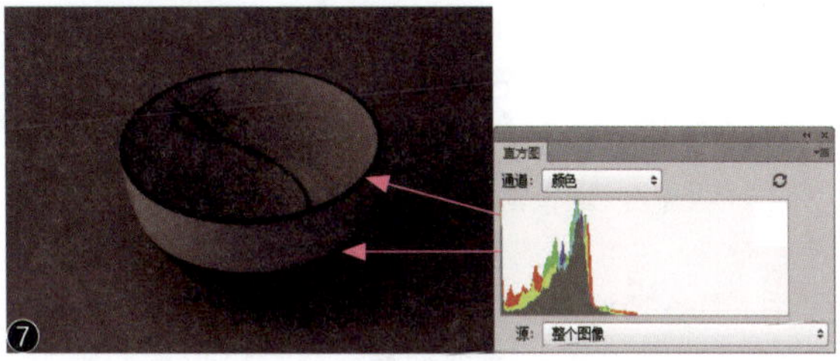

❼

高光溢出

高光溢出是指照片高光区域完全是白色，没有层次，也没有细节。在此类照片的直方图中，一部分山峰紧贴直方图右端，它们就是全白的部分（色阶为255）❽。

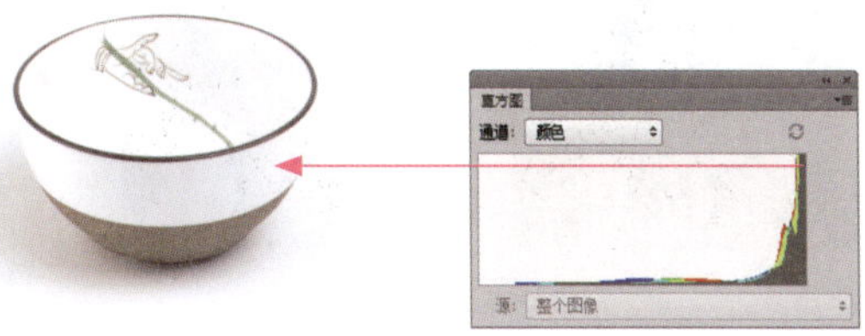

❽

7.4.2 “直方图”面板的3种显示方式

“直方图”面板有3种显示方式❶。我们可以打开菜单，选择其中的命令来进行切换。其中，“紧凑视图”是默认方式，只提供直方图；“扩展视图”包含“通道”和“源”两个选项；“全部通道视图”会提供每个通道的直方图（不包括 Alpha 通道、专色通道和蒙版）。

另外，以“扩展视图”和“全部通道视图”方式显示时，可以在“通道”下拉列表中选择一个通道，让面板中显示该通道的直方图❷。“颜色”是默认选项，在这种状态下，可以看到各个颜色通道的直方图，以及它们彼此重叠的形态。“复合”是各个颜色通道复合后的结果。如果图像是RGB模式，这一选项的名称就是RGB；如果是CMYK模式，则这一选项是CMYK。选择“明度”选项，可以显示复合通道的亮度或强度值。调整曝光时，比较适合在这种状态下操作。

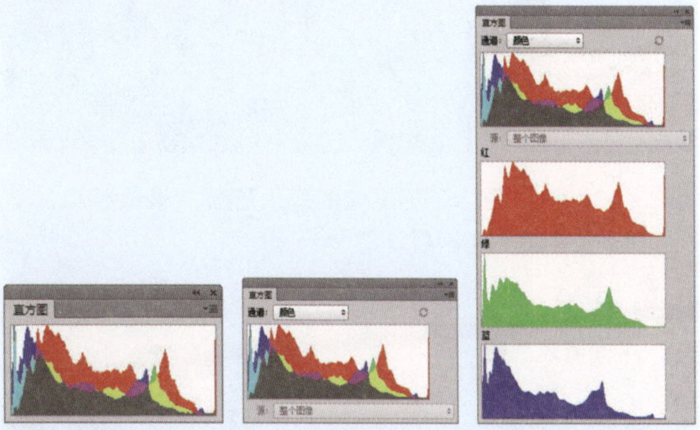

紧凑视图　　扩展视图　　全部通道视图

❶

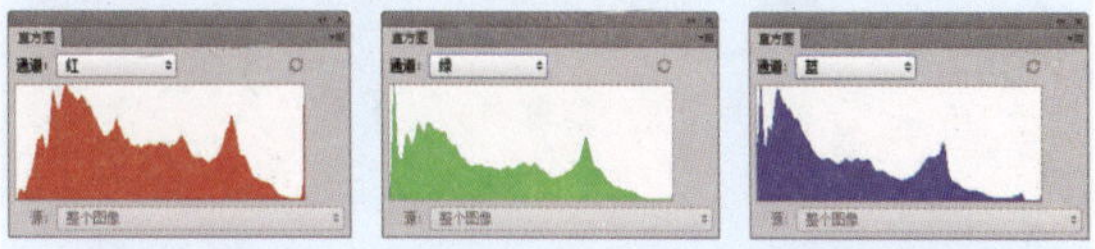

红通道直方图　　绿通道直方图　　蓝通道直方图

颜色直方图　　复合直方图　　明度直方图

❷

选择面板菜单中的“用原色显示直方图”命令，红、绿、蓝等通道的直方图会以彩色方式显示。

7.4.3 “直方图”面板的统计数据

“直方图”面板中可以显示有关亮度变化、色阶分布等方面的统计数据。当“直方图”面板以“扩展视图”和“全部通道视图”方式显示时，可以从面板菜单中选择“显示统计数据”命令，让面板中显示这些数据信息❶。

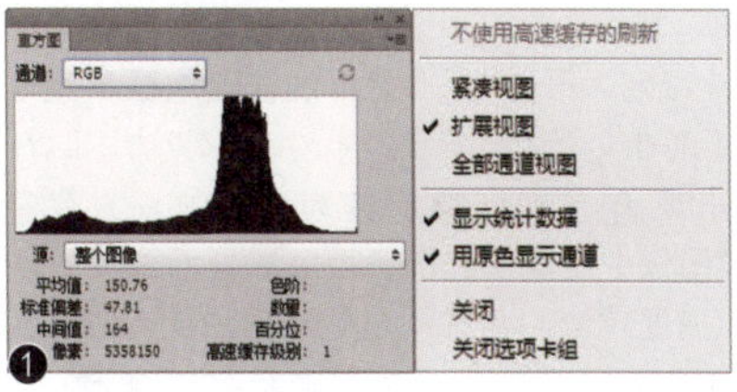

❶

- **平均值**：显示了像素的平均亮度值（0至255之间的平均亮度）。观察该值可以判断图像的色调类型。例如，

"平均值"为150.76❷（高于中间值128），直方图中的山峰位于偏右处，说明图像的整体色调明亮。

● 标准偏差：显示了亮度值的变化范围，该值越高，说明图像的亮度变化越剧烈。

● 中间值：显示了亮度值范围内的中间值。图像的色调越亮，中间值越高❸。

● 像素：显示了用于计算直方图的像素总数。

● 色阶/数量："色阶"选项显示了光标下面区域的亮度级别；"数量"选项显示了相当于光标下面亮度级别的像素总数❹。

● 百分位：显示了光标所指的级别或该级别以下的像素累计数。如果对全部色阶范围取样，该值为100。在默认状态下，"直方图"面板会显示全部图像的统计数据。如果在直方图上单击并拖动鼠标，则可以显示所选范围内的图像的数据信息。此时"百分位"显示的是取样部分占总量的百分比❺。

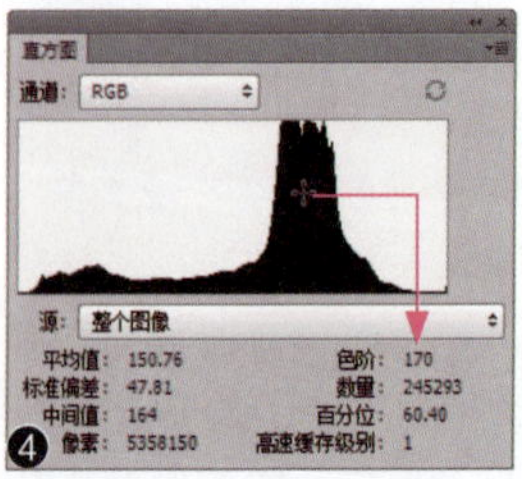

色阶170处包含245293个像素

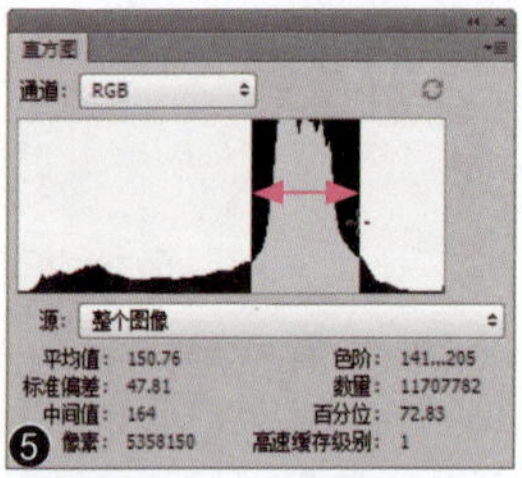

取样部分占总量的72.83%

● 高速缓存级别：显示了当前用于创建直方图的图像高速缓存。当高速缓存级别大于1时，会更加快速地显示直方图。从高速缓存（而非文档的当前状态）中读取直方图时，直方图右上角会出现▲状图标❻。这表示当前直方图是Photoshop通过对图像中的像素进行典型性取样而生成的，此时的直方图显示速度较快，但并不是最准确的统计结果。单击▲图标或↻图标（表示不使用高速缓存的刷新），可以刷新直方图，显示当前状态下的最新统计结果❼。

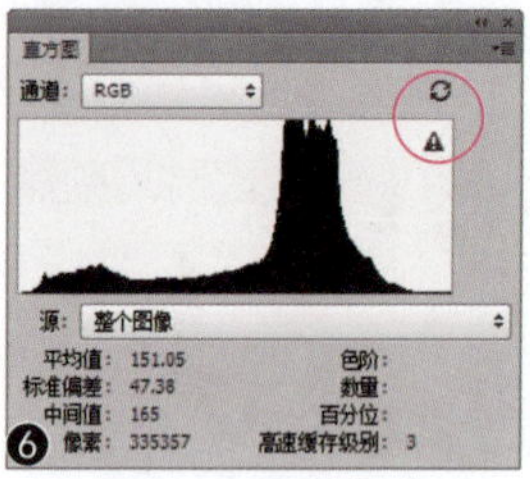

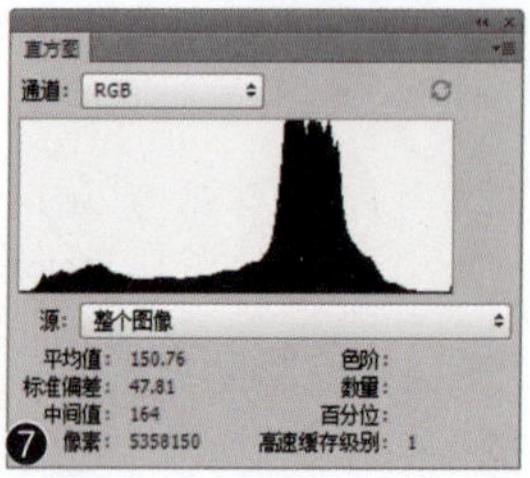

7.4.4 用减淡、加深工具调曝光

在传统摄影技术中，调节照片特定区域曝光度时，摄影师会通过遮挡光线以使照片中的某个区域变亮（减淡），或增加曝光度使照片中的某个区域变暗（加深）。Photoshop中的减淡工具和加深工具便是基于这种技术，可以对色调进行减淡和加深。

这两个工具非常适合修改照片中局部区域的曝光。而且，它们还都可以修改特定的色调——我们可以在工具选项栏的"范围"选项中选择"阴影""中间调"和"高光"，针对图像中的暗部色调、中间色调和亮部色调进行处理❶~❹。使用时，在某个区域上方单击便可，也可单击并拖曳鼠标绘制，绘制的次数越多，该区域就会变得越亮或越暗。

原图

减淡（阴影）

减淡（中间调）

减淡（高光）

这两个工具的工具选项栏是相同的❺。

● 范围：可以选择要修改的色调，包括"阴影""中间

调”和“高光”。

- 曝光度：可以为减淡工具或加深工具指定曝光。该值越高，效果越明显。
- 喷枪：单击该按钮，可以为笔尖开启喷枪功能（125页）。
- 保护色调：选取该选项，可以减少对图像色调的影响，还能防止色偏。

7.4.5 练习：用中性色图层实现分区曝光

美国著名风光摄影大师安塞尔·亚当斯的分区曝光理论是半个多世纪以来摄影科学的基本理论之一。它的核心分为两个部分，一是拍摄前期的测光方法；二是后期在暗房中控制曝光和冲洗时间，让照片显示更多的细节。该理论可以帮助摄影师在拍摄、曝光、冲洗照片，以及印刷负片时做出正确的决定。由于这一理论比较复杂，而且相关摄影书籍多有论述，这里我们就不展开来说了。我们重点关注怎样在后期阶段对照片的曝光做出不同的调整。

Photoshop素有“数码暗房”的美誉。在曝光的控制上有很多独到的方法。我们前面介绍的减淡工具和加深工具就是其中之一。只是由于这两个工具直接应用于图像，因此会修改像素，不能像调整图层那样非破坏性使用。不过，有一种非破坏性的图层可作为它们的替代品——中性色图层。我们来看一看，它是怎样使用的。

01 打开照片素材❶。这张照片在拍摄时，为了照顾左上方的白墙，避免其过度曝光，只能暂时牺牲雕像，通过后期调整来进行弥补。

❶

02 执行“图层>新建>图层”命令，打开“新建图层”对话框。在“模式”下拉列表中选择“叠加”选项，勾选“填充叠加中性色（50%灰）”选项，创建一个叠加模式的中性色图层❷❸。

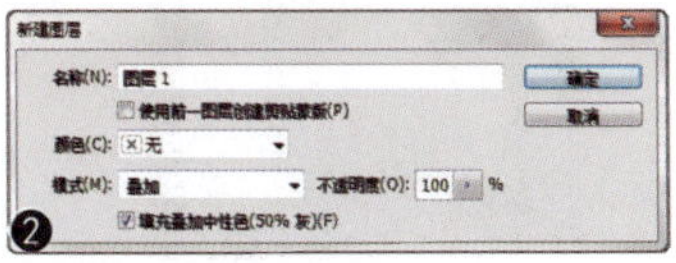

❷

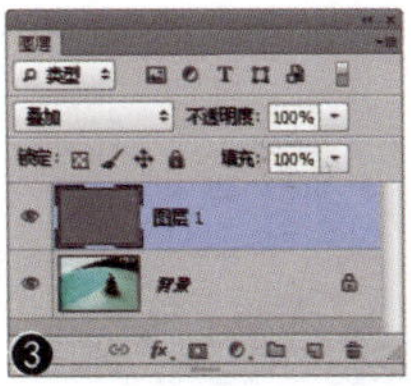

❸

03 将前景色设置为白色、背景色设置为50%灰❹。选择画笔工具，使用柔角笔尖，再按下数字键5，将工具的不透明度设置为50%，在雕像和下方的3块石头上涂抹，对图像进行减淡处理❺。在操作时，如果涂抹到了外边也不要紧❻，先将该亮的地方都提亮以后，再按下X键，将50%灰切换为前景色，用灰色修边即可❼。处理细节时可以按下 [键和] 键调整笔尖大小。

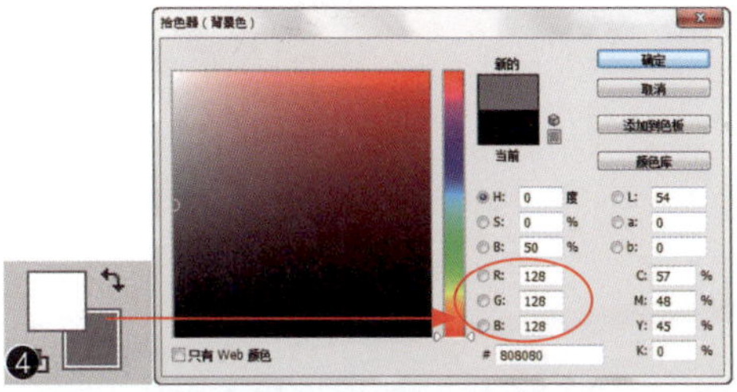

❹

❺

❻

❼

04 按住Alt键单击“图层”面板中的按钮，这样可以快速打开“新建图层”对话框。在“模式”下拉列表中选择“柔光”选项，勾选“填充柔光中性色（50%灰）”选项，创建一个柔光模式的中性色图层❽❾。

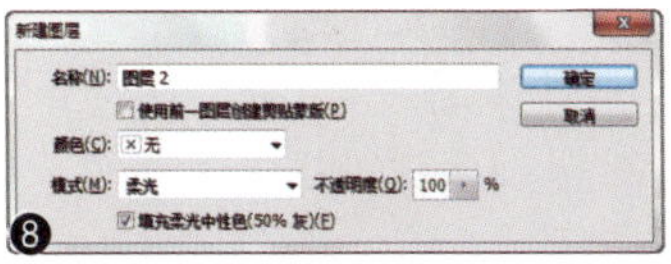

❽

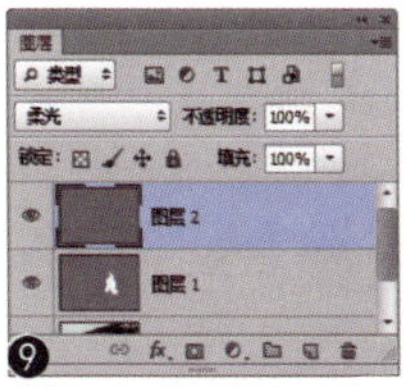

❾

05 按下X键，将前景色切换为白色，背景色切换为50%灰。单击前景颜色块，打开“拾色器”，将前景色设置为黑色。使用画笔工具在水面和画面右上角的人群区域涂抹黑色，对这些区域进行减光处理❿。这样一方面可以降低水面的亮度，另外也让人群不要太过明显，将画面的视觉焦点集中在雕像上。涂抹时有不准确的地方，也可以用前面的方法，按下X键，将50%灰切换为前景色，用灰色修边。

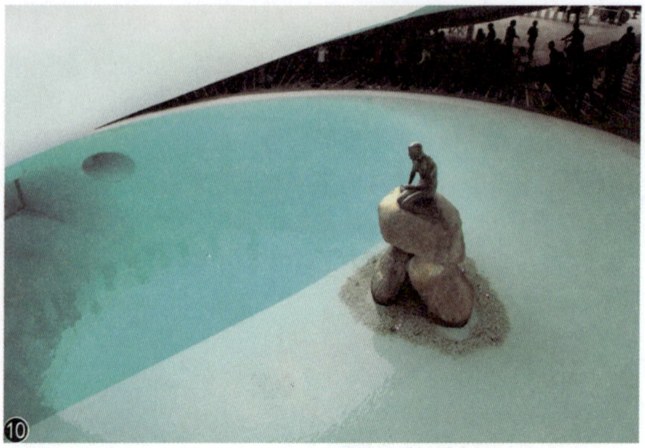

⑩

7.4.6 疑问解答：什么是中性色

在Photoshop中，黑、白和50%灰都属于中性色❶。创建中性色图层时，Photoshop会用其中的一种颜色填充图层，并为其设置一种混合模式（165页），使图层中的中性色不可见，就像是透明图层一样❷，不会对其他图层产生影响。

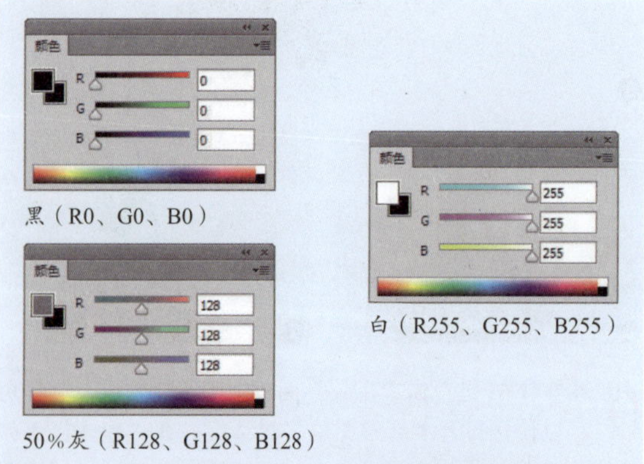

❶

❷

当图层中的中性色变深或变浅时，就不再是中性色了，在混合模式的作用下，就会影响其下方图层中的内容，这便是中性色图层的工作原理。

我们可以使用画笔工具 在中性色图层上涂抹黑、白和各种灰色；也可以用减淡工具 和加深工具 对中性色进行减淡和加深处理。此外，中性色图层还可以添加图层样式，或者承载滤镜（249页）。

7.4.7 练习：用“阴影/高光”命令调整逆光照

逆光拍摄时，场景中亮的区域特别亮，暗的区域又特别暗，形成较高的反差。如果让亮部区域曝光正常，暗部区域就会过暗，甚至漆黑一团。“阴影/高光”命令对于此类照片有独特的办法。它能够基于阴影或高光中的局部相邻像素来校正每个像素。调整阴影区域时，对高光的影响很小；而调整高光区域时，对阴影的影响很小。因此非常适合校正由强逆光而形成剪影的照片，也可用于校正由于太接近相机闪光灯而有些发白的焦点。

01 打开照片素材❶。这是张典型的逆光照，屋檐和灯笼在阳光照射不到的地方显得很昏暗，是暗部区域；后面的街巷很明亮，属于亮部区域。我们要做的是让屋檐和灯笼亮起来，而又不改变照片的整体亮度，以确保小巷不要过曝。打开“直方图”面板❷，可以看到，山峰集中于阴影区域，说明这里有很多细节，在画面中由于色调太暗而没有显现。我们来使用“阴影/高光”命令调整。该命令不支持调整图层，这很可能是由于技术原因造成的缺憾。我们来用智能滤镜（437页）的方式使用它。

❶

❷

02 执行“图层>智能对象>转换为智能对象”命令，将照片转换为智能对象❸。执行“图像>调整>阴影/高光”命令，打开“阴影/高光”对话框。Photoshop会自动分析图像并做出相应的调整❹。可以看到，暗部区域的细节已经显现出来了。

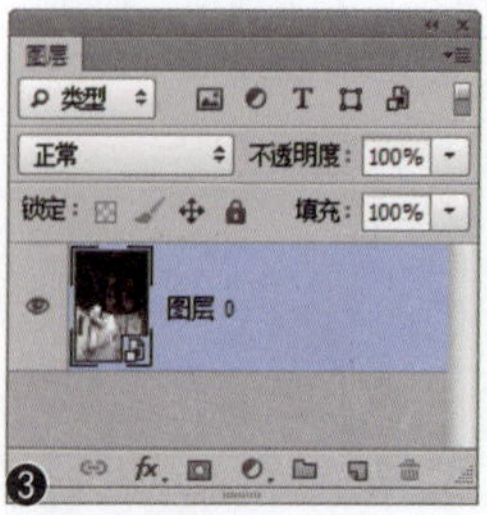

❸

❹

03 勾选“显示更多选项”，显示完整的选项。调整“阴影”选项组中的参数，向右侧拖曳“数量”和“色调宽度”滑块，扩展色调调整范围，提高调整强度，使阴影区域更亮；向右拖曳“半径”滑块，将更多的像素定义为阴影，以便Photoshop对其应用调整，从而使色调变得平滑，消除不自然感❺❻。

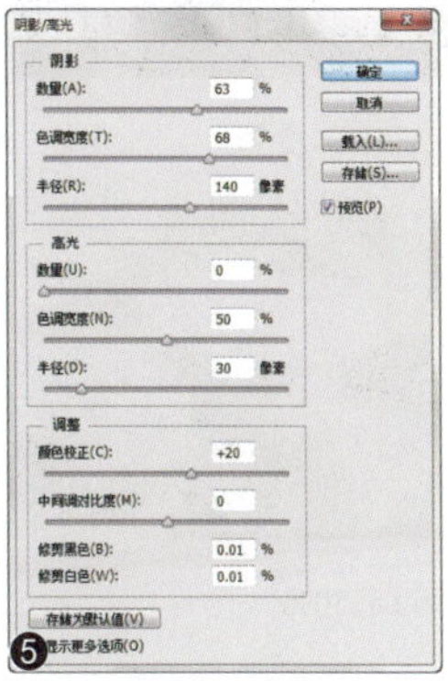
❺

❻

04 亮度提高以后，往往会使色彩变得暗淡。向右拖曳“颜色校正”滑块，增加色彩的饱和度；再调整“修剪黑色”滑块，提高对比度❼❽。

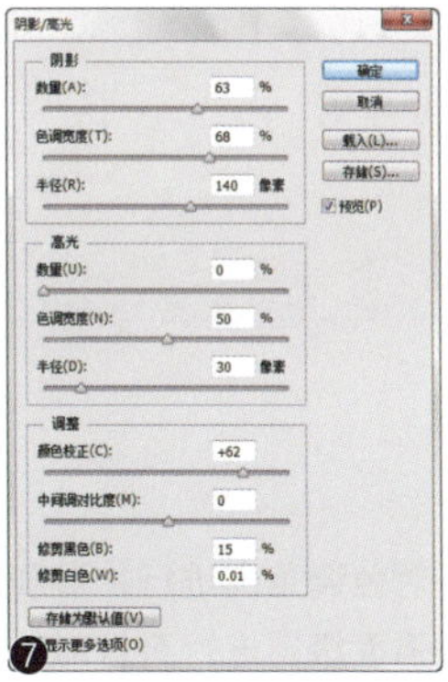
❼

❽

05 单击“调整”面板中的按钮，创建“颜色查找”调整图层，使用预设文件将色调调整为雅灰色，以体现厚重的文化味道❾❿。

❾

❿

06 最后我们可以观察一下直方图⓫，可以看到，整个色调分布已经很均匀了。

⓫

“阴影/高光”对话框选项

在Photoshop中，很多调整命令在功能上都有重叠。例如“色相/饱和度”和“自然饱和度”命令，都是针对饱和度进行处理的；有些命令甚至可以替代另一些命令，例如“曲线”就涵盖了“色阶”和“亮度/对比度”的所有应用范围，完全可以替代这两个命令。而“阴影/高光”则是很特别的一个，在对阴影和高光的色调处理方面，任何一个命令都没有它针对性强、效果好。

● 阴影选项组：用于控制阴影（较暗的）区域，可将其调亮。“数量”可以控制调整强度，该值越高，阴影区域越亮⓬⓭；“色调宽度”控制色调的修改范围，较小的值会限制只对较暗的区域进行校正，较大的值会影响更多的色调⓮；“半径”控制每个像素周围的局部相邻像素的大小⓯，相邻像素决定了像素是在阴影中还是在高光中。

⓬ 调整前

⓭ 数量30%、色调宽度50%

⓮ 数量30%、色调宽度80%

⓯ 色调宽度80%、半径2500像素

● 高光选项组：用于控制高光（较亮的）区域，可将其调暗。“数量”可以控制调整强度，该值越高，高光区域越暗⓰⓱；“色调宽度”控制色调的修改范围，较小的值只对较亮的区域进行校正，较大的值会影响更多的色调⓲；“半径”控制每个像素周围的局部相邻像素的大小⓳。

⓰ 调整前

⓱ 数量30%

数量30%、色调宽度60%

色调宽度60%、半径2500像素

● **颜色校正：** 可以调整已更改区域的色彩，降低⑳或提高饱和度㉑。

颜色校正－100

颜色校正100

● **中间调对比度：** 可以降低㉒或提高中间调的对比度。当中间调对比度提高时，会影响阴影区域（使之变暗）和高光区域（使之变量）㉓，效果类似于S形曲线（239 页）。

● **修剪黑色/修剪白色：** 类似于“色阶”中的阴影和高光滑块（233 页），可以将阴影区域的色调调整为色阶0（全黑）㉔，高光区域的色调调整为色阶255（全白）㉕。这两个数值越大，色调的对比度越强，但也会损失图像细节。

中间调对比度－50

中间调对比度50

修剪黑色50%

修剪白色50%

● **存储为默认值：** 单击该按钮，可以将当前的参数设置存储为预设，再次打开“暗部/高光”对话框时，会显示该参数。如果要恢复为默认的数值，可按住Shift键，该按钮就会变为“复位默认值”按钮，单击它便可以进行恢复。

● **显示更多选项：** 勾选该选项，可以显示全部的选项。

7.5 色阶调整

“色阶”是专业级的调整工具，可以调整色调、亮度、对比度和色彩，对色调范围进行扩展和收缩。与普通的调整工具相比，“色阶”可以对阴影、中间调和高光的强度级别进行有针对性的调整。这种能力只有“色阶”和“曲线”才具备。

7.5.1 “色阶”对话框

执行“图像>调整>色阶”命令（快捷键为Ctrl+L），可以打开“色阶”对话框❶。

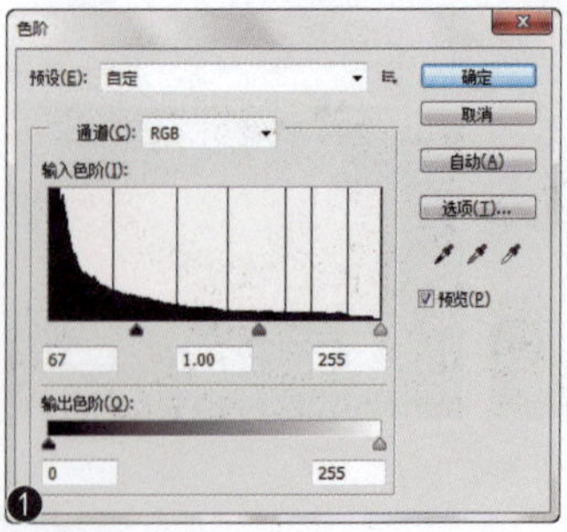

● **预设：** 单击“预设”选项右侧的按钮，在打开的下拉列表中选择“存储”命令，可以将当前的调整参数保存为一个预设文件。在使用相同的方式处理其他图像时，可以用该文件自动完成调整。

● **通道：** 可以选择一个颜色通道来进行调整。调整通道会改变图像的颜色（272 页）。如果要同时调整多个颜色通道，可以在执行“色阶”命令之前，先按住 Shift 键在“通道”面板中选择这些通道，这样“色阶”的“通道”菜单会显示目标通道的缩写，例如，RG表示红、绿通道。

● **输入色阶：** 用来调整图像的阴影（左侧滑块）、中间调（中间滑块）和高光区域（右侧滑块）。可以拖曳滑块或者在滑块下面的文本框中输入数值来进行调整，向左拖曳滑块，与之对应的色调会变亮；向右拖曳滑块，色调会变暗。

● **输出色阶：** 可以限制图像的亮度范围，降低对比度，使图像呈现褪色效果。

● 设置黑场：使用该工具在图像中单击，可以将单击点的像素调整为黑色，原图中比该点暗的像素也变为黑色。

● 设置灰点：使用该工具在图像中单击，可根据单击点像素的亮度调整其他中间色调的平均亮度。我们可以用它校正色偏。

● 设置白场：使用该工具在图像中单击，可以将单击点的像素调整为白色，比该点亮度值高的像素也都会变为白色。

● 自动/选项：单击“自动”按钮，可以使用当前的默认设置应用自动颜色校正。如果要修改默认设置，可以单击“选项”按钮，在打开的“自动颜色校正选项”对话框中操作。

7.5.2 分析：阴影、高光区域怎样改变

打开一张照片。按下Ctrl+L快捷键，打开“色阶”对话框❶。

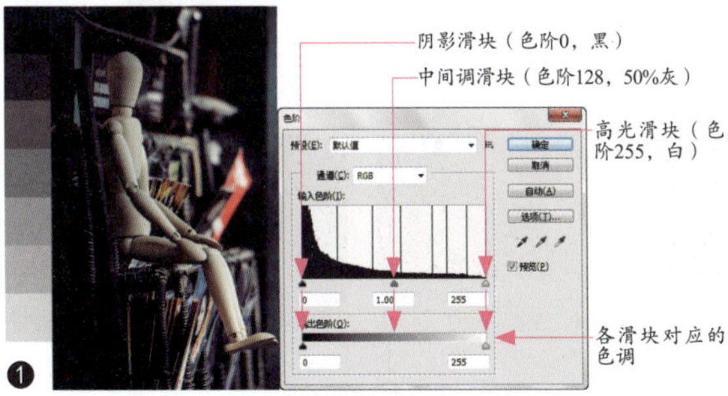

❶

“色阶”对话框由两个调整区域——“输入色阶”“输出色阶”和3个调整工具（设置黑场、设置白场、设置灰点）组成。这两个调整区域既有滑块，也有数字文本框，因此，可以通过拖曳滑块和输入数值两种方式操作。

“输入色阶”

“输入色阶”可以调整对比度和亮度。该选项组中的阴影滑块位于色阶0处，它所对应的像素是纯黑的。如果向右拖曳阴影滑块，Photoshop 就会将滑块当前位置的像素值映射为色阶0。也就是说，滑块所在位置左侧的所有像素都会变为黑色❷。

高光滑块位于色阶255处，它所对应的像素是纯白的。如果向左拖曳高光滑块，滑块当前位置的像素值就会映射为色阶255，因此，滑块所在位置右侧的所有像素都会变为白色❸。

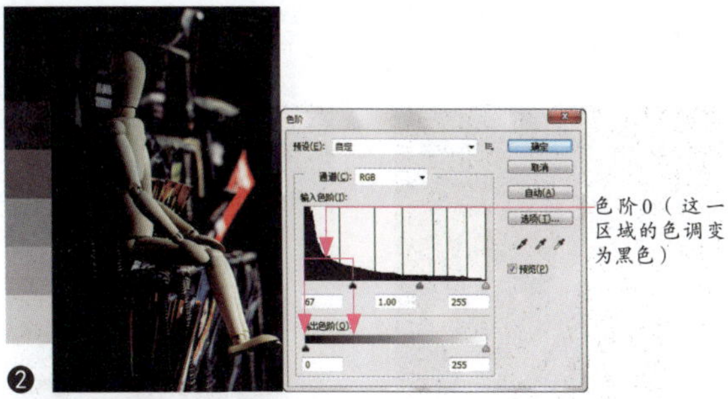

❷

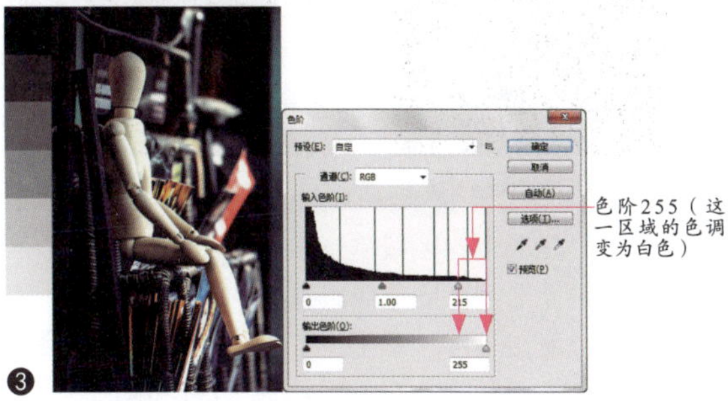

❸

“输出色阶”

“输出色阶”可以降低对比度，缩小色调范围。该选项组中有两个滑块。向右拖曳暗部滑块时，它左侧的色调都会映射为滑块当前位置的灰色，图像中最暗的色调也就不再是黑色了，色调就会变灰；向左拖曳白色滑块，它右侧的色调都会映射为滑块当前位置的灰色，图像中最亮的色调就不再是白色了，色调就会变暗❹。

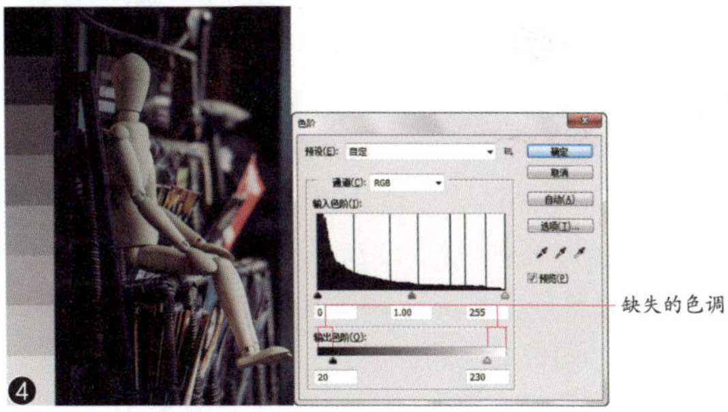

❹

如果图像用于印刷，可以通过“输出色阶”将亮度限定在印刷设备所能表现的亮度范围内，以确保高光和阴影细节能够打印出来。因为印刷机没有相机和计算机屏幕的亮度范围广，色阶在“0~13”以及“242~255”之间的图像会被印成黑色和白色。

工具

使用设置黑场工具和设置白场工具在图像中单击，即可将单击点的像素定义为最暗的色调（黑）❺和最亮的色调（白）❻。它们的作用类似于

“输入色阶”中的阴影滑块和高光滑块，但操作方法更灵活，定位也更加准确。

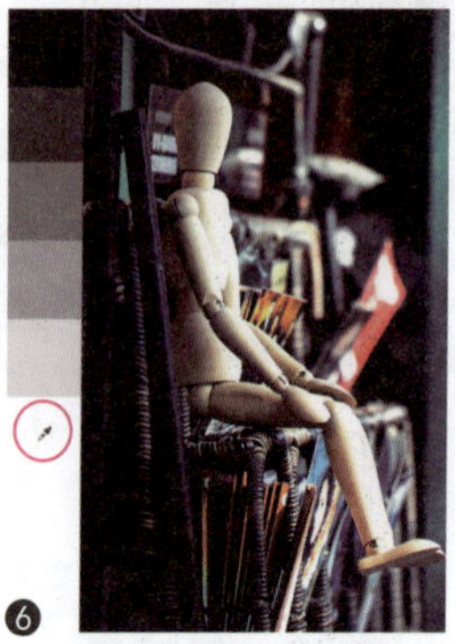

设置灰点工具 是用来校正色偏的。使用时在画面中本应是灰色的区域单击即可。如果单击的不是灰色，则可能导致更严重或出现新的色偏。此外，即使是在灰色区域单击，单击点不同，校正结果也会有所差异。

7.5.3 分析：中间调怎样改变

“色阶”对话框中的中间调滑块用于调整亮度。在默认状态下，它位于阴影滑块和高光滑块中间。在0~255级色阶上，对应的是128（即50%灰度）❶。

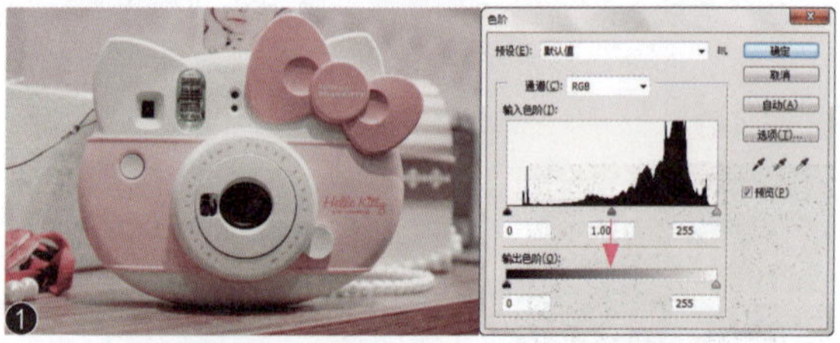

在使用时，将该滑块拖曳到哪里，它就会将所在位置的色调映射为色阶128（50%灰度）。例如，向左拖动该滑块，原先比50%灰暗的深灰色被映射为50%灰度，图像的中间色调就会变亮❷；如果向右拖动，则会将原先比50%灰亮的浅灰色映射为50%灰度，中间色调因此而变暗❸。由于阴影滑块和高光滑块没有移动，所以阴影和高光不会有明显的改变。

7.5.4 实战技巧：认识色调分离

“色阶”对话框中有一个直方图，可以作为调整的参考依据。但由于它不能实时更新，调整照片时，还是要通过“直方图”面板观察直方图的变化情况。

使用“色阶”（或“曲线”）调整图像时，“直方图”面板中会出现两个直方图❶，黑色的是当前调整状态下的直方图（最新的直方图），灰色的则是调整前的直方图。应用调整之后，原始直方图会被新直方图取代。

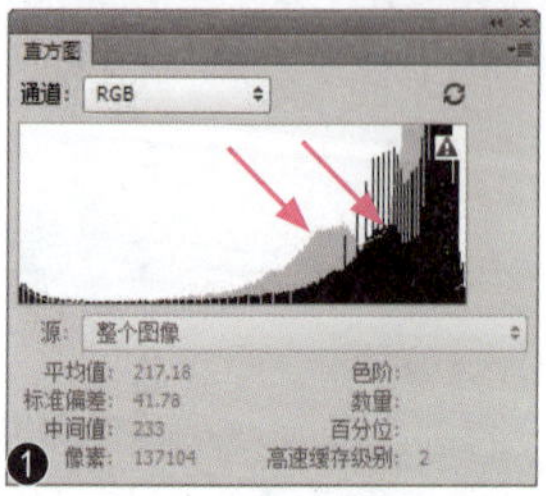

如果对图像应用了较大幅度的调整，或者进行多次调整，直方图中会出现梳齿状的空隙❷❸，它表示出现了色调分离——图像中原本平滑的色调产生了断裂，画质变差了。

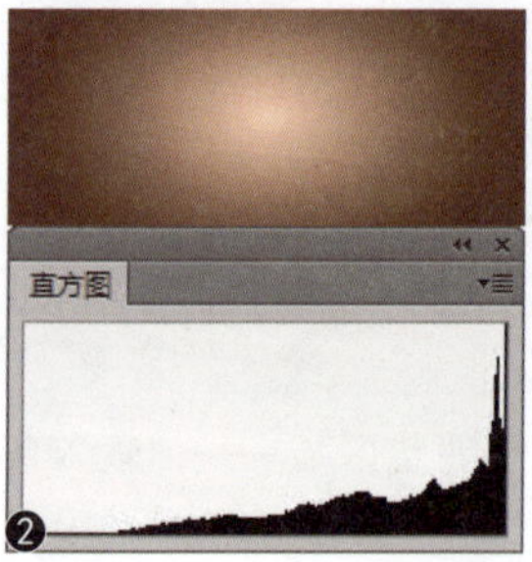

调整前

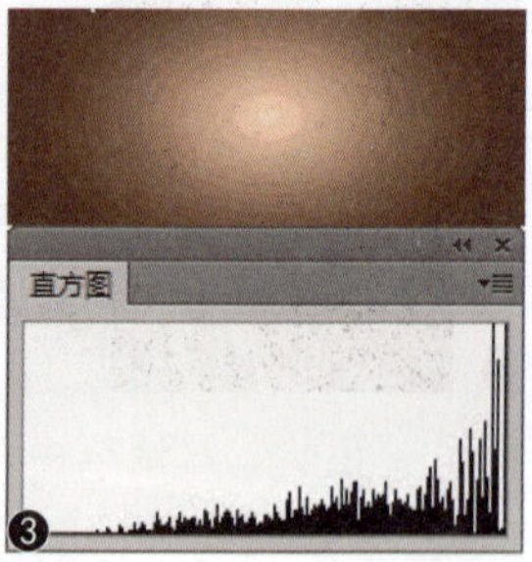

调整时出现色调分离

色调分离提醒我们要注意调整幅度。但在实际操作中，要想完全没有损失其实是很难实现的。图像的尺寸和分辨率大的话，损失就会小一点。另外尽量使用调整图层操作（219页），以免真正破坏图像。

7.5.5 练习：亮度调整

01 打开照片素材❶。这张照片由于曝光不足，色调较暗。

02 单击“调整”面板中的 按钮，创建“色阶”调整图层。可以看到，直方图呈L形❷，山峰集中于左侧，说明阴影区域包含很多信息。向左侧拖曳中间调滑块❸，将色调调亮，即可显示出更多的细节❹。

①

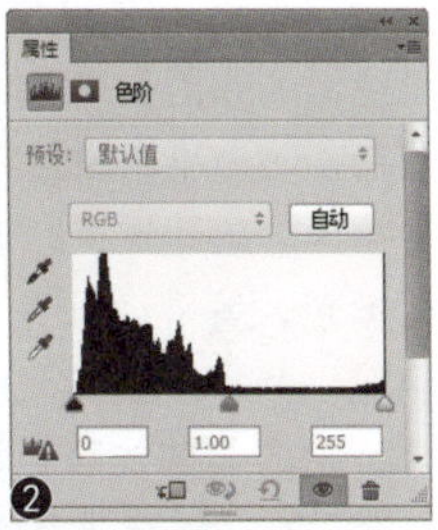

②

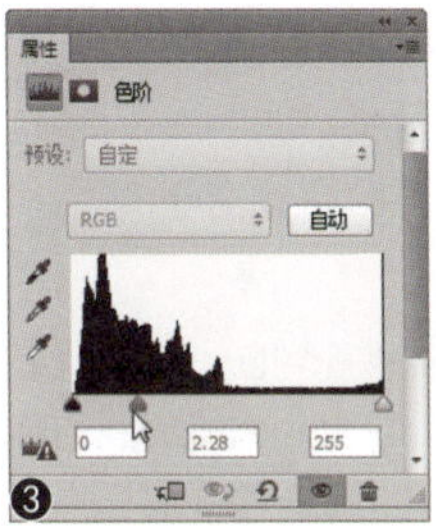

③

④

03 使用渐变工具填充黑白线性渐变，通过蒙版将画面底部的调整效果遮盖❺❻。

⑤

⑥

04 单击“调整”面板中的按钮，创建“色相/饱和度”调整图层，提高色彩的饱和度❼❽。

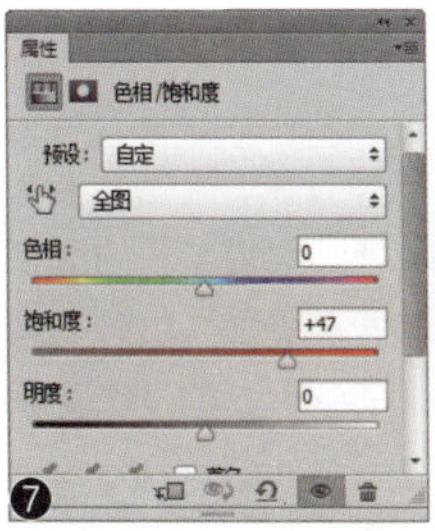

⑦

⑧

7.5.6 练习：对比度调整

色调发灰、颜色不鲜艳是照片经常出现的问题。从色调的分布范围来看，这类照片缺少黑、接近于黑色的深灰，以及白和接近于白色的浅灰，色调范围没有涵盖0~255级色阶，造成对比度不够。

最简单的调整方法就是“色阶”对话框中的阴影和高光滑块向中间移动，将深灰映射为黑，浅灰映射为白，从而增加对比度，也能扩展色调范围，使其涵盖0~255级色阶。但在操作时，又不能将滑块向中间移动得太多，那样会损失图像细节。例如，阴影滑块超过直方图最左侧边缘，就会有少量深灰色被调整为黑色。如果能将滑块精确地定位在直方图的起点和终点上，就可以在保持图像细节不会丢失的基础上获得最佳的对比度。

下面我们来学习一种方法，在高反差状态下定位滑块位置，这要比直接拖曳滑块准确得多。不过这种方法只适合RGB模式的图像，不能用于调整 CMYK 模式图像。

01 打开照片素材❶。单击“调整”面板中的按钮，创建“色阶”调整图层。观察直方图可以看到，直方图呈⊥形❷，山脉的两端没有延伸到直方图的两个端点上，这说明图像中最暗的点不是黑色，最亮的点也不是白色。

①

②

02 按住 Alt 键向右拖曳阴影滑块，临时切换为阈值模式，可以看到一个高反差图像❸❹，此时往回拖曳滑块（不要放开Alt键），当画面中即将或出现少量高对比度图像时放开滑块，这样就可以比较准确地将滑块放置在直方图左侧的端点上❺❻。

03 高光滑块的调整方法与阴影滑块相同。首先按住 Alt 键将其向左拖曳，当出现高对比图像时再往右拖曳，并定位在即将或出现少量高反差图像处，这样就将滑块比较准确地放置在直方图最右侧的端点上（大概定位在色阶236处）❼❽。

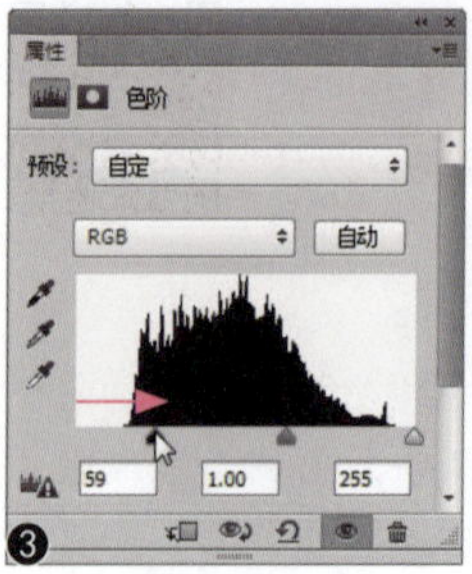

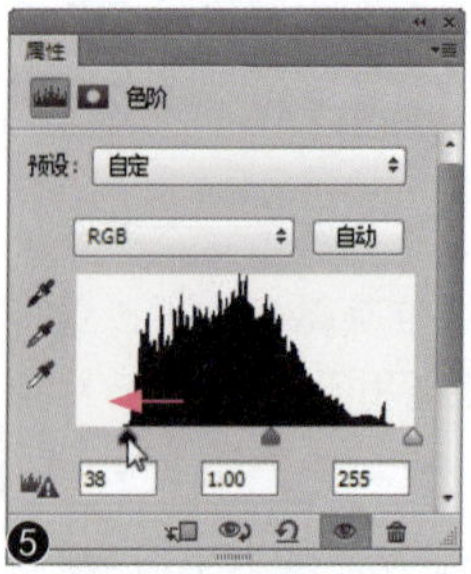

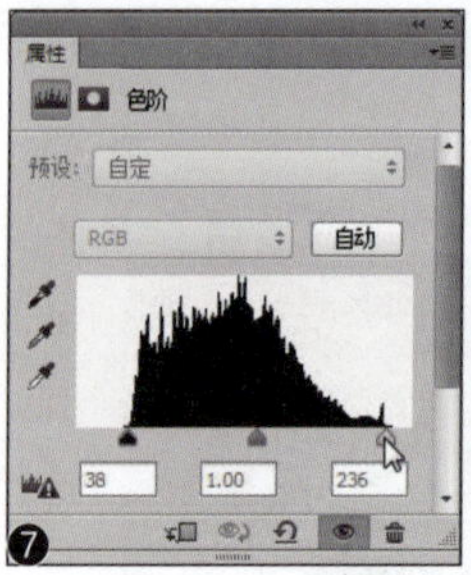

04 单击“调整”面板中的 按钮，创建“色相/饱和度”调整图层，提高色彩的饱和度❾❿。

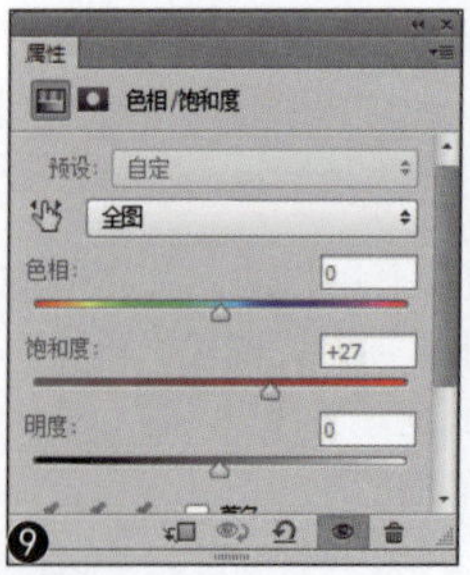

7.5.7 练习：校正色偏

色偏是指照片中的色彩出现了偏差。造成色偏的原因有很多，例如，使用数码相机拍摄时白平衡设置错误、室内人工照明对拍摄对象产生了影响、照片因年代久远而褪色，等等。此外，扫描和冲印过程中也容易产生色偏。其实，色偏也不完全有害，像夕阳下的金黄色调，室内温馨的暖色调等也都属于色偏，但可以营造气氛，有时甚至是我们刻意追求的。

“色阶”对话框中的设置灰场工具 可以校正色偏。它的工作原理是这样的：当出现色偏时，图像中原本应该是灰色的区域也会包含颜色，用设置灰场工具 在其上方单击，Photoshop会将光标下方像素的红、绿和蓝通道设置成相同的数值，这样它的颜色就变成了灰色，同时Photoshop还会平衡其他颜色，从而消除色偏。

01 打开照片素材❶。我们用眼睛直观判断，便可以看出这张照片的颜色偏蓝。但为了更加准确，我们使用颜色取样器工具 在白色背景单击❷，建立取样点，弹出的“信息”面板中会显示取样颜色的准确数值❸。

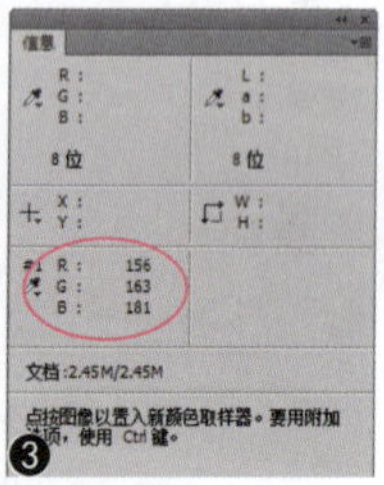

02 可以看到，颜色值是（R156，G163，B181）。在Photoshop中，R、G、B值相同时生成黑、白和各种深浅的灰色。如果照片中原本应该是灰色的区域的RGB数值不一样，说明它不是真正的灰色，其中包含了其他的颜色。如果R值高于其他值，说明颜色偏红色；如果G值高于其他值，说明颜色偏绿色；如果B值高于其他两个颜色值，说明偏蓝色。我们的取样点B（蓝色）值最高，其他两个颜色值相差不大，由此可以判定照片的颜色偏蓝。单击“调整”面板中的 按钮，创建“色阶”调整图层。选择对话框中的设置灰场工具 ，在白色背景上单击鼠标，校正色偏❹。

03 再看一下取样点的颜色值❺，已经变为（R167，G167，B168），近乎于灰色了。白色背景中的蓝色被完美清除。

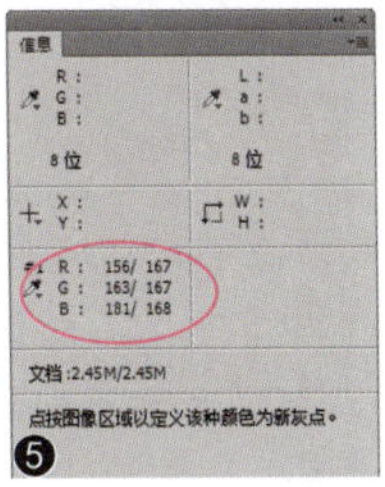

04 现在画面的色调还比较灰，拖曳高光滑块，将其放在靠近直方图边缘处❻，让色调清晰、明亮❼。在这里，滑块就不能放在直方图起点上，那样色调虽然更加干净、通透，但汽车保险杠的高光细节损失得过多，得不偿失。

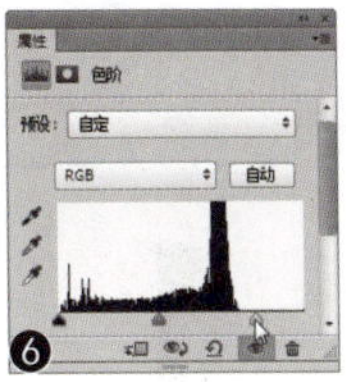

提 示（Tips）

校正色偏的关键是找到图像中原本应该是灰色的区域，白墙、白衬衫、灰色的道路等都是查找色偏的理想位置；其次，校正时，可以稍微改变位置，多次单击，以便找到最佳的调整效果。

7.6 曲线调整

“曲线”是Photoshop中最强大的色调和色彩调整工具，它可以替代“色阶”“阈值”和“亮度/对比度”等多个命令。在本节，我们介绍“曲线”的使用方法，以及怎样影响色调。使用“曲线”调整色彩需要掌握通道与色彩的关系等知识，在第8章中集中讲解。

7.6.1 曲线的3种使用方法

执行“图像>调整>曲线”命令（快捷键为Ctrl+M），可以打开“曲线”对话框。

曲线可以通过3种方法使用——拖曳曲线、在图像上调整、手绘曲线。

第一种方法是在曲线上单击，添加控制点，然后拖曳控制点改变曲线的形状，照片中的色调亮度会随之改变❶。

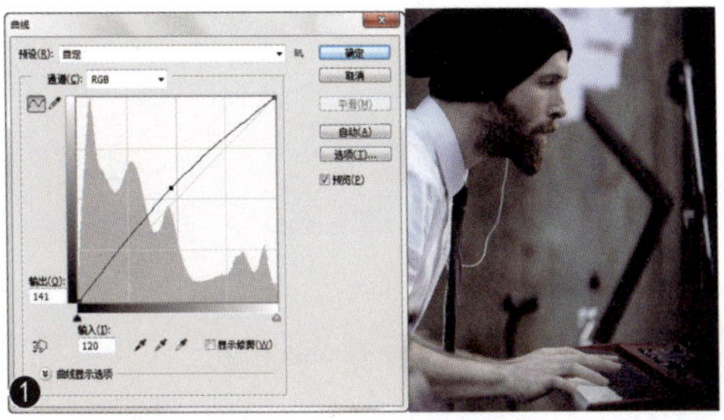

第二种方法是选择图像调整工具，将光标放在图像上，曲线上会出现一个空圆❷，它代表了光标处的色调在曲线上的位置，单击并拖曳鼠标，可以在曲线上添加控制点，并调整相应的色调❸。

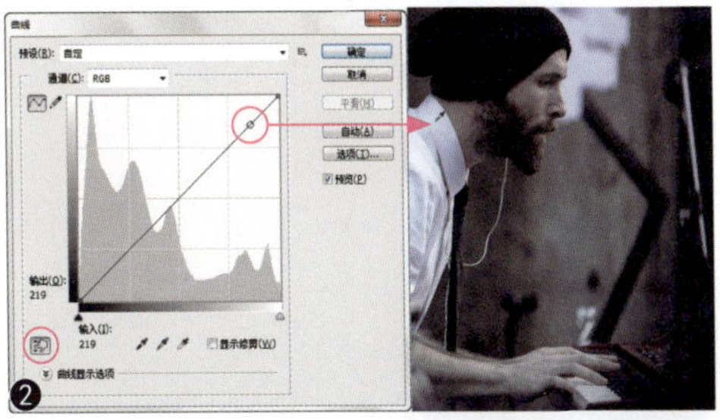

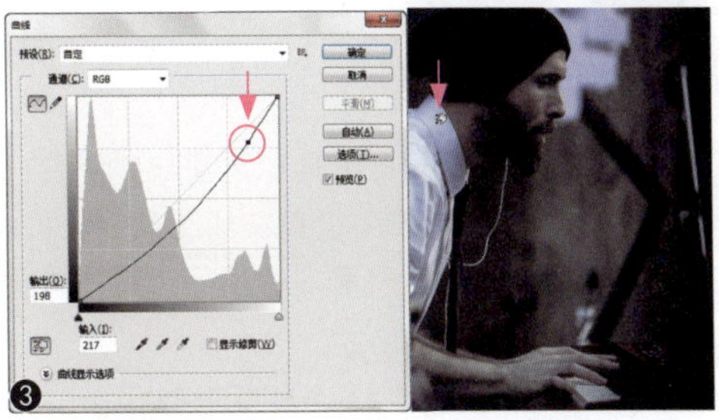

第三种方法是手绘曲线。由于可控性差、调整强

度太大，实际应用并不多。操作方法是，选择✏工具，在曲线上单击并拖曳鼠标，徒手绘制曲线❹❺。绘制完成后，如果觉得曲线不够平滑，可以单击“平滑”按钮进行平滑处理❻。单击〜按钮，曲线上会显示控制点❼。

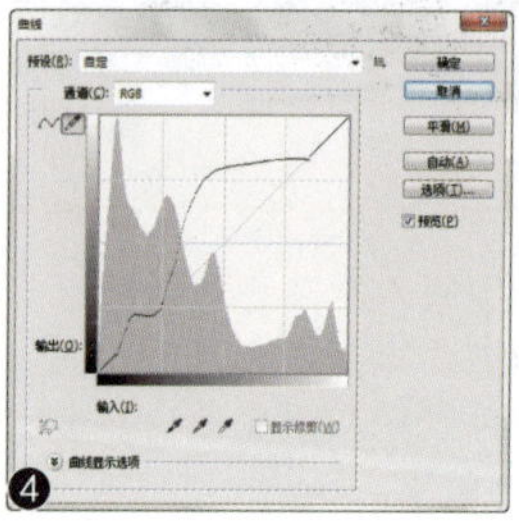
❹

❺

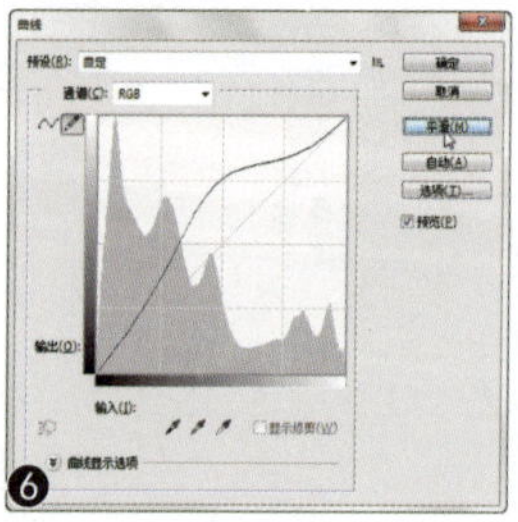
❻

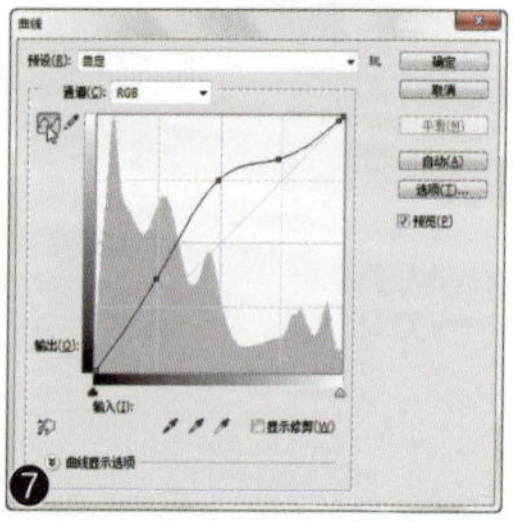
❼

7.6.2 “曲线”对话框选项

Photoshop中越是强大的功能，参数和选项越复杂。“曲线”命令也是如此，它对话框中的选项就比较多❶。

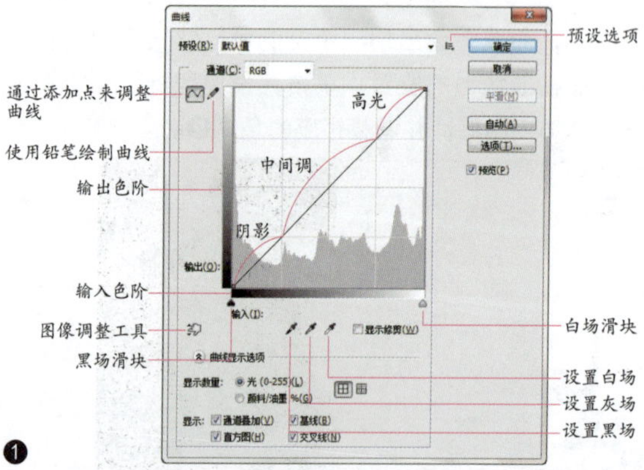

❶

基本选项

“曲线”对话框中的一些工具和选项与“色阶”相同，包括设置黑场工具、设置灰场工具、设置白场工具，以及“自动”和“选项”。其他选项如下所述。

● **预设**：包含了Photoshop提供的各种预设调整文件，可用于调整图像。单击“预设”选项右侧的☰按钮打开下拉列表，选择“存储预设”命令，可以将当前的调整状态保存为预设文件，再对其他图像应用相同的调整时，可以选择“载入预设”命令，载入预设文件自动调整；选择“删除当前预设”命令，则删除所存储的预设文件。

● **通道**：在下拉列表中可以选择要调整的颜色通道。

● **通过添加点来调整曲线〜**：默认的调整状态，在曲线上单击可以添加控制点，拖曳控制点改变曲线形状可以调整图像。

● **输入色阶/输出色阶**：“输入色阶”显示了调整前的像素值，“输出色阶”显示了调整后的像素值。

● **显示修剪**：调整阴影和高光控制点时，可以勾选该项，临时切换为阈值模式，显示高对比度的预览图像。这与前面介绍的在阈值模式下调整“色阶”是一样的（235页）。

显示类选项

单击“曲线”对话框中“曲线显示选项”前面的⌃按钮，可以显示隐藏的选项。

● **显示数量**：可以反转强度值和百分比的显示。默认为选取的是“光（0-255）”选项❷。选择“颜料/油墨量（%）”选项时，相当于将曲线调转了方向❸。

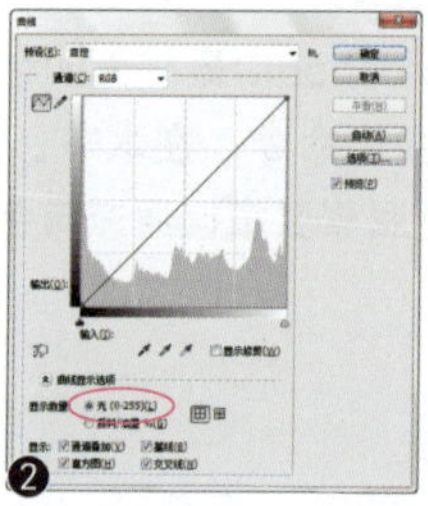
❷

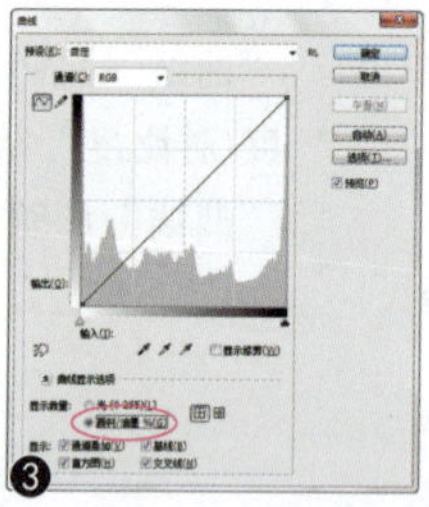
❸

● **简单网格/详细网格**：默认状态为简单网格⊞，即以25%的增量显示曲线背后的网格；单击详细网格按钮▦，会以10%的增量显示网格❹。在详细网格状态下，可以更加准确地将控制点对齐到直方图上。按住Alt键单击网格，也可以在这两种网格间切换。

● **通道叠加**：在复合曲线上叠加各个颜色通道的曲线❺。

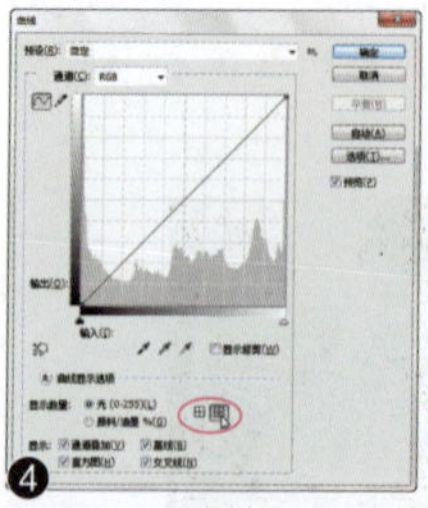
❹

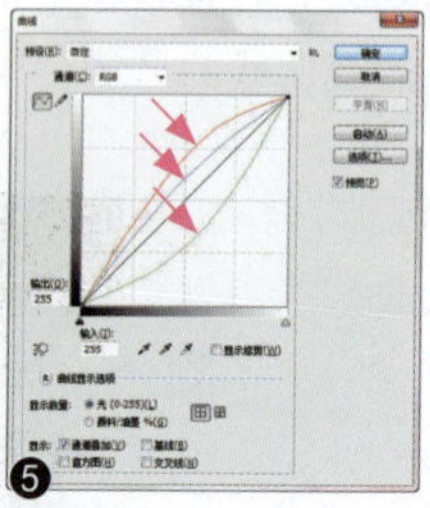
❺

● **直方图**：在曲线上叠加直方图。

● **基线**：网格上显示以45度角绘制的基线。

● **交叉线**：调整曲线时，显示水平线和垂直线，以帮助用户在相对于直方图或网格进行拖曳时将点对齐。

7.6.3 分析：曲线怎样改变色调

曲线的色调映射原理

“曲线”采用与“色阶”类似的色调映射方式调整图像——将当前色调映射为更深或更浅的色调。由于在曲线的任何位置都可以添加控制点，所以操控起来要比“色阶”更加灵活和自由，甚至可以调换控制点，让色调反相。

“曲线”对话框中有两个黑白渐变颜色条，每个颜色条旁边都有一个选项。水平颜色条是输入色阶，代表了像素的原始强度值；垂直颜色条是输出色阶，代表了调整后的像素的强度值。我们打开“曲线”对话框时，看到的是一条45°角的直线，在它上方任意位置单击鼠标，添加控制点，观察输入色阶和输出色阶值，此时它们是相同的（都是103）❶。

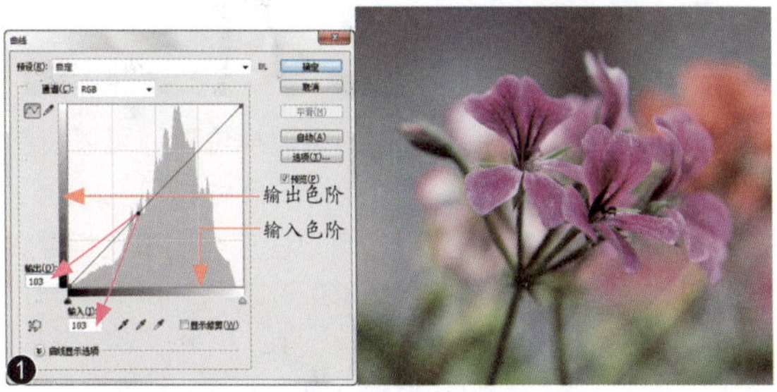

“输入”值为103，说明当前被调整的色调在256级色阶中位于103级。当我们向上拖曳控制点时，直线变成了向上扬起的曲线，此时“输出”选项中的数值变为152，说明103级色阶被映射为152级。由于色阶值越高，色调越浅，因此，图像的色调会变亮❷。

黑白渐变颜色条也反映了这种变化。我们从输入色阶对准控制点的位置画一条垂线，再从控制点处向输出色阶画一条水平线，通过比较就能非常直观地看到色调的变化情况❸。

如果向下拖曳控制点，则Photoshop会将所调整的色调映射为更深的色调（色阶152映射为103），图像也会因此而变暗❹。

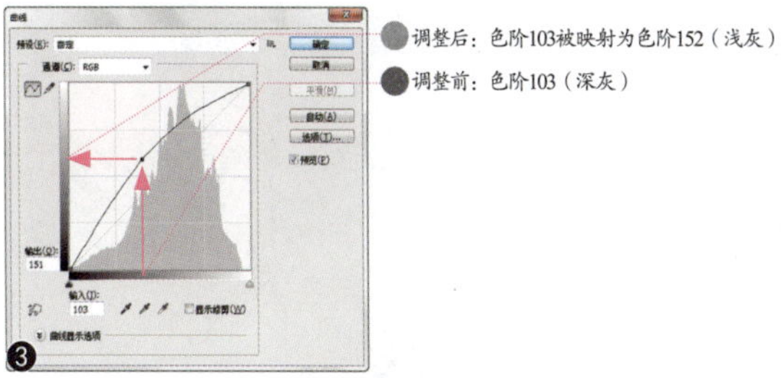

典型的曲线形态

下面是几种比较典型的曲线形态。有几种曲线与“亮度/对比度”“色调分离”和“反相”命令的调整效果相同，可以替代这些命令。

将曲线调整为“S”形，可以使高光区域变亮、阴影区域变暗，从而增强色调的对比度❺。这种曲线可以替代“亮度/对比度”命令（225页）；反“S”形曲线会降低对比度❻。

向上移动曲线底部的控制点，可以把黑色映射为灰色，阴影区域因此而变亮❼；向下移动曲线顶部的控制点，可以将白色映射为灰色，高光区域因此而变暗❽。

将曲线的两个端点向中间移动，色调反差会变小，色彩会变得灰暗❾；将曲线调整为水平直线，可以将所有像素都映射为灰色（R值=G值=B值）。水平线越高，灰色的色调越亮。

将曲线顶部的控制点向左移动，可以将高光滑块（白色三角滑块）所在点位的灰色映射为白色，高光区域会丢失细节（即高光溢出）❿；将曲线底部的控制点向右移动，可以将阴影滑块（黑色三角滑块）所在点位的灰色映射为黑色，阴影区域会丢失细节（即阴影溢出）⓫。

将曲线顶部和底部的控制点同时向中间移动，可以增加色调反差（效果比“S”形曲线更强），但这同时会压缩中间调，导致中间调、阴影和高光都丢失细节⓬；将顶部和底部的控制点移动到最中间，可以创建与“色调分离”命令相同的效果（271页）⓭。

将曲线顶部和底部的控制点调换位置，可以将图像反相成为负片，效果与“反相”命令相同（267页）⓮；将曲线调整为“N”形，可以使部分图像反相⓯。

7.6.4 疑问解答：曲线与色阶有哪些相同点？

“曲线”与“色阶”都采用色调映射的方式调整图像。“色阶”有5个滑块，将色调划分为阴影、中间调和高光3个区域。“曲线”有两个控制点，如果在曲线的中央（1/2处，输入和输出色阶值均为128）添加一个控制点，它就与“色阶”产生了对应关系❶。

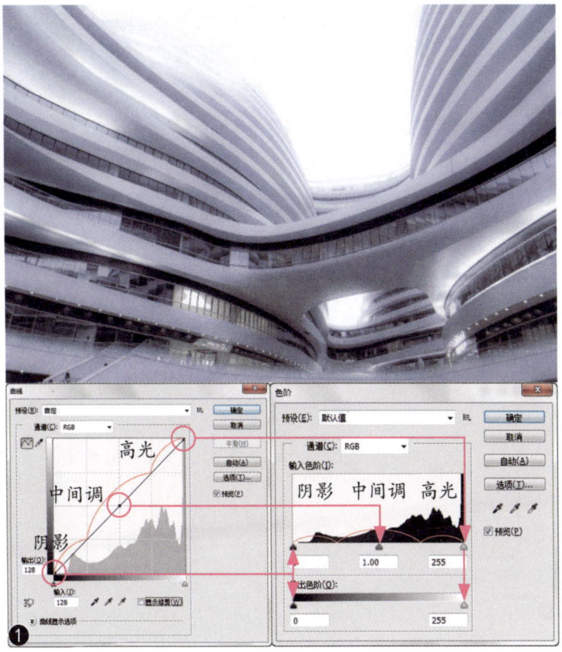

“曲线”中的阴影控制点对应“色阶”的阴影滑块，以及“输出色阶”中的黑色滑块。具体是哪一个取决于它的移动方向。当它沿水平方向移动时，其作用相当于阴影滑块，可以将深灰色映射为黑色❷；沿垂直方向移动时，则相当于“输出色阶”中的黑色滑块，可以将黑色映射为深灰色，将深灰色映射为浅灰色❸。

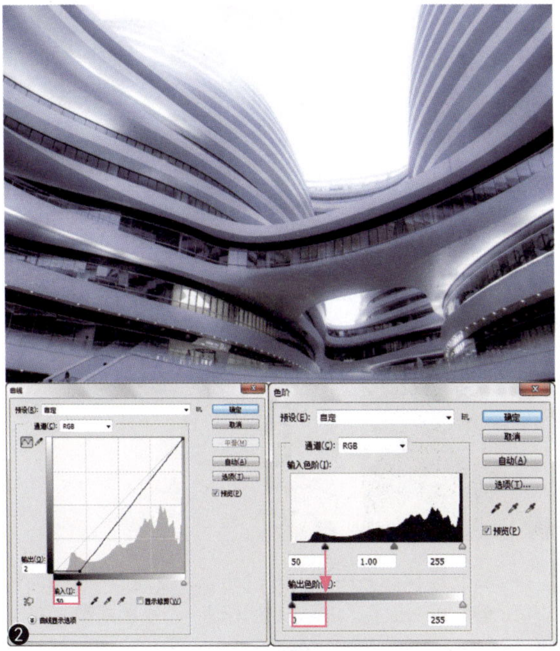

将这一段（从黑~深灰）全部映射为黑

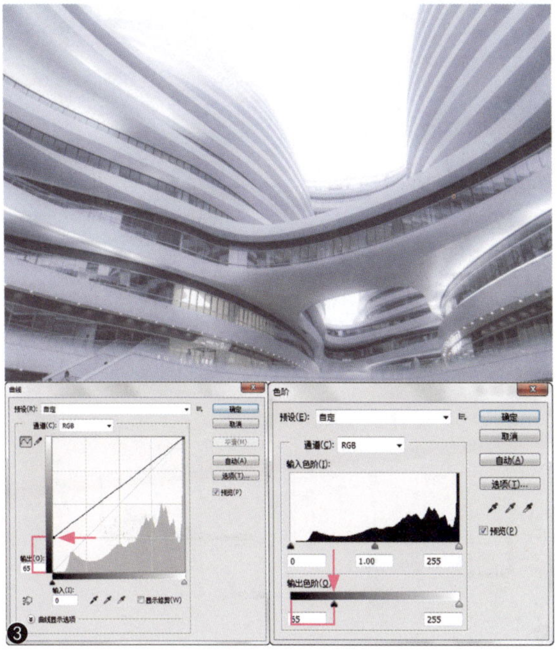

将这一段（从黑~深灰）映射为箭头处的浅灰

“曲线”中的高光控制点对应的是“色阶”的高光滑块和“输出色阶”中的白色滑块，具体是哪一个也取决于它的移动方向。当它沿水平方向移动时，作用相当于“色阶”的高光滑块，可以将浅灰色映射为白色❹；沿垂直方向移动时，则可以完成“输出色阶”中的白色滑块的任务，即将白色映射为浅灰色、浅灰映射为深灰❺。

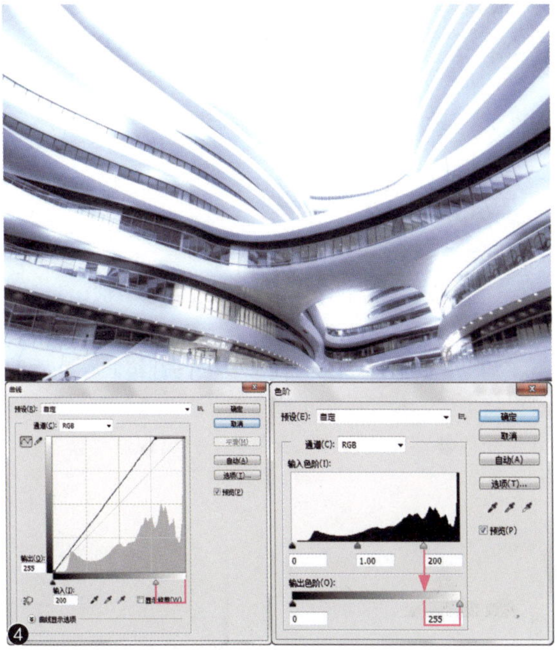

将这一段（从白~浅灰）全部映射为白

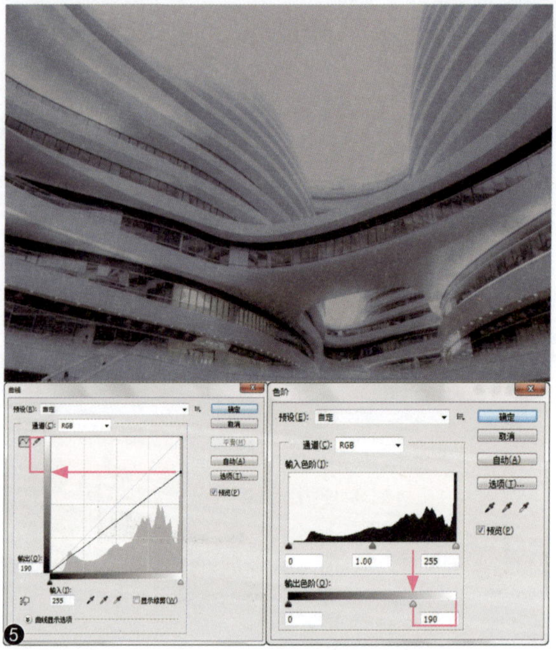

将这一段（从白~浅灰）映射为箭头处的灰色

“曲线”中间的控制点与“色阶”的中间调滑块用处相同❻，可以将中间色调调亮或调暗。

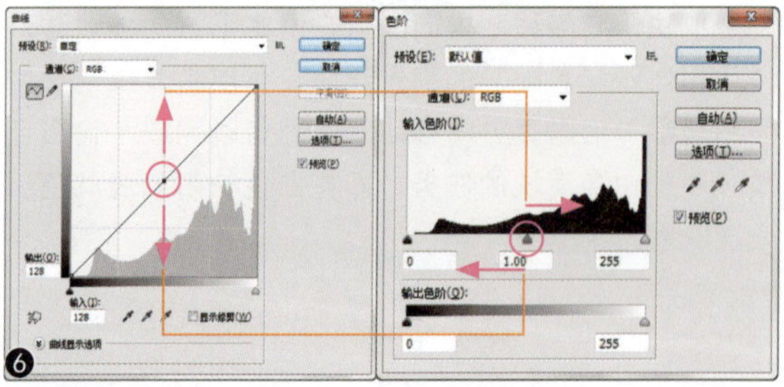

中间控制点上移对应“色阶”中间调滑块右移；下移则相反

7.6.5 疑问解答：曲线与色阶有何不同之处？

“色阶”有3个滑块，将色调范围分成3段——阴影、中间调、高光❶。而曲线上可以添加14个控制点，加上原有的两个，一共可以有16个控制点，它们可以将曲线，也即整个色调范围（0～255级色阶）划分为15段❷。当然，实际操作中不会出现这种情况。

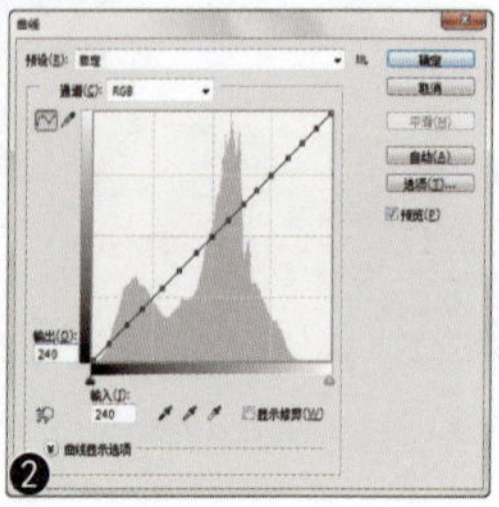

曲线的真正强大之处在于，图像上任何一点都可以在曲线上建立对应关系。这意味着它可以对任何一处图像、任何一级色调做出调整。

此外，曲线的影响范围是可控的。例如，我们在阴影范围内相对较亮的区域添加两个控制点；然后在它们中间再添加一个控制点并向上（或向下）移动；之后在外围添加控制点并将曲线修正，这样色调的明暗变化就被限定在一小块区域❸。这样指向明确、细致入微的调整是无法用“色阶”或其他命令完成的。下面的练习就介绍了这种方法。

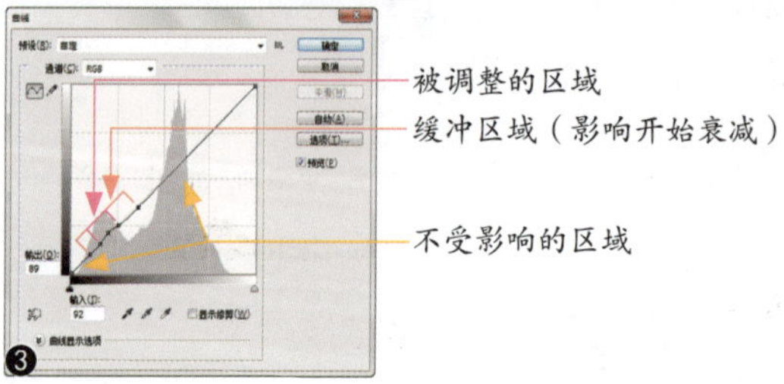

7.6.6 实战技巧：色调的定位与微调

如果想要将照片中一个具体位置的色调调亮或调暗，就要用到“曲线”了。因为曲线对应256级色阶，图像上的每一处色调，都能在曲线上用控制点标记出来。用“色阶”的话，只能在一个比较大的范围内（阴影、中间调、高光区域）做出调整，没有办法精确到具体色调。

01 打开照片素材❶。下面来调整曲线，让阴影区域多显示一些细节。按下Ctrl+M快捷键，打开“曲线”对话框，向左拖曳高光滑块，对齐到直方图的边缘❷。

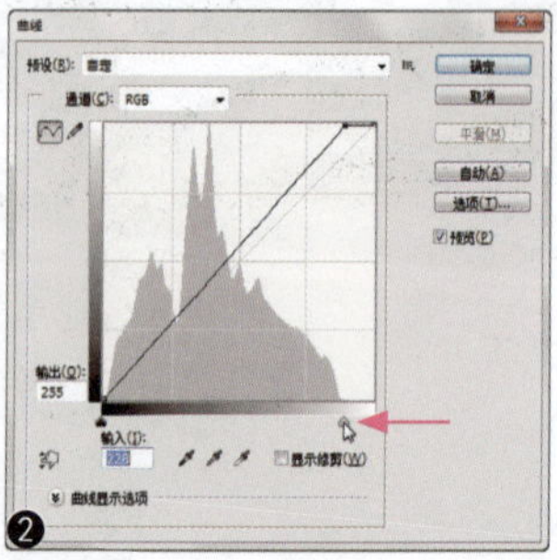

02 将光标移动到图像上方，光标会变成一个吸管，❸，单击鼠标，曲线上会出现一个小圆圈❹，它代表了光标下方像素的色调在曲线上的位置。单击并在想要调整的色调范围内移动鼠标，小圆圈会同步移动❺❻，通过这种方法可以了解需要调整的色调对应曲线中的哪一段位置，然后便可针对这一段曲线进行调整了。

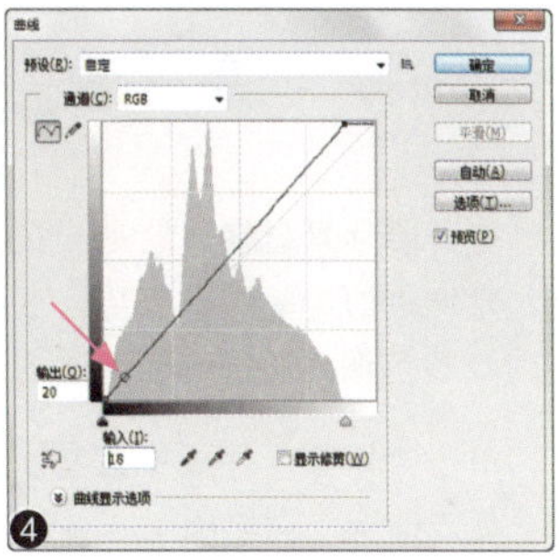

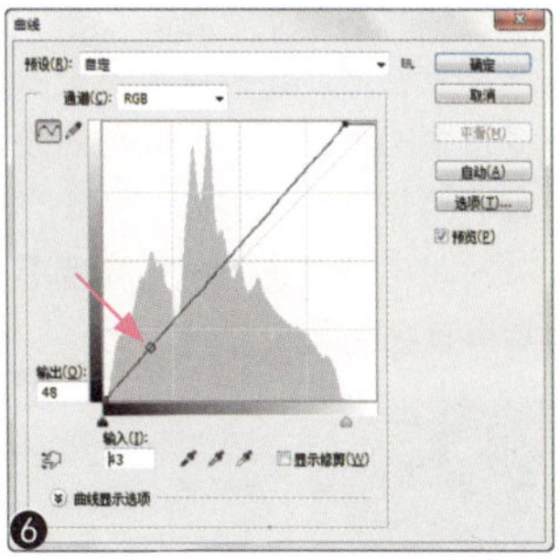

03 将光标重新放到想要调整的色调上方❼，按住Ctrl键单击鼠标，曲线上会添加一个控制点，按下↑键和←键，向左上方轻移控制点（在“输出”选项中，以1为单位变动）❽❾。

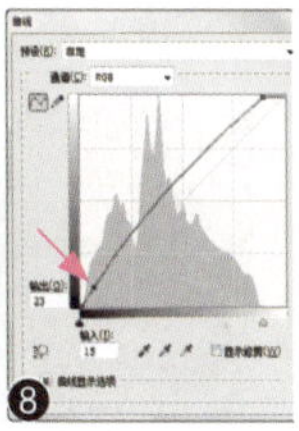

04 该控制点的移动，带动了整条曲线上扬，因而影响到了全部色调，我们来修正曲线，降低它对其他色调的影响。在第二步的操作中，我们已经知道了需要调整的色调对应曲线中的哪一段位置，在这一区域的两端添加两个控制点，将曲线往回拉一拉❿。现在阴影区域没什么问题，但高光区域曲线还是弯的，因此，高光还是受到了影响，我们再添加一个控制点，用它将高光区域的曲线修直⓫。这样就达到了微调特定色调的目的⓬⓭。

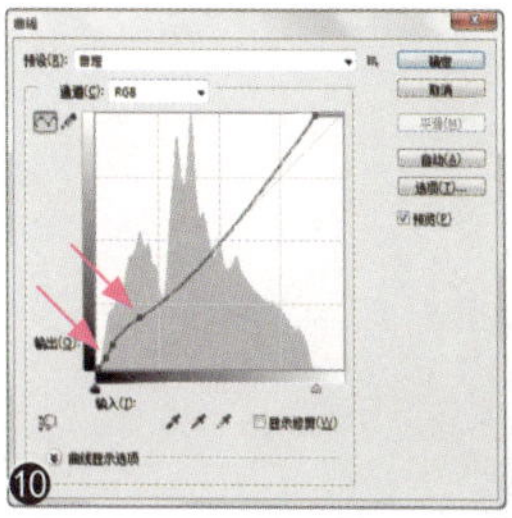

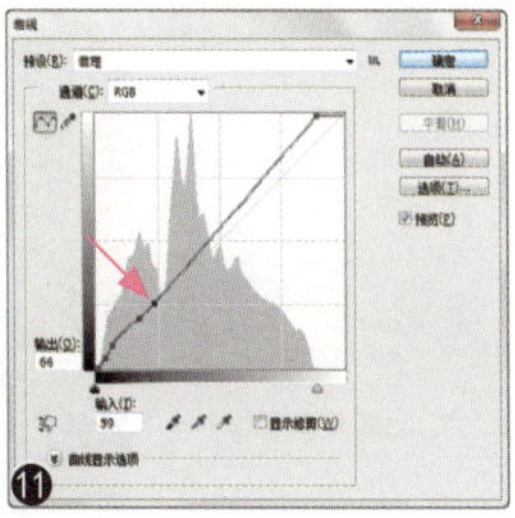

调整前（局部）

调整后（局部）

7.6.7 练习：用曲线拯救废片

01 打开照片素材❶。这是一张严重曝光不足的照片，画面非常暗，建筑几乎成为剪影，漆黑一片。

02 使用快速选择工具选取建筑和树叶❷。单击“调整”面板中的按钮，创建“曲线”调整图层。

03 将右侧的白色滑块一直向左拖曳，将暗部区域调亮❸❹。使用画笔工具沿树叶和建筑边缘涂抹黑色，通过蒙版遮盖白边❺❻。

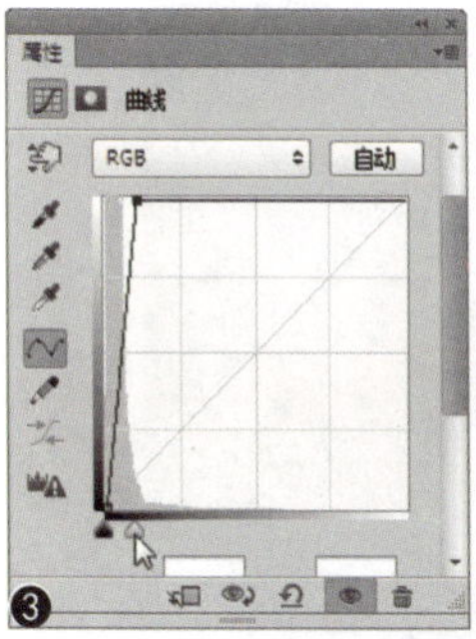

04 使用快速选择工具 选取天空，创建“曲线”调整图层，用S形曲线增强对比度❼❽。

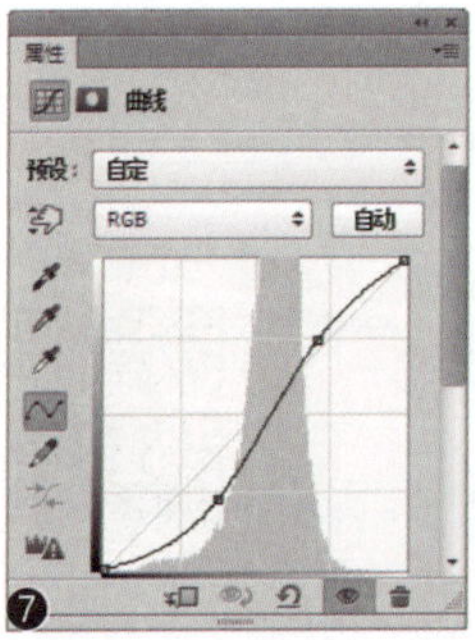

05 创建“曲线”调整图层，将照片的整体色调稍微提亮一些❾❿。注意，调整幅度不能过大，像这种欠曝的照片，亮度提升的同时，会出现大量噪点。

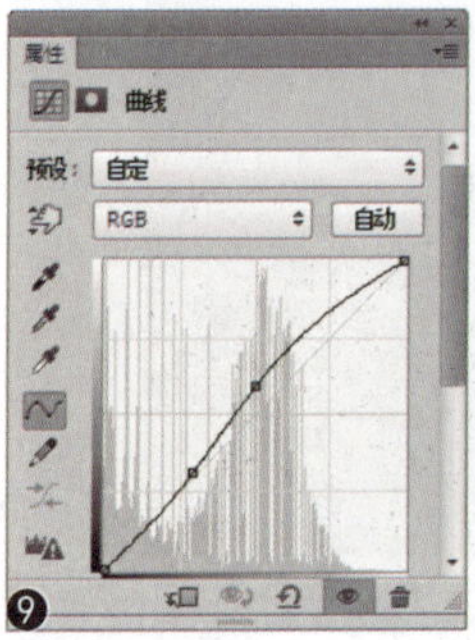

06 单击“调整”面板中的 按钮，创建“颜色查找”调整图层，选择一个预设的调整文件，改变图像色调⓫⓬。

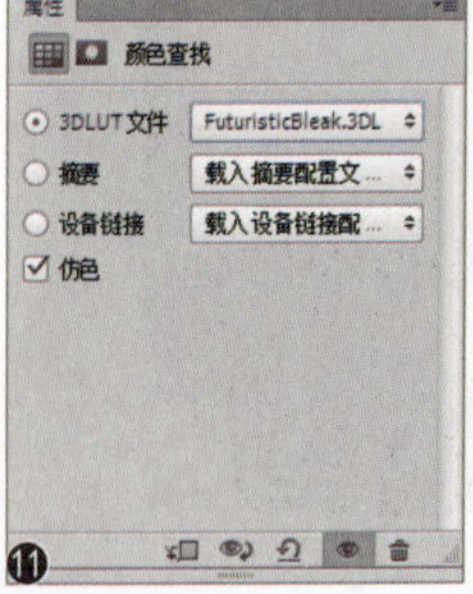

7.6.8 练习：色调、色偏与饱和度校正

01 打开照片素材❶。这是一张曝光不足且严重偏色的雪景照片。下面我们使用曲线调整色调，通过调整通道校正色偏。

02 单击“调整”面板中的 按钮，创建“曲线”调整图层。这张照片颜色偏黄绿，可以利用通道的补色关系（273页）进行调整。黄色的补色是蓝色。选择蓝通道，在曲线上单击鼠标，添加一个控制点，按下键盘中的↑键，向上轻移曲线，将该通道调亮，增加蓝色❷。可以观察“输入”和“输出”色阶值，大概在113、129即可，曲线的调整幅度不要过大。在通道中增加蓝色后，黄色会相应地减少❸。

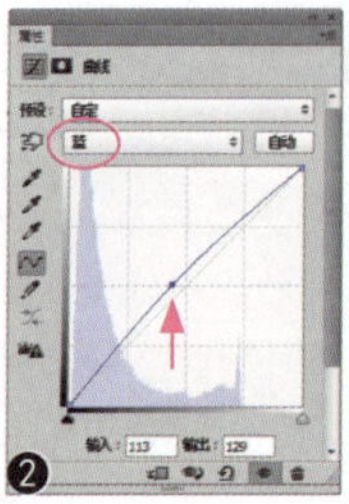

03 下面来增加曝光。选择RGB通道，将曲线右下角的滑块向左侧拖曳，使其对齐到直方图的端点；然后添加两个控制点，并向上拖曳曲线，将色调调亮❹❺。

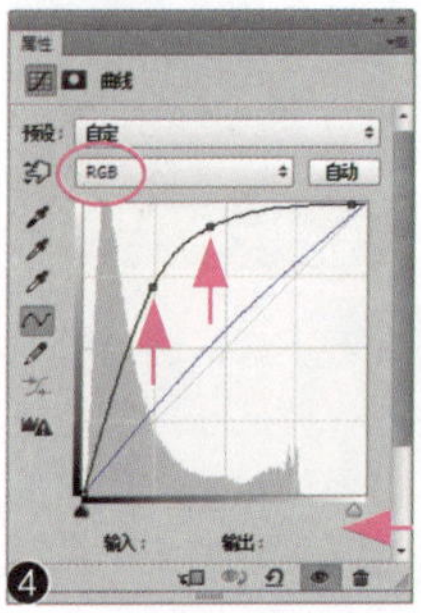

04 单击“调整”面板中的 按钮，创建“色相/饱和度”调整图层，选择黄色，提高饱和度❻❼。

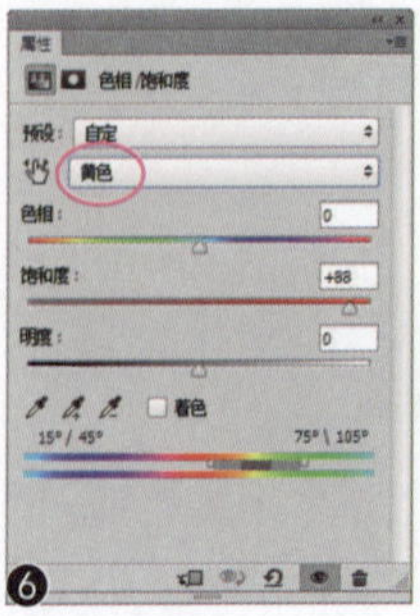

7.6.9

实战技巧：通过混合模式消除色偏

使用“曲线”和“色阶”增加彩色图像的对比度时，通常还会提高色彩的饱和度，有可能导致出现偏色。要避免色偏，可以通过“曲线”或“色阶”调整图层来应用调整，再将调整图层的混合模式设置为“明度”即可❶❷。

用曲线调整对比度以后，颜色偏红

设置混合模式为“明度”即可消除色偏

7.6.10

实战技巧：曲线操作技巧

对曲线做小幅度调整时，控制点的选取和移动要很小心才行，否则，单击控制点时很可能造成其意外移动。下面介绍一些这方面的技巧。

如果在曲线上添加了多个控制点，可以通过+键和−键来选取它们。按下+键，可以由低向高选择（即从左下角向右上角切换）；按下−键，则由高向低切换。选中的控制点为实心方块，未选中的为空心方块。

如果要同时选择多个控制点，可以按住Shift键单击它们。如果不想选取任何控制点，可以按下Ctrl+D快捷键。

按下↑键和↓键，可以向上、向下轻移控制点，在“输出”选项中，参数将以1为单位变动。如果想要进行更大幅度的移动，可以先按住Shift键，然后按↑键和↓键，此时参数以10为单位变动。

如果要删除控制点，可以采用3种方法操作，①将其拖出曲线外；②按住Ctrl键单击控制点；③单击控制点，然后按下Delete键。

Ps 7.7

HDR高动态范围图像

HDR是High Dynamic Range（高动态范围）的缩写。HDR图像可以按照比例存储真实场景中的所有明度值，表示现实世界的全部可视动态范围，为我们呈现一个充满无限可能的世界。

7.7.1

练习：合成HDR图像

动态范围表示了图像中包含的从最暗~最亮的色调范围。动态范围越大，所能表现的色调层次越丰富；动态范围小，则会导致高光或阴影区域缺失信息，画面中的细节少。

人眼可以适应差异很大的亮度级别，但大多数相机和计算机显示器只能还原有限的动态范围。

例如，在明暗对比差异较大的场景中拍摄时，针对高亮对象测光，就会使较暗的对象曝光不足；针对较暗的对象测光，则又会使高亮的对象过曝。因此，想要在一张照片中通过完美曝光获得所有高光、阴影细节是无法办到的。如果会合成HDR图像，就可以解决这个难题。

HDR图像是通过合成多幅以不同曝光度拍摄的同一场景，或同一人物的照片制作出来的高动态范围图像，主要用于影片、特殊效果、3D 作品及某些高端图片。我们可以拍摄3~7张不同曝光值的照片，每张照片只针对一个色调曝光准确，其他区域过曝或欠曝都不重要，重要的是所有这些照片放在一起时，要兼顾高光、中间调和阴影细节，然后导入到Photoshop中，使用“合并到 HDR Pro”命令将它们合并成一张HDR高动态范围照片。

01 打开3张照片❶~❸。执行“文件>自动>合并到HDR Pro”命令，在打开的对话框中单击“添加打开的文件”按钮❹，再单击“确定”按钮，将它们添加到“合并到HDR Pro”对话框的列表中❺。Photoshop会对图像进行合成。

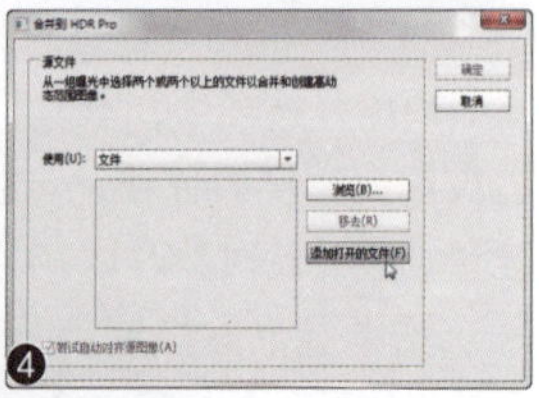

02 调整“灰度系数”“曝光度”和“细节”值❻，降低高光区域的亮度，将暗部区域提亮。选取“边缘平滑度”选项，调整“半径”和“强度”值❼，提高色调的清晰度。

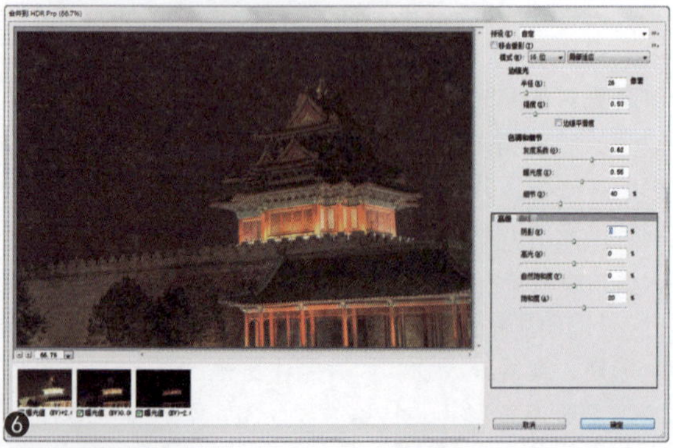

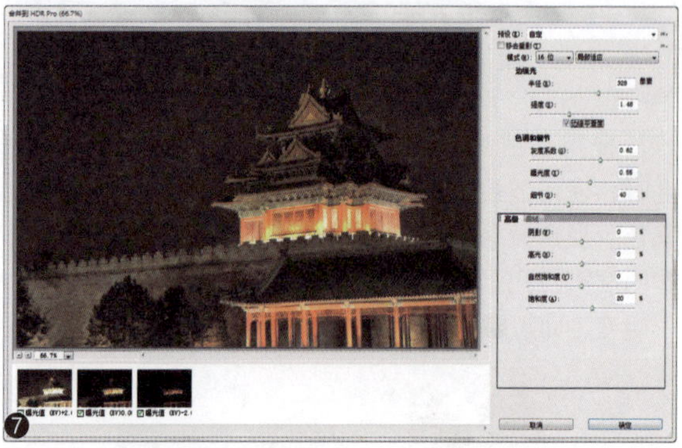

03 调整“阴影”“高光”值，争取细节最大化显示。调整“自然饱和度”，增加色彩的饱和度，并可避免出现溢色❽。

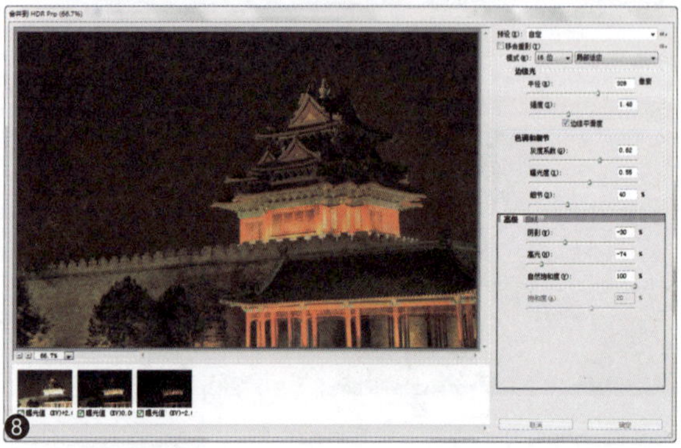

04 在“模式”下拉列表中可以选择将合并后的图像输出为 32 位/ 通道、16 位/ 通道或 8 位/ 通道的文件。我们使用默认的选项即可。但如果想要存储全部HDR 图像数据，得选择32 位/ 通道。单击“确定”按钮关闭对话框，创建HDR图像❾。

05 合成为HDR图像以后，阴影、中间调和高光区域都有充足的细节，并且暗调区域没有漆黑一片，高光区域也没有丢失细节。只是颜色有点偏黄、绿。单击“调整”面板中的 按钮，创建“可选颜色”调整图层，在“属性”面板的“颜色”下拉列表中选择红色，在红色中增加洋红色的比例❿⓫，将红色恢复为原貌。

⑩

⑪

"合并到HDR Pro"对话框选项

选项	说明
预设	包含了Photoshop预设的调整选项。如果要将当前的调整设置存储，以便以后使用，可以单击该选项右侧的按钮，打开下拉菜单，选择"预设>存储预设"命令。如果以后要重新应用这些设置，可以选择"载入预设"命令
移去重影	如果画面中因为移动的对象（如汽车、人物或树叶）而具有不同的内容，可以勾选该项，Photoshop 会在具有最佳色调平衡的缩览图周围显示一个绿色轮廓，以标识基本图像。其他图像中找到的移动对象将被移去
模式	可以为合并后的图像选择一个位深度。只有 32 位/通道的文件可以存储全部 HDR 图像数据
色调映射方法	选择"局部适应"选项，可以通过调整图像中的局部亮度区域来调整 HDR 色调；选择"色调均化直方图"选项，可在压缩 HDR 图像动态范围的同时，尝试保留一部分对比度；选择"曝光度和灰度系数"选项，可以手动调整 HDR 图像的亮度和对比度，移动"曝光度"滑块可以调整增益，移动"灰度系数"滑块可以调整对比度；选择"高光压缩"选项，可以压缩 HDR 图像中的高光值，使其位于 8 位/通道或 16 位/通道图像文件的亮度值范围内
"边缘光"选项组	"半径"选项用来指定局部亮度区域的大小；"强度"选项用来指定两个像素的色调值相差多大时，它们属于不同的亮度区域
"色调和细节"选项组	"灰度系数"设置为 1.0 时动态范围最大；较低的设置会加重中间调，而较高的设置会加重高光和阴影。曝光度值反映光圈大小。拖曳"细节"滑块可以调整锐化程度
"高级"选项组	拖曳"阴影"和"高光"滑块可以使这些区域变亮或变暗。"自然饱和度""饱和度"选项可以调整色彩的饱和度。其中"自然饱和度"选项可以调整细微颜色强度，并避免出现溢色
曲线	可通过曲线调整HDR图像。如果要对曲线进行更大幅度的调整，可勾选"边角"选项，之后拖曳控制点时，曲线会变为尖角。直方图中显示了原始的 32 位 HDR 图像中的明亮度值。横轴的红色刻度线则以一个 EV（约为一级光圈）为增量

7.7.2 疑问解答：怎样拍摄用于HDR的照片?

拍摄用于制作HDR图像的照片时，首先数量要足够多，以覆盖场景的整个动态范围。一般情况下应拍摄5~7张照片，最少需要3张。照片的曝光度差异应在一两个 EV （曝光度值）级（相当于差一两级光圈左右）。另外，不要使用相机的自动包围曝光功能，因为曝光度的变化太小。

其次，拍摄时要改变快门速度以获得不同的曝光度。不要调光圈和ISO，否则会使每次曝光的景深发生变化，导致图像品质降低。此外，调整 ISO 或光圈还可能导致图像中出现杂色和晕影。

由于拍摄多张照片，应将相机固定在三角架上，并确保场景中没有移动的物体。"曝光合并"功能只能用于处理场景相同但曝光度不同的图像。

7.7.3 实战技巧：破解 HDR 图像编辑局限

图像的位深度决定了图像的颜色信息数量，以及Photoshop功能是否能够使用。

普通数码照片的位深度为8，即8位/通道（104页），支持Photoshop所有功能。高动态范围HDR图像是32位/通道，目前还不能使用Photoshop全部功能。如果要打印或使用不适用于 32 位/ 通道的HDR 图像的工具和滤镜，应使用" 图像>模式>16 位/ 通道"或"8 位/ 通道"命令，将其转换为 16 位/ 通道或 8 位/ 通道的图像，再进行编辑。

7.7.4 调整 HDR 图像的色调

打开一个HDR图像❶，执行"图像>调整>HDR色调"命令，打开"HDR色调"对话框❷。在该对话框中，可以将全范围的HDR对比度和曝光度设置应用于图像。

①

● **边缘光：** 用来控制调整范围和调整的应用强度。

● **色调和细节：** 用来调整照片的曝光度，以及阴影、高光中的细节的显示程度❸❹。其中，“灰度系数”可以使用简单的乘方函数调整图像灰度系数。

● **高级：** 用来增加或降低色彩的饱和度❺。通过“自然饱和度”选项增加饱和度不会出现溢色。

● **色调曲线和直方图：** 显示了照片的直方图，并提供了曲线可用于调整图像的色调。

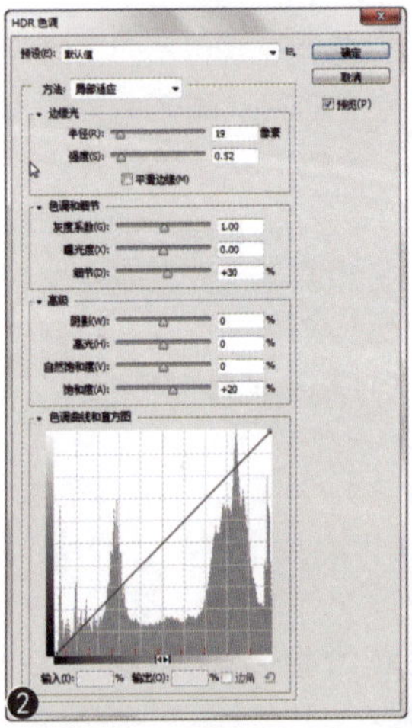

“HDR色调”对话框

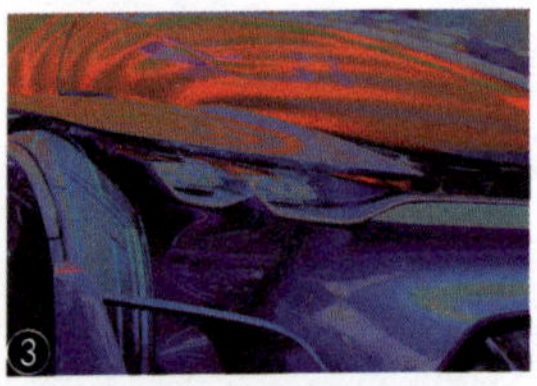

高光－100

高光+100

饱和度－100

7.7.5 调整 32 位 HDR 图像的曝光

打开一个 HDR 图像❶，执行“图像>调整>曝光度”命令，打开“曝光度”对话框❷。这是专门用于调整32位的HDR图像曝光度的功能（也可用于调整8位和 16 位的照片）。由于 HDR 图像可以按比例表示和存储真实场景中的所有明度值，因此，调整 HDR 图像曝光度的方式与在真实环境中拍摄时调整曝光度的方式类似。

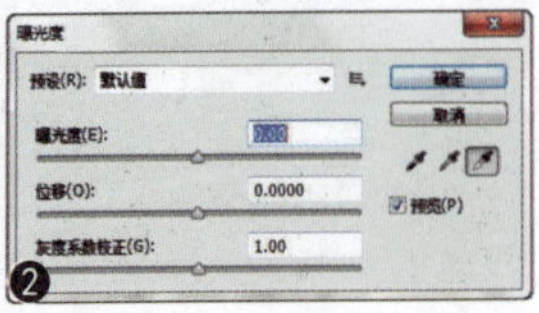

● **曝光度：** 可以调整色调范围的高光端❸❹，对极限阴影的影响很轻微。

曝光度－1

曝光度1

● **位移：** 使阴影和中间调变暗❺❻，对高光影响轻微。

位移－0.2

位移0.2

● **灰度系数校正：** 使用简单的乘方函数调整图像灰度系数。负值会被视为它们的相应正值（这些值仍然保持为负，但仍然会被调整，就像它们是正值一样）。

● **吸管工具：** 用设置黑场吸管工具在图像中单击，可以使单击点的像素变为黑色；设置白场吸管工具可以使单击点的像素变为白色；设置灰场吸管工具可以使单击点的像素变为中性灰色（R、G、B值均为128）。

7.7.6 调整 32 位 HDR 图像显示的动态范围

HDR图像的动态范围超出了计算机显示器的显示范围，在 Photoshop 中打开 32 位/通道的 HDR 图像时，可能会出现非常暗或褪色的现象。如果遇到这种情况，可以使用“视图>32位预览选项”命令❶，对HDR图像的预览效果进行调整。

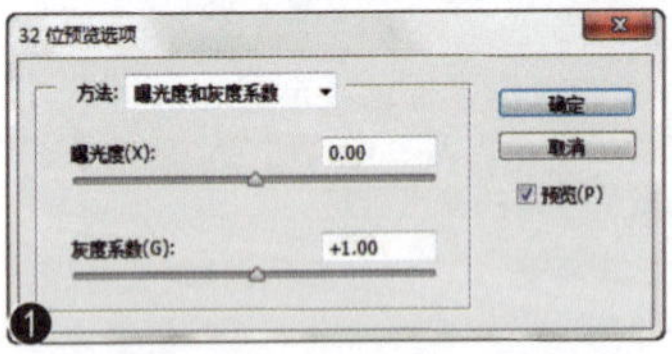

操作时，可以在“方法”下拉列表中选择“曝光度和灰度系数”选项，然后拖曳“曝光度”和“灰度系数”滑块调整图像的亮度和对比度；也可以在“方法”下拉列表中选择“高光压缩”选项，Photoshop会自动压缩HDR图像中的高光值，使其位于 8 位/通道或 16 位/通道图像文件的亮度值范围内。

由于调整是针对视图进行的，因此可以为同一HDR 图像创建多个窗口（24页），对每个窗口进行不同的预览调整。使用此方法进行的预览调整不会存储到 HDR 图像文件中，图像的信息保持不变。

7.8 课后测验

本章介绍了影调与曝光调整工具，学习重点是“色阶”和“曲线”，学习难点是“曲线”。其实，“曲线”在色调映射方面还不是特别复杂，它真正的难度体现在对于色彩的影响方面。相关内容我们将在下一章中介绍。

7.8.1 校正色调、对比度和色偏

本章的第一个测验是用“曲线”或者“色阶”调整一张欠曝照片的曝光，然后通过“自动色调”命令增强对比度并消除色偏，之后使用“色相/饱和度”命令增加色彩的饱和度❶❷。

实例效果

素材

7.8.2 制作朋克风格彩色机车

中性色图层由于填充了中性色，并在混合模式的作用下，因而不可见，就像是空图层一样。“滤镜”菜单中的“光照效果”“镜头光晕”和“胶片颗粒”等滤镜不能应用于没有像素的图层（空图层），但可以应用在中性色图层上，并通过中性色图层去影响下方的图像。

本章第二个测验是在“叠加”模式的中性色图层上添加“光照效果”滤镜❶~❹。操作时，在窗口左上角的“预设”下拉列表中选择“RGB光”选项，Photoshop会在画面上添加红、绿、蓝3种颜色的聚光灯，分别调整它们的位置和参数；然后单击窗口左上角的💡按钮，在画面左侧和右侧各添加一个点光，作为辅助照明；完成滤镜的添加以后，复制中性色图层，并将混合模式设置为“变暗”。

实例效果

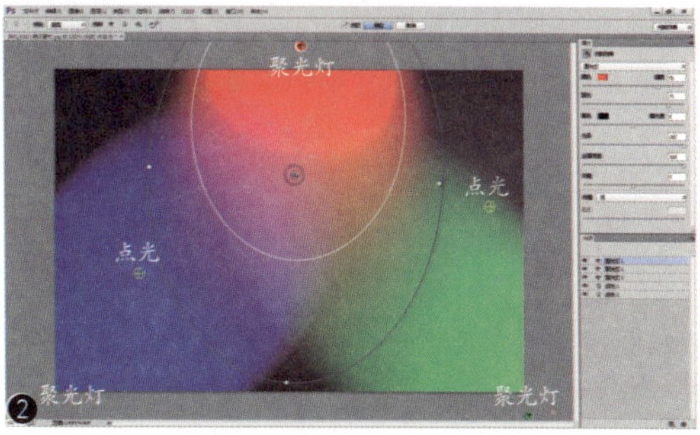

“光照效果”滤镜参数

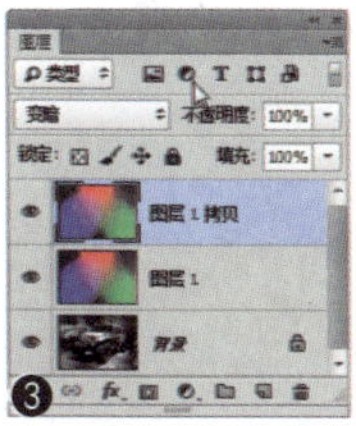

“变暗”模式

素材

第8章 调整色彩

本章简介

Photoshop中的调色工具不仅可以对色彩的组成要素——色相、饱和度、明度做出有针对性的调整，还能对色彩进行创造性的改变，包括将色彩映射为渐变、匹配颜色、减少色阶、将彩色处理为黑白，等等。本章将从色彩的基本概念和识别方法开始，分门别类地介绍这些工具，学习难度渐次增加，最后讲解通道调色方法。这属于高级调色技术，具有一定的难度，因为这需要我们了解色彩的变化原理、补色关系，才能做出准确的预判。色彩调整工具里没有“全能型选手”，不像色调调整那样，“曲线”和“色阶”基本上就可以“包打天下”。本章介绍的每个调色命令都有其独到之处。

学习重点

关键概念

8.1 识别色彩

现代色彩学按照全面、系统的观点，将色彩分为有彩色和无彩色两大类。有彩色是指红、橙、黄、绿、蓝、紫这6个最基本的色相，以及由它们混合所得到的色彩。无彩色是指黑色、白色和各种纯度的灰色。无彩色虽然只有明度变化，但在色彩学中，无彩色也是一种色彩。

8.1.1 色相、饱和度、明度概念

色彩是光刺激眼睛所产生的视感觉，也可以说是人的视觉对光反应的产物。色相是指色彩的相貌❶。不同波长的光给人的感觉是不同的，将这些感受赋予名称，也就有了红色、黄色、蓝色……

明度是指色彩的明暗程度，也称作色彩的亮度或深浅❷。有彩色中黄色明度最高，它处于光谱中心；紫色明度最低，处于光谱边缘。同一种色彩，其明度也会有变化，当它加入白色时明度会提高；加入黑色会降低明度和饱和度。无彩色中明度最高的是白色，明度最低的是黑色。

❶
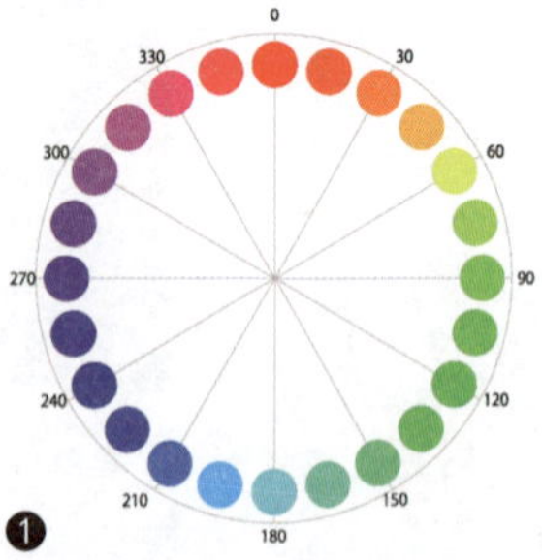

24色色相环

❷

明度（高~低）变化

饱和度是指色彩的鲜艳程度，也称彩度❸。我们的眼睛能够辨认的有色相的色彩都具有一定的鲜艳度。例如绿色，当它混入白色时，它的鲜艳程度就会降低，但明度提高了，成为淡绿色；当它混入黑色时，鲜艳度降低了，明度也变暗了，成为暗绿色；当混入与

绿色明度相似的中性灰色时，它的明度没有改变，但鲜艳度降低了，成为灰绿色。

③ 饱和度（高~低）变化

有色彩中，红、橙、黄、绿、蓝、紫等基本色相的饱和度最高。无彩色没有色相，因此，饱和度为0。

8.1.2 颜色识别工具

色彩是一门科学，色相变化、明度深浅、饱和度高低都可以用数字描述出来。而我们大多数人对于色彩的判断往往是基于经验做出的。但经验并不可靠。

例如，我们观察下面的棋盘格❶。这是麻省理工学院视觉科学家泰德·艾德森设计的亮度幻觉图形。请你判断，A点和B点的方格哪一个颜色更深？

❶

看起来A点颜色深。实际情况是不是这样呢？我们用Photoshop中的色彩识别工具——“信息”面板来观察颜色值，就能真相大白。

执行“窗口>信息”命令，打开该面板，将光标放在A点上方，可以看到，它的颜色值是（R107，G107，B107）❷。将光标放在B点上方，颜色值也是（R107，G107，B107）❸。这两点的颜色完全一样。Photoshop不会说假话。浅色方格之所以不显得黑，是因为我们的视觉系统认为“黑”是阴影造成的，而不是方格本身就有的，我们的眼睛被我们自己的经验欺骗了。

❷

❸

我们在Photoshop中调整颜色时，也可以通过“信息”了解色彩的变化数值，从而避免颜色过于饱和而出现溢色，或者色调的对比过强造成阴影丢失细节，以及高光过曝等情况发生。

操作时先使用颜色取样器工具在需要观察的位置单击，建立取样点，弹出的“信息”面板中会显示取样位置的颜色值❹；然后再调整图像，此时面板中会出现两组数字❺，斜杠前面的是调整前的颜色值，斜杠后面的是调整后的颜色值。

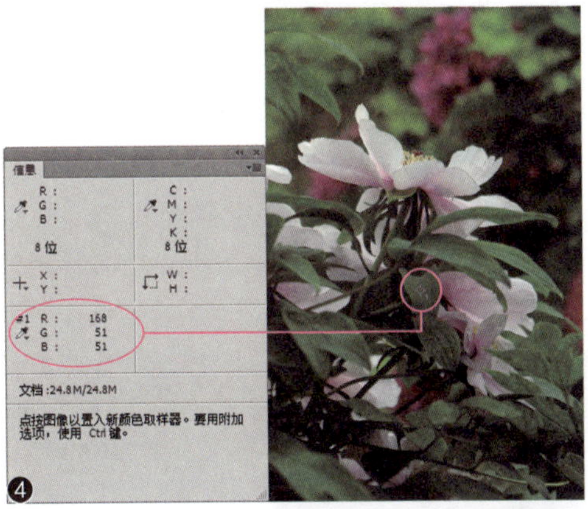

❹

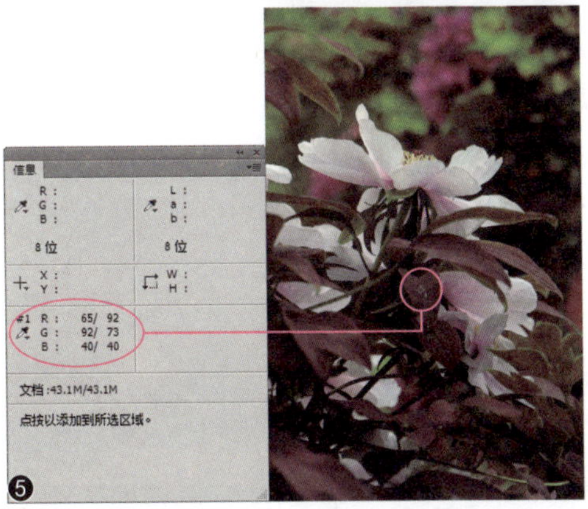

❺

“信息”面板可以使用RGB、Web、CMYK等不同的模型描述颜色，如果要进行切换，可以在面板中的吸管上单击，打开下拉菜单进行选择❻。

另外，颜色取样器工具的选项栏中有一个“取样大小”选项❼，可以定义取样范围。最精确的是“取样点”，它表示只对取样点下方单个像素取样；其他选项会扩大取样范围，例如选择“3×3平均”，将显示取样点3个像素区域内的平均颜色值。

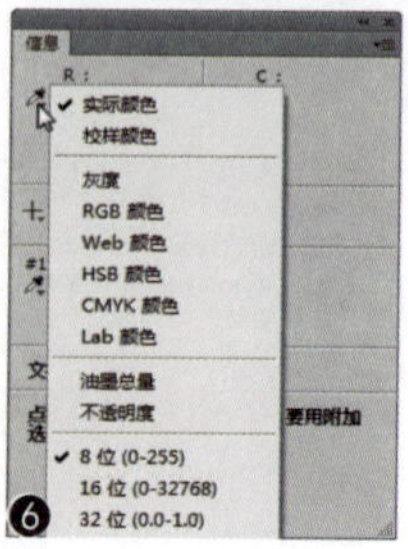

6

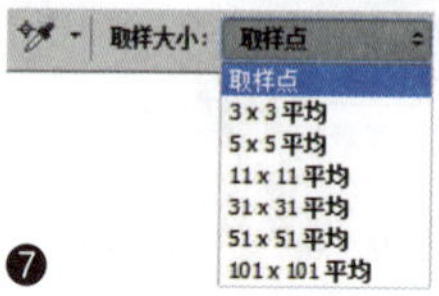

7

提示（Tips）

一个图像中最多可以放置4个取样点。单击并拖曳取样点，可以移动它的位置；按住 Alt 键单击取样点，则可将其删除；如果要在调整对话框处于打开的状态下删除取样点，可以按住 Alt+Shift键单击它；如果要删除所有取样点，可以单击工具选项栏中的“清除”按钮。

8.1.3 “信息”面板

打开“信息”面板后，未进行操作时，它会显示光标下方的颜色值，以及文档状态、当前工具的提示等信息；编辑图像时，则会显示与当前操作有关的各种有用信息。

● **显示颜色信息**：将光标放在图像上，面板中会显示光标的精确坐标和它下方的颜色值。如果颜色超出了 CMYK 色域（105 页），CMYK 值旁边会出现一个惊叹号。

● **显示选区大小**：使用选框工具（矩形选框、椭圆选框等）创建选区时，面板中会随着鼠标的拖动而实时显示选框的宽度（W）和高度（H）。

● **显示定界框大小**：使用裁剪工具和缩放工具时，会显示定界框的宽度（W）和高度（H）。如果旋转裁剪框，还会显示旋转角度值。

● **显示开始位置、变化角度和距离**：当移动选区或使用直线工具、钢笔工具、渐变工具时，会随着鼠标的移动显示开始位置的 x 和 y 坐标，X 的变化（△X）、Y 的变化（△Y），以及角度（A）和距离（L）❶。

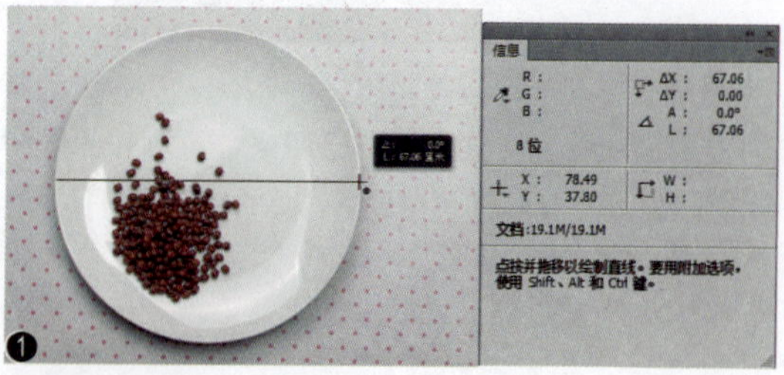
1

使用直线工具绘制直线时显示的信息

● **显示变换参数**：执行变换命令（如“缩放”和“旋转”）时，会显示宽度（W）和高度（H）的百分比变化、旋转角度（A）以及水平切线（H）或垂直切线（V）的角度❷。

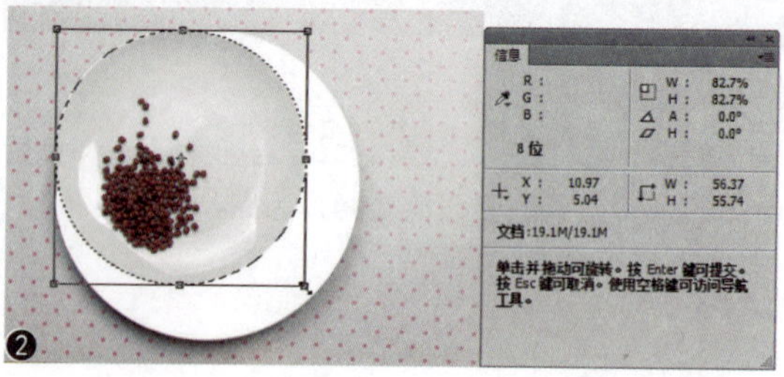
2

缩放选区内的图像时显示的信息

● **显示状态信息**：显示文档大小、文档配置文件、文档尺寸、暂存盘大小、效率、计时以及当前工具等信息。具体显示内容可以在“面板选项”对话框中进行设置。

● **显示工具提示**：显示与当前使用工具有关的提示信息。

“信息面板选项”对话框

执行“信息”面板菜单中的“面板选项”命令，打开“信息面板选项”对话框❸。在该对话框中可以选择“信息”面板中吸管显示的颜色信息。

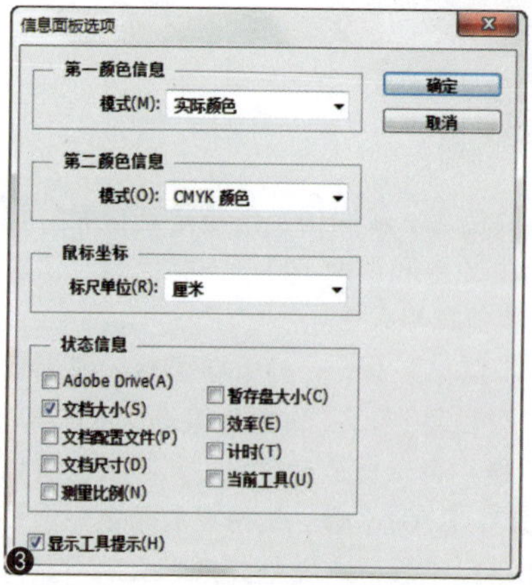

3

● **第一颜色信息**：在该选项的下拉列表中可以选择面板中第一个吸管显示的颜色信息。选择“实际颜色”选项，可以显示图像当前颜色模式下的值；选择“校样颜色”选项，可以显示图像的输出颜色空间的值；选择“灰度”“RGB”“CMYK”等颜色模式，可以显示相应颜色模式下的颜色值；选择“油墨总量”选项，可以显示光标当前位置所有 CMYK 油墨的总百分比；选择“不透明度”选项，可以显示当前图层的不透明度，该选项不适用于背景。

● **第二颜色信息**：设置第二个吸管显示的颜色信息。

● **鼠标坐标**：设置鼠标光标位置的测量单位。

● **状态信息**：设置面板中“状态信息”处的显示内容。

● **显示工具提示**：显示当前使用工具的各种提示信息。

8.2 调整色相和饱和度

在Photoshop的调色工具中，“色相/饱和度”和“变化”命令可以对色相、饱和度、明度做出调整；“色彩平衡”“可选颜色”“照片滤镜”“颜色查找”命令可以修改色相；“自然饱和度”命令可以调整饱和度。

8.2.1 “色相/饱和度”命令

“色相/饱和度”命令既可以调整图像中全部颜色的色相、饱和度和明度，也可以只针对一种颜色做出调整。

使用图像调整工具

执行“图像>调整>色相/饱和度”命令，打开“色相/饱和度”对话框❶。对话框中有两个基本选项和3组滑块。

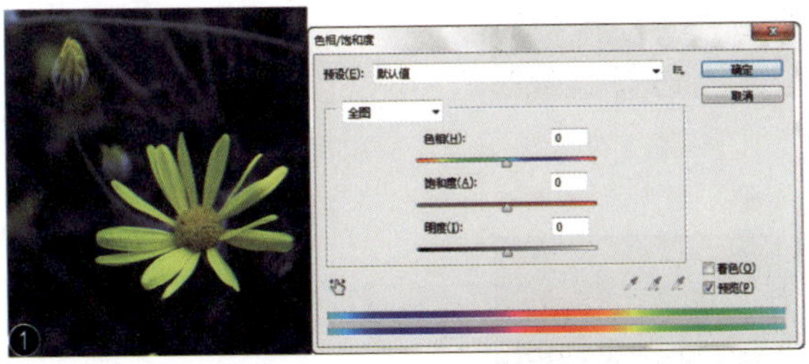

单击图像调整工具，在画面中想要修改的颜色上方单击并按住鼠标按键，向左拖曳，可以降低颜色的饱和度❷；向右拖曳，可以增加颜色的饱和度❸。如果要修改色相，可以按住Ctrl键操作。

通过滑块调整

“预设”下拉列表中包含了几种预设的调整选项。它下方的选项中显示的是“全图”，表示调整将应用于图像中的所有色彩。此时，拖动“色相”滑块可以改变颜色；拖动“饱和度”滑块可以使颜色变得鲜艳或暗淡；拖动“明度”滑块可以使图像变亮或变暗。操作时，不仅文档窗口中的图像会随着调整而实时改变，“色相/饱和度”对话框底部的渐变颜色条也会同步发生变化——位于上面的颜色条是图像中的原有颜色，下面的是修改后转变成的颜色❹。

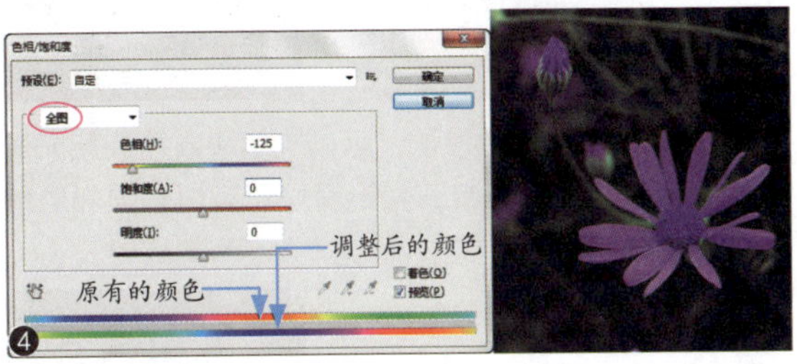

如果要单独调整某一种颜色，可以单击按钮，打开下拉列表进行选择。其中包含了色光三原色（红、绿、蓝）和印刷三原色（青、洋红、黄）。我们可以选择其中的一种颜色，单独调整它的色相、饱和度和明度。例如，可以选择“黄色”，将它转换为其他颜色，也可以增加或降低黄色的饱和度❺，或者让黄色变亮或变暗。

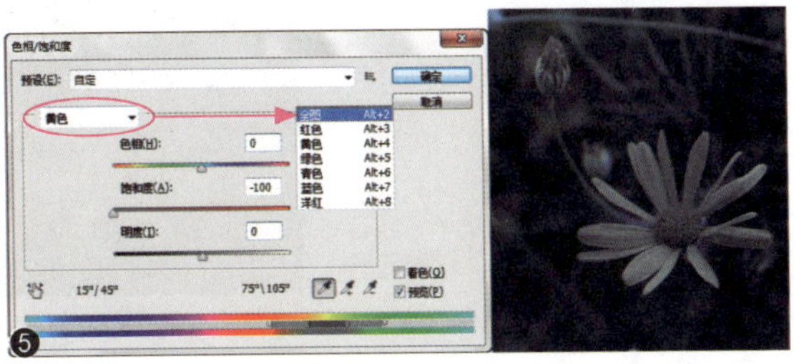

隔离颜色

选择一种颜色进行单独调整时，“色相/饱和度”对话框底部的两个渐变颜色条中会出现4个小滑块❻。两个白色矩形滑块之间是被修改的颜色，调整所影响的区域由它们开始逐渐向两个外侧的三角形滑块处衰减，三角形滑块以外的颜色不会受到影响❼。

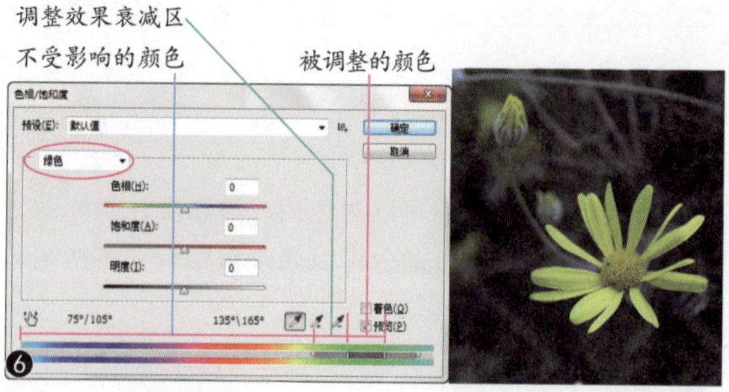

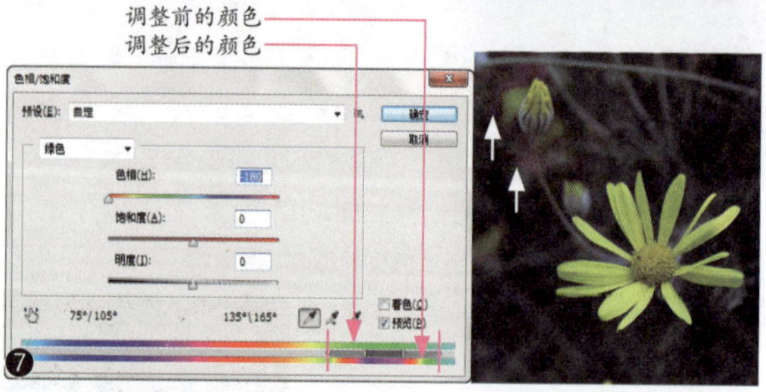

拖曳白色的矩形滑块，可以扩展和收缩调整所影响的颜色范围❽；拖曳三角形滑块，可以扩展和收缩衰减范围❾。

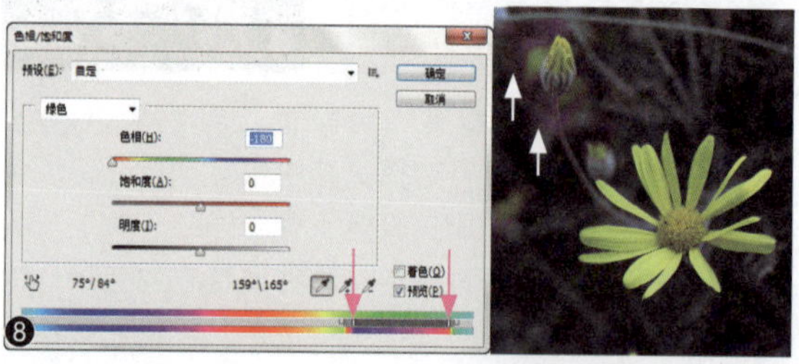

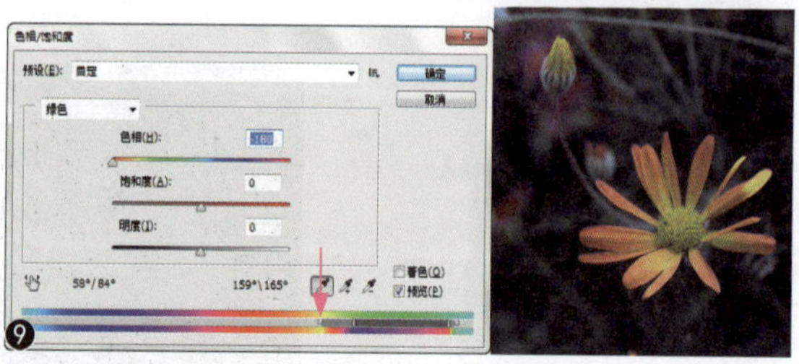

颜色条上方有4组数字，分别代表绿色（当前选择的颜色）和其外围颜色的范围。在色轮中，绿色的色相为135° 及左右各30° 的范围（数值为105° ~165° ）❿。观察“色相/饱和度”对话框中的数值⓫，其中，84° ~159° 之间的颜色是被调整的颜色，84° ~58° 之间的颜色，以及159° ~165° 之间的颜色的调整强度会逐渐衰减，从而在调整与未调整的颜色之间创建平滑的过渡效果。

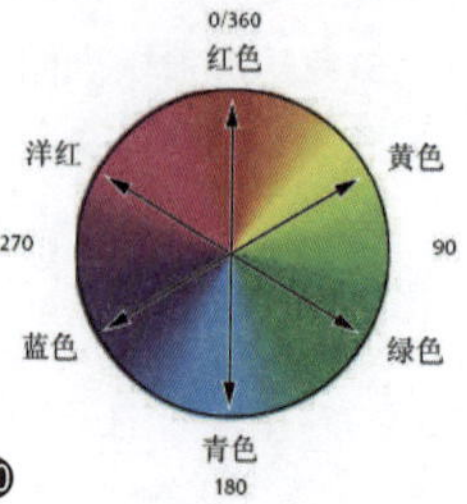

❿

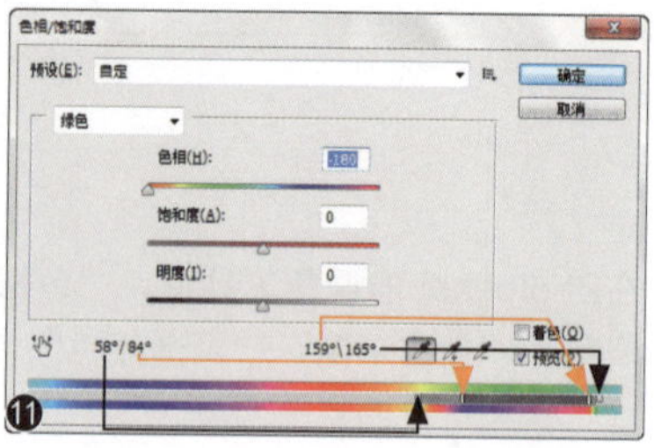

用吸管工具隔离颜色

在隔离颜色的状态下操作时，既可以采用前面的方法，通过拖曳滑块来扩展和收缩颜色范围，也可以使用对话框中的3个吸管工具从图像上直接选取颜色，这样更加灵活。用工具单击图像，可以选取要调整的颜色，同时渐变颜色条上的滑块会移动到这一颜色区域⓬。

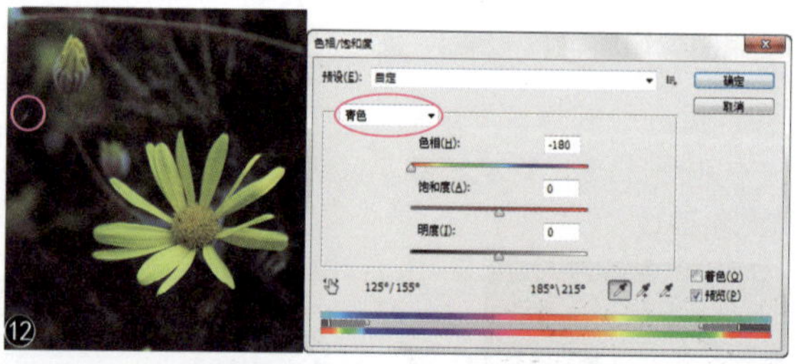

用工具单击图像，可以将颜色添加到选取范围中⓭；用工具单击，可以将颜色排除⓮。

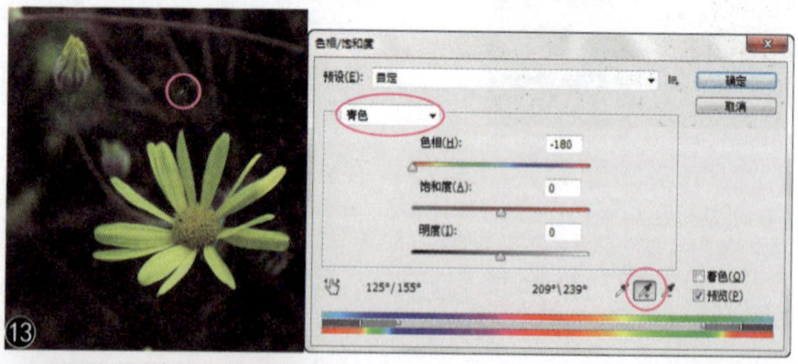

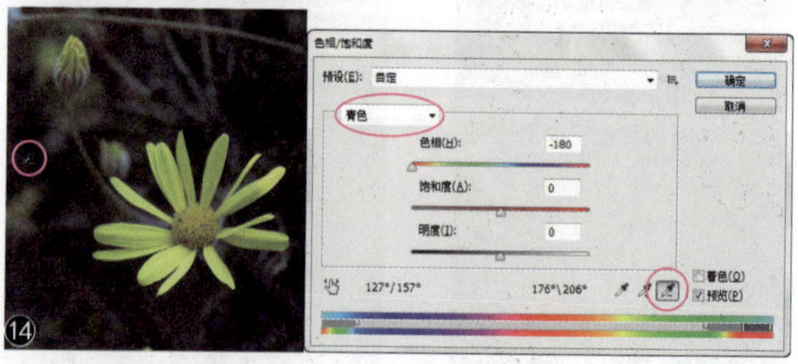

去色、上色

将“饱和度”滑块拖曳到最左侧，即可将彩色图像转换为黑白效果。在这种状态下，“色相”滑块将不起作用。拖曳“明度”滑块可以调整图像的亮度。

如果选取“着色”选项，则图像会使用一种颜色着色。如果前景色是黑或白色，图像会使用暗红色着色⓯；前景色为其他颜色，则使用低饱和度的前景色进行着色。在这种状态下，可以拖曳“色相”滑块，使用其他颜色为图像着色⓰，拖曳“饱和度”滑块可以调整颜色的饱和度。

⓯

⓰

8.2.2 练习：制作宝利来效果照片

时尚界总是在轮回中前进。随着复古风的刮起，在历史舞台上消失过一段时间宝丽莱（Polaroid）摄影又再次复苏。

宝丽莱（Polaroid）是著名的即时成像相机，曾经风靡世界。宝丽莱照片效果独特，黑白胶片经典的灰度、彩色胶片温暖的黄调，均透出浓浓的怀旧情调。时尚摄影师Helmut Newton和波普艺术的开创者Andy Worhol都曾用宝丽莱相机进行实验性的艺术创作。下面我们来学习这种效果的制作方法。

01 打开照片素材❶。宝丽莱照片中的冷调微微发蓝，暖调有点泛红，色彩整体感觉柔和温暖。我们先来处理冷调。打开“通道”面板，选择蓝通道❷。将前景色设置为灰色（R123、G123、B123），按下Alt+Delete快捷键，将蓝通道填充为灰色❸，按下Ctrl+2快捷键，重新显示彩色图像❹。

❶

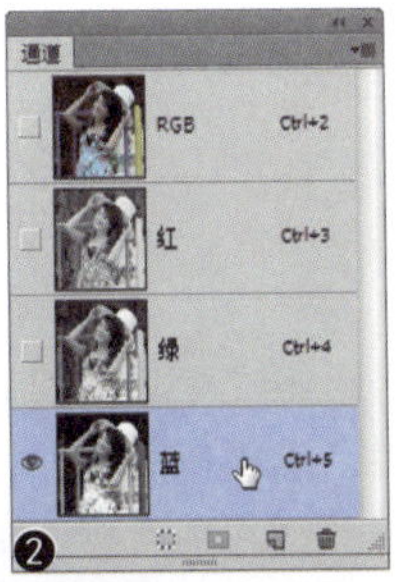

❷

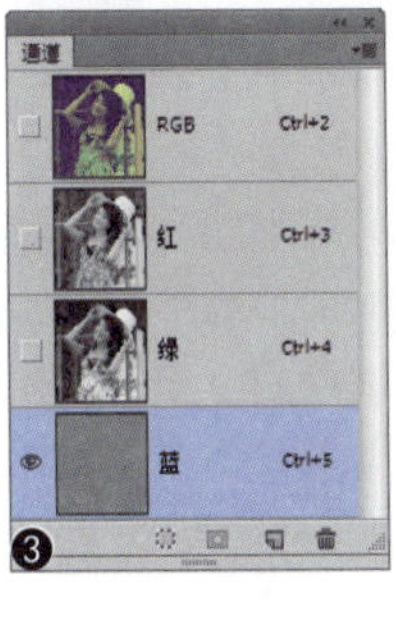

❸

❹

02 执行“滤镜>镜头校正”命令，打开“镜头校正”对话框，拖曳“晕影”选项组中的“数量”滑块，在照片4个边角添加暗角❺。

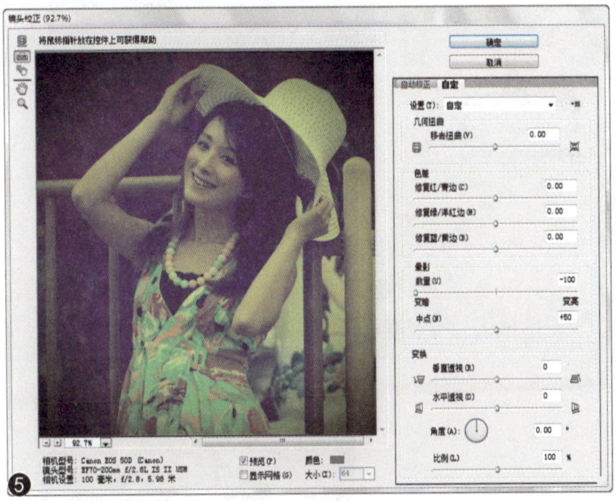

❺

03 单击“调整”面板中的按钮，创建“色相/饱和度”调整图层，拖曳滑块调整颜色，增加饱和度❻；再分别选择黄色和蓝色进行单独调整❼~❾。

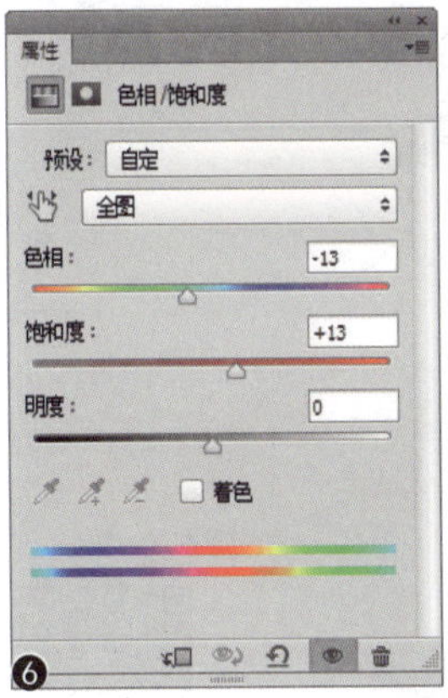

❻

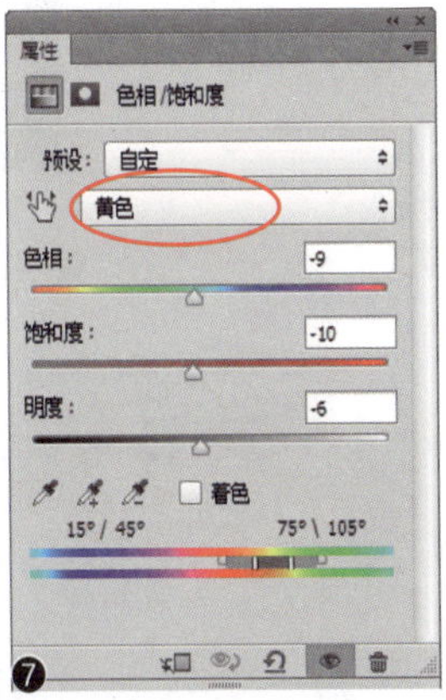

❼

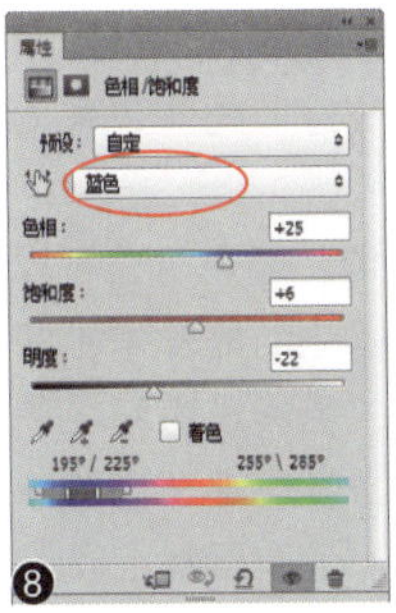

❽

❾

04 单击“调整”面板中的按钮，创建“色阶”调整图层，向右拖曳阴影滑块，增加色调的暗度，使照片更加清晰；向左侧拖曳高光滑块，将画面提亮⓾⓫。按下Alt+Shift+Ctrl+E快捷键，将当前效果盖印到一个新的图层中。

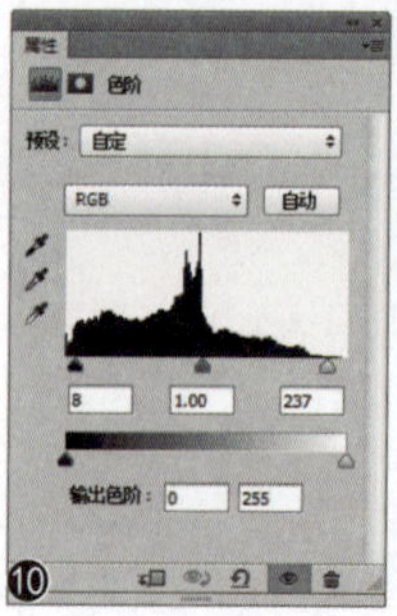

05 打开相纸素材⑫。使用移动工具将盖印后的图层拖入该文档⑬。

8.2.3 练习：用“自然饱和度”命令调整照片

计算机显示器用红、绿、蓝3种色光混合生成各种色彩，这种模式称为RGB模式。商用打印机、印刷机用青、洋红、黄和黑4种油墨混合来呈现各种颜色，也称CMYK模式。CMYK模式的色彩范围没有RGB模式大，在CMYK色域范围之外而无法打印的颜色称为“溢色”（110页）。

我们使用“色相/饱和度”命令调整颜色时，可以将饱和度调得非常高，色彩甚至可以达到非常夸张的程度。但图像如果打印，过于鲜艳的色彩没有对应的油墨，而只能用与之接近的、饱和度没有那么高的油墨呈现出来。这也是打印出来的照片没有屏幕上看着色彩艳丽的原因。

在饱和度控制方面，“自然饱和度”命令就要“理性”得多，它会给饱和度设置上限——控制在出现溢色之前。因此，对于调整印刷用图像非常有用。也比较适合处理人像照片，能让人物皮肤颜色红润、健康、自然，避免肤色过于发黄。

01 打开照片素材❶。这张照片问题在于模特的肤色有些苍白，衣服图案和环境色彩都不够鲜艳。

02 执行“图像>调整>自然饱和度”命令，打开“自然饱和度”对话框。对话框中有两个滑块，向左侧拖曳可以降低颜色的饱和度，向右侧拖曳则增加饱和度。拖曳“饱和度”滑块时，可以增加（或减少）所有颜色的饱和度。当增加饱和度时，如果调整幅度过大❷，色彩就会过于鲜艳，人物皮肤的颜色非常不自然❸。不仅如此，照片中还会出现溢色。我们可以执行“视图>色域警告”命令，图像中被灰色覆盖的便是出现了溢色的区域❹。再次执行该命令可以关闭警告。

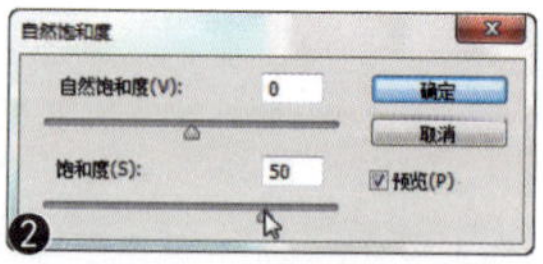

03 将“饱和度”滑块拖曳到0处。拖曳“自然饱和度”滑块增加饱和度，这样操作就不会产生过度饱和的颜色，即使是将饱和度调整到最高值，皮肤颜色变得红润以后，仍能保持自然、真实的效果❺❻。

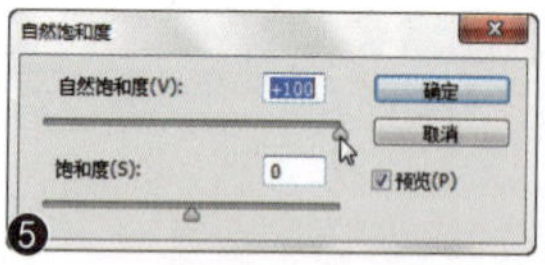

8.2.4 使用“变化”命令

Photoshop中最直观的色彩调整工具莫过于“变化”命令。它提供了每一种变化效果的缩览图，单击相应的缩览图，便可将色相、饱和度和明度调整应用于图像。即使不了解色彩变化规律的人，也能操作自如。因此，非常适合初学者使用。

与其他调整命令相比，“变化”命令还有一个优点——可同时显示原图和调整后的结果图，这为我们观察和比较调整效果提供了非常大的便利。遗憾的是，“变化”命令不能通过调整图层应用。如果想要进行非破坏性调整的话，可以通过智能滤镜的方式使用它（437页）。

打开一张照片❶，执行“图像>调整>变化”命令，打开“变化”对话框❷。

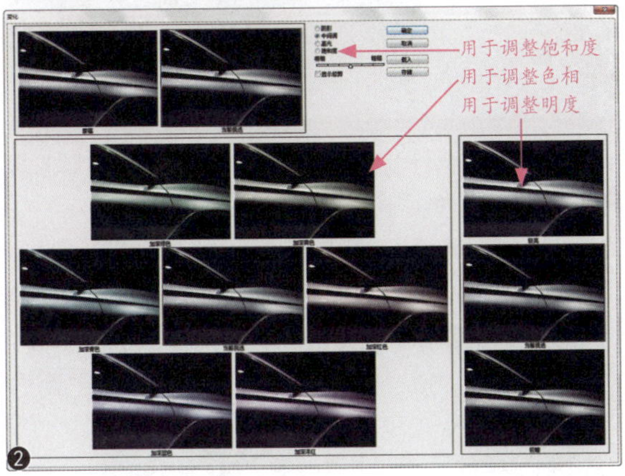

“变化”命令也像“色阶”那样将图像划分为阴影、中间调和高光3个区域。如果要调整色相和明度，应先单击对话框顶部的单选钮，确定要调整的色调区域。其中，“阴影”代表最暗的颜色区域，“高光”代表最亮的颜色区域，其他的属于“中间调”。饱和度没有做区分，需要调整时，单击“饱和度”单选钮即可。“精细/粗糙”选项用来控制每次的调整量，每移动一格滑块，可以使调整量双倍增加。

调整色相

“变化”对话框中有3个“当前挑选”缩览图，用于显示当前调整结果。

色相调整区域有7个缩览图。如果想要在图像中增加一种颜色的含量，可以单击相应的缩览图，连续单击其中的一个，可累积添加颜色。例如，单击“加深红色”缩览图3次，可应用3次调整❸。

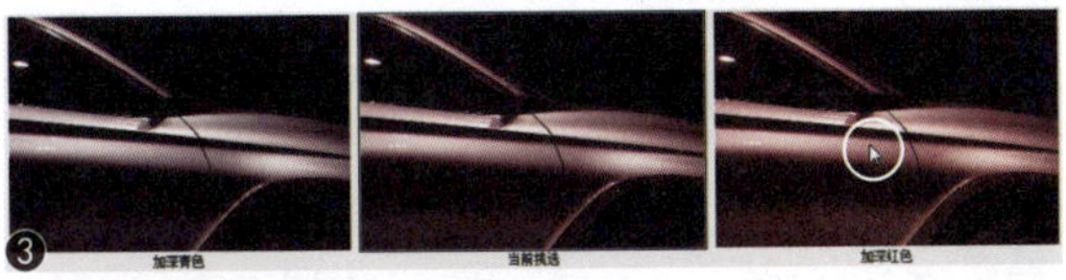

如果想要减少某种颜色的含量，可单击这种颜色对角位置的缩览图。例如，想要减少红色，单击“加深青色”缩览图即可❹。

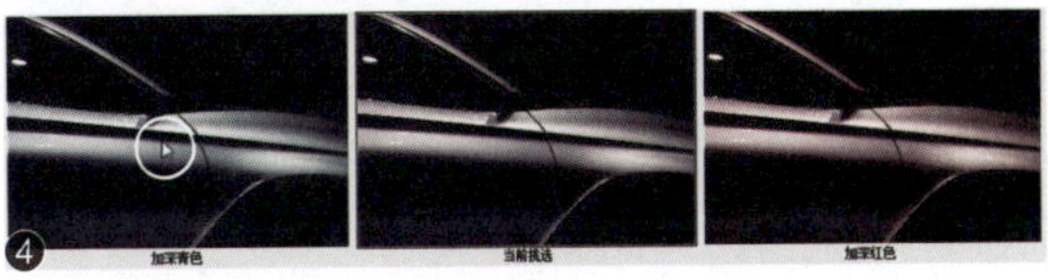

处于对角位置的颜色是互补色❺❻，增加一种颜色的含量时，会自动减少其补色的含量。例如，增加红色会减少青色；增加青色，则减少红色。其他颜色也是如此。Photoshop中颜色的变化遵循的就是这一规律。

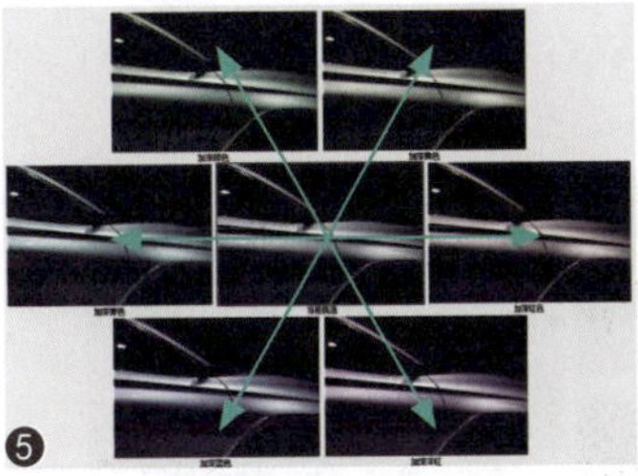

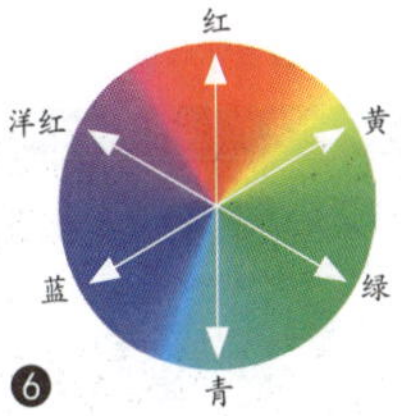

左图对角位置的颜色是互补色，右图是色轮中显示的互补色

调整明度

明度调整比较简单。首先在“变化”对话框顶部选择一个单选项，确认当前调整针对于阴影、中间调还是高光❼，然后单击对话框右侧的缩览图即可。“较亮”缩览图可以提高明度，将色调提亮❽；“较暗”缩览图可以降低明度，使色调变暗❾。

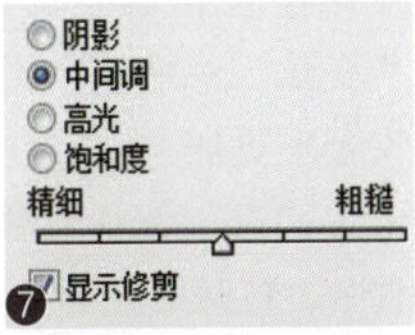

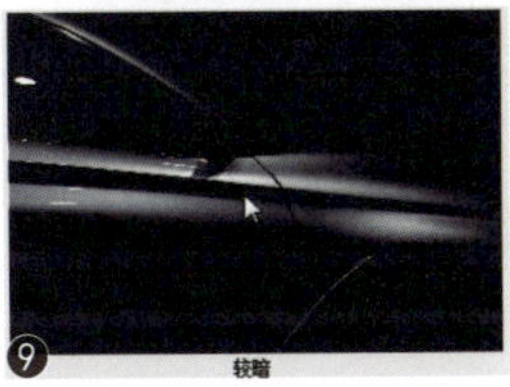

调整饱和度

在对话框顶部选择“饱和度”单选项，对话框左侧的缩览图会变为3个，单击“减少饱和度”和“增加饱和度”缩览图，可减少或增加饱和度。在进行增加饱和度的操作时❿，可以选取“显示修剪”选项，这样如果出现溢色，溢色区域会被醒目的颜色覆盖⓫。

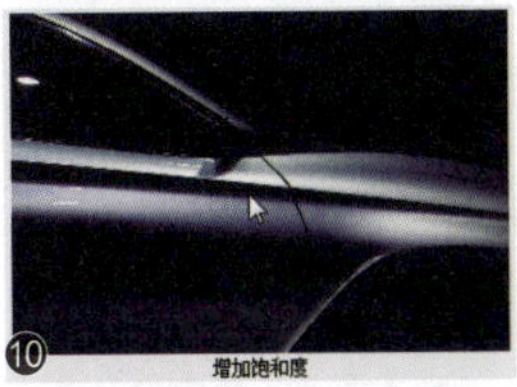

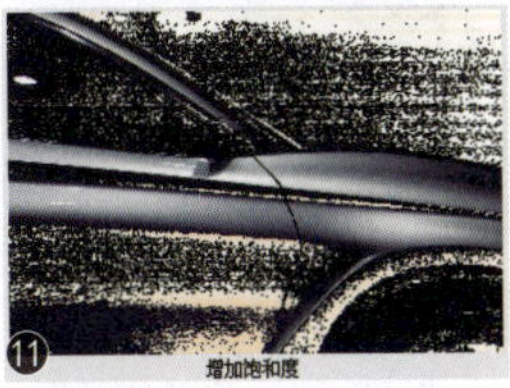

提示（Tips）

如果需要处理局部的、小范围图像的饱和度，可以使用海绵工具操作。在该工具选项栏的“模式”下拉列表中，选择“去色”选项，可以降低饱和度；选择“加色”选项，则可以增加饱和度。

撤销调整

对话框顶部的“原稿”显示了原始图像⓬，如果要将图像恢复为调整前的状态，可以单击该缩览图。

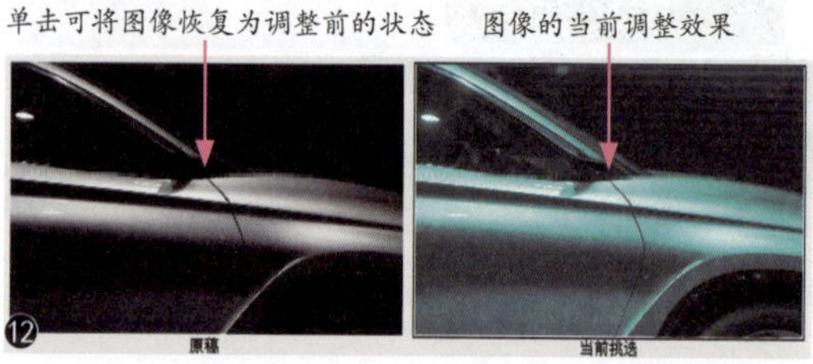

8.2.5 调整色彩平衡

“色彩平衡”类似于简化版的“变化”命令——只保留色相调整功能。但该命令调整的精确度要比“变化”命令高，而且可以通过调整图层来使用，修改起来更加方便。

打开一张照片❶。执行“图像>调整>色彩平衡”命令，打开“色彩平衡”对话框❷。

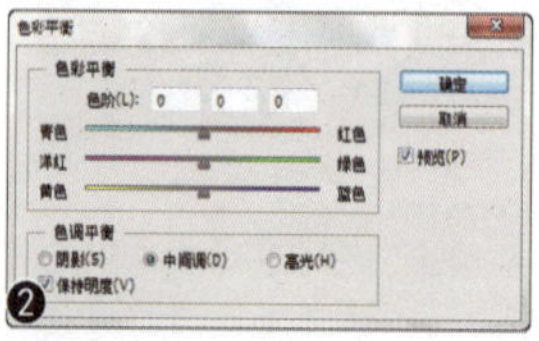

在操作时，先选择要调整的色调（“阴影”“中间调”“高光”）。对话框左侧的3个滑块是印刷三原色（100页），右侧的3个滑块是色光三原色（99页），每一个滑块两侧的颜色都互为补色。当增加一种颜色时，位于另一侧的补色就会相应地减少❸~❽。这种色彩平衡方法也在“可选颜色”命令（259页）中使用。

阴影增加青色（减少红色）

阴影减少青色（增加红色）

中间调增加青色（减少红色）

中间调减少青色（增加红色）

高光增加青色（减少红色）

高光减少青色（增加红色）

如果不想让图像的色调发生改变，可以选取“保持明度”选项❾❿。

未保持明度

保持明度

8.2.6 练习：照片变平面广告

01 打开照片素材❶。单击“调整”面板中的按钮，创建“色彩平衡”调整图层，分别调整中间调、阴影和高光的参数，使图像色调更加鲜亮❷~❺。

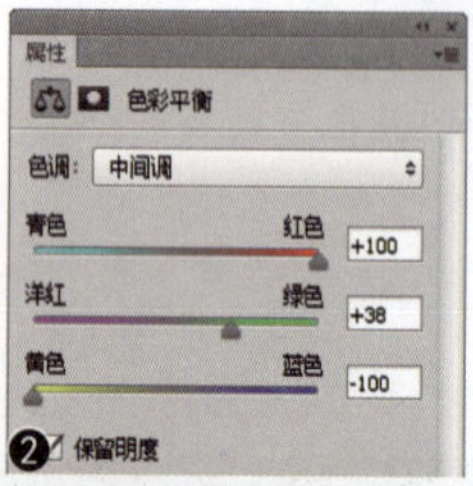

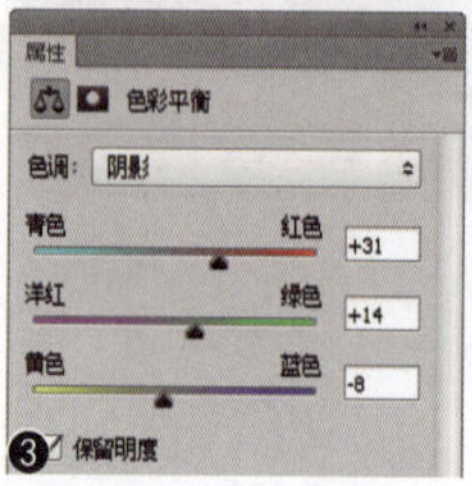

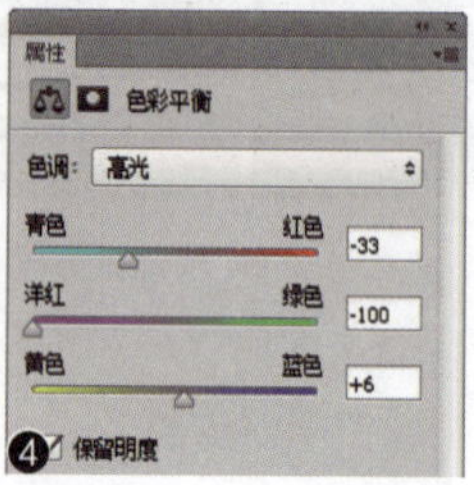

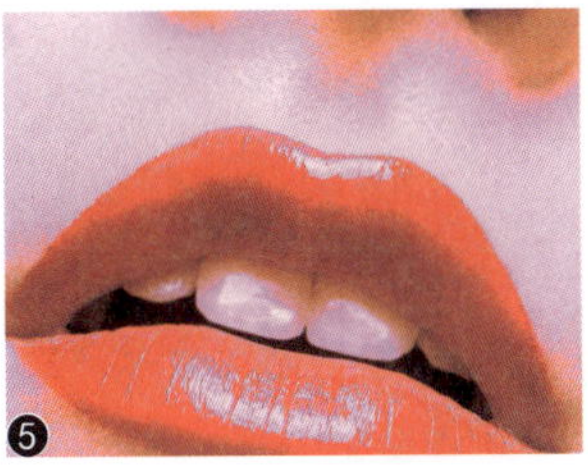
5

02 单击“背景”图层。单击“调整”面板中的按钮，在该图层上方创建“色相/饱和度”调整图层，改变图像颜色❻❼。

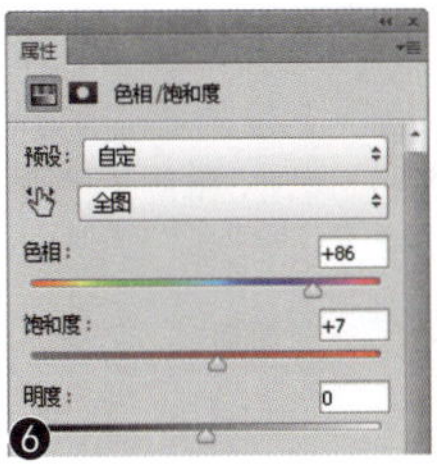

6

7

03 选择“色彩平衡”调整图层，单击按钮，在其上方再创建一个“色相/饱和度”调整图层，勾选“着色”选项，并将图像调为紫色❽❾。

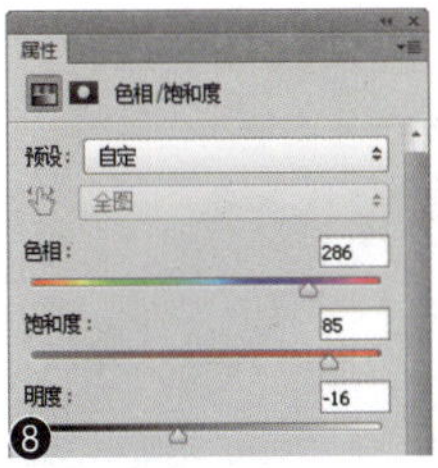

8

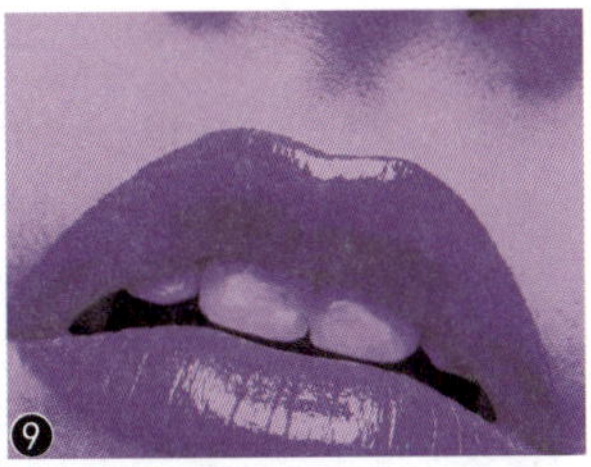
9

04 在“图层”面板中单击蒙版缩览图，按下Ctrl+I快捷键反相，使蒙版成为黑色。使用画笔工具（柔角）在画面右上方涂抹白色❿⓫。在“组1”前面单击，显示组中的人物及文字⓬。

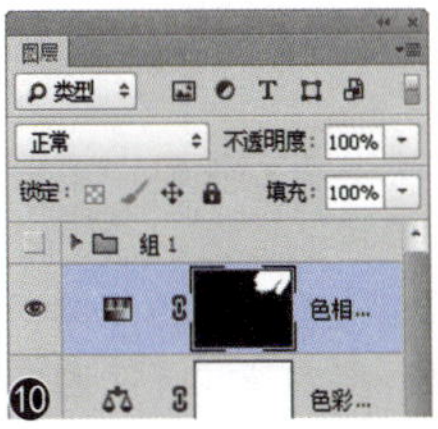

10

11

12

8.2.7 可选颜色校正

执行“图像>调整>可选颜色”命令，打开“可选颜色”对话框❶。“青色”“洋红”“黄色”和“黑色”选项分别代表了印刷色的4种原色油墨（所有颜色都是用这4种油墨混合成的）。如果要调整某种颜色中的油墨含量，可以在“颜色”下拉列表中选择这种颜色，之后拖曳下方的滑块进行调整。“青色”“洋红”和“黄色”滑块向右移动时，可以增加相应的油墨含量；向左移动，油墨含量减少，其补色（红、绿和蓝）会增加。

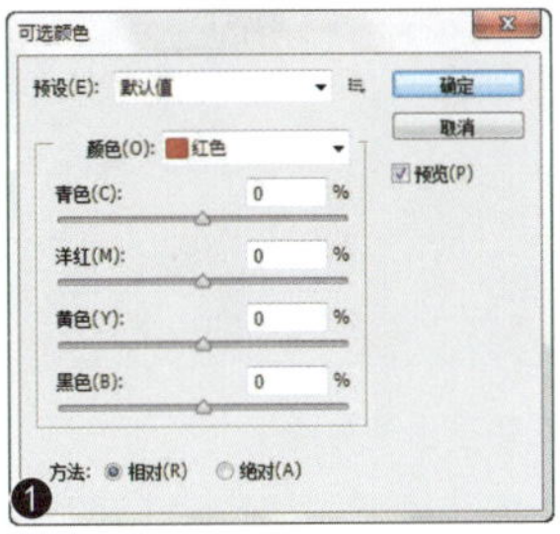

1

在“方法”选项组中，选择“相对”选项，可以按照总量的百分比修改现有的青色、洋红、黄色和黑色的含量。例如，如果从 50% 的洋红像素开始添加 10%，结果为 55% 的洋红（50%＋50%×10%=55%）；选择“绝对”选项，则采用绝对值调整颜色。例如，如果从 50% 的洋红像素开始添加 10%，结果为60%洋红。

使用“可选颜色”命令调整图像中每个主要原色成分中印刷色的含量，是高端扫描仪和分色程序采用的一种技术。例如，调整风车时❷，可以单独减少绿色风轮中的黄色，不影响其他风轮中的黄色❸。

2

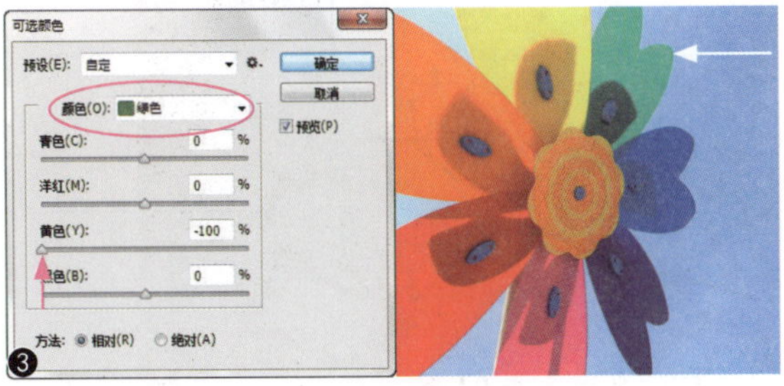

3

减少绿色风轮中的黄色（其他风轮未受影响）

其他几个颜色的风轮也可以单独调整❹~❻。

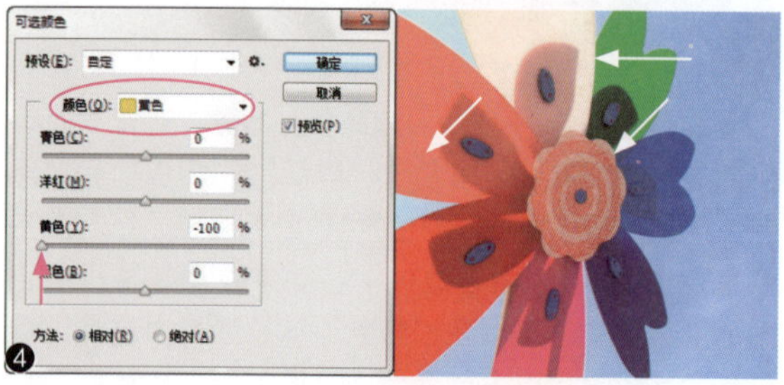

减少黄色风轮中的黄色（橙色风轮受少量影响）

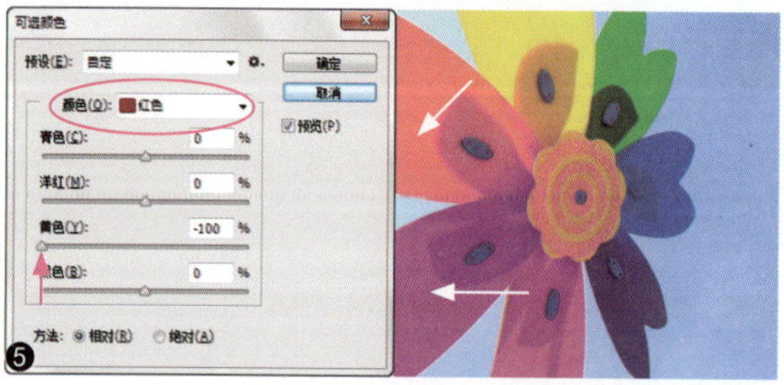

减少红色风轮中的黄色（橙色风轮受少量影响）

减少中性色中的黄色（黄色的补色——蓝色得到增强）

8.2.8 练习：浪漫樱花季

01 打开照片素材❶。单击“调整”面板中的按钮，创建“色阶”调整图层。下面来制作一个高调风格的、以粉蓝色为主的照片效果。向左侧拖曳中间调滑块，增加中间调范围；向右拖曳阴影滑块，将照片中缺少的暗调补上❷❸。

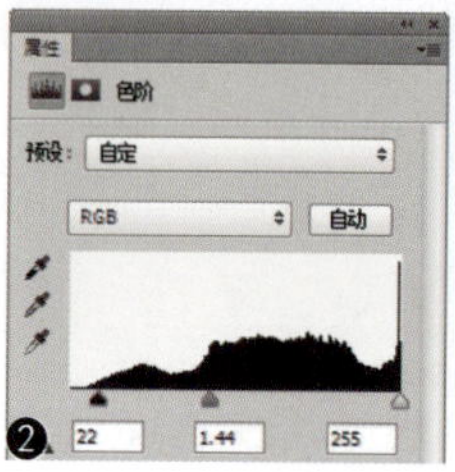

02 单击“调整”面板中的按钮，创建“可选颜色”调整图层。先来调整天空的颜色，在“颜色”下拉列表中选择“青色”选项，在青色中增加青色，减少洋红含量，使天空更加干净透亮❹。

03 调整樱花的颜色时，在“颜色”下拉列表中选择“中性色”选项，分别减少青色、洋红和黄色的含量，将樱花调为浪漫的浅粉色❺❻。

04 使用快速选择工具选取树干及木牌❼，单击“调整”面板中的按钮，基于选区创建“曲线”调整图层，将曲线向上调整❽，使选区内的图像变亮，同时选区会转换为图层蒙版❾，将樱花和天空遮挡住，使它们不受影响❿。

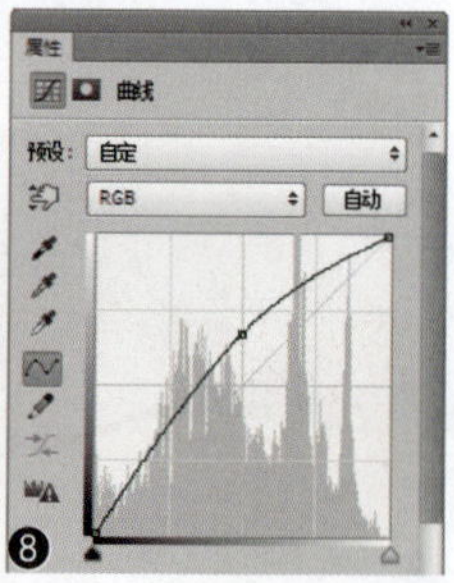

05 选择“背景”图层，单击“图层”面板底部的按钮，在“背景”图层上方新建一个图层。将前景色设置为白色。选择渐变工具，在“渐变”下拉面板中选择“前景色到透明渐变”⓫，在画面左侧创建一个线性渐变，营造出一个环境光，也使画面更加“透气”，有远近虚实的空间感⓬。

8.2.9 使用彩色滤镜

滤镜是安装在相机镜头前用于过滤自然光的配件。有很多种类，包括可以消除紫外线的UV镜、可拍摄特效的柔焦镜、可以改变颜色的彩色滤镜，等等。

自从彩色胶卷出现以后，摄影师就开始使用彩色滤镜校正色温和色彩平衡。Photoshop中的“照片滤镜”命令可以模拟这种滤镜，对于调整数码照片特别有用。

打开一张照片❶，执行“图像>调整>照片滤镜”命令，打开“照片滤镜”对话框。在“滤镜”下拉列表中，最上面是6个可以改变色温的专用滤镜，下面的颜色选项可以模拟与真实滤镜类似的照片效果❷。如果要自定义滤镜颜色，可以单击“颜色”选项右侧的颜色块，打开“拾色器”进行设置。

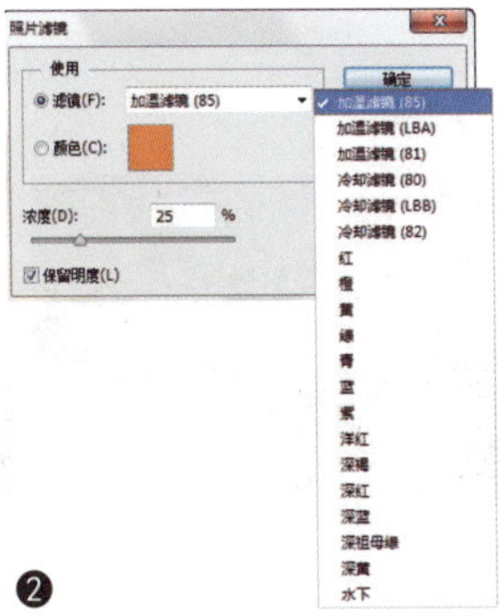

选取预设或设置好颜色后，可以拖曳“浓度”滑块调整颜色的强度❸❹。为防止亮度因颜色调整而变暗，可以选取“保留明度”选项。

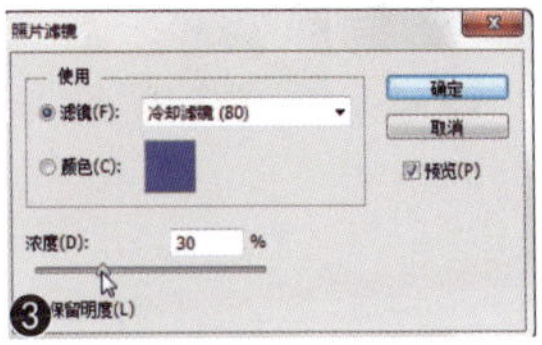

提示（Tips）

“照片滤镜”可用于校正照片的颜色。例如，日落时拍摄的人脸会显得偏红。针对想减弱的颜色选用其补色的滤光镜－青色滤光镜（红色的补色是青色）可以校正颜色，恢复正常肤色。

8.2.10 练习：使用“颜色查找”命令调色

很多数字图像输入输出设备都有自己特定的色彩空间，这会导致色彩在这些设备间传递时出现不匹配的现象。“颜色查找”命令可以让颜色在不同的设备之间精确地传递和再现。

01 打开素材❶，单击“调整”面板中的按钮，创建“颜色查找”调整图层。

02 打开“3DLUT文件”下拉列表，选择一个预设文件，用它调整颜色❷。

03 选择渐变工具，在“渐变”下拉面板中选择“前景色到透明渐变”❸。新建一个图层，设置不透明度为80%，在画面上方填充线性渐变❹。打开素材，使用移动工具将文字拖到画面中❺。

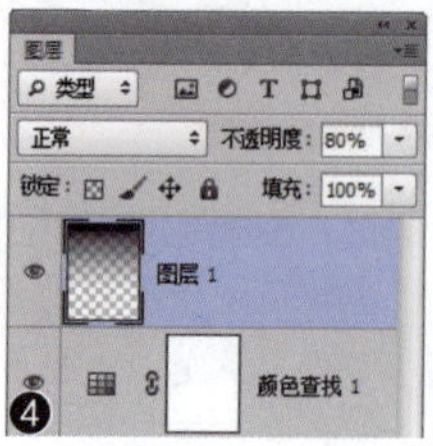

8.3 匹配和替换颜色

“匹配颜色”命令和“替换颜色”命令都不能直接对色彩做出调整，在使用方法上有别于其他命令。

8.3.1 “匹配颜色”命令

“匹配颜色”命令可以调整一个图像的颜色，使之与另一个图像的颜色相匹配。

匹配颜色

打开两张照片❶❷。将“小花”设置为当前操作的文档，执行“图像>调整>匹配颜色”命令，打开“匹配颜色”对话框。“目标”选项中显示的是被修改的图像（“小花”）的名称和颜色模式。在“源”下拉列表中选择另一幅图像❸，即可将该图像的颜色应用到“小花”图像中❹。

将颜色匹配到图像后，可以通过“明亮度”选项调整亮度❺；通过“颜色强度”选项调整饱和度❻。该值为1时生成单色调图像。

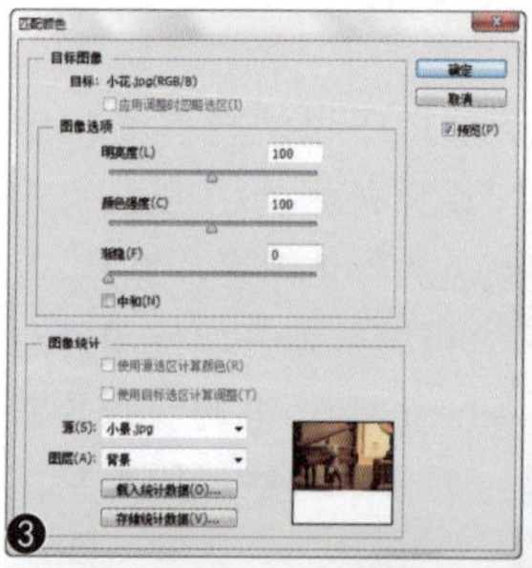

明亮度200

颜色强度200

如果要减弱颜色的应用强度，可以提高“渐隐”值❼❽。

渐隐50

渐隐100

如果图像出现色偏，可以选取“中和”选项，将色偏消除❾。

用选区计算调整

如果被匹配颜色的图像上有选区，选取“应用调整时忽略选区”选项，可以忽略选区，将调整应用于整个图像❿；取消选取，则只匹配选中的图像⓫。此外，选取“使用目标选区计算调整”选项，表示使用选区内的图像来计算调整；取消选取，则使用整个图像中的颜色来计算调整。

如果在源图像上有选区，选取“使用源选区计算颜色”选项，表示使用选区中的图像匹配当前图像的颜色；取消选取，则会使用整幅图像进行匹配。

其他选项

- 图层：用来选择需要匹配颜色的图层。如果要将“匹配颜色”命令应用于目标图像中的特定图层，应确保在执行“匹配颜色”命令时该图层处于选取状态。
- 存储统计数据/载入统计数据：单击“存储统计数据”按钮，将当前的设置保存；单击“载入统计数据”按钮，可以载入已存储的设置。使用载入的统计数据时，无须在Photoshop中打开源图像，就可以完成匹配当前目标图像的操作。

8.3.2 练习：让两张照片的色调相匹配

“匹配颜色”命令非常适合处理那些同时拍摄的、色彩和色调出现差异的照片。例如，在室外拍摄时，太阳在云彩中时隐时现，使光线发生很大变化，影响照片中的色温和色调。用“匹配颜色”命令处理此类照片，可以获得一致的效果。

01 打开两张照片❶❷。这是在莲花池公园拍摄的荷花。第一张色调偏冷，是因为没有阳光照射，第二张是在阳光充足的条件下拍摄的，效果比较好。我们用它来匹配第一张照片。首先将色调偏冷的荷花设置为当前操作的文档。

02 执行“图像>调整>匹配颜色”命令，打开“匹配颜色”对话框。在“源”选项下拉列表中选择另一张照片，将“渐隐”设置为50，控制好调整强度，避免色调过亮；将“明亮度”设置为140；“颜色强度”设置为120，提高色彩的饱和度❸。单击“确定”按钮关闭对话框，即可将这张照片的色调转换过来❹。

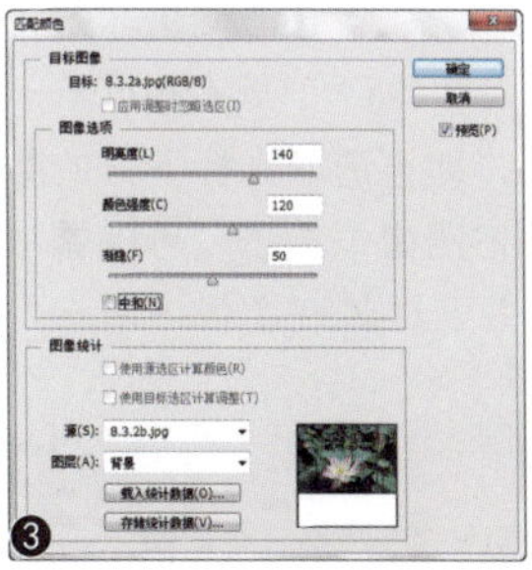

8.3.3 练习：匹配肤色

01 按下Ctrl+O快捷键，打开两个素材文件。下面通过“匹配颜色”命令，使图❶中美女的肤色与图❷相匹配，变得白皙明亮。

02 执行“图像>调整>匹配颜色”命令，打开“匹配颜色”对话框。在“源”选项下拉列表中选择“匹

配颜色2”素材，然后调整“渐隐”值即可❸❹。

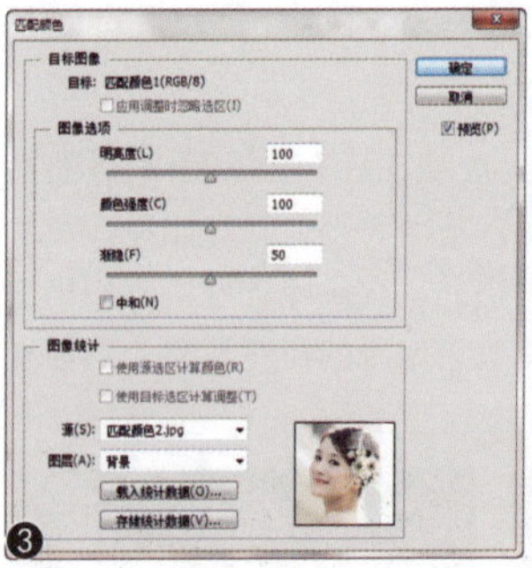

8.3.4 “替换颜色”命令

“替换颜色”命令可以在图像中选择一个颜色区域，并调整其色相、饱和度和明度。

选取颜色

打开一张照片，执行“图像>调整>替换颜色”命令，打开“替换颜色”对话框。在该对话框中，颜色选取方法与“色彩范围”命令（196页）基本相同——用吸管工具在图像上单击，即可选取光标下方的颜色❶；用添加到取样工具在图像中单击，可以添加新的颜色❷；用从取样中减去工具在图像中单击，可以减少颜色。

拖曳“颜色容差”滑块，可以控制颜色的选取范围，该值越高，包含的色彩范围越广❸。如果要在图像中选择相似且连续的颜色，可以勾选“本地化颜色簇”复选项，使选择范围更加精确。

提示（Tips）

在“颜色容差”选项下面的缩览图中，白色代表了选中的区域，灰色代表了被部分选择的区域，黑色则是未选择的区域。如果勾选“图像”复选项，此区域会显示图像内容，不显示选区。

替换颜色

颜色选取好以后，拖曳“替换”选项中的各个滑块，即可修改色相、饱和度和明度❹。这3个滑块与“色相/饱和度”命令（253页）相同。

“替换颜色”对话框中还提供了颜色预览：“颜色”选项显示选取的颜色（调整前），“结果”选项显示修改后的颜色，供我们进行对比。

8.3.5 练习：梦幻唯美婚纱片

01 打开素材❶。我们要用“替换颜色”命令将照片中绿色的湖水变为蓝色。该命令不能通过调整图层的方式使用，也就是说要在图像上进行颜色的替换。为了不破坏原图像，我们可以复制一个图层进行操作❷。照片中湖水的颜色从浅绿过渡到深绿，都是要调整的区域。其中，湖面波纹反光部分与人物肤色有些接近，在替换颜色时“颜色容差”参数不能太大，否则会影响到人物。如果有些区域还是被“波及”到，可以通过蒙版遮罩的方式进行补救（在蒙版中相对应的区域涂抹黑色）。

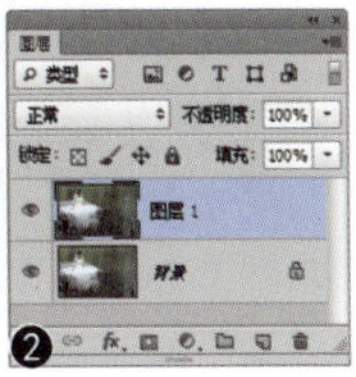

02 执行“图像>调整>替换颜色”命令，打开“替换颜色”对话框。将光标放在湖面上（深绿色位置）单击鼠标❸，在预览框中，与单击点颜色相近的区域显示为白色。调整色相与饱和度参数，使选中的湖水变为蓝色❹❺。

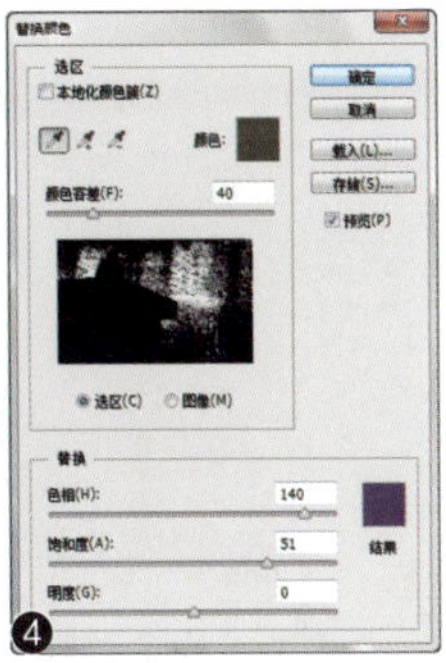

03 单击添加到取样工具，将光标放在未改变颜色的湖水上❻，单击鼠标，将与单击点颜色相近的区域添加到选区范围内，使其呈现蓝色❼~❿。

8.4 对图像应用特殊颜色

减少色彩数量，简化图像细节，用渐变替换图像颜色，或者将彩色图像处理为黑白效果，是对图像应用特殊的颜色处理，不属于调整颜色的范畴。

8.4.1 “渐变映射”命令

“渐变映射”命令可以将相等的图像灰度范围映射到指定的渐变颜色。我们也可以理解为让图像的颜色去匹配渐变颜色。

打开一张照片❶，执行“图像>调整>渐变映射”命令，打开“渐变映射”对话框❷。默认情况下，Photoshop会使用当前的前景色和背景色渐变来映射图像的颜色。图像中的暗色会映射为渐变起始（左）端的黑色，亮色映射为渐变结束（右）端的白色，中间调颜色映射为两个端点颜色之间的渐变❸。

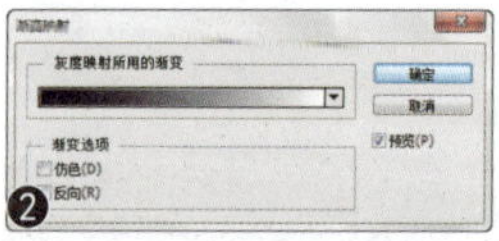

单击渐变颜色条右侧的三角形按钮，可以打开下拉列表选择预设的渐变❹❺。如果想要自定义渐变颜色，可以单击渐变颜色条，打开“渐变编辑器”进行设置（136页）。

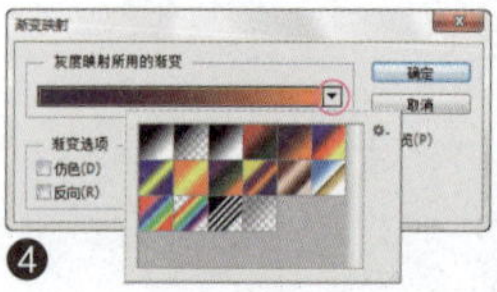

渐变映射包含两个选项，“仿色”可以在渐变中添加随机的杂色来减少带宽效应，当图像用于打印时，渐变效果更加平滑；“反相”可以反转渐变颜色的填充方向❻。

“渐变映射”在替换色彩时还会改变色调的对比度❼。要避免出现这种情况，可以使用“渐变映射”调整图层，并设置混合模式为“颜色”❽，这样它就只改变图像的颜色，不会影响亮度了❾。

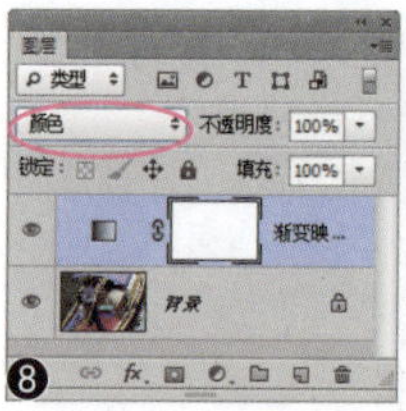

8.4.2 练习：调出夕阳余晖

01 打开素材❶，单击“调整”面板中的按钮，创建“渐变映射”调整图层。单击渐变颜色条❷，打开“渐变编辑器”，调整渐变颜色❸，用“红棕色-红色-黄色”渐变替换图像的颜色❹。

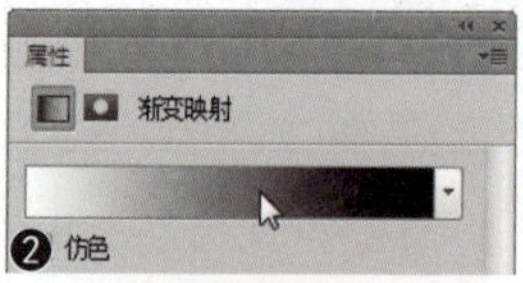

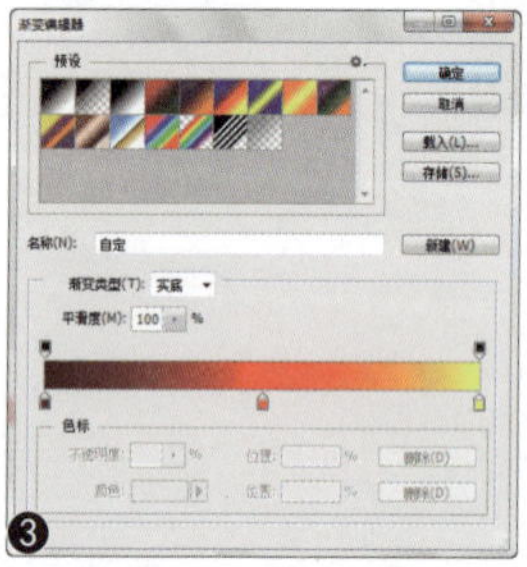

02 设置“渐变映射”调整图层的混合模式为“深色”，不透明度为45%，削弱色彩强度，使画面效果变得柔和一些❺❻。

8.4.3 “反相”命令

“反相”命令（快捷键为Ctrl+I）可以将图像中的每一种颜色转换为其相反的颜色：黑、白互相转换，其他颜色会转换为补色，即红、绿互相转换，黄、蓝互相转换等，效果就像是彩色负片❶~❸。如果再进行去色处理（使用“黑白”命令或“去色”命令），可以得到黑白负片效果❹。

原图

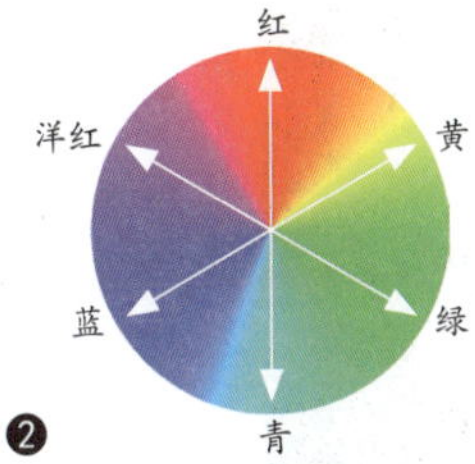

补色关系

反相效果（RGB模式）

反相后去色

“反相”命令会对各个颜色通道进行反转。由于RGB、CMYK、Lab模式的通道不同，使用该命令时会产生不同的结果❺❻。此外，反相之后再次执行“反相”命令，图像会恢复为原有颜色。

CMYK模式反相

Lab模式反相

8.4.4 练习：“反相”+“颜色查找”命令调色

01 打开照片素材❶。单击“调整”面板中的按钮，创建“颜色查找”调整图层，使用预设的文件进行调整，创建一种类似于彩色负片的效果❷❸。

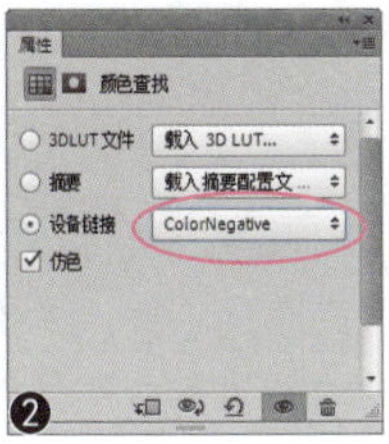

02 单击“调整”面板中的按钮，创建“反相”调整图层，将混合模式设置为“明度”❹❺。

8.4.5 “去色”命令

“去色”命令是最简单的彩色图像转换为黑白效果的工具❶❷。彩色图像去色后，仍然是原有的模式（RGB、CMYK等）而非灰度模式，因此，不影响任何工具使用。

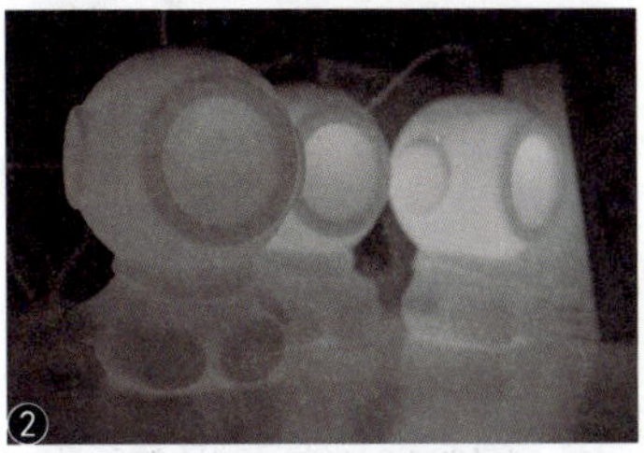

“去色”命令并不是去除图像颜色的唯一方法。使用“图像>模式>灰度”命令以及“图像>调整>黑白”命令可以获得更好的效果。

8.4.6 “黑白”命令

“黑白”命令为制作黑白图像提供了完美的解决办法。它用6个滑块分别对应色光三原色（红、绿、蓝）和印刷三原色（青、洋红、黄），可以单独调整其中任何一种颜色的色调深浅。这非常有用。例如，转换为黑白效果时，如果有两种颜色的灰度十分接近，可以使用“黑白”命令分别对这两种颜色做出调整，将它们有效地区分开来，使色调拉开层次。此外，“黑白”命令还可以为灰度着色，使图像呈现单色效果。

打开一张照片❶。单击“调整”面板中的■按钮，创建“黑白”调整图层。Photoshop会用默认的参数将图像转换为黑白效果❷❸。

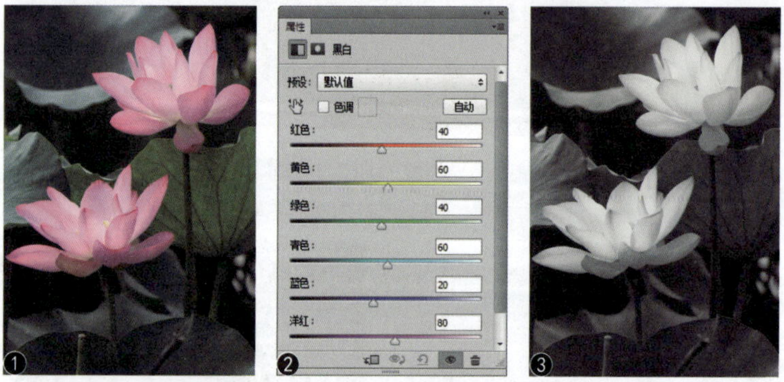

拖曳各个原色滑块，即可调整图像中特定颜色的灰色调。例如，向左拖曳绿色滑块，可以使图像中由绿色转换而来的灰色调变暗❹；向右拖曳，则会使色调变亮❺。

提 示（Tips）

按住 Alt 键双击“调整”面板中某个颜色的名称，可以将它的滑块复位到其初始设置。如果使用“图像>调整>黑白”命令操作，按住 Alt 键时，对话框中的“取消”按钮将变为“复位”按钮，单击“复位”按钮可复位所有颜色滑块。

调整图层比“图像>调整>黑白”命令多了一个调整工具，我们可以用它手动调整颜色。单击“属性”面板中的工具❻，将光标放在荷花上方❼，单击并向右拖曳鼠标，可以将荷花的颜色调亮❽；向左拖曳则将颜色调暗❾。与此同时，“黑白”对话框中相应的颜色滑块也会自动移动位置。

使用预设调整

“预设”下拉列表包含预设的调整文件，可以自动调整图像❿⓫。

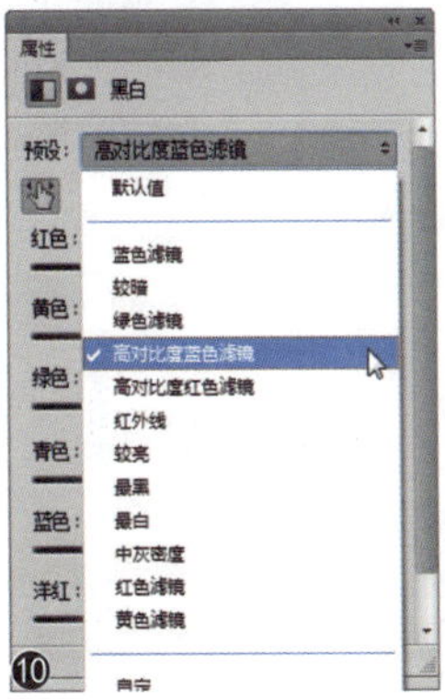

❿

⓫

单击“自动”按钮，可以使灰度值的分布最大化，这要比Photoshop默认的调整效果好一些⓬⓭。我们也可以先单击该按钮，然后在此基础上移动滑块，调整某种颜色的灰度。如果对调整结果满意，还可以单击▾≡按钮，在下拉菜单中选择“存储预设”命令，将调整参数存储为一个预设，供以后使用。

⓬ Photoshop默认的调整效果

⓭ 单击“自动”按钮后的效果

为灰度着色

将图像转换为黑白效果后，选取“色调”选项，然后单击颜色块，打开“拾色器”设置颜色，可以为图像着色⓮。如果使用“图像>调整>黑白”命令来操作，则“黑白”对话框中会提供“色相”和“饱和度”滑块，它们与“色相/饱和度”对话框中的滑块不仅名称相同，用途也一样。

⓮

8.4.7 练习：制作保护大象公益海报

01 按下Ctrl+O快捷键，打开素材❶❷。这是一个PSD格式的分层文件，大象在一个单独的图层中，下面我们来将它处理为黑白效果。

❶

❷

02 单击“调整”面板中的◧按钮，创建“黑白”调整图层，单击“属性”面板中的“自动”按钮，制作黑白效果的图像❸❹。

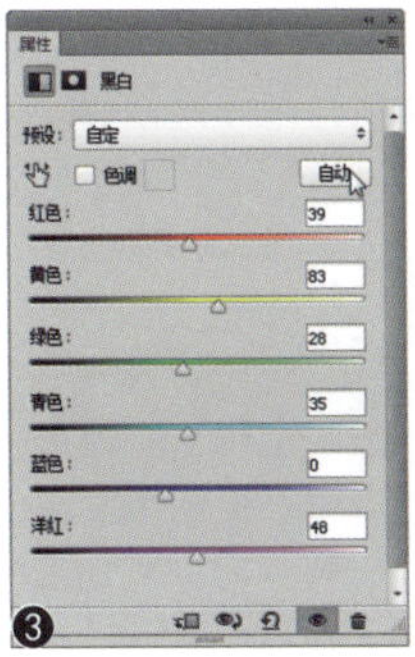

❸

❹

03 按下Alt+Ctrl+G快捷键，将调整图层与“图层1”创建为一个剪贴蒙版组，使调整图层仅影响“图层1”❺。

04 选择横排文字工具 T，在画面中单击，输入文字。为了方便排版，每一行文字为一个文本，输入完成后单击工具选项栏中的✔按钮，再输入另一行。注意文字的大小和布局，要醒目并强调出海报的主题❻。

❺

❻

8.4.8 “阈值”命令

“阈值”命令可以将所有颜色转换为黑色或白色，创建高对比度的黑白图像。该命令比较适合制作单色照片，或者模拟类似于手绘效果的线稿。

打开一张照片❶，执行“图像>调整>阈值”命令，打开“阈值”对话框❷。对话框中只提供了一个“阈值色阶”选项，在其中输入数值，或拖曳直方图下方的滑块，可以将一个亮度值定义为阈值，Photoshop会将所有比阈值亮的像素转换为白色；比阈值暗的像素转换为黑色❸。

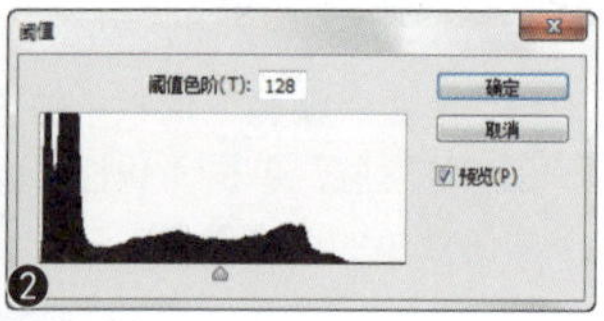

如果分别选取每一个颜色通道（161页）并用“阈值”命令处理，则可以生成彩色阈值效果❹❺。

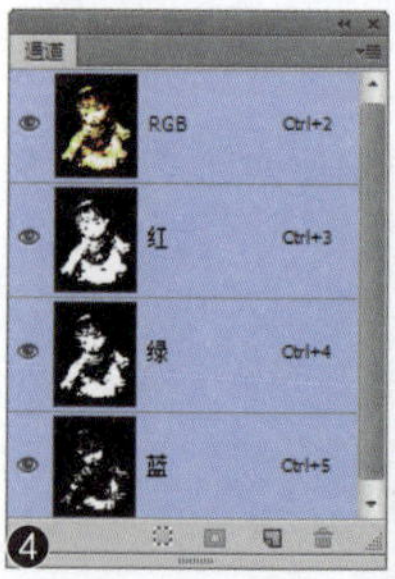

“阈值”对话框中的直方图（225页）可以用来评测图像中阴影、中间调、高光区域像素的分布情况。直方图从左（黑）至右（白）共256级色阶。凸起的“山峰”表示所在色阶包含的像素较多，图像细节丰富；凹陷的“峡谷”则代表所在色阶像素较少，细节也少。

8.4.9 练习：制作木版画

01 打开素材❶。单击“调整”面板中的按钮，创建“阈值”调整图层。一般情况下，将相同数目的像素分别转换为黑色和白色可以获得最佳效果，我们先使用默认的参数——“阈值色阶”128❷❸。

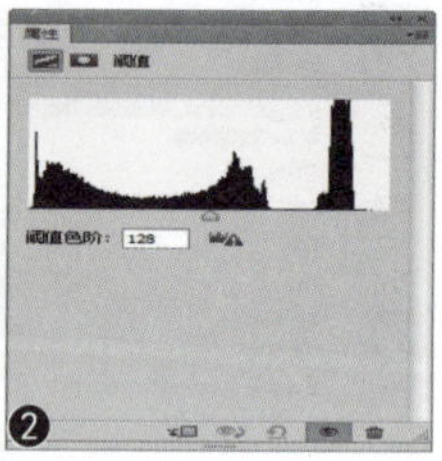

02 按下Alt+Shift+Ctrl+E快捷键，将当前效果盖印到“图层1”中，设置它的不透明度为38%❹。在“图层”面板中单击“阈值”调整图层❺，在“属性”面板中调整“阈值色阶”为22，使图像显示更多细节❻❼。

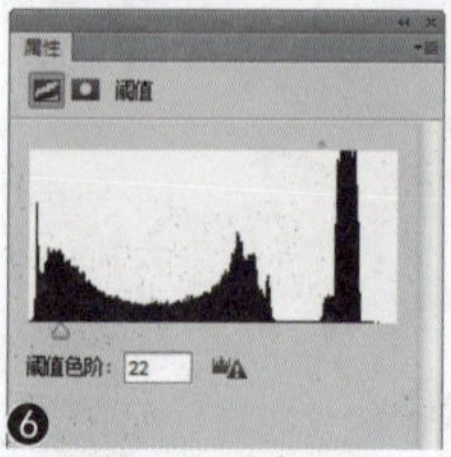

03 拖曳“背景”图层到面板底部的按钮上，生成“背景 副本”图层，按下Shift+Ctrl+] 快捷键，将其移至顶层，设置混合模式为“叠加”❽❾。

8.4.10 “色调分离”命令

普通图像的色调级别是256级色阶（0~255）。“色调分离”命令可以减少色阶数目，从而减少颜色数量，简化图像内容。该命令只有一个“色阶”选项，定义一个色阶值以后，Photoshop会调整每一个颜色通道中的色调级数（或亮度值），然后将像素映射到最接近的匹配级别。

如果将“色阶”设置为最低值2❶，所得到的效果与使用“阈值”命令处理每一个颜色通道以后所生成的彩色阈值效果完全一样❷。提高“色阶”值，颜色调整效果就会减轻❸❹。

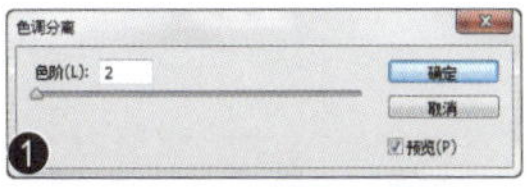

色阶3

色阶10

提示（Tips）

使用“高斯模糊”或“去斑”滤镜对图像进行轻微的模糊，再进行色调分离，就可以得到更少、更大的色块。

8.4.11 练习：制作波普艺术风格肖像

波普艺术是流行艺术（popular art）的简称，又称新写实主义，代表着一种流行文化。安迪·沃霍尔是波普艺术的倡导者和领袖，《玛丽莲·梦露》是他的代表作❶。下面，我们来使用调色工具制作这种波普风格的图像。

01 打开素材❷。单击“调整”面板中的按钮，创建“色调分离”调整图层，设置色阶参数为2，简化图像❸。

02 单击“图层”面板中的按钮，创建一个图层。将前景色设置为黄色，使用尖角画笔工具在背景区域涂抹黄色❹❺。这是第一种效果。

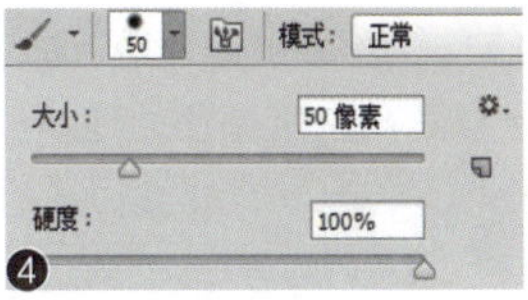

03 单击“调整”面板中的 按钮，创建“色相/饱和度”调整图层，分别选择红色和黄色进行单独调整❻❼，创建第二种效果❽。采用同样的方法还可以调出第三、第四种色彩效果❾。

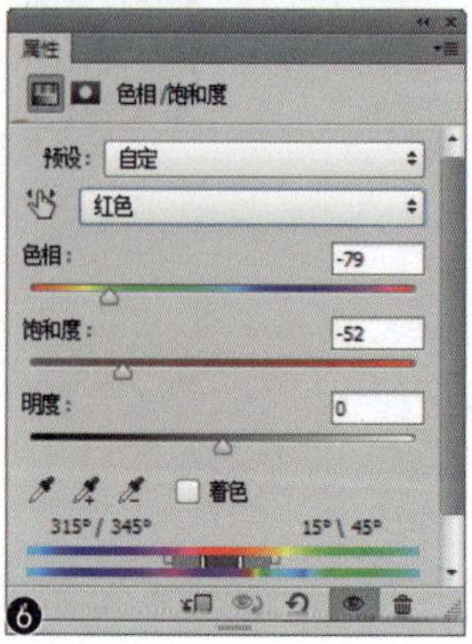

❻

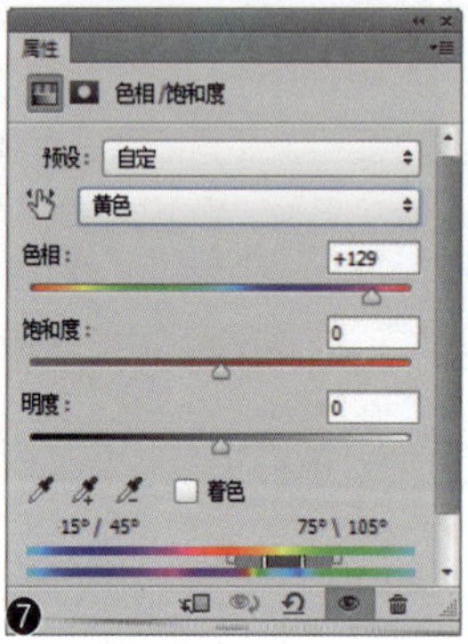

❼

❽

❾

8.5 高级调色——RGB通道调色

利用颜色通道中光线的明、暗来影响色彩，是一种高级调色技术。与“图像>调整”菜单中的调色命令相比，通道调色的操作空间更大、效果更好。但是要掌握这一技术，需要理解Photoshop在内部是怎样处理色彩的。

8.5.1 调色就是调整颜色通道

在Photoshop中，图像的色彩信息保存在颜色通道内。当我们使用“图像>调整”菜单中的命令或调整图层调色时，Photoshop会改变颜色通道，进而影响色彩。

以比较常用的“色相/饱和度”命令为例，拖曳“色相”滑块时，注意观察“通道”面板，图像颜色改变的同时，红、绿、蓝通道的明度也在发生改变❶❷。虽然我们并没有直接编辑任何通道，但Photoshop还是会在内部处理颜色通道，使之变亮或者变暗，从而实现色彩变化的目的。因此，任何一种颜色或色调调整工作，其实质都是在调整颜色通道。

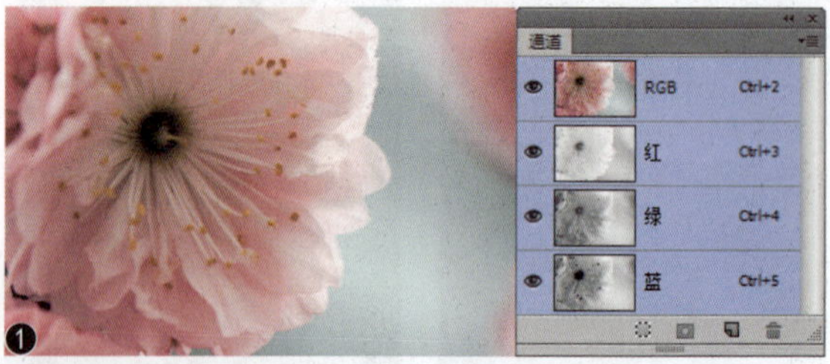

❶

原图及通道

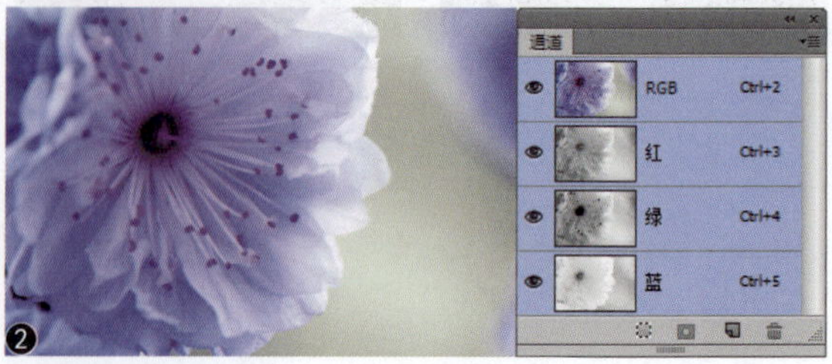

❷

调整后的图像及通道

8.5.2 方法①：利用色彩合成规律调色

图像的颜色模式不同，所包含的通道及数量也不同，由此带来RGB、CMYK、Lab等模式调色方法的不同。我们首先分析最常用的RGB模式。

RGB是一种加色模式，所有的色彩都是由红、绿、蓝色光三原色混合而成的。RGB模式有3个颜色通道，分别保存了色光三原色中的红光（红通道）、绿光（绿通道）和蓝光（蓝通道）❶。

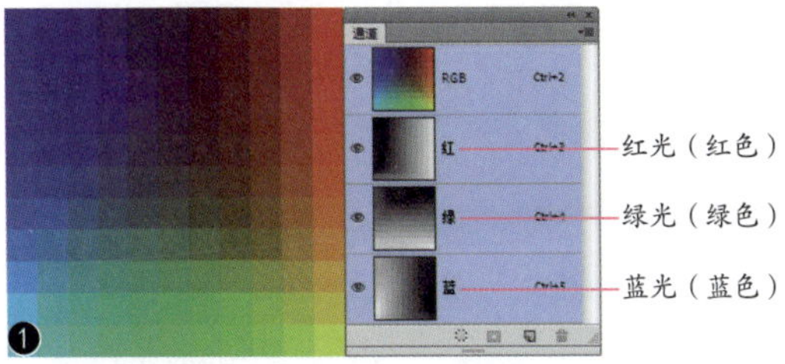

❶

光线越充足，颜色通道越亮，相应的颜色含量也多；颜色通道暗，则意味着光线少，相应的颜色含量也少。因此，如果我们将一个颜色通道调亮，就可以增加其中的颜色含量；将通道调暗，则可以减少颜色含量。

在具体操作时，可以使用"色阶"和"曲线"命令。这两个命令的对话框中都包含颜色通道选项，我们可以直接对其做出调整。

选择红通道并将其调亮，可以增加红色❷；将红通道调暗，则减少红色❸。将绿通道调亮，可以增加绿色；调暗则减少绿色。将蓝通道调亮，可以增加蓝色；调暗则减少蓝色。

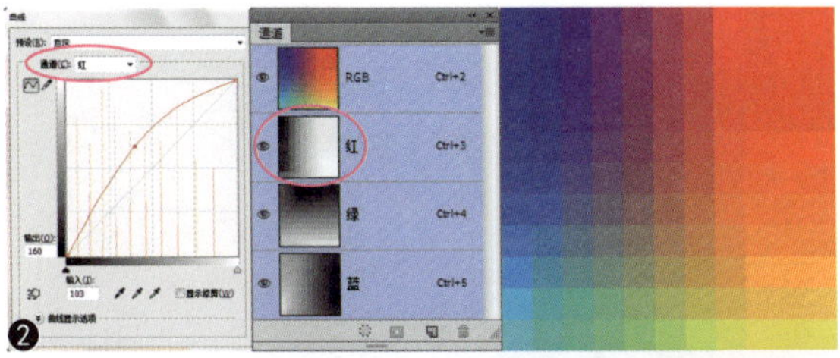

❷

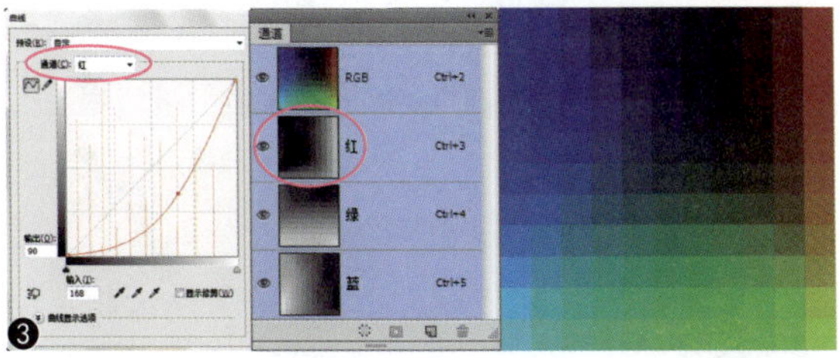

❸

除红、绿、蓝之外，其他颜色该怎么调呢？这就要利用RGB色彩合成原理来操作了。在RGB模式下，红光、绿光混合生成黄色光；红光、蓝光混合生成洋红色光；蓝光、绿光混合生成青色光❹。由此可知，将红、绿通道调亮，可以增加黄色；将红、蓝通道调亮，可以增加洋红色；将蓝、绿通道调亮，可以增加青色。

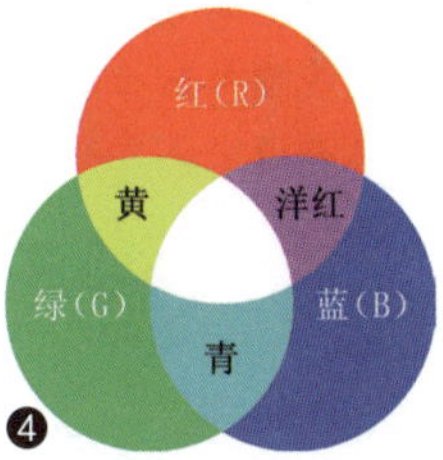

❹

提示（Tips）

颜色通道中光线的明暗用0~255级色阶表示，R、G、B均为255时混合成白光；R、G、B均为0时没有任何光线，得到的就是黑色。

由于要同时调整两个通道，操作时先要在"通道"面板中按住Shift键单击它们，将其同时选取，然后在RGB复合通道前方单击，显示出眼睛图标👁❺，此时文档窗口中显示的仍然是彩色图像（否则显示的是所选通道中的复合图像），之后再打开"色阶"或"曲线"对话框，"通道"菜单中会显示所选通道的缩写，此时便可进行调整了❻。

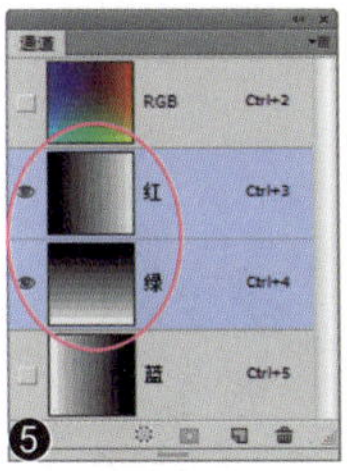

❺

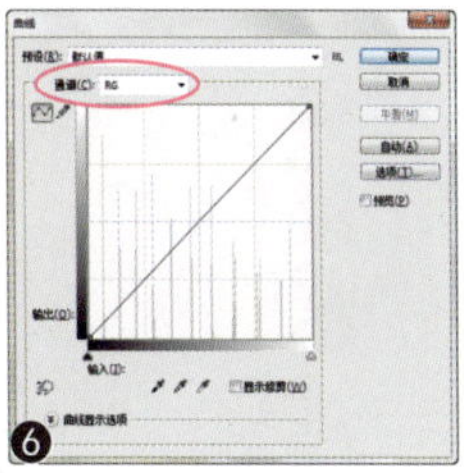
❻

8.5.3 方法②：利用颜色互补关系调色

使用颜色通道调色存在"跷跷板"效应——当增加一种颜色含量时，就会同时减少它的补色的含量；反之，减少一种颜色的含量，则会同时增加它的补色。这种反映就像是压跷跷板，一边（颜色）下去了，另一边（补色）就会升上来。

色轮可以为我们了解补色关系提供帮助❶。在色轮上，位于对角线两端的颜色是互补色：红与青、洋红与绿、蓝与黄。在前一节我们学习过，将红通道调亮，会增加红色，现在我们又知道，红增加的同时，它的补色青色会减少；如果将红通道调暗，就会在减少红色的同时，增加青色。其他颜色通道也是如此。了解这个规律以后，我们就可以用通道调整任意颜色了。Photoshop中的"色彩平衡"和"变化"命令也是基于互补关系影响色彩的。

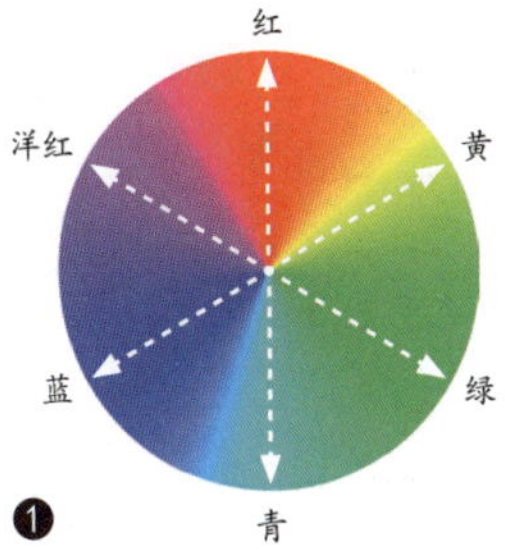

❶

8.5.4 方法③：用“通道混和器”加、减光线

混合模式（165页）是一种混合像素的功能，主要用于图层。如果我们将一个图层复制，然后让它与其副本图层混合，则色彩、影调、颜色通道都会发生变化❶❷。这说明，混合模式也会改变通道中的光线含量并影响色彩。

原图

复制图层并用“颜色加深”模式混合

但是“通道”面板中并没有混合模式选项，而利用图层混合来影响通道又无规律可循，显然不是好办法。通道混合其实是有专用工具的——“通道混和器”。它可以让两个通道采用“相加”或“减去”模式混合。“相加”模式可以增加两个通道中的像素值，使通道中的图像变亮，从而增加光线；“减去”模式则会从目标通道中相应的像素上减去源通道中的像素值，使通道中的图像变暗，从而减少光线。

执行“图像>调整>通道混和器”命令，打开“通道混和器”对话框，需要调整哪个通道，就在“输出通道”选项中选择这一通道❸。

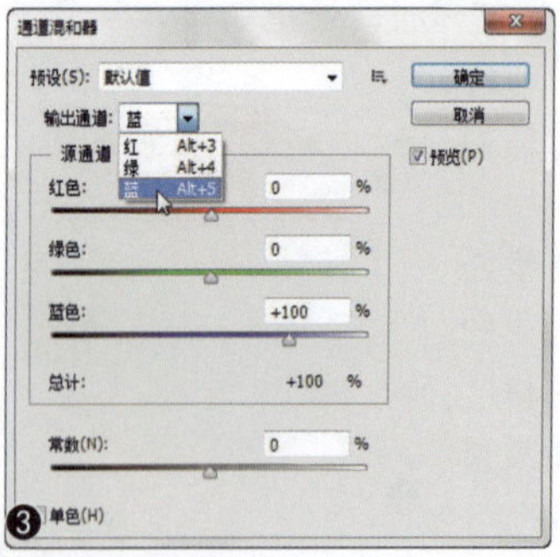

如果拖曳红色滑块，Photoshop就会用该滑块所代表的红通道与所选的输出通道（蓝通道）混合。向右侧拖曳，红通道会采用“相加”模式与蓝通道混合❹；向左侧拖曳，则采用“减去”模式混合❺。这种混合方式的最大好处是我们可以控制混合强度。滑块越靠近两端（-200%/+200%），混合强度越高。

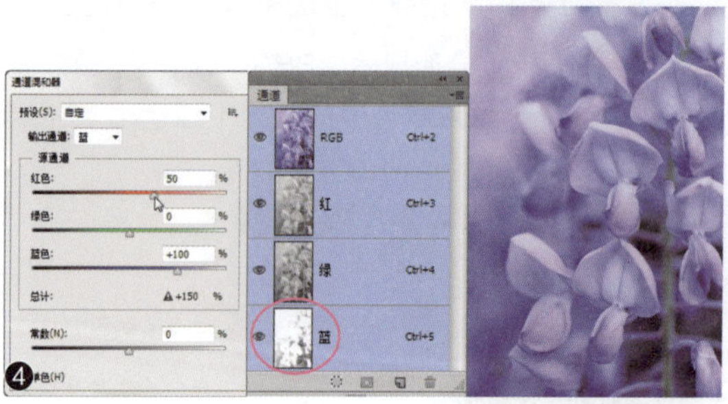

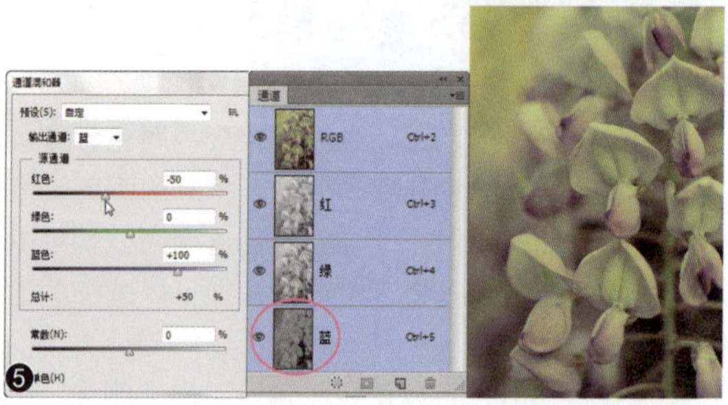

如果不移动颜色通道滑块，只拖曳“常数”滑块，将不会混合通道，而是直接调整输出通道（蓝通道）的明度❻❼。这与使用“色阶”或“曲线”调整某一个颜色通道效果是一样的。当“常数”为正值时，会在通道中增加更多的白色；为负值时增加更多的黑色；为+200% 时会使通道成为全白，为-200% 时会使通道成为全黑。

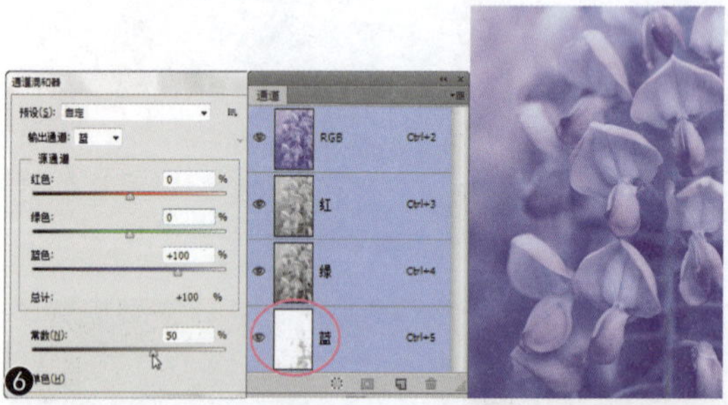

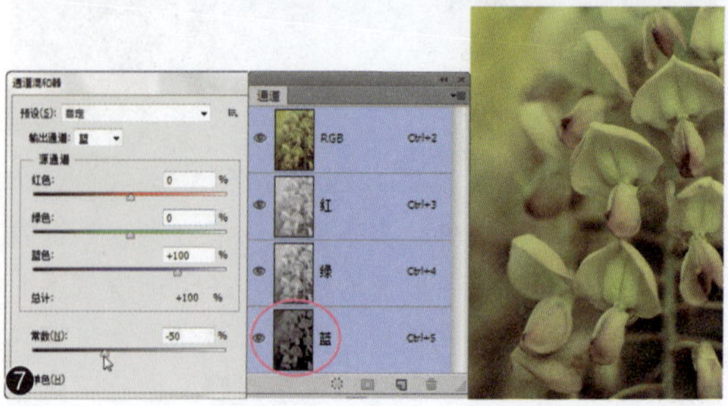

"通道混和器"选项

● **预设：** 该选项的下拉列表中包含了Photoshop提供的预设调整设置文件，可创建黑白效果❽❾。

原图

使用蓝色滤镜的黑白RGB

● **输出通道：** 可以选择要调整的通道。

● **源通道：** 用来设置输出通道中源通道所占的百分比。将一个源通道的滑块向左拖曳时，可以减小该通道在输出通道中所占的百分比；向右拖曳则增加百分比，负值可以使源通道在被添加到输出通道之前反相❿～⓯。

输出通道红，红色－200%

输出通道红，红色+200%

输出通道绿，绿色－200%

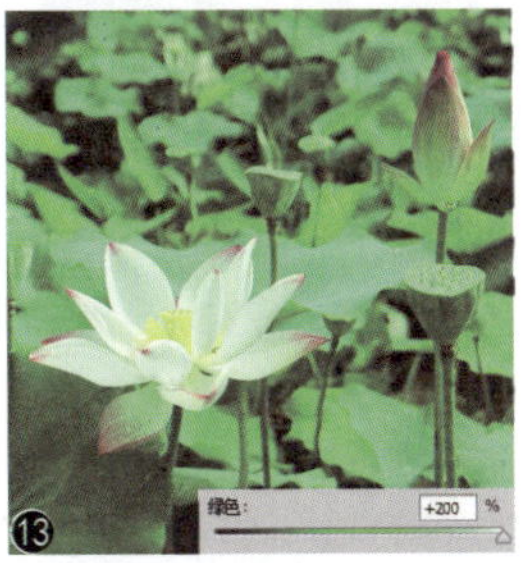

输出通道绿，绿色+200%

输出通道蓝，蓝色－200%

输出通道蓝，蓝色+200%

● **总计：** 显示了源通道的总计值。如果合并的通道值高于100%，会在总计旁边显示一个警告⚠。并且，该值超过100%，有可能会损失阴影和高光细节。

● **常数：** 用来调整输出通道的灰度值。负值可以在通道中增加黑色；正值则在通道中增加白色。－200%会使输出通道成为全黑，+200%会使输出通道成为全白。

● **单色：** 勾选该项，可以将彩色图像转换为黑白效果。

8.5.5 方法④：用混合模式混合通道

Photoshop中有近30种混合模式，而"通道混和器"只能使用"相加"和"减去"两种。相比之下，"应用图像"命令（206页）就更加强大，它可以使用23种模式混合通道。

打开一张照片❶。使用"应用图像"命令前，需要先在"通道"面板中选择一个通道作为被混合的目标对象。操作时有一个技巧，选择通道以后❷，在RGB复合通道前面单击，显示出眼睛图标👁❸，这时窗口中就会重新显示彩色图像，而非所选通道中的灰度图像，这样，调整颜色通道时可以看到彩色图像的变化效果。

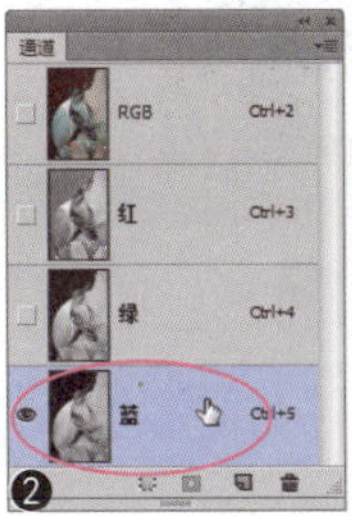

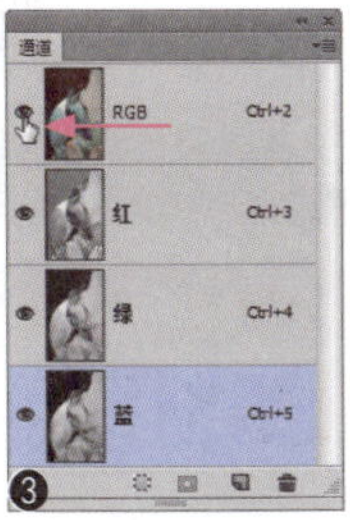

执行"图像>应用图像"命令，打开"应用图像"对话框。在"通道"下拉列表中选择要进行混合的通道，在"混合"下拉列表中选择一种混合模式，即可创建混合效果❹。其中的"相加"和"减去"模式与"通道混和器"完全相同。如果要控制混合强度，可以调整"不透明度"值。该值越低，混合强度越弱❺。

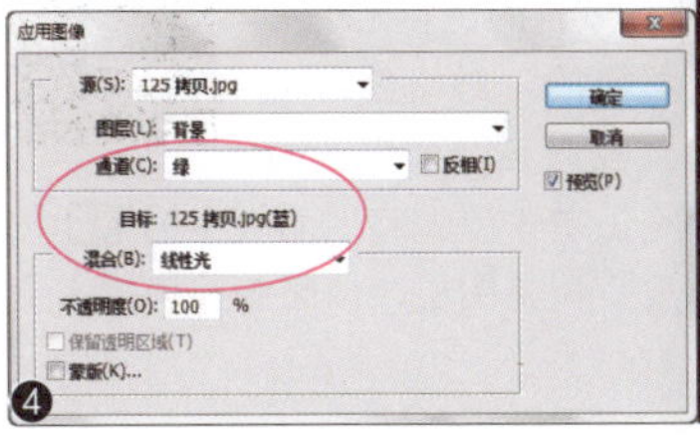

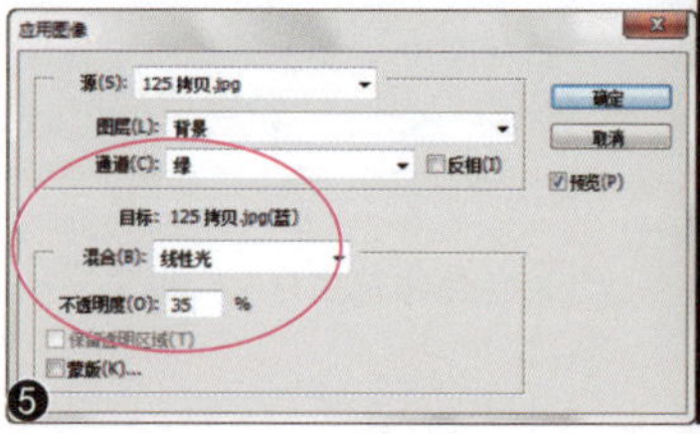

8.5.6 练习：春变秋

01 按下Ctrl+O快捷键，打开素材❶。这是一张春天景象的照片，我们来使用“通道混和器”将景色调整为秋天效果。

02 单击“调整”面板中的按钮，创建“通道混和器”调整图层，在“输出通道”中对红色通道的参数进行调整，将绿色调整为金黄色❷❸。

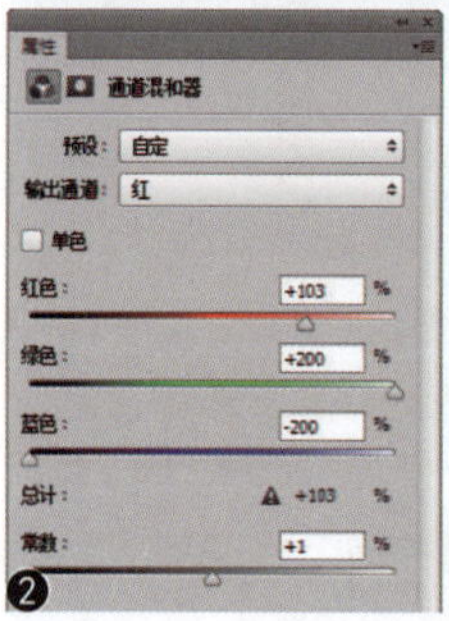

8.5.7 练习：灰调照片调出通透色彩

01 打开素材❶，拍摄这幅照片时光线充足，但是由于所拍景物的色彩比较灰暗，使照片看起来灰蒙蒙的。对于色彩暗淡的照片，在调整时，我们第一个想到的是“色相/饱和度”命令。单击“调整”面板中的按钮，创建“色相/饱和度”调整图层，调整参数使树木变绿，天空变蓝❷~❻。

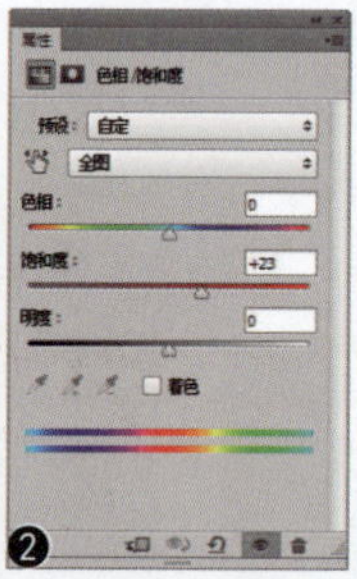
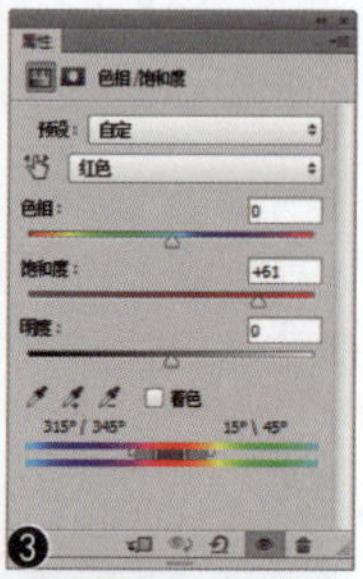
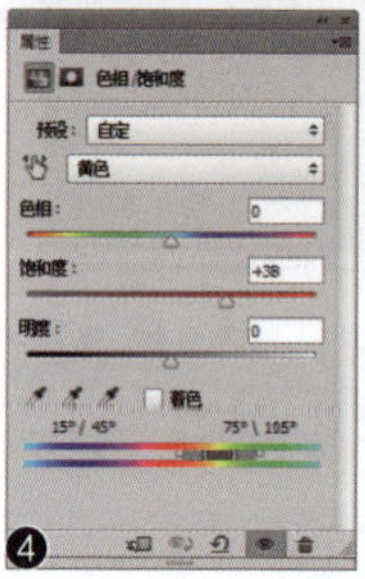
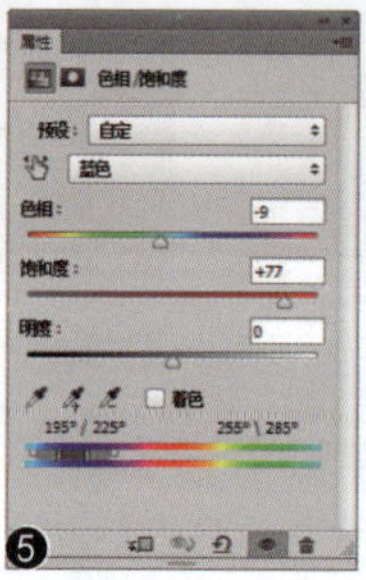

02 照片中所占比重最大的河水还依旧暗沉，要赋予河水色彩，可通过“曲线”命令对通道做出调整。单击“调整”面板中的按钮，创建“曲线”调整图层。先调整红通道，在曲线上单击鼠标，添加控制点，向下拖曳控制点，减少河水中红色的含量❼；切换到蓝通道，将曲线向上调整❽，增加蓝色的含量，使河水变清澈❾。

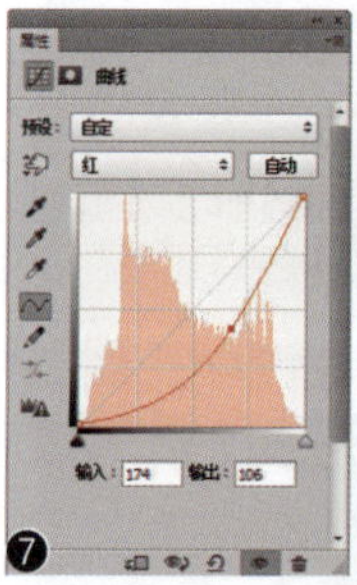
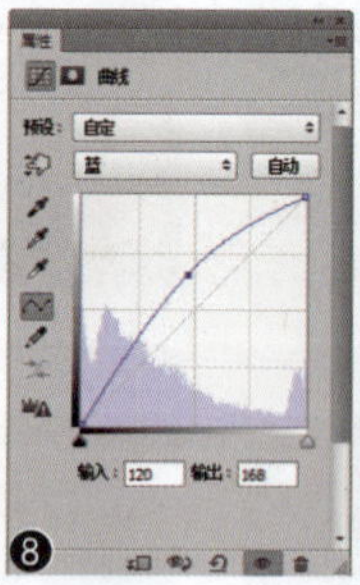

03 执行“选择>色彩范围”命令，打开“色彩范围”对话框。在树干上单击鼠标，进行颜色取样❿，设置“颜色容差”为140⓫，预览图中的白色为选取的区域。单击添加到取样工具，在左上角的树枝上⓬单击，将该区域也添加到选区内，选区会自动转换为“曲线”调整图层的蒙版，白色区域为曲线调整的区域，黑色区域则不受影响，我们所要保护的景物恢复了自然的色彩⓭。

04 由于河滩还有些发蓝，需要再对蒙版进行调整。按住Alt键单击“曲线”调整图层的蒙版缩览图⑭，在文档窗口中显示蒙版图像。按下Ctrl+L快捷键打开“色阶”对话框，选择设置黑场工具，将光标放在河滩的灰色区域上⑮，单击鼠标，将灰色区域调整为黑色⑯。在“色阶”对话框中可以看到，阴影滑块已经处于直方图的右边，说明其左侧区域的像素都被转换为黑色⑰。单击“曲线”调整图层的缩览图⑱，恢复图像的显示⑲。

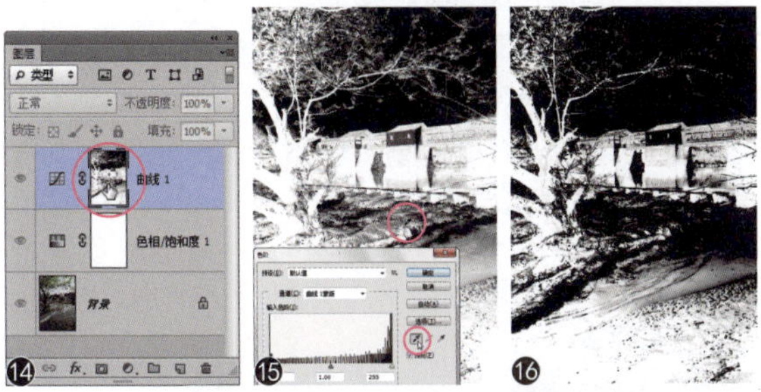

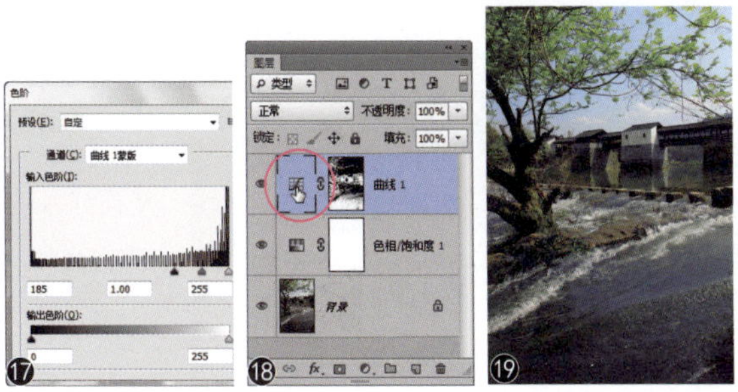

05 照片中蓝色与绿色构成了整个色彩关系，这两种颜色并置在一起，并不是好的搭配。我们可以再做大胆的尝试，将照片调出超越现实、理想化的色彩效果。单击“调整”面板中的按钮，创建“可选颜色”调整图层，分别调整黄色和绿色⑳㉑，使树叶变得金黄㉒，季节变为秋天。

06 秋天的天空是湛蓝的，秋高气爽。我们再来调整一下天空。单击“背景”图层㉓。执行“选择>色彩范围”命令，打开“色彩范围”对话框，在天空的蓝色区域单击㉔，进行颜色取样；单击添加到取样工具，在靠近建筑物的天空上单击，将其添加到选区内㉕，单击“确定”按钮，在图像上创建选区㉖。

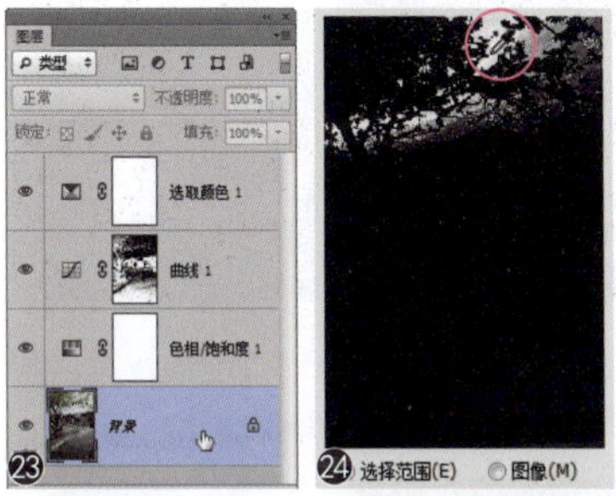

07 单击“可选颜色”调整图层（使新建的调整图层位于其上方）㉗，单击“调整”面板中的按钮，基于选区创建“曲线”调整图层㉘，选区会转换为调整图层蒙版中的白色区域，成为被调整的区域。

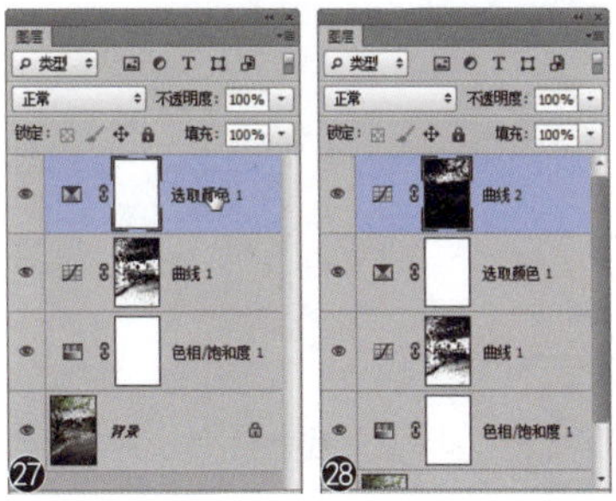

08 将RGB曲线向下调整，使天空色调变暗㉙，再将蓝色通道的曲线也向下调整㉚，在天空中增加蓝色含量㉛。

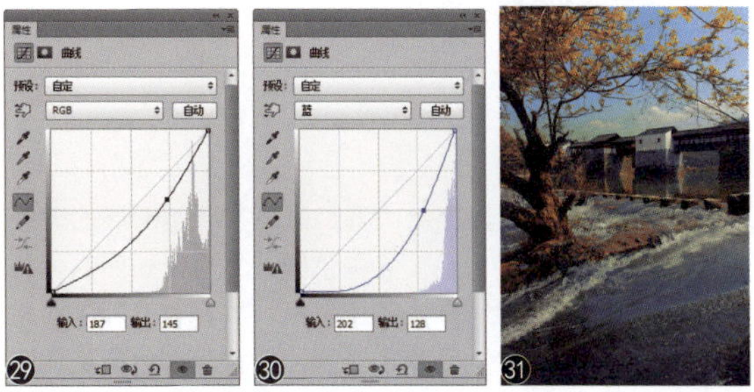

09 按住Alt键单击“曲线2”蒙版缩览图㉜，在文档窗口中显示蒙版效果㉝。使用画笔工具（柔角为260像素）将画面下方全部涂抹成黑色㉞。

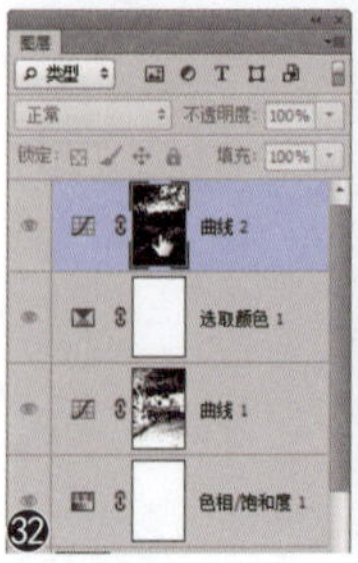

10 单击调整图层缩览图㉟，在文档窗口中重新显示图像㊱。

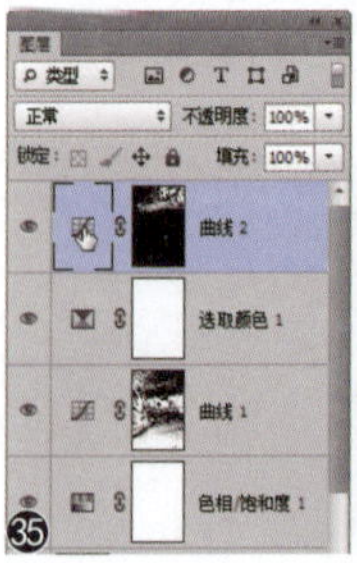

11 接下来要做调整的是河水，使它变得更加清澈。创建一个“曲线”调整图层。将RGB曲线向上调整，使河水色调变亮㊲；将红色通道中的曲线向下调整，减少河水中红色的含量㊳㊴。河水虽然变清了，但其他景物也受到了影响，需要在蒙版中进行修复。

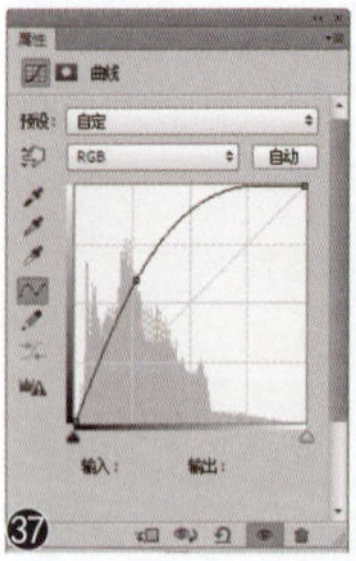
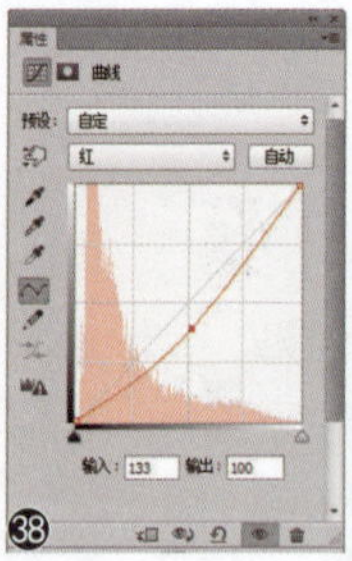

12 将前景色设置为白色。选择渐变工具，在“渐变”下拉面板中选择“前景色到透明”渐变样式，设置不透明度为40%㊵。

13 先按下Ctrl+I快捷键，将“曲线”调整图层的蒙版反相，使其由白色变为黑色㊶，然后在画面右下角按住鼠标按键，向画面中心拖曳鼠标，填充渐变。画面左上角也可以填充一个小范围的渐变，使树叶的色彩更加明亮㊷㊸。

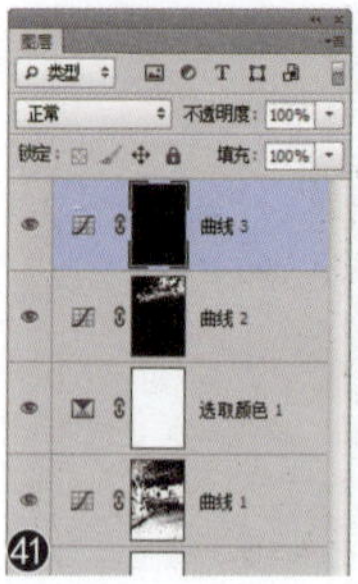
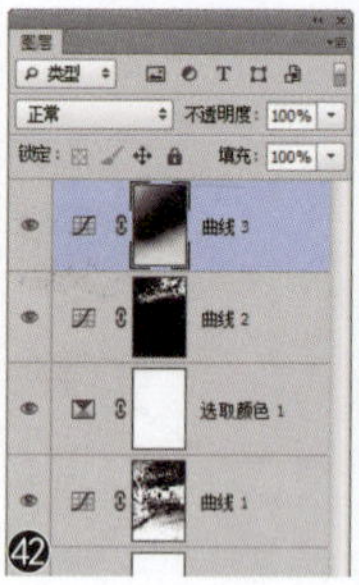

14 再调整一下远处的建筑物倒影。按下 [键将笔尖调小，在倒影上涂抹白色㊹㊺。

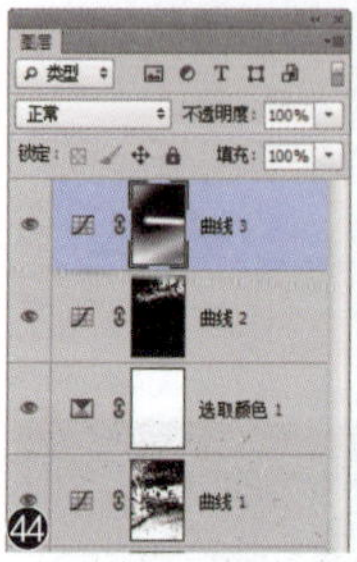

15 最后创建一个“亮度/对比度”调整图层，增加对比度㊻，它的影响范围仅限于树叶（左上角密集成簇的树叶）与河水，在蒙版中这部分图像为白色，其余为黑色㊼。经过通道调色，一张很平常的照片就焕发出了绚丽的色彩㊽㊾。

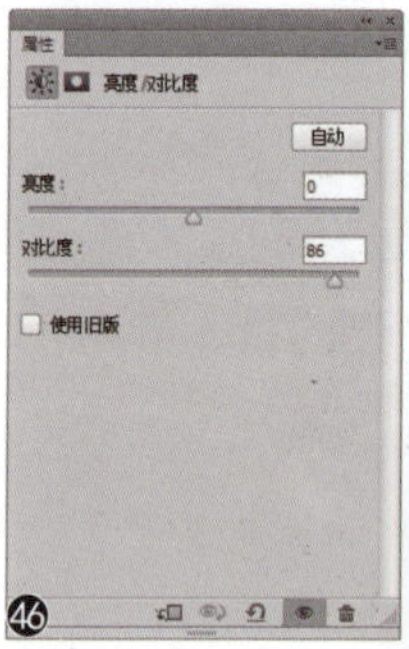

8.6 高级调色——CMYK模式调色

将图像转换为CMYK模式后（执行“图像>模式>CMYK颜色”命令），会有很多黑色和深灰细节转换到黑通道中。调整黑通道可以使阴影的细节更加清晰，还不会改变色相。因此，处理黑色和深灰色时，CMYK的优势非常明显。

8.6.1 CMYK模式的色彩变化规律

RGB模式用光来记录色彩，而CMYK模式则用青色、洋红、黄色和黑色4种油墨再现图像❶。因此，该模式的通道中保存的不是光线，而是油墨。

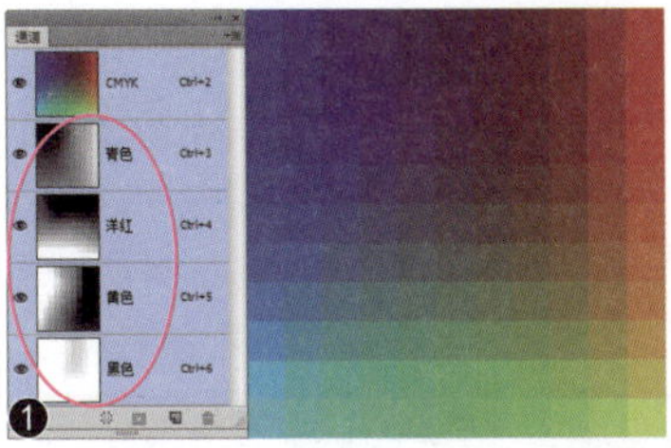

CMYK模式的4个颜色通道分别保存了青色、洋红、黄色和黑色4种油墨。通道越暗，说明其中的油墨含量越多（这一点与RGB模式正好相反，RGB是通道越亮，颜色含量越高）。因此，CMYK模式的调色方法应该是：要增加哪种颜色，就将相应的通道调暗❷；要减少哪种颜色，就将相应的通道调亮❸。

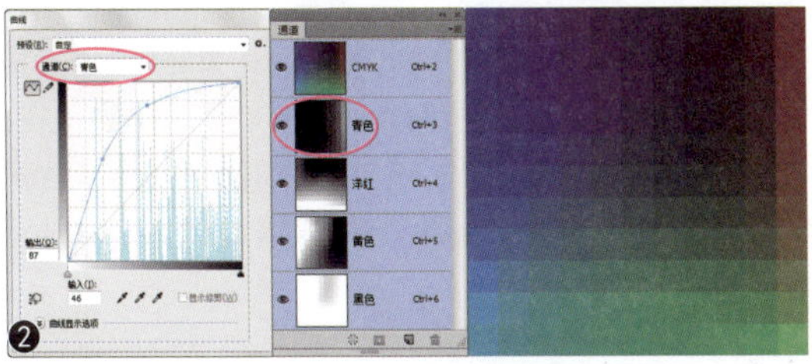

将青色通道调暗，增加青色（红色减少）

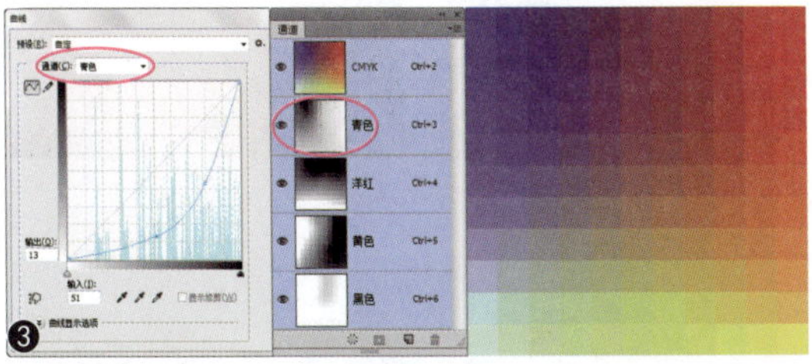

将青色通道调亮，减少青色（红色增加）

虽然颜色模式与RGB不同，但色彩原理通用，互补色之间的影响也同样适用于CMYK模式。即增加一种油墨含量的同时，就会减少其补色的油墨的含量。

8.6.2 通道调色脑力训练

我们来做一个脑力训练。假设有一张RGB模式的照片，它的颜色有些偏青色，我们想要减少青色从而校正色偏，有几种方法可以实现？

答案是两种。观察RGB加色混合原理图❶，可以看到，青是由绿和蓝混合而成的，因此，将绿、蓝通道调暗，减少绿色和蓝色便可以减少青色，这是第一种方法。再观察色轮❷，青色的补色是红色，由此可知，将红通道调亮，增加红色也可以减少青色，这是第二种方法。

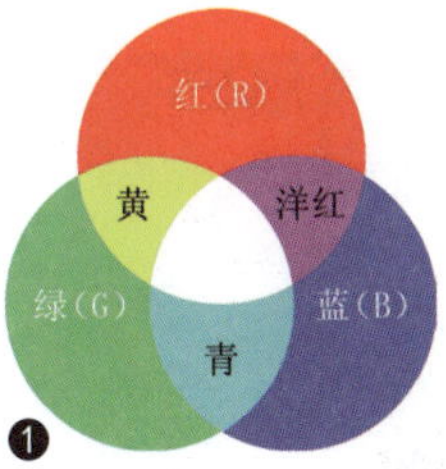

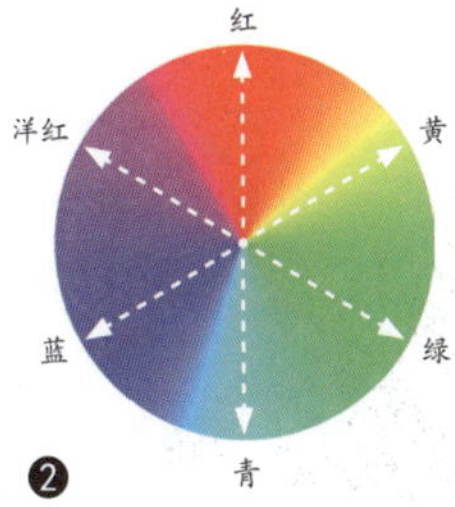

如果这是一张CMYK模式的照片，又该怎样处理呢？

也有两种方法。我们知道，CMYK模式有青通道，只要将该通道调亮，减少青色油墨就可以了，这是第一种方法。在色轮中，青色的补色是红色，而红色是由洋红和黄色油墨混合而成的❸，因此，将洋红和黄色通道调暗，增加洋红和黄色也可以减少青色，这是第二种方法。

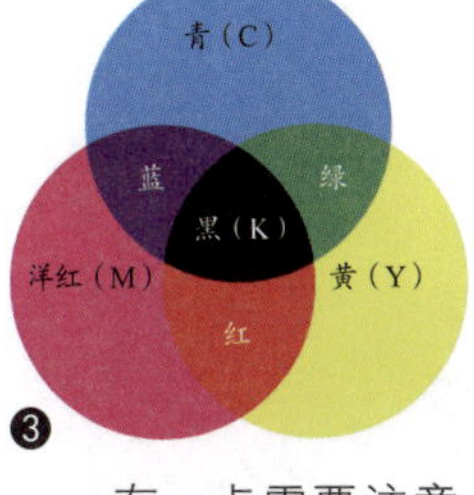

有一点需要注意，使用“曲线”调整RGB图像时，曲线向上扬起，会增加光线使通道变亮；曲线向下，会减少光线使通道变暗。CMYK模式恰恰相反，

曲线向上，增加的是油墨，这会使通道变暗；曲线向下，油墨减少，通道会变亮。

此外，在是否使用CMYK模式调色的问题上也要慎重，因为CMYK没有RGB模式的色域广，有些颜色（尤其是饱和度较高的绿、洋红等）转换后就会丢失，这种丢失是指颜色没有原来鲜艳，并且，即使转换回RGB模式也不能自动恢复回来。

8.7 高级调色——Lab模式调色

Lab模式是色域最宽广的颜色模式，RGB和CMYK模式都在它的色域范围之内。Lab调色技术就是将图像转换为Lab模式，利用其通道的特殊优势调色。

8.7.1 Lab通道中的色彩

打开一张照片，执行“图像>模式>Lab颜色”命令，将它转换为Lab模式❶。

Lab模式的通道比较特别。明度通道（L）保存图像的明度信息（范围从0到100，0代表纯黑色，100代表纯白色）❷，没有色彩信息。

a通道包含的颜色介于绿与洋红之间（互补色）❸；b通道包含的颜色介于蓝与黄之间（互补色）❹，两个通道的取值范围均从+127到-128。

在默认状态下，a、b通道存储的是灰度图像，如果要查看彩色图像（色彩信息）❺❻，可按下Ctrl+K快捷键，打开“首选项”对话框，单击左侧的“界面”选项，再选取“用彩色显示通道”选项即可。

在a和b通道中，50%的灰度对应的是中性灰。当通道的亮度高于50%灰时，颜色会向暖色转换；亮度低于50%灰，则向冷色转换。因此，如果将a通道（包含绿~洋红）调亮，就会增加洋红色（暖色）❼；将a通道调暗，会增加绿色（冷色）❽；将b通道（包含黄~蓝）调亮，会增加黄色❾；将b通道调暗，则增加蓝色❿。

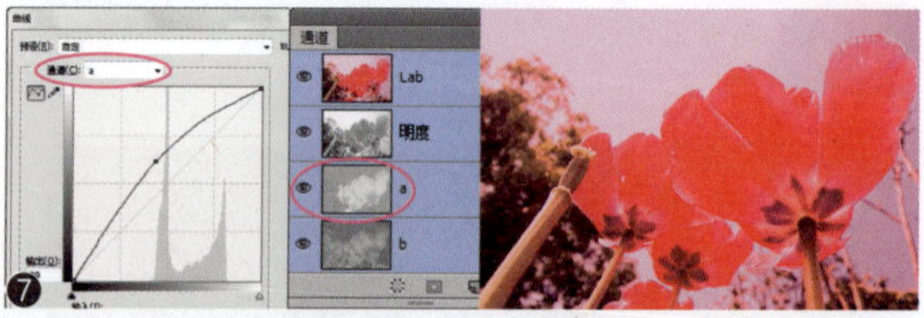

a通道变亮增加洋红色

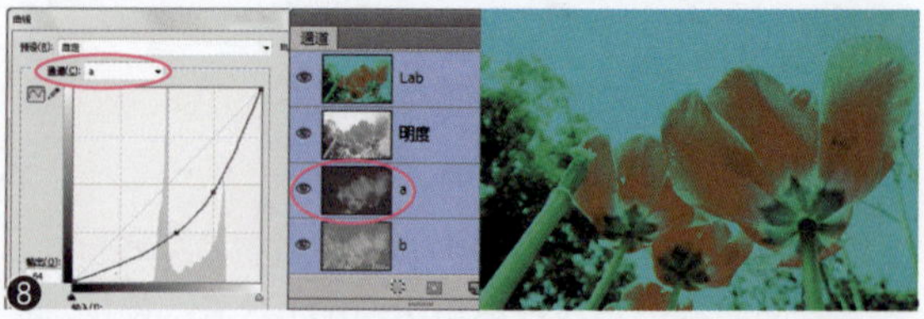

a通道变暗增加绿色

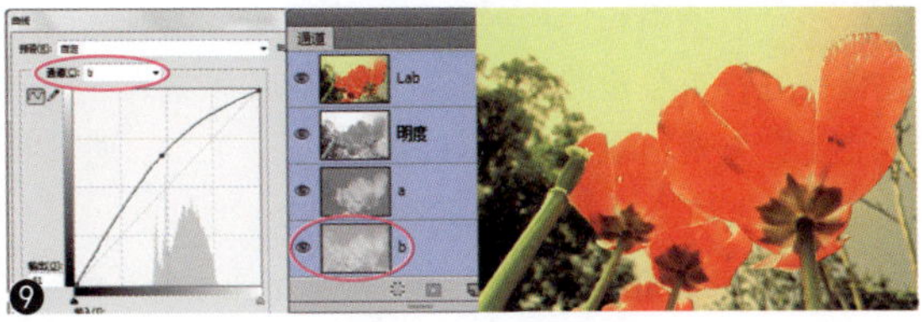

b通道变亮增加黄色

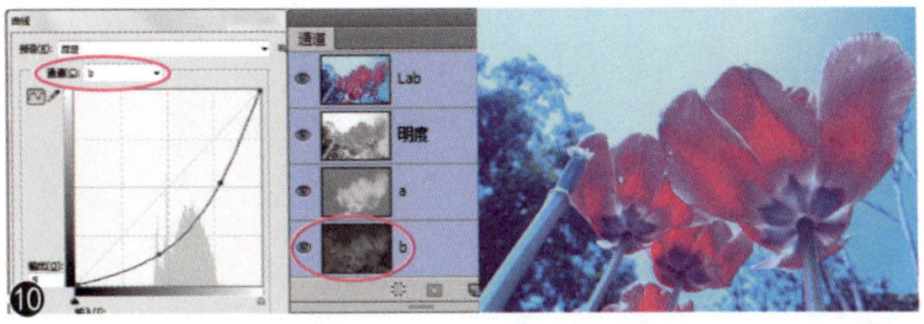

b通道变暗增加蓝色

提 示 (Tips)

黑白图像的a和b通道为50%灰色，调整a或b通道的亮度时，会将图像转换为一种单色。

8.7.2 分析：颜色与明度分离

对于RGB和CMYK模式的图像，并没有专门的通道用于存储明度信息，明度信息是与颜色信息一同保存在各个颜色通道中的。因此，调整色彩时，颜色的亮度也会随之发生改变，而造成“误伤”❶~❸。

使用颜色取样器工具建立取样点

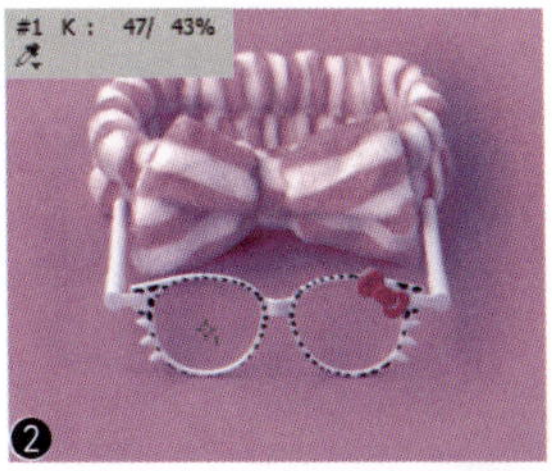

RGB模式：调整颜色时K值由原来的47%变为43%，说明明度发生了改变

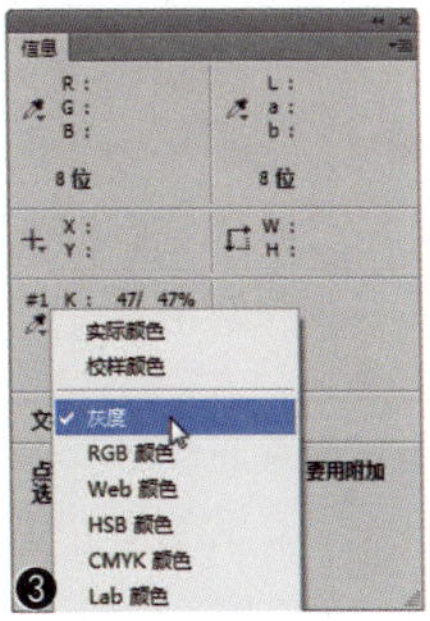

打开“信息”面板菜单，选择“灰度”，以便观察明度信息的变化情况

Lab模式不会出现这种尴尬情况。因为它将颜色信息与明度信息分开了，它们之间既无关联，也不会互相影响。处理a和b通道时，可以在不影响亮度的情况下修改颜色❹；处理明度通道时，可以在不影响色彩和饱和度的情况下修改亮度❺❻。这种独特的优势使Lab在高级调色技术中占有极其重要的位置。

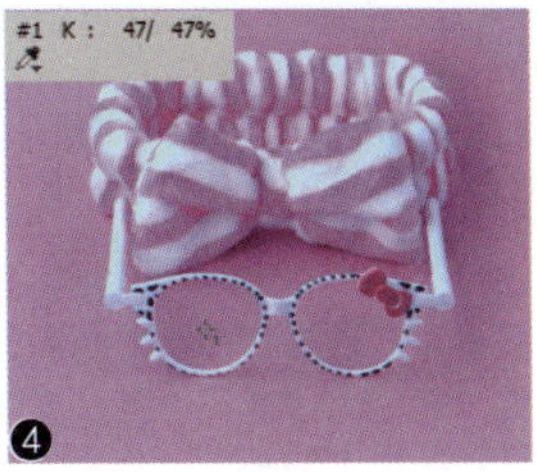

Lab模式：调整颜色时K值还是47%，说明明度没有变化

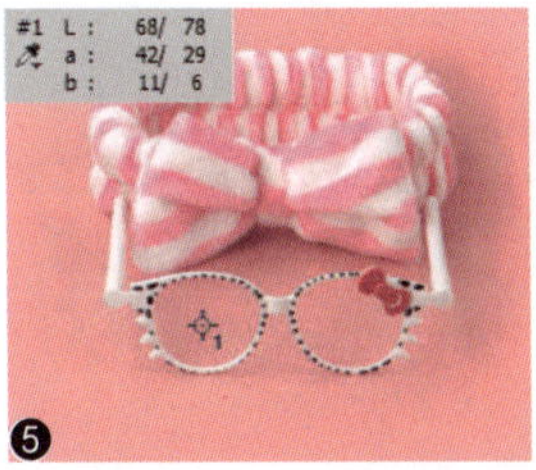

RGB模式：提高亮度时（L值由68变成78），颜色的明度也发生改变，a由42变为29，b由11变为6，导致色彩饱和度降低

Lab模式：提高亮度时（L值由68变成78），没有影响色彩（a、b值没有改变）

8.7.3 分析：色彩数量占优

Lab模式的色域范围远远超过RGB和CMYK模式，因此，在色彩数量上占有绝对优势。这一点我们从通道便可看出。

RGB和CMYK模式（黑色通道暂且不算颜色）都有3个颜色通道，每个颜色通道中包含一种颜色；Lab虽然只有a和b两个颜色通道，但每个通道包含两种颜色，加起来一共就是4种颜色。不仅如此，Lab模式色彩的“宽容度”非常高，我们可以对通道进行更大幅度的调整，甚至将其破坏也没有关系。例如，将通道反相。对于RGB和CMYK图像，通道反相会打乱色彩，而Lab模式可以保持色彩平衡关系❶~❽。

原图

RGB：红通道反相

CMYK：青色通道反相

Lab：a通道反相

RGB：绿通道反相

CMYK：洋红通道反相

Lab：b通道反相

Lab：a、b通道反相

提 示（Tips）

在照片降噪方面，Lab图像也具备特别的优势。使用滤镜对a和b通道进行轻微的模糊，可以在不影响图像细节的情况下降低噪点。

8.7.4 练习：夕阳晚照剪影中

下面我们来学习怎样在Lab模式下通过“色调均化”命令提高色彩的饱和度。虽然在RGB模式下使用“色相/饱和度”命令也可以调出相同的效果，但由于素材本身画质不是特别好，有少量噪点存在，调整幅度稍微大一些，噪点就会大量出现（我们可以动手试一下）。避免噪点增加的有效方法就是用Lab模式调整。

01 打开素材❶，执行“图像>模式>Lab颜色”命令，将图像转换为Lab模式。在“通道”面板中，单击“b”通道，在文档窗口中显示该通道效果❷。

02 使用“图像>调整>色调均化”命令调整图像❸，使图像中由蓝色到黄色的色彩范围呈现出鲜艳饱和的效果。按下Ctrl+2快捷键返回Lab复合通道❹。

03 执行“图像>模式>RGB颜色”命令，将图像转换回RGB模式。选择渐变工具，在“渐变”下拉面板中选择“前景色到透明”渐变样式❺。新建一个图层，设置混合模式为“正片叠底”，不透明度为70%，在画面上方填充线性渐变❻❼。

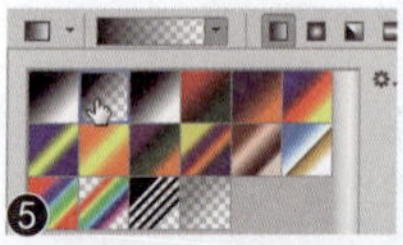

04 按下Alt+Shift+Ctrl+E快捷键，将当前的图像效果盖印到一个新的图层中❽。打开人物剪影素材❾，使用移动工具将剪影拖曳到画面中❿。

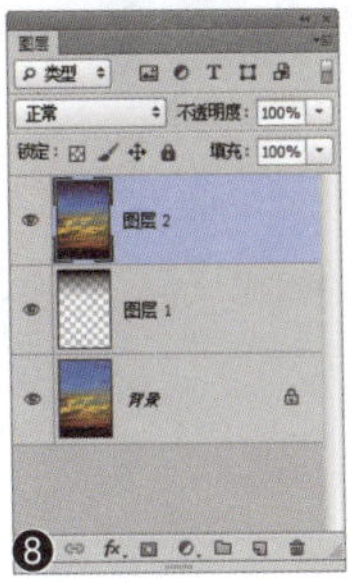

05 将“图层2”拖动到人物剪影的上方，并设置不透明度为75%⑪。按下Alt+Ctrl+G快捷键，创建剪贴蒙版⑫⑬。

06 单击“调整”面板中的按钮，创建“曲线”调整图层，将曲线向下调整，使图像变暗⑭。单击“属性”面板底部的按钮，将“曲线”调整图层加入到剪贴蒙版组中⑮⑯。

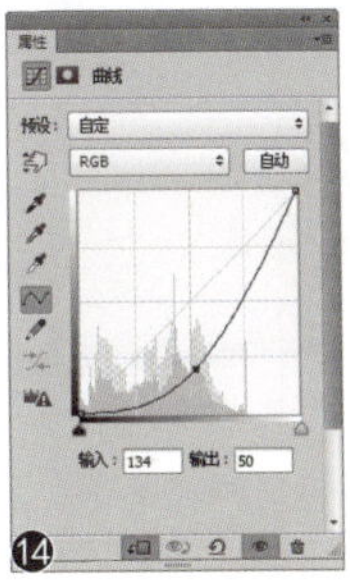
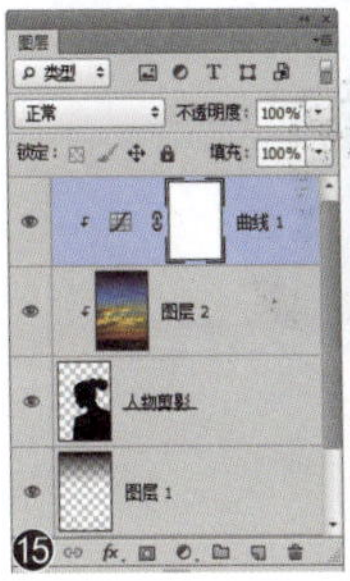

8.8 课后测验

本章介绍了各种色彩调整工具和操作方法。很多处用到色轮展示补色关系。了解互补色，以及它们的变化规律，调色时更能够做到有的放矢，因此，最好将各种补色记在心里。

8.8.1 制作红外摄影效果

第一个测验是制作红外摄影效果。操作时使用“通道混和器”调整图层，并设置为“变亮”模式。红外摄影是使用红外感光设备与红外滤镜配合，利用红外光和物质相互作用成像的，这在风光摄影上有非常独特的表现力❶~❸。

实例效果

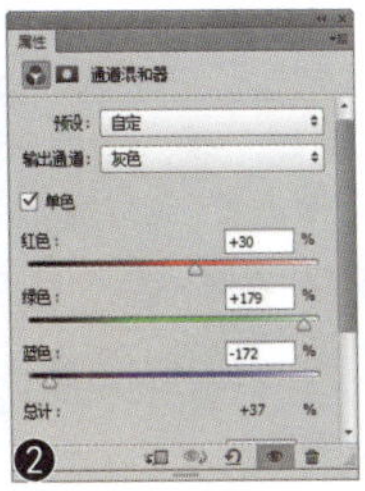
参数

素材

8.8.2 用覆盖通道的方法调色

Lab模式色域范围广阔，加上通道的特殊性，为调色方法提供了更多的可能。下面这个练习是用覆盖通道的方法实现的❶~❸，即复制a通道，将其粘贴到b通道中；另一种效果是将b通道粘贴到a通道中。

将a通道粘贴到b通道中

将b通道粘贴到a通道中

素材

第9章 照片处理

本章简介

近些年来，随着数码相机的日渐普及和手机拍照功能的出现，越来越多的人爱上了摄影。摄影的门槛很低，但要想有所建树，对技术和艺术水平的要求就很高了。摄影是充满了创造性和灵感的艺术，由于数码相机本身原理和构造的特殊性，再加之我们自身技术的不足，拍摄出来的照片多多少少都会存在一些缺憾。有着“数码暗房”美誉的Photoshop，与照片处理有关的功能在其全部功能中占据很大的比重。照片出现的任何问题，基本上都能用Photoshop加以修正。不仅如此，以往在传统相机上需要花费很大的人力和物力才能够实现的特殊拍摄效果，在Photoshop中可以轻松完成。

学习重点

关键概念

9.1 二次构图

构图是决定摄影作品视觉效果好坏的关键之一。在一幅成功的摄影作品中，各个元素在画面中均有协调与完美的表现。如果前期拍摄时照片的构图有缺陷，可以通过裁剪的方法将多余的图像裁掉，使照片的构图更加艺术化。

9.1.1 裁剪工具

裁剪工具可以裁剪图像，重新定义画布的大小。选择该工具后，可以在工具选项栏中设置选项❶。

使用预设的裁剪选项

单击按钮，可以打开下拉菜单选择预设的裁剪选项❷。

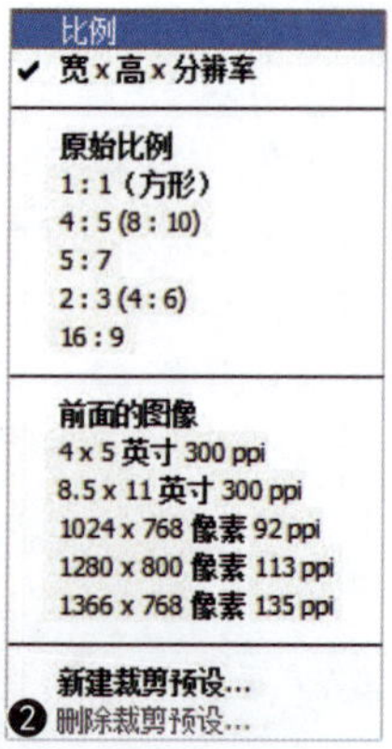

- **比例：** 选择该选项后，会出现两个文本框，在文本框中可以输入裁剪框的长宽比。如果要交换两个文本框中的数值，可以单击按钮。如果要清除文本框中的数值，可以单击“清除”按钮。
- **宽×高×分辨率：** 选择该选项后，会出现3个文本框，可输入裁剪框的宽度、高度和分辨率，并可选择分辨率单位（如像素/厘米）。Photoshop会按照设定的尺寸裁剪图像。例如，输入宽度95厘米、高度110厘米、分辨率50像素/英寸后，在进行裁剪时会始终锁定长宽比，并且裁剪后图像的尺寸和分辨率会与设定的数值一致❸～❺。
- **原始比例：** 选择该项后，拖曳裁剪框时始终会保持图像原始的长宽比。
- **预设的长宽比/预设的裁剪尺寸：** “1：1（方形）”、“5：7”等选项是预设的长宽比；4×5英寸300ppi、1024×768像素92ppi等选项是预设的裁剪尺寸。如果要自定义长宽比和裁剪尺寸，可以在该选项右侧的文本框中输入数值。

原始照片及尺寸、分辨率

输入尺寸和分辨率

裁剪后的图像及尺寸和分辨率

- **前面的图像：** 可基于一个图像的尺寸和分辨率裁剪另一个图像。操作方法是，打开两个图像，使参考图像处于当前编辑状态，选择裁剪工具，在选项栏中选择“前面的图像”选项，然后使需要裁剪的图像处于当前编辑状态即可（可以按下Ctrl+Tab快捷键切换文档）。
- **新建裁剪预设/删除裁剪预设：** 拖出裁剪框后，选择“新建裁剪预设”命令，可以将当前创建的长宽比保存为一个预设文件。如果要删除自定义的预设文件，可将其选择，再执行“删除裁剪预设”命令。

设置叠加选项

单击工具选项栏中的田按钮，可以打开下拉菜单选择“叠加”选项❻。

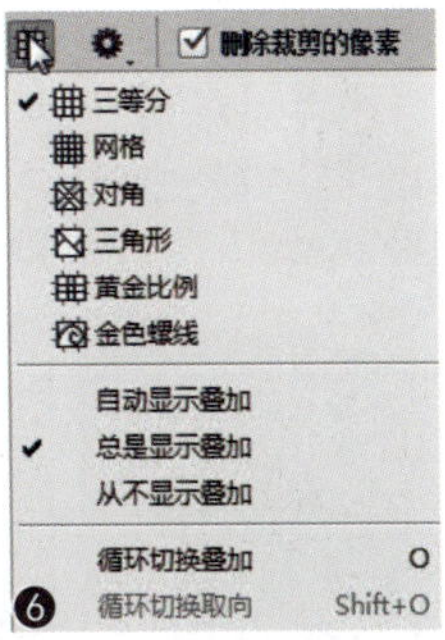

- **显示裁剪参考线：** Photoshop提供了一系列参考线选项，可以帮助用户进行合理构图，使画面更加艺术、美观❼～⓬。例如，选择“三等分”选项，能帮助我们以1/3增量放置组成元素；选择“网格”选项，可根据裁剪大小显示具有间距的固定参考线。

三等分

网格

对角

三角形

黄金比例

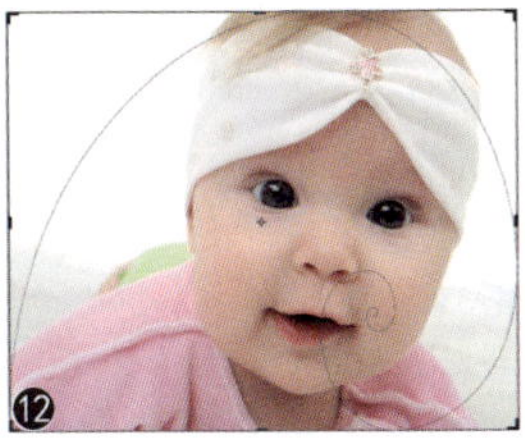

金色螺线

- **自动显示叠加：** 自动显示裁剪参考线。
- **总是显示叠加：** 始终显示裁剪参考线。
- **从不显示叠加：** 从不显示裁剪参考线。
- **循环切换叠加：** 选择该项或按下O键，可以循环切换各种裁剪参考线。
- **循环切换叠加取向：** 显示三角形和金色螺线时，选择该项或按下Shift+O键，可以旋转参考线。

设置裁剪选项

单击工具选项栏中的⚙按钮，可以打开一个下拉面板⓭。

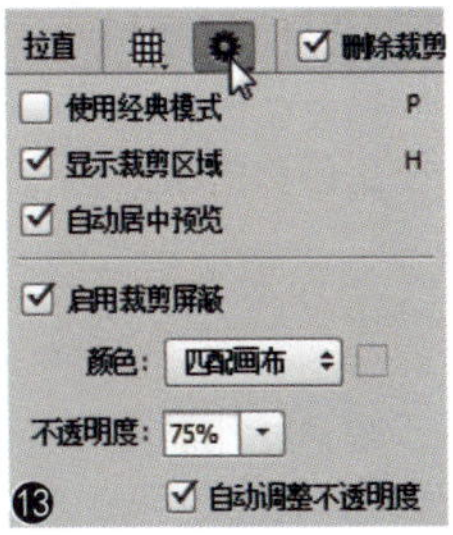

- **使用经典模式：** 勾选该项后，可以使用Photoshop早期版本中的裁剪工具来操作。例如，拉动裁剪框，调整其大小，或者将光标放在裁剪框外，单击并拖曳鼠标进行旋转时，变换的对象是裁剪框⓮；在Photoshop CC版本中变换的对象是图像⓯。
- **显示裁剪区域：** 勾选该选项可以显示裁剪的区域，取消勾选则仅显示裁剪后的图像。
- **自动居中预览：** 勾选该选项后，裁剪框内的图像会自动位于画面中心。

使用经典模式

使用Photoshop CC模式

● 启用裁剪屏蔽：勾选该选项后，裁剪框外的区域会被颜色屏蔽。默认的屏蔽颜色为画布外暂存区的颜色。如果要修改颜色，可以在“颜色”下拉列表中选择“自定义”选项，然后在弹出的“拾色器”中进行调整⑯。在“不透明度”选项中可以调整屏蔽颜色的不透明度⑰。勾选“自动调整不透明度”选项，则编辑裁剪边界时会降低不透明度。

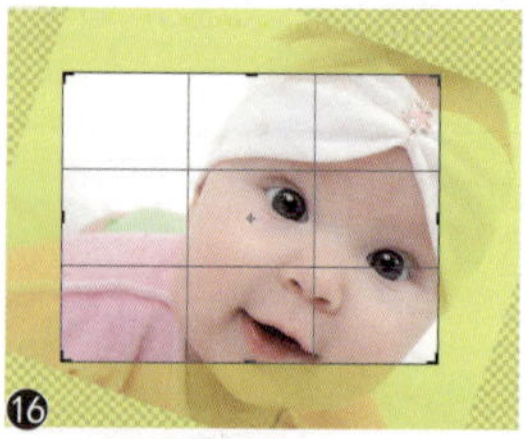

屏蔽颜色为黄色

黄色不透明度为100%

设置其他选项

● 删除裁剪的像素：在默认情况下，Photoshop会将裁掉的图像保留在文件中，使用移动工具拖曳图像，或者执行“图像>显示全部”命令，隐藏的图像就会显示出来。如果要彻底删除图像，可勾选该项，再进行裁剪操作。

● 复位：单击该按钮，可以将裁剪框、图像旋转以及长宽比恢复为最初状态。

● 提交：如果要确认裁剪操作，可以单击该按钮或按Enter键。

● 取消：如果要放弃裁剪操作，可以单击该按钮或Esc键。

校正倾斜的图像

如果画面内容出现倾斜（如拍摄照片时，由于相机没有端平而导致画面内容倾斜），可单击拉直按钮，然后在画面中单击并拖出一条直线，让它与地平线、建筑物墙面和其他关键元素对齐⑱，Photoshop便会将倾斜的画面校正过来⑲。

9.1.2 练习：用裁剪工具裁剪图像

01 打开素材❶。选择裁剪工具，我们先来看怎样自由调整裁剪区域。在工具选项栏中选择“比例”选项。在画面中单击鼠标，图像的边界处会显示裁剪框，单击并拖曳鼠标，则可自由定义裁剪区域❷。如果同时按住空格键，则可以移动裁剪框。

02 拖曳裁剪框，可以左右或上下拉伸❸；拖曳裁剪框边角的控制点，可以动态拉伸裁剪框❹，按住Shift键拖曳，可进行等比缩放。

03 将光标放在裁剪框外，单击并拖动鼠标，可进行旋转❺；将光标放在裁剪框内，单击并拖曳鼠标，可进行移动❻。

04 按下Esc键取消操作。在工具选项栏中选择“原始比例”选项，然后拖曳定界框上的控制点，锁定照片的原始比例调整裁剪框❼。单击工具选项栏中的按钮或按下Enter键确认，裁剪图像❽。

9.1.3 练习：用“裁剪”命令裁剪图像

使用裁剪工具时，如果裁剪框太靠近文档窗口的边缘，会自动吸附到画布边界上，很难控制。遇到这种情况，可以用矩形选框工具配合“裁剪”命令替代裁剪工具进行操作。

01 按下Ctrl+O快捷键，打开照片素材❶。使用矩形选框工具创建一个矩形选区，将要保留的图像选取。拖曳鼠标的同时可以按住空格键移动选区。

02 执行“图像>裁剪”命令，可以将选区以外的图像裁剪掉，只保留选区内的图像。按下Ctrl+D快捷键取消选择❷。

提示（Tips）

如果在图像上创建的是圆形选区或多边形选区，裁剪后的图像仍为矩形。

9.1.4 练习：用“裁切”命令裁剪图像

01 打开素材❶。下面来通过“裁切”命令将多余的黄色背景裁掉。

02 执行“图像>裁切”命令，打开“裁切”对话框，选择“右下角像素颜色”选项，并勾选“裁切”选项组内的全部选项❷，单击“确定”按钮，即可自动裁切图像❸。

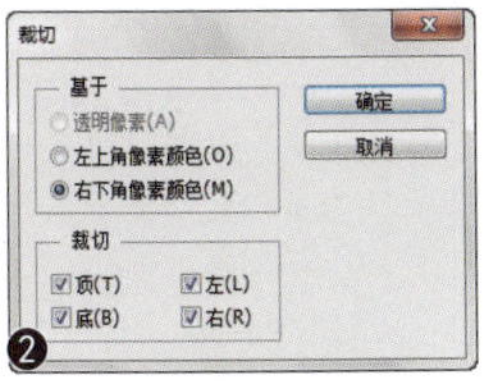

“裁切”对话框选项

- 透明像素：可以删除图像边缘的透明区域，留下包含非透明像素的最小图像。
- 左上角像素颜色：从图像中删除左上角像素颜色的区域。
- 右下角像素颜色：从图像中删除右下角像素颜色的区域。
- 裁切：用来设置要修整的图像区域。

9.1.5 裁剪并修齐扫描的照片

使用扫描仪扫描照片时，如果多张照片在一个文件中❶，可以使用“文件>自动>裁剪并修齐照片”命令，自动将各个图像裁剪为单独的文件❷❸。

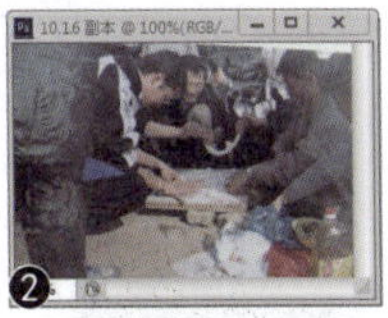

9.1.6 限制图像大小

执行“文件>自动>限制图像”命令，打开在“限制图像”对话框❶，设置图像的“宽度”和“高度”的像素值后，可以改变图像的像素数量，将其限制为指定的宽度和高度，但不会改变分辨率。

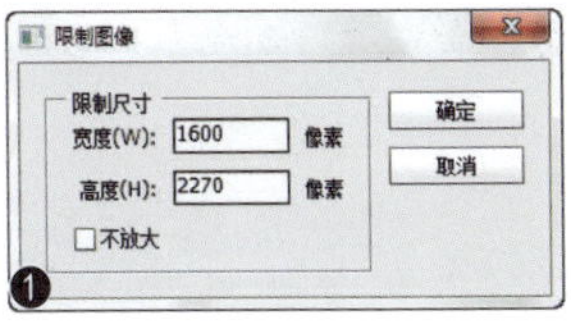

9.2 接片

接片就是将多张照片拼接为一张全景照片。这种做法可以弥补由于镜头不够广，无法收录全景而造成的缺憾。

9.2.1 练习：拼接全景图

用于合成全景图的各张照片最好要有一定的重叠内容，Photoshop需要识别这些重叠的地方才能拼接照片。一般来说，重叠处应该占照片的10%～15%。

01 打开3张照片素材❶～❸。执行“文件>自动>Photomerge”命令，打开“Photomerge”对话框。在“版面”选区中选择“自动”选项，单击“添加打开的文件”按钮，将窗口中打开的3张照片添加到列表中，再勾选“混合图像”选项❹，让Photoshop自动修改照片的曝光，使它们自然衔接。

❶

❷

❸

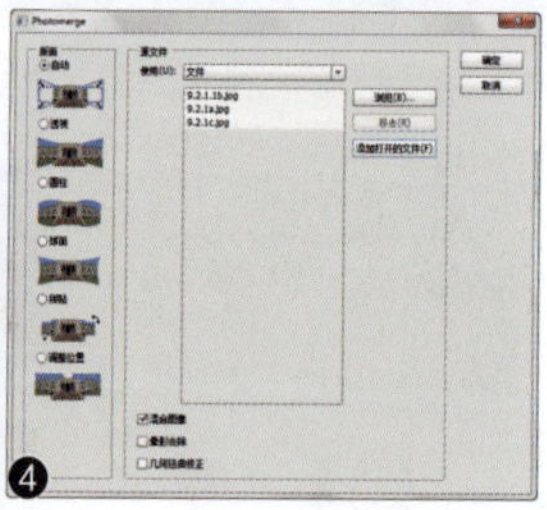
❹

02 单击“确定”按钮，Photoshop就会自动拼合照片，并添加图层蒙版，使照片之间无缝衔接。最后，用矩形选框工具将照片内容选中，执行“图像>裁剪”命令，将空白区域和多余的图像内容裁掉❺。不要用裁剪工具裁剪，因为裁剪框会自动吸附到画布边缘，不容易对齐到图像边缘。

❺

9.2.2 自动对齐图层

将用于合成全景图的照片拖入一个文档中❶，使用“编辑>自动对齐图层”命令也可以创建全景照片。该命令可根据不同图层中的相似内容（如角和边）自动对齐图层❷。我们可以指定一个图层作为参考图层，也可以让Photoshop自动选择参考图层，其他图层将与参考图层对齐，以便匹配的内容能够自行叠加。

❶

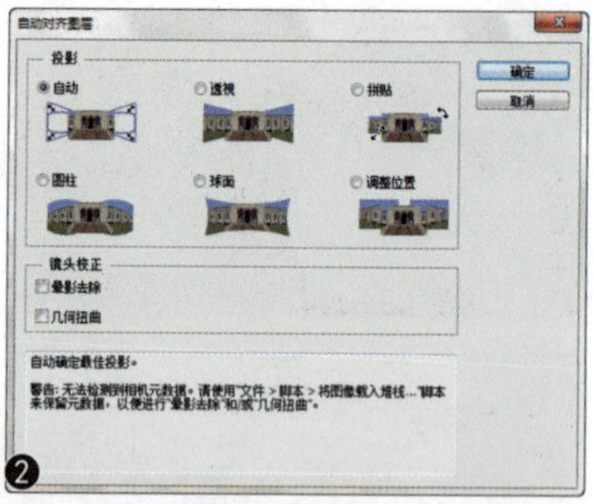
❷

选项	说明
自动	Photoshop自动分析源图像并应用“透视”或“圆柱”版面（取决于哪一种版面能够生成更好的复合图像）
透视	通过将源图像中的一个图像（默认情况下为中间的图像）指定为参考图像来创建一致的复合图像。然后将变换其他图像（必要时，进行位置调整、伸展或斜切），以便匹配图层的重叠内容
拼贴	对齐图层并匹配重叠内容，不修改图像中对象的形状（例如，圆形将保持为圆形）
圆柱	通过在展开的圆柱上显示各个图像来减少在“透视”版面中出现的“领结”扭曲。图层的重叠内容仍匹配，将参考图像居中放置。该方式适合创建宽全景图
球面	将图像与宽视角对齐（垂直和水平）。指定某个源图像（默认情况下是中间图像）作为参考图像，并对其他图像执行球面变换，以便匹配重叠的内容。如果是360°全景拍摄的照片，可选择该选项，拼合并变换图像，以模拟观看360°全景图的感受
调整位置	对齐图层并匹配重叠内容，但不会变换（伸展或斜切）任何源图层
镜头校正	自动校正镜头缺陷，包括对导致图像边缘（尤其是角落）比图像中心暗的镜头缺陷进行补偿，以及补偿桶形、枕形或鱼眼失真

9.2.3 自动混合图层

当使用几张照片创建全景图，或者用几张图像的局部照片合成一张完整的照片时，各个照片之间的曝光差异可能会导致最终结果中出现接缝或不一致的现象。使用“编辑>自动混合图层”命令处理这样的图像，可以在最终图像中生成平滑的过渡，Photoshop会根据需要对每个图层应用图层蒙版，以遮盖过度曝光或曝光不足的区域或内容之间的差异，从而创建无缝拼贴效果。

9.3 镜头缺陷的校正方法

本节介绍桶形失真、枕形失真、色差、晕影、倾斜、透视扭曲等镜头缺陷的校正方法。有些缺陷也不完全是镜头的原因，有的是人为因素，如相机没有端平，造成画面倾斜；有的则是客观环境引起的，如背景的亮度高于前景，就容易出现色差。

9.3.1 "镜头校正"滤镜

“镜头校正”滤镜和“文件>自动>镜头校正”命令都可以校正由数码相机镜头缺陷而产生的问题。“镜头校正”滤镜的功能更多，可控性更好，我们做重点介绍。

执行“滤镜>镜头校正”命令，打开“镜头校正”对话框❶，Photoshop会根据照片元数据中的信息提供相应的配置文件。选取“校正”选项组中的选项，Photoshop就会自动校正照片中出现的桶形失真或枕形失真（勾选“几何扭曲”）、色差和晕影。

❶

“镜头校正”滤镜不仅可以解决拍摄照片时，由于照相设备原因产生的问题，还能改善由于我们操作不当而出现的问题，具体见下表。如果照片中出现下面列表中的一种或几种情况，就可以考虑用“镜头校正”滤镜来进行编辑校正。

	照片出现的问题	问题发生的原因	解决方法
人的因素	在透视上出现扭曲	相机向上、向下倾斜	调整“透视扭曲”“水平扭曲”选项
	水平线倾斜	相机没有端平	使用拉直工具或“角度”选项调整
照相设备的因素	桶形失真（画面向外膨胀）、枕形失真（画面向内收缩）	广角端拍摄容易导致桶形失真；长焦端拍摄容易导致枕形失真	用“移去扭曲”选项调整
	色差（对象边缘出现红、绿、蓝杂边）	逆光拍摄	用“色差”选项组校正
	晕影（照片四周出现暗角）	光线照射到传感器中央的距离比到四周短、角度也更大，造成光线由中心向四周递减，形成暗角	用“晕影”选项组校正

“镜头校正”命令选项

● 校正：可以选择要校正的缺陷，包括几何扭曲、色差和晕影。如果校正后导致图像超出了原始尺寸，可勾选“自动缩放图像”选项，或者在“边缘”下拉菜单中指定如何处理出现的空白区域。选择“边缘扩展”选项，可扩展图像的边缘像素来填充空白区域；选择“透明度”选项，空白区域保持透明；选择“黑色”或“白色”选项，则使用黑或白色填充空白区域。

● **搜索条件：** 可以手动设置相机的制造商、相机型号和镜头类型，这些选项指定之后，Photoshop就会给出与之匹配的镜头配置文件。

● **镜头配置文件/联机搜索：** 可以选择与相机和镜头匹配的配置文件。如果没有找到匹配的镜头配置文件，则可单击“联机搜索”按钮，获取Photoshop社区所创建的其他配置文件。

● **显示网格：** 勾选该选项后，可以在画面中显示网格，通过网格线可以更好地判断所需的校正参数。在“大小”选区中可以调整网格间距；单击颜色块，可以打开“拾色器”修改网格颜色。

9.3.2 方法①：校正桶形失真和枕形失真

使用广角镜头或变焦镜头的最广角端拍摄时，容易出现桶形失真——成像画面呈桶形膨胀状，因与酒桶相似，所以称为桶形失真。使用长焦镜头或变焦镜头的长焦端时，则容易出现枕形失真——画面向中间收缩❶。

❶

01 打开照片素材。执行“滤镜>镜头校正”命令，打开“镜头校正”对话框，取消对“自动缩放图像”选项的勾选。选取“显示网格”选项，单击颜色图标，打开“拾色器”设置网格颜色为红色❷。

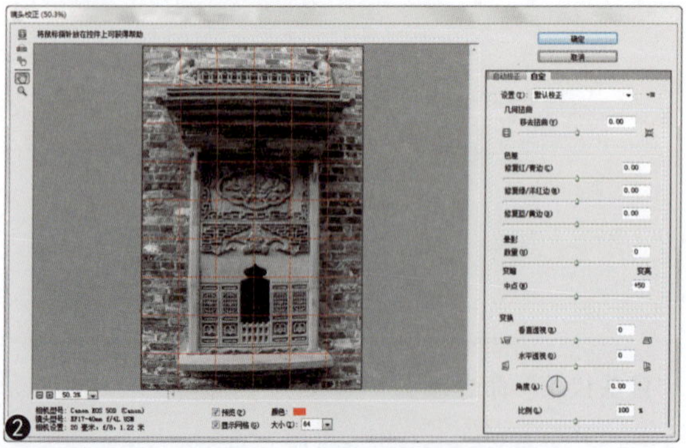
❷

02 单击“自定”选项卡，显示手动设置面板。向右拖曳“移去扭曲”滑块，拉直从图像中心向外弯曲的线条❸，通过变形抵消镜头桶形失真造成的扭曲。向左拖曳该滑块，可以校正枕形失真。

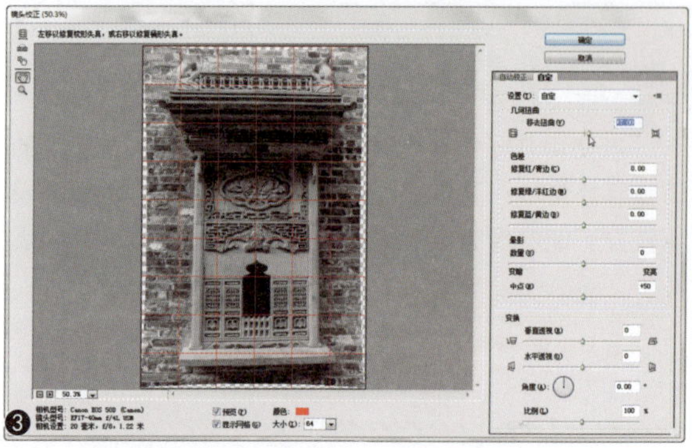
❸

03 关闭对话框。经过校正后，图像四周出现空白❹，由于在前面我们没有选取“自动缩放图像”选项，因此，Photoshop不会通过自动缩放图像的方法将空缺区域填满，这样可以避免缩放给画质造成的损害。

04 按下Ctrl+T快捷键，显示定界框。将光标放在左下角的控制点上，按住Ctrl键向上拖曳；右下角的控制点也向画面内部移动一些❺，对画面底部进行校正。使用裁剪工具将空缺区域裁掉❻❼。

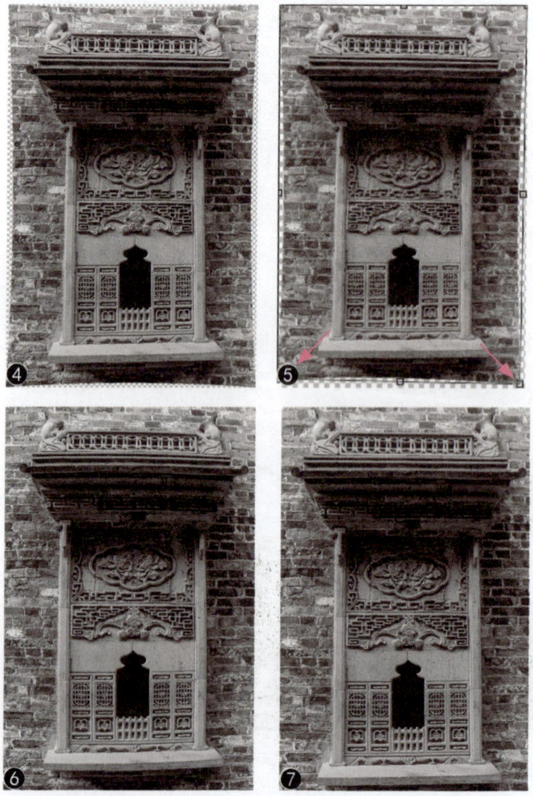
❹ ❺ ❻ ❼

校正前 校正后

提示（Tips）

选择移去扭曲工具，单击并向画面边缘拖动鼠标可以校正桶形失真；向画面的中心拖动鼠标可以校正枕形失真。

9.3.3
方法②：校正色差

拍摄照片时，如果背景的亮度高于前景，很容易出现色差。因此，色差通常出现在照片的逆光部分，具体表现为背景与前景对象相接的边缘出现红、蓝或绿色的异常杂边。

色差是由于镜头对不同平面中不同颜色的光进行对焦而产生的，多发生在多色光为光源的情况下（如白光，它由红、橙、黄、绿、青、蓝、紫色组成（99页），单色光不会产生色差。

01 打开照片素材❶。执行“滤镜>镜头校正”命令，打开“镜头校正”对话框，取消对“自动缩放图像”选项的选取。按下Ctrl++快捷键，将窗口放大到200%，可以看清芦苇边缘的色差❷。

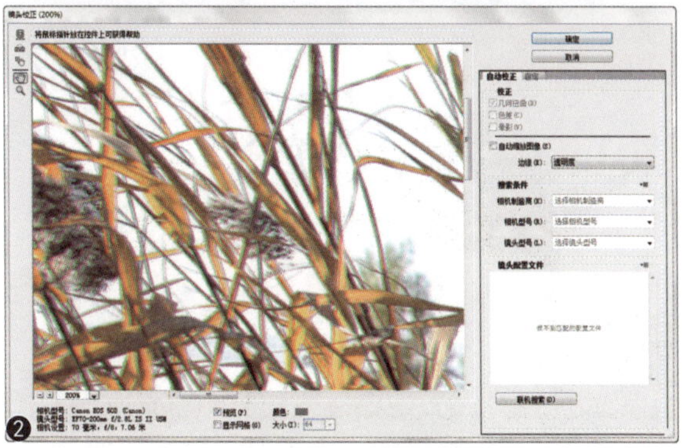

02 单击“自定”选项卡。将“修复绿/洋红边”滑块拖曳到最左侧，即可消除色差❸。单击“确定”按钮关闭对话框。

03 经过校正以后，图像四周的边缘会出现一圈很细的透明区域。执行“图像>裁切”命令，打开“裁切”对话框，选取“透明像素”选项❹，让Photoshop将透明区域裁掉便可。

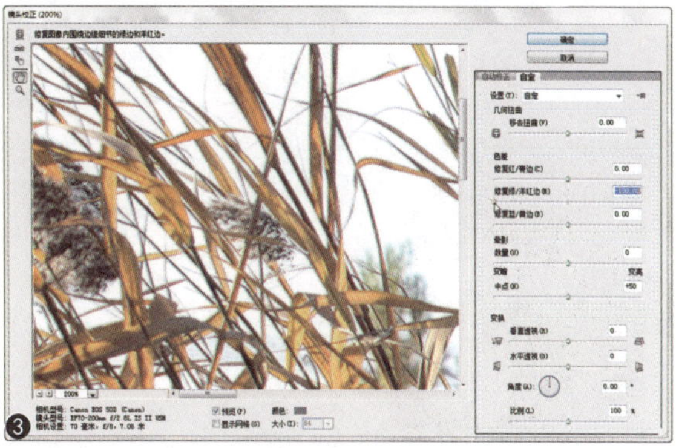

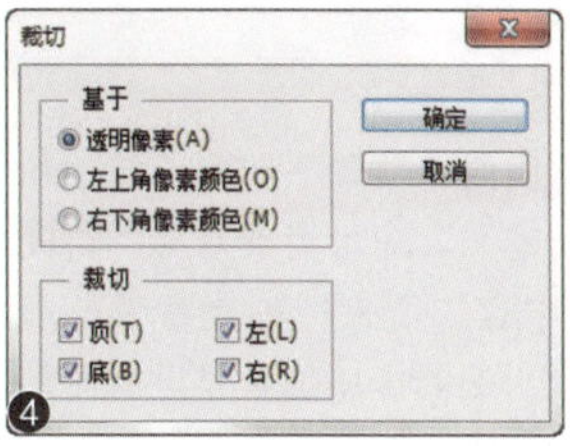

9.3.4
方法③：校正晕影

晕影非常容易被识别，它的特点是画面四周，尤其边角的颜色比较暗。“镜头校正”滤镜的“晕影”选项可以校正晕影。

晕影不像色差和扭曲是完全有害的，在一些情况下，通过刻意地营造晕影，还会让画面的视觉焦点集中到重要的对象上。这种技巧在古典油画中运用比较多❶。

萨斯基亚·冯·乌伦伯的肖像（伦勃朗作品）

01 打开素材。执行“滤镜>镜头校正”命令，打开“镜头校正”对话框，单击“自定”选项卡❷。

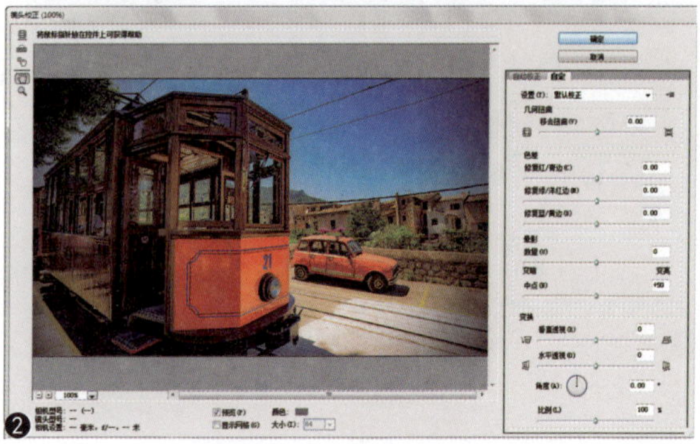

02 向右拖曳“晕影”选项组的“数量”滑块，将边角调亮（向左拖曳则会调暗），即可消除晕影；再向左拖曳“中点”滑块❸。“中点”用来控制“数量”参数的影响范围，该值越高，受影响的区域越是靠近画面边缘；该值小，则会影响较多的图像区域。单击“确定”按钮关闭对话框。

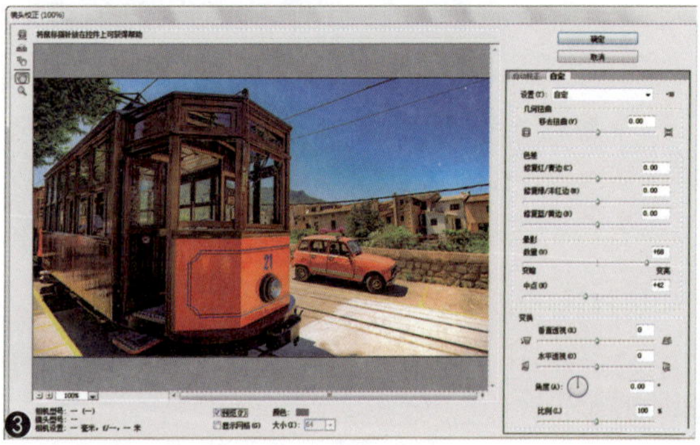

9.3.5 方法④：校正倾斜的照片

01 打开素材。画面内容左低右高，建筑物和行人都有些倾斜。执行“滤镜>镜头校正”命令，打开“镜头校正”对话框，单击“自定”选项卡❶。

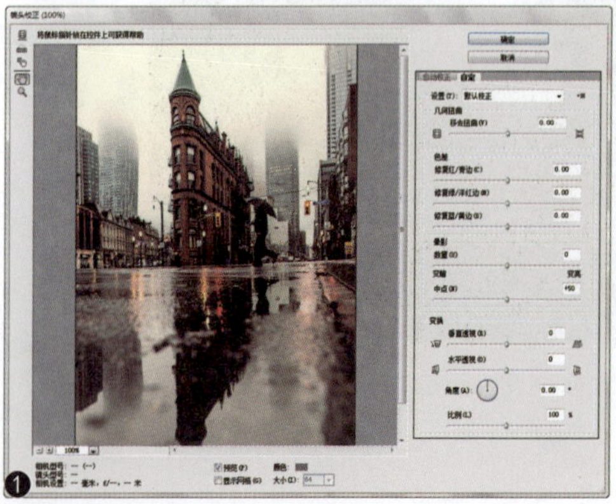

02 选择拉直工具，在地平线位置单击并拖出一条直线，放开鼠标后，图像会以该直线为基准进行角度校正❷。此外，也可以在“角度”右侧的文本框中输入数值进行细微的调整。如果没有地平线作为辅助，选取“显示网格”选项，以网格线为参考，也很容易校准水平线和垂直线。

应用透视变换

在“镜头校正”对话框中，“变换”选项组中包含扭曲图像的选项，可用于修复由于相机垂直或水平倾斜而导致的图像透视现象。

● **垂直透视/水平透视**：用于校正由于相机向上或向下倾斜而导致的图像透视❸~❼。“垂直透视”可以使图像中的垂直线平行；“水平透视”可以使水平线平行。

原图

垂直透视－20

垂直透视20

水平透视－40

水平透视40

● 角度：与拉直工具的作用相同，可以旋转图像以针对相机歪斜加以校正，或者在校正透视后进行调整。

● 比例：可以向上或向下调整图像缩放，图像的像素尺寸不会改变。它的主要用途是填充由于枕形失真、旋转或透视校正而产生的图像空白区域。放大实际上是裁剪图像，并使插值增大到原始像素尺寸，因此，放大比例过高会导致图像的画质明显下降。

9.3.6 方法⑤：用透视裁剪工具校正透视畸变

在一个较低的视角拍摄高大的建筑时，竖直的线条会向消失点集中，从而产生透视畸变，建筑看上去给人摇摇欲坠的感觉。使用透视裁剪工具可以对此进行校正。

01 打开照片素材❶。可以看到，建筑下宽上窄，出现透视畸变。选择透视裁剪工具，在画面中单击并拖曳鼠标，创建矩形裁剪框❷。

02 将光标放在裁剪框左上角的控制点上，按住Shift键（可以锁定水平方向）单击并向右侧拖曳；右上角的控制点向左侧拖曳。观察纵向的网格，与建筑两侧保持平行就调整到位了❸。

03 单击工具选项栏中的按钮或按下Enter键裁剪图像，即可校正透视畸变❹。

透视裁剪工具选项

透视裁剪工具的选项栏❺比裁剪工具简单。

● W/H：输入图像的宽度（W）和高度值（H），可以按照设定的尺寸裁剪图像。单击按钮可以对调这两个数值。

● 分辨率：可以输入图像的分辨率，裁剪图像后，Photoshop会自动将图像的分辨率调整为设定的大小。

● 前面的图像：单击该按钮，可以在“W”“H”和“分辨率”文本框中显示当前文档的尺寸和分辨率。如果同时打开了两个文档，则会显示另外一个文档的尺寸和分辨率。

● 清除：单击该按钮，可清空“W”“H”和“分辨率”文本框中的数值。

● 显示网格：勾选该项，可以显示网格线；取消勾选，则隐藏网格线。

9.3.7 方法⑥：用“透视变形”命令校正照片

透视变形是Photoshop CC的新增功能。它可以调整图像的透视，特别适合出现透视扭曲的建筑图像和房屋图像。

01 打开素材❶。执行“编辑>透视变形”命令，图像上会出现提示❷，将其关闭。

02 在画面中单击并拖动鼠标，沿图像结构的平面绘制四边形❸。拖曳四边形的各边上的控制点，使其与结构中的直线平行❹。

03 在画面左侧的建筑立面上单击并拖动鼠标创建四边形，并调整结构线❺❻。

04 单击工具选项中的“变形”按钮❼，切换到变形模式。单击并拖曳画面底部的控制点，向画面中心移动，让倾斜的建筑立面恢复为水平状态❽❾。按下Enter键确认❿。使用裁剪工具 将空白图像裁掉⓫⓬。

原图　　调整透视后的效果

9.3.8 方法⑦：校正超广角镜头弯曲现象

“自适应广角”滤镜可以轻松拉直全景图像或使用鱼眼（或广角）镜头拍摄的照片中的弯曲对象。该滤镜可以检测相机和镜头型号，并基于镜头特性拉直图像。

01 打开素材❶。执行“滤镜>自适应广角”命令，打开“自适应广角”对话框❷。对话框左下角会显示拍摄此照片所使用的相机和镜头型号，可以看到，这是用鱼眼镜头（EF8-15mm/F4L）拍摄的照片。

02 Photoshop会自动对照片进行简单的校正，不过效果还不完美，需要手动调整。选择约束工具 ，将光标放在出现弯曲的展柜上，单击鼠标，然后向下方拖动，拖出一条绿色的约束线❸，放开鼠标后，即可将弯曲的图像拉直❹。

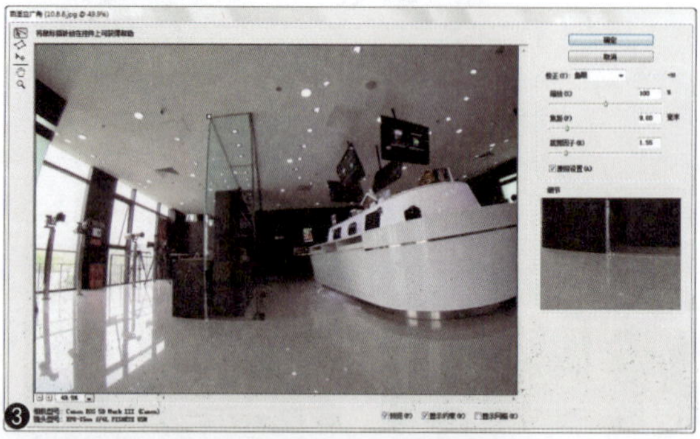

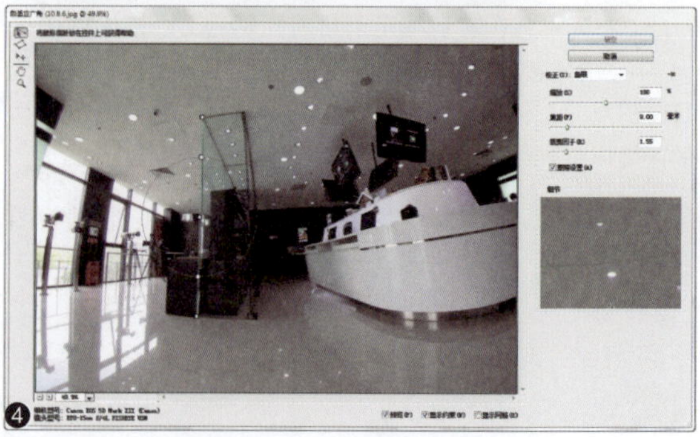

03 采用同样的方法，在几处弯曲比较明显的地方创建约束线，将图像完全校正过来❺。

04 单击“确定”按钮关闭对话框。最后，用裁剪工具 将空白部分裁掉❻。

“自适应广角”滤镜工具

● 约束工具：单击图像或拖曳端点，可以添加或编辑约束线。按住Shift键单击可添加水平/垂直约束线，按住Alt键单击可删除约束线。

● 多边形约束工具：单击图像或拖曳端点，可以添加或编辑多边形约束线。按住Alt键单击可删除约束线。

● 移动工具：可以移动对话框中的图像。

● 抓手工具：单击放大窗口的显示比例后，可以用该工具移动画面。

● 缩放工具：单击可放大窗口的显示比例，按住Alt键单击则缩小显示比例。

“自适应广角”滤镜选项

● 校正：在该选项的下拉列表中可以选择校正类型。“鱼眼”可以校正由鱼眼镜头所引起的极度弯度；“透视”可以校正由视角和相机倾斜角所引起的会聚线；“自动”可自动地检测合适的校正；“完整球面”可以校正360°全景图。

● 缩放：校正图像后，可通过该选项缩放图像，以填满空缺。

● 焦距：用来指定镜头的焦距。如果在照片中检测到镜头信息，会自动填写此值。

● 裁剪因子：用来确定如何裁剪最终图像。此值与“缩放”配合使用以补偿应用滤镜时出现的空白区域。

● 原照设置：勾选该项，可以使用镜头配置文件中定义的值。如果没有找到镜头信息，则禁用此选项。

● 细节：该选项中会实时显示光标下方图像的细节（比例为100%）。使用约束工具和多边形约束工具时，可通过观察该图像来准确定位约束点❼。

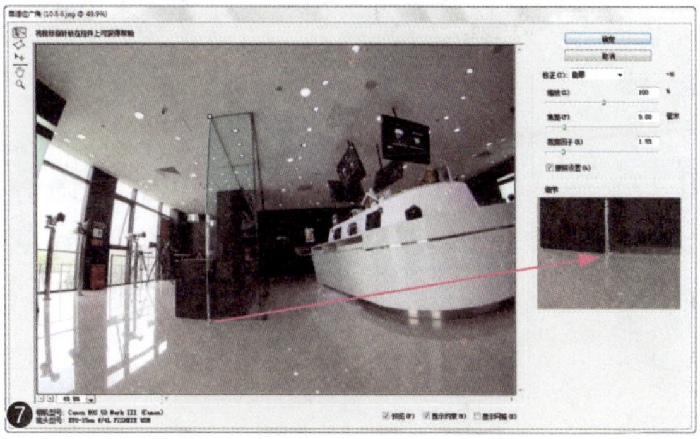

● 显示约束/显示网格：显示约束线和网格。

9.3.9 练习：制作大头照

校正镜头缺陷的工具也可以用来制作特效。例如，“镜头校正”的“晕影”选项可以消除暗角，也可以制作Lomo照片所特有的暗角效果；“自适应广角”滤镜可以校正画面中的弯曲，也可用于扭曲画面，制作夸张的变形效果。

01 打开素材。执行“滤镜>自适应广角”命令，打开“自适应广角”对话框❶。

02 在“校正”下拉列表中选择“透视”选项；拖曳“焦距”滑块扭曲图像，创建膨胀效果；拖曳“缩放”滑块，缩小图像的比例❷。单击“确定”按钮关闭对话框。“自适应广角”命令会将原来的“背景”图层转换为普通图层，在面板中显示为“图层0”，图像周围区域为透明像素。

❷

03 按住Ctrl键单击“图层”面板底部的按钮，在“图层0”下方创建图层，填充白色❸。透视变形对图像的像素产生拉伸，幅度大时会使图像有些模糊。单击“图层0”，执行“滤镜>锐化>USM锐化”命令，对图像进行适当锐化，以增加清晰度❹❺。

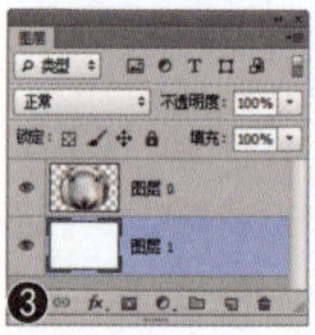

❸

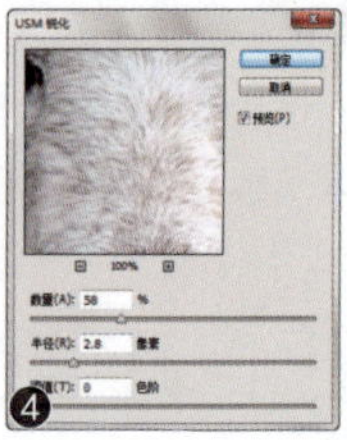

❹

❺

04 选择钢笔工具，在工具选项栏中选择“路径”选项。沿小羊的面部轮廓绘制路径❻。按下Ctrl+Enter键将路径转换为选区，单击按钮，基于选区创建图层蒙版，将头像以外的区域隐藏❼❽。

❻

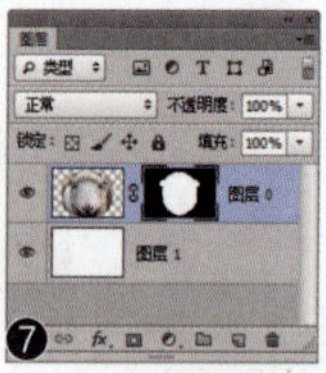

❼

❽

05 选择椭圆工具，在工具选项栏中选择“形状”选项。按住Shift键拖曳鼠标，创建一个圆形。按下Ctrl+[快捷键，将圆形移至小羊头像的下方❾❿。

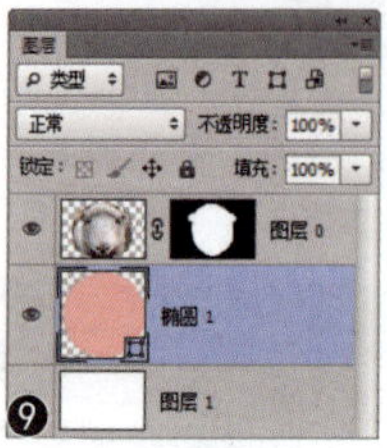

❾

❿

06 双击“图层0”，打开“图层样式”对话框，选择“描边”效果，给头像周围添加白边。用图形素材装饰在头像中心的位置⓫⓬。

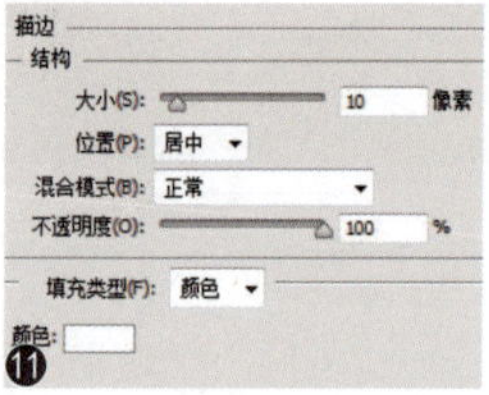

⓫

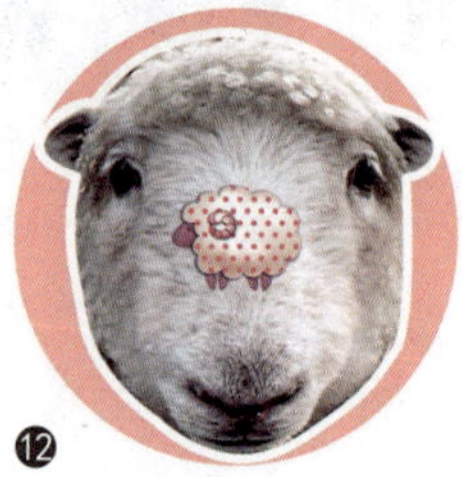

⓬

9.4 镜头特效的模拟方法

那些使用昂贵镜头和厂商独有技术所能呈现的镜头特效，可以用Photoshop的“镜头校正”“镜头模糊”“场景模糊”“光圈模糊”“移轴模糊”“自适应广角”等滤镜轻而易举地模拟出来。Photoshop“数码暗房”的称号绝对是实至名归的。

9.4.1 方法① ：控制景深

景深就是拍摄时对焦点前后清楚的范围。景深可以控制画面主体和背景环境的清晰度。扩大景深，可以使所有被摄体在画面上都清晰可见。缩小景深，则可以将背景和次要的内容虚化掉，仅表现清晰的主要对象。

“镜头模糊”滤镜可以用Alpha通道或图层蒙版的深度值来映射像素的位置，使图像中的一些区域在焦点内，另一些区域变模糊，从而创建景深效果。

要用好深度映射，需要了解蒙版和通道中的黑、白、灰的概念（146，204页）。以Alpha通道为例。我们知道，在通道中，白色代表的是选中的区域；黑色是未选中的区域；灰色是过渡区域（即羽化范围）❶❷。执行“滤镜>模糊>镜头模糊”命令，打开“镜头模糊”对话框，在“源”下拉列表中将Alpha选取，Photoshop会自动检测Alpha通道，对选中的区域——

通道中白色所对应的区域进行模糊处理，模糊效果在灰色区域开始衰减，到达黑色区域时完全消失❸。

照片素材

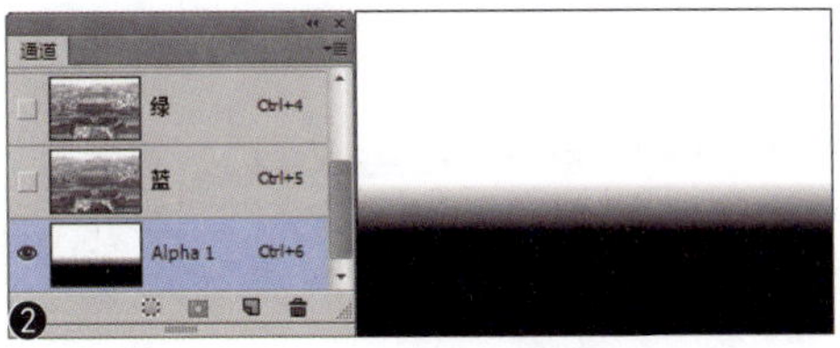

Alpha通道

使用Alpha通道映射像素的位置

我们也可以拖曳“模糊焦距”滑块来改变焦点（即清晰区域）。在进行操作时，最简便、最直观的方法是直接在预览图像上单击，不必通过“模糊焦距”选项。此时光标下方的透明度、蒙版和通道中的灰度代表的是清晰范围，Photoshop会以此为依据做出相应的调整。简而言之，我们想要让图像中哪一区域清晰，只需在那里单击一下鼠标就行了❹。

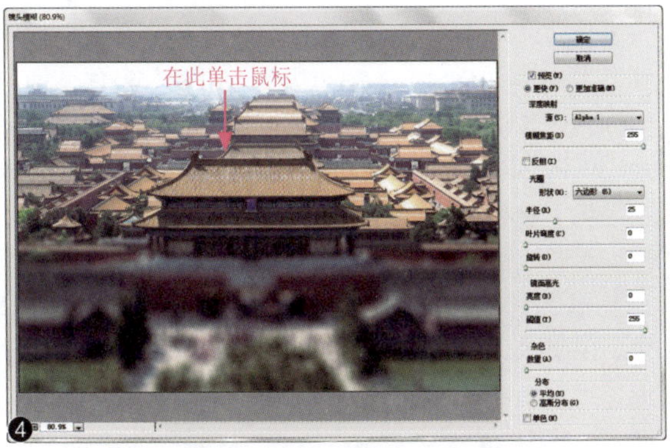

模糊强度由“光圈”选项组中的“半径”选项来控制❺。

提 示（Tips）

如果在“源”下拉列表中选择“无”选项，将对图像的所有区域应用相同程度的模糊。这种效果与对全部图像使用“USM”滤镜处理效果类似，此时也就不存在景深范围了。

“镜头模糊”滤镜选项

选项	说明
更快	可提高预览速度
更加准确	可查看图像的最终效果，但会增加预览时间
深度映射	在“源”下拉列表中可以选择使用 Alpha 通道和图层蒙版来创建深度映射。如果图像包含Alpha通道并选择了该项，则Alpha通道中的黑色区域被视为位于照片的前面，白色区域被视为位于远处的位置。“模糊焦距”选项用来设置位于焦点内像素的深度。如果勾选“反相”选项，可以反转蒙版和通道，然后再将其应用
光圈	用来设置模糊的显示方式。在“形状”下拉列表中可以设置光圈的形状。通过“半径”值可以调整模糊的数量，拖曳“叶片弯度”滑块可对光圈边缘进行平滑处理，拖曳“旋转”滑块则可旋转光圈
镜面高光	用来设置镜面高光的范围。“亮度”选项用来设置高光的亮度；“阈值”选项用来设置亮度截止点，比该截止点亮的所有像素都被视为镜面高光
杂色	拖曳“数量”滑块可以在图像中添加或减少杂色
分布	用来设置杂色的分布方式，包括“平均分布”和“高斯分布”
单色	在不影响颜色的情况下为图像添加杂色

9.4.2 方法②：模拟光斑

就像是“镜头校正”滤镜一样，“镜头模糊”滤镜也是一种半自动的滤镜。在手动模式下，我们可以调整参数，对画面进行统一的模糊，这种模糊方法虽然与其他模糊类滤镜一样，不会对画面做区分处理，但该滤镜的参数选项比较特殊，因而其模糊效果从专业的角度看远在同类滤镜之上。例如，它可以模拟大光圈镜头所生成的特有的漂亮光斑，还能控制光斑的形状和亮度，甚至能模拟出镜头缺陷所造成的瑕疵。

对于相机拍摄的照片，画面中的光斑形状是由相机镜头的光圈形状决定的。镜头的性能越好，光圈形状越圆。

在“镜头模糊”对话框的“光圈”选项组中❶，“形状”下拉列表中包含从三角形到八边形一共6种光圈（光斑）形状❷~❼。

三角形　　方形

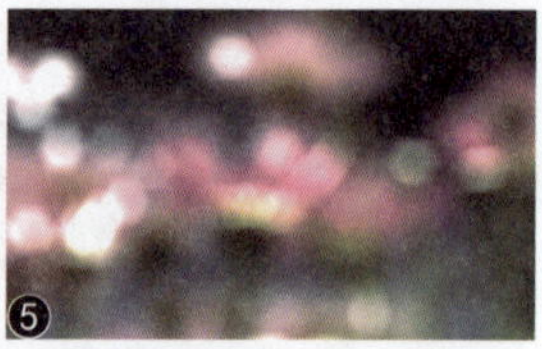

五边形　　六边形

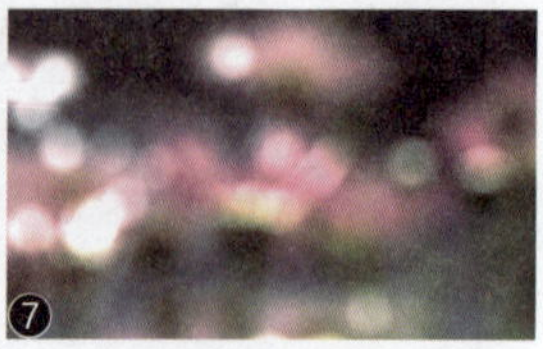

七边形　　八边形

选择好光圈形状后，可以通过“叶片弯度”选项对光圈边缘进行平滑处理。这两个参数越高，光圈越圆。“旋转”选项则主要用来控制非圆形光斑，如三角形、方形的角度，对圆形光圈意义不大，不过“镜头模糊”滤镜也很难模拟出完全意义上的圆形光圈，因此，我们可以利用这一选项来旋转光斑。

光斑的形成首先从画面中最亮的区域开始，前面几项参数调整得越高，光斑范围越大，同时，比高光明度稍低的区域渐次变为光斑。

在使用“镜头模糊”滤镜时，画面中最亮的区域会与其周围混合，造成高光区域变暗。我们可以通过“镜面高光”选项组中的“亮度”选项来增加高光强度，对高光区域进行补偿。将该参数调整到一定程度后，就会生成镜面高光，即金属、玻璃表面最亮的高光效果（纯白、无细节）❽。如果想要减小高光区域，可以向左侧拖曳“阈值”滑块❾，即减小阈值。“亮度”相当于汽车上的油门，“阈值”则相当于汽车的刹车。

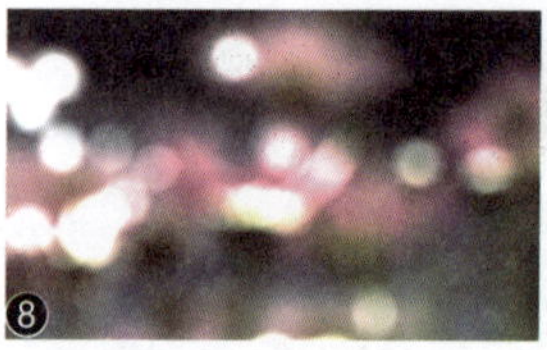

亮度70、阈值233　　亮度70、阈值240

9.4.3 方法③：模拟细节

“镜头模糊”滤镜在生成光斑和景深效果的同时，也会带来一些“副产品”，比如模糊区域的表面过于平滑。观察下面两图❶❷，可以看到，模糊区域与清晰区域的质感不一致，模糊效果不自然，人工痕迹非常明显。

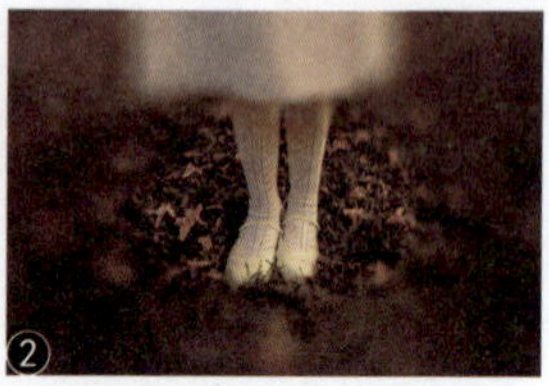

原图　　“镜头模糊”滤镜效果

模糊区域平滑是由于细节减少造成的。解决办法是通过添加杂点（细小的颗粒）来丰富表面、模拟细节。拖曳“杂色”选项组中的“数量”滑块，向被模糊的区域添加杂点，直到它与清晰区域的质感一致为止。Photoshop遵循两种方法分布杂点，可以通过“平均”❸和“高斯分布”❹选项在这两种方法间切换，看哪一种效果更好。

对于RGB、CMYK模式的图像，Photoshop会在杂点中掺杂颜色。如果颜色的出现对真实感造成了影响，可以选取“单色”选项，只使用黑白杂点。灰度模式不会出现这个问题。

杂色数量5（平均）

杂色数量5（高斯分布）

提 示（Tips）

在操作时，为了更加准确地进行观察，可以先在“镜头模糊”对话框的左下角选项框中将视图比例调整为100%，之后按住Ctrl键拖动鼠标，将画面移动到能够很好地观察模糊和清晰区域的位置。

9.4.4 方法④：用“镜头模糊”滤镜制作景深

下面使用“镜头模糊”滤镜处理普通照片，模拟出需要用专业的单反相机才能拍出的景深效果。

01 按下Ctrl+O快捷键，打开素材❶。使用快速选择工具选中小朋友❷。

02 单击工具选项栏中的“调整边缘”按钮，打开“调整边缘”对话框，对选区进行羽化❸，然后关闭对话框。单击“通道”面板中的按钮，将选区保存到通道中❹。按下Ctrl+D快捷键取消选择。

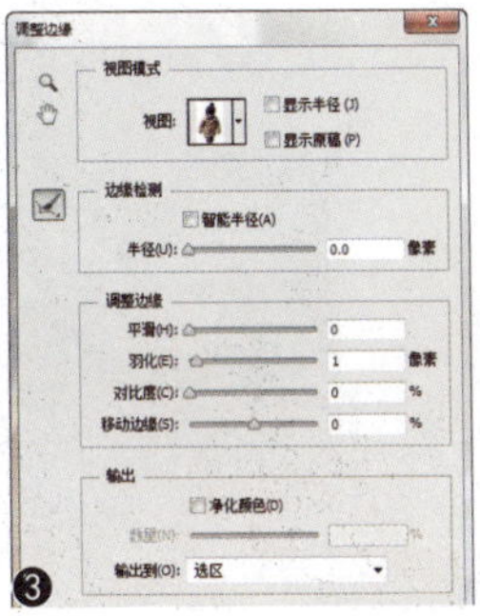

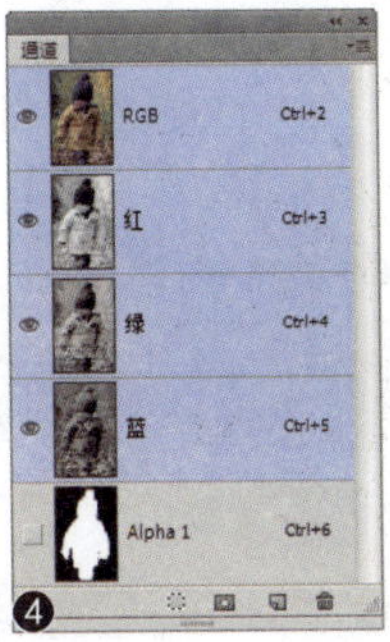

03 执行“滤镜>模糊>镜头模糊”命令，打开“镜头模糊”对话框。在“源”下拉列表中选择“Alpha1”通道，勾选“反相”选项，用通道限定模糊范围，使背景变得模糊；在“光圈”选项组的“形状”下拉列表中选择“八边形（8）”，然后调整“亮度”和“阈值”，生成漂亮的八边形光斑❺。

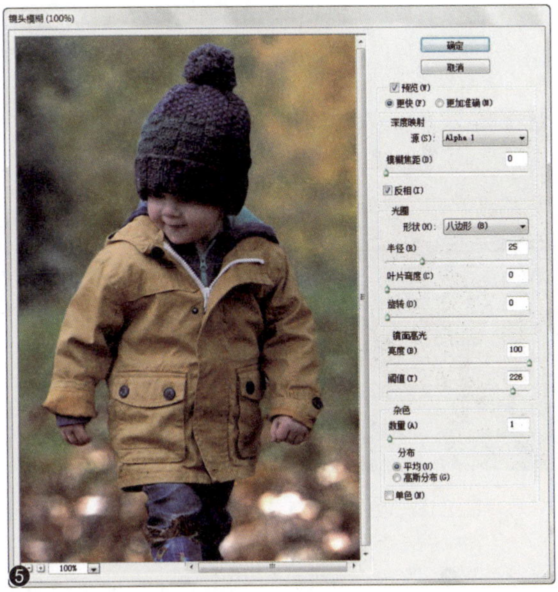

9.4.5 实战技巧：预览技巧

如果照片的尺寸较大、分辨率较高，在使用“镜头模糊”滤镜进行编辑时，最好选择“预览”选项组中的“更快”选项，这样可以在最短的时间内看到编辑效果，以便对参数做出针对性的调整。

“更加准确”选项虽然更接近于最终的处理结果，但是预览效果的刷新速度较慢（我们可以在窗口左下角缩放文本框的右侧观察Photoshop的工作进度，在进行复杂的计算时，会显示蓝色的进度条）。此外，关闭“预览”选项可以看到原始图像。我们可以通过切换“预览”开关，对原始图像和编辑效果进行观察对比。

9.4.6 方法⑤：用“场景模糊”滤镜表现虚实

“场景模糊”滤镜可以通过一个或多个图钉对照片场景中不同的区域应用模糊。

01 打开素材❶。执行“滤镜>模糊>场景模糊”命令，图像中央会出现一个图钉❷。

02 将光标放在图钉上，单击并将它移动到小女孩的面部，然后在窗口右侧的“模糊工具”面板中将“模糊”参数设置为0像素❸。

03 在工具选项栏中取消对“预览”选项的选取，避免图像刷新而影响速度。在小女孩的四周添加图钉并调整参数❹。如果有需要删除的图钉，可以在其上方单击并按下Delete键。单击“确定”按钮应用滤镜效果。

04 执行“滤镜>镜头校正”命令，打开“镜头校正”对话框，单击“自定”选项卡，向左拖曳“晕影”选项组的“数量”滑块，将边角调暗❺。

05 单击“调整”面板中的⚖按钮，创建“色彩平衡”调整图层，在“中间调”和“高光”中增加黄色❻❼，在“阴影”中增加蓝色❽❾。

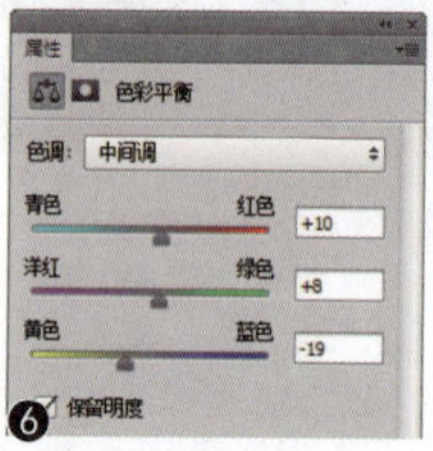

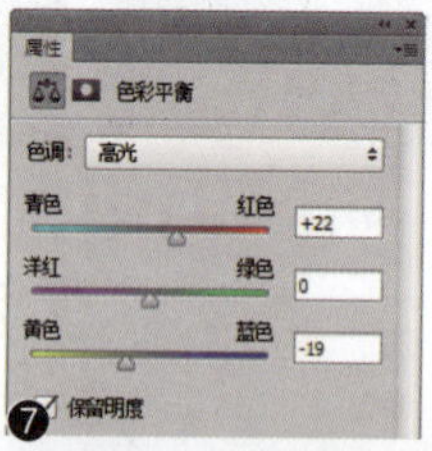

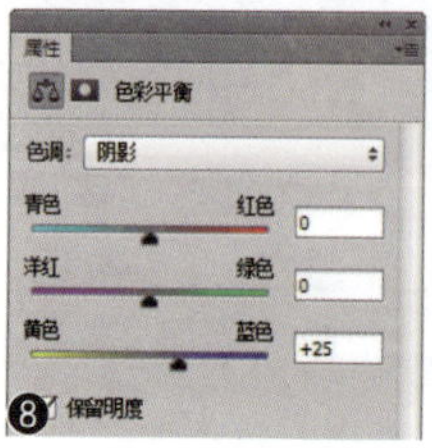

06 单击“调整”面板中的曲线按钮，创建“曲线”调整图层，将图像调亮❿⓫。

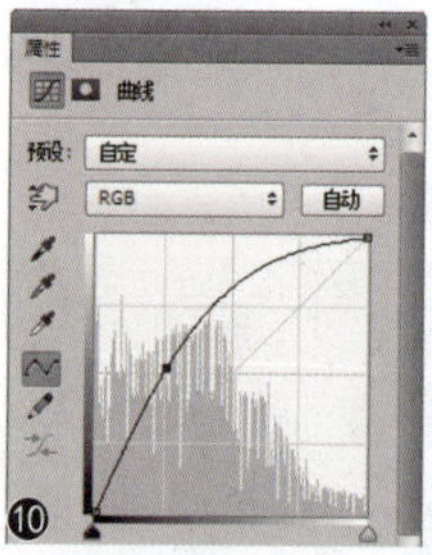

07 使用画笔工具在女孩周围涂抹黑色，恢复这部分图像的亮度⓬。单击“调整”面板中的▽按钮，创建“自然饱和度”调整图层，增加图像中色彩的含量⓭⓮。

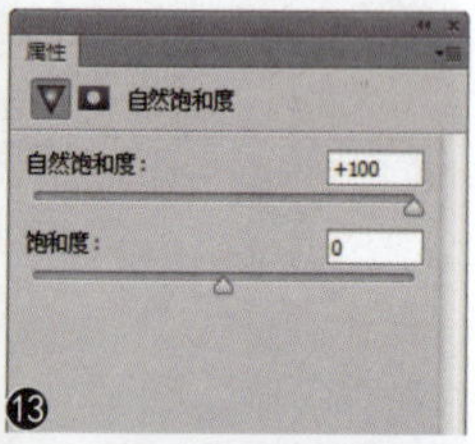

提 示（Tips）

使用“场景模糊”“光圈模糊”滤镜时，如果处理速度变慢，可以在工具选项栏中取消对“预览”选项的勾选，这样能加快操作速度。在添加完图钉后，再勾选“预览”选项查看效果。

“场景模糊”滤镜选项

- **模糊：** 用来设置模糊强度。
- **光源散景：** 调亮照片中焦点以外的区域或模糊区域。
- **散景颜色：** 将更鲜亮的颜色添加到尚未加亮为白色的区域。该值越高，散景色彩的饱和度越高。
- **光照范围：** 用来确定当前设置影响的色调范围。

9.4.7 方法⑥：用“光圈模糊”滤镜制作柔光照

“光圈模糊”滤镜可以对照片应用模糊，并创建一个椭圆形的焦点范围。它能够模拟柔焦镜头拍出的梦幻、朦胧的画面效果。

01 打开素材，按下Ctrl+J快捷键，复制“背景”图层❶。执行“滤镜>模糊>光圈模糊”命令，显示相应的选项。先来定位焦点，将光标放在图钉上，单击并将其拖曳到离视线最近、最大的郁金香上❷。

❶

❷

02 在“模糊工具”面板中调整模糊参数❸，拖曳外侧的光圈，调整羽化范围❹；拖曳内侧的光圈，可调整清晰范围，单击“确定”按钮应用滤镜效果。

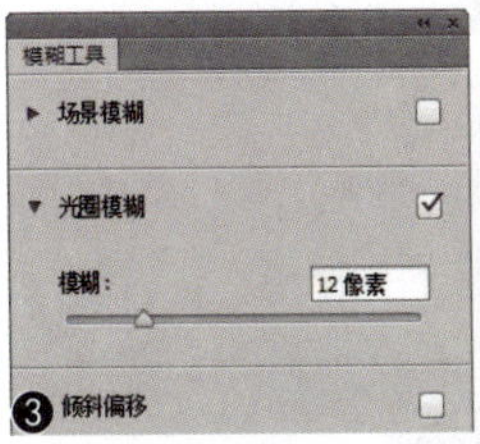

❸

❹

03 单击“图层”面板底部的按钮，创建蒙版。使用画笔工具在郁金香花茎上涂抹黑色❺❻，以使其隐藏，显示出“背景”图像中清晰的花茎。

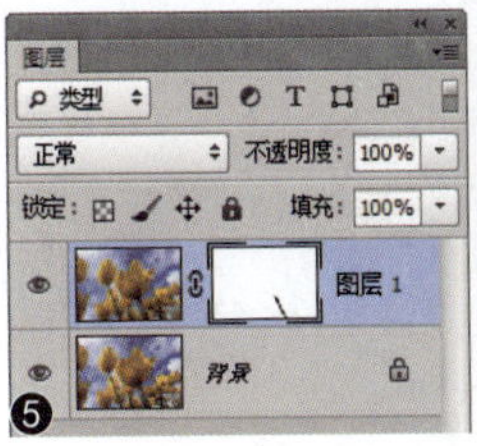

❺

❻

04 单击“调整”面板中的按钮，创建“可选颜色”调整图层，在“颜色”下拉列表中分别选择“黄色”和“蓝色”选项进行调整❼~❾。

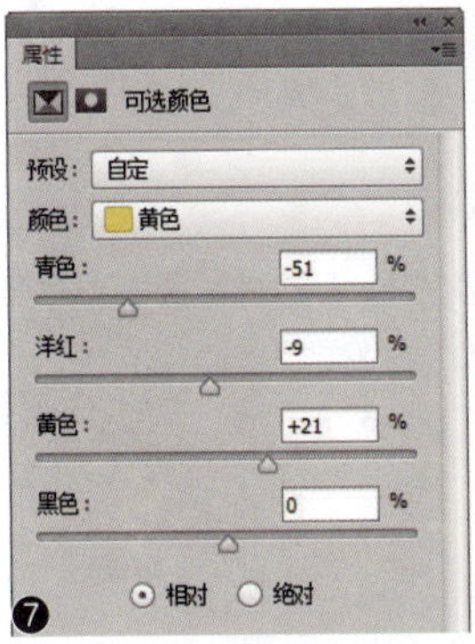

❼

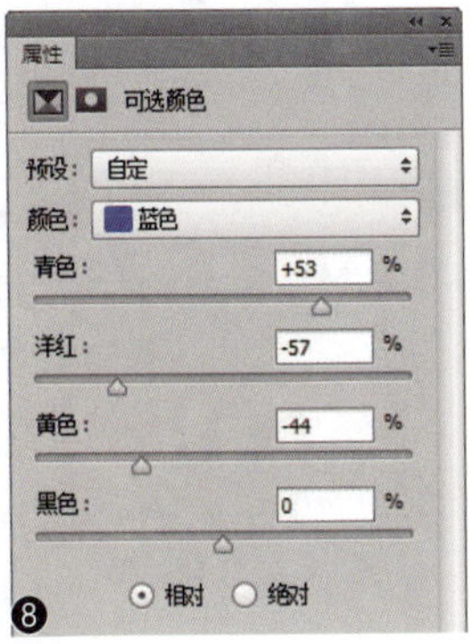

❽

❾

05 单击“调整”面板中的按钮，创建“亮度/对比度”调整图层，使画面色调更加明亮❿⓫。

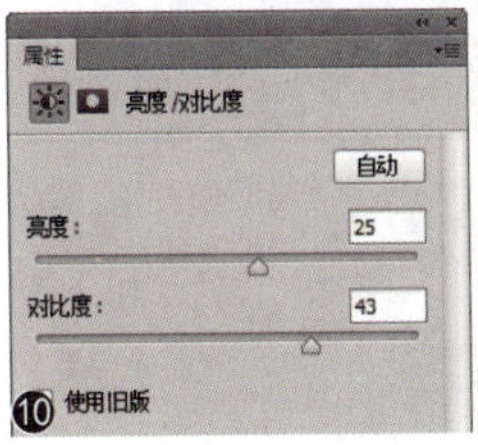

❿

⓫

06 按下Alt+Shift+Ctrl+E快捷键盖印图层⓬。执行“滤镜>渲染>镜头光晕”命令，打开“镜头光晕”对话框，在画面的左上角单击鼠标，定位光晕中心并调整参数⓭，关闭对话框。按下Ctrl+F快捷键再次应用该滤镜，强化光晕效果⓮。

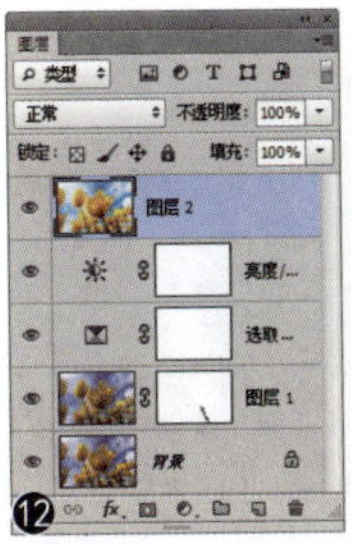

⓬

⓭

14

9.4.8 方法⑦：模拟移轴摄影

移轴摄影是一种利用移轴镜头拍摄的作品，照片中的景物就像是缩微模型一样，非常特别。“移轴模糊”滤镜能够模拟这种特效。

01 打开素材❶。执行“滤镜>模糊>移轴模糊”命令，显示相应的选项。

02 单击并向下拖曳图钉，定位图像中最清晰的点❷。直线范围内是清晰区域，直线到虚线间是由清晰到模糊的过渡区域，虚线外是模糊区域。向上拖曳虚线，增加建筑物的虚实过渡范围；向下拖曳实线，使已经模糊的道路变得清晰❸❹。

❶

❷

❸

❹

03 调整模糊参数❺。按下Enter键确认❻。单击“调整”面板中的▽按钮，创建“自然饱和度”调整图层，增强色彩感❼❽。

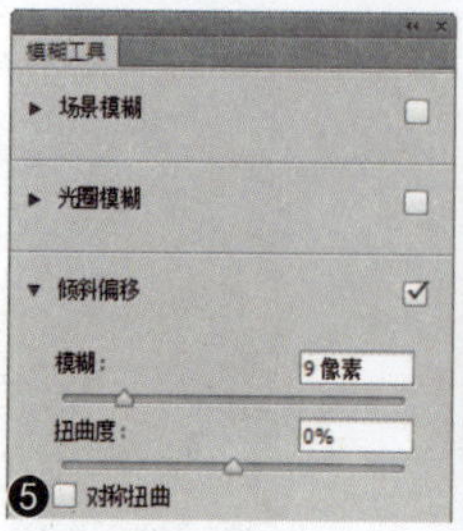

❺

❻

❼

❽

“移轴模糊”滤镜选项

- **模糊：** 用来设置模糊强度。
- **扭曲度：** 用来控制模糊扭曲的形状。
- **对称扭曲：** 勾选该项后，可以从两个方向应用扭曲。

9.4.9 方法⑧：模拟伸缩镜头爆炸效果

伸缩镜头可以在按下快门的瞬间急速变焦，使画面呈现爆炸状放射效果。

01 打开素材❶。按下Ctrl+J快捷键复制“背景”图层❷。

❶

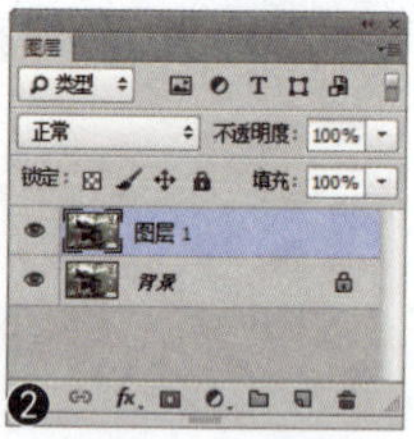

❷

02 执行“滤镜>模糊>径向模糊”命令，打开“径向模糊”对话框，选择“缩放”选项，设置“数量”为30，以画面中心为基准进行径向缩放❸❹。

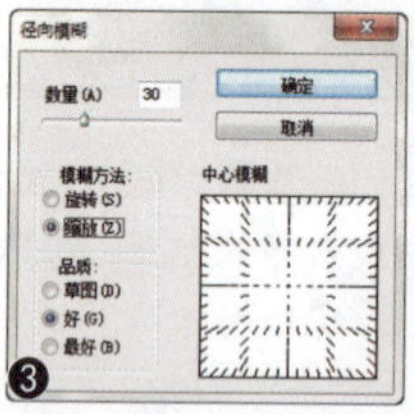

❸

❹

03 单击“图层”面板底部的◻按钮，添加蒙版。使用画笔工具在亭子内部涂抹黑色，通过蒙版的遮盖显示下方图层中的清晰图像❺❻。

❺

❻

9.4.10 方法⑨：绘制漂亮光斑

大光圈镜头可以拍摄出完美的背景虚化效果，及梦幻般漂亮的光斑。在前面，我们介绍过怎样使用“镜头模糊”滤镜制作光斑。Photoshop所模拟出的光斑与真实拍摄效果非常接近。但二者都不完美，首先光斑很难都成为真正的圆形，如照片边缘的光斑多为半圆形（镜头“口径蚀”对成像产生影响）；其次光斑的颜色、亮度无法调节；最关键的是，光斑的生成位置我们是没有办法控制的。

下面我们来学习一种方法——用画笔工具绘制光斑。掌握了这种方法，以后不需要昂贵的大光圈镜头，也能创作出具有美丽光斑的时尚照片。

01 打开素材❶，选择画笔工具，在工具选项栏中设置混合模式为“叠加”，不透明度为70%。按下F5快捷键打开“画笔”面板，设置大小为100像素，硬度为90%❷。

❶

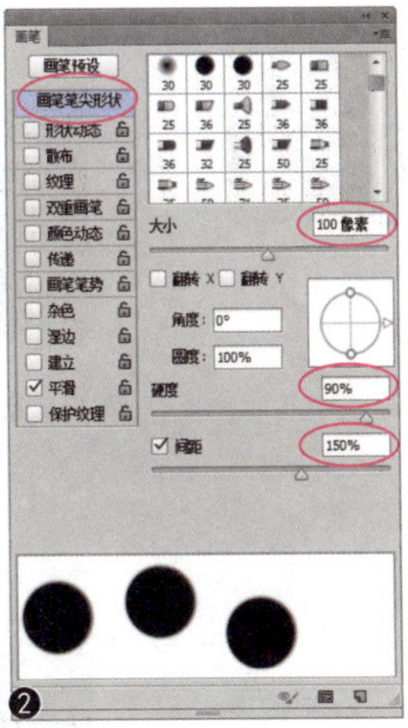
❷

02 选取“散布”选项并设置参数，让笔触呈现不均匀分布❸，以便光斑自然分散。选取“颜色动态”选项，将“前景/背景抖动”参数设置为100%，“饱和度抖动”参数为30%❹，使笔触的颜色出现变化。

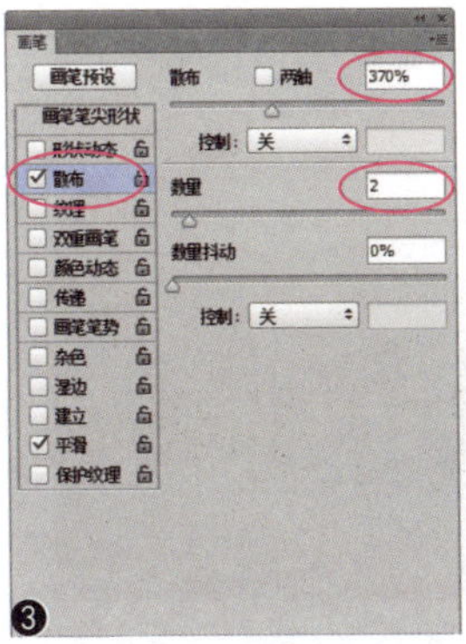
❸

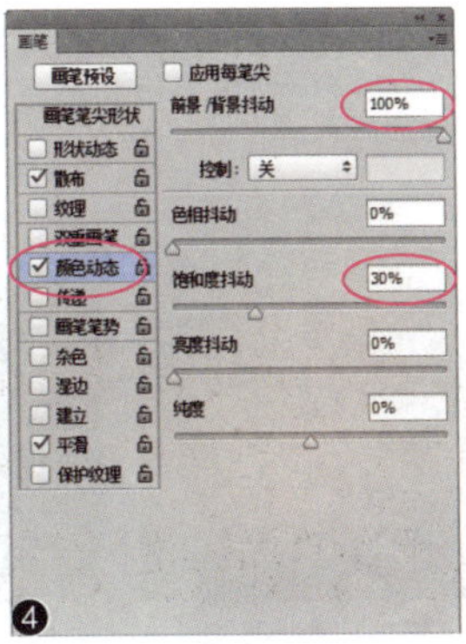
❹

03 在“色板”面板中拾取“纯红橙”作为前景色，“深黑红”作为背景色❺。单击“图层”面板底部的按钮新建图层，设置混合模式为“滤色”❻。

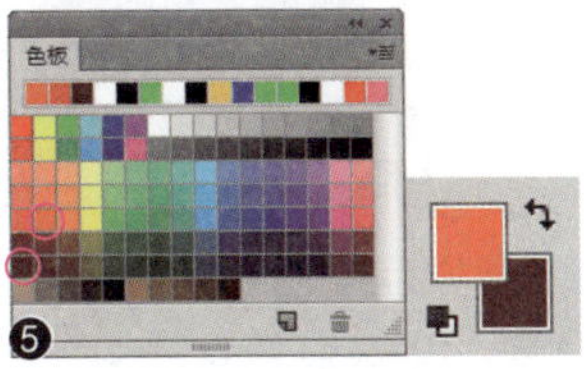
❺

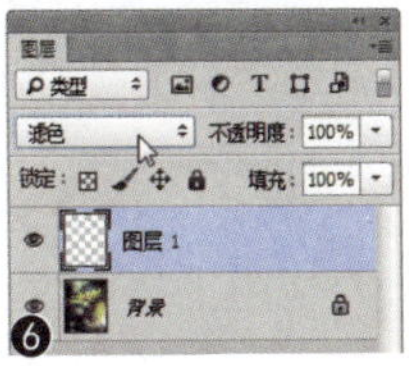
❻

04 用画笔工具绘制光斑。操作时可按住鼠标拖动，或采取单击的方式❼。新建图层。将笔尖大小设置为70像素，调整前景色和背景色分别为绿色系或粉色系，绘制出色彩更加丰富的光斑❽。

❼

❽

9.4.11 方法⑩：制作迷人炫光

摄影是光的艺术，但是在实际拍摄过程中，并不是每张照片都恰好能与光相遇，有一个满意的光源场景。在照片后期处理时，可以运用Photoshop的“镜头光晕”“光照效果”滤镜为照片“补光”，使照片更加生动。

01 打开素材❶。按住Alt键单击“图层”面板底部的按钮，打开“新建图层”对话框，在“模式”下拉列表中选择“强光”选项，勾选“填充强光中性色”选项❷，创建一个中性灰图层❸。

❶

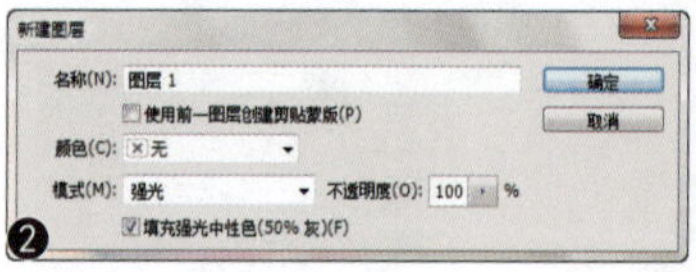
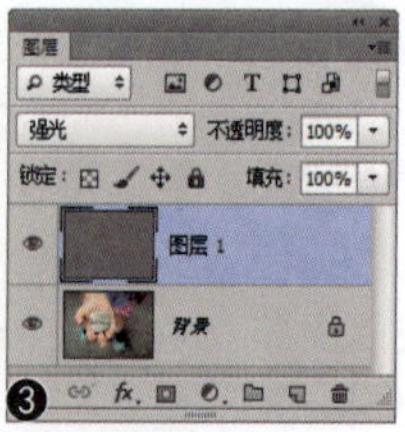

02 执行“图层>智能对象>转换为智能对象”命令，将图层转换为智能对象❹，这是为了方便修改光晕的位置。即然要“补光”，那么光补在画面哪个位置最适合呢？执行“滤镜>渲染>镜头光晕”命令，将光晕中心定位于画面的左上角，设置亮度为133%❺，单击“确定”按钮，看一下画面效果❻❼。

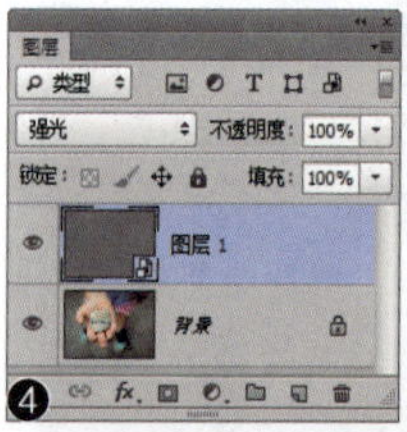

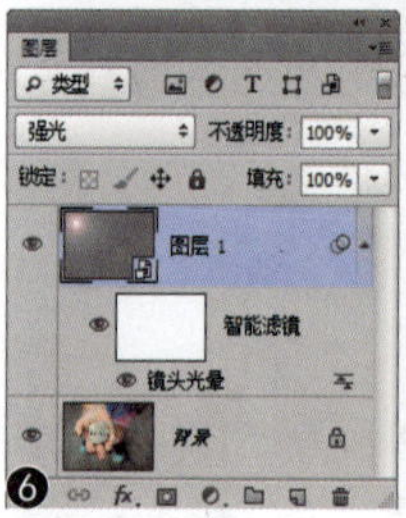

03 如果光能照射在画面主体上，效果应该更好。再来调整一下，双击“镜头光晕”智能滤镜层❽，打开“镜头光晕”对话框，将光晕中心位置向下调整❾❿。

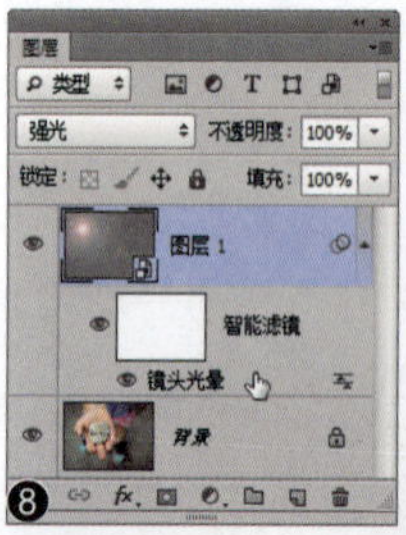

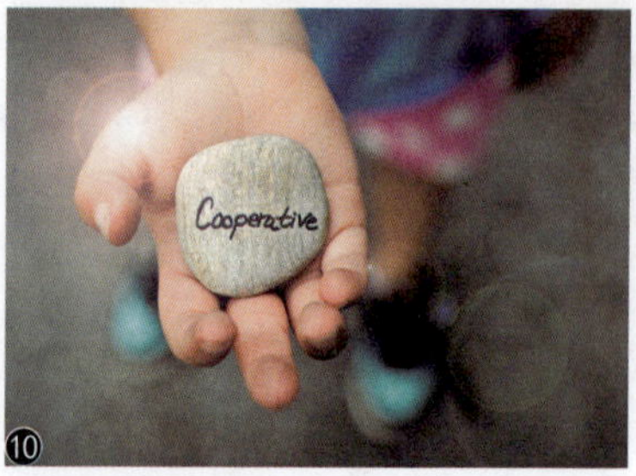

9.4.12 方法⑪：摇摄动感画面效果

摇摄是指设置好相机的参数后，选择被摄体将要经过的某一位置，在其到达前的瞬间，摇动相机追随被摄对象，被摄体通过时进行拍摄。通过这种方法拍出的照片有清晰的主体形象，而背景呈现流动感。

01 打开素材文件❶。按下Ctrl+J快捷键，复制“背景”图层❷。

02 执行“滤镜>模糊>动感模糊”命令，在打开的对话框中设置参数❸❹。

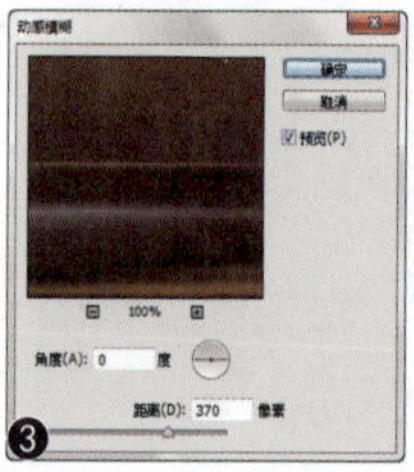
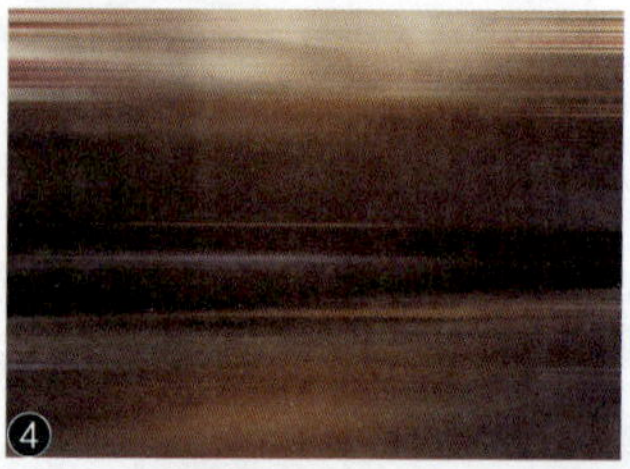

03 单击“图层”面板底部的按钮，添加蒙版，使用画笔工具在汽车上涂抹黑色，隐藏当前图层中的汽车，显示出底层清晰的图像❺❻。

04 在对图像进行模糊后，画面上方边角区域出现了条纹❼，非常不自然。选择模糊工具，在工具选项栏中设置画笔大小和强度，单击“图层1”的图像缩览图，使用模糊工具进行涂抹，将条纹去除❽。

9.4.13 小范围模糊的处理方法

如果要进行小范围、局部的模糊，可以使用模糊工具来操作。该工具可以柔化图像，减少细节。选择该工具后，在图像中单击并拖曳鼠标即可进行处理。例如，使用模糊工具处理背景使其变虚，可以增强景深效果❶❷。

模糊工具的选项栏中包含笔尖、“模式”“强度”等选项❸。

- **画笔：** 可以选择一个笔尖，模糊或锐化区域的大小取决于画笔的大小。单击按钮，可以打开“画笔”面板。
- **模式：** 用来设置涂抹效果的混合模式。
- **强度：** 用来设置工具的修改强度。
- **对所有图层取样：** 如果文档中包含多个图层，勾选该选项，表示使用所有可见图层中的数据进行处理；取消勾选，则只处理当前图层中的数据。
- **保护细节：** 勾选该选项，可以增强细节，弱化不自然感。如果要产生更夸张的锐化效果，应取消选择此选项。

❶ 原图

❷ 用模糊工具处理

9.5 照片修饰

Photoshop的照片修饰工具分为两类，一类是红眼工具，专门用于修复照片的红眼缺陷；另一类是修复画笔工具、污点修复画笔工具、修补工具、仿制图章工具，它们其实是图像复制工具，即用拷贝的图像去覆盖有瑕疵的图像，从而完成修复。

9.5.1 “仿制源”面板

使用仿制图章工具和修复画笔工具时，可以通过“仿制源”面板设置不同的样本源、显示样本源的叠加效果，并可进行旋转和缩放，以帮助我们在特定位置复制，以及更好地匹配图像的大小和方向。

打开图像❶，执行“窗口>仿制源”命令，打开“仿制源”面板❷。

❶

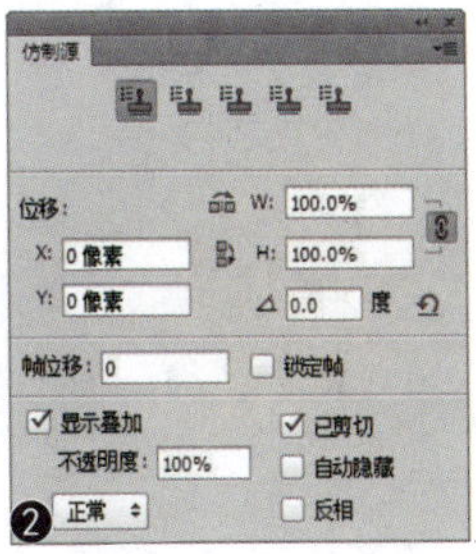

❷

- **仿制源：** 单击仿制源按钮后❸，使用仿制图章工具或修复画笔工具时，按住Alt键在画面中单击，可以设置取样点❹；再单击下一个按钮，还可以继续取样，采用同样的方法最多可以设置5个不同的取样源。“仿制源”面板会存储样本源，直到关闭文档。

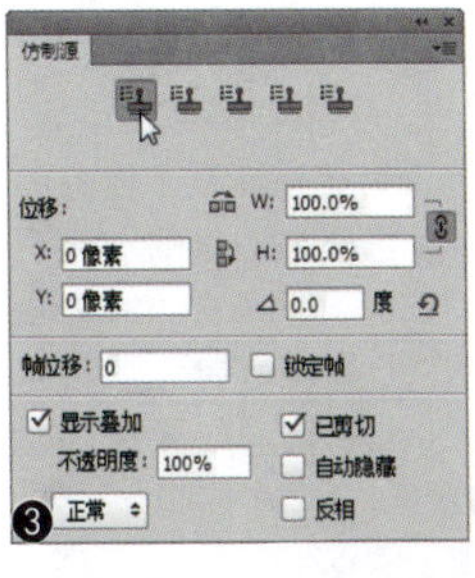

❸

❹

- **位移：** 如果想要在相对于取样点的特定位置进行绘制，可以指定X和Y像素位移值。
- **缩放：** 输入W（宽度）和H（高度）值，可以缩放所仿制的源图像❺❻。默认情况下会约束比例。如果要单独调整尺寸或恢复约束选项，可以单击保持长宽比按钮。

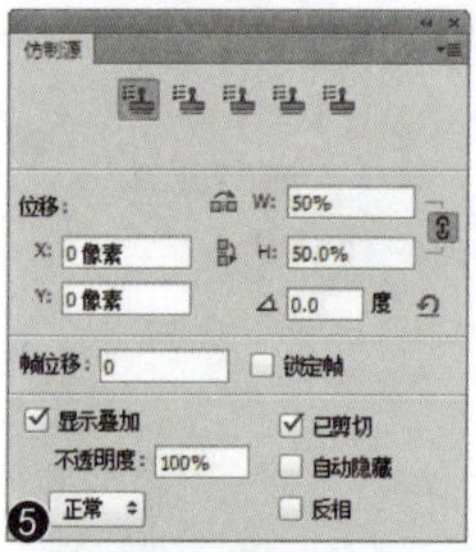

❺

❻

● 旋转：在文本框中输入旋转角度，可以旋转仿制的源图像❼❽。

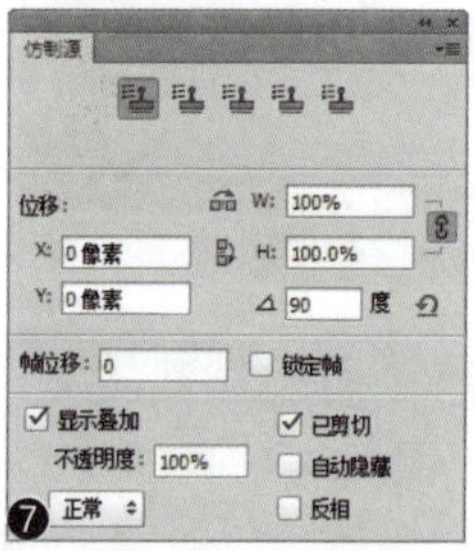

❼

❽

● 翻转：单击按钮，可以进行水平翻转❾；单击按钮，可垂直翻转❿。

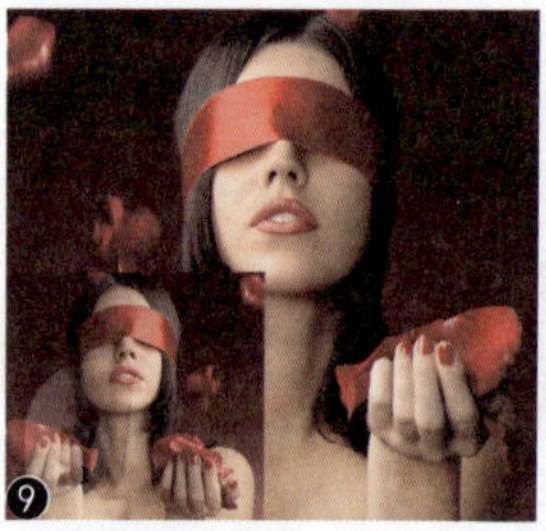

❾

❿

● 重置转换：单击该按钮，可以将样本源复位到其初始的大小和方向。

● 帧位移/锁定帧：在“帧位移”中输入帧数，可以使用与初始取样的帧相关的特定帧进行绘制。输入正值时，要使用的帧在初始取样的帧之后；输入负值时，要使用的帧在初始取样的帧之前；如果选择“锁定帧”选项，则总是使用初始取样的相同帧进行绘制。

● 显示叠加：选择“显示叠加”并指定叠加选项，可以在使用仿制图章或修复画笔时更好地查看叠加以及下面的图像。其中，“不透明度”选项用来设置叠加图像的不透明度；选择“自动隐藏”选项，可以在应用绘画描边时隐藏叠加；选择“已剪切”选项，可以将叠加剪切到画笔大小；如果要设置叠加的外观，可以从“仿制源”面板底部的弹出菜单中选择一种混合模式⓫⓬；勾选“反相”复选项，可以反相叠加中的颜色⓭⓮。

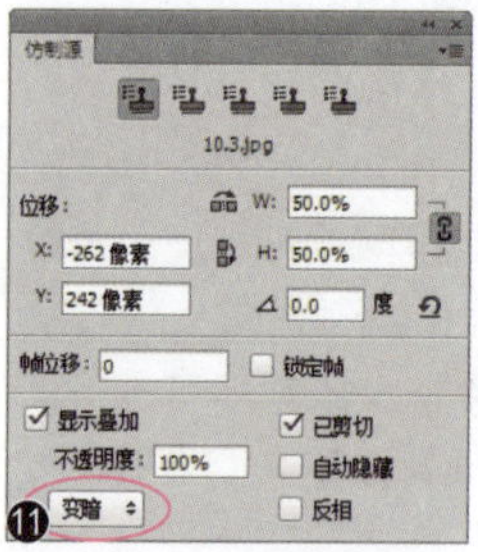

⓫

⓬

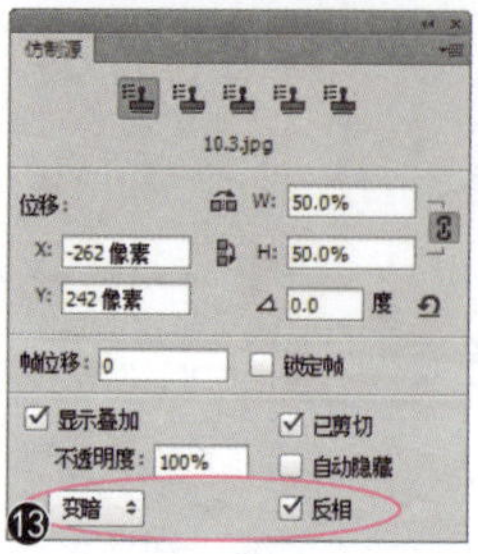

⓭

⓮

9.5.2 练习：用仿制图章复制图像

仿制图章工具可以从图像中复制信息，将其应用到其他区域或者其他图像中。该工具常用于复制图像内容或去除照片中的缺陷。

01 打开素材❶。按下Ctrl+J快捷键，复制“背景”图层❷。

❶

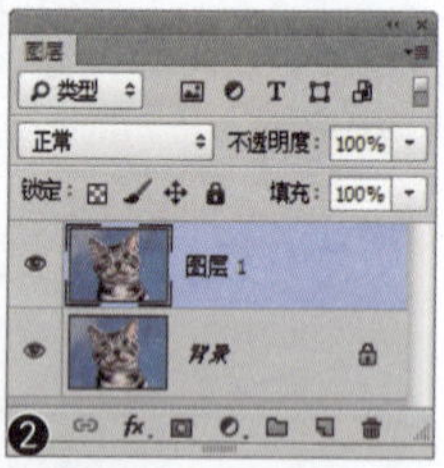

❷

02 选择仿制图章工具，在工具选项栏中设置笔尖为柔角30像素，勾选“对齐”选项❸。将光标放在猫咪的下眼线处❹，按住Alt键单击进行取样，然后放开Alt键在眼睛上方涂抹❺，复制出眼睛的完整图像❻。用同样的方法复制出右侧眼睛，将Logo素材装饰在图像左下角❼。

❸

❹

❺

仿制图章工具选项栏

仿制图章的工具选项栏中，除“对齐”和“样本”外，其他选项均与画笔工具相同❽。

- 对齐：勾选该项，可以连续对像素进行取样；取消选择，则每单击一次鼠标，都使用初始取样点中的样本像素，因此，每次单击都被视为是另一次复制。
- 样本：如果要从当前图层及其下方的可见图层中取样，可以选择“当前和下方图层”选项；如果仅从当前图层中取样，可以选择“当前图层”选项；如果要从所有可见图层中取样，可以选择“所有图层”选项；如果要从调整图层以外的所有可见图层中取样，可以选择“所有图层”选项，然后单击选项右侧的忽略调整图层按钮。
- 切换仿制源面板：单击该按钮，可以打开“仿制源”面板。
- 切换画笔面板：单击该按钮，可以打开“画笔”面板。

9.5.3 练习：用修复画笔去除皱纹

修复画笔工具与仿制图章工具类似，它也利用图像或图案中的样本像素来绘画，但该工具可以从被修饰区域的周围取样，并将样本的纹理、光照、透明度和阴影等与所修复的像素匹配，图像的融合效果非常好。

01 打开素材。选择修复画笔工具，在工具选项栏中选择一个柔角笔尖，在“模式”下拉列表中选择“替换”选项，将“源”设置为“取样”❶。

02 将光标放在眼角附近没有皱纹的皮肤上，按住Alt 键单击鼠标进行取样❷；放开Alt 键，在皱纹处涂抹进行修复❸。

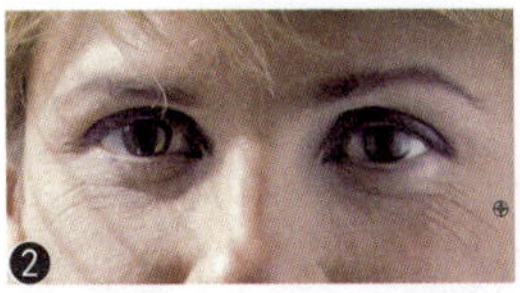

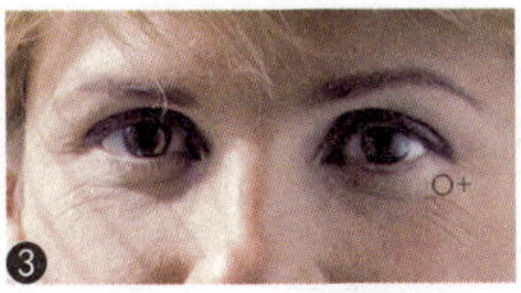

03 继续修复眼角的皱纹❹❺。在修复的过程中可根据需要按下 [键和] 键调整笔尖的大小。

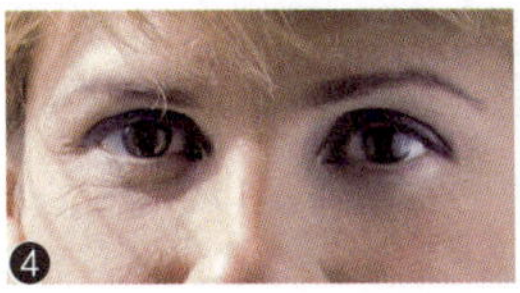

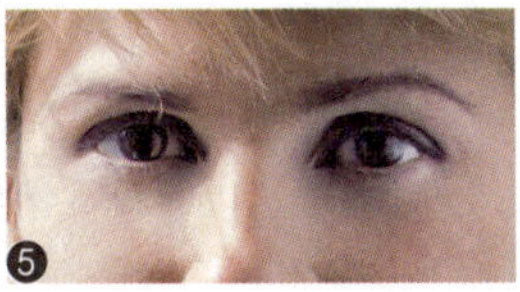

04 用同样的方法修复嘴角的法令纹，将百叶窗投射在面部的阴影也去掉。将皱纹消除后，人物焕发出青春的光彩❻。

修复画笔工具选项栏

在修复画笔工具的选项栏中，可以选择修复模式，以及是用取样的图像还是图案进行修复❼。

- 模式：在下拉列表中可以设置修复图像时的混合模式。“替换”模式可以保留画笔描边的边缘处的杂色、胶片颗粒和纹理，使修复效果更加真实❽。除该模式和“正常”模式，其他的会借助于混合模式混合图像❾。

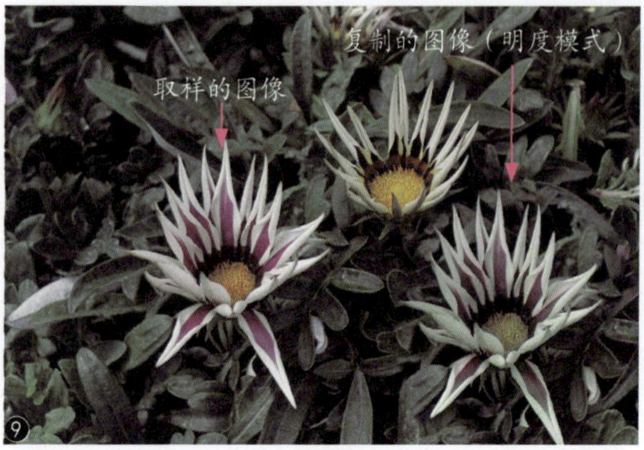

● 源：设置用于修复的像素的来源。选择“取样”选项，可以直接从图像上取样；选择“图案”选项，则可在图案下拉列表中选择一个图案作为取样来源❿，效果类似于使用图案图章绘制图案（134 页）⓫。

● 对齐：勾选该项，可以对像素进行连续取样，在修复过程中，取样点随修复位置的移动而变化；取消勾选，则在修复过程中始终以一个取样点为起始点。

● 样本：如果要从当前图层及其下方的可见图层中取样，可以选择“当前和下方图层”选项；如果仅从当前图层中取样，可以选择“当前图层”选项；如果要从所有可见图层中取样，可以选择“所有图层”选项；如果要从调整图层以外的所有可见图层中取样，可以选择“所有图层”选项，然后单击工具选项栏右侧按钮。

9.5.4 实战技巧：光标观察技巧

仿制图章工具和修复画笔工具都需要先从图像上复制信息，之后才能应用到其他区域。

使用这两个工具时，按住Alt键在图像中单击进行取样后❶，将光标移动到其他位置，画面中会出现一个圆形光标和一个十字形光标，圆形光标是我们正在涂抹的区域（圆形是画笔范围），该区域的内容是从十字形光标所在位置的图像上复制的❷。

在操作时，两个光标始终保持相同的距离，我们只要观察十字形光标位置的图像，便知道将要涂抹出哪些图像了❸。

9.5.5 练习：用污点修复画笔去除色斑

污点修复画笔工具与修复画笔工具的工作方式相同，也是使用图像或图案中的样本像素进行绘画，并将样本像素的纹理、光照、透明度和阴影与所修复的像素相匹配。但不需要事先复制图像，因此，使用起来更加简单，它可以快速去除照片中的污点、划痕和其他不理想的部分。

01 打开素材❶。选择污点修复画笔工具，在工具选项栏中选择一个柔角笔尖，将“类型”设置为“内容识别”❷。

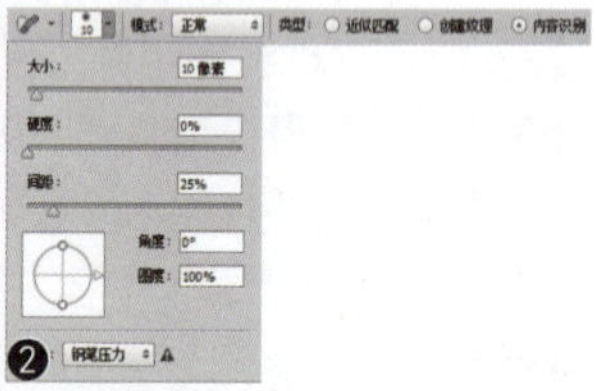

02 将光标放在眼睛下方的斑点处❸，按住鼠标按键涂抹，可将斑点清除❹。采用相同的方法修复额头和下巴的斑点❺。

污点修复画笔工具选项栏

在污点修复画笔工具的选项栏中可以选择修复类型❻。

- **模式**：用来设置修复图像时使用的混合模式。“替换”模式可以保留画笔描边的边缘处的杂色、胶片颗粒和纹理。
- **类型**：用来设置修复方法。选择“近似匹配”选项，可以使用选区边缘周围的像素来查找要用作选定区域修补的图像区域❼❽，如果该选项的修复效果不能令人满意，可以还原修复并尝试使用“创建纹理”操作；选择“创建纹理”选项，可以使用选区中的所有像素创建一个用于修复该区域的纹理❾，如果纹理不起作用，可尝试再次拖过该区域；选择“内容识别”选项，会比较附近的图像内容，不留痕迹地填充选区，同时保留让图像栩栩如生的关键细节（如阴影和对象边缘）❿。

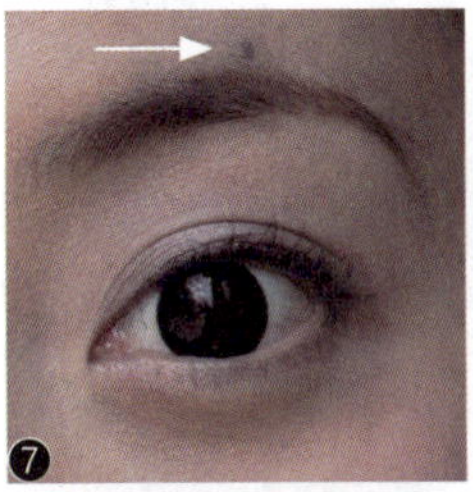
原图（眼眉上方有痦子）

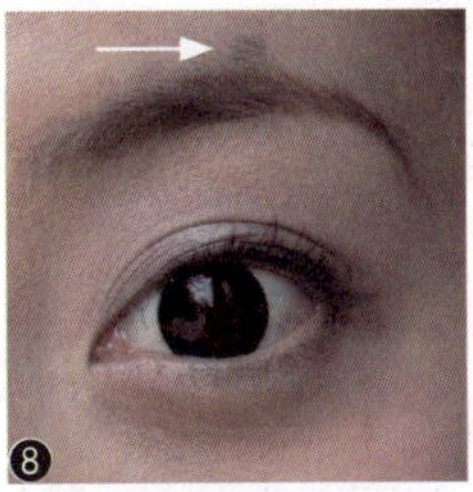
近似匹配

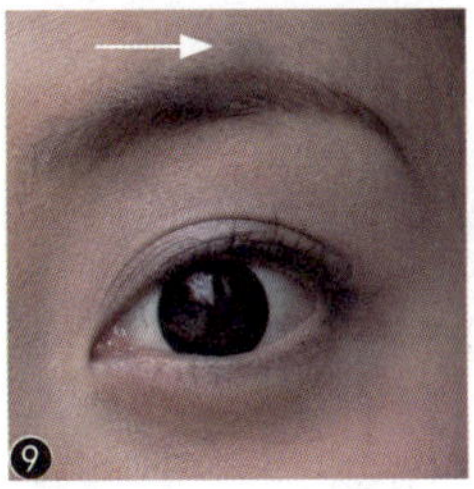
创建纹理

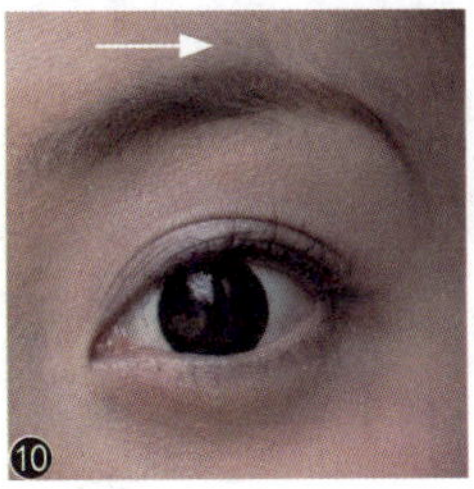
内容识别（效果最好）

- **对所有图层取样**：如果当前文档中包含多个图层，勾选该项后，可以从所有可见图层中对数据进行取样；取消勾选，则只从当前图层中取样。

9.5.6 练习：用修补工具修复破洞的牛仔裤

修补工具与修复画笔工具类似，也使用图像或图案来修复选中的区域，并将样本像素的纹理、光照和阴影与源像素进行匹配。该工具的特别之处是需要用选区来定位修补范围。此外，用矩形选框工具、魔棒工具或套索等工具等创建选区后，可以用修补工具拖曳选中的图像，进行修补。

01 打开素材❶。图片中的牛仔裤经过破洞、毛边处理，成为现在流行的款式。在这个实例中，我们要用选择修补工具来还原出它未经“破坏”时的样子。

02 选择修补工具，在工具选项栏中将“修补”设置为“源”，在画面中单击并拖曳鼠标创建选区，将残破区域选取❷。将光标放在选区内，单击并向左侧拖曳鼠标复制图像❸，放开鼠标后，可以看到选区内的图像已被修补好了❹，按下Ctrl+D快捷键取消选择。

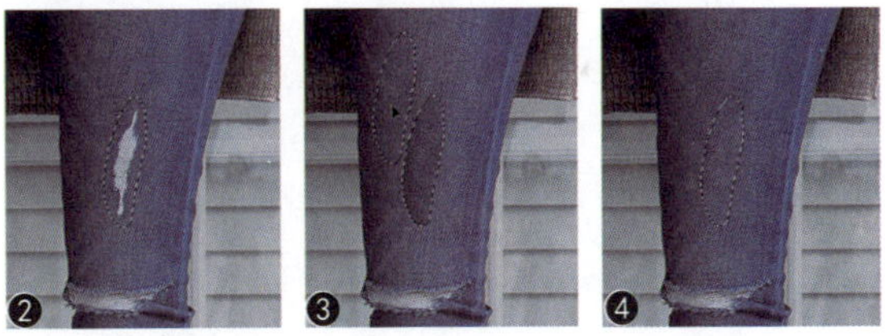

03 采用相同的方法修补膝盖上的破洞❺❻❼。修补完后，边缘处会有些剩余的毛边，可以使用仿制图章工具复制毛边附近的图像，将毛边覆盖❽。

修补工具选项栏

修补工具的选项栏中除包含修补方式选项外，还提供了选区按钮❾。

● 选区创建方式：单击新选区按钮，可以创建一个新的选区，如果图像中包含选区，则新选区会替换原有选区；单击添加到选区按钮，可以在当前选区的基础上添加新的选区；单击从选区减去按钮，可以在原选区中减去当前绘制的选区；单击与选区交叉按钮，可得到原选区与当前创建选区相交的部分。

● 修补：包含选择“正常”“内容识别”两个选项。选择“内容识别”选项，可以合成选区附近的内容，以便与周围的内容无缝混合，结果类似于内容识别填充（134 页），但该工具可以灵活地选择源区域。

● 源/目标：用来设置修补方式。选择“源”选项，将选区拖至要修补的区域后，会用当前光标下方的图像修补选中的图像⑩⑪；选择“目标”选项，则会将选中的图像复制到目标区域⑫。

● 透明：勾选该选项后，可以使修补的图像与原图像产生透明的叠加效果。

● 使用图案：在“图案”下拉面板中选择一个图案，单击该按钮，可以使用图案修补选区内的图像。

9.5.7 练习：去除游客

01 打开素材❶。按下Ctrl+J快捷键，复制“背景”图层。

02 使用多边形套索工具创建选区，将画面中的人物选取❷。

03 选择修补工具，在工具选项栏的“修补”下拉列表中选择“内容识别”选项。将光标放在选区内，单击并向画面左侧拖曳，到达空白水面的位置放开鼠标，用此处图像修复选中的图像。注意，选区下方要将水边的石头涵盖在内❸。

04 按下Ctrl+D快捷键取消选择。用多边形套索工具选取画面右侧的人物❹，使用修补工具进行修复。操作时要处理好草地的衔接❺❻。

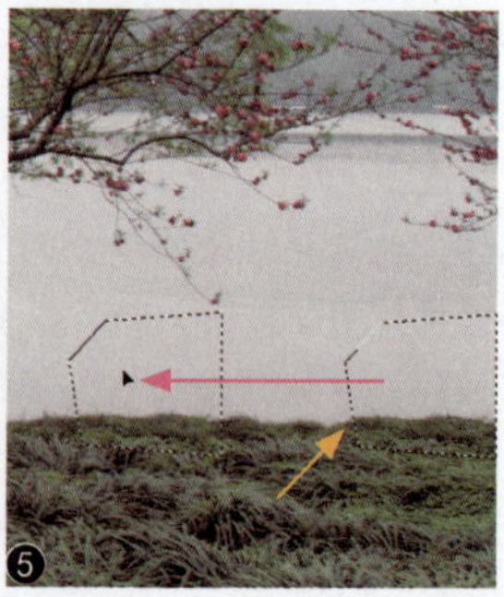

⑥

9.5.8 疑问解答：修复类工具有哪些区别?

修复画笔工具、污点修复画笔工具、修补工具与仿制图章工具不同，它们复制图像后，都会将样本像素的纹理、亮度和颜色与源像素进行匹配，图像的融合效果非常好，特别适合修复污点、划痕、裂缝、破损、皱纹等图像内容。

仿制图章工具则会将复制的源图像百分之百地应用于绘制区域，不做任何处理，在保持细节清晰方面效果最好。

污点修复画笔工具与修复画笔工具的工作原理相同，但不需要取样，因而更加简单易用。如果需要控制取样位置，或者从另一个打开的图像中取样时，就得使用修复画笔工具，不能用污点修复画笔工具。如果对取样图像的形状有所要求，例如，想复制矩形或三角形状内的图像，则应该使用修补工具，如有必要还要配合选区工具。

修复画笔工具、污点修复画笔工具和仿制图章工具的选项栏中都有“对所有图层取样”选项，利用这一选项，可以将复制的图像绘制在空白图层上，即进行非破坏性编辑。修补工具只支持当前图层，会真正修改图像。

9.5.9 练习：用内容感知移动工具复制图像

内容感知移动工具可以选择和移动局部图像。当图像重新组合后，出现的空洞会自动填充相匹配的图像内容。我们不需要进行复杂的选择，便可以产生出色的视觉效果。

01 打开素材❶。按下Ctrl+J快捷键，复制“背景”图层❷。

❶

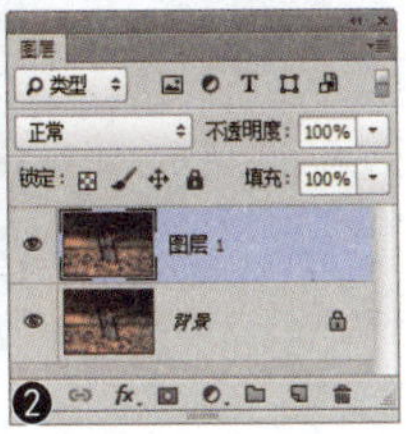

❷

02 选择内容感知移动工具，在工具选项栏中将“模式”设置为“移动”❸，在画面中单击并拖曳鼠标创建选区，将沙漏选中❹。

❸

❹

03 将光标放在选区内，单击并向右侧拖曳鼠标❺，放开鼠标后，Photoshop便会将沙漏移动到新位置，并自动填充空缺的部分❻。

❺

❻

04 按下Ctrl+D快捷键，取消选择。用修补工具或仿制图章工具将背景和石头处理一下❼。隐藏“图层1”，然后选择“背景”图层❽。下面来看一下内容感知移动工具的复制功能。

❼

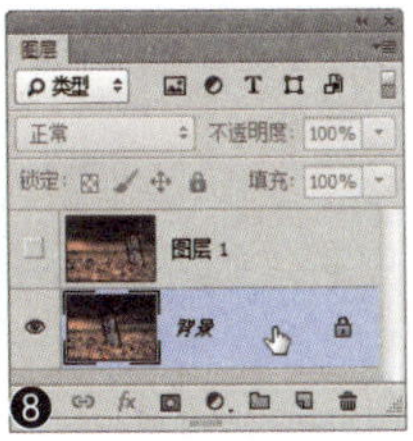

❽

05 用内容感知移动工具重新选中沙漏❾。在工具选项栏中选择“扩展”选项❿，将光标放在选区内，单击并向画面右侧拖曳鼠标，复制沙漏⓫。

06 用仿制图章工具对复制后的图像边缘进行加工⓬。

❾

❿

内容感知移动工具选项栏

在内容感知移动工具的选项栏中可以设置图像的移动模式、修复精度⓭。

- **模式：** 用来选择图像的移动方式，包括“移动”和“扩展”。
- **适应：** 用来设置图像的修复精度。可以针对修补反映的图案与现有图像图案的接近程度选择相应选项。
- **对所有图层取样：** 如果文档中包含多个图层，勾选该选项，可以从所有图层的图像中取样。

9.5.10 练习：用红眼工具去除红眼

红眼工具可以去除用闪光灯拍摄的人物照片中的红眼，以及动物照片中的白色或绿色反光。

01 按下Ctrl+O快捷键，在弹出的对话框中选择素材文件❶。

02 选择红眼工具，将光标放在红眼区域❷，单击即可校正红眼❸。另一只眼睛也采用相同的方法校正❹。如果对结果不满意，可以执行“编辑>还原”命令还原，然后使用不同的“瞳孔大小”和“变暗量”设置再次尝试。

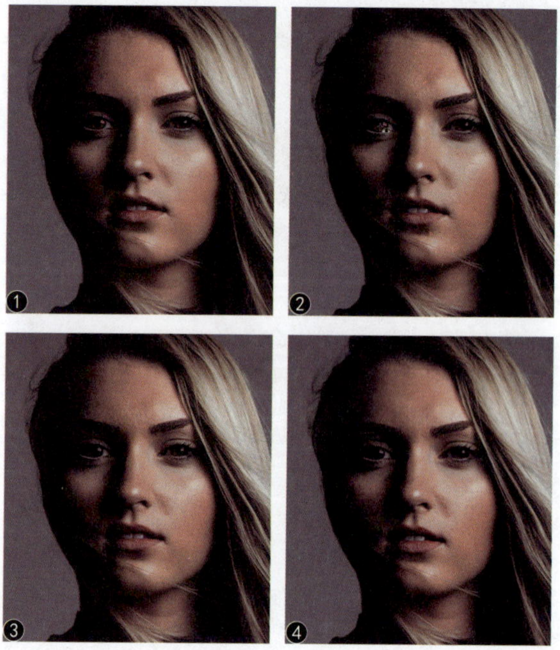

红眼工具选项栏

红眼工具的选项栏中只有两个选项❺。“瞳孔大小”用来设置瞳孔（眼睛暗色的中心）的大小。“变暗量”用来设置瞳孔的暗度。

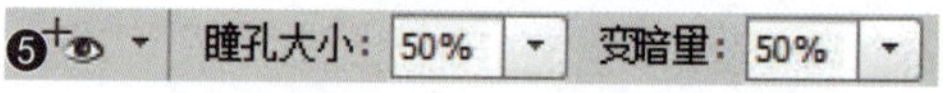

9.6 用“液化”滤镜编辑图像

在液体状态下，材料的可塑性是非常强的，钢铁可以像面团一样随意揉捏；玻璃可以像焦糖一样任意拉伸。“液化”滤镜便提供了这样的工作状态：图像被Photoshop液态化，我们可以拿着专用的工具在画面中划动、搅动、点按，使图像内容产生推拉、旋转、膨胀和收缩状扭曲。我们还可以冻结部分图像，以免其被修改。

9.6.1 工具和选项

执行“滤镜>液化”命令，打开“液化”对话框❶。“液化”滤镜中的变形工具可以通过3种方法操作，即单击一下鼠标、单击并按住鼠标按键不放，以及单击并拖曳鼠标。变形集中在画笔区域中心，并会随着鼠标在某个区域中的重复拖动而得到增强。

● 向前变形工具：单击并拖曳鼠标，可以向前推动图像❷。

● 重建工具：用来恢复图像。在变形区域单击或拖曳进行涂抹，可以将其恢复为原状❸。

● 顺时针旋转扭曲工具：可以让画笔下方的图像沿顺时针方向（向右）旋转❹；按住Alt键操作可进行逆时针（向左）旋转❺。

● 褶皱工具/膨胀工具：褶皱工具可以使画笔下方的图像向画笔中心移动，产生收缩效果❻。膨胀工具可以使画笔下方的图像向画笔边界移动，产生膨胀效果❼。使用其中的一个工具时，按住Alt键可以切换为另一个工具。此外，按住鼠标按键不放，可以持续地应用扭曲。

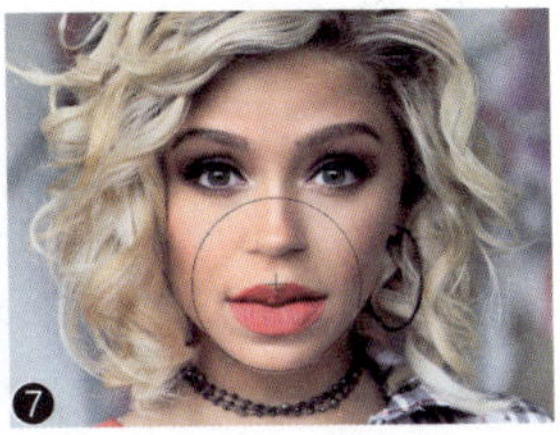

● 左推工具：将画笔下方的图像向光标移动方向的左侧推动。当光标向上移动时，可以向左侧推动图像❽；将光标向下方移动，则向右侧推动图像❾。按住Alt键操作，可以反转图像的移动方向。

● 冻结蒙版工具：如果要对局部图像进行处理，而又不希望影响其他区域，可以使用该工具在图像上绘制出冻结区域❿，此后使用变形工具处理图像时，冻结区域会受到保护⓫。

● 解冻蒙版工具：涂抹冻结区域可以解除冻结。

● 抓手工具/缩放工具：抓手工具可以移动画面。缩放工具可以放大和缩小（按住Alt键单击）窗口的显示比例。

● 画笔大小：可以设置各种变形工具，以及重建工具、冻结蒙版工具和解冻蒙版工具的画笔大小。使用 [和] 快捷键也可以进行调整。

● 画笔密度：使用“液化”滤镜的工具时，画笔中心的效果最强，并向画笔边缘逐渐衰减。“画笔密度”值越小，画笔边缘的效果越弱。

● 画笔压力/光笔压力：“画笔压力”用来设置工具的压力强度。如果计算机配置有数位板和压感笔，可以选取“光笔压力”选项，用压感笔的压力控制“画笔压力”。

● 画笔速率：使用重建工具、顺时针旋转扭曲工具、褶皱工具、膨胀工具时，在画面中单击并按住鼠标不放时，“画笔速率”决定了这些工具的应用速度。例如，使用顺时针旋转扭曲工具时，“画笔速率”值越高，图像的旋转速度越快。

9.6.2 冻结图像、控制变形区域

使用“液化”滤镜时，如果想要保护某处图像不被修改，可以使用冻结蒙版工具在其上方涂抹❶，将图像冻结。涂抹区域会覆盖一层半透明的宝石红色。使用工具进行变形处理时，蒙版就会像选区一样，将变形范围限定住❷。

如果蒙版的颜色不易识别（如图像也是红色），可以在“蒙版颜色”下拉列表中将蒙版改为其他颜色❸。取消对“显示蒙版”选项的选取，还可以隐藏蒙版。需要注意的是，此时蒙版仍然存在，对图像的冻结仍然生效。

如果想要解除冻结，使图像可以被编辑，可以用解冻蒙版工具将宝石红色擦掉❹。对冻结蒙版的操作与使用画笔工具编辑快速蒙版非常相似，而且快速蒙版也是半透明的宝石红色。

“蒙版选项”选项组中有3个大按钮❺。单击“全部蒙住”按钮，可以将图像全部冻结。它的作用类似于“选择”菜单中的“全部”命令。如果要冻结大部分图像，只编辑很小的区域，就可以单击该按钮，然后用解冻蒙版工具将需要编辑的区域解冻，再进行处理。单击“全部反相”按钮，可以反转蒙版，将未冻结区域冻结、冻结区域解冻。它的作用类似于“选择”菜单中的“反向”命令。单击“无”按钮，可一次性解冻所有区域。它的作用类似于“选择”菜单中的“取消选择”命令。

“蒙版选项”中还有5个按钮，当图像中有选区、图层蒙版或包含透明区域时，这几个按钮就可以发挥作用（每个按钮都有3个选项）❺。

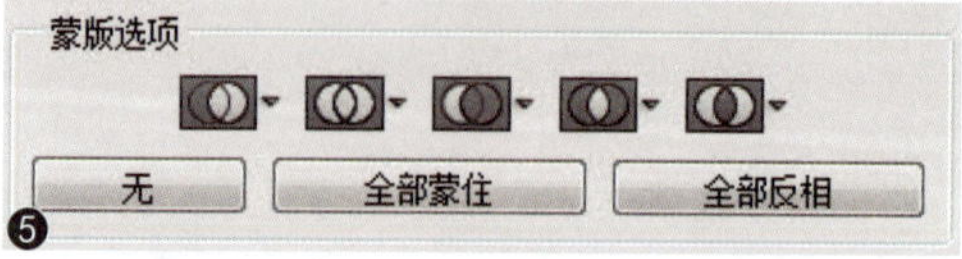

- 替换选区：显示原图像中的选区、蒙版或透明度。
- 添加到选区：显示原图像中的蒙版，此时可以使用冻结工具添加到选区。
- 从选区中减去：从冻结区域中减去通道中的像素。
- 与选区交叉：只使用处于冻结状态的选定像素。
- 反相选区：使当前的冻结区域反相。

9.6.3 减轻扭曲

进行扭曲操作时，如果图像的变形幅度过大，可以使用重建工具在其上方单击并拖曳鼠标，进行恢复❶❷。反复拖曳，图像会逐渐恢复到扭曲前的正常状态。

重建工具的好处是可以根据需要对任何区域进行不同程度的恢复，非常适合处理图像的局部。但如果想要调整所有扭曲，用该工具一处一处编辑就有些麻烦了。我们可以单击“重建”按钮，打开“恢复重建”对话框，拖曳“数量”滑块来进行调整。该值越低，图像的扭曲程度越弱、越接近于扭曲前的效果❸~❻。单击“恢复全部”按钮，则会取消所有扭曲效果，即使当前图像中有被冻结的区域也不例外。

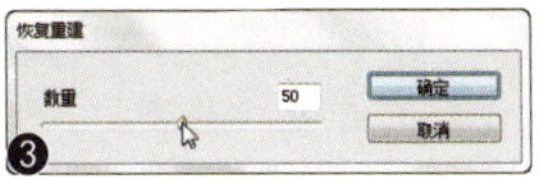

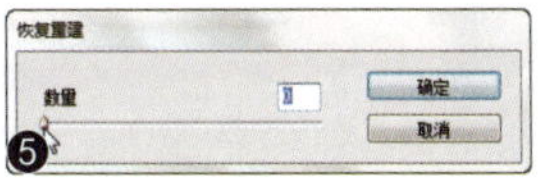

9.6.4 在背景上观察变形效果

如果图像中包含多个图层，可以通过“显示背景”选项组使用其他图层作为背景来显示，以便更好地观察扭曲后的图像与其他图层的合成效果❶~❸。

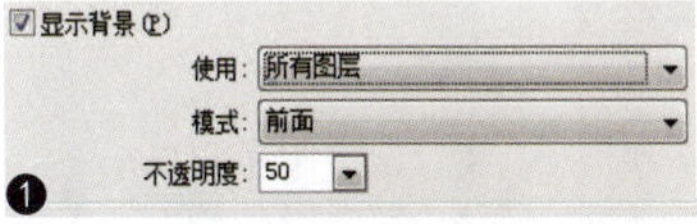

在“使用”下拉列表中可以选择作为背景的图层；在“模式”下拉列表中可以选择将背景放在当前图层的前方或后面，以便于观察效果；“不透明度”选项用来设置背景图层的不透明度。

9.6.5 实战技巧：在网格上观察变形效果

使用“液化”滤镜时，如果画面中改动区域较多，势必会有一些区域变动较大；另一些区域变动较小。变动较小的区域不太容易察觉，容易被我们忽视。那么怎样了解图像中有哪些区域进行了变形，以及变形程度有多大呢？有一个简单的方法，就是取消对“显示图像”选项的勾选，然后选取“显示网格”选项，即隐藏图像，只显示网格❶。在这种状态下，图像上任何一处微小的扭曲都会在网格上反映出来。我们还可以调整“网格大小”和“网格颜色”❷，让网格更加清晰，易于识别。

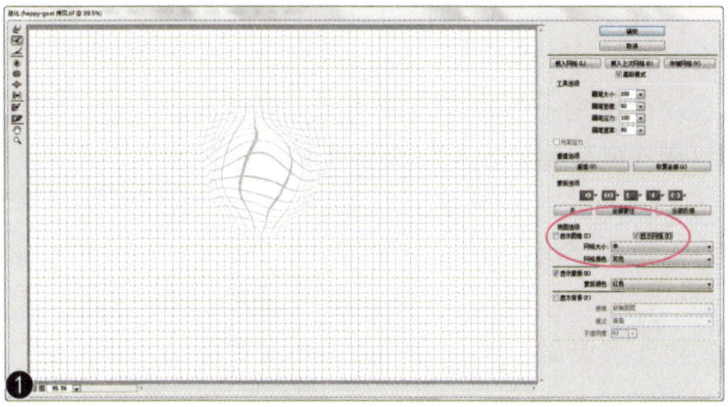

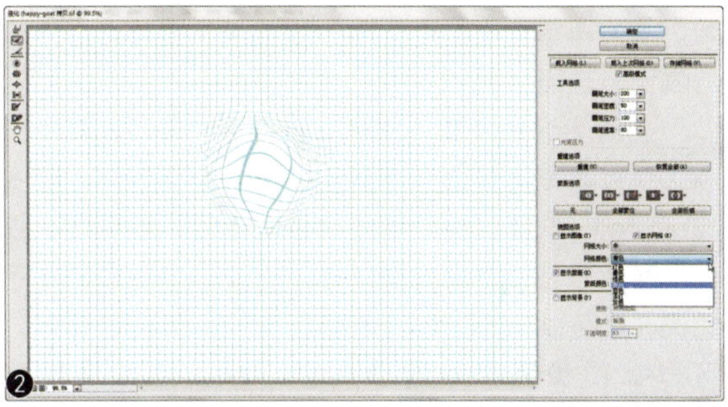

我们也可以同时选取“显示网格”和“显示图像”两个选项，让网格出现在图像上方❸，并以它作为参考，进行小幅度的、精准的扭曲。

另外，进行扭曲操作时，可以单击“存储网格”按钮，将网格保存为单独的文件（扩展名为.msh）。这有两个好处，一是我们可以随时单击“载入网格”按钮，加载网格并用它来扭曲图像，这就相当于为图像的扭曲状态创建了一个“快照”。我们可以为每一个重要的扭曲结果都创建一个“快照”，如果当前效果明显不如之前的效果，就可以通过“快照”（加载网格）来进行恢复。

第二个好处是存储的网格可用于其他图像，也就是说，使用“液化”滤镜编辑其他图像时，可以单击“载入网格”按钮，加载任何一个网格文件，用它来扭曲图像。如果网格尺寸与当前图像不同，则Photoshop会自动缩放网格以适应当前图像。

9.6.6 实战技巧：撤销和其他技巧

使用“液化”滤镜时，如果操作出现失误该怎么办？我们可以像在Photoshop窗口中那样，按下Ctrl+Z快捷键撤销一步操作，或者连续按下Alt+Ctrl+Z快捷键依次向前撤销。如果要恢复被撤销的操作，则可以按下Shift+Ctrl+Z快捷键（连续按可连续恢复）。

如果要撤销所有扭曲操作，单击一下“恢复全部”按钮，图像就会恢复到最初状态。这样操作不会复位工具参数，并且也不会破坏画面中的冻结区域。如果要进行彻底复位，包括恢复图像、复位工具参数、清除冻结区域，可以按住Alt键单击窗口右上角的“复位”按钮。

另外再介绍一些“液化”滤镜的小技巧，对于提高工作效率很有帮助。当需要编辑图像细节时，可以按下Ctrl++快捷键放大窗口的显示比例；需要移动画面，可以按住空格键拖曳鼠标；需要缩小图像的显示比例时，可以按下Ctrl+-快捷键；按下Ctrl+0快捷键，可以让图像完整地显示在窗口中。这些操作与Photoshop文档导航的方法完全一样，可以替代缩放工具和抓手工具。

使用“液化”滤镜的变形工具时，也可以通过快捷键来调整画笔大小：按下] 键可以将画笔调大；按下 [键可以将画笔调小。使用向前变形工具时，在图像上单击一下鼠标，然后按住Shift键在另一处单击，两个单击点之间可以形成直线轨迹。

9.6.7 练习：瘦脸

“液化”滤镜的工具在照片处理尤其是人像修饰方面的用处最大。可以替代“美容院”的很多工作，包括面部美容，如瘦脸、隆鼻、让眼睛变大、修改表情等；还有身体处理，如收腹、丰胸、翘臀、消除手臂赘肉、让腿更细、让身材更苗条，等等。

下面使用“液化”滤镜修正人像的脸型。人像的面部处理，一般只做很小的改动，原因是五官的距离较近，结构又很复杂，改动稍微大一点，就会破坏五官的结构和比例，使人物“面目全非”。

面部处理的重点是对称。不仅眼睛、耳朵的修改效果要对称，鼻子、嘴巴左右两侧的细节也要保持对称，否则人物口歪眼斜，美化反而变成了丑化，适得其反。

01 打开素材。执行“滤镜>液化”命令，打开“液化”对话框，选择向前变形工具，设置大小和压力❶。

❶

02 将光标放在左侧脸部的边缘区域❷，单击并向里拖曳鼠标，使轮廓向内收缩❸。要小幅度调整，以保证面部轮廓平滑自然，同时可避免过度调整时因像素挤压产生的色块堆积。

❷

❸

03 将光标放在面颊与脖子相交的位置❹，向上拖曳鼠标提拉面部❺，使下巴更有型。再将耳朵位置的轮廓也向内调整一下，使脸部变得瘦一点❻❼。

❹

❺

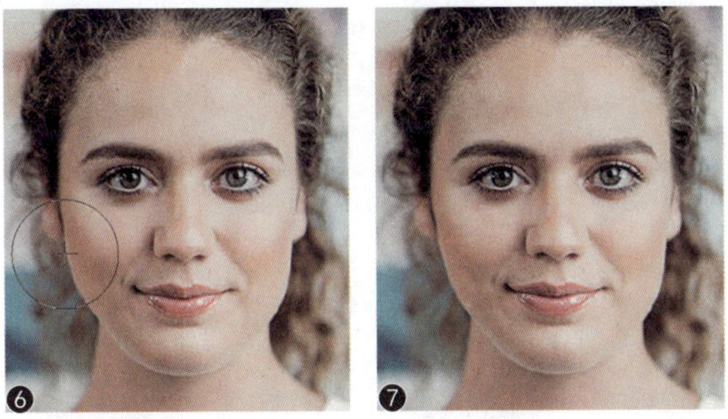

04 采用同样的方法处理右侧脸颊。对比一下调整前后的效果❽❾。

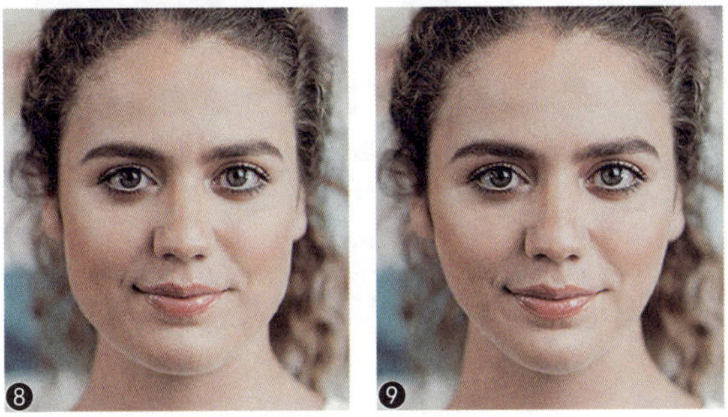

原图　　　　修饰后的效果

9.6.8 练习：修出精致美人

01 打开素材，按下Ctrl+J快捷键复制“背景”图层。执行“滤镜>液化”命令，打开“液化”对话框，选择膨胀工具，设置大小、密度和速率❶。

02 将光标放在左眼上，光标的十字中心对齐眼球的位置❷，单击两次鼠标，将眼睛放大❸。用同样的方法放大右眼❹。

03 选择褶皱工具，将光标放在鼻尖位置❺，单击鼠标，缩小鼻子❻；在嘴唇上单击，降低嘴唇的厚度❼。

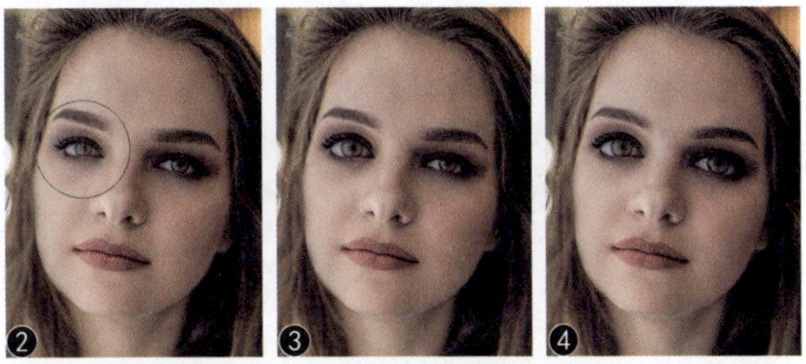

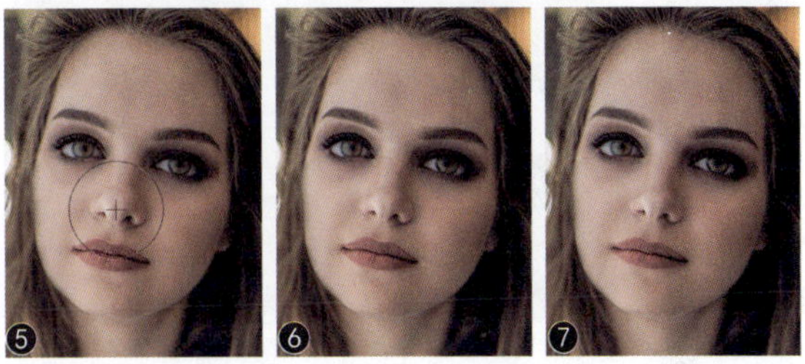

04 选择向前变形工具，将光标放在脸颊上❽，单击并向斜上方拖曳鼠标，提拉面部肌肉❾，使脸型的轮廓更完美❿。

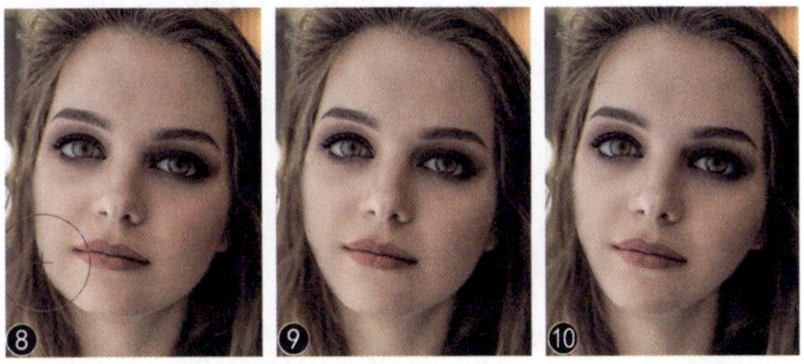

05 按下 [键将画笔调小，修饰一下眼角、鼻翼和嘴角的形状⓫⓬。

原图　　　　修饰后的效果

9.6.9 练习：修出完美腰线

01 打开素材❶，按下Ctrl+J快捷键复制“背景”图层❷。

02 执行“滤镜>液化”命令，打开“液化”对话框，使用冻结蒙版工具在右侧手臂上涂抹，将手臂区域保护起来❸。在对毛衣等有纹理的图像进行液化时，要考虑到修改的合理性，瘦身的同时，毛衣的纹理走向不能受到影响。

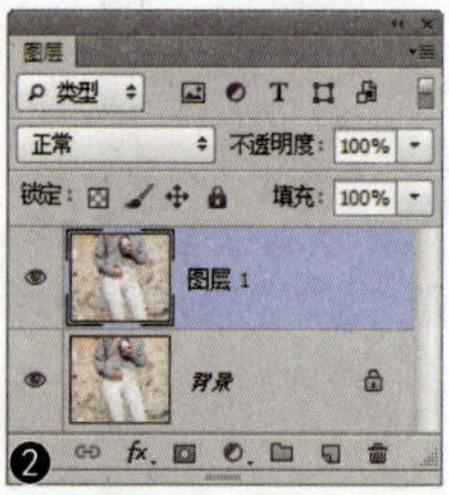

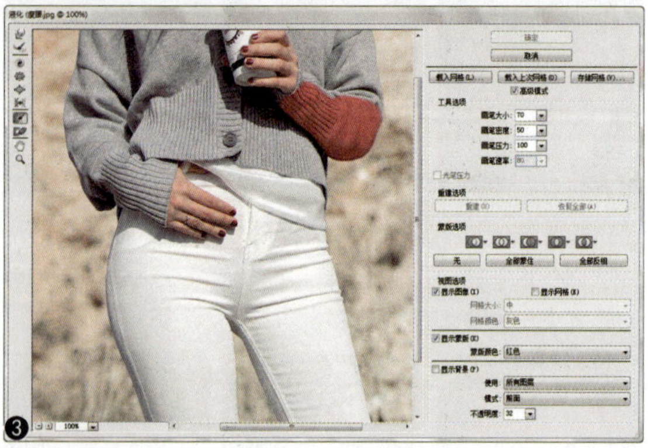

03 选择向前变形工具，将光标的十字中心对齐到毛衣边缘❹，单击并向左侧拖曳鼠标，使像素向左移动，从而使腰部变细❺~❼。

04 单击“确定”按钮，关闭对话框。使用仿制图章工具修饰一下腰部边缘的阴影图像❽❾。

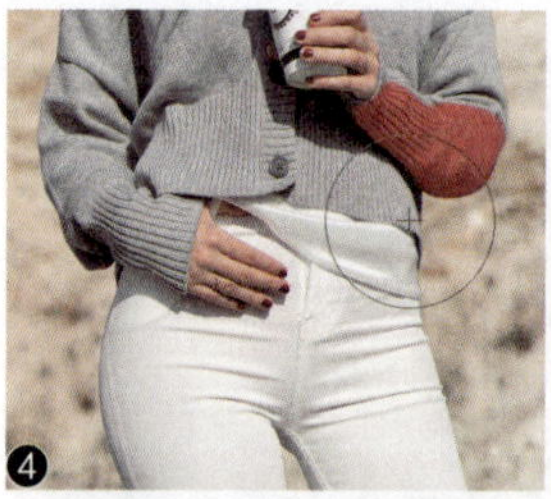

原图

修饰后的效果

9.7 用“消失点”滤镜编辑图像

“消失点”滤镜可以在包含透视平面（如建筑物侧面或任何矩形对象）的图像中进行透视校正。在应用诸如绘画、仿制、复制、粘贴，以及变换等编辑操作时，Photoshop能确定这些编辑操作的方向，并将它们缩放到透视平面，使结果更加逼真。

9.7.1 透视平面

执行“滤镜>消失点”命令，打开“消失点”对话框❶。

第一项工作是创建透视平面。我们可以使用创建平面工具在图像上单击，定义平面的4个角点，进而得到一个矩形网格图形❷，它就是透视平面。

在图像上，凡有直线的区域，尤其是矩形最容易体现透视关系，如门、窗、建筑立面、向远处延伸的道路等，以它们为基准放置角点是比较好的选择。放置角点的过程中，按下Backspace键，可以删除最后一个角点。创建好透视平面后按Backspace键，则可以删除平面。

要想让“消失点”滤镜发挥正确的作用，最关键的是创建准确的透视平面，这样，之后的复制、修复等操作才能按照正确的透视方式发生扭曲。Photoshop会给我们创建的透视平面（网格）赋予蓝、黄和红色，以示提醒。蓝色是有效透视平面；黄色是无效透视平面❸，虽然可以操作，但不能确保产生准确的透视效果；红色则是完全无效透视平面❹，在这种状态下，Photoshop无法计算平面的长宽比。当网格颜色变为黄色或红色时，就说明透视平面出现问题了，此时我们应该使用编辑平面工具移动角点，使网格变为蓝色，再进行后续的操作。

编辑平面工具可用于移动角点、选择和移动平面，操作方法与自由变换类似。网格边缘的4个角点可通过单击并拖曳的方式来移动❺；网格线中间的控制点用于拉伸网格平面❻。

按住Ctrl键拖曳，则可以拉出新的网格平面❼。新的透视平面可以调整角度，操作方法为按住Alt键，拖曳网格线中间的控制点❽，或者在“角度”选项中输入数值。

将光标放在网格内单击并拖曳，可以移动整个网格平面。此外，网格的间距也可以通过“网格大小”选项来进行调整。

关于透视平面的操作基本上就是上述内容。另外需要注意的是，有些时候蓝色网格也不能保证会产生适当的透视结果，我们必须确保外框和网格与图像中的几何元素或平面区域精确对齐才行。有一个小技巧比较有用：移动角点时按住X键，这时Photoshop会临时放大窗口的显示比例❾，我们就可以看清图像细节，进行准确的对齐。复制图像时也可以使用这种方法来观察细节效果。

一般情况下，透视平面最好将所要编辑的图像涵盖。但有些时候只有将网格拉到画面外才能使其完全覆盖图像，这就需要将窗口的比例调小、使画布外的区域得到扩展后才能操作。方法是按下Ctrl+-快捷键（将视图比例调小），再使用编辑网格工具拖曳网格上的控制点，进行移动或拉伸。

工具	说明
编辑平面工具	用来选择、编辑、移动平面的节点以及调整平面的大小。选择该工具后，可以在工具选项区域中输入“网格大小”值，调整透视平面网格的间距
创建平面工具	使用该工具可以定义透视平面的4个角节点。创建了4个角节点后，可以移动、缩放平面或重新确定其形状；按住 Ctrl 键拖曳平面的边节点可以拉出一个垂直平面。在定义透视平面的节点时，如果节点的位置不正确，可按下Backspace键将该节点删除
选框工具	在平面上单击并拖曳鼠标可以选择平面上的图像。选择图像后，将光标放在选区内，按住 Alt 键拖曳可以复制图像；按住Ctrl键拖曳选区，则可以用源图像填充该区域。选择该工具后，工具选项区域会出现几个选项，其中“羽化”用来指定选区边缘的模糊程度；如果移动图像内容，可以设置“不透明度”值，定义移动的像素遮盖下方图像的程度，也可以在“修复”下拉菜单中选择一种混合模式；在“移动模式”下拉列表中可以选择图像修补方式，选择“源”选项，可以将光标下方的图像复制到选区中，选择“目标”选项，则将选中的图像复制到目标区域
图章工具	使用该工具时，按住 Alt 键在图像中单击可以为仿制设置取样点，在其他区域拖动鼠标可复制图像；在某一点单击，然后按住Shift键在另一点单击，可以在透视中绘制出一条直线。此外，在对话框顶部的选项中可以选择一种“修复”模式。如果要绘画而不与周围像素的颜色、光照和阴影混合，可选择“关”选项；如果要绘画并将描边与周围像素的光照混合，同时保留样本像素的颜色，可选择“明亮度”选项；如果要绘画并保留样本图像的纹理，同时与周围像素的颜色、光照和阴影混合，可以选择“开”选项
画笔工具	可以在图像上绘制选定的颜色
变换工具	使用该工具时，可以通过移动定界框的控制点来缩放、旋转和移动浮动选区，就类似于在矩形选区上使用“自由变换”命令
吸管工具	可以拾取图像中的颜色作为画笔工具的绘画颜色
测量工具	可以在透视平面中测量项目的距离和角度
缩放工具/抓手工具	用于缩放窗口的显示比例，以及移动画面

9.7.2 消失点中的选区

消失点中的选区可用于选取图像、限定图章工具和画笔工具的操作范围，这与它在Photoshop中的用途是一样的，并没有特别之处。但在消失点这种特殊的空间里，选区会呈现与消失点所定义的透视相一致的变形❶，并且如果跨越多个透视平面，选区也会在每一个平面上发生扭曲。

❶

在消失点中，选框工具可以像修补工具一样进行复制图像的操作。“移动模式”下拉列表中包含“目标”和“源”两个选项，它们与修补工具选项的作用相同。选择其中的一个之后，将光标放在选区内，单击并拖曳鼠标即可复制图像。

此外，按住Alt键单击并拖曳选区内的图像，可以将其复制（这与Photoshop中用移动工具复制选区内的图像方法一样），但由于是消失点中的操作，图像会呈现透视扭曲❷❸；按住Ctrl键操作，则可以将光标下方的图像复制到选区内。

❷

按住Alt键拖曳选区内的图像进行复制

❸

连续复制

以上方法的前提是假定在“移动模式”下拉列表中选择了“目标”选项（这也是默认的选项）。当然，我们也可以选择“源”选项，但操作起来没有“目标”选项方便。

选区还有两个控制选项❹。“羽化”设置选区边缘的模糊程度。“不透明度”设置所选图像的透明度，它只在选取图像并进行移动时有效。例如，“不透明度”为100%时所选图像会完全遮盖下方图像，低于100%，所选图像会呈现透明效果。按下Ctrl+D快捷键或在选区外部单击，可以取消选区。

9.7.3 在消失点中变换

在Photoshop中复制图像以后❶，可以在“消失点”滤镜中进行粘贴，所粘贴的图像会位于一个浮动的选区之中❷。使用变换工具可以在透视状态下对浮动选区及其中的图像进行移动、旋转和缩放（按住Shift键可等比缩放）❸~❻。

①
选取并复制图像

②
在消失点中粘贴

③
缩小

④
旋转

⑤
在消失点中移动图像

⑥
在消失点中移动图像

9.7.4 在消失点中绘画

使用“消失点”滤镜中的画笔工具时，只要将“修复”设置为“关”，就可以像使用Photoshop中的画笔工具一样在图像上绘制色彩❶。

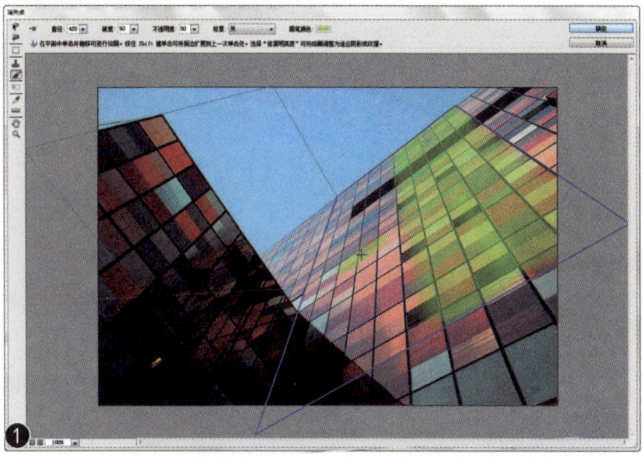
❶

色彩也需要预先设置，可以通过两种方法操作。第一种方法是单击“画笔颜色”右侧的颜色块，打开“拾色器”进行设置；第二种方法是使用吸管工具在画面单击，拾取图像中的颜色作为绘画颜色。

另外，画笔大小可以通过] 键和 [键来调节；画笔硬度可以通过Shift+] 键和Shift+[键来调节。

9.7.5 练习：在透视状态下贴图

“消失点”滤镜可以应用到空白图层，即使用该滤镜前，先创建一个图层，然后再打开“消失点”对话框，这样做的好处是不会破坏原图像，另外，滤镜的最终效果还可以在Photoshop的操作界面里用其他工具来编辑。

01 打开素材❶❷。选择小牛所在的文档，按下Ctrl+A快捷键全选，按下Ctrl+C快捷键复制。

❶

❷

02 切换到包装盒文档。单击“图层”面板中的按钮，创建一个图层。执行“滤镜>消失点”命令，打开“消失点”对话框。此时创建平面工具自动处于选取状态，在包装盒的侧面定义4个角点，创建透视平面❸。左下角的角点暂时先不要对齐到包装盒边缘，留待与正面网格一同调整。

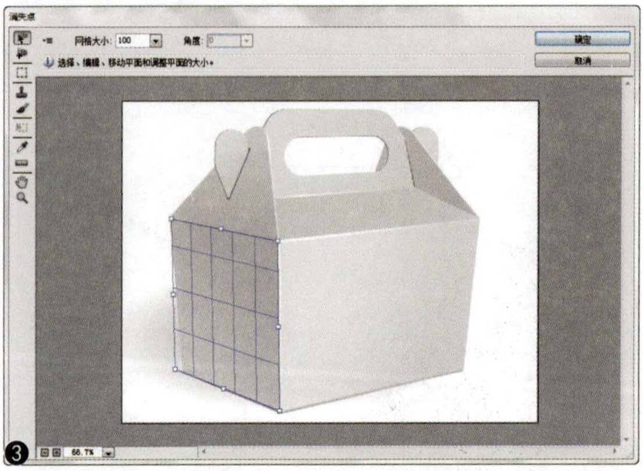

03 将光标放在右侧位于中间的控制点上，按住Ctrl键单击并拖曳鼠标，拉出正面网格❹。

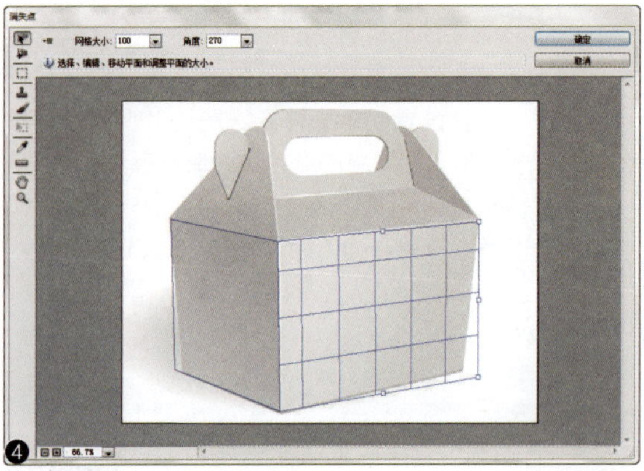

04 使用编辑平面工具移动右下角的角点，将其对齐到包装盒边缘，侧面的角点也会自动对齐到侧面的轮廓上❺。

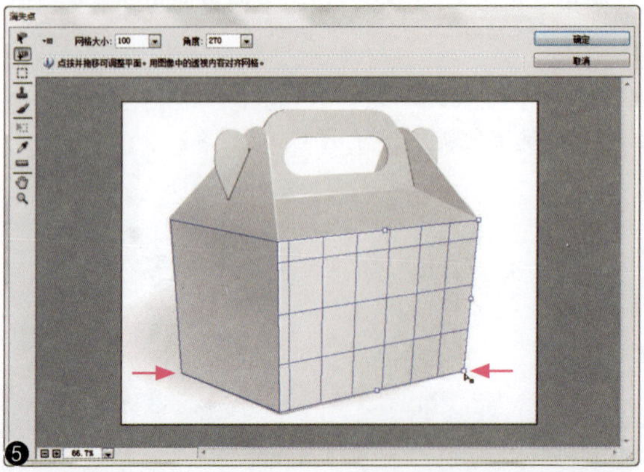

05 按下Ctrl+V快捷键粘贴图像。选择变换工具，按住Shift键拖曳控制点，将图像等比缩小❻。将光标放在选区内部，单击并拖曳鼠标，将图像移动到包装盒侧面❼。

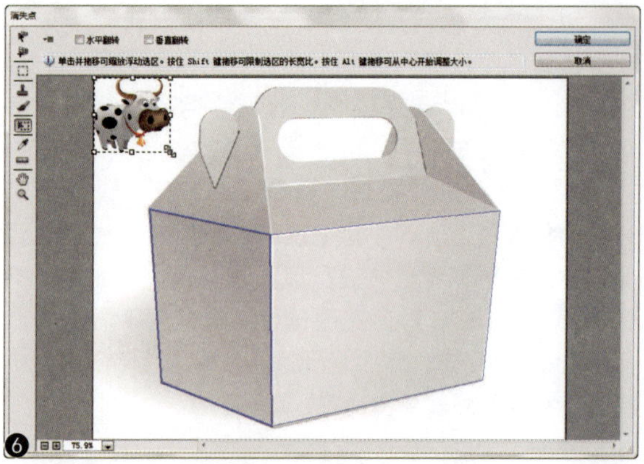

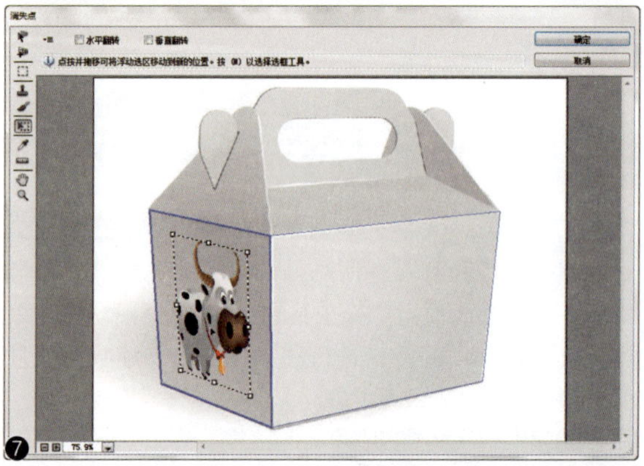

06 按住Alt键拖曳图像，将其复制到包装盒正面，按住Shift键拖曳控制点，将图像等比放大一些❽。单击“确定”按钮关闭对话框。观察“图层”面板，可以看到，图像被粘贴在新建的图层中❾❿。如有需要，修改起来也非常方便。

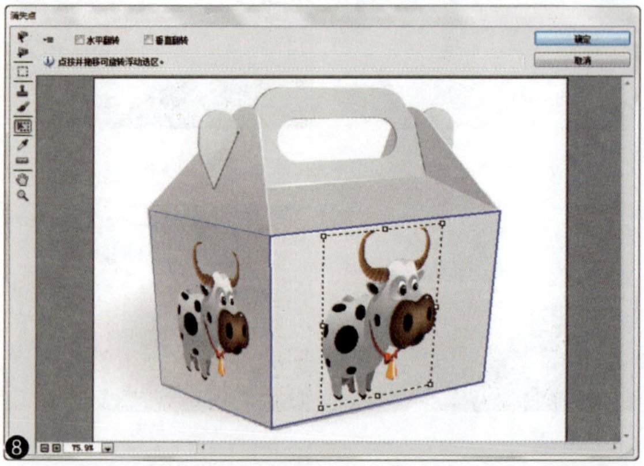

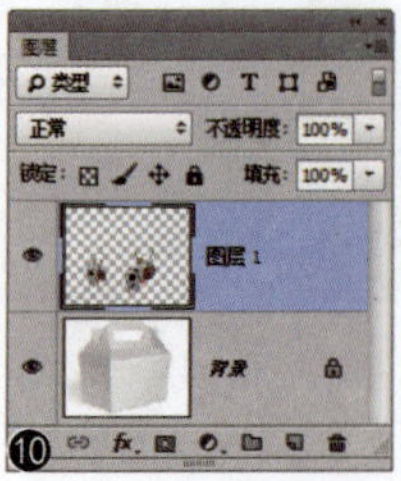

提示（Tips）

将文档保存为PSD、TIFF或JPEG格式，就可以将创建的透视网格存储在文件中，也就是说，不管以后何时打开“消失点”对话框时，透视网格都会自动出现在图像上。

9.7.6 练习：在透视状态下修复图像

01 打开素材。执行“滤镜>消失点”命令，打开“消失点”对话框❶。

02 使用创建平面工具创建透视平面❷。按下Ctrl+－快捷键，缩小窗口的显示比例，拖动右上角的控制点，将网格的透视调整正确❸。

03 按下Ctrl++快捷键放大窗口的显示比例。选择图章工具，将光标放在地板上，按住Alt键单击进行取样❹；在绳子上单击并拖动鼠标进行修复，Photoshop会自动匹配图像，使地板衔接自然、真实❺。在修复时，需要注意地板缝应尽量对齐。

04 采用同样的方法，在刷子附近取样，将刷子也覆盖住❻❼。单击“确定”按钮关闭对话框。

提示（Tips）

“消失点”滤镜支持撤销和恢复，即按下Ctrl+Z快捷键可以撤销一步操作，连续按下Alt+Ctrl+Z快捷键可依次向前撤销。按下Shift+Ctrl+Z快捷键可恢复被撤销的操作（可连续按）。另外，按下Ctrl++、Ctrl+－快捷键可以放大和缩小窗口的显示比例；按住空格键拖曳鼠标可以移动画面。这些快捷键可以用来替代缩放工具和抓手工具。

9.8 磨皮

磨皮是人像照片处理中非常重要的一个环节，是在消除色斑、皱纹的基础上，进一步美化皮肤的操作，可以使皮肤白皙、光滑、粉嫩、通透。

9.8.1 练习：智能滤镜+蒙版磨皮

01 打开素材文件❶。按下Ctrl+J快捷键复制“背景”图层。执行“滤镜>转换为智能滤镜”命令，将该图层转换为智能对象❷。执行“滤镜>模糊>高斯模糊”命令，对图像进行模糊处理❸❹。

①

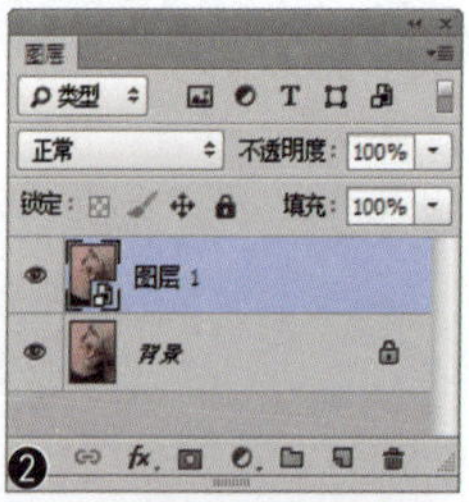

②

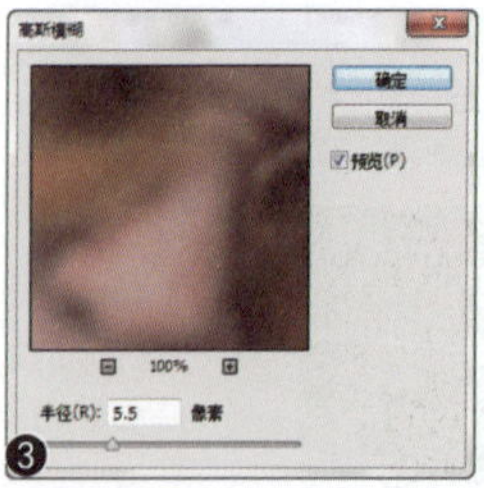

③

④

02 在“图层”面板中，双击“高斯模糊”滤镜右侧的图标，打开“混合选项”对话框，将“模式”设置为“浅色”❺❻。

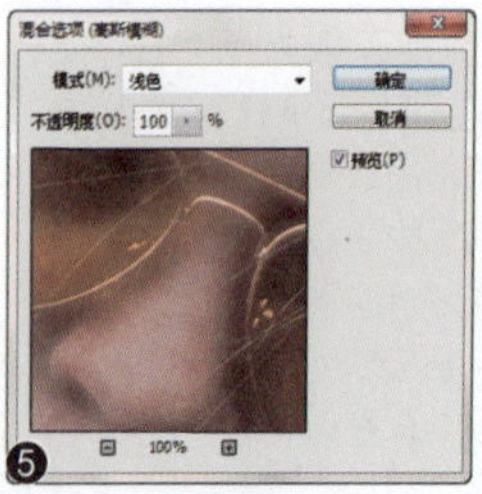

⑤

⑥

03 单击智能滤镜的蒙版缩览图，使用柔角画笔工具在头发、眉毛、眼睛、鼻孔和嘴巴上涂抹黑色，通过蒙版的遮盖❼，显示下面图层中清晰的图像，让模糊效果只对皮肤有效❽。

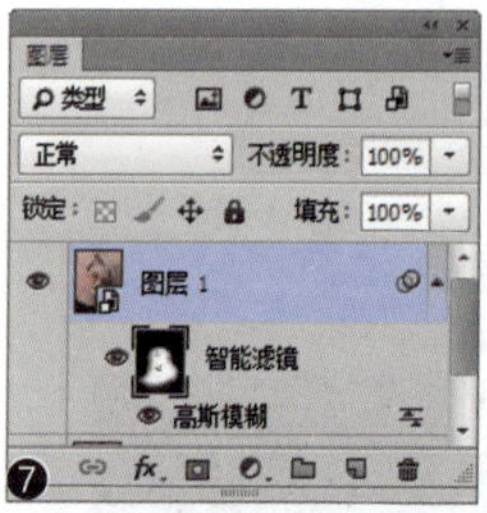

⑦

⑧

04 现在皮肤上还有几处瑕疵需要处理❾。双击“图层1”的缩览图❿，在弹出的对话框中单击“确定”按钮，打开智能对象的原始文件⓫，使用污点修复画笔工具在这3处瑕疵上单击鼠标，将它们清除⓬。

⑨

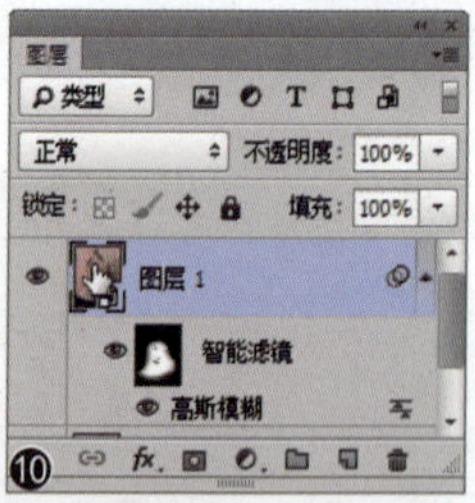

⑩

⑪

⑫

05 将该文件关闭，在弹出的对话框中单击“是”按钮，确认所做的修改⓭⓮。

原图

磨皮后

9.8.2 练习：通道磨皮

01 打开素材文件❶。打开“通道”面板，将“绿”通道拖动到面板底部的按钮上进行复制，得到“绿 副本”通道❷，现在文档窗口中显示的是绿副本通道中的灰度图像。

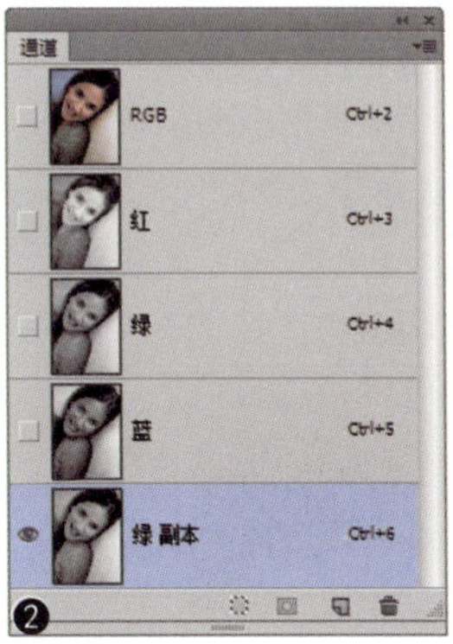

02 执行“滤镜>其他>高反差保留”命令，设置半径为20像素❸❹。

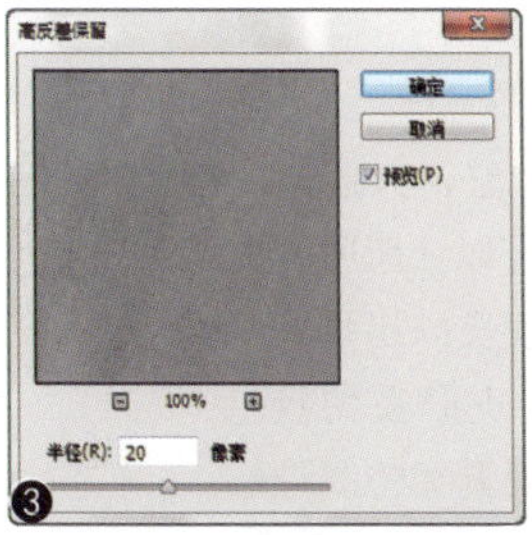

03 执行“图像>计算”命令，打开“计算”对话框，选择“强光”模式和“新建通道”选项❺，计算以后会生成一个名称为“Alpha 1”的通道❻❼。

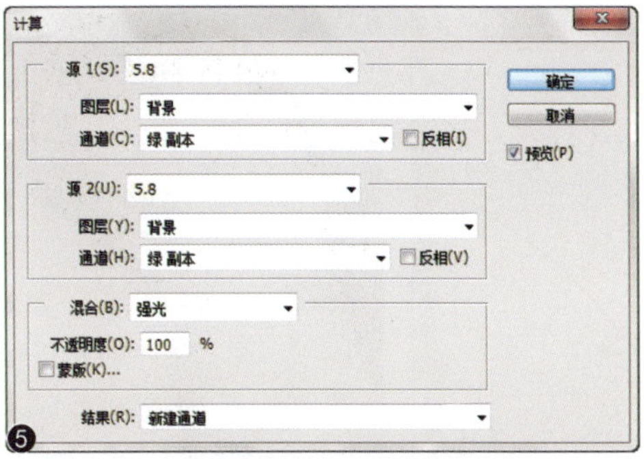

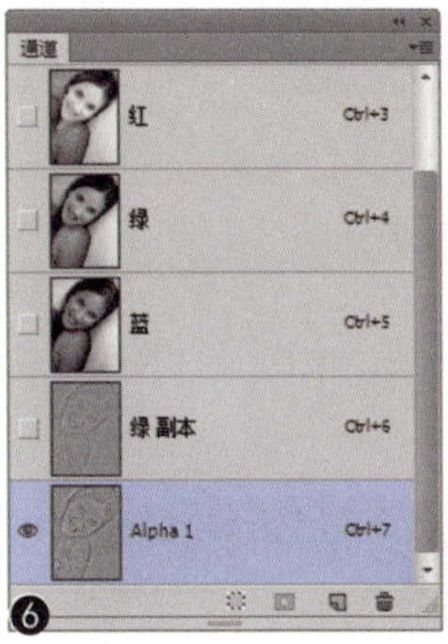

04 再执行一次“计算”命令，得到Alpha 2通道❽。单击“通道”面板底部的按钮，载入通道中的选区❾。

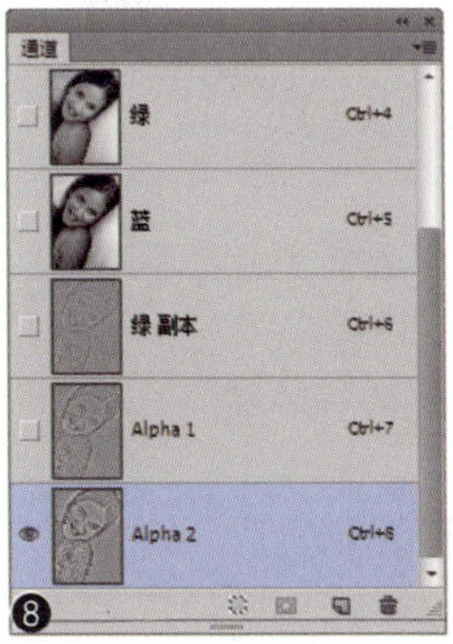

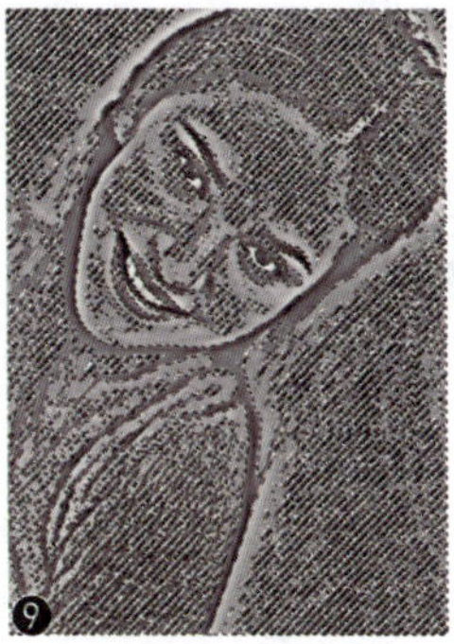

05 按下Ctrl+2快捷键，返回彩色图像状态❿。按下Shift+Ctrl+I快捷键反选⓫。

06 单击“调整”面板中的按钮，创建“曲线”调整图层。在曲线上单击，添加两个控制点，并向上移动曲线⓬，人物的皮肤会变得非常光滑、细腻⓭。

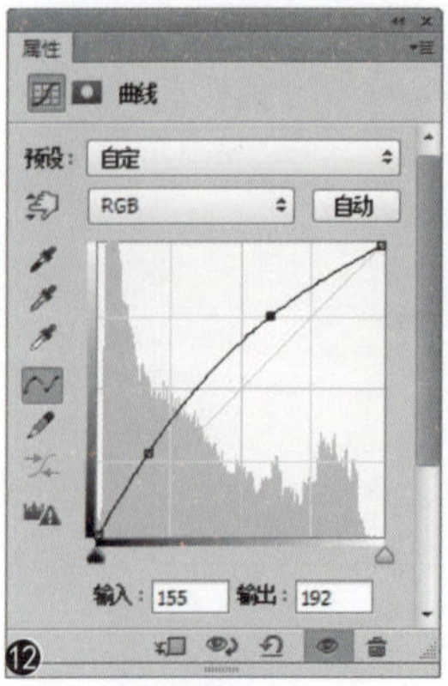

07 人物的眼睛、头发、嘴唇和牙齿等有些过于模糊，需要恢复为清晰效果。选择柔角画笔工具，将工具的不透明度设置为30%，在眼睛、头发等处涂抹黑色，用蒙版遮盖图像，让“背景”图层中清晰的图像显现出来⑭⑮。

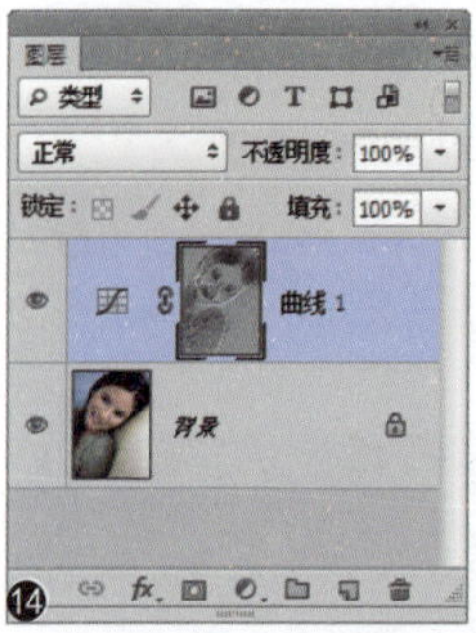

08 下面来处理眼睛中的血丝。选择“背景”图层。选择修复画笔工具，按住Alt键在靠近血丝处单击，拾取颜色⑯，然后放开Alt键在血丝上涂抹，将其覆盖⑰。

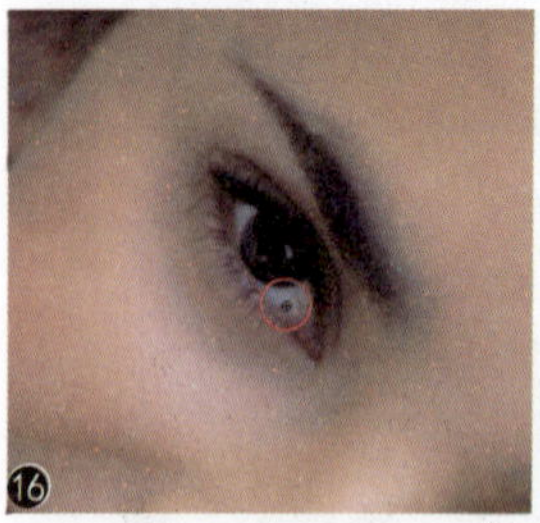

09 单击“调整”面板中的按钮，创建“可选颜色”调整图层，在“颜色”选项中选择“黄色”，通过调整减少画面中的黄色，使人物的皮肤颜色变得粉嫩⑱⑲。

10 按下 Alt+Shift+Ctrl+E快捷键，将磨皮后的图像盖印到一个新的图层中⑳，按下Ctrl +] 快捷键，将它移到最顶层㉑。

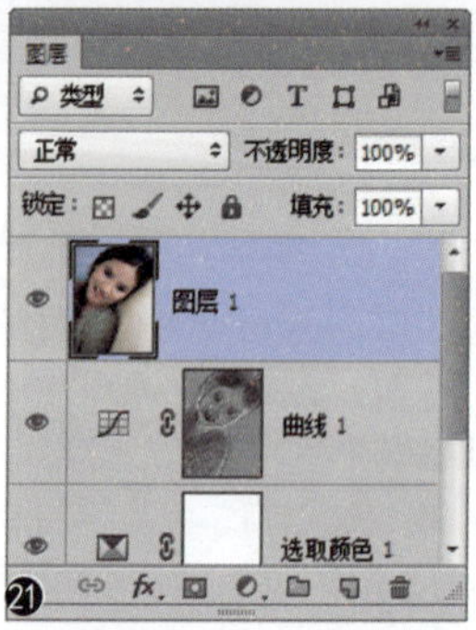

11 执行“滤镜>锐化>USM锐化”命令，对图像进行锐化，使图像效果更加清晰㉒㉓。

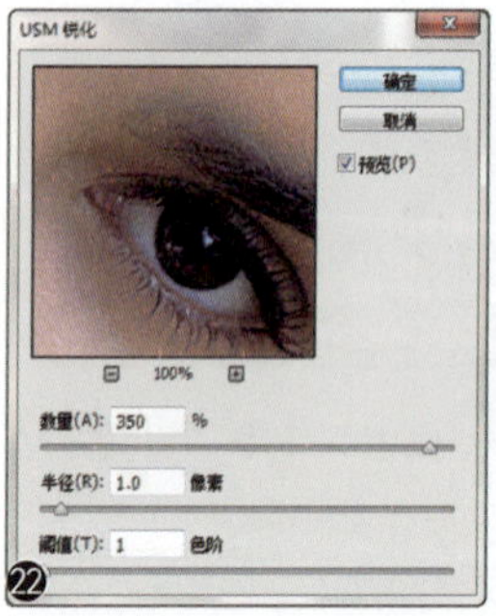

9.8.3 练习：还原肌肤细节的磨皮技术

人的皮肤与其年龄相匹配，人越年轻，皮肤越光滑。磨皮虽然可以让肌肤光洁、无暇，但处理过度就会使皮肤出现塑料感。下面我们来学习一种皮肤重塑技术，使磨皮后的肌肤能够呈现真实的纹理感。

01 打开素材文件❶。按下Ctrl+J快捷键，复制“背景”图层。执行“滤镜>模糊>表面模糊”命令，对图像进行模糊，消除纹理❷❸。

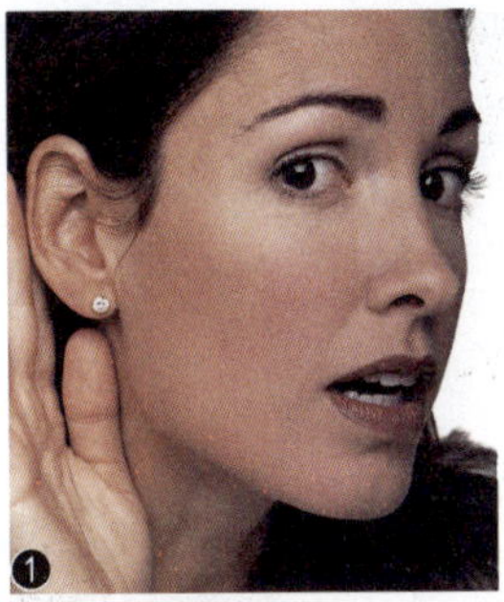

❶

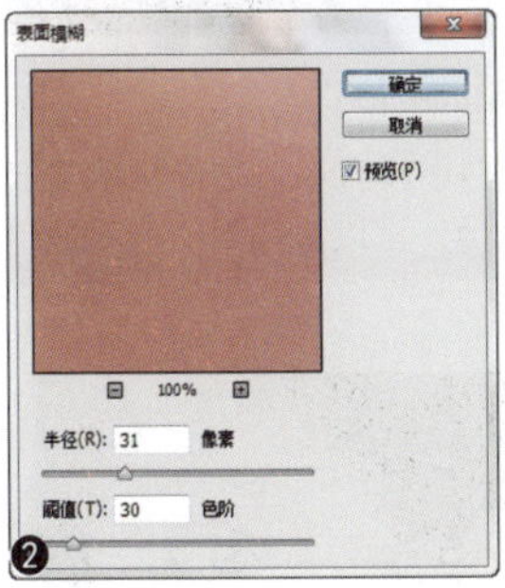

❷

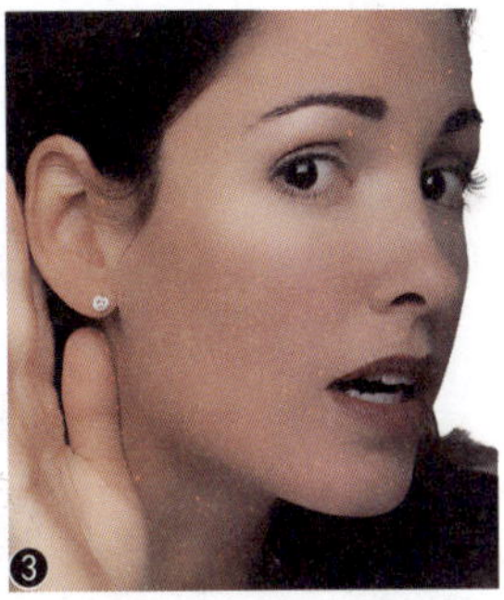

❸

02 按住Alt键单击“图层”面板底部的 按钮，创建一个黑色的蒙版，将滤镜效果隐藏，显示原图像。使用柔角画笔工具 在需要平滑的皮肤区域涂抹白色，显示经滤镜处理后的无纹理的光滑皮肤❹❺。

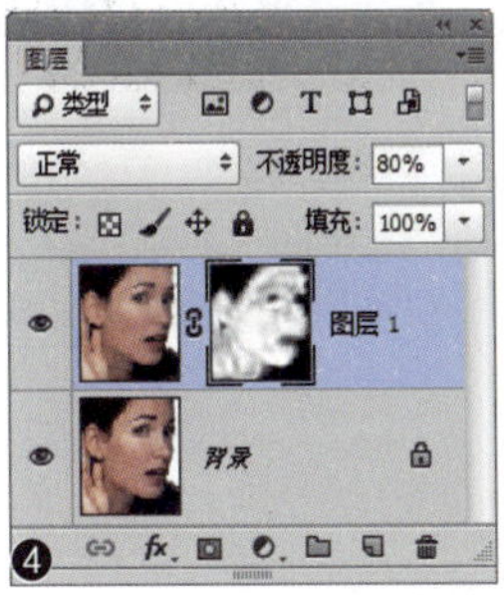

❹

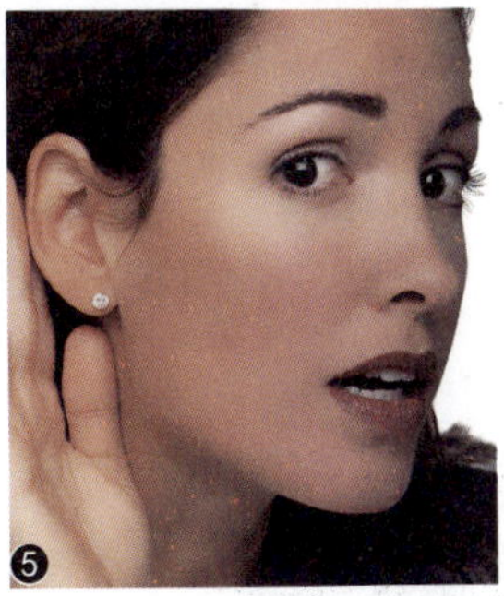

❺

03 按住Alt键单击 按钮，打开“新建图层”对话框，选择“叠加”模式，选取“填充叠加中性色”选项❻，创建“叠加”模式的中性色图层❼。

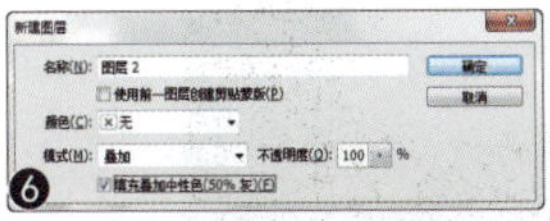

❻

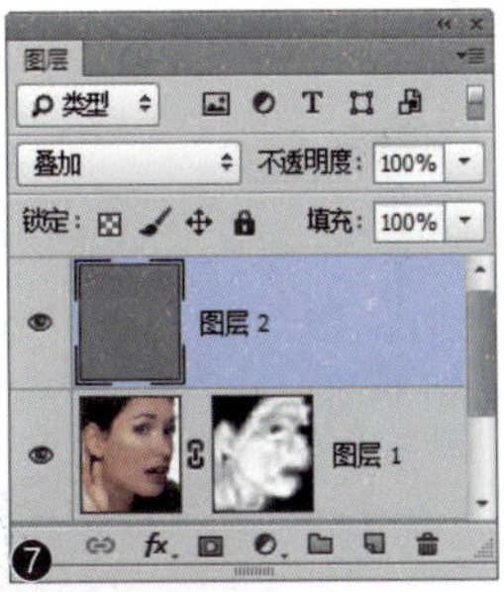

❼

04 执行“滤镜>杂色>添加杂色”命令，选取“平均分布”和“单色”选项，在中性色图层中添加杂色❽❾。执行“滤镜>模糊>高斯模糊”命令，对杂色进行轻微的柔化处理❿⓫。

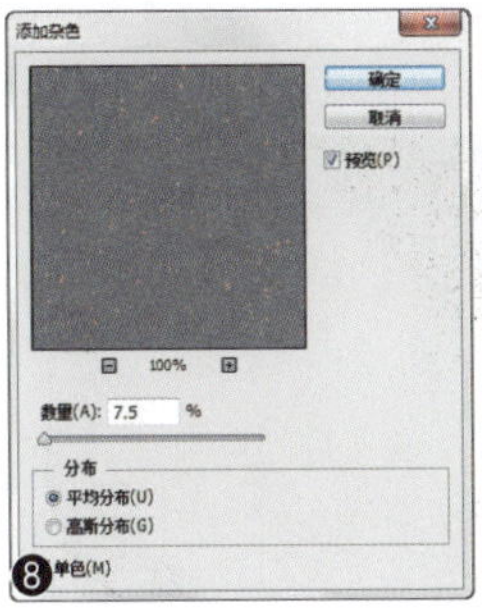

❽

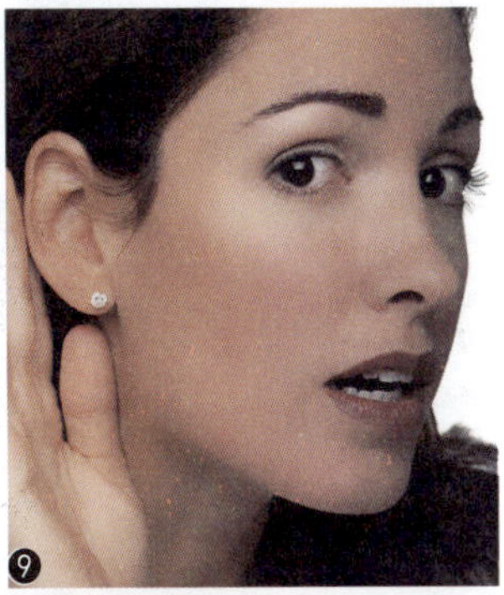

❾

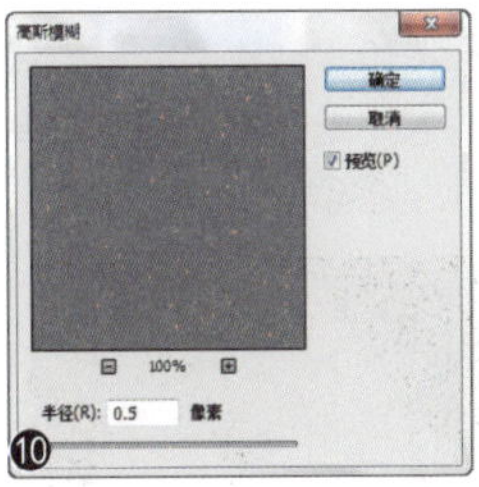

❿

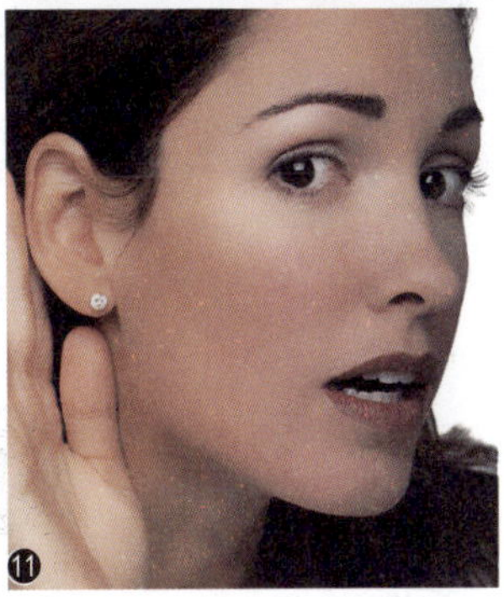

⓫

05 执行“滤镜>风格化>浮雕效果”命令，使纹理呈现立体感⓬⓭。

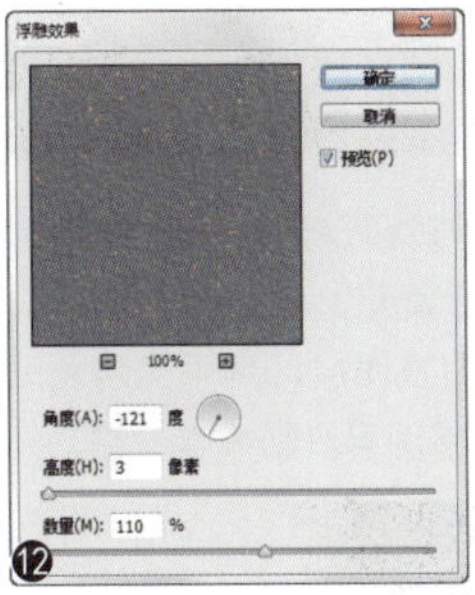

⓬

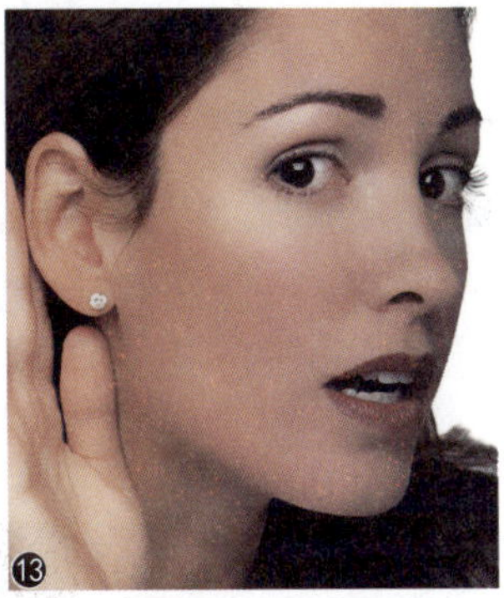

⓭

06 执行“编辑>渐隐浮雕效果”命令，打开“渐隐”对话框，将不透明度设置为80%，降低滤镜效果的强度⓮，使纹理变得柔和⓯。

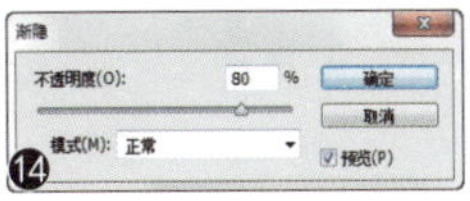

⓮

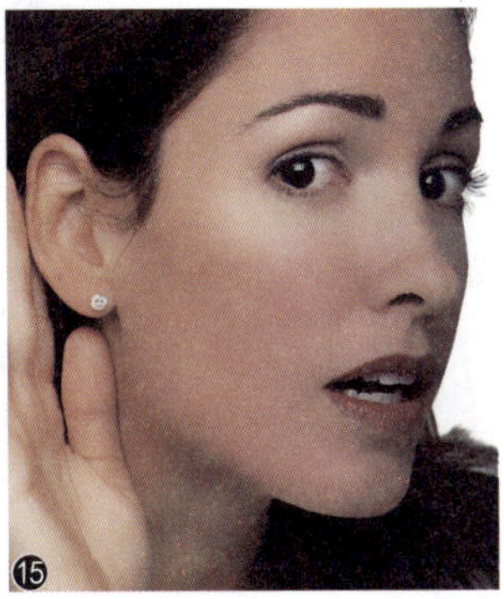

⓯

07 单击“调整”面板中的 按钮，创建“可选颜色”调整图层，降低红色中洋红和黄色的含量，使肤色变得白皙⑯⑰。

⑯

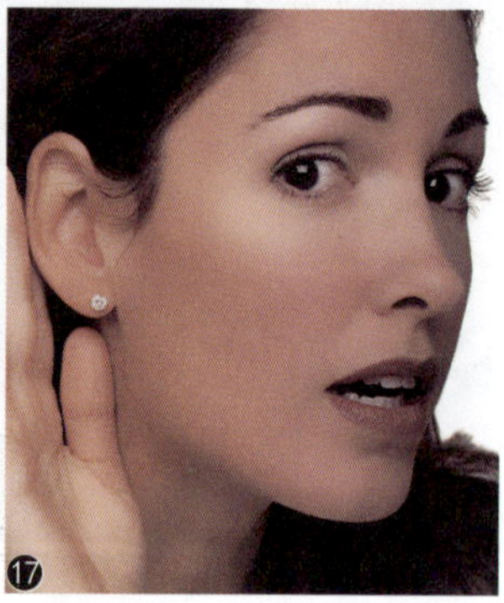

⑰

08 单击“调整”面板中的 按钮，创建“曲线”调整图层。在“曲线”下拉列表中选择“线性对比度（RGB）”选项，增加色调的对比度⑱⑲。

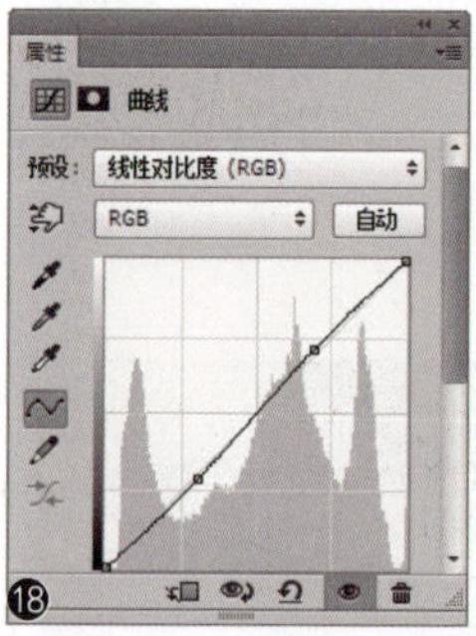

⑱

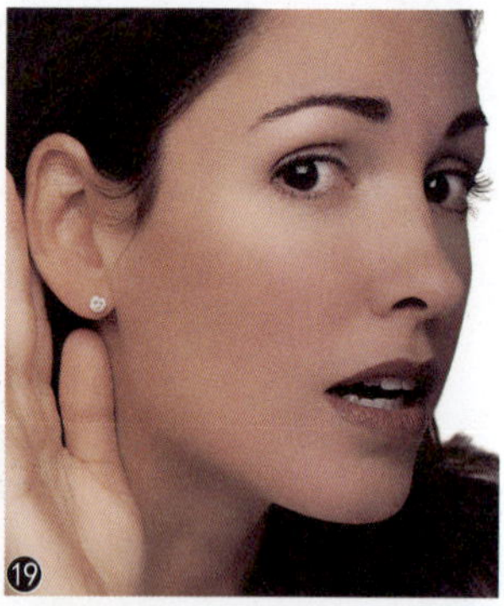

⑲

09 单击“调整”面板中的 按钮，创建“色相/饱和度”调整图层，对红色进行调整，增加饱和度⑳。在图像中填充黑色，用蒙版遮盖调整图层，再用柔角画笔工具 在嘴唇上涂抹白色，使调整图层只影响嘴唇㉑。

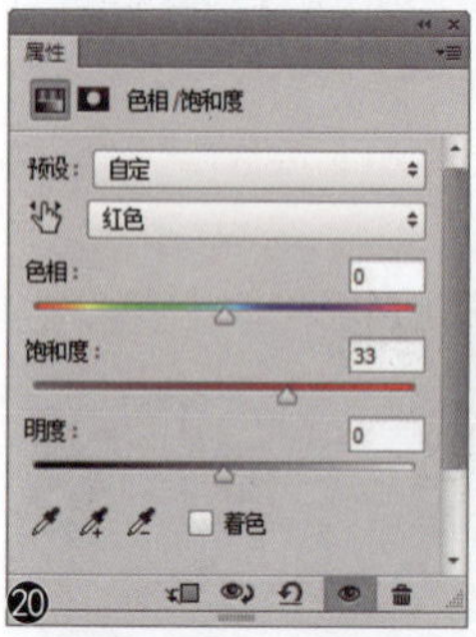

⑳

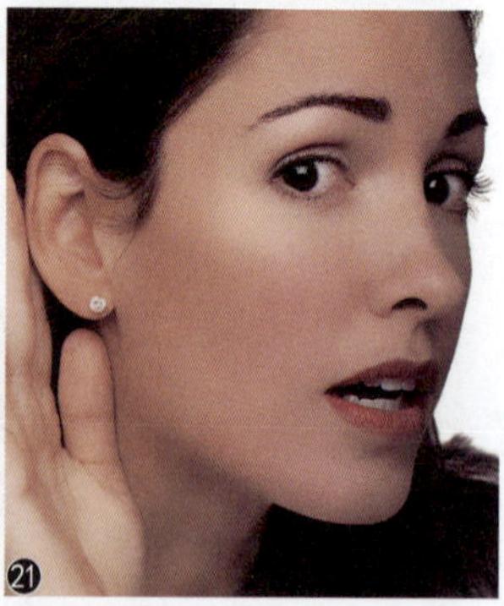

㉑

10 单击“图层1”的缩览图，选择该图层。将它的不透明度设置为80%，显示少许“背景”图层中真实的肌肤纹理，人造的肌肤就不会显得过假㉒㉓。

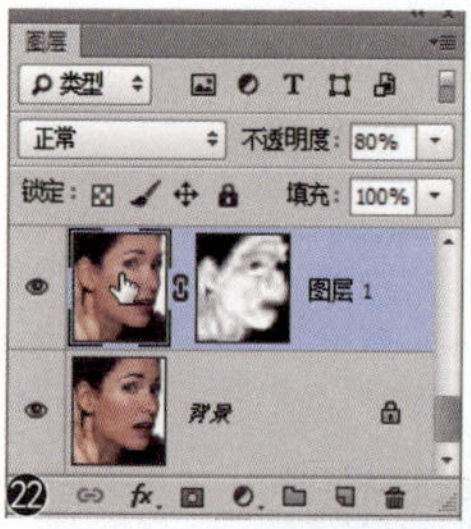

㉒

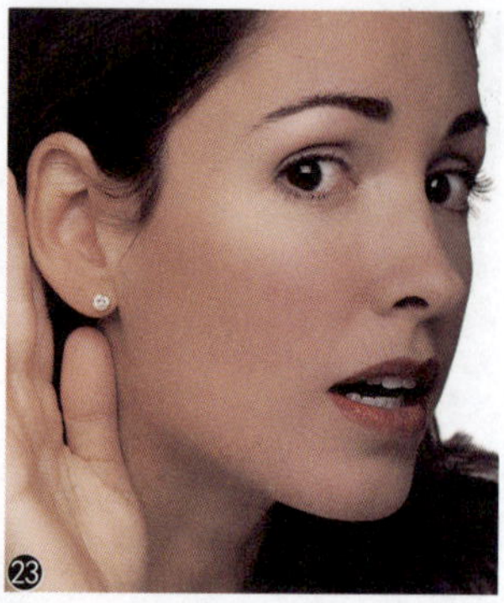

㉓

11 单击 按钮，新建一个图层。使用仿制图章工具 ，按住Alt键在眼白中没有血丝的区域单击取样，然后将眼睛中的血丝涂抹掉。可以将该图层的不透明度设置为80%㉔㉕。

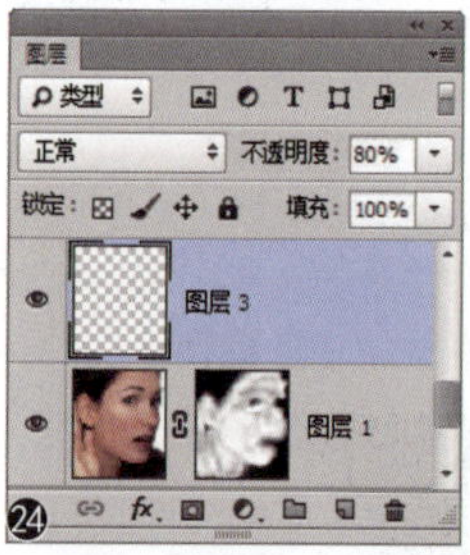

㉔

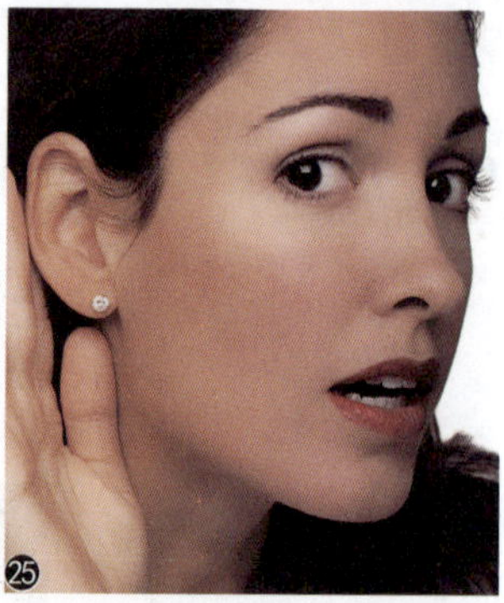

㉕

12 使用吸管工具 ，在人物脸颊处的浅粉色区域单击，进行颜色取样；然后用大一点的柔角画笔工具 （不透明度为5%）在颧骨、额头等颜色较深的区域涂抹，平衡皮肤的颜色㉖。

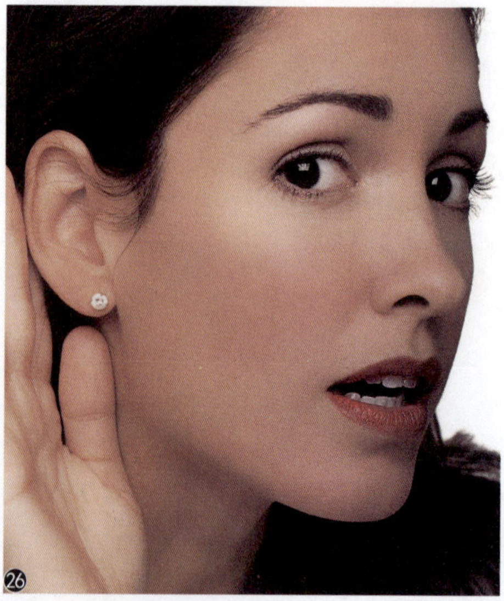

㉖

9.9 降噪

噪点是数码照片中的杂色、杂点，是影响图像细节、破坏画质的有害对象。降噪就是使用滤镜模糊图像，使噪点不再明显或者完全融入图像内容中。

9.9.1 噪点的成因和表现形式

数码照片中噪点的形成原因比较复杂。有照相设备的因素。数码相机内部的影像传感器在工作时受到电路的电磁干扰，就会生成噪点。尽管数码相机的控噪能力越来越强，但噪点仍是目前无法攻克的难题。

拍摄环境也会导致噪点的形成。尤其是在夜里或光源较暗的环境中拍摄，需要提高ISO感光度，以便传感器增加CCD所接收的进光量，单元之间受光量的差异是产生噪点的原因。

在Photoshop中进行后期处理时，将黄昏、夜景等低光照环境下拍摄的照片的曝光调亮，或者颜色的调整幅度大一些，以及进行锐化时，都会增强图像中所有的细节，噪点颗粒和杂色也会被强化。

数码照片中的噪点分为两种：明度噪点和颜色噪点❶。明度噪点会让图像看起来有颗粒感；颜色噪点则是彩色的颗粒。

①

9.9.2 “减少杂色”滤镜

噪点即杂色。“杂色”滤镜组有4种滤镜，可以去除杂色或带有随机分布色阶的像素。其中的“减少杂色”滤镜是降噪利器，它能基于影响整个图像或各个通道的设置保留边缘，同时减少杂色。

打开一张照片❶。执行“滤镜>杂色>减少杂色”命令，打开“减少杂色”对话框❷。

①

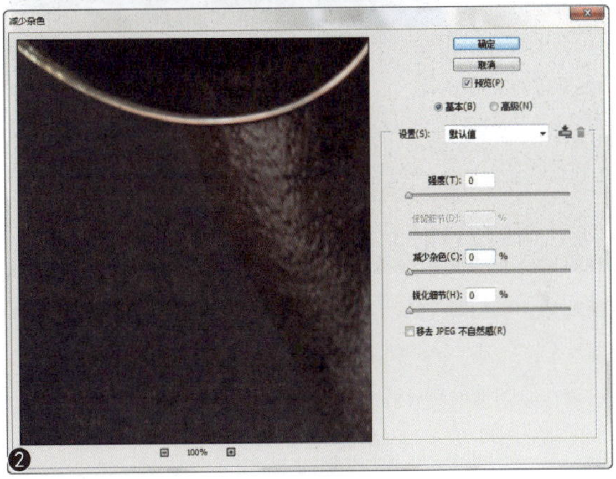

②

基本选项

- **设置**：单击按钮，可以将当前设置的调整参数保存为一个预设，以后需要使用该参数调整图像时，可在“设置”下拉列表中将它选择，从而对图像自动调整。如果要删除创建的自定义预设，可以单击按钮。
- **强度**：用来控制应用于所有图像通道的亮度杂色的减少量❸❹。

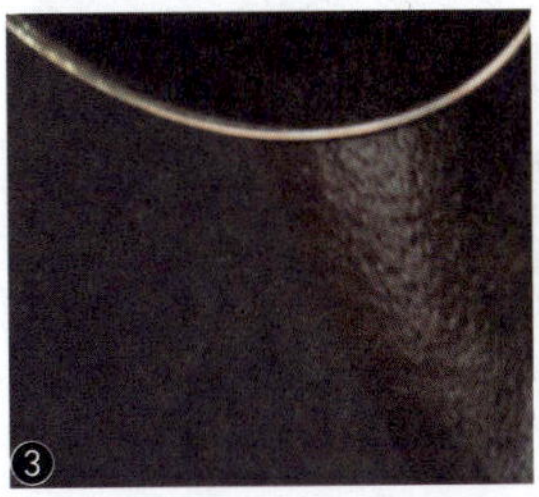
③ 强度0、保留细节0

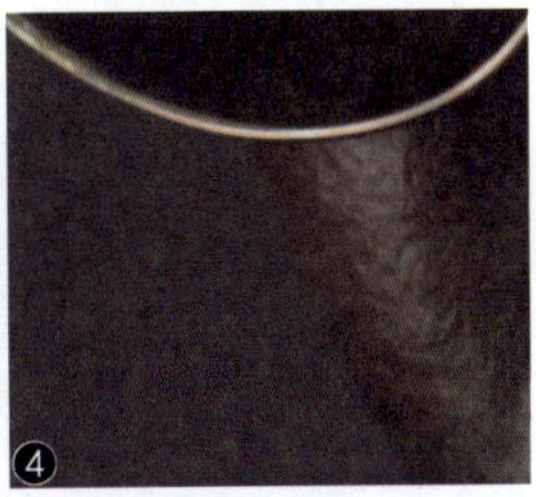
④ 强度10、保留细节0

● **保留细节：** 用来设置图像边缘和图像细节的保留程度。当该值为 100%时，可保留大多数图像细节，但亮度杂色减少不明显❺❻。

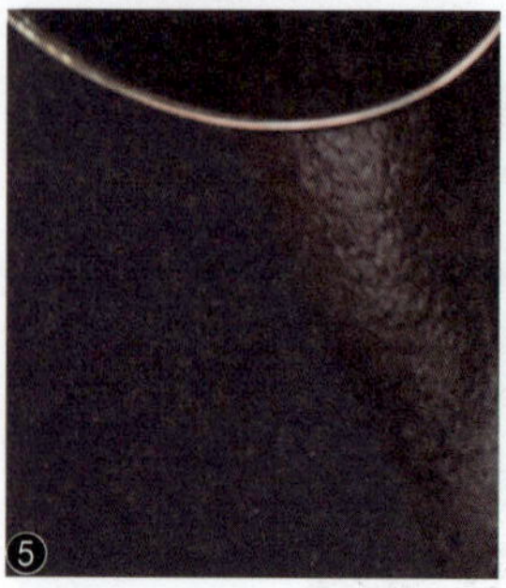

强度10、保留细节50%

强度10、保留细节100%

● **减少杂色：** 用来消除随机的颜色像素，该值越高，减少的杂色越多。

● **锐化细节：** 可以对图像进行锐化❼❽。

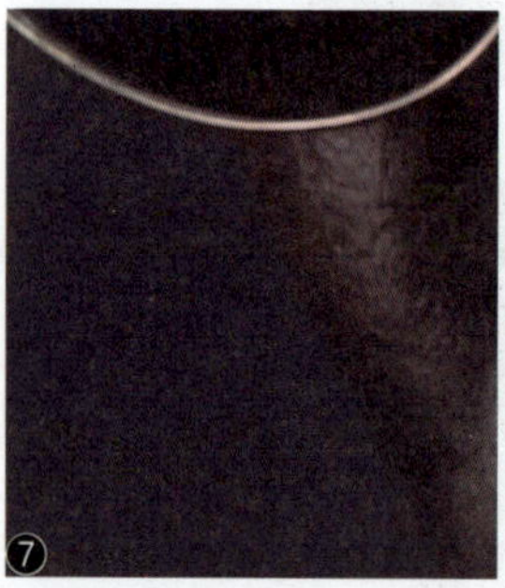

强度10、锐化细节0%

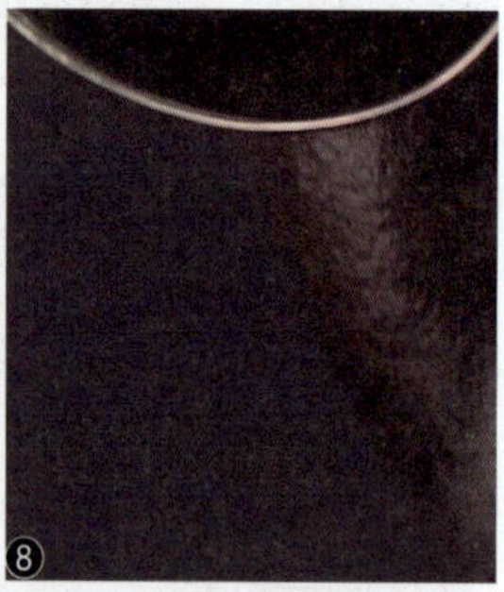

强度10、锐化细节100%

● **移去 JPEG 不自然感：** 可以去除由于使用低 JPEG 品质设置存储图像而导致的斑驳的图像伪像和光晕。

高级选项

选取“高级”选项后，可以显示两个选项卡，“基本”选项卡与基本调整方式中的选项相同❾。“每通道”选项卡可以对各个颜色通道进行单独处理❿~⓬。如果亮度杂色在一个或两个颜色通道中较明显，可以从“通道”菜单中选取相应的颜色通道，对其进行单独处理。

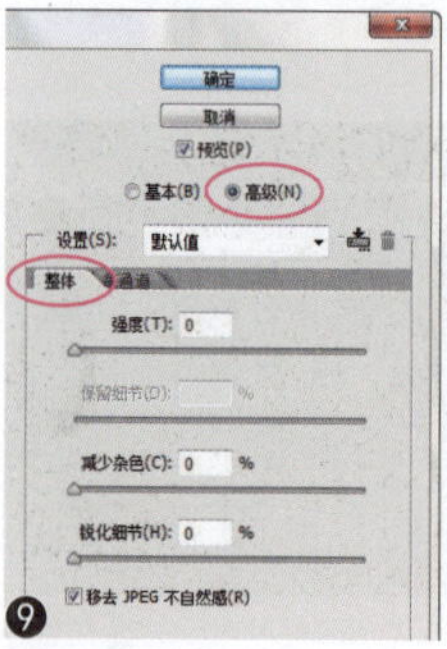

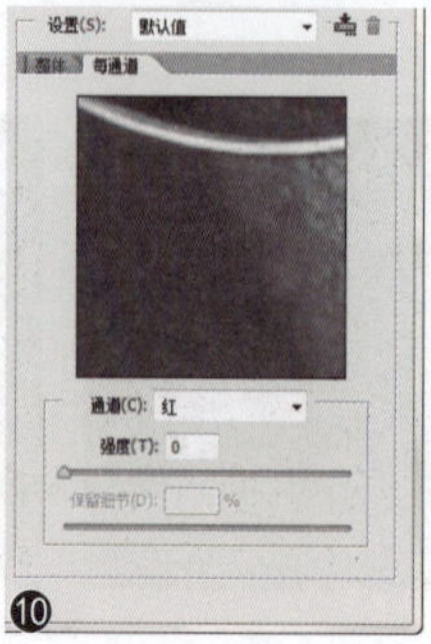

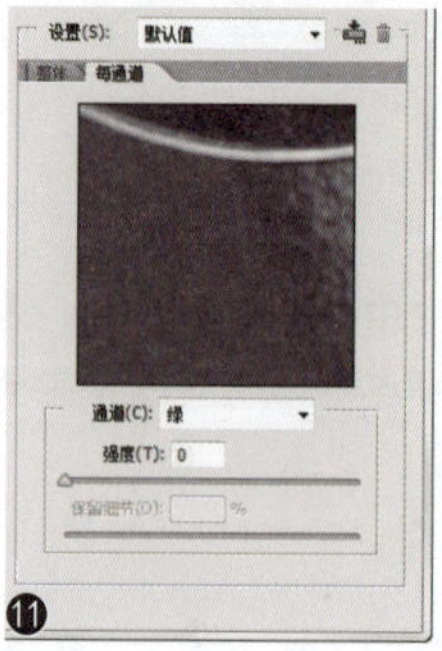

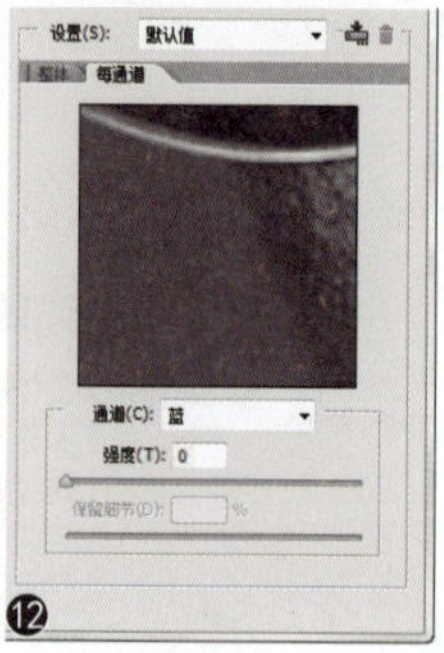

9.9.3 “蒙尘与划痕”滤镜

“蒙尘与划痕”滤镜通过更改相异的像素来减少杂色，对于去除扫描图像中的杂点和折痕特别有效。

执行“滤镜>杂色>蒙尘与划痕”命令，打开“蒙尘与划痕”对话框❶。为了在锐化图像和隐藏瑕疵之间取得更好的平衡，可以尝试“半径”与“阈值”设置的各种组合。“半径”值越高，模糊程度越强；“阈值”则用于定义像素的差异有多大才能被视为杂点，因此，该值越高，去除杂点的效果反而越弱。

9.9.4 “去斑”滤镜

“去斑”滤镜可以检测图像边缘发生显著颜色变化的区域，并模糊除边缘外的所有选区，消除图像中的斑点，同时保留细节。扫描图像后，可以使用它进行去网处理。该滤镜没有对话框和参数选项。

9.9.5 “中间值”滤镜

“中间值”滤镜通过混合选区中像素的亮度来减少图像的杂色❶。该滤镜可以搜索像素选区的半径范围以查找亮度相近的像素，扔掉与相邻像素差异太大的像素，并用搜索到的像素的中间亮度值替换中心像素，在消除或减少图像的动感效果时非常有用。

9.9.6 练习：通道降噪

降噪是通过模糊图像的方法使噪点看上去不明显。要完全清除噪点，则可能得不偿失，因为模糊效果过强的话，会连带图像的细节也变得模糊不清。

在前面我们介绍过，图像信息保存在颜色通道，那么噪点肯定也出现在颜色通道中，如果我们对噪点多的通道进行较大幅度的模糊，对噪点少的通道进行轻微模糊或者不做处理，就可以在确保图像清晰度的情况下，最大程度地消除噪点。下面的练习是具体操作方法。

01 打开照片素材❶。双击缩放工具🔍，让图像以100%的比例显示，这样才能看清细节。可以看到，颜色噪点还是比较多的❷。

02 我们再来看看，哪个通道中噪点最多。按下Ctrl+3、Ctrl+4、Ctrl+5快捷键，分别显示红、绿、蓝通道❸~❺。可以看到，噪点在各个颜色通道中的分布并不均匀，蓝通道噪点最多，红通道最少。

以100%的比例显示图像

红通道

绿通道

蓝通道

03 按下Ctrl+2快捷键，恢复彩色图像的显示。执行“滤镜>杂色>减少杂色”命令，打开“减少杂色”对话框。选择“高级”单选项，然后进入“每通道”选项卡，在“通道”下拉列表中选择“蓝”选项，拖曳滑块，减少蓝通道中的杂色❻。

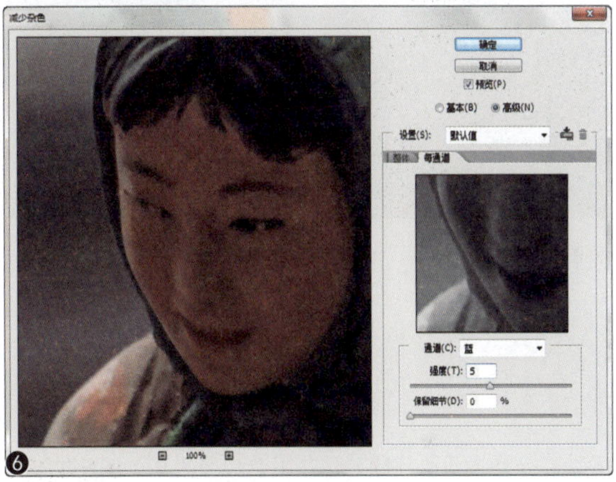

04 在“通道”下拉列表中选择“绿”选项，减少绿通道中的杂色❼。

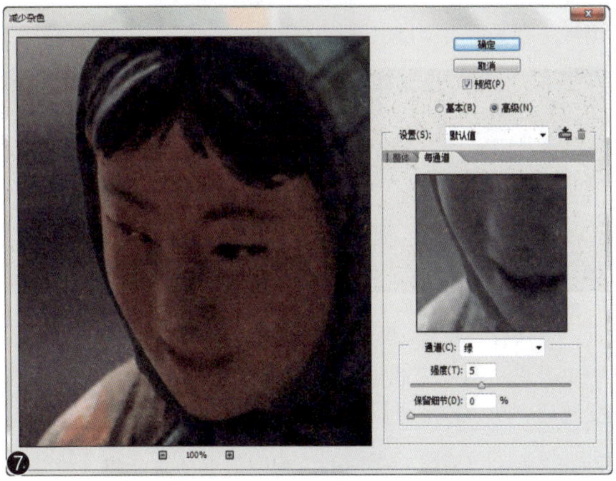

05 红通道噪点很少，不做处理，以免图像太过模糊。进入“整体”选项卡。将“强度”和“减少杂色”值调到最高，“保留细节”和“锐化”设置为60%，在图像中保留必要的细节并进行锐化处理❽~❿。

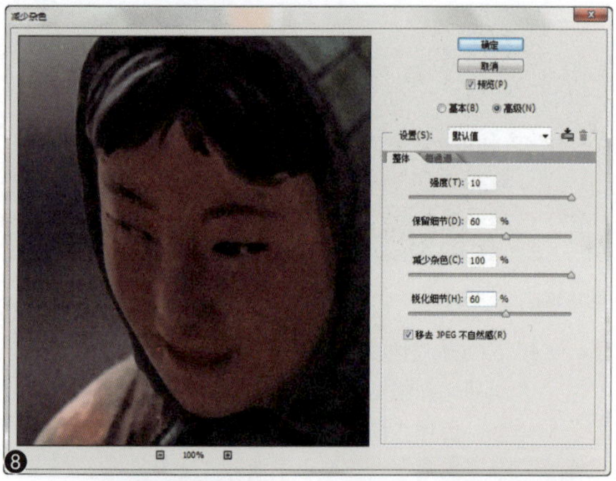

原图

降噪后

9.9.7 练习：Lab模式降噪

01 打开夜景照片❶。这是用普通数码相机拍摄的，机器本身的噪点控制能力就不高，又是夜景，效果就可想而知了。用鼠标双击缩放工具，观察细节❷，可以看出，主要是明度噪点，没什么杂色。

02 执行“图像>模式>Lab颜色”命令，转换为Lab模式。执行“滤镜>杂色>减少杂色”命令，选择明度通道，对该通道进行模糊处理，减少噪点❸。

03 单击“整体”选项卡，为图像整体降噪❹。然后关闭对话框。观察降噪效果。现在建筑上的噪点不明显了❺，天空中还有很多噪点❻，也比较明显。

04 天空没有重要内容，使用多边形套索工具将其选取❼，执行“滤镜>模糊>高斯模糊”命令，对天空进行模糊处理❽~❿。

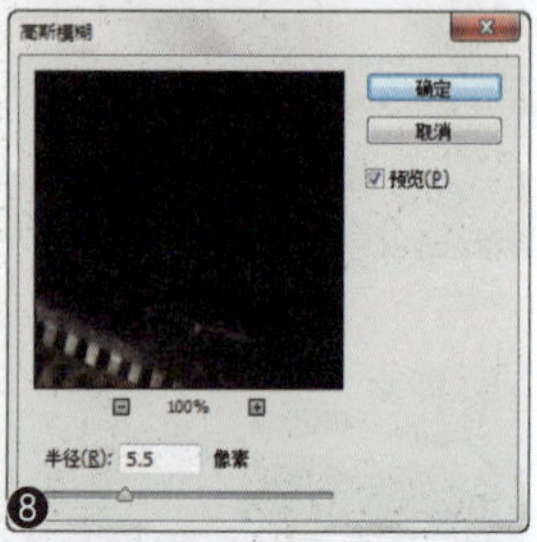

原图

降噪后

9.10 锐化

如果拍摄照片时持机不稳，或者没有准确对焦，图像的细节就会出现模糊。锐化是使用滤镜提升图像清晰度的操作，在数码照片处理流程中处于最后的环节。

9.10.1 锐化原理和时机

Photoshop通过提高相邻像素之间的对比度，使图像看起来更加清晰❶❷。

原图

锐化效果

锐化并不能使模糊的细节恢复为清晰效果，它只是提高图像边缘（如树叶边缘、脸部轮廓、眉毛、头发等细节，非画面四周的边框）的对比度，使其更易识别，从而给人造成清晰的错觉。锐化如果控制不好，反而会破坏图像，影响画质❸~❻。

原图

锐化不足

适度的锐化

过度的锐化

锐化的时机很重要。一般都安排在最后环节，即裁剪、调整曝光和色彩、修饰、调整大小和分辨率等之后进行。如果在最开始阶段进行锐化，调整曝光和色彩时，会使边缘更加强化，致使后面的锐化操作空间受到压制，导致后续操作无法进行下去。另外，调整图像大小和分辨率时，也可能会使清晰度发生改变，将锐化放在最后，是比较合理的安排。

9.10.2 轻度锐化

“滤镜>锐化”菜单中有3个滤镜可以进行幅度较轻的锐化。

效果最轻微的是“锐化”滤镜，“进一步锐化”比它的效果强烈一些，相当于应用了2～3次“锐化”滤镜。这两个滤镜会影响图像的全部区域。“锐化边缘”滤镜可以只锐化图像的边缘，同时保留总体的平滑度，但锐化效果也不是很强。这3个滤镜都没有对话框和控制选项。

9.10.3 局部锐化

锐化工具△也可以增强相邻像素之间的对比，从而提高图像的清晰度，比较适合处理小范围内的图像细节。

选择该工具以后，在图像中单击并拖曳鼠标即可进行处理❶❷。操作时，尽量不要在同一区域反复涂抹，否则会造成图像失真。

原图

锐化花蕊

在锐化工具△的选项栏中可以选择笔尖，设置工具强度❸。

- **画笔**：可以选择一个笔尖，模糊或锐化区域的大小取决于画笔的大小。单击按钮，可以打开“画笔”面板。
- **模式**：用来设置涂抹效果的混合模式。
- **强度**：用来设置工具的修改强度。
- **对所有图层取样**：如果文档中包含多个图层，勾选该选项，表示使用所有可见图层中的数据进行处理；取消勾选，则只处理当前图层中的数据。

● **保护细节**：勾选该选项，可以增强细节，弱化不自然感。如果要产生更夸张的锐化效果，应取消选择此选项。

9.10.4 USM锐化

“USM锐化”是从传统摄影暗房演变而来的锐化技术。它可以在图像中查找颜色发生显著变化的区域，在其边缘的每侧生成一条亮线和一条暗线，这一过程会使边缘更加明显，易于辨认，使图像看起来更加清晰。对于专业的色彩校正，可以用该滤镜调整边缘细节的对比度。

打开一个图像❶，执行“滤镜>锐化>USM锐化”命令，打开“USM锐化”对话框❷。

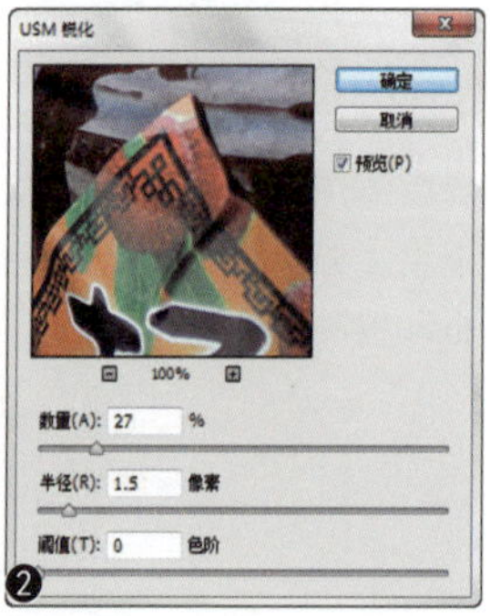

● **数量**：用来设置锐化效果的强度。该值越高，锐化效果越明显❸❹。

数量100%

数量500%

● **半径**：用来设置锐化范围。该值如果设置得过高，图像周围会出现明显的亮光❺❻。

数量100%、半径10像素

数量500%、半径100像素

● **阈值**：相邻像素间的差值需要达到该值所设定的范围时才能够被锐化。该值为0时，锐化所有内容❼。增加该值时，只有那些差异很大的像素才会被锐化，因此，该值越高，被锐化的像素就越少❽。

半径5像素、阈值0

半径5像素、阈值255

9.10.5 “智能锐化”滤镜

打开照片❶，执行“滤镜>锐化>智能锐化”命令，打开“智能锐化”对话框❷。该滤镜提供了基本和高级两种锐化方式。基本方式包含与“USM锐化”相同的“数量”和“半径”选项，并增加了锐化算法（“移去”），可以针对高斯模糊、镜头模糊和动感模糊进行锐化。高级方式可以分别控制阴影和高光区域的锐化量。在操作时，可以单击对话框底部的⊞按钮，将窗口的缩放比例调整到100%，以便更好地观察锐化效果。

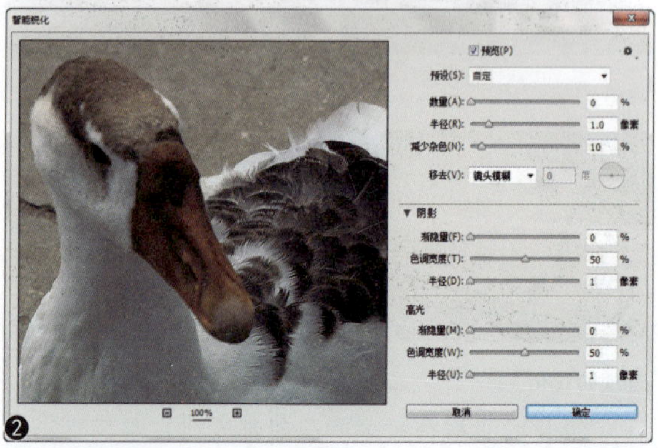

基本锐化选项

● **数量**：用来设置锐化数量，较高的值可以增强边缘像素之间的对比度，使图像看起来更加锐利❸❹。

数量100%、半径1

数量500%、半径1

● 半径：决定了受锐化影响的边缘像素的数量，半径值越大，受影响的边缘就越宽，锐化的效果也就越明显❺❻。

数量100%、半径5

数量100%、半径10

● 减少杂色：通过模糊的方法减少杂色，同时保持重要边缘不受影响❼❽。

减少杂色0%

减少杂色100%

● 移去：在该选项下拉列表中可以选择锐化算法。选择“高斯模糊”选项，表示使用“USM 锐化”滤镜的方法进行锐化；选择“镜头模糊”选项，可以检测图像中的边缘和细节，对细节进行更精细的锐化，并减少锐化的光晕；选择“动感模糊”选项，可通过设置“角度”来减少由于相机或主体移动而导致的模糊效果。

● 预设：打开“预设”下拉菜单后，执行“存储预设”命令，可以将当前设置的锐化参数保存为一个预设的参数，此后需要使用它锐化图像时，可以执行菜单中的“载入预设”命令，加载预设文件。

锐化阴影和高光

在“智能锐化”对话框中，“阴影”和“高光”选项组可以单独控制阴影区域和高光区域的锐化量。如果图像暗部或亮部的锐化光晕看起来过于强烈，可以使用这些控件减少光晕。

● 渐隐量：可以降低锐化效果❾❿。类似于“编辑”菜单中的“渐隐”命令（171页）。

阴影渐隐量0%

阴影渐隐量100%

● 色调宽度：用来设置阴影和高光中色调的修改范围。在“阴影”选项组中，较小的值会限制只对较暗区域进行阴影校正调整；在“高光”选项组中，较小的值只对较亮区域进行“高光”校正调整。

● 半径：用来控制每个像素周围区域的大小，它决定了像素是在阴影还是在高光中。向左移动滑块会指定较小的区域，向右移动滑块会指定较大的区域。

9.10.6 “防抖”滤镜

“防抖”滤镜是Photoshop CC的新增功能，是目前最强大的锐化工具，特别适合处理曝光适度且杂色较低的静态相机图像，包括使用长焦镜头拍摄的室内或室外图像，在不开闪光灯的情况下使用较慢的快门速度拍摄的室内静态场景图像。该滤镜还可以锐化图像中因为相机运动而产生的模糊文本，以及减少由某些相机运动类型产生的模糊，包括线性运动、弧形运动、旋转运动和 Z 字形运动，挽救因相机抖动而失败的照片，锐化效果令人惊叹。

打开照片❶，执行“滤镜>锐化>防抖”命令，打开“防抖”对话框❷。Photoshop 会自动分析图像中最适合使用防抖功能的区域，确定模糊的性质，并推算出整个图像最适合的修正建议，经过修正的图像会在“防抖”对话框中显示。

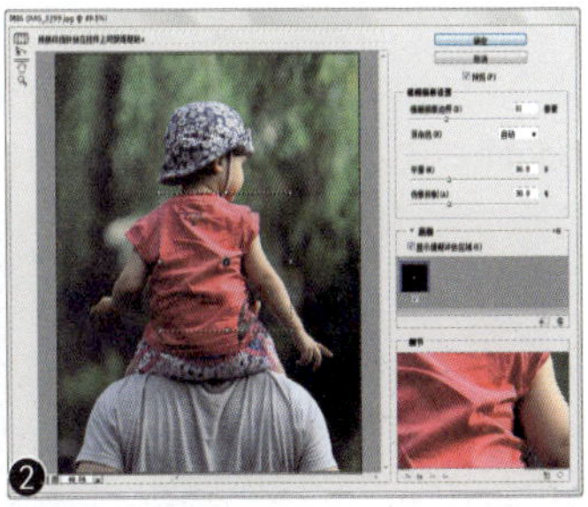

工具和基本选项

● 模糊评估工具 ：使用该工具在对话框中的画面上单击，窗口右下角的“细节”预览区会显示单击点图像的细节❸。在画面上单击并拖曳鼠标，则可以自由定义模糊评估区域。

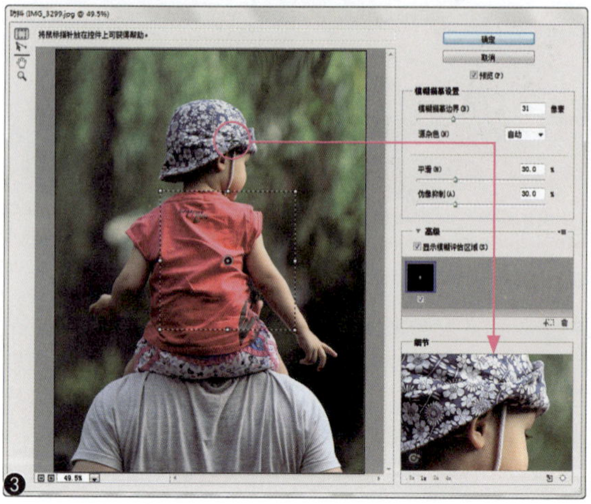

● 模糊方向工具 ：使用该工具可以在画面中手动绘制表示模糊方向的直线，适合处理相机线性运动产生的模糊。如果要准确调整描摹长度和方向，可以在“模糊描摹设置”选项组中进行调整。按下 [或] 键可微调长度，按下 Ctrl+ [或 Ctrl+] 键可微调角度。

● 缩放工具 / 抓手工具 ：用来缩放窗口，移动画面。

● 预览：可以在窗口中预览滤镜效果。

● 模糊描摹边界：模糊描摹边界是 Photoshop 估计的模糊大小（以像素为单位）❹❺。我们也可以拖曳该选项中的滑块，自己调整。

模糊描摹边界10像素

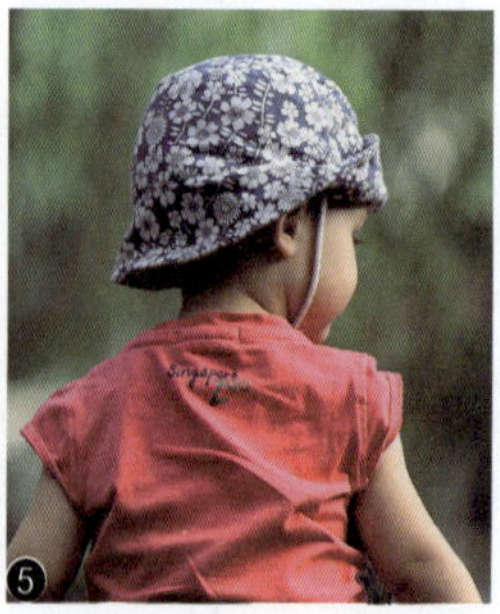

模糊描摹边界199像素

● 平滑：可以减少由于高频锐化而出现的杂色❻❼。Adobe 的建议是将“平滑”保持为较低的值。

平滑50%

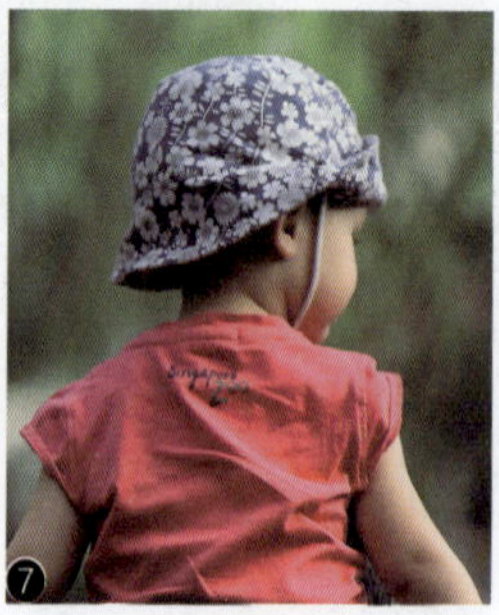

平滑100%

● 源杂色：默认状态下，Photoshop 会自动估计图像中的杂色量。我们也可以根据需要选择不同的值（自动/低/中/高）。

● 伪像抑制：在锐化图像的过程中，如果图像中出现了明显的杂色伪像❽，可以将“伪像抑制”设置为较高的值，以便抑制这些伪像❾。100% 伪像抑制会产生原始图像，而 0% 伪像抑制则不会抑制任何杂色伪像。

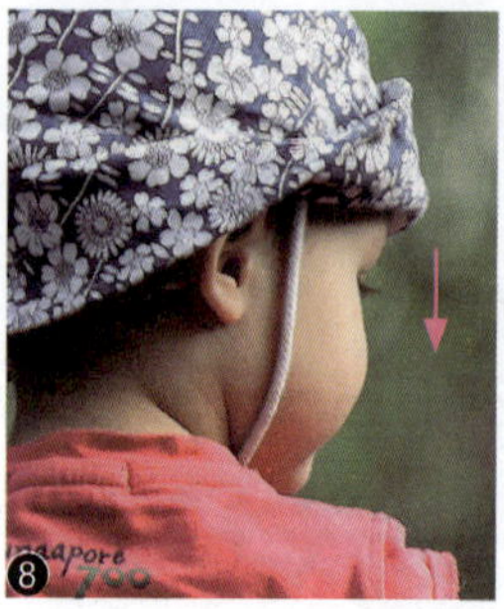

伪像抑制0%

伪像抑制100%

高级选项

图像的不同区域可能具有不同形状的模糊。在默认状态下，“防抖”滤镜只将模糊描摹（模糊描摹表示影响图像中选定区域的模糊形状）应用于图像的默认区域——Photoshop所确定的最适合于模糊评估的区域❿。如果想要让Photoshop帮助我们创建新的模糊评估区域，可以单击“高级”选项组中的按钮，Photoshop 会突出显示图像中适合于模糊评估的区域，并创建它的模糊描摹⓫。

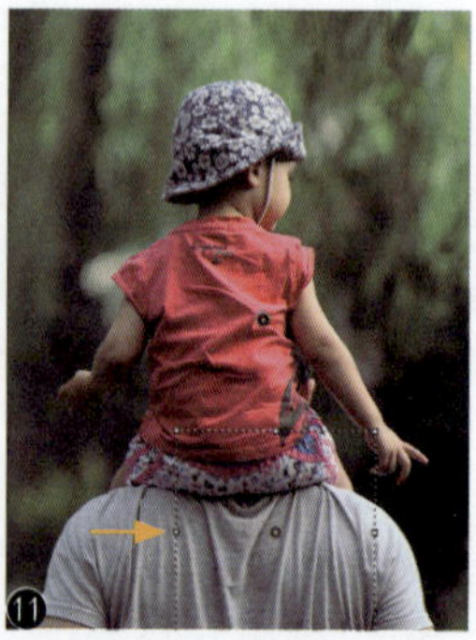

我们也可使用模糊评估工具，在具有一定边缘对比的图像区域中手动创建模糊评估区域⓬。并且，可以像调整定界框一样，拖曳控制点调整模糊评估区域的大小和位置⓭。

创建多个模糊评估区域以后，按住Ctrl键单击它们⓮，Photoshop 会显示它们的预览窗口⓯，此时可调整窗口上方的“平滑”和“伪像抑制”选项，并查看对图像有何影响。

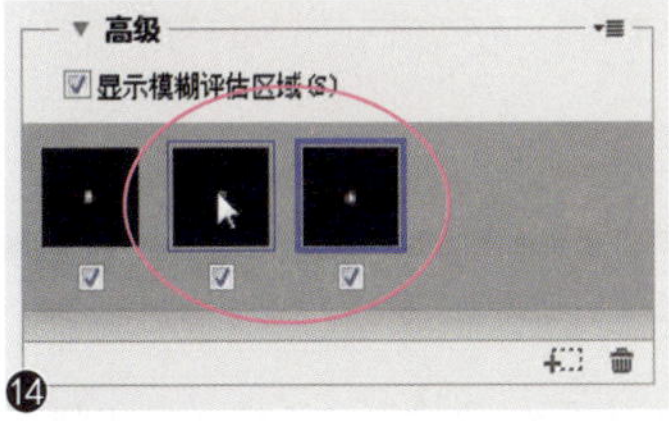

如果要删除一个模糊评估区域，可以在“高级”选项组中单击它，然后单击🗑按钮⑯⑰。如果要隐藏画面中的模糊评估区域组件，可以取消对“显示模糊评估区域”选项的选取。

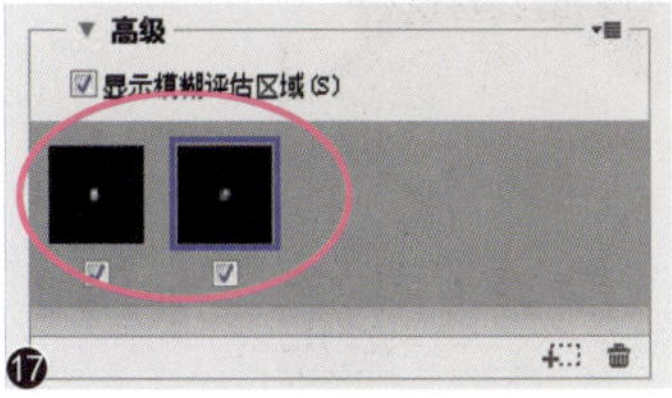

提 示（Tips）

创建模糊评估区域后，单击“高级”选项右侧的▾≡按钮打开下拉菜单，选择“存储模糊描摹”命令，可将其存储。如果要将其用于其他图像，可执行菜单中的“载入”命令。

查看细节

单击“细节”选项组左下角的图标⑱，模糊评估区会自动移动到“细节”窗口中所显示的图像位置上⑲。

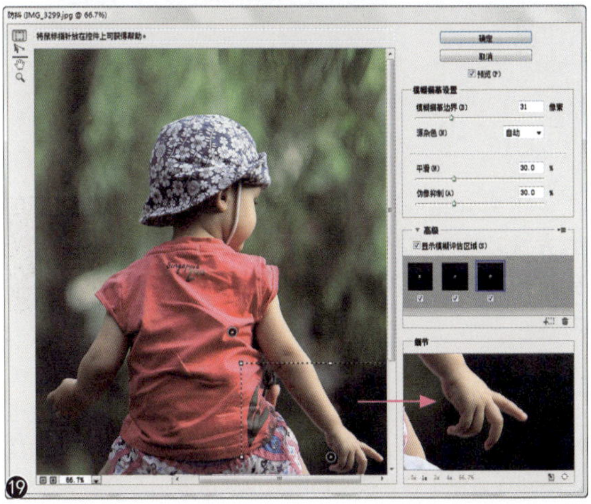

单击按钮或按下Q键，“细节”窗口会移动到画面上⑳。在该窗口中单击并拖曳鼠标，可以移动它的位置㉑。如果想要观察哪里的细节，就可以将窗口拖放到其上方。再次按下Q键，可将其停放回原先的位置上。

9.10.7

练习：边缘锐化法

下面介绍一种只锐化图像重要边缘的方法，它对其他区域的影响较小。这种技术非常适合锐化头发、羽毛等图像内容。

01 打开素材❶。按下Ctrl+A快捷键全选，按下Ctrl+C快捷键复制图像。单击“通道”面板中的按钮，新建一个Alpha通道❷；按下Ctrl+V快捷键，将图像粘贴到该通道中❸，按下Ctrl+D快捷键取消选择。

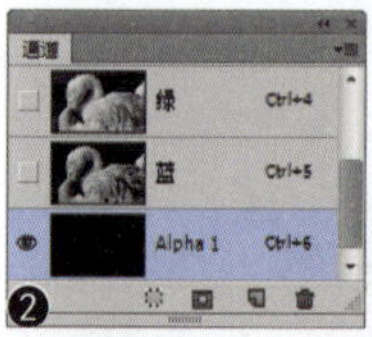

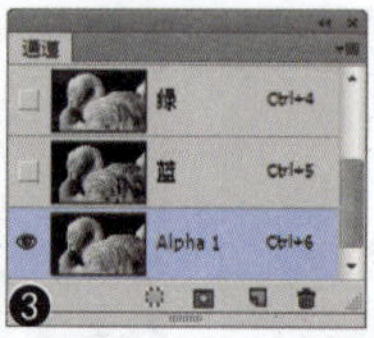

02 执行“滤镜>风格化>查找边缘”命令，将图像处理为铅笔素描效果，这样便将图像中反差强烈的边缘提取了出来❹。

03 按下Ctrl+L快捷键打开“色阶”对话框，将两侧的滑块向中间拖动，增加对比度，使重要的边缘更加清晰，并隐藏琐碎的细节❺❻。

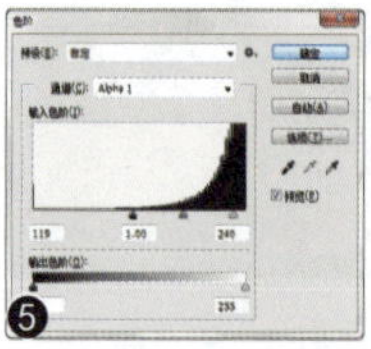

04 单击“通道”面板底部的按钮，从通道中的白色区域中载入选区；按下Shift+Ctrl+I快捷键反选，选中黑色和深色线条，它们才是需要锐化的❼。

05 按下Ctrl+2快捷键，显示彩色图像。为了更好地观察锐化结果，可以先按下Ctrl+H快捷键将选区隐藏❽。此时选区仍然存在，它会将锐化效果限定在选区内。

06 执行“滤镜>锐化>USM锐化”命令，打开“USM锐化”对话框，锐化选中的图像❾❿。关闭对话框。按下Ctrl+D快捷键取消选择。对于羽毛这类柔顺的对象，如果采用普通锐化的方法处理，羽毛的整体效果会非常生硬。边缘锐化只让重要边缘更加清晰，非边缘处的羽毛仍能很好地保持柔和状态，整体效果让人满意⓫⓬。

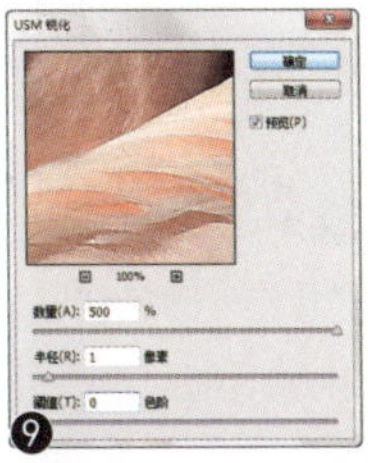

原图（局部）　　边缘锐化效果（局部）

9.10.8 练习：Lab明度通道锐化法

锐化会强化画面中图像内容的边缘，也会造成色彩鲜艳的对象周围出现明亮的彩色色晕。下面介绍的Lab锐化法可以避免这种情况。

Lab模式图像的颜色信息在a和b通道中，图像信息在明度通道。我们只锐化明度通道，就不会影响a和b通道中的颜色，因此，也就不会出现色晕和杂色。

01 打开照片素材❶。执行“图像>模式>Lab颜色”命令❷，将其转换为Lab模式。按住Ctrl键单击明度通道，载入选区❸❹。

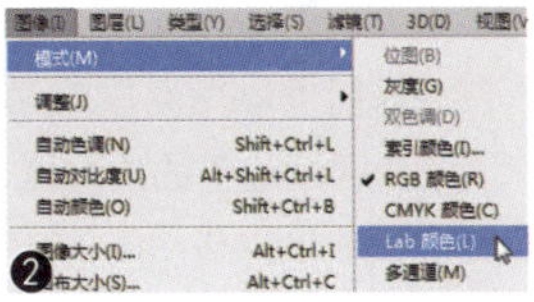

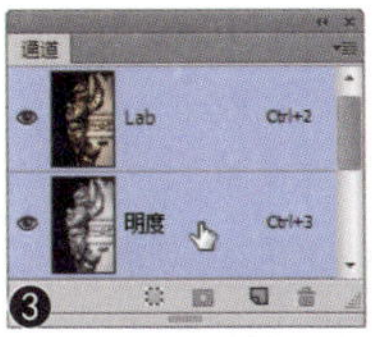

02 按下Ctrl+H快捷键隐藏选区，以便观察锐化效果。单击明度通道，选择该通道❺，在Lab通道前面单击，显示出眼睛图标❻。现在我们选择的仍然是明度通道，但窗口中显示的是彩色图像，这样做是为了锐化“明度”通道时能够看到最终效果。

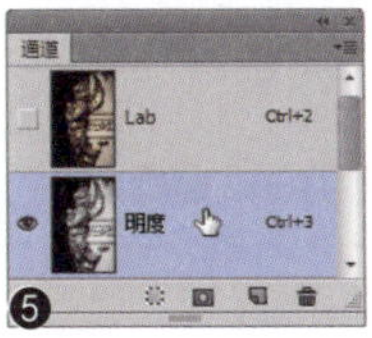

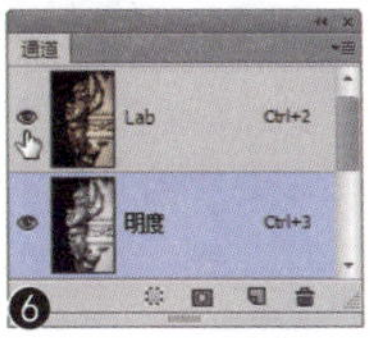

03 执行“滤镜>锐化>USM锐化”命令，对明度通道进行锐化处理❼~❿。按下Ctrl+D快捷键取消选择。将文件保存为PSD格式。

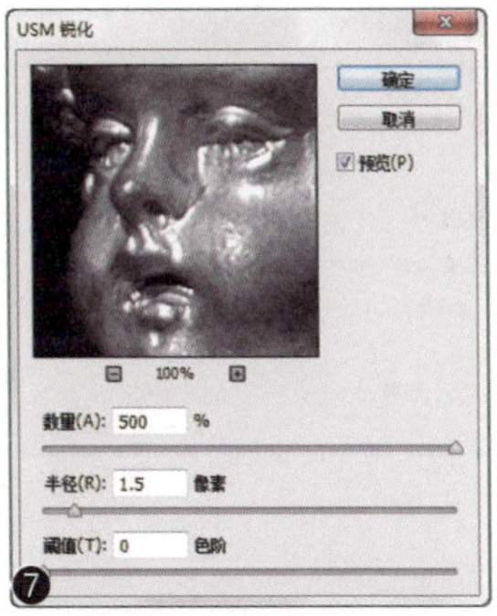

锐化前（局部）　　锐化后（局部）

9.10.9 练习：“智能”滤镜锐化法

01 按下Ctrl+O快捷键，打开照片素材文件❶。执行“滤镜>智能滤镜”命令，将“背景”转换为智能对象，并显示智能对象图标❷。

❶

❷

02 执行“滤镜>锐化>智能锐化”命令，打开“智能锐化”对话框，将“数量”设置为300%❸❹。

❸

❹

03 将“阴影”选项组中的“渐隐量”设置为55%❺，降低锐化强度。单击“确定”按钮关闭对话框❻。

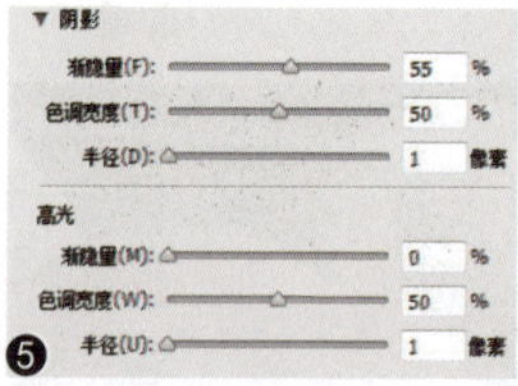

❺

❻

04 现在锐化的整体效果不错，只是杯子顶部的把手处理效果有点过度，已经出现白边了。单击智能滤镜的蒙版缩览图❼，使用画笔工具在杯子顶部把手上涂抹黑色❽❾，用蒙版将此处滤镜效果遮盖❿⓫。

❼

❽

❾

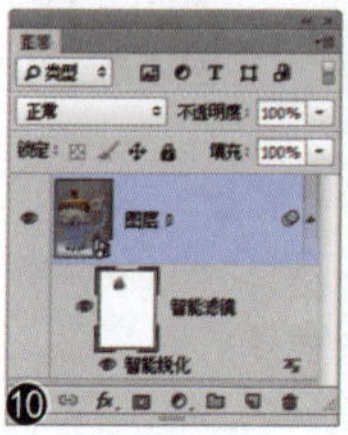

❿

⓫

9.10.10 练习：“防抖”滤镜锐化法

01 打开照片素材❶。执行“滤镜>锐化>防抖”命令，打开“防抖”对话框。Photoshop 会自动分析图像中最适合使用防抖功能的区域，确定模糊的性质，并推算出整个图像最适合的修正建议。经过修正的图像会在防抖对话框中显示❷。

02 我们可以像操作图像定界框一样（53页），拖曳评估区域边界的控制点，调整其边界大小❸；拖曳中心的图钉，可以移动评估区域❹，从而更好地观察细节的锐化效果。

03 将评估区域移动到蜜蜂上方并将其覆盖住❺。评估区域每调整一下，“防抖”滤镜就会自动刷新一次效果。

04 按下Ctrl++快捷键，将窗口的缩放比例调整到100%。将“模糊描摹边界”值设置为45像素❻。取消对“预览”选项的选取，窗口中会显示原图像；再选取该选项，观察滤镜效果。通过对比可以看到，经过防抖处理以后，蜜蜂翅膀上的纹路非常清楚，甚至连花蕊下方的花粉颗粒都清晰可见❼❽。单击“确定”按钮，关闭对话框。

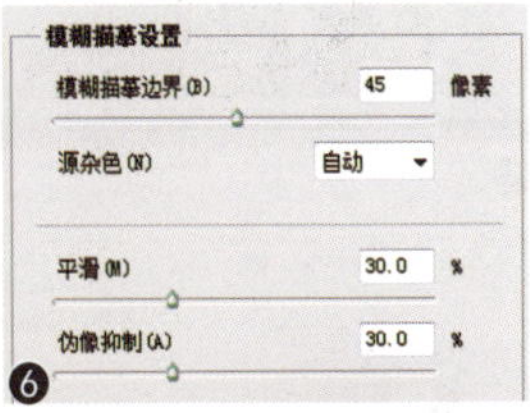

原图（局部）

经防抖处理后（局部）

9.11 打印输出

无论是要将照片打印到桌面打印机还是发送到印前设备，了解一些有关打印的基础知识都会使打印作业更加顺利，并有助于确保照片达到预期效果。

9.11.1 打印

执行“文件>打印”命令，打开“Photoshop打印设置”对话框❶。在对话框左侧可以预览打印作业（纸张边缘的阴影边界表示所选纸张的页边距；可打印的区域为白色），在对话框右侧的选项组中可以选择打印机、打印份数、文档方向、输出选项和色彩管理选项。

打印机设置

在“打印机设置”选项组中可以选择打印机、设置打印份数。单击“打印设置”按钮，可以打开一个对话框。这个对话框会根据所使用的打印机的不同而显示特定的控制选项❷。

❶

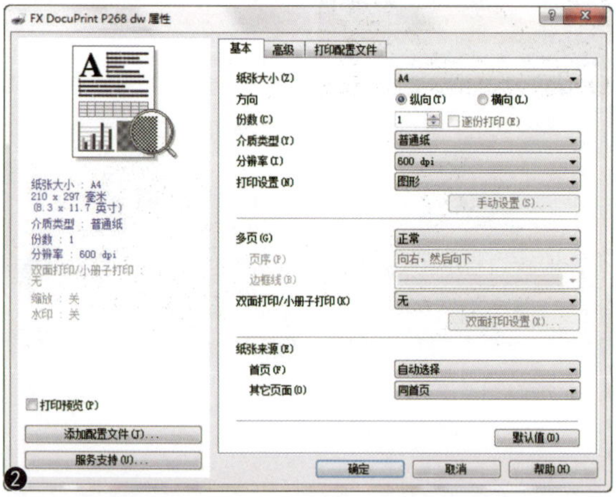

❷

单击按钮，表示纵向打印纸张❸。单击按钮，则横向打印纸张❹。

❸

❹

色彩管理

在“色彩管理”选项组中，可以设置色彩管理选项❺，以获得尽可能好的打印效果。要在打印出的页面上精确地重现屏幕颜色，必须在工作流程中结合色彩管理，尽管随打印机一起提供的配置文件可以产生可接受的效果，但我们还是应该专门为打印机和用于打印的纸张创建自定义的配置文件（106页）。

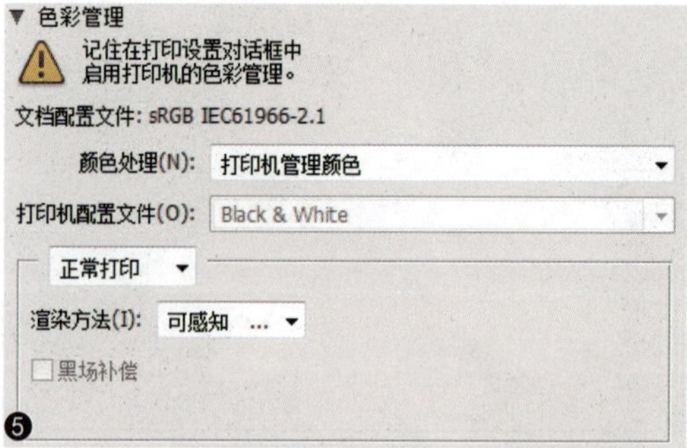

❺

- **颜色处理：** 用来确定是否使用色彩管理。选择“Photoshop 管理颜色”选项，对话框左下角的3个选项可用。勾选其中的“匹配打印颜色”选项，可以在预览区域中查看图像颜色的实际打印效果；勾选“色域警告”选项，会高亮显示溢色（110页）；勾选“显示纸张白”选项，可将预览图像中的白色设置为打印机配置文件中的纸张颜色。
- **打印机配置文件：** 可选择适用于打印机和将要使用的纸张类型的配置文件。
- **正常打印/印刷校样：** 选择“正常打印”选项，可进行普通打印；选择“印刷校样”选项，可打印印刷校样，即模拟文档在印刷机上的输出效果。
- **渲染方法：** 指定 Photoshop 如何将颜色转换为打印机颜色空间。
- **黑场补偿：** 通过模拟输出设备的全部动态范围来保留图像中的阴影细节。

指定图像位置和大小

在“Photoshop打印设置”对话框中，“位置和大小”选项组用来设置图像在画面中的位置❻。

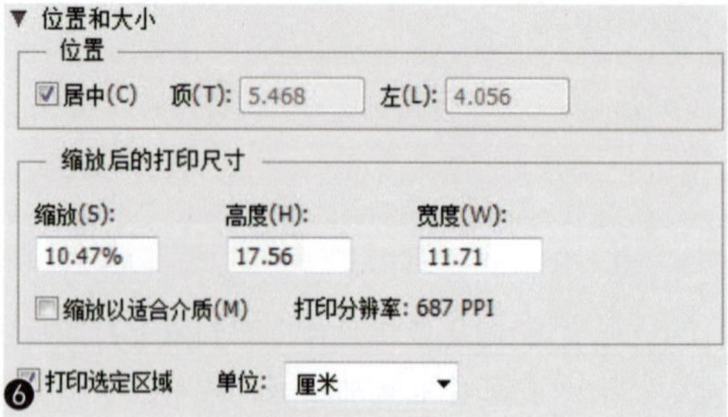

❻

- **位置：** 勾选“居中”选项，可以将图像定位于可打印区域的中心；取消勾选，则可在“顶”和“左”选项中输入数值定位图像，从而只打印部分图像。
- **缩放后的打印尺寸：** 如果勾选“缩放以适合介质”选项，可自动缩放图像至适合纸张的可打印区域；取消勾选，则可在“缩放”选项中输入图像的缩放比例，或者在“高度”和“宽度”选项中设置图像的尺寸。
- **打印选定区域：** 勾选该项，对话框左侧的图像上会出现三角手柄，可以调整打印区域。

设置打印标记

如果要将图像直接从 Photoshop 中进行商业印刷，可以在“打印标记”选项组中指定在页面中显示哪些标记❼❽。

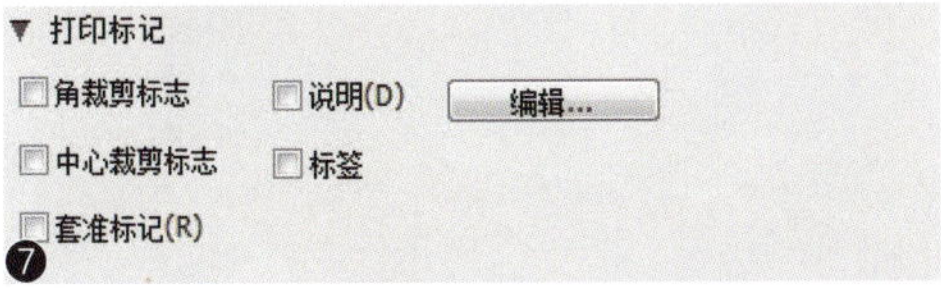

❼

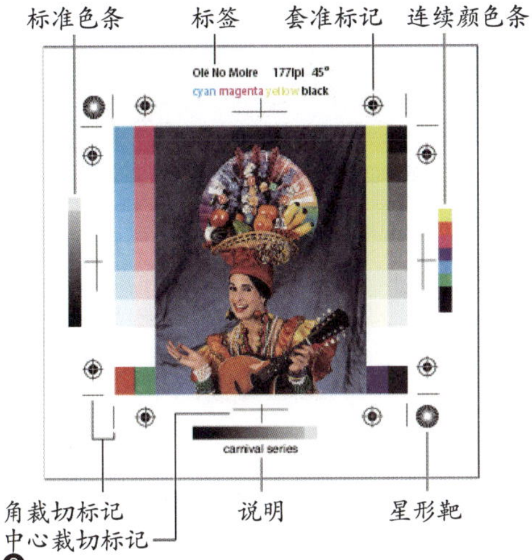

❽

设置函数

“函数”选项组中包含“背景”“边界”“出血”等按钮❾，单击一个按钮即可打开相应的选项设置对话框。

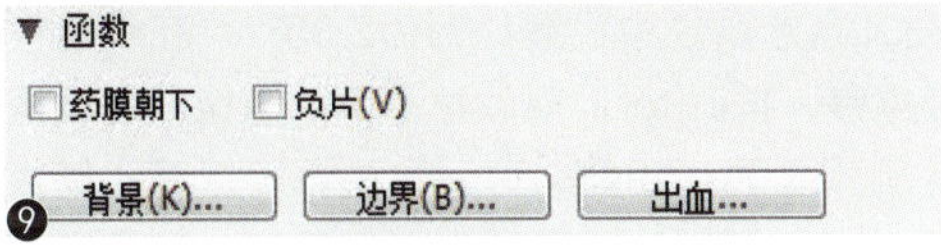

❾

- 背景：用来设置图像区域外的背景色。
- 边界：用于在图像边缘打印出黑色边框。
- 出血：用于将裁剪标志移动到图像中，以便裁切图像时不会丢失重要内容。
- 药膜朝下：可以水平翻转图像。
- 负片：可以反转图像颜色。

9.11.2 打印部分图像

如果打印局部图像，可以使用矩形选框工具将其选取❶，然后执行“文件>打印”命令，打开“Photoshop打印设置”对话框后，选取“打印选定区域”选项❷。也可以拖曳对话框左侧图像上的三角手柄，调整打印范围❸。

❶

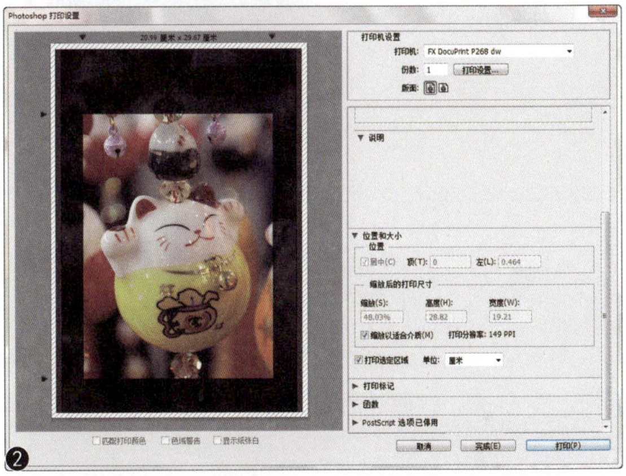
❷

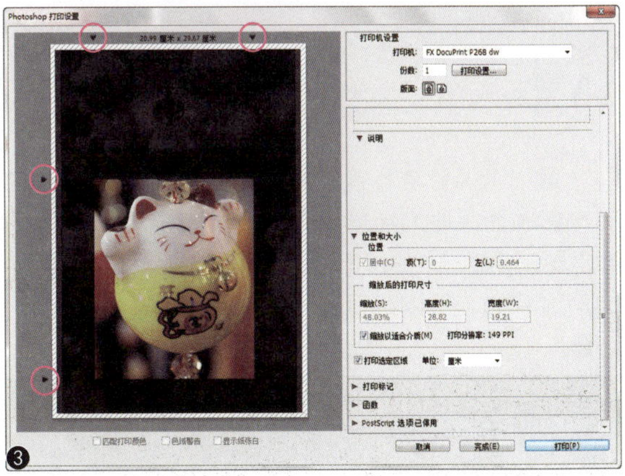
❸

提示（Tips）

如果图像是RGB模式，在打印前不要转换为CMYK模式。通常，桌面打印机会使用内部软件自动转换。如果我们自己转换并将CMYK图像发送给打印机，大多数桌面打印机还是会应用转换，从而导致不可预料的结果。

9.11.3 打印一份

如果要使用当前的打印选项打印一份文件，可以用“文件>打印一份”命令操作，该命令无对话框。

9.11.4 陷印

在叠印套色版时，如果套印不准、相邻的纯色之间没有对齐，便会出现小的缝隙❶。出现这种情况，通常都采用一种叠印技术（即陷印）来进行纠正❷。

执行“图像>陷印”命令，打开“陷印”对话框❸。在该对话框中，“宽度”代表了印刷时颜色向外扩张的距离。该命令仅用于CMYK模式的图像。图像是否需要陷印一般由印刷商确定，如果需要陷印，印刷商会告知用户要在“陷印”对话框中输入的数值。

❶

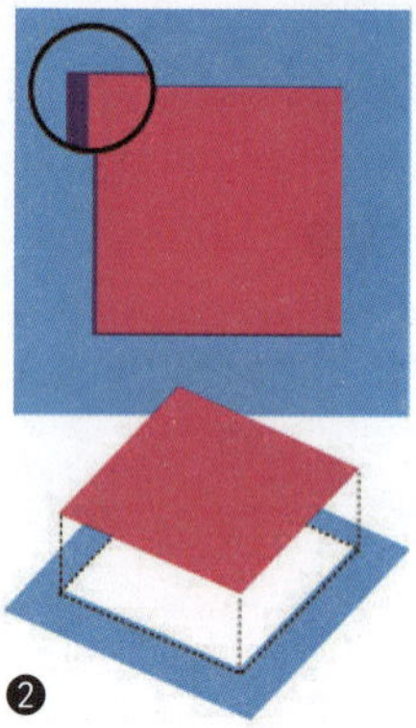
❷

陷印
宽度(W): 1
陷印单位 像素
确定
取消
❸

9.12 课后测验

本章介绍了各种修复照片的工具和操作方法，对于前期拍摄照片时产生的问题，基本上都可以通过后期处理来实现照片的美化。

9.12.1 制作电影画面感照片

第一个测验是将普通照片制作为具有电影画面感的大场景效果。由于大多数电影采用2.35:1的画面比例，放映银幕比例为16:9，所以画面上下会有黑边出现❶。

拖延只有两种结果，要么付出更多代价，要么无法梦想成真。
Do it now Sometimes "Later" becomes "Never"
①

实例效果

在制作时需要先对素材❷进行剪裁。选择裁剪工具，在工具选项栏中设置比例为2.35:1，在画面中缩小裁剪框❸，按Enter键剪裁掉多余的图像。将裁剪工具的比例调整为16:9❹，这一次是按照银幕比例放大裁剪框，可按住Alt+Shift键拖曳裁剪框一角的控制点，直到裁剪框的宽度对齐到画面边缘，在按Enter键之前，单击工具箱中的按钮，将背景转换为黑色，此时图像上下两边多出的区域会变为黑色❺。

②

素材

创建一个“颜色查找”调整图层❻，设置混合模式为“变暗”❼，用个性化的色彩来烘托画面的气氛❽。最后，加上字幕就可以了。

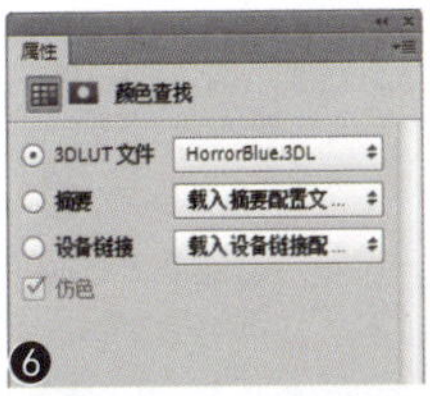

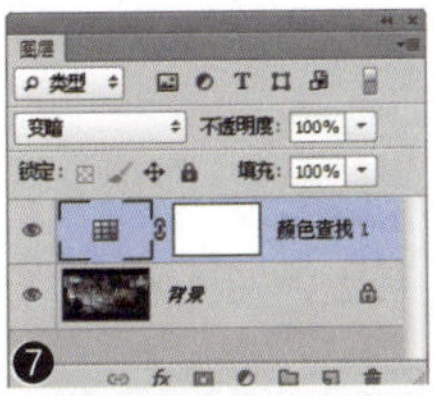

9.12.2 用修补工具变“戏法”

这是一个比较有趣的测验，用Photoshop变“戏法”，让停靠在海岸边的飞机消失❶❷。

制作时使用修补工具，在工具选项栏中将“修补”设置为“目标”❸，在画面右下方的海水区域拖曳鼠标创建选区❹，将选区内的海水复制到飞机上❺。取消选择后，用仿制图章工具对复制后的图像边缘进行加工❻。

实例效果

素材

第10章 ACR摄影后期处理

本章简介

Adobe Camera Raw简称“ACR”，它是专门用于编辑Raw格式（也可以处理JPEG和TIFF格式）照片的工具。由于近些年数码摄影，以及之后的手机拍照功能的兴起，Adobe（Photoshop的东家）在照片处理方面也投入了大量研发力量，不断推出新功能，甚至新的软件程序（Lightroom），它们都已成为专业摄影师的必备工具。2003年2月，Camera Raw作为一个增效工具开始随Photoshop一起提供（安装Photoshop时会自动安装Camera Raw）。Camera Raw的出现，使得Photoshop的各个功能在应用上的分工更加明确，也奠定了Photoshop在数码摄影后期方面无人能够撼动的地位。

学习重点

关键概念

10.1 Camera Raw工具和组件

Camera Raw是专门用于处理Raw格式照片的工具，它可以解释相机原始数据文件，使用相机的信息以及图像元数据来构建和处理图像。因其功能强大，所以工具和组件也比较多，我们将其当作一个独立的软件程序看待都不为过。

10.1.1 疑问解答：为什么要用ACR处理照片？

为什么要用Camera Raw处理照片？是不是Photoshop的功能还有欠缺？

并非如此，在Camera Raw诞生以前，Photoshop就是照片处理方面最强大、最常用的软件程序，摄影人甚至称它为“数码暗房”。Camera Raw的出现只是让Photoshop的分工更加明确，并弥补了它在Raw格式照片处理方面的短板。

在Raw格式出现之前，数码照片多是以JPEG格式来存储的。在进行拍摄时，光线进入相机后在感光元件上成像，其间数码相机会调节图像的颜色、清晰度、色阶和分辨率，然后进行压缩，之后再存储到相机的存储卡上。从这一过程中我们可以了解到，虽然我们只是按下快门拍摄，但相机已经自动对照片进行了一系列处理。

而使用Raw格式拍摄时，则直接记录感光元件上获取的信息，不进行任何调节。更重要的是，它可以存储相机捕获的所有数据，包括ISO设置、快门速度、光圈值、白平衡等。因而，Raw不仅是一种未经处理和压缩的格式，其信息量也远远超过JPEG格式。这为我们后期处理提供了更加广阔的空间。

Raw格式因为能存储相机原始数据而被人们形象地称为“数字底片”。但是一般的图像处理程序不能获取这些信息。Camera Raw可以解释相机原始数据文件，对其中所记录的白平衡、色调范围、对比度、颜色饱和度、锐化程度等进行调整。

除此之外，使用Camera Raw编辑照片时，会保留照片的原始数据。我们所进行的调整将存储在Camera Raw数据库中，或作为元数据嵌入在图像中。因此，当我们处理完一个Raw文件后，只要还是保存成Raw格式，以后就可以撤销所有调整，将其还原成原始状态。这一优点是JPEG格式不具备的，因为JPEG文件编辑完成之后无法复原，并且由于保存的时候会进行压缩，每保存一次，照片的质量就会有所降低。

如果我们从功能方面看，Camera Raw还是与Photoshop有一些重叠的，像红眼和斑点去除、裁剪、颜色取样等差别不大。另外在色相、饱和度、明度等方面，Camera Raw与Photoshop相比并没有特别明显的优势。但在色温、曝光、高光色调、阴影色调和锐化等处理上，Camera Raw要远胜于Photoshop。

如果非要挑出一点缺点的话，那就应该是Camera Raw没有图层和蒙版了。但我们可以用Photoshop来弥补，即在Camera Raw中调整好影调和曝光后，用Photoshop处理图层和蒙版等方面的工作。

提示（Tips）

Raw格式可以用Photoshop将数据调整为16位或32位，并且不压缩文件，也可以进行曝光补偿，调整白平衡，并能在成像处理时任意修改照片风格、锐度、对比度等参数。所以那些在拍摄时难以判断的设置，均可在拍摄后通过Camera Raw进行细微调整。因此，专业摄影师都喜欢用Raw格式拍摄。

10.1.2 “Camera Raw”对话框

执行“滤镜>Camera Raw滤镜”命令，打开“Camera Raw”对话框❶，你会发现它是一个浓缩了照片处理功能的小型软件，功能应有尽有。“Camera Raw”使用起来并不复杂，只要稍加用心的话，校正色差、黑白照片上色、制作Lomo特效等技术都是小菜一碟。

组件

● 相机名称或文件格式：打开Raw文件时，窗口左上角显示相机的名称，打开其他格式的文件时，则显示图像的格式。

● 预览：在窗口中实时显示照片的编辑结果。通过相机原始图像生成预览时，对话框中的缩览图和预览图像中会显示一个警告图标⚠。如果取消选择该选项，则会使用当前选项卡中的原始设置以及其他选项卡中的设置来显示图像。

● 切换全屏模式：单击该按钮，可以将对话框切换为全屏模式。

● 拍摄信息：显示了光圈、快门速度、ISO感光度等原始拍摄信息。

● 阴影/高光：显示了阴影和高光修剪。剪切的阴影以蓝色显示，剪切的高光以红色显示。

● RGB：将光标放在图像上，会显示光标下面像素的（RGB）颜色值。

● 直方图：显示了图像的直方图。

● “Camera Raw 设置”菜单：单击按钮，可以打开“Camera Raw 设置”菜单。

● 窗口缩放级别：可以从菜单中选取一个放大设置，或单击按钮缩放窗口的显示比例。

● 单击显示工作流程选项：单击可以打开“工作流程选项”对话框，为从 Camera Raw 输出的所有文件指定设置，包括颜色彩深度、色彩空间和像素尺寸等。

工具

● 缩放工具：单击可以放大窗口中的图像的显示比例，按住 Alt 键单击则缩小图像的显示比例。双击该工具，可以让图像以 100% 的比例显示。

● 抓手工具：放大窗口以后，可以使用该工具在预览窗口中移动图像。使用其他工具时，按住空格键可以切换为抓手工具。如果想要让照片在窗口中完整显示，可双击该工具。

● 白平衡工具：使用该工具在白色或灰色的图像上单击，可以校正照片的白平衡。双击该工具，可以将白平衡恢复为照片初始状态。

● 颜色取样器工具：用该工具在图像中单击，可以建立取样点（最多为 9 个），对话框顶部会显示取样像素的颜色值，以便于调整时观察颜色的变化情况。

● 目标调整工具：单击该工具，在打开的下拉列表中选择一个选项，包括“参数曲线”“色相”“饱和度”和“明亮度”，在图像中单击并拖曳鼠标即可应用相应的调整。

● 裁剪工具：单击并拖曳鼠标可以创建裁剪框❷，拖曳裁剪框或控制点可以移动、旋转和缩放裁剪区域❸。如果要按照一定的长宽比裁剪照片，可以在裁剪工具上按住鼠标按键，打开下拉菜单选择一个选项❹。确定好裁剪区域后，可以按下 Enter 键。如果要取消裁剪操作，可按下 Esc 键。

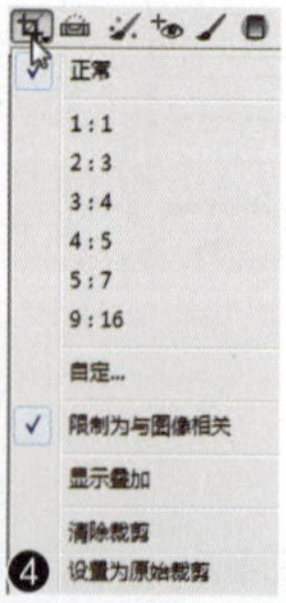

● 拉直工具：可以校正倾斜的照片。使用拉直工具在图像中单击并拖出一条水平基准线❺，放开鼠标后会显示裁剪框❻，拖曳控制点调整裁剪框大小或将它旋转，角度调整完成后，按下 Enter 键确认❼。

● 污点去除：可以使用图像修复选中的区域。

● 红眼去除：可以去除红眼。将光标放在红眼区域，单击并拖出一个选区，选中红眼，放开鼠标后 Camera Raw 会使选区大小适合瞳孔，拖曳选框的边框，使其选中红眼，就可以校正红眼。

● 调整画笔/渐变滤镜：可以处理局部图像的曝光度、亮度、对比度、饱和度和清晰度等。

● 径向滤镜：可以调整照片中特定区域的色温、色调、清晰度、曝光度和饱和度，突出照片中想要展示的主体。

● 打开首选项对话框：单击该按钮，可以打开“Camera Raw 首选项”对话框。

● 旋转工具：可以将照片逆时针或顺时针旋转 90°。

10.1.3 白平衡、曝光和清晰度选项

打开“Camera Raw”对话框时，会自动显示基本选项卡中的选项❶❷。此时可以对白平衡、曝光、清晰度和饱和度等基本参数进行调整。

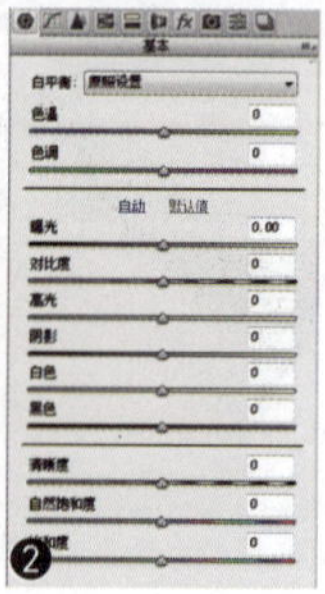

● 白平衡：默认情况下显示相机拍摄此照片时所使用的原始白平衡设置（原照设置）。在下拉列表中选择“自动”选项，可以自动校正白平衡。如果是 Raw 格式的照片，还可以选择日光、阴天、阴影、白炽灯、荧光灯和闪光灯等模式。

● 色温：通过该选项可以将白平衡设置为自定的色温。如果拍摄照片时的光线色温较低，可以通过降低“色温”来校正照片，Camera Raw 可以使图像颜色变得更蓝以补偿周围光线的低色温（发黄）❸。相反，如果拍摄照片时的光线色温较高，则提高“色温”可以校正照片，图像颜色会变得更暖（发黄）以补偿周围光线的高色温（发蓝）❹。

● 色调：通过设置白平衡来补偿绿色或洋红色色调。减少“色调”可以在图像中添加绿色❺；增加“色调”则可以在图像中添加洋红色❻。

❸ 降低色温颜色变蓝

❹ 增加色温颜色变黄

❺ 降低色调颜色变绿

❻ 增加色调颜色变洋红色

● 曝光： 可以调整整体图像的亮度。减少“曝光”会使图像变暗，增加曝光则使图像变亮。曝光值相当于相机的光圈大小。调整 +1.00 类似于将光圈打开 1，调整 – 1.00 则类似于将光圈关闭 1。

● 对比度： 可以调整对比度，主要影响中间色调。增加对比度时，中～暗图像区域会变得更暗，中～亮图像区域会变得更亮。降低对比度时对图像色调的影响相反。

● 高光： 调整图像的明亮区域❼❽。向左拖曳滑块可使高光变暗并恢复高光细节，向右拖曳滑块可在最小化修剪的同时使高光变亮。

● 阴影： 调整图像的黑暗区域❾❿。向左拖曳滑块可在最小化修剪的同时使阴影变暗，向右拖曳滑块可使阴影变亮并恢复阴影细节。

❼ 高光 – 100

❽ 高光+100

❾ 阴影 – 100

❿ 阴影+100

● 白色： 指定哪些图像值映射为白色。向右拖曳滑块可增加变为白色的区域⓫⓬。

● 黑色： 指定哪些图像值映射为黑色。向左拖曳滑块可增加变为黑色的区域⓭⓮。它主要影响阴影区域，对中间调和高光中的区域影响较小。

⓫ 白色 – 100

⓬ 白色+100

⓭ 黑色 – 100

⓮ 黑色+100

● 清晰度： 通过提高局部对比度来增加图像的清晰度，对中色调的影响最大。增加清晰度类似于大半径 USM 锐化，降低清晰度则类似于模糊滤镜效果⓯。

● 自然饱和度： 增加所有低饱和度颜色的饱和度，对高饱和度颜色的影响较小，因此可以避免出现溢色⓰。该选项的作用类似于Photoshop的“自然饱和度”命令。

● 饱和度： 均匀地调整所有颜色的饱和度⓱，调整范围从 – 100（单色）到+100（饱和度加倍）。该选项的作用类似于Photoshop“色相/饱和度”命令中的饱和度功能。

⓯ 降低清晰度

⓰ 增加自然饱和度

⓱ 增加饱和度

10.1.4 色调和对比度选项

在基本选项卡中对色调进行调整后，可以单击色调曲线选项卡，对图像进行微调。色调曲线有两种调整方式，如果习惯使用Photoshop传统曲线调整图像，可以单击“点”选项，在“点”选项卡中进行调整❶❷。默认显示的是“参数”选项卡，此时可拖曳“高光”“亮调”“暗调”或“阴影”滑块来针对这几个色调进行微调❸❹。向右拖曳滑块时曲线上扬，所调整的色调会变亮；向左拖曳滑块曲线下降，所调整的色调会变暗。这种调整方式的好处是，可以避免由于调整强度过大而损坏图像。

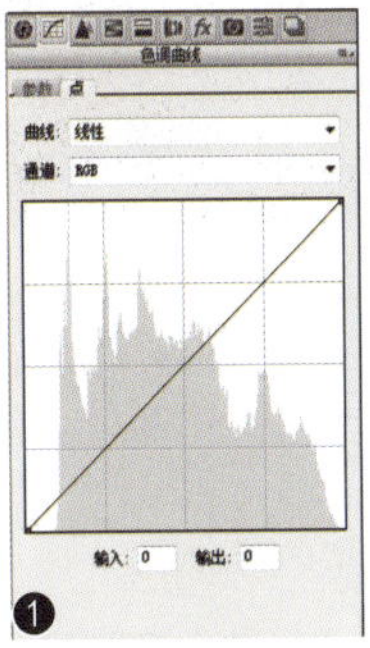

❶

❷

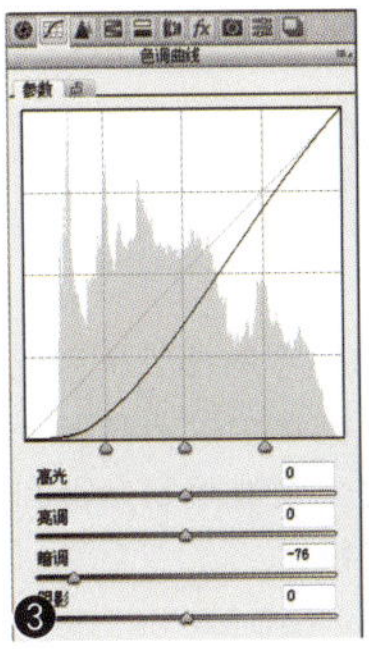

❸

❹

10.1.5 锐化和降噪选项

细节选项卡中的选项可以对图像进行锐化、减少杂色❶～❸。进行操作时，最好将窗口的显示比例调整到100%。

原图

锐化参数及效果

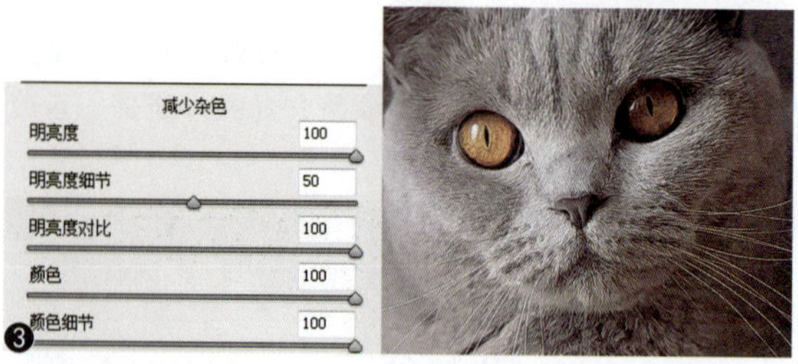

降噪参数及效果

锐化

● 数量：调整边缘的清晰度。该值为0时关闭锐化。

● 半径：调整应用锐化的细节的大小。具有微小细节的照片一般需要较低的设置，该值过大会导致图像内容不自然。

● 细节：调整在图像中锐化多少高频信息和锐化过程强调边缘的程度。较低的值将主要锐化边缘，以便消除模糊。较高的值可以使图像中的纹理更加清楚。

● 蒙版：Camera Raw是通过强调图像边缘的细节来实现锐化效果的。将“蒙版”设置为0时，图像中的所有部分均接受等量的锐化；设置为100时，锐化会被限制在饱和度最高的边缘附近，从而避免非边缘区域锐化。

减少杂色

● 明亮度：减少明亮度杂色。

● 明亮度细节：控制明亮度杂色的阈值，适用于杂色照片。该值越高，保留的细节就越多，但杂色也会增多；该值越低，产生的结果就越干净，但也会消除某些细节。

● 明亮度对比：控制明亮度对比。该值越高，保留的对比度就越高，但可能会产生杂色（花纹或色斑）；该值越低，产生的结果就越平滑，但也可能使对比度较低。

● 颜色：减少彩色杂色。

● 颜色细节：控制彩色杂色阈值。该值越高，边缘就能保持得更细、色彩细节更多，但可能会产生彩色颗粒；该值越低，越能消除色斑，但可能会出现溢色。

10.1.6 色相、饱和度和明度选项

HSL/灰度选项卡包含色相、饱和度、明亮度等嵌套选项卡，可以单独调整个别颜色的色相❶、饱和度❷和明度❸。要改变哪种颜色就拖曳相应的滑块，滑块向哪个方向拖曳就会发生相应的改变。例如，如果蓝色对象看起来有些灰暗，不太鲜艳，可以在嵌套的“饱和度”选项卡中增加“蓝色”值❹❺。

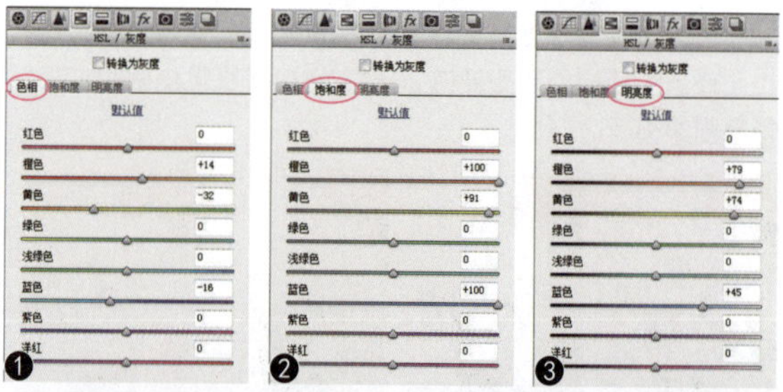

原图

调整效果

如果要将图像转换为黑白效果，可以勾选“转换为灰度”选项，并指定每个颜色范围在图像灰度中所占的比例，调整方法类似于Photoshop的“黑白”命令。

10.1.7 重新着色选项

分离色调选项卡可以为单色图像着色，也可以为彩色图像创建特效，如反冲效果❶~❸。

● “高光”/“阴影”选项组：可以对高光或阴影做出调整。“色相”用于设置色调颜色，“饱和度”用于设置效果幅度。

● 平衡：可以平衡“高光”和“阴影”控件之间的影响。正值增加“阴影”的影响，负值增加“高光”的影响。

原图

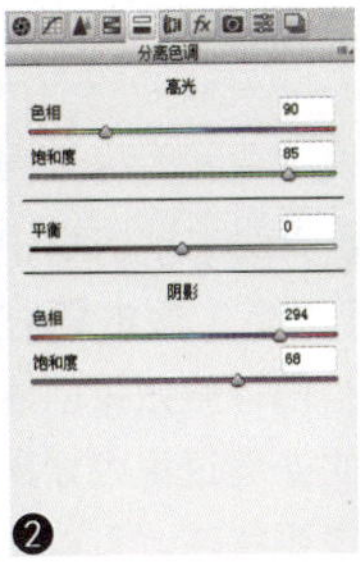

参数

调整效果

10.1.8 镜头缺陷校正选项

镜头校正选项卡可以校正镜头缺陷，补偿相机镜头造成的几何扭曲和晕影。它包含两个嵌套的选项卡❶~❸。

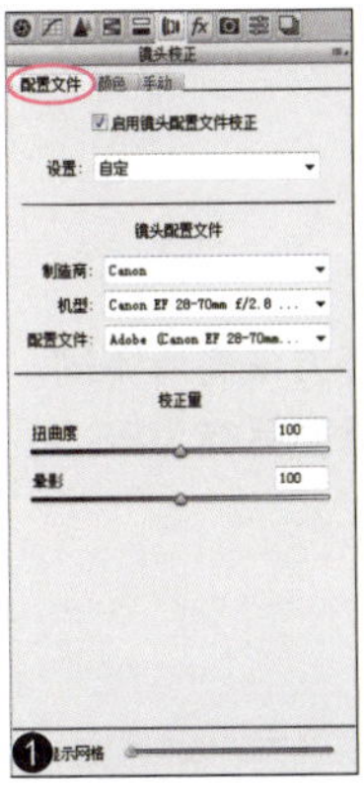

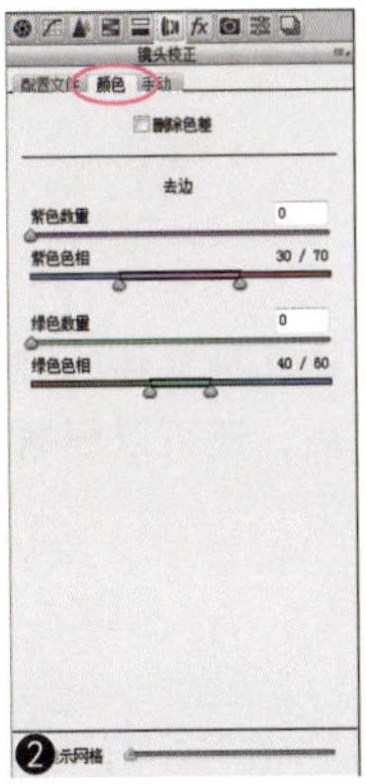

自动校正

在“配置文件”面板中，勾选“启用镜头配置文件校正”选项，并指定相机、镜头型号，Camera Raw会启用相应的镜头配置文件校正图像。

手动校正

在“手动”面板中，有4种“Upright”模式可用于自动修复图像，选择一种修复模式后，可以拖曳下面的滑块进行手动调整。

- “Upright”模式：自动 A 可应用一组平衡的透视校正，水平仅应用水平校正，纵向应用水平和纵向透视校正，完全应用水平、纵向和横向透视校正。
- “变换”选项组：“扭曲度”选项可以校正桶形失真和枕形失真；“垂直”和“水平”选项可以校正透视畸变；“旋转”选项可以校正照片的角度；“缩放”选项可以调整图像的比例，消除由透视校正和扭曲而产生的空白区域；“长宽比”选项可以拉宽或拉高图像。
- “镜头晕影”选项组：可以校正暗角。“数量”为正值时照片边角变亮，为负值时边角变暗。“中点”可以调整晕影的校正范围，向左拖曳滑块可以使变亮区域向画面中心扩展，向右拖曳则收缩变亮区域。

校正色差

勾选“颜色”面板中的“删除色差”选项可以自动校正蓝/黄边和红/绿边（侧向色差），拖曳滑块可以校正紫色/洋红色和绿色色差（轴向色差）。

10.1.9 颗粒和晕影选项

“效果”选项卡 fx 中的选项可以为照片添加胶片颗粒和晕影，获得特定的电影艺术效果❶~❸。

原图

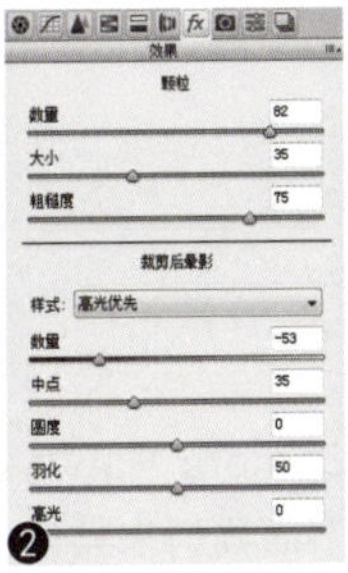

参数

调整效果

- “颗粒”选项组：可以在图像中添加颗粒。“数量”控制应用于图像的颗粒数量；“大小”用于控制颗粒大小，如果大于或等于25，图像可能会有一点模糊；“粗糙度”用来控制颗粒的匀称性，向左拖曳滑块可以使颗粒更匀称，向右拖曳滑块则使颗粒更不匀称。
- “裁剪后晕影”选项组：可以为裁剪后的图像添加晕影以获得艺术效果。

10.1.10 调整相机的颜色显示

有些型号的数码相机拍摄的照片总是存在色偏，Camera Raw可以将此类照片的调整参数创建为预设文件，以后在Camera Raw中打开该相机拍摄的照片时，就会自动对颜色进行补偿。

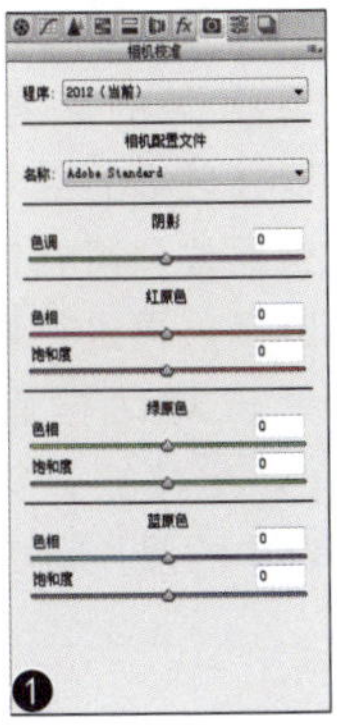

打开一张问题相机拍摄的典型照片，单击“Camera Raw”对话框中的相机校准按钮，显示选项❶。如果阴影区域出现色偏，可以拖曳“阴影”选项中的色调滑块进行校正；如果是各种原色出现问题，则可拖曳红、绿、蓝原色滑块。这些滑块也可以用来模拟不同类型的胶卷。校正完成后，单击右上角的按钮，在打开的菜单中选择“存储新的Camera Raw 默认值”命令将设置保存。以后打开该相机拍摄的照片时，Camera Raw就会自动对照片进行校正。

10.1.11 将调整存储为预设

在 Camera Raw 中编辑图像时，单击预设选项卡中的按钮，可以将所做的调整（如白平衡、曝光和饱和度等）存储为预设❶。此后使用Camera Raw编辑其他图像时，单击存储的预设项目，即可将其应用到图像上。

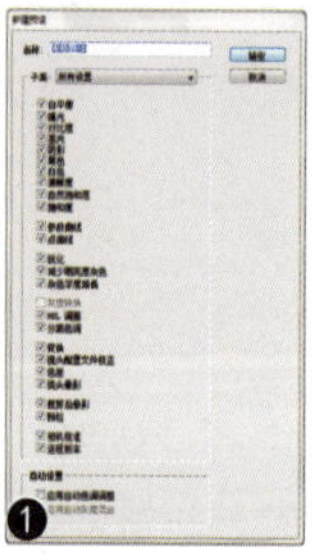

10.1.12 存储图像状态

快照选项卡类似于“历史记录”面板中的快照功能。单击按钮，可以将图像的当前调整效果创建为快照❶，在后面的处理过程中如果要将图像恢复到此快照状态，可以通过单击该快照来进行恢复。如果要删除快照，可以单击它，然后单击按钮。

10.2 打开、存储Raw照片

Camera Raw可以处理Raw、JPEG和TIFF格式的文件，这几种文件的打开方法有所不同。下面我们来具体介绍。另外对于Raw文件，在处理完成以后，还可以根据需要另存为PSD、TIFF、JPEG，或者是能够保留原始数据的 DNG格式。

10.2.1 在 Photoshop 中打开 Raw 照片

在Photoshop中执行“文件>打开”命令（快捷键为Ctrl+O），弹出“打开”对话框，选择一张Raw照片，单击“打开”按钮或按下Enter键，即可运行Camera Raw并将其打开。

如果要在Photoshop中一次打开多张Raw照片，可以按下Ctrl+O快捷键，弹出“打开”对话框，按住Ctrl键单击需要打开的照片，将它们选择❶，然后按下Enter键，这些照片会以“连环缩览幻灯胶片视图”的形式排列在Camera Raw对话框左侧❷。如果想要对两张或多张照片应用相同的处理，可以按住Ctrl键单击这些照片，将它们同时选择，再进行调整。单击对话框底部的 ◀ ▶ 按钮，可以在选中的照片间切换。

10.2.2 在 Bridge 中打开 Raw 照片

在Adobe Bridge中（48页）选择Raw照片以后，执行“文件>在Camera Raw中打开”命令，或按下Ctrl+R快捷键，可以在Camera Raw 中将其打开。

10.2.3 使用其他格式存储Raw照片

Camera Raw 可以打开和编辑相机原始图像文件，但不能以相机的原始格式存储图像。调整内容或者存储在 Camera Raw 数据库（作为元数据嵌入在图像文件中），或者存储在附属 XMP 文件（相机原始数据文件附带的元数据文件）中。在Camera Raw中完成对Raw照片的编辑以后，可以单击对话框底部的按钮，选择一种方式存储照片或者放弃修改结果❶。

- 存储图像：如果要将Raw照片存储为PSD、TIFF、JPEG 或 DNG 格式，可以单击该按钮，打开“存储选项”对话框，设置文件名称和存储位置，在“格式”下拉列表中选择保存格式❷。

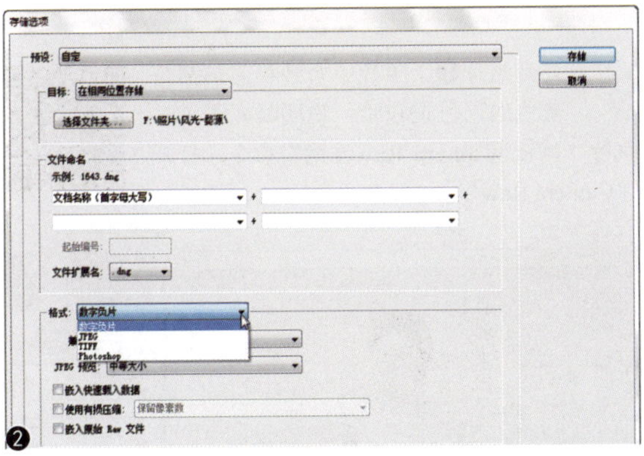

- 打开图像：将调整应用到Raw图像上，然后在Photoshop中打开调整后的图像副本。
- 取消：放弃所有调整并关闭Camera Raw。
- 完成：单击该按钮，可以将调整应用到Raw图像上，并更新其在Bridge中的缩览图。

10.2.4 实战技巧：Raw照片保存技巧

用Camera Raw编辑完Raw照片后，最好选择以DNG格式存储。数字负片（DNG格式）是Adobe公司开发的一种专门用于保存Raw图像副本的文件格式。选择该格式并勾选“嵌入JPEG 预览”选项，其他应用程序不必解析相机原始数据便可查看DNG文件内容，因为Raw照片如果不使用专用的软件进行成像处理就无法浏览。

此外，保存为DNG格式后，Photoshop会存储所有调整参数，以后任何时候打开文件，都可以修改参数，也可以将照片复原到修改前的最初状态。

提示（Tips）

Raw文件是对记录原始数据的文件格式的通称，并没有统一的标准，不同的相机设备制造商使用各自专有的格式，这些图片格式一般都称为Raw文件。例如，佳能相机的Raw文件是以CRW或CR2作为后缀；尼康相机则以NEF为后缀；奥林巴斯相机以ORF为后缀。

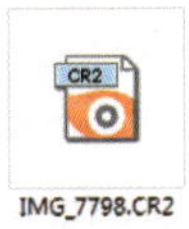

佳能的Raw文件

10.3 在Camera Raw中调整照片

Camera Raw可以调整照片的白平衡、色调、色彩和饱和度，校正镜头的各种缺陷。在Adobe Bridge中，使用Camera Raw编辑后的照片，其缩览图上会出现状标记。

10.3.1 Camera Raw中的直方图

“Camera Raw”对话框右上角是当前图像的直方图（225页）❶。它由3层颜色组成，分别代表了红、绿和蓝通道。直方图中的白色表示这3个通道重叠。当两个 RGB 通道重叠时，会显示黄色、洋红色或青色（黄色等于红 + 绿通道，洋红色等于红 + 蓝通道，青色等于绿 + 蓝通道）。

调整图像时，直方图会更新。如果直方图的两个端点出现竖线，表示图像中发生了修剪。即修剪过亮的值输出为白色，修剪过暗的值输出为黑色，结果就是导致图像的细节丢失。单击直方图上面的阴影图标（或按下U键），会以蓝色标识阴影修剪区域❷；单击高光图标（或按下O键），则以红色标识高光修剪区域❸。再次单击相应的图标可取消剪切显示。

提示（Tips）

动态范围代表了图像中所包含的“最暗”至“最亮”的范围。动态范围越大，所能表现的色调层次越丰富，所包含的色彩空间也越广；动态范围小，则会导致一部分高光值变为255（纯白），一部分阴影值变为0（纯黑色），高光和阴影区域缺失信息，画面的细节就受到了损失。

10.3.2 练习：校正色偏

01 打开照片❶。执行“滤镜>Camera Raw滤镜”命令，打开“Camera Raw”。

02 选择白平衡工具，在图像上寻找一处中性色，如白色或灰色的区域，在这张照片中，白墙符合要求，在墙面上单击鼠标，Camera Raw会确定拍摄场景的光线颜色，从而自动调整场景光照❷。

03 将“曝光”设置为0.25，提高“对比度”（68）和“阴影”（59）值，使图像明亮起来，细节更显清晰；调整“色温”和“色调”，让整个环境有些暖意；提高“自然饱和度”值❸❹，使原本清冷灰暗的照片变得春意盎然。

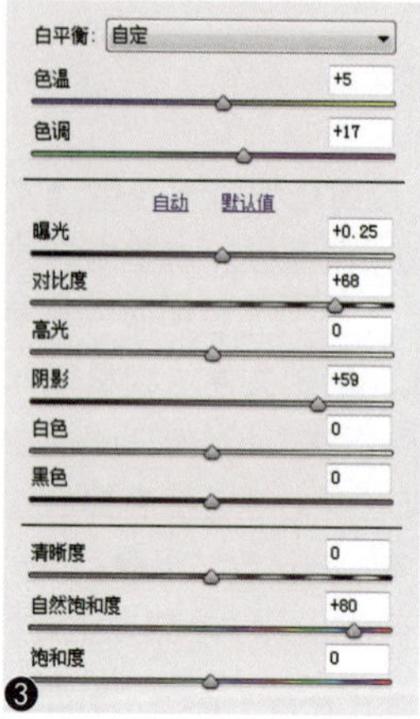

10.3.3 练习：调整曝光

01 打开照片❶。照片中婚纱和建筑都是灰色的，色调较暗，说明曝光不足。执行“滤镜>Camera Raw滤镜”命令，打开“Camera Raw”。

02 将“曝光”设置为1.15，将照片的整体色调提亮❷。调整曝光时应注意，数值太高会导致亮部失去细节，婚纱变得没有层次。

10.3.4 练习：调整色温和饱和度

01 打开照片❶。执行“滤镜>Camera Raw滤镜”命令，打开“Camera Raw”。

02 将“色温”设置为38，“色调”设置为−16，使照片的整体氛围趋向暖色❷。

03 将“高光”和“白色”设置为−100，恢复云彩的细节；将“阴影”设置为−66，让阴影区域变得暗一些；将“黑色”设置为−75，使照片中不再缺少暗调❸。

04 想让照片更具个性化，可再对色彩的饱和度进行调整。将“自然饱和度”设置为−100，以减弱天空和白云的色彩含量；再将“饱和度”设置为62，使沙漠的色彩更加厚重❹。色温与饱和度的配合，使沙土成金，照片变得更有味道了，真的成了热情的沙漠。

10.3.5 练习：调整色相和色调曲线

01 按下Ctrl+O快捷键，弹出“打开”对话框，选择一张CR2格式的照片，按下Enter键运行Camera Raw❶。这张照片的色彩较灰暗，色调层次没有拉开，给人灰蒙蒙的感觉，需要分别对影调、色彩进行调整。

02 提高“对比度”和“清晰度”值，增加照片的明暗反差，使画面变得通透，细节也更显清晰；提高“自然饱和度”值，让色彩更加明确❷。

03 单击色调曲线按钮，显示色调曲线选项。照片中最亮的部分是水面的高光和天空，将高光设置为-100，先压暗高光以保护亮部的色调层次；将亮调设置为60，提亮地面的色调❸。如果事先没有压暗高光的话，此时天空将会变得一片惨白。

04 单击HSL/灰度按钮，先来调整色相。增加黄色值，使其倾向绿色；再增加绿色值，使照片中的绿色向青色靠拢，给人以青葱翠绿的感觉；天空的蓝色则向浅蓝方向调整❹。打破色彩的沉闷感，让照片亮丽起来。

05 单击“饱和度”选项卡，增加蓝色的饱和度❺。最后单击对话框左下角的“存储图像”按钮，将照片保存为“数字负片”（DNG）格式。

10.3.6 练习：锐化与降噪

01 打开照片素材。执行“滤镜>Camera Raw滤镜”命令，打开“Camera Raw”。先将窗口的显示比例调整为100%❶。我们现在要做的是锐化，对清晰的图像进一步强调细节。Camera Raw的锐化只应用于图像的亮度，不会影响色彩。锐化可以提高图像的清晰度，但也会增加噪点，使图像的品质变差，这便需要降噪来进行补救。降噪应适度，否则会使图像的细节变得模糊不清。

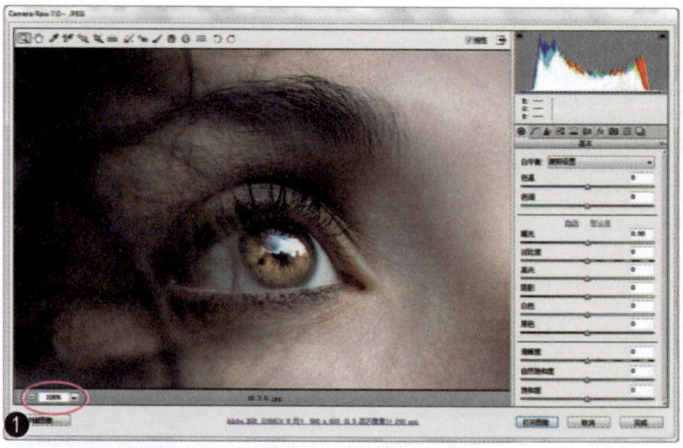

02 进入细节选项卡，调整锐化值❷。现在眼睛和眉毛的细节变得更清晰了，但画面中也出现了噪点和彩色斑纹。

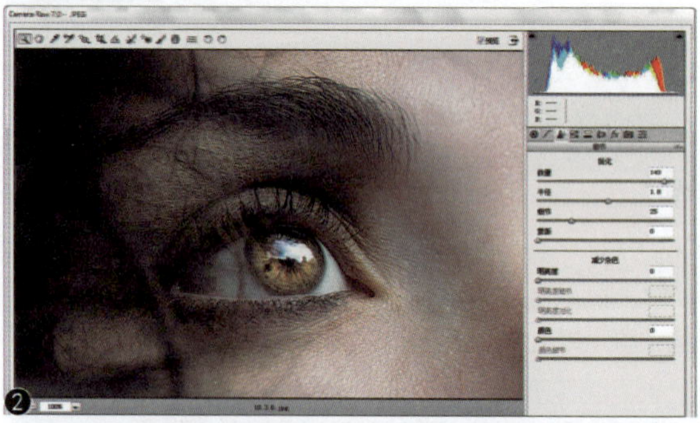

03 调整“减少杂色”选项组中的数值，进行降噪处理❸。进行锐化和降噪操作时可以按下P键，在原图与处理结果之间切换，以便更好地观察图像细节。

10.3.7 练习：制作LOMO特效

01 打开照片❶。执行“滤镜>Camera Raw滤镜”命令，打开“Camera Raw”。

02 设置“色温”为53，使色调变暖。增加“曝光”和“阴影”值，降低“对比度”和“黑色”值；增加“清晰度”和“自然饱和度”值，使照片具有怀旧感❷。

03 单击效果按钮fx显示选项，设置颗粒数量为20，为照片添加颗粒效果，设置“大小”为7；再调整晕影的数量，在照片中生成暗角效果❸。

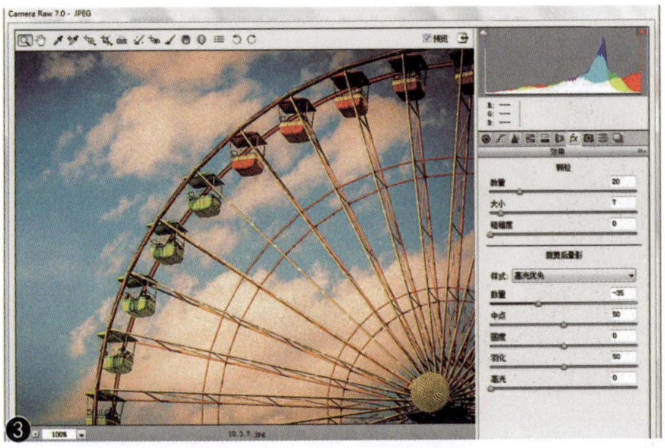

提示（Tips）

Lomo照片是指用Lomo相机拍摄的照片，深受广大青年的喜爱和追捧。这种照片的特点是色泽异常鲜艳，成像质量不高，照片暗角比较大。

10.3.8 练习：制作HDR特效

01 打开照片❶。执行“滤镜>Camera Raw滤镜”命令，打开“Camera Raw”。

02 压暗“高光”和“黑色”，提高“对比度”“阴影”“白色”“清晰度”和“自然饱和度”值，使照片更加清晰，色彩鲜艳，并显现更多细节❷。

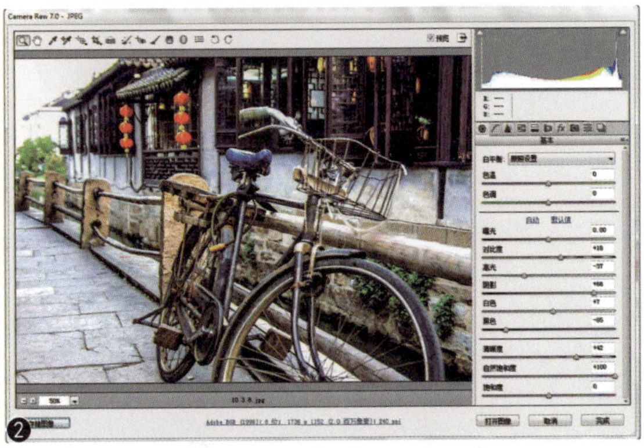

03 切换到细节选项卡，对照片进行锐化，可起到强调细节、增加纹理质感的作用❸。

提示（Tips）

不是所有照片都能做锐化处理，如果图像模糊，是不能通过锐化变清楚的。微距、近景和特写照片适合进行锐化处理，大场景风光片则不太适合。

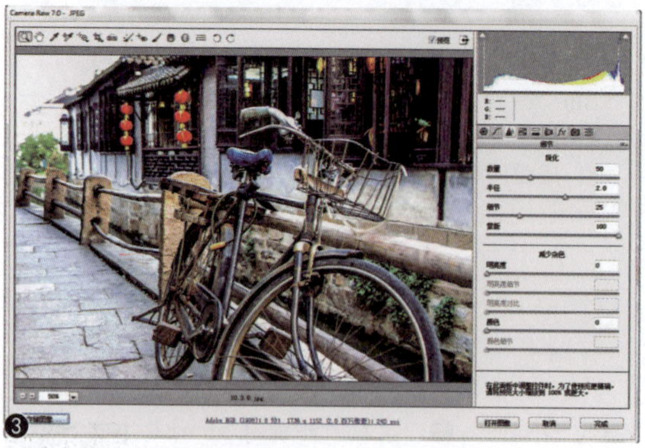

③

10.3.9 调整照片的大小和分辨率

Camera Raw可以调整Raw格式照片的大小和分辨率。操作方法是打开Raw照片，单击对话框底部的“工作流程选项”❶，在弹出的“工作流程选项”对话框中进行修改❷。

- 色彩空间：指定目标颜色的配置文件（106 页）。通常设置为用于 Photoshop RGB 工作空间的颜色配置文件。
- 色彩深度：可以设置位深度，包括 8 位 / 通道和 16 位 / 通道（104 页）。位深度决定了 Photoshop 在黑白之间使用多少级灰度。
- 大小：可以设置导入到 Photoshop 时图像的像素尺寸。默认的像素尺寸是拍摄照片时所使用的像素尺寸。如果要重定图像像素，可以在 W（宽度）、H（高度）和分辨率选项中进行设置。
- 锐化：可以对“滤色”“光面纸”或“粗面纸”应用输出锐化。
- 在 Photoshop 中打开为智能对象：单击Camera Raw 对话框中的“打开图像”按钮时，Camera Raw 图像在 Photoshop 中打开为智能对象，而不是“背景”图层。

以上选项设置完成以后，单击“确定”按钮关闭“工作流程选项”对话框，再单击Camera Raw中的“打开”按钮，在Photoshop中打开修改后的照片就可以了。我们可以执行“图像>图像大小”命令，观察它的大小和分辨率。

❶

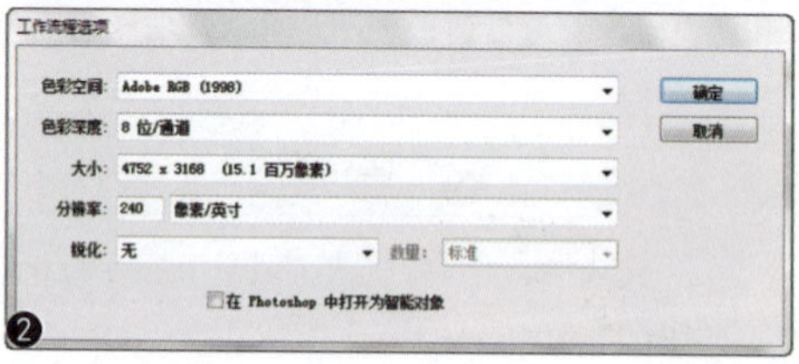

❷

10.4 在Camera Raw中修饰照片

Camera Raw中的目标调整、污点去除、调整画笔和渐变滤镜等工具可以修饰照片，编辑图像的特定区域。因此，我们不必通过Photoshop就可以在Camera Raw中对Raw照片进行美化和艺术处理。

10.4.1 练习：用污点去除工具修饰色斑

01 打开照片。执行“滤镜>Camera Raw 滤镜”命令，打开“Camera Raw”，选择污点去除工具❶。

❶

02 将光标放在需要修饰的斑点上，单击并拖动鼠标，用红白相间的圆将斑点选中❷，放开鼠标，在它旁边会出现一个绿白相间的圆，Camera Raw就会自动在斑点附近选择一处图像来修复选中的斑点❸❹。如果斑点较小的话，可以将选框调小，也可以移动它们的位置。

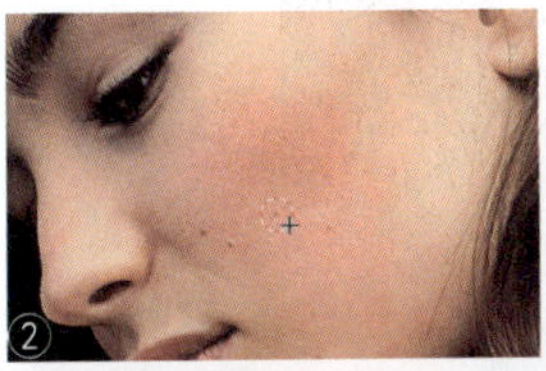
②

③

④

污点去除工具选项

- 类型：选择“修复”选项，可以使样本区域的纹理、光照和阴影与所选区域相匹配；选择“仿制”选项，则将图像的样本区域应用于所选区域。
- 半径：用来指定点去除工具影响的区域的大小。
- 不透明度：可以调整取样图像的不透明度。
- 显示叠加：用来显示或隐藏选框。
- 清除全部：单击该按钮，可以撤销所有的修复。

10.4.2 练习：用调整画笔修改局部曝光

调整画笔的使用方法是先在图像上绘制需要调整的区域，通过蒙版将这些区域覆盖，然后隐藏蒙版，再调整所选区域的色调、色彩饱和度和锐化。

01 打开一张逆光照片。选择调整画笔工具，对话框右侧会显示“调整画笔”选项卡，先勾选“显示蒙版”选项❶。

02 将光标放在人物上，光标中的十字线代表了画笔中心，实圆代表了画笔的大小，黑白虚圆代表了羽化范围。单击并拖动鼠标绘制调整区域❷。如果涂抹到了其他区域，可以按住Alt键在这些区域上绘制，将其清除掉。可以看到，涂抹区域覆盖了一层淡淡的灰色，在鼠标单击处显示出一个图钉图标。

①

②

03 取消对“显示蒙版”选项的勾选或按下Y键，隐藏蒙版。现在可以对人物进行调整了。向右拖曳“曝光”“高光”和“阴影”滑块，即可将调整画笔工具涂抹的区域调亮（即蒙版覆盖的区域），其他图像没有受到影响❸。

③

调整画笔工具选项

- 新建：选择调整画笔工具以后，该选项为勾选状态，此时在图像中涂抹可以绘制蒙版。
- 添加：绘制一个蒙版区域后，勾选该项，可在其他区域添加新的蒙版。
- 清除：要删除部分蒙版或者撤销部分调整，可以勾选该项，并在原蒙版区域上涂抹。创建多个调整区域以后，如果要删除其中的一个调整区域，则可单击该区域的图钉图标，然后按下Delete键。

- 曝光：设置整体图像亮度，对高光部分的影响较大。
- 对比度/饱和度：调整图像的对比度和色彩的饱和度。
- 清晰度：通过增加局部对比度来增加图像深度。
- 锐化程度：可以增强边缘清晰度以显示细节。
- 减少杂色：可以减少明亮度杂色。
- 波纹去除：可以消除莫尔赝像或颜色失真。
- 颜色：可以在选中的区域中叠加颜色。单击右侧的颜色块，可以修改颜色。
- 大小：用来指定画笔笔尖的直径（以像素为单位）。
- 羽化：用来控制画笔描边的硬度。羽化值越高，画笔的边缘越柔和。
- 流动：用来控制应用调整的速率。
- 浓度：用来控制描边中的透明度程度。
- 自动蒙版：将画笔描边限制到颜色相似的区域。
- 显示蒙版：勾选该项可以显示蒙版。如果要修改蒙版颜色，可以单击选项右侧的颜色块，打开“拾色器”进行调整。
- 清除全部：单击该按钮可删除所有调整和蒙版。
- 显示笔尖：显示图钉图标。

10.4.3 练习：使用目标调整工具

01 在Camera Raw中打开照片。选择目标调整工具，在工具选项栏的下拉菜单中选择“色相”选项❶。

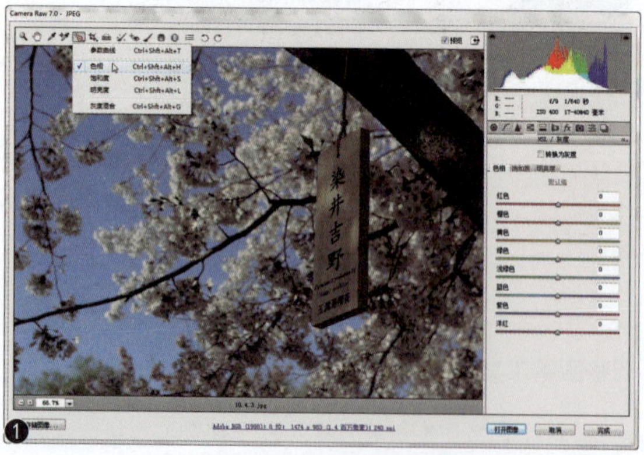

02 将光标放在蓝色天空上，单击并向左侧拖曳鼠标，改变天空的颜色，同时观察“蓝色”参数，当它变为−51时，停止移动❷。

03 再来调整一下樱花和树干的颜色，设置“橙色”为−18，“黄色”为−78❸。

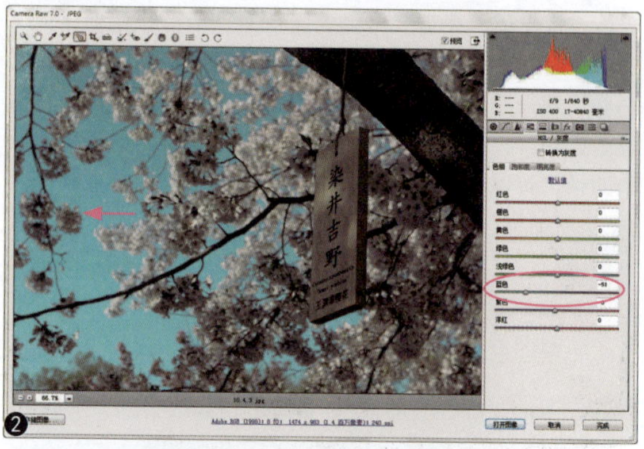

04 单击“饱和度”选项卡，增加“橙色”和“黄色”的饱和度❹。

05 单击“明度”选项卡，然后将“橙色”和“黄色”的明度都设置为100❺。

06 切换到“基本”选项卡，设置“曝光”为0.5，“阴影”为100，“白色”为21，“黑色”为－20，使照片的整体色调变亮，设置“自然饱和度”为50，使照片颜色通透❻。

❻

提 示（Tips）

在Camera Raw中处理照片时，会占用较大的内存空间，使电脑运行速度变慢。单击“打开首选项对话框”按钮☰或按下Ctrl+K快捷键，打开“Camera Raw首选项”对话框，单击“清空高速缓存”按钮，可以将执行操作时占用的空间释放掉。

10.4.4 练习：用渐变滤镜营造梦幻色彩

01 打开照片❶。执行“滤镜>Camera Raw滤镜”命令，打开“Camera Raw”。

❶

02 选择渐变滤镜工具，按住Shift键（可以锁定垂直方向）在画面顶部单击并向下拖动鼠标，添加渐变颜色。在画面中，绿点及绿白相间的虚线是滤镜的起点，红点及红白相间的虚线是滤镜的终点，黑白相间的虚线是中线；拖曳绿白、红白虚线可以调整滤镜范围或旋转滤镜；拖曳中线可以移动滤镜。将“色温”设置为－100、“色调”为81、“曝光”为1.45、“饱和度”为61，使天空呈现蓝色的渐变效果❷。

❷

03 继续使用渐变滤镜工具添加不同颜色的渐变，按住Shift键从左向右拖动鼠标，添加渐变颜色后，调整“色温”值为－20、“色调”值为100，在夕阳周围的天空中增添粉红色❸。再从右向左拖动鼠标，添加相同的渐变，数值不变❹。

❸

❹

提 示（Tips）

单击一个渐变滤镜将其选择后，可以调整参数，也可以按下Delete键将其删除。按下Alt+Ctrl+Z快捷键可逐步撤销操作。使用目标调整工具、污点去除工具、调整画笔工具时，也可以使用该快捷键撤销操作。

10.5 多照片处理

Camera Raw可以同时调整多张照片，或者将一张照片的调整参数应用于其他照片。这种类似于动作和批处理的功能非常实用。例如，如果我们的相机镜头上有灰尘，拍摄的所有照片在相同的位置都会出现灰尘所留下的痕迹，我们就可以利用Camera Raw的这项功能，一次性地将多张照片中的灰尘痕迹清除。

10.5.1 练习：将调整应用于多张照片

01 先将需要处理的几张照片复制到一个文件夹中。Raw、JPEG格式照片均可。然后执行“文件>在Bridge中浏览”命令，运行Bridge。导航到照片文件夹，在照片上右击，在弹出的快捷菜单中选择“在Camera Raw中打开”命令❶。

02 在Camera Raw中打开照片后，将它调整为黑白效果。单击“完成”按钮，关闭照片和Camera Raw，返回到Bridge。

03 在Bridge中，经Camera Raw处理后的照片右上角有一个状图标。按住Ctrl键单击需要处理的其他照片，右击，在弹出的快捷菜单中选择“开发设置>上一次转换”命令，即可将选择的照片都处理为黑白效果❷❸。如果要将照片恢复为原状，可以在Bridge中选择照片，打开“开发设置”菜单，选择“清除设置”命令。

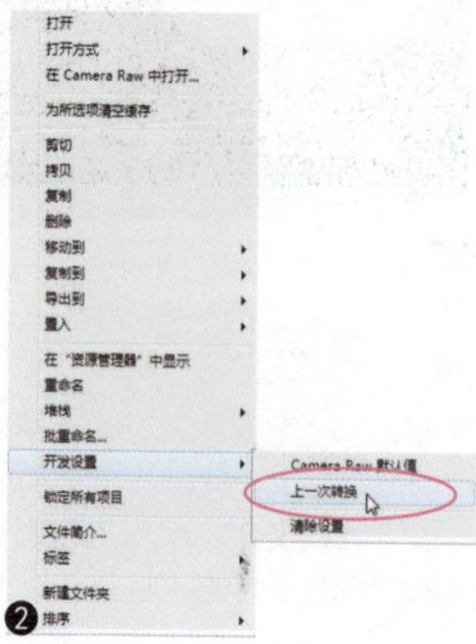

10.5.2 实战技巧：同时调整多张Raw照片

按下Ctrl+O快捷键，弹出“打开”对话框，按住Ctrl键单击需要打开的Raw照片，将它们选择，按下Enter键打开。照片会以“连环缩览幻灯胶片视图”的形式排列在“Camera Raw”对话框左侧❶。如果想要对两张或多张照片应用相同的处理，可按住Ctrl键单击这些照片，将它们同时选择，再进行调整❷。

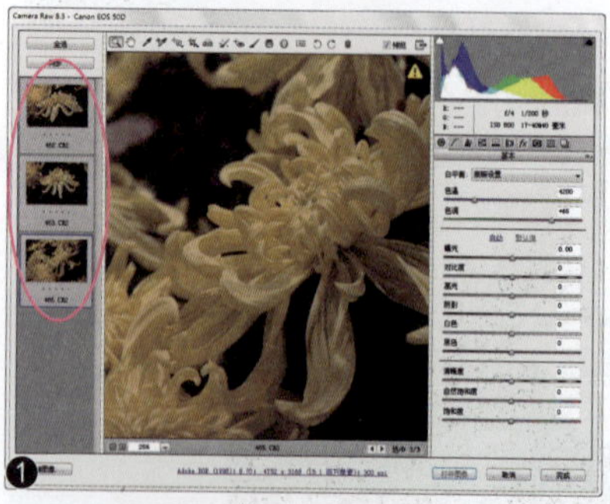

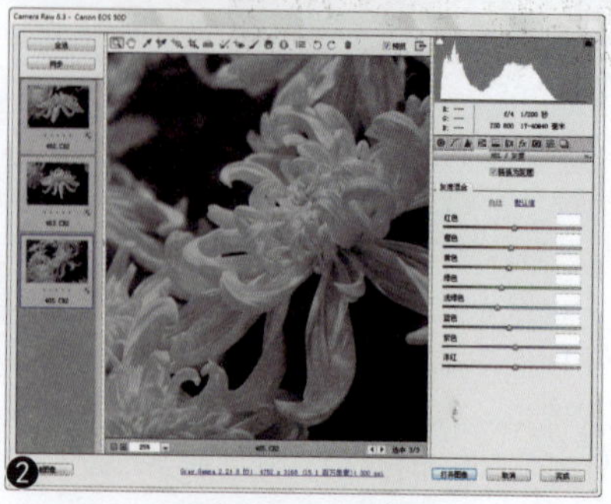

10.6 课后测验

学会了Camera Raw以后，可以将照片处理成各种色彩风格，使看似普通的照片变得生气盎然。下面就通过两幅照片的调整，将水的灵动传递出来。

10.6.1 梦里水乡

打开照片❶。调整“高光”“阴影”“白色”“自然饱和度”值，使色调明亮起来❷。照片中湖水占了三分之二的面积，暗沉的色调影响了画面氛围。切换到“分离色调”选项卡，将湖水的颜色调蓝❸。碧蓝的天空倒映在水面，色调清爽，有梦里水乡的浪漫之感。

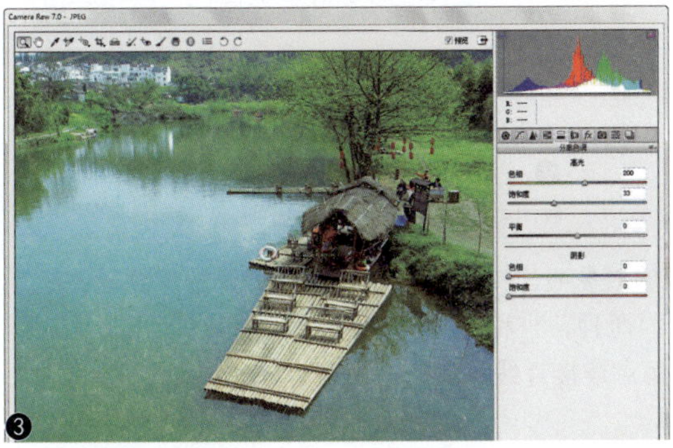

10.6.2 春意盎然

打开照片❶。先调整“曝光”“高光”和“阴影”值，使照片明暗分布更加均衡。增加“对比度”和“清晰度”值，使照片的色调清晰通透，不再有灰蒙蒙的感觉。调整“色调”，增加“自然饱和度”值❷。切换到“分离色调”选项卡，分别在高光和阴影中加入绿色，使照片有春意盎然之感❸。

第11章 UI/APP设计

本章简介

在我们的词汇中，图画是一个很常用的名词，泛指一幅绘画作品、画卷等。但在Photoshop的字典里，“图”与“画”是完全不同的概念，代表了不同的对象和特定的创建方式。“图”是图形——矢量对象；“画”是图像——位图对象。二者泾渭分明。从创建和编辑方法方面区分，绘图是指创建和编辑基于矢量的图形，需要用矢量工具来完成；绘画则是指绘制和编辑基于像素的位图图像，需要用绘画类工具（画笔、铅笔、加深、减淡、渐变、橡皮擦等）来完成。Photoshop的矢量功能包括矢量图形和文字。虽然它们只占Photoshop的一小部分，但其重要性和实用性不容小觑。本章我们就来深入矢量图形的世界，探寻其中的究竟。在下一章中，再对文字进行解析。

学习重点

关键概念

Ps 11.1

关于矢量图形的5个疑问

矢量图形这个术语主要用于二维计算机图形学领域。在软件程序中，基于矢量图形的有Illustrator、CorelDRAW、AutoCAD和3ds Max等。在学习矢量图形的创建和编辑方法之前，我们先介绍与之相关的5个基本问题，以便帮助我们了解什么是矢量图形，以及为什么要用到它。

11.1.1 疑问①：矢量图形的组成元素是什么？

矢量图形（有时称作矢量形状或矢量对象）是由称作矢量的数学对象定义的直线和曲线构成的。它与位图有着不同的特点，也遵循独特的规则、方法和逻辑。

我们知道，位图由像素组成，它来源于数码照片、扫描的图像，也可以用绘画类工具画出来。而矢量图则完全是由矢量工具生成的。在Photoshop中由形状或钢笔工具绘制的直线路径和曲线路径组成。

路径是一种线条状的轮廓，可以是开放式的，也可以是封闭式的❶❷。复杂的图形一般由多个相互独立的路径组件组成，它们称为子路径❸。当多个路径段连接在一起的时候，就可以让它们发生转折和弯曲。

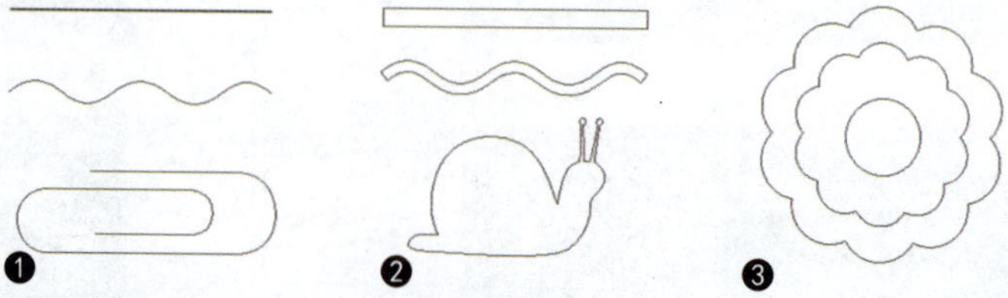

❶ 开放式路径　❷ 封闭式路径　❸ 包含3个子路径的图形

连接路径段的对象叫作锚点，它们也标记了开放式路径的起点和终点。锚点分为两种，一种是平滑点，一种是角点。平滑点连接平滑的曲线❹；角点连接直线和转角曲线❺❻。

❹ 平滑点连接的曲线　❺ 角点连接的直线　❻ 角点连接的转角曲线

在曲线路径段上，锚点具有方向线，方向线的端点是方向点❼，拖曳方向点可以拉动方向线，进而改变曲线的形状❽。矢量图形的形状就是通过这种方法来控制。说起来简单，实际操作还是有一些难度的，只有多加练习才能掌握，另外也需要一些快捷键来配合，以提高绘图效率。

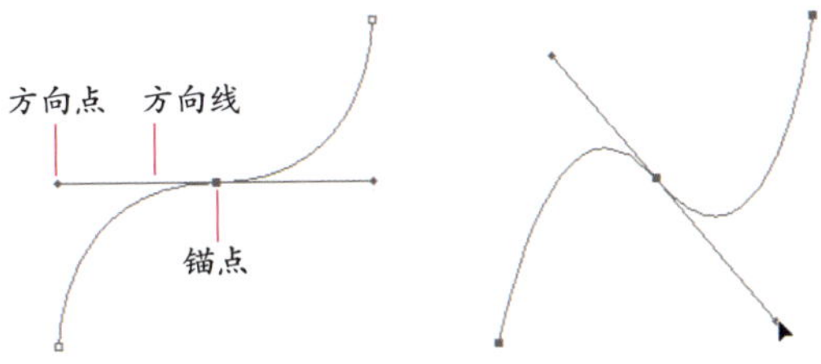

❼　❽

提 示（Tips）

路径和锚点是矢量对象，不包含像素，未经填充或描边处理是不能打印出来的。使用PSD、TIFF、JPEG和PDF等格式存储文件可以保存路径。

11.1.2 疑问②：矢量图形有哪些特别优势?

为什么要使用矢量图？难道Photoshop的图像（位图）编辑工具还不够强大吗？并非如此，只因术业有专攻，在绘图方面（注意，是绘图，不是绘画），矢量图具有位图无法比拟的优势。在第一章中，我们曾对矢量图和位图的优、缺点进行过分析和比较，现在，我们再从使用的角度来看一下，矢量图具有哪些特别的优点。

可以绘制任何形状

我们来看矢量图的组成对象及分工。锚点负责将路径分成一段段，方向线和方向点负责控制路径段的形状，这样，在绘图时，我们就可以编辑其中的任意一段路径，以达到我们所期望的形状，进而再通过一条条直线和光滑流畅的曲线组成各种复杂的图形❶。

Photoshop中的绘画类（位图）工具则是基于我们移动鼠标时的运行轨迹来进行绘画的。如果没有经过专门训练，以及未配置数位板，手动绘画，不要说复杂的图形，即使是一段平滑的曲线都很难完成。

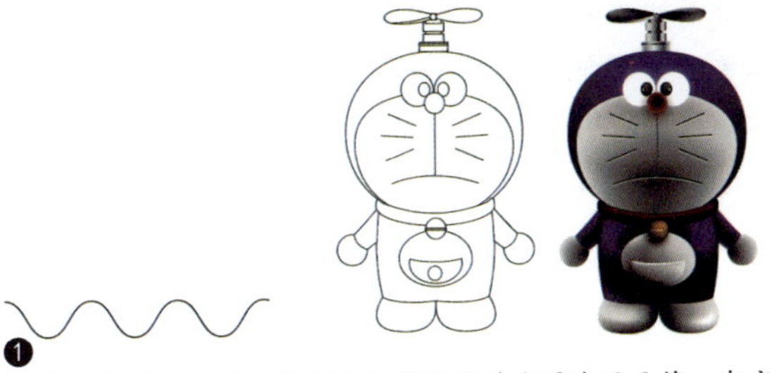

❶ 钢笔工具可以绘制曲线以及各种绘图（右图为用画笔、渐变等工具上色后的效果）

易于编辑、便于修改

矢量图形的创建和编辑有专用的工具。这种情况在Photoshop中很普遍，如渐变的创建和编辑要用渐变专用工具（渐变工具和“渐变编辑器”）来完成，选区也有专用工具。但矢量图的编辑思路极其简单，只要移动锚点、拖曳方向点便可轻松改变图形（路径）的形状，并且不受时间限制，我们可以随时编辑，随时修改❷~❺。位图的修改就比较麻烦，会涉及到很多功能，如选区、变换等，有时候，修改位图的形状甚至还不如重新绘制来得方便。

❷　❸ 形状图层（箭头为矢量轮廓）。只需移动一个锚点，便可轻松改变箭头长度

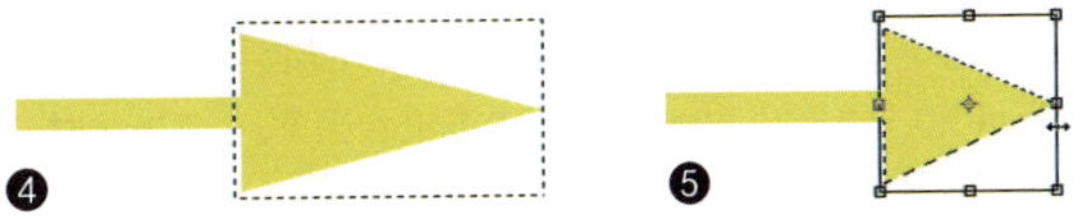

❹　❺ 以位图的形式绘制同样效果的箭头，修改时比较麻烦：先要用矩形选框工具选取箭头部分，再显示定界框（按下Ctrl+T快捷键），之后拖动控制点才能调整箭头长度。操作步骤不仅多，还要用到选区和变换功能

无损旋转、缩放

当我们对位图进行旋转和放大操作时，很容易造成模糊，使图像的清晰度下降，这是位图致命的“缺陷”。虽然我们可以通过将图像转换为智能对象，再对其进行旋转和缩放，从而最大化地降低损害，但损害仍然是无法避免的。只有矢量图才能真正做到无损旋转和缩放。

从印刷应用方面看，矢量图可以在任何打印输出或印刷设备上以最高的分辨率进行输出。对于位图文件，印刷的要求是分辨率为300像素/英寸（ppi），如果低于这个分辨率，则无法保证图像的清晰度。如果我们在Photoshop中创建并绘制了矢量图形，即便文档的分辨率非常低，我们也可以将分辨率调高到300像素/英寸（ppi），再进行打印输出。这种硬生生增加分辨率（36页）的做法对于位图是有损害的，但对于矢量图的清晰度没有任何影响。

11.1.3 疑问③：路径能做什么？

作为矢量功能的路径“潜伏”在位图软件Photoshop中，它的任务是什么？究竟要做什么呢？

在Photoshop中，路径可以“变身”为6种对象，包括选区、形状图层、矢量蒙版、文字基线、以颜色填充和以颜色描边，由此完成抠图、合成图像、创建路径文字等重要的“任务”。

- 选区：使用路径选择工具单击路径，按下Ctrl+Enter键即可将其转换为选区。此外，创建选区后，单击“路径”面板中的按钮，可以将选区保存为路径。
- 矢量蒙版：由钢笔、自定形状等矢量工具创建的蒙版。矢量蒙版与分辨率无关，无论怎样缩放都能保持光滑的轮廓，常用来制作Logo、按钮或其他Web设计元素。
- 形状图层：带有矢量蒙版的填充图层，可以用纯色、渐变和图案来进行填充。矢量蒙版中的图形定义了哪里的填充内容显示、哪里的内容隐藏。
- 文字基线：文字基线是文字所依托的假想线条。路径文字以路径为基线，可以让文字沿着路径排列。当改变路径形状时，文字的排列方式也会随之改变。
- 填充：使用“填充路径”命令可以对路径所形成的区域进行填充。填充内容包括颜色、渐变和图案。在操作时，还可以设置填充效果的混合模式和不透明度，以及对图形边缘进行羽化。
- 描边：描边是指用画笔、铅笔、橡皮擦、仿制图章、修复画笔和涂抹等绘画类工具描绘路径的轮廓。在操作时，还可以使描边线条产生粗细变化。

11.1.4 疑问④：使用哪种工具？

Photoshop中的矢量工具包括钢笔工具、各种形状工具、路径编辑类工具，以及横排文字工具和直排文字工具。

绘图类工具

- 钢笔工具（★★★★★）：可以绘制直线路径、光滑的曲线路径和任何形状的图形。它是Photoshop中最强大的绘图工具，使用方法有一些难度。
- 自由钢笔工具/磁性钢笔工具（★★☆☆☆）：使用自由钢笔工具可以徒手绘制路径。如果在工具选项栏中选择选“磁性的”选项，则可以转换为磁性钢笔工具，该工具可以自动识别对象的边缘。这两个工具的特点是使用起来比钢笔工具方便，但准确度不高。
- 矩形工具、圆角矩形工具、椭圆工具、多边形工具、直线工具（★★★☆☆）：可以绘制预设的矩形、圆形、星形和直线等简单图形。
- 自定形状工具（★★★★☆）：可以绘制Photoshop预设的各种图形，也可以用加载的外部图形库绘图。

图形编辑类工具

- 添加锚点工具：可以在路径上添加锚点。
- 删除锚点工具：可以删除路径上的锚点。
- 转换点工具：可以转换锚点的类型，调整方向线进而改变路径形状。
- 路径选择工具：可以选择、移动路径，变换路径的形状。在进行路径运算时，也会用该工具来选择路径。
- 直接选择工具：可以选择锚点，移动方向线进而改变路径形状。

11.1.5 疑问⑤：绘制哪种对象？

无论我们使用哪个矢量绘图工具，都需要先在工具选项栏中选择一种绘图模式。绘图模式有3种，每一种都可以绘制出不同的对象。

第一种是形状。采用这种模式绘制出的是形状图层（389页）。在画面中是一个或一组图形，可以用纯色、渐变和图案填充，并且可以修改填充内容。形状图层保存在“图层”面板和“路径”面板中❶。由于形状是矢量对象，因此，无论怎样旋转和缩放都不会降低质量。

选择“形状”选项，创建的是形状图层

第二种是路径。在画面中，路径是一种矢量轮廓，可以转换为选区、矢量蒙版等对象。路径只保存在“路径”面板中，“图层”面板没有它的位置❷。

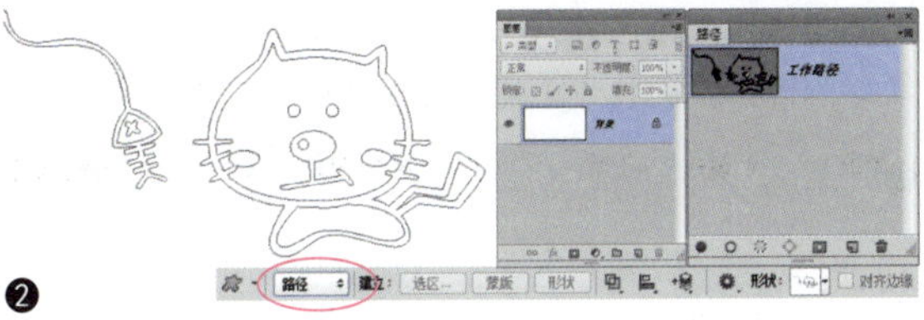

❷

选择“路径”选项，创建的是路径轮廓

第三种是像素（32页）。选择这种模式时，会在当前选择的图层上绘制出用前景色填充的“图形”❸。这里有3个关键词，当前图层、用前景色填充、图形。我们来逐一解读。像素只保存在当前选择的图层中；前景色决定了“图形”的颜色；此“图形”非彼“图形”，它是具备图形外观的像素，而非矢量对象。如果我们绘制路径后，再用前景色填充路径，就与像素模式完全相同了，因此，该模式是一种快捷方式，它将绘图和填色操作合二为一了。

❸

选择“像素”选项，创建的是以前景色填充的位图图像

“形状”选项

选择“形状”选项后，可以单击“填充”和“描边”选项右侧的按钮，打开下拉列表❹，用纯色、渐变或图案对图形进行填充和描边❺❻。如果要自定义填充颜色，可以单击按钮，打开“拾色器”进行调整。

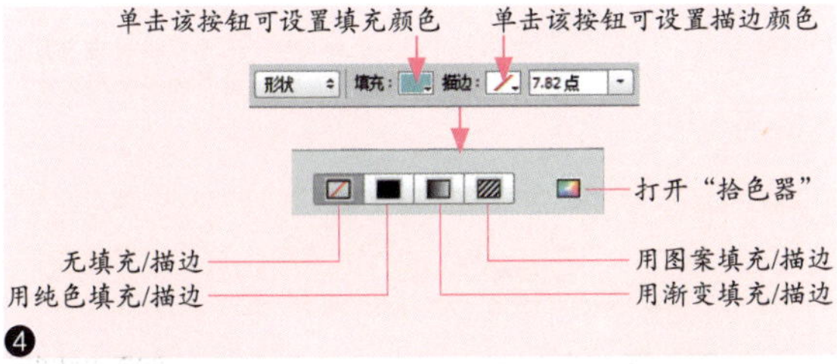

❹

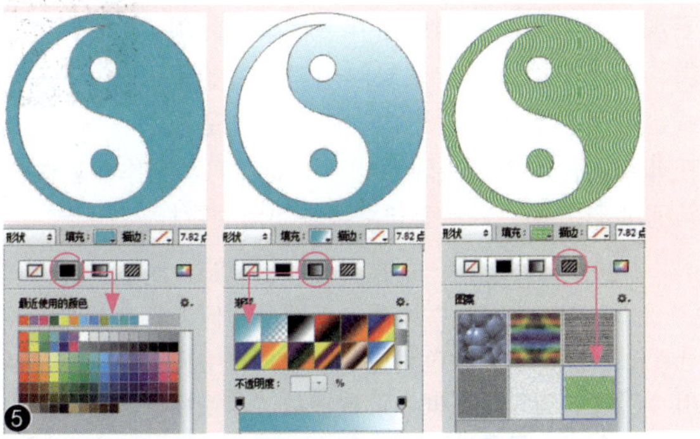

❺

用纯色填充　用渐变填充　用图案填充

❻

用纯色描边　用渐变描边　用图案描边

描边后，还可以单击工具选项栏中的按钮打开下拉菜单，拖曳滑块调整描边宽度❼。单击工具选项栏中的按钮，可以打开一个下拉面板设置描边选项❽。

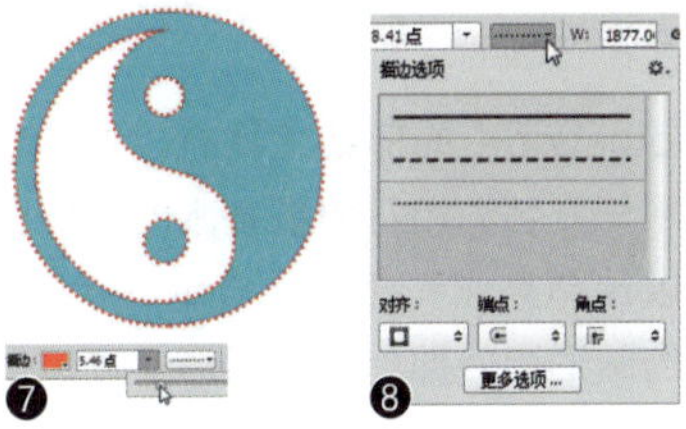

❼ ❽

调整描边宽度　设置描边选项

- **描边样式**：可以选择用实线、虚线（371页）和圆点状虚线来描边路径❾❿⓫。

❾ ❿ ⓫

实线描边　虚线描边　圆点描边

- **对齐**：单击按钮，可以打开下拉菜单，选择描边与路径的对齐方式，包括内部、居中和外部三种方式。
- **端点**：单击按钮打开下拉菜单，可以选择路径端点的样式，包括端面⓬、圆形⓭和方形⓮三种样式。

⓬ 端面　⓭ 圆形　⓮ 方形

- **角点**：单击按钮，可以在打开的下拉菜单中选择路径转角处的转折样式，包括斜接⓯、圆形⓰和斜面⓱三种样式。

⓯ 斜接　⓰ 圆形　⓱ 斜面

- **更多选项**：单击该按钮，可以打开“描边”对话框，

该对话框中除包含前面的选项外，还可以调整虚线的间距（371 页）。

提 示（Tips）

在工具选项栏中选择“路径”选项并绘制路径后，可以单击“选区”“蒙版”和“形状”按钮，将路径转换为选区、矢量蒙版或形状图层。

像素选项

在工具选项栏中选择“像素”选项后，可以为绘制的图像设置混合模式和不透明度⑱。钢笔工具不能绘制像素，因此也不能选择该选项。

- **模式：** 可以设置混合模式，让绘制的图像与下方其他图像产生混合效果。
- **不透明度：** 可以为图像指定不透明度，使其呈现透明效果。
- **消除锯齿：** 可以平滑图像的边缘，消除锯齿。

11.2 使用形状工具绘图

Photoshop中的形状工具有6种。其中，矩形工具、圆角矩形工具和椭圆工具可以绘制与其名称相符的最基本的几何图形；多边形工具可以绘制多边形和星形；直线工具可以绘制直线和虚线；自定形状工具可以绘制Photoshop预设的矢量图形，以及用户自定义的图形和外部加载的图形。

11.2.1 实战技巧：动态绘图

形状工具是通过单击并拖曳鼠标的方法来操作的❶~❸。我们既可以从一个角拖曳到另一个角来绘制出图形；也可以在拖曳鼠标的过程中按住Alt键，以鼠标单击点为中心绘制出图形来（直线工具和多边形工具除外）。如果在参考线和网格上绘图，这种中心绘图的方法就非常有用。在这两种基本方法之外，各个工具还可以配合不同的按键来达到不同的效果，相关章节中会有详细说明。

选择矩形工具，在工具选项栏中选择“路径”选项

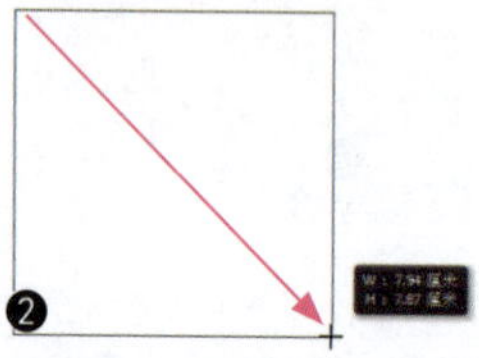

从一角拖曳到另一角

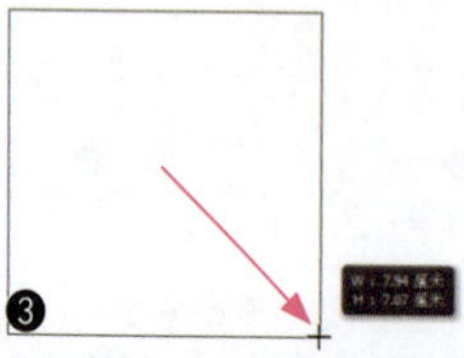

按住Alt键从中心向外绘制图形

使用形状工具时，最有用的技巧是动态绘图。操作方法为：使用形状工具在窗口中单击并拖曳鼠标绘制出形状时，不要放开鼠标按键，同时按住空格键移动鼠标，可以移动形状；放开空格键继续拖曳鼠标，则可以调整形状大小。将这一操作连贯并重复运用，就可以动态调整形状的大小和位置❹~❻。

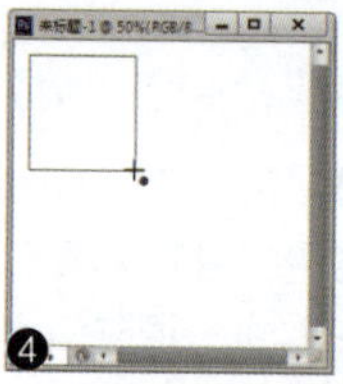

绘制矩形

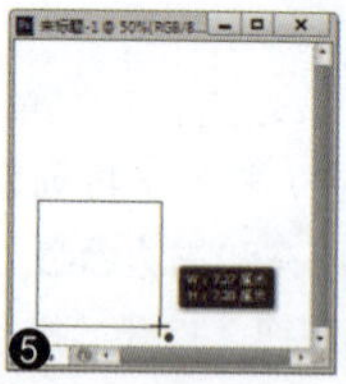

按住鼠标按键和空格键移动图形

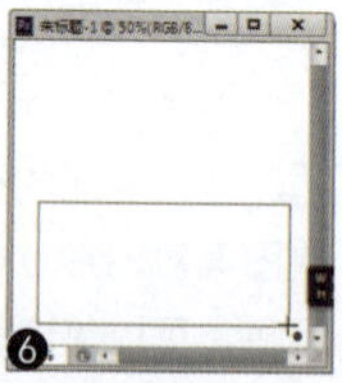

放开空格键拖曳鼠标重新调整矩形大小

11.2.2 练习：用基本形状工具制作扁平化图标

扁平化图标通过简化、抽象的图形来表现主题内容，减弱或摒弃各种渐变、阴影、高光等拟真视觉效果对用户视线的干扰，让用户更加专注于内容本身。这是现在非常流行的图标表现形式。下面我们来制作最基本的几何图形工具——一个安卓系统使用的图标。

01 新建一个文档。选择椭圆工具，在工具选项栏中选择“形状”选项（后面的其他工具也都选择该选项），设置填充颜色为橙色，在画布中央单击鼠标，弹出“创建椭圆”对话框，设置参数，以鼠标单击点为中心创建一个圆形❶❷。

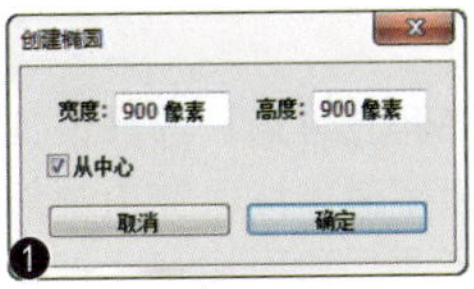

❶

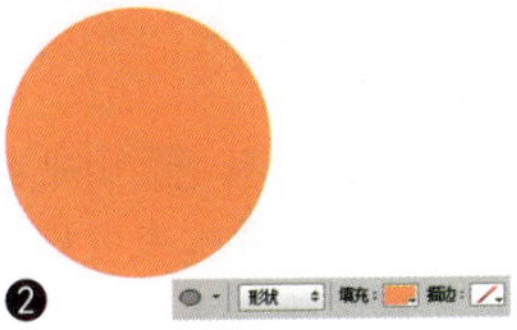
❷

02 在“图层”面板空白处单击，隐藏路径，这样再绘制其他图形时就会在一个新的形状图层中，否则会位于该圆形所在的形状图层中。选择圆角矩形工具，在工具选项栏中设置“半径”为100像素，描边颜色为白色，宽度为45点，无填充，创建一个圆角矩形❸。采用同样的方法再创建一个“半径”为30像素的深黄色圆角矩形❹。

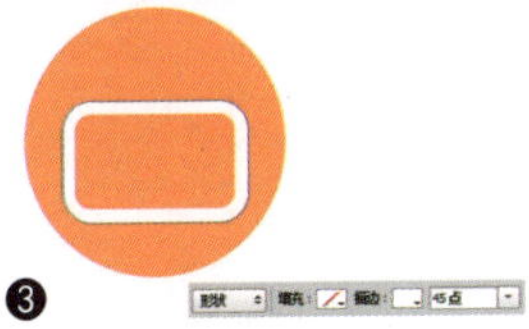
❸

❹

03 选择椭圆工具，按住Shift键创建一个白色的圆形❺，这次不要隐藏路径，我们来进行图形运算。选择矩形工具，按住Alt键，在圆形下半部创建矩形，将其遮挡，放开鼠标按键后，会进行图形运算，从而得到一个半圆形❻，这两个图形位于同一个形状图层中❼。

❺

❻

❼

04 在制作时，可以启用智能参考线（424页）帮助对齐图形。但有时候没有移动到位，参考线是不会出现的，仅凭我们的肉眼很难判断是否真正对齐。下面来使用对齐功能对齐这些图形。按住Shift键单击最下方的形状图层❽，将所有的形状图层同时选取，执行“图层>对齐>水平居中”命令即可。单击最顶层的形状图层❾，下面接着在该图层中制作天线。

❽

❾

05 选择直线工具，在圆形上方按住Shift键单击并拖曳鼠标，创建一个45°直线❿，然后再用椭圆工具在其端点创建一个圆形（按住Shift键操作）⓫，直线和圆形共同组成一条天线。使有路径选择工具按住Shift键单击直线，将它与圆形同时选取，按住Alt键向左侧拖动，进行复制，拖曳鼠标时，还要再按住Shift键，以锁定水平方向⓬。

❿

⓫

⓬

06 按下Ctrl+T快捷键显示定界框⓭，单击鼠标右键打开快捷菜单，选择“水平翻转”命令⓮，翻转图形，再通过←键和→键调整其位置，使两条天线处于对称的位置⓯。

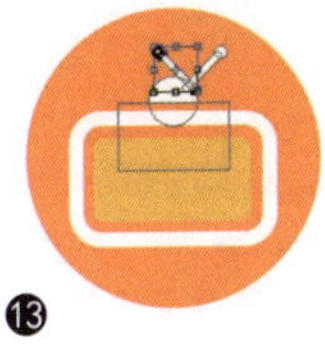
⓭

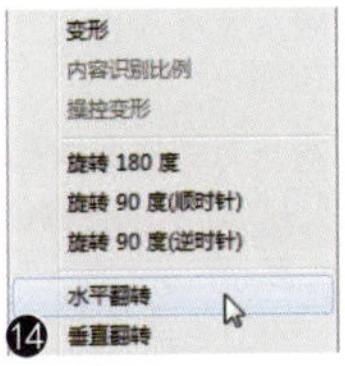

⓮

⓯

07 按住Ctrl键单击最上面的3个形状图层，将它们选取⓰，按下Ctrl+G快捷键编组⓱。单击“图层”面板底部的按钮，在打开的菜单中选择“外发光”命令，打开“图层样式”对话框，为该图层组添加橙色的外发光⓲，这样组中的所有图形都会应用这一效果，我们就不必分别为它们添加效果了⓳。

⓰

⓱

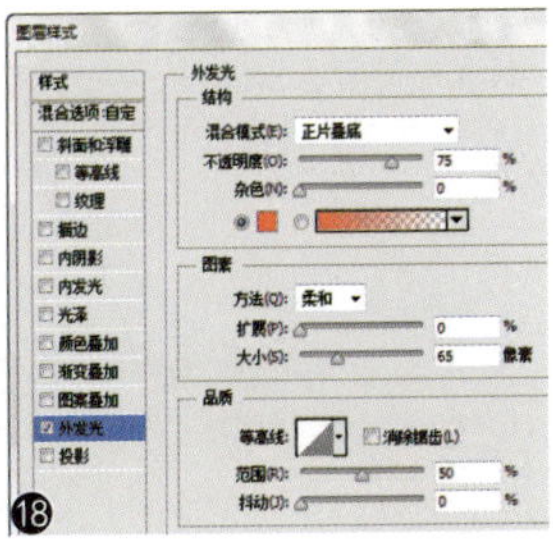
⓲

⓳

通过这个实例的操作我们可以看到，虽然是一个小小的图标，制作时还是用到了图形运算、图形对齐、图形变换等相关功能。这说明矢量图形的绘制是讲究方法和次序的。另外，基本图形工具虽然简单，但只要配合得当，是可以表现非常多的图形的。

直线工具

直线工具用来创建直线和带有箭头的直线。选择该工具后，单击并拖曳鼠标可以创建直线，按住

Shift键可以创建水平、垂直或以45°角为增量的直线。在工具选项栏中，“粗细”选项决定了直线的粗细。

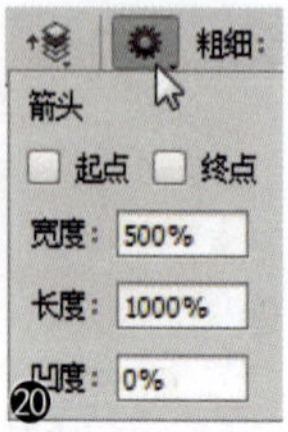

⑳

单击工具选项栏中的按钮⑳，打开下拉面板，可以为直线添加箭头，设置箭头的长度、宽度和凹陷度。

选项	说明
起点/终点	选取相应的选项后，可以分别在直线的起点和终点添加箭头，或同时添加箭头
宽度	可以设置箭头宽度与直线宽度的百分比，范围为10%～1000%
长度	可以设置箭头长度与直线宽度的百分比，范围为10%～5000%
凹度	可以设置箭头的凹陷程度，范围为-50%～50%。该值为0%时，箭头尾部平齐；大于0%，向内凹陷；小于0%，向外凸出

直线工具的箭头参数虽然只有3个，但实际使用时是可以产生很多变化的㉑。

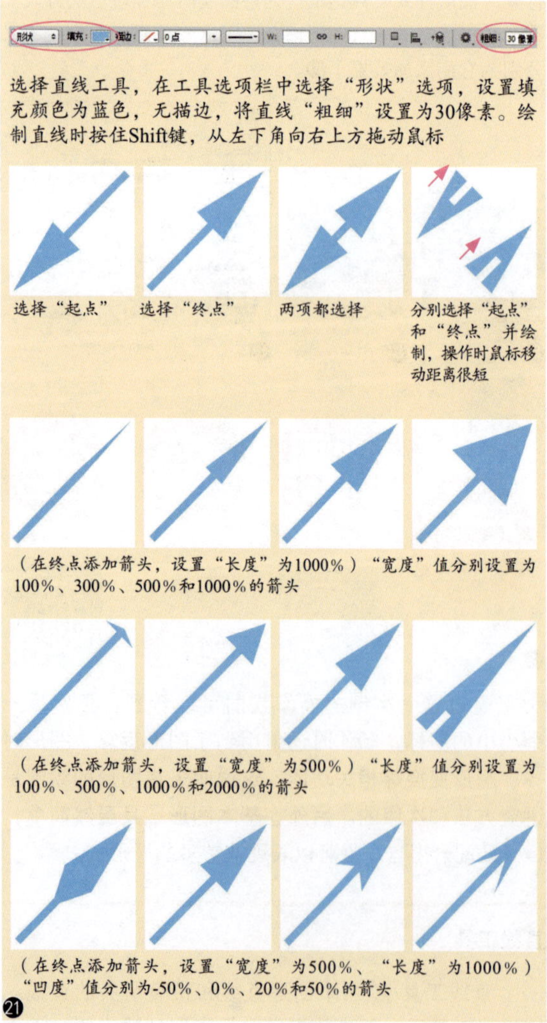

选择直线工具，在工具选项栏中选择“形状”选项，设置填充颜色为蓝色，无描边，将直线“粗细”设置为30像素。绘制直线时按住Shift键，从左下角向右上方拖动鼠标

选择“起点”　选择“终点”　两项都选择　分别选择“起点”和“终点”并绘制，操作时鼠标移动距离很短

（在终点添加箭头，设置“长度”为1000%）“宽度”值分别设置为100%、300%、500%和1000%的箭头

（在终点添加箭头，设置“宽度”为500%）“长度”值分别设置为100%、500%、1000%和2000%的箭头

（在终点添加箭头，设置“宽度”为500%、“长度”为1000%）“凹度”值分别为-50%、0%、20%和50%的箭头

㉑

矩形工具

矩形工具用来绘制矩形和正方形。选择该工具后，单击并拖曳鼠标可以创建矩形；按住Shift键拖曳可以创建正方形；按住Alt键拖曳，则会以单击点为中心向外创建矩形；按住Shift+Alt键拖曳，会以单击点为中心向外创建正方形。单击工具选项栏中的按钮，可以打开下拉面板设置矩形的创建方式㉒。

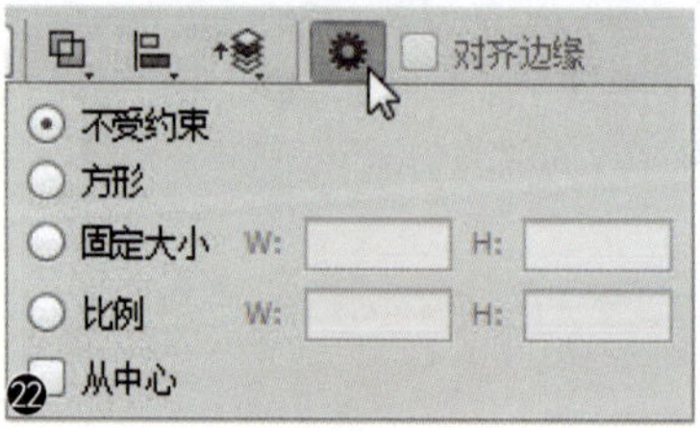

㉒

选项	说明
不受约束	拖曳鼠标创建任意大小的矩形和正方形
方形	只能创建任意大小的正方形
固定大小	勾选该选项，并在它右侧的文本框中输入矩形的宽度W和高度H值，单击鼠标时，只创建预设大小的矩形
比例	勾选该选项，并在它右侧的文本框中输入宽度W和高度H比例值，单击并拖动鼠标时，无论创建多大的矩形，其宽度和高度都保持预设的比例
从中心	以任何方式创建矩形时，鼠标在画面中的单击点即为矩形的中心，拖动鼠标时矩形将由中心向外扩展
对齐边缘	勾选该选项后，矩形的边缘与像素的边缘重合，不会出现锯齿；取消选择该项，矩形边缘会出现模糊的像素

圆角矩形工具

圆角矩形工具用来创建圆角矩形。它的使用方法，包括快捷键以及主要选项都与矩形工具相同，只是多了一个“半径”选项。“半径”用来设置圆角半径，该值越高，圆角的范围越广。

椭圆工具

椭圆工具用来创建圆形和椭圆形。选择该工具后，单击并拖曳鼠标可以创建椭圆形，按住Shift键拖曳可以创建圆形。椭圆工具的选项及其中所定义的创建方法与矩形工具基本相同，我们既可以创建不受约束的椭圆和圆形，也可以创建固定大小和固定比例的图形（在工具选项栏中，与矩形工具设置方法相同）。

11.2.3

练习：绘制多边形和星形

01 选择多边形工具，在工具选项栏中选取“形状”选项，设置填充颜色为朱红色，无描边；“边”设置为5❶。下面绘制无平滑拐角的五边形和五边星形，绘制时按住Shift键从左上方向右下方拖动鼠标❷。另外，绘制五角星前还需要选择“星形”选项❸。

❶

❷ ❸

02 选取“平滑拐角”选项，绘制具有平滑拐角的五边形和五边星形❹❺。

❹ ❺

03 我们再来看一下星形的变化方法。选取“星形”选项，在“缩进边依据”选项中设置星形边缘向中心缩进的数量。勾选“平滑缩进”复选项，可以使星形的边平滑地向中心缩进❻~❽。

❻ 五边星形 缩进边依据10%

❼ 五边星形 缩进边依据90%

❽ 五边星形 缩进边依据90% 平滑缩进

多边形工具

多边形工具可以创建多边形和星形。选择该工具后，先要在工具选项栏中设置多边形或星形的边数，范围为3～100。单击工具选项栏中的按钮打开下拉面板，可以设置多边形选项。

选项	说明
半径	设置多边形和星形的半径长度后，单击并拖动鼠标时，将按照预设的半径值创建多边形和星形
平滑拐角	选择该选项后，可以具有平滑拐角的多边形和星形
缩进边依据/平滑缩进	创建星形时可以设置这两个选项。在“缩进边依据”选项中可以设置星形边缘向中心缩进的数量。勾选“平滑缩进”复选项，则可以使星形的边平滑地向中心缩进

11.2.4

疑问解答：怎样定义虚线间隔和长度?

在默认状态下，使用矩形工具、圆角矩形工具、椭圆工具、多边形工具、直线工具和自定形状工具时，创建的是实线轮廓。下面我们来看看怎样创建虚线轮廓。

首先要明确的是，只有形状图层可以创建虚线轮廓，因此，我们需要在工具选项栏中选择“形状”选项。单击按钮，打开下拉面板，选择一种虚线样式，包括线段状虚线和点状虚线❶。面板中的“对齐”“端点”和“角点”选项在前面已经介绍过了（367页）。单击“更多选项”按钮，打开“描边”对话框，可以对虚线的长度和间距进行设定❷。

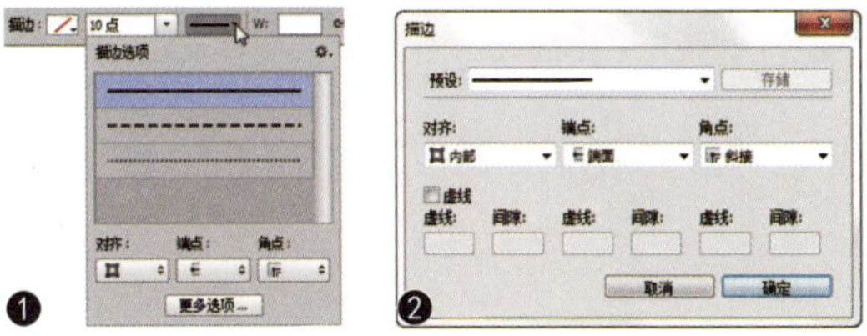

❶ ❷

虚线有3个关键参数。其中，虚线的粗细由工具选项栏中“描边”选项右侧的数值决定（默认单位为点）；虚线中每一个线段的长度由“虚线”值决定；各个线段的间距由“间隙”值决定。

在“描边”对话框中，“虚线”和“间隙”选项一共有3组，它们每一组代表了一个虚线基本单元，虚线的线条由基本单元重复排列而成。当在第一组选项中输入数值时，可以得到最基本的、规则排列的虚线。例如，输入“虚线”2、“间隙”1，那么一个虚线单元就是21，然后以此重复排列下去。这里面的数字2和1分别代表了什么呢？它们代表的是虚线粗细的倍数，即线段长度是线条粗细的2倍，空隙是线条粗细的1倍❸❹。

如果我们继续输入第2组数字，如“虚线”4、“间隙”3，则一个虚线单元就变成了2143，并以此重复，此时的虚线会出现有规律的变化。如果输入第3组，则虚线的单元结构和变化都更加复杂❺。

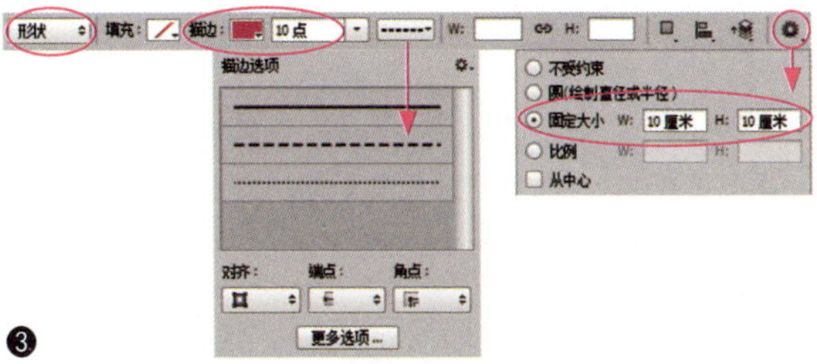

❸

选择椭圆工具，在工具选项栏中选择“形状”选项，设置描边颜色和粗细（10点），选择线段状虚线，设置圆形大小为10厘米。在画面中单击并按住鼠标按键拖动，创建圆形（按住鼠标按键拖动可以移动图形）。

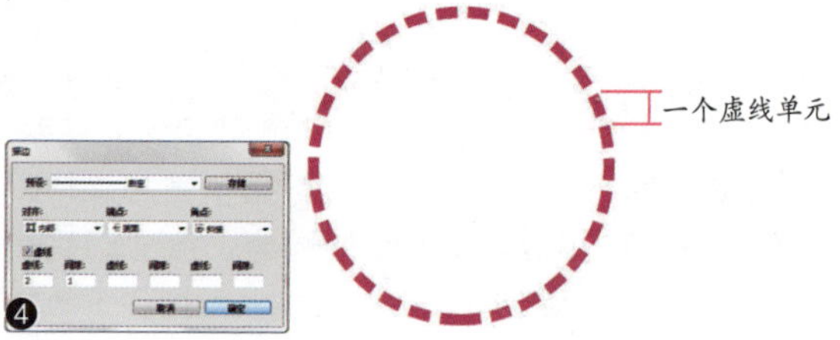

虚线单元为21，重复规则21、21、21……（线段长度是虚线粗细的2倍，空隙是虚线粗细的1倍）

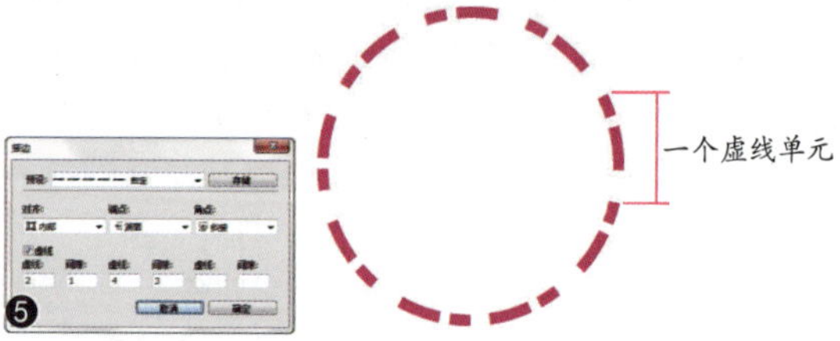

虚线单元为2143，重复规则2143、2143、2143……

11.2.5 练习：用自定形状工具绘制超萌表情图标

Photoshop提供了许多比简单的方形、圆形和星形更复杂的图形，自定形状工具就是专门用来绘制这些预设类图形的工具。此外，加载到Photoshop中的外部图形，以及我们自己绘制并保存的图形，也都是通过该工具来进行绘制。由此可知，自定形状工具是最省时、省力的绘图工具。

自定形状工具只能绘制预设的图形，因此，选择该工具后，需要单击工具选项栏中的按钮，打开下拉面板，选择形状，然后在画面中单击并拖曳鼠标即可绘制该图形。操作时，上下拖曳鼠标，可以拉伸图形的高度；左右拖曳鼠标，可以拉伸图形的宽度；如果要让图形保持原有的比例，防止变形，可以在单击鼠标后按住 Shift 键拖曳。

01 按下Ctrl+N快捷键，打开“新建”对话框，在“预设”下拉列表中选择“Web”选项，在“画板大小”下拉列表中选择“Web最小尺寸（1024×768）”选项，新建一个文件。

02 单击“图层”面板底部的按钮，新建“图层1”。将前景色设置为洋红色，选择椭圆工具，并在工具选项栏中选择“像素”选项，绘制椭圆形❶。选择移动工具，按住Alt+Shift组合键，向右侧拖动椭圆形进行复制❷。

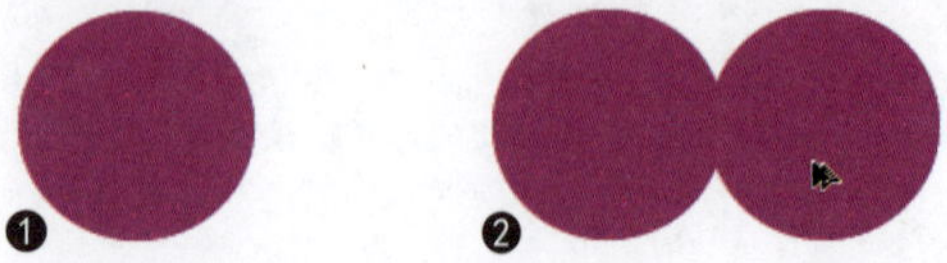

03 新建一个图层。创建一个大一点的圆形，将前面创建的两个圆形覆盖❸。使用矩形选框工具在圆形上半部分创建选区，按下Delete键删除选区内的图像，形成一个嘴唇的形状❹。按下Ctrl+D快捷键取消选择。

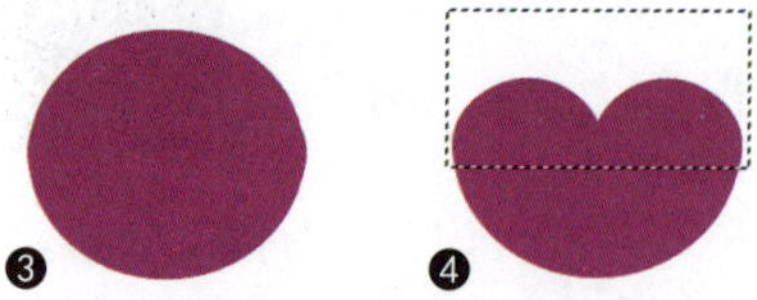

04 使用椭圆工具，按住Shift键在嘴唇图形左侧绘制一个黑色的圆形❺。按下Ctrl+E快捷键将当前图层与下面的图层合并，按住Ctrl键单击“图层1”的缩览图，载入图形的选区❻。

05 选择画笔工具（柔角为65像素），在圆形内部涂抹橙色❼，再使用浅粉色填充嘴唇❽。按下Ctrl+D快捷键取消选择。

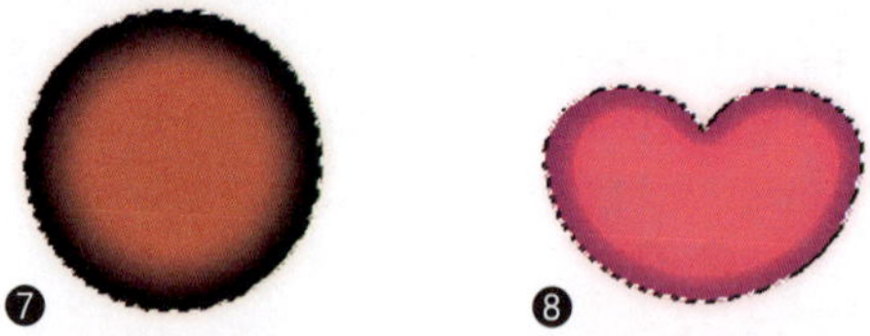

06 选择椭圆选框工具，按住Shift键创建一个圆形选区。选择油漆桶工具，在工具选项栏中加载图案库，选择“生锈金属”图案❾，在选区内单击，填充该图案❿。

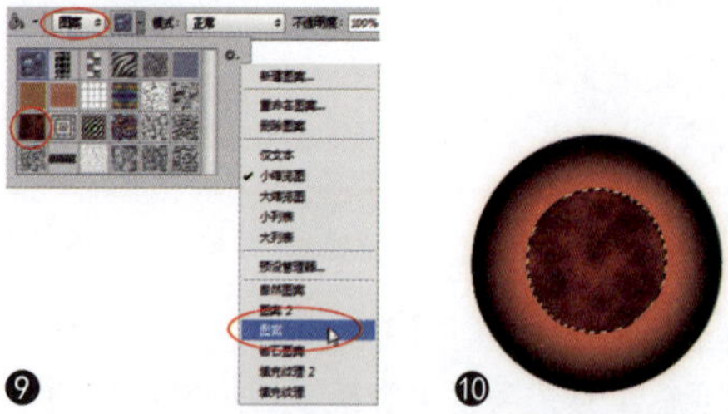

07 执行“滤镜>模糊>径向模糊”命令，打开“径向模糊”对话框。在“模糊方法”选项组中选择“缩放”选项，将“数量”设置为60⓫，对图像进行模糊⓬，然后取消选择。

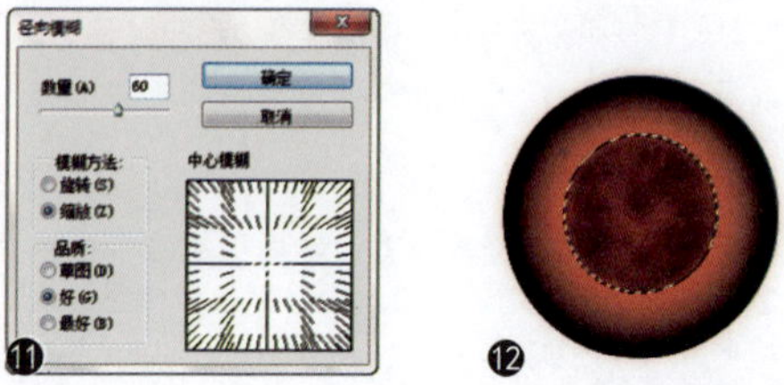

08 使用椭圆工具，按住Shift键绘制一个黑色的圆形⓭。将前景色设置为紫色，选择直线工具，在工具选项栏中选择“像素”选项，在嘴唇图形上绘制一条水平线，再使用多边形套索工具创建一个小的菱形选区，用油漆桶工具填充紫色⓮。

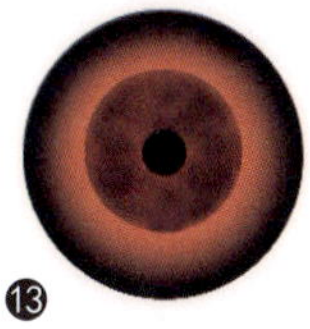
⓭

⓮

09 选择自定形状工具，在工具选项栏中选择“像素”选项，打开“形状”下拉面板，选择“雨点”形状⓯，新建一个图层。绘制一个浅蓝色的雨点⓰。

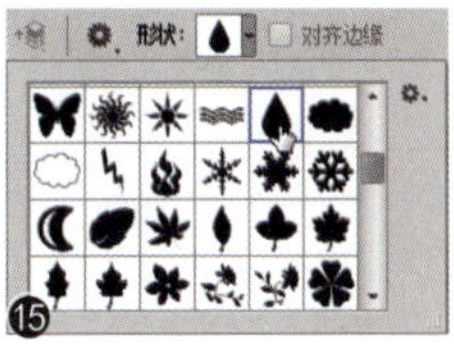
⓯

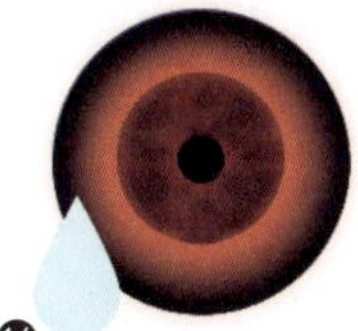
⓰

10 单击“图层”面板中的按钮，将该图层的透明区域保护起来⓱。将前景色设置为蓝色，选择画笔工具（柔角为35像素），在雨点的边缘涂抹蓝色⓲。将前景色设置为深蓝色，在雨点的右侧涂抹，产生立体效果⓳。

⓱

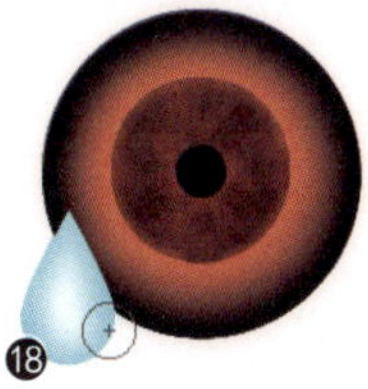
⓲

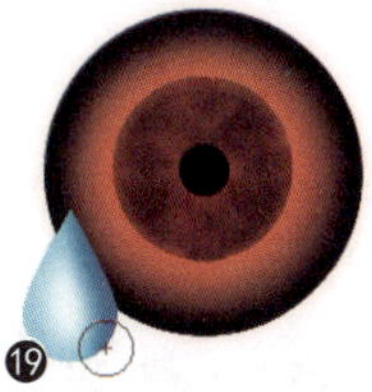
⓳

11 新建一个图层。使用椭圆工具绘制一个白色的圆形⓴。选择橡皮擦工具（柔角为100像素），将椭圆形下面的区域擦除㉑，通过这种方式可以创建眼球上的高光。用同样的方法制作泪滴和嘴唇上的高光㉒。按下Ctrl+E快捷键，将组成水晶按钮的图层合并。

⓴

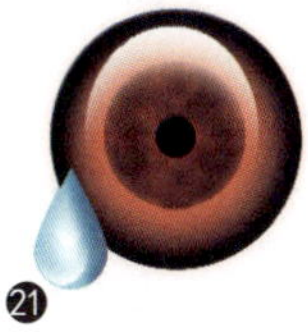
㉑

㉒

12 按住Ctrl键单击按钮，在当前图层下面新建一个图层。选择一个柔角画笔，绘制投影。为了使投影的边缘逐渐变淡，可以用橡皮擦工具（不透明度为30%）对边缘进行擦除。在靠近图标处涂抹白色，创建反光的效果㉓。选择“图层1”，按下Ctrl+E快捷键将它与“图层2”合并，使水晶图标及其投影成为一个图层。

13 选择移动工具，按住Alt键拖动水晶图标进行复制。执行“编辑>变换>水平翻转”命令，翻转图像。将复制后的图标移动到画面右侧，用橡皮擦工具将嘴唇擦除。按下Ctrl+U快捷键打开“色相/饱和度”对话框，调整“色相”参数，改变图标的颜色㉔㉕。

㉓

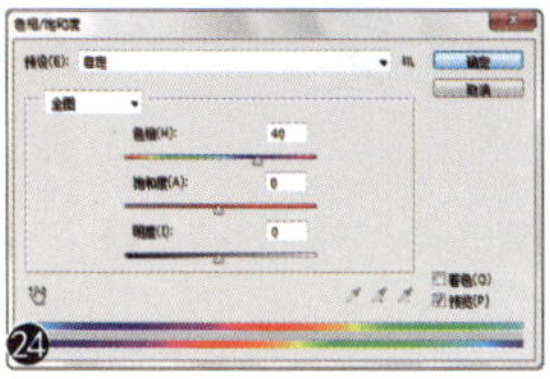
㉔

㉕

提示（Tips）

现在主流智能手机的操作系统有苹果系统(iOS)和安卓系统(Android)，这两个系统都有其官方设计规范，对图标、状态栏、导航栏和标签栏的大小、字体及最适字号有所要求。图标的制作通常采取做大不做小的原则，做大尺寸的图标，通过缩放得到小尺寸图标。Android是一个开放的系统，不同于iOS系统手机的统一规格，各个手机公司都可以定义Android系统，也使各种尺寸的屏幕应运而生。为了统一设计标准并能兼容更多的手机屏幕，Android系统平台按照屏幕像素密度对屏幕进行了划分，分为低密度屏幕（LDPI）、中低密度屏幕（MDPI）、高低密度屏幕（HDPI）、超高低密度屏幕（XHDPI）和超超高低密度屏幕（XXHDPI）。密度之间的比例为3:4:6:8:12。按照这些比例，通过简单的计算就能适配出不同版本的位图。

11.2.6 练习：绘制UI图标并保存为形状

在Photoshop中，选区、图层、蒙版和通道等都有自己的保存“场所”，路径也不例外，它可以存储在两个“场所”中。第一个是“路径”面板（385页），一般情况下，我们绘制图形后，为防止意外丢失，就会将其保存到“路径”面板中，另外也方便修改；第二个是形状下拉面板，它会成为Photoshop预设形状中的一个，这样的好处非常明显，我们以后需要绘制该形状时，可将其调出来使用，而不必再重新绘制。下面我们来学习相关的操作方法。

01 打开素材文件。该文档是JPEG格式的，可以存储路径，文件要比PSD格式小。单击“路径”面板中的路径层❶，画面中会显示路径图形❷。下面我们来添加新的图形，将其制作为一个图标，再保存为自定义形状。

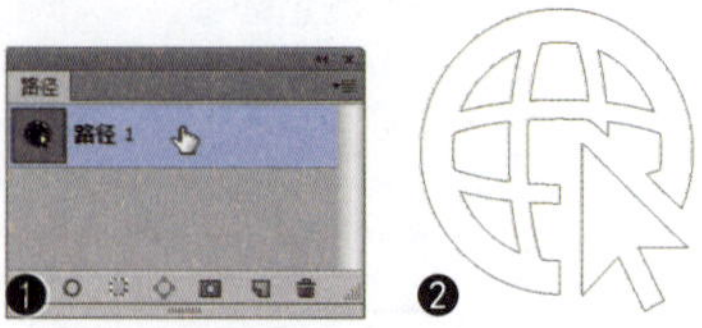

02 选择椭圆工具，在工具选项栏中选择“路径”选项。按住Shift键拖动鼠标创建圆形❸，按住Ctrl键（临时切换为路径选择工具）单击圆形，将其选取❹；按下Ctrl+C快捷键复制；按下Ctrl+V快捷键原位粘贴。按下Ctrl+T快捷键显示定界框，按住Alt+Shift键拖动右上角的控制点，以圆形为基准进行放大❺，这样我们便得到了一个同心圆。按下Enter键确认。

03 选择自定形状工具，在工具选项栏中选择“路径”选项。单击“形状”选项右侧的按钮，打开“形状”下拉面板，单击面板右上角的按钮，打开面板菜单，菜单底部是Photoshop提供的自定义形状，选择“全部”命令，载入所有形状❻，此时会弹出一个提示对话框❼，单击“确定”按钮，载入的形状会替换面板中原有的形状；单击“追加”按钮，则可在原有形状的基础上添加载入的形状。单击“确定”按钮。选择图形❽，按住Shift键拖动鼠标创建该图形❾。要想对齐图形，可以使用前面讲过的动态绘图方法（368页），即在窗口中单击并拖曳鼠标绘制出形状时，不要放开鼠标按键，按住空格键移动鼠标，从而移动形状。

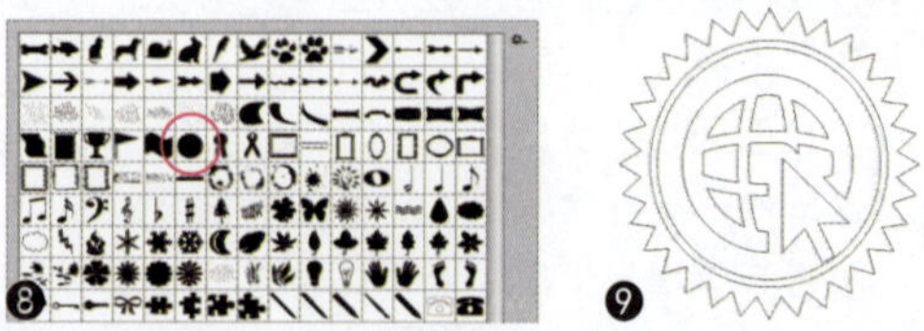

04 我们现在创建的图标是由多个子路径组成的，它们形成了重叠区域，还需要进行图形运算（384页）才能得到正确的结果。按住Ctrl键单击并拖曳出一个选框，将所有图形选中❿，单击工具选项栏中的按钮，打开下拉列表，选择“排除重叠形状”选项⓫，进行运算。

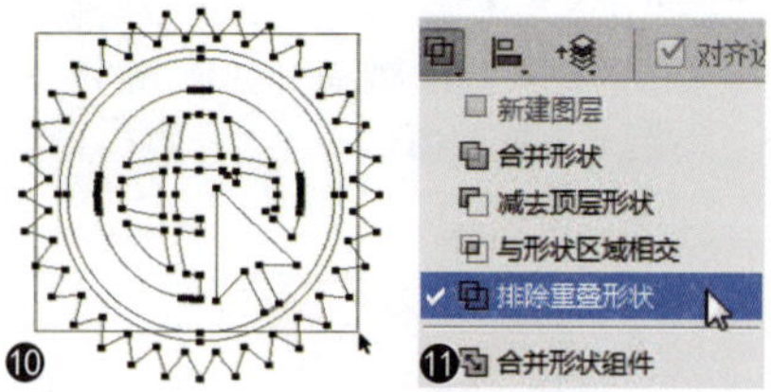

05 执行“编辑>定义自定形状”命令，打开“形状名称”对话框⓬，输入名称，也可直接单击“确定”按钮，用默认的名称保存图形。需要使用该形状时，可以选择自定形状工具，单击工具选项栏“形状”选项右侧的按钮，打开下拉面板，最后一个是我们自定义的形状⓭。

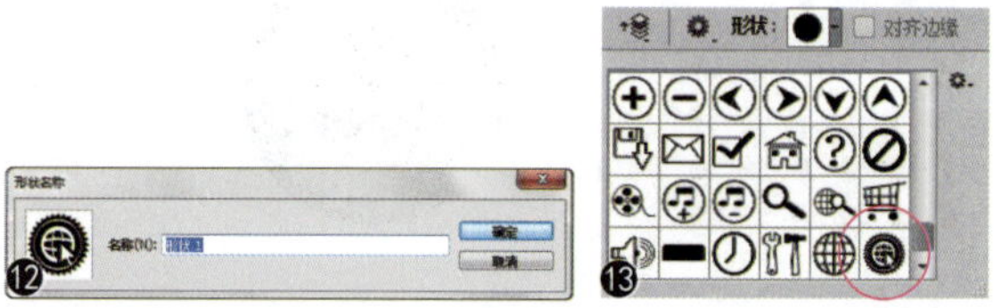

06 要想检验该图标是否正确，有一个方法最简单。先设置好前景色，然后单击“路径”面板中的按钮，填充路径（386页）⓮，或者单击按钮，对路径进行描边（386页），这样得到的将是路径的线状轮廓⓯。

11.2.7 练习：加载形状库制作手机主屏图标

前一个练习中使用了Photoshop预设的形状库，这些形状还是比较有限。Photoshop提供了开放的接口，我们可以从网络上下载各种图形库，载入Photoshop中使用，以便可以更加高效地完成绘图工作。下面我们来加载外部形状库。需要注意的是，在Photoshop中加载的形状、样式和动作等都会占用系统资源，导致Photoshop的处理速度变慢。外部加载的形状库在使用完以后最好删除，以便给Photoshop减减负，以后需要的时候再加载即可。

01 新建一个750像素×1334像素、72像素/英寸的文档。选择椭圆工具，在工具选项栏中选择“形状”选项，在画布上单击鼠标，在弹出的对话框中设置参数，创建230像素×230像素大小的圆形，填充渐变颜色❶❷❸。

02 单击“图层”面板底部的 fx 按钮，打开下拉菜单，添加“投影”效果，将投影颜色设置为深棕红色❹❺。

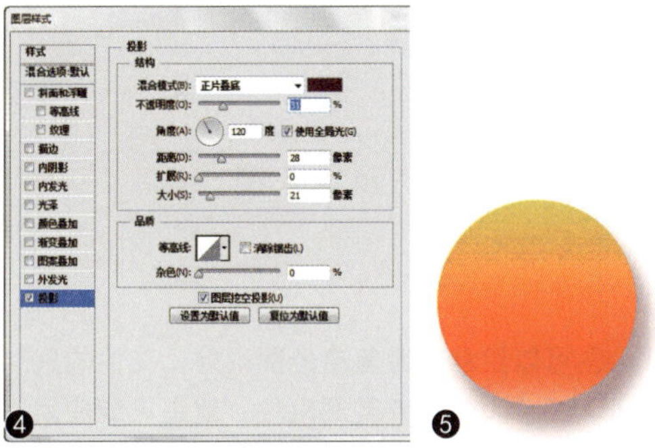

03 单击工具箱中的“前景色”图标，打开“拾色器”，将前景色设置为黄色❻。按下Ctrl+J快捷键，复制圆形形状图层。将填充颜色设置为白色❼。双击“投影”效果❽，打开“图层样式”对话框，修改投影参数❾。单击左侧列表中的“渐变叠加”效果，添加该效果，选择透明条纹渐变（“径向”）❿。经过修改后，圆形会变为标靶状图形。关闭“图层样式”对话框。

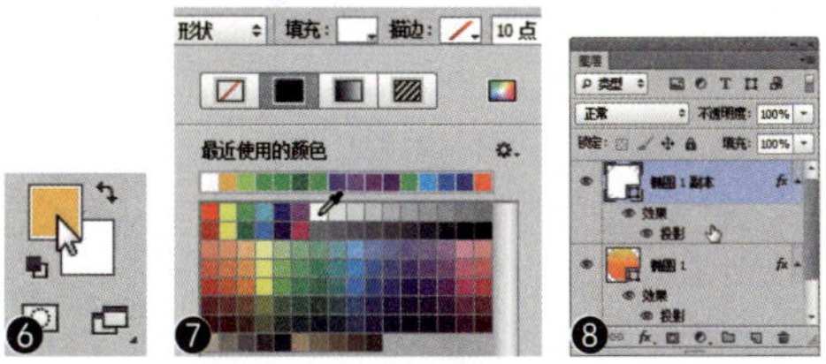

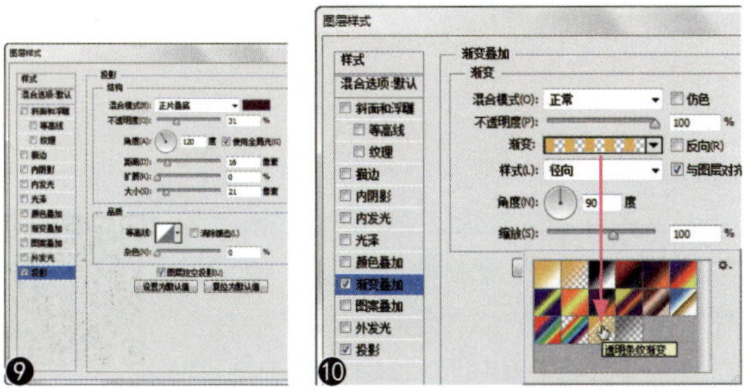

04 按下数字键“2”，这样可以快速将图层的不透明度设置为20%⓫。使用移动工具将图形向右上方移动，使它与下方的圆形错开一段位置⓬。

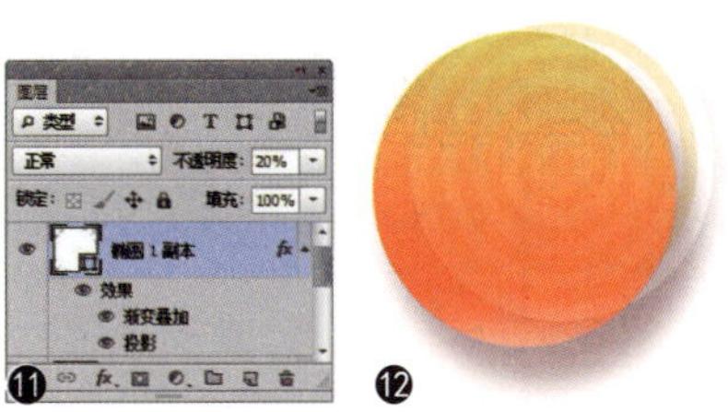

05 选择自定形状工具，在工具选项栏中选择“形状”选项。单击按钮，打开下拉面板，单击面板右上角的按钮，打开面板菜单，选择“载入形状”命令⓭，在打开的对话框中选择形状库素材⓮，单击“载入”按钮，将其载入到Photoshop中。

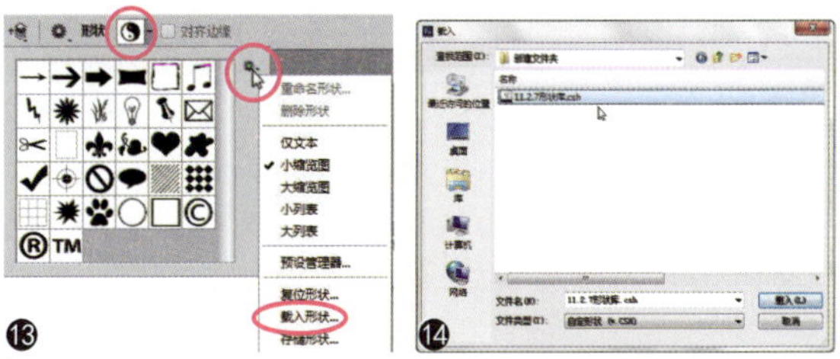

06 选择二维码图形⓯，绘制该图形。操作时，先在圆形上方单击并拖曳鼠标，拖曳的过程中再按住Shift键以锁定图形比例。不要一开始就按住Shift键，那样的话，二维码将位于圆形形状图层中并与之进行图形运算。设置它的填充颜色为红色⓰。按住Ctrl键单击除“背景”外的各个图层，将它们选取，按下Ctrl+G快捷键编入一个图层组中⓱。

以上是一个图标的绘制方法。将这一图标（不包括二维码图形）复制5个，然后修改每个图形的填充颜色和“投影”效果颜色；再为它们添加不同的手机功能图形（加载的形状库中都有）⓲；然后放入手机素材文档中，即可完成一个手机主屏的图标制作⓳。

⑲

提示（Tips）

载入形状库后，如果要恢复为Photoshop默认的形状，可以打开“形状”下拉面板，选择面板菜单中的“复位形状”命令，在弹出的对话框中单击“确定”按钮即可。有一点需要注意，复位形状以后，会丢失我们自定义的形状，因此在操作时最好将自定义形状保存到“路径”面板中。

提示（Tips）

创建形状图层或路径后，可以通过“属性”面板调整图形的大小、位置、填色和描边属性。还可以为矩形添加圆角，对两个或更多的形状和路径进行运算（384页）。

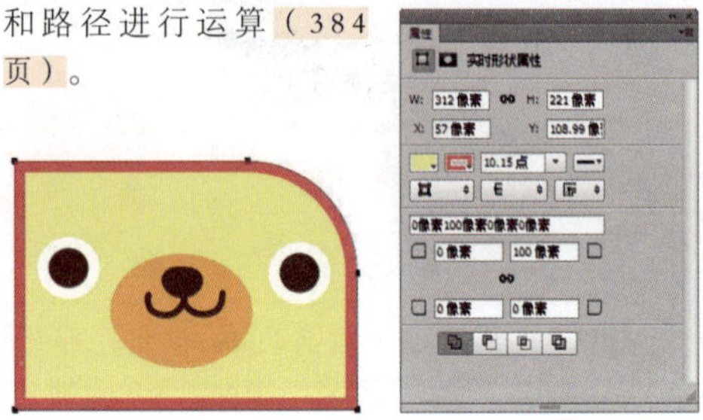

Ps 11.3

使用钢笔工具绘图

在前面介绍的各种形状工具里，除自定形状工具可以绘制稍微复杂的图形外，其他的只能绘制简单的矩形、圆形、多边形和直线。但自定形状工具也有其局限性，就是只能使用预设的图形。那么怎样才能随心所欲地绘图呢？下面我们就来介绍Photoshop终极绘图工具——钢笔工具。钢笔工具是最强大的绘图工具，它可以绘制任何形状的图形，也常用来描摹对象轮廓，将轮廓转换为选区后，可以将对象选取并从背景中分离出来，这是一种非常好的抠图方法（176页）。

11.3.1 方法①：绘制直线

绘图练习要从基本图形入手，包括绘制直线、曲线和转角曲线。这些图形看似简单，但所有复杂的图形都是从它们中演变而来的。

01 选择钢笔工具，在工具选项栏中选择“路径”选项。将光标移至画面中（光标变为状），单击鼠标，创建一个锚点❶。

02 放开鼠标左键，将光标移至下一处位置，按住Shift键（锁定水平方向）单击，创建第二个锚点，两个锚点会连接成一条由角点定义的直线路径。在其他区域单击可继续绘制直线路径❷。操作时按住Shift键还可以锁定垂直方向或以45°角为增量进行绘制。如果要闭合路径，可以将光标放在路径的起点，当光标变为状时❸，单击即可闭合路径❹。

如果要结束一段开放式路径的绘制，可以按住Ctrl键（临时转换为直接选择工具）在画面的空白处单击。单击其他工具或按下Esc键，也可以结束路径的绘制。

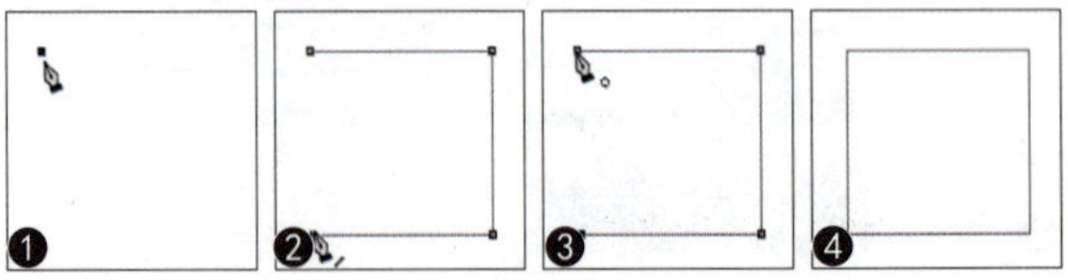

❶ ❷ ❸ ❹

11.3.2 方法②：绘制曲线

钢笔工具真正的强大之处体现在它可以绘制光滑流畅的曲线。使用钢笔工具绘制的曲线也叫贝塞尔曲线。它是由法国计算机图形学大师Pierre E.Bézier在20世纪70年代早期开发的，其原理是在锚点上加上两个控制柄，不论调整哪一个控制柄，另外一个始终与它保持成一条直线并与曲线相切。

贝塞尔曲线具有精确和易于修改的特点，被广泛地应用在计算机图形领域，如Illustrator、CorelDRAW、FreeHand、Flash和3ds Max等软件都包含绘制贝塞尔曲线的工具。

01 选择钢笔工具，选择“路径”选项，单击并向上拖曳鼠标，创建一个平滑点❶。

02 将光标移动至下一处位置上❷，单击并向下拖曳鼠标，创建第二个平滑点❸。在拖动的过程中可以调整方向线的长度和方向，进而影响由下一个锚点生成的路径的走向。要绘制出平滑的曲线，需要控制好方向线。继续创建平滑点，即可生成一段光滑、流畅的曲线❹。

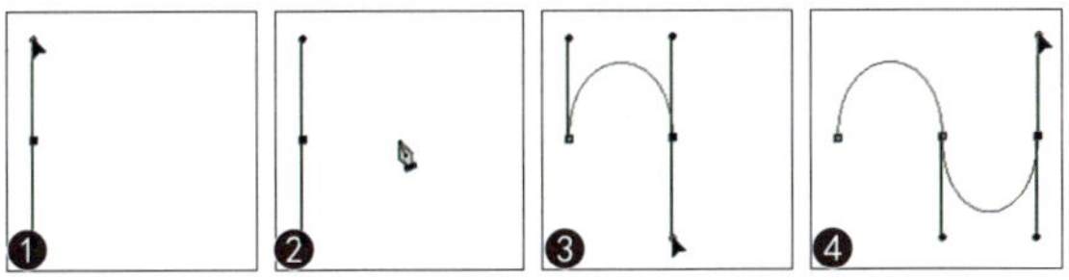

11.3.3 方法③：在曲线后面绘制直线

01 选择钢笔工具并选择“路径”选项。绘制一段曲线❶。将光标放在最后一个锚点上❷，按住Alt键，单击鼠标，将该平滑点转换为角点，这时它的一侧方向线会被删除❸。

02 在其他位置单击鼠标（不要拖曳）❹，即可在曲线后面绘制出直线。

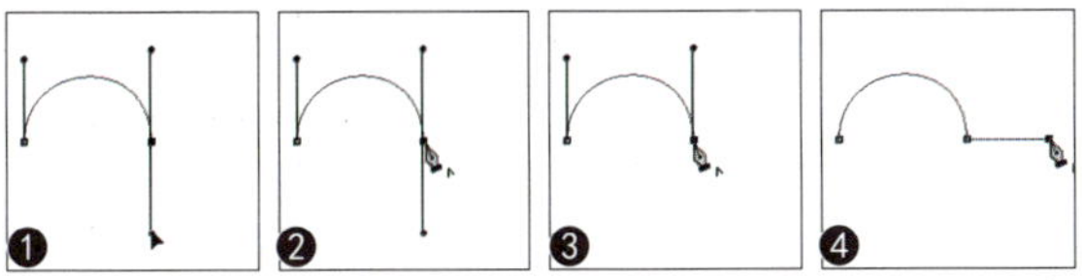

11.3.4 方法④：在直线后面绘制曲线

01 选择钢笔工具，并选择“路径”选项。在画面中单击鼠标，绘制一段直线❶。将光标放在最后一个锚点上，按住Alt键，单击并拖曳鼠标，拖出方向线❷。

02 在其他位置单击并拖曳鼠标，可以在直线后面绘制出曲线。如果拖曳方向与方向线的方向相同，可以创建S形曲线❸；如果方向相反，则创建C形曲线❹。

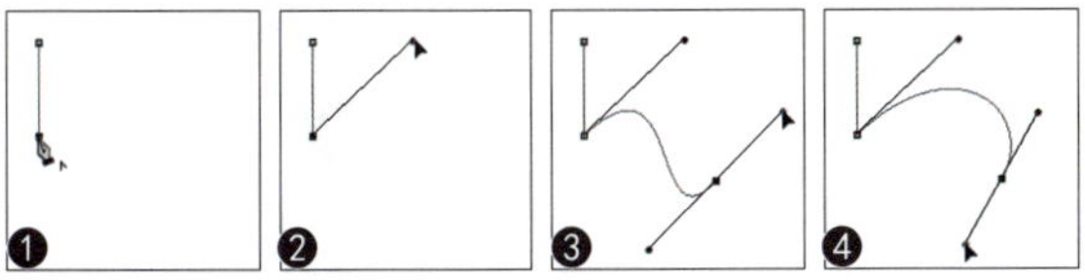

11.3.5 方法⑤：绘制转角曲线

通过单击并拖动鼠标的方式可以绘制光滑流畅的曲线。但是如果想要绘制与上一段曲线之间出现转折的曲线（即**转角曲线**），就需要在创建锚点前改变方向线的方向。下面就通过转角曲线绘制一个心形图形。

01 按下Ctrl+N快捷键，打开“新建”对话框，创建一个大小为788像素×788像素、分辨率为100像素/英寸的文件。执行“视图>显示>网格”命令，显示网格，通过网格辅助绘图很容易创建对称图形。当前的网格颜色为黑色，不利于观察路径，可以执行“编辑>首选项>参考线、网格和切片”命令，将网格颜色改为灰色❶。

02 选择钢笔工具，选择“路径”选项。在网格点上单击，并向画面右上方拖曳鼠标，创建一个平滑点❷；将光标移至下一个锚点处，单击并向下拖曳鼠标创建曲线❸；将光标移至下一个锚点处，单击（不要拖曳鼠标）创建一个角点❹。这样就完成了右侧心形的绘制。

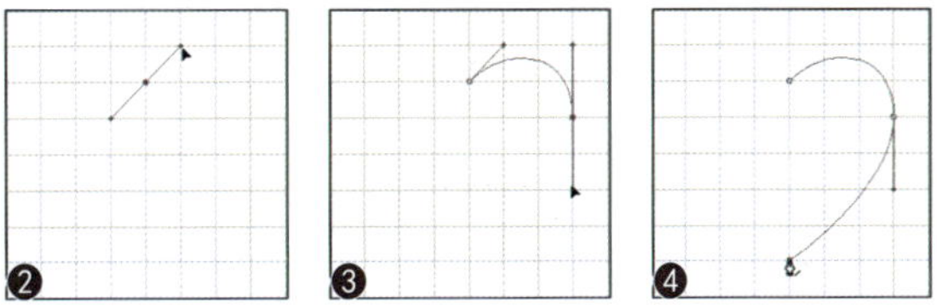

03 在网格点上单击并向上拖曳鼠标，创建曲线❺；将光标移至路径的起点上，单击鼠标闭合路径❻。

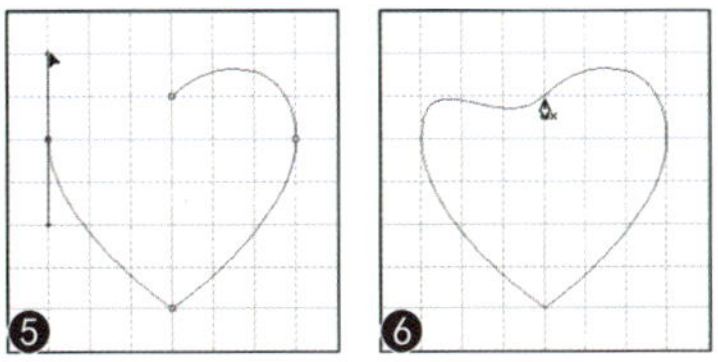

04 按住Ctrl键（切换为直接选择工具），在路径的起始处单击，让锚点显示出来❼；此时锚点上会出现两条方向线，将光标移至左下角的方向线上，按住Alt键（切换为转换点工具）❽，单击并向上拖曳该方向线，使之与右侧的方向线对称❾。按下Ctrl+’快捷键隐藏网格，完成绘制。

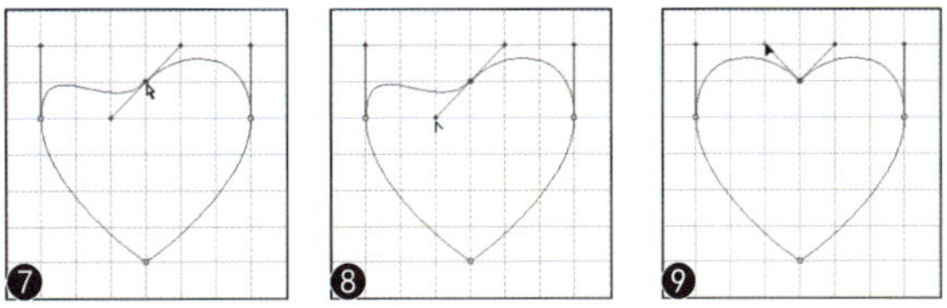

Ps 11.4

路径的修改方法

修改路径与绘制路径同等重要，因为用钢笔工具绘图或描摹对象的轮廓时，很难一次就绘制准确，这就需要通过对锚点和路径的编辑来使路径达到要求。此外，使用其他形状工具绘制图形后，也可以对路径进行编辑，从而得到新的图形。

11.4.1 方法①：选择、移动锚点

在Photoshop中，直线的长度和角度只需移动锚点便可调整；曲线复杂一些，要通过拖曳方向点，改变方向线的角度和方向来实现。

让锚点显示出来是调整锚点和路径的第一步，因为只有锚点出来之后，才能将其选取和移动，而方向线和方向点都在锚点上，所以想要显示方向线、拖曳方向点，也必须先让锚点显示出来才行。

使用直接选择工具，将光标放在路径上方，单击鼠标可以选择路径段并显示其两端的锚点❶。显示锚点后，如果单击它，便可将其选取❷（选取的锚点为实心方块，未选取的锚点为空心方块）；单击并拖曳锚点，则可将其移动❸。

需要特别注意的是，单击锚点后，按住鼠标左键不放并拖动，可将其移动。但如果单击了锚点后，光标从锚点上移开了，这时又想移动锚点，则应将光标重新定位在锚点上，单击并拖动鼠标才能将其移动。否则，只能在画面中拖曳出一个矩形框，可以框选锚点（路径、路径段），但不能进行移动。路径和路径段也是如此，从选择的路径或路径段上移开光标后，要进行移动，需要重新将光标定位在路径或路径段上方可。

如果想要选取多个锚点（或多条路径段），可以使用直接选择工具，按住Shift键逐个单击锚点（或路径段）。或者单击并拖曳出一个选框，将需要选取的对象框选。如果要取消选择，可以在画面的空白处单击。

11.4.2 方法②：选择、移动路径

路径段的选取方法比锚点简单。使用直接选择工具单击路径段即可将其选取❶。在路径段上单击并拖曳鼠标，则可将其移动❷。

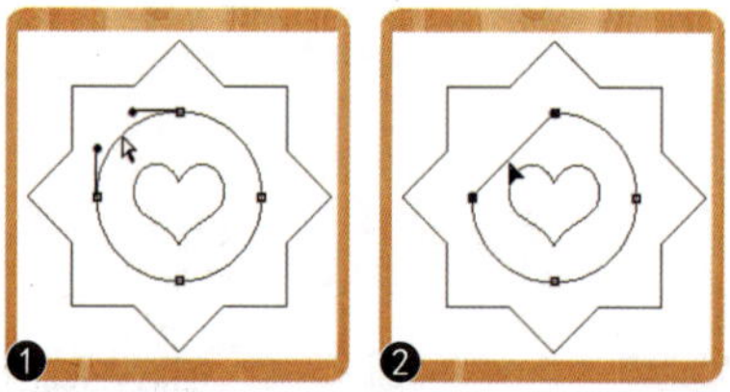

需要选择整个路径时，可以使用路径选择工具操作。选择该工具后，将光标放在路径上方，单击路径，即可选择路径❸。按住Shift键单击其他路径，可以将其一同选取❹。此外，单击并拖曳出一个选框，则可将选框范围内的所有路径都选取❺。

选择一个或多个路径后，将光标放在路径上方，单击并拖曳鼠标可以进行移动❻。如果只需要移动一条路径，将光标放在一条路径上方，单击并拖曳鼠标可直接移动，不必先选取再移动❼。

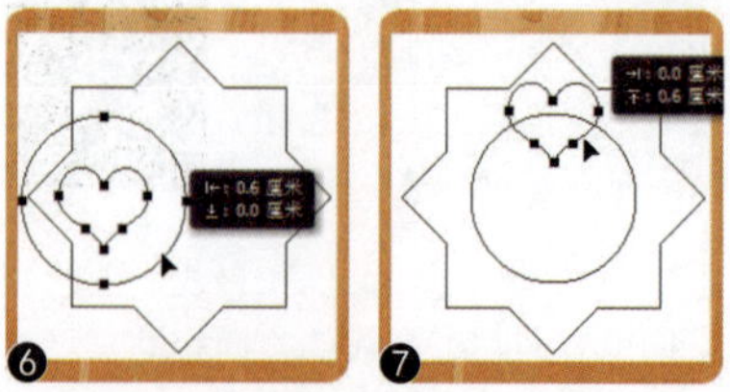

11.4.3 方法③：拖曳方向点、调整曲线形状

锚点分为平滑点和角点两种。在曲线路径段上，

每个锚点还包含一条或两条方向线，方向线的端点是方向点。拖曳方向点可以调整方向线的长度和方向，进而改变曲线的形状。

有两种工具可用于拖曳方向点：直接选择工具和转换点工具。直接选择工具会区分平滑点和角点。对于该工具，平滑点上的方向线永远是一条直线，拖曳任意一端的方向点，都会影响锚点两侧的路径段；角点上的方向线不会联动，可以单独调整，因此，拖曳角点上的方向点时，只调整与方向线同侧的路径段❶~❸。

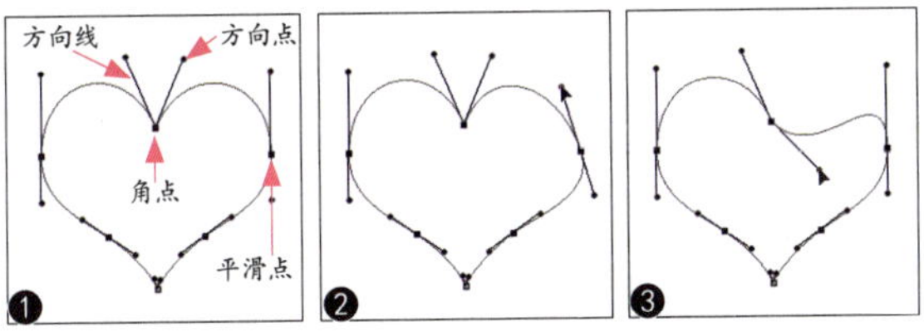

转换点工具对平滑点和角点“一视同仁”。无论拖曳哪种方向点，都只单独调整锚点一侧的方向线，不会影响另外一侧的方向线和路径段❹❺。

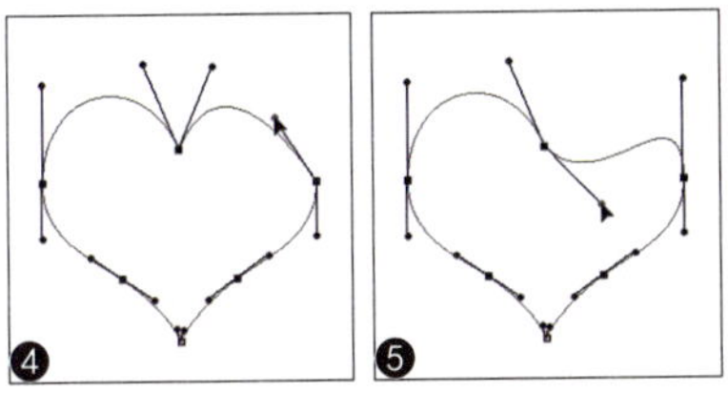

11.4.4 方法④：转换平滑点和角点

转换点工具不仅可用于拖曳方向点，还可以转换锚点的类型。我们使用该工具在角点上单击并拖曳鼠标，可将其转换为平滑点；在平滑点上单击，则将其转换为角点❶~❸。

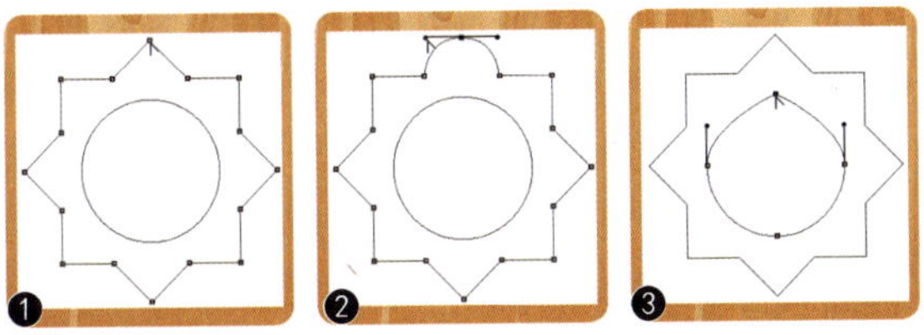

11.4.5 方法⑤：根据需要添加、删除锚点

路径上有多少个锚点才合适？评判标准是：在图形（路径）准确无误的情况下，锚点数量越少越好。锚点数量多，路径的复杂程度就高，编辑起来就越麻烦。这里我们介绍一个简单的测试方法：绘制好路径后，如果删除一个锚点，路径的形状不变，那么这个锚点就是多余的❶❷；如果路径形状发生改变，则这个锚点就是必要的❸。对于直线，起点和终点之间的任何锚点都是多余的；对于曲线，锚点数量少一些是比较好的状态，这样才能保证曲线光滑流畅，也易于编辑。

另外一方面我们也要注意，锚点数量过少，会导致路径的形状过于简单，而无法搭建复杂的结构、组成复杂的图形。另外，路径的转折处必须有锚点才能改变方向。

Photoshop中的添加锚点工具和删除锚点工具可以修改锚点的数量。

选择添加锚点工具，将光标放在路径上，当光标变为状时❹，单击可以添加一个锚点❺；如果单击并拖动鼠标，还可以同时调整路径形状❻。

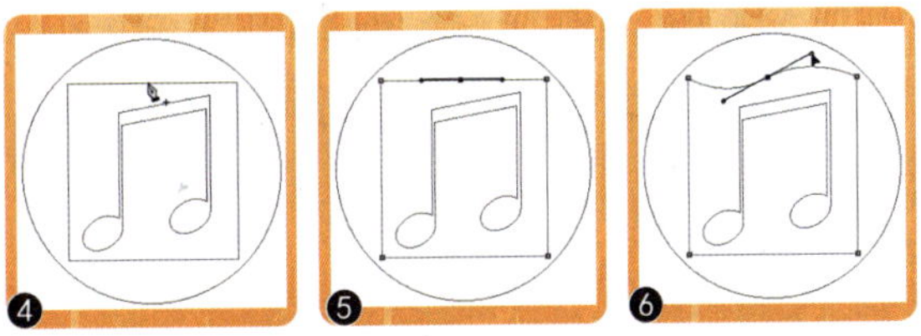

选择删除锚点工具，将光标放在锚点上，光标会变为状❼，单击鼠标可以删除该锚点❽。此外，使用直接选择工具选择锚点后，按下Delete键也可将其删除，区别在于该锚点两侧的路径段会同时被删除，导致闭合式路径变为开放式路径❾。如果恰好需要开放的路径，可以用这种方法来获取。

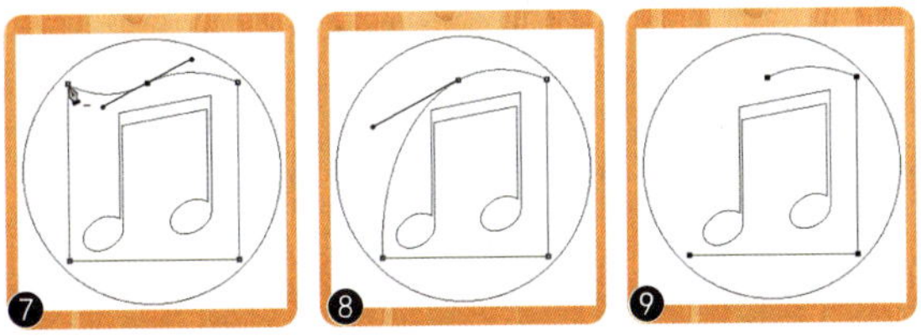

11.4.6 实战技巧：用钢笔工具编辑路径

通过前面的介绍我们了解到，编辑路径主要使用直接选择工具、路径选择工具和转换点工具。如果是从工具箱中选择这几个工具，那么频繁的切换就会增加操作次数，降低绘图效率。钢笔工具可以

在绘制路径的同时对其进行修改，只要运用得当，就可以达到一边绘制路径、一边修改路径的双重效果，这中间不必切换为其他路径编辑工具。只是操作时有很多技巧，需要反复练习才能熟练掌握。在练习时，每完成一步，可以按下Alt+Ctrl+Z快捷键撤销操作，将图形恢复为原样，再进行下一步的操作。

01 打开素材文件❶。单击“路径”面板中的路径，在画面中显示它。选择钢笔工具，并选取“自动添加/删除”选项❷。

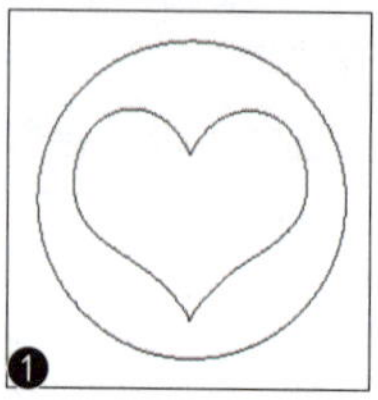

02 按住Ctrl+Alt键（可临时切换为路径选择工具），在路径上❸或者图形内部单击，可以选取路径。选取后按住Ctrl键单击路径并进行拖曳，可以移动路径❹。按住Ctrl键在空白处单击结束编辑。

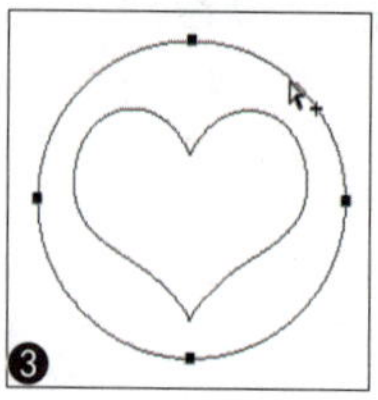

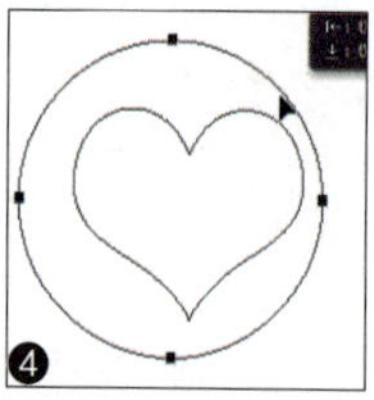

03 按住Ctrl键（可临时切换为直接选择工具）单击路径，可以选取路径段，同时显示锚点❺。选取后，按住Ctrl键单击路径段并进行拖曳，可以移动路径段❻；按住Ctrl键单击锚点可以选取锚点❼；按住Ctrl键单击锚点并进行拖曳，可以移动锚点。

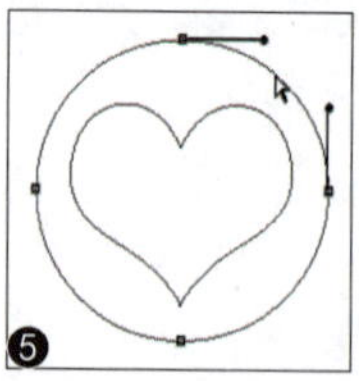

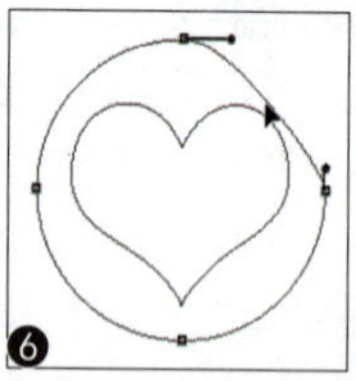

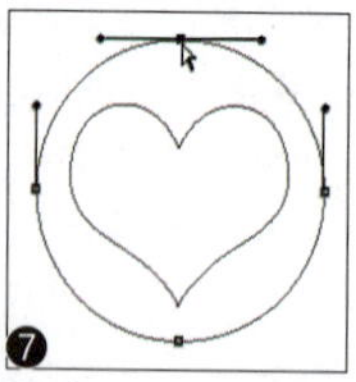

04 下面我们来看看怎样添加和删除锚点。由于事先已经选取了“自动添加/删除”选项，因此，下面的操作不需要按住任何按键。将光标放在路径段上（可临时切换为添加锚点工具），单击鼠标可以添加锚点❽；将光标放在锚点上（删除锚点工具）❾，单击鼠标可以删除锚点❿。

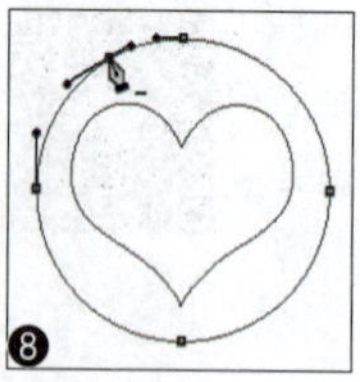

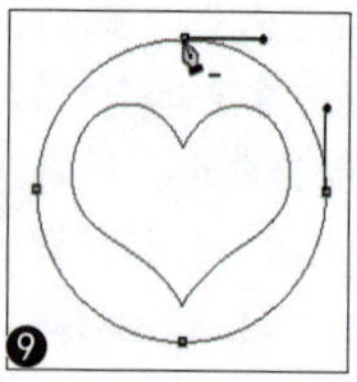

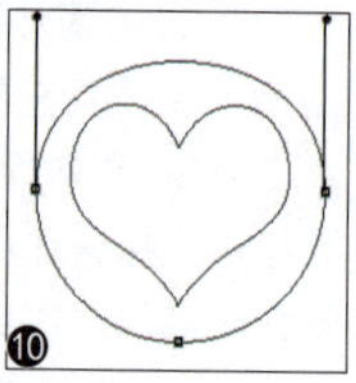

05 按住Ctrl键单击心形图形，将其选取。下面我们来学习怎样转换锚点的类型。将光标放在锚点上方，此时按住Alt键可以临时切换为转换点工具⓫，因此，我们按住Alt键单击并拖动角点，就可以将其转换为平滑点⓬；按住Alt键单击平滑点，则可将其转换为角点⓭。

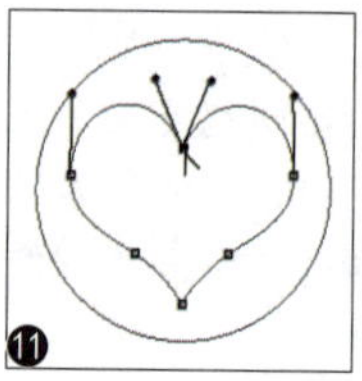

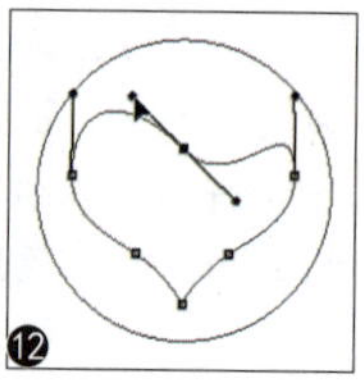

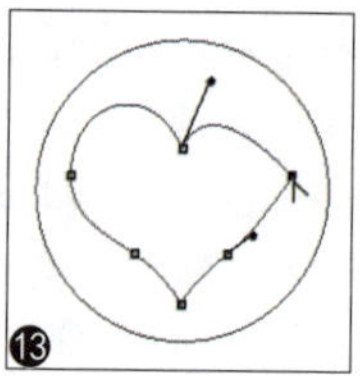

06 通过前面的操作，我们已经学会了怎样临时切换工具：按住Ctrl键切换为直接选择工具，按住Alt键切换为转换点工具，用这些技术调整曲线的形状也就水到渠成了。结合前面所讲，根据自己的需要按住Ctrl键或Alt键拖曳方向点即可。它们的区别在于编辑平滑点上，按住Ctrl键操作会影响平滑点两侧的路径段⓮；按住Alt键只影响一侧的路径段⓯。

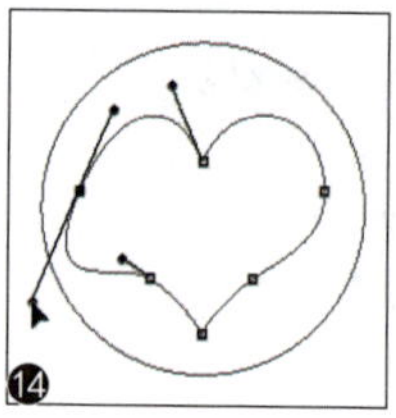

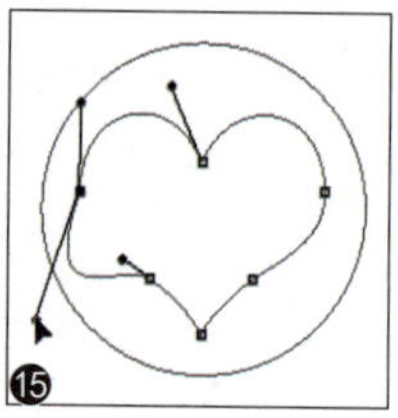

11.4.7 疑问解答：钢笔工具的光标为什么在变?

使用钢笔工具时，光标在路径和锚点上会呈现不同的显示状态，这是钢笔工具在以它特有的方式向我们传达信息。如果我们能识别这些信息，就可以准确判断钢笔工具此时所具有的功能。

- ：当光标在画面中显示为状时，单击可以创建一个角点；单击并拖曳鼠标可以创建一个平滑点。
- ：在绘制路径的过程中，将光标移至路径起始的锚点上，光标会变为状，此时单击可闭合路径。
- ：选择一个开放式路径，将光标移至该路径的一个端点上，当光标变为状时单击鼠标，然后便可继续绘制该路径；如果在绘制路径的过程中将钢笔工具移至另外一条开放路径的端点上，光标变为状时单击，可以将这两段开放式路径连接成为一条路径。

11.4.8 练习：编辑路径制作游戏登录页面

下面我们来使用圆角矩形、矩形、椭圆等工具创建形状图形，通过添加锚点、移动和转换锚点改变路径的外观，使用图形相减的方法得到所需形状，共同组成超人的卡通形象；再用基本的绘图工具，以形状图层的形式制作出游戏登录页面。本练习中，所有形状工具，包括钢笔工具的选项均为“形状”。

01 选择圆角矩形工具，在工具选项栏中选择“形状”选项，打开“形状”下拉面板，单击按钮打开“拾色器”，设置填充颜色为皮肤色（R255，G205，B159）❶；在画面中单击，打开“创建圆角矩形”对话框，设置参数，创建圆角矩形❷❸。

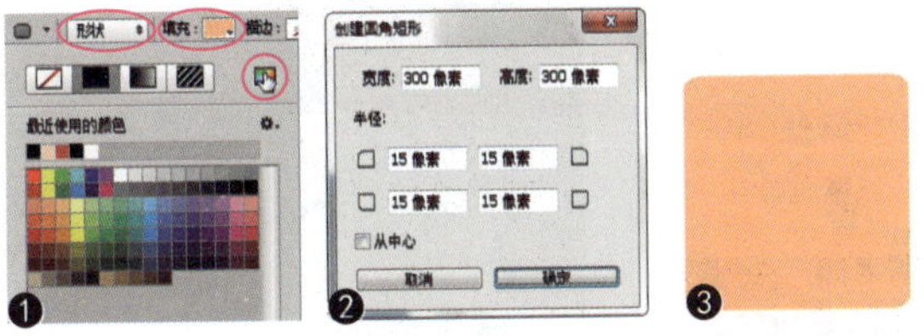

02 创建形状后，“图层”面板中生成一个形状图层❹，双击它，打开“图层样式”对话框，添加“投影”效果❺❻。

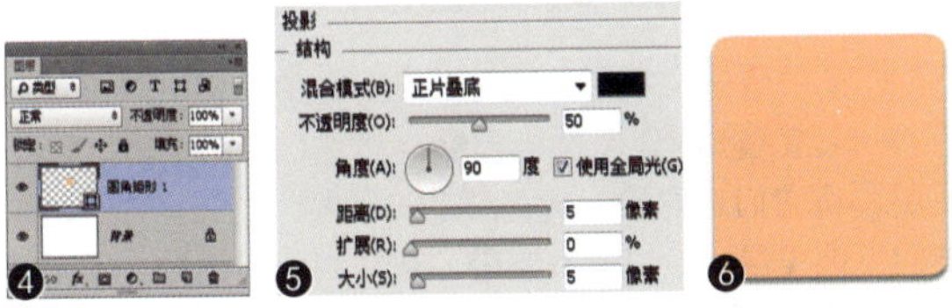

03 使用矩形工具创建黑色矩形。选择添加锚点工具，将光标放在矩形的路径上❼，单击鼠标添加锚点❽，在其右侧再添加一个锚点❾；使用直接选择工具，按住Shift键的同时单击左侧的锚点❿，将这两个新添加的锚点一同选取，按下键盘上的↓键，将它们向下移动，从而改变路径的外观⓫；选择转换锚点工具，分别在这两个锚点上单击，将平滑点转换为角点⓬。

04 按住Alt键，将“圆角矩形1”的效果图标拖曳到“矩形1”图层上⓭，为该图层复制相同的效果⓮。用钢笔工具绘制眼睛⓯。

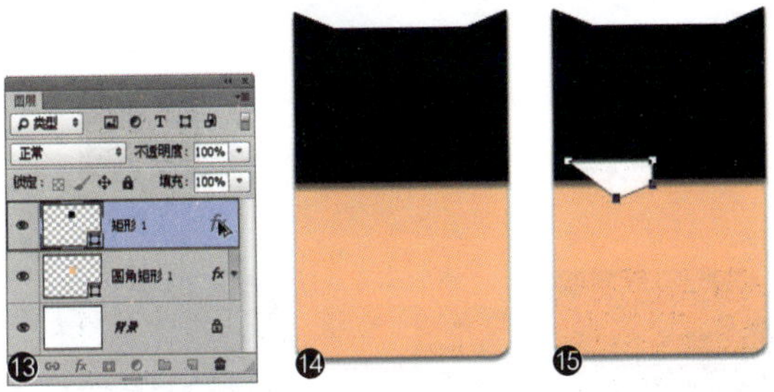

05 复制效果到该图层。使用路径选择工具，按住Alt键的同时向右侧拖动该图形，进行复制⓰；执行“编辑>变换路径>水平翻转”命令，将路径图形水平翻转⓱。使用椭圆工具，按住Shift键创建圆形，作为眼珠⓲。

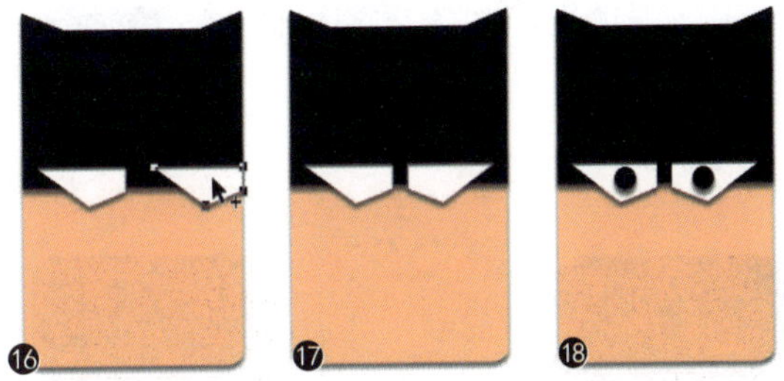

06 创建一个矩形，使用直接选择工具，选取并移动图形下方的锚点，形成一个梯形⓳。双击该图层，打开“图层样式”对话框，添加“投影”效果⓴㉑。

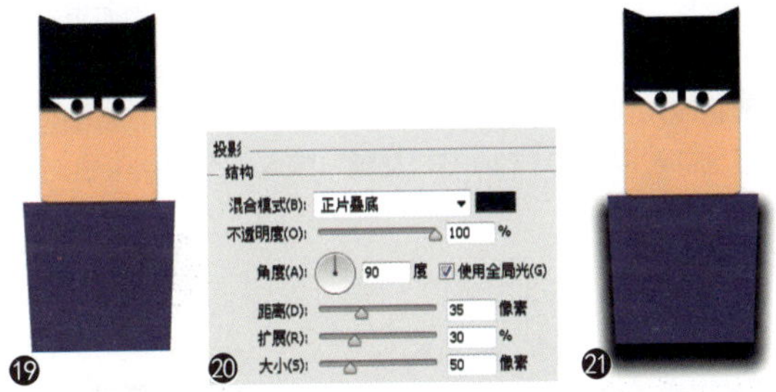

07 再创建一个圆角矩形，设置半径为80像素㉒。选择矩形工具，在工具选项栏中选择“减去顶层形状”选项㉓，在圆角矩形右侧与之重叠的位置创建一个矩形，它只负责减去圆角矩形的右半边，使其成为直线㉔。

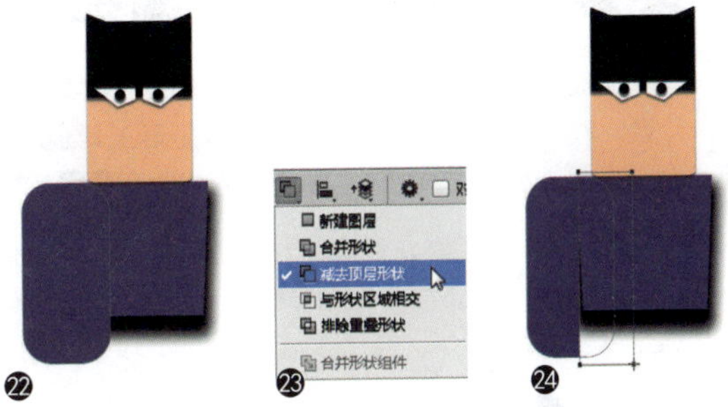

08 在该图形的下方创建一个矩形㉕。选择工具选项栏中的“合并形状组件”选项㉖，弹出一个提示框，单击“是”按钮，合并形状，此时会自动删除多余的路径㉗。

09 使用路径选择工具单击手臂图形，将其选取，按住Alt键的同时向右拖曳，进行复制，执行“编辑>变换路径>水平翻转”命令，将图形水平翻转㉘。按下Ctrl+[快捷键，将该图层移动到身体图层下方㉙㉚。

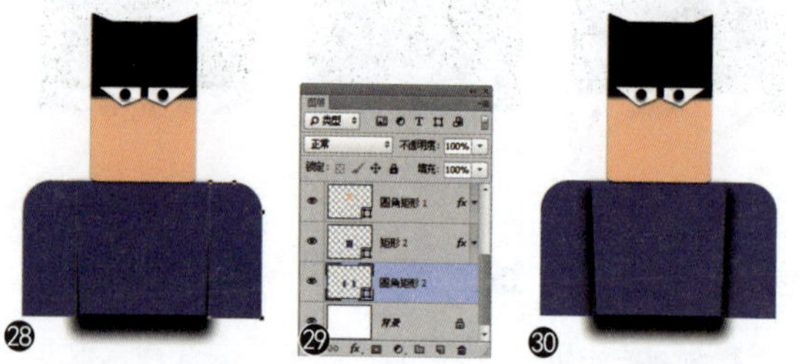

10 采用同样的方法制作超人身体的其他组成部分㉛。选择自定形状工具，在工具选项栏中单击“形状”选项右侧的按钮，打开“形状”下拉面板，单击面板右上角的按钮，打开面板菜单，选择“符号”命令，加载该形状库，用面板中的符号装饰上衣及腰带㉜㉝。将小超人图层全部选取，按下Ctrl+G快捷键，编入一个图层组中。

11 下面制作登录页面。新建一个750像素×1334像素、72像素/英寸的文档。使用选择矩形工具创建一个与页面大小相同的矩形，填充内容为渐变㉞㉟。

12 使用椭圆工具在页面下方创建椭圆形，也填充渐变㊱㊲。需要注意这两个图形虽然都是线性渐变，但角度不同。

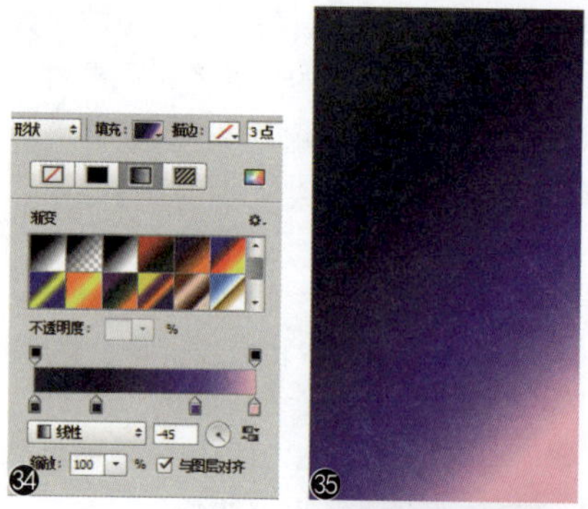

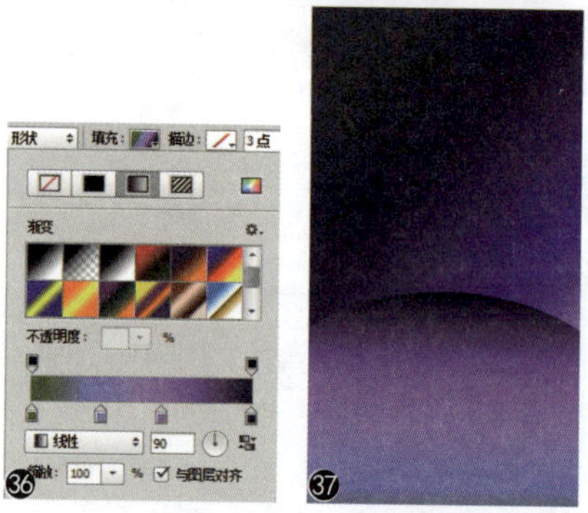

13 使用横排文字工具输入文字㊳。使用圆角矩形工具创建圆角矩形㊴。按住Ctrl键单击这两个图层，将它们选取㊵，选择移动工具，按住Alt+Shift键向下拖曳鼠标，进行复制㊶。在复制后得到的文字图层上双击㊷，进入文字编辑状态，输入文字，修改内容㊸。

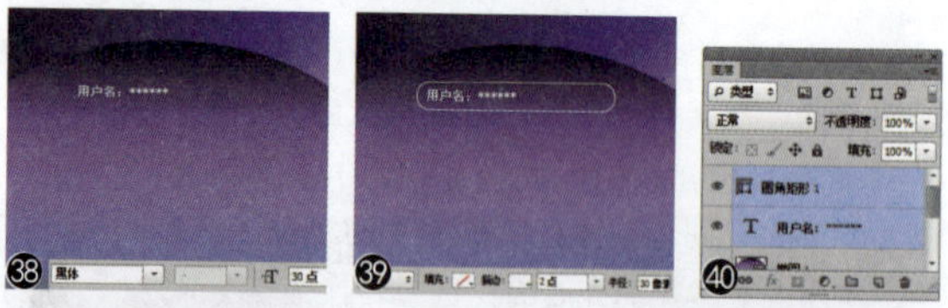

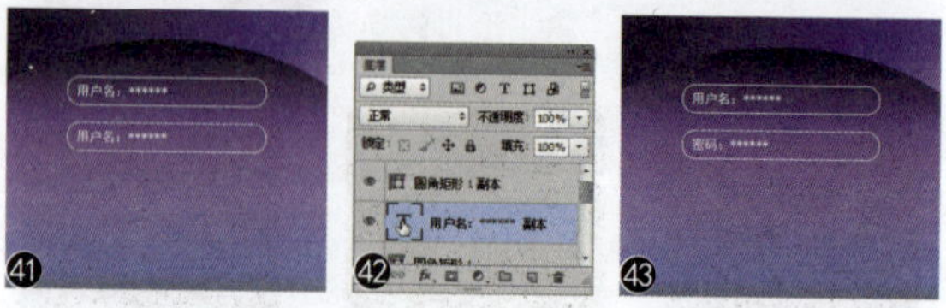

14 选取文字和形状图层，使用移动工具继续向下复制㊹。执行“选择>取消选择图层”命令，然后使用路径选择工具单击最下方的圆角矩形，将其选取㊺。如果不取消图层的选取，则无法通过单击的形式选取圆角矩形。

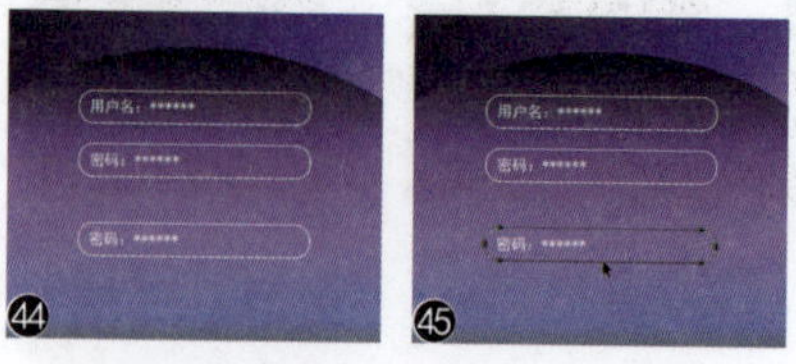

15 在工具选项栏中取消它的描边，设置填充颜色为渐变㊻，然后将图层的混合模式修改为“柔光”㊼㊽。

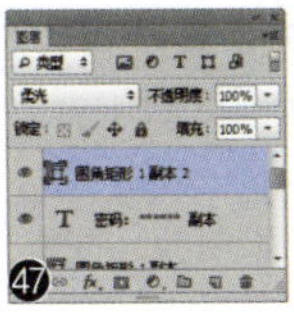
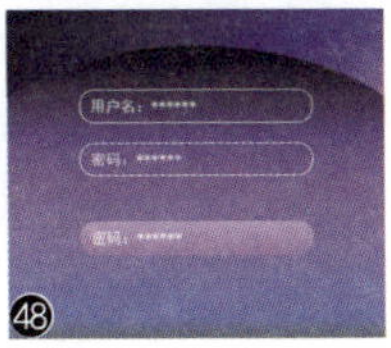

16 双击该图形所对应的文字图层，修改文字内容为“登录”，并将文字移动到圆角矩形的中央，再使用横排文字工具 T 输入文字“忘记密码？”和“注册”㊾。

17 使用自定义形状工具创建“世界”图形。在工具选项栏中设置填充颜色为白色㊿，在“图层”面板中设置图层的不透明度为3%。将这一图层移动到背景图层的上方51。

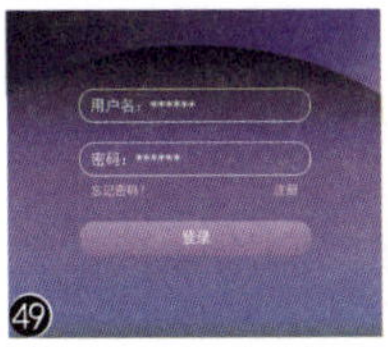
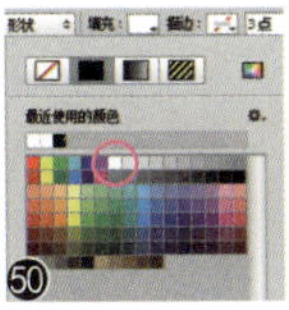

18 使用移动工具将另一个文档中的小超人（图层组）拖入登录页文档中，放在“世界”图形上方52 53。最后是制作一个状态栏，操作方法比较简单，这里就不赘述了。状态栏（Status Bar）位于界面最上方，显示信息、时间、信号和电量等。它的规范高度为40像素54。

11.4.9 练习：通过路径运算的方法制作图标

01 按下Ctrl+N快捷键，打开“新建”对话框，创建一个24厘米×24厘米、分辨率为72像素/英寸的RGB模式文档。打开“视图>显示”下拉菜单，看一下“智能参考线”命令前面是否有一个“√”，如果有就说明开启了智能参考线，没有的话，就单击该命令，启用智能参考线。

02 按下Ctrl+R快捷键显示标尺，将光标放在窗口顶部的标尺上，按住Shift键拖出参考线，放在刻度12厘米的位置上❶。按住Shift键，可以使参考线与刻度对齐，另外智能参考线还会显示当前参考线的坐标，这样就等于为准确定位参考线提供了双重保险。采用同样的方法，从窗口左侧的标尺拖出参考线❷。参考线的相交点就是画面的中心点。

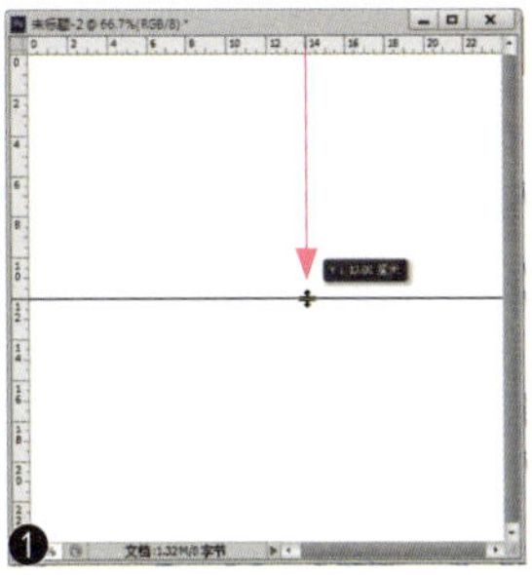
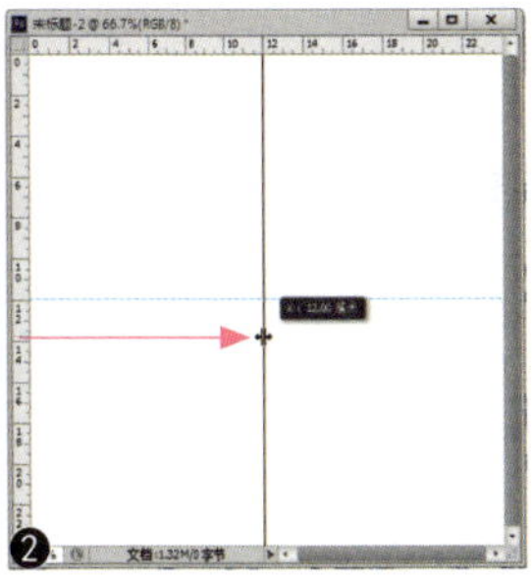

03 选择自定形状工具。在工具选项栏中选择“形状”选项，设置填充颜色为蓝色，无描边。在“形状”下拉面板中选择图形❸。

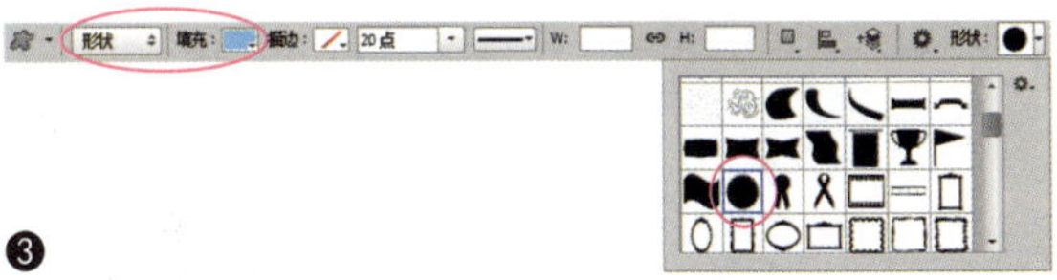

04 将光标放在中心点上，单击并拖曳鼠标，然后按住Alt+Shift键拖出图形❹。选择双环图形，单击工具选项栏中的 按钮，打开下拉菜单，单击减去顶层形状按钮❺，然后将光标放在中心点上，首先单击并拖曳鼠标，然后按住Alt+Shift键继续拖动，此时图形会以中心点为基准展开，放开鼠标后，会进行相减运算❻。操作时一定要先拖曳出图形，再按Alt+Shift键，否则这两个按键会影响运算。

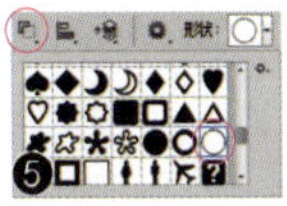

05 选择五角星，并单击排除重叠形状按钮❼。按住Alt+Shift键绘制五角星，操作时可同时按住空格键移动图形，使之与外侧的圆环对齐❽。按下Ctrl+R快捷键隐藏标尺；按下Ctrl+;快捷键隐藏参考线；按下Ctrl+H快捷键隐藏路径。打开“样式”面板，在面板菜单中选择“Web样式”命令，载入该样式库，单击其中的样式，为图形添加效果❾❿。

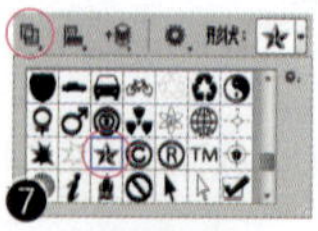

❼

❽

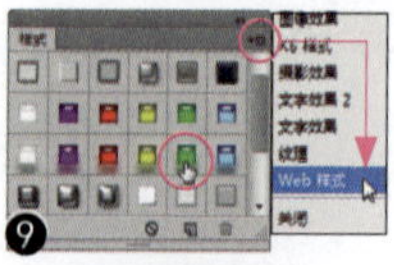

❾

❿

路径运算

在“选区与抠图”一章，我们曾经学习过选区的运算方法，就是在现有选区的基础上，使用新的选区对其进行相加、相减、交叉等运算操作。路径（包括形状图层）也可以进行这样的操作。路径运算至少需要具备两个图形，如果图形是现成的，使用路径选择工具 将它们选取便可；如果想要在绘制路径的过程中进行运算，可以先绘制一个图形，然后单击工具选项栏中的 按钮，打开下拉菜单选择路径运算方式，再绘制另一个图形⓫。

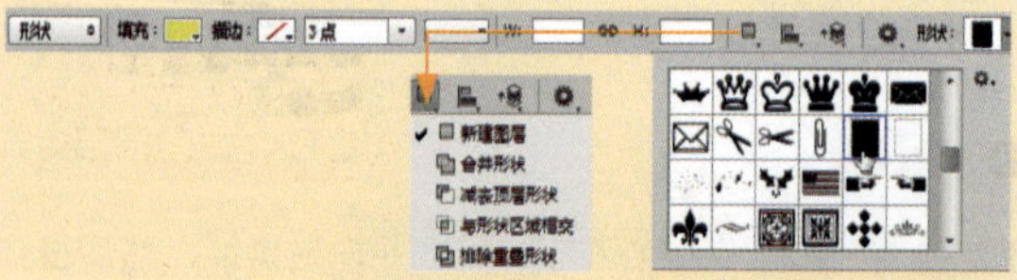

选择自定形状工具 ，在工具选项栏中选择“形状”选项，设置填充和描边颜色均为黄色。打开“形状”下拉面板，选择邮票图形并绘制。单击 按钮，打开下拉菜单，单击不同的运算按钮，再绘制飞机图形，就会得到不同的运算结果（操作时，为确保图形不变形，在画面中单击鼠标，然后按住 Shift 键拖曳）。

先绘制邮票　再绘制飞机

合并形状　减去顶层形状　与形状区域相交　排除重叠形状

⓫

选项	说明
新建图层	创建新的路径层。即不进行路径运算
合并形状	新绘制的图形与现有的图形合并
减去顶层形状	从现有的图形中减去新绘制的图形
与形状区域相交	得到的图形为新图形与现有图形相交的区域
排除重叠形状	得到的图形为合并路径中排除重叠的区域
合并形状组件	合并重叠的路径组件

提示（Tips）

路径运算最大的优势是可以随时改变运算结果，而选区在运算完成之后就没有办法回溯和修改了。要修改路径运算结果，首先要选取图形，然后单击工具选项栏中的 按钮，打开下拉菜单，再单击其他运算按钮即可。

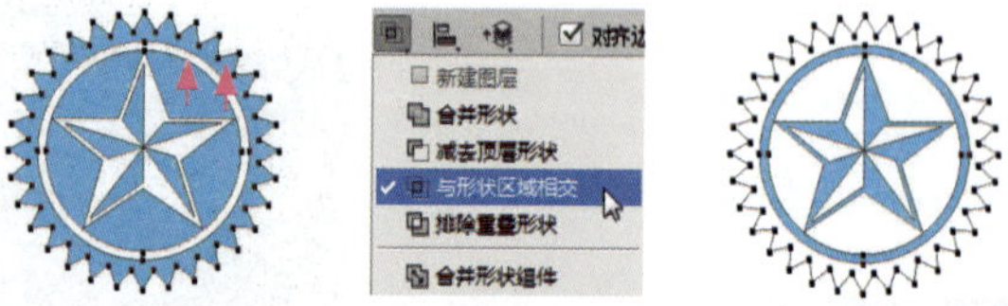

11.4.10 对齐、分布路径

在Photoshop中，路径及形状图层（389页）中的矢量图形可以像图层那样进行对齐和分布操作。下面两图是相关命令，以及用它们对齐和分布路径时的效果❶❷。

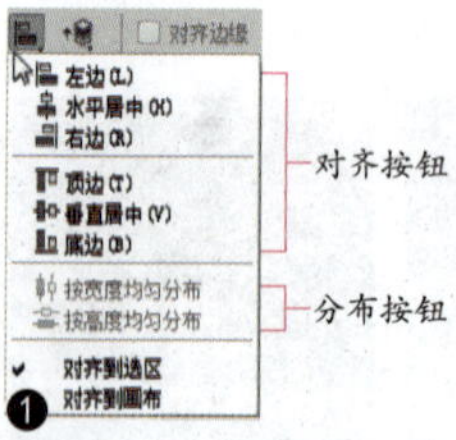

❶

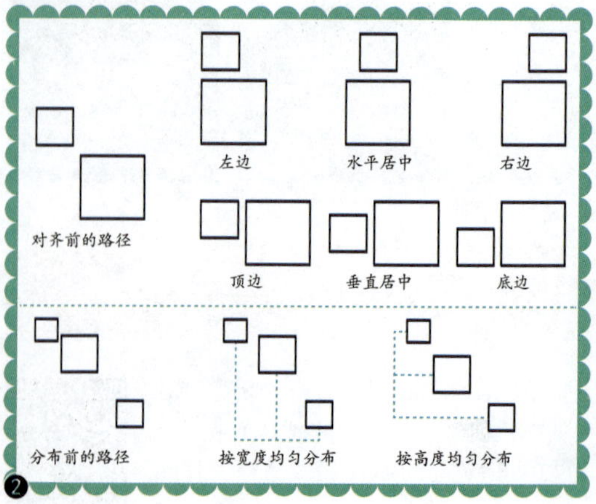

❷

在默认状态下，对齐和分布命令的菜单中“对齐到选区”选项处于选取状态。如果选择“对齐到画布”选项，则可以相对于画布来对齐或分布对象。例如，单击左边按钮，可以将路径对齐到画布的左侧边界上。

在具体操作时有两个方面我们要注意。第一，对图形数量的要求。对齐操作，选取两条路径就可以进行；而分布则至少要选取3条路径才能操作。

第二，对路径层的要求。必须得是同一个路径层中的多个路径才可以，不同的路径层无法操作，因为我们不能同时选取多个路径层，也就没有办法让它们同时出现在文档窗口中❸。而形状图层没有这方面的限制，我们可以采用对齐和分布图层（422页）的方法，以图层为单位来进行对齐和分布。

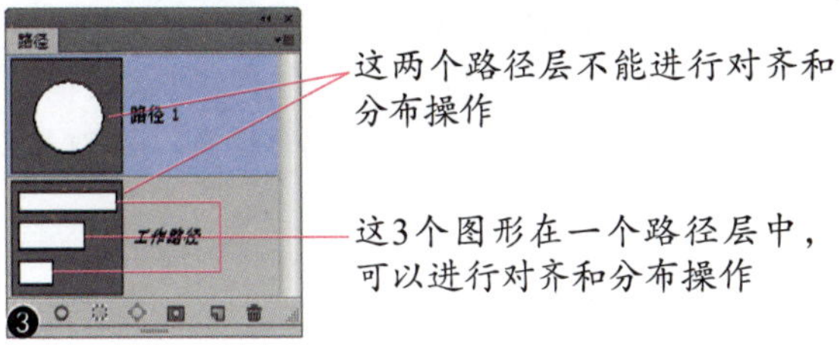

另外，当同一个路径层、同一个形状图层中包含多个路径（形状）时，可以通过下面介绍的方法进行对齐与分布。

使用路径选择工具，按住Shift键在画面中单击多个子路径（或同一个形状图层中的多个形状），将它们选取，单击工具选项栏中的按钮，打开下拉菜单选择一个对齐与分布选项，即可对所选路径（或形状）进行对齐与分布操作。

11.5 管理路径

路径数量多了以后，也需要管理。由于路径相对于图层来讲比较简单，因而管理方法并不复杂。下面我们来介绍怎样使用“路径”面板管理路径。

11.5.1 “路径”面板

执行“窗口>路径”命令，可以打开“路径”面板。“路径”面板中显示了路径、当前工作路径和当前矢量蒙版的名称和缩览图，通过该面板可以管理这些对象❶。

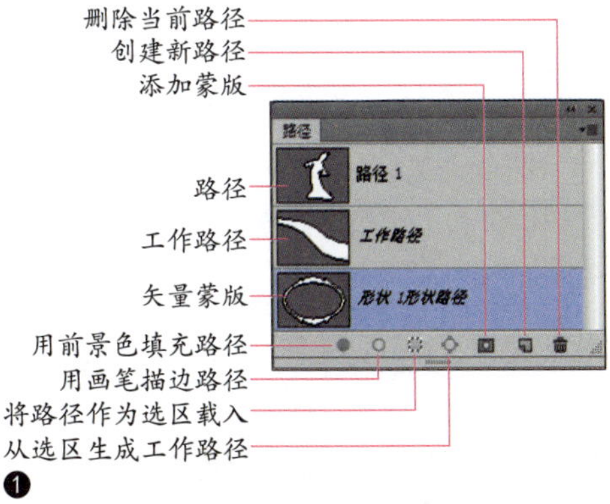

创建路径层

单击“路径”面板中的按钮，可以创建一个路径层❷。如果要在新建路径层时为路径命名，可以按住Alt键单击按钮，在打开的“新建路径”对话框中进行设置❸❹。当路径层的数量多了以后，为了便于查找，可以为重要的层设置名称，操作方法是用鼠标双击层的名称，在显示的文本框中输入新名称并按下Enter键即可。

从上面介绍的操作中我们可以了解，路径层的创建和命名方法与图层几乎完全一样。不仅如此，路径层也像图层一样，是上下堆叠的结构，即新创建的路径层总是位于最上方。由于每次只能显示一个路径层中的图形，因此这种堆叠结构的意义只是方便管理，与图形效果没有关系。

复制路径和路径层

路径也可以像图层一样复制。操作时可以根据不同的需要采用有针对性的方法。

（1）如果要原位复制路径，可以将路径层拖曳到“路径”面板中的按钮上（工作路径需要拖曳两次）。此时复制出的路径与原路径重叠，且它们位于不同的路径层中❺。

（2）如果不在意路径的位置，可以使用路径选择工具，按住Alt键单击画面中的路径并拖曳，此时可沿拖曳方向复制出路径❻，但复制出的路径与原路径位于同一个路径层中❼。

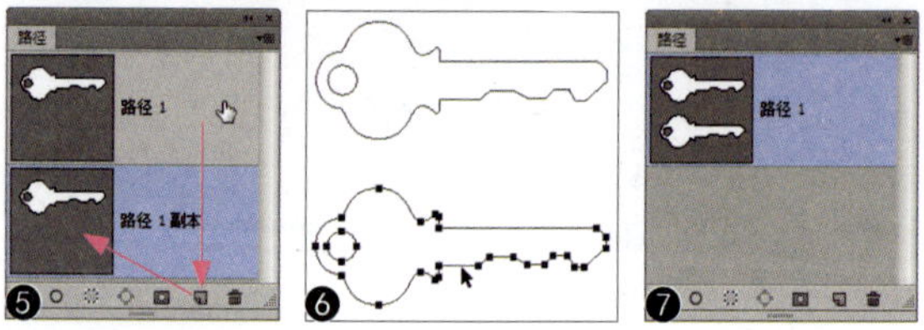

（3）如果要将路径复制到其他打开的文档中，可以使用路径选择工具将其拖曳到另一个文档中。操作方法与拖曳图像到其他文档中一样（54页），只是使用的是路径选择工具，而非移动工具。

添加蒙版

在文档窗口中选择路径，或者单击“路径”面板中的路径层❽，然后单击面板底部的按钮，可以从路径中生成图层蒙版❾（位于“图层”面板中当前选择的图层上），再次单击则生成一个矢量蒙版❿。由此可知，一个图层可以同时添加一个图层蒙版和一个矢量蒙版，并且，图层蒙版总是位于矢量蒙版前方。

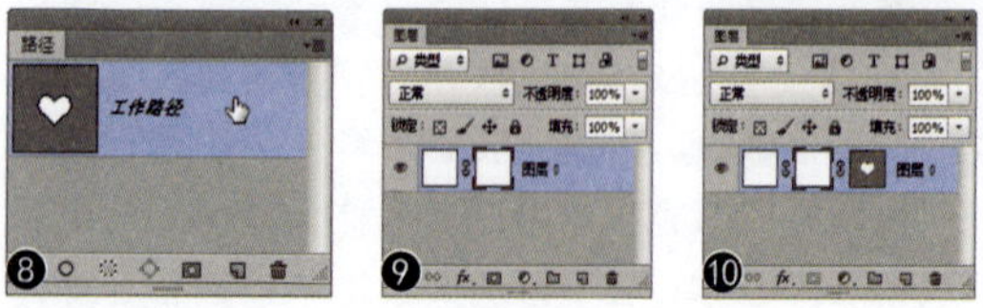

填充颜色/描边

在路径显示或处于选取的状态下⓫，单击按钮，可以用当前工具箱中的前景色填充路径所形成的封闭区域⓬；单击按钮，可以用画笔工具对路径轮廓进行描边⓭。

显示、隐藏和删除路径

如果想要在画布上显示或者编辑一个路径层中的图形，可以在“路径”面板中单击该路径层⓮，将其选择，文档窗口中会显示相应的图形，此时便可进行编辑。在面板的空白处单击鼠标，可以取消选择⓯，文档窗口中的路径也会隐藏。

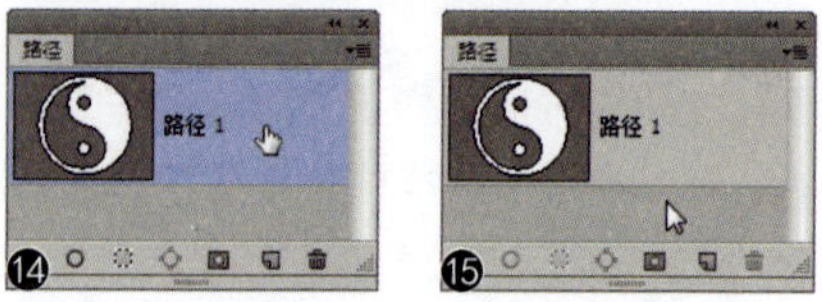

如果要删除路径层，可以单击它，然后单击“路径”面板中的按钮，在弹出的对话框中单击“是”按钮即可。更简便的方法是直接将路径层拖曳到按钮上进行删除。

当一个图形中包含多个子路径时，如果想要删除部分子路径，而非路径层中的所有路径，可以使用路径选择工具单击画面中的路径⓰，再按下Delete键⓱。

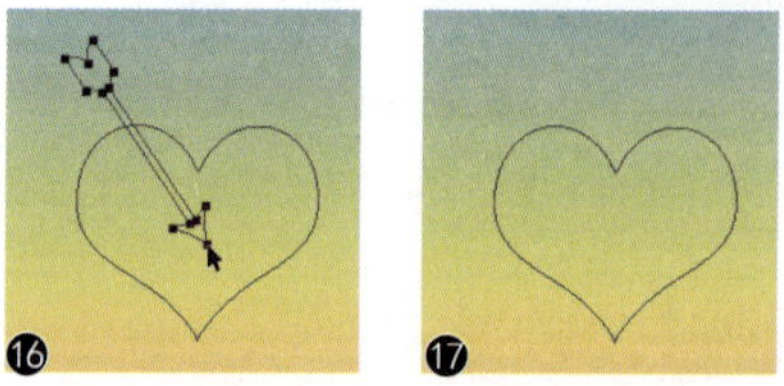

11.5.2 疑问解答：工作路径为什么不见了？

使用钢笔工具或各种形状工具绘制路径时，Photoshop会将其保存在一个临时的路径层中，这个路径层叫做“工作路径”。由于是临时的路径层，操作不当就会被替换掉。例如，使用矩形工具创建一个矩形路径❶，然后单击“路径”面板的空白区域❷，之后再绘制一个圆形路径，矩形就不见了，它被圆形替代了❸。

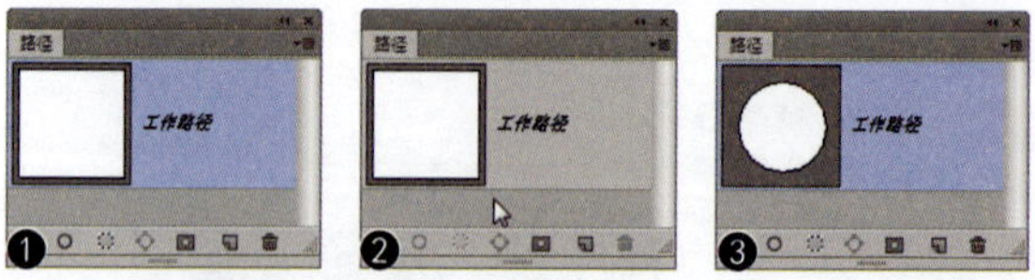

这种情况可以通过3种方法来处理。前两种方法应对的是已绘制好的工作路径；最后一个是未绘图时的处理方法。

（1）将图形所在的工作路径层拖曳到“路径”面板中的按钮上，它的名称会变为“路径1”❹❺，这表示Photoshop已将临时路径存储为正式的路径层。

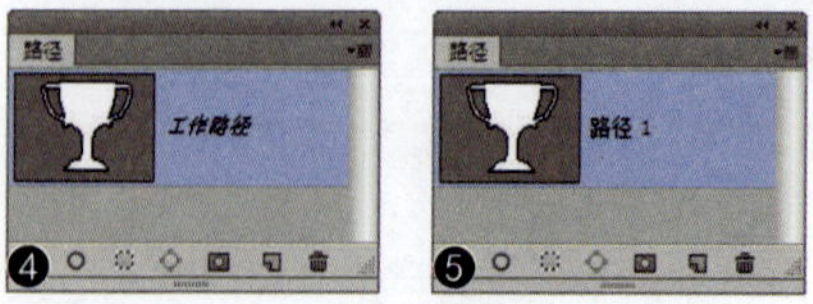

（2）双击工作路径层，弹出“存储路径”对话框，输入名称并按Enter键，即可将其转换为正式的路径层。这种操作方法由于为路径层命名了，所以更加便于查找。

（3）如果尚未绘图，可以先单击“路径”面板中的按钮，创建一个空白的路径层，再绘制路径，这样所创建的路径就会保存在正式的路径层中。

11.5.3 分析：路径和选区转换注意事项

在Photoshop中，路径和选区是可以任意转换的。在文档窗口或“路径”面板中选择路径后，单击“路径”面板中的按钮，或者按下Ctrl+Enter键，即可将其转换为选区；在图像上创建了选区后，单击“路径”面板中的按钮，则可以将其转换为工作路径。

路径有两个职能：①绘图；②描摹对象轮廓。

绘图功能主要用于Logo设计、变形字、网页图标、UI设计。描摹对象轮廓功能则用于创建矢量蒙版和抠图。矢量蒙版是图像合成工具，在第5章已经有过详细的介绍，这里就不赘述了。

在抠图方面，路径既是选区的变异，也是选择功能的补充。用路径描绘对象轮廓后，必须转换为选区，才能将图像从背景中抠出来，因为路径是矢量对象，不能选取像素。就像在国外购物，我们得将本国货币换成所在国的货币，才能用来买东西一样。

而以钢笔工具为代表的矢量抠图工具，作为选择功能的延展，从矢量层面弥补了位图选择工具的不足。因为Photoshop中任何一个基于位图的选择工具都不能像钢笔工具那样精准地契合对象的轮廓，尤其是光滑的曲线轮廓。

选区与路径“身份”的互换，在多数情况下都是路径转换为选区。因为矢量工具已经足够多，表现什么样的形状都不是问题，没有必要用选区记录形状再转换为路径来使用；其次，从选区中生成的路径，形状容易发生改变，与原有的选区之间会存在一定的误差。我们可以创建一个圆形选区，然后将其转换为路径；再用椭圆工具绘制一个圆形来与之对比。从中可以看到，无论是锚点数量，还是图形的圆度，经过转换得来的圆形都不完美❶~❸。

❶ 圆形选区

❷ 从圆形选区中转换出的路径

❸ 用椭圆工具绘制的圆形

但我们也不能否认，当选区转换为路径以后，可以利用矢量工具的独特功能来对路径状态下的“选区”进行编辑和修改。反之，将路径转换为选区后，则可以用各种选择类工具、画笔、图层蒙版和快速蒙版来编辑选区。路径与选区互相转换的真正意义就在于此。

当然，我们并不反对将选区转换为路径，而是要提醒，选区在变为路径以后，一方面容易变形；另外也不能保存羽化效果❹❺。在存储或转换为路径时，会消除羽化，留下清晰的轮廓。并且，以后从这样的路径中转换选区时，无法恢复原有的羽化效果。另外就是不要以路径的形式保存选区，选区还是应该存储在Alpha通道中（205页）。

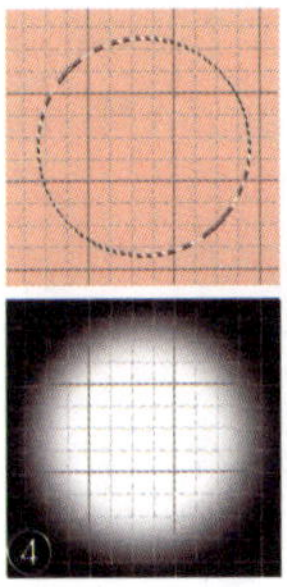

带有羽化的选区（上图），及该选区在通道中的效果（下图中，灰色是羽化区域）

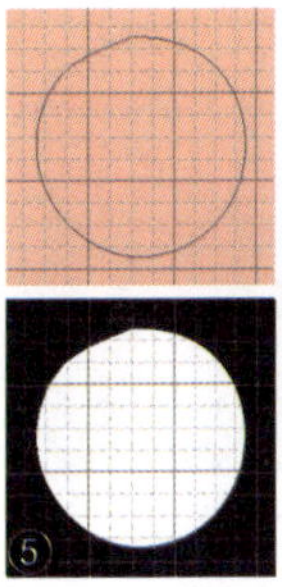

将选区转换为路径（上图），及该路径所代表的选区在通道中的效果（下图中已无灰色）

11.5.4 练习：描边路径制作粉笔字

在默认状态下，单击“路径”蒙版中的按钮，使用的是画笔工具对路径轮廓进行描边，即沿路径自动绘画。其他绘画类工具（画笔、铅笔、橡皮擦、背景橡皮擦、仿制图章、历史记录画笔、加深和减淡等）也可以描边路径，只是需要按住Alt键单击按钮，然后在弹出的“描边路径”对话框中选择所需工具。

下面我们来使用描边路径功能制作粉笔字❶。粉笔字有3个特点：一是单色；二是笔迹中有留白，有点类似于书法中的飞白；三是色彩中有粉状颗粒。这3个特点体现出来，就能很好地模拟出粉笔效果。

01 打开素材。文档中提供了花饰字体的路径，在描边路径前需要先设置所用工具的参数。选择画笔工具，打开“画笔”面板选择笔尖，调整“大小”为20像素，“间距”为1❷。选择“双重画笔”选项，还是选择前一个笔尖，但不改变参数❸。

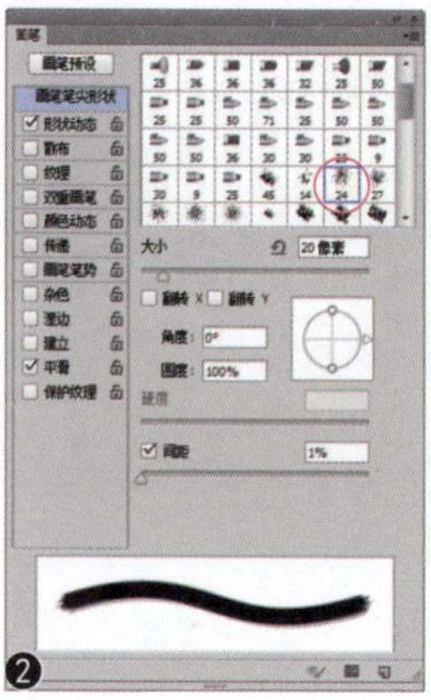

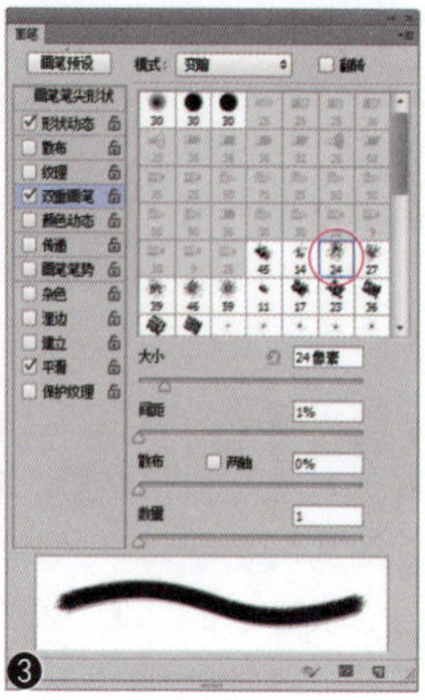

02 选择“纹理”选项，然后加载“填充纹理”纹理库，选择“脚印”纹理（在面板下拉菜单中选择“大列表”选项，可以同时显示纹理图案和名称）❹。选择“形状动态”选项并设置参数❺。用于描边的工具参数我们已经设置好了。第二项准备工作是设置描边颜色，即前景色（设置为白色）；第三项准备工作是绘制或选取用于描边的路径，在本实例中我们使用现成的路径。单击“路径1”❻，选择该路径层，画面中会显示路径轮廓。下面就可以描边了。

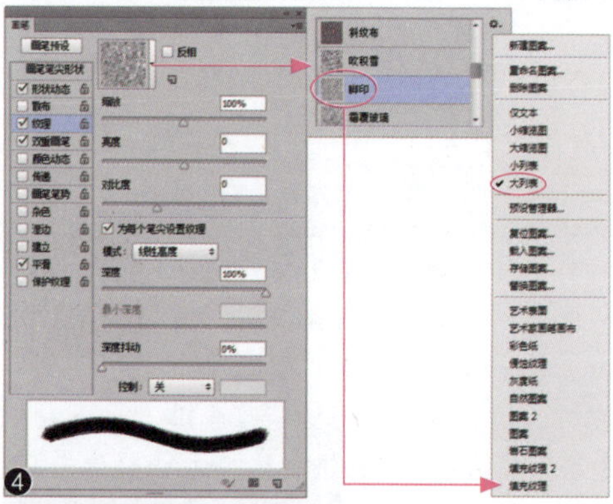

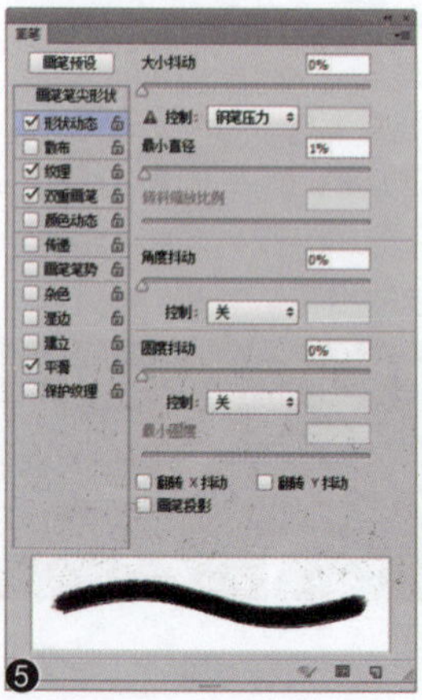

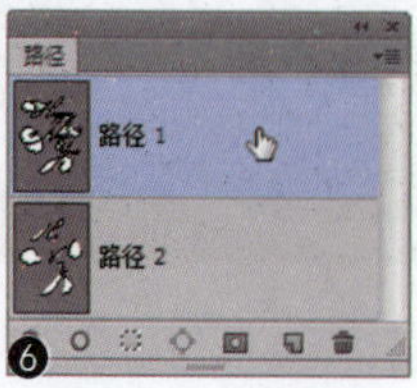

03 单击“图层”面板中的 按钮，新建一个图层，描边线条将放置在该图层上。按住Alt键单击“路径”面板中的 按钮，弹出“描边路径”对话框，选择画笔工具并选取“模拟压力”选项❼（可以使描边的线条产生粗细变化，效果更加自然），按下Enter键，用画笔描边路径。设置该图层的混合模式为“溶解”，不透明度为76%❽。在不透明度为100%的情况下，“溶解”模式不会产生作用，而降低不透明度后，该模式会使像素离散并颗粒化，这正是我们需要的效果。

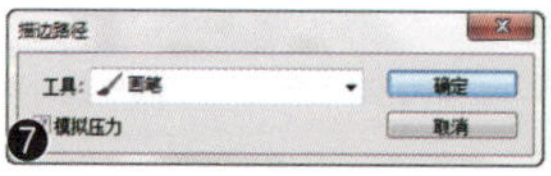

04 新建一个图层。我们再对文字的重点笔画进行一次描边，加粗文字线条。单击“路径2”❾，按住Alt键单击“路径”面板中的 按钮，弹出“描边路径”对话框，选取画笔工具及“模拟压力”选项。描边后，设置该图层的混合模式为“溶解”，不透明度为96%❿。在“路径”面板底部的空白处单击鼠标，隐藏路径。

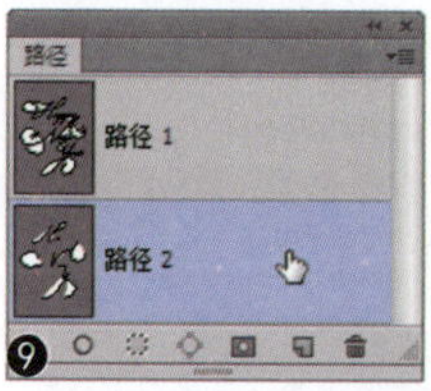

05 现在我们已经制作出非常漂亮的花饰字板书，再为它配上一些图案就更完美了。我们可以用画笔工具 绘制，也可以使用现成的素材（在“图层1”的前方单击即可）⓫。

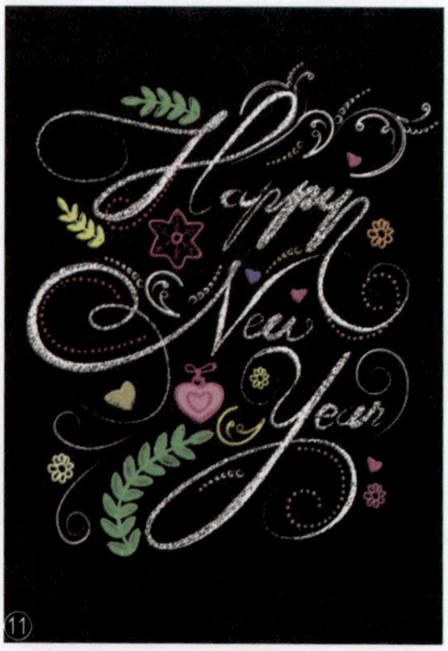

11.6 编辑形状图层

从Photoshop 2.0版本开始，矢量功能就存在了，形状则直到Photoshop 6.0版本时才出现。形状图层在制作APP图标方面非常有用，因为图形易于绘制和修改，而且还可以无损缩放。

11.6.1 修改形状图层

Photoshop 中有两种图层可以承载矢量对象：包含矢量蒙版（147，158页）的图层❶和形状图层❷。形状图层是在形状内部填充颜色、渐变和图案的特殊图层，其中，形状轮廓是矢量对象（路径），填充内容（颜色、渐变和图案）是位图对象。

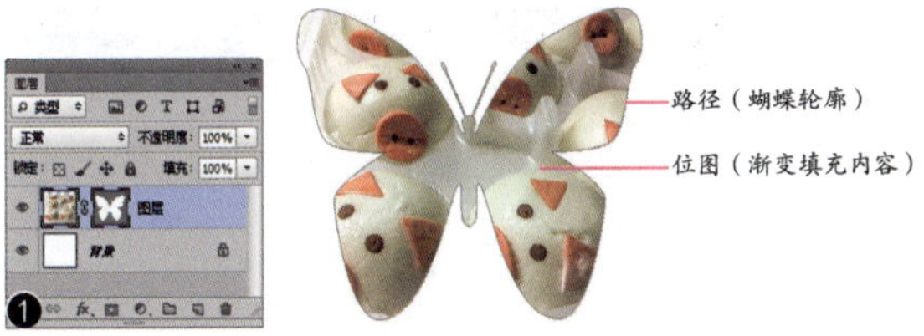

形状图层中的形状可以用矢量工具修改（366页）。不仅如此，它的填充内容既可编辑，也可互相转换。例如，可以修改颜色、渐变角度、缩放图案等，也可以将填充内容由单色转换为渐变或图案。

如果要修改填充内容和其他参数，可以先选择形状图层，再选择路径选择工具或直接选择工具，工具选项栏中会显示相应的选项，此时便可进行修改。还有一种方法，就是选择形状图层后，执行“图层>图层内容选项”命令，打开相应的对话框来进行修改。具体的颜色、渐变和图案设定方法，可以参考填充图层（140页）。

如果要转换形状图层的填充内容，可以单击它，然后选择路径选择工具或直接选择工具，单击工具选项栏“填充”选项右侧的颜色块，打开下拉面板，单击其中的纯色、渐变和图案，并设置选项❸❹。

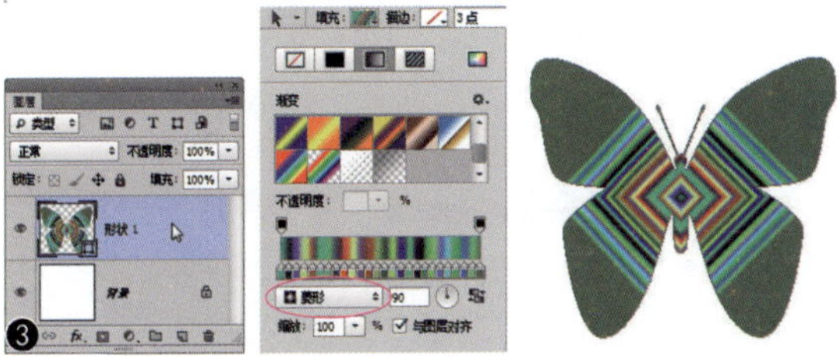

选择形状图层和路径选择工具后，即可在工具选项栏中修改渐变

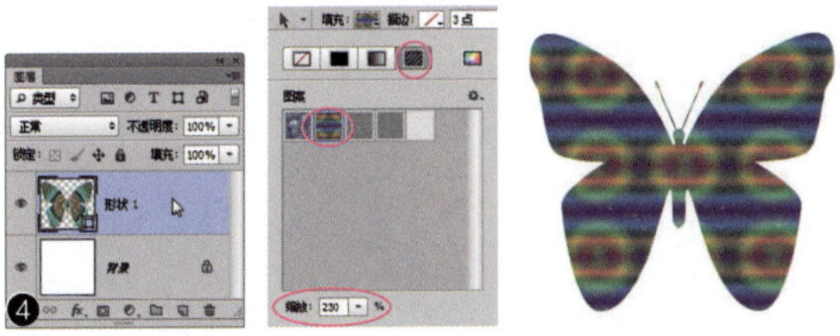

用图案替换渐变填充

形状图层在创建时需要提前设定，即选择绘图工具后，需要在工具选项栏中选取“形状”选项，然后再绘制图形。此外，也可以将现有的路径转换为形状图层。操作方法是，在“路径”面板中选择路径，然后单击“图层”面板底部的按钮，打开菜单，选择创建纯色、渐变或图案填充图层即可。

如果想要将形状图层转换为普通的图像，可以执行“图层>栅格化”下拉菜单中的“形状”命令。执行菜单中的“填充内容”命令，则可栅格化填充内容，并基于形状创建矢量蒙版。

提示（Tips）

当创建两个或者多个形状图层后，选择这些图层，打开“图层>合并形状”下拉菜单，执行其中的命令，可以将所选形状合并到一个图层中并进行图形运算（384页）。

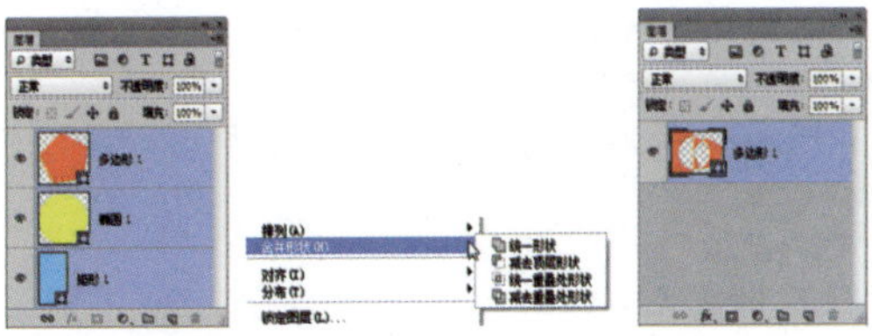

11.6.2 练习：制作汽车APP页面

路径以及形状图层中的矢量图形可以像图层那样进行对齐和分布操作。在制作APP时，这项功能非常有用，尤其是在图标数量多的情况下，可以快速、准确地将它们对齐，使图标排布整齐、美观。

01 新建一个文档。选择矩形工具，在工具选项栏中选择“形状”选项，先在画布上创建一个矩形，再修改它的宽度和高度为750像素、1334像素，填充内容为渐变❶。双击形状图层，打开“图层样式”对话框，添加“外发光”效果❷❸。

❶

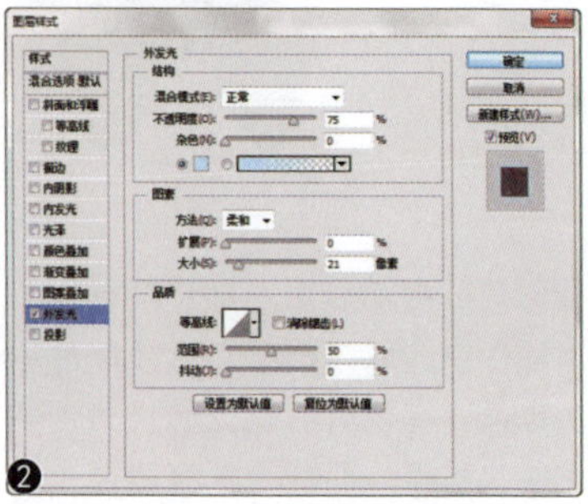
❷

❸

02 打开几个素材。使用移动工具将赛车拖入文档中，按下Alt+Ctrl+G快捷键创建剪贴蒙版，用下方的形状限定赛车显示范围。单击“图层”面板中的按钮，添加蒙版，使用渐变工具填充黑白渐变，将赛车的下方图像逐渐隐藏❹❺。

❹

❺

03 使用矩形工具创建矩形（填充白色），然后设置它的宽度和高度为670像素、1000像素。双击该形状图层，打开“图层样式”对话框，添加“外发光”和“投影”效果❻~❽。打开“视图>显示”菜单，看一下“智能参考线”命令前方是否有一个“√”，有就说明启用了智能参考线；如果没有，就单击一下该命令，让智能参考线辅助我们对齐图形。用移动工具拖曳图形，将它与下方的矩形居中对齐❾，当这两个图形对齐时会显示紫色的智能参考线，这时就可以放开鼠标按键了，这样对齐操作就非常轻松了。

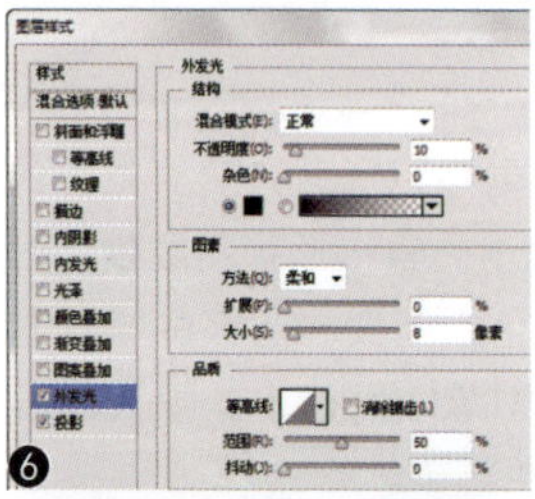
❻

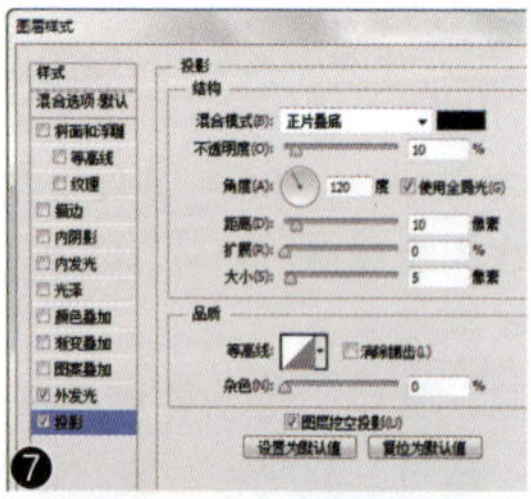
❼

❽

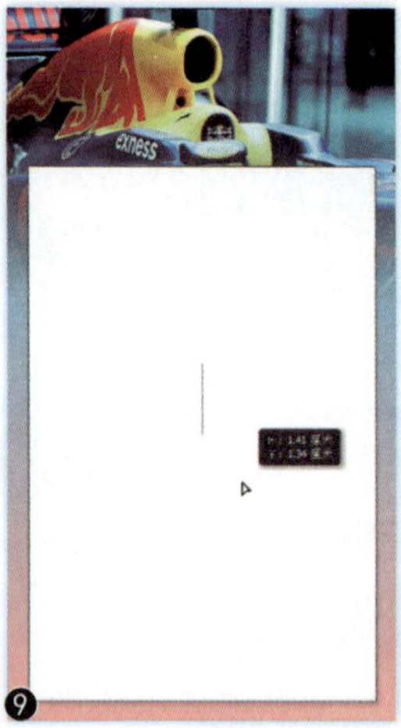
❾

04 使用矩形工具创建矩形，设置宽度和高度均为170像素，为了便于与下方矩形区别，可以为它填充一种颜色❿。在它的右下方再创建一个矩形，设置宽度和高度均为295像素⓫。按住Ctrl键单击前一个矩形形状图层，将它与当前的矩形形状图层同时选取⓬，选择移动工具，单击工具选项栏中的按钮，让这两个形状图层左对齐⓭。

❿

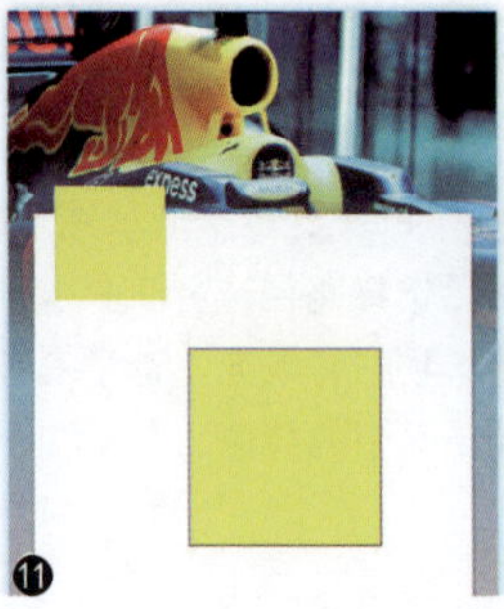
⓫

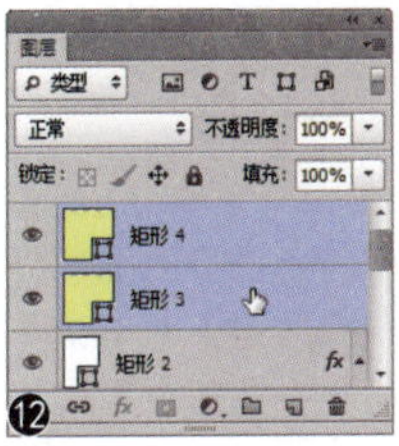

05 使用横排文字工具 T 输入图片浏览数字。操作时要注意，应该在APP界面外部单击鼠标，再输入文字，因为界面内部有好几个矩形形状，如果操作不当，会基于形状创建路径文字（390、394页）。使用移动工具将文字拖曳到矩形的左下角，当文字与矩形对齐时，会显示智能参考线⑭⑮。

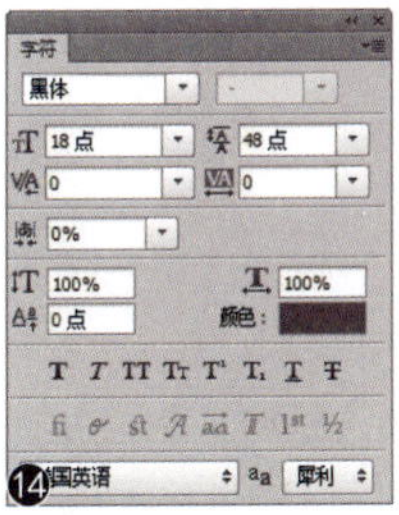

06 按住Ctrl键单击形状图层，将它与文字图层一同选取⑯，按下Ctrl+G快捷键，将它们编入一个图层组中⑰。

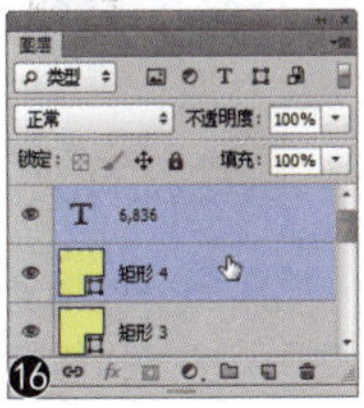

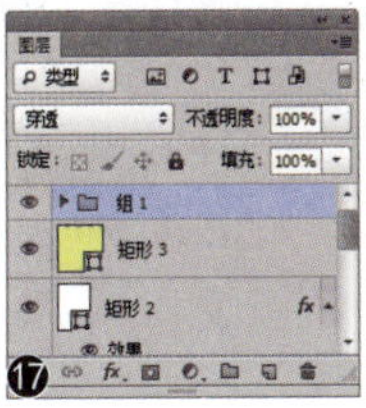

07 选择移动工具，按住Shift+Alt键向右侧拖曳鼠标，沿水平方向复制⑱；按住Ctrl键单击第一个图层组，同时选取这两个组⑲，按住Shift+Alt键向下拖曳，沿垂直方向复制⑳。

08 下面我们来向这几个矩形中添加图片，仍然是用剪贴蒙版控制图片的显示范围。首先处理左侧第二个矩形，单击该形状图层所在的组㉑，用移动工具将图片素材拖入文档中，这样它就会位于所选形状图层的上方，按下Alt+Ctrl+G快捷键创建剪贴蒙版㉒㉓（如果图片位置有偏差，可以用移动工具调整）。其余矩形上的图片也采用同样的方法添加㉔㉕。

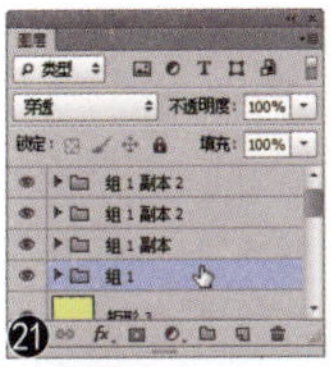

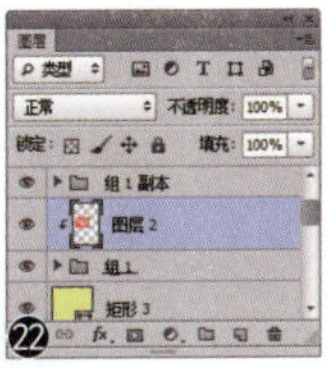

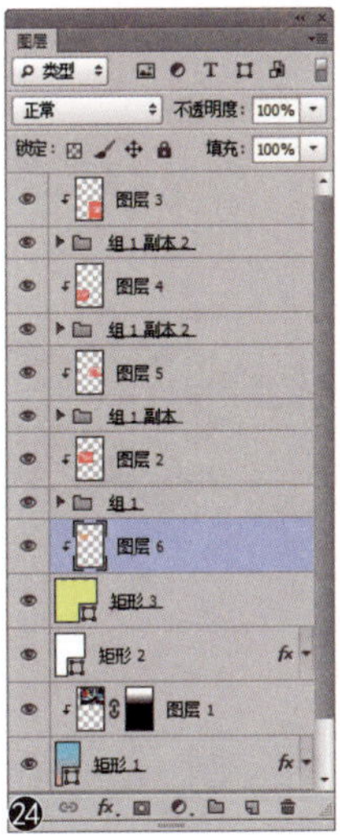

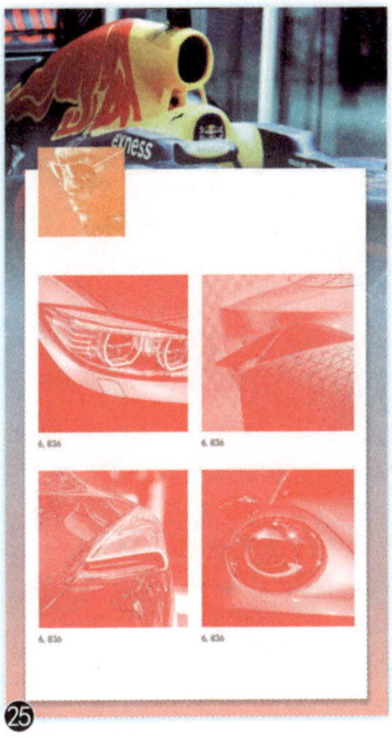

提示（Tips）

由于没有为各个组分配易于识别的名称，在“图层”面板中选取需要编辑的组就比较麻烦一些。我们可以通过快捷方法来操作。即使用移动工具，将光标移动到想要编辑的矩形上方，按住Ctrl键单击鼠标，即可选取该矩形所在的组。这要比在“图层”面板中选取更加方便。

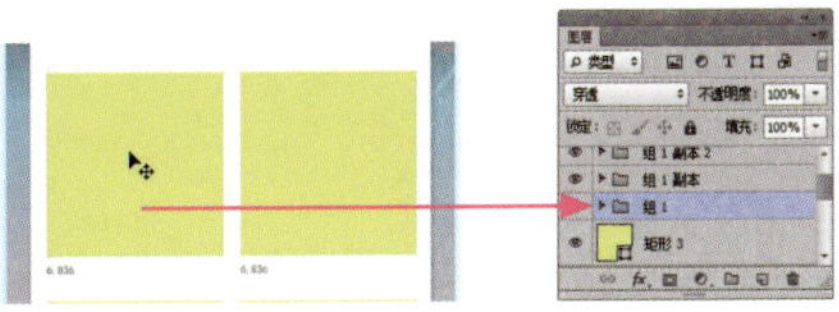

09 图片处理完了，下面来修改文字。使用横排文字工具 T 在第二张图片下方的文字上单击并拖曳鼠标，将其选取㉖，然后输入新的数字㉗。之后再修改剩下的文字。

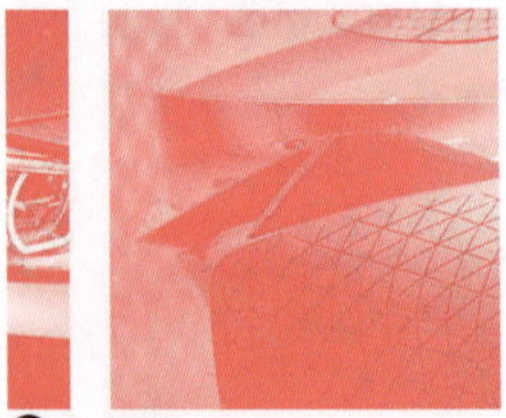
㉖

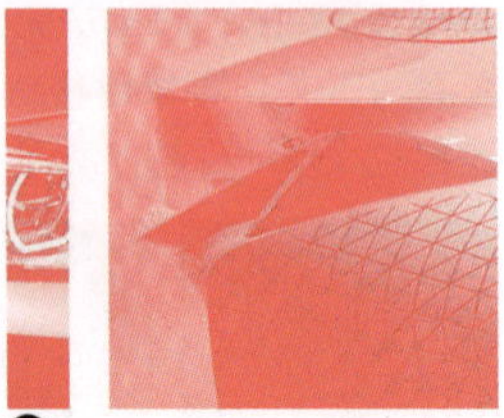
㉗

10 使用横排文字工具 T 单击并拖曳鼠标，拖出矩形范围框，输入标题文字㉘。按下Enter键换行，输入正文。在正文上拖曳鼠标，将其选取，修改文字大小，将颜色设置为深灰色㉙。

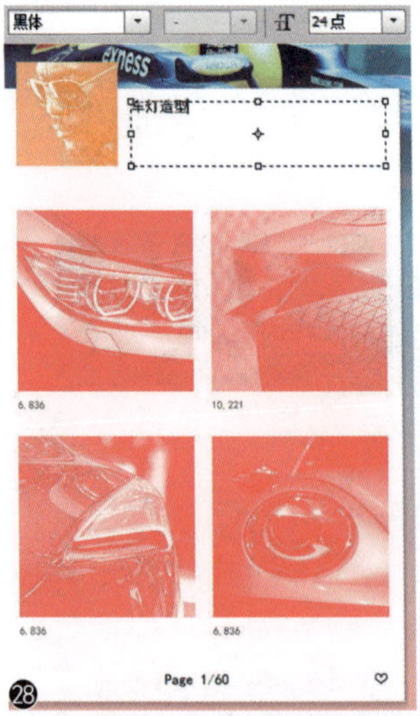
㉘

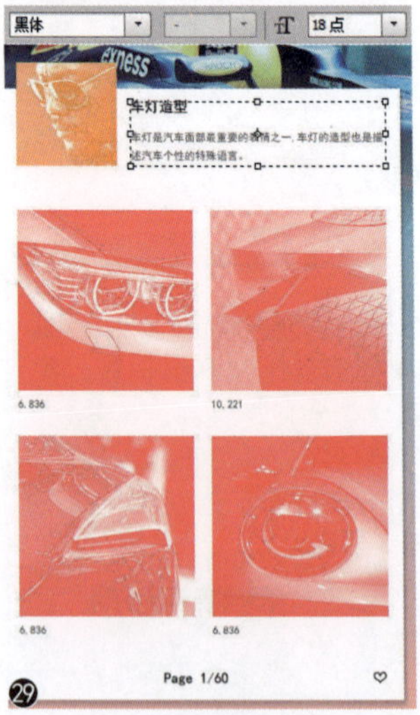
㉙

11 在APP界面下方输入一组文字。使用移动工具将它对齐到页面中央㉚。

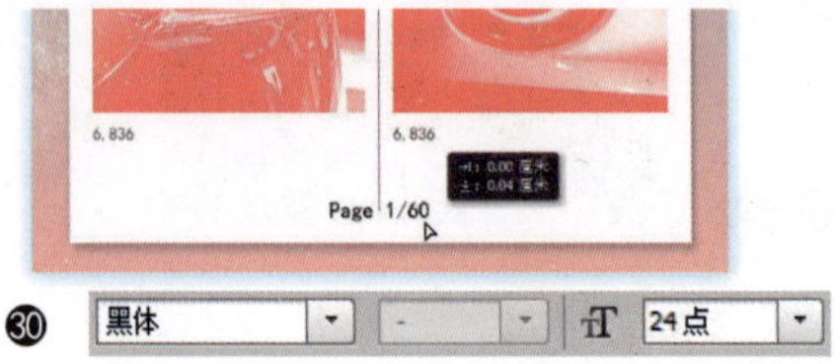
㉚

12 选择自定形状工具，在工具选项栏的“形状”下拉面板中选择箭头图形㉛，在页面左下角单击并拖曳鼠标绘制㉜，拖曳时按住Shift键，否则图形会不成比例。按下Ctrl+T快捷键，显示定界框，将光标放在定界框内，右击，在弹出的快捷菜单中选择“水平翻转”命令，按下Enter键，翻转箭头㉝。

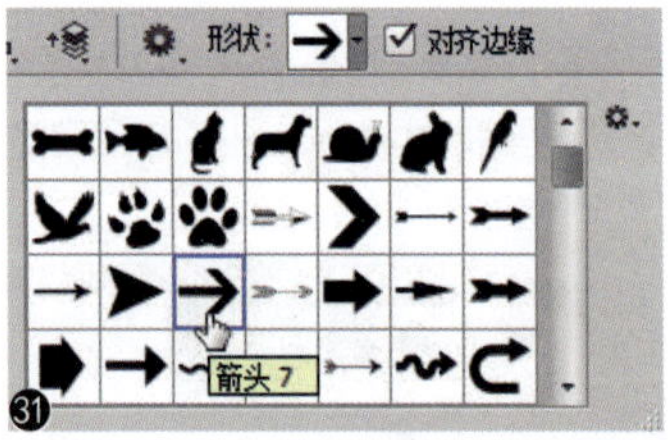
㉛

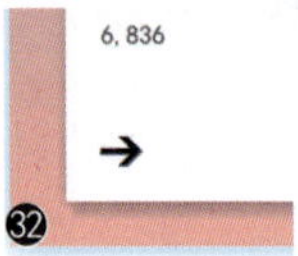
㉜

㉝

13 在右下角绘制一个心形图形㉞。这两个图形分别与底部矩形的两侧对齐㉟，可以用移动工具对齐，智能参考线会给我们以辅助。

㉞

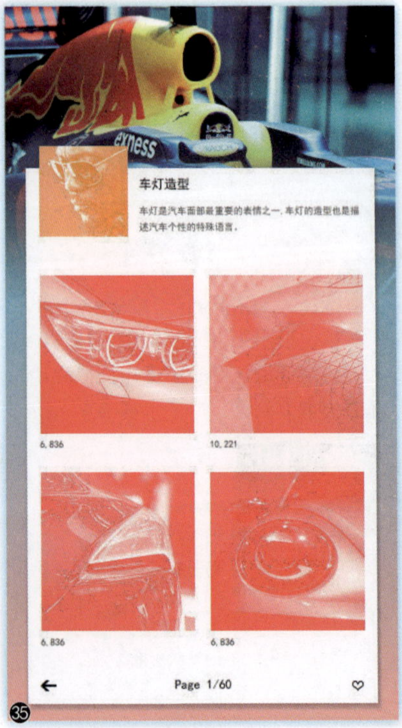
㉟

11.7 课后测验

Photoshop提供了足够多的矢量工具和矢量功能，这对于一个位图软件程序来说，已经非常了不起了。怎样发挥它们的效力，考验的是我们的理解能力和应用能力。Photoshop的矢量功能与矢量程序（如Illustrator）用法差不多，因此，我们再学习矢量软件时，就具备了一定的操作基础。

11.7.1 APP界面展示效果图

本测验制作APP界面效果图❶。就是将我们前一个练习中的界面放在手机素材屏幕上，再对它们进行扭曲操作，用到的主要是变形功能。

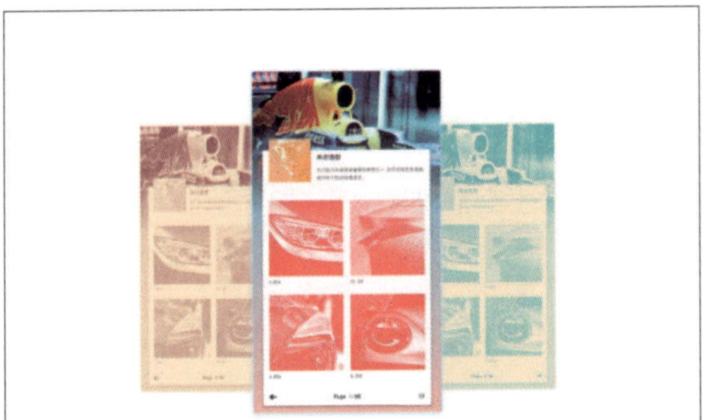

❶

11.7.2 制作个性化邮票

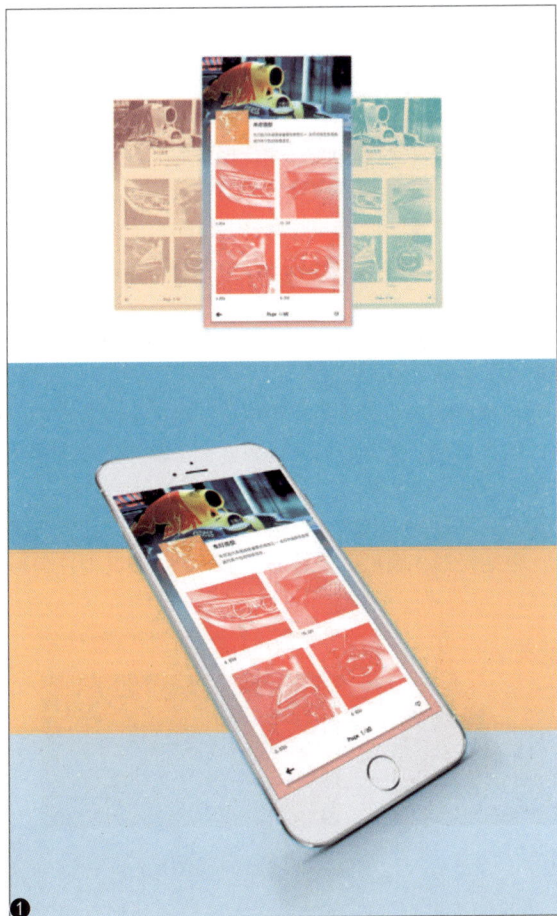

邮票是深受大众喜爱的收藏品，方寸之间尽可以展现大千世界。用Photoshop制作邮票效果并不难，自定形状工具的下拉面板中就有预设的邮票图形。我们可以用这一图形来完成本测验❶。

❶

需要说明的是，该图形只适合简单、快速地展示邮票效果。由于它的尺孔大小和间距是固定的，与真实的邮票还是有所不同的。我们不妨找一张真实的邮票做对比，很容易看出差别。因此，要追求真实感的话，就不能用这个图形了。尺孔可以用椭圆工具制作，再进行复制，然后通过对齐和分布功能，使它们均匀排布。有兴趣的读者可以动手尝试一下。

第12章 文字设计

本章简介

Photoshop的文字功能十分完备，可以创建不同类型的文字，也可以对文字进行各种变形处理，或者将其转换为路径。本章就来介绍这些方法。

文字是设计作品的重要组成部分，可以传达信息，美化版面，强化主题。对于专门从事设计工作的人员，在这里我们有一个特别的提醒就是，用Photoshop完成海报、平面广告等文字量较少的设计任务没有什么问题。但如果是以文字为主的印刷品，如宣传册、商场的宣传单等，还是尽量用InDesign（排版软件）或者Illustrator做比较好，因为Photoshop的文字编排能力还不够强大，而且过于细小的文字打印时容易模糊不清。

学习重点

关键概念

12.1 文字的独特属性

Photoshop中的文字是矢量对象，但与路径又完全不同。文字有自己的一套创建和编辑方法，这源于文字有别于路径的独特属性。

12.1.1 文字的类型及外观变化形式

Photoshop采用了与矢量程序Illustrator相同的文字创建方法，包括可以创建横向/纵向自由扩展的文字、使用矩形框限定范围的一段或多段文字，以及在矢量图形内部或路径上方输入的文字。这几种方法决定了我们可以在Photoshop中创建3种类型的文字，即点文字、段落文字和路径文字。

点文字只能沿水平和垂直方向（横向和纵向）排列❶，创建方法最简单，效果也是最单一的。

段落文字较点文字的进步之处是，可以自动将文字限定在矩形范围内，因而，这类文字的整体外形呈现为方块状❷。但它只方便了大段和多段文字的输入和管理，在文字外观方面并没有突破。

路径文字较段落文字的进步之处在于，文字可以在封闭的矢量图形内部排列，包括矩形、圆形、多边形、星形，以及其他任何形状的图形。

水平排列的点文字

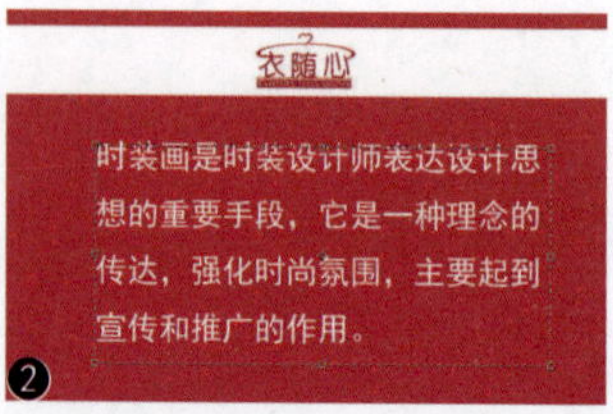

方块状的段落文字

路径文字给我们最直观的感受就是文字的整体外形呈现图形化。其原理是：以路径轮廓为框架，在其内部排布段落文字❸，也就是说用图形来限定段落文字的范围，因而其效果要比单纯使用矩形框架限定的段落文字更加显得丰富和美观。

路径文字是“活”的，当框架（路径轮廓）的形状发生改变时，其中的文字也会自动排布以与之适应，这样，文字的整体排列形状就可以由我们自由定义了。

路径文字还有一种排列形式——让文字在路径上方排列❹。其原理是以路径为基线（409页）排布点文字。在这种状态下，文字可以沿路径移动❺，也能翻转到路径的另一侧，还可以随着路径形状的改变而发生变化❻。

❸ 文字在矢量图形内部

❹ 文字在路径上方

❺ 文字在路径上移动

❻ 文字随路径的形状改变

12.1.2 特殊的矢量对象

Photoshop中的文字是由以数学方式定义的形状组成的，应划归到矢量对象一类。矢量对象有两个主要特点，一是便于修改；二是可以无损缩放。对于文字，只要不进行**栅格化**处理（即转换为图像），Photoshop就会始终保留基于矢量的文字轮廓。因此，我们可以任意缩放文字（调整文字大小），文字永远保持清晰，不会出现锯齿和模糊。我们也可以在任何时候修改文字的内容、字体、段落等属性。而在Photoshop的早期版本中，文字一经创建即为图像，不仅内容、字体和颜色等无法修改，进行缩放和旋转时还会变得模糊不清。现在的Photoshop与矢量软件程序相比，在文字功能方面的差距在逐渐缩小。

文字与路径虽然同为矢量对象，但路径类的工具不能用于创建和编辑文字。文字有专用工具，共4种。其中横排文字工具 T 最常用，它可以创建横向排列的点文字、段落文字和路径文字；直排文字工具 ↓T 可以创建纵向排列的上述文字；横排文字蒙版工具 T 和直排文字蒙版工具 ↓T 用于创建文字状选区。但由于文字与选区的转换非常方便，这两个工具的实际用处不大。此外，Photoshop还专门为文字开辟了一个“文字”菜单，内置文字编辑方面的命令。

12.1.3 疑问解答：矢量对象为何还要消除锯齿?

当我们了解到文字是矢量对象，可以任意缩放并保持边缘清晰平滑后，Photoshop**消除锯齿**功能就会让很多人产生歧义。明明不会出现锯齿，为何还要消除锯齿?

这是由于计算机屏幕不能直接显示矢量对象，它先要将文字转换为像素，之后才能令其显示在屏幕上，而在转换过程中，文字的边缘则有可能出现硬边和锯齿，这会影响我们对文字效果的判断。此时Photoshop提供的消除锯齿功能就派上用场了，它可以让文字边缘的像素与图像混合，使我们在计算机屏幕上看到的文字的边缘平滑、清晰。

我们可以选择在文字工具选项栏、“字符”面板和“文字>消除锯齿”下拉菜单当中设置消除锯齿的方法。“无”表示不对锯齿进行处理❶。它只适用于文字特别小的情况，如创建用于Web的小尺寸文字时，可以选择该选项，以有效地避免文字边缘因模糊而看不清楚。选择其他几个选项时，Photoshop会让文字边缘的像素与图像混合，产生平滑效果。其中，“锐利”会使边缘显得最为锐利❷；“犀利”表示边缘以稍微锐利的效果显示❸；“浑厚”会使文字看起来变粗一点❹；“平滑”会使边缘显得柔和❺。

① 无

② 锐利

③ 犀利

④ 浑厚

⑤ 平滑

Ps 12.2

文字的创建方法

Photoshop可以创建点文字、段落文字和路径文字。这3种类型的文字除了创建方法略有不同外，路径文字还需要借助于路径或矢量图形。

12.2.1 创建文字前需要了解的选项

Photoshop中的大多数工具需要预先设置选项才能使用。例如，画笔工具在使用前需要调整前景色、选择笔尖，并设置参数，否则无法绘制出我们所预期的线条。文字类工具也是如此。选择一个文字工具后，需要在工具选项栏（或“字符”面板）中选择字体，设置文字大小、颜色和其他必要的属性，之后再开始创建文字。

文字工具的选项比较多。我们先来了解工具选项栏中的那部分❶，其余的在“字符”面板（408页）和“段落”面板（409页）中，我们在后面的章节再介绍。这些选项都与文字的设置相关，并不复杂。

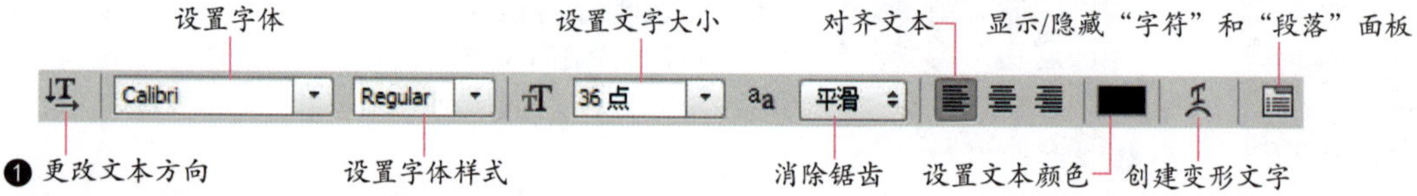

选项	说明
更改文本方向	单击该按钮，可以将横排文字转换为直排文字，或者将直排文字转换为横排文字。此外，使用“文字>文本排列方向”下拉菜单中的命令也可以进行转换
设置字体	在该选项的下拉列表中可以选择一种字体。在选择字体的同时可以查看字体的预览效果。使用“文字>字体预览大小”菜单中的命令，还可以调整字体的预览大小
设置字体样式	选择字体后，可以在该选项的下拉列表中查看和使用其变体，包括Regular（规则的）、Italic（斜体）、Bold（粗体）和Bold Italic（粗斜体）等。需要注意的是，该选项仅适用于部分英文字体。如果使用的字体（英文字体、中文字体皆可）不包含粗体和斜体样式，可以单击“字符”面板底部的仿粗体按钮和仿斜体按钮，让Photoshop加粗或倾斜文字
设置文字大小	可以设置文字的大小，也可以直接输入数值并按下Enter键来进行调整
设置文本颜色	单击颜色块，可以打开“拾色器”设置文字颜色
创建变形文字	单击该按钮，可以打开“变形文字”对话框，为文本添加变形样式，从而创建变形文字
显示/隐藏字符和段落面板	单击该按钮，可以显示或隐藏“字符”和“段落”面板
对齐文本	根据输入文字时鼠标单击点的位置来对齐文本，包括左对齐文本、居中对齐文本和右对齐文本

12.2.2 练习：用点文字制作电子杂志内页

点文字适合文字量较少的项目，如标题、标签和网页上的菜单选项等。这是因为，此类文字只能沿水平或垂直方向排列，如果一直输入，文字就会扩展到画布外面而看不到，并且我们还要通过手动的方式换行，即按下Enter键。但以这种方式生成的段落容易出现参差不齐的现象。

01 打开背景素材。下面我们在台词框里输入文字。选择横排文字工具 T（也可以用直排文字工具 IT 创建直排文字），在工具选项栏中设置字体、大小和颜色，并单击按钮❶，以便让文字居中对齐。在这里需要说明，可选字体取决于我们自己计算机中安装了哪些字体。如果您没有本练习所用字体，可以使用其他类似的字体替代，这里我们主要学习点文字的创建和编辑方法。

02 在需要输入文字的位置单击，画面中会出现闪烁的“I”形光标（它被称为“插入点”）❷，此时便可输入文字了，每一段文字用Enter键来换行❸。

03 下面我们来对文字进行一些修改，这需要先选取文字。使用横排文字工具 T ，将光标放在文字“的”上方，单击并拖曳鼠标将其选取，所选文字的颜色会变为原有颜色的补色，黑色文字此时会变成白色❹。在工具选项栏中为它选择一种字体❺。

04 选取第3行文字，通过“字符”面板修改它的字体和文字大小，然后单击 T 按钮，将文字加粗❻❼。

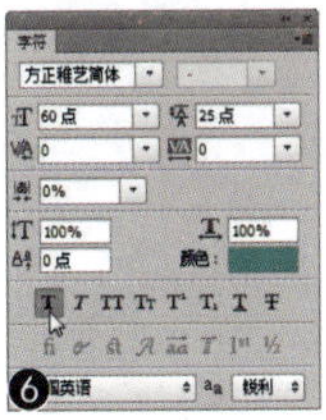

05 文字现在还处于选取状态，接下来修改文字颜色。我们可以使用“颜色”面板或“色板”面板来修改文字颜色，但它们都有一个缺点，就是显示补色，只有确认修改后（单击工具选项栏中的 ✔ 按钮），才能显示真正的颜色。因此，这两个工具并不直观方便。要想实时显示文字颜色，可以使用“拾色器”。单击工具选项栏中的“文字颜色”图标，打开“拾色器”修改颜色❽❾。

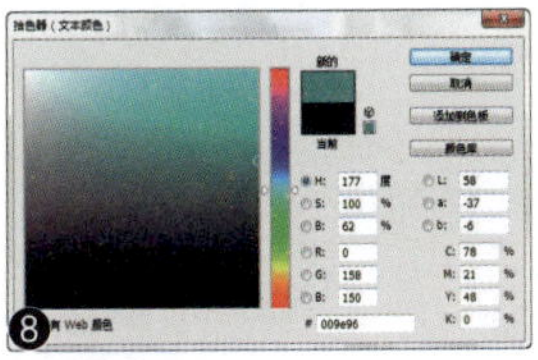

06 在文字“的”上方单击鼠标，然后向右下方拖曳，选取最后两行文字❿，修改它们的段落间距⓫。

07 现在文字位置还有点偏。让光标离文字远一些，它会变为移动工具，单击并拖曳鼠标，将其移动到台词框中央⓬。单击工具选项栏中的 ✔ 按钮，结束编辑。单击其他工具，按下数字键盘中的Enter键，以及按下Ctrl+Enter键也可以结束操作，“图层”面板中会生成一个文字图层。文字图层专门用于承载文字，不能放置其他内容。在“图层”面板中，它的缩览图上有一个大写的“T”字。文字图层可以添加图层样式、图层蒙版和矢量蒙版，设置不透明度和混合模式，也可以调整堆叠顺序。如果要放弃输入，可以单击工具选项栏中的 ⊘ 按钮或按下Esc键。采用同样的方法，在另外两个台词框里也输入文字⓭。

替换、添加和删除文字

从上面的操作中，我们不仅学习了点文字的创建方法，也了解到，在文字处于编辑状态下，可以修改字体、大小、颜色、对齐方式，以及用“字符”和“段落”面板修改其他字符和段落属性，甚至可以移动文字的位置。除了这些，还可以进行替换、添加和删除文字的操作。

在文字处于选取的状态下⓮，如果输入文字，就可以替换所选文字⓯；按下Delete键，则可以删除所选文字⓰。

想要在文本中添加文字内容时，可以将光标放在文字行上⓱，待光标变为“I”状时单击鼠标，设置文字插入点⓲，然后便可输入文字⓳。

提 示（Tips）

选取部分文字：使用横排文字工具 T 在文本上拖曳。

选取所有文字：双击“图层”面板中文字图层上的“T”字缩览图。

在文本编辑状态下选取文字：在文字中单击，设置插入点后，单击3下鼠标，可以选取一行文字；单击4下鼠标，可以选取整个段落；按下Ctrl+A快捷键，可以选取全部文字。

12.2.3 练习：用段落文字制作餐厅宣传单

段落文字适合处理文字量较大的文本（如宣传单）。由于矩形定界框限定了文字范围，所以当文字到达定界框边界时会自动换行。但如果要开始新的段落，则需要按下Enter键。

段落文字可以通过两种方法来创建。第一种方法是使用横排文字工具 T 拖曳出任意大小的定界框，让文字在定界框中排布；第二种方法可以准确定义定界框的大小，操作时，需要按住Alt键拖曳鼠标，然后在弹出的“段落文字大小”对话框中输入“宽度”和“高度”值即可。

01 打开素材。选择横排文字工具 T ，在工具选项栏中设置字体、大小和颜色。在画面中单击并向右下角拖出一个定界框，放开鼠标会出现闪烁的“I”形光标，此时输入几行文字。每输入完一行后，按下Enter键换行❶。

❶

02 下面修改文字，让版面产生变化。在第一行文字上单击并拖曳鼠标，将其选取，然后修改字体和文字大小❷。选取第二行文字，修改文字、大小和颜色。第四行文字也采用相同的方法进行调整❸。

❷

❸

03 在第一行文字的开始处单击，然后拖曳鼠标到第二行结尾，选取这两行文字，在“字符”面板中修改行距为60点❹❺。

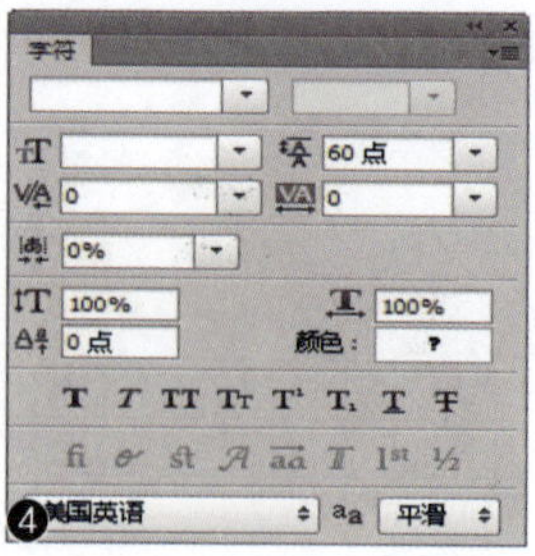

❹

❺

04 将光标放在定界框外，单击并拖曳鼠标，将文字移动到靠近画面中央的位置上❻。拖曳定界框右下角的控制点，调整定界框的大小❼。

❻

❼

05 当前文字参差不齐，很不美观，我们需要做一下调整。按下Ctrl+A快捷键，选取所有的文字❽，单击“段落”面板中的 ☰ 按钮，强制对齐，即让所有的行对齐到定界框两端。单击工具选项栏中的 ✔ 按钮结束文字的编辑，即可创建段落文本❾。

❽

❾

06 当前的各行文字虽然不同，但整体效果还是比较单一，缺少变化。文字行之间有一定的间隔，然而识别度并不高。我们可以在文字行中间添加横线进行有效的区分❿。横线可以用直线工具 ⁄ ，以形状图层的形式进行绘制。如果不知道方法，可参考前面的相关章节（390页）。

❿

段落文字的变换操作

创建段落文字后，可以调整定界框的大小，以及对文字进行旋转、缩放和斜切操作，文字会在调整后的定界框内重新排列。在操作时，可以使用横排文字工具 T 在文字中单击，设置插入点，让文字的定界框显示出来⓫，然后再拖曳控制点⓬。

段落文字与图像变换方法基本相同。不同之处是，对图像进行拉伸时，只需拖动控制点便可。用同样的方法拉伸段落文字的定界框，其中的文字却不会变化。要想拉伸文字，需要将光标放在边角的控制点上，先单击鼠标，然后按住Ctrl键进行拖动，文字就会随着定界框的变化而被拉长或拉高⓭。由于这会改变文字的原有比例，还是需要注意的。如果不想改变文字的比例，可以先在控制点上单击鼠标，然后按住Shift+Ctrl键拖曳，这样可以对文字进行等比缩放⓮。

如果要进行旋转操作，可以将光标移至定界框外，当指针变为弯曲的双向箭头时，单击并拖曳，即可旋转文字⓯。如果拖曳时按住Shift键，则能够以15°角为增量进行旋转。

定界框既存放文字，也限定文字范围。当它被调小后，会出现不能显示全部文字的情况，其右下角的控制点会变为田状。操作时需要注意观察，当出现该标记时，应该拖曳控制点将定界框范围调大，让隐藏的文字显示出来，或者将文字的字号调小，使定界框能够容纳所有文字。

12.2.4 练习：用路径文字制作棒棒糖广告

下面介绍怎样在路径上排列文字。在路径上输入文字时，文字的排列方向与路径的绘制方向是一致的，因此，我们绘制路径时，要从左向右绘制，因为从左向右排列的文字符合我们的阅读习惯。如果从右向左绘制，则文字在路径上会发生颠倒，这是需要注意的。

01 打开素材❶。选择椭圆工具，在工具选项栏中选择"路径"选项，按住Shift键绘制圆形路径。选择横排文字工具 T，设置字体、大小、颜色、间距❷。将光标放在路径上，光标变为状时❸，单击鼠标设置文字插入点，画面中会出现闪烁的"I"形光标，此时输入文字，文字会沿着路径排列❹。

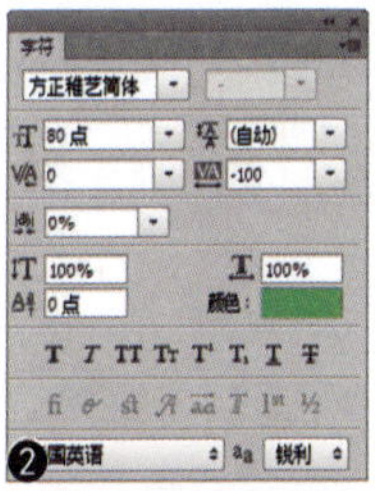

02 使用横排文字工具 T 在文字"棒棒糖"上单击并拖曳鼠标，将其选取❺，然后修改颜色❻。其他文字也采用同样的方法修改颜色❼。

03 选择路径选择工具（也可以用直接选择工具），我们来移动文字。将鼠标放在路径外侧，光标变为状时单击并拖曳鼠标❽，移动文字的位置，文字会沿路径旋转❾。

04 要提升文字的视觉效果，单靠排列方式上的变化是远远不够的。文字自身的美感加上适当的艺术化处理，才能锦上添花。下面我们就来给文字添加效果。单击"图层"面板中的 fx 按钮，打开下拉菜单，为文字添加

“描边”“投影”效果❿~⓬。

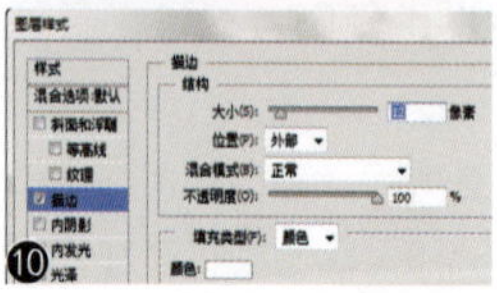

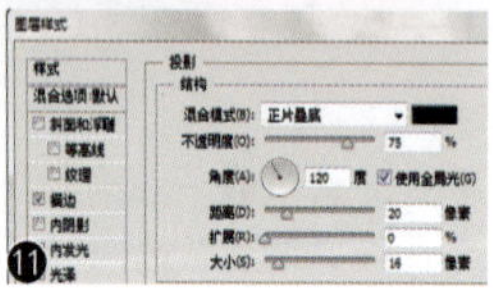

编辑路径

创建路径文字后，“路径”面板中会有两个一样的路径层，其中一个是原始路径，另一个是基于它生成的文字路径⓭。只有选择路径文字所在的图层时，文字路径才会出现在“路径”面板中，原始路径与文字不相关，因而得以原样保留。使用路径编辑工具修改文字路径，可以改变文字的排列形状⓮⓯。

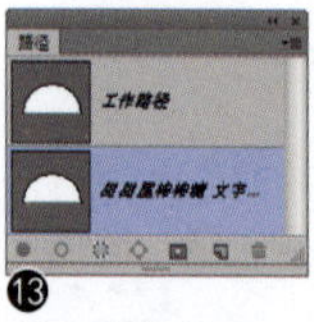

两个路径层

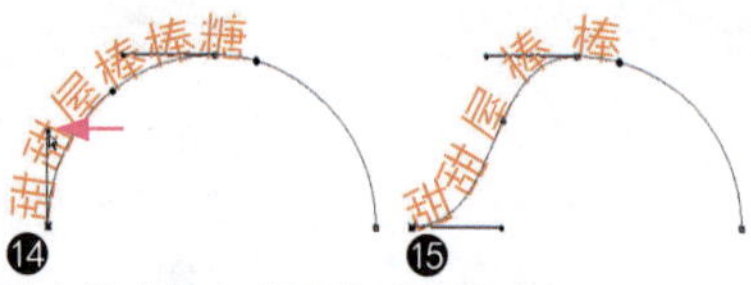

用直接选择工具修改文字路径

12.2.5 疑问解答：路径上的文字怎么不见了?

在学习段落文字时，我们了解到，当文字量超过定界框的容纳范围时，超出的文字就会被隐藏起来。路径文字也是如此，超出路径容纳范围的文字会被隐藏。另外，移动路径上的文字时也会出现这种情况。

我们仔细观察路径可以发现，在路径上，文字的起始点和结束点各有一个标记，起始点是一个“×”，结束点是一个圆点。将光标放在起始点上方，光标变为状时单击并沿着路径拖曳鼠标，就可以调整文字在路径上的起始位置。当起始点靠近结束点时，文字的空间就变小了，导致部分文字被隐藏❶，这时我们就需要拖曳结束点，保证起始点和结束点之间有足够的空间容纳文字，这样文字就会重新显示出来了❷。

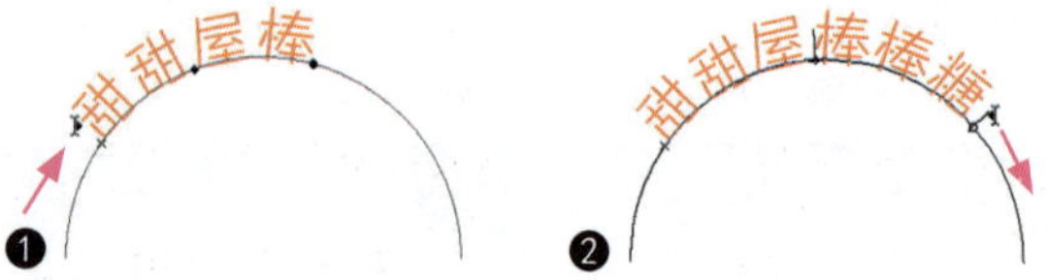

上面介绍的是单独移动起始点和结束点。如果将鼠标移动到路径中央处的控制点上，光标会变为状❸，此时拖曳可以同时移动起始点和结束点。另外需要注意，在移动文字的操作时，如果将光标移动到路径的另一侧，会将文字翻转过去❹。将光标移回，可以将文字翻转回来。

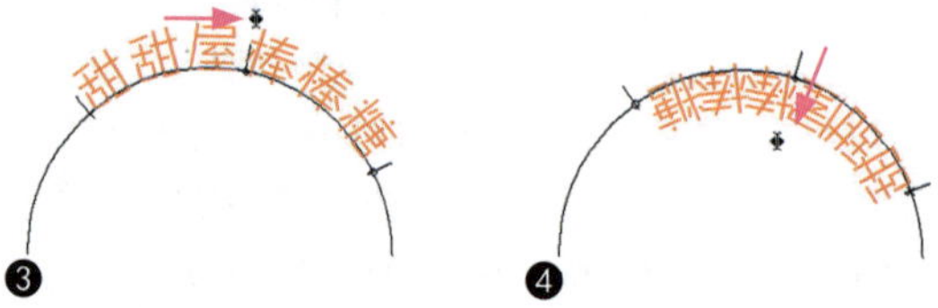

12.2.6 疑问解答：文字出现重叠怎么办?

在路径上输入文字时，如果路径的转折比较大，文字就会“拥挤”在转折处，进而出现重叠❶。增加文字的间距（408页）可以解决这个问题❷，只是文字的排列可能不均匀，影响美观。要想避免此类情况，还是要从源头上加以预防，即尽量避免过大的转折，或者使用曲线路径，文字就不会重叠在一起。

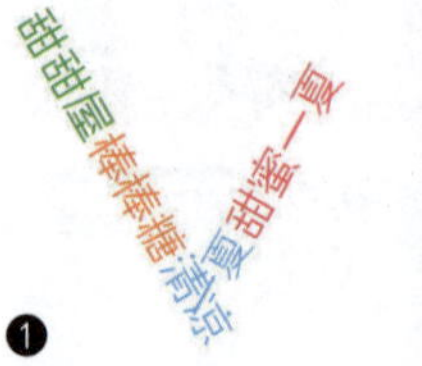

文字堆叠在一起

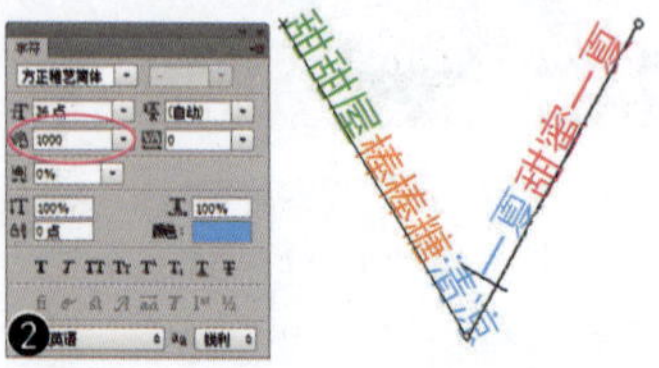

增加“凉”和“一”的字符间距

另外也可以修改路径，让转折处变得平滑顺畅便可。但文字的排列也会随之发生改变。

12.2.7 练习：用路径文字制作旅游杂志内页

下面我们来学习怎样在矢量图形（路径）内部输入文字。有两个必要的条件，一是图形必须是封闭的，开放式路径不行；二是应该在图形内部单击，不要在路径上单击，否则文字会沿路径排列，而不是图形内部。

01 打开素材。选择钢笔工具，在工具选项栏中选择“路径”选项，在画面中单击，创建一个角点❶；在其下方单击并拖曳鼠标，创建平滑点❷；在平滑点的下方单击，再创建一个角点❸，这3个锚点连接成为一条“S”形曲线。

02 使用路径选择工具，按住Shift+Alt键拖曳路径，沿水平方向复制❹。选择钢笔工具，将光标放在一条路径的起始点上，光标变为状时单击鼠标❺；然后将光标移动到另一条路径的起始点上，单击一下鼠标，将这两条路径连接起来❻。

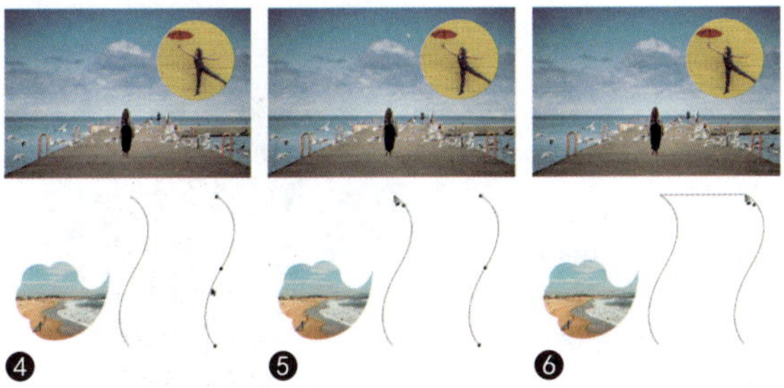

03 采用同样的方法，分别在两条路径的结束处单击，便可以得到一个封闭的图形❼❽。

04 选择横排文字工具 T 并设置字体、大小和段落间距。将光标移动到图形内部，光标变为状时单击鼠标❾，然后输入文字❿。文字内容可以自定，字数多一些为好。单击工具选项栏中的✔按钮，结束文字的编辑。

> **提示（Tips）**
>
> 注意观察就会发现，当光标位于图形内部时，是状的；而在路径上方时，则会变成状。它们代表了两种不同的输入结果，一定要区分开。

05 单击路径层，执行“图层>新建填充图层>渐变”命令，在打开的对话框中设置渐变颜色⓫，基于路径创建用渐变颜色填充的形状图层。按下Ctrl+[快捷键，将其移动到文字后方⓬。

06 使用直接选择工具在左侧路径上方单击并拖曳鼠标，选取左侧的3个锚点⓭，将光标放在路径正上方，按住Shift键拖曳路径，让底图形状超过文字⓮。采用同样的方法移动顶部和右侧的路径⓯⓰。

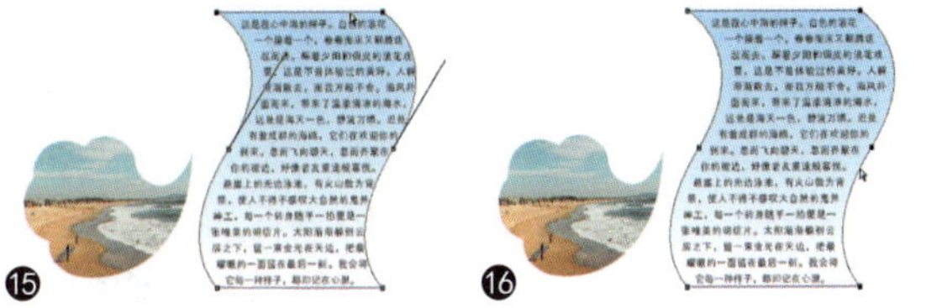

07 页面上方的大标题用点文字输入，并通过Enter键换行⓱。页面左下方的一组文字用段落文字来输入。操作时不需要特殊方法，只是要将字体、大小和颜色改变一下就行了⓲。

12.3 文字外形的变化方法

虽然我们可以通过路径让文字排列成曲线、圆环或其他形状，但也只是改变了文字的整体外观，文字本身并没有变形。设计字体或Logo时，往往需要针对文字进行变形处理才能体现个性化。由于文字是矢量对象，所以在变形方面比较容易操作。下面是具体操作思路。

（1）如果只对文字进行简单的扭曲、斜切和透视，可以用“编辑>自由变换”或“变换”命令操作。

（2）用变形文字功能提供的15种预设样式扭曲文字。优点是快速方便，缺点是只有15种效果。

（3）将文字转换为路径或形状图层，再修改锚点和路径来实现变形。这是自由度最高的方法，但需要具备很强的图形编辑能力才能操作好，包括钢笔工具的运用，以及锚点、方向点和路径的控制能力。

12.3.1 方法①：通过变换制作饮料杯特效字

使用“编辑>自由变换”或“变换”命令扭曲文字，与扭曲图像的方法完全相同（56页）。如果掌握了快捷键，用“自由变换”命令操作比较方便一些，因为在定界框显示的状态下，可以一次性完成扭曲、旋转、缩放等操作。

下面我们用其中的“变形”命令制作一个向外凸出的立体字。我们会用到两个素材，其中一个是文字的智能对象，这是为了防止您的计算机中没有相应字体而无法完成该练习，我们通过智能对象的方式提供了素材文字。准确地说，它是矢量图形，如果您安装了Illustrator，双击素材缩览图右下角的图标，可以在Illustrator中打开原文件进行编辑，修改并存储以后，Photoshop中的文字会自动更新到与之相同的效果。

01 打开素材。文字图形是智能对象，这一点我们从它右下角的状图标上可以看出❶❷。

❶

❷

02 使用移动工具将文字拖入饮料杯文档中，执行“图层>栅格化>智能对象”命令，将其转换为普通图层❸。执行“编辑>变换>变形”命令，在文字上显示变形网格❹。

❸

❹

03 将光标放在第一行文字上，按住鼠标向上拖动❺；将最后一行文字向下拖动❻，使文字边缘与饮料杯相契合；再将中间的文字向边缘拖动❼，使得中间的文字略有膨胀感，而两边文字则经过挤压变瘦，然后按下Enter键确认❽。

❺

❻

❼

❽

04 双击该图层，打开“图层样式”对话框，添加“斜面和浮雕”效果；单击“光泽等高线”后面的按钮，打开“等高线编辑器”，在等高线上单击并拖动控制点，改变等高线的形状❾；再分别添加“等高线”和“渐变叠加”效果❿⓫，即可完整立体字的制作⓬。

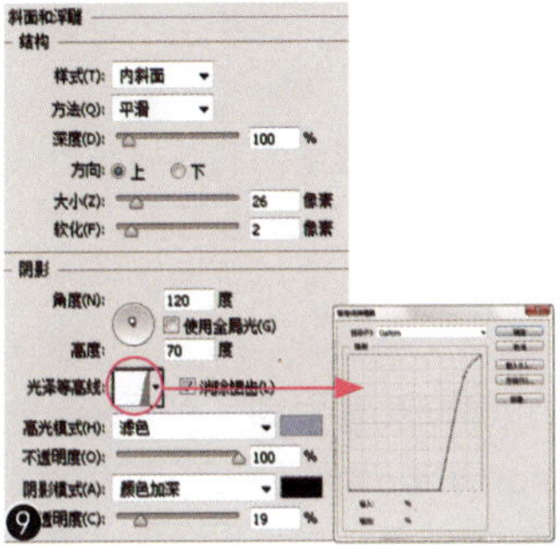
❾

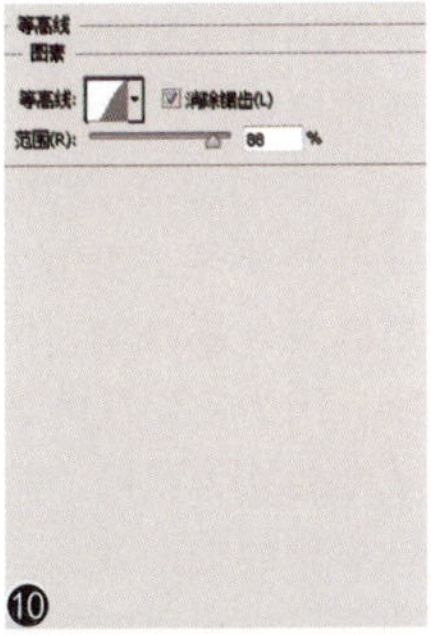
❿

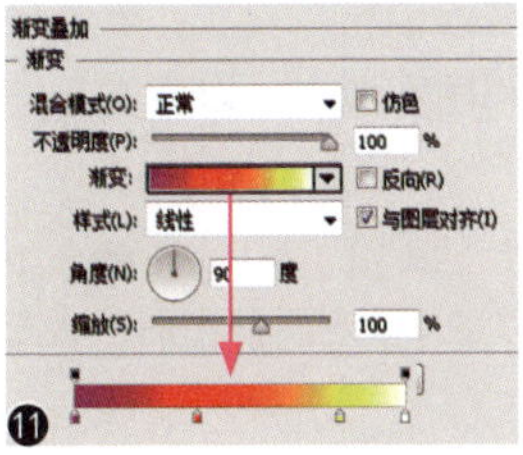
⓫

⓬

12.3.2 方法②：通过变形制作透视扭曲字

Photoshop中有15种预设的文字变形样式，其中有一种“凸起”效果，也可以让文字向外膨胀。在上个练习中，我们之所以没有使用它，是因为膨胀以后，文字边缘不能与杯子边缘对齐，用变形网格控制就比较准确。从使用角度看，预设的变形样式提供了现成的扇形、拱形、波浪等变形效果，非常方便，并且添加一种基本样式后，还可以控制变形程度，甚至模拟出透视效果。

变形文字适用于点文字、段落文字和路径文字。此外，使用横排文字蒙版工具和直排文字蒙版工具创建选区时，在文本输入状态下也可以进行变形操作，这样得到的是变形的文字状选区。

01 选择横排文字工具，设置字体、大小和颜色❶。打开素材❷，在画面中单击并输入点文字❸。

❶

❷

❸

02 单击工具选项栏中的按钮，或执行“文字>文字变形”命令，打开“变形文字”对话框，在“样式”下拉列表中选择“扇形”选项，设置“弯曲”参数为49%，“水平扭曲”为71%❹（该参数可以使文字产生左小右大的透视效果）❺，然后关闭对话框。

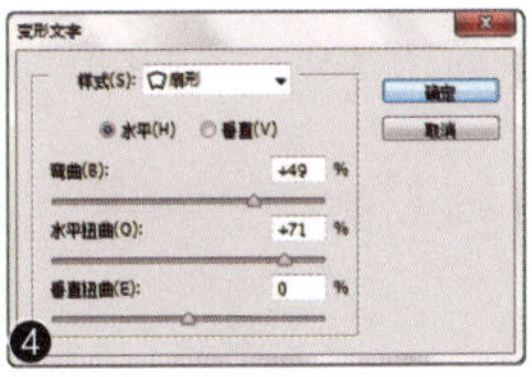
❹

❺

03 创建变形文字后，文字图层的缩览图中会出现一条弧线，这是它区别于普通文字图层的特征。双击该图层，打开“图层样式”对话框，添加“投影”效果。投影与文字的距离尽量远一点，投影的颜色也要淡一些（将“不透明度”设置为13%）❻❼。

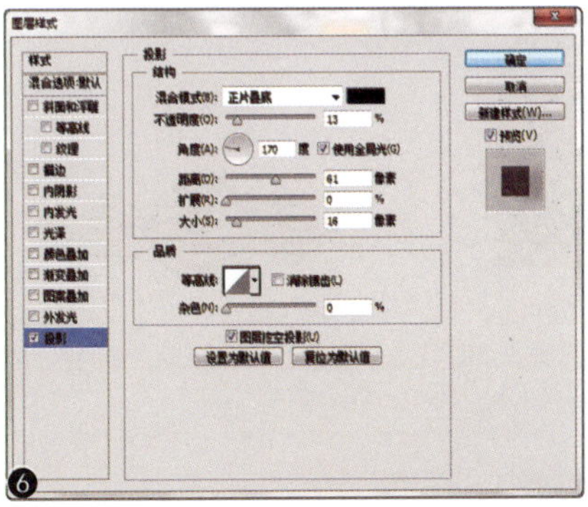
❻

❼

“变形文字”对话框参数

- 样式：可以选择15种变形样式❽。

❽

- 水平/垂直：选择“水平”样式，文本扭曲方向为水平方向❾，选择“垂直”样式，文本扭曲方向为垂直方向❿。
- 弯曲：用来设置文本的弯曲程度。
- 水平扭曲/垂直扭曲：可以让文本产生透视扭曲效果⓫⓬。

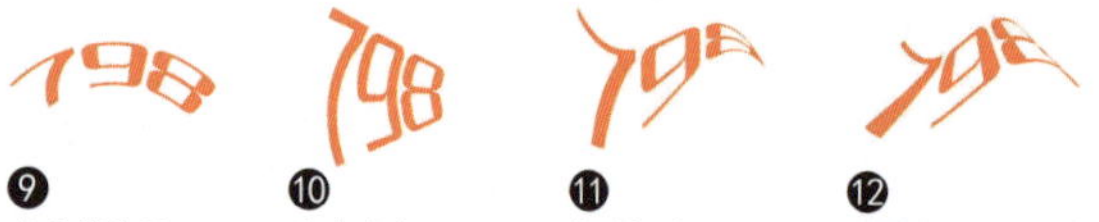

❾ 水平弯曲50

❿ 垂直弯曲50

⓫ 水平扭曲－100，垂直扭曲0

⓬ 水平扭曲0，垂直扭曲50

提示（Tips）

变形文字基于一种叫作“封套”的矢量功能（在Adobe Illustrator中称为“封套扭曲”），就是将文字“塞入”预设的封套中，整个文本外观以及其中的每一个文字本身全都会按照封套的形状产生变形。

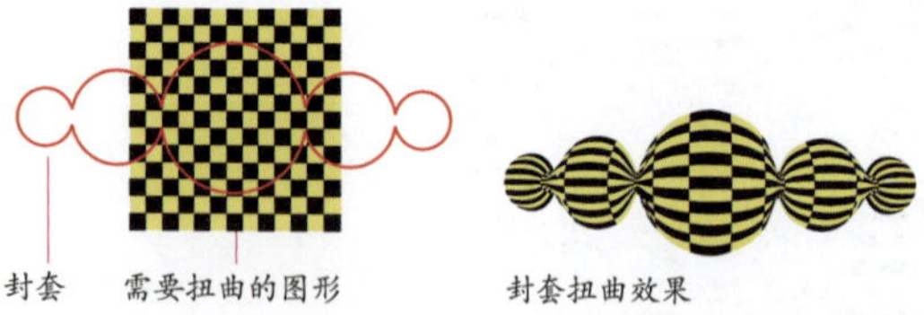

重置变形（修改样式和参数）

使用横排文字工具和直排文字工具创建的文本，在进行变形处理后，只要没有栅格化或者转换为形状，可以随时修改变形参数，或者取消变形。

选择文字图层后，选择一个文字工具，单击工具选项栏中的按钮，或者执行“文字>文字变形”命令，可以打开“变形文字”对话框修改变形参数，也可以在“样式”下拉列表中选择另外一种样式。

取消变形

在“变形文字”对话框的“样式”下拉列表中选择“无”选项，然后单击“确定”按钮关闭对话框，即可取消变形，文字会恢复为变形前的状态。

12.3.3 方法③：转换为形状制作超萌卡通字

前面我们介绍的路径文字、自由变换的文字、变形文字，无论以哪种方式操作，都有框架（定界框）限定变形空间。框架的好处是方便，但缺点也很明显，一种框架只对应一种效果（路径文字中的路径也可以看作是框架，因为文字只能出现在路径范围内），要摆脱框架而实现变形效果的更大突破，几乎是不可能完成的任务。

我们知道，Photoshop中图形绘制和编辑能力最强的是钢笔、转换点和直接选择等矢量工具，文字虽然是矢量对象，但非常遗憾，这些工具不能处理文字，因为它们只能识别路径。如果有一种方法，能将文字转换为路径，就可以借助矢量工具让文字产生更加丰富的变形效果。Photoshop为我们提供了两种方法，一是将文字转换为形状图层；二是将文字转换为路径。

我们先来了解第一种方法。将文字转换为形状图层后，文字就变为图形并具备双重优点。首先，作为矢量图形，它的锚点和路径可以编辑；其次，作为形状图层，又可用单色、渐变和图案填充，以及进行描边。下面就是这方面的练习。

01 打开素材。使用横排文字工具 T 输入文字❶。如果没有相应的字体，可以使用素材文件中的形状图层，从第2步操作开始。

❶

02 执行“文字>转换为形状”命令，将文字转为为形状图层❷。按下Ctrl+T快捷键显示定界框，按住Ctrl键拖曳控制点，对文字进行扭曲❸。

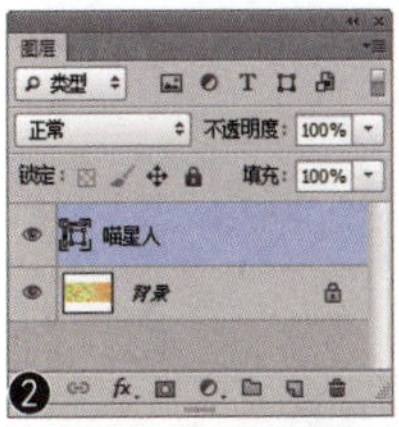

03 下面的操作要用到路径编辑工具，主要是直接选择工具和转换点工具，用它们拖曳方向线改变路径的形状，锚点的位置使用直接选择工具来移动。路径上多余的锚点用删除锚点工具删除，有需要添加锚点的地方，则用添加锚点工具来添加。最终将文字处理为卡通体，“人”字的一捺要向右甩出去并翘起来，看上去像猫咪的尾巴一样俏皮❹。

04 确认当前使用的是直接选择工具（路径选择工具也可），这样我们就可以修改填充内容。在工具选项栏中单击“填充”选项右侧的图标，打开下拉面板，再单击渐变按钮，并设置渐变颜色和角度，为文字填充渐变颜色❺❻。

05 按住Ctrl键单击“图层”面板中的按钮，在形状图层下方创建一个图层。按住Ctrl键单击形状图层的缩览图❼，载入文字选区❽。

06 执行“选择>修改>扩展”命令，将选区向外扩展10像素❾，按下Ctrl+Delete快捷键，用背景色（白色）填充选区❿，按下Ctrl+D快捷键取消选择。

07 双击当前图层，打开“图层样式”对话框，添加“描边”和“投影”效果⓫~⓭。

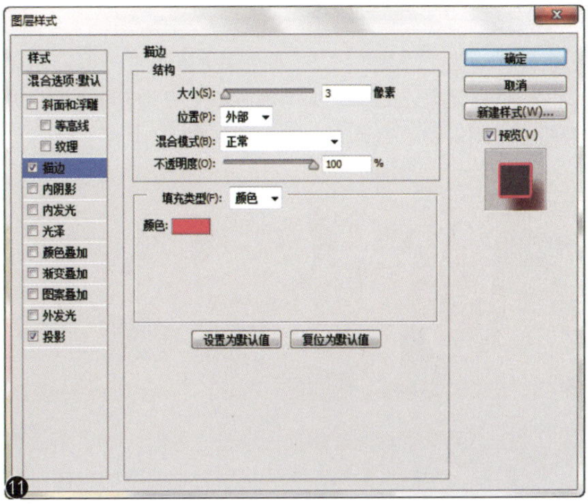

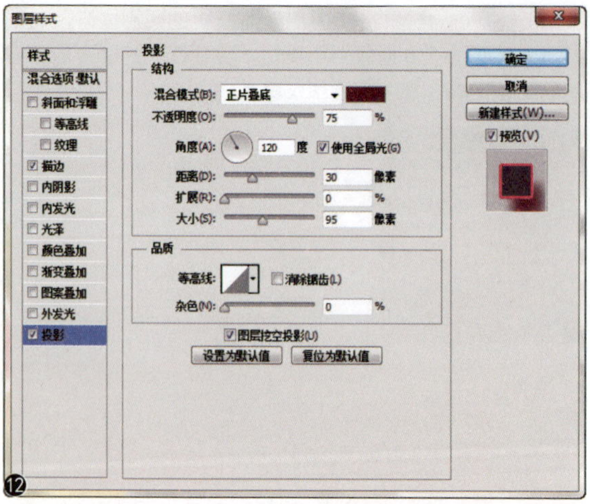

⑫

⑬

08 单击“图层”面板中的 按钮，新建一个图层，设置不透明度为50%。按下Ctrl+]快捷键，将其移动到形状图层上方，按下Alt+Ctrl+G快捷键，使之与形状图层创建为剪贴蒙版组⑭。将前景色设置为白色。选择画笔工具 ，选择一个圆形笔尖，并将硬度设置为100%⑮。

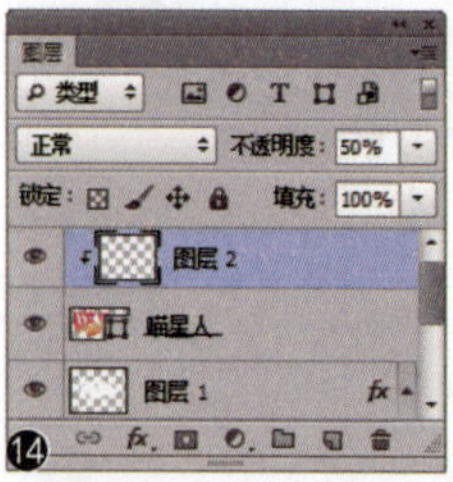

⑭

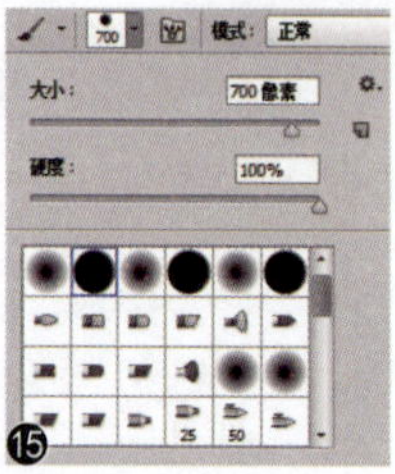

⑮

09 在“喵”“星”“人”3个字上方各点一下，创建高光效果。处理“喵”字时，笔尖为700像素，另外两个字则要将笔尖调小（按下[键）⑯。

⑯

10 在“星”字右上角添加一个爱心图形，在它里面再绘制一个猫爪图形，然后采用处理文字的方法对图形进行变形扭曲，再添加“描边”和“投影”效果⑰。心形和猫爪图形，Photoshop的形状库里都有。可以选择自定形状工具 ，然后单击工具选项栏中的 按钮，打开“形状”下拉面板找到它们。

⑰

提示（Tips）

将文字转换为形状后，原文字图层不会保留，因而无法再编辑文字内容，修改字体、间距等属性。也就是说，这种转换是以牺牲文字的可编辑性为代价的，是不可逆转的，将会给以后的修改操作造成很大的麻烦。为了避免文字不可编辑，可以在转换前，复制一个文字图层留作备用，或者将文字转换为工作路径，而不是形状图层。

12.3.4 方法④：转换为路径制作透明纸Logo

01 按下Ctrl+N快捷键，打开“新建”对话框，创建一个1600像素×1200像素、72像素/英寸的RGB模式文档。选择横排文字工具 T ，并设置字体和大小，然后输入文字❶。

❶

02 按下Ctrl+J快捷键复制文字图层，然后双击文字缩览图❷，进入文字编辑状态，将文字大小设置为600点❸。执行“文字>创建工作路径”命令，基于文字生成工作路径，原文字图层保持不变，在“图层”面板中单击它前面的眼睛图标 ，将文字隐藏。下面来旋转路径。

❷

❸

03 执行“编辑>自由变换路径”命令（快捷键为Ctrl+T快捷键），路径上方会显示定界框，它与对图像进行变换操作时所显示的定界框一样。在定界框外单击并拖曳鼠标旋转路径，再适当移动，使底部与文字“A”对齐❹。按下Enter键确认。使用路径选择工具单击路径并按住Alt键向右拖曳，沿水平方向复制，然后执行“编辑>变换路径>水平翻转”命令，将路径翻转，移动路径，让它与另一侧路径的尖角（字脚）对齐❺。

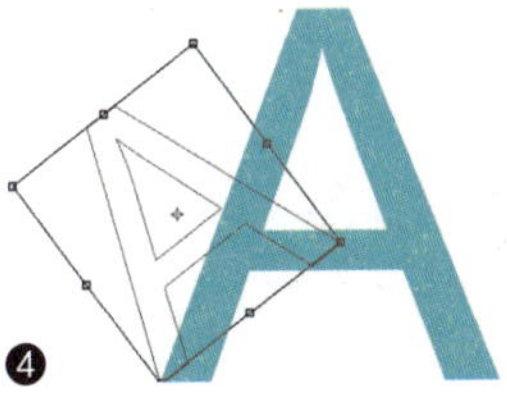
❹

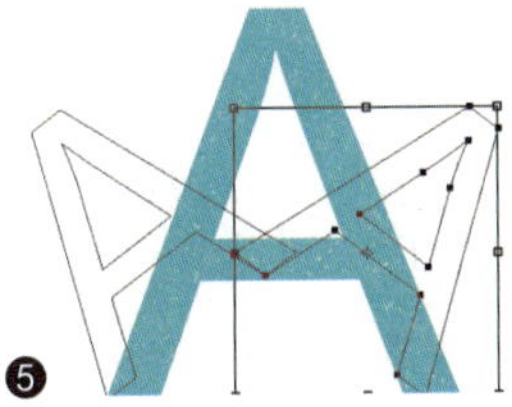
❺

04 按住Shift键单击另一侧的路径，将它们同时选取❻，按下Ctrl+T快捷键显示定界框，按住Shift键拖曳控制点进行放大处理，使路径边角与文字“A”的底部对齐❼。

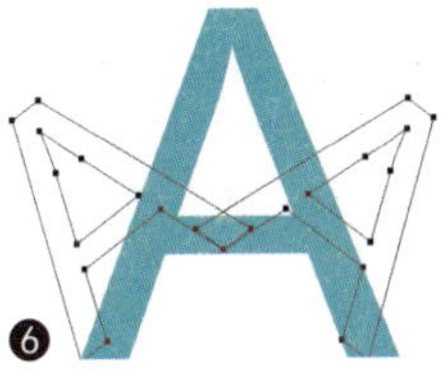
❻

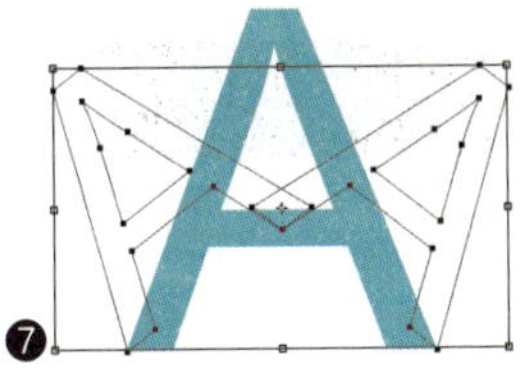
❼

提示（Tips）

选择路径后，“编辑”菜单中的“变换”命令会自动变为“变换路径”命令，使用该命令可以对路径、形状图层中的图形进行旋转、缩放和扭曲。如果我们掌握了图像的变换和变形快捷方法（53页），即通过一些按键来配合操作，可以原样拿过来处理路径，这要比使用命令操作更加方便。

05 按下Ctrl+Enter键，将路径转换为选区❽。单击“图层”面板中的按钮创建图层，将前景色调整为猩红色，按下Alt+Delete快捷键填色，取消选择，然后将图层的混合模式设置为“正片叠底”❾。

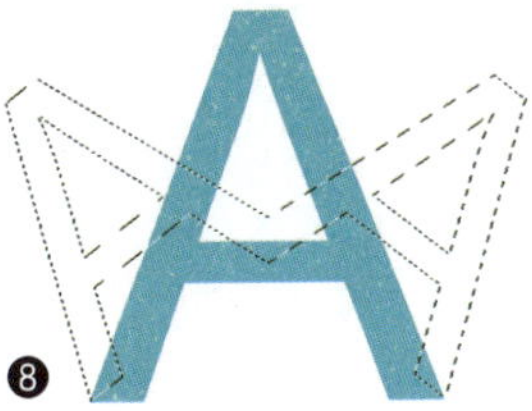
❽

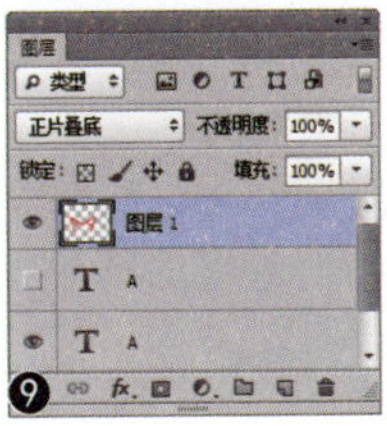

❾

06 现在我们制作好了由3个A组成的皇冠状图形，并通过混合模式让重叠区域产生叠加效果，类似于透明的玻璃纸❿。剩下的处理过程就比较简单了，包括使用矩形工具创建一个形状图层，颜色与文字“A”相同，以及用横排文字工具 T 输入文字，字体和颜色都有一些变化，一个完整的Logo就制作好了⓫。

❿

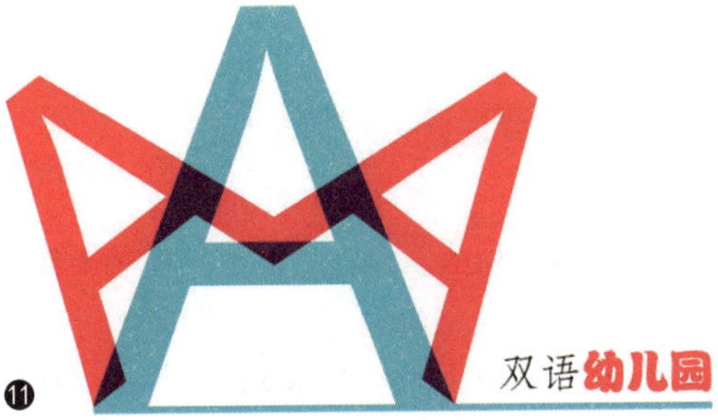

⓫

12.3.5 疑问解答：哪些情况文字应转换为路径?

在进行旋转、缩放和倾斜操作时，无论是点文字、段落文字、路径文字，还是变形文字，Photoshop都将其视为完整的对象，而不管其中有多少个文字，因此，不允许我们对文本中的单个或多个文字进行单独处理。如果要做字体设计，或者对文字进行非常规的变形处理，这些限制显然会阻碍我们的发挥。将文字转换为路径和形状后，就可以突破这些限制。

二者的区别在于，将文字转换为形状图层后，文字可以立即填充颜色、渐变和图案，所见即所得；而转换为路径以后，则需要对路径进行填充或描边才能使文字（图形）可见。两种方法各有特点。

Ps 12.4

字符和段落属性

文字工具选项栏的空间有限，只包含字体、大小、颜色等简单选项，更多的选项在“字符”和“段落”面板中。如字距、段落间距、首行缩进和对齐方法等。这些选项在版面设计方面非常有用，文字能否易于识别、信息传达是否准确到位、版面是否美观，等等，都与这些选项有密切的关系。

12.4.1 字符属性设置方法

字符是指文本中的文字内容，包括每一个汉字、英文字母、数字、标点和符号等，字符属性就是与它们有关的字体、大小、颜色、消除锯齿等属性。前面这些可以在工具选项栏中设置（396页），更多的选项则在“字符”面板中。

字符属性可以预先设置，也可以事后修改。预先设置是指先在工具选项栏或“字符”面板❶中设置好，然后再创建文字；事后修改则是指创建文字之后，通过以上两个工具来修改字符属性。

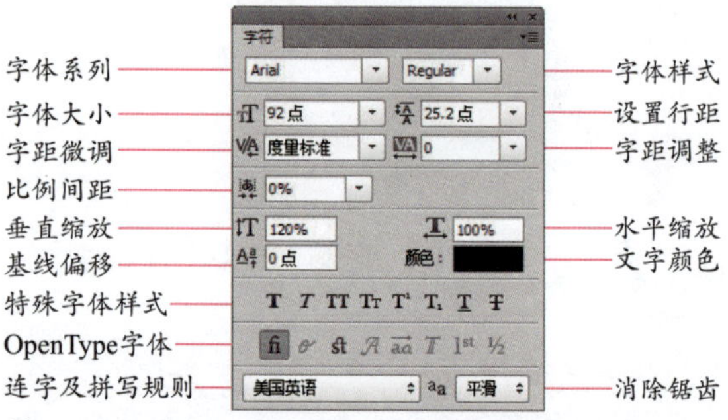

❶

如果要修改整个文本的字符属性，可以选择文字图层，再进行操作；如果只想修改部分文字，可以先用文字工具将它们选取，再进行编辑。

● 设置行距：可以设置各个文字行之间的垂直间距。默认的选项为“自动”，在这种状态下，Photoshop会自动分配行距，因而会随着字体大小的改变而改变。在同一个段落中，可以应用一个以上的行距量，但文字行中的最大行距值决定该行的行距值❷❸。

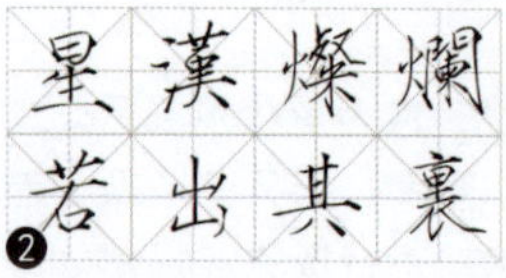

行距75点（文字大小为60点）

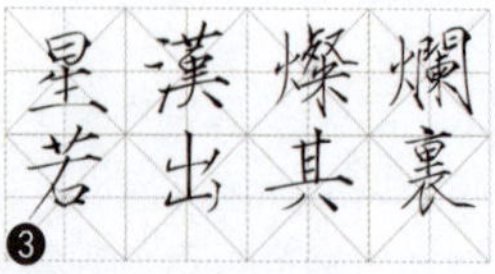

行距60点

● 字距微调：用来调整两个字符之间的间距。操作时，先用横排文字工具在两个字符之间单击❹，出现闪烁的“I”形光标后，在该选项中输入数值并按下Enter键，以增加（正数）或缩小（负数）这两个字符之间的间距量❺❻。此外，如果要使用字体的内置字距微调信息，可以在该选项的下拉列表中选择“度量标准”选项；如果要根据字符形状自动调整间距，可以选择“视觉”选项。

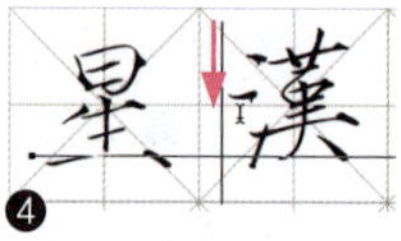

在字符间单击

字距微调为200

字距微调为-200

● 字距调整：字距微调只能调整两个字符之间的间距，如果要调整多个字符，可以使用横排文字工具将它们选取，然后在字距调整选项中设置❼。如果未选取，则会调整所有字符的间距❽。

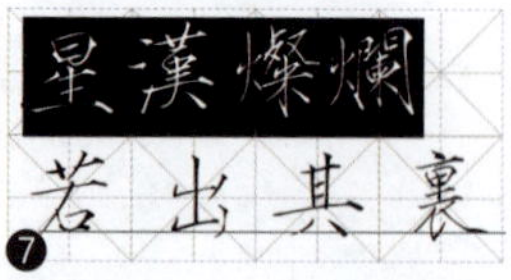

选取并调整字距（字距调整为10）

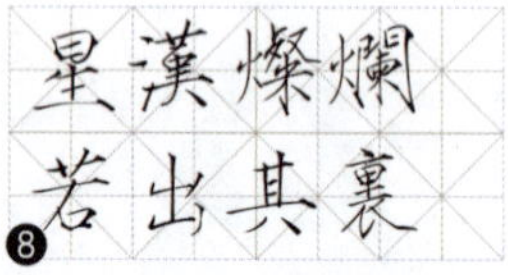

未选取文字会调整所有字距

● 比例间距：可以按照一定的比例调整字符的间距。未调整时比例间距为0%❾，此时字符的间距最大；设置为50%，字符的间距会变为原来的一半；设置为100%❿，字符的间距为0。由此可知，比例间距调整只能收缩字符之间的间距，而字距微调和字距调整则既可以收缩、也可以扩展间距。

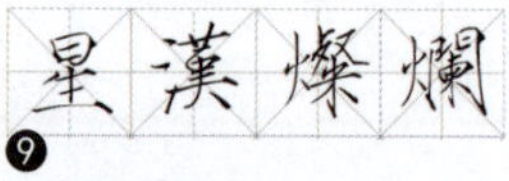

比例间距0%

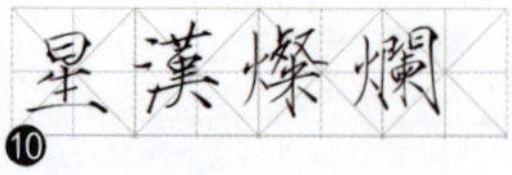

比例间距100%

● 垂直缩放/水平缩放：垂直缩放可以垂直拉伸文字，而不会改变其宽度；水平缩放可以在水平方向上拉伸文字，而不会改变其高度。这两个百分比相同时，可进行等比例缩放。

● 基线偏移：使用文字工具在图像中单击设置文字插入点时，会出现闪烁的“I”形光标，光标中的小线条标记的便是文字的基线（文字所依托的假想线条）⑪。在默认状态下，绝大部分文字位于基线之上，小写的g、p、q位于基线之下。调整字符的基线使字符上升或下降，可以满足一些特殊文本的需要。通过该选项可以控制文字与基线的距离，从而升高或降低所选文字⑫。

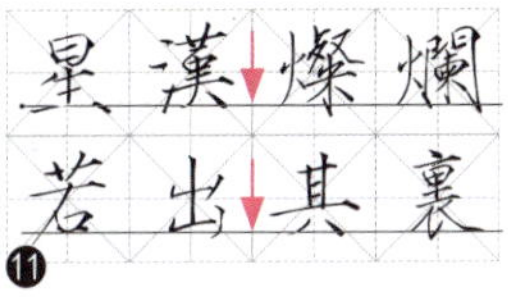

⑪ 文字基线

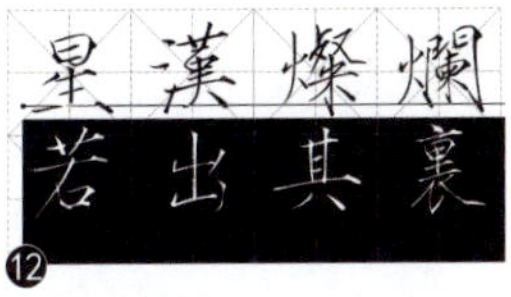

⑫ 选取文字并设置基线偏移（15点）

● OpenType字体：包含当前 PostScript 和 TrueType 字体不具备的功能，如花饰字和自由连字。

● 连字及拼写规则：可以对所选字符进行有关连字符和拼写规则的语言设置。Photoshop 使用语言词典检查连字符连接。

特殊字体样式

位于“字符”面板下面的一排“T”状按钮用来创建仿粗体、斜体等文字样式，以及为字符添加上下画线或删除线⑬。

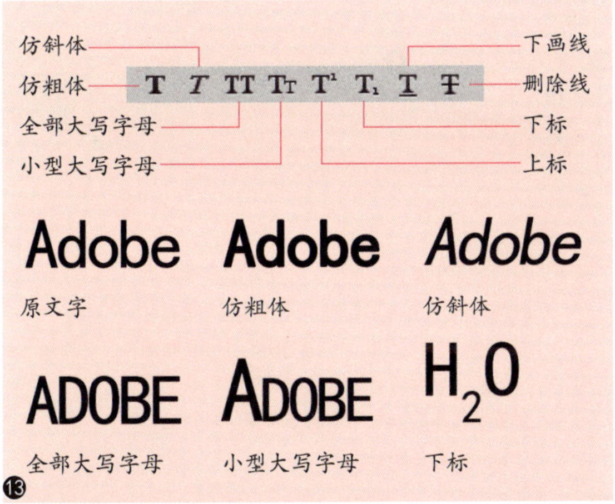

⑬

选项	说明
仿粗体 T /仿斜体 T	可以加粗和倾斜文字
全部大写字母 TT	将文字全部改为大写字母
小型大写字母 Tт	将所有小写字母改为小型大写字母，原有的大写字母保持不变
上标 T¹	将文字变小并上移。适合在输入价格时使用
下标 T₁	将文字变小并下移。适合在输入科学或化学公式时使用
下画线 T	在文字下方添加下画线
删除线 T	在文字中央添加删除线

12.4.2 段落属性设置方法

段落是指末尾带有回车符的文字，它会因为文本的性质而有所不同。对于点文本，每一行便是一个单独的段落；对于段落文本，则每按一次Enter键，就会开始一个新的段落。由此可知，段落文本既可以是一行文字，也可以包含很多行文字。段落属性是指段落的对齐、缩进和文字行的间距等属性，可以通过“段落”面板来设置❶。

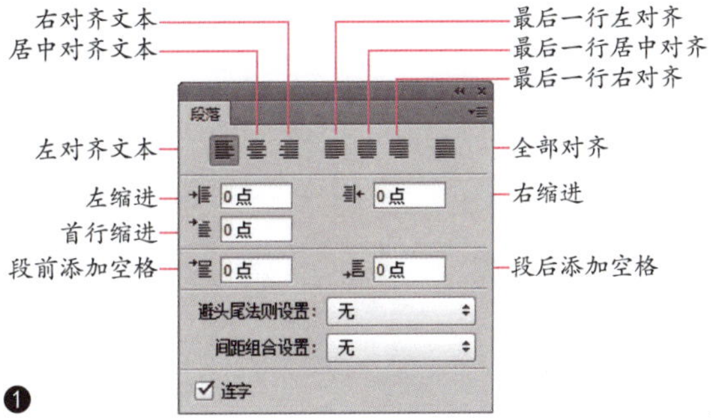

❶

● 段落对齐方式：用来设置段落的对齐方式，可以让文字与段落的某个边缘对齐。单击按钮，文字左对齐，段落右端参差不齐；单击按钮，文字居中对齐，段落两端参差不齐；单击按钮，文字右对齐，段落左端参差不齐；单击按钮，最后一行左对齐，其他行左右两端强制对齐；单击按钮，最后一行居中对齐，其他行左右两端强制对齐；单击按钮，最后一行右对齐，其他行左右两端强制对齐；单击按钮，可以在字符间添加额外的间距，使文本左右两端强制对齐。

● 左缩进：可以让横排文字从段落的左边缩进（数值为正时文字向右收缩，数值为负时文字向前挺近）❷❸，直排文字从段落的顶端缩进。

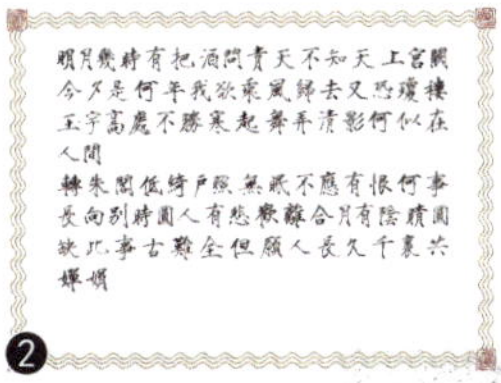

❷ 左缩进0点

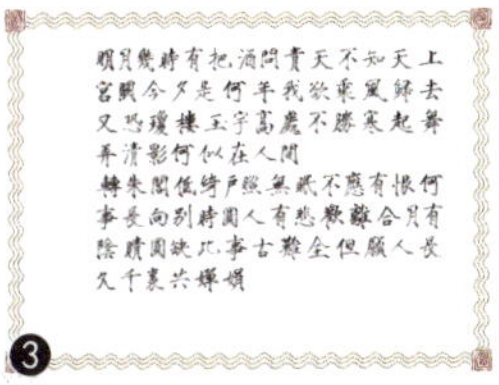

❸ 左缩进50点

● 右缩进：可以让横排文字从段落的右边缩进❹❺，直排文字则从段落的底部缩进。

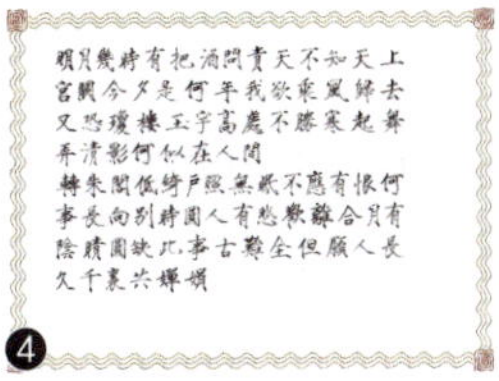

❹ 右缩进50点

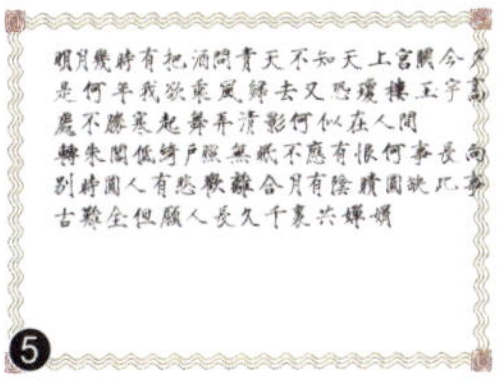

❺ 右缩进－50点

● 首行缩进：可以缩进段落中的首行文字❻❼。对于横排文字，首行缩进与左缩进有关；对于直排文字，首行缩进与顶端缩进有关。如果设置为负值，则可以创建首行悬挂缩进。

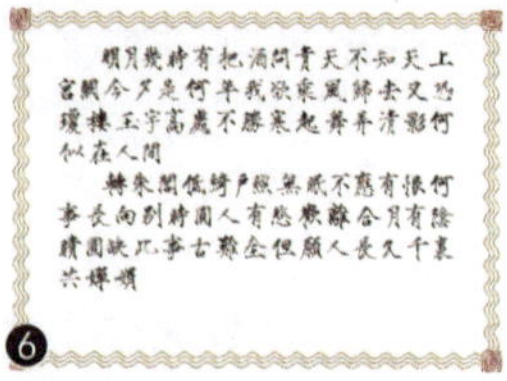

首行缩进50点

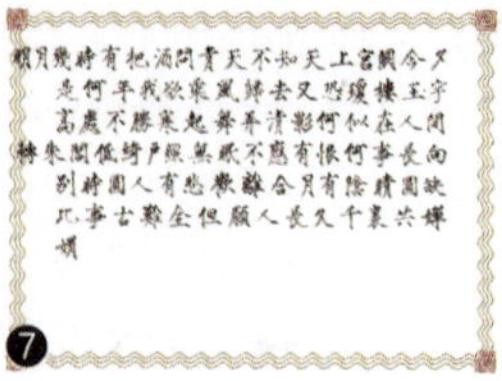

首行缩进－50点

提示（Tips）

缩进用来指定文字与定界框之间或与包含该文字的行之间的间距量。它只影响选择的一个或多个段落，因此，各个段落可以设置不同的缩进量。

● 段前添加空格/段后添加空格：可以在所选段落前方或后方添加空格，从而增加或减少段落之间的间距。处理单个段落时，用横排文字工具 T 在该段落中单击❽，然后输入数值便可❾；处理多个段落，则需要先将其同时选取，再进行操作。

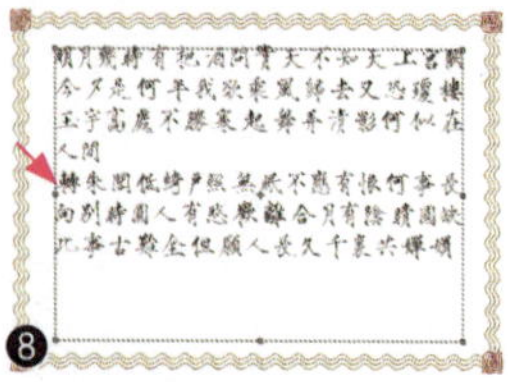

在段落中单击

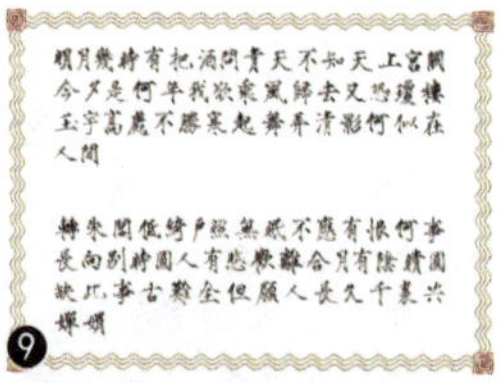

段前添加空格50点

提示（Tips）

“段落”面板可以处理单个段落、多个段落或所有段落，但不能处理单个或多个字符。处理单个段落时，需要先用文字工具在该段落中单击，设置文字插入点并显示定界框，然后再进行操作；处理多个段落时，需要使用文字工具将所需段落选取，再进行修改；处理全部段落时，只需在“图层”面板中单击相应的文本图层便可。

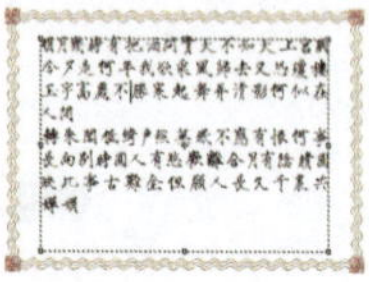

调整单个段落

调整多个段落

调整所有段落

● 连字：在将文本强制对齐时，为了对齐的需要，会将某一行末端的单词断开至下一行，选取“连字”选项，可以在断开的单词间显示连字标记。

12.4.3 使用字符和段落样式

为文本设置字符属性和段落属性后，可以通过“字符样式”和“段落样式”面板保存并应用于其他文字或文本段落，从而节省操作时间。

字符样式是诸多字符属性的集合（如字体、大小、颜色等）。单击“字符样式”面板❶中的按钮，即可创建一个空白的字符样式，双击它可以打开“字符样式选项”对话框❷，在该对话框中可以设置字符属性。

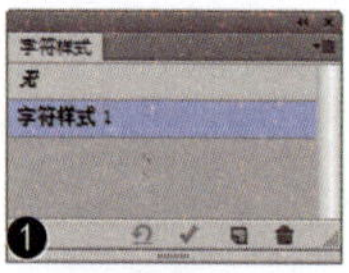

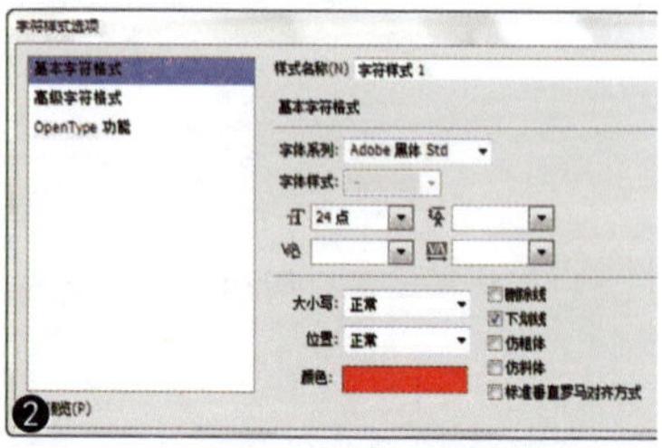

对其他文本应用字符样式时，只需选择文字图层❸，再单击“字符样式”面板中的样式即可❹❺。

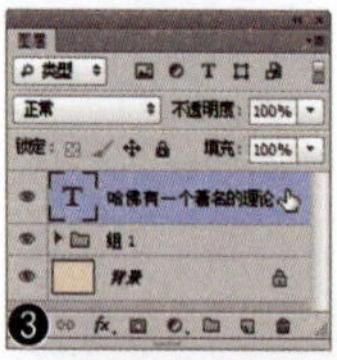

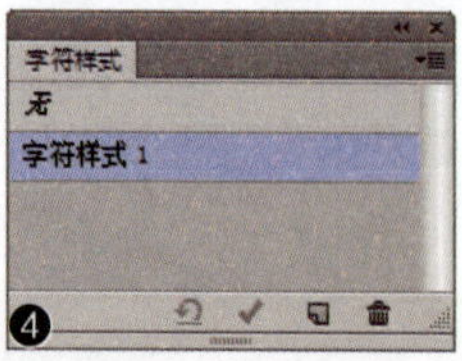

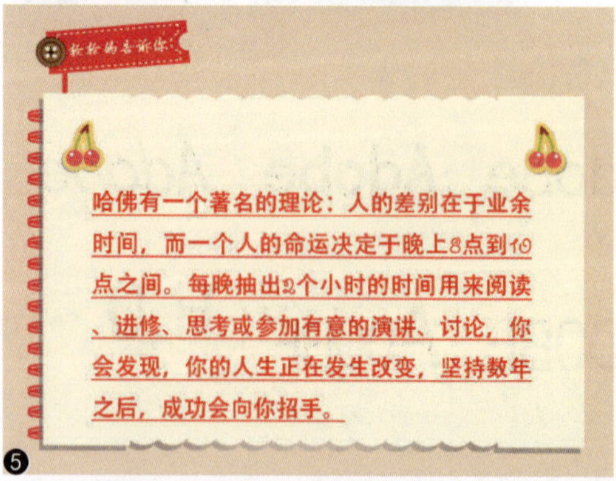

段落样式的创建和使用方法与字符样式相同。单击“段落样式”面板中的按钮，创建空白样式，然后双击该样式，可以打开“段落样式选项”面板设置段落属性。

创建好字符和段落样式后，执行“文字>存储默认文字样式”命令，此后，新创建文档时，将自动应用样式。如果要将其应用于现有的文档，可以执行“文字>载入默认文字样式”命令。

12.5 文字编辑命令

Photoshop里与文字相关的命令基本上都在“文字”菜单中。相对于图像编辑命令，文字命令比较少，这说明Photoshop还是偏重于图像处理的。前面我们讲解了最常用的几个命令，这一节介绍其他命令。

12.5.1 点文本/段落文本互相转换

在Photoshop中，点文本和段落文本是可以互相转换的。如果是点文本，可以使用“文字>转换为段落文本”命令，将其转换为段落文本；段落文本可以使用“文字>转换为点文本”命令转换为点文本。需要注意的是，在转换为点文本时，溢出到定界框外的字符将会被删除掉。因此，为避免丢失文字，应首先调整定界框，使所有文字在转换前都显示出来。

提 示（Tips）

水平文字和垂直文字也可以互相转换。操作方法是执行“文字>文本排列方向>水平/垂直”命令，或单击工具选项栏中的更改文本方向按钮。

12.5.2 替换系统中缺少的字体

当我们打开一个文件时，如果其中的文字使用了我们当前计算机系统中没有的字体，便会弹出警告信息。如果忽略警告，在编辑缺少字体的文字图层时，Photoshop 会提示我们用现有的字体替换缺少的字体。如果有多个图层都包含缺少的字体，可以使用“文字>替换所有欠缺字体”命令，将它们一次性替换。

另外，导入在旧版的Photoshop中创建的文字时，可以执行“文字>更新所有文字图层”命令，将其转换为矢量对象。

12.5.3 检查单词拼写错误

使用“编辑>拼写检查”命令，可以检查当前文本中的英文单词拼写错误，并用正确的单词将其替换❶~❹。

❶ 单词拼写错误

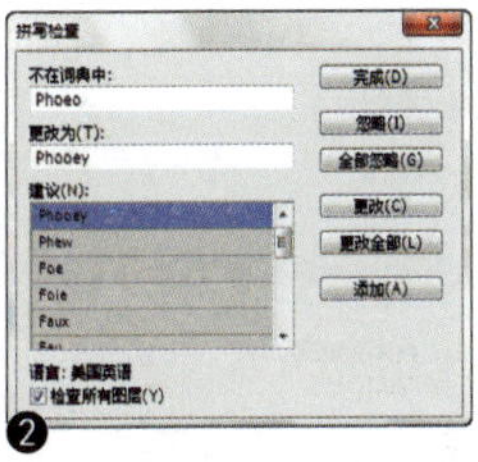

❷ 使用“拼写检查”命令查找

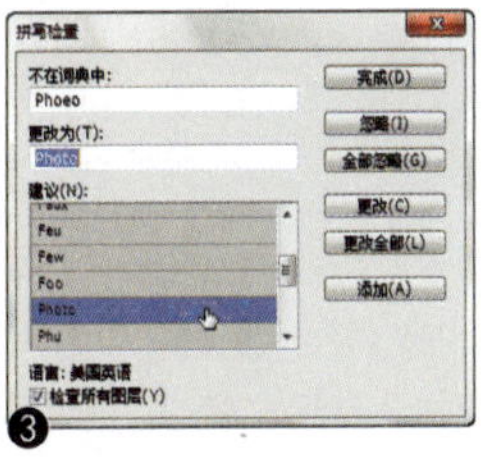

❸ 选择正确的单词

❹ 替换后的效果

选项	说明
不在词典中/建议/更改/更改全部	如果出现错误单词，Photoshop会将其显示在“不在词典中”列表内，并在“建议”列表中给出修改建议，单击“更改”按钮可进行替换。如果要使用正确的单词替换文本中所有错误的单词，可以单击“更改全部”按钮
更改为	可以输入用来替换错误单词的正确单词
检查所有图层	检查所有图层中的文本。取消勾选时，只检查所选图层中的文本
完成	单击该按钮，可以结束检查并关闭对话框
忽略/全部忽略	单击“忽略”按钮，表示忽略当前的检查结果；单击“全部忽略”按钮，则忽略所有检查结果
添加	如果被查找到的单词拼写正确，可以单击该按钮，将它添加到Photoshop词典中。以后再查找到该单词时，Photoshop会将其确认为正确的拼写形式

12.5.4 查找和替换文字

相对于只能检查英文单词的“拼写检查”命令，“查找和替换文本”命令更加有用。当我们有需要修改的文字（汉字）、单词和标点时，可以执行“编辑>查找和替换文本”命令，让Photoshop检查和修改。

操作时，只要在“查找内容”选项内输入要替换的内容❶，并在“更改为”选项内输入用来替换的内容，然后单击“查找下一个”按钮，Photoshop就会在文档中搜索并突出显示查找到的内容，此时我们可以单击“更改”按钮进行替换。如果要一次性替换所有符合要求的内容，可以单击“更改全部”按钮。需要注意的是，已经栅格化的文字不能进行查找和替换操作。

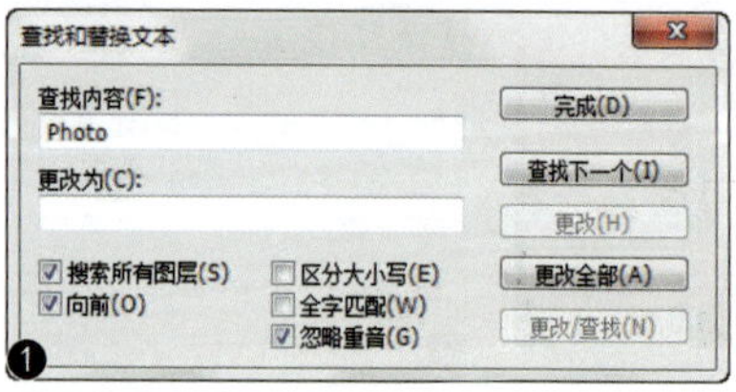

12.5.5 使用OpenType字体

Open Type字体是Windows和Macintosh（苹果）操作系统都支持的字体文件，因此，使用OpenType字体后，在这两个操作平台间交换文件时，不会出现字体替换或其他导致文本重新排列的问题。输入文字或编辑文本时，可以在工具选项栏或“字符”面板中选择OpenType字体（图标为O状）❶。使用OpenType字体后，可以在“字符”面板或“文字>OpenType”下拉菜单中选择一个选项，为文字设置格式❷❸。

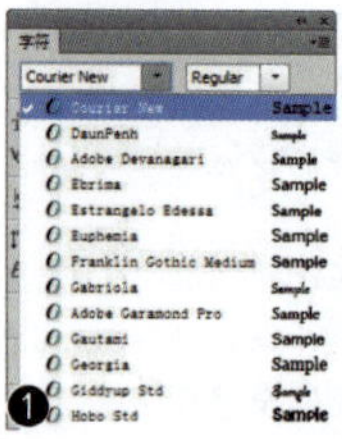

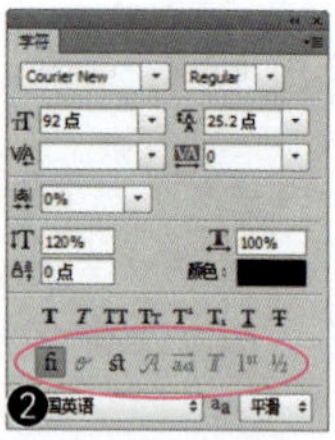

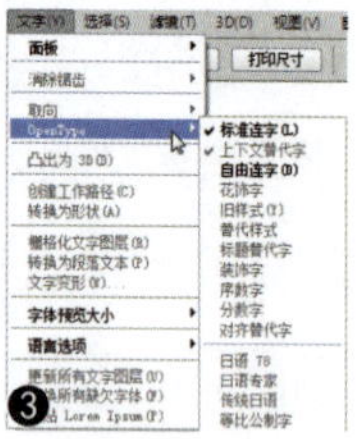

选择OpenType字体　为文字设置格式

12.5.6 使用Lorem Ipsum占位符

使用文字工具在文本中单击，设置文字插入点，执行“文字>粘贴 Lorem Ipsum”命令，可以使用Lorem Ipsum 占位符文本快速地填充文本块以进行布局。Lorem Ipsum，中文又称“乱数假文”，它是一篇常用于排版设计领域的拉丁文文章，主要的目的是为测试文章或文字在不同字型、版型下看起来的效果。

> **提示（Tips）**
>
> 在“文字>语言选项”下拉菜单中，Photoshop提供了多种处理东亚语言、中东语言、阿拉伯数字等文字的选项。例如，执行“文字>语言选项>中东语言功能”命令，可以启用中东语言功能，“字符”面板中会显示中东文字选项。

12.5.7 疑问解答：为什么滤镜等不能处理文字?

Photoshop中的文字在未进行栅格化以前是矢量对象，可以随时修改文字内容、颜色和字体等属性，也可以任意旋转、缩放而不会出现锯齿（即文字边缘清晰，不会模糊）。但滤镜和画笔不能直接处理文字，因为它们都是位图编辑工具。

不过，对于一个同时包含位图和矢量功能的“跨界”软件，这点问题难不住Photoshop。Photoshop可以将文字（包括其他矢量对象）转换为位图工具能够识别的、一种介于位图和矢量图中间地带的特殊对象——智能对象（63页）。

将文字转换为智能对象后（“图层>智能对象>转换为智能对象”命令）❶❷，就可以用滤镜、画笔等工具来编辑了❸。不仅如此，文字的字符和段落属性还可以修改❹❺。

原文字

转换为智能对象

用滤镜编辑智能对象

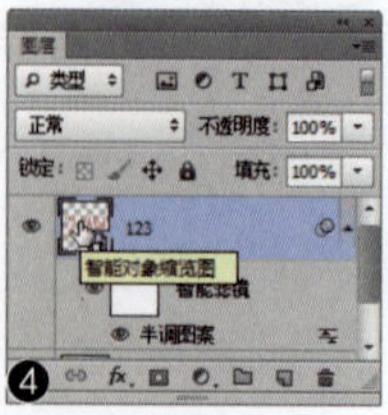

双击智能对象

将文字原始文件调出修改文字内容

如果不采用这种方式转换，就得将文字栅格化，使其从矢量对象转变为位图，付出的代价是文字的属性将不能修改，而且旋转和缩放时也容易造成清晰度下降，使文字出现模糊。

如果要进行栅格化，可以在“图层”面板中选择文字图层，然后执行“文字>栅格化文字图层”或“图层>栅格化>文字”命令。

提示（Tips）

文字在进行编辑时，缩览图会出现变化。正常的文字缩览图是一个大写的“T”，图层的名称是以文字内容来命名的；使用“文字变形”命令处理以后，缩览图上会出现一条弧线；栅格化以后，缩览图上呈现的将是图像。

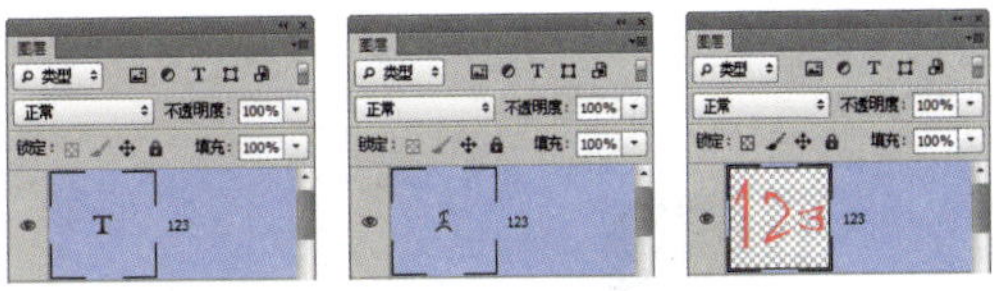

12.6 课后测验

本章我们介绍了文字功能。文字在Photoshop中自成体系，比较简单，没有图像处理复杂。我们只要掌握3种基本创建方法，点文字、段落文字和路径文字，以及文字变形方法，并学会设置字符和段落属性，基本上也就掌握了文字的全部。在应用上，文字与图层样式搭配得多一些，可以表现各种特效字。

12.6.1 用文字做照片边框

这是一个用文字为照片做边框的练习❶❷，主要检验文字工具运用的熟练程度。其中用到的工具和功能有：横排文字工具 T 、文字颜色设置、文字旋转等。

❶ 实例效果

❷ 实例素材

12.6.2 文字眼球

这是一个路径文字练习❶❷。眼球是用形状图层制作的，设置它的填充内容为渐变，并利用形状轮廓创建路径文字，使其围绕在眼球周围。该练习的难度体现在设定合适的文字大小和间距，使文字排列既不拥挤，也不会留有多余的空间。另外就是调整好文字的位置，让“Photoshop”位于最上方。

❶ 实例效果

❷ 实例素材

第13章 网店装修

本章简介

2005年4月18日，Adobe公司以换股方式收购了著名的软件公司Macromedia，将该公司网页设计软件Dreamweaver、Fireworks，以及动画软件Flash等纳入囊中。这一收购极大地丰富了Adobe的产品线，提高了其在多媒体和网页制作方面的能力。网页设计与网页制作是两个概念。Photoshop中也包含一些网页制作功能。例如，可以制作切片、使用"存储为Web所用格式"命令可以对切片进行优化等。Photoshop更主要的用途是进行网页设计。例如，设计网站主页、导航条、欢迎模块、收藏区、客服区，等等。这些设计工作在Photoshop中完成以后，再用Dreamweaver、Fireworks等其他软件制作成为网页。

学习重点

关键概念

13.1 Web安全色

使用Photoshop的Web工具，可以轻松构建网页的组件，或者按照预设或自定义的格式输出完整网页。

颜色是网页设计的重要内容，然而，我们在计算机屏幕上看到的颜色却不一定都能够在其他系统上的Web浏览器中以同样的效果显示。为了使Web图形的颜色能够在所有的显示器上看起来一模一样，在制作网页时，需要使用Web安全颜色。

在"颜色"面板或"拾色器"中调整颜色时，如果出现警告图标❶，可单击该图标，将当前颜色替换为与其最为接近的Web安全颜色❷。在"颜色"面板或"拾色器"中设置颜色时，也可以选择相应的选项，以便始终在Web安全颜色模式下工作❸❹。

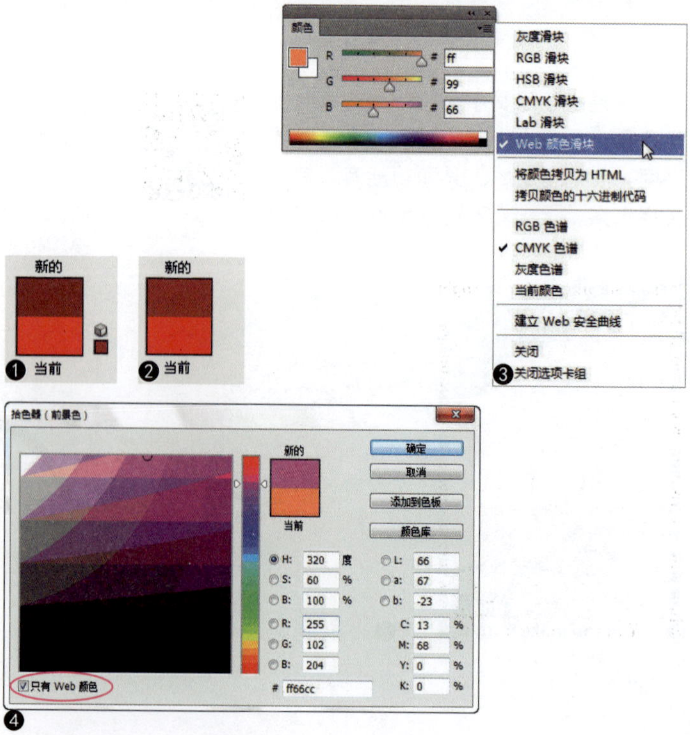

13.2

创建切片

在制作网页时，通常要对页面进行分割，即制作切片。通过优化切片可以对分割的图像进行不同程度的压缩，以便减少图像的下载时间。另外，还可以为切片制作动画、链接到URL地址，或者使用它们制作翻转按钮。

13.2.1

疑问解答：Photoshop可以创建哪种切片？

Photoshop中可以创建3种切片。使用切片工具创建的切片称作用户切片，通过图层创建的切片称作基于图层的切片。

第3种切片是自动生成的。当创建用户切片或基于图层的切片时，会生成附加的自动切片来占据图像的其余区域，自动切片可填充图像中用户切片或基于图层的切片未定义的空间。每次添加或编辑用户切片或基于图层的切片时，都会重新生成自动切片。用户切片和基于图层的切片由实线定义，而自动切片则由虚线定义❶❷。

❶

❷

❶

❷

切片工具选项栏

在“样式”下拉列表中可以选择切片的创建方法，包括“正常”“固定长宽比”和“固定大小”❸。

❸

- 正常：通过拖动鼠标自由定义切片的大小。
- 固定长宽比：输入切片的高宽比并按下Enter键，可以创建具有固定长宽比的切片。例如，如果要创建一个宽度是高度两倍的切片，可以输入“宽度”为2，“高度”为1。
- 固定大小：输入切片的高度和宽度值，然后在画面上单击，可以创建指定大小的切片。

13.2.2

方法①：使用切片工具创建切片

01 打开素材。选择切片工具，在工具选项栏的“样式”下拉列表中选择“正常”选项。

02 在要创建切片的区域上单击并拖出一个矩形框（可同时按住空格键移动定界框）❶，放开鼠标即可创建一个用户切片，它以外的部分会生成自动切片❷。如果按住Shift键拖动，则可以创建正方形切片；按住Alt键拖动，可以从中心向外创建切片。

13.2.3

方法②：基于参考线创建切片

01 打开素材❶。按下Ctrl+R快捷键显示标尺❷。

❶

❷

02 分别从水平标尺和垂直标尺上拖出参考线，定义切片的范围❸。

03 选择切片工具，单击工具选项栏中的“基于参考线的切片”按钮，即可基于参考线的划分方式创建切片❹。

13.2.4 方法③：基于图层创建切片

01 按下Ctrl+O快捷键，打开素材❶❷。

02 选择“图层1”❸，执行“图层>新建基于图层的切片”命令，基于图层创建切片，切片会包含该图层中的所有像素❹。

03 移动图层时，切片区域会随之自动调整❺。此外，编辑图层内容，例如进行缩放时也是如此❻。

13.2.5 方法④：选择、移动与调整切片

创建切片以后，可以移动切片或组合多个切片，也可以复制切片或删除切片，或者为切片设置输出选项、指定输出内容、为图像指定URL链接信息等。

01 打开素材。使用切片选择工具单击一个切片，将它选择❶；按住Shift键单击其他切片，可以选择多个切片❷。

02 选择切片后，拖动切片定界框上的控制点可以调整切片大小❸。

03 拖曳切片则可以移动切片❹；按住 Shift 键可以将移动限制在垂直、水平或 45° 对角线的方向上；按住Alt键拖曳鼠标，可以复制切片。在“首选项”对话框中可以修改切片的颜色和编号（502页）。

提 示 (Tips)

创建切片后，为防止意外修改，可以执行“视图>锁定切片”命令，锁定所有切片。再次执行该命令则取消锁定。

切片选择工具选项栏

切片选择工具的选项栏中提供了可调整切片的堆叠顺序、对切片进行对齐与分布的选项❺。

● **调整切片堆叠顺序**：在创建切片时，最后创建的切片是堆叠顺序中的顶层切片。当切片重叠时，可以单击该选项中的按钮，改变切片的堆叠顺序，以便能够选择到底层的切片。单击置为顶层按钮，可以将所选切片调整到所有切片之上；单击前移一层按钮，可以将所选切片向上层移动一个顺序；单击后移一层按钮，可以将所选切片向下层移动一个顺序；单击置为底层按钮，可以将所选切片移动到所有切片之下。

● 提升：单击该按钮，可以将所选的自动切片或图层切片转换为用户切片。

● 划分：单击该按钮，可以打开“划分切片”对话框，对所选切片进行划分。

● 对齐与分布切片：选择两个或多个切片后，单击相应的按钮可以让所选切片对齐或均匀分布，它们是顶对齐、垂直居中对齐、底对齐、左对齐、水平居中对齐和右对齐；如果选择了3个或3个以上切片，可单击相应的按钮使所选切片按照一定的规则均匀分布，这些按钮包括按顶分布、垂直居中分布、按底分布、按左分布、水平居中分布和按右分布。对齐和分布切片的操作与对齐和分布图层效果大致相同（421页）。

● 隐藏自动切片：单击该按钮，可以隐藏自动切片。

● 设置切片选项：单击该按钮，可在打开的“切片选项”对话框中设置切片的名称、类型，并指定URL地址等。

13.2.6 划分切片

使用切片选择工具选择切片❶，单击工具选项栏中的“划分”按钮，可在打开的对话框中设置切片的划分方式❷。

❶

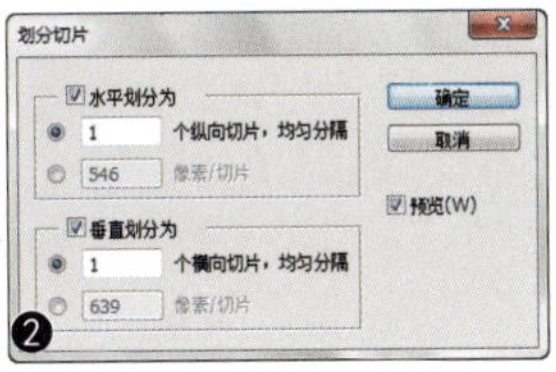

❷

● 水平划分为：勾选该选项后，可以在长度方向上划分切片。它包含两种划分方式，选择“个纵向切片，均匀分隔”选项，可输入切片的划分数目❸；选择“像素/切片”选项，可以输入一个数值❹，基于指定数目的像素创建切片，如果按该像素数目无法平均地划分切片，则会将剩余部分划分为另一个切片。例如，如果将100像素宽的切片划分为3个30像素宽的新切片，则剩余的10像素宽的区域将变成一个新的切片。

❸

❹

● 垂直划分为：勾选该选项后，可以在宽度方向上划分切片。它也包含两种划分方法❺❻。

❺

❻

● 预览：在画面中预览切片划分结果。

13.2.7 组合、删除切片

使用切片选择工具选择两个或更多的切片❶，右击，打开下拉菜单，选择“组合切片”命令，可以将所选切片组合为一个切片❷。

❶

❷

选择一个或多个切片，按下Delete键可将其删除。如果要删除所有用户切片和基于图层的切片，可以执行“视图>清除切片”命令。

13.2.8 转换为用户切片

基于图层的切片与图层的像素内容相关联，因此，在对切片进行移动、组合、划分、调整大小和对齐等操作时，唯一方法是编辑相应的图层。如果想使用切片工具完成以上操作，则需要先将这样的切片转换为用户切片。此外，在图像中，所有自动切片都链接在一起，并共享相同的优化设置，如果要为自动切片设置不同的优化设置，也必须将其提升为用户切片。

使用切片选择工具选择要转换的切片❶，单击工具选项栏中的“提升”按钮，即可将其转换为用户切片❷。

❶

❷

13.2.9 切片选项

使用切片选择工具双击切片，或者选择切片，然后单击工具选项栏中的按钮，可以打开“切片选项”对话框❶。

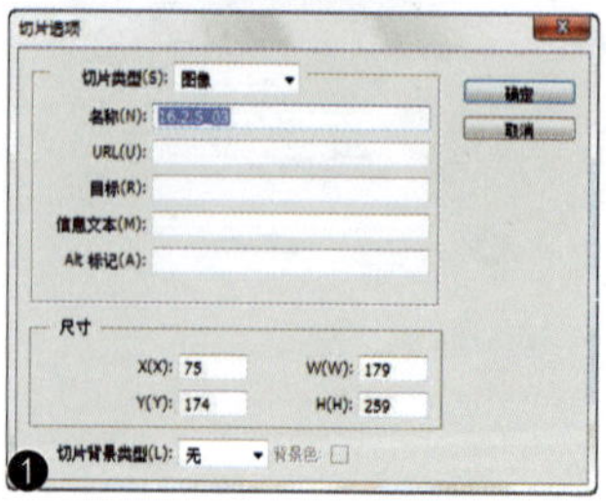

- **切片类型**：可以选择要输出的切片的内容类型，即在与 HTML 文件一起导出时，切片数据在 Web 浏览器中的显示方式。“图像”为默认的类型，切片包含图像数据；选择“无图像”选项，可以在切片中输入 HTML 文本，但不能导出为图像，并且无法在浏览器中预览；选择“表”选项，切片导出时将作为嵌套表写入到 HTML 文本文件中。
- **名称**：可以输入切片的名称。
- **URL**：输入切片链接的 Web 地址，在浏览器中单击切片图像时，即可链接到此选项设置的网址和目标框架。该选项只能用于“图像”切片。
- **目标**：输入目标框架的名称。
- **信息文本**：指定哪些信息出现在浏览器中。这些选项只能用于图像切片，并且只会在导出的 HTML 文件中出现。
- **Alt 标记**：指定选定切片的 Alt 标记。Alt 文本在图像下载过程中取代图像，并在一些浏览器中作为工具提示出现。
- **尺寸**：X 和 Y 选项用于设置切片的位置，W 和 H 选项用于设置切片的大小。
- **切片背景类型**：可以选择一种背景色来填充透明区域（适用于“图像”切片）或整个区域（适用于“无图像”切片）。

13.3 优化Web图形

创建切片后，需要对图像进行优化，以便减小文件的大小，使其在Web上可以更快速地存储和传输，用户浏览时也可以更快地看到图像。使用“文件>存储为Web所用格式”命令可以进行切片的优化操作。

13.3.1 优化图像

执行“文件>存储为 Web 所用格式”命令，可以打开“存储为 Web 所用格式”对话框❶。使用工具选择切片后，可以在右侧的文件格式下拉列表中选择一种文件格式，并设置优化选项，对所选切片进行优化。Web 图形格式可以是位图（栅格），也可以是矢量。位图格式（GIF、JPEG、PNG 和 WBMP）与分辨率有关，因此，图像的尺寸会随显示器分辨率的不同而发生变化，图像品质也可能会发生变化。矢量格式（SVG 和 SWF）与分辨率无关，对图像进行放大或缩小时不会降低图像品质。

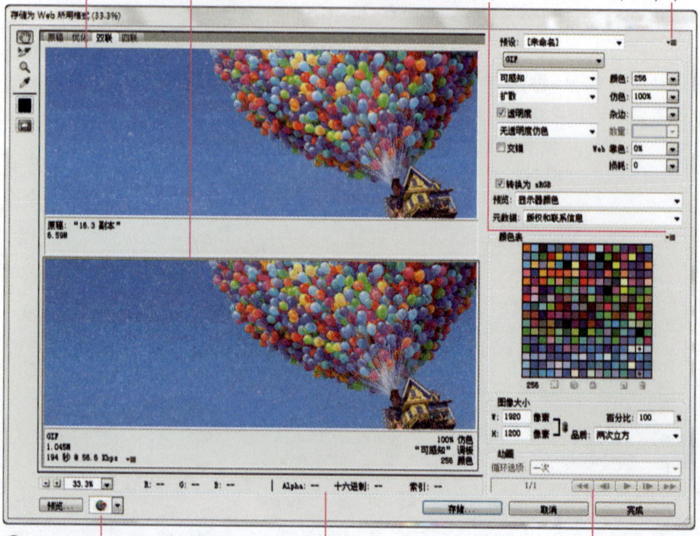

❶在浏览器中预览优化的图像

选项	说明
显示选项	单击“原稿”标签，窗口中会显示没有优化的图像；单击“优化”标签，窗口中会显示应用了当前优化设置的图像；单击“双联”标签，可并排显示图像的两个版本，即优化前和优化后的图像；单击“四联”标签，可并排显示图像的4个版本，原稿外的其他3个图像可以进行不同的优化，每个图像下面都提供了优化信息，如优化格式、文件大小、图像估计下载时间等，通过对比可以找出最佳的优化方案
缩放工具/抓手工具/缩放文本框	使用缩放工具单击可以放大图像的显示比例，按住Alt键单击则缩小显示比例，也可以在缩放文本框中输入显示百分比。使用抓手工具可以移动画面
切片选择工具	当图像包含切片时，可以使用该工具选择窗口中的切片，以便对其进行优化
吸管工具/吸管颜色	使用吸管工具在图像中单击，可以拾取单击点的颜色，并显示在吸管颜色图标中
切换切片可视性	单击该按钮，可以显示或隐藏切片的定界框
“优化”弹出菜单	包含“存储设置”“链接切片”和“编辑输出设置”等命令
“颜色表”弹出菜单	包含与颜色表有关的命令，可新建颜色、删除颜色，及对颜色进行排序等
转换为sRGB	如果使用sRGB以外的嵌入颜色配置文件来优化图像，应勾选该项，将图像的颜色转换为sRGB，再存储图像以便在Web上使用。这样可确保在优化图像中看到的颜色与其他Web浏览器中的颜色看起来相同
预览	可以预览图像以不同的灰度系数值显示在系统中的效果，并对图像做出灰度系数调整以进行补偿。计算机显示器的灰度系数值会影响图像在Web浏览器中显示的明暗程度
元数据	可以选择要与优化的文件一同存储的元数据
颜色表	将图像优化为GIF、PNG-8和WBMP格式时，可以在“颜色表”中对图像颜色进行优化设置
图像大小	可以调整图像的宽度（W）和高度（H），也可以通过百分比值进行缩放
状态栏	显示光标所在位置图像的颜色值等信息
在浏览器中预览优化的图像	单击按钮，可以在系统上默认的Web浏览器中预览优化后的图像

13.3.2 优化为GIF和PNG-8格式

GIF 是用于压缩具有单调颜色和清晰细节的图像（如艺术线条、徽标或带文字的插图）的标准格式，它是一种无损的压缩格式。PNG-8 格式与 GIF 格式一样，也可以有效地压缩纯色区域，同时保留清晰的细节。这两种格式都支持 8 位颜色，因此它们可以显示 256 种颜色。在“存储为Web所用格式”对话框中的文件格式下拉列表中可以选择这两种格式❶❷。

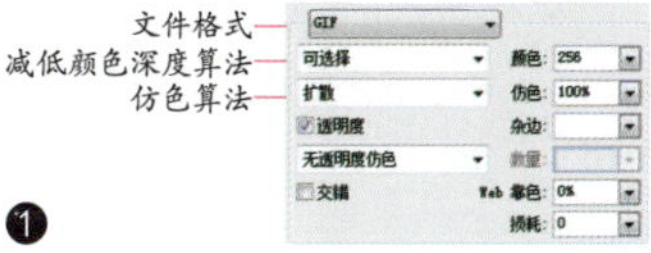

❶

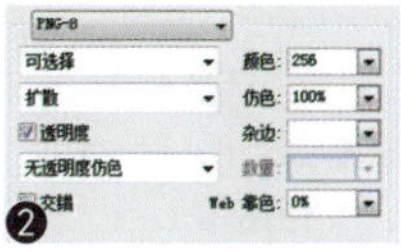
❷

● 减低颜色深度算法/颜色：指定用于生成颜色查找表的方法，以及想要在颜色查找表中使用的颜色数量❸❹。

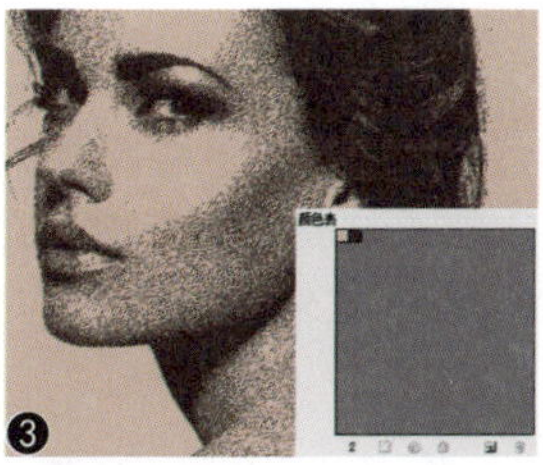
❸ 颜色：2

❹ 颜色：16

● 仿色算法/仿色：“仿色”是指通过模拟计算机的颜色来显示系统中未提供的颜色的方法。较高的仿色百分比会使图像中出现更多的颜色和细节❺❻，但也会增加文件占用的存储空间。

❺ 颜色：2、仿色：0%

❻ 颜色：2、仿色：100%

● 透明度/杂边：可以设置如何优化图像中的透明像素❼~❿。

❼ 背景是透明像素的图像

❽ 勾选“透明度”选项，并设置杂边颜色为绿色的效果

❾ 勾选“透明度”选项，但未设置杂边颜色的效果

❿ 未勾选“透明度”选项，设置杂边颜色为绿色的效果

● 交错：当图像正在下载时，在浏览器中显示图像的低分辨率版本，使用户感觉下载时间更短，但这会增加文件的大小。

● Web靠色：指定将颜色转换为最接近的Web面板等效颜色的容差级别（并防止颜色在浏览器中进行仿色）。该值越高，转换的颜色越多。

● 损耗：通过有选择地扔掉数据来减小文件大小，可以将文件减小5%~40%。在通常情况下，应用5~10的“损耗”值不会对图像产生太大影响，数值较高时，文件虽然会更小，但图像的品质会变差。

13.3.3 优化为JPEG格式

JPEG是用于压缩连续色调图像（如照片）的标准格式。将图像优化为JPEG格式时采用的是有损压缩，它会有选择性地删除数据以减小文件的大小❶。

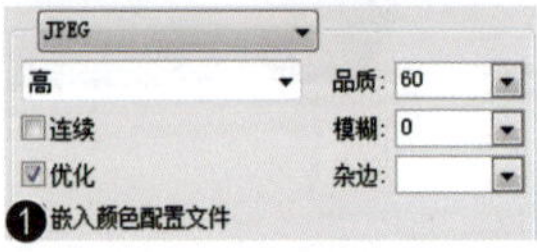

● 压缩品质/品质：用来设置压缩程度，“品质”设置越高，图像的细节越多，但生成的文件也越大。

● 连续：在Web浏览器中以渐进方式显示图像。

● 优化：可创建文件大小稍小的增强型JPEG文件。如果要最大限度地压缩文件，建议使用优化的JPEG格式。

● 嵌入颜色配置文件：在优化文件中保存颜色配置文件。某些浏览器会使用颜色配置文件进行颜色的校正。

● 模糊：指定应用于图像的模糊量。可以创建与“高斯模糊”滤镜相同的效果，并允许进一步压缩文件以获得更小的文件。建议使用0.1到0.5之间的设置。

● 杂边：为原始图像中透明的像素指定一个填充颜色。

13.3.4 优化为PNG-24格式

PNG-24适合压缩连续色调图像，它的优点是可以在图像中保留多达256个透明度级别，但生成的文件要比JPEG格式生成的文件大得多。PNG-24优化选项的设置方法可参考GIF格式的相应选项❶。

13.3.5 优化为WBMP格式

WBMP格式是用于优化移动设备（如移动电话）图像的标准格式❶❷❸。

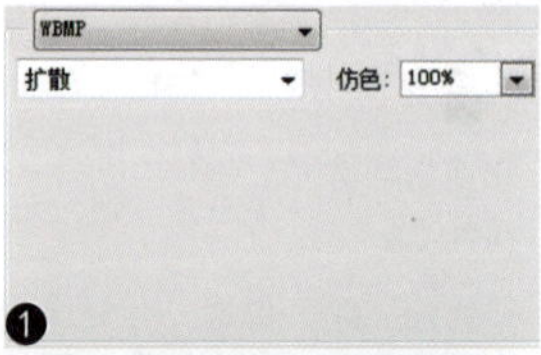

原图像

优化后的图像中只包含黑色和白色像素

13.4 输出Web图形

优化Web图形后，在“存储为Web所用格式”对话框的“优化”菜单中选择“编辑输出设置”命令❶，打开“输出设置”对话框❷。在对话框中可以控制如何设置HTML文件的格式、如何命名文件和切片，以及在存储优化图像时如何处理背景图像。

如果要使用预设的输出选项，可以在“设置”下拉列表中选择一个选项；如果要自定义输出选项，则可以在选项下拉列表中选择“HTML”“切片”“背景”或“存储文件”选项，对话框中就会显示详细的设置内容❸。

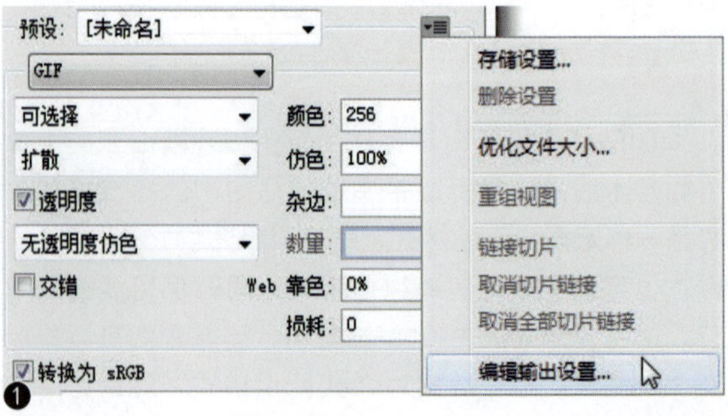

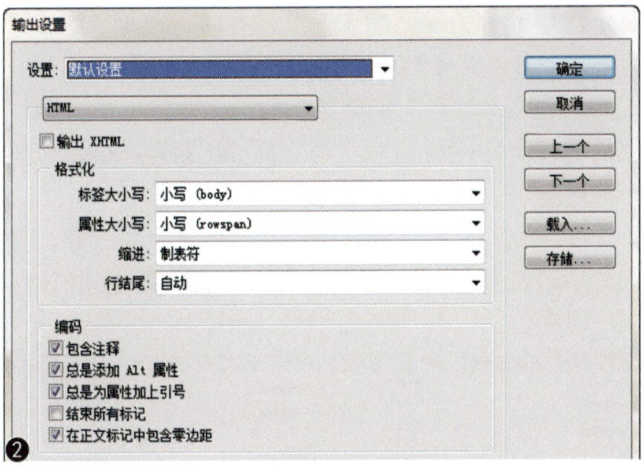

❷

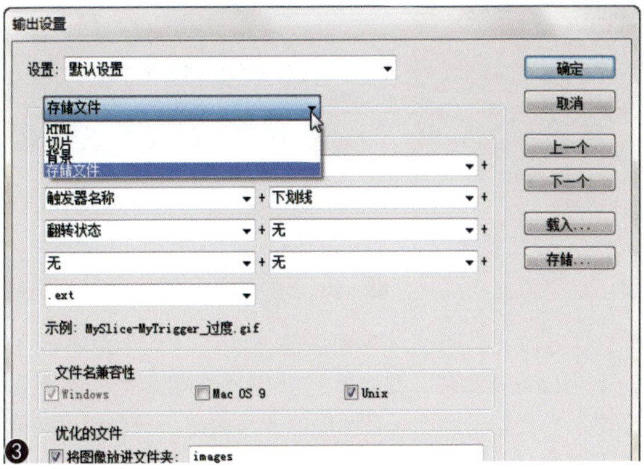

❸

13.5 对齐和分布图层

对齐图层是指：以一个图层为基准，让其他图层的边界与之对齐。分布图层则是指：让多个（至少3个或以上）图层按照一定的规则等距离分布。对齐和分布图层的实质是让图层中的对象对齐，或者按照一定的间隔均匀分布。这些对象可以是图像，也可以是矢量图形（即形状图层）。虽然包含指令的图层（调整图层）以及填充图层等也可以进行这些操作，但实际用处不大。对齐和分布图层在网页设计中非常有用，可以让版面布局整齐、美观。

13.5.1 方法①：用移动工具对齐和分布

01 打开素材。选择矩形工具，在工具选项栏中选择“形状”选项，并设置填充颜色为浅绿色❶。在画面Banner下方单击鼠标，弹出“创建矩形”对话框，设置参数❷，创建一个矩形❸，同时会生成一个形状图层（366页）❹。

❶

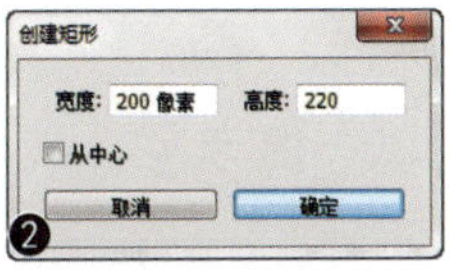

❷

❸

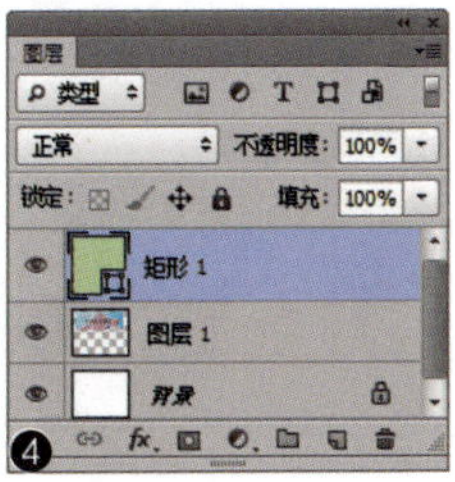

❹

02 按住Ctrl键单击“图层1”（Banner所在图层），将它与形状图层同时选取❺，选择移动工具，单击工具选项栏中的按钮，让矩形与Banner的左侧边界对齐❻。

❺

❻

03 单击“矩形1”图层，只选取该图层，按住Shift+Alt键，向右侧单击并拖曳鼠标，复制出一个矩形❼，放开鼠标按键后，再按住Shift+Alt键向右拖曳鼠标，继续复制矩形❽。在操作时这两个按键各有用处，Shift键可以锁定水平方向，Alt键则可以进行复制。它们两个需要同时按住。

❼

❽

04 按住Ctrl键单击“图层1”，将它与最后复制出的矩形形状图层同时选取❾，单击工具选项栏中的按钮，让矩形与Banner的右侧边界对齐❿。

05 上面我们通过对齐图层的方法，将矩形对齐到了Banner的左、右边界上，但3个矩形之间的间距还不均匀。我们来通过分布图层的方法调整。按住Ctrl键单击“图层1”，取消对它的选取，再按住Ctrl键单击剩下的两个形状图层，同时选取这3个形状图层⓫，单击工具选项栏中的按钮，进行水平居中分布⓬。

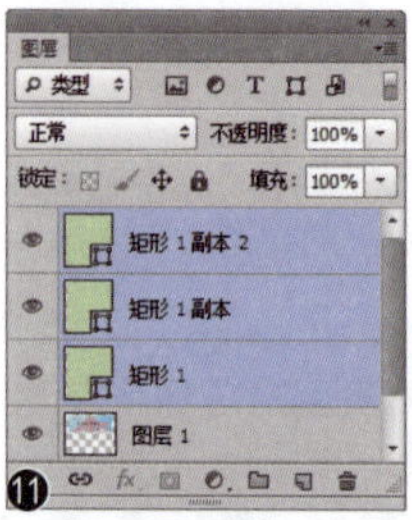

06 按下Alt+S+S快捷键，取消图层的选取。使用路径选择工具单击第二个矩形，在工具选项栏中修改它的填充颜色。再单击第三个矩形，也修改它的颜色⓭⓮。

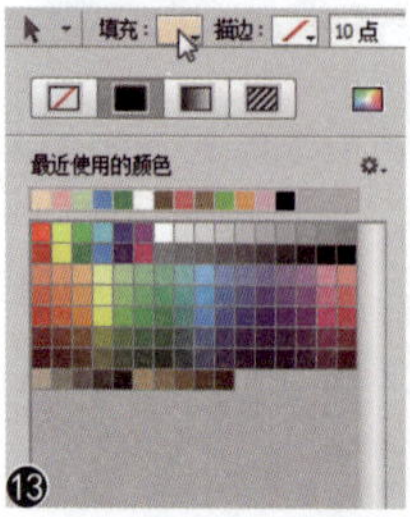

07 使用移动工具将鞋子素材拖入当前文档。选取鞋子所在的3个图层⓯，单击工具选项栏中的按钮，让它们基于底部对齐；再单击按钮，进行均匀分布⓰。

对齐和分布命令

如果当前使用的不是移动工具，也可以通过菜单中的命令来对齐和分布所选取的图层。这两种操作对于图层数量的最低要求有一点不同——两个图层即可进行对齐；而至少3个图层才能进行分布操作。

“图层>对齐”菜单包含的是“对齐”命令⓱，它们与移动工具选项栏中的按钮一一对应。

“图层>分布”菜单中包含“分布”命令⓲，它们与移动工具选项栏中的按钮一一对应。

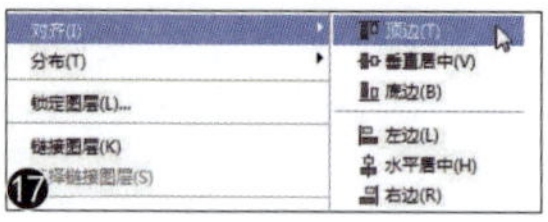

对齐命令	说明
顶边	将选定图层上的顶端像素与所有选定图层上最顶端的像素对齐
垂直居中	将每个选定图层上的垂直中心像素与所有选定图层的垂直中心像素对齐
底边	将选定图层上的底端像素与选定图层上最底端的像素对齐
左边	将选定图层上左端像素与最左端图层的左端像素对齐
水平居中	将选定图层上的水平中心像素与所有选定图层的水平中心像素对齐
右边	将选定图层上的右端像素与所有选定图层上的最右端像素对齐

分布命令	说明
顶边	从每个图层的顶端像素开始，间隔均匀地分布图层
垂直居中	从每个图层的垂直中心像素开始，间隔均匀地分布图层
底边	从每个图层的底端像素开始，间隔均匀地分布图层
左边	从每个图层的左端像素开始，间隔均匀地分布图层
水平居中	从每个图层的水平中心开始，间隔均匀地分布图层
右边	从每个图层的右端像素开始，间隔均匀地分布图层

提 示 (Tips)

在进行对齐时，如果所选图层与其他图层建立了链接，则可对齐与之链接的所有图层。此外，单击处于链接状态中的一个图层，再执行“对齐”菜单中的命令，会以该图层为基准进行对齐。

对齐前

单击一个链接的图层，再单击按钮

13.5.2 方法②：以选区为基准对齐

选区是用来选取对象、定义操作有效范围的功能。现在Photoshop也允许以选区为基准对象对齐图层。

创建选区以后❶，选择一个图层❷，执行“图层>将图层与选区对齐”子菜单中的命令❸，即可将图层对齐到选区上❹~❻。

创建选区

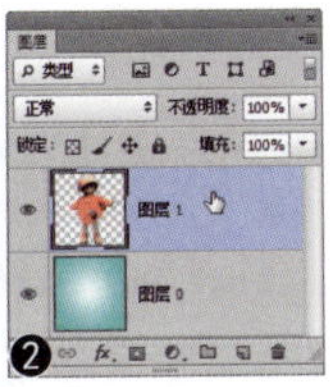
单击图层

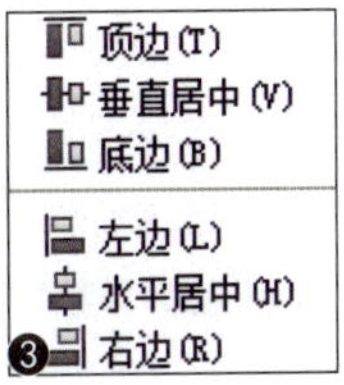

选择菜单中的命令

左边对齐

右边对齐

顶边对齐

13.5.3 方法③：基于网格对齐和分布

网格是对齐对象，或者让对象以相同间距分布的好工具。执行“视图>显示>网格”命令，可以显示网格❶，它就像是预先设定的、以一定间隔排列好的参考线。在使用时，我们还需要执行“视图>对齐>网格”命令，启用对齐功能，此后创建选区或者移动图像时，对象就会自动对齐到网格上❷。

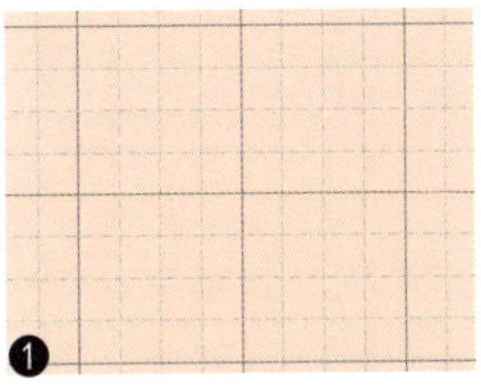

如果修改网格的间距，可以执行“编辑>首选项>参考线、网格和切片”命令，打开“首选项”对话框来操作。在该对话框中还可以将网格设置为点状，以及修改网格颜色（502页）。

13.5.4 方法④：基于参考线对齐和分布

如果我们只是简单地想要对齐多个对象，而不必非得让它们基于某一个对象对齐，或者不想通过网格对齐（毕竟网格需要预先设定好间距，操作起来麻烦一点），有一个更简单的办法——在图像上放置参考线，再将对象拖曳到参考线处，使它们对齐。

参考线可以通过两种方法来创建。第一种方法是显示标尺，然后从标尺上拖出参考线。这种方法的优点是可以灵活、快速地在任意位置创建参考线。但无法将参考线置于特别精确的位置，例如，放在水平（垂直也可）方向5.23厘米处就很难操作。第二种方法可以解决这个问题，使用“视图>新建参考线”命令设置参考线的位置。这种方法定位准确，只是比手动创建稍微麻烦一点。

01 按下Ctrl+N快捷键，创建一个25厘米×10厘米、分辨率为72像素/英寸的文档。执行“视图>标尺”命令（快捷键为Ctrl+R），窗口顶部和左侧会显示标尺❶。将光标放在水平标尺上，单击并向下拖曳鼠标，拖出水平参考线❷。

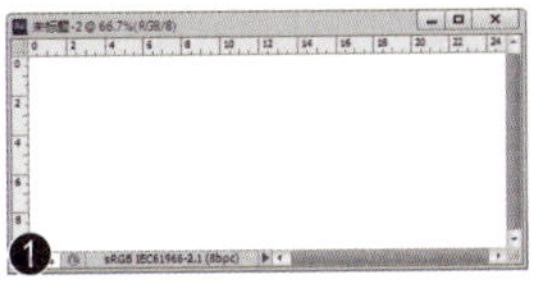

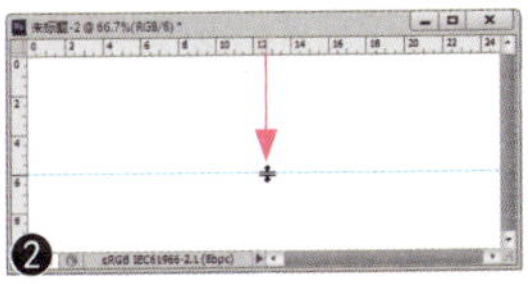

02 在垂直标尺上拖出3条垂直参考线❸，操作时按住Shift键，让参考线与标尺上的刻度对齐。如果参考线没有对齐，可以选择移动工具，将光标放在参考线上，光标会变为状，单击并拖曳鼠标，将其移动。如果有多余的参考线，可以在其上方单击并向标尺方向拖曳，拖回标尺后，便可将其删除。如果要同时删除所有参考线，可以执行“视图>清除参考线”命令。

03 为防止创建好的参考线被意外移动，执行“视图>锁定参考线”命令，将参考线的位置锁定（解除锁定也是该命令）。使用移动工具将图标素材拖入该文档中，以参考线为基准进行对齐❹。按下Ctrl+R快捷键隐藏标尺，执行“视图>显示>参考线”命令（快捷键为Ctrl+;），隐藏参考线。

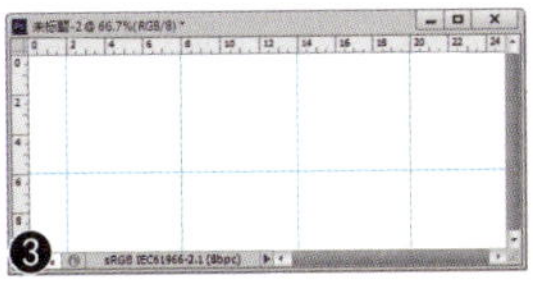

提示（Tips）

当想要对齐图层或者将选区、裁剪选框、切片、形状和路径放置在准确的位置上时，可以使用对齐功能辅助我们操作。启用对齐功能前，先看一下“视图>对齐”命令是否处于选取状态（默认为选取状态），如果没有，执行该命令，然后在“视图>对齐到”菜单中选择一个对齐项目。带有“√”标记的命令表示启用了相应的对齐功能。关闭“对齐”功能也是使用“视图>对齐到”菜单中的命令。

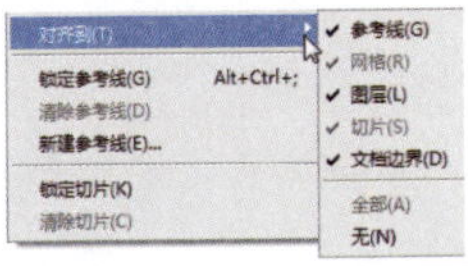

提 示（Tips）

在默认状态下，标尺的原点位于窗口的左上角（0，0标记处），修改原点的位置，可以从图像上的特定点开始进行测量。将光标放在原点上，单击并向右下方拖动，画面中会显示出十字线，将它拖放到需要的位置，该处便成为原点的新位置。操作时按住Shift键，可以使标尺原点与标尺刻度记号对齐。

从原点中拖出十字线

放开鼠标后可以修改原点位置

如果要将原点恢复到默认的位置，可以在窗口的左上角双击鼠标。如果要修改标尺的测量单位，可以双击标尺，在打开的“首选项”对话框中设定。如果要隐藏标尺，可以执行“视图>标尺”命令（快捷键为Ctrl+R）。需要注意的是，标尺的原点也是网格的原点，因此，调整标尺的原点也就同时调整了网格的原点。

双击可恢复原点位置

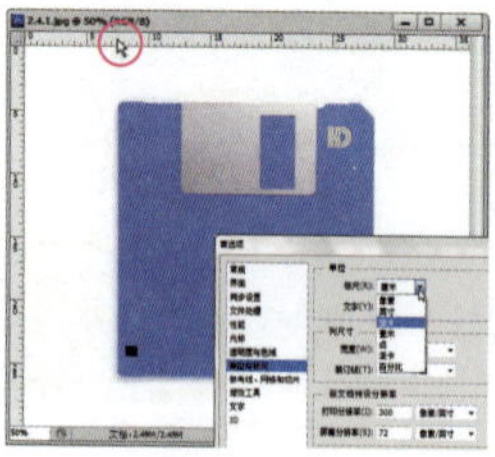

修改标尺测量单位

13.5.5 使用智能参考线对齐

智能参考线是移动图像时所使用的一种参考线。它是会“思考”的、“活”的参考线，能猜透我们的心思。

这种参考线以图层内容的上、下、左、右4条边界线和1个中心点为对齐点。移动对象时，Photoshop会自动捕捉对齐点，当任意一条边界或中心点线与其他图层内容对齐时，智能参考线就会“闪亮”登场，提醒我们图层已对齐❶❷，此时我们就可以放开鼠标按键了。

智能参考线让手动对齐图层变得非常容易操作。并且，它还可以用来对齐形状、切片和选区。要想启用这种参考线，可以执行“视图>显示>智能参考线”命令。关闭智能参考线也是这个命令。

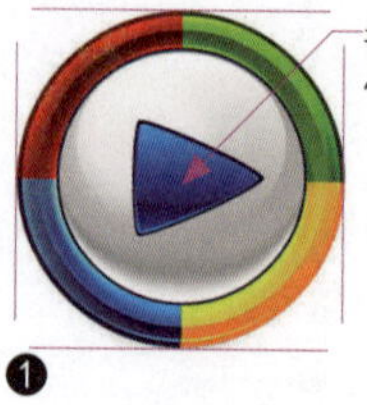

❶

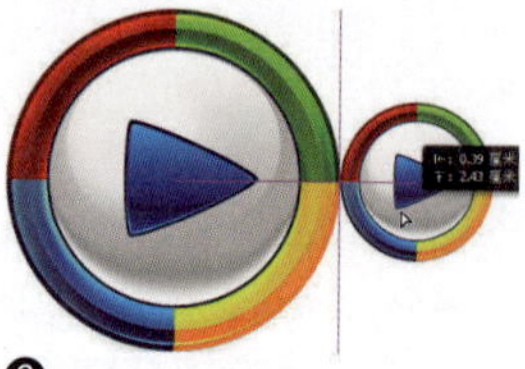

❷

13.5.6 实战技巧：合理使用额外内容

参考线、网格、目标路径、选区边缘、切片、文本边界、文本基线和文本选区等都属于额外内容，即编辑图像时会用到它们，但图像在交付使用时，如在其他程序上显示、上传到网络、打印等，则既不显示，也不会打印出来。

当我们编辑图像时，如果需要显示这些内容，可以首先执行“视图>显示额外内容”命令（使该命令前出现一个“√”），然后在“视图>显示”下拉菜单中选择一个项目❶。当需要隐藏相应的项目时，也是执行同样的命令。

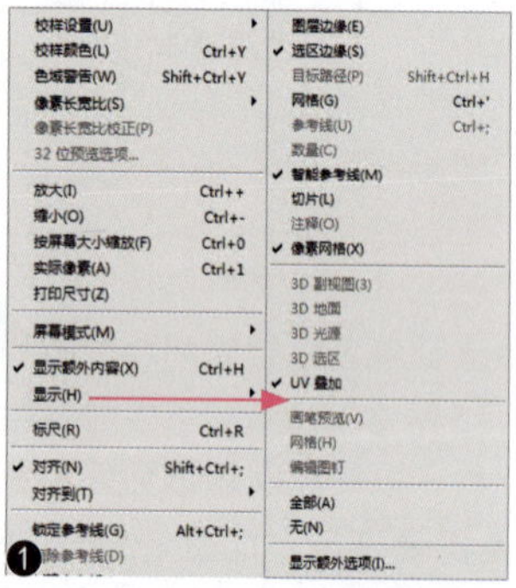

❶

其中，“选区边缘”代表显示图层内容的边缘。想要查看透明层上的图像边界时，可以启用该功能；“选区边缘”代表选区；“目标路径”代表路径；“数量”代表计数目；“切片”代表切片的定界框；“注释”代表注释信息；“像素网格”代表像素之间的网格，将文档窗口放大至最大的级别后，可以看到像素之间用网格划分，取消该项的选择时，像素之间不显示网格；“3D副视图/3D地面/3D光源/3D选区/UV叠加”是与3D有关的选项；“画笔预览”是与毛刷笔尖有关的选项，当选择毛刷笔尖后，可以在文档窗口中预览笔尖效果和笔尖方向；“网格”表示执行“编辑>操控变形”命令时显示变形网格；“编辑图钉”表示使用“场景模糊”“光圈模糊”和“倾斜偏移”滤镜时，显示图钉等编辑控件；“全部/无”可以显示或隐藏以上所有选项；如果想要同时显示或隐藏以上多个项目，可以执行“显示额外选项”命令，在打开的“显示额外选项”对话框中设置。

13.6 快递网站欢迎模块设计

欢迎模块位于导航条下方，是首页最醒目的区域，也是最新商品、促销活动、节日及店庆等信息的展示区。欢迎模块以图片为主，文案为辅。本实例是制作一个快递公司网站的欢迎模块。根据主题选用了蜘蛛人卡通形象，文字采用黑字白边，醒目明确，并用三条倾斜的白线加以装饰，体现出速度感，切合主题。

13.6.1 制作主题图片

01 按下Ctrl+N快捷键，打开“新建”对话框，创建一个990像素×400像素、72像素/英寸的文档，将前景色设置为红色（#ff4342），按下Alt+Delete快捷键将图像填充为红色。

02 使用快速选择工具选取蜘蛛人❶，按住Ctrl键切换为移动工具，将选区内的蜘蛛人拖曳到新建文档中❷。按下Ctrl+T快捷键显示定界框，在定界框外拖曳鼠标，将图像朝逆时针方向旋转❸，按下Enter键确认。

03 选择矩形工具，在工具选项栏中选择“形状”选项，设置描边颜色为白色，描边宽度为10点，无填充。按住Shift键创建一个矩形❹。

04 按住Ctrl键单击“图层1”，载入蜘蛛人的选区❺。按住Alt键单击“图层”面板底部的按钮，创建一个反相蒙版（蒙版区域为黑色），将选区以内的图像（矩形框）隐藏❻。

05 选择画笔工具（尖角20像素），在蜘蛛人的腰部和右手上涂抹白色，使这部分矩形框显示出来❼❽，呈现套在蜘蛛人身上的效果。

06 单击“图层”面板底部的按钮，新建一个图层，将它拖至“图层1”下方。按住Ctrl键，单击“图层1”缩览图❾，载入蜘蛛人的选区❿，单击工具箱中的图标，恢复默认的前景（背景）色，按下Alt+Delete快捷键填充黑色⓫，按下Ctrl+D快捷键取消选择。

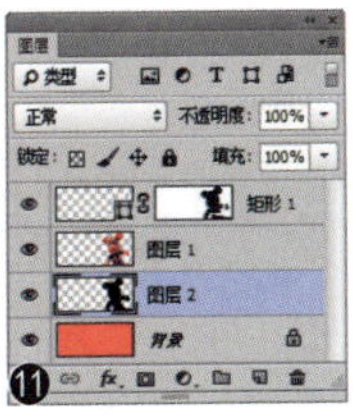

07 执行“滤镜>模糊>高斯模糊”命令，使投影边缘变得柔和⓬⓭。

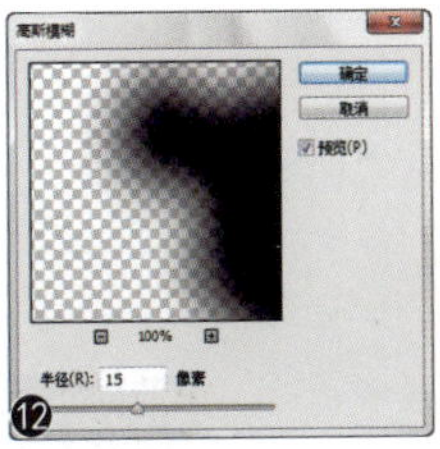

08 设置该图层的不透明度为65%⓮。使用移动工具将投影略向左移动⓯。

13.6.2 制作醒目的标题文字

01 选择横排文字工具 T，在工具选项栏中设置字体及大小，在画面中输入标题文字❶。

02 在文字“速递”上拖曳鼠标，选取这两个文字，设置大小为75点❷。

03 双击文字图层，打开“图层样式”对话框，选择“描边”效果。设置大小为5像素，位置为“外部”，描边颜色为白色❸❹。

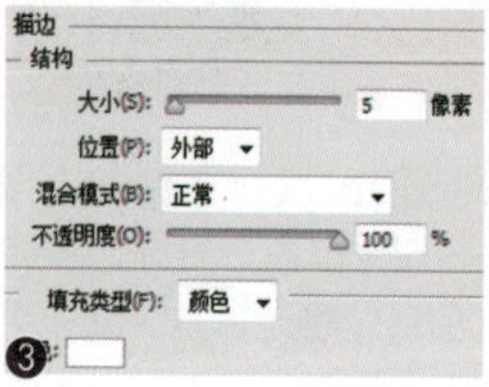

04 在标题文字下方输入广告语。设置字体为“方正超粗黑简体”，大小分别为72点和30点，颜色为黑色。输入联系电话，设置字体为“Impact”，大小为35点，颜色为白色❺。

05 新建一个图层。将前景色设置为白色。选择直线工具 ／，在工具选项栏中选择“像素”选项，设置粗细为3像素。按住Shift键拖曳鼠标绘制3条斜线❻。选择矩形选框工具 ⬚，框选压在文字上的白线❼，按下Delete键删除，在选区以外的位置单击鼠标，取消选择❽。

13.7 女装促销活动设计

本实例制作一个夏季女装促销活动的欢迎模块，除展示校园风格女装外，文案的版式设计也很重要。欢迎模块图片的选用应根据主题来确定，例如新品上架的欢迎模块，就要体现新品的优势；周年店庆的欢迎模块，会有热烈喜庆的氛围；折扣活动的欢迎模块，则要附加一些活动信息。图片内容不要过满，应适当留白给文案。

13.7.1 制作青春校园主题场景

01 打开素材，在“图层”面板中单击“背景”图层❶。

02 分别调整前景色（#ccffcc）和背景色（#99ffcc）。按下Ctrl+Delete快捷键填充背景色。选择矩形工具▭，在工具选项栏中选择“像素”选项，在画面上方创建一个矩形，它会以前景色填充❷。

03 单击“图层”面板底部的◻按钮，新建一个图层。按住Ctrl键单击“人物”图层缩览图❸，载入人物的选区❹，设置前景色为灰蓝色，按下Alt+Delete快捷键，用前景色填充选区，按下Ctrl+D快捷键取消选择。设置混合模式为“正片叠底”，不透明度为43%❺。

04 按下Ctrl+T快捷键显示定界框，先缩小投影的高度，再将光标放在水平定界框的位置，按住Shift+Ctrl键（光标变为▷状）单击并拖曳鼠标❻，沿水平方向斜切图像，按下Enter键确认。执行“滤镜>模糊>高斯模糊”命令❼，使投影边缘变得柔和❽。

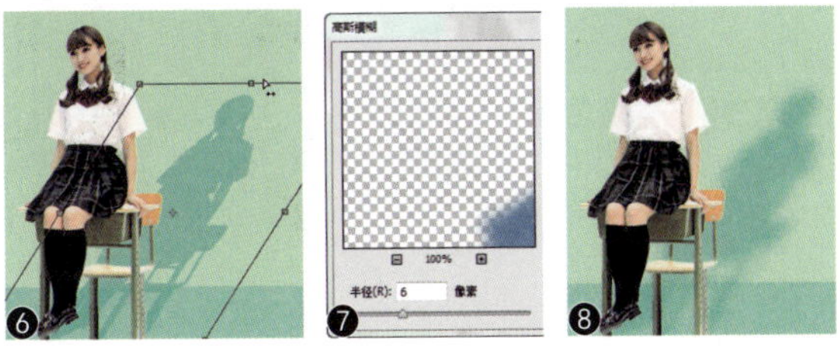

13.7.2 主题文字版式设计

01 选择钢笔工具✒，在工具选项栏中选择“形状”选项，设置填充颜色为深绿色（#336666），绘制数字7形状的图形❶。单击工具选项栏中的◻按钮，在下拉菜单中选择“◘合并形状”，在数字右侧添加图形❷。

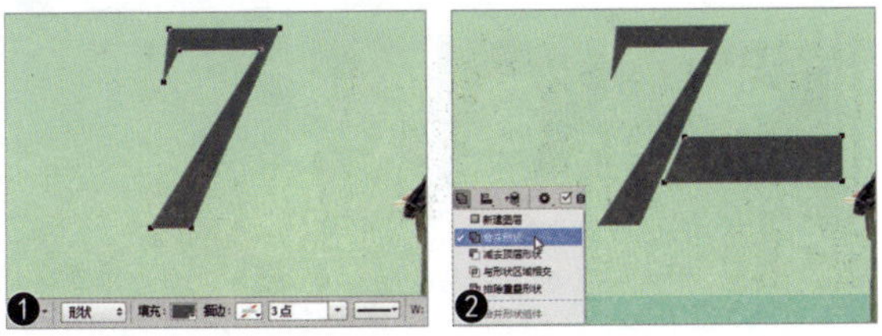

02 选择横排文字工具T，在工具选项栏中设置字体及大小，在画面中单击鼠标，输入文字“青春”❸。单击工具选项栏中的✓按钮，结束编辑。在其下方位置单击鼠标，创建一个新的文本，输入“校园风”，设置字体为“微软雅黑”，大小为55点❹。

03 按住Ctrl键单击“青春”文字图层，将其一同选取❺，按下Ctrl+T快捷键显示定界框，与调整投影的方法一样，按住Shift+Ctrl键拖曳鼠标，沿水平方向斜切文字❻，按下Enter键确认❼。

04 输入其他文字。深绿色块上的文字较小，设置为白色，使文字醒目又不至于喧宾夺主❽。选择矩形工具▭，在工具选项栏中选择“形状”选项，按住Shift键创建一个矩形❾。

05 双击“矩形1”图层，打开“图层样式”对话框，为矩形添加投影效果❿。输入文字“立即抢购”，设置字体为“方正大标宋简体”，大小为18点，颜色为白色⓫。需要注意的是，不能用横排文字工具T直接在矩形上单击设置插入点，这样的话，矩形的路径会被误解为用来制作路径文字而存在的，此时输入的文字要么沿矩形路径排列，要么被装进路径中。

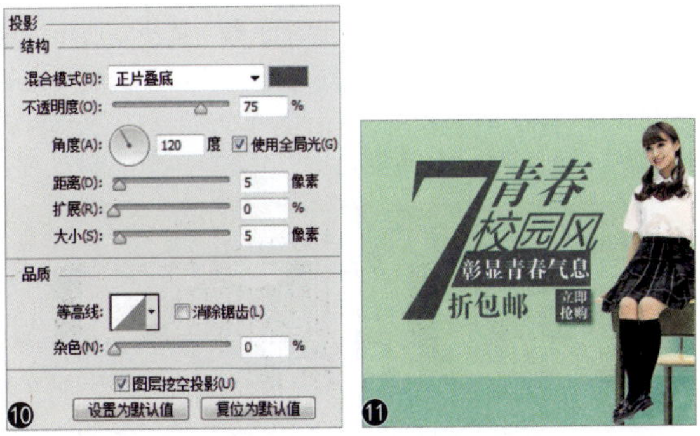

06 在人物右侧创建一个深绿色矩形，作为背景，在上面输入具体的折扣信息⓬。字体分别为“方正大黑简体”（文字）和“Arial”（数字）。在文字内容较多的情况下，要传达的主要信息可强调显示，例如加大字号、变化字体颜色；次要信息字号可略小一些。做到主次分明，同时版式的设计也丰富有变化。还可以为文字添加装饰，例如创建白色矩形框（设置描边粗细为1点，颜色为白色）⓭，用直线工具 在文字之间进行划分⓮。

⓬

⓭

⓮

提 示（Tips）

在欢迎模块中文案的表达非常重要，不仅要抓住主要诉求点，清晰、简洁，而且文字不能过多，繁复的内容会导致顾客没有耐心去阅读。主题文字要醒目、大气，一些文案也常用英文衬托。

13.8 品牌家居网站模块设计

这是一个品牌家居网站的欢迎模块设计，采用了矢量插画作为背景，通过明亮的上色，使插画具有时尚感。为了使真实的人物与插画场景能够更好地结合，将近景的色调进行了压暗处理。在背景丰富的情况下，文案的设计则应简洁明了，不要有过多的变化和装饰。

13.8.1 给插画上色

01 打开素材❶。在“图层”面板中单击“背景”图层❷。

❶

❷

02 将前景色设置为玫瑰红色（#ff3399），按下Alt+Delete快捷键填充前景色❸。选择多边形套索工具 ，沿天花板的轮廓创建选区，将前景色设置为黄色（#ffff00），同样是按下Alt+Delete快捷键，填充黄色❹。按下Ctrl+D快捷键取消选择。

❸

❹

03 单击“插画”图层。选择魔棒工具 ，在右侧的花瓶上单击鼠标，选取瓶身的白色区域，填充前景色❺。

❺

13.8.2 加入人物并设计版式

01 打开素材，使用移动工具 将人物拖曳到插画场景中❶。单击“图层”面板底部的 按钮，新建一个图层，设置混合模式为“正片叠底”。选择画笔工具 （柔角为200像素，不透明度为40%），在画面下方、着重在两个边角处涂抹黑色，压暗这部分图像❷❸。

❶

❷

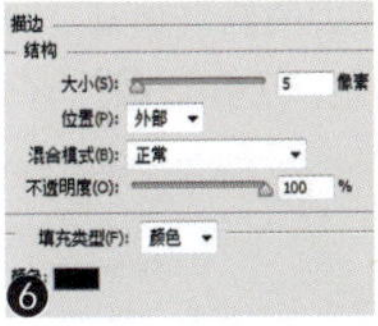

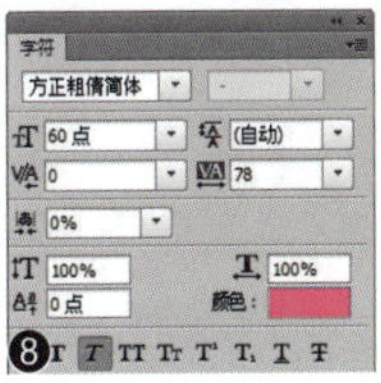

02 选择自定形状工具，在工具选项栏中选择“形状”选项，在“形状”下拉面板菜单中选择“全部”命令，加载全部形状库，选择“云彩1”形状❹。在画面中绘制云彩❺。

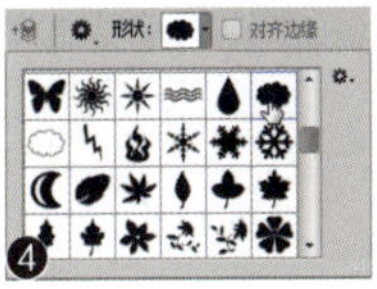

03 双击该形状图层，打开“图层样式”对话框，选择“描边”效果，为云彩描边❻❼。

04 选择横排文字工具 T，在“字符”面板中设置字体、大小及字距，单击仿斜体按钮 *T*，使文字略微倾斜❽❾。

05 输入其他文字，设置字体为“Adobe 黑体”。为了突出活动时间，可将这部分文字设置为白色，加一个底色进行衬托。文字都略向右侧倾斜，体现出一致的变化，与人物的姿态相呼应❿。

13.9 化妆品促销活动设计

根据产品特点以及对客户群的定位，这个欢迎模块的设计风格以优雅清新为主。色彩使用了冰激凌色系，其特点是甜美浪漫，是很得少女心的色系，适合表现与女性相关的主题。比较有代表性的冰激凌色包括：粉蓝色、藕荷色、粉色、柠檬黄、薄荷绿等。颜色的调配就是在纯色或高饱和度颜色中加入适量的白色。

13.9.1 制作优雅的冰激凌色系标签

01 按下Ctrl+N快捷键，打开“新建”对话框，创建一个1920像素×720像素、72像素/英寸的文档。

02 将前景色设置为薄荷绿（#ccffcc），按下Alt+Delete快捷键，填充前景色。选择椭圆工具，在工具选项栏中选择“形状”选项，按住Shift键创建一个圆形，填充白色❶。

03 按下Ctrl+J快捷键复制当前图层，生成“形状1副本”图层。按下Ctrl+T快捷键显示定界框，按住Alt+Shift键同时拖动定界框的一角，将图形成比例缩小❷，按下Enter键确认。

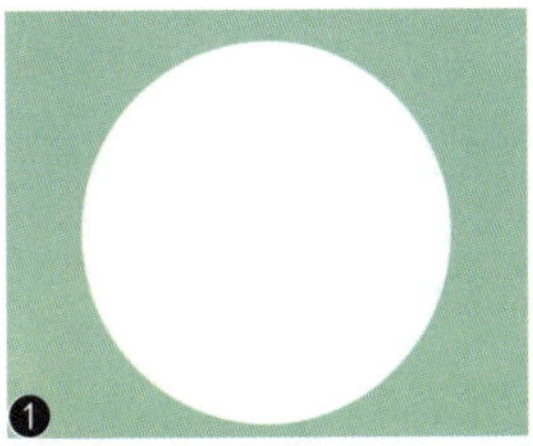

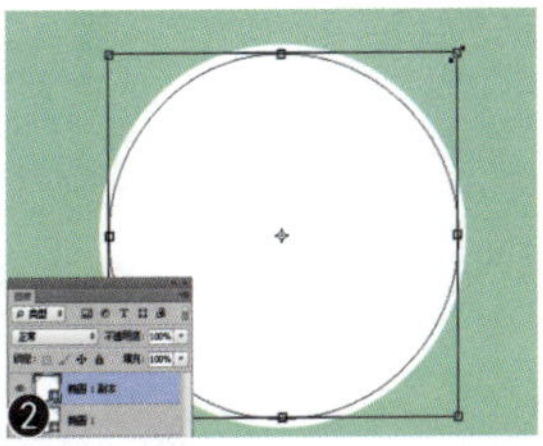

04 在工具选项栏中设置描边颜色为浅粉色（#ffcccc），描边宽度为2点，类型为虚线❸。按下Ctrl+J快捷键，再次复制当前图层❹。

05 用路径选择工具选取圆形，在工具选项栏中选择“与形状区域相交”选项，按住Alt+Shift键向上拖动圆形进行复制❺。复制的圆形与原来的圆形相减，只保留重叠区域。将填充颜色设置为浅粉色，无描边❻。

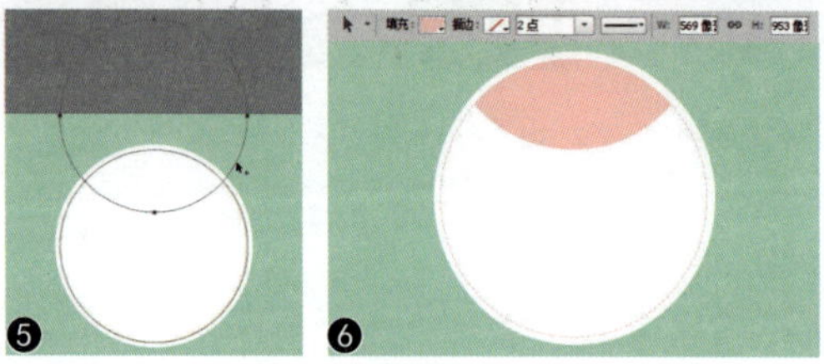

06 打开素材，将蝴蝶结拖入文档中❼。双击该图层，打开“图层样式”对话框，选择“投影”选项，设置参数❽❾。

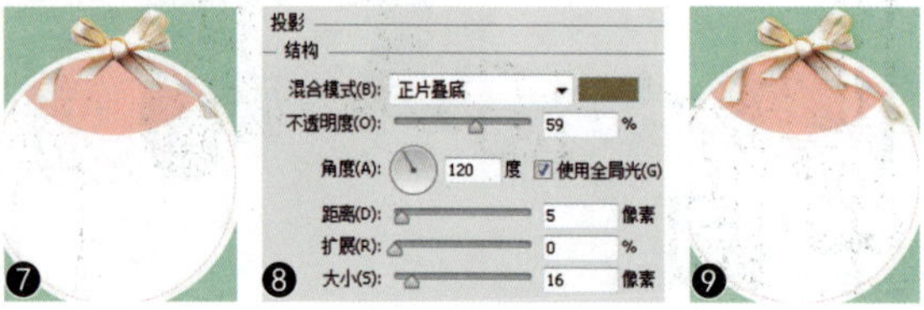

07 选择横排文字工具**T**，在“字符”面板中设置字体、大小及字距，在画面中单击鼠标，输入文字❿~⓭。

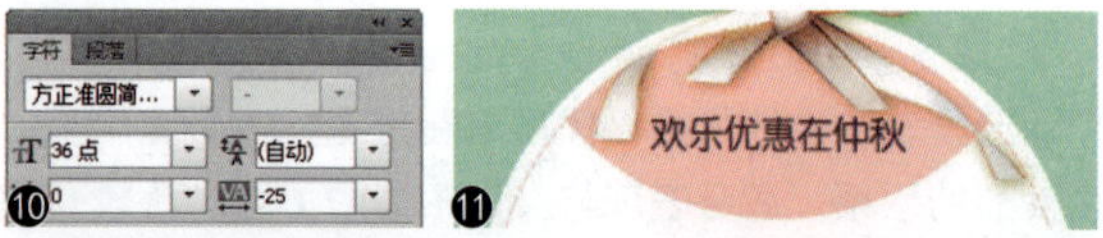

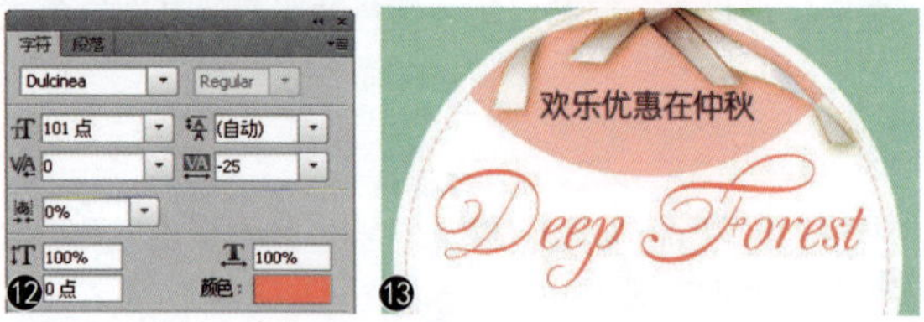

08 选择圆角矩形工具，在工具选项栏中设置半径为30像素，创建一个圆角矩形⓮，在上面输入其他文字⓯⓰。

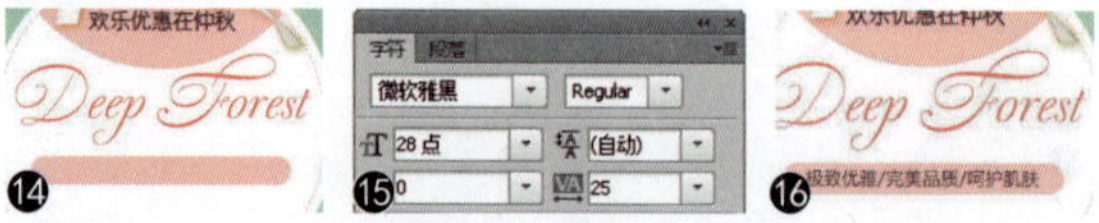

09 输入优惠信息⓱⓲。用横排文字工具**T**在数字“399”上拖曳鼠标，将其选取⓳，在“字符”面板中设置大小为60点，颜色为桃红色（FF6666）⓴。将数字“99”也进行相同的调整㉑。输入活动时间，设置文字大小为22点㉒。

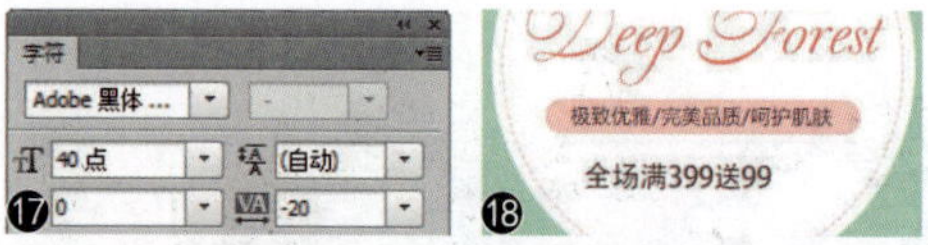

13.9.2 以活泼的版式排列商品

01 按住Shift键单击“椭圆1”图层，选取除“背景”层以外的所有图层❶，按下Ctrl+G快捷键创建图层组❷。打开化妆品素材，这是一个分层文件，每个化妆品都位于单独的图层中，便于编辑。将“化妆品”图层组拖入文档中❸。

02 选择移动工具，在工具选项栏中勾选“自动选择”选项，在化妆品上单击，将其选取，调整位置。按下Ctrl+T快捷键显示定界框，在定界框外拖动鼠标，调整化妆品的角度，使其呈现比较自然的摆放效果。在“图层”面板中，将“化妆品”图层组拖到“组1”下方❹❺。

03 将插画素材拖入画面中，该素材是分层文件，可根据化妆品的摆放位置，对花朵或叶子进行调整❻。

Ps 13.10

草莓采摘季欢迎模块设计

在为欢迎模块选用图片时，应选择那些能体现商品特色、引起顾客购买兴趣的图片。拍摄商品照片时，也要注意光线一定要充足，才能将宝贝的色彩和细节尽可能多地捕捉下来。背景则应简单，可用纯色或比较柔和的色调衬托，也可以用一些能突出产品特性的小道具。尤其是食品，色彩一定要鲜艳、饱满才显得新鲜。

13.10.1 调出草莓娇艳欲滴的新鲜感

01 按下Ctrl+N快捷键，打开“新建”对话框，创建一个750像素×300像素、72像素/英寸的文档。

02 打开草莓素材。选择移动工具，将草莓拖曳到文档中❶。这张草莓照片的曝光略显不足，草莓看起来有点暗淡。

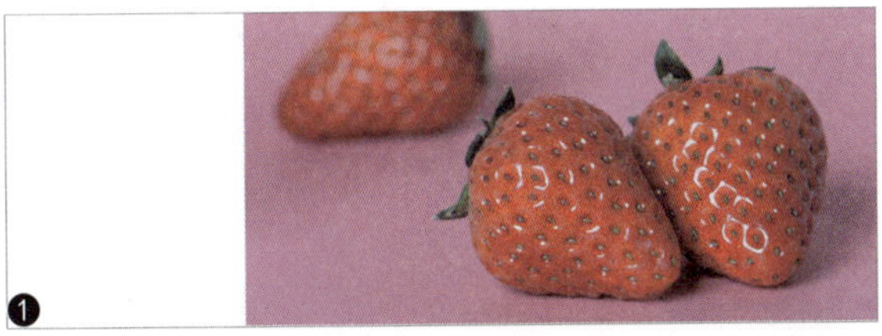

03 单击“调整”面板中的按钮，创建“可选颜色”调整图层。“可选颜色”可以调整每一种颜色中的色彩含量，而不影响其他颜色。在“颜色”下拉列表中选择“红色”，增加红色参数❷，使草莓的颜色更加饱满；选择“洋红”，减少洋红中的青色和洋红色，增加黄色❸，可以降低背景色彩浓度；再分别调整“白色”和“中性色”❹❺，使背景看起来温暖柔和，不再是偏冷的色调❻。

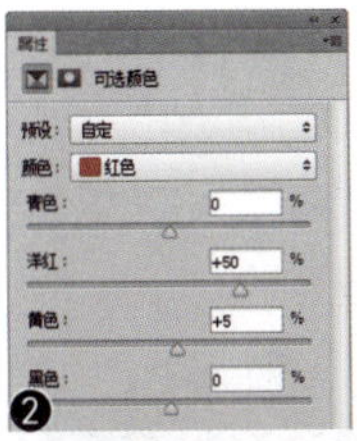
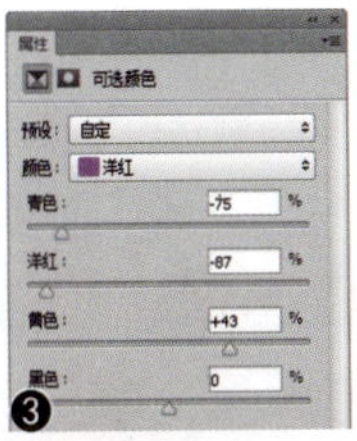
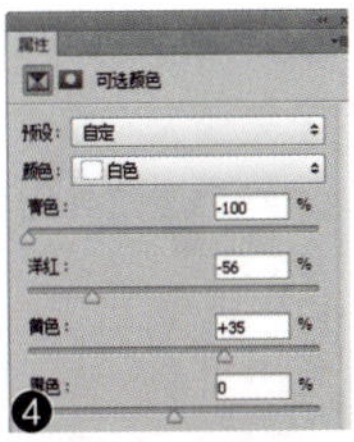
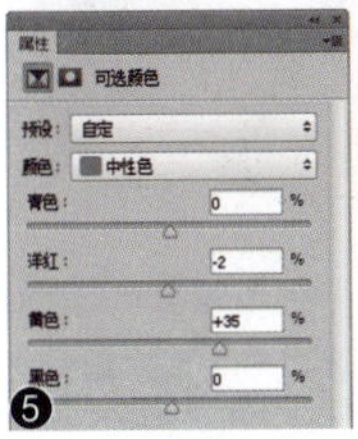

04 单击“调整”面板中的按钮，创建一个“亮度/对比度”调整图层，增加对比度，使草莓颜色更加鲜艳，同时也提亮了背景❼❽。

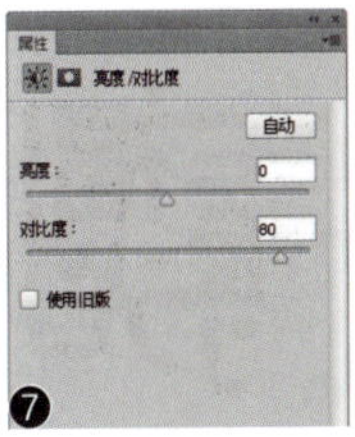

05 打开插图素材，拖入画面中。用多边形套索工具创建一个选区❾，单击“图层”面板底部的按钮，基于选区创建蒙版，将右侧挡住草莓的部分隐藏❿。

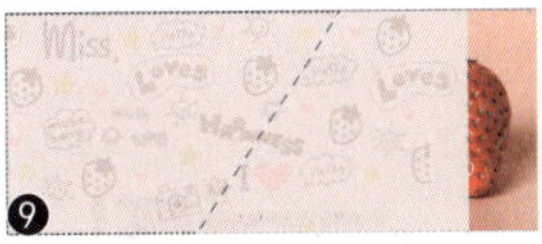
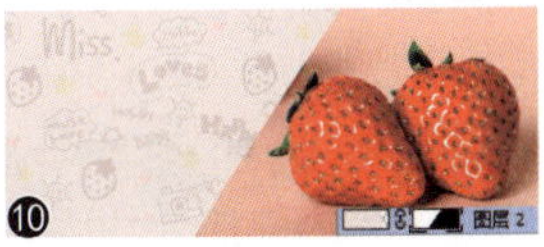

13.10.2 “幸福时光”字体设计

01 新建一个空白文档，用来制作文字。选择横排文字工具，输入文字❶。在“图层”面板中的文字图层上右击，在弹出的快捷菜单中选择“转换为形状”命令，将文字图层转换为形状图层，文字不再具备原有的属性，不能再修改字体，但是可以作为路径编辑❷。

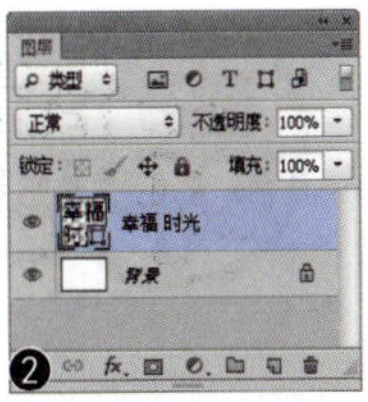

02 用路径选择工具调整文字的位置，再用直接选择工具单击文字“福”的路径，显示所有锚点以后，拖曳出一个选框，框选最左侧的两个锚点❸，按住Shift键同时将其向左拖动❹。再用同样的方法调整其他文字的笔划❺~❽。有的延长，有的缩短，整体保持均衡。

03 用直接选择工具选取文字的部首，按下Delete键删除❾❿。选择椭圆工具，按住Shift键绘制大小不同的圆形填补在原来的位置⓫。

04 用钢笔工具绘制一条弧线，作为文字“光”的笔画延长线。文字中都是直线会显得刻板，适当地加入圆形和弧线会在平稳中产生变化感，活跃字体气氛。在工具选项栏中设置填充为“无”，描边为13.06点，单击按钮，在打开的下拉列表中设置形状的描边类型，描边与路径为居中对齐、圆头端点⓬⓭。

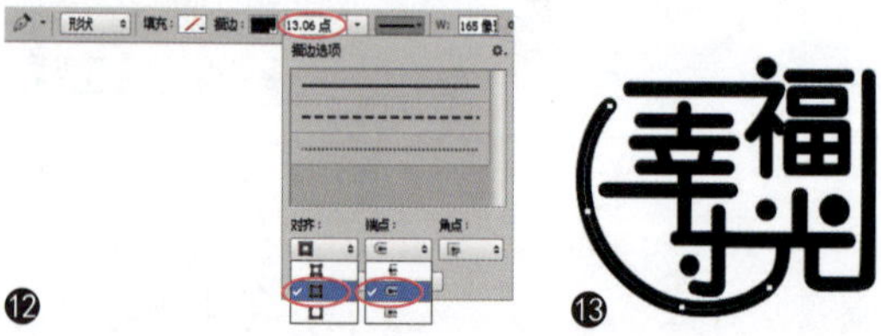

05 在文字“寸”左侧绘制一个半圆形路径，设置角点为“圆角连接”⓮⓯。选择椭圆工具，在路径中绘制一个圆形⓰，组成一个完整的文字“时”，完成这款字体的设计。

13.10.3 给字体添加特效

01 按住Shift键单击并选取这3个图层❶。在图层上右击，在弹出的快捷菜单中选择“栅格化图层”命令，将形状图层转换为普通图层❷。按下Ctrl+E快捷键将这3个图层合并在一起，单击按钮，锁定图层的透明像素❸。

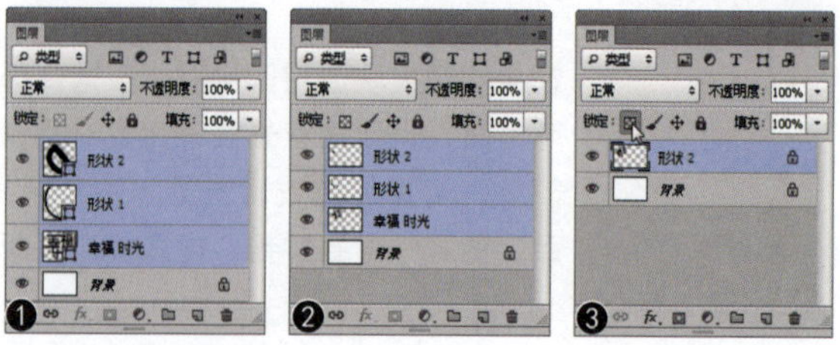

02 将前景色设置为红色，按下Alt+Delete快捷键，将文字填充为红色❹。用鼠标双击该图层，打开“图层样式”对话框，为文字添加“描边”和“投影”效果❺❻，将文字拖入草莓文档中❼。

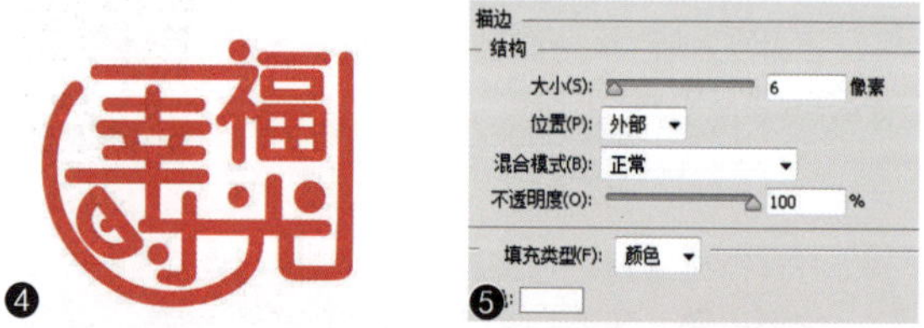

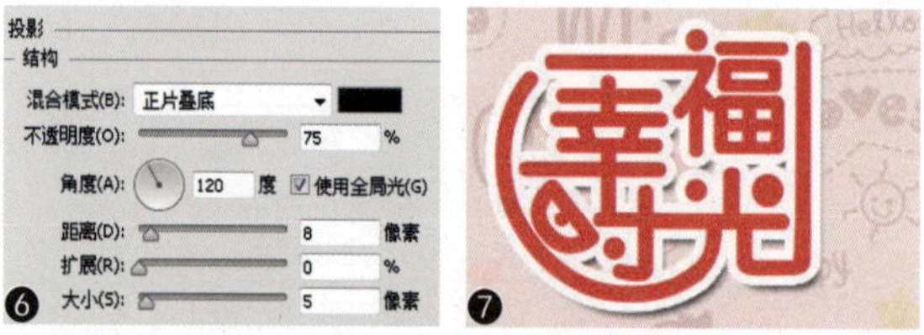

03 选择横排文字工具，输入副标题及广告语❽，并用英文进行装饰❾。

04 输入产品信息，绘制浅粉字图形装饰在文本块的两个边角处❿。

13.11 课后测验

Photoshop CC可以从PSD文件（分层文档）的每一个图层中生成一幅图像。有了这项功能，Web设计人员就可以从PSD文件中自动提取图像资源，免除了手动分离和转存工作。本章的第一个测验是使用这一功能；第二个测验是制作一个淘宝店招。

13.11.1 生成图像资源

将PSD素材文件复制到计算机中，然后在Photoshop中打开它❶❷。执行“文件>生成>图像资源”命令，使该命令处于勾选状态。在图层组的名称上双击鼠标，显示文本框，修改名称并添加文件格式扩展名.jpg❸。在图层名称上双击鼠标，将该图层重命名为“卡通2.gif”❹。需要注意的是，图层名称不支持特殊字符 /、: 和 *。

❶

❷

❸

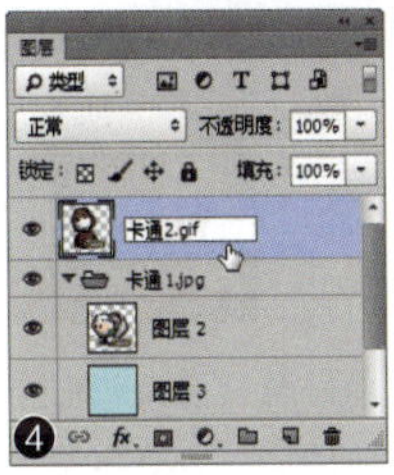
❹

操作完成后，即可生成图像资源，Photoshop会将它们与源 PSD 文件一起保存在子文件夹中❺。如果源 PSD 文件尚未保存，则生成的资源会保存在桌面上的新文件夹中。

❺

13.11.2 制作淘宝店招

新建一个950像素×150像素、72像素/英寸的文档。将背景填充为青蓝色（R192，G236，B215）。打开素材文件❶，按住Shift键选取童装所在的4个图层❷，使用移动工具将童装拖入店招文档中。单击工具选项栏中的垂直居中对齐按钮，进行居中对齐。在“图层”面板的空白处单击，取消图层的选取状态。在工具选项栏中勾选“自动选择”选项，拖曳童装到相应的位置。再选取这4个图层，单击水平居中分布按钮。为了突出商品的显示，可以给童装加上投影效果❸，并在童装后面用白色和粉色加以衬托。将Logo、广告语及活动图标素材拖入店招文档中❹。

❶

❷

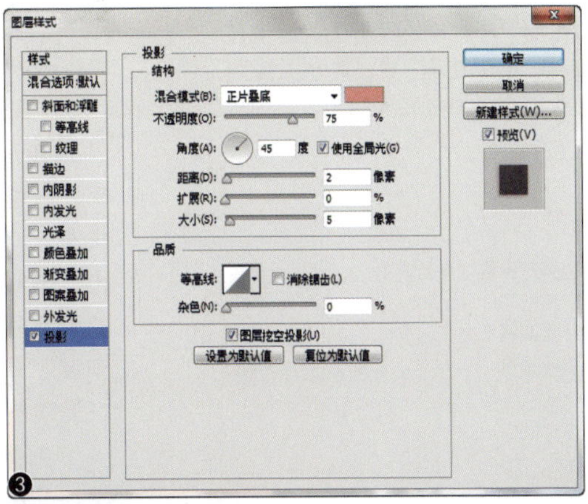
❸

❹

第14章 滤镜与特效

本章简介

在Photoshop中，滤镜充当的是“魔法师”的角色，它只要随手一变，就能让普通的图像呈现令人惊奇的视觉效果。滤镜有很多用途，可以校正照片、制作特效、模拟各种绘画效果，也常用来编辑图层蒙版、快速蒙版和通道。例如，使用滤镜编辑蒙版，可以得到各种特殊的蒙版图像，从而创建特殊的图像合成效果；使用“镜头模糊”滤镜，可以通过图像的Alpha通道来映射像素的位置，使图像中的一些对象在焦点内，另一些区域变模糊，从而模拟出大光圈镜头所产生的具有景深感的模糊效果；使用“液化”滤镜，可以对人像照片进行美化，如瘦身、瘦脸、收腹、提臀等。本章主要介绍滤镜的使用方法、滤镜库和增效工具。与照片处理有关的滤镜在“第9章 照片处理”中，其他滤镜则被制作成电子书放在光盘中。

学习重点

关键概念

14.1 滤镜

Photoshop的滤镜家族中有一百多个“成员”，它们每个都是特效高手。

14.1.1 疑问解答：什么是滤镜?

滤镜原本是一种摄影器材，摄影师将其安装在照相机的镜头前面来改变照片的拍摄方式，以便影响色彩或产生特殊的拍摄效果。

Photoshop中的滤镜是一种插件模块，可以操纵图像中的像素。位图（如照片、图像素材等）是由像素构成的，每一个像素都有自己的位置和颜色值，滤镜可以改变像素的位置和颜色，从而生成各种特效❶❷。

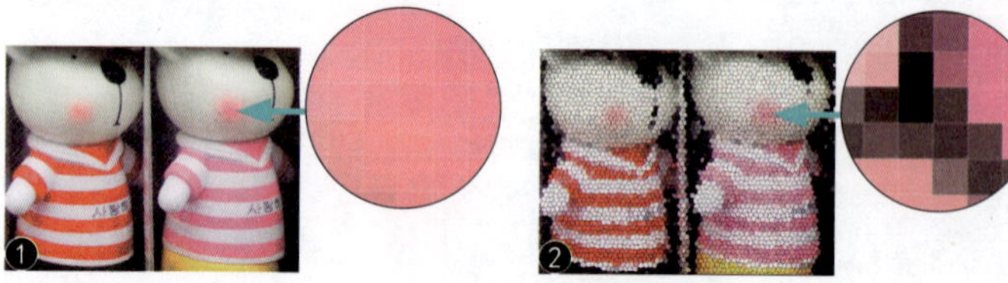

原图像及用“染色玻璃”滤镜处理后的效果，从中可以看到像素的变化情况

Photoshop的所有滤镜都在“滤镜”菜单中❸。其中“滤镜库”“镜头校正”“液化”和“消失点”等是大型滤镜，被单独列出，而其他滤镜都依据其主要功能放置在不同类别的滤镜组中。如果安装了外挂滤镜，则它们会出现在“滤镜”菜单的底部。

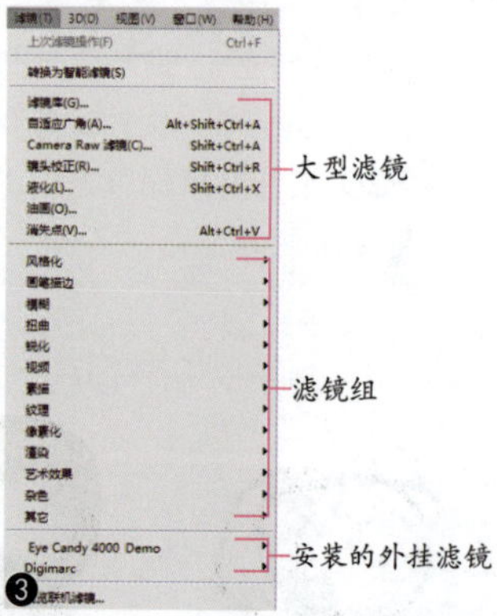

如果想要了解滤镜的更多信息，如滤镜版本、制作者、所有者等，可以打开“帮助>关于增效工具”菜单，其中包含了Photoshop滤镜和增效工具的目录，选择任

意一个，就会显示它的详细信息。此外，我们还可以执行“滤镜>浏览联机滤镜”命令，到Adobe网站上查找滤镜和增效工具。

14.1.2 疑问解答：什么是外挂滤镜?

Photoshop提供了开放的平台，允许用户将第三方厂商开发的滤镜以插件的形式安装在Photoshop中，这些滤镜称为“外挂滤镜”。外挂滤镜侧重于直接表现效果，如水滴、火焰和金属等，特效的制作方法要比Photoshop简单得多，因而备受广大Photoshop爱好者的青睐。不过，需要注意的是，外挂滤镜虽好，也不宜安装得过多，因为它们会占用系统资源。

外挂滤镜与一般程序的安装方法基本相同，只是要注意应将其安装在Photoshop的Plug-in目录下❶，否则将无法直接运行滤镜。有些小的外挂滤镜手动复制到plug-in文件夹中便可使用。安装完成以后，重新运行Photoshop，在“滤镜”菜单的底部便可以找到它们。

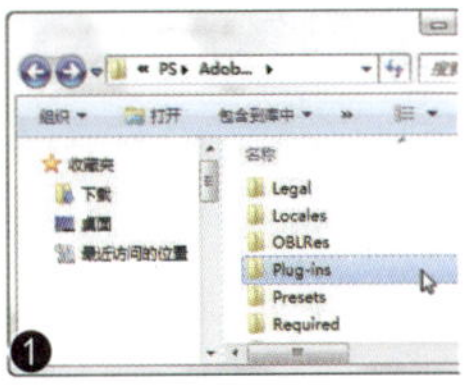

本书的配套光盘中提供了《Photoshop内置滤镜使用手册》和《Photoshop外挂滤镜使用手册》两本电子书。第一本电子书中包含本书未曾讲到的Photoshop滤镜（参数和效果），以及Photoshop增效工具的安装和使用方法，其中也包含怎样使用“文件>自动>联系表”和“文件>自动>PDF演示文稿”命令对图像进行编目，制作可自动播放的PDF文稿。《Photoshop外挂滤镜使用手册》中包含KPT7、Eye Candy 4000、Xenofex等经典外挂滤镜的参数设置方法和具体的效果展示❷。如果需要了解每种滤镜的参数和效果，可以参阅这两本电子书。

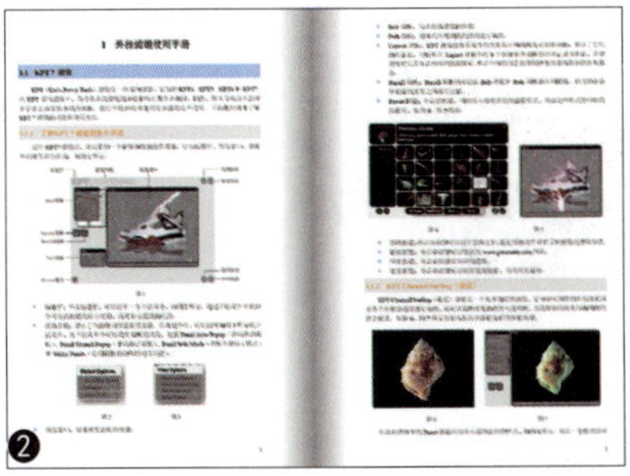

14.1.3 滤镜的种类和用途

滤镜分为内置滤镜和外挂滤镜两大类。内置滤镜是Photoshop自身提供的各种滤镜，外挂滤镜则是由其他厂商开发的滤镜，它们需要安装在Photoshop中才能使用。

Photoshop的内置滤镜主要有两种用途。第一种用于创建具体的图像特效，如可以生成粉笔画、图章、纹理、波浪等各种效果，此类滤镜的数量最多，且绝大多数都在“风格化”“画笔描边”“扭曲”“素描”“纹理”“像素化”“渲染”和“艺术效果”等滤镜组中。除“扭曲”以及其他少数滤镜外，基本上都是通过“滤镜库”来管理和应用的。

第二种用于编辑图像，如减少图像杂色、提高清晰度等。这些滤镜在“模糊”“锐化”和“杂色”等滤镜组中。此外，“Camera Raw滤镜”“液化”“消失点”和“镜头校正”也属于此类滤镜。这几个滤镜比较特殊，它们功能强大，并且有自己的工具和独特的操作方法，更像是独立的软件。

14.1.4 滤镜使用时需要注意的事项

- 使用滤镜处理某一图层中的图像时，需要选择该图层，并且图层必须是可见的，即图层的缩览图前面有眼睛图标（77页）。
- 滤镜（以及绘画工具、加深、减淡、涂抹、污点修复画笔等修饰类工具）只能处理当前选择的一个图层，不能同时处理多个图层。
- 滤镜的处理效果是以像素为单位进行计算的，因此，相同的参数处理不同分辨率的图像，其效果也会有所不同。
- 选区对滤镜的有效范围是有影响的。如果在图像上创建了选区❶，滤镜只处理选中的图像❷；未创建选区时，处理当前图层中的全部图像❸。

- 只有“云彩”滤镜可以应用在没有像素的区域，其他滤镜都必须应用在包含像素的区域，否则不能使用这些滤镜。但外挂滤镜除外。

14.1.5 实战技巧：滤镜使用技巧

- 在滤镜对话框中，按住Alt键，“取消”按钮会变成“复位”按钮❶，单击“复位”按钮，可以将参数恢复为初始状态。

● 使用一个滤镜后，“滤镜”菜单的第一行便会出现该滤镜的名称❷，单击它或按下Ctrl+F快捷键，可以快速应用这一滤镜。如果要修改滤镜参数，可以按下Alt+Ctrl+F快捷键，打开该滤镜的对话框重新设定。

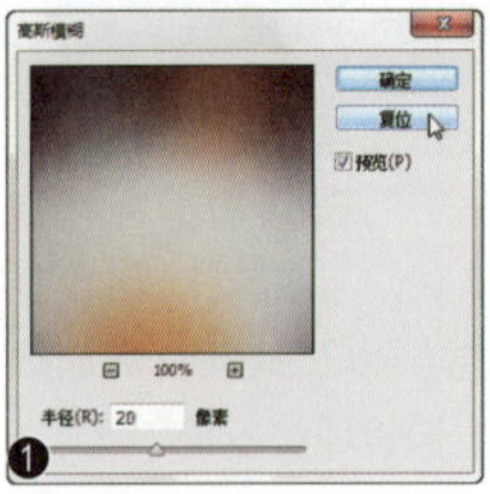
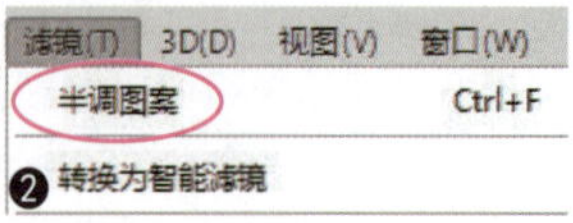

● 使用滤镜时通常会打开“滤镜库”或者相应的对话框，在预览框中可以预览滤镜效果，单击➕和➖按钮，可以放大和缩小显示比例；单击并拖曳预览框内的图像，可以移动图像❸；如果想要查看某一区域，可以在文档中单击，滤镜预览框中就会显示单击处的图像❹。

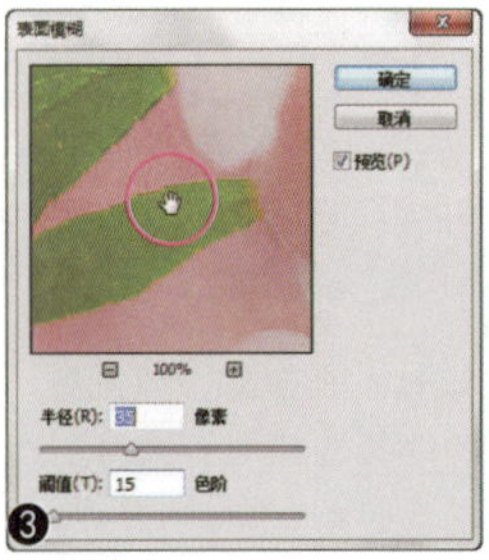

● 使用滤镜处理图像后，执行“编辑>渐隐”命令可以修改滤镜效果的混合模式和不透明度❺❻。需要注意的是，“渐隐”命令必须是在进行了编辑操作后立即执行，如果这中间又进行了其他操作，则无法使用该命令。

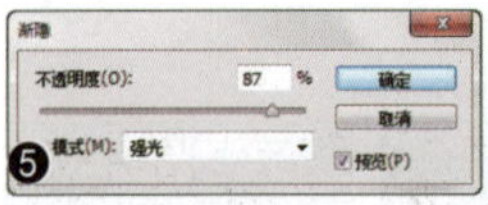

● 应用滤镜时按下Esc键可以终止滤镜。

14.1.6 实战技巧：提高滤镜的效率

Photoshop中一部分滤镜在使用时会占用大量内存，如“光照效果”“木刻”“染色玻璃”等，特别是编辑高分辨率的图像时，Photoshop的处理速度会变得很慢。如果遇到这种情况，可以先在一小部分图像上试验滤镜效果，找到合适的设置后，再将滤镜应用于整个图像。或者在使用滤镜之前先执行“编辑>清理”命令释放内存，也可以退出其他应用程序，为Photoshop 提供更多的可用内存。

此外，还有一个解决办法，就是将计算机中空闲的硬盘作为虚拟内存来使用（31页）。

14.1.7 疑问解答：为什么滤镜无法使用？

在“滤镜”菜单中，如果某些滤镜命令显示为灰色，就表示在当前状态下不能使用。出现这种情况，主要是由于图像的颜色模式有问题。

RGB模式的图像可以使用全部滤镜，一部分滤镜不能用于CMYK图像，索引和位图模式的图像不能使用任何滤镜。如果要对位图、索引或CMYK图像应用滤镜，可以先执行“图像>模式>RGB颜色”命令，将其转换为RGB模式，再用滤镜处理。

14.1.8 疑问解答：为什么我的滤镜少了很多？

“滤镜”菜单中的“画笔描边”“素描”“纹理”和“艺术效果”等滤镜组是可以通过“滤镜库”来使用的，也就是说，“滤镜库”中包含这些滤镜。要用这些滤镜的时候，打开“滤镜库”（执行“滤镜>滤镜库”命令）就行了。因此，没有必要让它们占用“滤镜”，这样菜单才能更加简洁、清晰。

使用“滤镜库”时，从中选择一个滤镜，它就会出现在对话框右下角的已应用滤镜列表中。单击新建效果图层按钮，可以添加效果图层，此时可以选择其他滤镜，图像效果也会变得更加丰富❶。因此，使用“滤镜”库添加滤镜效果是非常方便的。

❶

但如果还是习惯于Photoshop之前版本的滤镜用法，即想让“画笔描边”“素描”“纹理”和“艺术效果”等滤镜组出现在菜单中，可以执行“编辑>首选项>增效工具”命令，打开“首选项”对话框，勾选“显示滤镜库的所有组和名称”选项即可。

14.2 智能滤镜

智能滤镜是一种非破坏性的滤镜，它不会真正改变像素，可以随时修改参数或删除。除“液化”和“消失点”等少数滤镜之外，其他的滤镜都可以作为智能滤镜来使用，这其中也包括支持智能滤镜的外挂滤镜。此外，“图像>调整”菜单中的“阴影/高光”和“变化”命令也可以作为智能滤镜来应用。

14.2.1 分析：智能滤镜的4大优点

我们知道，滤镜是通过修改像素位置和颜色来生成特效的，因此，在使用时会破坏像素。例如下面的两图❶❷，左图为原图，右图为用“图章”滤镜处理后的效果。可以看到“背景”图层的像素被修改了。如果将图像保存并关闭，就无法恢复为原来的效果了，这是普通滤镜破坏性的体现。

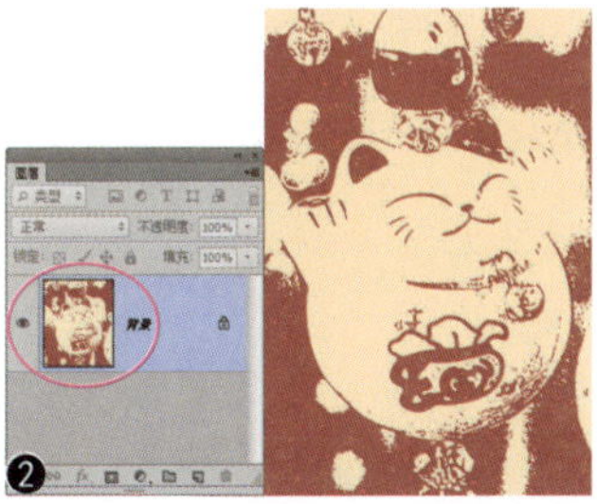

智能滤镜可以将滤镜应用于智能对象，呈现与普通滤镜完全相同的效果❸，但不会修改原始像素。我们只要将滤镜隐藏，原始图像就会得到恢复❹。

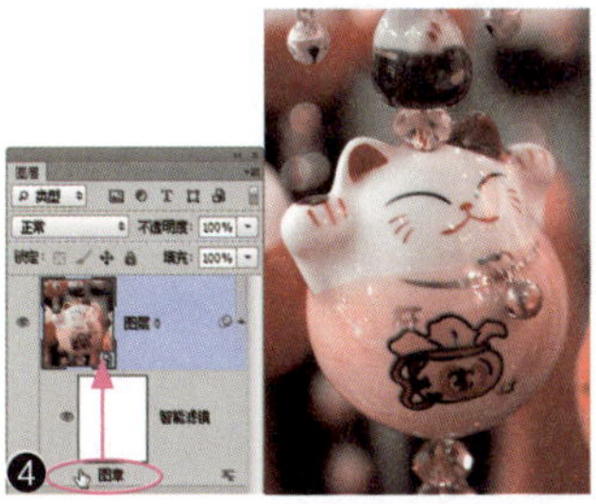

上面的分析说明：智能滤镜是非破坏性的功能，原始图像可随时恢复。这是智能滤镜的第一个优点。

此外，智能滤镜还有另外几个显著的优点。它的第二个优点是：同一个图层上可以添加多个滤镜；第三个优点是滤镜参数可随时修改；第四个优点是滤镜效果可以像普通图层一样用蒙版控制范围，调整混合模式和不透明度，调整堆叠顺序，添加图层样式。

但智能滤镜也有一个小小的缺憾，它并非完全“智能”。这体现在当我们缩放添加了智能滤镜的对象时，滤镜效果不会做出相应的改变。例如，在应用了“模糊”智能滤镜后，将对象缩小，模糊范围并不会自动减少，我们需要手动修改滤镜参数，才能使滤镜效果与缩小后的对象相匹配。

不过瑕不掩瑜，就冲着它的4个优点，也值得我们在使用滤镜时优先考虑。

14.2.2 实战技巧：快速掌握智能滤镜的用法

在Photoshop 中，有两种专门用于制作特效的功能——图层样式和滤镜。图层样式可以呈现10种效果（80页），在表现质感方面应用较多。滤镜效果更加丰富，在制作特效方面用途很广。

图层样式是附加在图层上的功能❶，不破坏图层内容，可以随时添加、修改和删除，属于非破坏性编辑功能。

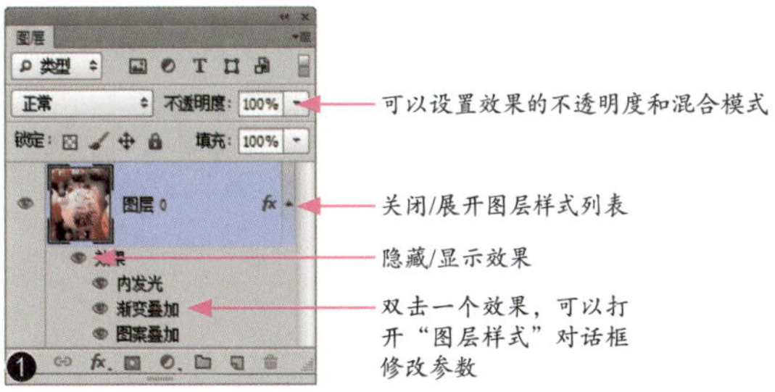

如果我们以智能滤镜的形式使用滤镜，那么，它也会像效果一样附加在图层上，因此，也可以进行修改和删除，甚至操作方法也与图层样式相同。因而其性质与图层样式也就没有什么不同了——同属于用于制作特效的非破坏性功能。

不仅如此，在“图层”面板中，智能滤镜的结构与图层样式也非常相似❷。我们在前面已经学习了图层样式，将其套用在智能滤镜上，是不是就可以快速掌握智能滤镜了？

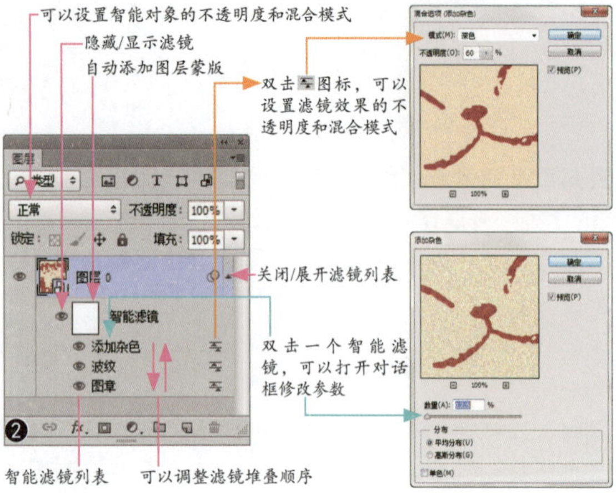

14.2.3 练习：用智能滤镜制作网点特效

01 打开素材❶。执行“滤镜>转换为智能滤镜”命令，弹出一个提示，单击“确定”按钮，将“背景”图层转换为智能对象❷。如果当前图层为智能对象，可以直接对其应用滤镜，不必再转换为智能滤镜。

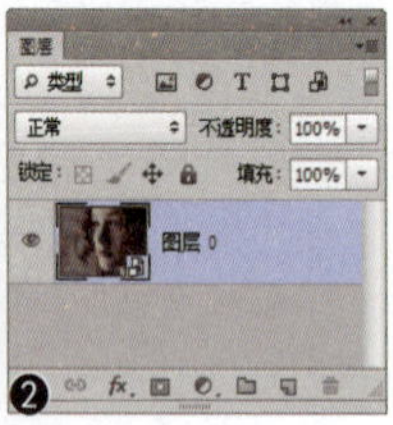

02 按下Ctrl+J快捷键复制图层。将前景色调整为浅青色（R0，G138，B238）。执行“滤镜>素描>半调图案”命令，打开“滤镜库”，将“图像类型”设置为“网点”❸，单击“确定”按钮，应用智能滤镜❹。

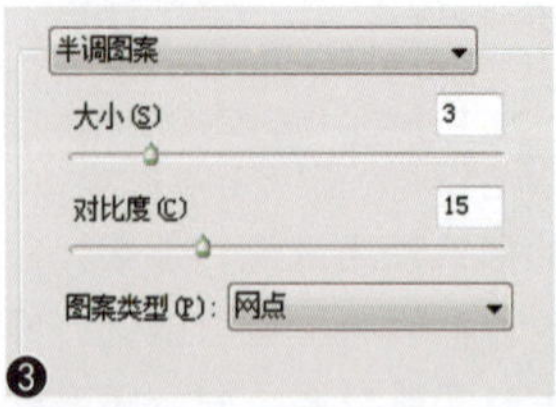

03 执行“滤镜>锐化>USM锐化”命令，对图像进行锐化，使网点变得清晰❺❻。

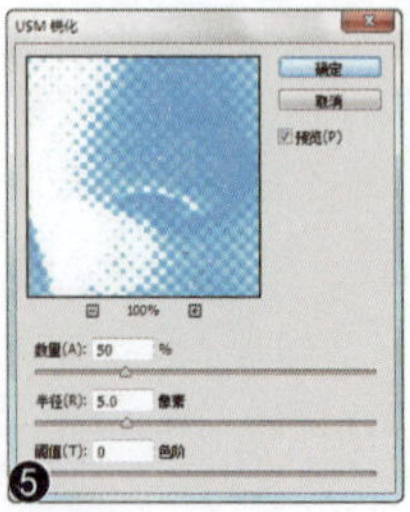
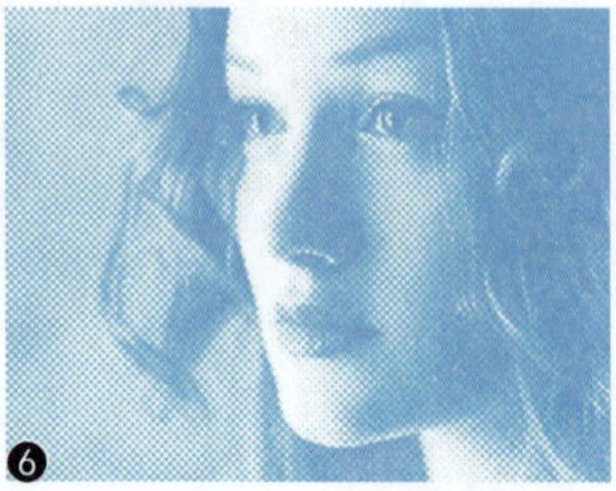

04 将“图层0副本”的混合模式设置为“正片叠底”❼。选择“图层0”❽。

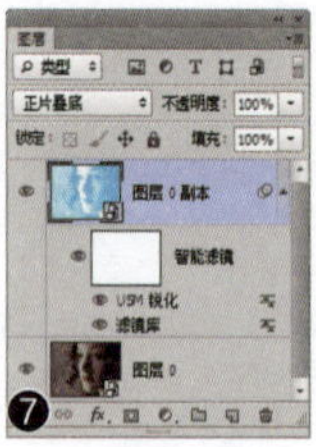
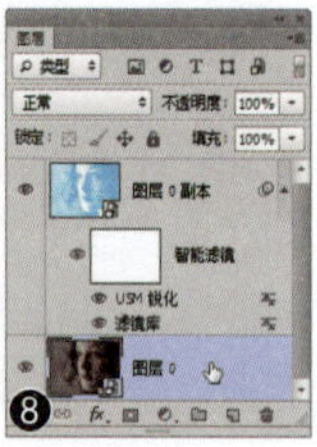

05 将前景色调整为洋红色（R228，G0，B127）。执行“滤镜>素描>半调图案”命令，打开“滤镜库”，使用默认的参数，将“图层0”中的图像处理为网点效果❾。执行“滤镜>锐化>USM锐化”命令，锐化网点。选择移动工具，按下←和↓键轻移图层，使上下两个图层中的网点错开。最后使用裁剪工具将照片的边缘裁齐❿。

14.2.4 练习：修改智能滤镜

对普通图层应用滤镜时，需要使用“编辑>渐隐”命令修改滤镜效果的不透明度和混合模式，并且还得在滤镜应用完以后马上操作，否则不能使用该命令。智能滤镜则不同，只要双击智能滤镜旁边的编辑混合选项图标，就可以随时修改不透明度和混合模式。下面我们使用前面的练习修改智能滤镜。

01 双击“图层0副本”的“半调图案”智能滤镜❶，重新打开“滤镜库”，此时可修改滤镜参数，将“图案类型”设置为“直线”，单击“确定”按钮关闭对话框，即可更新滤镜效果❷。

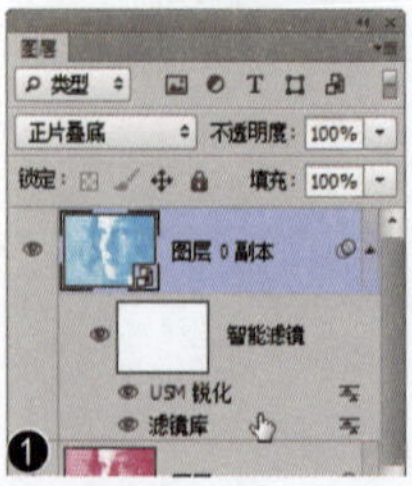

02 双击智能滤镜旁边的编辑混合选项图标，会弹出“混合选项”对话框，此时可设置该滤镜的不透明度和混合模式❸❹。

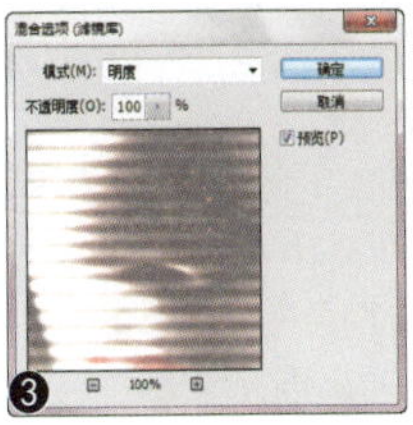

14.2.5 练习：遮盖智能滤镜

智能滤镜包含一个图层蒙版，编辑蒙版可以有选择性地遮盖智能滤镜，使滤镜只影响图像的一部分。遮盖智能滤镜时，蒙版会应用于当前图层中的所有智能滤镜，因此，单个智能滤镜无法遮盖。执行“图层>智能滤镜>停用滤镜蒙版”命令，或者按住Shift键单击蒙版，可以暂时停用蒙版，蒙版上会出现一个红色的“×”；执行“图层>智能滤镜>删除滤镜蒙版”命令或将蒙版拖曳到按钮上，可删除蒙版。

01 单击智能滤镜的蒙版，将其选择，如果要遮盖某一处滤镜效果，可以用黑色绘制；如果要显示某一处滤镜效果，则用白色绘制❶。

02 如果要减弱滤镜效果的强度，可以用灰色绘制，滤镜将呈现不同级别的透明度。也可以使用渐变工具在图像中填充黑白渐变，渐变会应用到蒙版中，对滤镜效果进行遮盖❷。更多的具体方法，可以参考图层蒙版的编辑方法（146，150页）。

14.2.6 练习：显示、隐藏和重排滤镜

01 打开素材。单击智能滤镜旁边的眼睛图标，可以隐藏该滤镜❶；单击智能滤镜行旁边的眼睛图标，或执行“图层>智能滤镜>停用智能滤镜”命令，可以隐藏应用于智能对象的所有智能滤镜❷。

02 在原眼睛图标处单击鼠标，可以重新显示滤镜❸。上下拖曳滤镜，可以重新排列它们的顺序。由于Photoshop是按照由下而上的顺序应用滤镜的，因此，图像效果会发生改变❹。

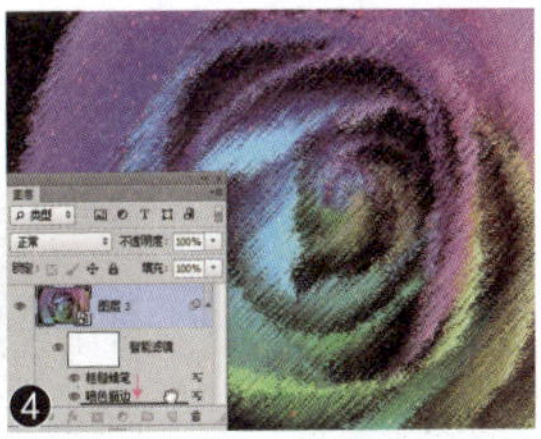

提示（Tips）

按住Alt键，将一个智能滤镜拖曳给其他智能对象，可以复制智能滤镜。按住Alt键并拖曳，可以将所有智能滤镜复制给目标对象。如果要删除单个智能滤镜，可以将它拖曳到“图层”面板底部的按钮上。如果要删除一个智能对象的所有智能滤镜，可以执行“图层>智能滤镜>清除智能滤镜”命令，或将图标拖曳到按钮上。

14.3 特效制作：火凤凰

实例门类：特效类　难度：★★★☆☆

● 说明：用“镜头光晕”“极坐标”和渐变工具制作火凤凰。

01 按下Ctrl+N快捷键，打开“新建”对话框，在“预设”下拉列表中选择“Web”选项，在“大小”下拉列表中选择“800×600”像素，新建一个文件。按下Ctrl+I快捷键，将背景反相为黑色。按下Ctrl+J快捷键复制，得到“图层1”。

02 执行“滤镜>渲染>镜头光晕”命令，选择“电影镜头”选项，设置亮度为100%，在预览框中心单击鼠标，将光晕设置在画面的中心❶。

03 按下Alt+Ctrl+F快捷键，重新打开“镜头光晕”对话框，在预览框的左上角单击鼠标，定位光晕中心❷，单击“确定”按钮关闭对话框。再次按下 Alt+Ctrl+F 快捷键，这一次将光晕定位在画面的右下角，使这 3 个光晕形成一条斜线❸❹。

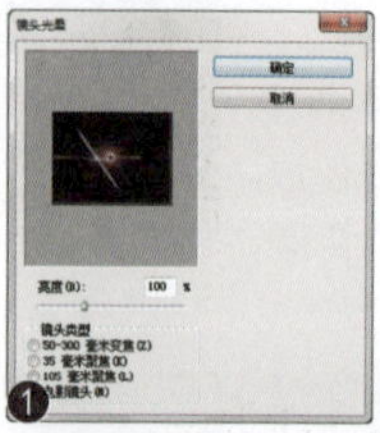
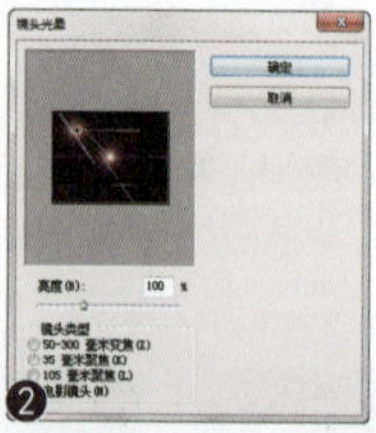

04 执行“滤镜 > 扭曲 > 极坐标”命令，打开对话框选择“平面坐标到极坐标”选项❺。关闭对话框。按下 Ctrl+T 快捷键显示定界框，右击，在弹出的快捷菜单中选择“垂直翻转”命令；再右击，在弹出的快捷菜单中选择“逆时针旋转 90 度”命令，然后将图像放大并调整位置❻。

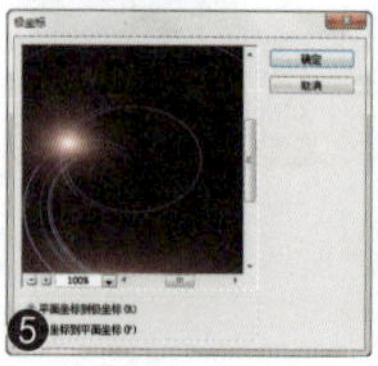

05 按下 Ctrl+J 快捷键复制“图层 1”，得到“图层 1 副本”，设置混合模式为“变亮”❼。按下 Ctrl+T 快捷键显示定界框，将图像沿逆时针方向旋转并适当放大❽。

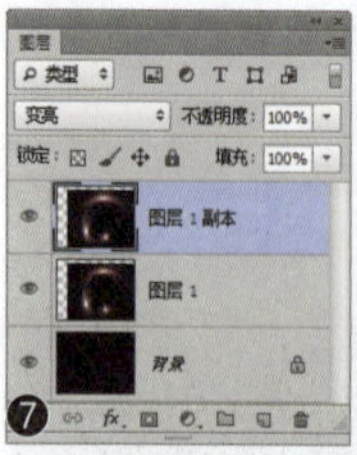
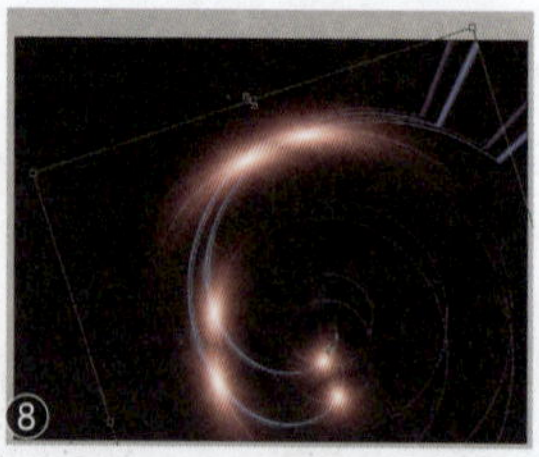

06 再次按下 Ctrl+J 快捷键复制“图层 1 副本”，将图像沿顺时针方向旋转❾。使用橡皮擦工具 擦除这一图层中的小光晕，只保留大光晕❿。

07 按下 Ctrl+J 快捷键复制当前图层，将复制后的图像缩小，朝逆时针方向旋转，定位光晕，形成凤凰的头部⓫。

08 选择渐变工具 ，在工具选项栏中单击径向渐变按钮 ，单击渐变颜色条，打开“渐变编辑器”调整渐变颜色⓬。新建一个图层，填充径向渐变⓭。设置该图层的混合模式为“叠加”⓮。

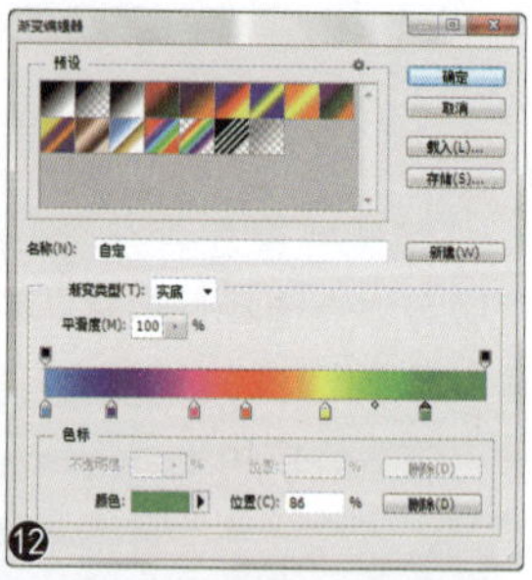
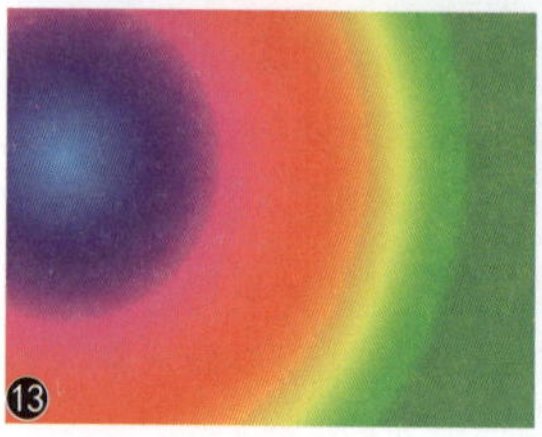

09 按下Alt+Shift+Ctrl+E快捷键，将图像盖印到一个新的图层（图层3）中，保留该图层和“背景”图层，将其他图层删除。调整图像的高度，并将它移动到画面中心⓯。使用橡皮擦工具 擦除整齐的边缘，在处理靠近凤凰边缘时，将橡皮擦的不透明度设置为50%，这样修边时可以使边缘变浅，颜色不再强烈⓰。

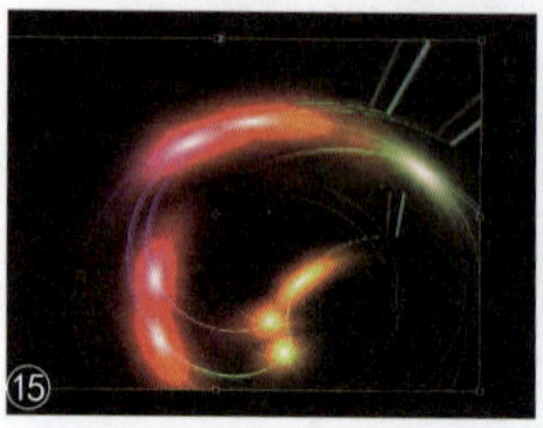

10 按下 Ctrl+J 快捷键复制当前图层，设置复制后的图层的混合模式为“变亮”，再将它沿逆时针方向旋转⓱。使用橡皮擦工具 擦除多余的区域⓲。

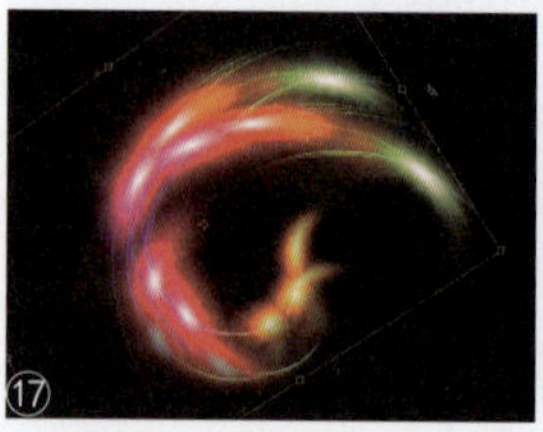

11 按下 Ctrl+U 快捷键打开“色相 / 饱和度”对话框，调整色相参数为－180⓳⓴。

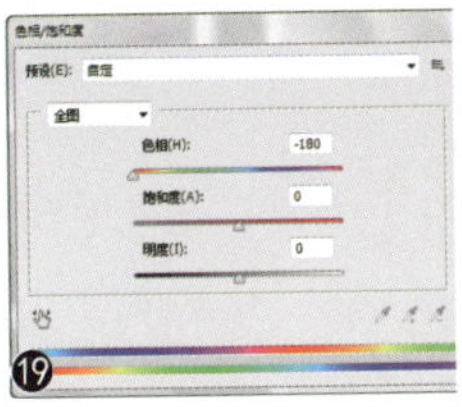

12 继续用上面的方法制作其余的图像，可以先复制凤尾图像，再调整颜色和大小，组合排列成为凤凰的形状㉑。

14.4 课后测验

本章学习了滤镜。下面我们用“滤镜>扭曲”菜单中的“极坐标”滤镜制作两种不同的球面全景图。一种是大地无限向外扩展；一种是广袤的天空漫无边际，形成强烈的视觉反差。

14.4.1 无限绿地球面全景

打开“极坐标”对话框，选择“平面坐标到极坐标”选项，对图像进行扭曲，然后按下Ctrl+T快捷键显示定界框，拖曳控制点，将天空调整为球状；之后还要使用仿制图章工具对草地进行修复❶~❸。

实例效果

滤镜参数

素材

14.4.2 广袤天空球面全景

先使用“图像>图像大小”命令，将画布改为正方形（单击按钮，取消约束比例）；再用“图像>图像旋转>180度”命令，将图像翻转过去，然后使用“极坐标”滤镜进行处理❶~❸。

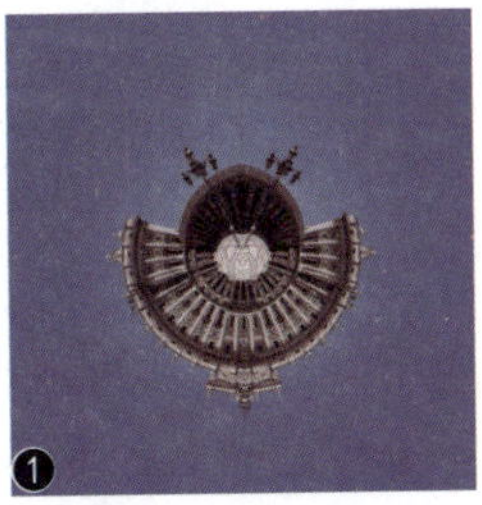

实例效果

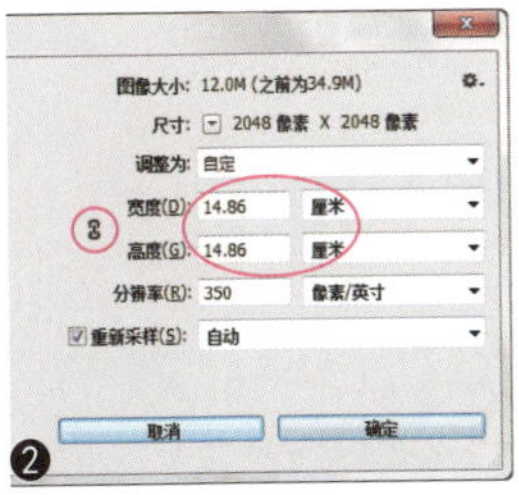

参数设置

素材

第15章 3D与技术成像

本章简介

Photoshop引入3D功能实在是让人大跌眼镜。进入这样一个自己并不占优势的领域，靠的不仅仅是勇气和自信，更要有强大的实力作为支撑才行。从目前来看，Photoshop做得风生水起。它已经能像其他3D软件那样调整模型的角度、透视、编辑模型的纹理映射、在3D空间添加光源和投影，甚至能将3D对象导出到其他程序中使用。不过我们也不难发现，Photoshop并没有在建模上投入太多（它只能生成极其简单的模型），其侧重点是材质的编辑方面，以及3D、2D场景的无缝切换，这为模型贴图、后期编辑、效果合成等带来了极大的便利。这应该是Photoshop在3D领域的真正优势。

学习重点

关键概念

15.1 3D基本概念

3D功能比图像编辑功能更加耗费内存。如果显卡的显存低于512MB，就会自动停止。

15.1.1 3D场景

在Photoshop中打开、创建和编辑3D文件时，会自动切换到3D场景——文档窗口变成3D场景❶。我们可以执行“窗口>工作区>3D”命令，显示与之配套的3D工作区，以方便工作。

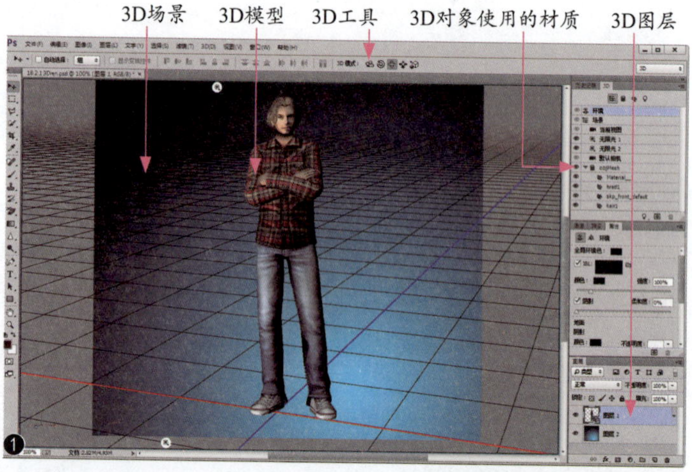

在3D场景中，最常使用的工具包括移动工具，以及“3D”“属性”和“图层”面板。我们可以轻松地创建3D模型，如立方体、球面、圆柱和3D明信片等，也可以非常灵活地修改场景和对象方向，拖曳阴影重新调整光源位置，编辑地面反射、阴影和其他效果。甚至还可以将3D对象自动对齐至图像中的消失点上。

15.1.2 网格

3D文件包含网格、材质和光源等组件。网格相当于3D模型的骨骼；材质相当于3D模型的皮肤；光源相当于太阳或白炽灯，可以使3D场景亮起来，让3D模型可见。

网格是由成千上万个单独的多边形框架结构组成的线框，提供了3D模型的底层结构❶。在 Photoshop中，可以在多种渲染模式下查看网格❷❸，还可以分别对每个网格进行操作，也可以用2D图层创建3D网格。但是要编辑3D模型本身的多边形网格，则必须使用3D程序。

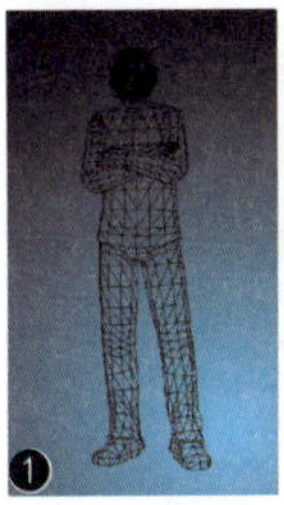
线框

着色线框

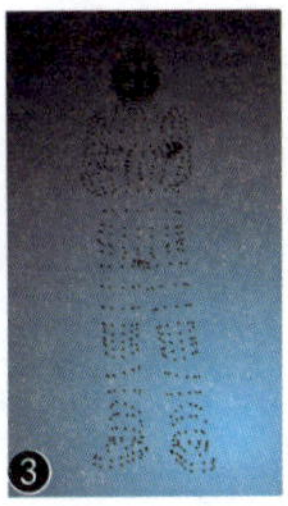
顶点

15.1.3 材质

一个网格可具有一种或多种相关的材质，它们控制整个网格的外观或局部网格的外观。材质映射到网格上，可以模拟各种纹理和质感，例如颜色、图案、反光度或崎岖度等❶~❸。

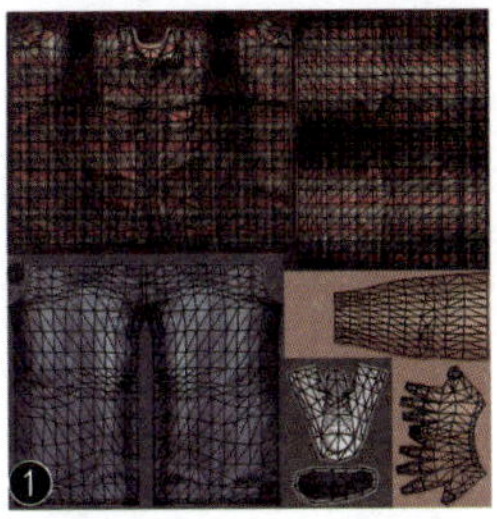
人物模型材质（衣服）

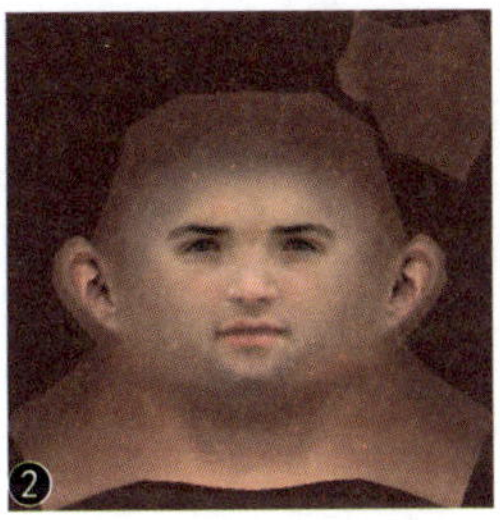
人物模型材质（脸）

人物模型材质（头发）

15.1.4 光源

光源有3种：点光❶、聚光灯❷和无限光❸。在Photoshop中可以调整这3种光源颜色、强度；可以移动光源，调整衰减范围；也可以将新的光源添加到3D场景中。

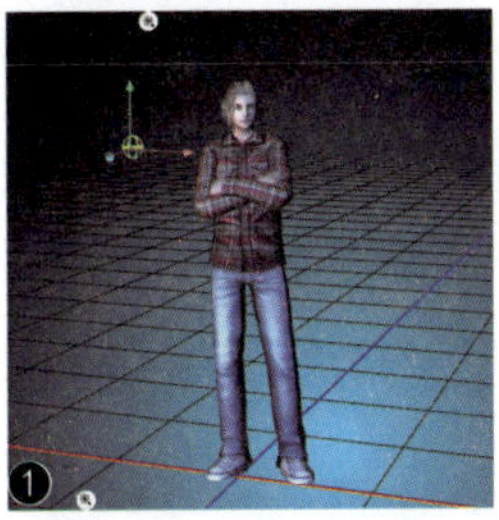
点光

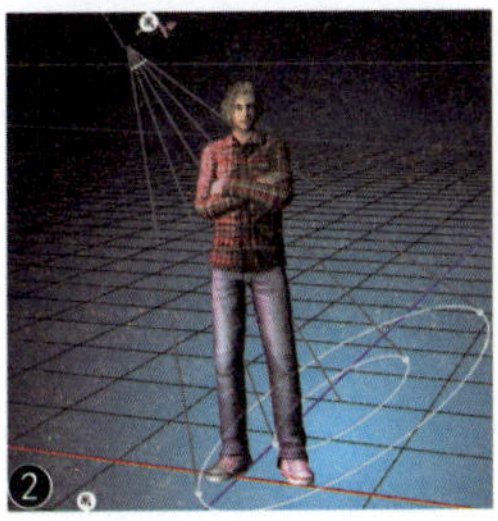
聚光灯

无限光

15.1.5 打开 3D 文件

Photoshop CC可以打开和编辑U3D、3DS、OBJ、KMZ和DAE等格式的3D文件。这些3D文件可以来自于不同的3D程序，包括Adobe Acrobat 3D Version 8、3ds Max、Alias、Maya 以及 GoogleEarth等。如果要单独打开3D文件，可以执行“文件>打开”命令，选择该文件将其打开❶❷。

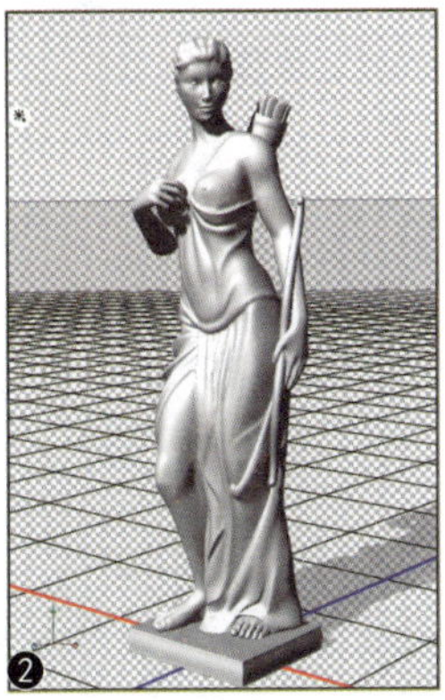

如果已经打开或者新建了一个文件（2D），想要将3D文件置入到该文档中，可以执行“3D>从文件新建3D图层”命令，然后选择该3D文件，3D模型会载入并出现在透明背景上。

如果同时打开了一个文件（2D）和一个3D文件，则可以使用移动工具直接将3D图层拖入另2D文件。

Ps 15.2

3D模型和相机工具

移动工具整合了3D模型调整和3D相机调整功能，可以对3D模型进行移动、旋转的缩放，以及调整3D相机的位置和视角。

15.2.1 练习：3D对象工具

01 按下Ctrl+O快捷键，打开3D素材文件❶。Photoshop会保留对象的渲染和光照信息，并在3D图层下面的条目中显示对象的纹理❷。

❶

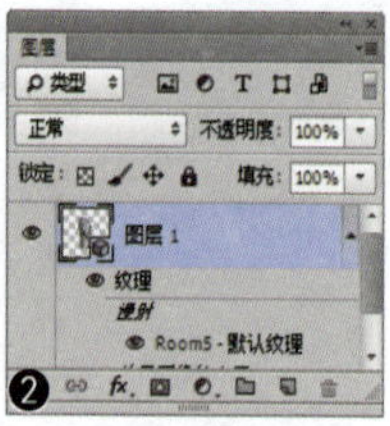

❷

02 选择移动工具，工具选项栏中即可显示3D工具❸。在模型上单击鼠标，模型周围会出现一个黑色的范围框❹，它表示模型处于选取状态。选择旋转3D对象工具，单击并上下拖曳鼠标，可以使模型围绕其X轴旋转❺；两侧拖曳，则可以围绕其Y轴旋转❻。按住Alt键的同时拖曳可以滚动模型❼。

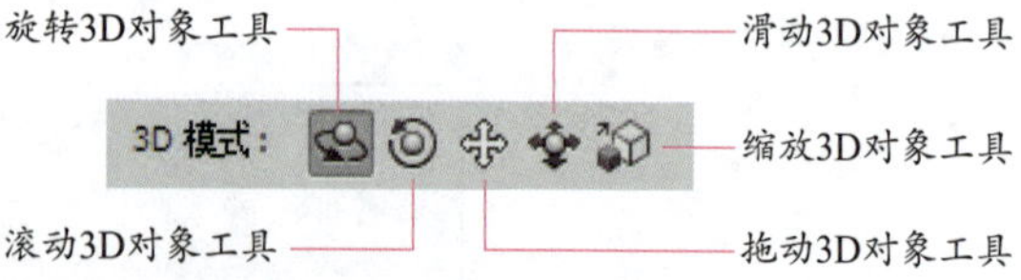

❸

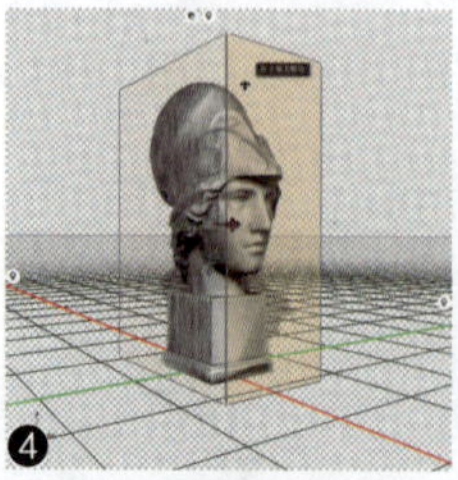
❹

❺

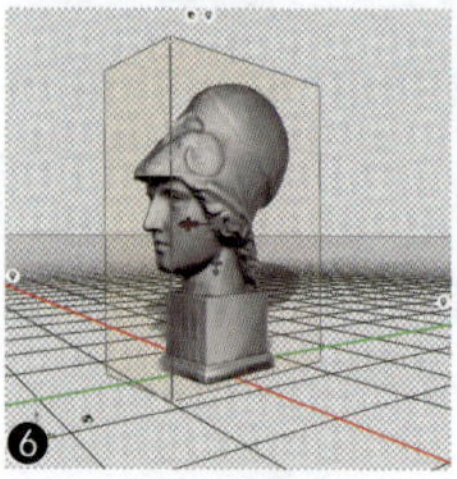
❻

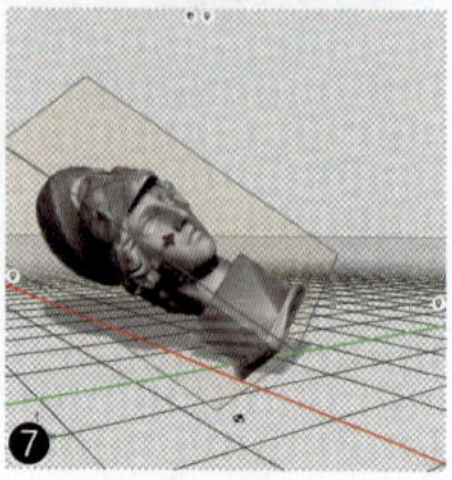
❼

03 使用滚动3D对象工具在两侧拖曳，可以使模型围绕其Z轴旋转❽。使用拖动3D对象工具在两侧拖曳，可以沿水平方向移动模型❾；上下拖曳，可以沿垂直方向移动模型。

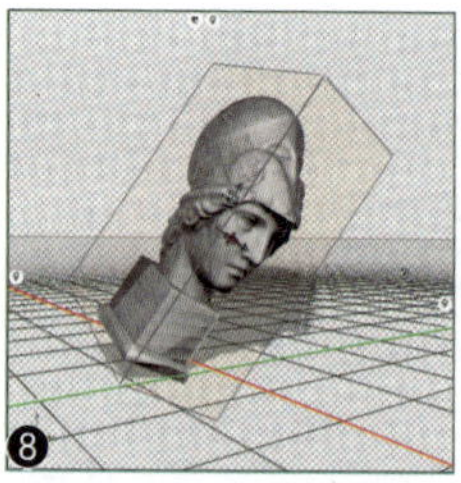
❽

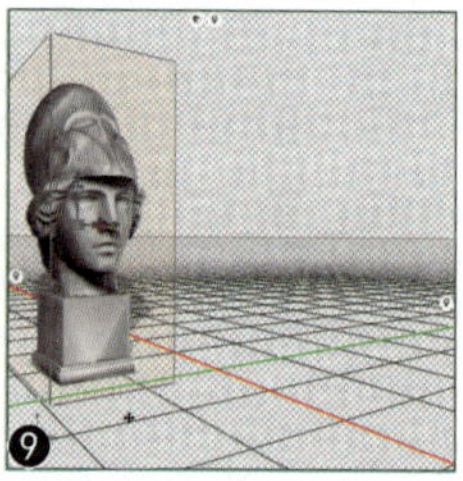
❾

04 使用滑动3D对象工具在两侧拖曳，可以沿水平方向移动模型❿；上下拖曳，可以将模型移近或移远⓫。按住Alt键的同时拖曳，可以沿X/Y方向移动。

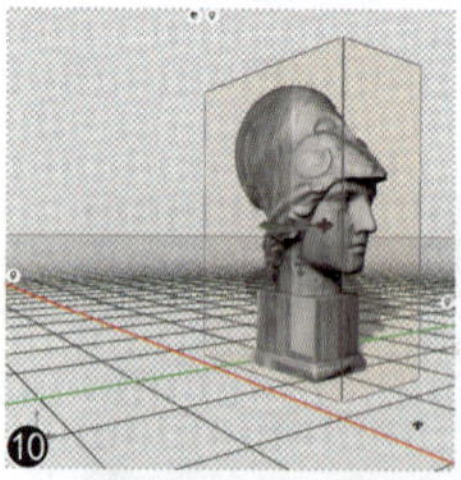
❿

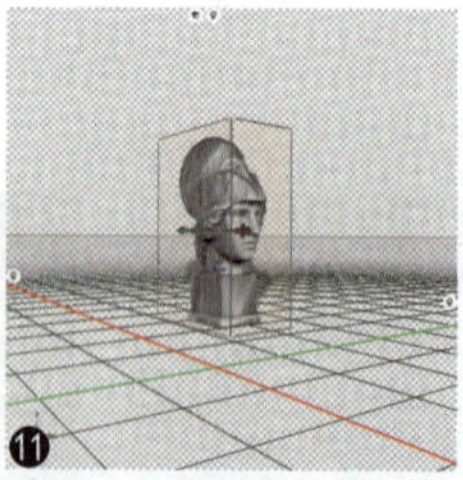
⓫

05 使用缩放3D对象工具上下拖曳，可放大和缩小模型⓬。按住Alt键的同时拖曳，可沿Z轴缩放⓭。

⓬

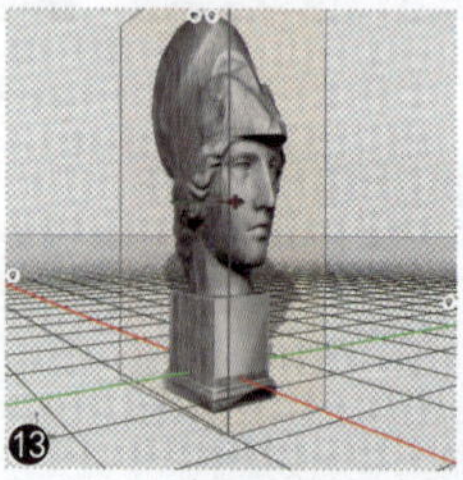
⓭

06 3D模型离开地面以后⓮，可以执行“3D>将对象移到地面”命令，使其紧贴到3D地面上⓯。

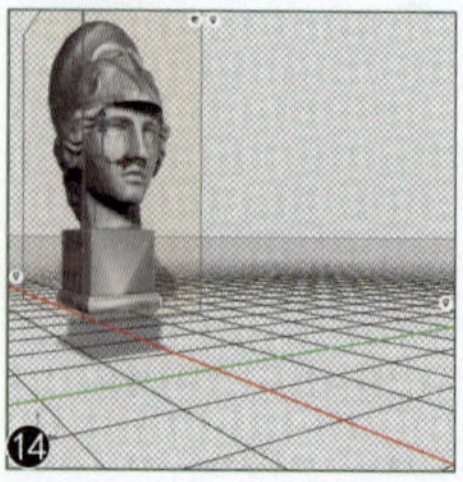
⓮

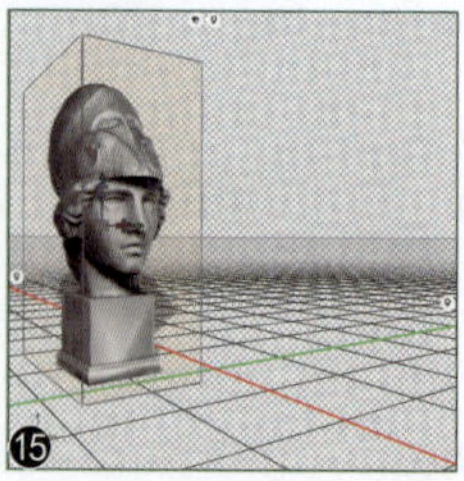
⓯

15.2.2 练习：3D相机工具

在3D界面中，使用前面的工具对3D模型进行移动、旋转、缩放等操作时，3D相机视图的位置是固定的。使用3D相机工具可以移动3D相机视图，同时保持3D对象的位置固定不变。

01 按下Ctrl+O快捷键，打开3D素材❶。选择移动工具，在工具选项栏中选择旋转3D对象工具，在模型以外的区域单击并拖曳鼠标，可以将相机沿X或Y方向环绕移动❷❸。按住 Alt键拖曳，可以滚动相机❹。

❶

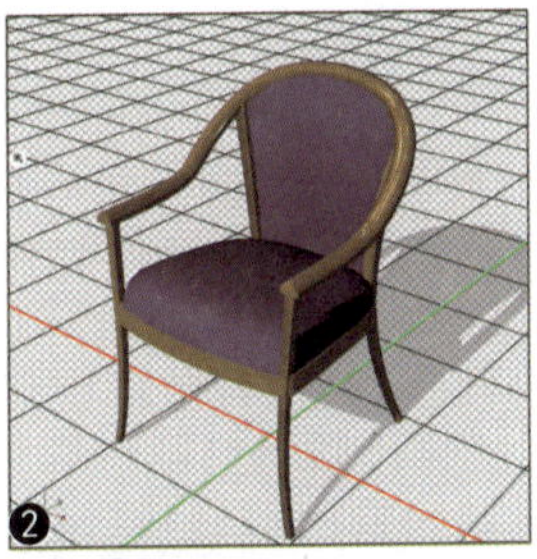
❷

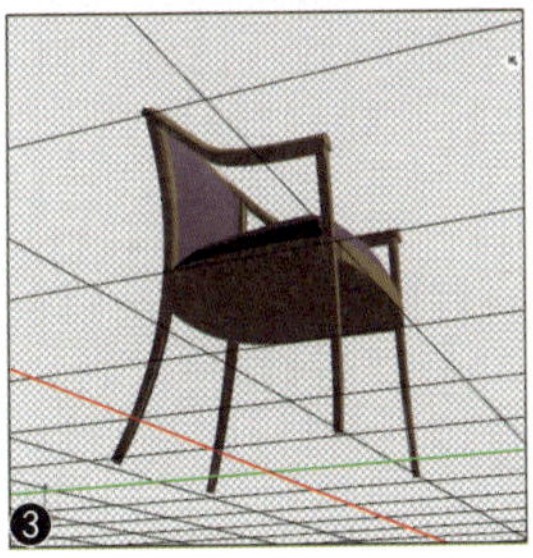
❸

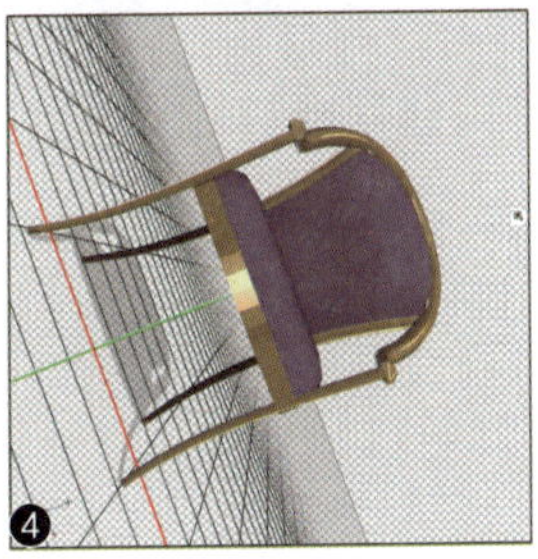
❹

02 使用滚动3D对象工具拖曳可以滚动相机❺。使用拖动3D对象工具拖曳可以将相机沿X或Y方向平移❻。按住 Alt 拖曳，可以沿X或 Z方向平移。

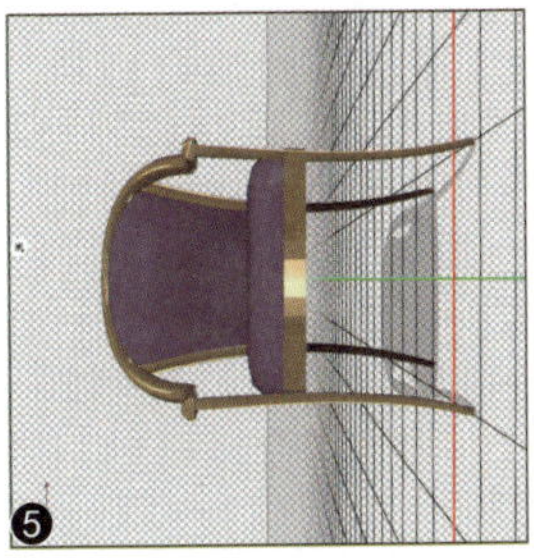
❺

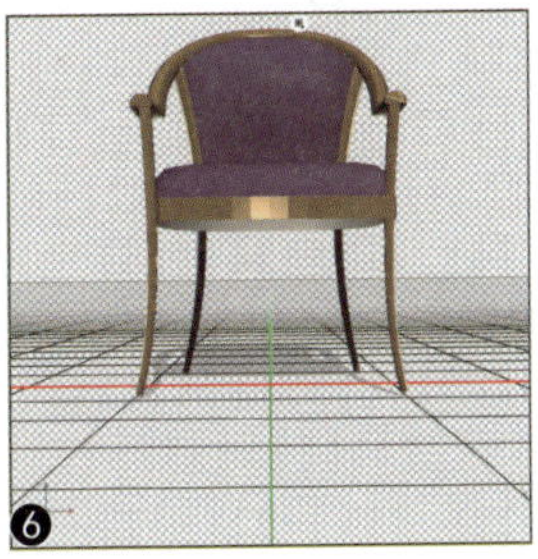
❻

03 使用滑动3D对象工具拖曳，可以步进相机（Z转换和Y旋转）❼❽。使用缩放3D对象工具拖曳，可以调整3D相机的视角。最大视角为 180°。

04 使用旋转3D对象工具调整好相机视图❾，在“属性”面板的“视图”下拉列表中选择“存储视图”命令❿，弹出“新建3D视图”对话框，输入名称⓫，并单击“确定”按钮，可以将当前视图保存起来。以后需要使用时，不必重新调整，在“视图”下拉列表中选择它便可。

❼

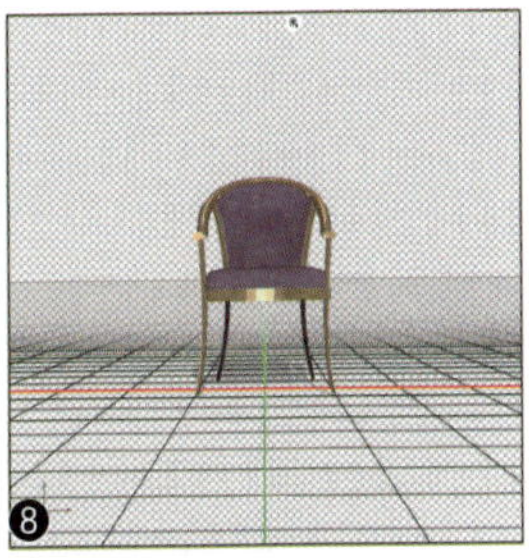
❽

❾

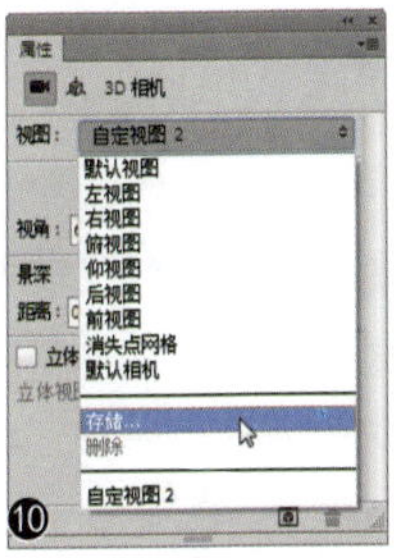

❿

⓫

提示（Tips）

“视图”下拉列表中包含预设的相机视图，可以从不同的视角观察模型。

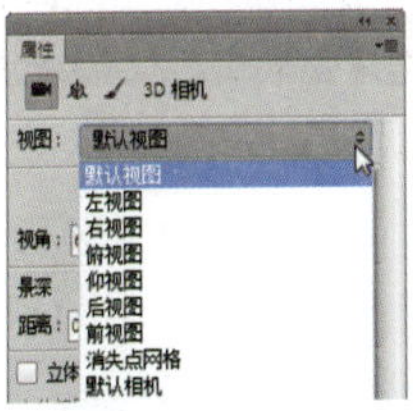

提示（Tips）

使用3D对象和相机工具调整模型和相机时，按住Shift键并进行拖曳，可以将旋转、平移、滑动或缩放操作限制为沿单一方向移动。

15.2.3 练习：使用3D轴调整

在3D场景中，编辑模型、相机、光源和网格时，窗口中会出现一个3D轴，除用以显示3D空间中模型、相机、光源和网格的当前X、Y和Z轴的方向外，还可以替代3D对象和相机工具，完成相应的操作。

01 按下Ctrl+O快捷键，打开3D文件❶。使用移动工具单击3D对象，窗口中会出现3D轴❷。

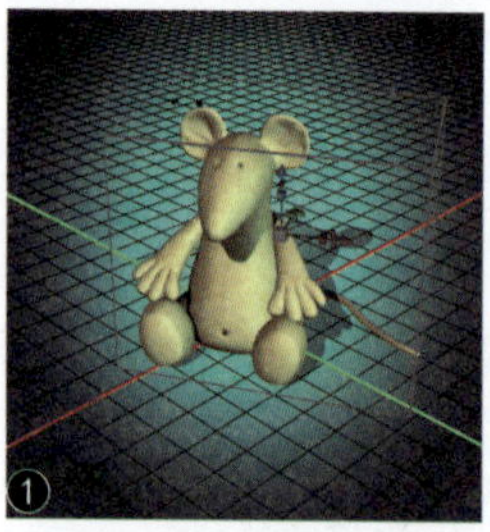

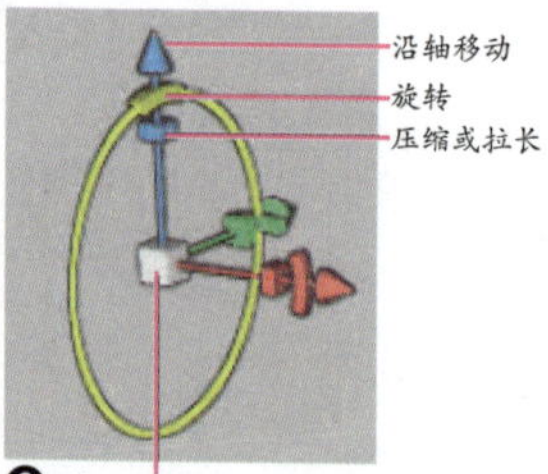

❷ 等比缩放

02 将光标放在3D轴的控件上，使其高亮显示。如果要沿X/Y/Z轴移动项目，可以将光标放在任意轴的锥尖上，向相应的方向拖曳❸。

03 如果要旋转项目，可以将光标放在轴尖内弯曲的旋转线段上，此时会出现旋转平面的黄色圆环，围绕3D轴中心沿顺时针或逆时针方向拖曳圆环即可旋转模型❹。要进行幅度更大的旋转，可以将鼠标向远离3D轴的方向移动。

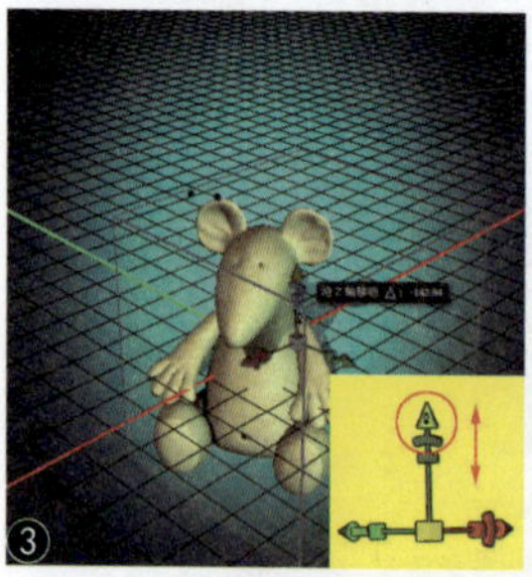

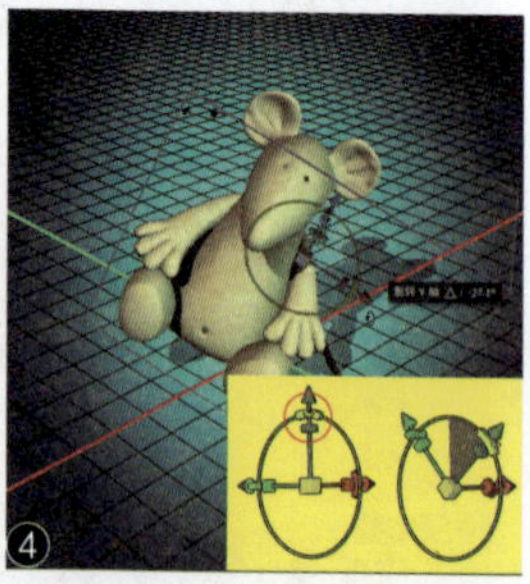

04 如果要调整项目大小（等比缩放），可以向上或向下拖曳3D轴中的中心立方体❺。

05 如果要沿轴压缩或拉长项目（不等比缩放），可以将某个彩色的变形立方体向中心立方体拖曳，或向远离中心立方体的位置拖曳❻。

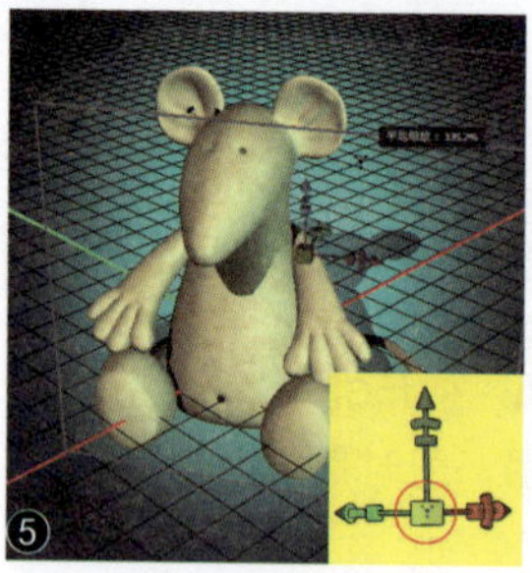

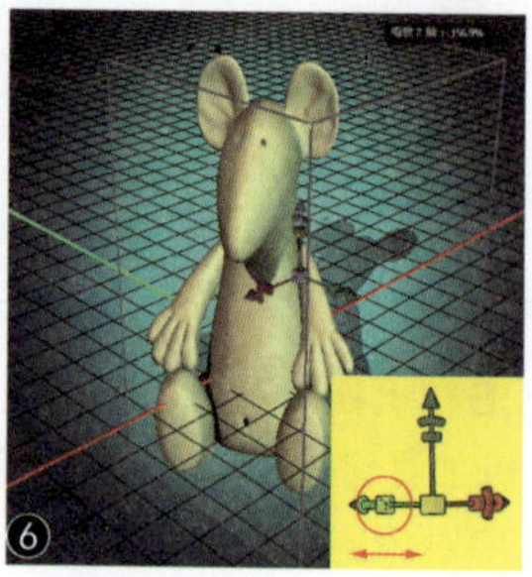

15.2.4 通过坐标精确定位3D项目

使用“编辑>自由变换”命令（54页）对图像、文字、形状等进行变换操作时，可以在工具选项栏中设置参数，进行精确的移动、旋转和缩放。3D项目也提供了类似的精确变换方法，但需要使用“属性”面板。操作方法是：在“3D”面板或文档窗口中选择3D对象❶、相机和光源以后，单击“属性”面板顶部的坐标图标❷，然后输入数值。

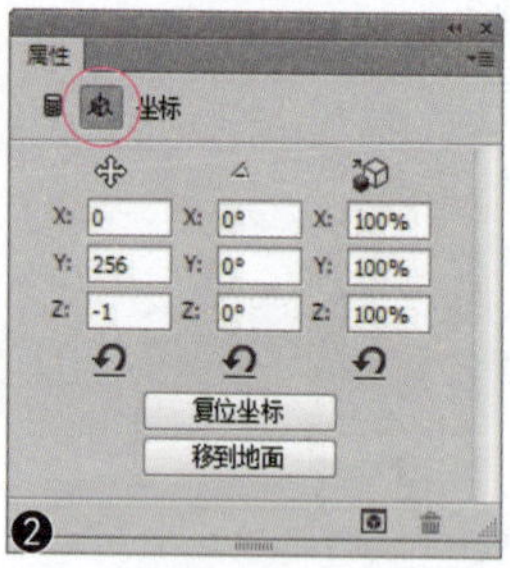

- **位置**：可以输入位置坐标（X为水平，Y为垂直，Z为纵深方向）❸。
- **旋转**：可以输入X、Y、Z轴旋转角度坐标❹。

位置：Z-700

旋转：Y90°

- **缩放**：可以输入X、Y、Z轴缩放比例❺❻。
- **重置**：单击该按钮，可重置X、Y、Z轴选项参数。
- **复位坐标**：单击该按钮，可重置所有坐标❼❽。
- **移到地面**：让模型紧贴地面网格。

非等比缩放：X50%

等比缩放：X、Y、Z均50%

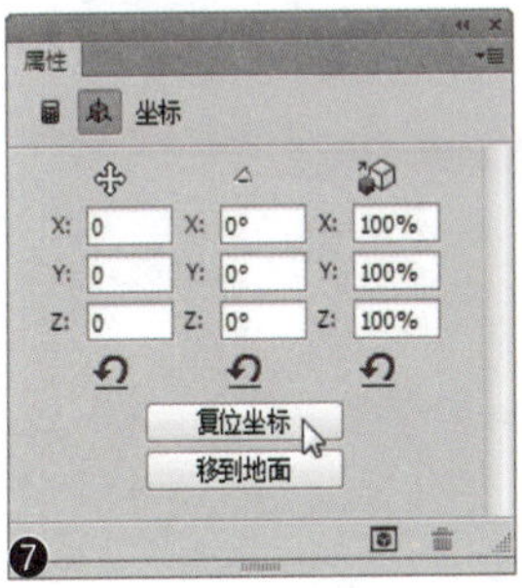

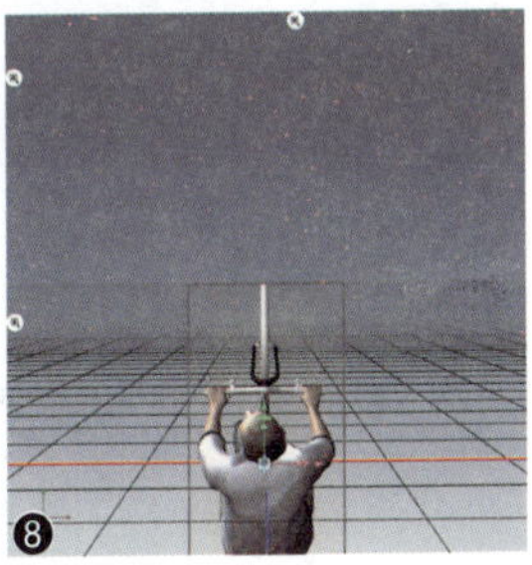

15.2.5 实战技巧：为3D相机添加景深

景深是拍摄时对焦点前后清楚的范围。我们通过“属性”面板的“景深”选项组，也可以为3D相机添加景深，让一部分对象处于焦点范围内（清晰），其他对象处于焦点范围外（变得模糊），使画面产生景深效果❶~❹。在该选项组中，“距离”决定了聚焦位置到相机的距离；“模糊”选项可以使图像的其余部分模糊化。

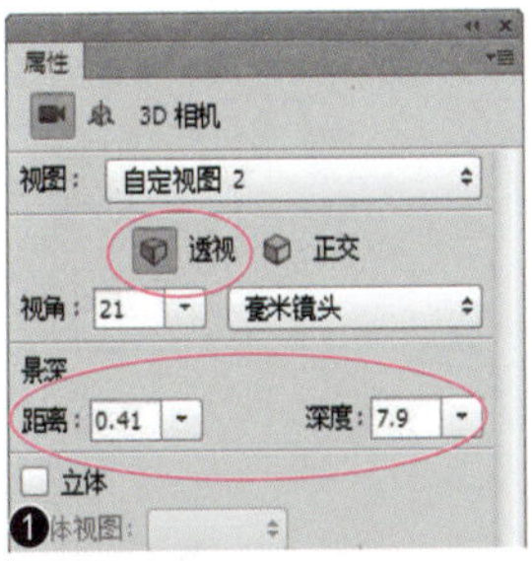

景深选项组

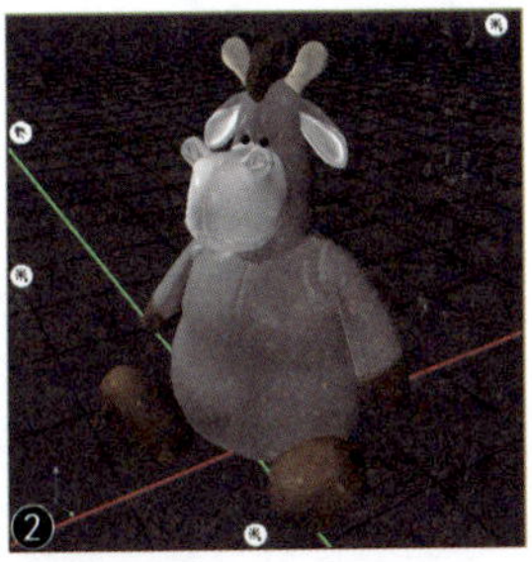

无景深

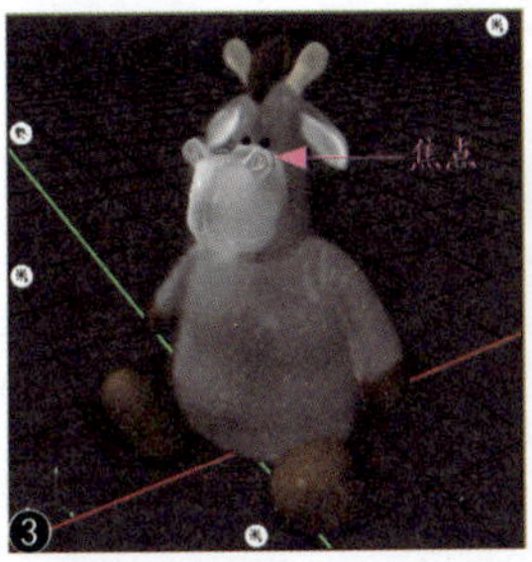

有景深：距离0.4、深度7.9

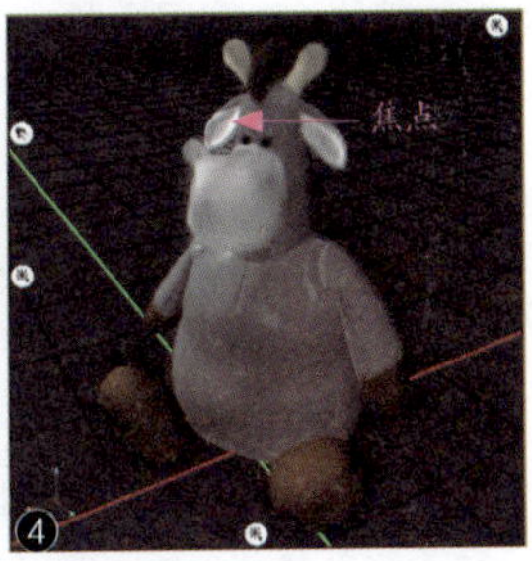

有景深：距离0.54、深度7.9

15.2.6 实战技巧：快速、准确选择3D对象

使用移动工具在窗口中单击3D对象，是最简单、最直接的选取方法。但如果操作不当，也可能选错。例如，在模型上单击鼠标，可以选取模型❶；双击鼠标则会选取光标下方的材质❷。

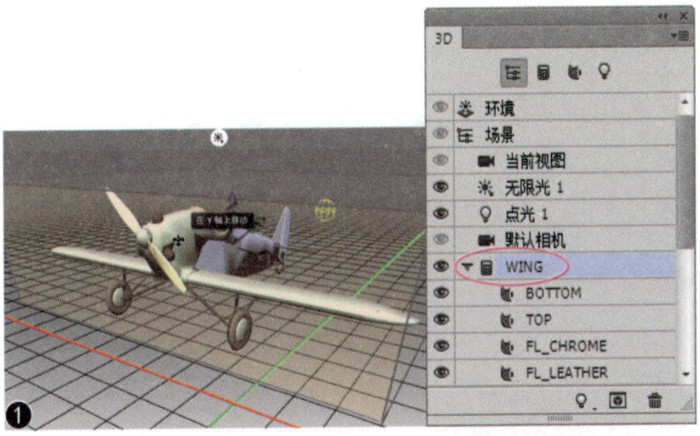

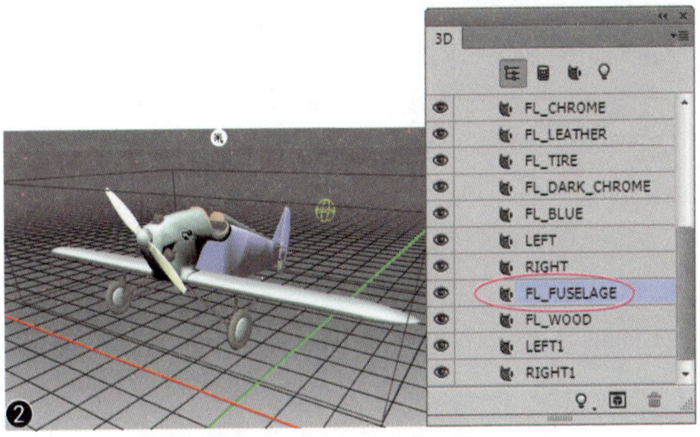

为了稳妥起见，我们可以在“3D”面板中选取对象。在“图层”面板中选择3D图层后，“3D”面板就会显示与之关联的3D组件。它仿效“图层”面板，采用类似的层层堆积形式显示各种对象。如果要编辑一个对象，例如，调整一个点光的颜色，只要在面板中单击它，将其选取❸，然后在“属性”面板中修改便可❹，不必到窗口中选取。

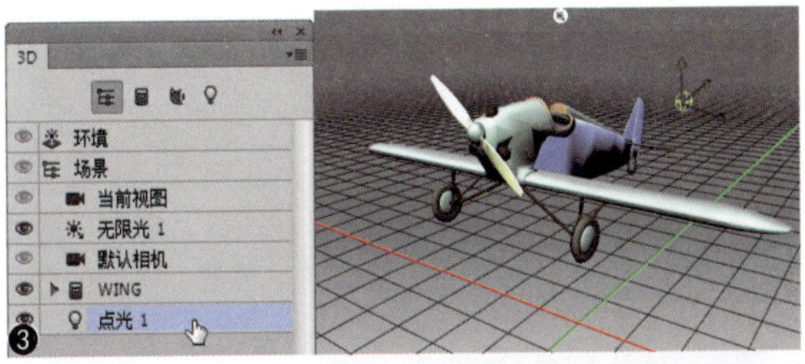

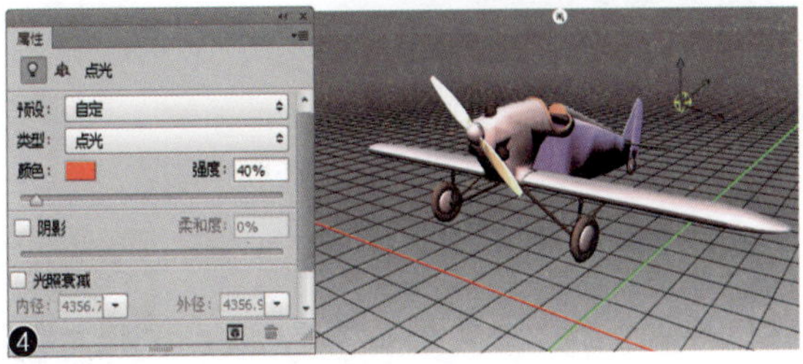

在默认状态下，“3D”面板会显示所有类型的组件，此时场景按钮是按下的❺。如果只想显示某一种类型的组件，可以单击面板顶部的网格、材质、光源按钮。例如，单击材质按钮❻，面板中就只显示3D对象所使用的材质。

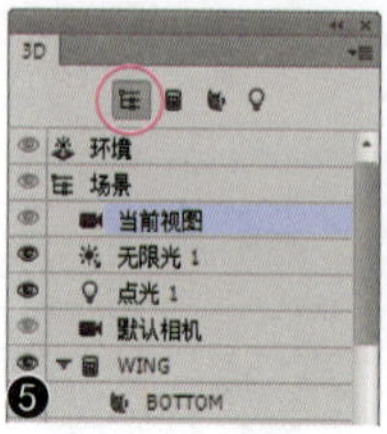

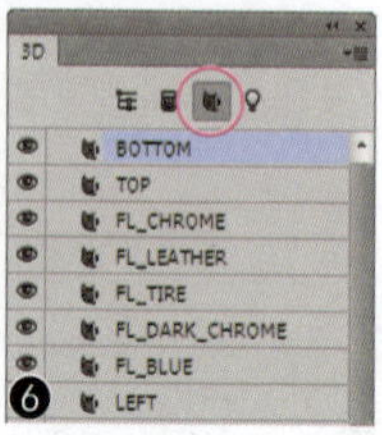

15.2.7

疑问解答：为什么文档边界会改变颜色?

编辑3D模型、光源等不同项目时，如果稍微留意的话就会发现，文档窗口的边界会显示金、蓝、绿3种颜色的边界线。它们代表了当编辑的不同项目。

金色边界线表示当前编辑的是相机❶。单击“3D”面板中的“当前视图”条目（即相机），窗口中也会显示金色边界。

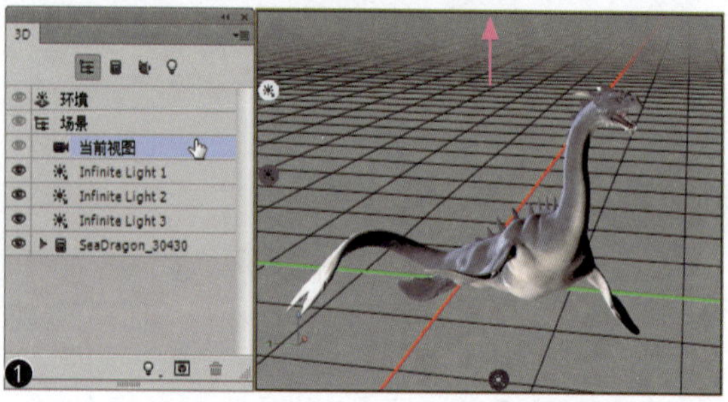

蓝色边界线表示当前编辑的是环境❷；绿色边界线表示当前编辑的是3D场景❸。

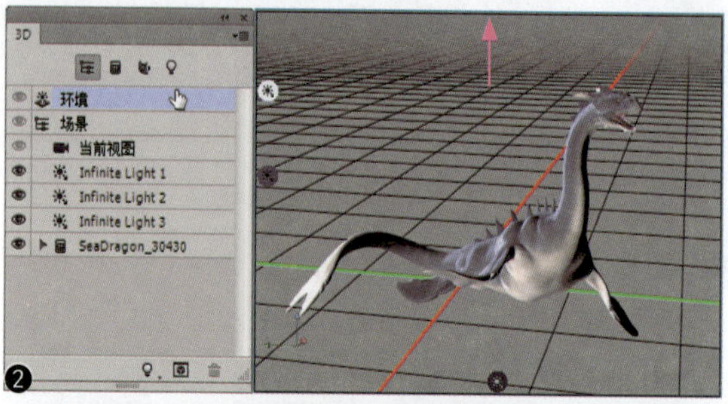

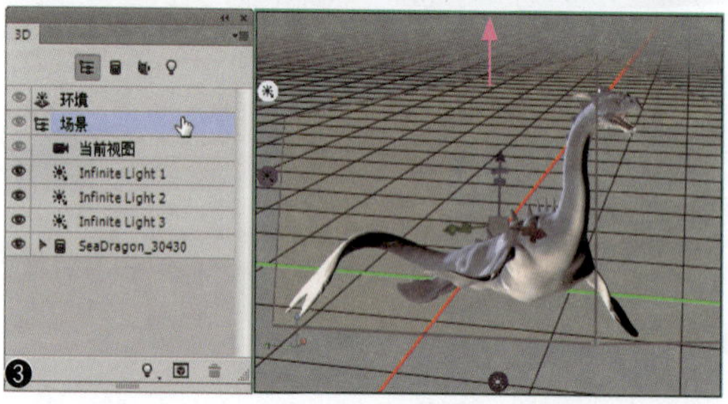

如果窗口中没有边界线，则表示当前编辑的是网格控件❹。

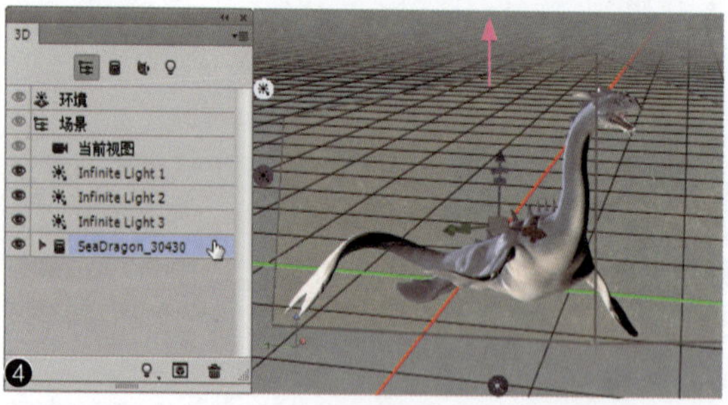

Ps 15.3

创建3D对象

Photoshop可以从图像、文字、选区和路径中生成3D对象。创建 3D 对象后，可以在 3D 空间移动它、更改渲染设置、添加光源，或将其与其他 3D 图层合并。

15.3.1

练习：从文字中创建 3D 对象

01 打开素材。使用横排文字工具输入文字❶❷。

02 执行“文字>创建3D文字”命令，弹出一个提示信息，单击“是”按钮，在“属性”面板中设置参数，创建3D文字❸❹。

03 使用旋转3D对象工具旋转文字，调整角度和位置❺。单击“3D”面板底部的按钮，打开下拉菜单，选择“新建点光”命令❻，创建一个点光。

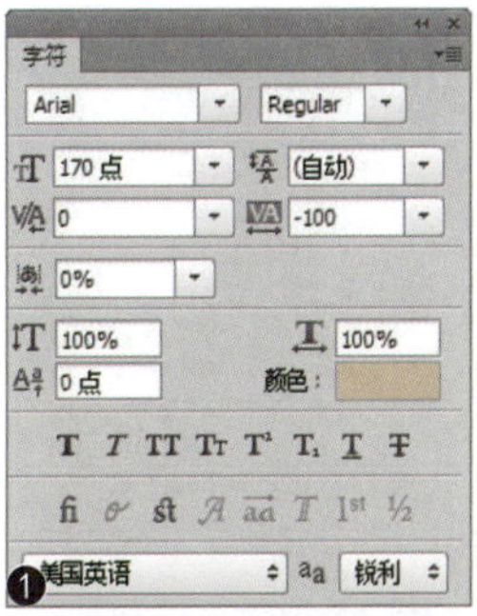

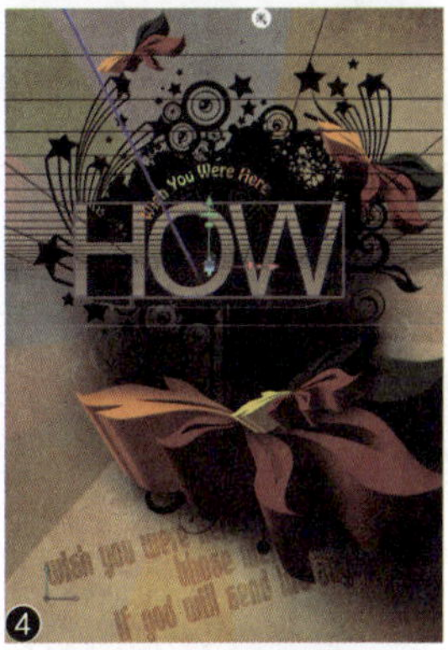

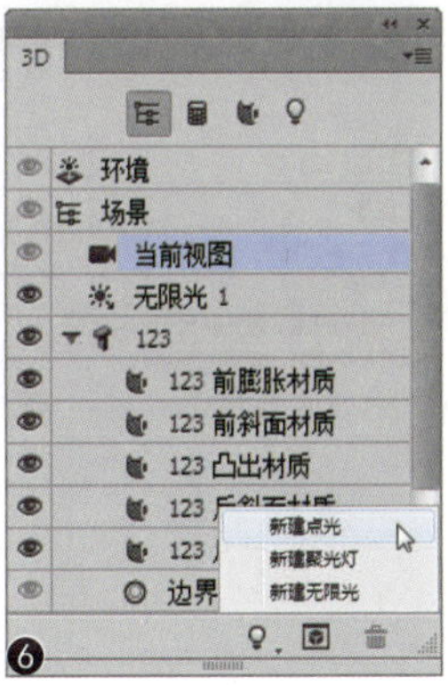

04 在“属性”面板中设置灯光参数❼。将新建的灯光移动到画面的左侧❽。

15.3.2 练习：从选区中创建3D对象

01 打开素材。使用快速选择工具选中卡通怪物❶。执行“选择>新建3D模型”命令，或“3D>从当前选区新建3D模型”命令，即可从选中的图像中生成3D对象❷。

02 单击“3D”面板顶部的网格按钮，在“属性”面板中选择一种凸出样式，并设置“凸出深度”为200%❸❹。

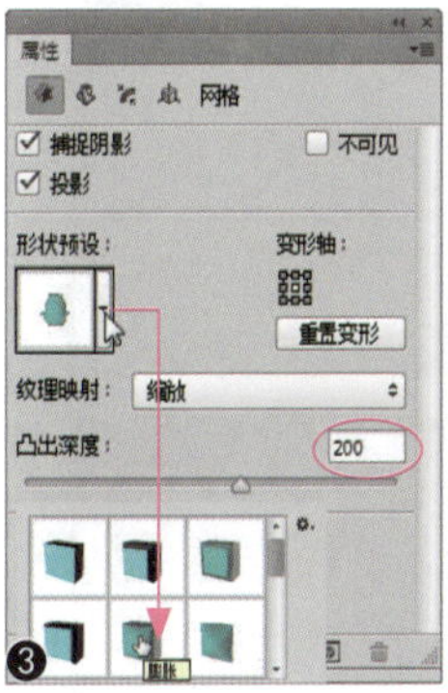

03 使用旋转3D对象工具旋转对象❺。单击“调整”面板中的按钮，创建“曲线”调整图层，调整曲线，增强色调的对比度❻❼。

04 在“图层”面板中选择“背面”图层。采用同样的方法制作卡通怪物背面的立体效果❽。

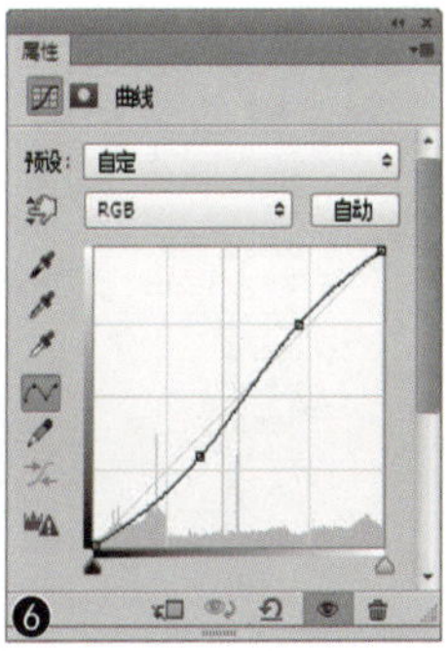

15.3.3 练习：从路径中创建3D对象

01 打开素材。单击“路径”面板中的“路径1”❶，文档窗口中会显示该路径❷。

02 单击“图层”面板底部的 按钮，新建一个图层❸。执行“3D>从所选路径新建3D模型”命令，基于路径生成3D对象❹。

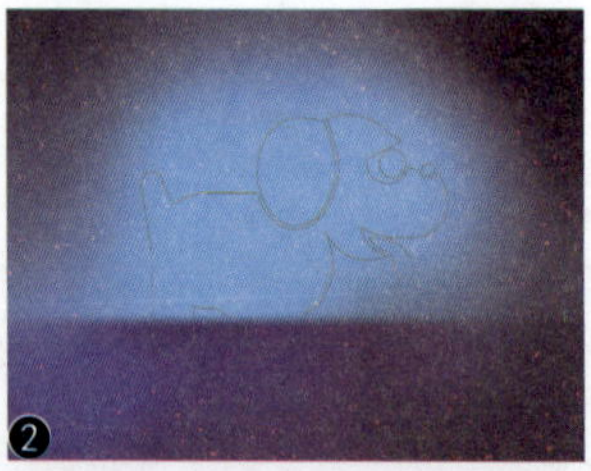

03 单击“3D”面板中的“图层1”❺，将3D模型选取，在“属性”面板中选择“膨胀”样式❻。

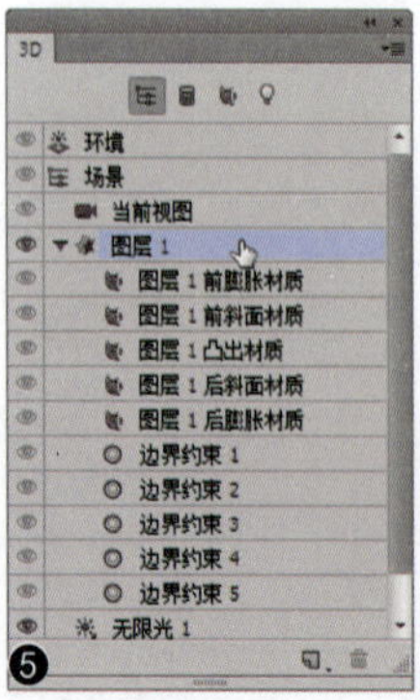
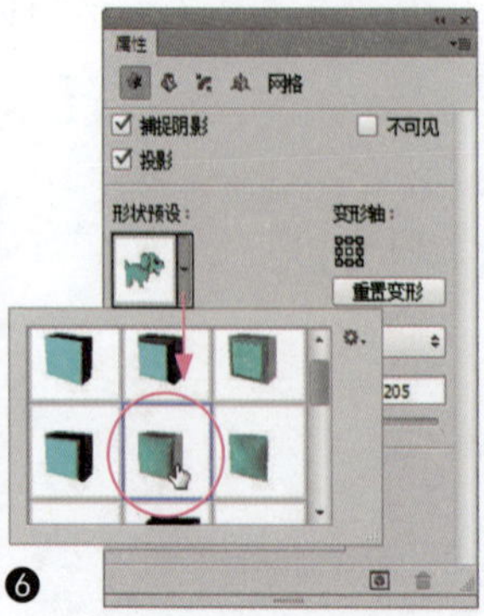

04 使用旋转3D对象工具 调整对象的角度❼。在“3D”面板中单击小狗正面材质❽，在“属性”面板中选择“棉织物”材质，然后单击“漫射”选项右侧的颜色块，打开“拾色器”，将颜色调整为深黄色❾❿。

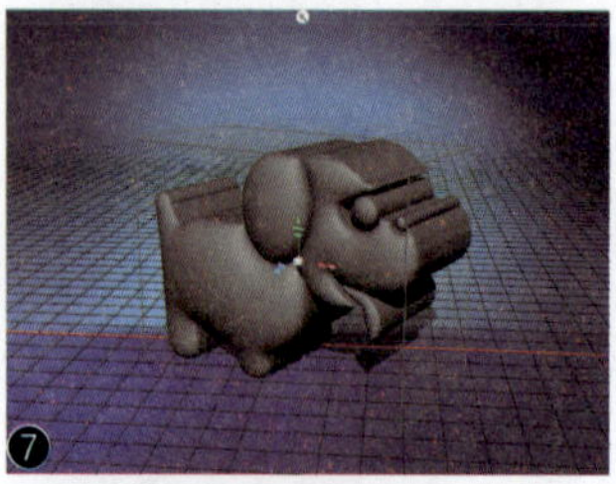
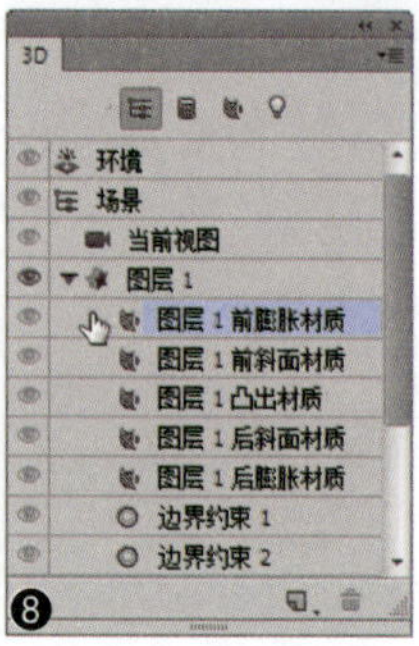
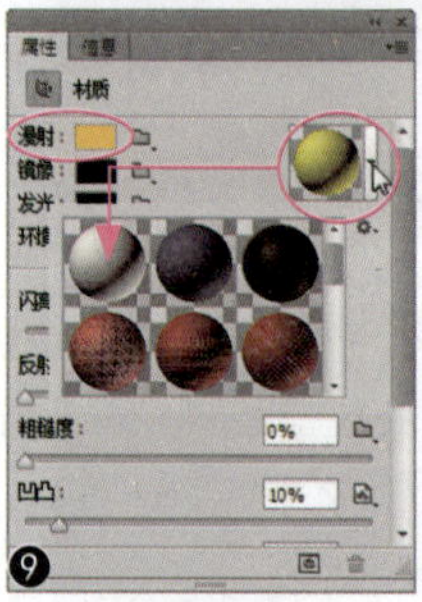

05 再单击一个材质⓫，还是在“属性”面板中选择“棉织物”，将颜色设置为浅黄色⓬。

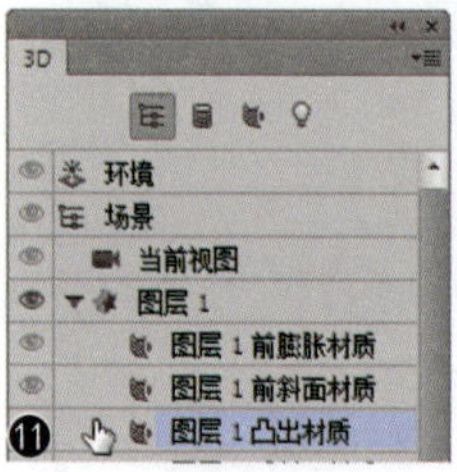

提 示（Tips）

选择3D对象所在的图层，执行“3D>从3D图层生成工作路径”命令，可以基于当前3D对象生成工作路径。

15.3.4 练习：拆分3D对象

在默认情况下，使用“3D”菜单中的命令从图层、路径和选区中创建的3D对象将作为一个整体的3D模型出现，如果需要编辑其中的某个单独的对象，可将其拆分开来。

01 打开素材❶。这是从文字中生成的3D对象。用旋转3D对象工具 旋转对象，可以看到，所有文字是一个整体❷。

❶

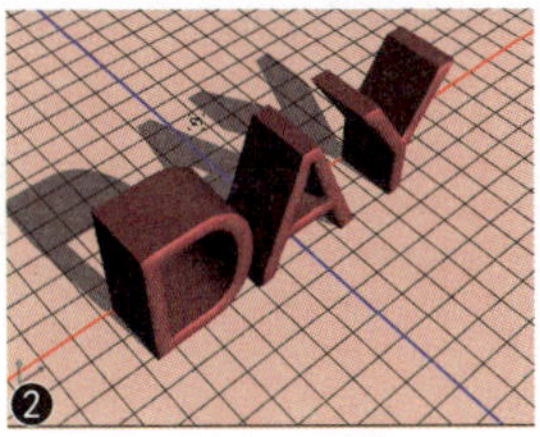

❷

02 执行“3D>拆分凸出”命令，将文字拆分开。现在可以选择任意一个文字进行单独调整❸❹。

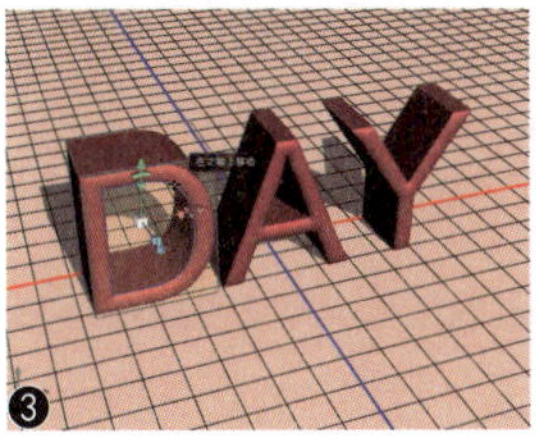

❸

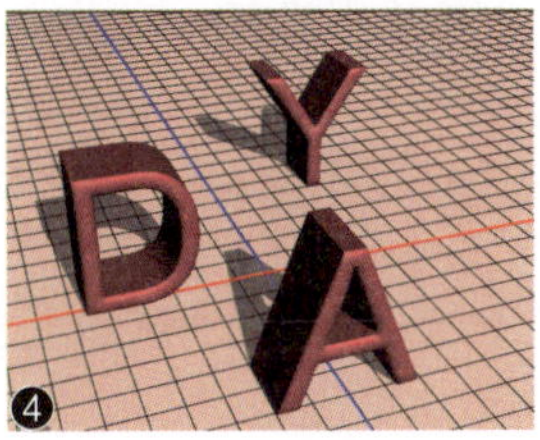

❹

15.3.5 练习：添加约束

在Photoshop中创建3D模型后，可以通过内部约束来提高特定区域中的网格分辨率，精确地改变膨胀，或在表面打孔。

01 打开素材❶。在“图层”面板中单击“图层1”，执行“3D>从所选图层新建3D模型”命令，生成3D模型❷。

❶

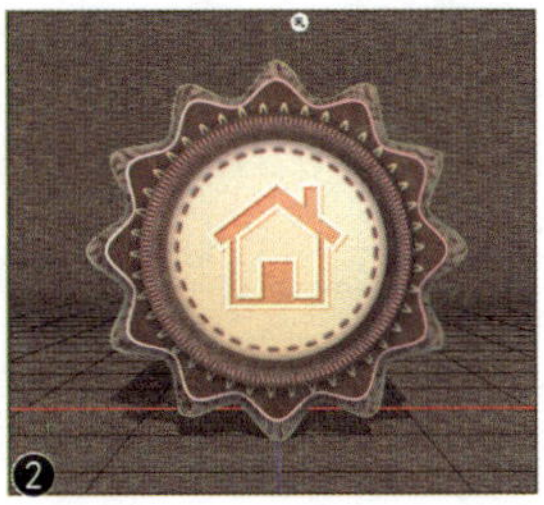

❷

02 单击3D模型，然后在“属性”面板中选择一种形状❸❹。

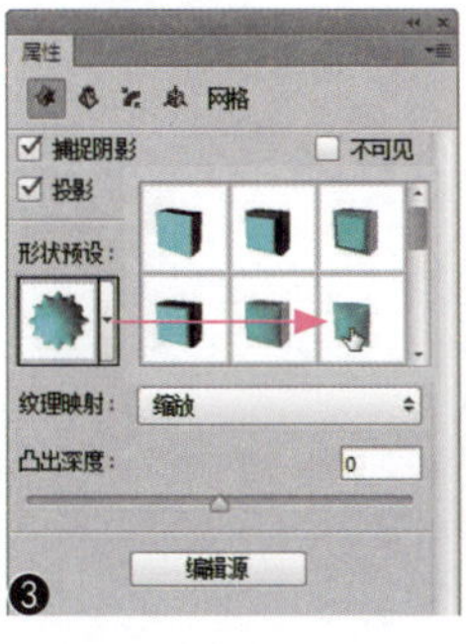

❸

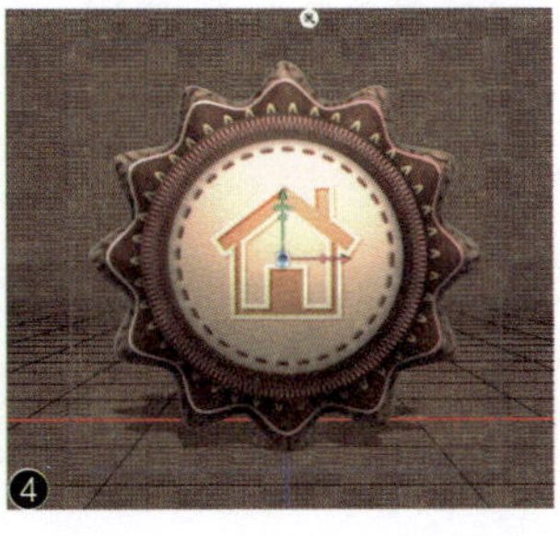

❹

03 选择椭圆工具，在工具选项栏中选择“路径”选项，创建圆形路径❺。执行“3D>从此来源添加约束>路径”命令，为模型添加约束，约束曲线会沿着在3D对象中指定的路径远离要扩展的对象进行扩展（或靠近要收缩的对象进行收缩）❻。

❺

❻

04 用来约束的路径也可以创建打孔效果。操作方法是，使用移动工具在路径处单击❼，然后在“属性”面板中选择“空心”选项即可❽。

❼

❽

提示（Tips）

如果创建了选区，可以使用“3D>从此来源添加约束>选区”命令来创建约束。

15.3.6 练习：复制3D模型

01 打开3D模型文件❶。在“3D”面板的模型网格条目上单击，然后再右击，在弹出的快捷菜单中选择“复制对象”命令❷，复制出一个模型。

❶

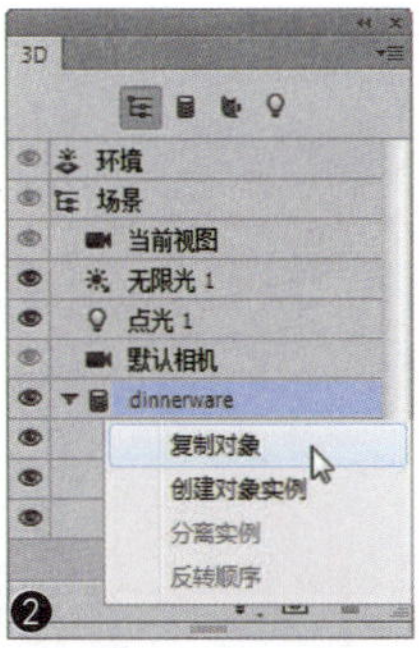

❷

02 选择移动工具，在工具选项栏中选择拖动3D对象工具，将光标放在模型的范围框外，单击并拖曳鼠标，将复制的模型拖动到左侧❸。

03 在“3D”面板模型（复制得到的模型）的网格条目上右击，在弹出的快捷菜单中选择“创建对象实例”命令❹，基于该模型复制一个与它链接的实例副本（类似于智能对象副本），使用拖动3D对象工具✥将复制出的模型拖曳到右侧❺。

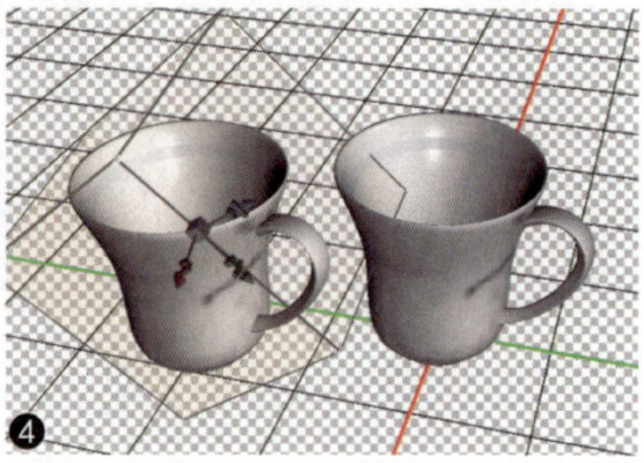

04 单击第三个模型的材质条目❻，在“属性”面板中选择“光面塑料蓝色”材质❼，对该模型所做的修改也会反映在与之链接的另一个模型上❽。

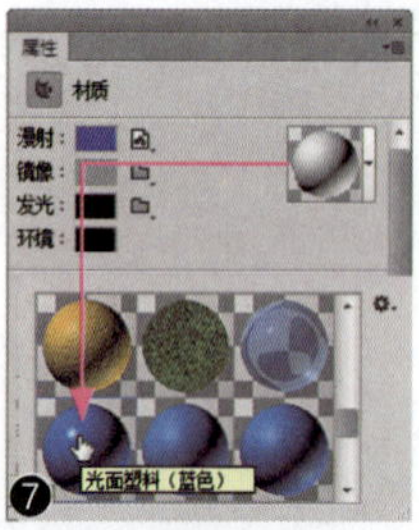

15.3.7 “3D”面板增强功能

在“3D”面板中的3D对象网格条目上右击，打开快捷菜单❶，使用菜单中的命令可以添加、复制和删除3D对象。

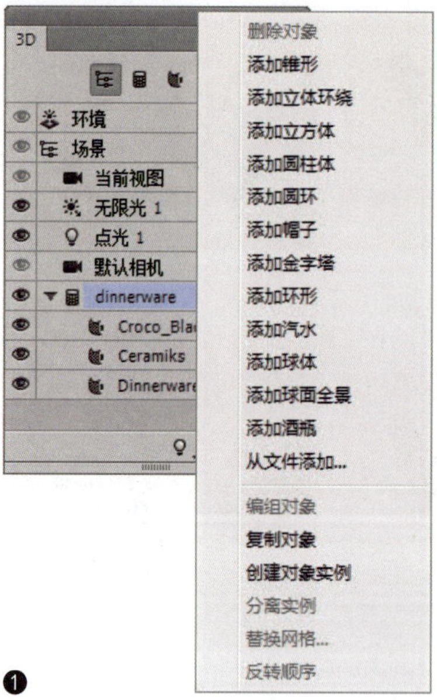

● 添加对象：可以在3D场景中添加金字塔、立方体和球体等3D对象。

● 复制对象：可以在3D场景中复制出新的3D对象。

● 反转顺序：可以反转对象的堆叠顺序，类似于调整图层的堆叠顺序。

● 编组对象/取消对象编组：按住Ctrl键单击面板中的多个3D对象，将它们选择❷，执行“编组对象”命令，可以将它们编入一个组中（类似于图层组）❸。编组后的3D对象可同时进行移动、旋转和缩放等操作。如果要取消编组，可以执行“取消对象编组”命令。此外，选择多个模型后，执行“3D>编组对象”命令，也可以进行编组。执行“3D>将场景中的所有对象编组”命令，则可将所有3D对象编入一个组中。

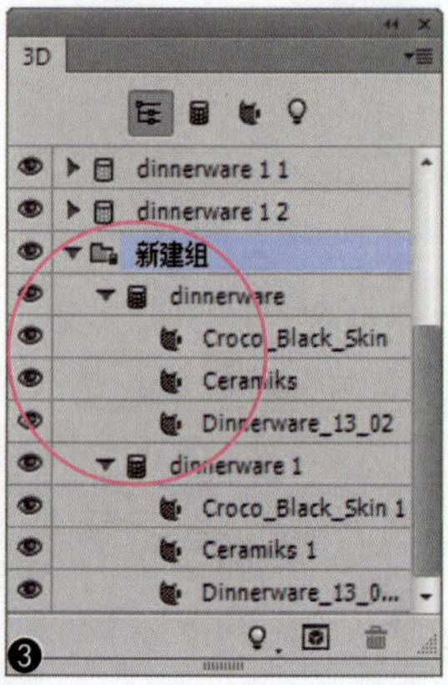

● 创建对象实例/分离实例：使用“创建对象实例”命令可以复制出与原始对象保持链接的实例副本。如果要切断其与原始对象的链接，可以执行“分离实例”命令。

● 删除对象：删除所选3D对象。

15.4 创建3D网格

Photoshop可以创建包含新网格的3D图层。还可以使用原始灰度或颜色图层创建3D对象的“漫射”“不透明度”和“平面深度映射”等纹理映射。“平面深度映射”可以作为智能对象重新打开和编辑。存储时，会重新生成网格。

15.4.1 预设的网格形状

“3D>从图层新建网格”菜单中包含创建3D网格形状的命令，可创建明信片、圆环、球面或帽子等单一网格对象，以及锥形、立方体、圆柱体、易拉罐或酒瓶等多网格对象❶。

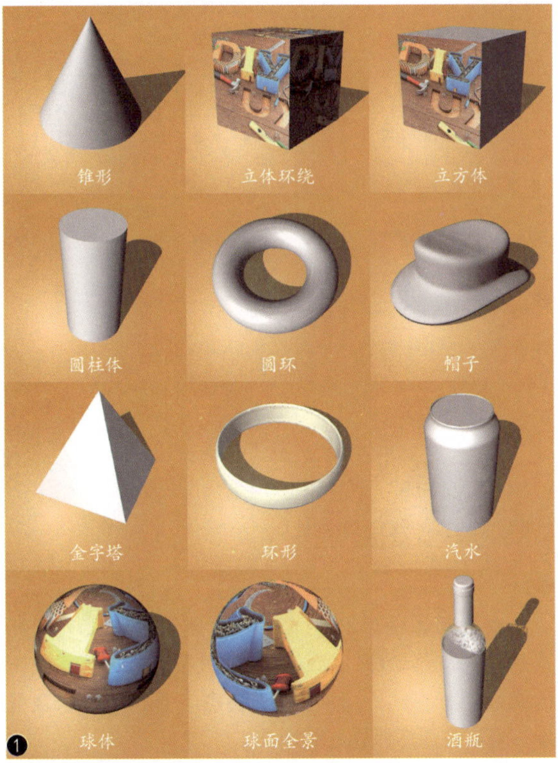

❶

15.4.2 练习：从图层中创建3D球

01 打开素材❶。单击“图层1”❷，将其选择。执行“3D>从图层新建网格>网格预设>球体”命令，创建3D球体❸。同时，2D图层也会转换为3D图层❹。

❶

❷

❸

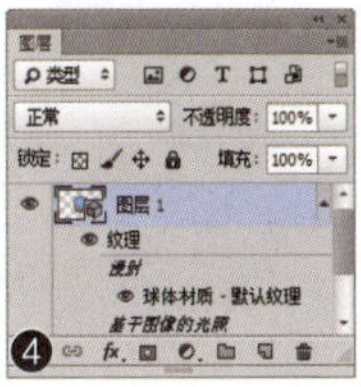

❹

02 选择移动工具，在窗口内单击并拖曳鼠标旋转相机视图（不要单击模型）❺。单击“3D”面板中的无限光，将其选取❻，在“属性”面板中设置阴影的“柔和度”为50%❼，让球体投影的边缘产生柔和的过渡效果❽。

❺

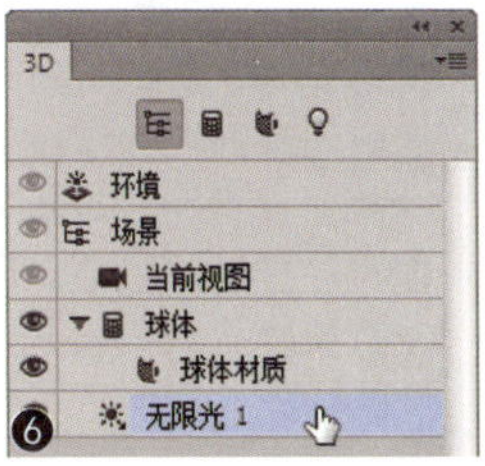

❻

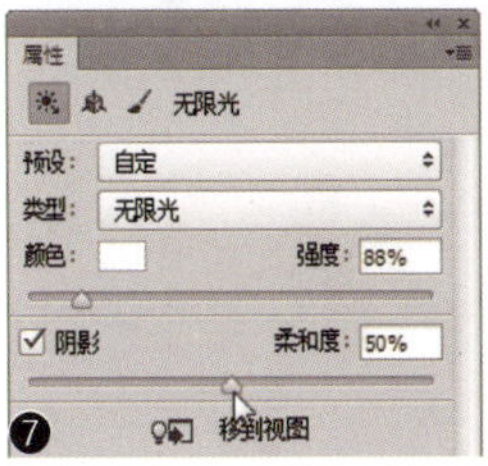

❼

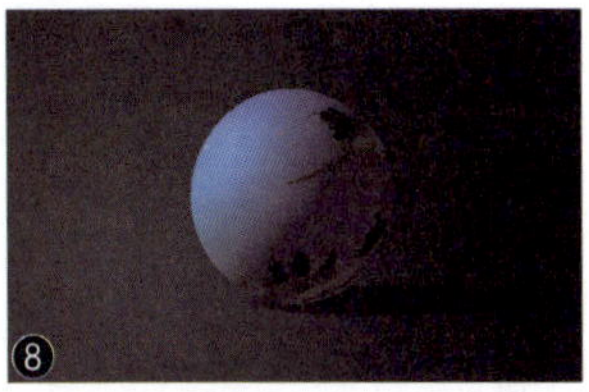
❽

15.4.3 练习：创建深度映射的3D网格

Photoshop可以将灰度图像转换为深度映射，基于图像的明度值转换出深度不一的表面。较亮的值生成表面上凸起的区域，较暗的值生成凹下的区域，进而生成3D模型。如果使用的是RGB图像，则绿通道会被用于生成深度映射。

01 打开素材❶。执行“3D>从图层新建网格>深度映射到>平面”命令❷，基于该图像生成3D冰川。

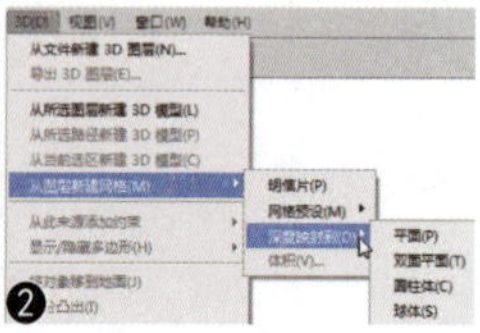

02 选择移动工具，在模型上单击并拖曳鼠标，进行旋转❸。

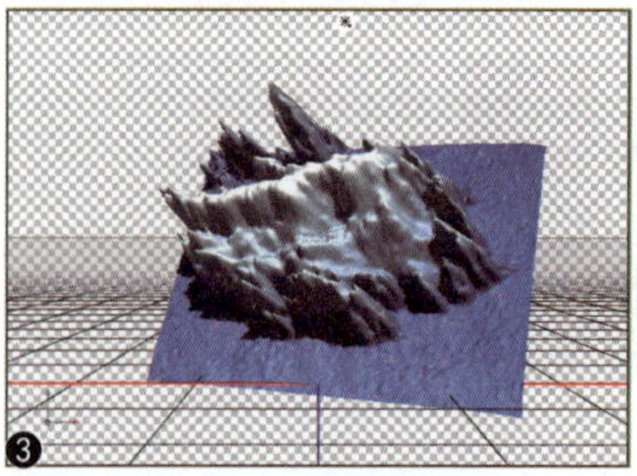

提示（Tips）

选择“平面”选项，可以将深度映射数据（黑、白和灰色）应用于平面表面；选择“双面平面”选项，可以创建两个沿中心轴对称的平面，并将深度映射数据应用于两个平面；选择“圆柱体”选项，可以从垂直轴中心向外应用深度映射数据；选择“球体”选项，可以从中心点向外呈放射状地应用深度映射数据。

双面平面

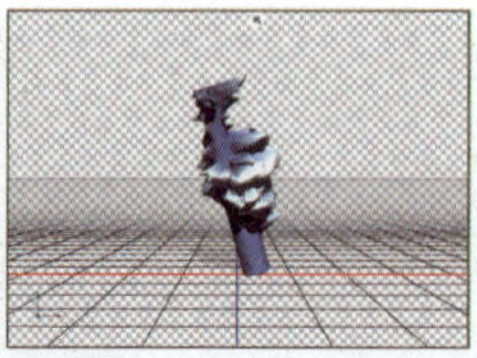

圆柱体

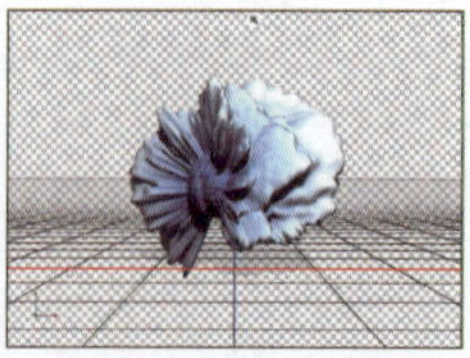

球体

15.4.4 创建3D体积

Photoshop可以打开和处理医学上的DICOM图像（.dc3、.dcm、.dic 或无扩展名）文件，并根据文件中的帧生成3D模型。

执行“文件>打开”命令，打开一个DICOM 文件，Photoshop会读取文件中所有的帧，并将它们转换为图层。选择要转换为 3D 体积的图层后，执行“3D>从图层新建网格>体积”命令，即可创建DICOM 帧的 3D 体积。使用 Photoshop 的 3D 位置工具可以从任意角度查看 3D 体积，或更改渲染设置，以更直观地查看数据。

15.4.5 3D网格设置

3D模型中的每个网格都出现在“3D”面板的单独条目上。单击按钮，可以展开网格列表❶；单击一个网格，可将其选取❷❸。

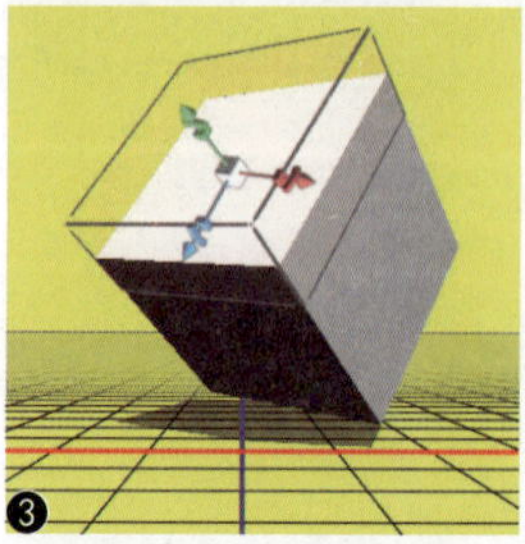

此时可以使用3D对象工具，或者通过3D轴对所选网格进行移动❹、旋转❺和缩放❻；单击网格前方的眼睛图标，则隐藏网格❼❽。要想让它恢复显示，可以在原眼睛图标处单击。

选择网格后，还可以在“属性”面板中设置网格属性❾。

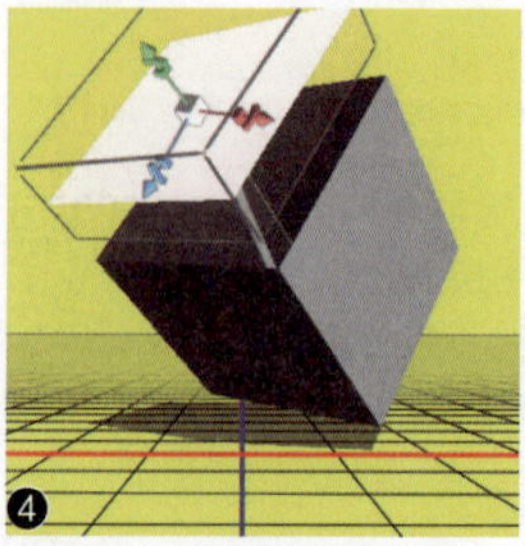

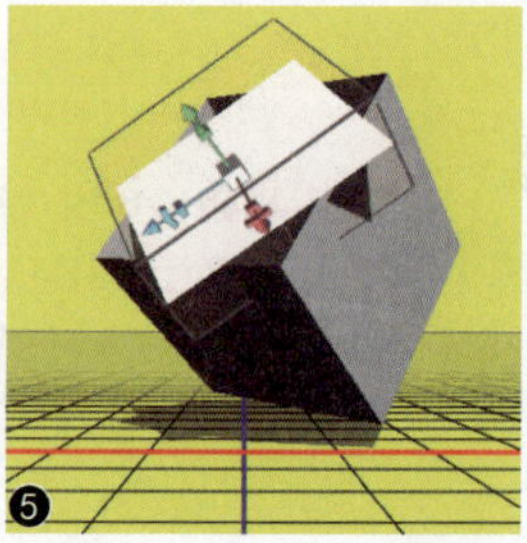

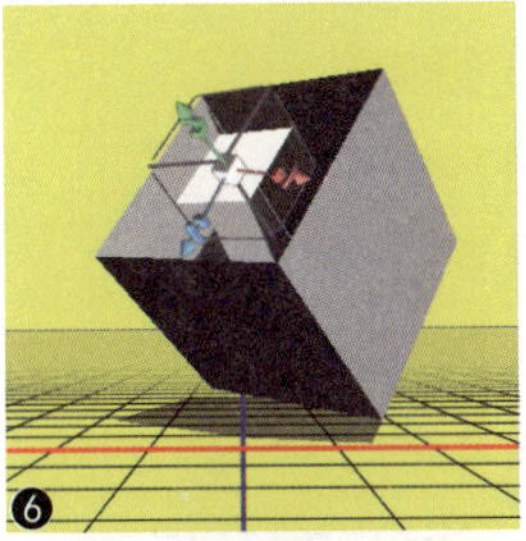

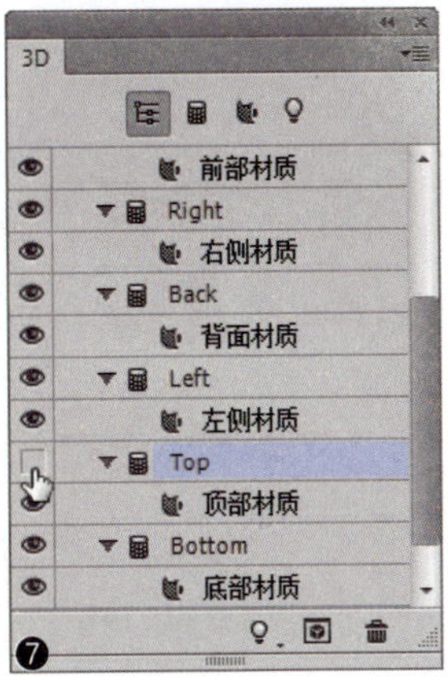

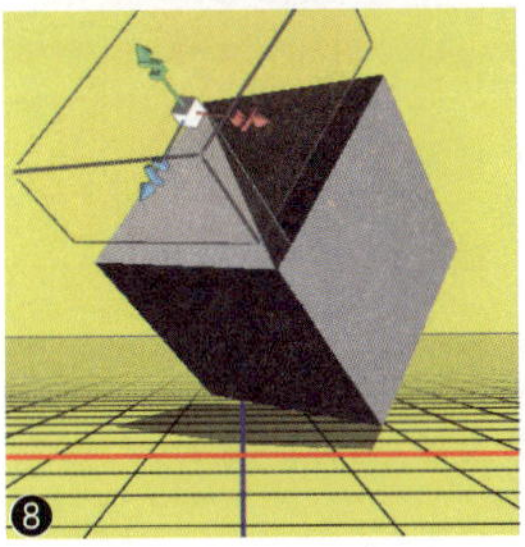

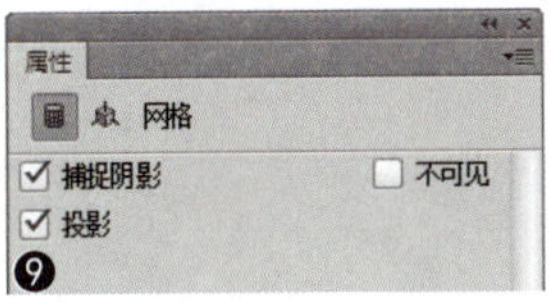

● 捕捉阴影：控制选定的网格是否在其表面显示来自其他网格所产生的阴影⑩⑪。

开启“捕捉阴影”

关闭“捕捉阴影”

● 投影：控制选定的网格是否投影到其他网格表面上。

● 不可见：隐藏网格，但显示其表面的所有阴影⑫⑬。

开启“捕捉阴影”“不可见”

关闭“捕捉阴影”“不可见”

15.5 编辑3D纹理材质

在Photoshop中打开3D文件时，纹理会作为 2D 文件与 3D 模型一同导入，在3D 图层下方会显示具体条目，并按照散射、凹凸和光泽度等类型编组。使用绘画工具和调整工具可以编辑纹理，也可以创建新的纹理。

15.5.1 使用预设材质

在“3D”面板中单击一个材质条目后❶，可以在“属性”面板中选择材质，并可通过“漫射”“不透明度”“凹凸”等选项调整纹理映射（457，458页）❷。Photoshop提供了36种预设材质，单击材质球右侧的▾按钮，打开下拉面板，可以显示所有材质❸，单击其中的一个，即可应用到模型上。

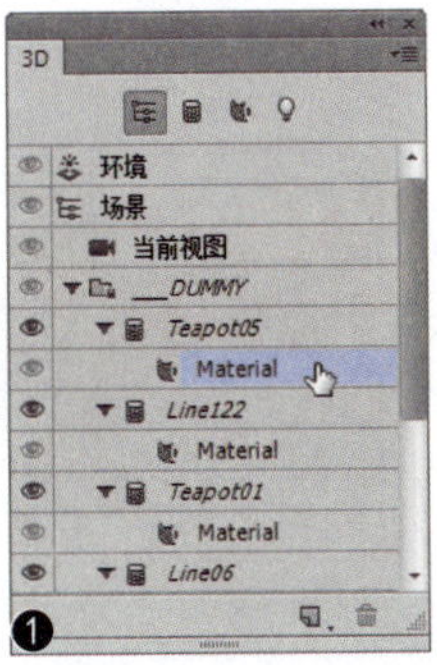

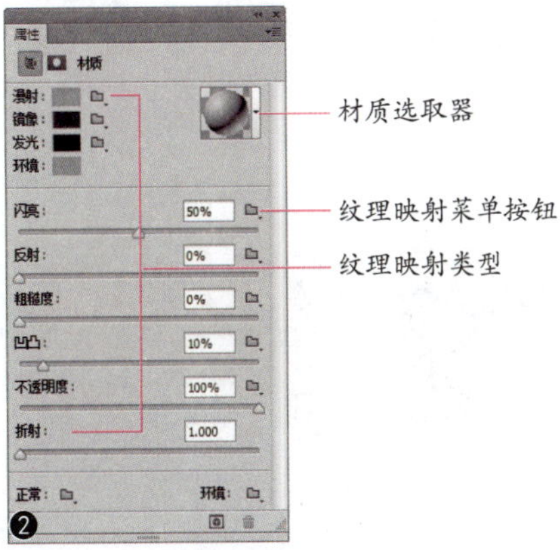

棉织物
牛仔布
皮革（褐色）
趣味纹理
趣味纹理2
趣味纹理3
绿宝石
红宝石
碧玺石
玻璃（水晶）
玻璃（磨砂）
玻璃（划痕）
玻璃（光滑）
金属-黄铜（实心）
金属-铬
金属-红铜
金属-黄金
金属-铁
金属-银（拉丝）
金属-钢
无纹理
有机物-橘皮
有机物-苔藓（合成）
丙烯酸塑料（蓝色）
光面塑料（蓝色）
绒面塑料（蓝色）
纹理塑料（蓝色）
黑缎
石砖
花岗岩
大理石
棋盘
木灰
巴沙木
软木
红木
棉织物
牛仔布
皮革（褐色）
趣味纹理
趣味纹理 2
趣味纹理 3
绿宝石
红宝石
碧玺石
玻璃（水晶）
玻璃（磨砂）
玻璃（划痕）
玻璃（光滑）
金属 - 黄铜（实心）
金属 - 铬
金属 - 红铜
金属 - 黄金
金属 - 铁
金属 - 银（拉丝）
金属 - 钢
无纹理
有机物 - 橘皮
有机物 - 苔藓（合成）
丙烯酸塑料（蓝色）
光面塑料（蓝色）
绒面塑料（蓝色）
纹理塑料（蓝色）
黑缎
石砖
花岗岩
大理石
棋盘
木灰
巴沙木
软木
红木
③

提 示（Tips）

单击“漫射”选项右侧的颜色块，可以打开 32 位拾色器调整材质颜色。

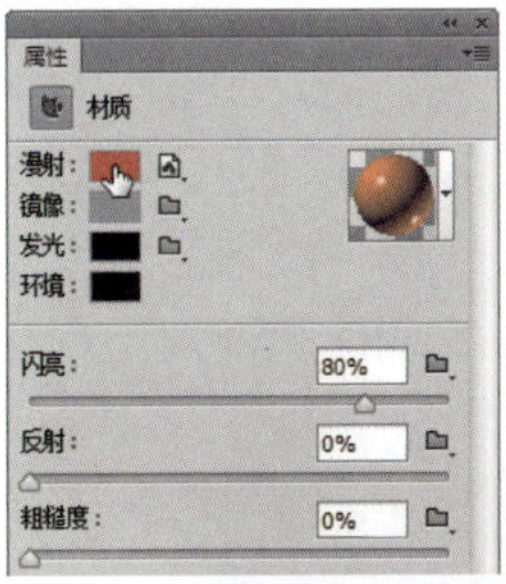

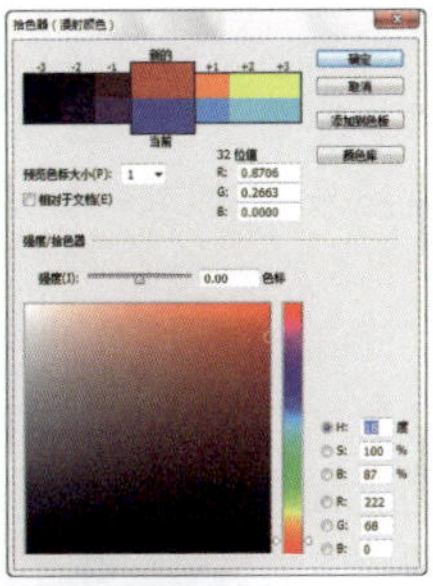

15.5.2 3D 材质设置

“3D”面板中列出了3D模型所使用的材质。当模型包含多个网格时，每个网格都会有与之关联的材质。如果模型是通过一个网格构建的，在模型的不同区域也可以使用不同的材质。

在“3D”面板中选择材质后❶，“属性”面板中会显示该材质所使用的特定纹理映射❷。某些纹理类型（如“漫射”和“凹凸”）依赖于2D文件来提供创建纹理的特定颜色或图案。其他纹理类型，可能不需要单独的2D文件。例如，可以通过输入数值来调整“光泽”“闪亮”“不透明度”和“反射”。

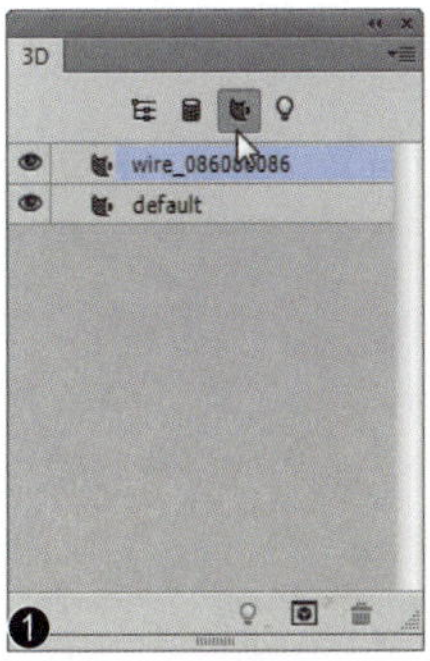

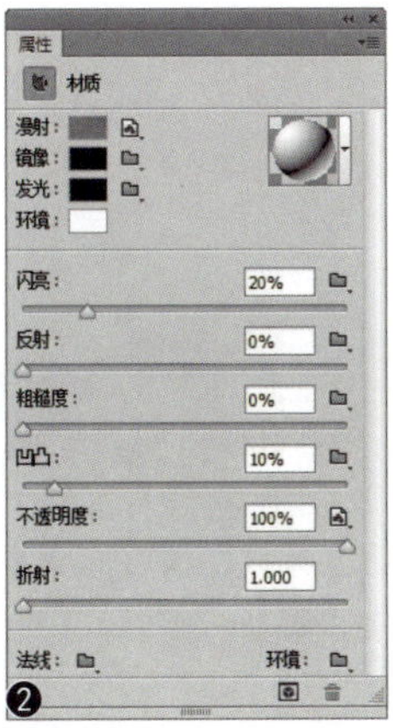

● 漫射：可以设置材质的颜色，可以是实色或任意的2D图像❸❹。

● 镜像：可以为高光和反光等镜面属性设置显示的颜色❺❻。

● 发光：可以定义不依赖于光照即可显示的颜色，创建从内部照亮 3D 对象的效果❼。

● 环境：可以设置环境光的颜色。该颜色与用于整个场景的全局环境色相互作用❽。

● 闪亮：定义反射光的散射程度。低反光度（高散射）产生更明显的光照，但焦点不足❾；高反光度（低散射）产生不明显、更亮和更耀眼的高光❿。

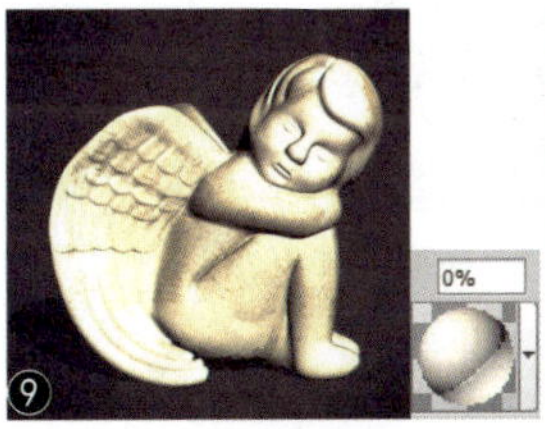

● 反射：可以增加 3D 场景、环境映射和材质表面上其他对象的反射⓫⓬。

● 粗糙度：可以增加材质的粗糙度，降低反射和高光⓭。

● 凹凸：可以在纹理表面创建凹凸效果，而并不实际修改网格⓮。凹凸映射是一种灰度图像，其中较亮的值创建凸出的表面区域，较暗的值创建平坦的表面区域。

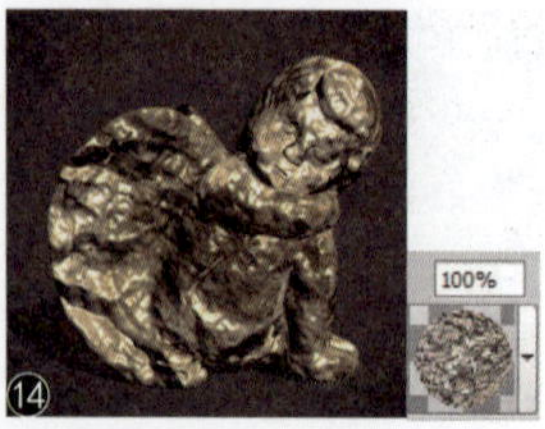

● 不透明度：可以调整材质的不透明度。

● 折射：可以设置折射率。当两种折射率不同的介质（如空气和水）相交时，光线方向发生改变，即产生折射。新材料的默认值是1.0（空气的近似值）。

● 法线：可以设置材质的法线映射，从漫射映射生成正常映射⓯。

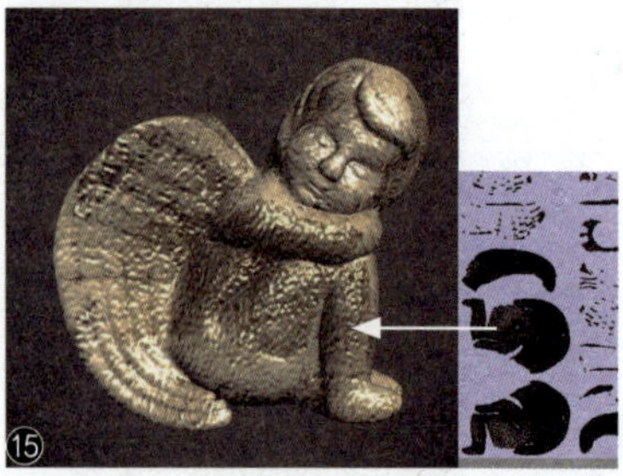

● 环境：可储存3D模型周围环境的图像。环境映射会作为球面全景来应用，在模型的反射区域中能看到环境映射的内容⓰。

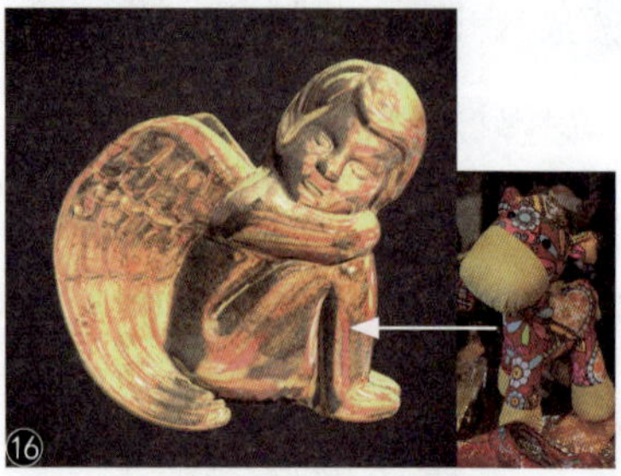

提示（Tips）

材质所使用的纹理映射作为“纹理”出现在“图层”面板中，嵌套于3D图层下方，并按纹理映射类别编组，如漫射、凹凸、光泽度，等等。

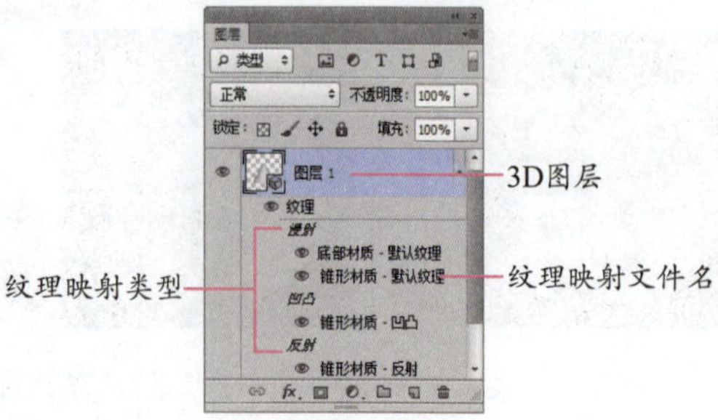

15.5.3 创建纹理映射

单击“漫射”选项右侧的 按钮，打开下拉菜单，选择“新建纹理”命令❶，输入新映射的名称、尺寸、分辨率和颜色模式❷，单击“确定”按钮，即可新建一个纹理映射。它的名称会显示在“图层”面板中3D图层下的纹理列表中❸。

如果想要了解现有纹理映射的尺寸，以便创建与之相同大小的新纹理映射文件，可以将光标放在3D图层的纹理名称上方，停留片刻，便可显示纹理尺寸和纹理图像的缩览图❹。

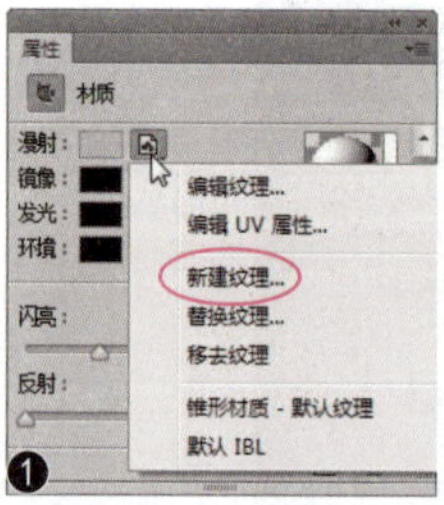

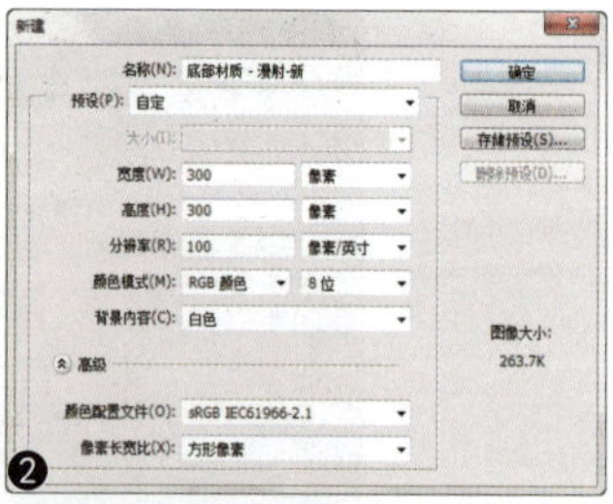

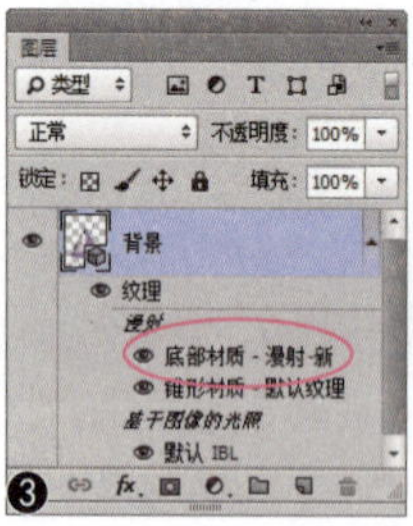

15.5.4 练习：替换、编辑纹理映射

为3D对象添加材质后，单击“漫射”选项右侧的 按钮，打开下拉菜单，执行“编辑纹理”命令，可以弹出纹理文件窗口，此时可修改纹理。执行“替换纹理”命令，可以使用其他图像替换当前纹理文件。执行“移去纹理”命令，则会从3D对象上清除纹理。

01 按下Ctrl+O快捷键，打开3D模型文件❶。单击3D对象所在的图层❷。

02 选择3D材质拖放工具，单击工具选项栏中的 按钮，打开材质下拉列表，选择“金属-黄铜（实心）”材质❸。将光标放在小熊模型上，单击鼠标，将所选材质应用到模型中❹。

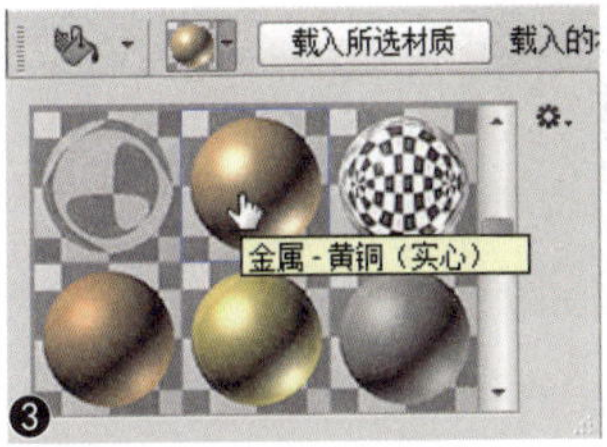

03 打开“3D”面板，单击面板顶部的光源按钮。打开“属性”面板，在“预设”下拉列表中选择“狂欢节”❺，在3D场景中添加该预设灯光❻。

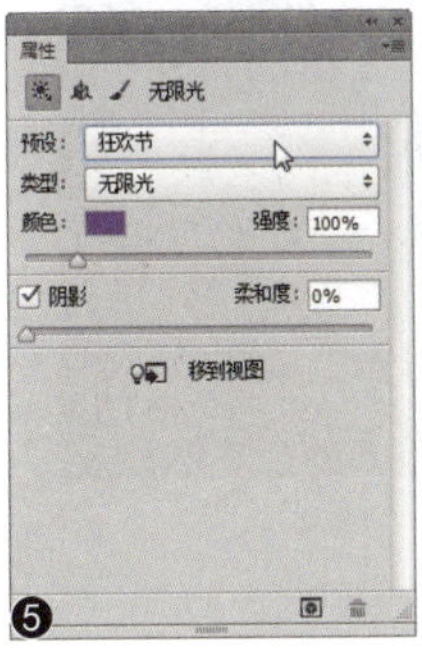

04 下面来编辑材质。单击“3D”面板顶部的“材质”按钮，在“属性”面板中的“漫射”选项右侧有一个按钮，单击该按钮，打开下拉菜单❼，选择“替换纹理”命令，在弹出的对话框中选择金属纹理素材❽，单击“打开”按钮，用它替换原有的材质❾。

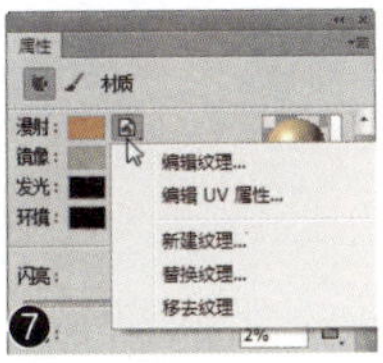

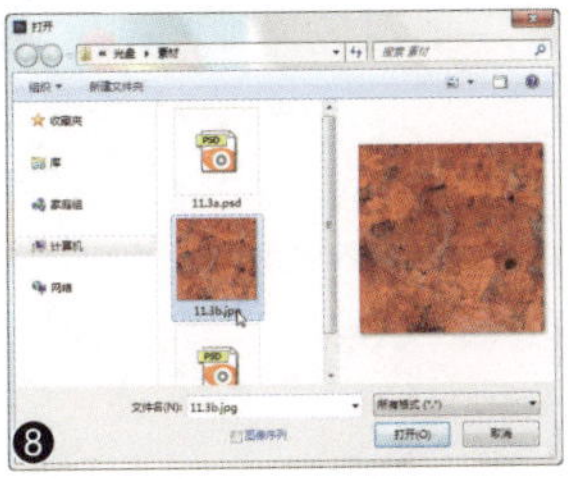

05 单击“漫射”选项右侧的按钮打开下拉菜单，选择“编辑纹理”命令，打开纹理素材❿，此时可以使用绘画工具、滤镜和调色命令等编辑材质，也可以用其他图像替换材质。我们打开素材文件⓫，用它替换该纹理。使用移动工具将它拖动到纹理素材文档中⓬，单击文档窗口右上角的按钮，关闭文档，弹出一个对话框，单击“是”按钮，即可修改材质，并将其应用到模型上⓭。

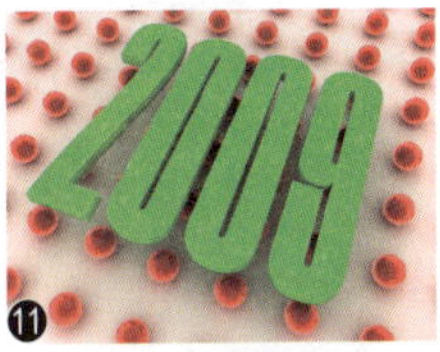

06 单击“漫射”选项右侧的按钮，打开下拉菜单，选择“编辑UV属性”命令，在弹出的“纹理属性”对话框中调整纹理位置（U比例/V比例可调整纹理的大小，U位移/V位移可调整纹理的位置）⓮⓯。单击“确定”按钮关闭对话框。

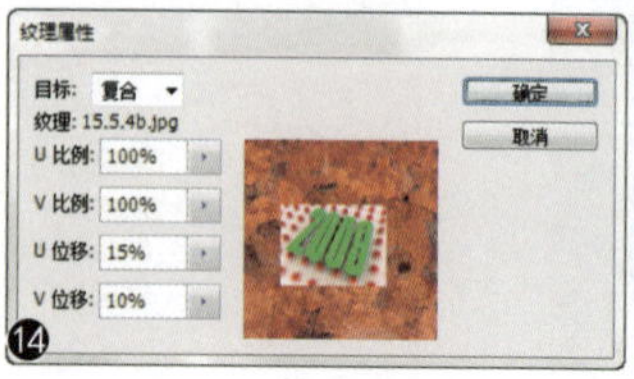

15.5.5 练习：调整纹理映射位置

01 打开素材❶。单击“图层1”，执行“3D>从图层新建网格>网格预设>汽水”命令，生成3D对象。选择移动工具，在窗口内单击并拖曳鼠标，调整相机视图❷。

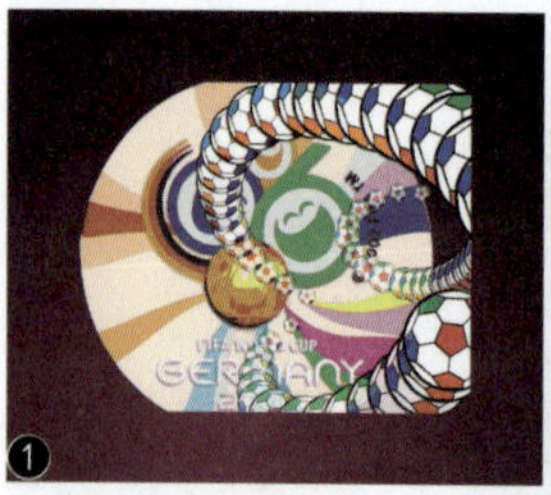

02 单击“3D”面板中的“标签材质”❸，在“属性”面板中单击“漫射”选项右侧的按钮，打开下拉菜单，选择“编辑UV属性”命令❹，在弹出的“纹理属性”对话框中设调整材质的位置❺❻。

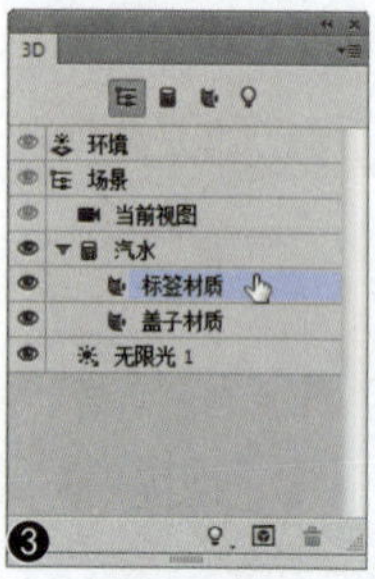

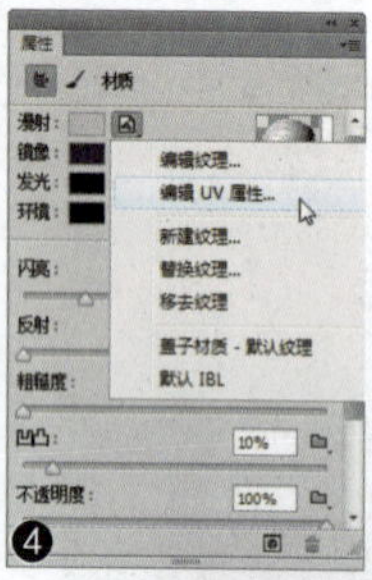

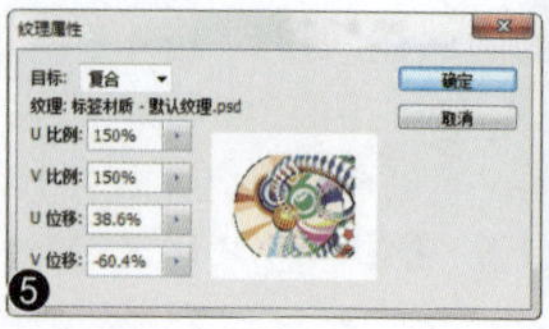

03 单击“3D”面板中的“无限光”条目❼，在“属性”面板中设置“柔和度”为40%❽。使用移动工具拖曳灯光，调整位置❾。

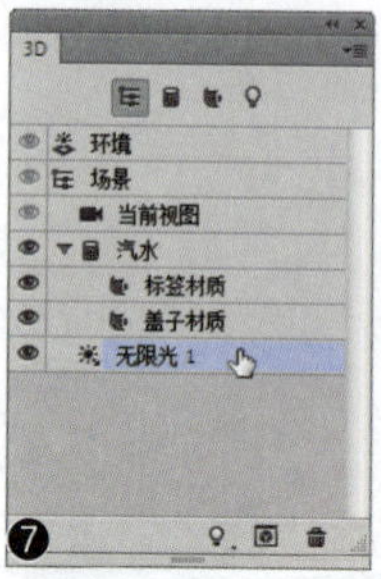

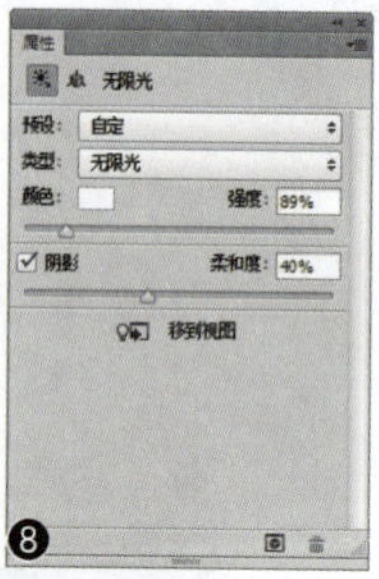

04 单击“调整”面板中的按钮，创建“曲线”调整图层，在曲线上单击鼠标，添加控制点并拖曳曲线❿，增强金属质感。单击面板底部的按钮，创建剪贴蒙版，使曲线调整以对3D模型有效，不会影响背景图像⓫。

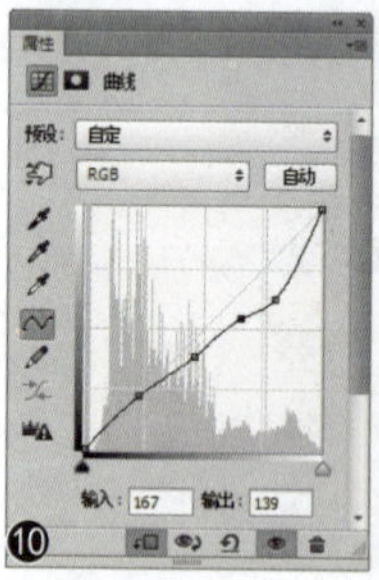

15.5.6 重新生成纹理映射

如果3D模型的纹理没有正确映射到网格，在Photoshop中打开时，纹理就会在模型表面产生扭曲，例如，出现多余的接缝、图案拉伸或挤压等情况。使用“3D>生成UV”命令可以将纹理重新映射到模型，从而校正扭曲。执行该命令时会弹出两个对话框❶❷。

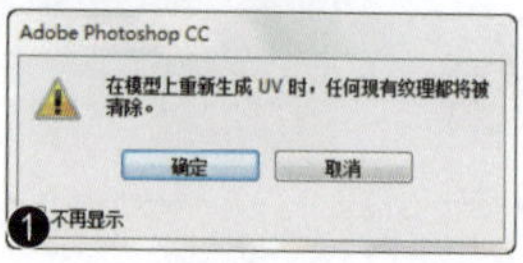

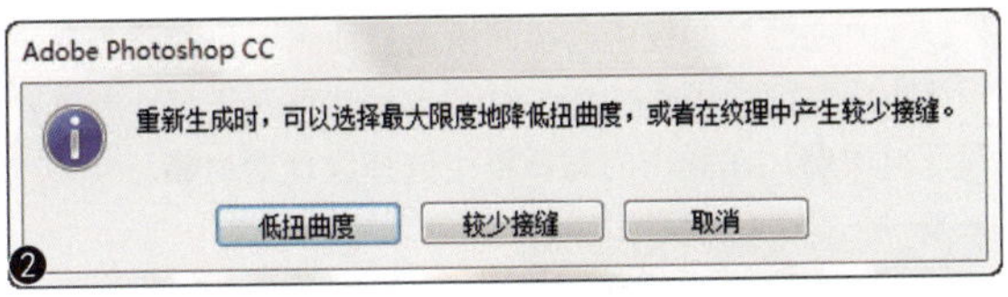

❷

第二个对话框中的按钮用来确定纹理的映射方法。选择“低扭曲度”选项，可以使纹理图案保持不变，但会在模型表面产生较多接缝❸；选择“较少接缝”选项，会使模型上出现的接缝数量最小化，这会产生更多的纹理拉伸或挤压❹。

❸ ❹

15.5.7 创建绘图叠加

UV映射可以让2D纹理映射中的坐标与3D模型上的坐标相匹配，这样3D模型材质所使用的纹理文件（2D纹理）便能够准确地应用于模型表面。也就是说，UV 映射可以让2D纹理正确地绘制在3D模型上。

用3ds Max、Maya等程序创建3D对象时，UV映射发生在创建内容的程序中。Photoshop 可以将 UV 叠加创建为参考线，帮助我们直观地了解 2D 纹理映射如何与 3D 模型表面匹配，并且在编辑纹理时，这些叠加还可作为参考线来使用。

双击“图层”面板中的纹理条目❶，打开纹理文件，在“3D>创建绘图叠加”下拉菜中可以选择叠加选项❷。

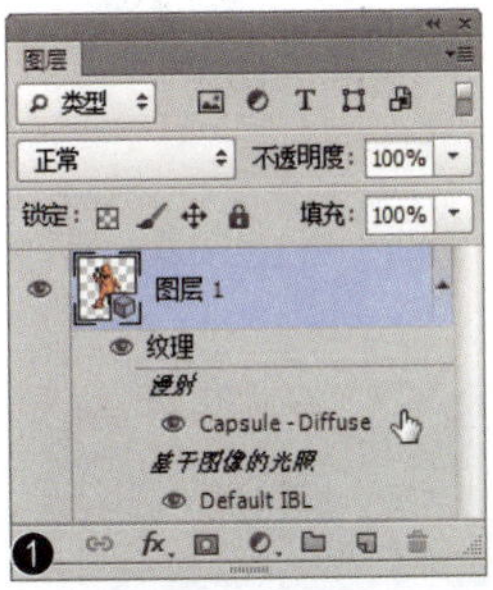

❶

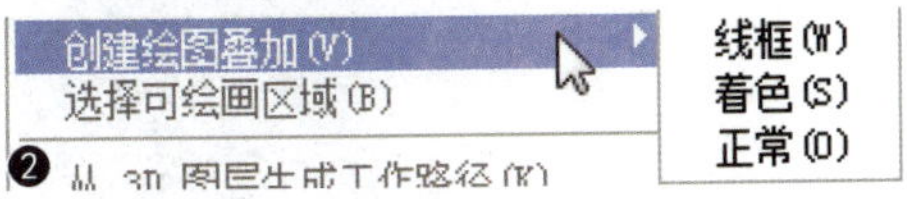

❷

- 线框：可以显示 UV 映射的边缘数据❸。

❸

- 着色：可以显示使用实色渲染模式的模型区域❹。

❹

- 正常：可以显示转换为 RGB 值的几何常值❺，R=x、G=y、B=z。

❺

提示（Tips）

UV叠加作为附加图层添加到纹理文件的“图层”面板中。关闭并存储纹理文件时，或从纹理文件切换到关联的 3D 图层（纹理文件自动存储）时，UV叠加会出现在模型表面。

15.5.8 创建并使用重复的纹理拼贴

打开一个图像❶，选择要创建为重复拼贴的图层，执行“3D>从图层新建拼贴绘画”命令，可以创建包含9个完全相同的拼贴图案❷。

重复纹理由网格图案中完全相同的拼贴构成，能提供更加逼真的模型表面覆盖效果❸，而且可以改善渲染性能，占用的存储空间也比较小。

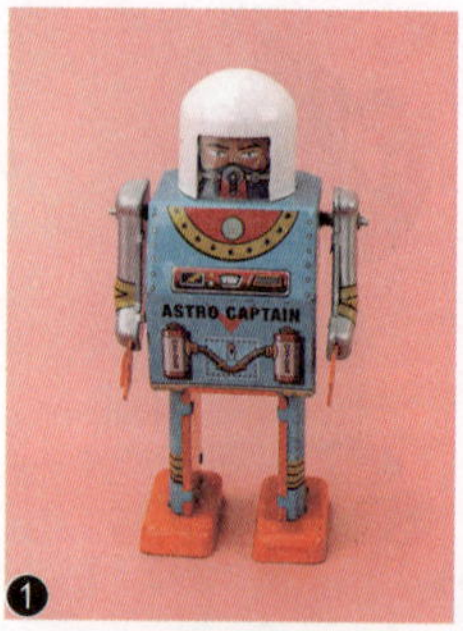

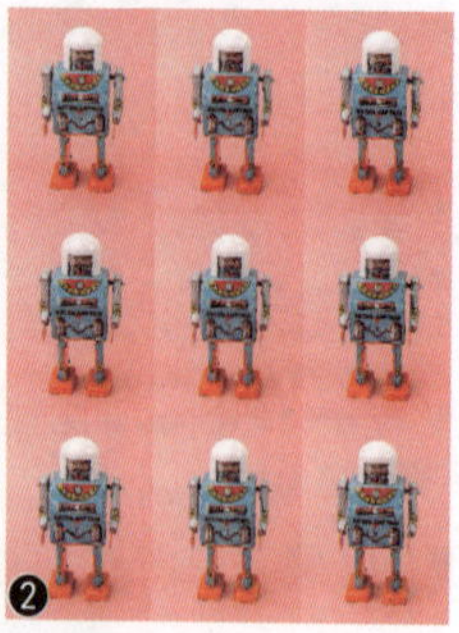

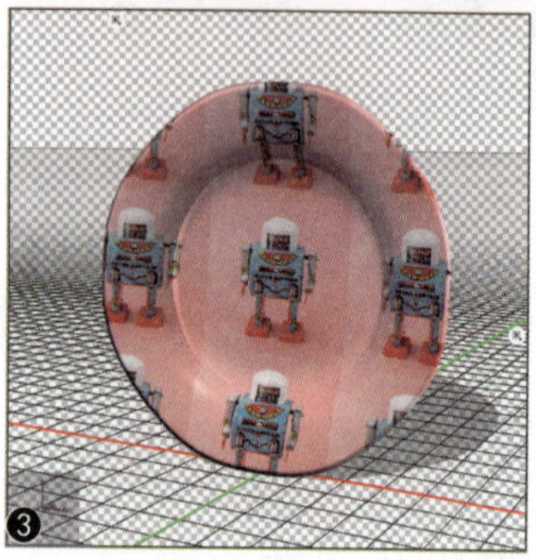

15.5.9 练习：使用3D材质吸管工具

使用3D材质吸管工具在3D对象上单击，对材质进行取样后，可以通过“属性”面板修改材质。

01 按下Ctrl+O快捷键，打开3D模型素材❶。选择模型所在的图层❷。

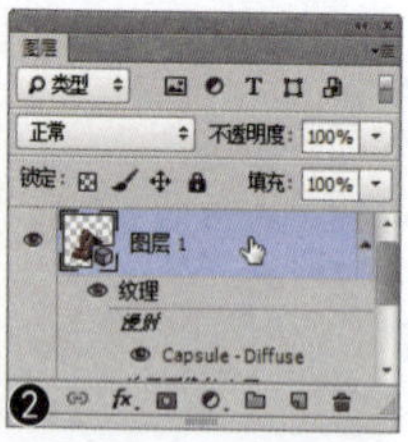

02 选择3D材质吸管工具，将光标放在模型上，单击鼠标，对材质进行取样❸。

03 “属性”面板中会显示所选材质。单击“漫射”选项右侧的按钮，打开下拉菜单，选择“替换纹理”材质❹，在弹出的对话框中选择纹理素材❺。

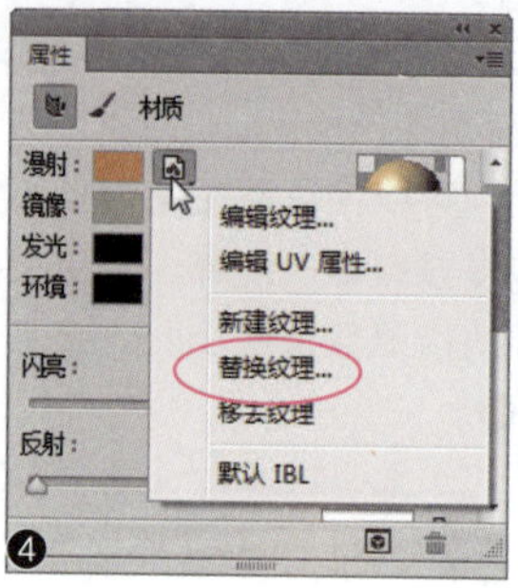

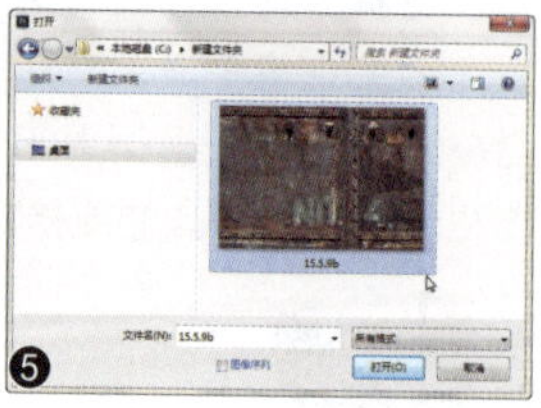

04 单击“打开”按钮，将所选图像素材贴在狮身人面像模型的表面❻。

05 单击“漫射”选项右侧的按钮，打开下拉菜单，选择“编辑UV属性”命令❼，打开“纹理属性”对话框，调整参数❽❾。

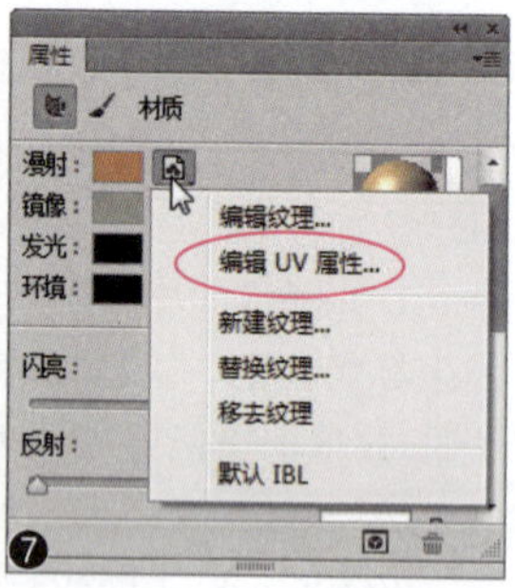

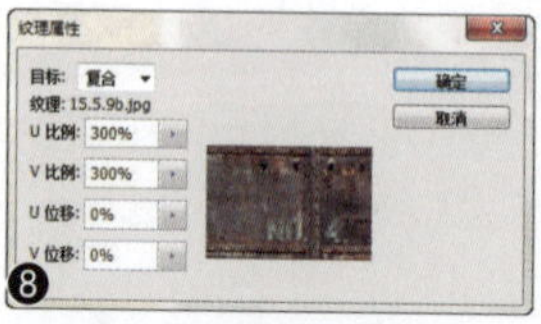

06 在“属性”面板中设置“凹凸”为100%❿，增强金属纹理质感⓫。

15.5.10 练习：使用3D材质拖放工具

3D 材质拖放工具与油漆桶工具相似，能够直接在 3D 对象上对材质进行取样并应用材质。

01 按下Ctrl+N快捷键，创建一个15厘米×15厘米、分辨率为100像素/英寸的文档。

02 执行“3D>从图层新建网格>网格预设>金字塔”命令，创建3D金字塔❶。选择移动工具，调整相机视图❷。

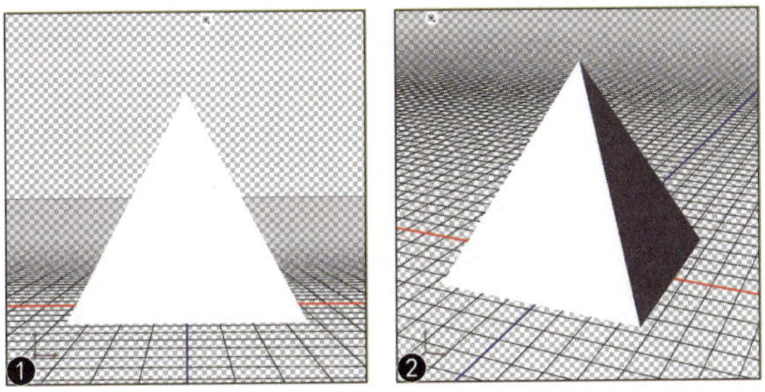

03 选择3D材质拖放工具，在工具选项栏中打开材质下拉列表，选择棋盘材质❸，将光标放在模型正面，单击鼠标❹，将所选材质应用到模型中。

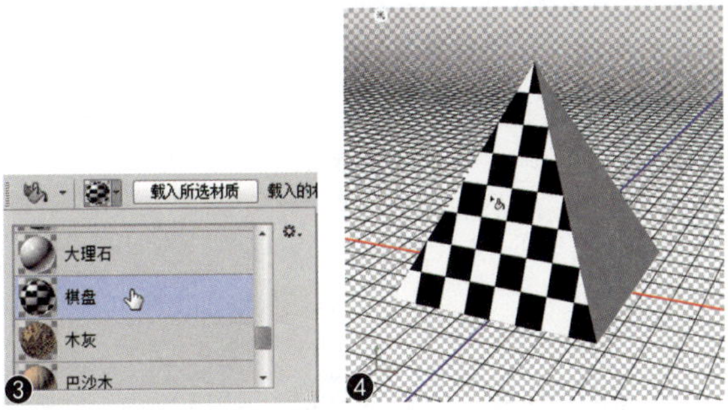

04 在工具选项栏中选择石砖材质❺，在模型侧面单击鼠标❻，为侧面添加另一种材质。

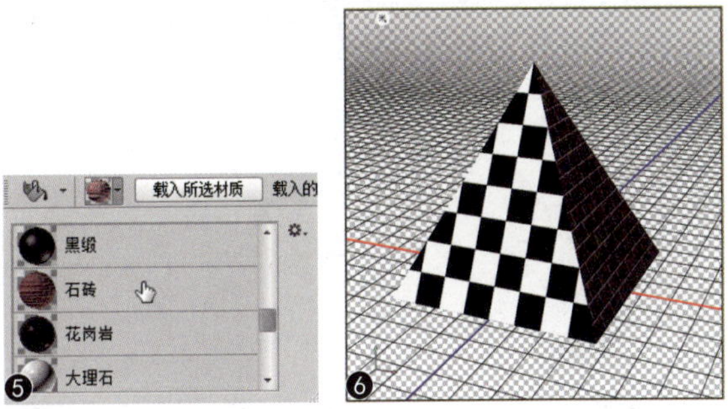

15.6 3D光源

3D光源可以从不同角度照亮模型，添加逼真的深度和阴影。Photoshop提供了点光、聚光灯和无限光，这3种光源有各自不同的选项和设置方法。

15.6.1 添加、删除、隐藏光源

单击“3D”面板底部的按钮，打开下拉菜单❶，选择光源类型，即可在3D场景中添加光源❷。如果要删除一个光源，可以在3D场景中单击它，将其选择，或者在“3D”面板中单击该光源，然后单击面板底部的按钮❸。

如果要隐藏一个光源，可以单击“3D”面板光源条目左侧的眼睛图标❹。再次单击可以重新显示光源。如果光源被移动到画布外面❺，单击“属性”面板底部的移动到视图按钮，可以让光源重新回到画面中❻。

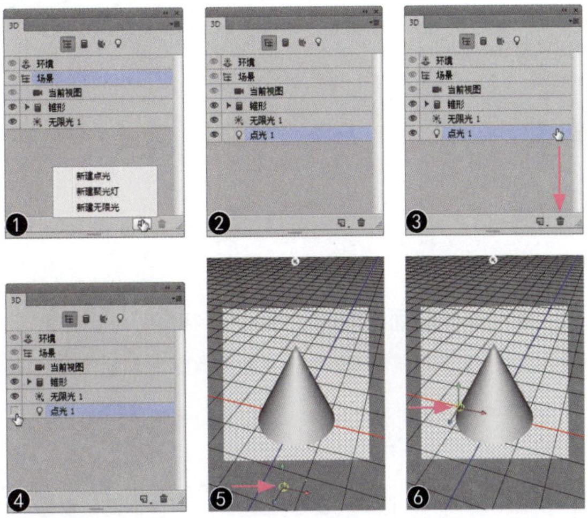

15.6.2 使用预设光源

单击“3D”面板中的光源后，可以在“属性”面板中调整光源参数。此外，也可以在“预设”下拉列表中选择预设的光源，用以替换当前所选光源❶。

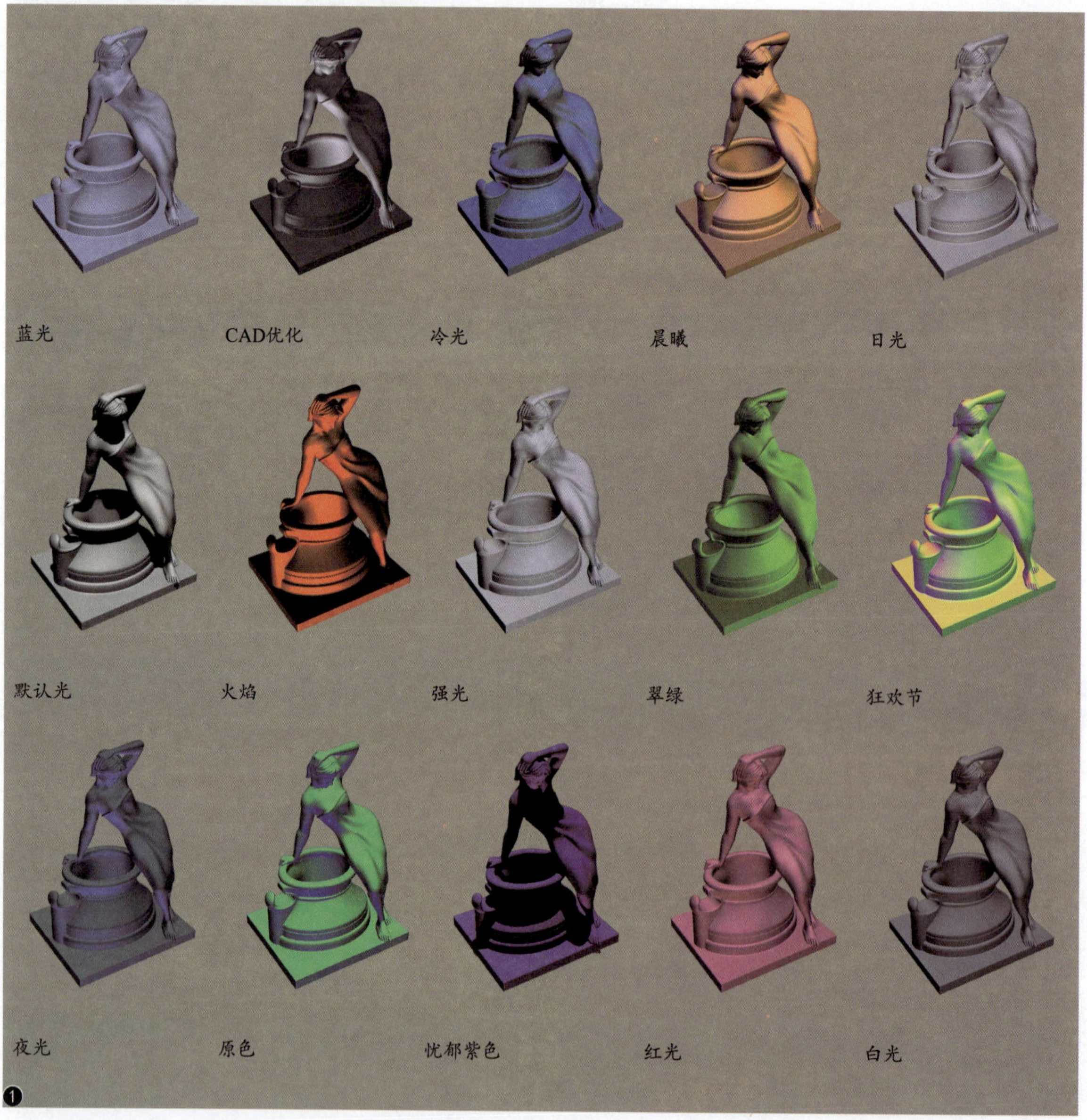

15.6.3 调整光源属性

在“属性”面板中，“预设”“颜色”“强度”“阴影”“柔和度”是所有类型光源共同的选项。

- 类型：可以在下拉列表中选择光源类型，包括点光、聚光灯和无限光。
- 颜色/强度：单击“颜色”选项右侧的色块，可以打开“拾色器”设置光源颜色❶~❹。“强度”选项用于调整光源的亮度。
- 阴影/柔和度：选取“阴影”选项，可以创建阴影❺。拖曳“柔和度”滑块，可以模糊阴影边缘❻。

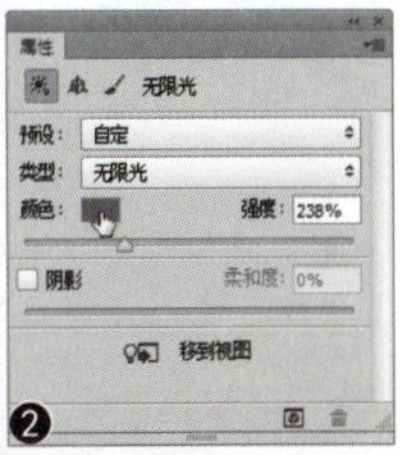

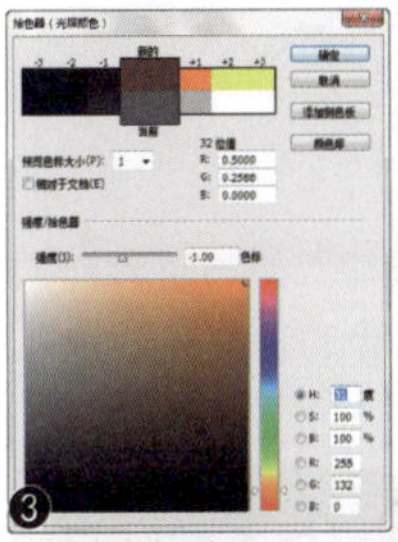

选取“阴影”选项

“柔和度”为100%

15.6.4 练习：使用点光

01 打开素材。单击3D汽车模型所在的图层❶。选择移动工具，切换到3D场景中❷。

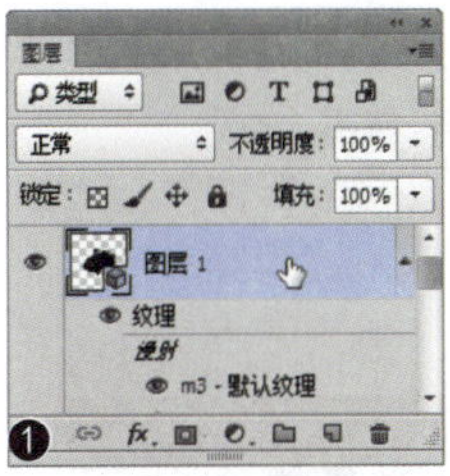

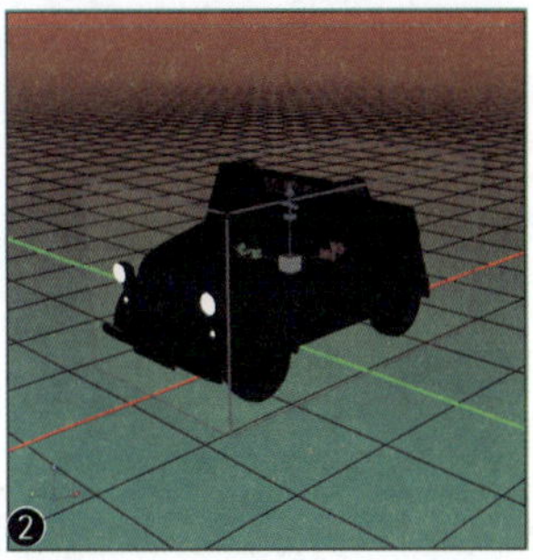

02 单击“3D”面板底部的按钮，打开下拉菜单，选择“新建点光”命令❸，在场景中添加一盏点光光源❹。

03 在工具选项栏中选择拖动3D对象工具，将光标放在文档窗口的点光上，单击并拖曳鼠标，将它移动到画面的左上方❺。

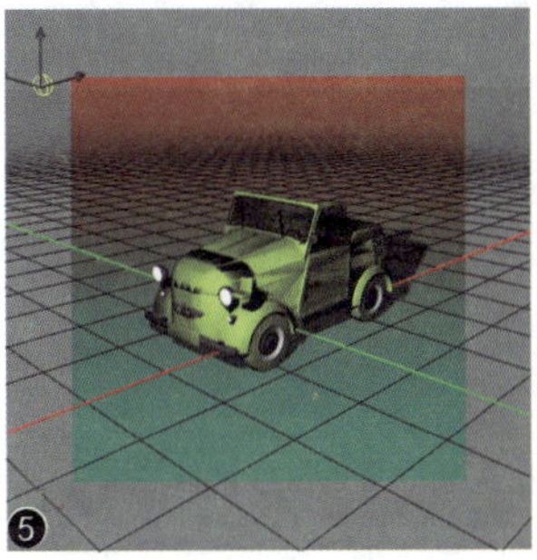

调整点光属性

点光在3D场景中是一个小球，它就像灯泡一样，可以向各个方向照射❻。使用拖动3D对象工具和滑动3D对象工具可以调整点光的位置❼。

点光包含“光照衰减”选项组❽。选取“光照衰减”选项后，可以让光源产生衰减效果❾。“内径”和“外径”选项决定衰减锥形，以及光源强度随对象距离的增加而减弱的速度。对象接近“内径”限制时，光照强度最大；对象接近“外径”限制时，光照强度为零；处于中间距离时，光照从最大强度线性衰减为零。

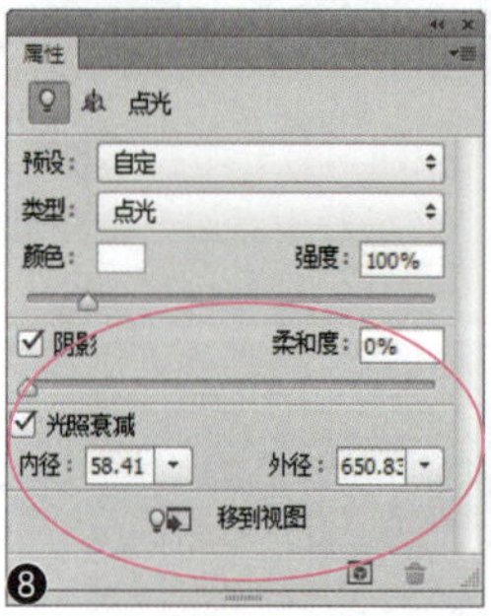

15.6.5 练习：使用聚光灯

01 按下Ctrl+O快捷键，打开3D汽车模型。选择移动工具，切换到3D场景中❶。

02 单击“3D”面板底部的按钮，打开下拉菜单，选择“新建聚光灯”命令❷，添加一盏聚光灯❸。

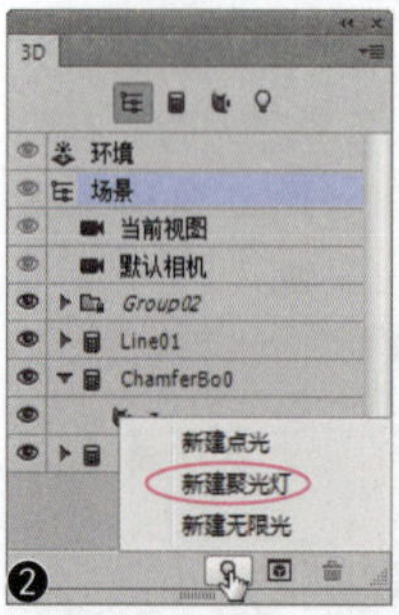

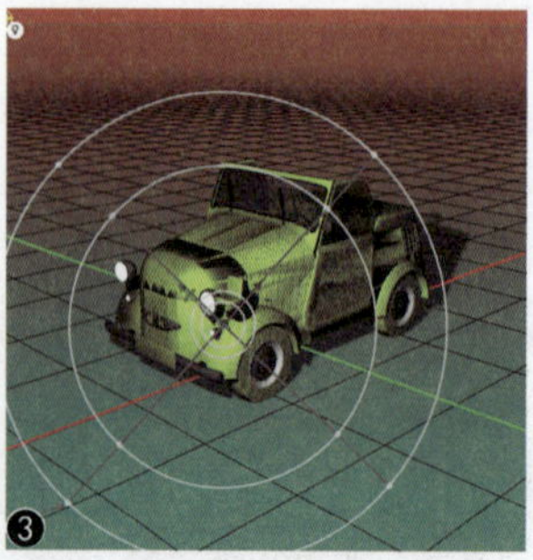

03 在“属性”面板中将灯光颜色设置为红色，强度设置为30%，取消对“阴影”选项的选取❹。灯光离模型比较远。按下Ctrl+一快捷键，将视图比例调小，但窗口大小不变，这样可以显示更多的暂存区域，将灯光移动到画面的上方❺。

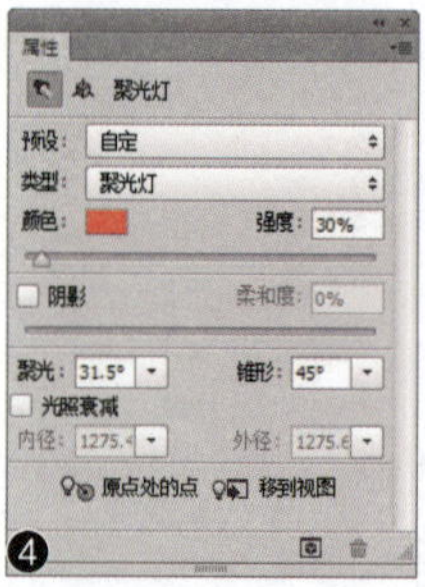

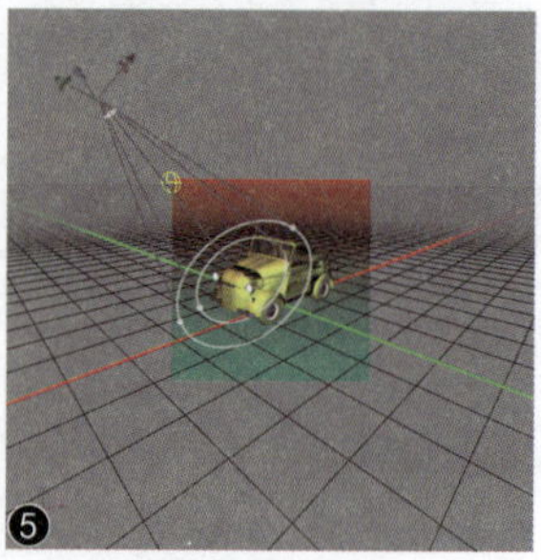

调整聚光灯属性

聚光灯在3D场景中是锥形的，能照射出可调整的锥形光线❻。使用拖动3D对象工具和滑动3D对象工具可以调整聚光灯的位置❼。

聚光灯除包含“光照衰减”属性外，还可以设置“聚光”属性，即光源明亮中心的宽度；“锥形”属性则用来设置光源的发散范围❽❾。

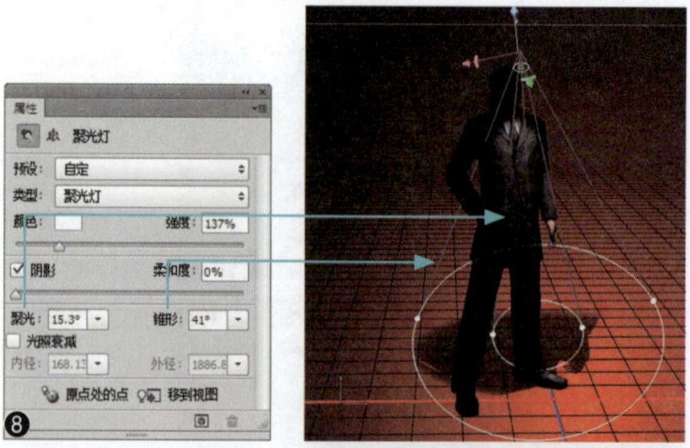

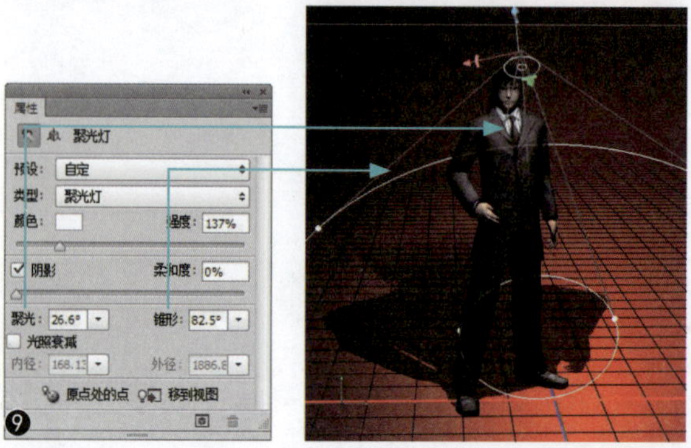

15.6.6 使用无限光

无限光在3D场景中显示为半球状，就像是太阳光，可以从一个方向平面照射❶。无限光不能移动位置，但可以使用拖动3D对象工具和滑动3D对象工具改变照射角度❷。无限光只有“颜色”“强度”和“阴影”等基本选项，没有特殊的光照属性。

15.7 3D绘画

Photoshop中的所有绘画工具都可以直接在3D模型上绘画，就像是在2D图层上绘画一样。我们还可以用选区将特定的模型区域选取，或者让Photoshop识别，并高亮显示可绘画的区域，甚至可以隐藏部分模型表面，以便对其余区域进行绘画。

15.7.1 练习：在3D茶壶上绘制图案

01 打开3D素材❶。打开“3D>在目标纹理上绘画”下拉菜单，选择一种映射类型❷。通常情况下，绘画应用于漫射纹理映射。

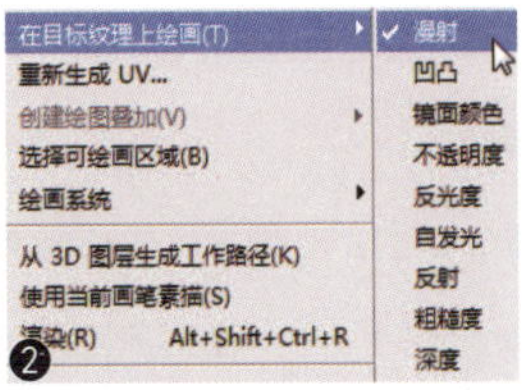

02 单击“图层1”❸。将前景色设置为棕红色❹。选择画笔工具，在“画笔”面板中选择笔尖，设置“间距”为100%，取消对“散布”选项的勾选❺，在模型上单击鼠标，进行绘画❻。

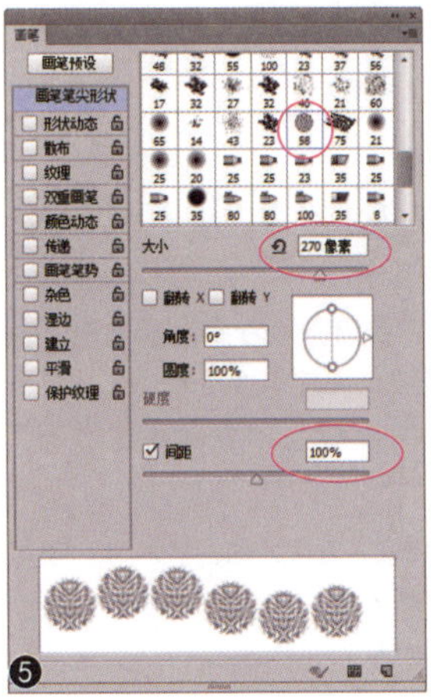

提示(Tips)

可以选择要应用绘画的底层纹理映射。通常情况下，直接在模型上绘画时，会应用于漫射纹理映射，以便为模型材质添加颜色属性。也可以选择其他纹理映射进行绘画，例如凹凸映射或不透明度映射。如果绘画的模型区域缺少绘制的纹理映射类型，则会自动创建纹理映射。如果跨材质或接缝进行绘画，可以执行“3D>绘画系统>投影”命令，再进行绘画操作。

15.7.2 设置绘画衰减角度

在模型上绘画时，绘画衰减角度可以控制表面在偏离正面视图弯曲时的油彩使用量。衰减角度是根据朝向我们的模型表面突出部分的直线来计算的。例如，在足球模型中，当球体面对我们时，足球正中心的衰减角度为 0 度，随着球面的弯曲，衰减角度逐渐增大，并在球边缘处达到最大（ 90 度）❶。执行“3D>绘画衰减”命令，可以打开“3D绘画衰减”对话框设置绘画衰减角度❷。

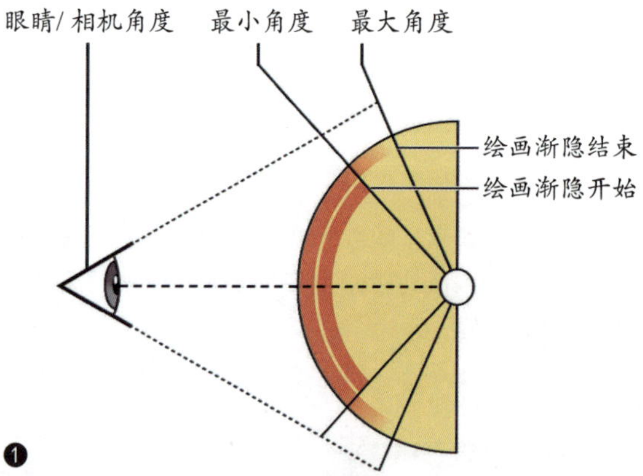

❶

❷

● **最小角度：** 最小衰减角度设置绘画随着接近最大衰减角度而渐隐的范围。例如，如果最大衰减角度是45度，最小衰减角度是30度，那么在30度和45度的衰减角度之间，绘画不透明度将会从100减少到0。

● **最大角度：** 最大绘画衰减角度在0度～90度之间。0度时，绘画仅应用于正对前方的表面，没有减弱角度；90度时，绘画可沿弯曲的表面（如球面）延伸至其可见边缘。

15.7.3 选择最佳绘画区域

直接在模型上绘画与在2D纹理映射上绘画是不同的，有时画笔在模型上看起来很小，但相对于纹理来说可能实际上又很大（这取决于纹理的分辨率，或应用绘画时我们与模型之间的距离），因此，观看3D模型，无法判断是否可以成功地在某些区域绘画。执行“3D>选择可绘画区域”命令，可以通过选区自动选取模型上可以绘画的最佳区域❶。

最佳的绘画区域，就是那些能够以最高的一致性和可预见的效果在模型表面应用绘画或其他调整的区域。在非最佳绘画区域，绘画可能会由于角度或我们与模型表面之间的距离而出现取样不足或过度取样。

❶

15.7.4 隐藏表面

对于内部包含隐藏区域，或者结构复杂的模型，可以使用选择工具将遮挡住绘画区域的3D模型部分选取，并将其隐藏。例如，要在汽车模型的仪表盘上绘画，可以选取挡风玻璃❶，然后将其隐藏❷。

❶

❷

“3D>显示/隐藏多边形”菜单中包含可以隐藏或显示模型区域的命令❸。

❸

● **选区内：** 隐藏选中的表面❹。类似于图层蒙版。

● **反转可见：** 使当前可见的表面不可见，不可见的表面可见❺。类似于反相的图层蒙版。

● **显示全部：** 显示所有隐藏的表面。

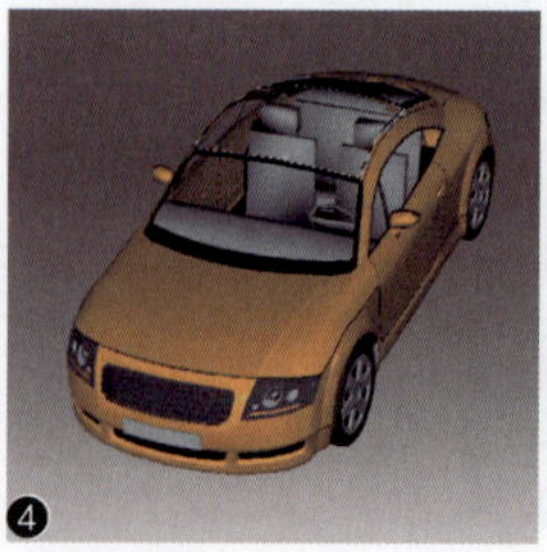

❹

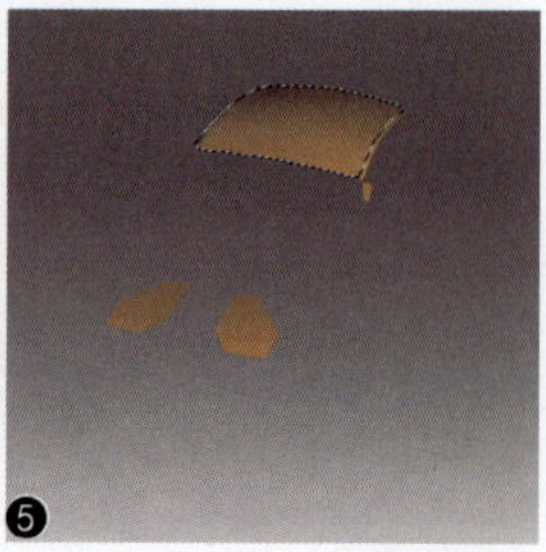

❺

15.8

渲染3D模型

3D模型编辑完成之后，可以对模型进行渲染，创建最高品质的输出效果，以便将其用于Web、打印或动画。

15.8.1 选择渲染预设

渲染设置决定如何绘制 3D 模型。Photoshop提供了许多预设。需要使用时，可以在“3D”面板中单击“场景”条目❶，然后在“属性”面板的“预设”下拉列表中选择❷❸。其中的“默认”是Photoshop预设的标准渲染模式，即显示模型的可见表面；“线框”和“顶点”类会显示底层结构；“实色线框”类可以合并实色和线框渲染；要以反映其最外侧尺寸的简单框来查看模型，可以选择“外框”类预设。

❶

❷

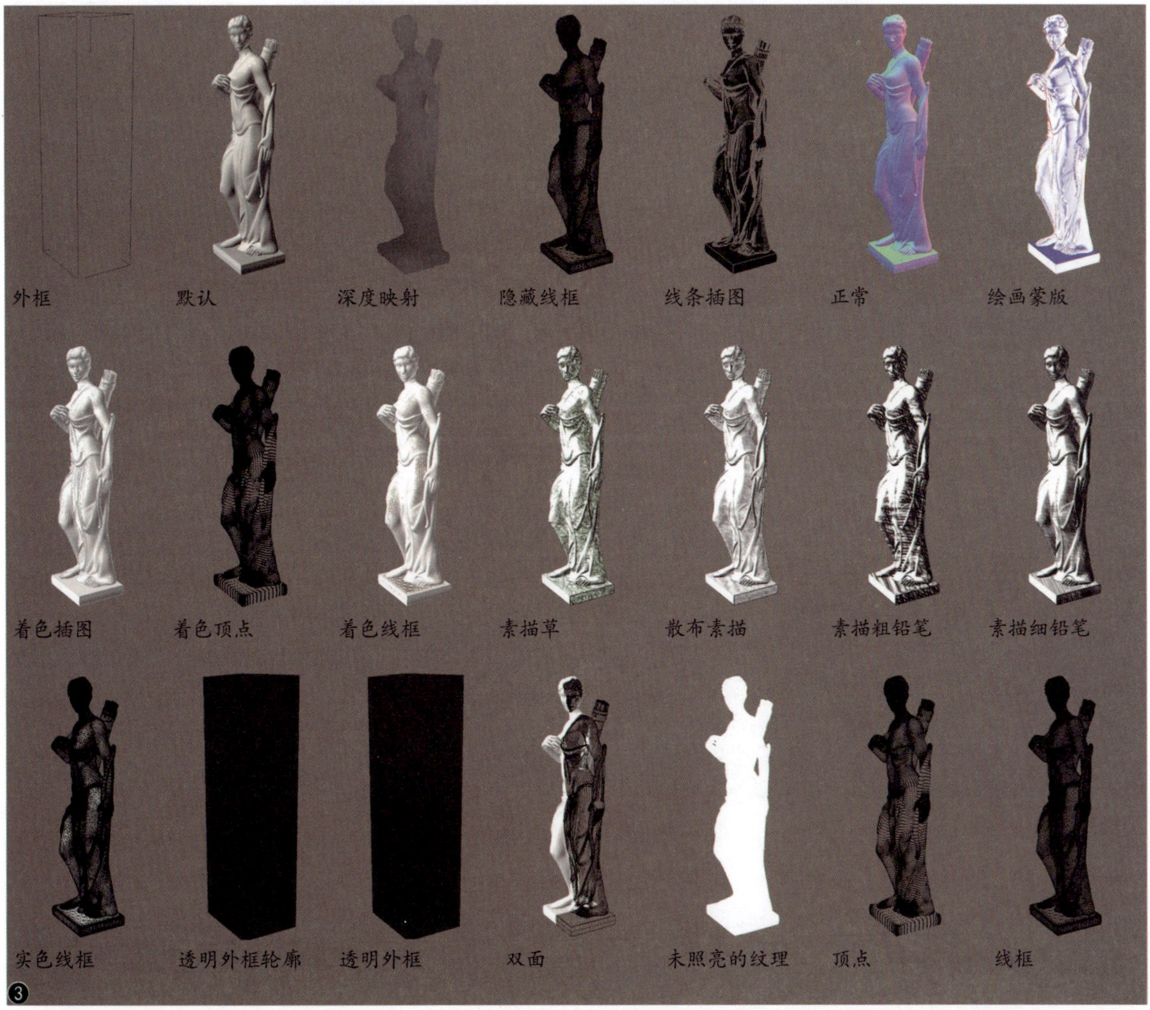

❸

15.8.2 实战技巧：用画笔描绘模型

使用“素描草”“散布素描”“素描粗铅笔”和“素描细铅笔”等预设时，可以选择一个绘画工具（画笔或铅笔），然后执行“3D>使用当前画笔素描”命令，用画笔描绘模型❶。

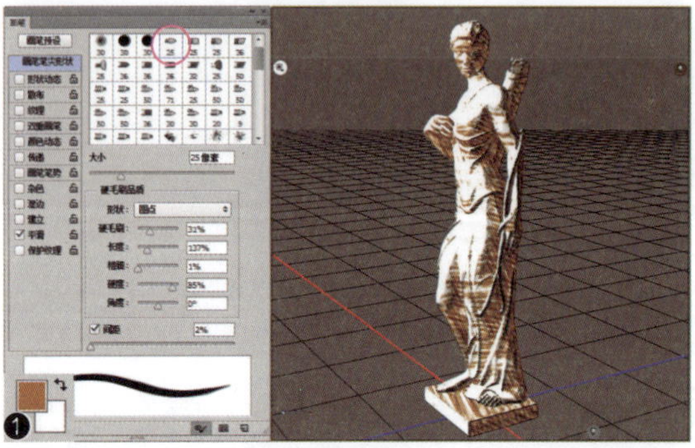

15.8.3 设置横截面

在“属性”面板中选择“横截面”选项后，可以创建与模型相交的横截面，以便能够切入到模型内部查看里面的内容❶❷。

正常的模型

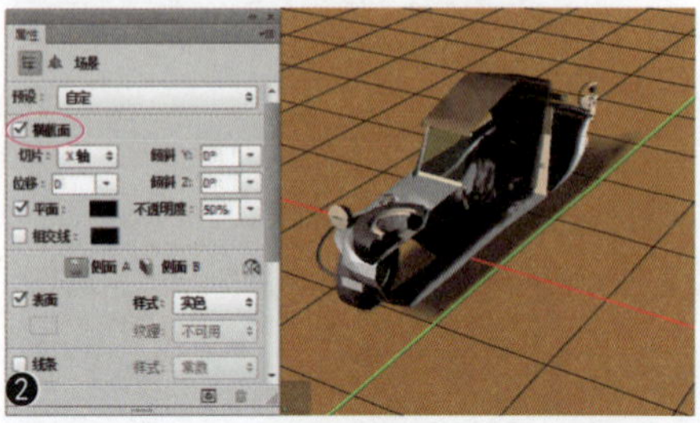

选取“横截面”选项后的模型（X轴）

● 切片：可以沿X、Y❸、Z❹轴创建横截面。

● 倾斜：可以将横截面向其任一可能的倾斜方向旋转至360°❺❻。（选择“平面”选项）

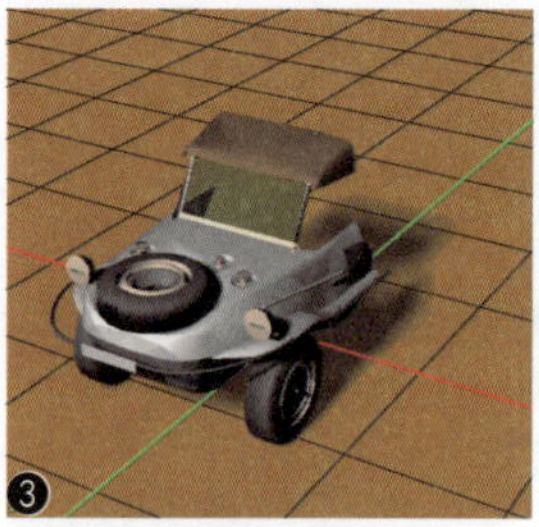

沿Y轴创建横截面

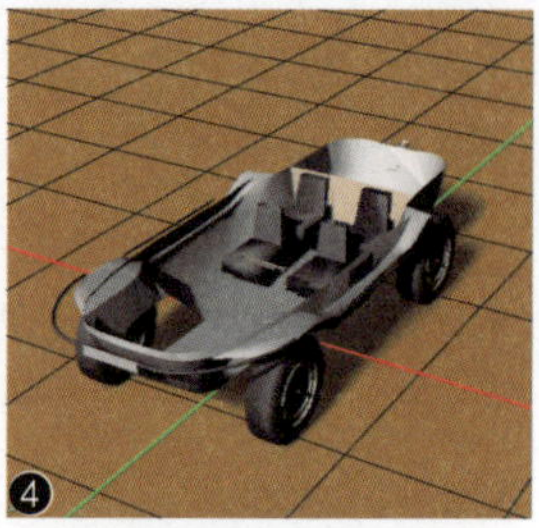

沿Z轴创建横截面

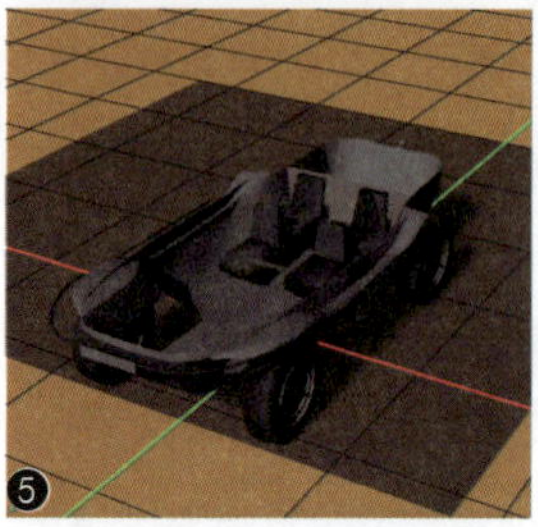

横截面Z轴、倾斜0°

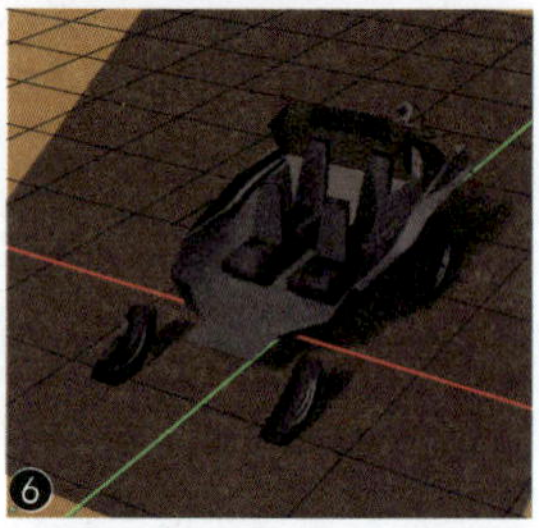

横截面Z轴、倾斜45°

● 位移：可以沿平面的轴移动横截面，不会改变它的斜度❼。位移为0时，横截面与3D模型相交于中点❽。

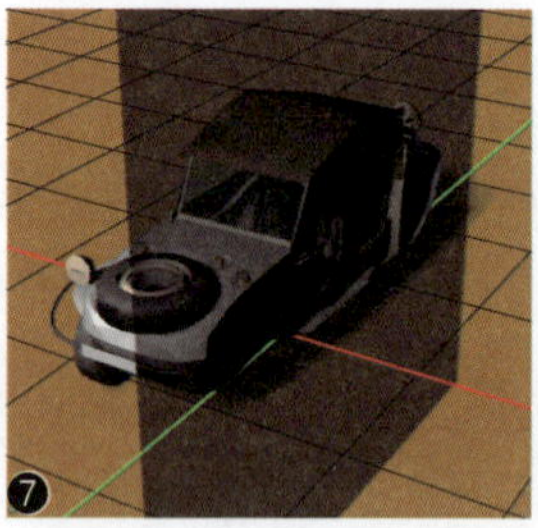

横截面Z轴、位移20

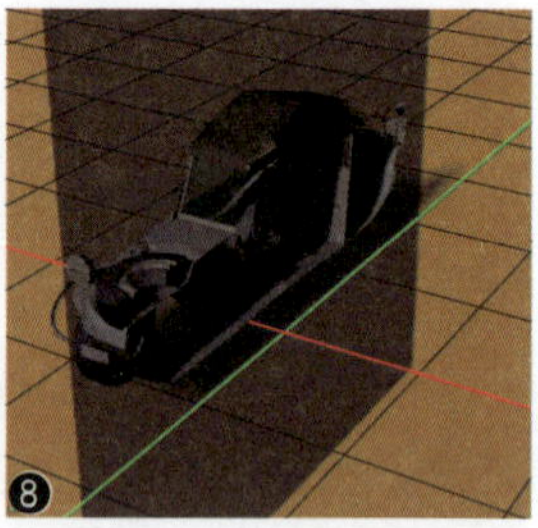

横截面Z轴、位移0

● 平面/不透明度：选择“平面”选项，可以显示横截面。单击该选项右侧的颜色块，可以设置横截面的颜色❾；在“不透明度”选项中可以调整横截面的不透明度。

● 相交线：可以高亮显示与横截面相交的模型区域❿。单击右侧的颜色块，可以设置相交线的颜色。

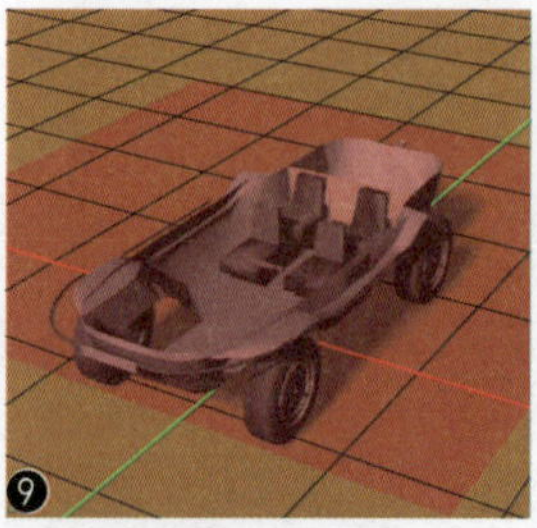

横截面为红色

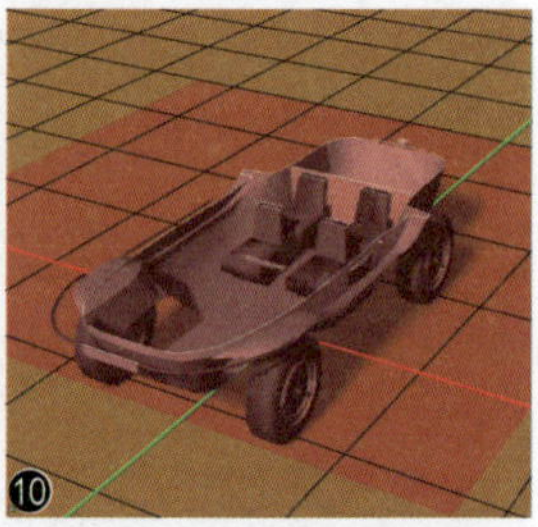

相交线为白色

● 侧面A/B：单击相应的按钮，可以显示横截面A侧或横截面B侧。

● 互换横截面侧面：单击该按钮，可以将模型的显示区域更改为相交横截面的反面。

15.8.4 设置表面

在“属性”面板中选择“表面”选项后，可以在“样式”下拉列表中选择模型表面的显示方式❶~❸。

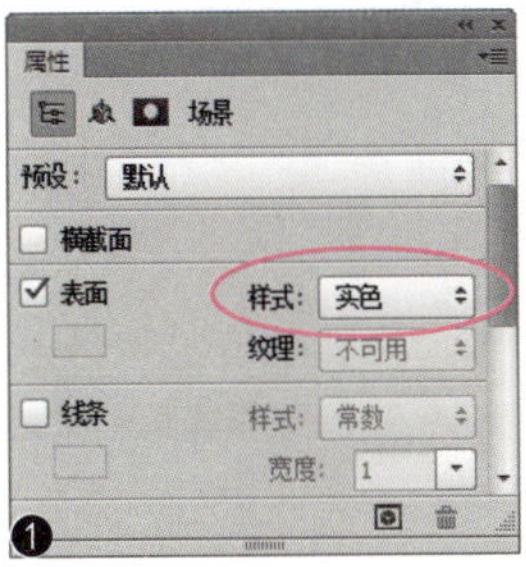

❶ “表面”选项组

❷ 样式：实色

- 实色：使用 OpenGL 显卡上的 GPU 绘制没有阴影或反射的表面。
- 未照亮的纹理：绘制没有光照的表面。
- 平坦：对所有顶点应用相同的表面标准，创建刻面外观。
- 常数：用当前指定的颜色替换纹理。
- 外框：显示反映每个组件最外侧尺寸的外框。
- 法线：以不同的 RGB 颜色显示表面标准的 X、Y 和 Z 组件。
- 深度映射：显示灰度模式，使用明度显示深度。
- 绘画蒙版：以白色显示可绘制区域，以红色显示过度取样的区域，取样不足的区域以蓝色显示。

❸

15.8.5 设置线条

在“属性”面板中选择“线条”选项后，可以在“样式”下拉列表中选择线框线条的显示方式，调整线条宽度❶~❻。

当模型中的两个多边形在某个特定角度相接时，会形成一条折痕或线，“角度阈值”可以调整模型中的结构线条数量。如果边缘在小于该值设置（0~180）的某个角度相接，则会移去它们形成的线。若设置为 0，则显示整个线框。

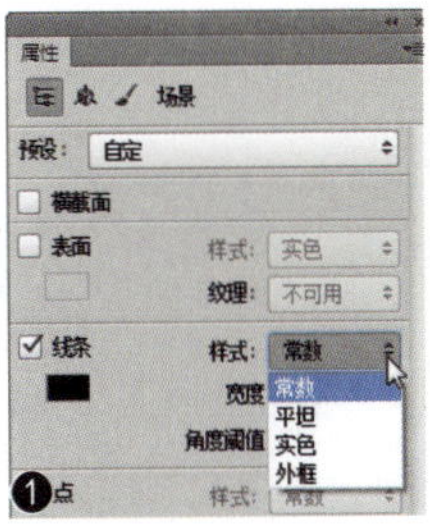

❶ “线条”选项组

❷ 正常状态下的模型

常数

平坦

实色

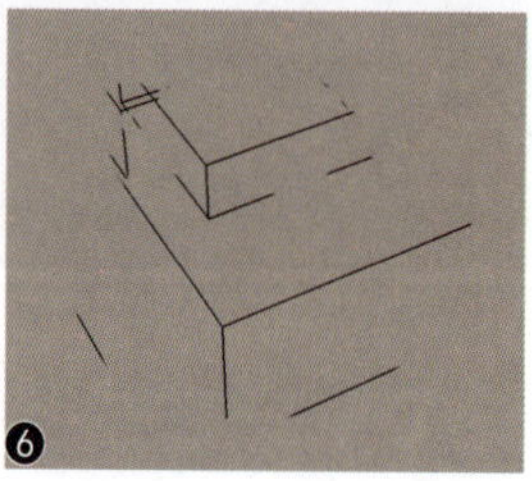

外框

15.8.6 设置顶点

顶点是组成线框模型的多边形相交点。在“属性”面板中选择“点”选项后，可以在“样式”下拉列表中选择顶点的外观❶~❻。通过“半径值”选项可以调整每个顶点的像素半径。

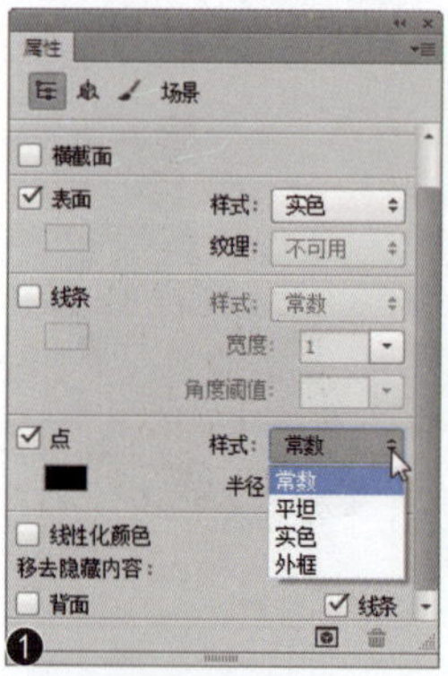

“点”选项组

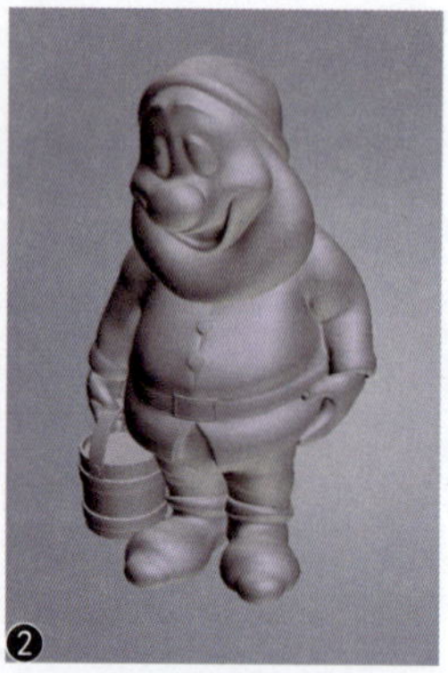

正常状态下的模型

常数

平坦

实色

外框

15.8.7 最终渲染

渲染选项设置完成后，需要最终渲染模型时，可以单击“3D”面板中的“场景”条目，然后单击面板底部的按钮，或者执行“3D>渲染”命令。

最终渲染将使用光线跟踪和更高的取样速率，以便获得更逼真的光照和阴影。在渲染期间，剩余时间和百分比会显示在文档窗口底部的状态栏中。如果想暂停渲染，可以按下Esc键。再单击一次按钮，可继续渲染。

提 示 (Tips)

需要注意：渲染设置只针对当前选择的3D图层有效。如果文档包含多个3D图层，则需要为每个图层分别指定渲染设置并单独渲染。

15.8.8 局部渲染

3D模型的结构越复杂、光源和阴影越多、纹理越丰富，渲染的时间就越长。如果完成渲染后，发现纹理映射、光源或其他对象出现问题，则需要修改后再重新渲染。这样反复操作会耗费大量时间。

其实我们可以先只对局部模型进行渲染测试，从中判断整个模型的最终效果，以便为修改提供参考。使用矩形选框工具在模型上创建一个选区，执行“3D>渲染”命令，即可渲染选中的区域❶。

15.9 存储和导出3D文件

模型渲染完成后，可以拼合3D场景以便用其他格式输出，也可以将3D场景与2D内容合并，或直接从3D图层打印。

15.9.1 存储3D文件

如果想要保留3D文件中的3D内容，包括位置、光源、渲染模式和横截面，可以执行“文件>存储”命令，选择PSD、PDF或TIFF作为保存格式。

15.9.2 导出3D图层

在“图层”面板中选择要导出的3D图层❶，执行“3D>导出3D图层”命令，打开“存储为”对话框，在“格式”下拉列表中可以选择受支持的3D文件格式❷，将3D图层导出为文件。

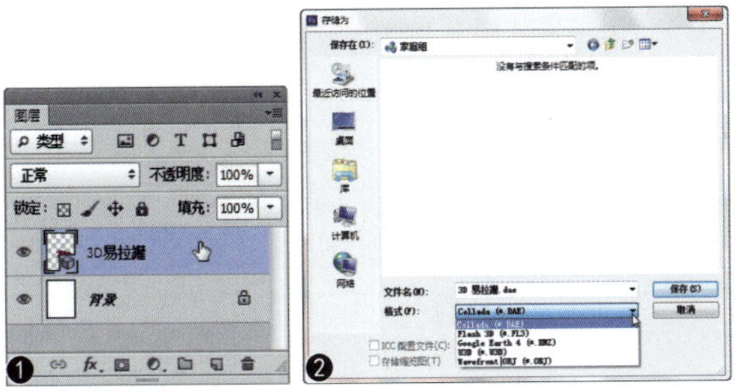

选取导出格式时，有几点需要注意：U3D格式只保留“漫射”“环境”和“不透明度”纹理映射；Wavefront和OBJ 格式不能存储相机设置、光源和动画；只有 Collada DAE 会存储渲染设置。

提 示（Tips）

执行“3D>在 Sketchfab 上共享 3D 图层”命令，可以使用 Sketchfab 来共享 3D 图层。Sketchfab 是一项 Web 服务，用于发布和显示交互式 3D 模型。

15.9.3 合并3D图层

选择两个或多个3D图层❶，执行“3D>合并3D图层”命令，可将它们合并到一个场景中❷。合并后，可以单独处理每一个模型，也可以同时在所有模型上使用位置工具和相机工具。

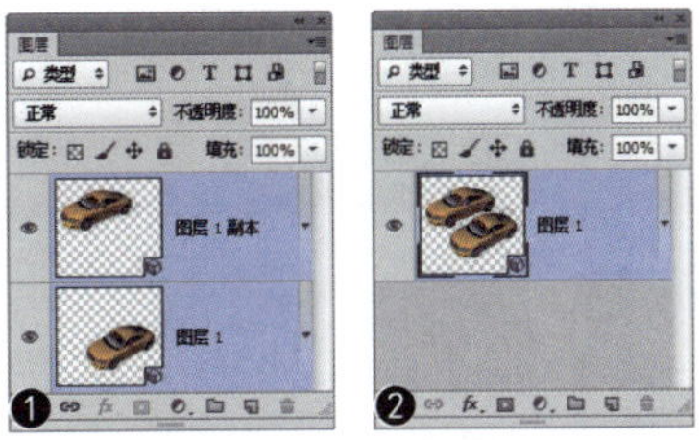

15.9.4 将3D图层转换为智能对象

在“图层”面板中选择3D图层，执行面板菜单中的“转换为智能对象”命令，可以将3D图层转换为智能对象。转换后仍可保留3D图层中的3D信息，可对其应用滤镜，如果要重新编辑原3D内容，双击智能对象所在的图层即可。

15.9.5 栅格化3D图层

在“图层”面板中选择3D图层后，执行“图层>栅格化>3D”命令，可以将3D图层栅格化，即转换为普通的2D图层。

提 示（Tips）

执行“3D>获取更多内容”命令，可以链接到Adobe网站浏览与3D有关的内容、下载3D插件。

Ps 15.10

3D打印

Photoshop CC的3D功能适合用于设计原型、美术品、珠宝、装饰和其他产品。这些设计可以通过3D打印机转变为真实物品。

15.10.1 打印 3D 模型

在 Photoshop CC中打开3D模型❶，执行“3D>3D打印设置”命令，“属性”面板中会显示相关的设置选项❷。如果配置了3D打印机，可以在“打印机”选项中选取。也可以使用在线3D打印服务，例如 Shapeways.com 或 Sculpteo。

❶

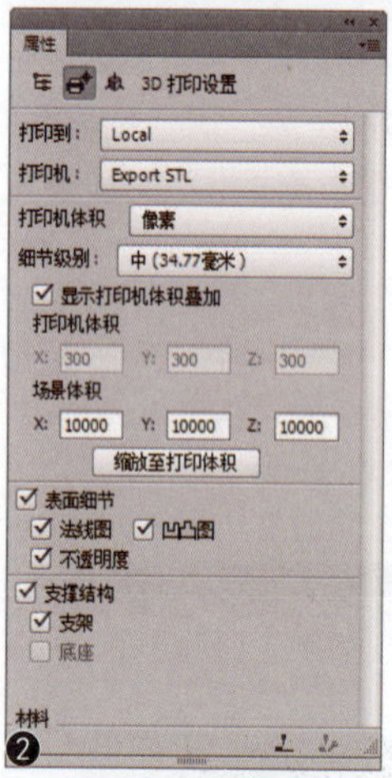

❷

设置好选项之后，执行“3D>3D打印”命令，Photoshop即会统一并准备3D场景以便用于打印流程❸。单击对话框中的“打印”按钮，即可进行3D打印。Photoshop会自动在模型下方和周围生成临时支撑，以确保模型不会在打印期间倒塌。打印3D模型所需时间取决于我们选择的细节级别。如果要取消正在进行的3D打印，可以执行“3D>取消3D打印”命令。

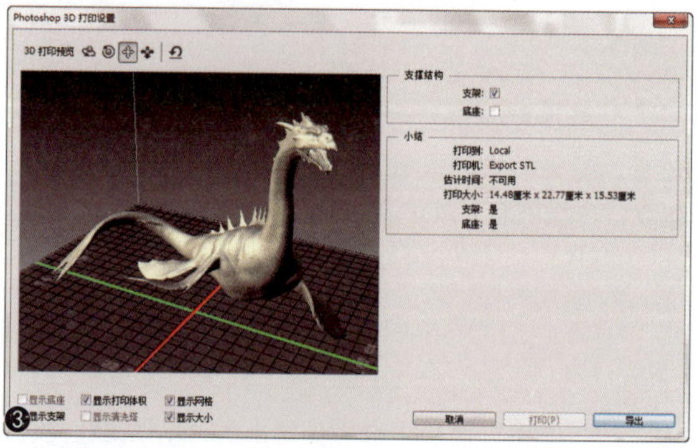

❸

选择使用 Shapeways.com 配置文件进行打印时，Photoshop 会提示实际打印成本可能与显示的估计价格不同。并且，如果模型使用的是Shapeways的材料，无论是彩色砂岩还是铜，都可通过Photoshop看到3D打印模型的预览效果。

提 示（Tips）

执行“3D>为3D打印统一场景”命令，可以统一3D场景的所有元素并使场景防水。

15.10.2 3D 打印机实用程序

Photoshop 提供了基于向导的交互式实用程序，可用于配置、校准和维护3D打印机。如果要启动实用程序，可以执行“3D>3D打印机实用程序”命令。需要注意的是，只有在3D打印机通电并连接到计算机时，才能使用该实用程序。

15.10.3 定义横截面

如果想要在打印3D模型前定义横截面，以便切掉3D模型的某些部分，可以在“3D”面板中选择场景条目，然后在“属性”面板中选择“横截面”，并指定横截面的设置，再执行“3D>将横截面应用到场景”命令即可。

15.11 测量与计数

Photoshop的测量功能可以测量用标尺工具或选择工具定义的任何区域，包括用套索工具、快速选择工具或魔棒工具选定的不规则区域，也可以计算高度、宽度、面积和周长，或者手动计数图像中的项目。

15.11.1 设置测量比例

设置测量比例是指在图像中设置一个与比例单位（如英寸、毫米或微米）数相等的指定像素数。创建测量比例之后，就可以用选定的比例单位测量区域，并接收计算和记录结果。

执行“图像>分析>设置测量比例>自定”命令，打开“测量比例”对话框❶，输入要设置为与像素长度相等的逻辑长度和逻辑单位即可。例如，如果像素长度为 50，并且要设置的比例为 50 像素/微米，则应输入 1 作为逻辑长度，并使用微米作为逻辑单位。如果要恢复为默认的测量比例，即1 像素 = 1 像素，可以执行“图像>分析>设置测量比例>默认值”命令。

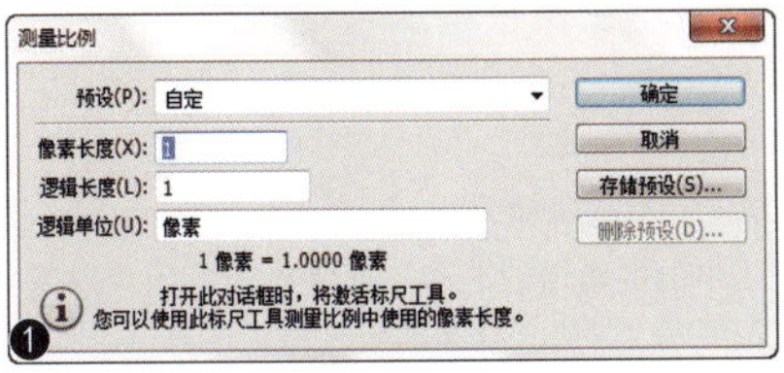

❶

选项	说明
预设	如果创建了自定义的测量比例预设，可在该选项的下拉列表中将其选择
像素长度	可以拖动标尺工具测量图像中的像素距离，或在该选项中输入一个值。关闭“测量比例”对话框时，将恢复当前工具设置
逻辑长度/逻辑单位	可以输入要设置为与像素长度相等的逻辑长度和逻辑单位。例如，如果像素长度为50，并且要设置的比例为 50 像素/微米，则应输入 1 作为逻辑长度，并使用微米作为逻辑单位
存储预设/删除预设	单击“存储预设”按钮，可以将当前设置的测量比例保存。需要使用时，可以在“预设”下拉列表中选择。单击“删除预设”按钮可删除自定义的预设

15.11.2 创建比例标记

设置好文档的测量比例后，可以执行“图像>分析>置入比例标记”命令，打开“测量比例标记”对话框并设置选项❶，在画面左下角创建比例标记❷，它显示了文档中使用的测量比例。与此同时，“图层”面板中会添加一个图层组，它包含文本图层和图形图层❸。

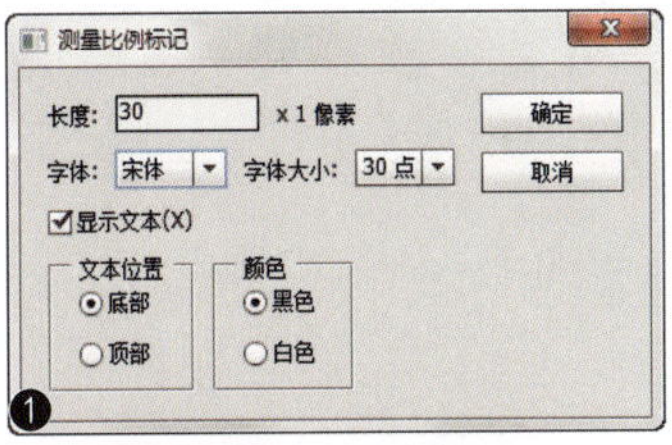

❶

❷

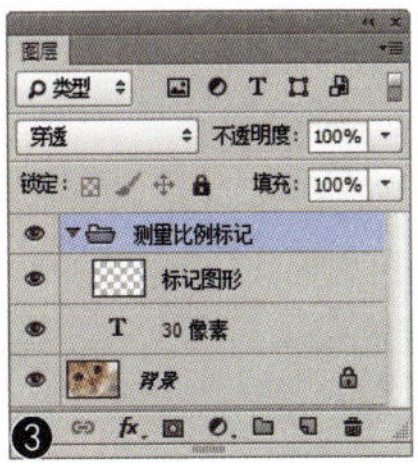

❸

“测量比例标记”对话框选项

- 长度：设置比例标记的长度（以像素为单位）。
- 字体/字体大小：可以选择字体并设置字体的大小。
- 显示文本：选取该选项，可以显示比例标记的逻辑长度和单位。
- 文本位置：选择在比例标记的上方或下方显示题注。
- 颜色：设置比例标记和题注的颜色（黑色或白色）。

15.11.3 编辑比例标记

在文档中创建测量比例标记后，可以使用移动工具移动它的位置❶，也可以使用文字工具将其选取，然后编辑题注或修改文本的大小、字体和颜色❷。

如果要添加新的比例标记，可以执行“图像>分析>置入比例标记”命令，弹出一个对话框❸。单击“移去”按钮，可以替换现有的标记；单击“保留”按钮，可以新建比例标记，并保留原有的比例标记❹。如果新的比例标记和原有的标记彼此遮盖，可以在“图层”面板中隐藏原来的比例标记。如果要删除比例标记，可将测量比例标记图层组拖曳到删除图层按钮上。

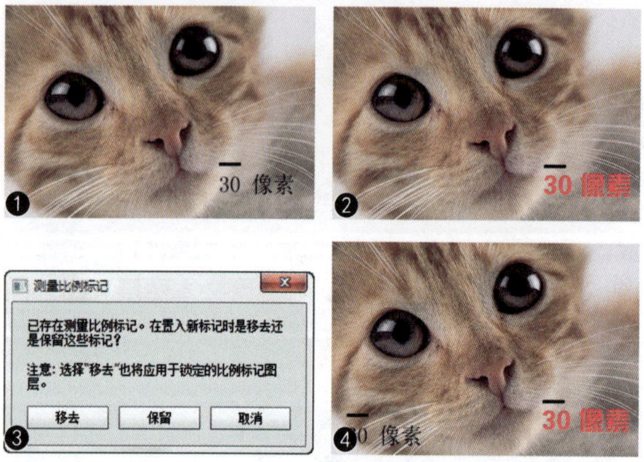

15.11.4 选择数据点

数据点会向测量记录添加有用的信息，例如，可以添加要测量文件的名称、测量比例和测量的日期/时间等。执行“图像>分析>选择数据点>自定”命令，打开“选择数据点”对话框❶。

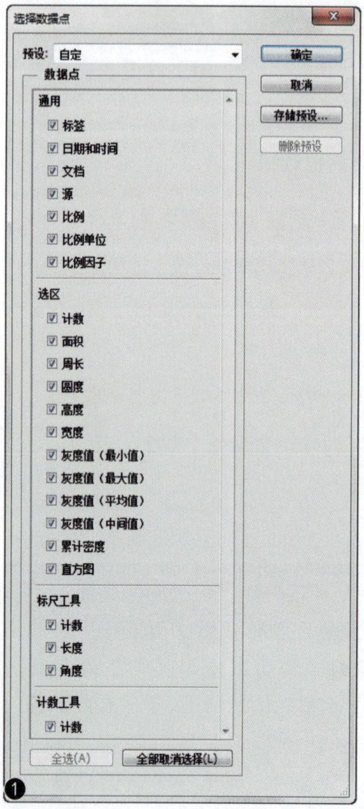

在该对话框中，数据点将根据可以测量它们的测量工具进行分组，“通用”数据点适用于所有工具，此外，还可以单独设置选区、标尺工具和计数工具的数据点。

选项	说明
标签	标识每个测量，并自动将每个测量编号为测量1、测量 2等
日期和时间	应用表示测量发生时间的日期/时间戳
文档	标识测量的文档（文件）
源	测量的源，即标尺工具、计数工具或选择工具
比例	源文档的测量比例（例如，100 像素 = 3 英里）
比例单位	测量比例的逻辑单位
比例因子	分配给比例单位的像素数
计数	根据使用的测量工具发生变化。使用选择工具时，表示图像上不相邻的选区的数目；使用计数工具时，表示图像上已计数项目的数目；使用标尺工具时，表示可见的标尺线的数目（1或 2）
面积	用方形像素或根据当前测量比例校准的单位（如平方毫米）表示的选区的面积
周长	选区的周长
圆度	4pi（面积/周长2）。若值为 1.0，则表示一个完全的圆形，当值接近 0.0 时，表示一个逐渐拉长的多边形
高度	选区的高度（max y – min y），其单位取决于当前的测量比例
宽度	选区的宽度（max x – min x），其单位取决于当前的测量比例
灰度值	这是对亮度的测量
累计密度	选区中的像素值的总和。此值等于面积（以像素为单位）与平均灰度值的乘积
直方图	为图像中的每个通道生成直方图数据，并记录0 到 255之间的每个值所表示的像素的数目。对于一次测量的多个选区，将为整个选定区域生成一个直方图文件，并为每个选区生成附加的直方图文件
长度	标尺工具在图像上定义的直线距离，其单位取决于当前的测量比例
角度	标尺工具的方向角度（±0~180）

15.11.5 练习：使用标尺测量距离和角度

01 标尺工具可以测量两点间的距离、角度和坐标。打开素材。执行“图像>分析>标尺工具”命令，或在工具箱中选择标尺工具。将光标放在需要测量的起点处，光标会变为状❶；单击并拖曳鼠标至测量的终点处，测量结果会同时显示在工具选项栏和“信息”面板中❷。

02 下面来测量角度。单击工具选项栏中的“清除”按钮，清除测量线。将光标放在测量起点❸，单击并拖曳鼠标至夹角处，然后放开鼠标❹。按住Shift键可以创建水平、垂直或以45°角为增量的测量线。

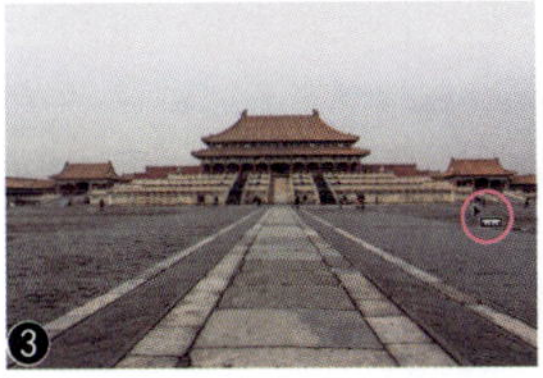

03 按住Alt键，光标变为⦨状，单击并拖动鼠标至测量的终点处❺，放开鼠标后，角度的测量结果便显示在工具选项栏中❻。创建测量线后，单击并拖曳测量线的端点可以进行移动。

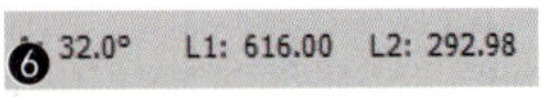

提 示（Tips）

工具选项栏显示的测量数据中，X/Y代表起始位置（X和Y轴）；W/H代表在X和Y轴上移动的水平（W）和垂直（H）距离；A代表相对于轴测量的角度（A）；L1/L2代表使用量角器时移动的两个长度（L1 和 L2）。

15.11.6 练习：手动对花朵计数

01 打开素材❶。执行“图像>分析>计数工具”命令，或选择计数工具，在工具选项栏中调整标记大小和标签大小参数❷。

02 在小花上单击鼠标，Photoshop会跟踪单击次数，并将计数数目显示在图像上❸和计数工具选项栏中。如果要移动计数标记，可以将光标放在标记或数字上方，当光标变成方向箭头时，再进行拖曳；按住 Shift 键可以将方向限制为水平或垂直；按住Alt键单击标记，可将其删除。

03 执行“图像>分析>记录测量”命令，可以将计数数目记录到“测量记录”面板中❹。

	源	比例	比例单位	比例因子	计数
0002	计数工具	1 像素 = 1.0000 ...	像素	1.000000	17

计数工具选项栏

选择计数工具后，在工具选项栏中会显示计数数目、颜色、标记大小等选项❺。

- **计数：** 显示了总的计数数目。
- **计数组：** 类似于图层组，可包含计数，每个计数组都可以有自己的名称、标记、标签大小以及颜色。单击文件夹图标可以创建计数组；单击眼睛图标可以显示或隐藏计数组；单击删除图标可以删除计数组。
- **清除：** 单击该按钮，可将计数复位到0。
- **颜色：** 单击颜色块，可以打开“拾色器”设置计数组的颜色❻。
- **标记大小：** 可以输入1至10之间的值，定义计数标记的大小❼。
- **标签大小：** 可以输入8至72之间的值，定义计数标签的大小❽。

计数颜色为红色

标记大小为10

标签大小为72

15.11.7
练习：使用选区自动计数

01 打开素材。下面来使用选区自动计数。使用椭圆选框工具将盘子选中❶。拖曳鼠标时可同时按住空格键，移动选区，以便于将其对齐到盘子上。

❶

02 执行“图像>分析>选择数据点>自定”命令，打开“选择数据点”对话框❷。在对话框中可以设置计算高度、宽度、面积和周长等内容。我们采用默认的设置，即选择所有数据点，单击“确定”按钮关闭对话框。执行“图像>分析>记录测量”命令，或单击“测量记录”面板中的“记录测量”按钮，Photoshop 会对选区计数❸。

03 单击“测量记录”面板顶部的按钮，将其导出为 *.txt文件。我们可以用记事本、Excel❹等打开该文件。利用这些测量数据执行统计或分析计算。

“测量记录”面板选项

- 记录测量：单击该按钮，可以在面板中添加测量记录。
- 选择所有测量/取消选择所有测量：单击按钮，可选择面板中所有的测量记录。选择后，单击按钮，可取消选择。
- 导出所选测量：单击该按钮，可以将测量记录导出为 *.txt 文件。
- 删除所选测量：在面板中选择一个测量记录后，单击该按钮可将其删除。

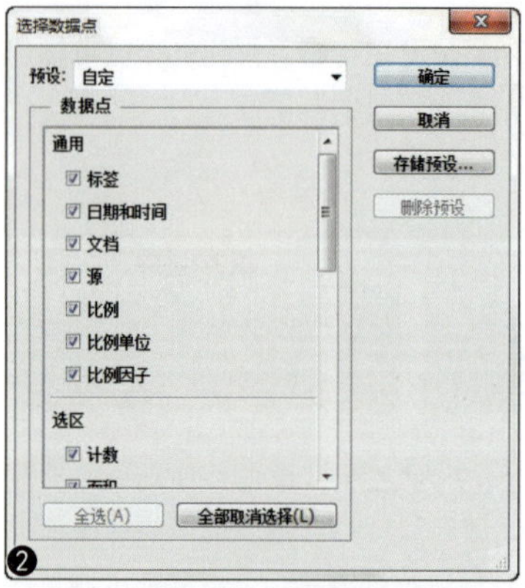

❷

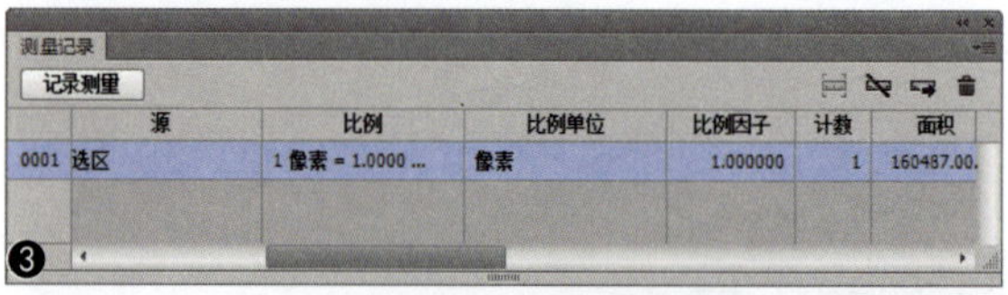

❸

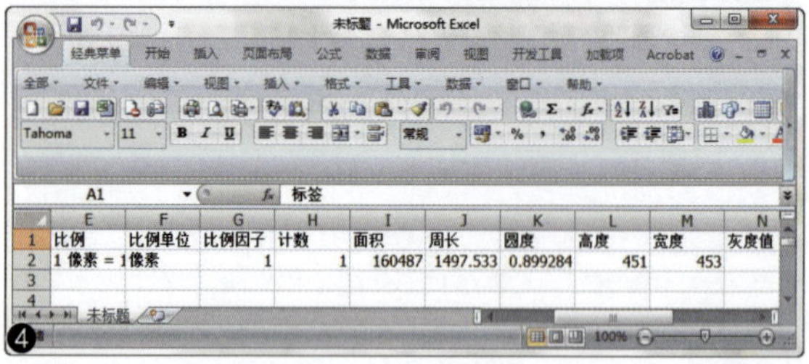

❹

15.12
图像堆栈

图像堆栈可以将一组参考帧相似、但品质或内容不同的图像组合在一起，消除不需要的内容或杂色，生成一个复合视图。

图像堆栈可用于减少法学、医学或天文图像中的图像杂色和扭曲，或者从一系列静止照片或视频帧中清除不需要的对象。例如，清除从图像中走过的人，或者出现在拍摄主题前面的汽车。

为了获得最佳结果，图像堆栈中包含的图像需要具有相同的尺寸和极其相似的内容❶（一组猎户座星空图像）。选择所有图层❷，执行“编辑>自动对齐图层”命令对齐图层，再执行“图层>智能对象>转换为智能对象”命令，将所选图层打包到一个智能对象中❸，然后从“图层>智能对象>堆栈模式”下拉菜单中选择一个堆栈模式创建图像堆栈即可❹。如果要减少杂色，可以选择“平均值”或“中间值”模式；如果要从图像中清除对象，可以选择“中间值”模式❺。

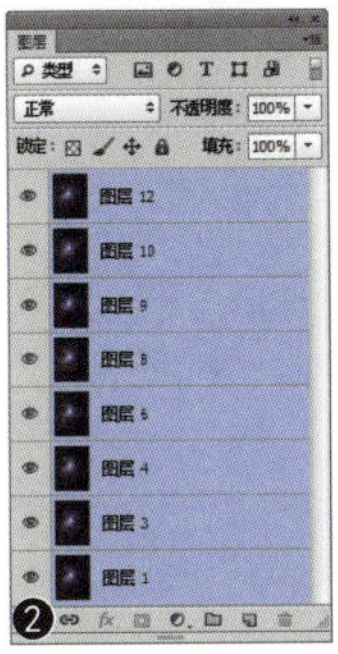
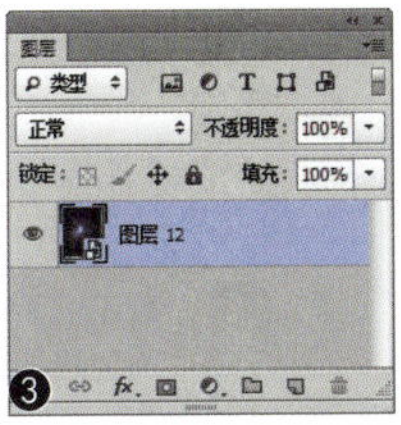

15.13 课后测验

本章介绍了Photoshop的3D功能。这些3D功能与图层样式、渐变、文字、绘画工具等2D功能组合起来使用，可以制作出精彩的作品。

15.13.1 制作葡萄酒瓶并贴商标

第一个测验是制作3D酒瓶并贴上商标❶❷。首先要创建一个23厘米×23厘米、分辨率为100像素/英寸的文档；然后使用“3D>从图层新建网格>网格预设”菜单中的命令制作3D酒瓶；之后再编辑酒瓶的材质。其中，瓶子材质用“绿宝石”并提高不透明度；盖子用金属材质；标签材质用酒标素材。

实例效果

酒标素材

15.13.2 制作3D迎接新年文字

Photoshop可以创建简单的3D模型。下面的测验是用3D功能将文字、路径和图层创建为3D文字和球体❶❷。两组文字使用了不同的凸出样式（在“形状预设”下拉列表中选择）。另外，把所有光源的“阴影”关闭，用画笔绘制一个阴影。

实例效果

素材

第16章 视频与动画

本章简介

作为图像编辑软件，视频和动画显然不是Photoshop的王牌功能，但它们的精彩程度却一点也不比图像编辑功能逊色。尤其是我们可以利用Photoshop的图像编辑工具修改视频、编辑动画。例如，我们可以使用任意工具在视频上进行编辑和绘制，包括可以添加滤镜、蒙版、变换、图层样式和混合模式。对于视频文件，Photoshop可以细致到编辑视频中的各个帧。进行编辑之后，还可以将其作为QuickTime影片进行渲染，或者将文档存储为PSD格式，以便在Premiere Pro、After Effects等应用程序中播放。不仅如此，Photoshop的动画功能也很吸引人，并且简单易学。我们可以巧妙地利用变形、图层样式等工具，制作出漂亮的GIF动画。

学习重点

关键概念

16.1 创建视频

Photoshop可以创建具有各种长宽比的图像，以便它们能够在不同的设备（如视频显示器）上正确显示。

16.1.1 视频组

Photoshop可以打开3GP、3G2、AVI、DV、FLV、F4V、MPEG-1、MPEG-4、QuickTime MOV和WAV等格式的视频文件。在打开视频文件时❶，会自动创建一个视频组，组中包含视频图层❷（视频图层有🎞状的图标）。

使用画笔工具和图章工具可以在视频文件的各个帧上进行绘制和仿制，也可以创建选区或应用蒙版来限定编辑区域。此外，还能像编辑常规图层一样调整视频帧的混合模式、不透明度、位置和图层样式❸。

视频组中还可以创建其他类型的图层，如文本、图像和形状图层，它可以在时间轴的单一轨道上，将多个视频剪辑和这些图层合并。

16.1.2 打开视频

如果想要在Photoshop中打开一个视频文件，可以执行"文件>打开"命令，在弹出的对话框中选择视频文件❶，然后单击"打开"按钮即可❷。

需要注意的是，计算机显示器上的图像是由方形像素组成的，而视频编码设备则使用的是非方形像素，这就导致在两者之间交换图像时会由于像素的不一致而造成图像扭曲❸。如果出现这种情况，可以执行“视图>像素长宽比校正”命令，让Photoshop缩放屏幕，从而校正图像❹。这样我们就可以在显示器的屏幕上准确地查看DV和D1视频格式的文件，就像是在Premiere等视频软件中查看文件一样。

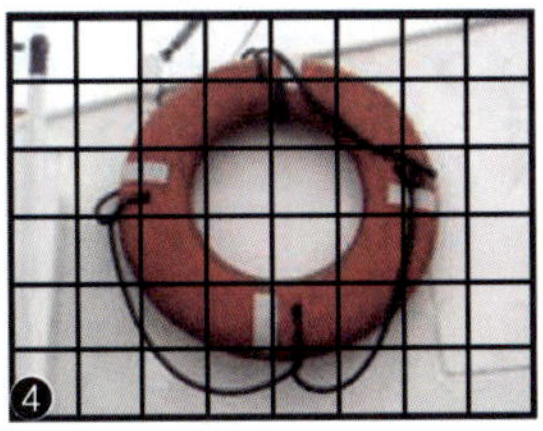

提 示（Tips）

打开文件以后，可以在“视图>像素长宽比”下拉菜单中选择与即将用于Photoshop文件的视频格式兼容的像素长宽比，再使用“视图>像素长宽比校正”命令来进行校正。

16.1.3 在文档中导入视频

如果想要将视频文件导入一个现有的文件中，可以在Photoshop中新建一个文档，或者打开一个图像文件，然后执行“图层>视频图层>从文件新建视频图层”命令即可❶❷。

有些视频采用隔行扫描方式来实现流畅的动画效果，在这样的视频中获取的图像往往会出现扫描线，使用“逐行”滤镜（“滤镜>视频>逐行”）可以消除这种扫描线。

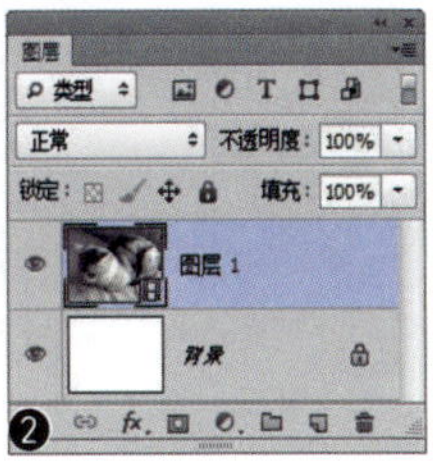

16.1.4 创建可以在视频中使用的图像

执行“文件>新建”命令，打开“新建”对话框，在“预设”下拉列表中选择“胶片和视频”选项，然后在“大小”下拉列表中选择一个文件大小选项❶，即可创建一个空白的视频图像文件。

空白文件中有两组参考线❷，它们标示了动作安全区（外矩形）、标题安全区（内矩形）。大多数电视机都使用一个称作“过扫描”的过程切掉图片的外部边缘，因此，图像中重要的细节应包含在外侧参考线之内。此外，有些电视屏幕的边缘图像会发生变形，要确保文字清晰可读，应将文字放置在内侧参考线之内。

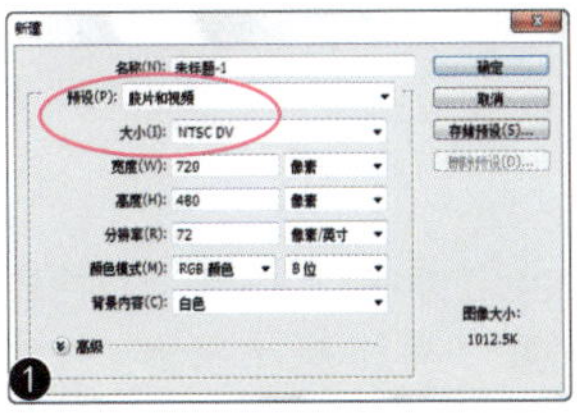

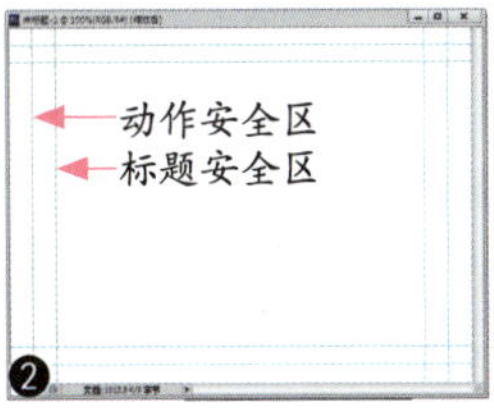

16.1.5 创建空白视频图层

在Photoshop中新建或者打开一个图像文件以后，执行“图层>视频图层>新建空白视频图层”命令，可以创建一个空白的视频图层❶❷。

16.2

编辑视频

用Photoshop处理视频需要计算机上安装有 QuickTime 7.1（或更高版本）。如果没有安装该软件，可以从Apple Computer 网站上免费下载。

16.2.1 “时间轴”面板

“时间轴”面板❶是视频剪辑和编辑工具。执行“窗口>时间轴”命令，可以打开该面板。面板中显示了视频的持续时间，使用面板底部的工具可以浏览各个帧，放大或缩小时间显示，删除关键帧和预览视频。还可以制作过渡效果和简单的特效。

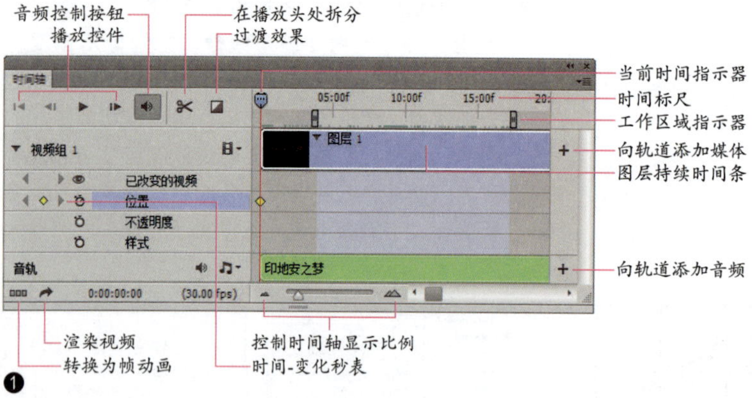

❶

- **播放控件：** 提供了用于控制视频播放的按钮，包括转到第一帧、转到上一帧、播放和转到下一帧。
- **音频控制按钮：** 单击该按钮，可以关闭或启用音频播放。
- **在播放头处拆分：** 单击该按钮，可以在当前时间指示器所在的位置拆分视频或音频。
- **过渡效果：** 单击该按钮打开下拉菜单，选择菜单中的命令即可为视频添加过渡效果，从而创建专业的淡化和交叉淡化效果。
- **当前时间指示器：** 拖曳当前时间指示器，可以导航帧或更改当前时间或帧。
- **时间标尺：** 根据文档的持续时间和帧速率，水平测量视频持续时间。
- **工作区域指示器：** 如果要预览或导出部分视频，可以拖曳位于顶部轨道两端的标签进行定位。
- **图层持续时间条：** 指定图层在视频的时间位置。如果要将图层移动到其他时间位置，可以拖曳该条。
- **向轨道添加媒体/音频：** 单击轨道右侧的按钮，可以打开一个对话框将视频或音频添加到轨道中。
- **关键帧导航器：** 单击轨道标签两侧的箭头按钮，可以将当前时间指示器从当前位置移动到上一个或下一个关键帧。单击中间的按钮可添加或删除当前时间的关键帧。
- **时间-变化秒表：** 启用或停用图层属性的关键帧设置。
- **转换为帧动画：** 单击该按钮，可以将“时间轴”面板切换为帧动画模式。
- **渲染视频：** 单击该按钮，可以打开“渲染视频”对话框。
- **控制时间轴显示比例：** 单击按钮可以缩小时间轴，单击按钮可以放大时间轴，拖曳滑块可自由调整。
- **视频组：** 可以编辑和调整视频。例如，单击按钮可以打开一个下拉菜单，菜单中包含“添加媒体”“新建视频组”等命令；在视频剪辑上单击鼠标右键可以调出“持续时间”以及“速度”滑块。
- **音轨：** 可以编辑和调整音频。例如，单击按钮，可以让音轨静音或取消静音；在音轨上单击鼠标右键打开下拉菜单，可调节音量或对音频进行淡入淡出设置；单击音符按钮打开下拉菜单，可以选择“新建音轨”或“删除音频剪辑”等命令。

16.2.2 从视频中获取静帧图像

使用Photoshop可以从视频文件中获取静帧图像，获取的图像可以应用于网络、制作海报和印刷。

01 执行“文件>导入>视频帧到图层”命令，弹出“打开”对话框，选择视频文件。

02 单击“载入”按钮，打开“将视频导入图层”对话框，选择“仅限所选范围”选项，然后拖曳时间滑块，定义导入的帧的范围❶。如果要导入所有帧，可以选择“从开始到结束”选项。

03 单击“确定”按钮，即可将指定范围内的视频帧导入图层中❷。

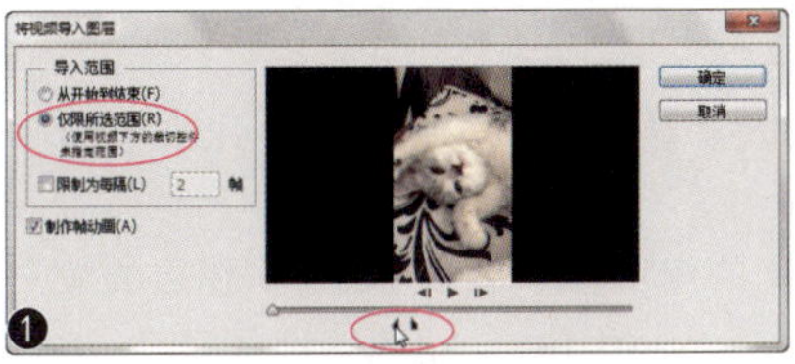

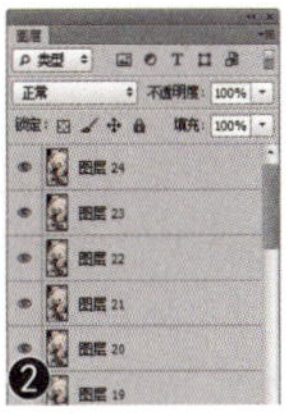

16.2.3 为视频图层添加特效

01 按下Ctrl+O快捷键，打开视频文件❶。执行“滤镜>转换为智能滤镜”命令，将视频图层转换为智能对象。在“图层”面板中可以看到，视频图标已变为智能对象图标❷。

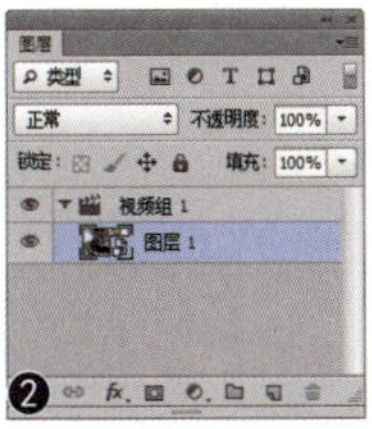

02 下面来使用滤镜将视频处理为素描效果。单击前景色图标，打开“拾色器”，将前景色设置为红色❸。执行“滤镜>素描>绘图笔”命令，打开“滤镜库”，调整参数❹，按下Enter键关闭对话框❺❻。

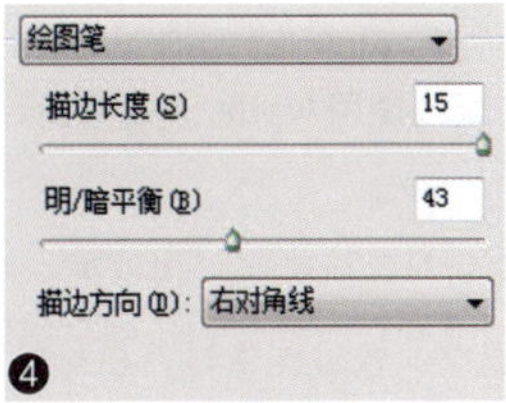

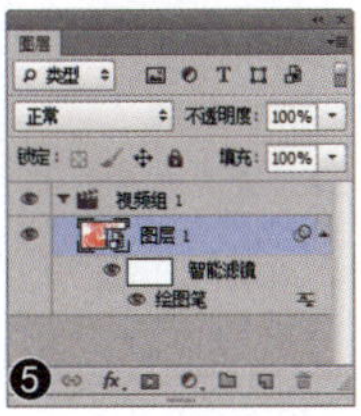

03 单击“时间轴”面板中的按钮，打开下拉菜单，选择“彩色渐隐”选项，单击右侧的颜色块，打开“拾色器”，设置颜色为洋红色❼。将该过渡效果拖曳到视频上❽。

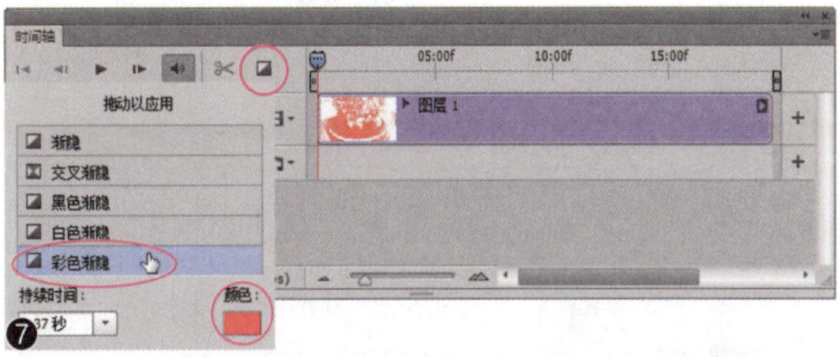

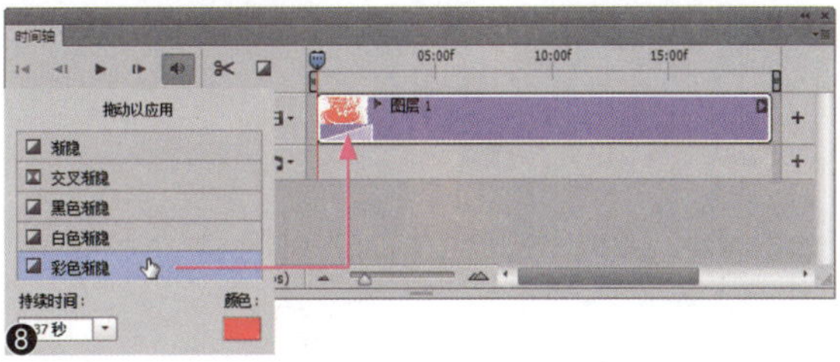

04 将光标放在滑块上❾，拖曳滑块调整渐隐效果的时间长度❿。

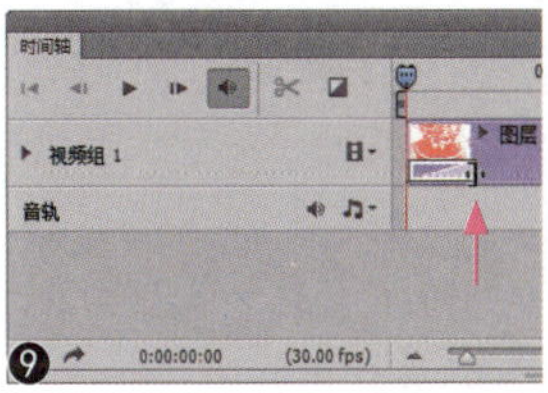

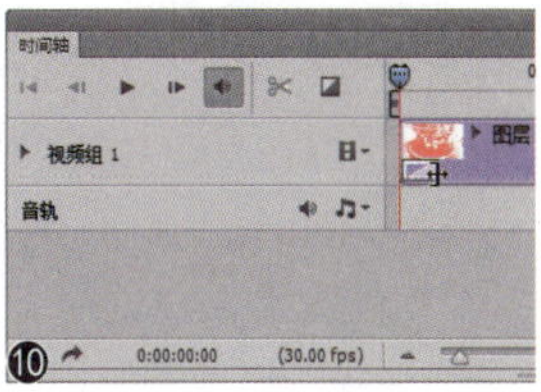

05 单击当前时间指示器按钮⓫，将它拖曳到09:29的位置⓬。

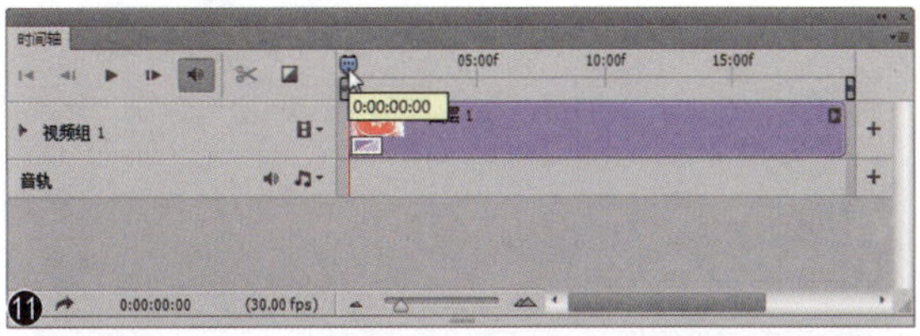

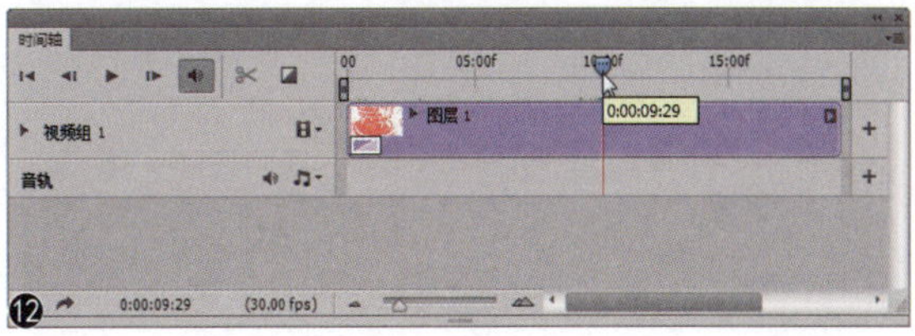

06 单击“图层1”，将其选择⓭，再单击“时间轴”面板中的✂按钮，将视频拆分开⓮⓯。

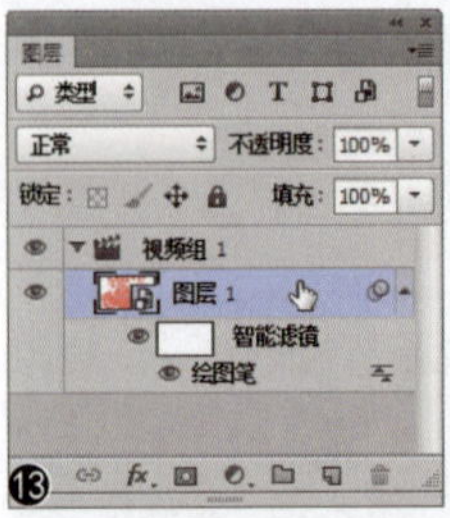

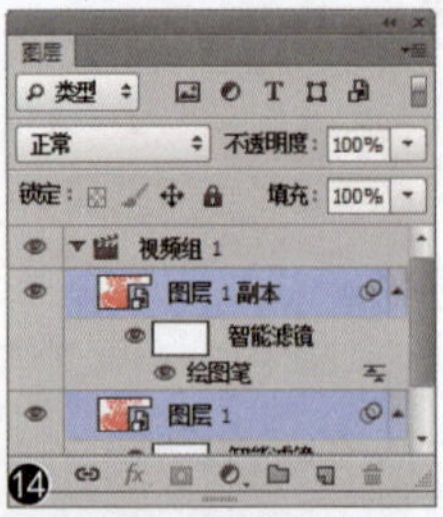

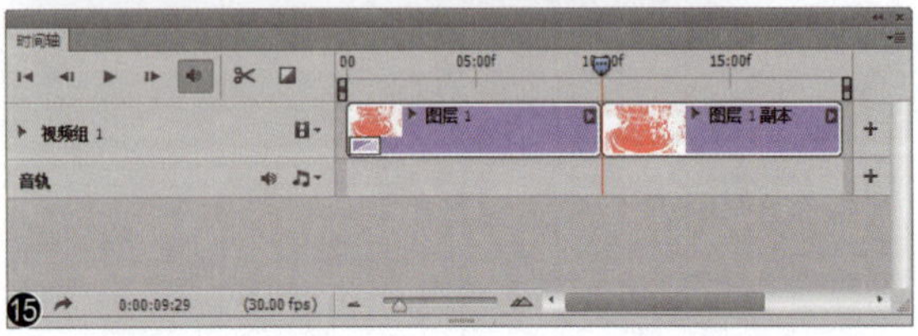

07 将“图层1副本”的智能滤镜拖曳到🗑按钮上删除⓰~⓲。

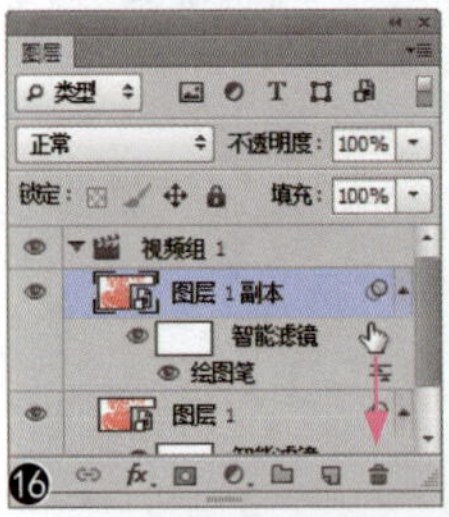

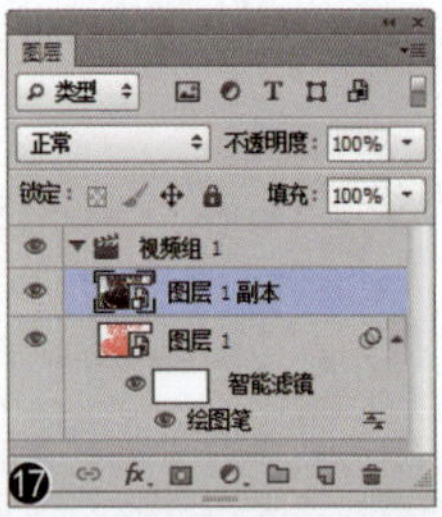

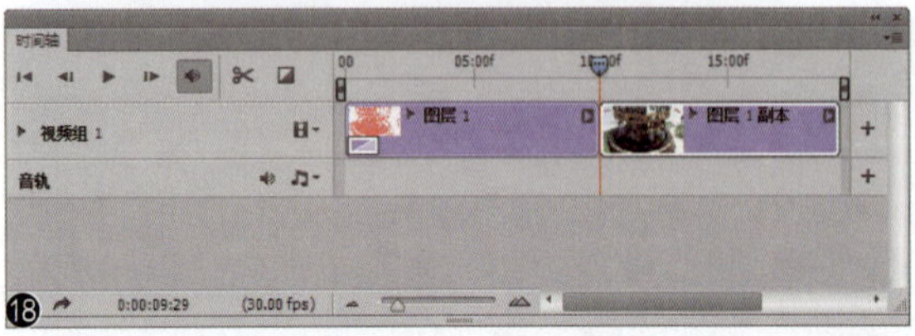

08 单击“时间轴”面板中的◪按钮，将“彩色渐隐”分别拖曳到前段视频的末尾和下一段视频的开始处，并调整长度⓳⓴。

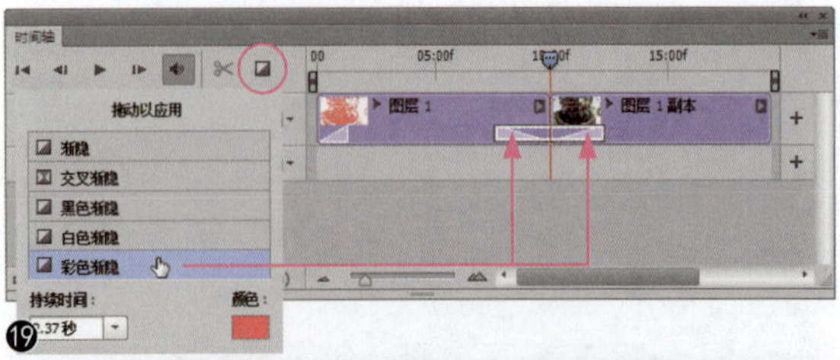

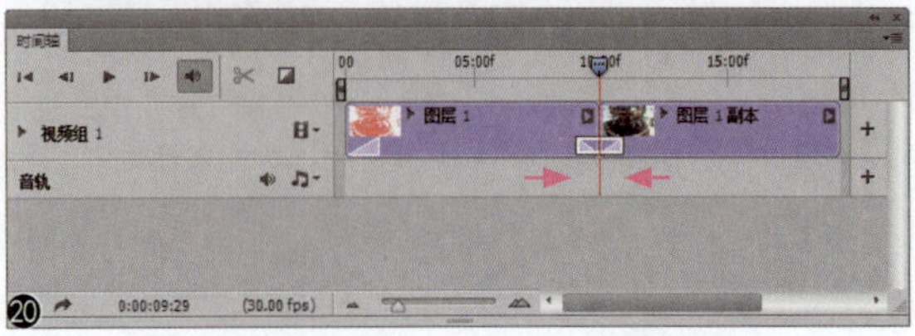

09 按下空格键播放视频，可以看到，一个原本很普通的视频短片，用Photoshop的滤镜简单处理之后，变成了充满美感的艺术作品，而在播放到中间时，它又会渐渐恢复为正常效果。

16.2.4 插入、复制和删除空白视频帧

创建空白视频图层后，可以在“时间轴”面板中选择它，然后将当前时间指示器拖曳到所需帧处，执行“图层>视频图层>插入空白帧”命令，即可在当前时间处插入空白视频帧；执行“图层>视频图层>删除帧”命令，则会删除当前时间处的视频帧；执行“图层>视频图层>复制帧”命令，可以添加一个处于当前时间的视频帧的副本。

16.2.5 解释视频素材

如果在不同的应用程序中修改了视频图层的源文件，需要在Photoshop中执行“图层>视频图层>重新载入帧”命令，在“时间轴”面板中重新载入和更新当前帧。

如果使用了包含 Alpha 通道的视频，则需要指定Photoshop 如何解释视频中的 Alpha 通道和帧速率，以便获得正确结果。操作时需要先在“时间轴”面板或“图层”面板中选择视频图层，然后执行“图层>视频图层>解释素材”命令，打开“解释素材”对话框进行设置❶。

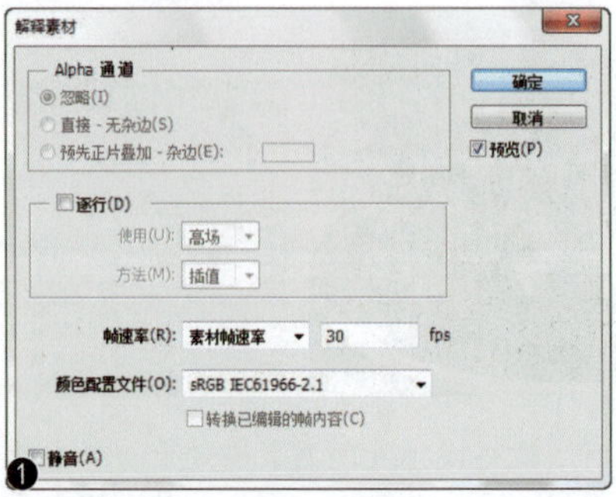

- 如果要指定解释视频图层中的 Alpha 通道的方式，可在“Alpha 通道”选项组中进行设置。选择“忽略”选项，表示忽略Alpha 通道；选择“直接 - 无杂边”选项，表示将 Alpha 通道解释为直接 Alpha透明度；选择“预先正片叠加 - 杂边”选项，表示使用Alpha 通道来确定有多少杂边颜色与颜色通道混合。
- 如果要指定每秒播放的视频帧数，可以输入帧速率。
- 如果要对视频图层中的帧或图像进行色彩管理，可以在“颜色配置文件”下拉菜单中选择一个配置文件。

16.2.6 替换视频图层中的素材

如果由于某种原因导致视频图层和源文件之间的链接断开，在“图层”面板中的视频图层上会显示出一个警告图标⚠。出现这种情况时，可在“时间轴”或“图层”面板中选择要重新链接到源文件或替换内容的视频图层，执行“图层>视频图层>替换素材”命令，在打开的“替换素材”对话框中选择视频文件，单击“打开”按钮重新建立链接。用“替换素材”命令还可以将视频图层中的视频替换为其他的视频。

16.2.7 恢复帧

如果要放弃对帧视频图层和空白视频图层所做的修改，可以在“时间轴”面板中选择视频图层，然后将当前时间指示器移动到特定的视频帧上，再执行“图层>视频图层>恢复帧”命令，恢复特定的帧。如果要恢复视频图层或空白视频图层中的所有帧，则可以执行“图层>视频图层>恢复所有帧”命令。

16.2.8 替换视频图层中的素材

如果要隐藏已改变的视频图层，可以执行“图层>视频图层>隐藏已改变的视频”命令，或单击时间轴中已改变的视频轨道旁边的眼睛图标。再次单击该图标，可以重新显示视频图层。

16.2.9 将视频转换为图像

执行“图层>视频图层>栅格化”命令，可以栅格化视频图层，即将其转换为图像。

16.3 渲染视频

对视频进行编辑以后，可将其存储为QuickTime影片或PSD文件。如果尚未渲染视频，则最好将文件存储为PSD格式，因为它能够保留用户所做的修改，而且Adobe数字视频程序（Premiere Pro、After Effects）和许多电影编辑程序都支持该格式的文件。

16.3.1 替换视频图层中的素材

使用“文件>导出>渲染视频”命令可以将视频导出为QuickTime 影片❶。

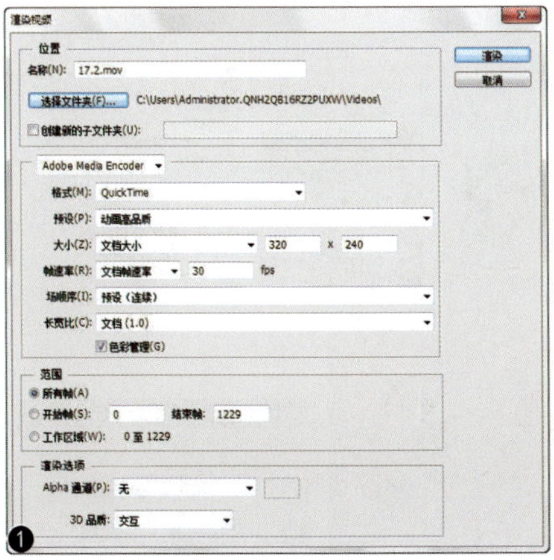

- **位置：** 在该选项组中可以设置视频的名称和存储位置。
- **视频格式：** 单击第二个选项组中的▾按钮，可以打开下拉列表选择视频格式。其中，DPX（数字图像交换）格式主要适用于使用 Adobe Premiere Pro 等编辑器合成到专业视频项目中的帧序列；H.264 (MPEG-4) 格式是最通用的格式，具有高清晰度、宽银幕视频预设和为平板电脑设备或 Web 传送而优化的输出性能；QuickTime (MOV) 格式是导出 Alpha 通道和未压缩视频所需的格式。选择一种格式后，可以在下面的选项中设置文档大小、帧速率和像素长宽比等。
- **范围：** 可以选择渲染文档中的所有帧，也可以只渲染部分帧。
- **渲染选项：** 在“Alpha 通道”列表框中可以指定 Alpha 通道的渲染方式，该选项仅适用于支持 Alpha 通道的格式，如 PSD 或 TIFF；在“3D 品质”列表框中可以选择渲染品质。

16.3.2 在显示器上预览视频

将显示设备（如视频显示器）通过 FireWire连接到计算机后，在Photoshop中打开视频文档，执行“文件>导出>将视频预览发送到设备”命令，将文档导出到设备，即可在显示设备预览“时间轴”面板中指定的当前帧。

16.4 动画

Photoshop中包含动画制作功能。我们利用文字、变形、图层样式等功能，可以制作出漂亮的GIF动画。

16.4.1 “时间轴”面板（帧模式）

打开“时间轴”面板❶。如果面板为时间轴模式，可以单击▭▭▭按钮，切换为帧模式。“时间轴”面板会显示动画中每个帧的缩览图，使用面板底部的工具可以浏览各个帧，设置循环选项，添加和删除帧以及预览动画。

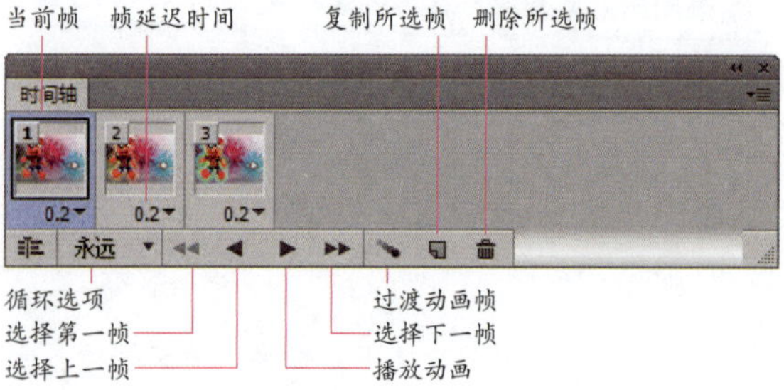

❶

- **当前帧**：当前选择的帧。
- **帧延迟时间**：设置帧在回放过程中的持续时间。
- **循环选项**：设置动画的播放次数。
- **选择第一帧**◀◀：单击该按钮，可以自动选择序列中的第一个帧作为当前帧。
- **选择上一帧**◀|：单击该按钮，可以选择当前帧的前一帧。
- **播放动画**▶：单击该按钮，可以在文档窗口中播放动画，再次单击则停止播放。
- **选择下一帧**|▶：单击该按钮，可以选择当前帧的下一帧。
- **过渡动画帧**：如果要在两个现有帧之间添加一系列过渡帧，并让新帧之间的图层属性均匀变化，可单击该按钮，打开“过渡”对话框进行设置。
- **转换为视频时间轴**：单击该按钮，面板中会显示视频编辑选项。
- **复制所选帧**：单击该按钮，可以在面板中添加帧。
- **删除所选帧**：删除当前选择的帧。

16.4.2 疑问解答：动画的每一帧都需要制作吗?

动画是在一段时间内显示的一系列图像或帧，当每一帧较前一帧都有轻微的变化时，连续、快速地显示这些帧就会产生运动或其他变化效果。由此可见，动画之所以能够“动起来”，是需要很多个有细微变化的帧才行的。

传统手绘动画每一帧都需要绘制出来，工作量是非常大的。而用Photoshop制作动画就简单多了，它不需要所有帧，我们只要制作好几个关键帧，它就可以自动生成过渡帧，动画文件就可以轻松完成。例如，制作挥手动画，两个关键帧（即图像画面）就可以——一个是手臂的起始位置、一个是手臂挥动的结束位置。

16.4.3 练习：用图层样式制作背景发光动画

01 打开素材❶。双击“图层1”❷，打开“图层样式”对话框，添加“渐变叠加”效果❸❹。

02 单击“时间轴”面板中的▼按钮，在打开的菜单中选择“创建帧动画”命令❺，然后单击“创建帧动画”按钮。

❶

❷

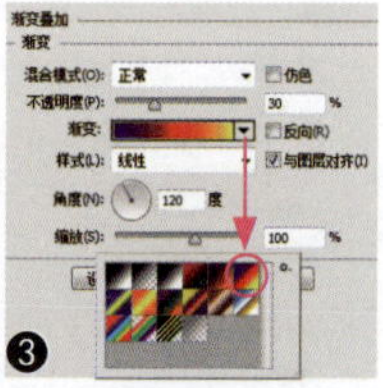

❸

❹

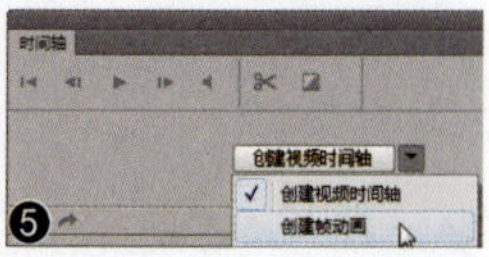

❺

03 在“时间轴”面板中将帧的延迟时间设置为0.2秒，循环次数设置为“永远”❻。单击复制所选帧按钮，添加一个动画帧❼。

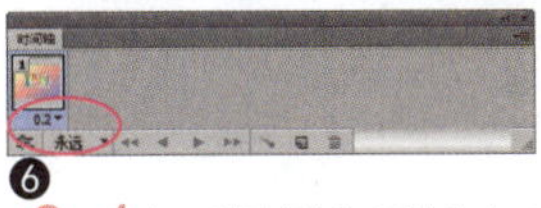

❻

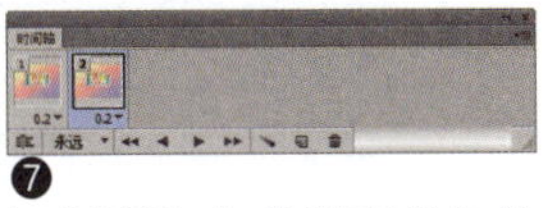

❼

04 在“图层”面板中双击“图层1”的渐变叠加效果，打开“图层样式”对话框修改参数❽❾。

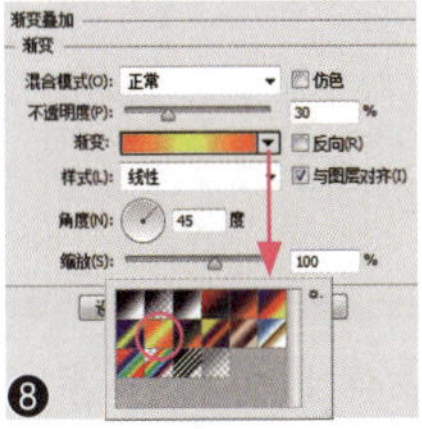

❽

❾

05 单击“时间轴”面板中的按钮，再添加一个动画帧，然后重新打开“图层样式”对话框修改渐变参数❿⓫。单击播放动画按钮▶播放动画，背景会变幻出绚烂的颜色⓬。

06 动画文件制作完成后，执行“文件>存储为Web所用格式”命令，选择GIF格式⓭，单击“存储”按钮将文件保存，之后可以将该动画文件上传到网上，或作为QQ表情与朋友共同分享。

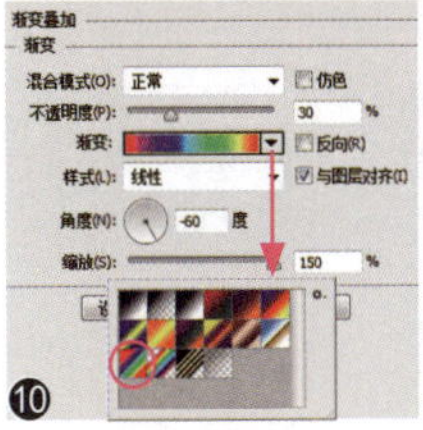

❿

⓫

⓬

⓭

Ps 16.5

课后测验

本章学习了视频与动画功能。下面就通过测验强化学习效果。如果制作过程有不清楚的地方，请看一下视频教学录像。

16.5.1 制作变色发光文字动画

本测验是制作一个文字发光和变色的动画❶❷。分别创建两个“色相/饱和度”调整图层，改变文字及其发光的颜色；在“时间轴”面板中设置当前帧的延迟时间为0.5秒，选择“永远”选项。

❶

❷

16.5.2 给视频调色，并添加暗角效果

打开旋转木马视频，分别创建两个调整图层。用“颜色查找”调整图层改变画面颜色❶，“色相/饱和度”调整图层则可以将画面调暗，然后在蒙版中添加一个径向渐变，使画面中心不受影响，只有4个边角变暗❷。

❶

❷

第17章 任务自动化

本章简介

动作、批处理、脚本和数据驱动图形是Photoshop中可以自动进行编辑操作的功能，非常适合完成大量的、重复性的工作。例如，网站美工为图片添加Logo时，就可以通过动作将Logo贴在图片上的操作过程录制下来，再通过批处理，让Photoshop自动为所有待处理的照片添加Logo，从而极大地提高工作效率、减轻工作强度。

学习重点

关键概念

17.1 动作

动作是指在单个文件或一批文件上执行的一系列任务，如菜单命令、面板选项、工具动作等。在Photoshop中，使用动作可以将图像的处理过程记录下来，以后对其他图像进行相同的处理时，便可通过动作自动完成操作任务。

17.1.1 “动作”面板

“动作”面板用于创建、播放、管理动作❶。“动作”面板菜单❷底部包含了Photoshop预设的一些动作，选择一个动作，可将其载入到面板中❸。如果选择“按钮模式”命令，则所有的动作会变为按钮状❹。

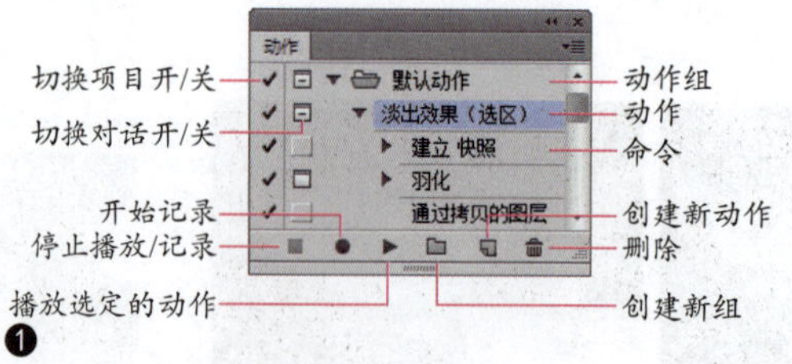

❶

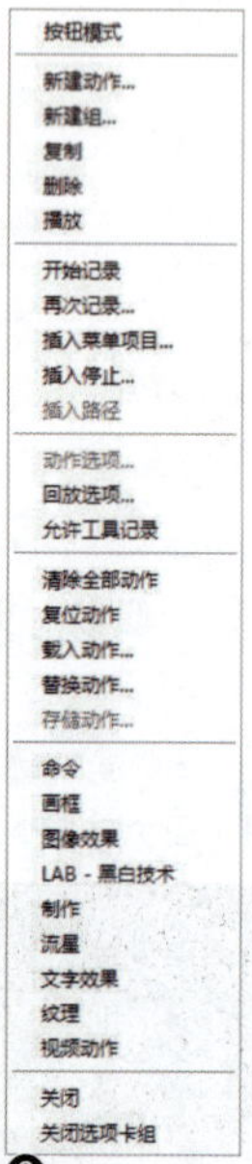

❷

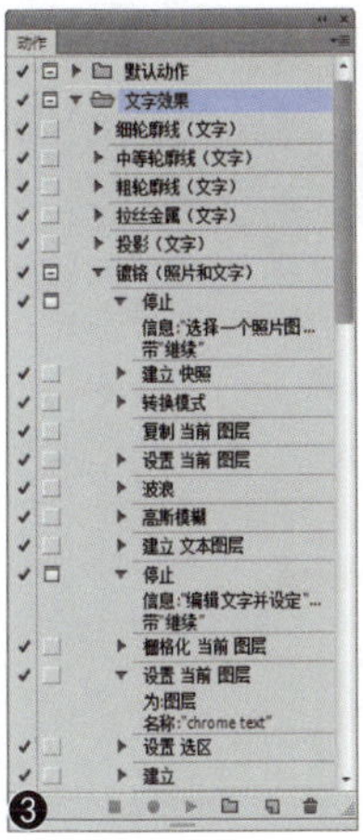

❸

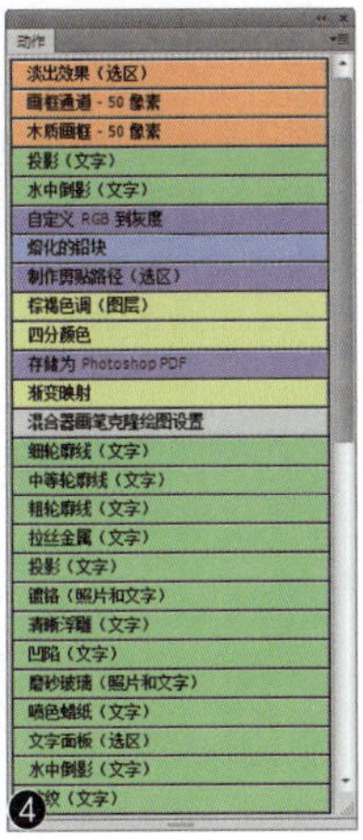

❹

● 切换项目开/关 ✔：如果动作组、动作和命令前显示有该图标，表示这个动作组、动作和命令可以执行；如果动作组或动作前没有该图标，表示该动作组或动作不能被执行；如果某一命令前没有该图标，则表示该命令不能被执行。

● 切换对话开/关 ▣：如果命令前显示该图标，表示动作执行到该命令时会暂停，并打开相应命令的对话框，此时可修改命令的参数，单击“确定”按钮可继续执行后面的动作；如果动作组和动作前出现该图标，则表示该动作中有部分命令设置了暂停。

● 动作组/动作/命令：动作组是一系列动作的集合，动作是一系列操作命令的集合。单击命令前的 ▶ 按钮可以展开命令列表，显示命令的具体参数。

● 停止播放/记录 ■：用来停止播放动作和停止记录动作。

● 开始记录 ●：单击该按钮，可录制动作。

● 播放选定的动作 ▶：选择一个动作后，单击该按钮可播放该动作。

● 创建新组 🗀：可创建一个新的动作组，以保存新建的动作。

● 创建新动作 ▢：单击该按钮，可以创建一个新的动作。

● 删除 🗑：选择动作组、动作和命令后，单击该按钮，可将其删除。

17.1.2 练习：录制用于处理照片的动作

动作可以记录绝大多数命令和操作，包括使用选框、移动、多边形、套索、魔棒、裁剪、切片、魔术橡皮擦、渐变、油漆桶、文字、形状、注释、吸管和颜色取样器等工具进行的操作。此外，在“色板”“颜色”“图层”“样式”“路径”“通道”“历史记录”和“动作”面板中进行的操作也可以录制为动作。

01 打开素材❶。打开“动作”面板，单击创建新组按钮 🗀，打开“新建组”对话框，输入动作组的名称❷，单击“确定”按钮，新建一个动作组❸。

❶

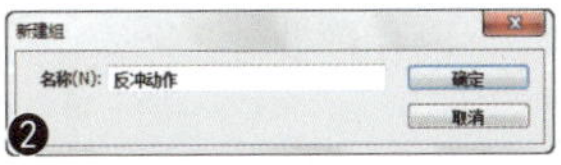

❷

❸

02 单击创建新动作按钮 ▢，打开“新建动作”对话框，输入动作名称，将颜色设置为蓝色❹。单击“记录”按钮，开始录制动作，此时，面板中的开始记录按钮会变为红色 ●❺。

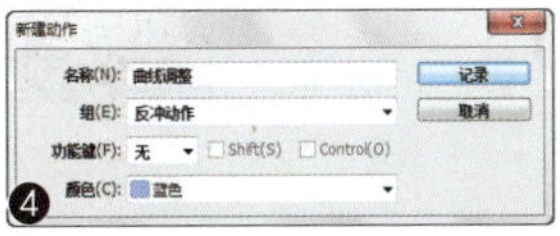

❹

❺

03 按下Ctrl+M快捷键，打开“曲线”对话框，在“预设”下拉列表中选择“反冲（RGB）”选项❻，单击“确定”按钮关闭对话框，将该命令记录为动作❼❽。

❻

❼

❽

04 按下Shift+Ctrl+S快捷键，将文件另存，然后关闭。单击“动作”面板中的 ■ 按钮，完成动作的录制❾。由于在“新建动作”对话框中将动作设置为蓝色，因此，按钮模式下新建的动作便显示为蓝色❿。为动作设置颜色只是便于在按钮模式下区分动作，并没有其他用途。

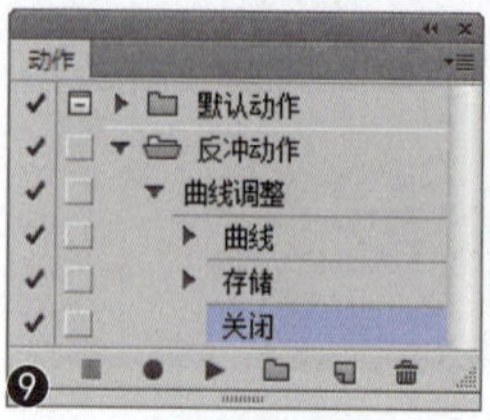

❾

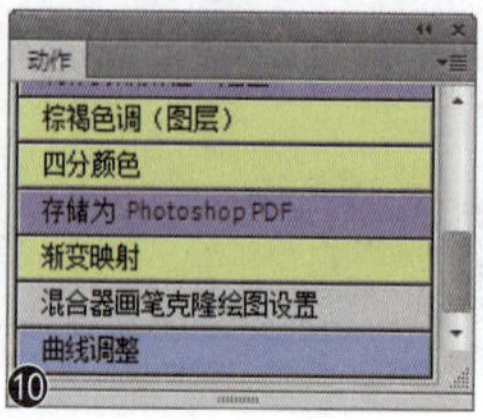

❿

提 示（Tips）

录制动作前应先创建一个动作组，以便将动作保存在该组中。否则录制的动作会保存在当前选择的动作组中。

17.1.3 练习：使用动作处理照片

01 下面来使用录制的动作处理照片。打开照片素材❶。

02 选择“曲线调整”动作❷，单击 ▶ 按钮，播放该动作，对图像进行处理❸。当“动作”面板为按钮模式时，单击一个按钮，即可播放相应的动作。

❶

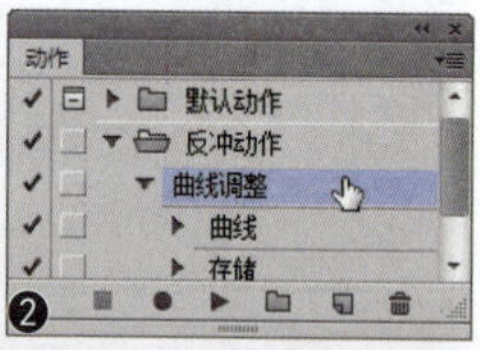

❷

❸

提 示（Tips）

执行“动作”面板菜单中的“回放选项”命令，可以在打开的对话框中设置动作的播放速度，或者将其暂停，以便对动作进行调试。“加速”是默认的选项，表示以正常的速度播放动作；“逐步”会显示每个命令的处理结果，然后再转入下一个命令，动作的播放速度比较慢；选取“暂停”选项并输入时间，可以设置播放动作时各个命令的间隔时间。

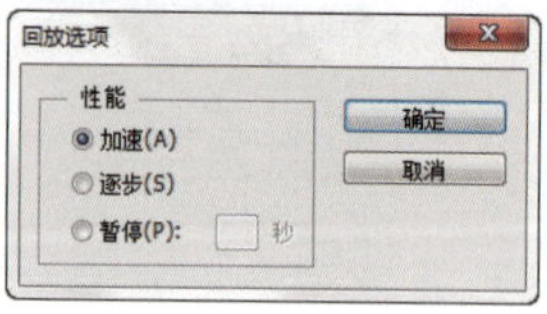

17.1.4 练习：添加、修改动作

01 打开任意一个图像文件。单击“动作”面板中的“曲线”命令，将该命令选择❶。下面我们在它后面添加新的命令。

02 单击开始记录按钮 ● 录制动作，执行“滤镜>锐化>USM锐化”命令，对图像进行锐化处理❷，然后关闭对话框。

03 单击停止播放/记录按钮 ■ 停止录制，即可将锐化图像的操作插入到“曲线”命令后面❸。

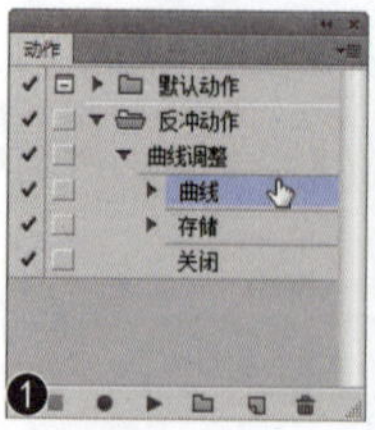

❶

❷

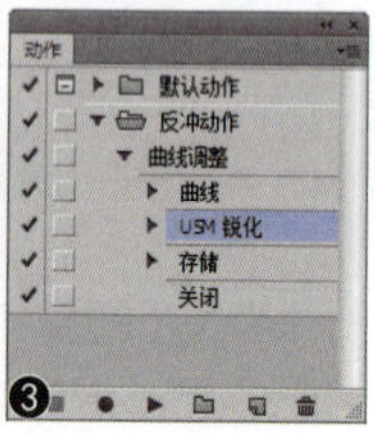

❸

04 如果要修改动作组或者动作的名称，可以将它选择❹，然后执行面板菜单中的“组选项”或“动作选项”命令，打开选项对话框进行设置❺。

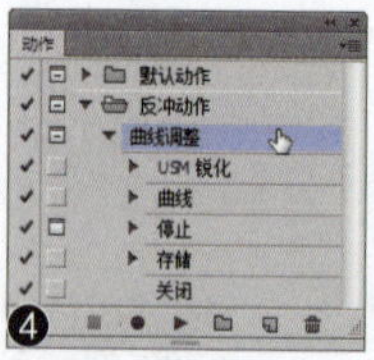

❹

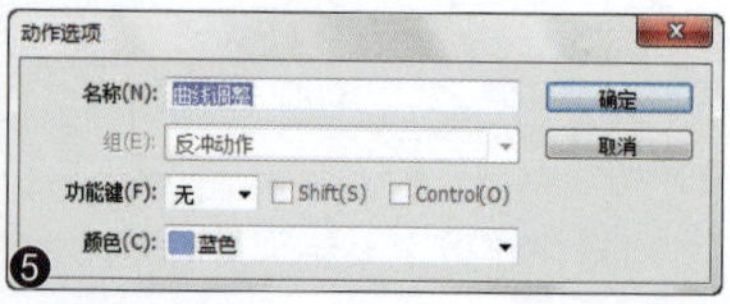

❺

05 如果要修改命令的参数，可以双击命令❻，打开该命令的对话框修改参数❼。

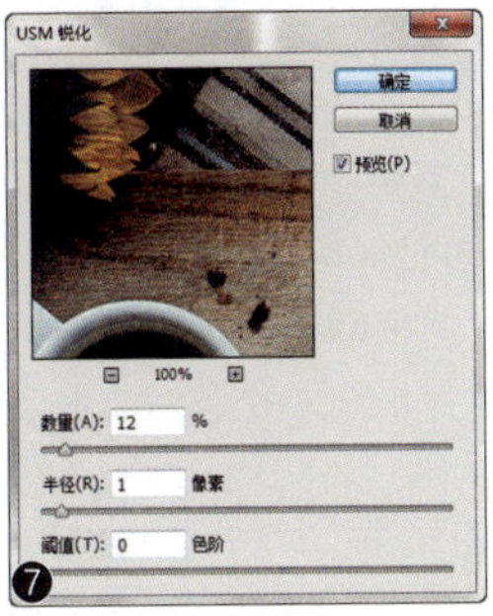

17.1.5 重排、复制和删除动作

动作也可以像图层一样调整堆叠顺序，进行复制和删除。

在“动作”面板中，可以像拖曳图层一样拖曳动作和命令，重新排列其位置❶❷。按住Alt键拖曳动作和命令，或者将动作和命令拖曳至创建新动作按钮上，可以将其复制。

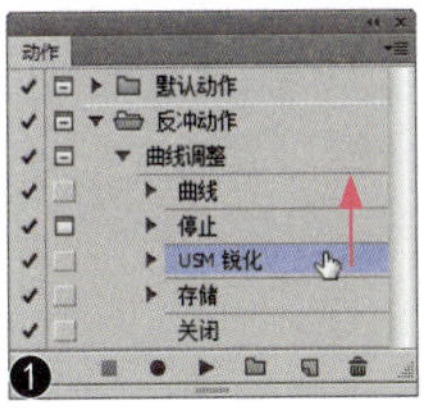

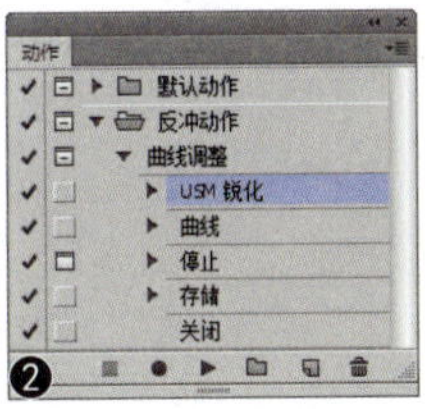

将动作或命令拖曳至“动作”面板中的删除按钮上，可将其删除，执行面板菜单中的“清除全部动作”命令，则会删除所有动作。如果需要将面板恢复为默认的动作，可以执行面板菜单中的“复位动作”命令。

17.1.6 疑问解答：怎样处理不能录制的操作?

我们录制动作时，如果操作过程涉及到动作无法记录的任务（例如，使用绘图工具），该怎么办呢?

遇到这种情况，需要在动作中插入停止指令，然后再继续录制后续的动作。此外，我们也可以在现成的动作中插入停止。

例如，单击一个命令❶，打开“动作”面板菜单，选择“插入停止”命令，打开“记录停止”对话框，输入提示信息，并选取“允许继续”选项❷，单击“确定”按钮关闭对话框，即可将停止插入到动作中❸。播放动作时，执行完“曲线”命令后，动作就会停止，并弹出我们在“记录停止”对话框中输入的提示信息❹。此时单击“停止”按钮停止播放，就可以使用绘画工具等编辑图像，编辑完成后，可以单击播放选定的动作按钮，继续播放后续命令；如果单击对话框中的“继续”按钮，则不会停止，而是继续播放后面的动作。

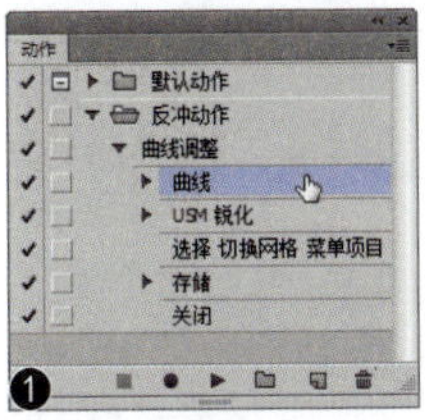

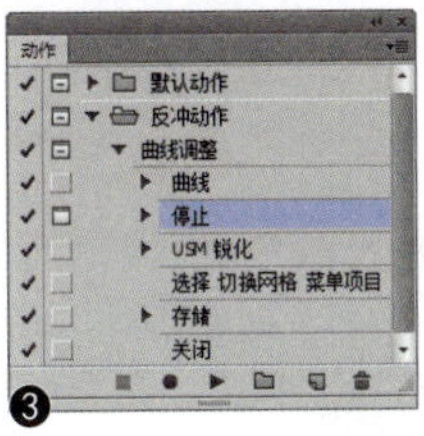

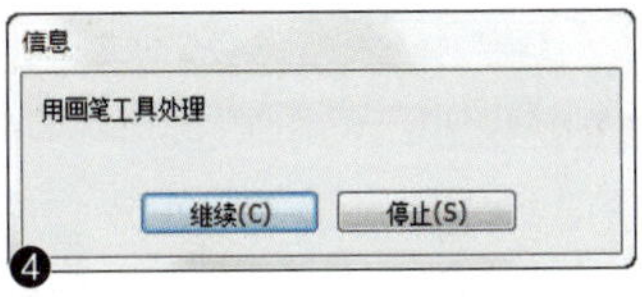

17.1.7 实战技巧：插入不可记录的菜单命令

“视图”和“窗口”菜单中的命令不能记录为动作。如果录制动作的过程中或者现有的动作涉及到了其中的命令，可以通过插入菜单项目的方法，将命令直接插入到动作中，不必使用插入停止的方法让动作暂停。

01 选择“动作”面板中的“USM锐化”命令❶，下面在它后面插入菜单项目。

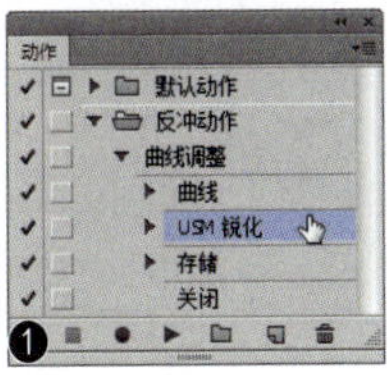

02 执行面板菜单中的“插入菜单项目”命令❷，打开“插入菜单项目”对话框❸。执行“视图>显示>网格”命令，“插入菜单项目”对话框中的菜单项会出现“显示网格”字样❹，然后单击“插入菜单项目”对话框中的“确定”按钮，关闭对话框，显示网格的命令便会插入到动作中❺。

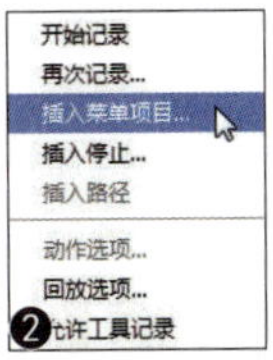

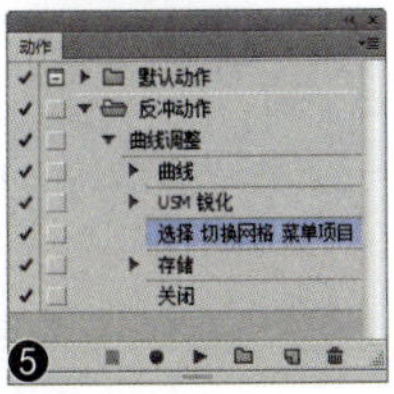

17.1.8 实战技巧：记录路径

路径是矢量对象，不能用动作记录，但可以插入到动作中。

路径的来源可以是钢笔和形状工具创建的，也可以是从 Illustrator中粘贴过来的。插入路径以后，它就会被保存到动作中。以后对其他图像播放该动作时，到了相应的步骤，路径会出现在画面中，不用我们再重新绘制了。

01 打开素材❶。选择自定形状工具，在工具选项栏中选择“路径”选项，打开“形状”下拉面板选择小猫图形，在画面中绘制该图形❷。

❶

❷

02 在“动作”面板中选择“USM锐化”命令❸，执行面板菜单中的“插入路径”命令，在该命令后插入路径❹。播放动作时，工作路径将被设置为所记录的路径。

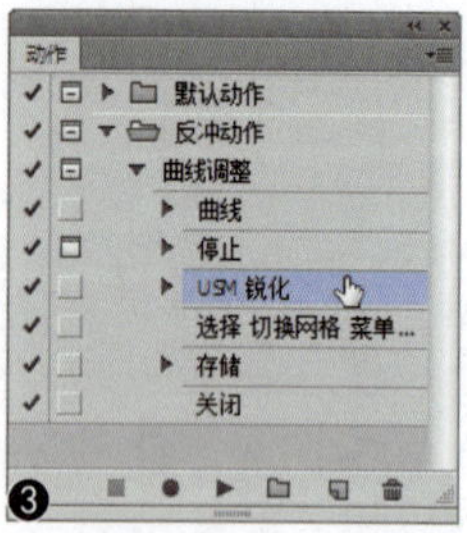

❸

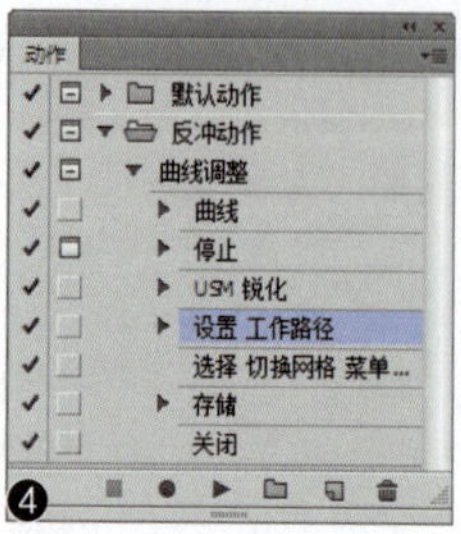

❹

提示（Tips）

如果要在一个动作中多次使用记录“插入路径”命令，需要在记录每个“插入路径”命令后，都执行“路径”面板菜单中的“存储路径”命令。否则每记录的一个路径都会替换前一个路径。

17.1.9 实战技巧：条件模式更改

使用动作处理图像时，如果其中有一个步骤是将源模式是RGB的图像转换为CMYK模式，而当前处理的图像非RGB模式（例如灰度模式），就会导致出现错误。

为了避免这种情况，可以在记录动作时，执行“文件>自动>条件模式更改”命令，打开“条件模式更改”对话框❶，为源模式指定一个或多个模式，并为目标模式指定一个模式，以便在动作执行过程中进行转换。

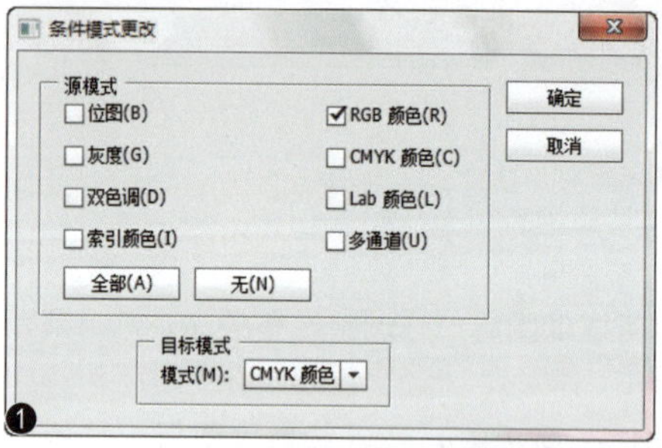

❶

- 源模式：用来选择源文件的颜色模式，只有与选择的颜色模式相同的文件才可以被更改。单击“全部”按钮，可以选择所有可能的模式；单击“无”按钮，则不选择任何模式。
- 目标模式：用来设置图像转换后的颜色模式。

17.1.10 实战技巧：动作使用技巧

- 按照顺序播放全部动作：选择一个动作，单击播放选定的动作按钮，可按照顺序播放该动作中的所有命令。
- 从指定的命令开始播放动作：在动作中选择一个命令，单击播放选定的动作按钮，可以播放该命令及后面的命令，它之前的命令不会播放。
- 播放单个命令：按住Ctrl键双击面板中的一个命令，可单独播放该命令。
- 播放部分命令：在动作前面的按钮✔上单击（可隐藏✔图标），这些命令便不能够播放；如果在某一动作前的✔按钮上单击，则该动作中的所有命令都不能够播放；如果在一个动作组前的✔按钮上单击，则该组中的所有动作和命令都不能够播放。

17.1.11 练习：载入外部动作，制作拼贴照片

01 打开素材❶。打开“动作”面板，单击面板右上角的按钮，在打开的菜单中选择“载入动作”命令，选择本书提供的拼贴动作❷，单击“载入”按钮，将它载入“动作”面板中。

❶

❷

02 选择“拼贴”动作❸。单击播放选定的动作按钮 ▶ 播放动作，用该动作处理照片，处理过程需要一定的时间❹。

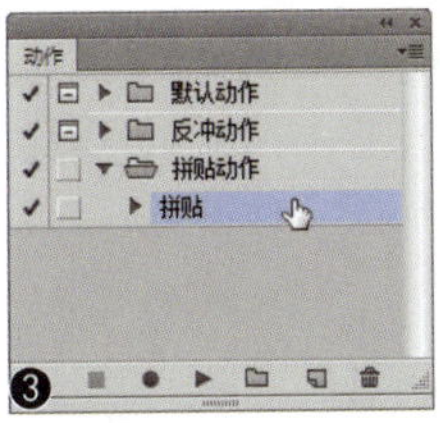

❸

❹

17.2 批处理

批处理可以将动作应用于目标文件夹，即将动作的应用范围从处理Photoshop窗口中打开的单一图像，扩大为计算机硬盘上一个文件夹内包含的所有图像。

17.2.1 练习：为照片添加Logo

当我们需要对一大批照片或图像文件进行相同的处理时（如调整照片的大小、分辨率、锐化等），可以先将其中一张照片的处理过程录制为动作，再通过批处理，将该动作应用于其他照片，也就是说，让Photoshop替我们完成后面的工作。

下面我们就通过批处理为照片添加Logo，以标明版权。在批处理前需要做一些准备工作，首先将需要批处理的照片保存到一个文件夹中，之后录制动作，再进行批处理。

01 将照片素材保存到我们自己计算机硬盘的文件夹中。打开一个素材❶，单击“背景”图层❷，按下Delete键将其删除，让Logo位于透明背景上❸❹。

❶

❷

❸

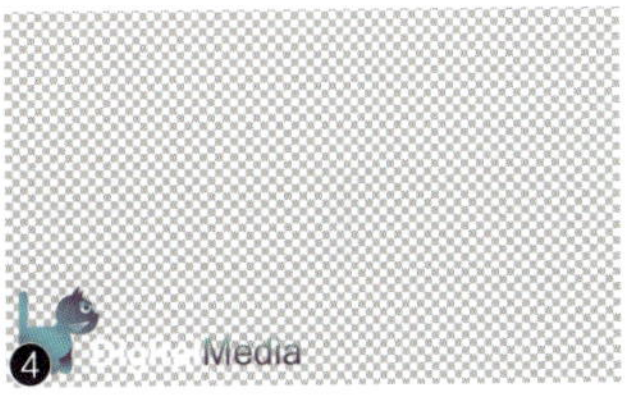

❹

02 执行“文件>存储为”命令，将文件保存为PSD格式，然后关闭。打开“动作”面板，单击该面板底部的 按钮和 按钮，创建动作组和动作。打开一张照片。执行“文件>置入”命令，选择刚刚保存的Logo文件，将它置入当前文档中❺。执行“图层>拼合图像”命令，将图层合并。单击“动作”面板底部的 ■ 按钮，完成动作的录制❻。

❺

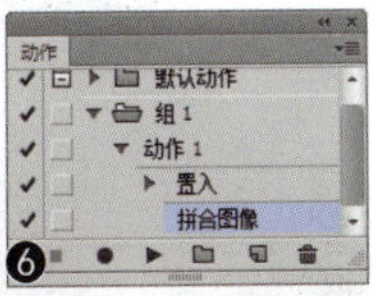

❻

提示 (Tips)

制作好Logo后，将其放在要加入水印的图像中，并调整好位置，然后删除图像，只保留Logo，再将这个文件保存。加水印的时候用这个文件，这样它与所要贴Logo的文档的大小相同，水印就会贴在指定的位置上。

03 执行“文件>自动>批处理”命令，打开“批处理”对话框，在“播放”选项组中选择刚刚录制的动作，单击“源”选项组中的“选择”按钮，在打开的对话框中选择要添加Logo的文件夹。在“目标”下拉列表中选择“文件夹”选项，然后单击“选择”按钮，在打开的对话框中为处理后的照片指定保存位置，这样就不会破坏原始照片了❼。

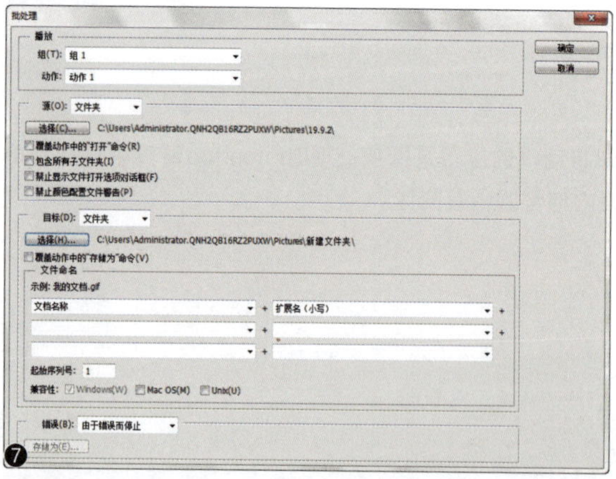

❼

04 单击“确定”按钮，开始批处理，Photoshop会自动为目标文件夹中的每一张照片都添加一个Logo❽~⓫，并将处理后的照片保存到指定的文件夹中。在批处理的过程中，如果要中止操作，可以按下Esc键。

❽

❾

❿

⓫

17.2.2 “批处理”命令选项

- **源：** 在“源”下拉列表中可以指定要处理的文件。选择“文件夹”，并单击下面的“选择”按钮，可在打开的对话框中选择一个文件夹，批处理该文件夹中的所有文件；选择“导入”选项，可以处理来自数码相机、扫描仪或PDF文档的图像；选择“打开的文件”选项，可以处理当前所有打开的文件；选择“Bridge”选项，可以处理Adobe Bridge中选定的文件。
- **覆盖动作中的“打开”命令：** 在批处理时忽略动作中记录的“打开”命令。
- **包含所有子文件夹：** 如果要将批处理应用到多个文件夹，可先将它们放置到一个文件夹中，然后在批处理时选取该选项。
- **禁止显示文件打开选项对话框：** 批处理时不会打开文件选项对话框。
- **禁止颜色配置文件警告：** 关闭颜色方案信息的显示。
- **目标：** 在“目标”下拉列表中可以选择完成批处理后文件的保存位置。选择“无”选项，表示不保存文件，文件仍为打开状态；选择“存储并关闭”选项，可以将文件保存在原文件夹中，并覆盖原始文件。选择“文件夹”选项，并单击选项下面的“选择”按钮，可以指定用于保存文件的文件夹。
- **覆盖动作中的“存储为”命令：** 如果动作中包含“存储为”命令，则勾选该选项后，在批处理时，动作中的“存储为”命令将引用批处理的文件，而不是动作中指定的文件名和位置。
- **文件命名：** 将“目的”选项设置为“文件夹”后，可以在该选项组的6个选项中设置文件的命名规范，指定文件的兼容性，包括Windows、Mac OS和Unix。

17.3 脚本

Photoshop 通过脚本支持外部自动化。在 Windows 中，可以使用支持 COM 自动化的脚本语言（如 VB Script）控制多个应用程序，例如 Adobe Photoshop、Adobe Illustrator 和 Microsoft Office。

"文件>脚本"下拉菜单中包含各种脚本命令❶。与动作相比，脚本提供了更多的可能性。它可以执行逻辑判断、重命名文档等操作，同时脚本文件更便于携带并重用。

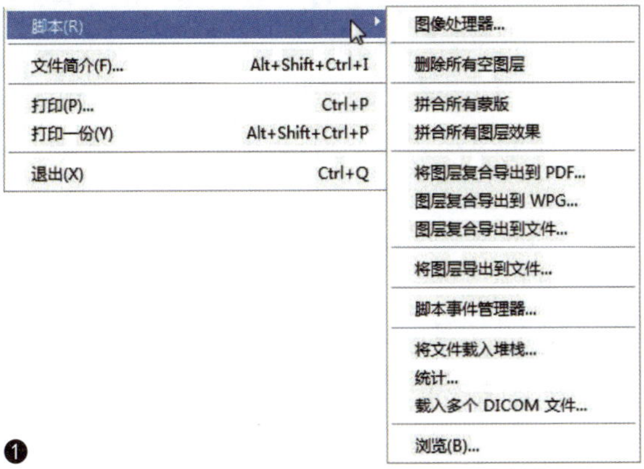

❶

- 图像处理器：可以使用图像处理器转换和处理多个文件。它与"批处理"命令不同，不必先创建动作。在"图像处理器"中可以执行的操作包括：将一组文件转换为 JPEG、PSD 或 TIFF 格式之一，或者将文件同时转换为所有3种格式；使用相同选项来处理一组相机原始数据文件；调整图像大小，使其适应指定的像素大小；嵌入颜色配置文件，或将一组文件转换为 sRGB，然后将它们存储为用于 Web 的 JPEG 图像；在转换后的图像中包含版权信息数据。
- 删除所有空图层：可以删除不需要的空图层，减小图像文件的大小。
- 将图层复合导出到文件：可以将图层复合导出到单独的文件中。
- 将图层导出到文件：可以使用多种格式（包括 PSD、BMP、JPEG、PDF、Targa 和 TIFF）将图层作为单个文件导出和存储。
- 脚本事件管理器：可以将脚本和动作设置为自动运行，用事件（如在 Photoshop 中打开、存储或导出文件）来触发 Photoshop 动作或脚本。
- 将文件载入堆栈：可以使用脚本将多个图像载入到图层中。
- 统计：可以使用统计脚本自动创建和渲染图形堆栈。
- 浏览：如果要运行存储在其他位置的脚本，可以执行"文件>脚本>浏览"命令，然后浏览到该脚本。

17.4 数据驱动图形

利用数据驱动图形，可以快速准确地生成图像的多个版本，以用于印刷项目或 Web 项目。例如，以模板设计为基础，使用不同的文本和图像可以制作100种不同的Web横幅。

17.4.1 定义变量

使用模板和数据组创建图形一般要经历以下步骤。

（1）创建用作模板的基本图形。使用图层分离要改动的对象。

（2）在图形中定义变量。

（3）创建或导入数据组。

（4）使用每个数据组预览文档。

（5）将图形与数据一起导出来生成图形（可以将图形导出为PSD文件）。

变量用来定义模板中哪些元素发生变化，包括3种类型：可见性变量、像素替换变量和文本替换变量。要定义变量，需要首先创建模板图像，然后执行"图像>变量>定义"命令，打开"变量"对话框❶。在"图层"选项中可以选择一个包含要定义为变量的内容的图层。

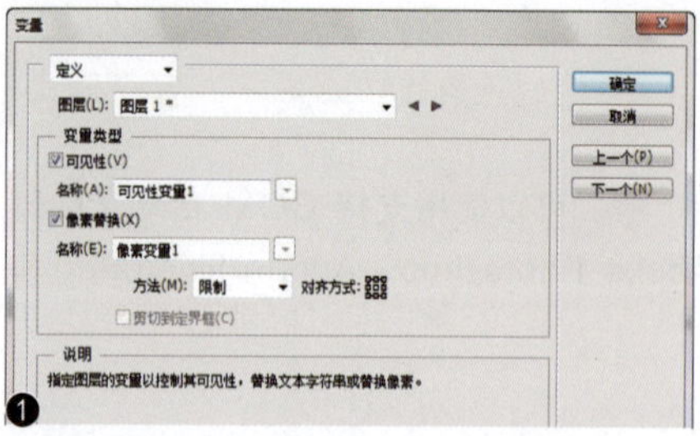

可见性变量

可见性变量用来显示或隐藏图层中的图像内容。

像素替换变量

像素替换变量可以使用其他图像文件中的像素替换图层中的像素。勾选“像素替换”选项后，可以在下面的“名称”文本框中输入变量的名称，然后在“方法”列表框中选择缩放替换图像的方法。选择“限制”选项，可以缩放图像以将其限制在定界框内❷；选择“填充”选项，可以缩放图像以使其完全填充定界框❸；选择“保持原样”选项，不会缩放图像❹；选择“一致”选项，将不成比例地缩放图像以将其限制在定界框内❺。

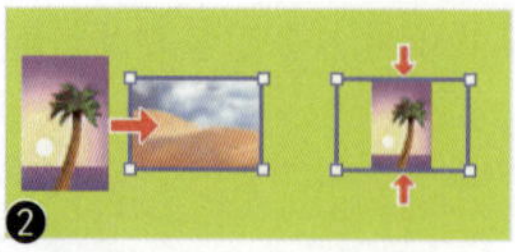
限制

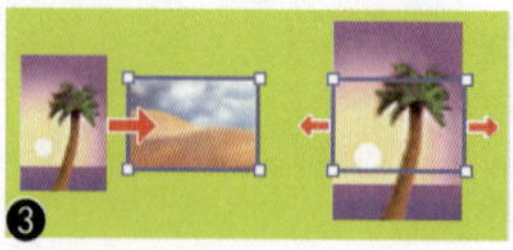
填充

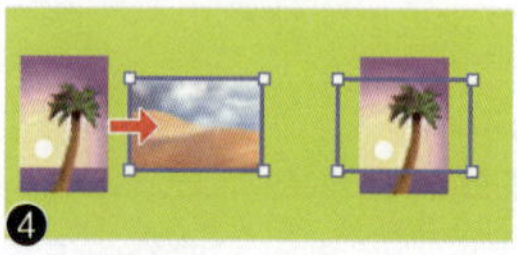
保持原样

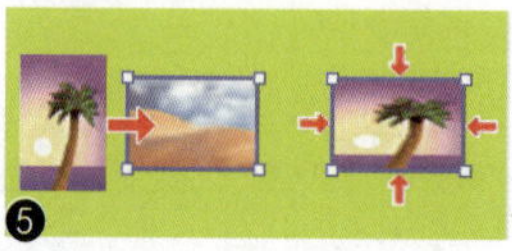
一致

单击对齐方式图标上的手柄，可以选取在定界框内放置图像的对齐方式。选择“剪切到定界框”选项则可以剪切未在定界框内的图像区域。

文本替换变量

可以替换文字图层中的文本字符串，在操作时首先要在“图层”选项中选择文本图层。

17.4.2 定义数据组

数据组是变量及其相关数据的集合。执行“图像>变量>数据组”命令，可以打开“变量”对话框设置数据组选项❶。

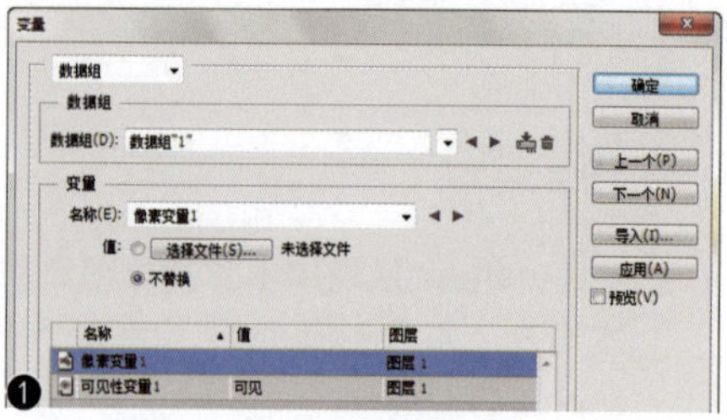

- **数据组：** 单击按钮可以创建数据组。如果创建了多个数据组，可以单击◀ ▶按钮进行切换。选择一个数据组后，单击按钮可将其删除。
- **变量：** 可以编辑变量数据。对于“可见性”变量，选择“可见”选项，可以显示图层的内容，选择“不可见”选项，则隐藏图层内容；对于“像素替换”变量，单击选择文件，然后选择替换图像文件，如果在应用数据组前选择“不替换”，将使图层保持其当前状态；对于“文本替换”变量T，可以在“值”文本框中输入一个文本字符串。

> **提 示（Tips）**
>
> 如果在其他程序，如文本编辑器或电子表格程序（Microsoft Excel）中创建了数据组，可以执行“文件>导入>变量数据组”命令，将其导入Photoshop中使用。此外，定义变量及一个或多个数据组后，可以执行“文件>导出>数据组作为文件”命令，按批处理模式使用数据组值将图像输出为PSD文件。

17.4.3 预览与应用数据组

创建模板图像和数据组后，执行“图像>应用数据组”命令，打开“应用数据组”对话框❶。从列表中选择数据组，勾选“预览”选项，可以在文档窗口中预览图像。单击“应用”按钮，可以将数据组的内容应用于基本图像，同时所有变量和数据组保持不变。

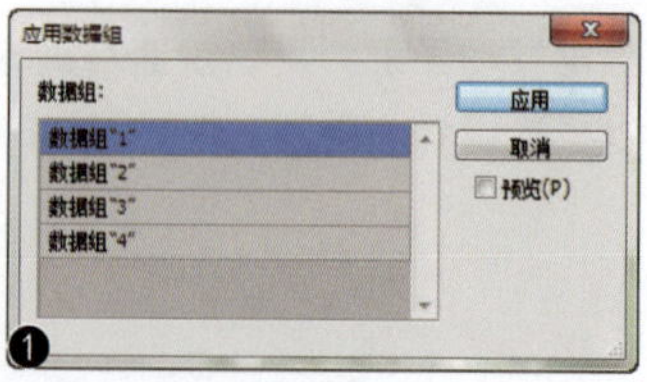

17.4.4 练习：创建多版本图像

使用模板和数据组来创建图形时，首先要创建用作模板的基本图形，并将图像中需要更改的部分分离为一个个单独的图层；然后在图形中定义变量，并通过变量指定在图像中更改的部分；接下来创建或导入数据组，用数据组替换模板中相应的图像部分；最后再将图形与数据一起导出来生成图形（PSD文件）。下面我们就来通过数据驱动图形创建多个版本的图像。

01 打开素材❶❷。

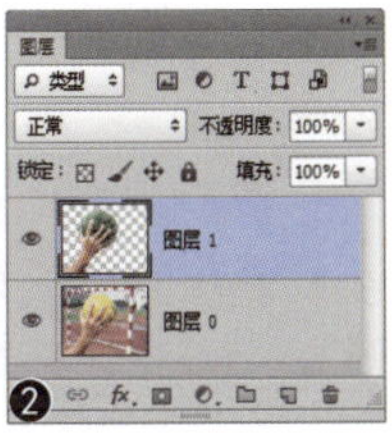

02 执行“图像>变量>定义”命令，打开“变量”对话框，在“图层”下拉列表中选择“图层0”选项，然后勾选 “像素替换”选项，“名称”“方法”和“限制”都使用默认的设置❸。在对话框左上角的下拉列表中选择“数据组”，切换到“数据组”选项设置面板。单击基于当前数据组创建新数据组按钮，创建新的数据组，当前的设置内容为“像素变量1”❹。

03 单击“选择文件”按钮，在打开的对话框中选择素材❺，单击“打开”按钮，返回到“变量”对话框❻，关闭对话框。

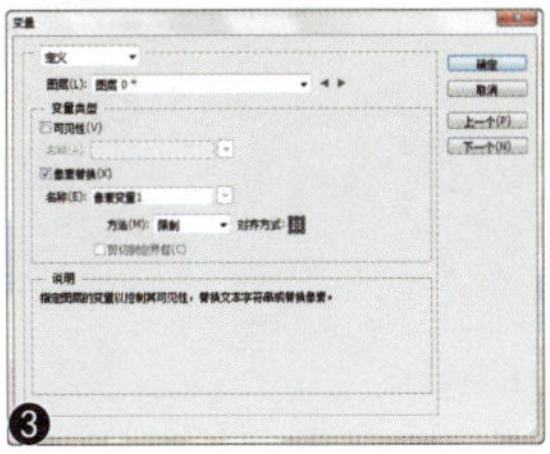

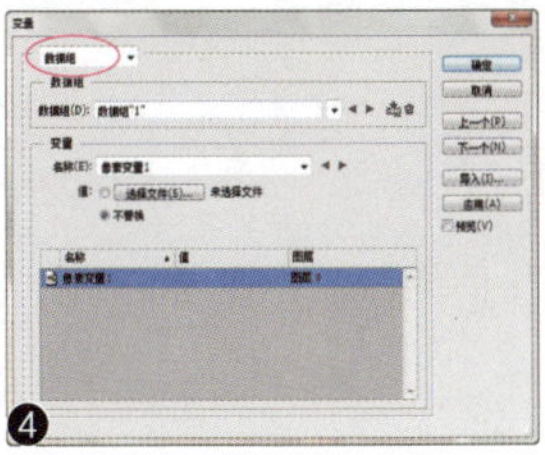

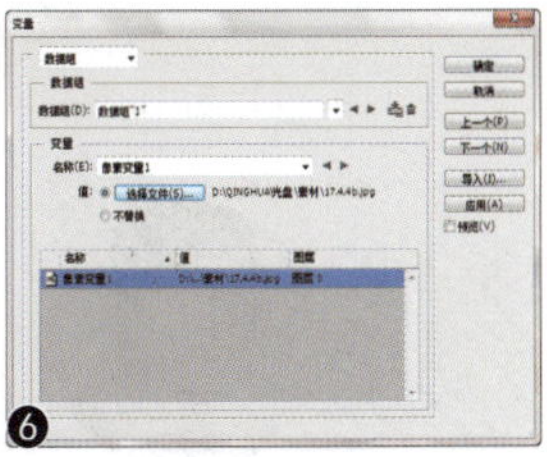

04 执行“图像>应用数据组”命令，打开“应用数据组”对话框❼。选择“预览”选项，可以看到，文档中背景（“图层0”）图像被替换为我们指定的另一个背景❽。最后可以单击“应用”按钮关闭对话框。

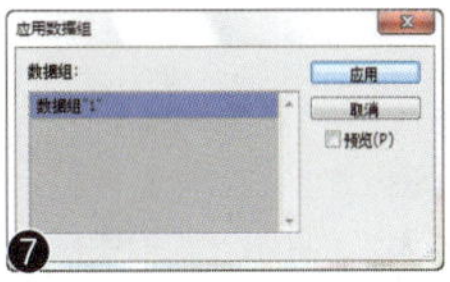

17.5 课后测验

本章介绍了实现图像编辑自动化的几种方法，包括动作、批处理、脚本和数据驱动图形。它们当中，批处理在实际应用中比较多一些。

17.5.1 创建怀旧风格照片处理动作

本章的第一个测验是创建一个怀旧主题的照片调色动作。调色使用“渐变映射”调整图层来完成❶~❸。

17.5.2 创建快捷批处理程序

第二个测验是使用“文件>自动>创建快捷批处理”命令，将前一个测验的动作创建为快捷批处理程序。具体选项设置与批处理基本相同。

快捷批处理程序是一个能够快速完成批处理的小的应用程序。创建以后生成在桌面上，图标是状。它可以简化批处理操作的过程，我们只要将图像或文件夹拖曳到该图标上，便可以直接对图像进行批处理，即使没有运行Photoshop，也可以完成批处理操作。

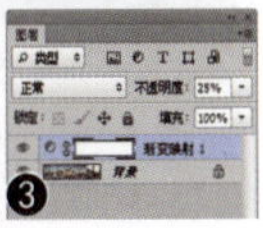

第18章 系统设置与帮助资源

本章简介

软件程序、APP（如QQ、微博、微信）等一般都允许用户对它的一些核心设置进行修改。例如，界面背景、文字大小、消息推送等，以使其符合用户的个人习惯和使用需要。Photoshop里用于修改核心设置的功能在“首选项”对话框中，可进行常规操作设置、界面颜色和面板设置，以及通道颜色、参考线及网格大小和颜色、透明区域颜色、溢色警告颜色的修改，还有光标的形状、计量单位和标尺、暂存盘设置、Camera Raw设置、文字和3D功能设置，等等。总的来说，这些都与软件操作有关，而与工具、命令和功能的使用并无太大关系。

学习重点

关键概念

18.1 Photoshop首选项

Windows系统中，“首选项”命令在“编辑”菜单。MAC系统中，该命令在“Photoshop”菜单。但不论哪种操作系统，我们都可以按下Ctrl+K快捷键打开该对话框。

18.1.1 常规

执行“编辑>首选项>常规”命令，可以打开“首选项”对话框❶。对话框中的左侧列表是各个首选项的名称，单击其中的一个，对话框中就会显示相应的设置内容。也可以在对话框右侧单击“上一个”和“下一个”按钮来进行切换。

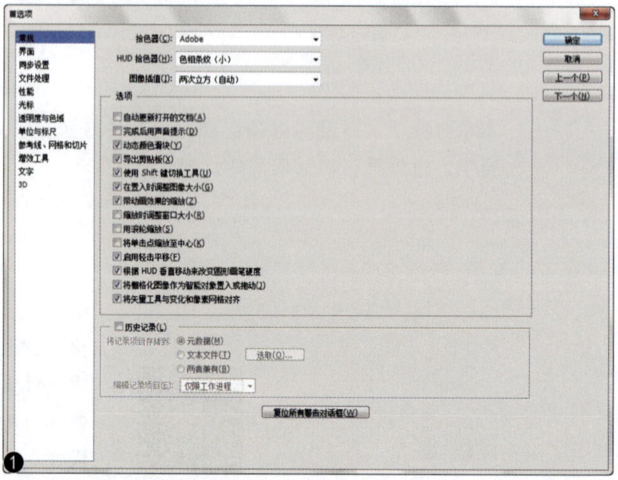

- **拾色器**：可以选择使用Adobe拾色器，或是Windows拾色器。Adobe拾色器可根据4种颜色模型从整个色谱和PANTONE等颜色匹配系统中选择颜色❷；Windows的拾色器仅涉及基本的颜色，只允许根据两种色彩模型选择需要的颜色❸。
- **HUD拾色器**：可以选择HUD拾色器的外观样式，显示色相条纹或色轮。HUD拾色器的使用方法是，选择绘画工具（如画笔工具），按住Alt+Shift键在画面中右击，即可显示HUD拾色器❹❺。

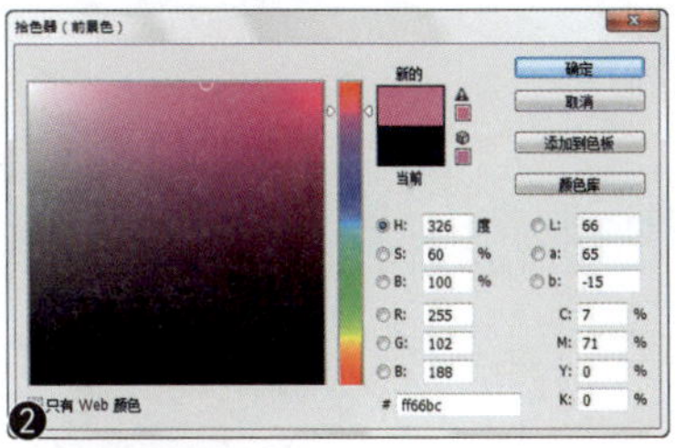

❷

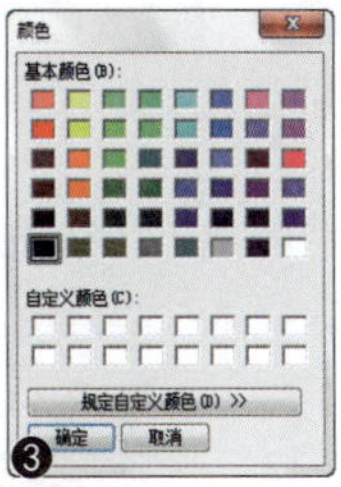

❸

❹ 色轮

❺ 色相条纹

● 图像插值：改变图像的大小时（这一过程称为重新采样），Photoshop会遵循一定的图像插值方法来增加或删除像素。选择该列表框中的“邻近”选项，表示以一种低精度的方法生成像素，速度快，但容易产生锯齿；选择“两次线性”选项，表示以一种通过平均周围像素颜色值的方法来生成像素，可生成中等品质的图像；选择“两次立方”选项，表示以一种将周围像素值分析作为依据的方法生成像素，速度较慢，但精度高。

● 自动更新打开的文档：勾选该选项后，如果当前打开的文件被其他程序修改并保存，文件会在Photoshop中自动更新。

● 完成后用声音提示：完成操作时，程序发出提示音。

● 动态颜色滑块：设置在移动“颜色”面板中的滑块时，颜色是否随着滑块的移动而实时改变。

● 导出剪贴板：退出Photoshop时，复制到剪贴板中的内容仍然保留，可以被其他程序使用。

● 使用Shift键切换工具：选择该选项时，在同一组工具间切换，需要按下工具快捷键+Shift键；取消勾选时，只需按下工具快捷键便可以切换。

● 在置入时调整图像大小：置入图像时，图像基于当前文档的大小而自动调整其大小。

● 带动画效果的缩放：使用缩放工具缩放图像时，产生平滑的缩放效果。

● 缩放时调整窗口大小：使用键盘快捷键缩放图像时，自动调整窗口的大小。

● 用滚轮缩放：可以通过鼠标的滚轮缩放窗口。

● 将单击点缩放至中心：使用缩放工具时，可以将单击点的图像缩放到画面的中心。

● 启用轻击平移：使用抓手工具移动画面时，放开鼠标按键，图像也会滑动。

● 根据HUD垂直移动来改变圆形画笔硬度：使用绘画类工具（如画笔工具）时，按住Ctrl+Alt键单击鼠标右键并左右拖动鼠标，可以调整画笔直径；上下拖动鼠标，可以调整画笔硬度。操作时可观察画面中的画笔大小预览图和上下文菜单中的参数信息❻~❽。

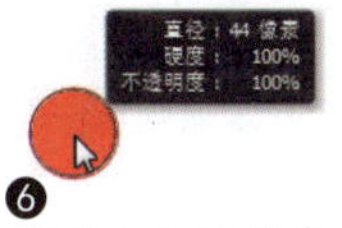

❻ 按住Ctrl+Alt键单击鼠标右键

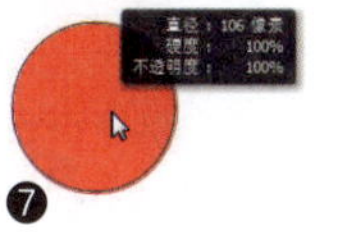

❼ 左右拖动调整直径

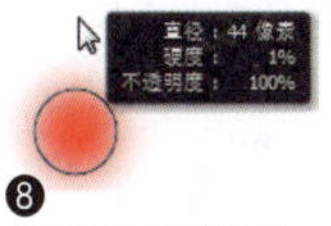

❽ 上下拖动调整硬度

● 将栅格化图像作为智能对象置入或拖动：勾选该选项后，将一个图像置入现有的文档（“文件>置入”命令），或者将一个图像拖入现有的文档时，该图像会自动创建为智能对象。

● 将矢量工具与变化和像素网格对齐：使用矢量工具进行变换操作时，将会自动与像素网格对齐。

● 历史记录：可以让Photoshop跟踪文件中的所有编辑步骤（历史记录），并将其存储。选择“元数据”选项，历史记录存储为嵌入在文件中的元数据；选择“文本文件”选项，历史记录存储为文本文件；选择“两者兼有”选项，历史记录存储为元数据，并保存在文本文件中。在“编辑记录项目”列表框中可以指定历史记录信息的详细程度。

● 复位所有警告对话框：有些命令在执行时会弹出提示或警告❾。有些提示包含“不再显示”选项，选取该选项，下一次进行相同的操作便不会显示该信息。如果要重新显示这些提示或警告，可以单击“复位所有警告对话框”按钮。

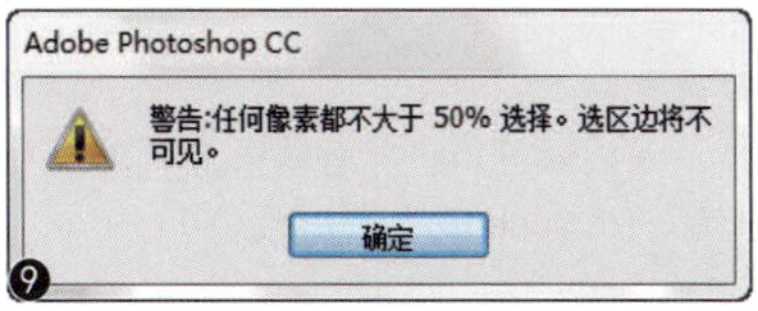

❾

18.1.2 界面

执行“编辑>首选项>界面”命令，打开“首选项”对话框❶。

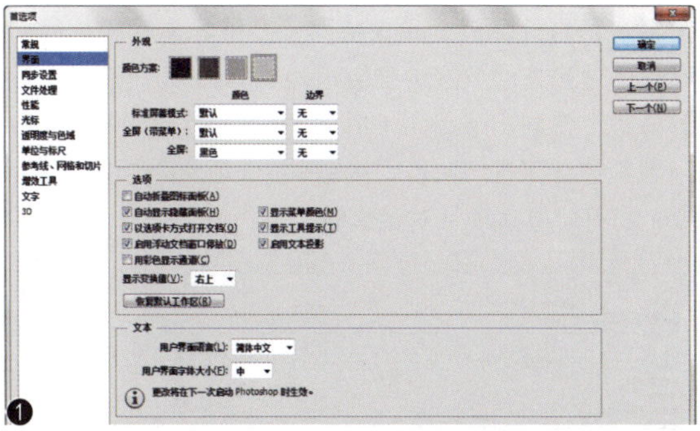

❶

● 颜色方案：单击各个颜色块，即可调整操作界面的色调。

● 标准屏幕模式/全屏（带菜单）/全屏：可以设置在这3种屏幕模式下，屏幕的颜色和边界效果。

● 自动折叠图标面板：对于图标状面板，不使用它时面板会重新折叠为图标状。

● 自动显示隐藏面板： 可以暂时显示隐藏的面板。

● 以选项卡方式打开文档： 打开文档时，全屏显示一个图像，其他图像最小化到选项卡中。

● 启用浮动文档窗口停放： 选择该选项后，可以拖曳标题栏，将文档窗口停放到程序窗口中。

● 用彩色显示通道： 默认情况下，RGB、CMYK 和 Lab 图像的各个通道以灰度显示❷，勾选该选项，可以用相应的颜色显示颜色通道❸。

● 显示菜单颜色： 使菜单中的某些命令显示为彩色❹。（19 页）

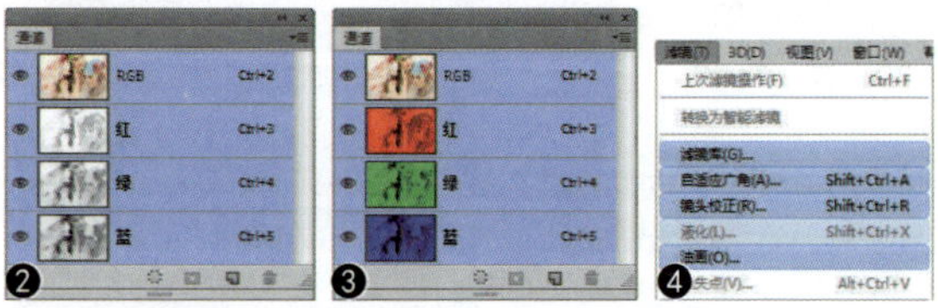

● 显示工具提示： 将光标放在工具上时，显示当前工具的名称和快捷键等提示信息。

● 显示变换值： 默认状态下，进行移动、扭曲等变换和变形操作时，会出现上下文菜单显示变换值。在该选项中可以设置上下文菜单的具体位置。

● 恢复默认工作区： 单击该按钮，可以将工作区恢复为 Photoshop 默认状态。

● "文本"选项组： 可以设置用户界面的语言和文字大小。修改后需要重新运行 Photoshop 才能生效。

18.1.3 同步设置

使用多台计算机工作时，在它们之间管理和同步首选项可能很费时，并且容易出错。"同步设置"功能可通过 Creative Cloud 同步首选项和设置，使相关设置在两台计算机之间保持同步变得异常轻松。同步操作通过用户的Adobe Creative Cloud 账户进行。设置将被上传到 Creative Cloud 账户，然后被下载和应用到其他计算机。执行"编辑>首选项>同步设置"命令，打开"首选项"对话框❶。

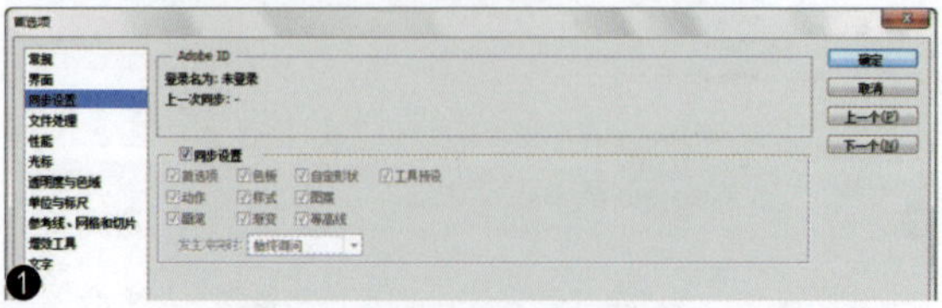

● Adobe ID： 显示用户的 Adobe ID 和上一次同步设置时间。

● 同步设置： 可以选择要同步的首选项。

● 发生冲突时： 可以选择在发生冲突的情况下采取何种操作。

18.1.4 文件处理

执行"编辑>首选项>文件处理"命令，打开"首选项"对话框❶。

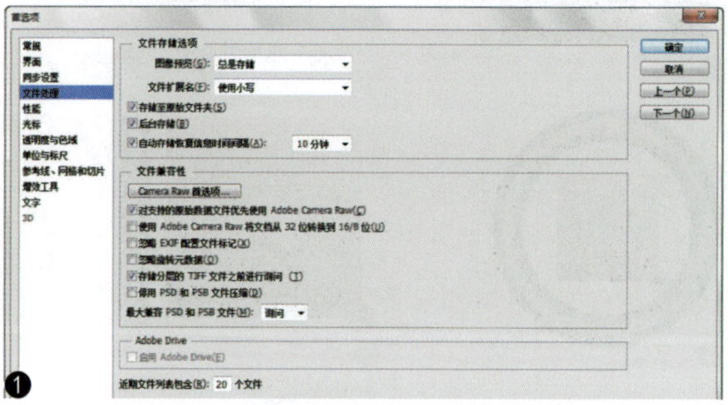

● 图像预览： 设置存储图像时是否保存图像的缩览图。

● 文件扩展名： 文件扩展名为"大写"或是"小写"。

● 存储至原始文件夹： 将文件保存在原始文件夹中。

● 后台存储： 在后台存储时允许工作继续进行。

● 自动存储恢复信息时间间隔： 以此时间间隔自动存储文档的副本，以便 Photoshop 非正常关闭时自动恢复文件。原始文件不受影响。

● Camera Raw 首选项： 单击该按钮，可在打开的对话框中设置 Camera Raw 的首选项。

● 对支持的原始数据文件优先使用 Adobe Camera Raw： 打开支持原始数据的文件时，优先使用 Adobe Camera Raw 处理。

● 使用 Adobe Camera Raw 将文档从 32 位转换到 16/8 位： 允许 Camera Raw 将 32 位/通道（HDR 高动态范围）转换为 16 位或 8 位图像。

● 忽略 EXIF 配置文件标记： 保存文件时忽略关于图像色彩空间的 EXIF 配置文件标记。

● 忽略旋转元数据： 可停用基于文件元数据的图像自动旋转。

● 存储分层的 TIFF 文件之前进行询问： 保存分层的文件时，如果存储为 TIFF 格式，会弹出询问对话框。

● 最大兼容 PSD 和 PSB 文件： 可以设置存储 PSD 和 PSB 文件时，是否提高文件的兼容性。选择"总是"选项，可以在文件中存储一个带图层图像的复合版本，其他应用程序便能够读取该文件；选择"询问"选项，存储时会弹出询问是否最大程度提高兼容性的对话框；选择"总不"选项，在不提高兼容性的情况下存储文档。

● 启用 Adobe Drive： 可以连接到 Adobe Version 服务器。它是一种资源管理系统，在该服务器上，设计人员可以合作处理公共文件集，轻松跟踪和处理多个版本的文件。

● 近期文件列表包含： 设置"文件>最近打开文件"下拉菜单中能够保存的文件数量。

18.1.5 性能

执行“编辑>首选项>性能”命令，打开“首选项”对话框❶。

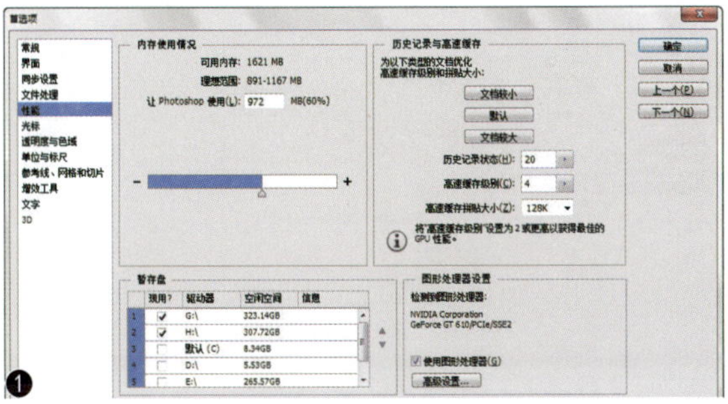

● 内存使用情况：显示了计算机内存的使用情况，可以拖曳滑块，或在“让Photoshop使用”文本框内输入数值，调整分配给Photoshop的内存量。修改后，需要重新运行Photoshop才能生效。

● 暂存盘：如果系统没有足够的内存来执行某个操作，Photoshop会使用一种专有的虚拟内存技术（也称为暂存盘）。暂存盘是任何具有空闲内存的驱动器或驱动器分区。默认情况下，Photoshop将安装了操作系统的硬盘驱动器用作主暂存盘。在该选项中可以将暂存盘修改到其他驱动器上。另外，包含暂存盘的驱动器应定期进行碎片整理。

● 历史记录与高速缓存：用来设置“历史记录”面板中可以保留的历史记录的最大数量，以及图像数据的高速缓存级别。高速缓存可以提高屏幕重绘和直方图显示速度。

● 图形处理器设置：显示了计算机的显卡型号。勾选该项后，可以启用某些功能，如旋转视图工具、像素网格、取样环、自适应广角滤镜等。此外，使用液化滤镜和3D等功能时，也会加快处理速度。

18.1.6 光标

执行“编辑>首选项>光标”命令，打开“首选项”对话框❶。

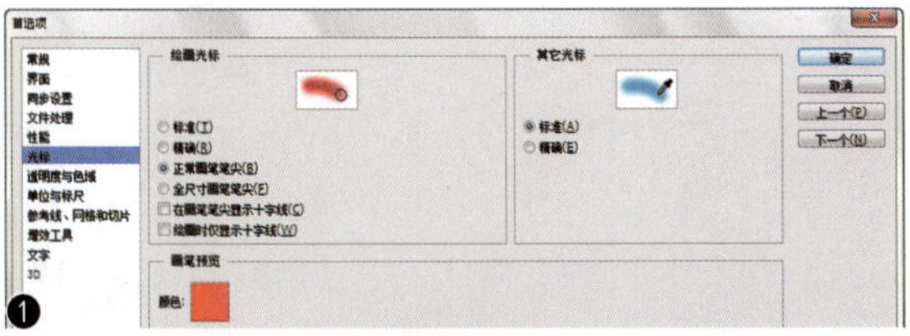

● 绘画光标：用于设置使用绘画工具时，光标在画面中的显示状态，以及光标中心是否显示十字线❷~❻。

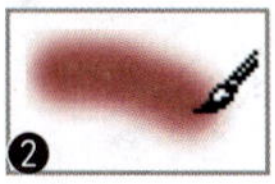

标准

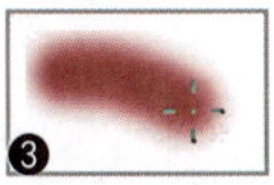

精确

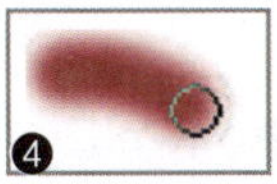

正常画笔笔尖

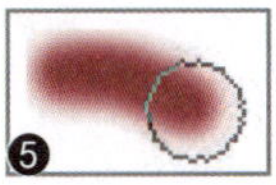

全尺寸画笔笔尖

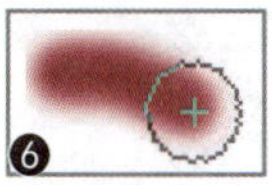

在画笔笔尖显示十字线

● 其他光标：设置使用其他工具时，光标在画面中的显示状态❼❽。

吸管工具的标准光标状态

吸管工具的精确光标状态

● 画笔预览：定义用于画笔预览的颜色（参见“根据HUD垂直移动来改变圆形画笔硬度”选项）。

18.1.7 透明度与色域

执行“编辑>首选项>透明度与色域”命令，打开“首选项”对话框❶。

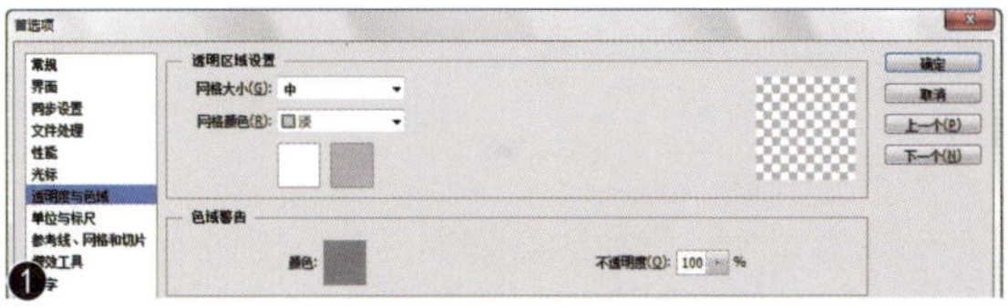

● 透明区域设置：当图像中的背景为透明时，会显示为棋盘格状。在“网格大小”列表框中可以设置棋盘格的大小；在“网格颜色”列表框中可以设置棋盘格的颜色（颜色为紫色的网格）。

● 色域警告：如果图像中的色彩过于鲜艳❷，有可能超出CMYK色域范围成为溢色（不能被准确打印出来的颜色）。执行“视图>色域警告”命令（111页），溢色会显示为灰色❸。在“色域警告”选项中可以修改溢色的颜色，也可以调整溢色的不透明度。

18.1.8 单位与标尺

执行“编辑>首选项>单位与标尺”命令，打开“首选项”对话框❶。

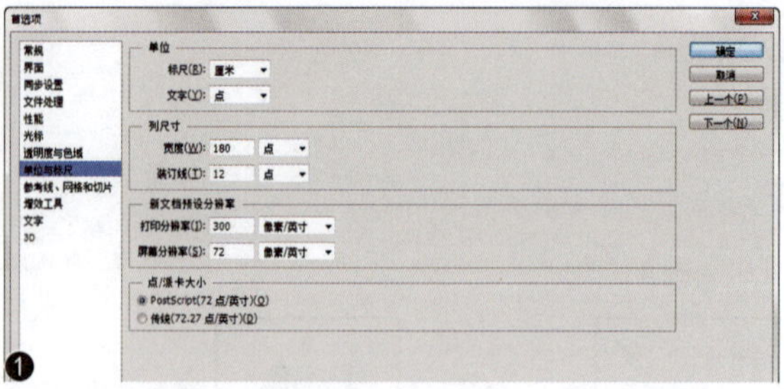

● 单位：可以设置标尺和文字的单位。

● 列尺寸：如果要将图像导入到排版程序（如InDesign），并用于打印和装订时，可以在该选项设置“宽度”和“装订线”的尺寸，用列来指定图像的宽度，使图像正好占据特定数量的列。

● 新文档预设分辨率：用来设置新建文档时预设的打印分辨率和屏幕分辨率。

● 点/派卡大小：设置如何定义每英寸的点数。选择“PostScript（72点/英寸）”，设置一个兼容的单位大小，以便打印到PostScript设备；选择“传统（72.27点/英寸）”，则使用72.27点/英寸（打印中传统使用的点数）。

18.1.9 参考线、网格和切片

执行“编辑>首选项>参考线、网格和切片”命令，打开“首选项”对话框❶。对话框右侧的颜色块中显示了修改后的参考线、智能参考线和网格的颜色。

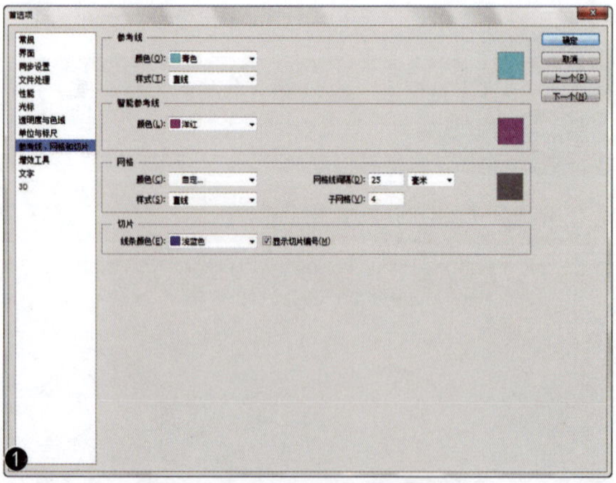

● 参考线：用来设置参考线的颜色和样式。

● 智能参考线：用来设置智能参考线的颜色。

● 网格：可以设置网格的颜色和样式。对于“网格线间隔”，可以输入网格间距的值。在“子网格”选项中输入一个值，则可基于该值重新细分网格。

● 切片：用来设置切片边界框的颜色。勾选“显示切片编号”选项，可以显示切片的编号。

18.1.10 增效工具

执行“编辑>首选项>增效工具”命令，打开“首选项”对话框❶。

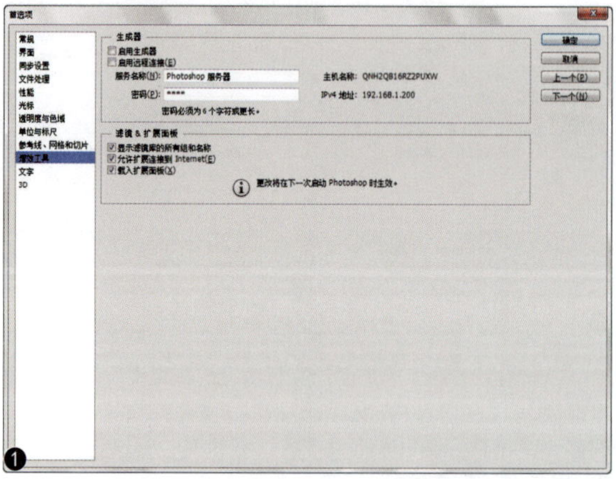

● 启用生成器：勾选该项后，可以启用图像资源生成功能（433页）。取消勾选，则禁用图像资源生成功能，此时“文件>生成”命令不可用。

● 启用远程连接/服务名称/密码：允许Photoshop建立远程连接。

● 显示滤镜库的所有组和名称：勾选该项后，“滤镜库”中的滤镜会同时出现在“滤镜”菜单的各个滤镜组中。

● 允许扩展连接到Internet：表示允许Photoshop扩展面板连接到Internet获取新内容，以及更新程序。

● 载入扩展面板：启动Photoshop时载入已安装的扩展面板。

18.1.11 文字

执行“编辑>首选项>文字”命令，打开“首选项”对话框❶。

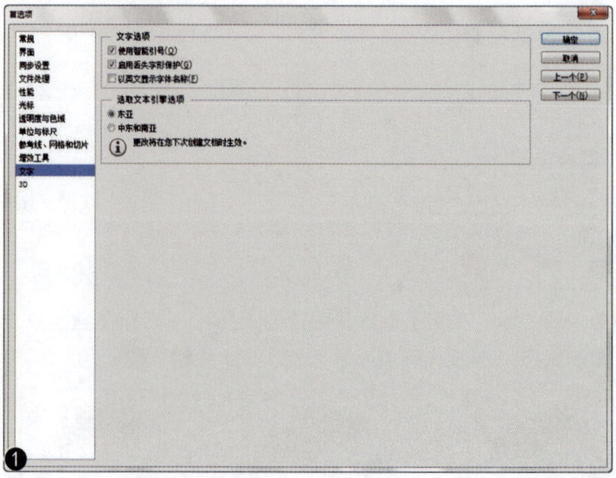

● **使用智能引号：** 智能引号也称为印刷引号，它会与字体的曲线混淆。勾选该项后，输入文本时可使用弯曲的引号替代直引号。

● **启用丢失字形保护：** 选择该项后，如果文档使用了系统上未安装的字体，在打开此类文档时，便会出现一条警告信息，告诉用户缺少哪些字体，我们可以使用可用的匹配字体替换缺少的字体。

● **以英文显示字体名称：** 勾选该项后，在“字符”面板和文字工具选项栏的字体下拉列表中，亚洲字体名称以英文显示❷；取消勾选则以中文显示❸。

❷

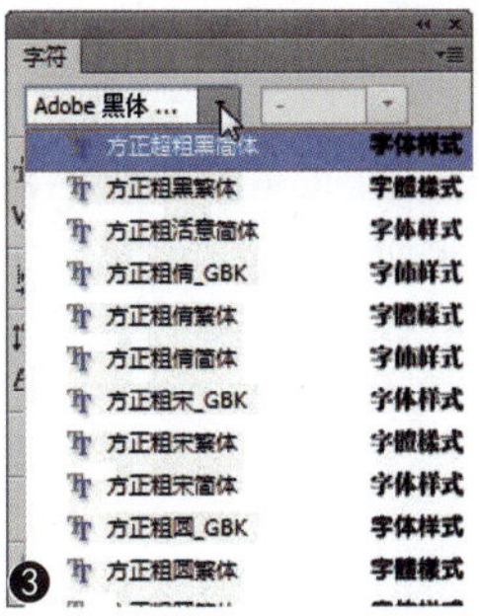

❸

● **选取文本引擎选项：** 如果要在 Photoshop 界面中显示东亚文字选项，可以在该选项组中选取“东亚”，然后重新启动 Photoshop，再执行“文字>语言选项>东亚语言功能”命令。如果要启用印度语系支持，则可在该选项中选择“中东和南亚”，此后“段落”面板菜单中会启用两个额外书写器：单行书写器与多行书写器。

18.1.12 3D

执行“编辑>首选项>3D”命令，打开“首选项”对话框❶。

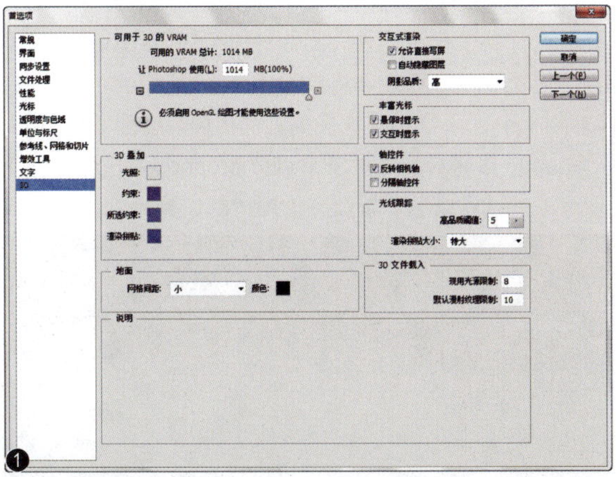

❶

● **可用于3D的VRAM：** 显示了Photoshop 3D Forge（3D引擎）可以使用的显存量（VRAM）。拖曳滑块可以调整分配给Photoshop的显存。较大的VRAM有助于进行快速的3D交互，尤其是处理高分辨率的网格和纹理时。但这会导致与其他启用GPU的应用程序争夺资源。

● **3D叠加：** 单击各个颜色块，可以指定各种参考线的颜色，以便在进行3D操作时高亮显示可用的3D组件。在“视图>显示”下拉菜单中，可以选择显示或者隐藏这些额外内容。

● **地面：** 用来设置进行3D操作时地面的外观，包括网格间距和网格颜色。执行“视图>显示>3D地面”命令，可以显示或隐藏地面。

● **交互式渲染：** 指定进行3D对象交互（鼠标事件）时Photoshop渲染选项的首选项。勾选“允许直接写屏”选项，可利用计算机上的GPU图形卡直接在屏幕绘制像素，从而加快3D交互。此外，它还使3D交互能够利用3D管道内建的颜色管理功能。但如果用户的图形卡不够强大，或者将“绘图模式”（“首选项>性能>图形处理器设置”）设置为“基本”，则可能会在交互过程中遇到较大的颜色变化。关闭该选项可解决此问题，但这也会导致交互变慢。勾选“自动隐藏图层”选项，可以自动隐藏除当前正在与之交互的3D图层以外的所有图层，从而提供最快的交互速度。在“阴影品质”选项中，可以指定最适合当前计算机的阴影品质，Photoshop现在提供更好的OpenGL阴影。

● **丰富光标：** 实时显示与光标和对象相关的信息。勾选“悬停时显示”选项后，当悬停在3D对象上方时，可呈现带有相关信息的光标；选择“交互时显示”选项后，与3D对象的鼠标交互可呈现带有相关信息的光标。

● **轴控件：** 可以指定轴交互和显示模式。勾选“反转相机轴”选项后，可翻转相机和视图的轴坐标系；勾选“分隔轴控件”选项后，可以将合并的轴分隔为单独的轴工具：移动轴、旋转轴和缩放轴。如果取消对该选项的勾选，则会反转到合并的轴。

● **光线跟踪：** 用于定义光线跟踪渲染（通过“3D>渲染”菜单激活）的图像品质阈值。如果使用较小的值，则在某些区域（柔和阴影、景深模糊）中的图像品质降低时，将立即停止光线跟踪。渲染时始终可以通过单击或按键盘上的键，手动停止光线跟踪。

● **3D文件载入：** 用于指定3D文件载入时的行为。“现用光源限制”用来设置现用光源的初始限制。如果即将载入的3D文件中的光源数量超过该限制，则某些光源一开始会被关闭。但可以单击“场景”视图中光源对象旁边的眼睛图标，在3D面板中打开这些光源。“默认漫射纹理限制”用来设置漫射纹理不存在时，Photoshop将在材质上自动生成的漫射纹理的最大数量。如果3D文件具有的材质超过该数量，则Photoshop不会自动生成纹理。

Ps 18.2

Photoshop CC帮助资源

运行Photoshop CC后，可以通过“帮助”菜单和“编辑”菜单中的命令，获得Adobe公司提供的帮助资源和技术支持。

18.2.1 Photoshop 帮助文件和支持中心

Adobe提供了描述Photoshop软件功能的帮助文件。执行“帮助”菜单中的“Photoshop联机帮助”命令或“Photoshop支持中心”命令，可以链接到Adobe网站的帮助社区查看帮助文件。

Photoshop帮助文件中还包含Creative Cloud教学课程资料库，单击链接地址，可在线观看由Adobe专家录制的各种Photoshop功能的演示视频，学习其中的技巧和特定的工作流程，还可以获取最新的产品信息、培训、资讯、Adobe 活动和研讨会的邀请函，以及附赠的安装支持、升级通知和其他服务。

18.2.2 关于 Photoshop 和增效工具

执行“帮助>关于Photoshop”命令，可以弹出Photoshop启动时的画面。画面中显示了Photoshop研发小组的人员名单，以及其他与Photoshop有关的信息。

Photoshop提供了开放的接口，允许用户将其他软件厂商或个人开发的滤镜以插件的形式安装在Photoshop中。打开“帮助>关于增效工具”下拉菜单，可以查看Photoshop中安装了哪些插件。插件也称外挂滤镜，可以用来制作特效。外挂滤镜的安装和使用方法请参阅本书附赠的资料。

18.2.3 完成、更新和注销 Adobe ID

注册Adobe ID之后，如果想要更新用户信息，如配置文件信息和通信首选项，可以执行“帮助>完成/更新Adobe配置文件”命令，链接到Adobe网站，输入Adobe ID登录个人账户后进行操作。使用Adobe ID还可以下载免费试用版、购买产品、管理订单，以及访问 Adobe Creative Cloud和 Acrobat.com 等在线服务，或者加入极具人气的 Adobe 在线社区。

Photoshop CC是基于云服务下的新软件平台，用户可以在不同的平台上进行工作，例如，可以在家中的计算机和办公室中的计算机使用Photoshop CC。如果要在第三台计算机上使用Photoshop CC，则必须首先在前两台计算机中的一台上注销该应用程序。执行“帮助>注销（Adobe ID）”命令，可以注销Adobe ID。

18.2.4 法律声明和系统信息

执行“帮助>法律声明”命令，可以在打开的对话框中查看Photoshop的专利和法律声明。

执行“帮助>系统信息”命令，可以打开“系统信息”对话框查看当前操作系统的各种信息，如CPU型号、显卡和内存等，以及Photoshop占用的内存、安装序列号、安装的组件和增效工具等信息。

18.2.5 管理扩展

执行“帮助>管理扩展”命令，可以自动下载Adobe Extension Manager CC（需要网络连接）❶。使用Extension Manager可以在Photoshop中安装和删除扩展。扩展是一个软件，可以添加到Photoshop中增强其功能。Adobe Exchange 网站（www.adobe.com/go/exchange_cn）提供了许多类型的扩展。使用 Extension Manager 可将其下载并安装到Photoshop中，也可以获取有关扩展的信息，以及评价用过的扩展。

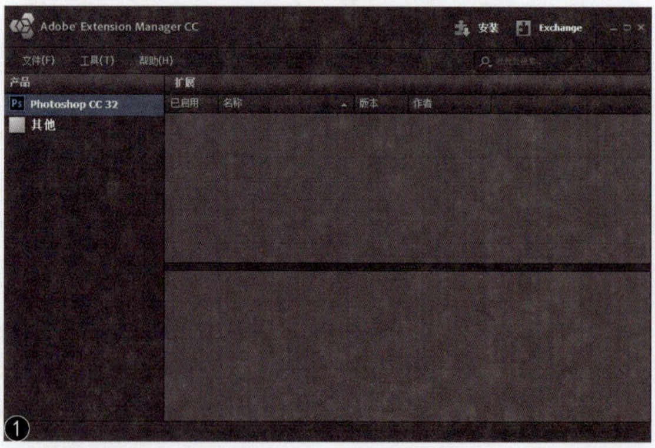

18.2.6 登录、更新

执行“帮助>登录”命令登录Adobe ID（需要网络连接）后，执行“帮助>更新”命令，可以运行Adobe Application Manager，自动下载Photoshop CC和其他Adobe软件的更新文件。

18.2.7 Photoshop联机资源

执行“帮助>Photoshop联机”命令，可以链接到Adobe公司的网站❶。执行“帮助>Photoshop联机资源”命令，可以从Adobe网站获得完整的联机帮助和各种Photoshop资源。

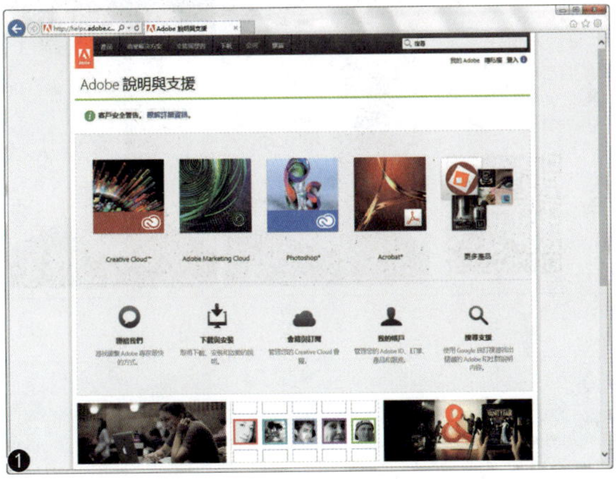

提示（Tips）

执行“文件>在Behance上共享”命令，可以将图像上传至Behance。Behance是Adobe公司一个著名的设计平台，每天都更新设计、时尚、插图、工业设计、建筑、摄影、美术、广告、排版、动画、声效等作品。在该平台上，创意设计人士可以展示自己的作品，发现别人分享的创意作品，还可以进行互动（评论、关注、站内短信等）。

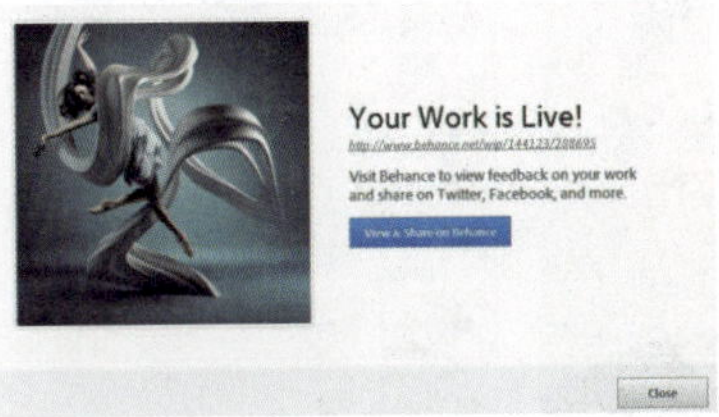

18.2.8 Adobe产品改进计划

如果用户对Photoshop今后版本的发展方向有好的想法和建议，可以执行“帮助>Adobe产品改进计划”命令，参与Adobe产品改进计划。

18.2.9 Adobe Exchange

执行“窗口>扩展功能>Adobe Exchange”命令，可以打开“Adobe Exchange”面板，下载扩展程序、动作文件、脚本、模板，以及其他可扩展的Adobe应用程序项目❶。

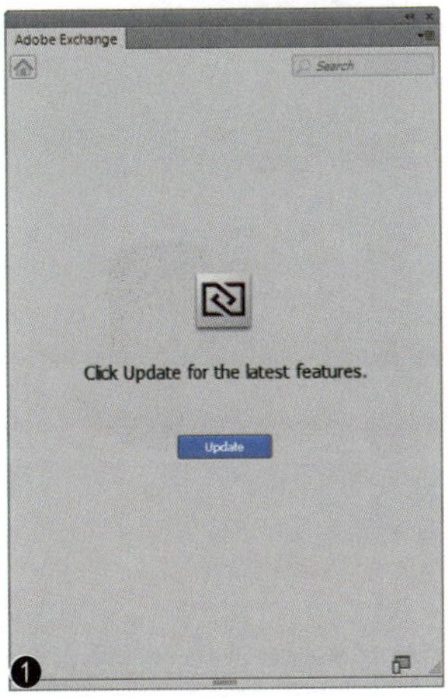

18.2.10 远程连接

执行“编辑>远程连接”命令，可以允许Photoshop通过网络与Adobe Nav、Adobe Color Lava和Adobe Eazel配合使用。这几个软件属于Photoshop伴侣应用程序。例如，Adobe Nav可以在iPad上选择和管理Photoshop工具；Adobe Color Lava可以在iPad上创建主题色板；Adobe Eazel可以在画布上绘制水彩画。

18.2.11 同步设置和账户管理

使用多台计算机工作时，在这些计算机之间管理和同步首选项可能很费时，并且容易出错。执行“编辑>同步设置>立即同步设置”命令，可以通过Creative Cloud同步首选项和设置。当前设置将被上传到用户的Creative Cloud账户，然后会被下载和应用到其他计算机上，使相关设置在两台计算机之间保持同步变得异常轻松。

进行同步设置之后，原“编辑>同步设置>上一次同步”命令所在处会显示上一次进行同步设置的具体时间。

如果需要同步数据，可以执行“编辑>同步设置>管理同步设置”命令，打开“首选项”对话框进行操作。

如果要对同步设置进行管理，可以执行“编辑>同步设置>联机管理账户”命令，链接到Adobe网站相应的页面进行操作。

第19章 综合实例

本章简介

Photoshop是一个大型软件程序，包含近百个工具和面板，以及几百个命令，光是学会这些工具和命令的使用方法就已经很耗费时间了，然而不能有效地在它们之间搭建连接点，做到融会贯通，还是无法开展工作。因为即便是最简单的任务——保存文件，也会涉及到文件格式、Alpha通道、专色和图层等功能。每一种功能对应文件中的哪一项内容？它们之间又有着怎样的关联？等等这些，都不是只具备“单兵作战”能力所能理解得了的。那么怎样才能将碎片化的知识整合起来呢？最有效的方法是多做练习。通过练习，既学习了视觉效果的制作方法；也能了解其中用到了哪些功能和技术。久而久之，就会发现规律。例如，立体感的表现肯能会用到“阴影”效果，图像合成则基本上离不开图层蒙版的参与，等等。本章我们提供了这方面训练的综合实例，希望能帮助您将Photoshop的应用水平提升到更高的层次。

学习重点

19.1 超现实主义合成：颠倒的面孔

实例门类：图像合成类　难度：★★★☆☆

● 说明：超现实主义是20世纪上半叶兴起的一个重要艺术流派，对视觉艺术产生了深远的影响。它的主要特征是摆脱一切束缚，以所谓“超现实”“超理智”的梦境、幻觉等作为创作之源。因此，超现实主义作品具有神秘、恐怖、荒诞、怪异等特点。

这种超出现实的创意合成，非常适合用Photoshop来表现。

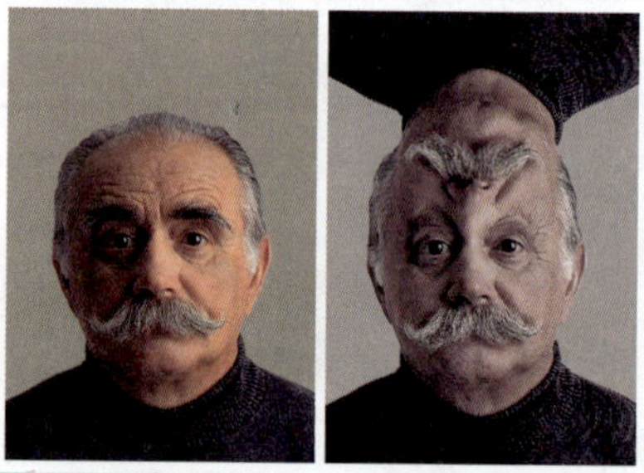

19.1.1 合成图像

01 打开素材❶，在“图层”面板中选择“人物”图层，按下Ctrl+J快捷键复制该图层❷。Ctrl+J快捷键是常用快捷键，可复制当前图层。如果当前是选区状态，则会将选区内的图像复制到一个新的图层中。

❶

❷

02 执行“编辑>变换>垂直翻转”命令，将图像垂直翻转❸。下面，要将图像向上移动到文档边缘，不多不少正好贴在边界处。这就要用到移动工具的两个最佳拍档了，“对齐”和“智能参考线”命令。执行“视图 >对齐”命令，可以在“视图>对齐到”下拉菜单中设置对齐项目，选择“文档边界”命令即可。想要观察得更加明确一点，可以启用智能参考线，图像移动的距离、中心点的位置都会显示在画面中。而使用智能参考线一定要同时开启对齐功能，通过捕捉边缘和中心点，很好地辅助进行对齐。执行“视图>显示>智能参考线”命令，启用智能参考线。使用移动工具，并按住Shift键向上拖曳图像❹，在接近文档边界时，会感受到一股神秘的力量，这是“对齐”功能在自动捕捉，使图像能贴近文档边界。

03 单击“图层”面板底部的按钮，添加蒙版。使用画笔工具（柔角为100像素）在人物头顶涂抹黑色❺，将其隐藏❻。

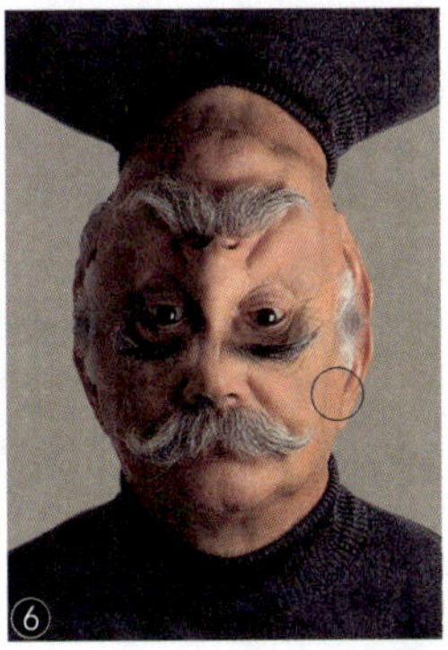

04 继续在需要隐藏的图像上涂抹黑色❼，包括头发、额头、眉毛、眼睛和耳朵。隐藏眼睛和眉毛时，可将画笔的笔尖调小（按 [键），用黑色涂抹，需要显示出来的区域则涂抹白色，使图像形成一反一正相结合的效果❽，十分符合超现实主义反逻辑、非理性的特征。仅4步操作就完成了一幅超现实主义作品吗？还不是，我们对于好作品的考量往往不会这么简单，创意有了，色彩、质感和风格的表现也是不能忽略的。

19.1.2 后期调色与质感表现

01 单击“调整”面板中的按钮，创建“亮度/对比度”调整图层❶。增加对比度❷，使图像更加清晰。

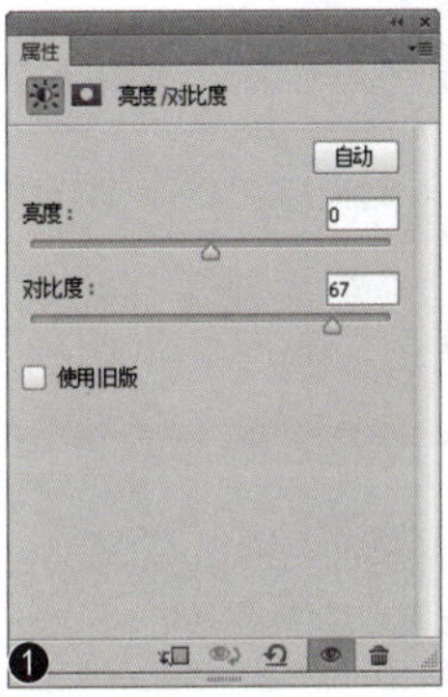

02 单击“调整”面板中的按钮，创建“色相/饱和度”调整图层，将人物的肤色调暗。肤色主要由红色和黄色组成，只要降低这两种颜色的饱和度就可以了❸~❻。

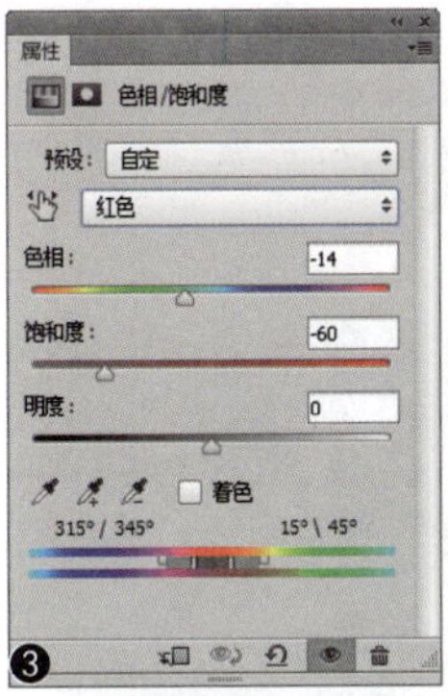

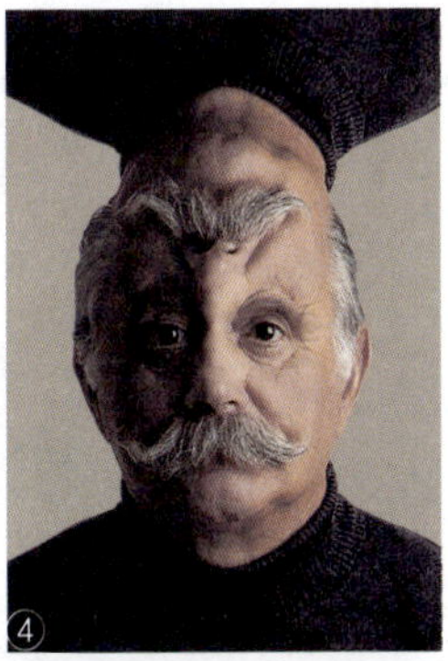

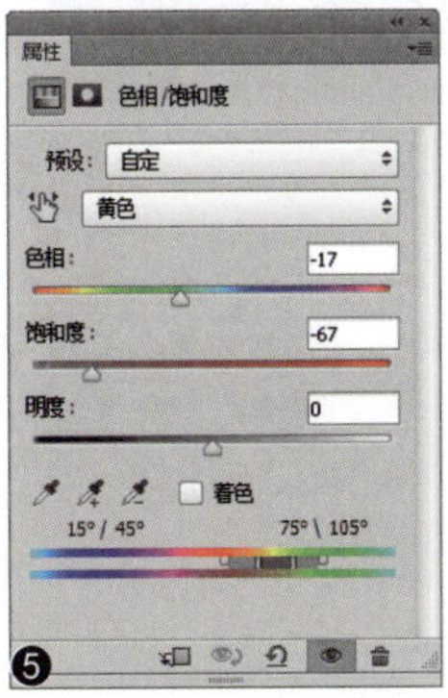

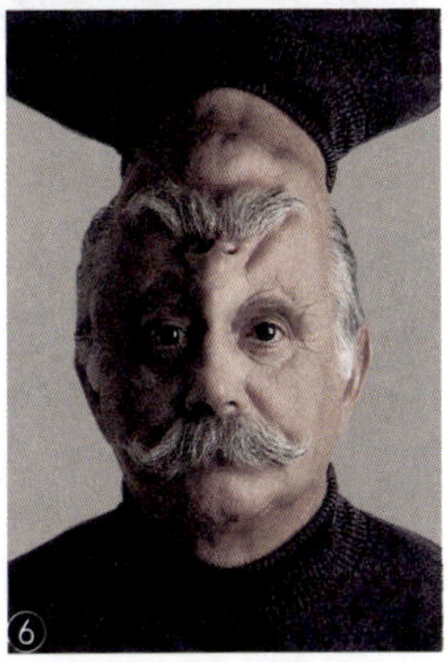

提示（Tips）

人物是侧光拍摄，面部存在强烈的明暗反差。想要去掉这种强反差，使面部色调变柔和，就要适度地将亮面调子降下来，暗面调子提上去。

03 单击“调整”面板中的按钮，创建“曲线”调整图层，将曲线向下调整❼，同时观察图像的变化，亮面只要稍稍变暗一点即可❽，幅度大了会显得不自然。调整图层的优势是可以随时进行调整，在我们都调整完成后，还可以根据效果对之前的调整图层（参数）进行修改。

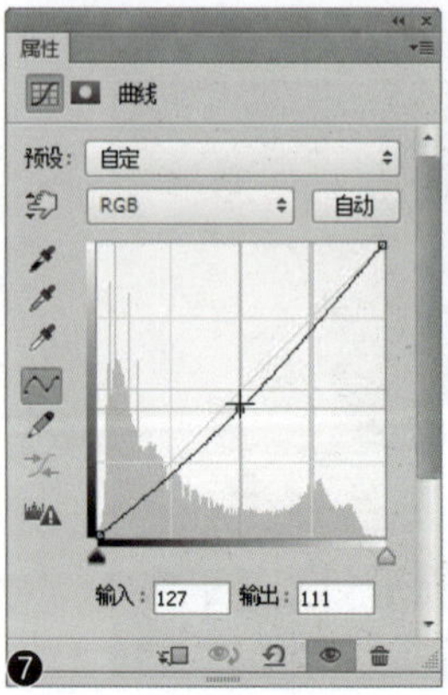

❼

❽

04 这个调整图层是针对亮部区域的，为了不影响其他区域，还需对调整图层的蒙版进行编辑。单击“曲线1”图层缩览图，按下Ctrl+I快捷键反相，使蒙版变为黑色❾。用画笔工具在亮部涂抹白色❿，蒙版中的白色是曲线作用的区域，适当调暗以后可降低面部反差。

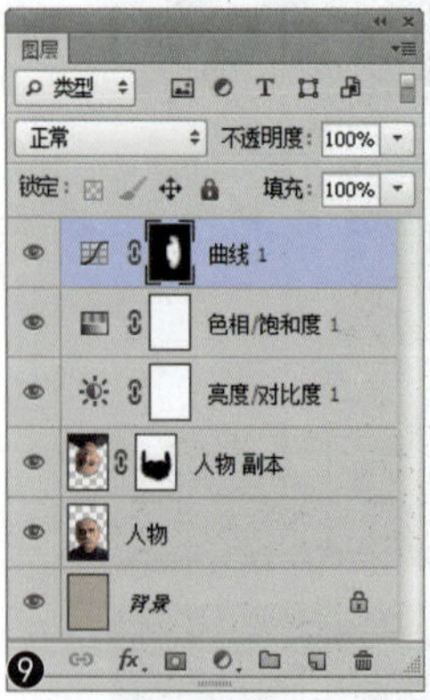

❾

❿

提示（Tips）

图像是彩色的，如果感觉不好区分亮面和暗面的话，没关系，只要创建一个“阈值”调整图层（单击“调整”面板中的按钮），就很容易区分了。图像立刻就变成黑白两色，连中间灰度都没有，方法虽简单粗暴，效果却直截了当。

05 再来调整暗部，曲线上扬⓫，提亮暗部细节，此时，蒙版中的白色为人脸的暗部区域。在调整曲线时应对比亮部区域进行，不能过亮，使色调统一、自然⓬。

06 按下Alt+Shift+Ctrl+E快捷键盖印图层，将当前效果合并到一个新的图层中。执行“滤镜>锐化>智能锐化”命令，先将“数量”参数调大，再增加“半径”参数，直到图像中出现光晕效果，再减少“半径”参数，光晕效果消失时，便获得最佳半径值。再根据需要减少数量值⓭。通过锐化图像，使细节更加清晰⓮。

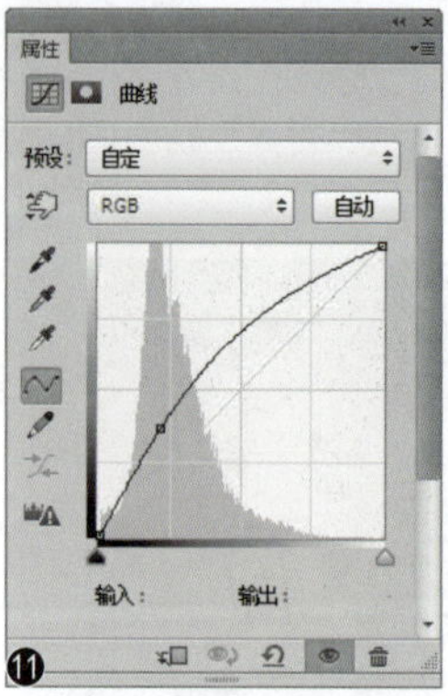

⓫

⓬

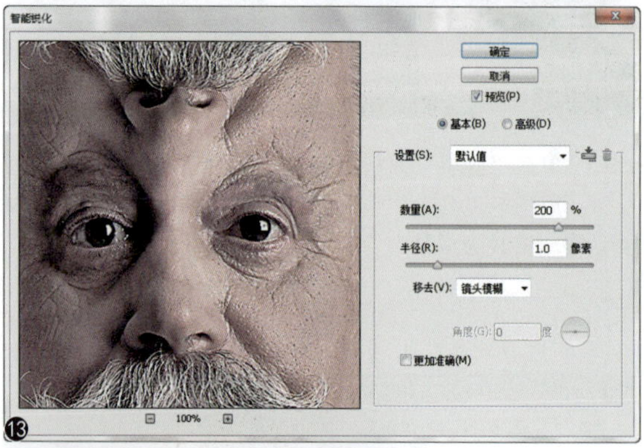

⓭

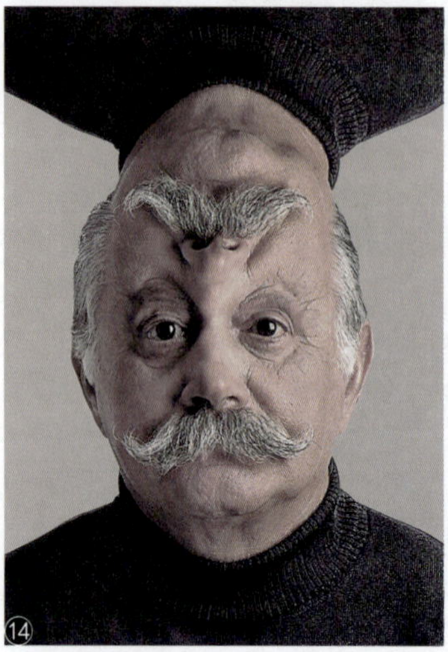

⓮

提示（Tips）

锐化是图像处理（摄影后期）的最后一个步骤，能够使图像的边缘、细节和纹理更加清晰，质感得到提升。对图像所做的处理，如添加滤镜、缩放、扭曲等操作会对清晰度产生影响，因此，锐化要放到最后操作。锐化的真相并不是提高图像的分辨率，而只是增强了边缘像素的反差，使图像看起来更加清晰。

19.2 超现实主义合成：融化的大象

实例门类：创意设计类　难度：★★★☆☆

● 说明：使用蒙版将大象的部分身体隐藏，再用画笔工具和图层样式制作出一个溶解的画面，与真实的大象相结合，给人以大象在慢慢融化的感觉。

19.2.1 制作溶解的液态图形

01 打开素材❶，选择“大象”图层❷。

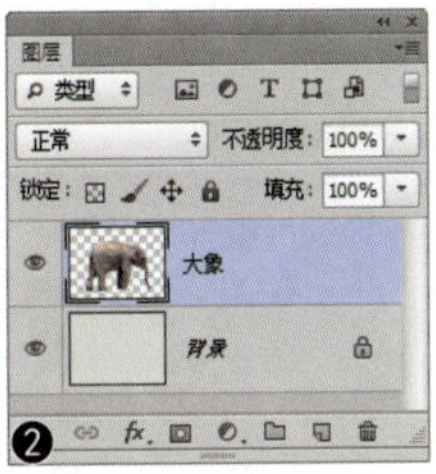

02 单击“图层”面板底部的 按钮，创建蒙版。使用画笔工具 在大象的腿上涂抹黑色，将象腿隐藏❸❹。

03 选择钢笔工具 ，在工具选项栏中选择“形状”选项，将填充颜色设置为深褐色。单击“背景”图层（以便使绘制的图形位于“大象”图层的下方），根据大象的位置，在其下方绘制一个图形❺❻。

04 双击该图层，打开“图层样式”对话框，添加“斜面和浮雕”效果，使图形有一定的厚度感❼❽。

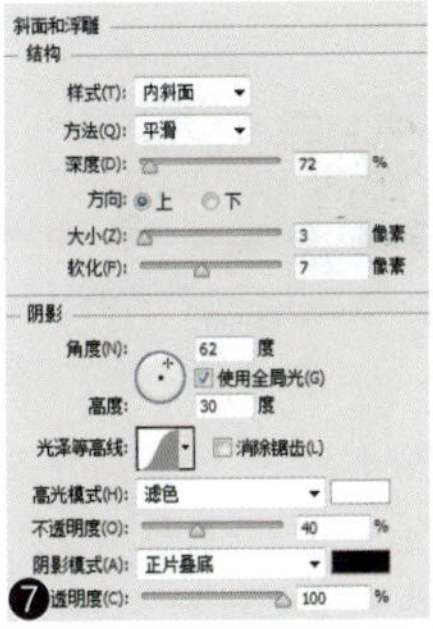

19.2.2 表现明暗和质感

01 单击“图层”面板底部的 按钮，新建一个图层。按下Alt+Ctrl+G快捷键创建剪贴蒙版。使用画笔工具 绘制明暗❶❷。

02 单击“大象”图层，按住Alt键向下拖动进行复制，按下Alt+Ctrl+G快捷键，将该图层加入到剪贴蒙版组中❸❹。

03 按住Alt键拖动图层蒙版缩览图到 按钮上，删除蒙版❺。按下Ctrl+T快捷键显示定界框，右击，在弹出的快捷菜单中选择“垂直翻转”命令，拖动定界框，将图像放大以填满形状图层❻，按下Enter键确认。

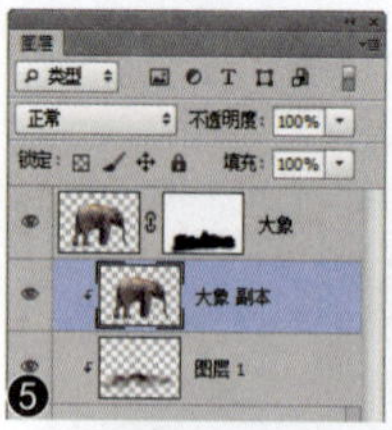
❺

❻

04 设置该图层的混合模式为“叠加”，不透明度为40%，体现出反光的效果❼❽。

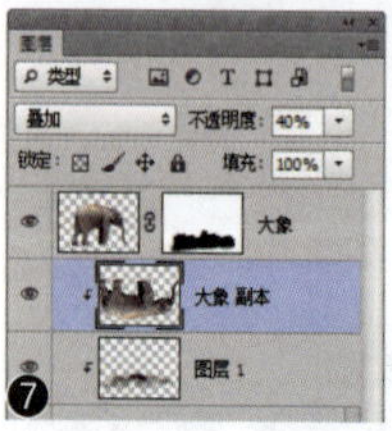
❼

❽

05 新建一个图层，加入到剪贴蒙版组中。设置混合模式为“正片叠底”，不透明度为60%。选择渐变工具，在工具选项栏中选择“前景色到透明渐变”，在图形上方填充一个线性渐变，使图形的颜色上深下浅❾❿。

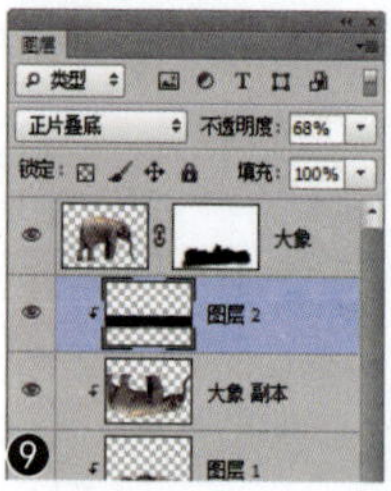
❾

❿

06 单击“形状1”图层，按住Alt键向下拖曳进行复制⓫。将图形的填充颜色调暗，接近于黑色。然后双击该图层，打开“图层样式”对话框，调整“斜面和浮雕”参数，并添加“投影”效果⓬⓭。选择移动工具，按下键盘中的↓键，将图形略向下移动⓮。

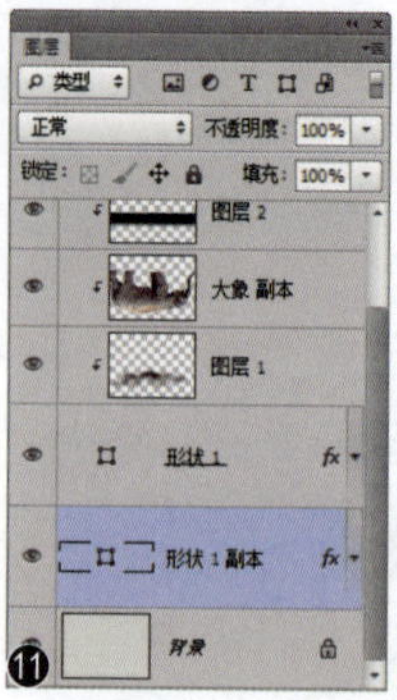
⓫

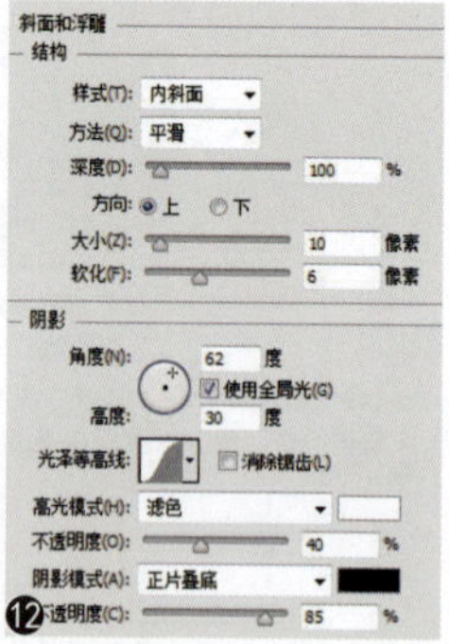
⓬

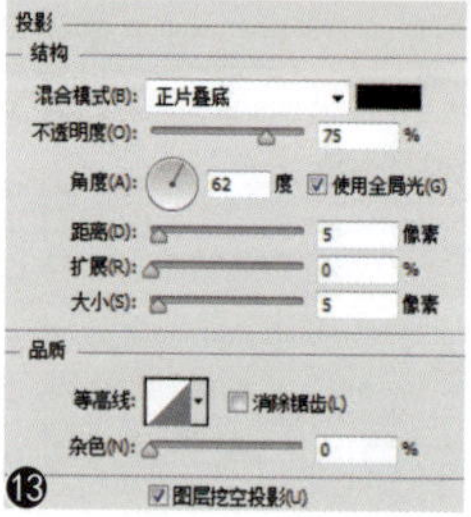
⓭

⓮

07 最后，使用钢笔工具绘制出图形的高光和象腿旁边的波纹⓯。

⓯

Ps 19.3

制作拟物图标：爱心厨房ICON

实例门类：UI设计类　难度：★★★★☆

● 说明：拟物图标是指模拟现实物品的造型和质感，适度概括、变形和夸张，通过表现高光、纹理、材质、阴影等效果对实物进行再现。拟物图标直观有趣，辨识度高，能让人一眼就认出是什么。在制作时注重阴影与质感的表现，以体现真实物品的感觉。

19.3.1 制作蛋白底

01 按下Ctrl+N快捷键，打开“新建”对话框，新建一个文档❶。选择圆角矩形工具，在画面中单击，弹出“创建圆角矩形”对话框，设置宽度和高度均为1024像素，半径为180像素❷。创建圆角矩形后，会在“图层”面板中自动生成一个形状图层❸。新创建的图形不会位于画面正中的位置，按住Ctrl键单击“背景”图层，将其与“圆角矩形1”图层同时选取，选择移动工具，单击工具选项栏中的垂直居中对齐按钮和水平居中对齐按钮，将图形对齐到画面正中的位置❹。

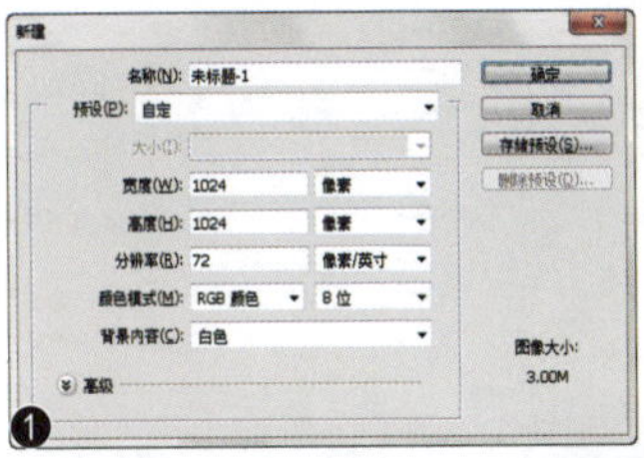

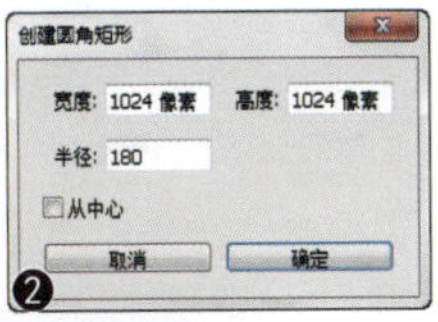

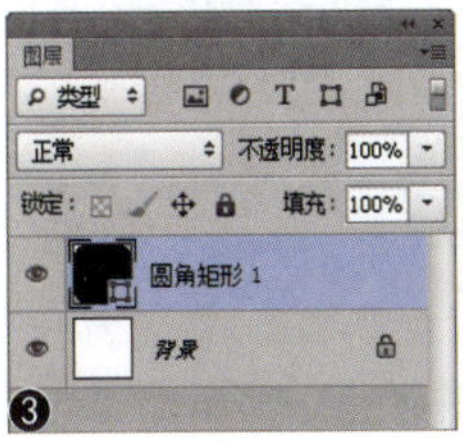

提 示（Tips）

制作图标时，边缘没有对齐到像素网格，就会出现像素模糊的情况，可在工具与命令的设置上进行调整。如设置图形大小时应尽量为偶数，不带小数点；使用路径选择工具时，在工具选项栏中选中“对齐边缘”选项，将矢量形状边缘自动与像素网格对齐；首选项中也有相应的设置，按下Ctrl+K快捷键，打开“首选项”对话框，选中“将矢量工具与变换和像素网格对齐”选项，也能起到自动对齐像素网格的作用。

02 双击“圆角矩形1”图层，打开“图层样式”对话框，在左侧列表中选择“颜色叠加”选项，设置混合模式为“正常”，单击后面的颜色块，打开“拾色器”调整颜色❺❻。

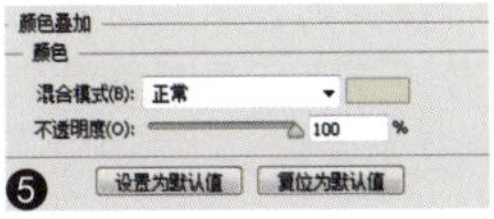

03 选择“内发光”选项，设置发光颜色及参数❼，沿图形边缘制作发光效果❽。

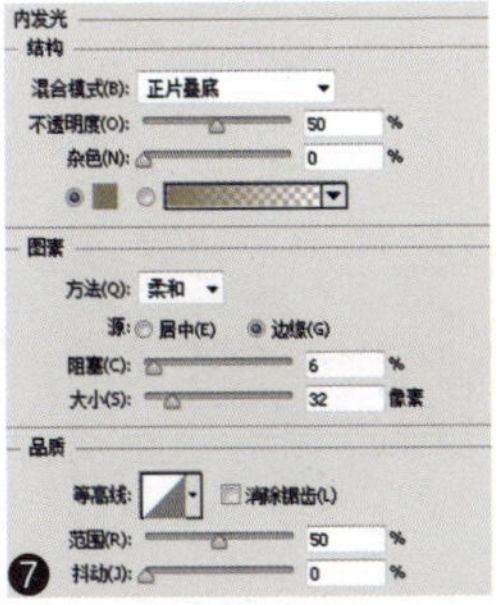

04 选择“斜面和浮雕”选项，设置参数❾，使图形产生立体感❿。

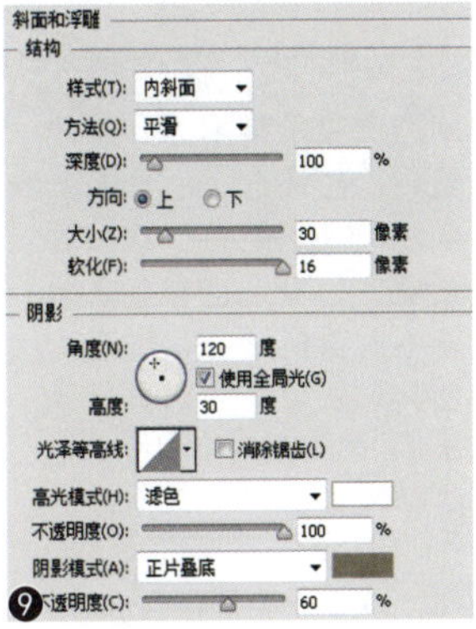

19.3.2 编辑路径形状

01 选择自定形状工具，在“形状”下拉面板中加载“全部”形状库，然后选择“红心”形状❶。在拖曳鼠标创建心形的过程中，按住空格键可移动心形的位置，根据智能参考线的提示进行定位，使心形与圆角矩形能够居中对齐❷。或者在创建完心形后，用之前的方法选取图层再进行居中对齐。这个心形的外观还需调整，使它成为符合我们要求的形状。使用直接选择工具单击心形中间的锚点，按住Shift键锁定垂直方向，同时向下拖动锚点❸。

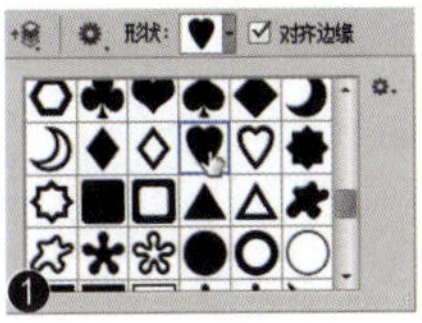

02 心尖部分其实有两个锚点，使用直接选择工具单击锚点，向左拖动可以看得更清楚❹。这两个锚点并未连接在一起，可以说是两边路径的端点。现在，要将这两个点分离开。为了使图形调整后依然保持对称，可在选取左侧锚点后，按5次键盘中的←键，移动锚点位置，而右侧锚点在移动时需按下→键，同样是按5次。选择钢笔工具，在左侧锚点上单击一下，再单击右侧锚点，可将两个锚点连接在一起❺。选择添加锚点工具，在路径中间的位置单击，添加一个锚点❻。按两次键盘中的↓键，将锚点向下移动，使原来的尖角变成弧形❼。

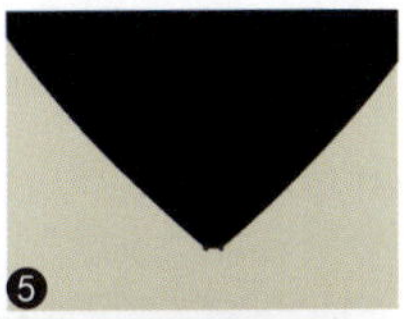

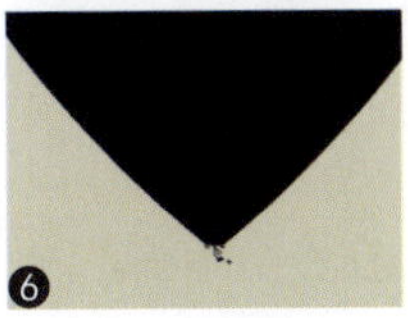

提示（Tips）

形状图层是通过路径来控制图层显示范围的，不能使用画笔工具、渐变工具编辑。想让这个心形的颜色更丰富，有明暗和色彩变化，就只能将形状图层转换为普通图层（栅格化图层），可是这样一来路径和锚点将不存在，它也就不能再像路径一样进行编辑，移动一个锚点就改变其形状了，要想再修改心形的形状也就不那么简单了。基于这点，我们在栅格化图层前可先将心形路径保存起来，方便以后使用。

03 在编辑形状图层时，“路径”面板中会同时显示形状路径的矢量蒙版❽，结束形状图层的编辑时蒙版会消失。双击“形状1形状路径”层，可转换出一个新的路径层❾，它会一直保存在“路径”面板中，即使不再编辑该形状图层，或将形状图层栅格化，这个路径层依然存在。

❽

❾

19.3.3 制作心形蛋黄

01 将鼠标放在“形状1”图层上，右击，在弹出的快捷菜单中选择“栅格化图层”命令，将其转换为普通图层❶。按住Ctrl键单击图层缩览图，载入心形的选区。使用画笔工具 在心形边缘涂抹橙色，中心涂抹黄色❷。按下Ctrl+D快捷键取消选择。

❶

❷

02 双击该图层，打开“图层样式”对话框，在左侧列表中分别选择“投影”“斜面和浮雕”“内发光”“光泽”和“外发光”选项❸~❼，制作出一个立体的心形蛋黄❽。

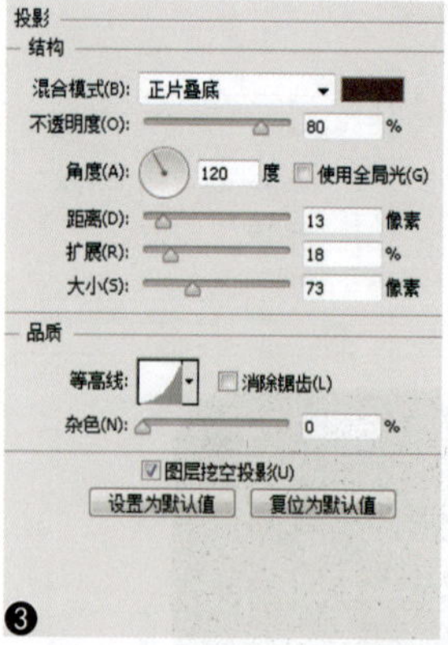

❸

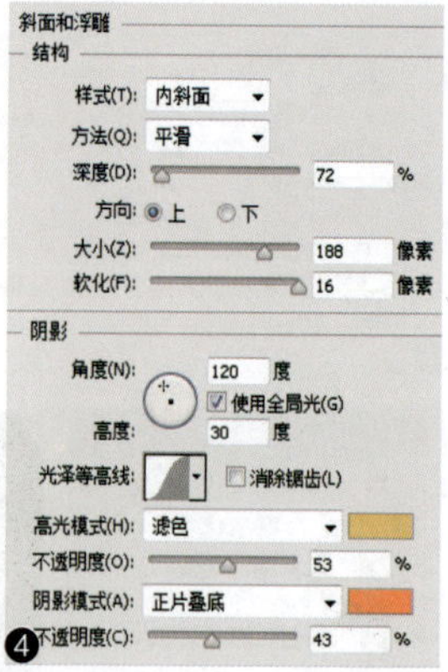

❹

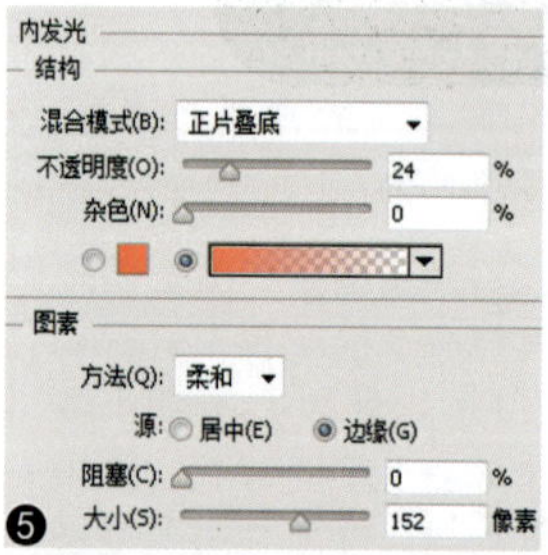

❺

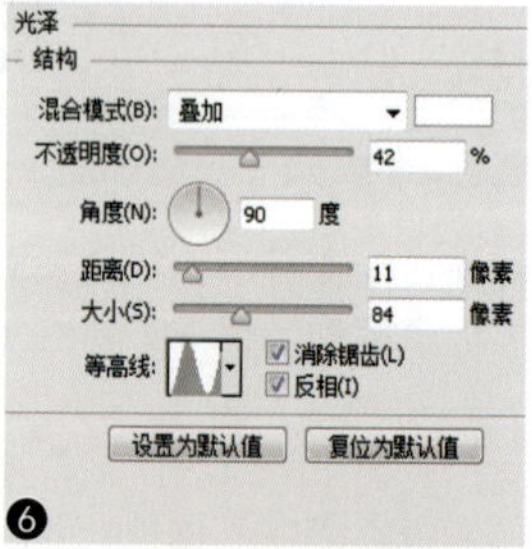

❻

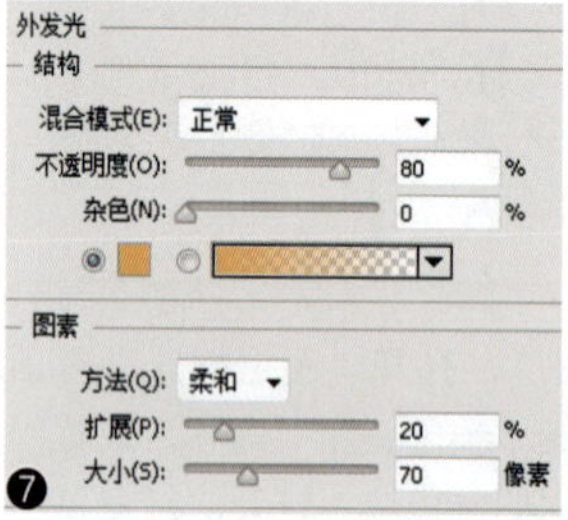

❼

❽

19.3.4 表现阴影和高光

拟物图标的高光和阴影是很重要的，虽然图层样式帮助我们实现了一些，但细致的刻画还要根据对象的结构来进行，用一些手绘的技法来完成。

01 新建一个图层，设置混合模式为“正片叠底”。使用画笔工具 ，在心形的右侧边缘和下边涂抹棕红色❶❷。

❶

❷

提示（Tips）

一般在绘制明暗层次时，将画笔工具的不透明度设置为30%左右比较适用，绘制的颜色虽浅，但是过渡柔和，不会在画面中出现生硬的笔触。略深的区域需要加重颜色时，反复涂2、3次就可以了。当然，免不了会有多涂的区域，可以使用橡皮擦工具，它的不透明度也要设置在30%左右。

02 再新建一个图层，用来制作高光。选择椭圆选框工具，设置羽化参数为5像素，以保证高光边缘是柔和的。创建一个选区❸，将前景色设置为白色，按下Alt+Delete快捷键填充白色❹。不要取消选择，还要用选区继续操作。

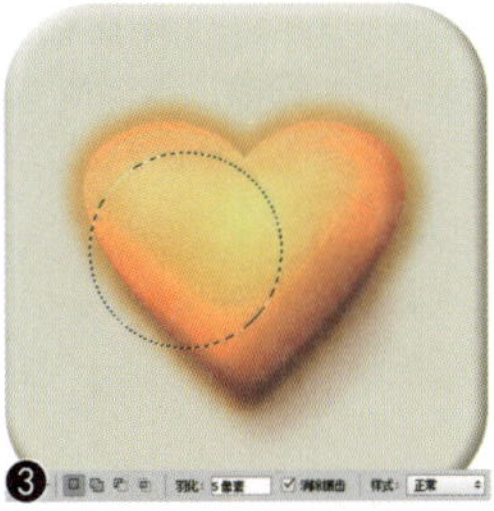
❸

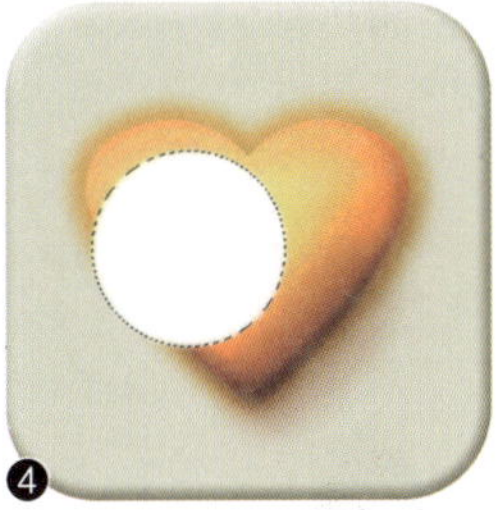
❹

03 将光标放在选区内，按住鼠标并向右下方拖动，移动选区的位置❺，放开鼠标后，按下Delete键，删除选区内的图像❻，按下Ctrl+D快捷键，取消选择，形成一个月牙形状。使用多边形套索工具（羽化3像素）在月牙左侧创建选区❼，然后删除选区内的图像❽，用同样的方法在图形右侧创建选区，并进行删除❾❿。

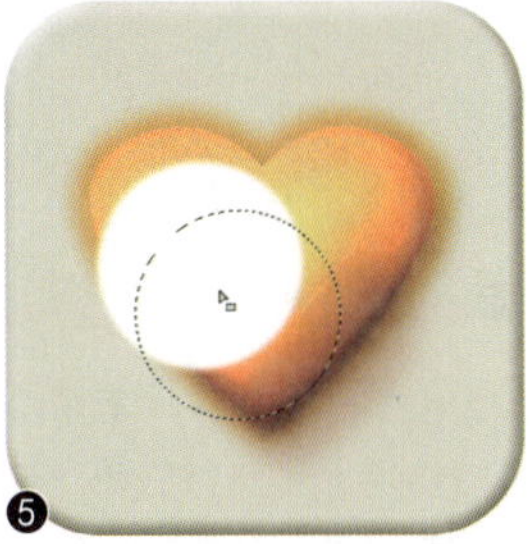
❺

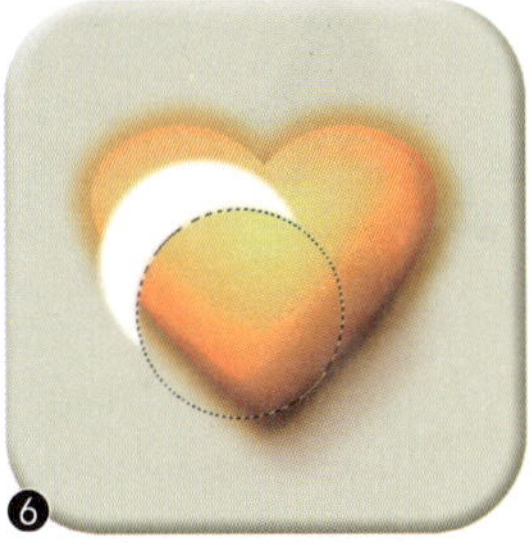
❻

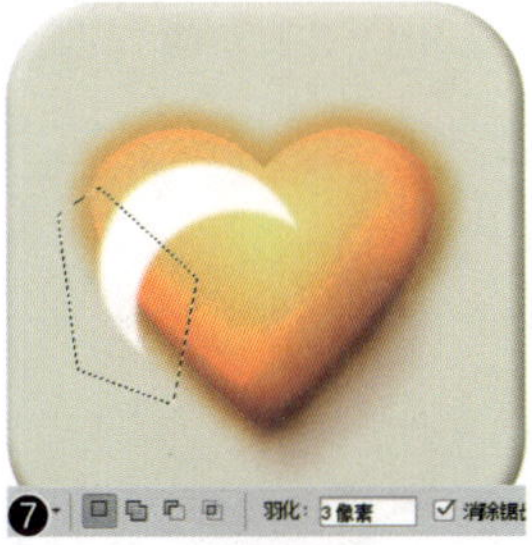

❼

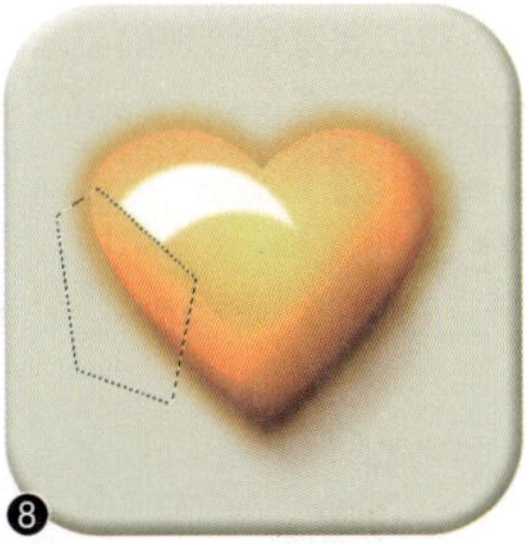
❽

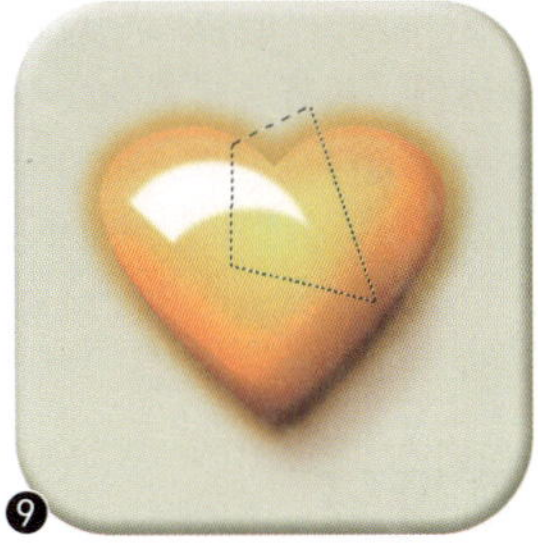
❾

❿

04 将图层的不透明度设置为60%⓫，如果说阴影强化了心形蛋黄的立体感，那么高光则提高了图形的明亮度⓬，让图标焕发了神采。

⓫

⓬

05 按下Ctrl+J快捷键复制当前图层⓭。用橡皮擦工具（柔角）将高光的左边及下边区域擦除掉⓮，使高光的边缘和强度也有所变化。

⓭

⓮

19.3.5 表现蛋白的纹理质感

01 打开“通道”面板，单击面板底部的按钮，新建“Alpha 1”通道❶。执行“滤镜>渲染>云彩”命令，制作出云彩效果❷。云彩滤镜是随机的，每次应用都会产生不同的效果。按下Ctrl+F快捷键可以重复应用“云彩”滤镜，变换出不同的纹理。

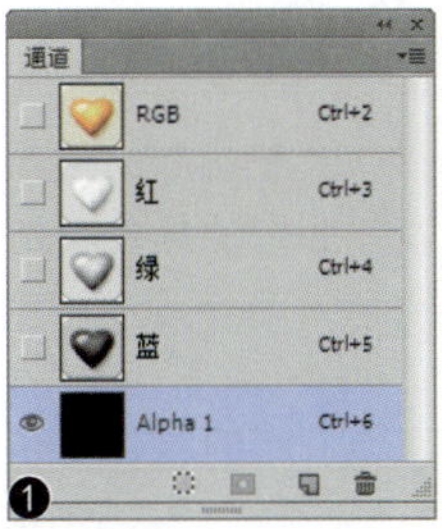

❶

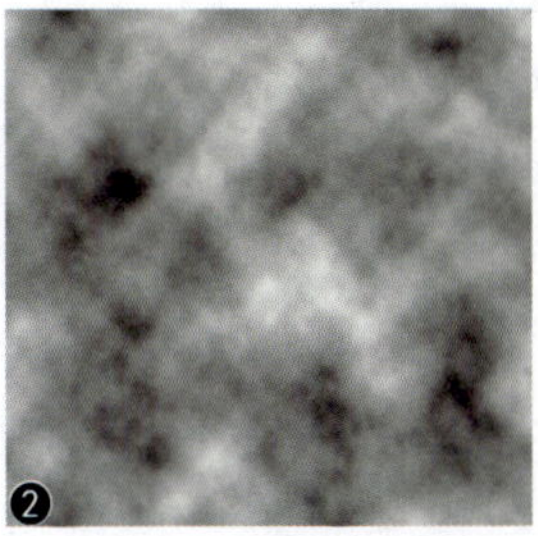
❷

02 执行“滤镜>滤镜库”命令，打开“滤镜库”对话框，单击“艺术效果”滤镜组，选择“塑料包装”滤镜，设置参数，对于蛋白不要有太复杂的纹理，细节参数设置为1即可❸。

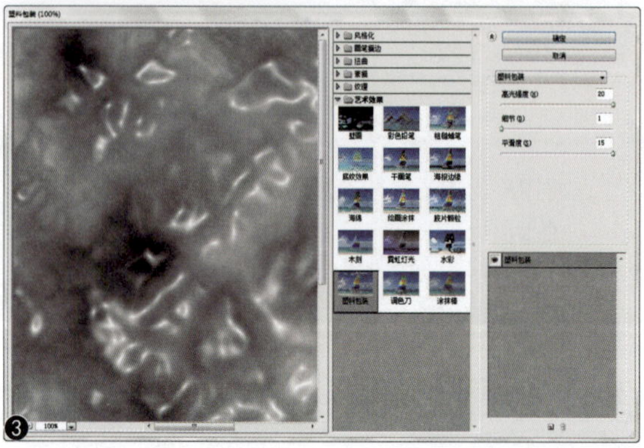

03 单击“通道”面板底部的 按钮，将通道作为选区载入。单击“圆角矩形1”图层❹，返回到图像编辑状态❺。

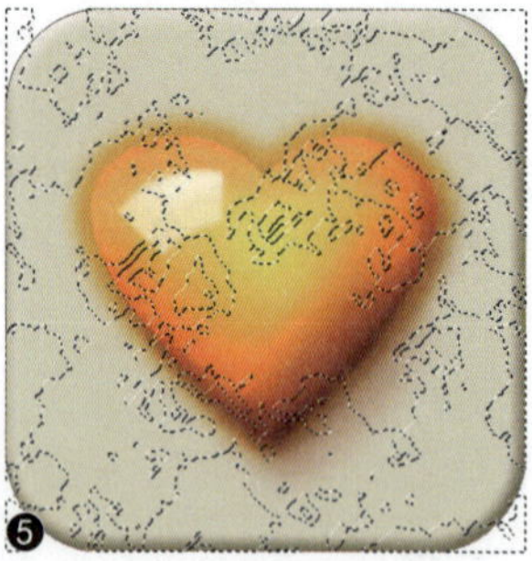

04 单击“调整”面板中的 按钮，创建“曲线”调整图层❻，先在曲线左下角单击添加一个控制点，然后在曲线偏上的位置再添加控制点，将该点向上移动，将高光的色调调亮❼。

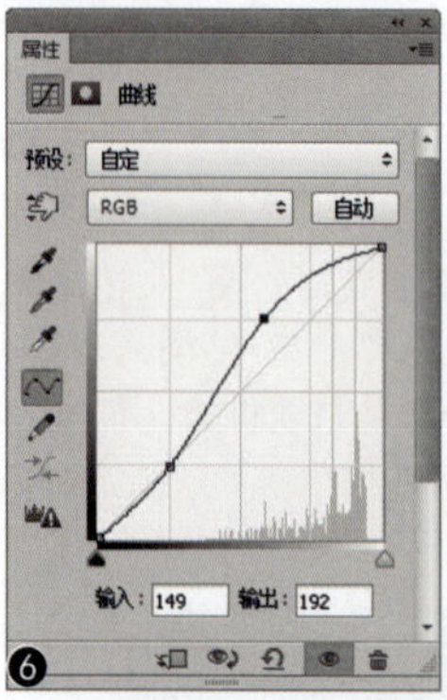

此时默认的工作状态为“曲线”调整图层的蒙版（如果不是的话，可单击蒙版）。蒙版中的黑色起到隐藏图像的作用，白色则显示，灰色为部分显示。我们要针对蒙版中的灰色做出调整，让蒙版（纹理）中的深灰色隐藏下去，浅灰色显示出来，才能使纹理更加清晰。使用的方法是给“曲线”调整图层的蒙版执行一个“色阶”命令。听起来不好理解，我们可以想象蒙版就是一个图像，它执行滤镜命令后，形成了纹理感，灰色是纹理中的主调。要通过色阶调整，使灰色更加明确，要么隐藏下去（变暗），要么显示出来（变亮）。在下图中，通过“色阶”对话框的直方图可以看到，山脉都集中在中间，两边出现空缺，说明纹理图像色调以灰色为主，缺少阴影和高光区域。

05 直接按下Ctrl+L快捷键打开“色阶”对话框，向右侧拖动“阴影”滑块❽，同时观察图像中纹理的变化❾，蛋白底版变暗，纹理更清晰一些了。再将“高光”滑块向左侧拖动，增加亮部区域，纹理清晰度进一步增强。再将“阴影”滑块向右调一些❿⓫，得到满意的纹理效果。

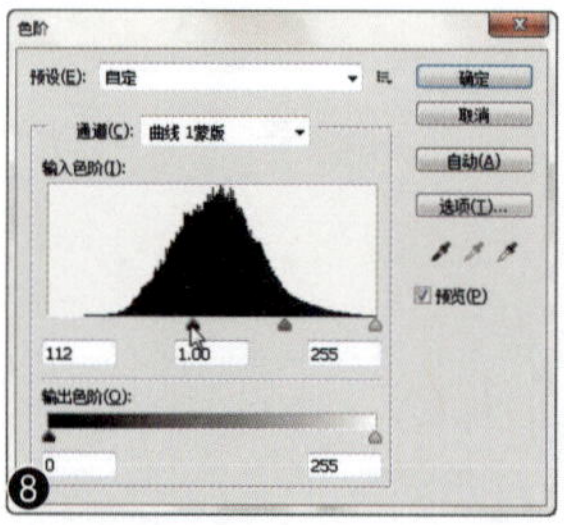

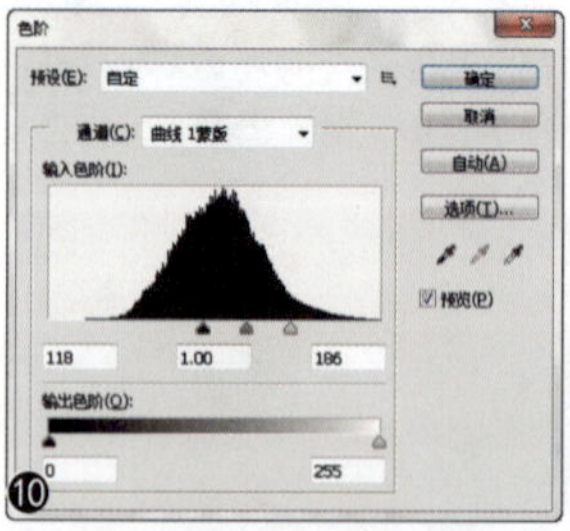

06 再对纹理进行一些简化。使用画笔工具 （柔角，不透明度为60%）在多余的纹理上涂抹黑色⓬。对画笔工具设置了不透明度，要完全去掉某些纹理时，可反复涂抹；要减淡纹理的显示时，只涂抹一下即可⓭。

Ps 19.4

制作拟物图标：可爱小猪

实例门类：UI设计类　难度：★★★★☆

● 说明：使用钢笔工具绘制小猪的形状，再通过图层样式表现质感和立体效果。在应用"渐变叠加"效果时，使用了带有条纹的渐变样式，丰富了图形的表现力，也使小猪更加可爱。

19.4.1 制作小猪身体

01 按下Ctrl+N快捷键，打开"新建"对话框，在"文档类型"下拉列表中选择"国际标准纸张"，在"大小"下拉列表中选择"A4"选项，设置分辨率为200像素/英寸，创建一个A4大小的RGB模式文件。

02 选择钢笔工具，在工具选项栏中选择"形状"选项，绘制出小猪的身体❶。选择椭圆工具，在工具选项栏中选择减去顶层形状选项，在图形中绘制一个圆形，它会与原来的形状相减，形成一个孔洞❷❸。

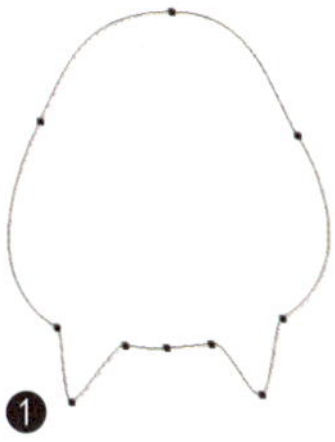

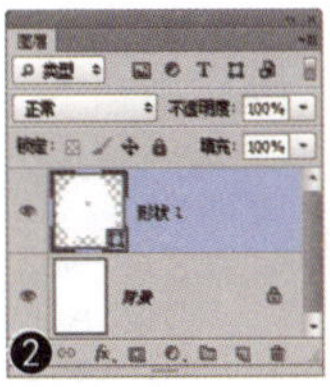

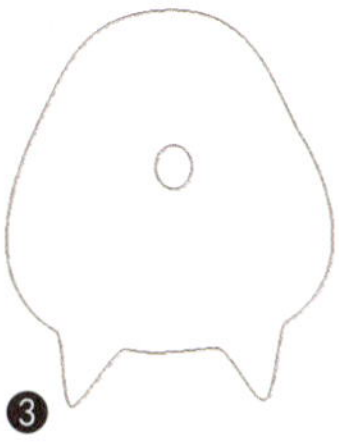

03 双击该图层，在打开的"图层样式"对话框中添加"斜面和浮雕""等高线"和"内阴影"效果，设置参数❹~❼。

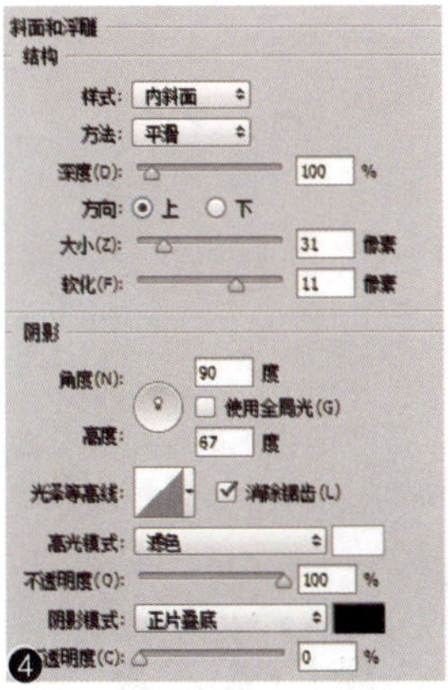

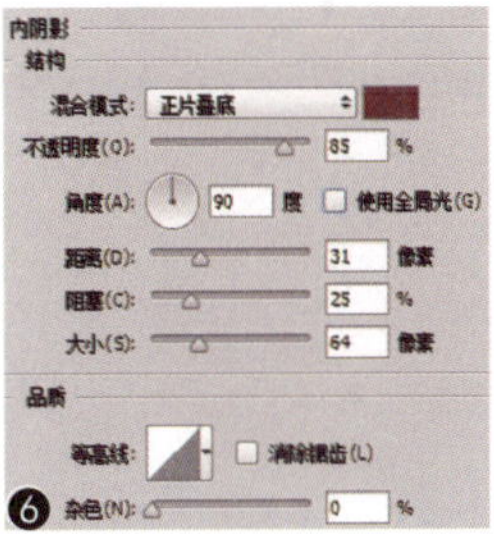

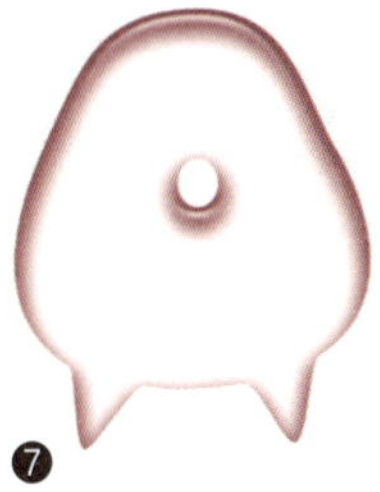

04 添加"内发光""渐变叠加"和"外发光"效果，为小猪的身上增添色彩❽~⓫。

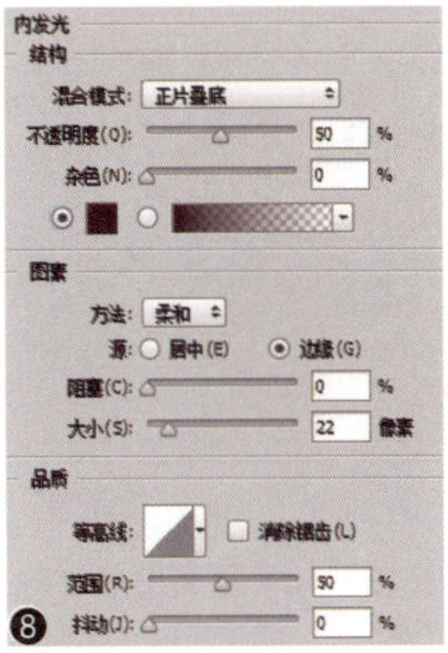

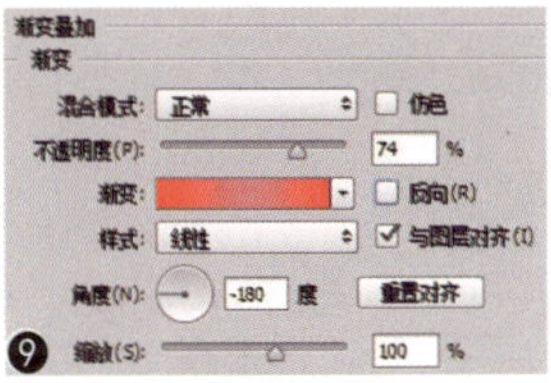

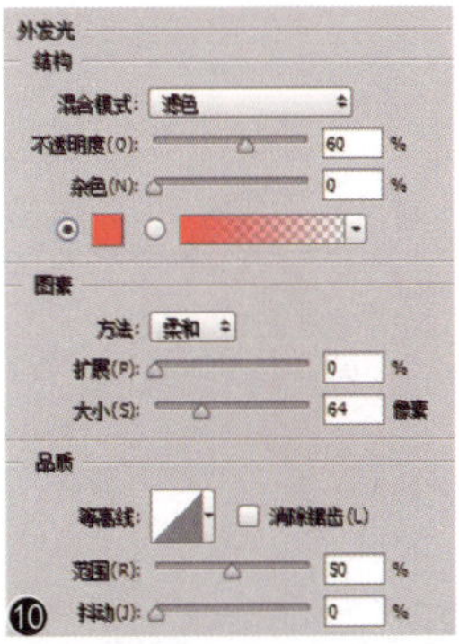

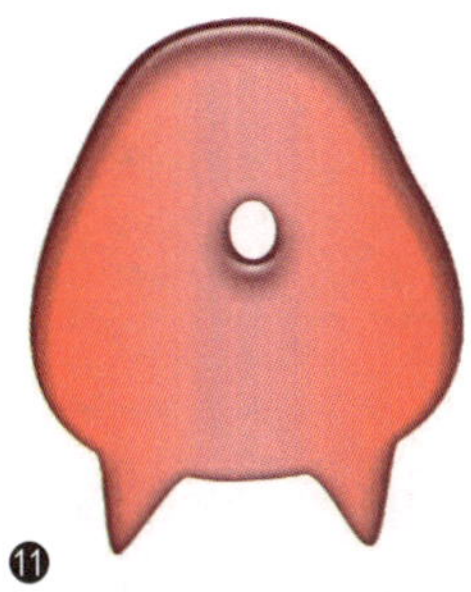

05 添加"投影"效果，通过投影增强图形的立体感⓬⓭。

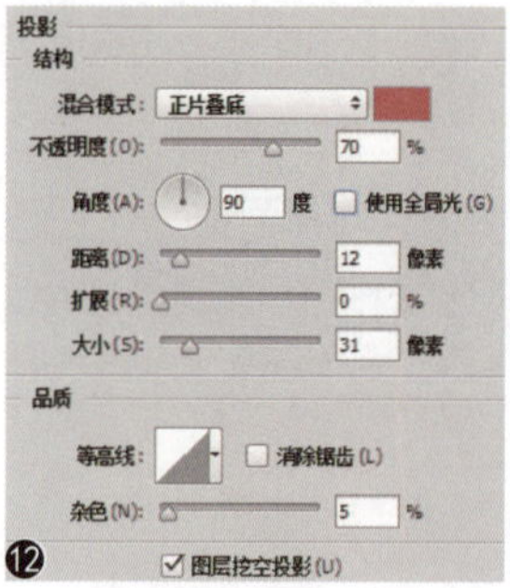

⓬

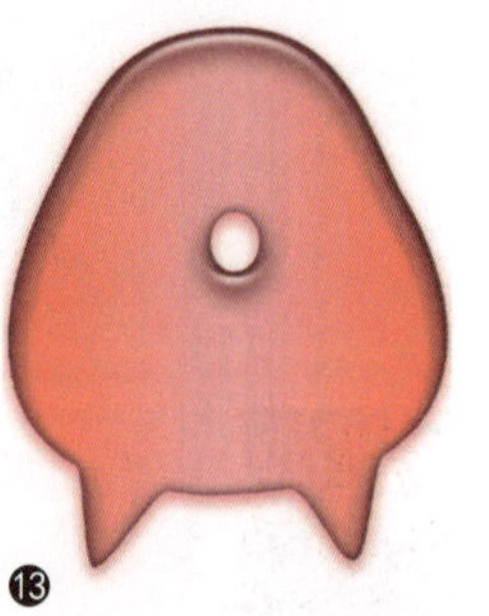

⓭

06 绘制小猪的耳朵⓮。使用路径选择工具 按住Alt键拖动耳朵，将其复制到画面的右侧，执行“编辑>变换路径>水平翻转”命令，制作出小猪右侧的耳朵⓯。

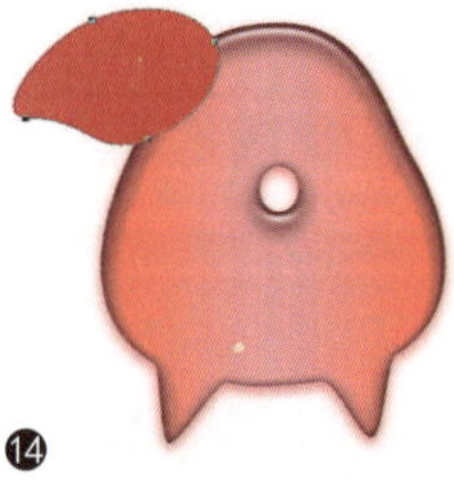

⓮

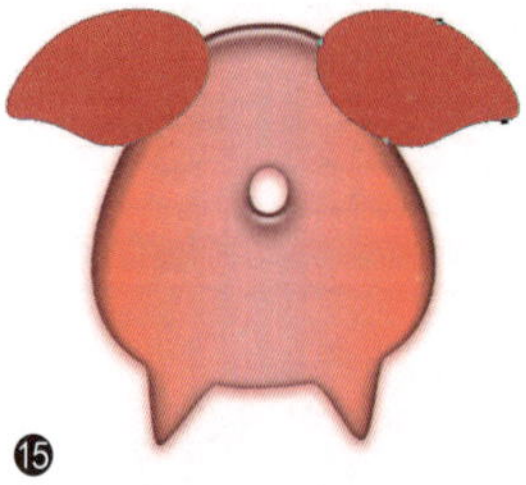

⓯

07 按下Ctrl+[快捷键，将“形状2”向下移动。按住Alt键，将“形状1”图层的效果图标 fx 拖曳到“形状2”，为耳朵复制效果⓰⓱。

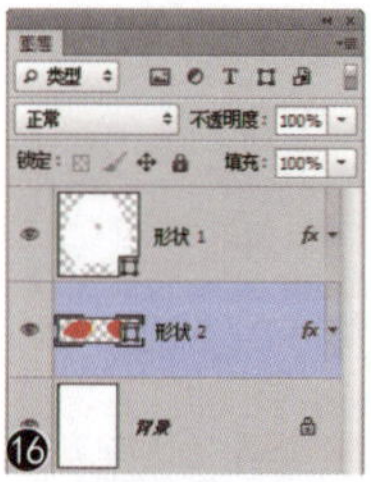

⓰

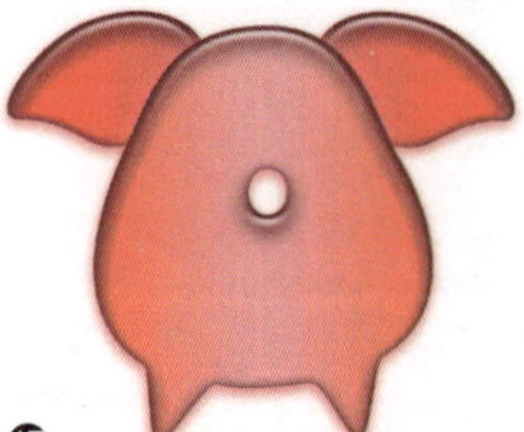

⓱

08 给小猪绘制一个像兔子一样的耳朵，复制图层样式到耳朵上⓲⓳。

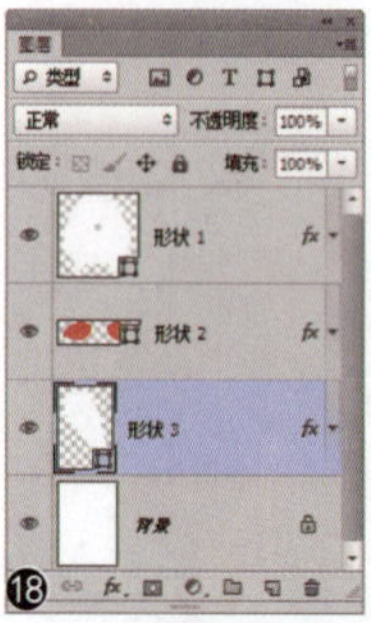

⓲

⓳

19.4.2

添加五官和装饰

01 将前景色设置为黄色。双击“形状3”图层，打开“图层样式”对话框，添加“内阴影”效果，调整参数❶。继续添加“渐变叠加”效果，单击渐变后面的 按钮，打开“渐变”下拉面板，选择“透明条纹渐变”选项，由于前景色设置了黄色，“透明条纹渐变”也会呈现为黄色，将角度设置为113° ❷❸。

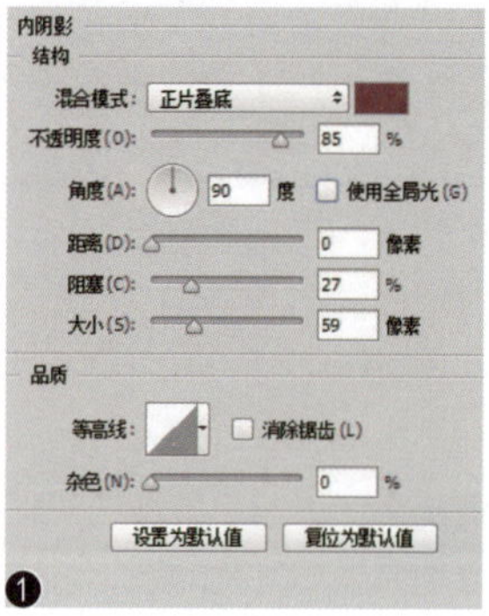

❶

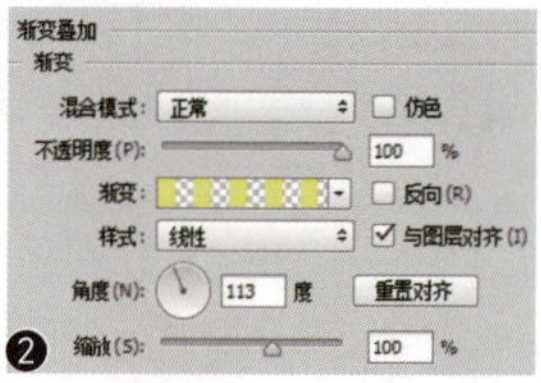

❷

❸

02 按下Ctrl+J快捷键，复制耳朵图层，再将其水平翻转到另一侧❹。双击该图层，打开“图层样式”对话框，在“渐变叠加”选项中调整角度参数为65° ❺❻。

03 绘制小猪的眼睛、鼻子、舌头和脸上的红点，它们位于不同的图层中，注意图层的前后位置❼。绘制眼睛时，可以先画一个黑色的圆形，再画一个小一点的圆形选区，按下Delete键删除选区内的图像，即可得到月牙图形。

❹

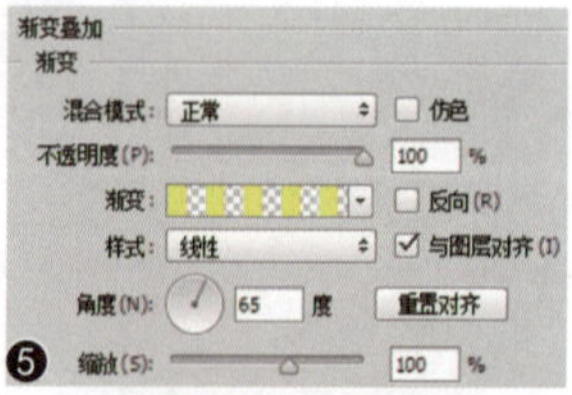

❺

❻

❼

04 选择自定形状工具 ，在“形状”下拉面板中选择“圆形边框”，在小猪的左眼上绘制眼镜框❽❾。按住Alt键，将耳朵图层的效果图标 fx 拖动到眼镜图层，为眼镜框添加条纹效果❿。

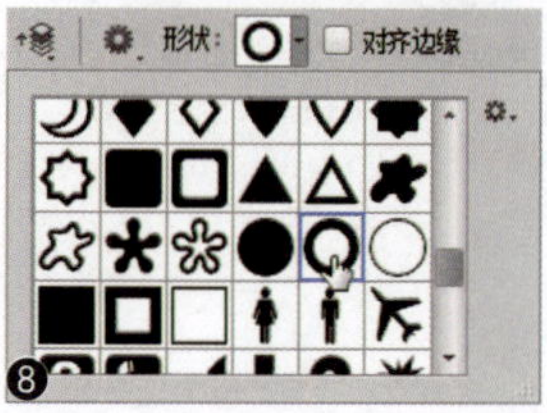

❽

❾

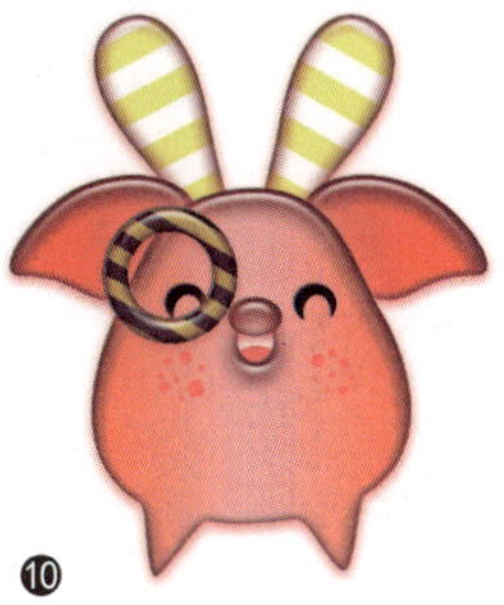

❿

05 双击该图层，调整“渐变叠加”的参数，设置渐变样式为“对称的”，角度为180° ⓫⓬。

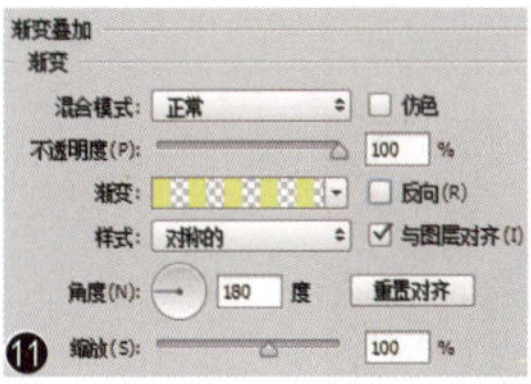

⓫

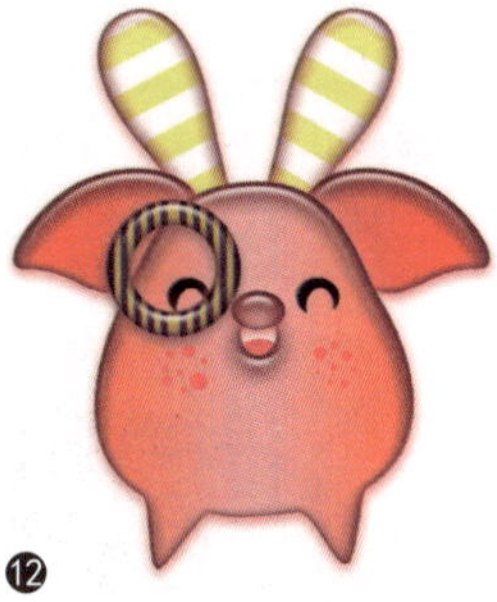

⓬

06 按下Ctrl+J快捷键复制眼镜框图层，使用移动工具将其拖到右侧眼睛上。绘制一个圆角矩形连接两个眼镜框⓭。

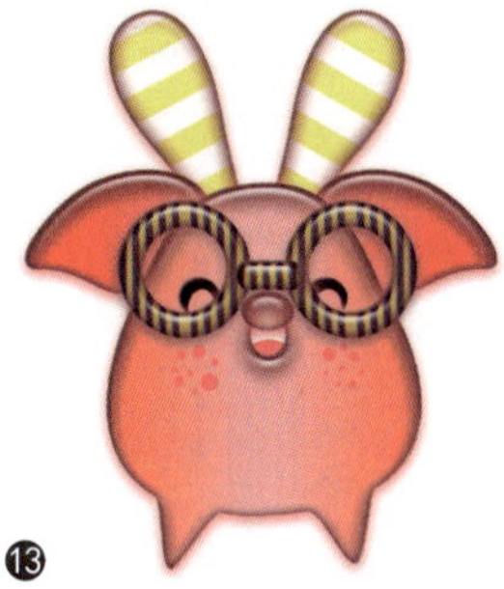

⓭

07 将前景色设置为紫色。在眼镜框图层下方新建一个图层。选择椭圆工具，在工具选项栏中选择“像素”选项，绘制眼镜片，设置图层的不透明度为63%⓮⓯。

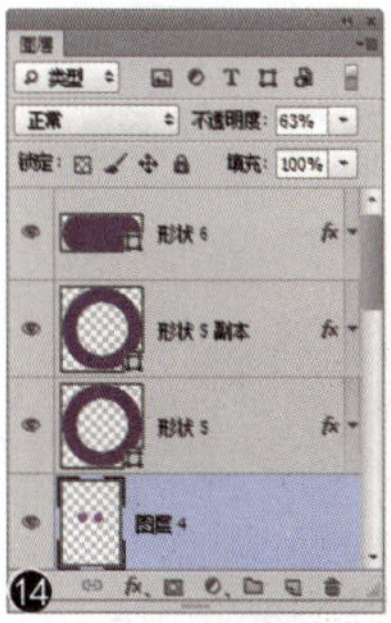

⓮

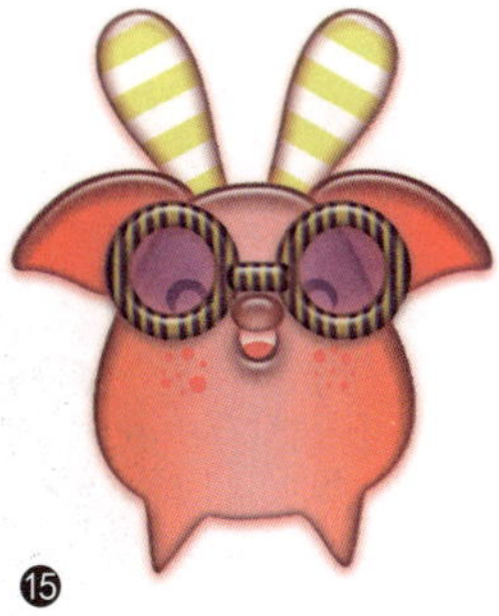

⓯

08 新建一个图层，用以制作眼睛相同的方法，制作出两个白色的月牙儿图形，设置图层的不透明度为80%⓰⓱。

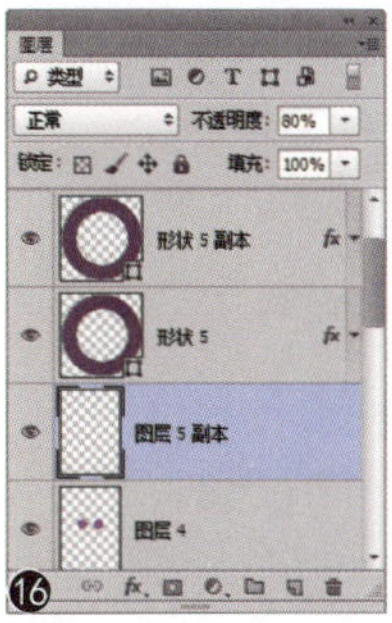

⓰

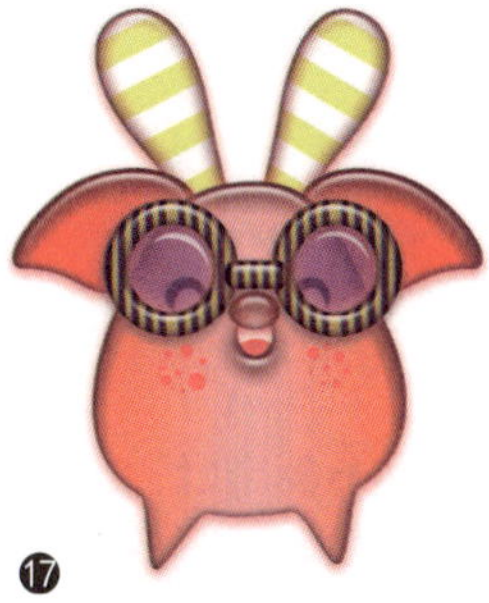

⓱

09 选择画笔工具（柔角）⓲。将前景色设置为深棕色。选择“背景”图层，单击按钮在其上方新建一个图层，在小猪的脚下单击，绘制出投影效果⓳。

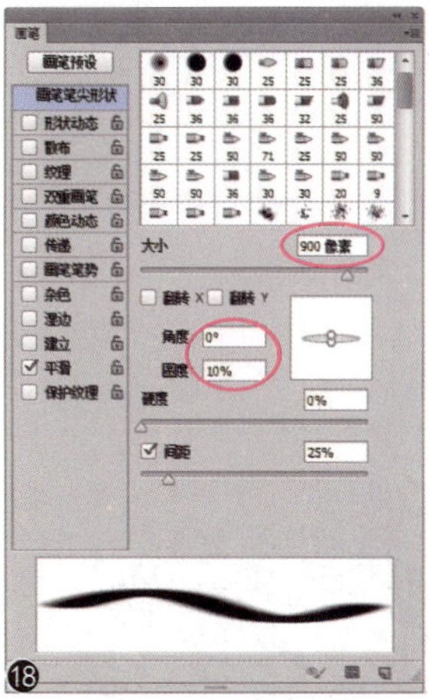

⓲

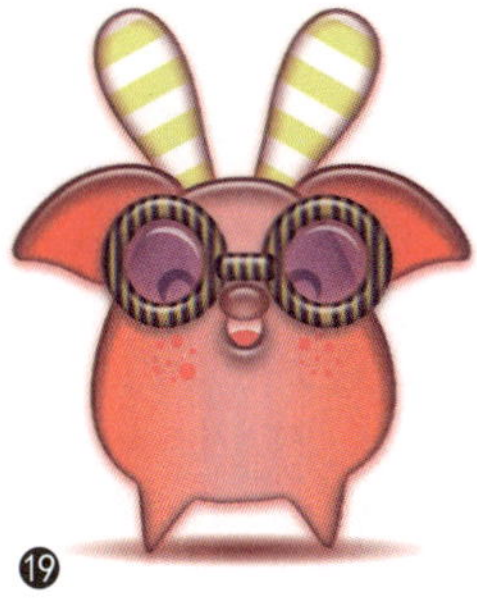

⓳

10 最后，为小猪绘制一个黄色的背景，在画面下方输入文字⑳。

⑳

一只想成为兔子的猪

19.5 特效制作：玻璃字

实例门类：质感特效类　难度：★★★☆☆

● 说明：本实例通过图层样式制作一个玻璃字。我们将使用“斜面和浮雕”效果制作出立体字；再用“光泽”表现镜面高光；然后通过“内阴影”“内发光”“外发光”等制作玻璃内部的反光和投影；最后通过不透明度控制玻璃的透明度。

01 打开素材❶❷。我们要以这款文字为原形，制作一个镂空的玻璃效果。图层样式在这里负责表现玻璃的厚度和光滑质感，玻璃透明属性的表现方法则会在“图层”面板中完成。

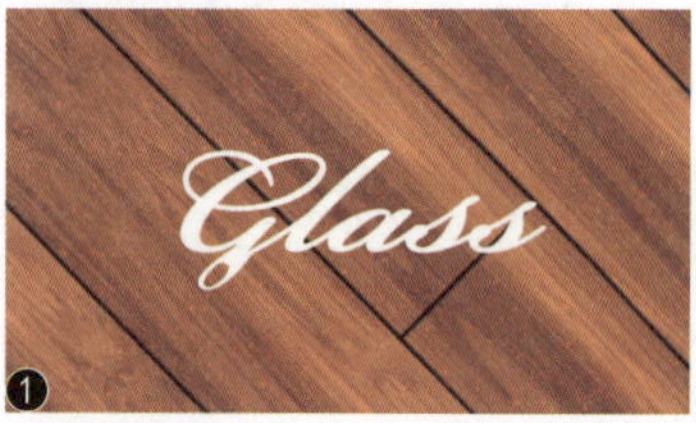

❶

❷

02 单击“背景”图层，按下Alt+Shift+Ctrl+N快捷键，在“背景”图层上方新建一个图层。选择椭圆工具，在工具选项栏中选择“像素”选项，绘制一个略大于文字的椭圆形❸❹。

❸

❹

03 按住Ctrl键单击“Glass”图层的缩览图❺，载入文字的选区❻。

❺

❻

04 按住Alt键单击“图层”面板底部的按钮，基于选区创建一个反相的蒙版❼，将选区内的文字隐藏，在椭圆上形成镂空效果。单击“Glass”图层前面的眼睛图标，将图层隐藏❽❾。

❼

❽

❾

05 双击“图层1”，打开“图层样式”对话框，取消对“将剪贴图层混合成组”选项的勾选，勾选“将内部效果混合成组”选项❿。单击对话框左侧的“斜面和浮雕”效果，设置参数⓫。选择“等高线”选项，单击等高线缩览图，打开“等高线编辑器”对话框，单击左下角的控制点，设置“输出”参数为71%⓬⓭。

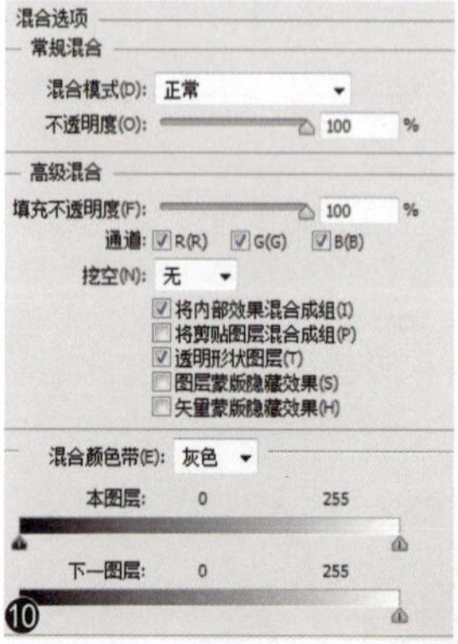

❿

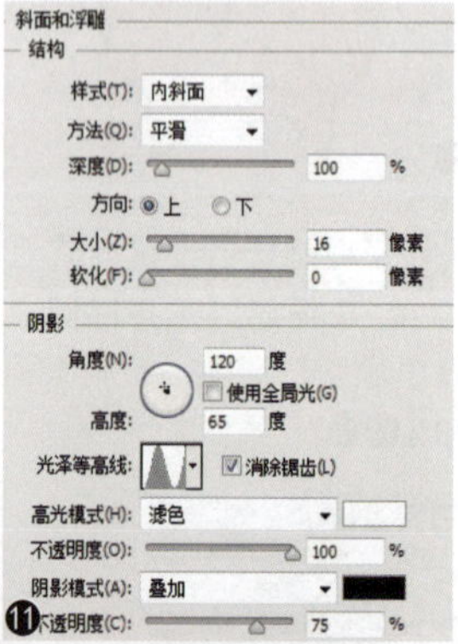

⓫

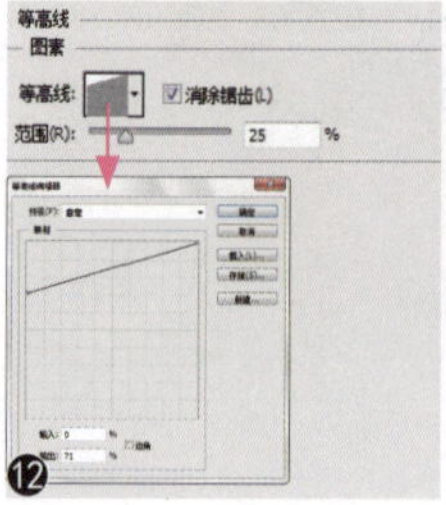

⓬

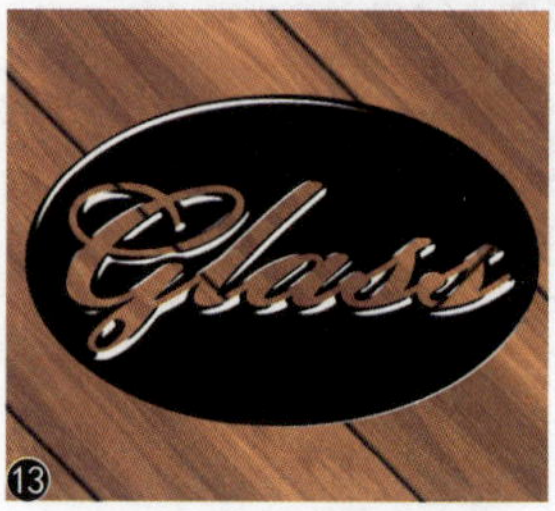

⓭

06 分别添加“光泽”“内阴影”和“内发光”效果⑭⑮⑯，制作出平滑的、光亮的玻璃质感⑰。

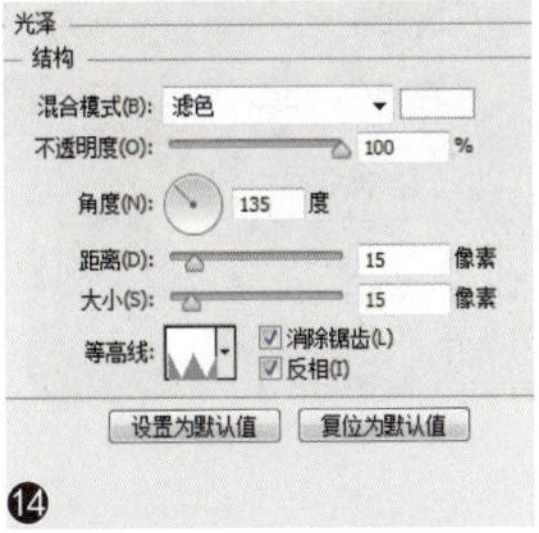

⑭

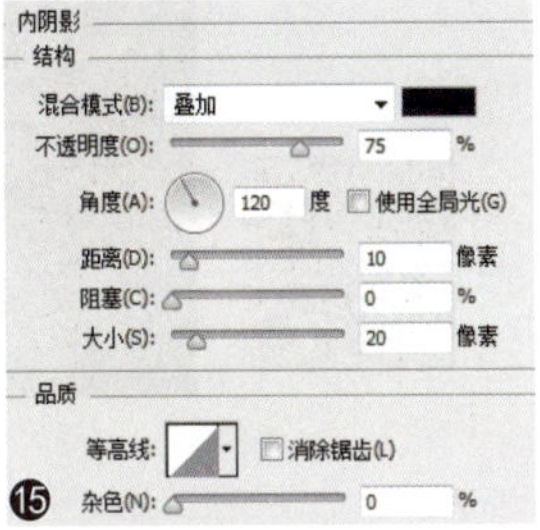

⑮

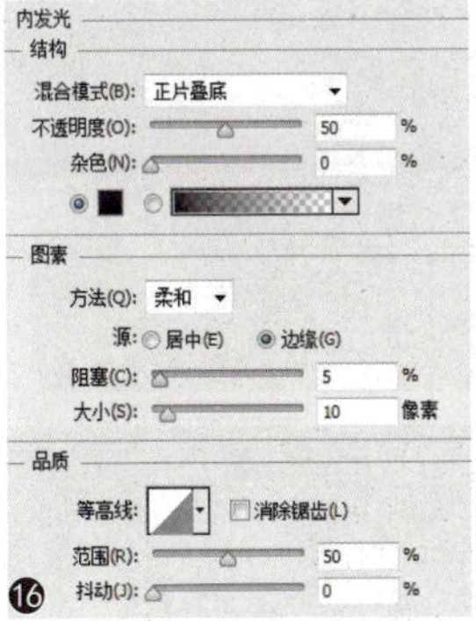

⑯

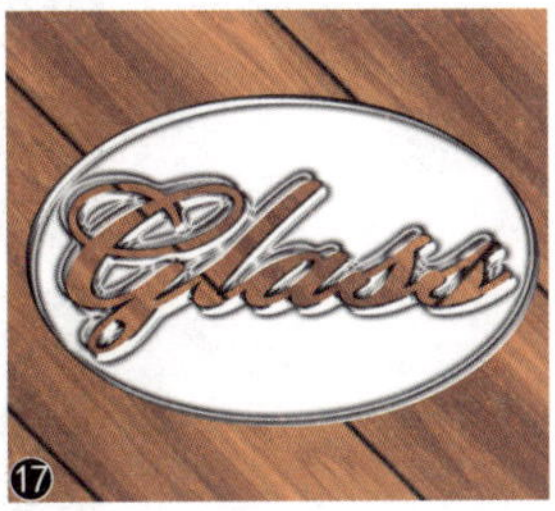
⑰

07 分别添加“外发光”和“投影”效果，进一步强化玻璃的立体感与光泽度⑱~⑳。

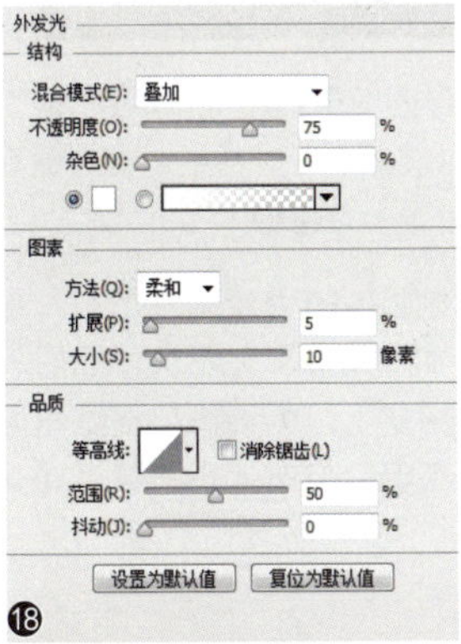

⑱

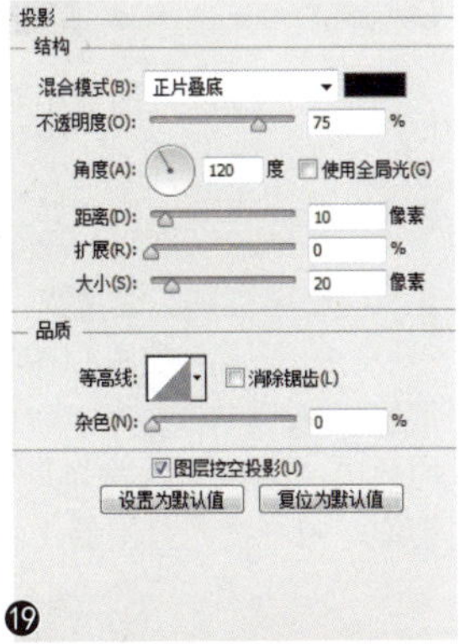

⑲

⑳

08 单击“背景”图层㉑，按下Ctrl+J快捷键复制，按下Ctrl+] 快捷键，将“背景副本”图层移至“Glass”图层上方㉒。设置该图层的不透明度为70%，按下Alt+Ctrl+G快捷键创建剪贴蒙版，将木板的显示范围限定在椭圆图形以内㉓㉔。

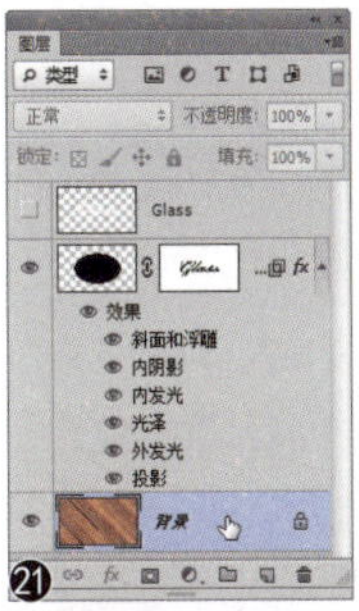
㉑

㉒

㉓

㉔

09 新建一个图层。选择画笔工具，设置笔尖大小为柔角500像素，不透明度为30%。在图像的四角涂抹深褐色，制作出暗影效果。靠近边角的位置可以反复多涂几次，以加深颜色的显示㉕㉖。

㉕

㉖

10 设置该图层的混合模式为“正片叠底”，使木板的纹路能够显示出来㉗。

㉗

Ps 19.6

特效制作：绚丽的光效气泡

实例门类：质感特效类　难度：★★★☆☆

● 说明：绘制形状并添加图层样式，制作出发光效果的图形。在图形上叠加白色的渐变，使发光效果更加强烈。

19.6.1 制作发光图形

01 打开素材❶。

①

02 单击"图层"面板底部的 按钮，新建一个图层。选择渐变工具，单击径向渐变按钮，打开"渐变"下拉面板，选择"透明彩虹渐变"❷。在画面右上方拖动鼠标创建渐变❸。

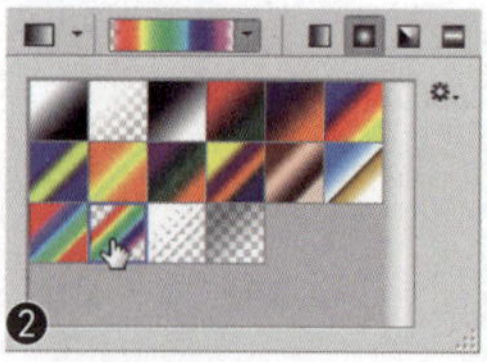
②

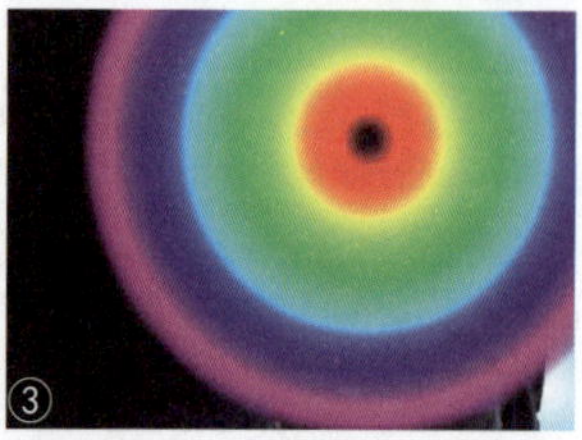
③

03 按下Ctrl+U快捷键，打开"色相/饱和度"对话框，拖曳色相滑块改变图像的颜色❹❺。

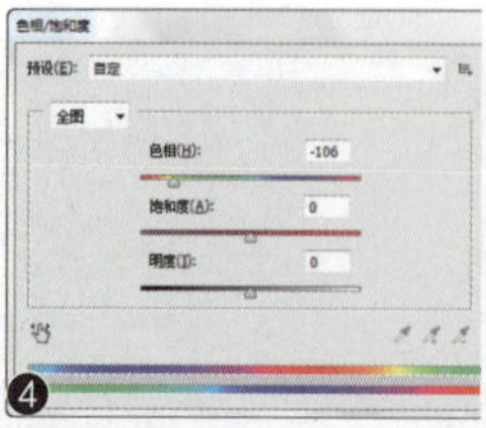
④

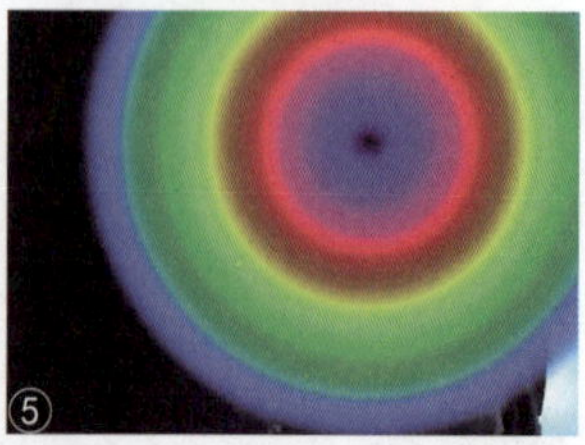
⑤

04 设置该图层的混合模式为"柔光"，不透明度为64%❻❼。

05 单击"图层"面板底部的 按钮，新建一个图层组。在图层组的名称上双击鼠标，命名为"粉红色"❽。选择钢笔工具，在工具选项栏中选择"形状"选项，绘制一个路径形状❾。

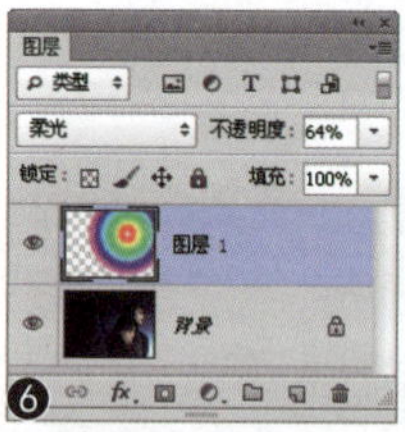

⑥

⑦

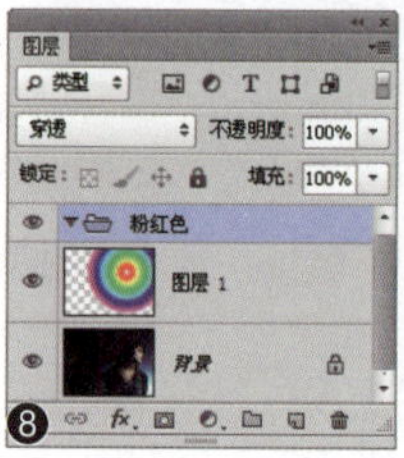

⑧

⑨

06 在"图层"面板中设置该图层的填充值为0%❿。双击该图层，打开"图层样式"对话框，在左侧列表中选择"内发光"效果，设置参数⓫⓬。

07 使用椭圆工具，按住Shift键绘制一个小一点的圆形，按住Alt键，将"形状1"图层后面的效果图标 fx 拖曳到"形状2"图层上，为该图层复制相同的效果。双击"内发光"效果⓭。修改大小参数为70像素⓮，减小发光范围⓯。

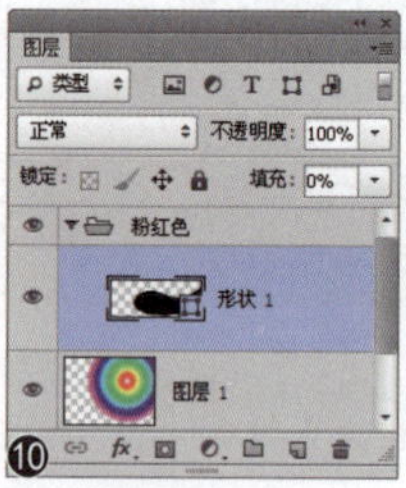

⑩

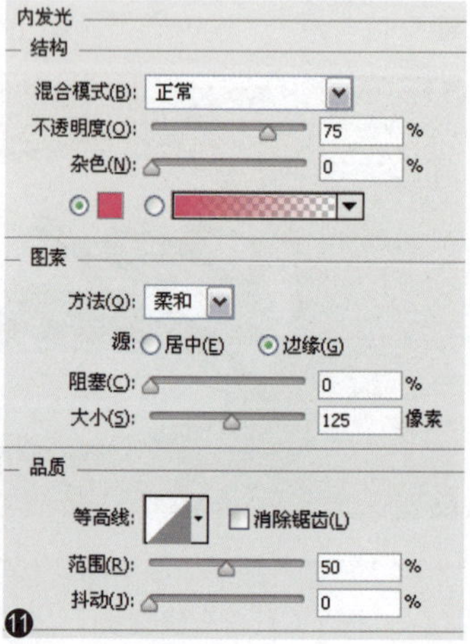

⓫

12

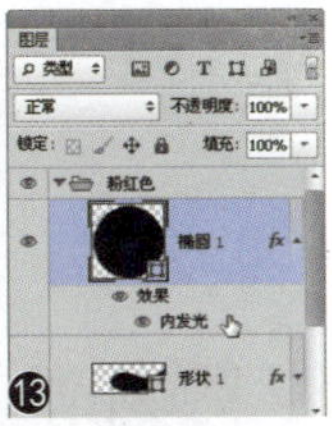
13

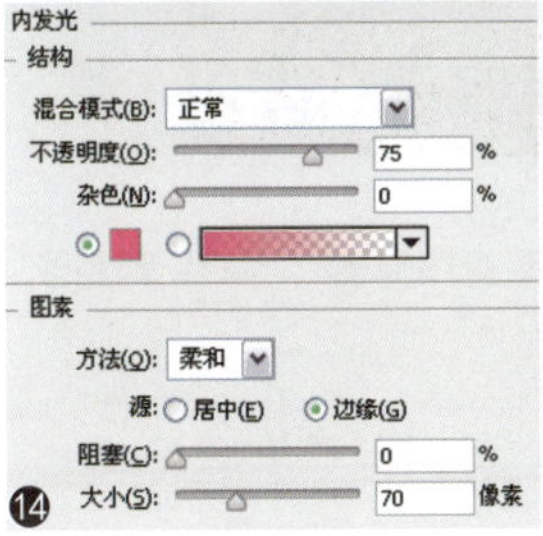

14

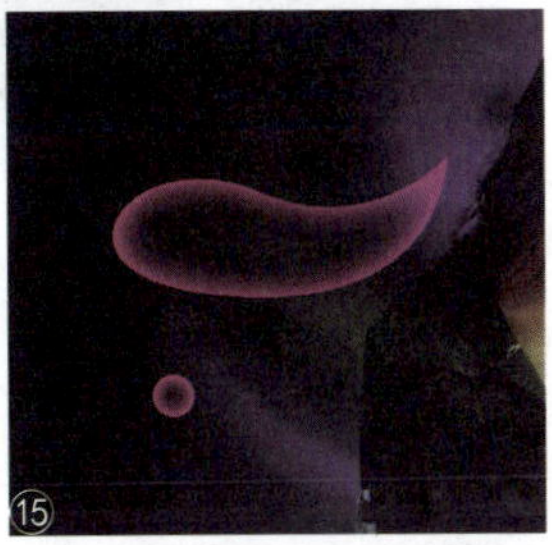
15

08 选择“形状1”图层，按下Ctrl+J快捷键复制该图层，按下Ctrl+T快捷键显示定界框，右击，在弹出的快捷菜单中选择“垂直翻转”命令，将图形翻转，再缩小并调整角度16。用这种方法再制作出两个图形17。

16

17

09 接下来要通过复制、变换的方法制作出更多的图形，图形的颜色要通过修改“图层样式”中的内发光颜色来改变。新建一个名称为“黄色”的图层组。将前面制作好的图形复制一个，拖入该组中18。将图形放大并水平翻转。双击图层后面的效果图标 fx ，打开“图层样式”对话框，选择“内发光”效果，单击“颜色”按钮打开“拾色器”，将发光颜色设置为黄色19~21。

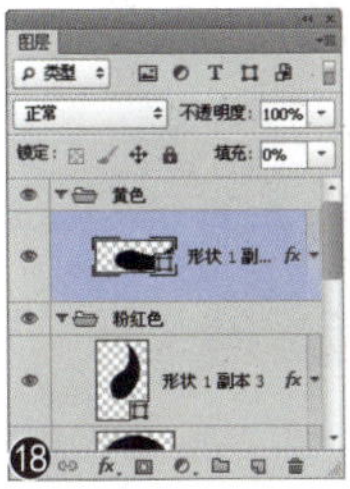
18

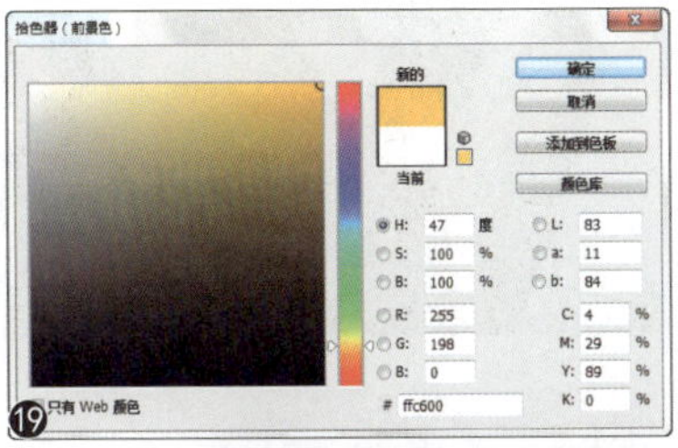
19

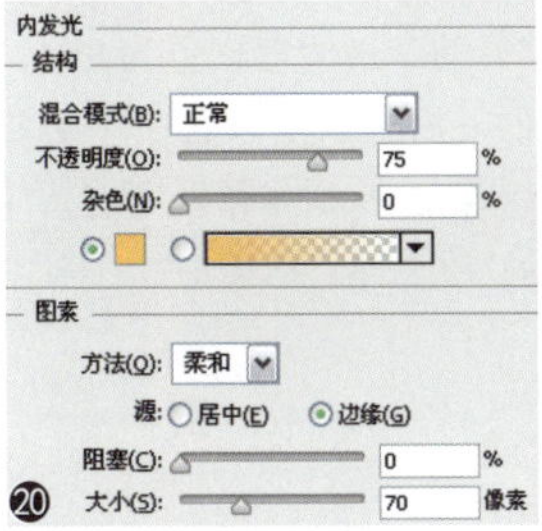

20

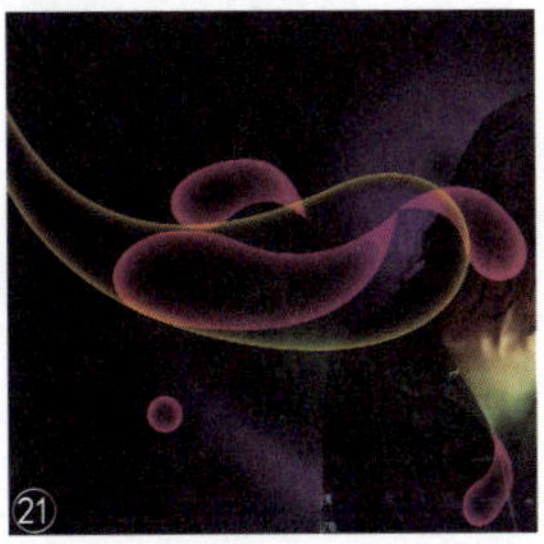
21

10 复制黄色图形，调整大小及角度22。用同样的方法制作出蓝色、绿色、深蓝色和红色的图形23。

22

23

19.6.2 让图形更加闪亮

01 将前景色设置为白色。选择渐变工具，单击径向渐变按钮，在“渐变”下拉面板中选择“前景色到透明”渐变1。新建一个图层，在发光图形上面创建径向渐变2。

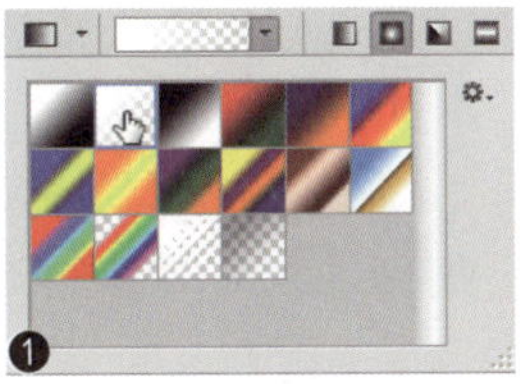
1

2

02 设置混合模式为“叠加”，在画面中添加更多的渐变，形成闪亮发光的特效34。

3

4

03 将星星素材拖入文档中，在画面中间的圆形上输入文字5。

5

Ps 19.7

特效制作：健美选手的纹身

实例门类：质感特效类　难度：★★★☆☆

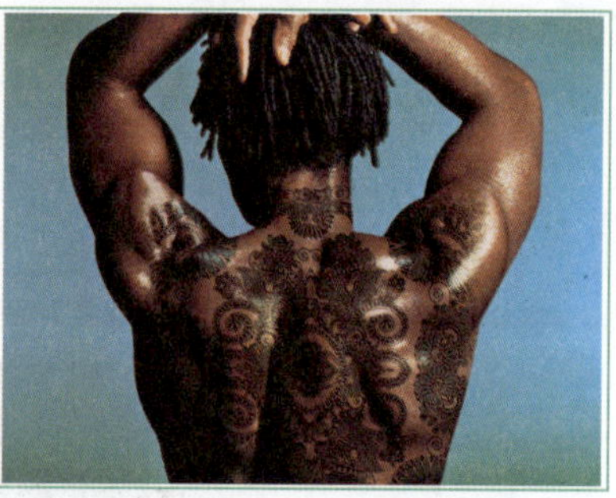

● 说明：将花纹进行扭曲置换，然后贴合在人体表面。在Photoshop中对图像进行扭曲、变形有多种方法。“扭曲”滤镜组就能实现出多种变形效果，如波浪、几何形、对称、扭转、收缩和膨胀等。但是这些变化都是有一定规律的、图案式的。唯有“置换”命令是根照置换图进行扭曲的。

19.7.1 置换纹理

01 打开两个素材❶❷，其中人物素材为PSD格式，在使用“置换”滤镜扭曲图案时会用到该文件，置换图必须为PSD格式。

02 使用移动工具将花纹拖入人物文档中，按下Ctrl+T快捷键显示定界框，按住Shift键拖动定界框的一角，将图像成比例缩小，以适合人物背部；将光标放在定界框外，拖曳鼠标将图像朝顺时针方向旋转❸，按下Enter键确认。设置混合模式为“正片叠底”，花纹的白底全部隐藏，像被抠图了一样❹，这是使用白底花纹的方便之处。如果花纹底色不是纯白的，与底层图像混合的结果是像素不能完全隐藏，也就不会出现这种干净的“抠图”效果了。

03 执行“滤镜>扭曲>置换”命令，该命令需要一幅PSD格式图像作为置换的参照，基于置换图的亮度值对花纹进行扭曲，在这里我们依然选用人物素材。在“置换”对话框中设置参数为3❺，参数越大，变形越明显。这个实例我们不希望花纹扭曲得太过严重，只要在皮肤表面形成一点起伏就可以了，因此，参数设置得较小。单击“确定”按钮，在弹出的对话框中找到人物素材❻，单击“打开”按钮即可完成对花纹的置换❼。

04 单击“图层2”前面的眼睛图标，隐藏该图层，选择“图层1”❽。

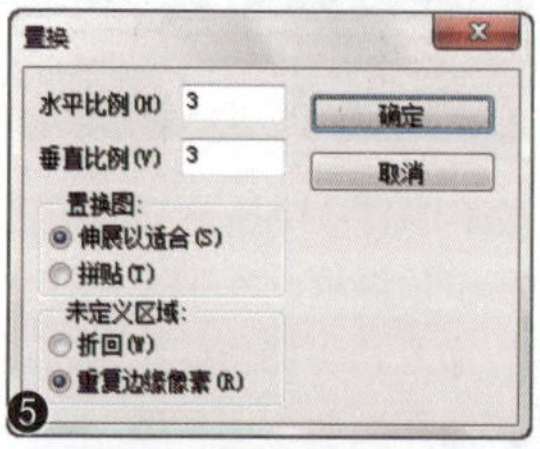

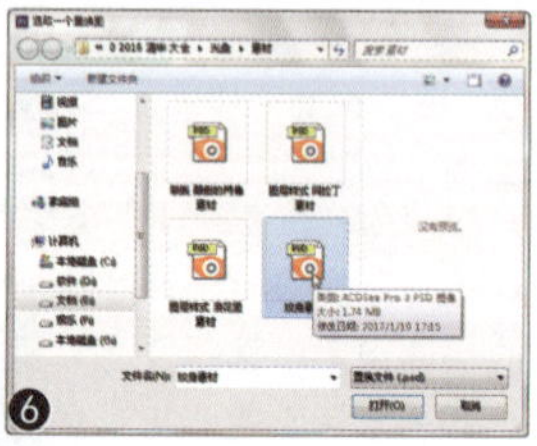

05 使用快速选择工具选取人物❾。用这个选区制作蒙版，遮盖身体以外的花纹。在“图层2”前面单击，显示该图层，再选择“图层2”，单击面板底部的按钮，基于选区创建蒙版❿。

06 选择画笔工具，在工具选项栏中设置画笔大小为柔角50像素，在人物左侧的脸颊处涂抹黑色，将这部分花纹隐藏⓫。将画笔工具的不透明度设置为20%，在手臂上的花纹边缘涂抹黑色，由于画笔设置了不透明度，实际蒙版中产生的颜色为灰色，可使涂抹区域的花纹变浅，若想让边缘的花纹消失，可多涂几次⓬。

07 花纹已经附着在皮肤表面了，与其成为一体。皮肤的高光部分也应出现在花纹上，才会有真实感。用鼠标双击“图层2”，打开“图层样式”对话框，按住Alt键单击并向左拖曳“本图层”中的白色滑块，隐藏花纹中所有比该滑块位置亮的像素，再拖曳“下一图层”的白色滑块⓭，显示人物皮肤中较亮的像素⓮。“混合颜色带”可以说是一个“高级蒙版”，它就像武林高手一样，隐藏图像于无形。有了它，既可以隐藏当前图层中的图像，也可以在不隐藏图像的情况下，让下方图层中的图像显示出来，图像之间相互渗透，这是任何其他蒙版都望尘莫及的。

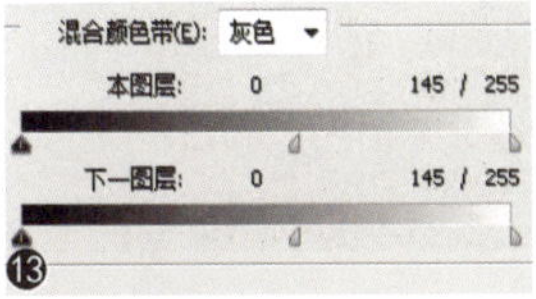

08 为使花纹更清晰，再增加一个图层。按下Ctrl+J快捷键复制当前图层，将不透明度设置为30%⓯⓰。

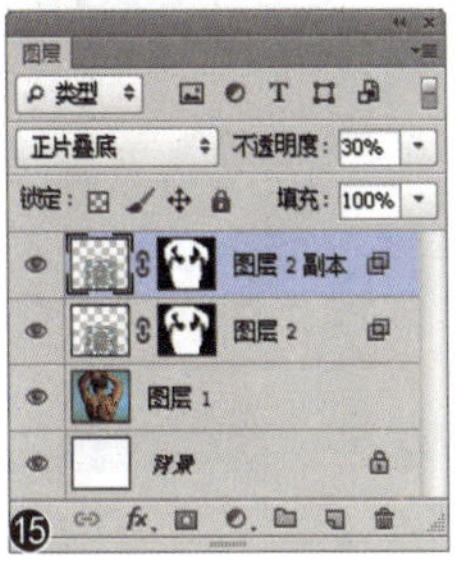

19.7.2 皮肤质感和光泽度的表现

01 新建一个图层❶。按住Alt键单击“图层1”，只显示该图层，隐藏其他图层❷。

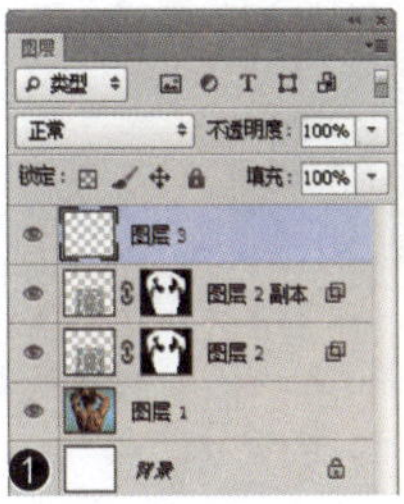

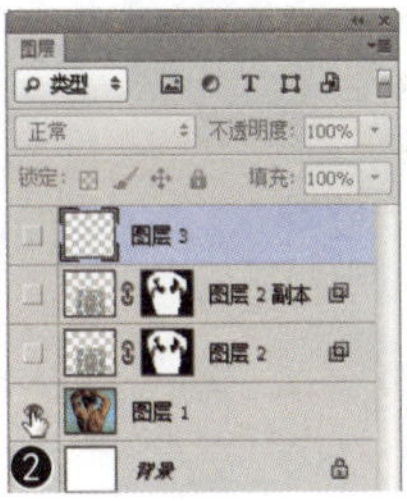

02 打开“通道”面板，逐一单击“红”“绿”和“蓝”通道，比较这3个通道可以看出，蓝通道中皮肤的高光区域最明显，将它拖至面板底部的按钮上进行复制❸❹。

03 按下Ctrl+L快捷键，打开“色阶”对话框，增加图像的对比度❺，将皮肤调暗直到成为黑色。高光调亮，与皮肤明显区分开❻，以便能够轻松地把高光提取出来。

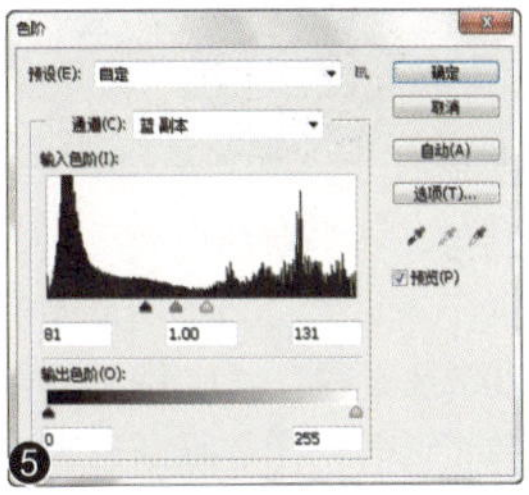

04 单击“通道”面板底部的按钮，将通道作为选区载入，也就是自动将白色区域创建为选区❼，按住Alt键单击“图层1”，显示所有图层，再单击“图层3”❽，将选区填充白色❾，高光就制作完了。有了高光的映衬，整个画面都被提亮了。选区的作用完成，按下Ctrl+D快捷键取消选择。

05 使用魔棒工具，并按住Shift键在白色背景上单击，将背景全部选取❿，按下Delete键删除⓫。设置该图层的混合模式为“叠加”，不透明度为85%⓬。

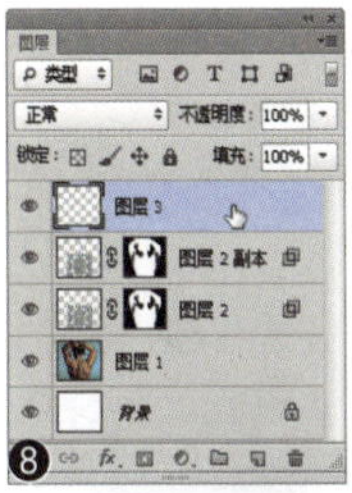

⓫

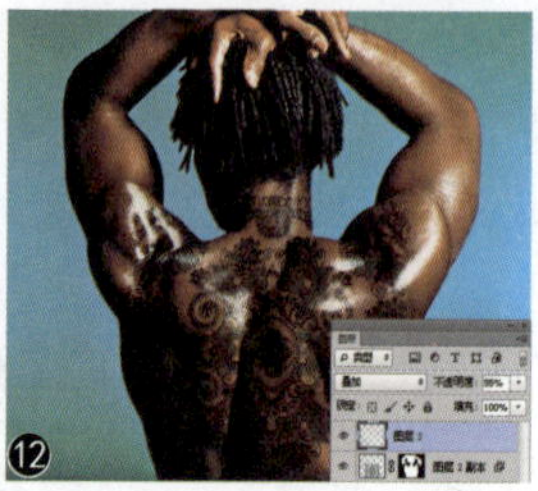
⓬

06 左肩上的高光边缘不平滑，需要处理一下。选择模糊工具，在工具选项栏中设置强度为50%⓭，在高光边缘涂抹，可使边缘变得柔和⓮。如果要处理全部图像的话，可以使用“模糊”滤镜，只是处理局部，模糊工具则更加灵活。

⓭

⓮

07 按下Alt+Shift+Ctrl+E快捷键，将当前图像效果盖印到一个新的图层中⓯。执行“滤镜>其他>高反差保留”命令，将“半径”设置为0.3像素⓰。“半径”的可调节范围为0.1~1000像素，参数较低时，图像细节清晰，轮廓线细腻；参数太大的话，轮廓的边缘会产生强烈对比，形成难看的黑边和白边，轮廓内出现黑色光晕，轮廓外为白色光晕。调节参数要参考图像的像素大小，像素越大，所用半径参数才可相应调大。

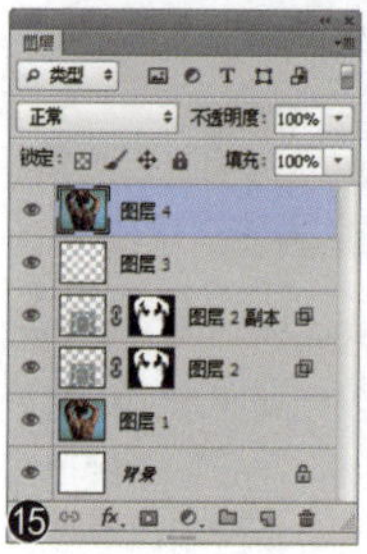

⓯

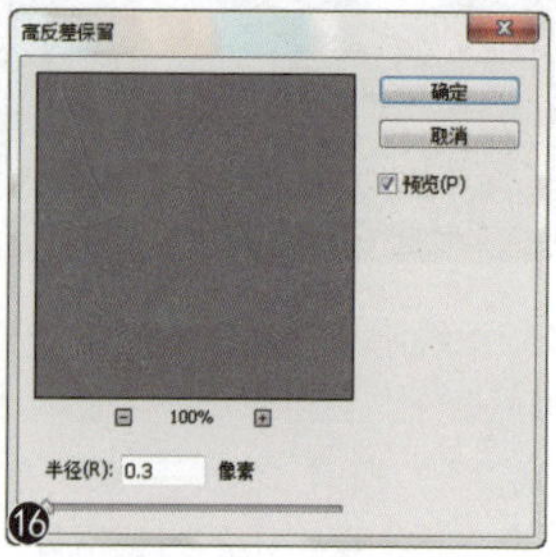

⓰

08 设置该图层的混合模式为“柔光”。要进一步增强锐化效果，可以将该图层复制出2、3个（按下Ctrl+J快捷键）⓱⓲。

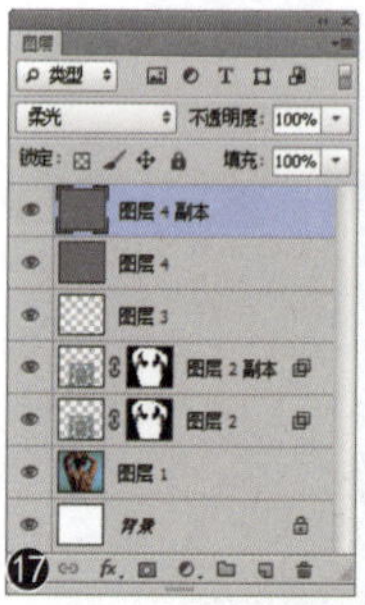

⓱

⓲

Ps 19.8

制作平面广告：冰手投篮

实例门类：质感特效类　难度：★★★★★

● 说明：要制作真实的冰雕效果应着重考虑两点，质感和透明度。质感可以通过滤镜来表现，透明度则要使用蒙版了，蒙版中的灰色区域代表着图像是半透明的效果。

19.8.1 表现冰雕质感

01 打开素材❶。选择快速选择工具，在工具选项栏中设置工具参数，将手选中❷。创建选区时，一次不能完全选中两只手，对于多选的部分，可以按住Alt键在其上拖曳鼠标，将其排除到选区之外；对于漏选的区域，可以按住Shift键在其上拖曳鼠标，将其添加到选区中。

02 按4下Ctrl+J快捷键，将选中的手复制到4个图层中❸。分别在图层的名称上双击鼠标，为图层输入新的名称。选择“质感”图层，在其他3个图层的眼睛图标上单击，将它们隐藏❹。

❶

❷

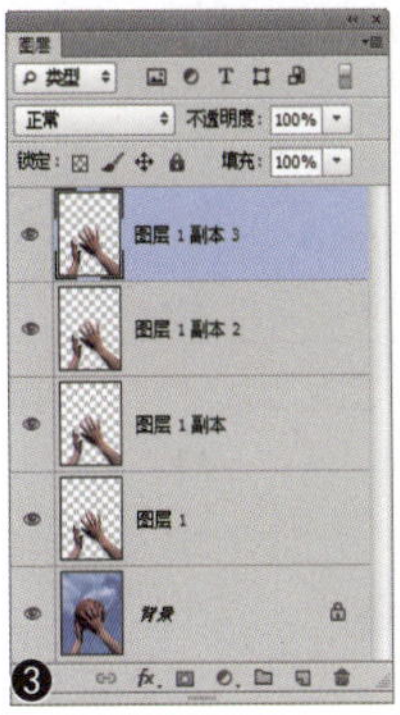

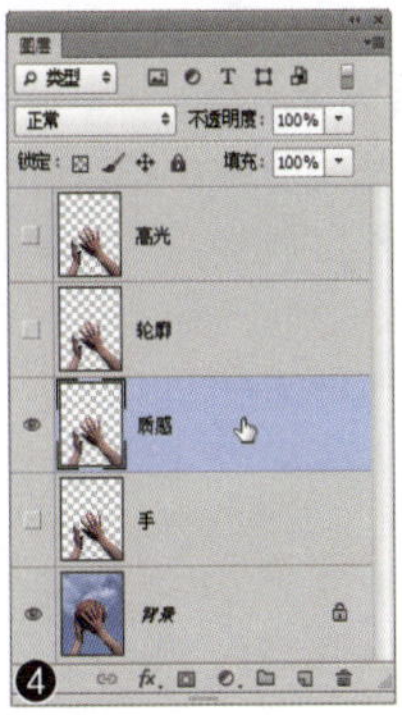

03 执行“滤镜>艺术效果>水彩”命令，打开“滤镜库”，用“水彩”滤镜处理图像❺。

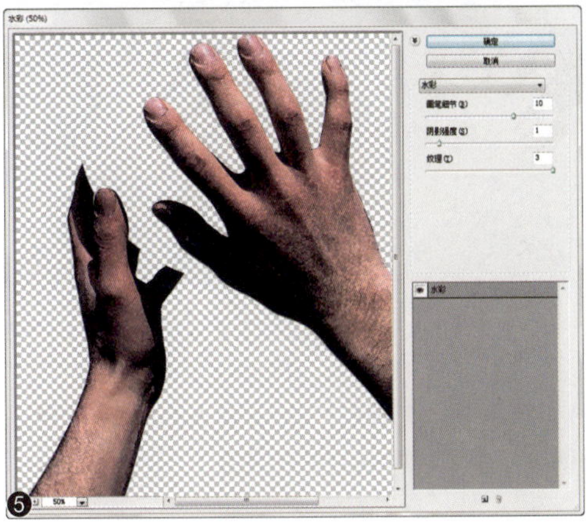

04 双击“质感”图层，打开“图层样式”对话框，按住Alt键向右侧拖曳“本图层”选项组中的黑色滑块，将它分为两个部分，然后将右半部滑块定位在色阶237处❻。这样调整以后，可以将该图层中色阶值低于237的暗色调像素隐藏，只保留由滤镜所生成的淡淡的纹理，而将黑色边线隐藏❼。

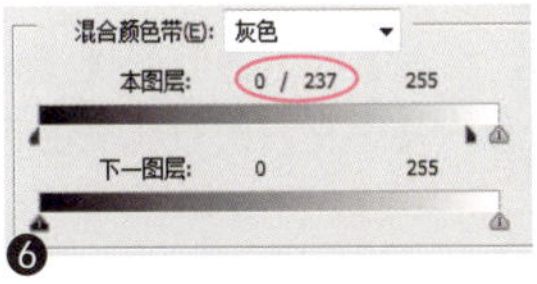

提示（Tips）

按住Alt键拖曳“本图层”中的滑块，可以将其分为两个部分。这样操作的好处在于，可以在隐藏的像素与显示的像素之间创建半透明的过渡区域，使隐藏效果的过渡更加柔和、自然。

05 选择并显示“轮廓”图层❽。执行“滤镜>风格化>照亮边缘”命令，设置参数❾。将该图层的混合模式设置为“滤色”，生成类似于冰雪般的透明轮廓❿。

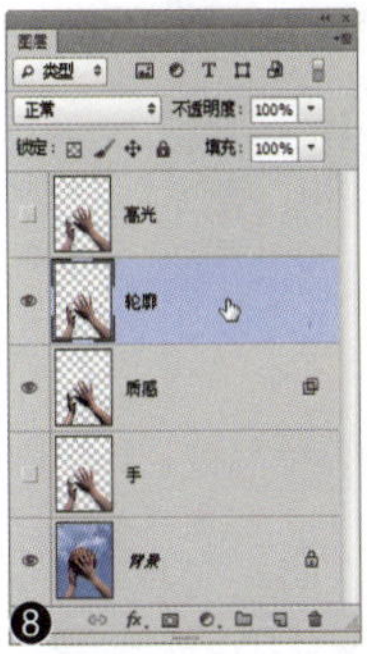

06 按下Ctrl+T快捷键显示定界框，拖曳两侧的控制点，将图像拉宽，使轮廓线略超出手的范围。按住Ctrl键，将右上角的控制点向左移动一点⓫⓬。按下Enter键确认。

07 选择并显示“高光”图层，执行“滤镜>素描>铬黄”命令，应用该滤镜⓭。将该图层的混合模式设置为“滤色”⓮⓯。

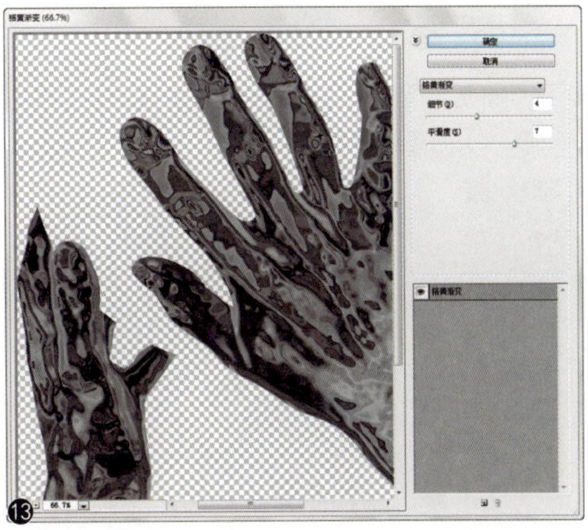

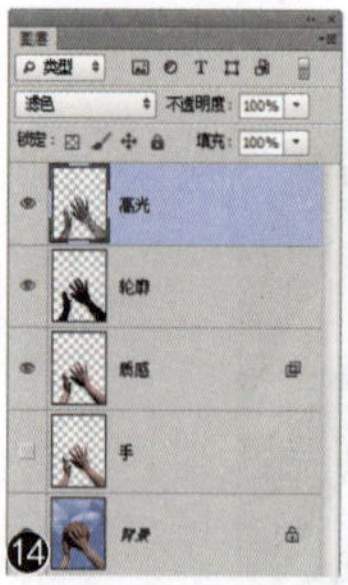

⓮

⓯

08 选择并显示“手”图层，单击“图层”面板顶部的按钮⓰，将该图层的透明区域锁定。按下D键，恢复默认的前景色和背景色，按下Ctrl+Delete快捷键，填充背景色（白色），使手图像成为白色⓱。由于锁定了图层的透明区域，颜色不会填充到手外边。

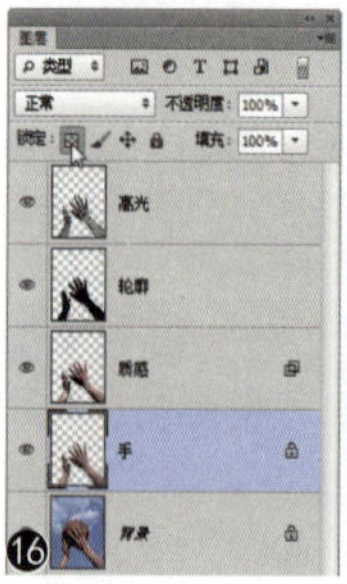

⓰

⓱

19.8.2 表现透明度

01 单击“图层”面板底部的按钮，为图层添加蒙版。使用柔角画笔工具在两只手内部涂抹灰色，颜色深浅应有一些变化❶❷。

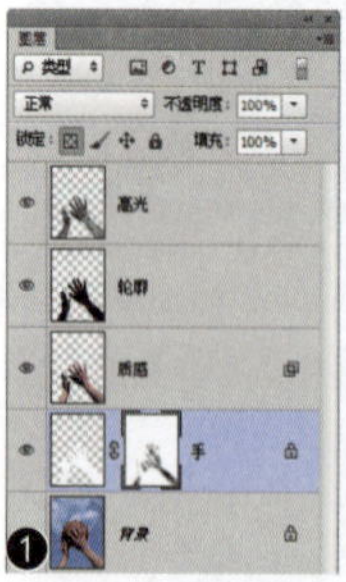

❶

❷

02 单击“高光”图层，按住Ctrl键单击该图层的缩览图，载入手的选区❸❹。

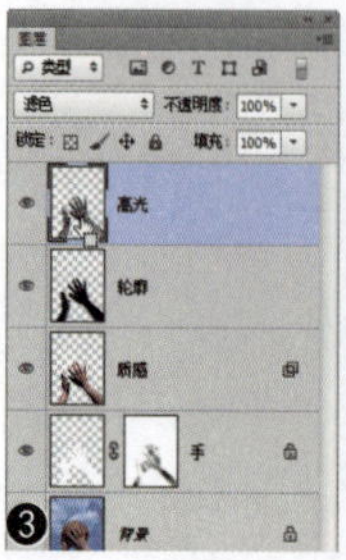

❸

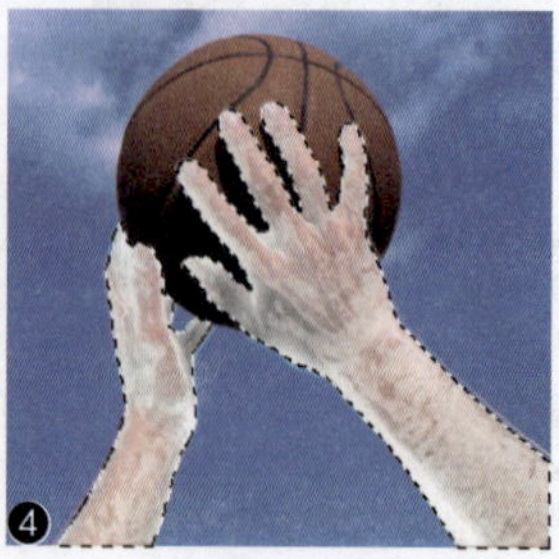

❹

03 创建“色相/饱和度”调整图层，设置参数❺，将手调整为冷色❻。选区会转化到调整图层的蒙版中限定调整范围。单击“图层”面板底部的按钮，在调整图层上面创建一个图层。选择柔角画笔工具，按住Alt键（切换为吸管工具）在蓝天上单击一下，拾取蓝色作为前景色，然后放开Alt键，在手臂内部涂抹蓝色，让手臂看上去更加透明❼。

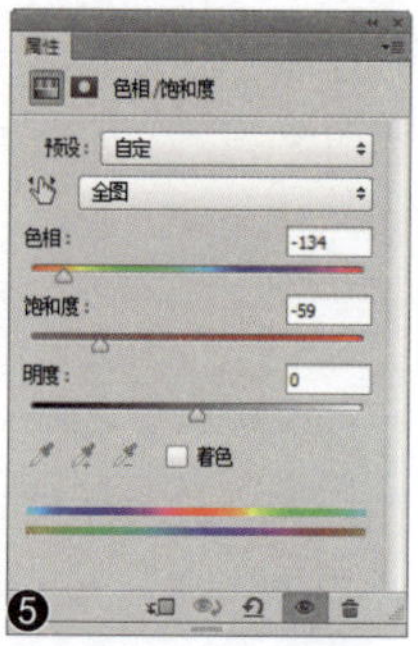

❺

❻

❼

04 使用椭圆选框工具选中篮球。选择“背景”图层，按下Ctrl+J快捷键，将篮球复制到一个新的图层中❽。按下Shift+Ctrl+]快捷键，将该图层调整到最顶层❾。

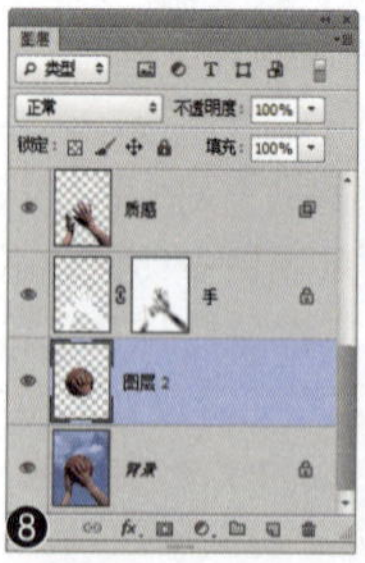

❽

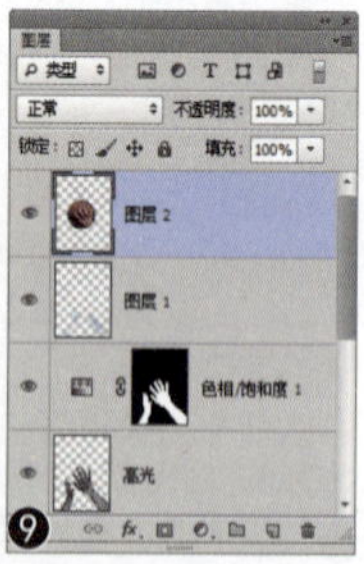

❾

05 按下Ctrl+T快捷键显示定界框。单击鼠标右键打开快捷菜单，选择“水平翻转”命令，翻转图像；将光标放在控制点外侧，拖动鼠标旋转图像❿，按下Enter键确认。单击“图层”面板底部的按钮，为图层添加蒙版。使用柔角画笔工具在左上角的篮球上涂抹黑色，将其隐藏。按下数字键3，将画笔的不透明度设置为30%，在篮球右下角涂抹浅灰色，使手掌内的篮球呈现若隐若现的效果⓫。

❿

⓫

06 按住Ctrl键，单击“手”图层的缩览图，载入手的选区⑫。选择椭圆选框工具，按住Shift键单击并拖动鼠标将篮球选中，将其添加到选区中⑬。

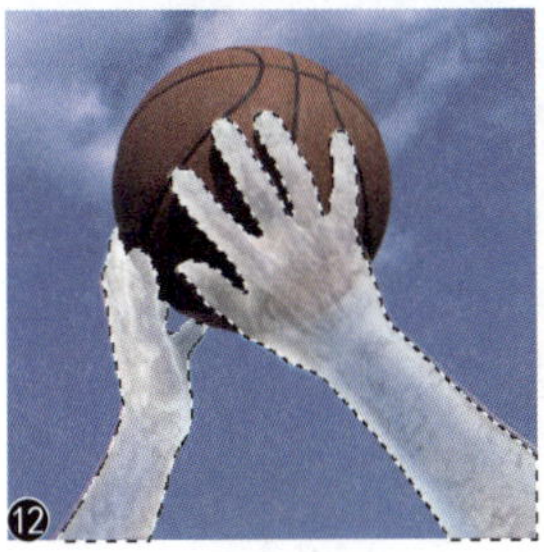
⑫

⑬

07 执行“编辑>合并拷贝”命令，复制选中的图像，按下Ctrl+V快捷键，将其粘贴到一个新的图层中（“图层3”）⑭。按住Ctrl键单击“轮廓”图层，将它与“图层3”同时选择⑮。打开素材文件，使用移动工具将选中的两个图层拖入该文档中⑯。

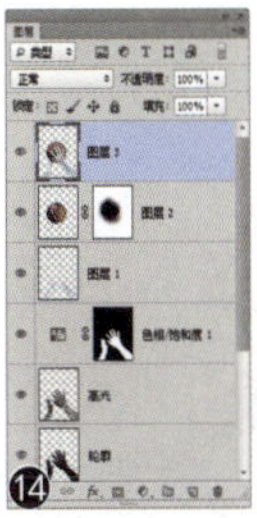
⑭

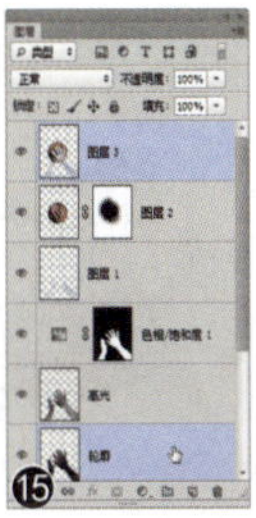
⑮

⑯

19.9 制作平面广告：奔跑之城

实例门类：平面设计类　难度：★★★☆☆

● 说明：将人物、城市与风景3种图像合成到一个画面中，通过变换图像、调整颜色、添加蒙版等方法使图像之间没有冲突，浑然一体，成为一幅有视觉冲击力的超现实主义作品。

19.9.1 合成图像

01 打开素材，人物素材位于单独的图层中❶。用来合成的背景图像包括城市、大地与天空3个部分❷。

❶

❷

02 选择移动工具，将城市素材拖入人物文档中，按下Ctrl+[快捷键，将其移至人物下方❸。按下Ctrl+T快捷键，显示定界框，将光标放在定界框外，拖曳鼠标，将图像朝顺时针方向旋转❹，按下Enter键确认。

❸

❹

03 单击按钮创建蒙版，使用画笔工具（柔角）在图像的边缘涂抹，将边缘隐藏❺❻。

❺

❻

04 按下Ctrl+F6快捷键，切换到素材文档。单击“大地”图层❼，使用移动工具将素材拖入人物文档中，通过自由变换的方法将图像朝逆时针方向旋转❽。

05 为该图层添加蒙版，用渐变工具填充“黑色到白色”的线性渐变，以隐藏蓝天部分❾❿。

06

将天空素材拖入文档中，放在“城市”图层下方⓫，朝逆时针方向旋转⓬。

19.9.2 制作光影与调整颜色

01

在“人物”图层下方新建一个图层，使用多边形套索工具在运动鞋下方创建投影选区❶，填充深棕色❷。按下Ctrl+D快捷键，取消选择。用橡皮擦工具（柔角，不透明度为20%）擦出深浅变化❸。用同样的方法制作另一只鞋子的投影❹。

02

单击“调整”面板中的按钮，创建“可选颜色”调整图层，分别对图像中的白色和中性色进行调整。按下Alt+Ctrl+G快捷键，创建剪贴蒙版，使调整图层只对人物产生影响❺~❽。

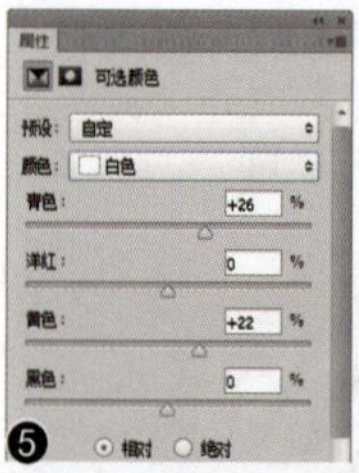
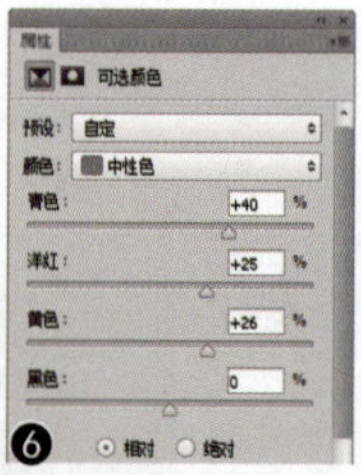

03

将前景色设置为白色。选择渐变工具，单击径向渐变按钮，在“渐变”下拉面板中选择“前景色到透明渐变”❾。新建一个图层，在画面左上方创建径向渐变，营造光效❿。

04

单击“调整”面板中的按钮，创建“色彩平衡”调整图层，对全图的色彩进行调整（选取“保留明度”选项），使画面的合成效果更加统一⓫~⓭。最后，在人物手臂、地平线等位置添加光效⓮。

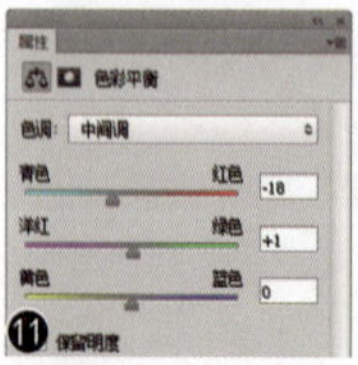
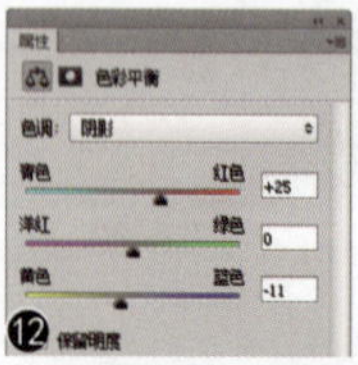
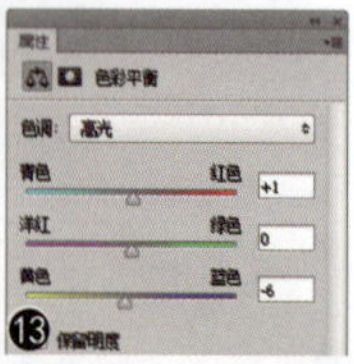

Ps 19.10

制作插画：最美的粉彩

实例门类：平面设计类　难度：★★★☆☆

● 说明：这个实例在合成人物与粉彩素材时，使用的方法并不复杂，关键在于合成后的颜色处理。应考虑到人物受场景光线的影响，色彩上要有所呼应，合成以后给人的感觉要真实。

19.10.1 合成人物与粉彩

01 打开两个素材❶❷。

①

②

02 使用移动工具将人物拖曳到粉彩图像中。按下Ctrl+T快捷键，显示定界框，将光标放在定界框外，向左拖曳鼠标，将图像朝逆时针方向旋转❸，按下Enter键确认。使用魔棒工具选取人物图像中的蓝色背景区域❹。

③

④

03 按住Alt键单击“图层”面板底部的按钮，基于选区创建一个反相的蒙版，将选区内的蓝色图像隐藏❺❻。

⑤

⑥

04 使用画笔工具在人物的头发、额头和脖子上涂抹黑色，使人物能融合到粉彩中❼❽。

⑦

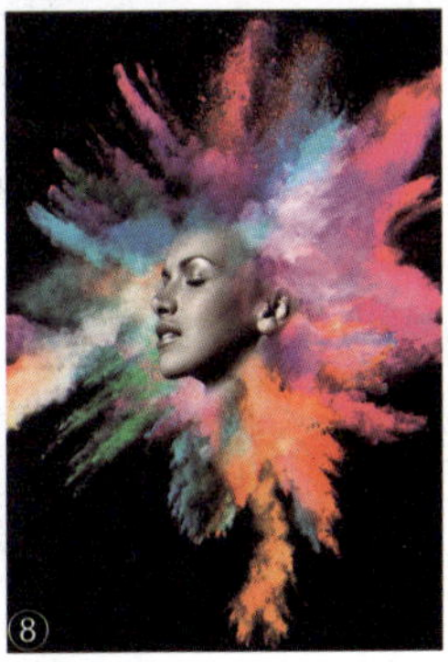

⑧

19.10.2 环境光及色彩表现

01 单击“调整”面板中的按钮，创建“自然饱和度”调整图层，设置自然饱和度参数为－100，单击面板底部的按钮，创建剪切蒙版，使调整图层只作用于人物图像，不会影响到粉彩背景的颜色❶❷。

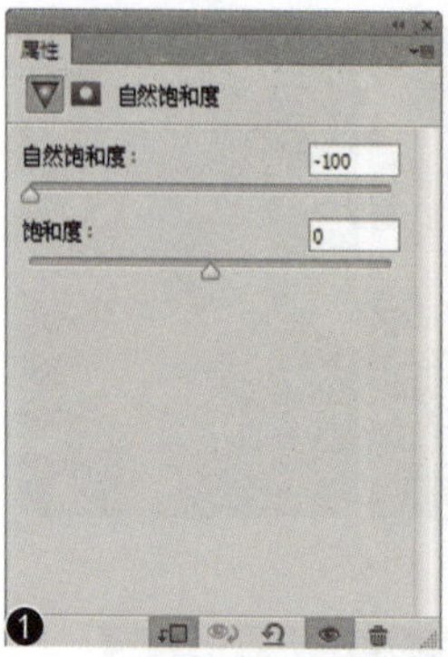

❶

❷

02 单击“背景”图层，按下Ctrl+J快捷键复制，生成“背景副本”图层。按下Shift+Ctrl+] 快捷键，将其移至项层，修改混合模式和不透明度❸❹。

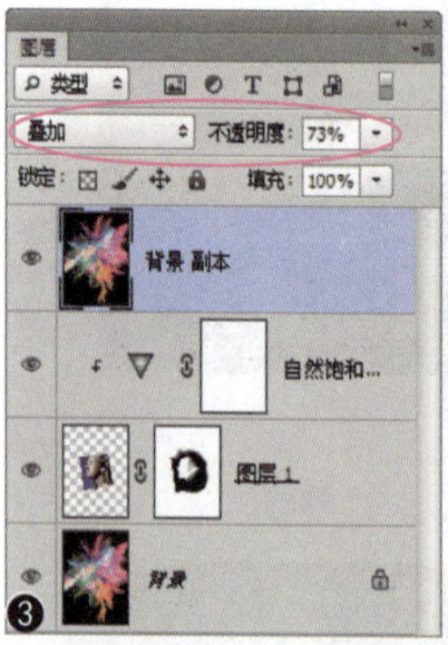

❸

❹

03 单击“图层”面板底部的按钮，新建一个图层，设置混合模式为“柔光”。使用画笔工具在人物的眼睛和鼻梁上涂抹红色，使人物被粉彩映衬、包围❺❻。

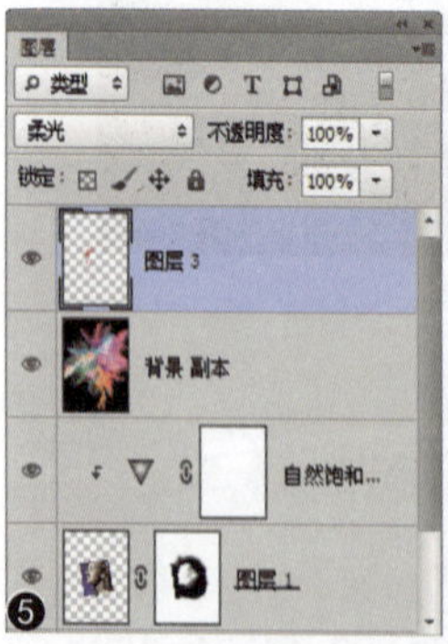

❺

❻

04 打开素材，使用移动工具将素材拖曳到人物面部位置❼，设置混合模式为“颜色加深”❽。

❼

❽

05 单击“图层”面板底部的按钮，创建蒙版❾。使用画笔工具在图像边缘涂抹黑色，将边缘隐藏❿。

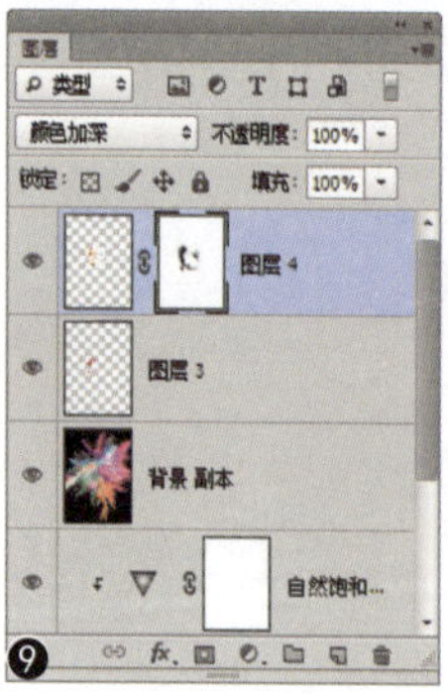

❾

❿

06 打开素材⓫，将其拖曳到粉彩图像的右下角，设置混合模式为“滤色”⓬⓭。

⓫

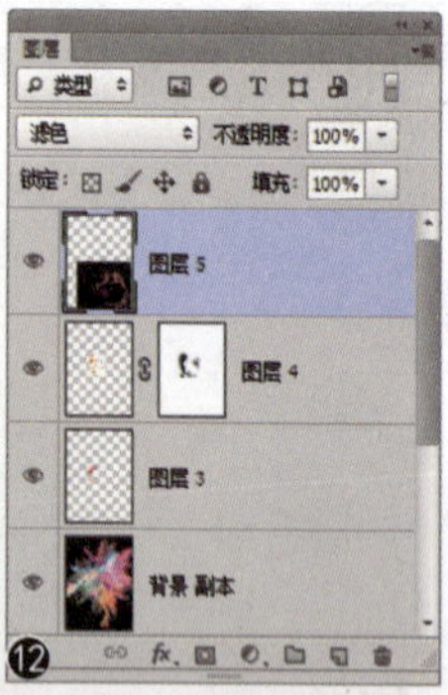

⓬

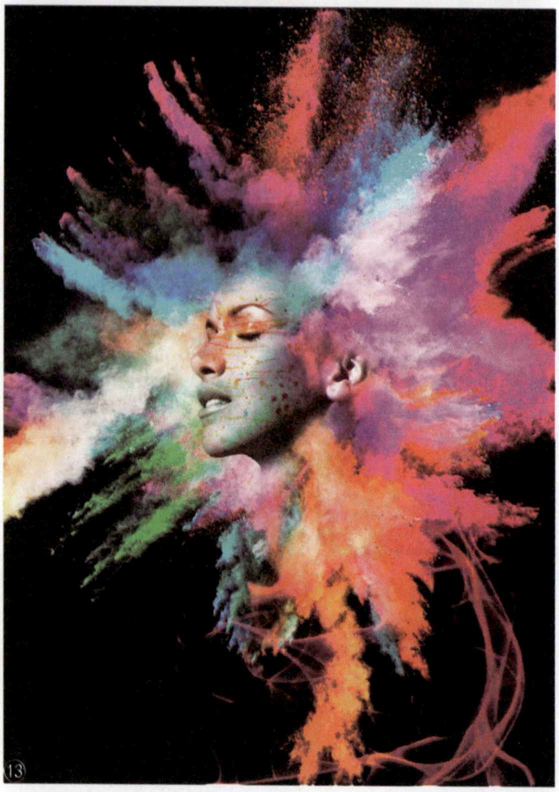
⓭

Ps 19.11

制作纸雕特效：阿拉丁神灯

实例门类：平面设计类　难度：★★★★★

● 说明：纸雕，也叫纸浮雕，是一种以纸为素材、使用刀具塑形的工艺。它的起源可以追溯到中国汉朝纸的发明及16世纪德国对纸的改良成果。到了18世纪中叶，欧洲一群喜爱创作的艺术家开始了纸雕艺术的探索，他们用简单的工具及不同的纸张，制作出丰富的纸雕作品。随着纸材来源的普及和技术的发展，纸雕在家居装饰、广告宣传、艺术品制作等诸多领域都有所应用，西方一些美术学院还有纸雕教学及其衍生出来的各种立体创作方式的课程。

19.11.1 绘制灯神

01 打开素材❶，神灯位于画面右下角，其余空白处用来制作纸雕。制作过程就像在擦亮神灯，召唤威力强大的灯神出现。实例所有素材都放在“组1”文件夹中。单击“组1”前面的▶图标，可以展开图层组❷，组中还有4个图层，它们为隐藏状态，在实例快完成时才会用到。

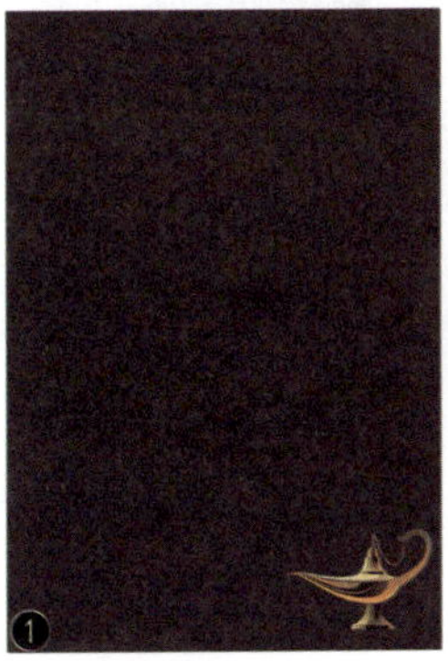

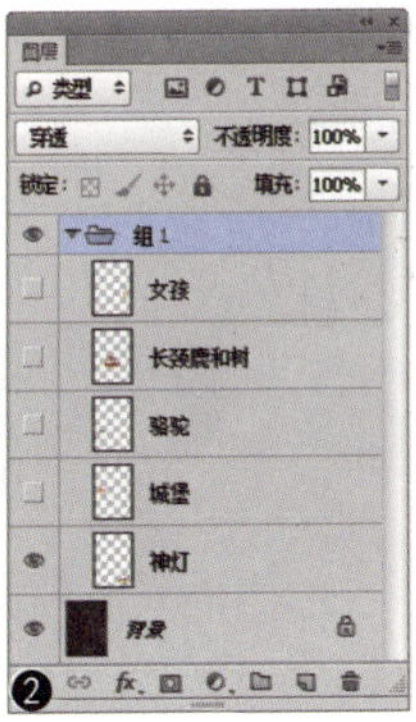

02 按住Ctrl键单击 按钮，在“组1”下方新建一个图层❸。将前景色设置为鱼肚白色（R236，G231，B218），按下Alt+Delete快捷键填充前景色❹。

03 选择钢笔工具 ，在工具选项栏中选择“路径”选项，单击 按钮，在打开的下拉列表中选中“橡皮带”选项，绘制路径时，钢笔工具无论移向画面任何位置，都会与上一锚点之间形成一条连接线，可以看到将要创建的路径段，以便更好地判断路径的走向。使用钢笔工具绘图不会像画笔那么自如，它所绘制的是路径，由锚点和路径段组成。点（锚点）连成线（路径段），线构成形。绘制和编辑路径并不复杂，只要经过练习就能熟悉和掌握。就像我们手绘时，画完草图也要经过修改、加工才能完成一幅作品。通过路径表现也是一样的，绘制出精灵的大致形象后，再用直接选择工具 调整锚点的位置、修改方向线（曲线路径上的锚点有方向线）的形状，以使图形符合要求❺，而且这样的调整能制作出极其精确的图形。

04 选择矩形工具 ，在工具选项栏中选择“ 排除重叠形状”选项，创建一个与画板大小相同的矩形❻，矩形与灯神图形重叠的区域将被排除。

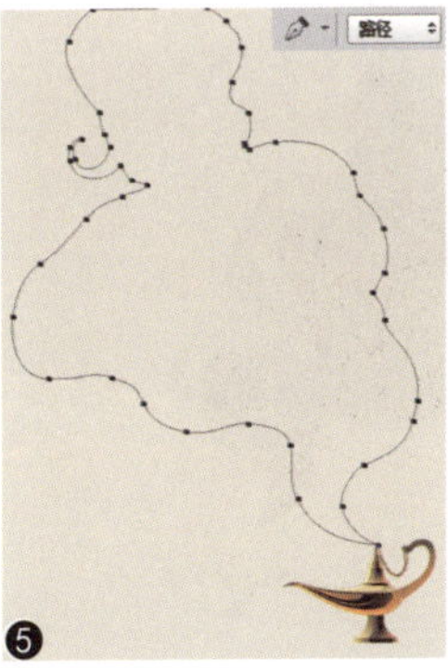

05 执行“图层>矢量蒙版>当前路径”命令，基于当前路径创建矢量蒙版❼，可以看到，灯神图形内部为挖空区域❽，呈现出了背景的颜色。

19.11.2 制作层叠纸雕特效

01 双击该图层，打开“图层样式”对话框，在左侧列表中选择“外发光”选项，设置参数❶❷。

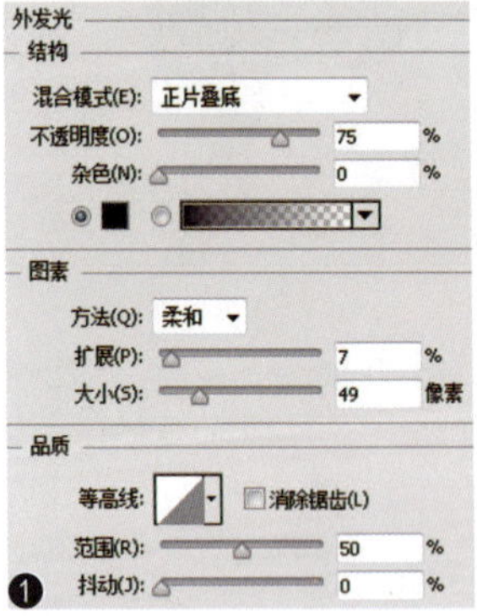

❶

❷

02 单击“背景”图层❸，以使新绘制的形状图形位于该层之上。选择钢笔工具，在工具选项栏中选择“形状”选项。形状是有颜色填充的，将颜色设置为青蓝色（R134，G209，B199）。在灯神图形右侧绘制形状，画面中的可见部分要用平滑的曲线路径表现出来，我们知道单击鼠标产生的是角点，而单击并拖曳鼠标产生的是平滑点，能够生成柔和的曲线路径。被画面遮挡的部分简要概括即可❹。在工具选项栏中选择“合并形状”选项，在灯神肩头绘制一个小图形❺。

❸

❹

提 示（Tips）

钢笔、矩形、自定形状等矢量工具有3种绘制模式：“形状”“路径”和“像素”。绘制形状或像素图形都可以预先在工具选项栏的“填充”选项进行设置（包括绘制后的颜色调整）。如果习惯使用工具箱中的“设置前景色”调整颜色，可在设置颜色后，按下Alt+Delete快捷键给形状填色。

❺

03 双击该图层，打开“图层样式”对话框，在左侧列表中选择“投影”选项，设置参数❻，使纸雕产生层叠感❼。

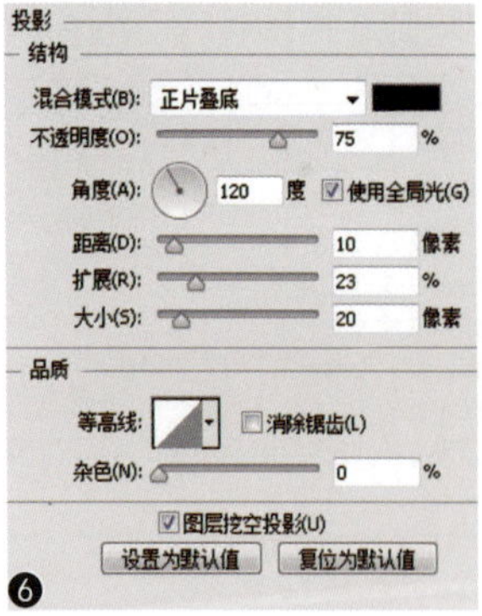

❻

❼

04 单击“背景”图层，以使新绘制的形状图层能够位于“背景”图层上方。将前景色设置为棕红色（R153，G73，B35）。用钢笔工具绘制图形，要较之青蓝色图形更大一些，才能显示在画面中，而且形态也要有所变化，看起来才不呆板❽。按住Alt键拖曳“形状1”图层后面的效果图标fx到“形状2”，复制图层效果❾。

❽

❾

05 将前景色设置为浅黄橙色（R230，G160，B94），在“形状2”图层下方绘制图形❿。调整前景色为黄橙色（R222，G130，B58），继续绘制图形并复制图层样式⓫。

❿

⓫

06 将前景色设置为花青色（R0，G74，B104），绘制出最后一层并复制图层样式⓬。至此，组成纸雕的大图形就制作完了，一共分为6个图层⓭。

⓬

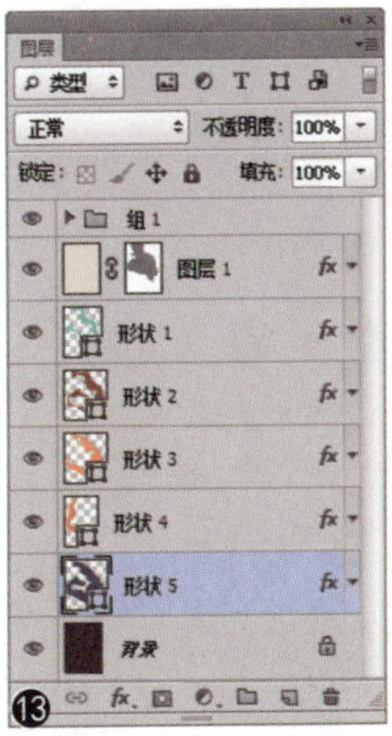

⓭

19.11.3 添加小图形及文字

01 展开“组1”，在隐藏的图层前面单击，将它们显示出来。单击“城堡”图层❶，将它拖至“背景”图层上方，使用移动工具将城堡放在灯神的脖子上❷。

❶

❷

02 单击按钮锁定该图层的透明像素，使用吸管工具在深褐色背景上单击，拾取颜色，按下Alt+Delete快捷键，为城堡重新填色。双击该图层，打开“图层样式”对话框，为其添加“投影”效果❸❹。

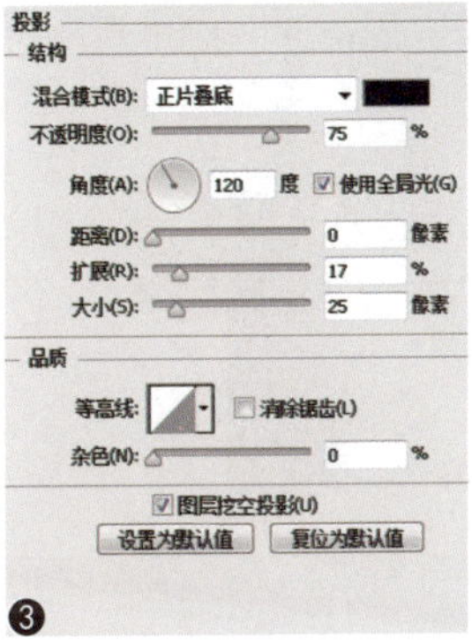

❸

❹

03 用同样的方法，将其他小图形放在相应位置作为装饰，并设置相同的“投影”效果。选择横排文字工具**T**，在工具选项栏中设置字体及大小，在画面右上方单击，输入文字，单击按钮结束输入状态❺。在画面左下方单击并拖出一个定界框，放开鼠标后输入故事内容文字，文字会在文本框边界处自动换行，可以根据画面构图调整文本框的大小❻。

❺

❻

19.12 超级特效：破碎的瓷胳膊

实例门类：特效制作类 难度：★★★★★

● 说明：Photoshop修复图像的功能十分强大，可以将老旧、残破的图像修复如新。同样，它的破坏能力也是超强的。这个实例就是用绘画和修图工具在完好的图像上制作出一个瓷器裂口，再用画笔工具绘制粉末以渲染气氛。

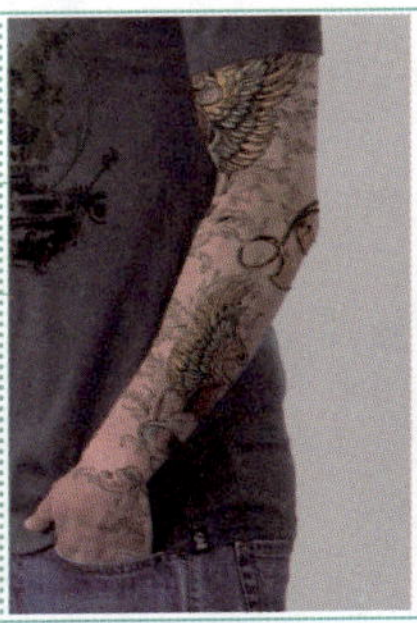

19.12.1 修补图像并绘制出瓷器的断面

01 打开素材❶。选择套索工具，在手臂上绘制选区，新建一个图层，按下Alt+Delete快捷键填色❷。

02 按下Ctrl+D快捷键取消选择。在手肘的位置再绘制一个选区，也填充黑色❸，然后取消选择。这两个黑色图形作为手臂断裂形成的缺口，它们之间的手臂图像应消失，用衣服加以替换。按住Ctrl键单击“图层”面板底部的按钮，在“图层1”下方新建一个图层❹。

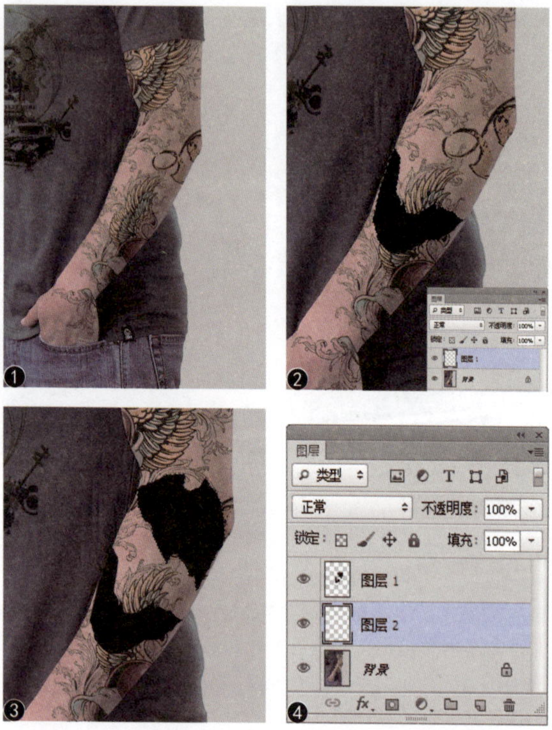

03 选择仿制图章工具，设置大小为柔角18像素，勾选“对齐”选项，在“样本”下拉列表中选择“当前和下方图层”选项❺。避开上方图层，才不会把“图层1”中的两块黑色复制出来。按住Alt键在衣服的接缝处单击进行取样❻，然后放开Alt键在手臂上涂抹❼，复制的接缝线要与原图中的衔接上❽❾。为了不使褶皱重复，可在衣服其他位置再次取样❿，然后进行涂抹⓫。

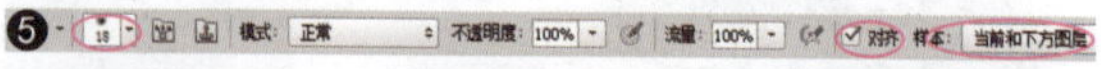

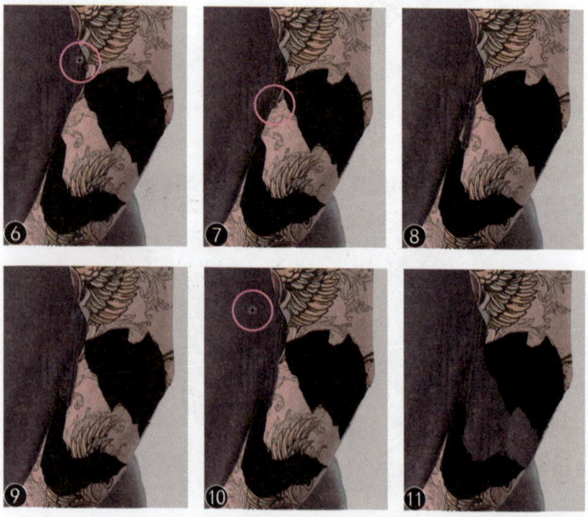

04 在仿制图章下拉面板中将笔尖硬度设置为70%⓬，按住Alt键在灰色背景处单击进行取样，然后放开Alt键在衣服边缘涂抹⓭。在工具选项栏中将不透明度设置为40%，在衣服较浅的位置取样，然后在与其相接的深色位置涂抹，使这部分明暗有所过渡⓮⓯。

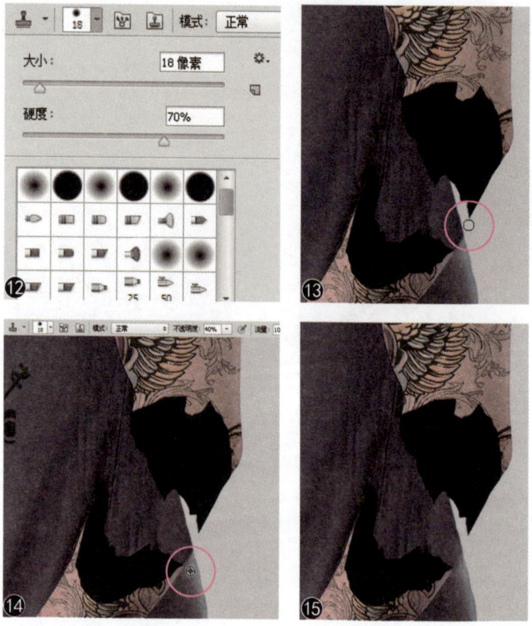

19.12.2 深入刻画断面厚度及明暗

01 选择“图层1”，单击按钮锁定该层的透明像素❶。使用画笔工具绘制出断面的明暗❷。新建一个图层。按下 [键将笔尖调小，先用白色绘制出断面的厚度❸，再锁定该层的透明像素，使用画笔工具进一步表现明暗❹。

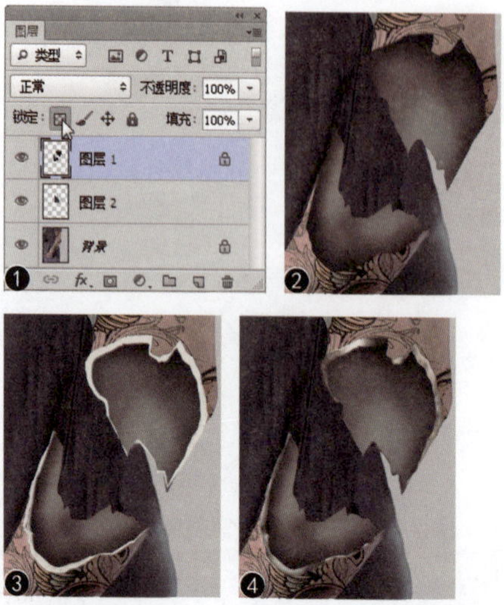

02 使用套索工具在断面中间位置绘制一个选区❺。单击“背景”图层，按下Ctrl+J快捷键将选区内的图像复制到新的图层中，生成“图层4”，按下Shift+Ctrl+] 快捷键将其移至顶层❻❼。在该图层下方新建一个图层，绘制出碎片厚度。并使用同样的方法，再制作出几个不同大小的碎片❽。

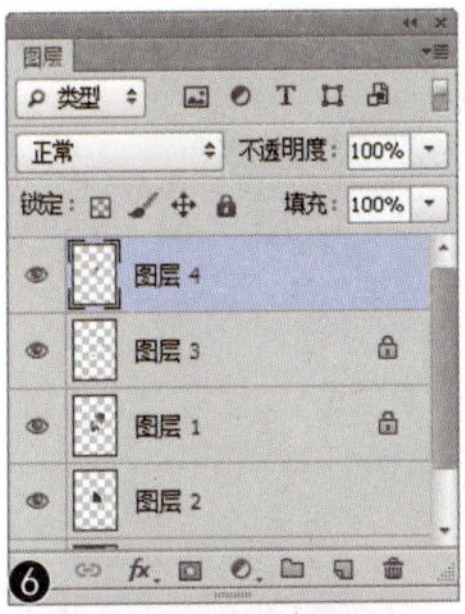

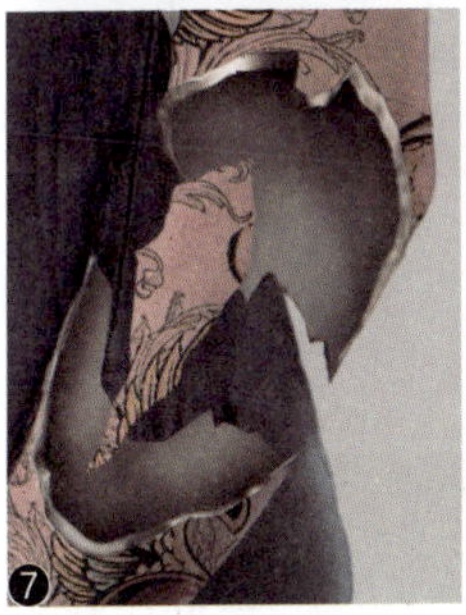

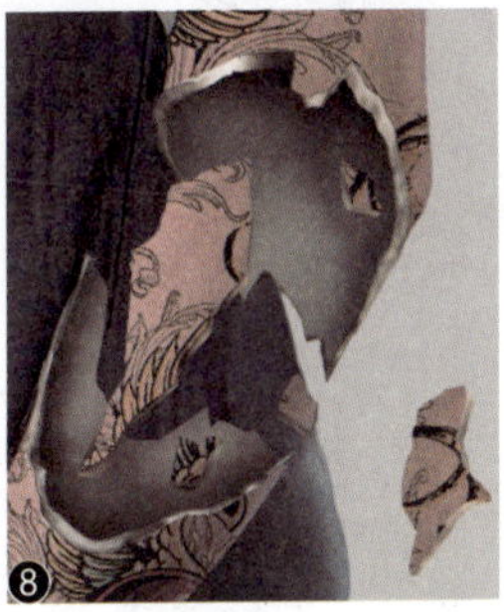

19.12.3 绘制粉尘

01 按下F5键打开“画笔”面板，单击左侧的“画笔笔尖形状”选项，在预览窗口中选择“星形14像素”画笔，设置大小为5像素，间距为547%❶。勾选“形状动态”选项，设置“大小抖动”为80%“最小直径”为13%❷。勾选“散布”选项，设置“散布”为1000%，“数量”为2，“数量抖动”为32%❸。

02 新建一个图层。将前景色设置为黑色。在手臂断裂处绘制一些黑色的粉末。再创建一个图层，绘制些白色粉末❹。用两个图层制作粉末效果，是为了方便修改，可以根据效果对黑色或白色粉末进行单独调整，增加或减少粉末数量（用橡皮擦工具）。

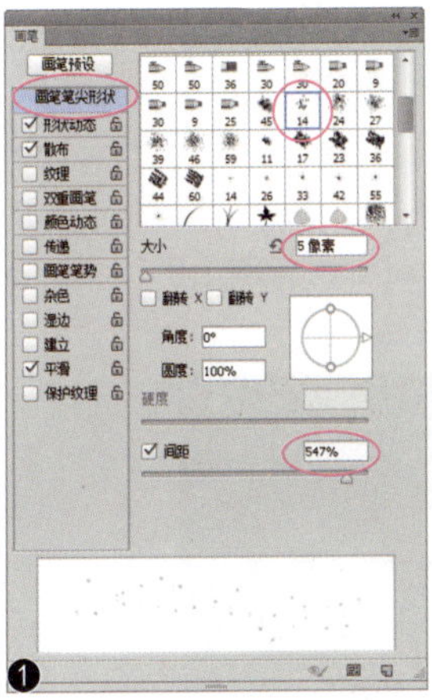

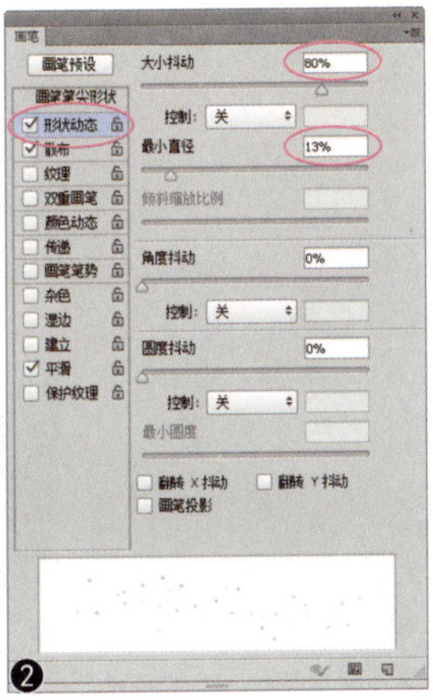

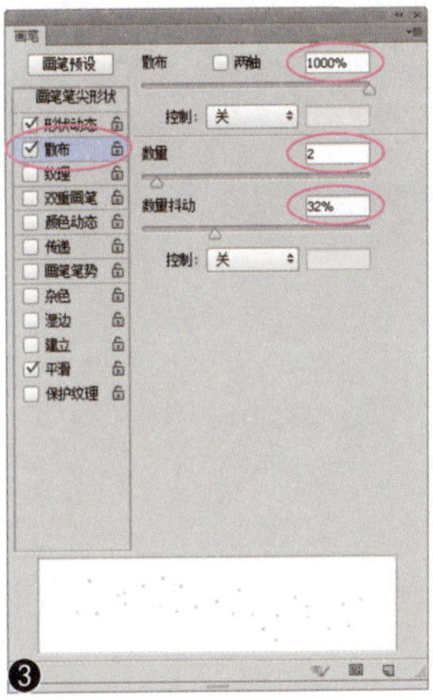

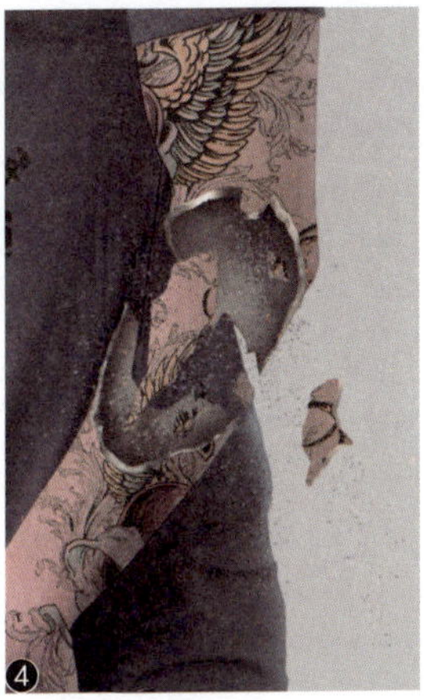

19.12.4 调整画面色彩

01 单击“调整”面板中的按钮，创建“色相/饱和度”调整图层，分别对画面中的“红色”“青色”和“蓝色”进行调整❶~❹。

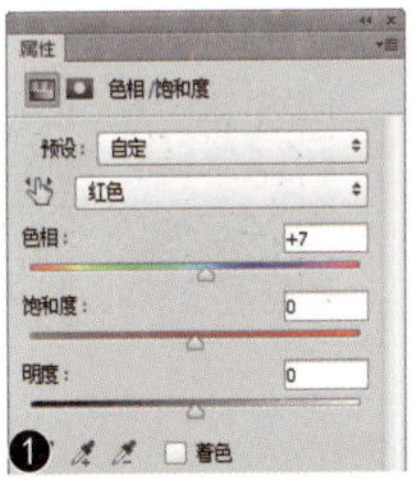

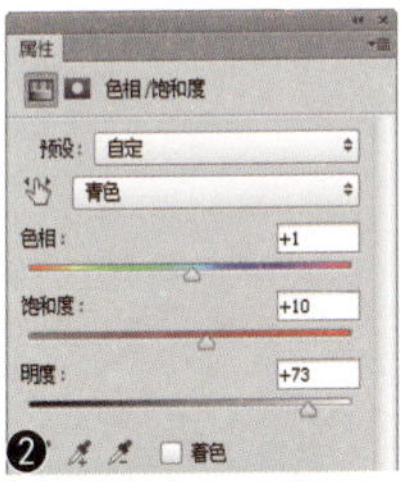

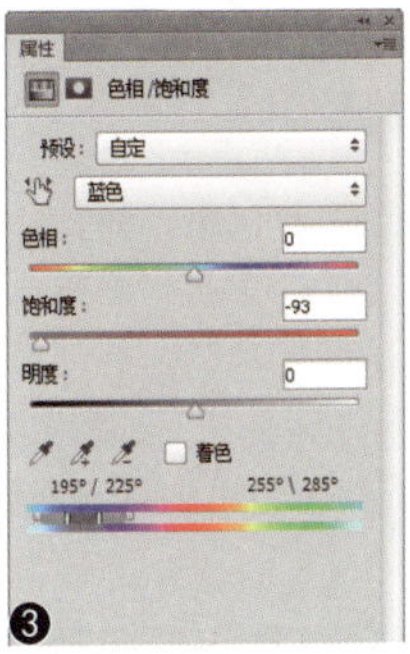

02 单击“调整”面板中的按钮，创建“亮度/对比度”调整图层，增加对比度，使图像更加清晰❺❻。

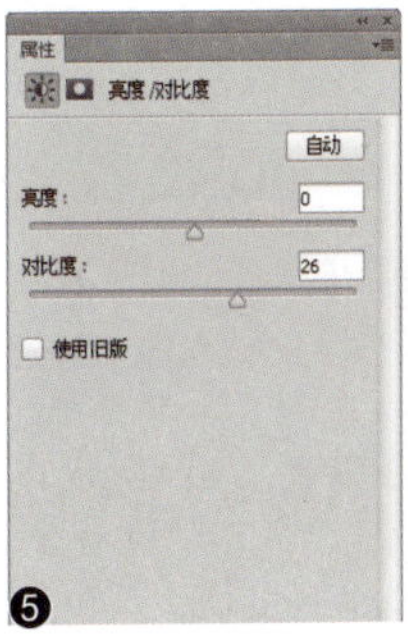

03 单击“调整”面板中的⚖按钮，创建“色彩平衡”调整图层，分别对“阴影”和“高光”进行调整❼~❾。

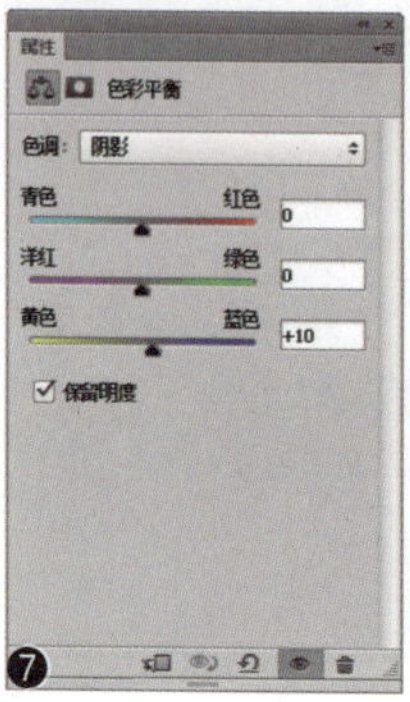

❼

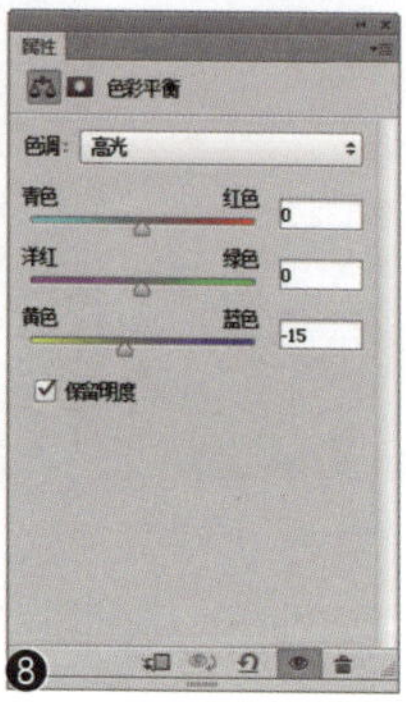

❽

❾

超级特效：彩色纸片人像

Ps 19.13

实例门类：特效制作类　难度：★★★★★

● 说明：用大量图形的堆砌制作出新的视觉特效。图形之间看似随机的组合，彻底打破了人像的具体感，形成一个新的构成。画面静中有动，图形之间虽为一个整体，又有随时出离的动态。这个实例要在人像素材基础上绘制出缤纷的三角形，堆积成新的人像，再将原来人像的五官结构叠加其上。整个画面图形虽多，方法并不复杂，只要有点耐心就足够了。

19.13.1 制作绘图模版

01 按下Ctrl+N快捷键，打开“新建”对话框，新建一个文档❶。将前景色设置为深绿色（R40，G71，B54），背景色设置为绿色（R93，G164，B129）。选择渐变工具，在工具选项栏中按下线性渐变按钮，拖曳鼠标（从上至下）同时按住Shift键锁定垂直方向创建一个线性渐变❷。

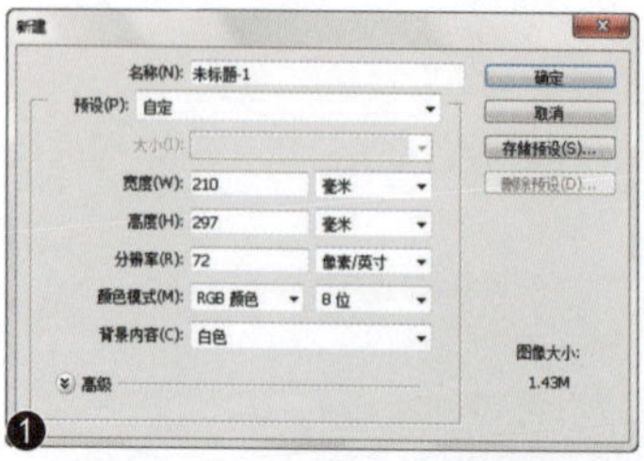

❶

❷

02 打开人物素材，使用快速选择工具选取人物头像（按住鼠标拖动）❸。这个实例会将人像边缘部分用蒙版隐藏起来（在实例结束时），因此，头发只要大致选取就可以了。使用移动工具将选区内的图像拖入渐变文档中❹。

❸

❹

03 人像将作为衬底，不用太清晰地显示，只是要根据他的五官结构进行绘画，可将透明度降低，能够若隐若现地看到就可以了。将图层的不明度设置为52%❺❻。

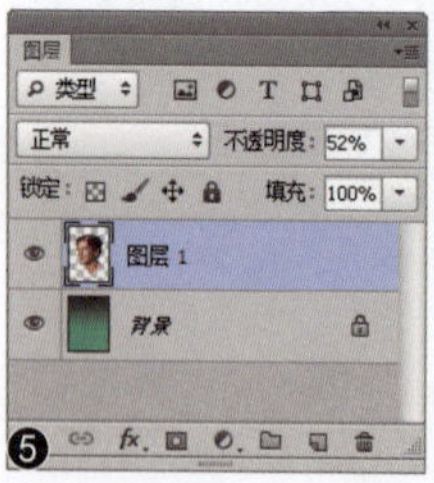

❺

❻

19.13.2 为作品量身定制一款新画笔

要完成一个用彩色纸片堆砌的人像雕塑，制作过程中应参照面部结构，以不同颜色、大小的三角形来构建、重塑人像。听起来似乎是一个庞大的工程，不过，PS经过这么多年的更新迭代，已经可以让复杂的工作更加简单化了。在制作前，先来检索一下哪种方法适合表现，能瞬间产生大量图形。使用图案填充或滤镜命令的话，生成的图形过于秩序化、规律化，图形不可能根据面部结构产生大小、疏密、深浅的变化。这样容易使一张立体的面孔变得呆板、平面化。再来看画笔、钢笔和形状工具，它们都是用来绘制图形的。考虑到作品中图形的数量太多，逐一绘制的话，可能还没画完，人的耐心就已用完。手绘工具中，能根据要求量身定制，同时又能产生丰富变化的就非画笔莫属了。

01 选择钢笔工具，不是说好了用画笔吗？不要着急，先来定制一款画笔。在工具选项栏中选择“形状”选项，设置填充颜色为黑色，绘制一个倾斜的三角形❶，这就是我们需要的画笔了。通过“画笔”面板可改变它的大小、角度、倾斜状态、疏密、颜色等诸多参数，使得一个笔尖具有多种变化。按下Ctrl+Enter键，将路径转换为选区❷。

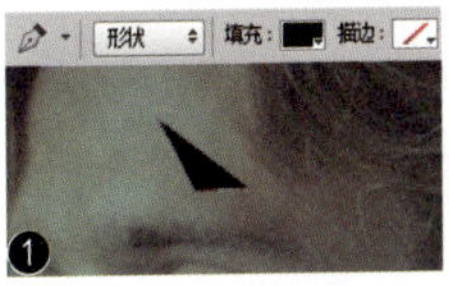

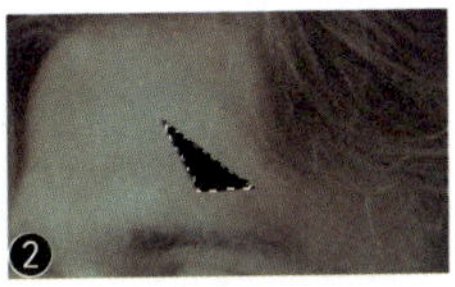

提示（Tips）

在创建画笔时，为什么要绘制一个倾斜的三角形？是要让作品有一个整体的方向感，一个统一角度的指向，这就是为什么这幅作品的图形众多、又杂而不乱的原因。

02 执行“编辑>定义画笔预设”命令，将三角形定义为画笔❸。定义完成后，可将该图层删除。按下Ctrl+D快捷键取消选择，按Delete键删除形状图层。

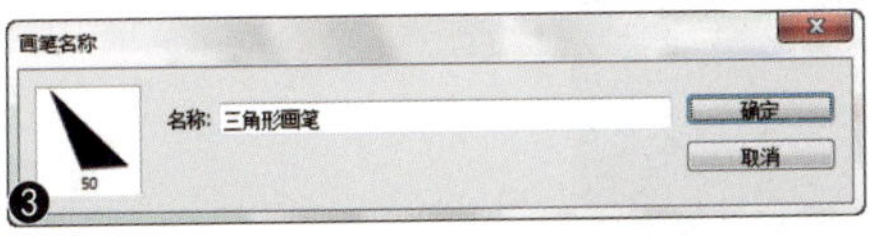

19.13.3 玩转画笔表现力

01 打开“画笔”面板，单击左侧的“画笔笔尖形状”选项，在预览窗口中找到自定义的三角形画笔，设置大小为40像素，间距为128%❶，使三角形之间不重叠，距离又不至于太稀疏。单击“形状动态”选项，设置参数。“大小抖动”参数越大，笔迹中三角形的大小比就越大（大的不变，小的会更小）；“角度抖动”参数越大，三角形的旋转角度也越大，在这里我们将参数仅设置为7，使三角形的堆砌有一个统一的方向感❷；“圆度抖动”可以想象为参数越大，笔尖形状（三角形）越扁。

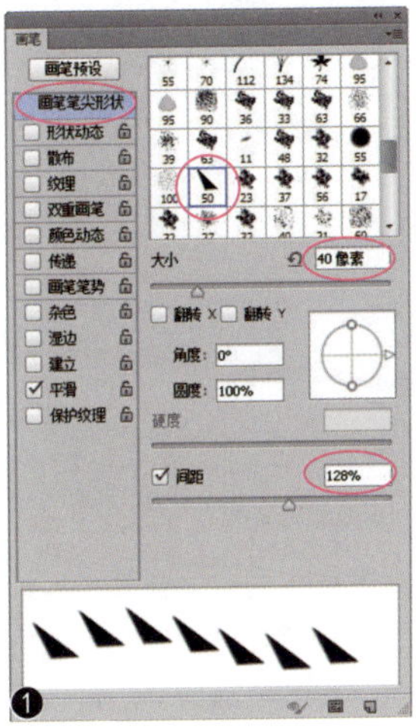

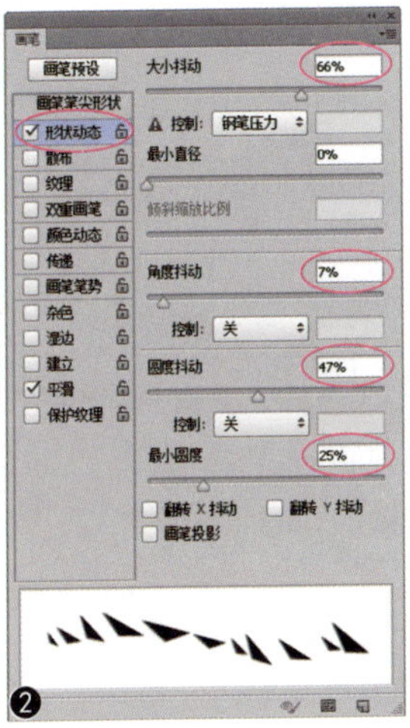

02 单击“散布”选项，设置笔迹的数目和位置❸。“散布”参数的大小决定着笔迹的分散程度，未勾选“两轴”选项，是因为笔迹只要分布得自然就可以了，不需要强调以笔迹中间为基准向两边分散。“数量”为1，这也是默认的最小值。“数量”参数越大，意味着一笔绘制下去产生的三角形越多，虽然这样会很省力高效，但也会造成很多相同或相近颜色的三角形重复堆积，削弱画面层次感，说白了就是浆糊一样糊成一片。单击“颜色动态”选项，设置参数❹。设置“前景/背景抖动”为50%，使色彩变化方式趋于平衡，不会过于倾向前景色或背景色。“色相抖动”和“亮度抖动”是用来设置颜色和亮度变化范围的。

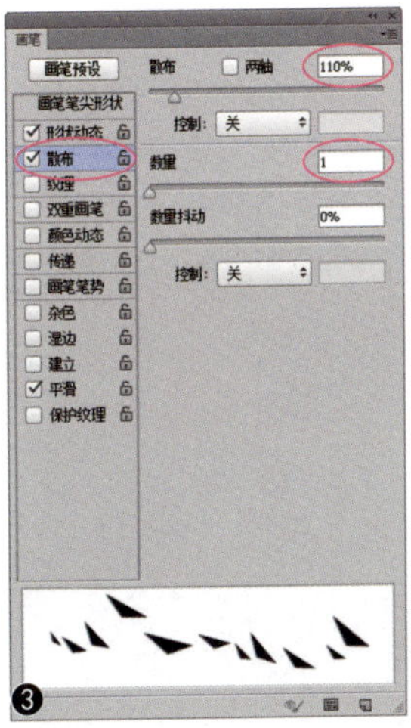

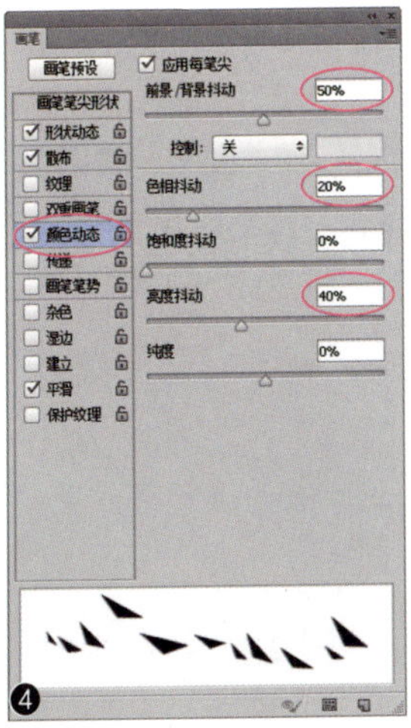

03 新建一个图层❺。将前景色设置为藏蓝色（R33，G0，B95），背景色设置为浅绿色（R0，G246，B192）。在人物面部绘制三角形❻。前景色为深色时，绘制时深色三角形会多于浅色三角形。另外，“前景/背景抖动”的参数越小，颜色的变化越接近前景色。这里我们选择变化前景色和背景色的方式，比较直观。

提 示（Tips）

对于稀疏的部分还可以再添加图形，而过于密集的部分则可以擦除一些（用橡皮擦工具）。根据面部明暗，调整局部图形的深浅，会使五官结构更明确。

04 新建图层。按下X键，转换前景色和背景色，再将前景色设置为蓝色（R0，G65，B245），继续绘制❼。将前景色设置为橙色（R236，G157，B10），背景色为深红色（R74，G2，B32），再覆盖一层三角形❽。

05 分层制作使图像的调整有了很大的自由度。例如对于当前的色彩不太满意，与其重新绘制，不如单独调整一下颜色。按下Ctrl+U快捷键打开“色相/饱和度”对话框，向左拖动“色相”滑块❾，使颜色倾向品红色❿。

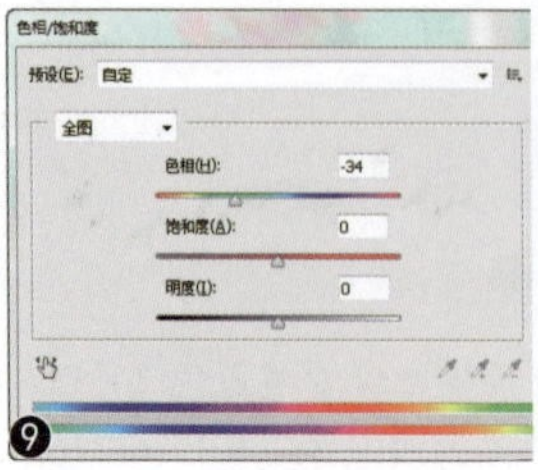

06 新建图层。将面部涂满三角形⓫。转换前景色和背景色，使前景色为深红色，绘制时产生的深色图形会更多一些。在新建的图层中着重刻画眼睛、鼻子、眉毛和嘴唇，在这些位置用深色的图形来表现⓬，图形数量不宜多，只要一、两个即可，点到为止。

提 示（Tips）

绘制过程中图形会随机产生颜色、形态和大小的变化，处理细节时，并不全是拖曳鼠标制作大量图形，也要采用单击的方法，一点一点地添加图形，当图形的颜色或大小不符合要求时，可以按下Ctrl+Z快捷键还原，也就是删除这一步重新再来。因为背景色是浅色的，绘制时会产生浅色三角形，这时，将背景色改为棕色就会省事多了。

07 按下［键将画笔调小，在头像周围绘制一圈小一点的图形⓭。单击“画笔”面板右上角的按钮，在打开的菜单中选择“新建画笔预设”命令，将当前画笔的状态存储起来，以后可直接调用，不必再一一修改参数了。

08 逐一修改画笔的各项参数⓮~⓱，在头像周围绘制出细碎散布的小三角形⓲。可将当前画笔状态存储起来。

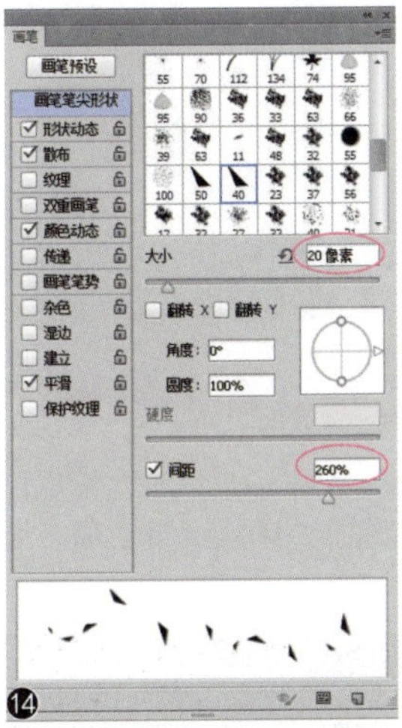

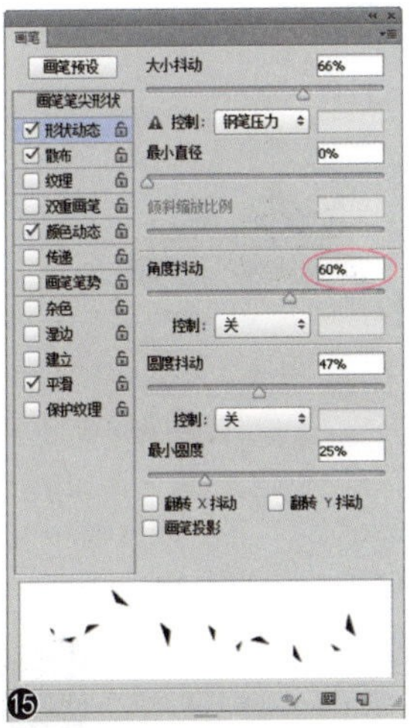

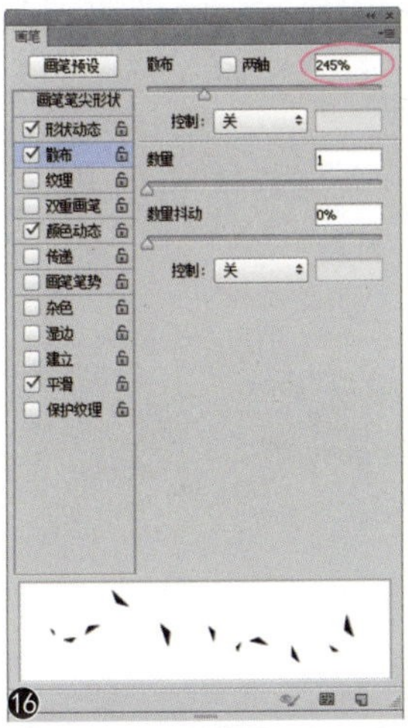

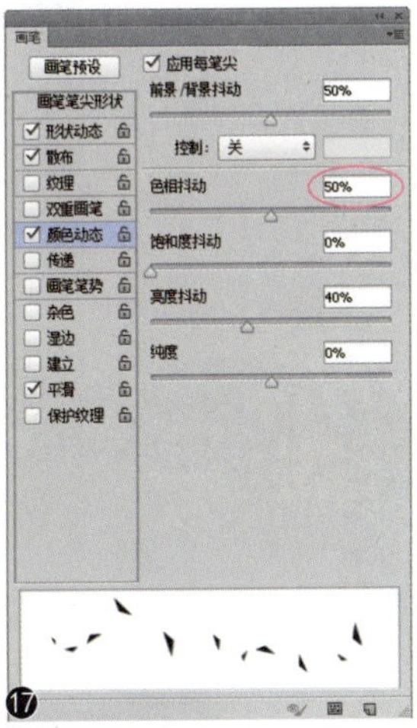

提示（Tips）

在一幅作品的创作过程中，需要反复修改、加工，快要完成时再根据整体效果，对局部细节进行调整，直到满意为止。操作过程中，将画笔状态保存起来，可以方便以后使用时随时调用。

19.13.4 明暗与细节的表现

01 到这里图形的布局就结束了，接下来应着力表现结构，使人物生动传神。选择混合器画笔工具，它能混合像素，产生绘画的笔触感。在“画笔”下拉面板中选择“干边深描油彩笔”选项，将颜色设置为深蓝色❶。

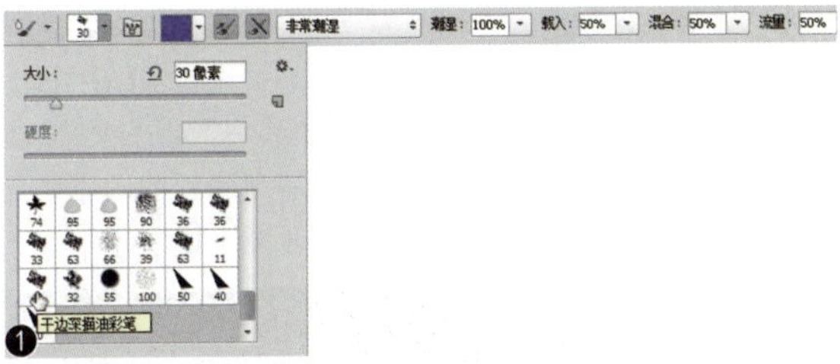

02 单击“图层2”，按住Shift键单击“图层7”，选取这6个图层❷，如果与我制作的图层数量不同，只要记得不将背景、人物和头像周围的小三角形图层选取就可以了，按下Alt+Ctrl+E快捷键将所选图层盖印到一个新的图层中❸。用混合器画笔工具沿着同一倾斜角度涂抹，要一笔一笔地涂，不能反复涂抹，角度与三角形保持一致，不会产生冲撞感❹。

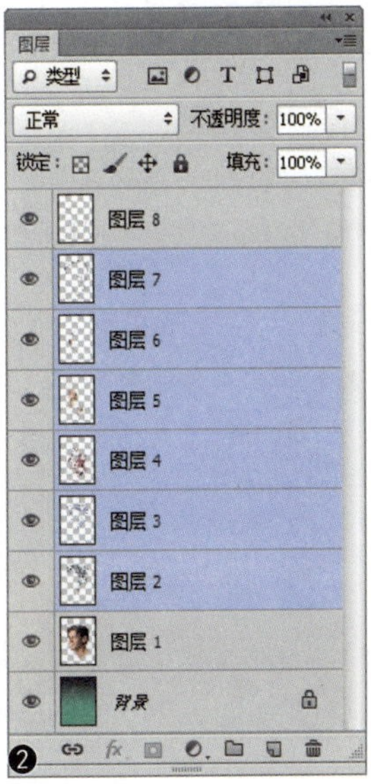

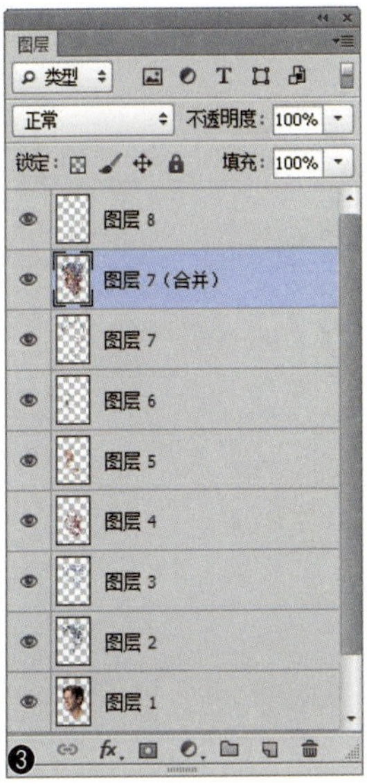

4

03 设置该图层的混合模式为“浅色”❺❻。选取这些三角形图层（除背景和人物图层），按下Ctrl+G快捷键编组❼。单击人物图层（图层1），按下Ctrl+J快捷键复制图层，按下Shift+Ctrl+] 快捷键将复制后的图层移至顶层，双击图层名称，重新命名为“明暗”❽。

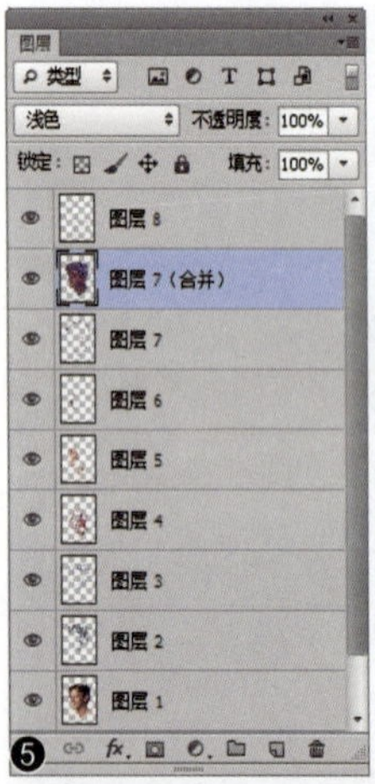

5

6

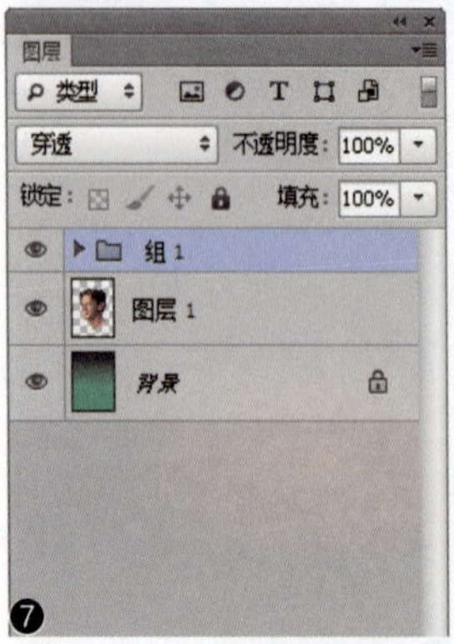

7

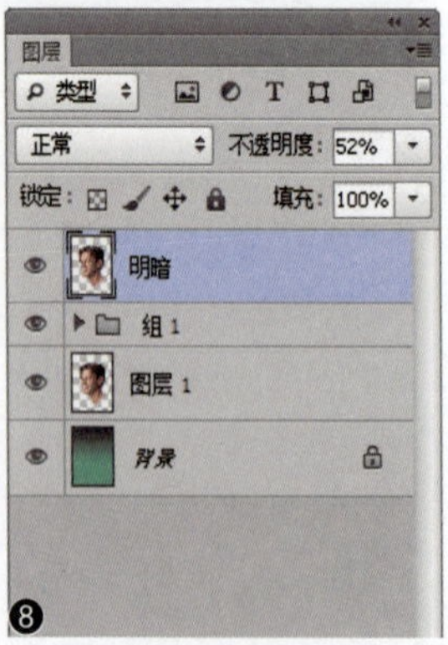

8

04 执行“图像>调整>阈值”命令❾，对图像进行简化，以黑白两色呈现❿。

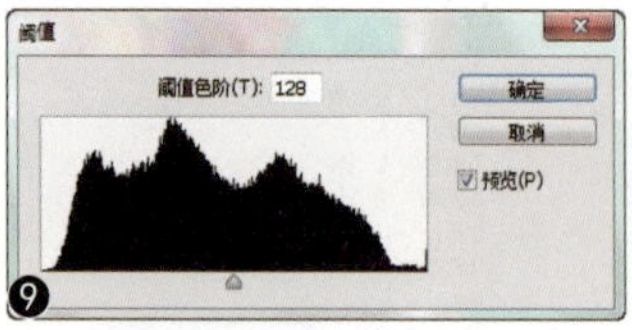

9

10

05 设置混合模式为“叠加”，不透明度为36%。使人物五官可见，又不会太具体。单击“图层”面板底部的 按钮，添加蒙版。使用画笔工具 （柔角为150像素，不透明度为30%）在面部周围涂抹灰色⓫，将其适当隐藏⓬。

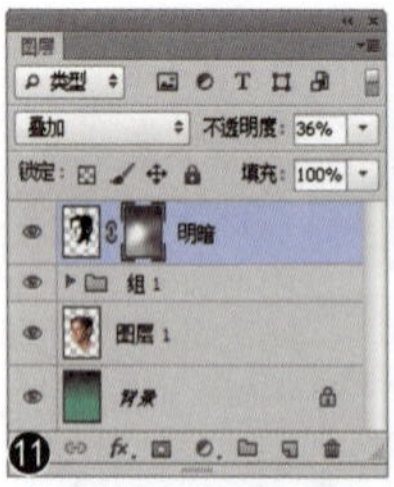

11

12

06 再次复制人物图层，拖至顶层，命名为“细节”，设置混合模式为“叠加”，不透明度为100%，使五官结构更加清晰⓭⓮。

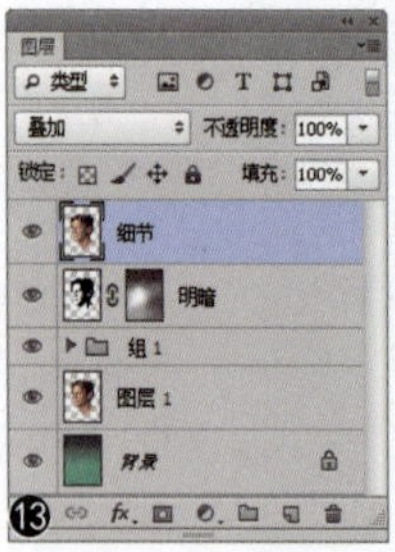

13

14

19.13.5 画龙点睛的光线造型

01 单击“路径”面板底部的 按钮，新建“路径1”❶。选择钢笔工具 绘制头像轮廓，概括表现即可❷。图中的红线为路径，只是为了观看清晰，并不是真的用红色来描边路径了。

❶

❷

02 单击路径层，使所有路径显示在画面中。选择画笔工具 ，在“画笔”下拉面板中选择“硬边圆压力大小”❸。将前景色设置为白色，按住Alt键同时按下“路径”面板底部的 按钮，打开“描边路径”对话框，在工具下拉列表中选择“画笔”，勾选“模拟压力”选项❹，可使线条有粗细变化❺。单击“确定”按钮，用画笔描边路径。如果要使线条更加清晰，可以再一次描边。加入光线强调结构，会使作品更加精彩。

03 最后，选择人物图层，创建蒙版，用画笔工具 在头像边缘涂抹黑色❻，将边缘隐藏❼。

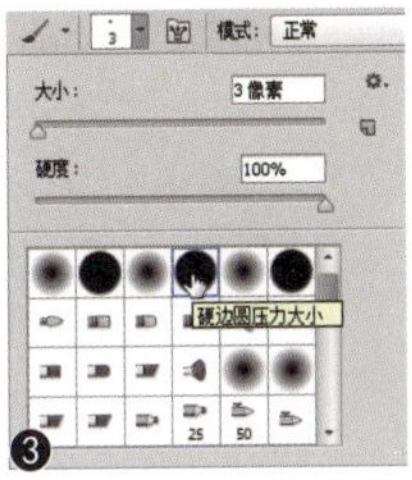

❸

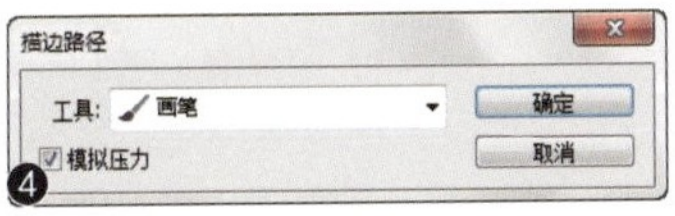

❹

❺

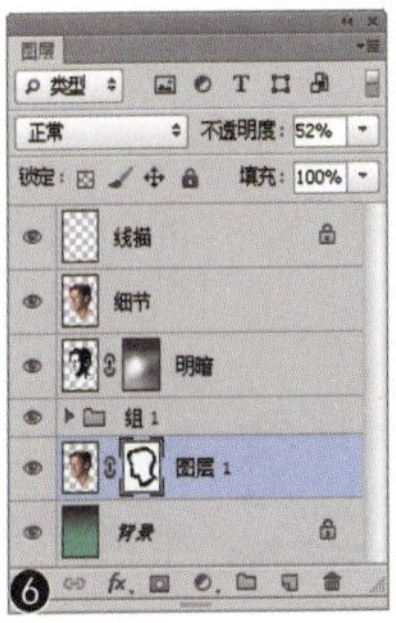

❻

❼

Index
Photoshop CC

索引

工具/快捷键

面板/快捷键

“文件”菜单/快捷键

■ “编辑”菜单/快捷键

■ “图像”菜单/快捷键

■ “图层”菜单/快捷键

■ “文字”菜单/快捷键

■ “选择”菜单/快捷键

■ “3D”菜单/快捷键

■ “视图”菜单/快捷键

■ “窗口”菜单/快捷键

■ “帮助”菜单/快捷键

■ “滤镜”菜单/快捷键

注：“滤镜”菜单其他命令在《Photoshop滤镜使用手册》电子书中

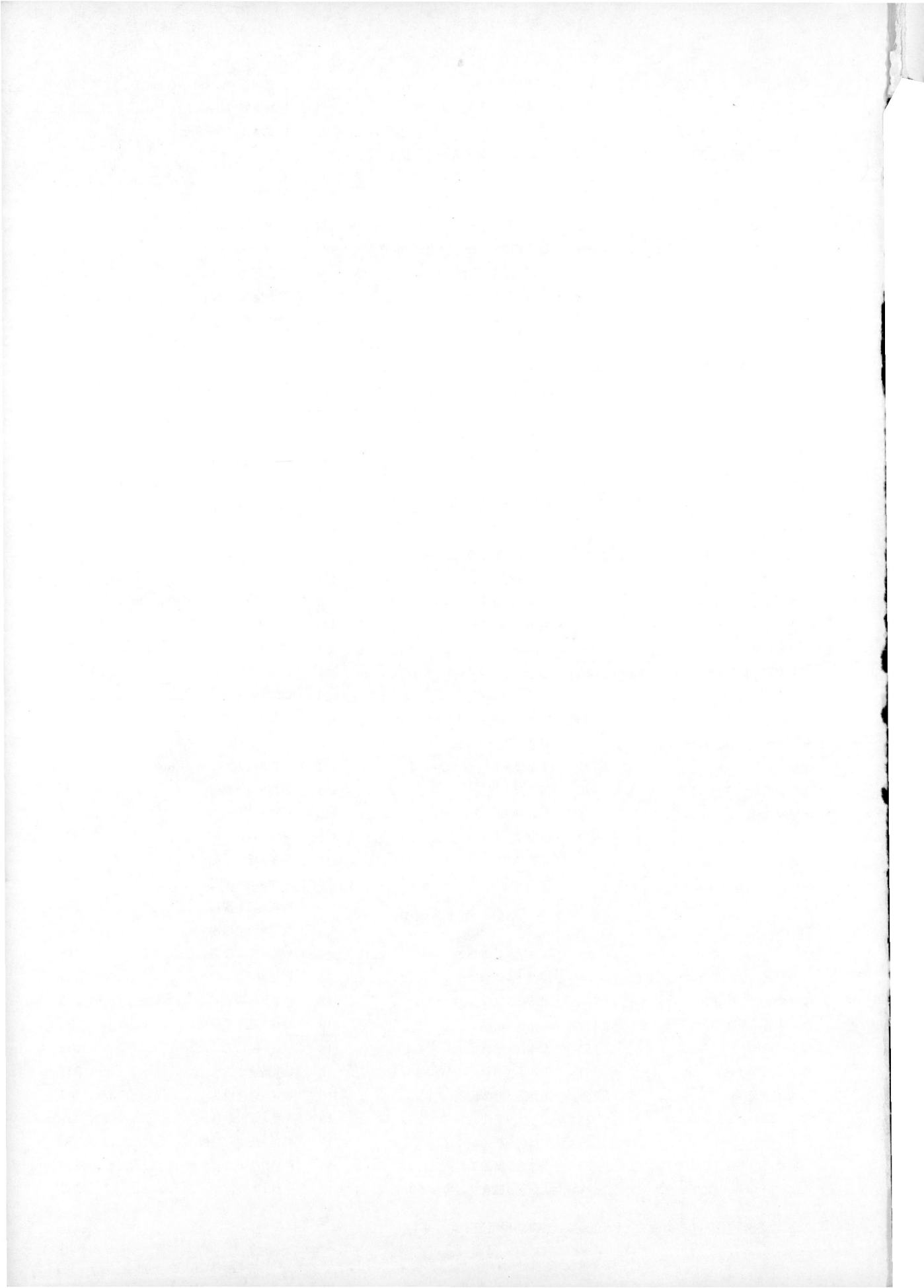